FASTOVSKY・WEISHAMPEL

恐竜学入門

—かたち・生態・絶滅—

第4版

真鍋　真 監訳

藤原慎一・松本涼子 訳

illustrations
JOHN SIBBICK

東京化学同人

DINOSAURS
A Concise Natural History
fourth edition

『恐竜学入門』第 4 版の紹介

本書は，文系の大学生にもぜひ手にとってもらいたい一冊である．活き活きとした魅力的なこの教科書を手に取った皆さんには，ぜひ，科学的な疑問を抱き，批評的にデータを眺め，科学者と同じような思考を体験することができるだろう．第 4 版は，高い評価を受けた前版を基にしつつ，教員や学生たちからの声を受けて，再構成と大幅な書き直しを行った．たとえば中国で見つかった歯の生えた“鳥”の化石や，恐竜の軟組織に関する知見など，恐竜学の分野での新しい発見を盛り込み，全面的な改訂がなされている．古生物イラストの第一人者である John Sibbick 氏によるイラストと，厳選した写真を用い，恐竜がどのような姿をし，どう生活し，そして地球史の中でどのような役割を担っていたかをわかりやすく解説している．本書は，明確な解説と豊富なイラストにより，科学をより身近で手に届きやすいものに感じられるよう，工夫をこらした．読者の皆さんには，さまざまな恐竜たちをガイド役として，データの羅列ではなく，科学的な概念に触れてもらいたい．また，現代の進化生物学の共通言語と言ってもよい系統分類学に則って本書は書かれている．読者はプロの古生物学者と同じ目線や思考で恐竜を観ていくことができるだろう．

David E. Fastovsky 博士は米国ロード・アイランド大学の地球科学科の名誉教授である．少年時代に，20 世紀初頭の古生物学者らによるゴビ砂漠での大冒険についての物語を読み，そこから恐竜に惹かれるようになった．何年もの間，音楽の道に進むか古生物の道に進むか悩み続けた挙句，ついに恐竜の道に進む方に軍配が上がった．それ以降，彼は世界中のあらゆる場所でフィールド調査をしてきた．彼は恐竜が棲息していた古環境や恐竜の絶滅についての偉大な研究者としてだけではなく，情熱的な教師としても知られている．

David B. Weishampel 博士は米国ジョンズ・ホプキンス大学医学部の機能解剖学および進化学研究所の名誉教授である．恐竜の進化や機能を専門としているが，特に植物食恐竜やヨーロッパの恐竜化石記録について興味を抱いて研究している．彼は名著『*The Dinosauria*』の主編者であり，ほかにも非常に多くの恐竜関係の書籍に関わってきた．スティーブン・スピルバーグ監督の映画『ジュラシック・パーク（*Jurassic Park*）』の原典となったマイケル・クライトン著の『ロスト・ワールド（*The Lost World*）』のアドバイザーだったことでも知られる．2011 年に開かれた，“鴨嘴竜（かもはしりゅう）（ハドロサウルスの仲間）”の国際シンポジウムにおいて，彼がこれまで行ってきた研究に対して表彰された．

John Sibbick 氏は，絶滅動物および古環境の復元イラストレーターとして 30 年以上のキャリアを誇り，恐竜や翼竜をはじめとする絶滅動物に関する数々の書籍のイラストを手掛けてきた．彼の作品は，科学誌やテレビのドキュメント番組，博物館展示で見ることができるほか，恐竜や先史時代の爬虫類を描いた英国ロイヤル郵便の切手セットにも採用されている．

近代恐竜学の“父”，Gideon Mantell (1790–1852)
[Science History Images/Alamy Stock Photo]

第4版への序

より重要で，魅力的かつ悲劇的な存在へ

40年ほど前，多くの恐竜研究者の活躍により，恐竜に関する理解が，まさに"革命"とよぶべきほどに進歩した．それまでは，恐竜は博物館やお菓子のパッケージ，ホラー映画の中で絶大な人気を博していたものの，科学的な研究が推し進められていたとは言い難い状況であった．おそらく，恐竜が冷血かつ愚かで，そのために絶滅したと考えられてきたからであろう．しかし，いわゆる"恐竜ルネッサンス"とよばれる革命が起こり，恐竜学はまさに生まれ変わった．そこから古生物学者たちの研究は一気に活気づき，恐竜研究史上最大の転換期だったといえよう．"恐竜ルネッサンス"の産物ともいえる映画『ジュラシック・パーク』の影響で，恐竜は文字どおりホットなトピックとなったのだ．

"恐竜ルネッサンス"以来の40年間で，以下のことがわかってきた．恐竜がワニのような冷血動物ではないこと．恐竜がノロマでもマヌケでもないこと．恐竜のすべてが絶滅したわけではなく，鳥類として生き残っていること．多くの恐竜が巣を作り，幼体がある程度育つまで子育てをしていたこと．恐竜が南極大陸のような極域からサハラ砂漠のような熱帯地域まで，地球上のありとあらゆる場所に棲息していたこと．恐竜の体の表面は彩られており，部分的とはいえ，実際にどんな色をしていたか．恐竜のオスとメスが互いの気を惹こうと体を見せ合っていたこと．そして，地球に小惑星が衝突するという，想像しうる限り最もドラマチックでショッキングな展開で狭義の恐竜が絶滅を迎えたことなどだ．一連の研究で，恐竜はより重要で，より魅力的，そしてより悲劇的な存在として認識されるようになったのだ．こんな存在に，私たちが夢中にならないはずがないではないか．

恐竜に関する理解があまりに早く進んでいくものだから，教科書をアップデートする必要が出てきた．これに伴い，章立てを大幅に見直し，新しい章を一つ追加し，三つの章については完全に書き直した．本書では厳選した美しい写真と図版を豊富に使ってきた．第4版ではさらに世界各地から集められた素晴らしい写真の数々が加わった．何よりも大事なこととして，第4版には最新の情報がアップデートされている．私たちがこの本を執筆しているときに感じた豊かな体験を，あなたにも感じてもらえることを願っている．

これから恐竜を学ぼうとする学生諸君へ：本書を最大限有効に活用するために

『恐竜学入門 第4版』は，恐竜に関してまったくの初心者から強烈なマニアまで，さまざまな方々に読んでもらえるように考えてつくられている．

本書の構成　『恐竜学入門 第4版』の最大の特徴は，その構成にある．各章ごとに，テーマを細部にまで掘り下げていく構成を採用した．つまり，前の章を最後まで読み切ってから次の章に進む必要はなく，読者各自が，どれだけ各テーマを深く掘り下げたいかに応じて，自由に読んでいただきたい．興味を惹かれた章は，包括的に読み進めればよいし，恐竜類（Dinosauria）に格別の興味をもっていないなら，その章を隅から隅まで読まなくてもよい．

本書はI部～IV部まで四つのパートに分かれており，順次読み進めることができるようにつくられている．

I部：導入的な基礎知識の足場固めとして，化石収集や地質時代，系統分類，そして恐竜が脊椎動物相の中でどのような生態的地位だったかが述べられている．プレートテクトニクス理論や生物進化に関する基礎についてのコラム解説もあるが，章立ての中に組込まれているわけではないので，ページ順どおりに読む必要はない．

II部・III部：本書の核となるパートである．恐竜がどんな生態をしていたかを知る前に，恐竜がどんな動物であったかを知る必要があろう．恐竜の分類群ごとに章立てし，それぞれについて，(1) 基本的な分類，(2) 古生態，そして (3) より詳細な進化的側面について，順次解説している．

こうした構成が本書の重要なところで，読者がその分類群についてどの程度まで深く知りたいかに応じて，どこまで読み進めるかを決められるようになっている．どの恐竜がどの恐竜と近い関係にあるのか（恐竜の分類）についてそこまで興味がわかない読者は，各章で"○○類の進化"と題した複雑な系統関係について詳述した項目には手を出さず，恐竜の古生態の項目を読み進めればよい．恐竜についてより詳しく知りたい読者は，"○○類の進化"と題した項目を読み進め，その分類群の分岐図を眺め，もっと興味がわくなら，それぞれの分岐の表徴形質がどんなものであるかを見てもらいたい．何度も繰返すが，本書をどう読み進めるかは，読者であるあなたしだいだ．

IV部：IV部はより総合的な内容を扱い，恐竜を題材とした古生物学の生物学的側面やマクロ進化的側面が述べられている．ここでは，恐竜の生物学的古生物学（13章）や温血性（14章），中生代史（15章），絶滅（17章）の難しいトピックがそれぞれ包括的にまとめられている．そして各章で論じられている内容は，厳選された引用文献に基づいている．

16章では，恐竜学の研究史を紹介する．いくら研究史を紹介したところで，研究そのものを知らなければ得るものはないであろう．したがって，この章は本書の最後の方に配した．研究史を読みながら，ここまでの章で述べられたことを思い返すことができるだろう．

この章は研究者の名前や活躍した年代を紹介するために割いたわけではない．むしろ，恐竜を研究するにあたっての新たな発想が，誰によって生み出され，どのように発展してきたのか，という点に着目してほしい．現在は，かつてないほど多くの恐竜研究者が活躍している．そんな現代の研究者についても，一部の方々だけにはなってしまうが，この章で紹介する．教科書は高価なので，投資に見合うよう，読者の皆さんが最大限活用できるようにと考えている．

本書を通じて，プロの古生物学者なら誰もが経験する感動や驚きを少しでも伝えることができれば幸いである．

教員の皆さんへ

『恐竜学入門 第4版』は，科学的探究の論理や，自然史および進化生物学の概念といった，一般科学の素養を身につける段階にある，大学1，2年生向けにつくられている．本書は恐竜を題材に，研究の視点や手法を紹介してはいるが，科学的論理や批判的思考を教えるという点において，恐竜という限られた分類群をはるかに超えた広い分野との関連性がある．こうした科学的アプローチの教育は，40年にわたって成果を出してきた．そしてここに，新たな発見や解釈が加わることで，第4版が完成した．多くの重要なトピックが盛り込まれ，恐竜を専門とする研究者も含め，プロの古生物学者にとっても価値ある一冊となっている．

ケンブリッジ大学出版は本書の執筆開始にあたって，これまでの版を授業で利用した経験のある教員たちからの幅広いフィードバックの収集に心血を注いだ．彼らからは，思慮深く，詳細で，そして多くの場合，含蓄のある回答が集まった．これらは，この第4版を教材としてどのように改善していくべきかを決めるうえで特に有益であり，私たちはほぼすべての提案や提言に対応した．ベテランの教員の方々が丁寧に回答してくださったおかげで，実に充実した教科書にすることができた．ここに深く感謝申し上げる．

ユニークな概念的アプローチ

恐竜の名前や棲息年代，棲息場所，個々の特徴などは，今や簡単に知ることができるが，これを羅列することは科学ではない．これらの情報を統合させた先に見えてくるものこそが重要であり，そして幸いなことに，はるかに面白い．読者がそうした議論を展開するための一助となることが，本書の最終的なゴールである．

『恐竜学入門 第4版』は，恐竜研究の分野で広く受け入れられている系統分類学的な視点から構成され，プロの古生物学者と同じ視点で，読者が恐竜のことを理解できるようになっている．恐竜学を学ぶにあたって，生物全体の中での恐竜の系統的な位置関係や，恐竜同士の関係をないがしろにするのは，進化論を説明せずに生物学を学ぶようなもので，とんでもないことである．分岐図によって各グループの恐竜同士の関係を明瞭に描き，系統分類学の手法と導かれた結論の両方がわかりやすいようにした．

I部では全体の準備体操として，化石の採集や地質時代，系統分類学の論理，そして，基本的な四肢動物の解剖学を解説した．II部とIII部は，それぞれ竜盤類（Saurischia）と鳥盤類（Ornithischia）を網羅した．II部とIII部の章では，恐竜類（Dinosauria）の主要な分類群を紹介し，それぞれの行動生態や生活様式，および進化について論じる．今も生き残っている恐竜としての鳥類の解説は，獣脚類（Theropoda）のI部～III部までの各章が担う．中国・遼寧省からこの25年ほどの間に驚くべき化石の発見が相次いだことで，恐竜から鳥類への移行段階の象徴としてかつて扱われていたアーケオプテリクス（*Archaeopteryx*）の意義が薄れてきたので，アーケオプテリクスのために割かれていた項目は，上記の章に収められることとなった．これを反映して，米国・ロサンゼルス自然史博物館のLuis Chiappe博士とStephanie Abramowicz女史からご提供いただいた熱河層群の鳥化石相から見つかる素晴らしい化石の写真を中心に，中生代の鳥類進化に関する項目を充実させた．10章～12章までは，鳥盤類の解説である．ここは，系統関係に議論のある鳥脚類（Ornithopoda）の項目で締めくくられる．読者がこの章に到達するころには，系統関係の不確実なところを理解し，正しく評価できるようになっているだろう．

IV部は，恐竜類（Dinosauria）の古生物学（13章）に始まり，恐竜の代謝（14章），共進化を含む恐竜の進化の傾向（15章），そして完全にアップデートした恐竜の絶滅（17章）まで，恐竜のすべてを網羅した．最後から2番目にあたる16章は，恐竜古生物学の研究史を述べる．通常，恐竜の教科書ではこうした研究史は冒頭に置かれるものだが，恐竜の研究で新たな発想が生まれてきた歴史を取上げたものとして，本の末尾に置くことにした．こうすることで，今現在この研究領域で進められている研究の潮流がわかるようになると思う．恐竜の研究史の面白さは，発掘されてきた化石のことや，そこから生まれてきた恐竜についてのさまざまなアイディアを知ることで，より共感してもらえるものと信じている．最後に，本書は恐竜に起こった歴史的事件，すなわち，白亜紀-古第三紀境界の大量絶滅に関する議論で締めくくる．多くの人が言うように，地球は“哺乳類の時代”に入ったといえるかもしれない．しかし，ここでは，私たちはまだ“恐竜の時代”にいるのだと読者に伝えたい．

また，恐竜の専門家は個性豊かな仲間が揃っており，彼らの伝説的な活躍によって恐竜学が築かれてきたので，これらの面白いエピソードを紹介しないわけにはいかない（16章）．第4版では，新たに1960年代後半から1980年頃生まれのX世代や，1980年代から1990年代前半生まれのミレニアル世代の古生物学者たちの一部も紹介したので，読者にこうした若きプロフェッショナルたちに自分自身を投影してもらえればと思う．

最後に，これまで重ねてきた版と同様，本書で何か間違いがあったとすれば，それはすべて二人のデイブ（David Fastovsky と David Weishampel）の責任である．

本書の特徴

『恐竜学入門 第4版』は，教員が授業で教えるときに使いやすいよう，そして，学生が学びやすいように考えてつくられている．

- 本書は，これまでの版からひき続き，世界的な恐竜復元画家のJohn Sibbick氏の手による豊富なイラストで彩られている．また，写真点数も大幅に増やした．そしてこの新版では，写真の差し替えも多数行った．ケンブリッジ大学出版がカラー印刷をするようになったので，内容もインパクトが高まったと考えている（訳注：日本語版では，モノクロ，ないし2色刷りに変更している場合があります）．
- これまでどおり，最初は読者の自信を高められるよう，やや簡単な内容から始め，読み進めるうちに徐々に複雑で高度な内容になっていくように章を構成した．
- 読者を科学の世界に引き込みやすいよう，軽いタッチの，活き活きとしたやさしい文章で書くようにし，多くの読者たちが科学の教科書を手に取ったときに抱く不安を払拭できるよう心がけた．
- 各章では，冒頭にその章の目的を載せ，学習の到達目標がわかるようにした．
- さまざまなトピックに絡めたBoxコラムをちりばめた．恐竜のポエムや絶滅事変のマンガ，鳥の肺がどのように機能するか，天才研究者たちの型破りで奇想天外なエピソードの数々を楽しんでもらいたい．
- 学びの一助としてもらうための演習問題も充実させた．これらの問題にすべて正解できるようになれば，より深い理解度が得られることだろう．ぜひ，講義の期末テストに活用してもらいたい（訳注：日本語版では東京化学同人のホームページに掲載しています）．
- 用語集は，重要な用語の定義を説明し，その用語が使われている章を参照できるよう工夫している．
- 索引は二つある．一つは事項を引くための「和文・欧文索引」で，もう一つは「生物名索引」である．「生物名索引」では，本書に登場するすべての恐竜の名前を載せた．
- 日本語版では付表を二つ用意した．付表1「上位分類群一覧」では上位分類群の名前と語源，そして和名の対応表を，付表2「属名一覧」では本書に登場する生物の属名一覧とその語源を載せた．
- 一部の章では，放射性元素の崩壊に関する化学的な内容や，プレートテクトニクス，現代型鳥類の形態学，ダーウィン進化論として知られる自然選択による進化の基本原理など，各章の内容理解の手助けとなる付録をつけた．

講義に役立つ教員用資料も準備してある．本書に使われた図版や写真の電子ファイル，講義に役立つテキストや図が入ったパワーポイントファイル，教員が参照するための演習問題の模範解答がある（英語版）．

教員用資料： 本書の日本語版の教科書採用教員に限り，図版データ, solutions manual, lecture slides（PowerPoint）を提供いたしますので東京化学同人営業部にご連絡ください．

監 訳 者 序

本書の日本語版初版は，原書第2版（2012年）をもとに2015年に出版された．本改訂版は原書第4版（2021年）の翻訳書である．藤原，松本両氏は，本改訂版のために原書の改訂部分だけではなく，すべての本文と注を改めて訳し直してくれた．

本書はわかりやすいイラストや系統図を使いながら，恐竜化石や骨格標本の注目すべき形態とその解説に重点をおいている．恐竜学を学ぼうとする初学者にまずお薦めしたい教科書である．最近は理系の大学生でも，入試で生物をとっていない場合が少なくない．そのような学生にもわかりやすく解説された教科書である．また，理系の学生以外にも恐竜学や古生物学の学習を促す好著でもある．

恐竜の教科書的な本を書いてほしいと依頼されることが少なくない．私は本書のような翻訳された教科書を読むことを勧めている．恐竜などの生物には国境がなく，サイエンスという学問にも国境がない．恐竜に興味関心のある人々とその情熱にも国境がない．国際的に読み継がれている本書のような教科書を読んでいれば，海外の恐竜研究者とも「同じ教科書で学んだ」と実感できる瞬間がきっとあるだろう．

恐竜学というタイトルを見た方のなかには，恐竜の研究は古生物学の一部であって，恐竜に特有の“学”は存在しないという意見があるかもしれない．たしかにDinosaurologyというような学問は英語でも存在しない．しかし，私は恐竜学という言葉を好んで使うようにしている．恐竜に関して研究するときに使用する学問体系は古生物学だが，恐竜への興味関心，恐竜に関する学術的知識や経験，恐竜に対する愛情を表現する場所は通常の学問の世界だけではない．それはアートの世界であったり，小説，テレビ番組，映画などのマスメディアであったりする．そんな魅力と影響力をもった絶滅生物は恐竜だけではないかもしれないが，恐竜は古生物学という枠の中だけにはとどまらない存在なのではないかと感じている．生体復元画を描いたり，フィギュアを造形したりすることは学問ではないと言う人がいるかもしれない．でも，作家たちは恐竜の最新の研究に基づいた知識をもとに，遥か昔の恐竜とその世界に想いを馳せたいと情熱をもっている．それに応えようとする営みは学問なのではないかと感じている．

2025年4月からは，日本国内では恐竜学部や恐竜学科という看板をもつ複数の大学が誕生する．本書を読了した人が一人でも多く，先生から与えられる勉強ではなく，恐竜について知りたいことを，自分で「発掘する」ことができるようになったと言ってくれることを願っている．

訳者紹介： 松本涼子さんは大学1年生の冬から，藤原慎一さんは大学院修士課程1年生のときから私の研究室に入り，現在では私の研究仲間である．松本さんは，岐阜県高山市荘川町で発見されたコリストデラ類という爬虫類の研究で卒業研究を行ったことをスタートに，英ロンドン大学ユニバーシティカレッジでコリストデラ類の研究で博士号を取得した．今では中生代から現代までの爬虫類はもとより両生類などの研究を幅広く行っている．藤原さんは，国立科学博物館に展示されているトリケラトプスの前肢の研究から，恐竜の二足歩行から四足歩行化に伴う姿勢の進化などを恐竜全体に広げ，東京大学大学院で博士号を取得した．現在は，形からその機能を考察する機能形態学をおもなテーマとして，恐竜はもとより絶滅哺乳類にもその分析を応用している．

2025年1月　真　鍋　　真

翻訳にあたって

第4版目となる David E. Fastovsky と David B. Weishampel の『*Dinosaurs*: *A Concise Natural History*』は，恐竜を学ぶうえでの基礎となる地質学，系統分類学，研究史などを広く取扱った恐竜学の入門書である．どのような根拠に基づいてどのような論理展開を導いていくかという科学的思考についても多くのページを割いて説いており，恐竜に限らず，科学に対してどう取組むべきかを学ぶことができる本である．

第4版の翻訳にあたり，前版の翻訳のときと同様，私たちは恐竜を初めて学ぼうとする学生の立場に身を置き換え，どんな訳書がほしいかを意識した．私たちが古脊椎動物の勉強を始めた2000年頃には，学問として恐竜を体系的に学べる教科書的な訳本が少なかった．そのなかで，日本語と英語の対応がすぐにつく訳書であった A. S. Romer 著の『脊椎動物のからだ：その比較解剖学（平光厲司 訳）』などの存在に非常に助けられた．索引部分のコピーを辞書代わりにし，一般の英和辞書にはない専門用語を学び，しだいに英文の原著や論文が読めるようになっていった．そうした学生時代の経験をもとに，重要な語句にはなるべく英語を併記するよう心掛け，索引でも日本語と英語が対応できるように構成した．また，該当する日本語が存在しない英単語については，新しい訳語を無理につくらず，平易な言葉で置き換えることを心掛け，わかりやすさを重視した．

前版にひき続き，著者の世代や出身国に馴染み深い流行歌の歌詞や曲名，映画やゲームのタイトルにかけた表題がこれでもかと登場する点は相も変わらず，著者らの遊び心や詩のリズムを汲んだ訳をつけていこうと努めた．この点は前版の経験もあって，さして問題とはならなかった．ただ，やはり第4版の翻訳でも頭を悩ませた点は多々あった．

一つ目は，前版でも悩んだ，本来ラテン語で書き表される分類群の学名の日本語（和名）表記における諸々の問題である．和文では，分類群名であるラテン語の日本語訳として「○○類」を用いることもあれば，分類群を意図しない漠然とした生物の集合を「○○類」と称することもある．英文中ではこれらの違いは明白にもかかわらず，和文でこれらを混在させて使用すると，元来どちらを意図したものなのかが判然としなくなってしまうという大きな課題がある．そこで本訳書では，ラテン語で定義される分類群名に対しては「○○類」の訳をあて，特定の分類群をささない一般称については「○○類」を用いず，「○○の仲間」や単に「○○」とし，また，自然分類群ではない生物の集合については可能な限り“○○”のように二重引用符を付して区別した．たとえば，原書中で使われている一般称の birds は，分類名の Aves とまったく異なる意味で用いられているため，それぞれ，「鳥」と「鳥類」と訳し分ける必要があった．

また，慣例的に用いられている分類群の和名は，元のラテン名の特定ができないものが多い．たとえば，「ワニ類」という和名は，「Suchia」や「Crocodylia」など，複数のラテン名の訳として重複して使われている現状がある．このように，元のラテン名と1対1対応しない和名は，特に系統分類を重要視する本書で用いることは適当ではないと判断した．分類群名の和名化はいくつかの基準によってなされている（巻末の付表1 上位分類群一覧を参照）．そのうち，ラテン名の語源を適確に反映した和名は，元のラテン名との1対1対応がしやすいことから，訳書に採用した．一方で，ラテン語の語源を反映しない意訳した漢字名や，グループ内の特定の動物に代表させた和名（たとえば「角竜」など）は，元のラテン名を特定できない場合が多く，かつラテン語本来の意味をとり違える恐れがある．これらは，分類群のラテン名の語源を重要視して多数紹介している原書の意図とも反するものであり，本訳書では採用しなかった．

分類群のラテン名には，可能な限りルビを振った．属名のカナ表記は，本訳書ではローマ字読みや英語風の読みを混在させたものである．これらは数ある読み方のなかの一例を示したにすぎず，必ずしも英会話で相手に通じる読みではないことを断っておく．ともあれ，分類群名も属名も，国際的に通じる表記は唯一ラテン名のみである．読者には，和名表記や読み方ではなく，なるべくラテン名によって学名を認識できるようになることを願う．学名の語源は生物の形態的な特徴をなぞってつけられる場合もあり，新たな発見があるはずだ．訳文中では，多少煩わしく感じられるかもしれないが，特定の分類群をさす必要がある箇所では特に意識的に，そのラテン名を併記することを心掛けた．

二つ目は，版を重ねたことによって生じたであろう原書中の誤植や齟齬の修正，著者らの専門外の分野で必要となった一部の専門用語や表現の修正，出版から翻訳までの時間的なギャップに伴う情報の更新に迫られたことである．翻訳者の専門分野でカバーしきれなかった点や見落としはまだあるかもしれない．これが思いのほか多く，翻訳中や校正中に感じる違和感や，編集からいただくご指摘の中から古びたセーターのほつれのごとくポロポロ出てきたものに対して，大元の論文をたどりつつ修正案に頭を悩ませた．ともあれ,良い方向へと修正をするよう心掛けてきたつもりである．結果的に，原書の一部に修正を加えて訳本を作成することになったため，原書からつくり直した図表もある点はご理解いただきたい．気になる方は，英語の勉強ついでに，原書と読み比べてみてもらいたい．

本書を読むことで恐竜学の基礎知識を身に着けることができるのは間違いないが，紹介されている内容は，恐竜を科学的な目で捉える手法のごく一部であることをつけ加えたい．本書に登場するキーワードをとっかかりとして，さまざまな書籍や論文から多様な研究手法にふれ，科学的アプローチには無限の広がりと発見があることを実感してもらうことこそが，本書の出版を手掛けた私たちの願いでもある．

訳出にあたり，訳者らの拙い英語読解能力と日本語力を補い，訳を監修してくださった監訳者の国立科学博物館の真鍋真先生，細部にわたって文章や図版を見直してくださった東京化学同人の池尾久美子氏・井野未央子氏には，深く感謝申し上げる．思い返せば，前版の翻訳から実に 10 年が経過していた．われわれも歳を相応に重ねてきたが，長きにわたり変わらずにお付き合いいただけていることに重ねて謝意を申し上げる．

2025 年 1 月

藤原慎一・松本涼子

目　　　次

I．過去への追憶

I・1　恐竜物語……4
I・2　科　　学……5

1．恐竜を捕まえにいこう……8
1・1　化石に残される生物……10
1・2　恐竜を持ち帰ろう……13
1・3　化石の採集……14
Box 1・1　“スー”と名づけられた恐竜……16

2．恐竜たちの時代……24
2・1　“恐竜”はどの時代に生きていたのか，
　　またどうすれば，それがわかるのか…26
2・2　中生代の大陸配置と気候……29
2・3　恐竜時代の気候……32
付録2・1　化学の世界をざっくり紹介……34
付録2・2　プレートテクトニクス講座！……36

3．生物同士がどういう関係にあって，
どうやってその関係がわかるのか……39
3・1　あなたは誰？……40
3・2　生物進化……40
3・3　系統分類学: 進化の道筋の復元……43
付録3・1　“進化”とは何か……52
Box 3・1　分岐図 vs 進化の樹:
　　そこに込められた意味は？…49

4．恐竜ってどんな動物？……55
4・1　生命の歴史を理解しよう……56
4・2　脊椎動物のはじまり……56
4・3　四肢動物……58
4・4　双 弓 類……67
4・5　恐 竜 類……68
Box 4・1　フィッシュ&チップス……59
Box 4・2　そもそも“爬虫類(Reptilia)”とは何か？……66
Box 4・3　動物の姿勢は，その動物の分類も
　　運動様式も反映している…69

5．恐竜時代の幕開け……72
5・1　最初の恐竜を探し求めて……74
5・2　主 竜 類……75
5・3　初期の恐竜類……78
5・4　鳥盤類と竜盤類……80
5・5　竜盤類は鳥盤類よりも原始的か？……81
5・6　恐竜の進化……81
5・7　さあゲームの始まりだ……85
5・8　羽　　毛……87
5・9　飛翔に使われない羽毛……88
Box 5・1　もし100年以上もの間，私たちの考えが
　　完全に間違っていたとしたら？…82
Box 5・2　年代がなければ，価値もない……84

II．竜 盤 類:
凶暴，強力，強大，巨大な恐竜たち

II・1　三人模様の絶体絶命……94
II・2　竜盤類を竜盤類たらしめる特徴は何か……94

6．獣脚類 I：血に染まった歯とカギツメ……96
6・1　獣 脚 類……98
6・2　“獣脚類”の生活……99
6・3　“獣脚類”の知能……110
Box 6・1　骨格にお肉をのせていく…
　　extant phylogenetic bracketing 法の活用…108

7．獣脚類 II：獣脚類に会いにいこう……122
7・1　新獣脚類……124
7・2　テタヌラ類……124
Box 7・1　ティラノサウルス・レックス君，起立！……130

8．獣脚類 III：“鳥”の起源と初期進化……145
8・1　鳥 翼 類……146
8・2　中生代の鳥翼類の進化……150
8・3　新鳥類(鳥類)……155
8・4　“鳥”の飛翔の起源……158
付録8・1　新鳥類が新鳥類であるための条件とは？…165
Box 8・1　“鳥(bird)”という用語で特定の分類群を
　　さすことはできない…147
Box 8・2　時代は変われど，本質は変わらず……149
Box 8・3　“鳥”は恐竜である: この仮説ははじめから
　　熱烈に歓迎されたわけではなかった…157

9. 竜脚形類：偉大，異様，威風の恐竜たち……168
9・1　竜脚形類……170
9・2　“古竜脚類”……170
9・3　竜 脚 類……173
9・4　天まで届け，竜脚類の首……178
9・5　竜脚形類の進化……183
Box 9・1　コロコロ変わる，波乱万丈のブロントサウルス…189

Ⅲ．鳥盤類：鎧をまとい，ツノで武装し，アヒルのようなクチバシをもった恐竜たち

Ⅲ・1　鳥盤類を鳥盤類たらしめる特徴は何か……194
Ⅲ・2　噛むとはどういうことか，噛み砕いて考えてみよう….196
Ⅲ・3　鳥盤類を俯瞰して……197
Ⅲ・4　その他の鳥盤類……199

10. 装盾類：鎧をまとった恐竜たち……202
10・1　装 盾 類……204
10・2　広 脚 類……205
10・3　広脚類：ステゴサウルス類……205
10・4　広脚類：アンキロサウルス類―重さとオナラ…213
10・5　装盾類の進化……220
Box 10・1　恐竜狂歌……210
Box 10・2　カナダでのアンキロサウルス類，大豊作…218

11. 周飾頭類：コブ，ツノ，クチバシで武装した恐竜たち…224
11・1　周飾頭類……226
11・2　パキケファロサウルス類：ドームだと思っていたけど… …226
11・3　パキケファロサウルス類の進化……230
11・4　ケラトプス類：フリルをもつ恐竜，および，そのなかでツノをもつ一部の恐竜…233
11・5　ケラトプス類の進化……242
Box 11・1　恐竜の脳……240

12. 鳥脚類：神秘的な中生代の咀嚼動物……248
12・1　鳥 脚 類……250
12・2　鳥脚類の進化……259
Box 12・1　この…基盤的な鳥盤類めらが！……260

Ⅳ．体温調節，古生物地理，大量絶滅

13. 恐竜の生物学的側面Ⅰ……270
13・1　生物学的古生物学……272
13・2　恐竜の外呼吸……272
13・3　恐竜の知能……273
13・4　恐竜の骨……274
13・5　恐竜の体重(質量)推定……277
13・6　俊足か…あるいは鈍足か…　……281
13・7　恐竜の病理……282
13・8　恐竜ゾンビ……283

14. 恐竜の生物学的側面Ⅱ：恐竜の代謝“お熱いのがお好き”…288
14・1　追憶の中の恐竜……290
14・2　恐竜の生理学：体温についてのお話……290
14・3　“恐竜”の代謝様式はどうだったか……291
14・4　骨組織学的アプローチ……297
14・5　空調調節……298
14・6　安定同位体からの証拠……299
付録 14・1　エネルギー代謝の仕組み……305
Box 14・1　血の温もり：もつもの，もたぬもの……292

15. 中生代の動植物の栄華……307
15・1　中生代の“恐竜”……308
15・2　植物と“恐竜”の植物食性の進化……319
Box 15・1　四肢動物の多様性の変遷……309
Box 15・2　“恐竜”の種数を数える……312
Box 15・3　恐竜が花を咲かせた…もしくは植物の進化を促した？…323

16. 恐竜学者たちの発想の積み重ねからみる古生物学史…326
16・1　古生物学の夜明け……328
16・2　17 世紀から 18 世紀までの恐竜観……328
16・3　19 世紀から 20 世紀中頃までの恐竜観……330
16・4　20 世紀前半の恐竜観……336
16・5　映画『ジュラシック・パーク』以前の恐竜像：20 世紀後半戦(とにかくそのほとんど)…337
16・6　『ジュラシック・パーク』後の恐竜観(1990 年代後半)…346
16・7　ワルガキから大物へ：次々と現れる若手研究者…347
Box 16・1　インディー・ジョーンズとアメリカ自然史博物館の中央アジア発掘調査…329
Box 16・2　Richard Owen 卿：栄光と闇……330

Box 16・3 19世紀の恐竜戦争: 殴り合いの死闘……332
Box 16・4 Louis Dolloとベルニサールの怪獣………335
Box 16・5 ロックな骨野郎……………………………336
Box 16・6 二人のドイツ人の物語……………………338
Box 16・7 Franz Nopcsa男爵:
政治, 恐竜, そしてスパイ活動…341

17. 白亜紀-古第三紀境界大量絶滅:
そしてトリケラトプスがいなくなった…355
17・1 生態系の一部でしかない"恐竜"が絶滅したことの
重要性とは何か…356
17・2 小惑星の衝突……………………………………356
17・3 火山噴火…………………………………………362
17・4 白亜紀最末期の化石記録………………………363
17・5 大量絶滅仮説……………………………………370
Box 17・1 絶　滅……………………………………358
Box 17・2 シニョール・リップス効果—
化石記録を誤読する…369
Box 17・3 "恐竜"の絶滅を研究することの難しさ…371
Box 17・4 "恐竜"が絶滅した本当の理由
(トンデモ仮説)…376

用　語　集……………………………………………381
付表1 上位分類群一覧………………………………395
付表2 属 名 一 覧……………………………………407
生物名索引……………………………………………415
和 文 索 引……………………………………………420
欧 文 索 引……………………………………………427

Web付録(東京化学同人ホームページ内の本書ページに掲載)
• 演習問題
• 参考文献

親愛なるわが家族の
Lesley，Naomi，Marieke へ

今は亡き Robert へ…

親愛なる Sarah と Amy へ
お父さんに，恐竜以外にも素晴らしいものがある
ということをいつも気づかせてくれてありがとう！

PART I

過去への追憶

I・1 恐竜物語

本書は恐竜の物語である．すなわち，恐竜とは一体どんな動物なのか，そして彼らは何をしており，どのように生きていたのか，ということについて書かれている．しかし，もっと端的に言うならば，これは自然史の物語でもある．恐竜という題材は，**生物圏**（biosphere）の概念を豊かにしてくれる存在である．生物圏とは，地球を三次元的に取巻く，生命が存在する領域のことだ．この地球の生物圏には，38 億年*1 もの歴史がある．私たち人類，そして私たちの周りの生物は，地球という土地の歴史の中では新参者にすぎない．生物圏の中での生物同士，あるいは生物と地球の関係を知らなければ，連綿と続く生命史のつながりを知ることはできない．“どうして私たちは現在ここに存在しているのか”という根源的な問いに答えるためには，生命史を知ることが一つの手がかりになることは間違いない．この点を学ぼうとするとき，恐竜は非常によい教材となる．なぜなら，恐竜がどんな存在なのかを学ぶということは，私たち自身がどんな存在なのかをより深く知ることにつながるからである．

19 世紀初頭に恐竜化石が初めて科学的に同定されて以降，恐竜の総種数と，新種を発見するペースは，想像を超えるものになっている．ある統計によれば，恐竜の新種は 3 カ月に 1 回のペースで報告されているという．それらの発見は，中国やモンゴル，チリ，アルゼンチンなど，いまだに発掘の余地が残されている地域からが多く，近年ではそこにサハラ砂漠やサハラ以南のアフリカが加わっている（図 I・1）．きちんと計算したわけではないが，専門知識をもって化石の発掘に関わる古生物学者の数は，以前と比べてはるかに多くなっていることは確かだ．

さらに言うなら，恐竜はもはや，読者であるあなた方の親世代（もしくは，さらにその親世代かも）が思うようなダサい玩具のような動物ではない．いわゆる“爬虫類”とよばれる動物たちと恐竜の系統関係，あるいは私たちヒトと恐竜の系統関係は，かつて考えられていたようなものとはまったく異なる．また，恐竜の姿も異なる．実際のところ，恐竜に関するあらゆることへの認識が，1960 年代の後半以降，がらりと変わったのだ．そしてありがたいことに，この変化によって恐竜はぐっと魅力的な存在になったのだ．もしあなたが恐竜を好きなら，とてもいい時代を生きていると思ってよい． 恐竜に関する新たな発見という点で，今，私たちは黄金時代を迎えているのだ．

本書での“恐竜”という用語の扱いについて

“恐竜”を表す“dinosaur”（*deinos* 恐ろしい，*sauros* トカゲ）という用語は，化石が見つかった一部の巨大な絶滅“爬虫類”を言い表すために，英国の博物学者である Richard Owen 卿によって 1842 年につくられた（Box 16・2 参照）．その後，言葉の定義に変更が加えられたものの（たとえば，“巨大な”という形容詞は，現在ではすべての恐竜には当てはまらない），“恐竜（dinosaur）”という用語は今もなお活き活きとした響きを備えている．しかし，ここ四半世紀の研究の成果から，すべての恐竜が絶滅したわけではないことが明らかになってきた．つまり，ほとんどの研究者が，鳥類（Aves〔アヴェス〕）が現在も生き残っている恐竜だということに納得している．そこで正確を期すために，鳥類を除いたすべての恐竜を言い表す用語として“非鳥類恐竜（non-avian dinosaurs）”という語が必要になってくる．しかし，この呼び方を毎度使うのは煩わしいので，本書では“非鳥類恐竜”の意味で“恐竜”という呼称を使うことにする．この

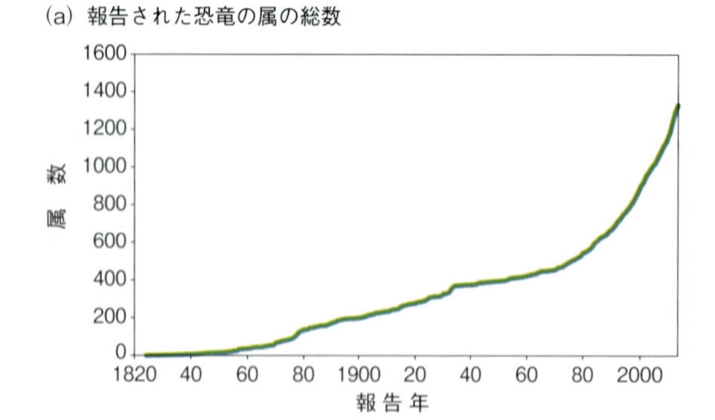

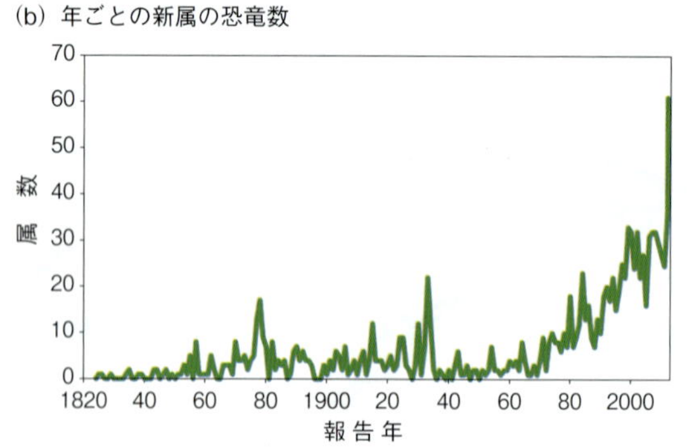

図 I・1 恐竜の新属の発見総数の年表．古生物学者 Michael Benton がまとめた 1822 年から 2014 年までのデータに，本書用にさらに 2019 年まで追加した．(a) これまで報告された恐竜の属の総数，(b) 年ごとの恐竜の新属が報告された数．1880 年代後半と 20 世紀前半から中頃にかけて，年ごとに報告された恐竜の新属の数が目立つが，近年の報告ペースと比べると微々たるものである．

*1 訳注：39 億 5000 万年前の地層から生命の痕跡を発見したとする研究もある［Tashiro, T. *et al.* 2017. Early trace of life from 3.95 Ga sedimentary rocks in Labrador, Canada, *Nature*, **549**(7673), 516–518. doi: 10.1038/nature24019］

“非鳥類恐竜”と，鳥類を含むグループとしての恐竜類という用語の違いが重要になってくるのは，鳥類の起源と初期進化について議論する6章〜8章だけである．そこでは，用語の混乱を避けることに細心の注意を払っている[*2]．

I・2 科　学

本書は，科学の物語でもある．科学とは，データに基づいて想像と創造をもたらすことである．創造性は，科学の世界で共有される価値である．そして誠実さは研究者が遵守すべき価値観である．これはどういうことかというと，科学の価値は，研究者が創造した解釈のうえに成り立つことは確かだが，それと同じくらい，研究者の科学への誠実な取組みにも依存する．科学に対する誠実さがなければ，その研究者の存在価値はないのだ．

ここから先，読者の皆さんには，科学哲学者 Karl Popper が“科学的発見の論理（logic of scientific discovery）”と表現した，科学の豊かな知的世界にどっぷりと浸ってもらいたい．そして，本書が科学の物語であると謳っている以上，“科学”という言葉が意味することは明確にしておいた方がよいだろう．

科学とは，仮説の検証である

科学とは，検証可能な仮説（testable hypothesis）を立て，それを検証していくことの積み重ねのような作業のことだ．科学的な仮説の一例として，“明日，太陽が昇る”という仮説をあげてみよう．この仮説は具体的な予測をしている．何より重要な点は，“明日，太陽が昇る”という仮説が，検証できるということだ．つまり，正しいかどうか評価することができる予測を立てている．検証方法は簡単なことで，明日の朝まで待って，太陽が昇るか昇らないかを確かめればよいのだ．

ここで注意してもらいたいのは，科学とは仮説を裏付けるものを模索しているのではなく，仮説を検証するものを模索しているということだ．たとえば，レーシングカーの設計をしている人なら，街角を運転して“ほうら，走るだろう！”とは主張しない．むしろ，レーシングサーキット上の過酷な条件での走行に耐えうるかどうかを検証するだろう．これは科学的仮説にも当てはまる．科学的仮説は検証されなければならない．そう，車を走らせ続けるように，最も過酷な条件下で検証を重ね，これが反証されないことを示していかなければならないのだ[*3]．

では，非科学的なものとは何だろうか．科学によって答えを得ることができない問いとしては，“神は存在するのか”，“彼女は僕のことを愛しているのだろうか”，“なぜ私は毛深い男性が嫌いなのだろうか”，といった類のものがあげられる．ブロードウェイ・ミュージカルの演目『ミュージック・マン』で，司書の Marian Paroo が「ベートーベンが偉大なのはどうして？」と問う場面があるが，これは科学で証明できる問いではない．科学的な問いとして，適したものとそうでないものがあるということだ．

“証明”は検証の先にある　上記の科学的仮説の例では，もし太陽が昇らなければ，その仮説は反証された，すなわち，正しくないことが証明されたことになり，仮説は棄却される．その一方で，もし太陽が昇れば，その仮説は反証されないことになり，仮説を棄却することができなくなる．洗練されたさまざまな哲学的理由から，研究者は通常，ある仮説が証明できたとは言わず，むしろ，その仮説を検証した結果，反証されなかった，と言う．これはつまり，知を追求していく以上，何かを“証明”することは非常に困難だということを意味する．このような理由から，研究者が研究成果について話す際に，“証明した”とか“正しい”という表現を使うことは滅多にない．

しかし，私たちは仮説を検証することができる．科学の基本的な考え方の一つは，科学が検証可能な予測をもつ仮説で構成されているということだ．このあとの章では，さまざまな仮説を目にすることになるだろう．これらが科学として成り立つからには，検証可能な予測を伴っていなければならない．どんなに面白く，心躍らされ，重要なことが書かれていても，検証できなければそれは科学ではないのだ．

大衆メディアの中の科学

大衆メディアには“科学”があふれている．『アニマル・プラネット』から『ナショナル・ジオグラフィック』，『天気予報』まで，どこにでもだ．これはいいことだ．私たちの生活に科学はより身近なものになっていき，科学に精通すればするほど，よりよい判断をすることができるようになる．しかし問題となるのは，大衆メディアが映す“科学”のすべてが，必ずしも科学的だとはいえないという点だ．

研究者の世界では，研究成果は査読（peer-review）を受けたもののみが受け入れられる．査読とは，すなわち，第三者の立場の研究者らによって吟味され，慎重に精査されることであり，これによって研究の質が保証される．多くの場合，一つの研究が完成するまでには，その分野の専門家による査読に応えて，著者は何度も修正と再検討を繰返

---

*2　訳注：日本語版では，非鳥類恐竜(non-avian dinosaurs)を“恐竜(dinosaurs)”とし，鳥類(Aves)を含む分類群としての恐竜を恐竜類(Dinosauria)として区別する．

*3　科学の世界で用いられる“仮説”という用語は，単に思いつきや憶測のことをさすのではない．むしろ，(ときに複雑な)現象を(ときに複雑に)説明するものであり，一度検証され，仮に受け入れられたとしても，さらなる反証に耐えられるものでなければならない．

す．そして，そのハードルを乗り越えた研究だけが，論文として世に出されるのである．これこそが，最高の品質の科学研究を生み出すために長い時間をかけて練り上げられ，かつ実績を伴ってきた方法なのである．

一方，大衆メディアの目指すものは少々異なる．映画やテレビ番組，ラジオ番組などでは，目指すところはエンターテインメントであり，最新の発見をいち早く公開するというニュース性である．エンターテインメント性があることも，ニュース性があることも，科学的に質が高いこととは関係がない．特にニュース性に関しては，公開を急ぐことで，中途半端な理論や解釈が厳しい査読を受けずに一般に広められてしまう危険性があることを意味している．そしていざ専門家による査読が行われると，その結果は散々なものになりかねず，事実これまでもそういうことが多々あった．

エンターテインメント性を目指すことについても同様に，科学として壊滅的なことに陥りかねない．たとえば，ある科学トピックについて，大多数の研究者がある仮説を支持しており，その“対立仮説”に学術的な正当性がほとんどなかったとしても，テレビやラジオで，その“対立仮説”が紹介されることはよくあることだ．査読を経たうえで多くの研究者から支持を集めている科学的仮説があったとしても，それに対する異説を唱える者は常に存在する．対立する見解を提示することは，エンターテインメントとして常に楽しいものだろう．

古生物学の世界では，エンターテインメント性を追求するあまり，単なる論争にとどまらない，いきすぎた宣伝が行われてきた．史上最大だの，牙やカギツメだの，小惑星だの，絶滅だの，数多くの売り文句が飛び交ってきた．しかし究極的には，恐竜を学問することの真の豊かさ（そしてエンターテインメント性）をバランスよく，偏りなく扱うことを本書では示したいと考えている．恐竜ほど壮大で魅力的な生物はほかにはなく，そして恐竜がどんな動物であり，どんな生き方をしていたのかを解明しようとする研究は現在も進められている．それこそが説得力のあるドラマとなるのだ．

インターネットは誰もが使う非常に重要な情報源だが，知識やエンターテインメント，販売促進などの，時に矛盾したさまざまな意図が絡んで更新されていくため，それを閲覧する私たちはより注意深くならなければならない．情報へのアクセスのしやすさや利便性，幅の広さは，ネットの絶大な強みである．しかし，その情報の信頼性や奥深さについては，常に情報源に気をつけなければならない．非常によい点として，査読付き論文を含む多くの情報が，ネット上で閲覧できることがあげられる．実際，主要な査読付き論文のほとんどは，ネット上で存在感を示しており，なかにはネット上限定で公開されているものもある．たとえば，米国・古脊椎動物学会（Society of Vertebrate Paleontology）のような学術団体が発行する査読付きの専門誌の情報が信用できると考えてよい．同様に，学術団体のウェブサイトに載った情報は信用に値する．学術機関のウェブサイトは信用がおけるものが多い．ただし，たとえ学術的な内容を扱っていたとしても，個人が運営するウェブサイトは，特異であろうとなかろうと，サイト作成者の個人的な意見を反映していることに注意しなければならない．ウィキペディア（Wikipedia）は，研究にとっても素晴らしく有用なツールであり，知識を得るのに非常に優れていると私たちは考えているが，これもまた，インターネットの良い面と悪い面の両方が現れている．多くの場合，そこに載っている情報は正確だが，おかしな情報が載っていることもあるのだ．つまり，インターネットはとても便利なツールだが，すべての情報に等しく信頼がおけるわけではないことは，大いに注意しなければならない．結局のところ，最高の科学が“フェイクニュース”を打ち破るには，ほかの専門家によって長い時間をかけて慎重に査読されるというプロセスを経るしかない．

参考文献

Fastovsky, D. E., Huang, Y., Hsu J., *et al*. 2004. Shape of Mesozoic dinosaur richness. *Geology*, **32**, 877–880. doi: 10.1130/G20695.1

Starrfelt, J. and Liow, L.-H. 2016. How many dinosaur species were there? Fossil bias and true richness estimated using a Poisson sampling model. *Philosophical Transactions of the Royal Society B*, **371**, 20150219. doi: 10.1098/rstb.2015.0219

Wang, S. and Dodson, P. 2006. Estimating the diversity of dinosaurs. *Proceedings of the National Academy of Sciences*, **103**, 13601–13605. doi: 10.1073/pnas.0606028103

Chapter

1 恐竜を捕まえにいこう

化石とは，この惑星の歴史の記憶だ．われらが地球は，
自叙伝を地層と化石に書き記してきたのだ
—Kirk R. Johnson（米国・スミソニアン協会・国立自然史博物館館長）

What's in this chapter

本章では以下の項目を紹介する：

- **かつて地球上に生きていた生命がどのようにして化石として記録されるか**
- **恐竜の化石がどのように発見され，発掘されるか**
- **恐竜の化石がどのように研究され，展示されるか**

1・1 化石に残される生物

化石（fossil）とは，生物が地層中に埋没したものであり，過去に地球上に生物が存在していたことを示す唯一の証拠である．たとえば，恐竜のような生物がいたことを知ることができるのは，化石があるからだ．しかも，化石が残るということは奇跡的なことだ．ほとんどの生物は化石になることはない．かつて無数に生きていたはずの恐竜たちの，ほんの一握りしか化石に残されていないのは，疑いようのない事実だ．

化石にはさまざまなものがある．**体化石**（body fossil）は，たとえば骨や歯など，おもに動物の**硬組織**（hard tissue）を伴って見つかる．**生痕化石**（trace fossil）は，動物の歩行痕のような地層に残された痕跡である．**皮膚痕**（skin impression）のような化石は，体化石でもあり，生痕化石でもある．20 世紀の終わりまで古生物学者たちは，恐竜の筋肉や血管，内臓，皮膚，脂肪層といった**軟組織**（soft tissue）は化石に残らないと考えていた．硬組織は，軟組織と比べて，時間経過とともに壊れにくいものであると考えられていた．これはある程度正しい推論ではあったものの，技術の発達とともに，それまで予期していなかった組織や細胞，生体分子の構造が化石に残されていることがわかってきたのだ．たとえば，ティラノサウルス（*Tyrannosaurus*；Box 7・1参照）化石から赤血球細胞と結合組織が発見されている．心して聞いてほしい．化石とは，もはや古い骨だけをさすものではないのだ．

体化石のでき方

埋没前に起こること　恐竜，あるいは何らかの陸棲脊椎動物がいたとしよう．それが死んだ後にどんなことが起こるだろうか．

遺体は多くの場合，まずは捕食者によって，ついで当時の哺乳類や鳥，昆虫や細菌などさまざまな腐肉食者によって関節が外され，バラバラにされる．肉がきれいにそぎ落とされ，太陽の下にさらされ白骨化する骨もあるだろう．また，別の場所に持ち運ばれて，何度もしゃぶられたりする骨もあるだろう．関節がバラバラに外された遺体が，動物の群れに踏みつぶされ，破壊され，さらに細かく砕かれることもある．土壌で成育する植物が腐敗することでフミン酸などの酸性物質がつくられると，骨は溶かされる．しかし皆さんお察しのことだろうが，動物遺体の分解の過程で，最も大きく影響を及ぼすのは腐った肉をごちそうにしている細菌である．仮に動物がすぐにバラバラにされなかったとしても，細菌が遺体を分解する際に発生するガスで遺体がパンパンに膨らむことは珍しいことではない．膨らんだ遺体はやがてしぼみ（破裂してしぼむこともある），骨はそのままに，靱帯や腱，皮膚などが乾燥して，ビーフジャーキーならぬ恐竜ジャーキーのようにカピカピのガチガチになる（図 1・1）．

埋没時に起こること　遅かれ早かれ，骨は粉々になるか，地層中に埋没することになる．仮に，遺体が何らかの生物のご馳走として咬みつぶされたり消化されたりしなかったとしても，**風化**（weathering）によって破壊される．風化とは，骨の中の生体鉱物が壊され，骨がバラバラになって散逸することを意味する．しかし，遺体が急速に埋没することで骨の風化が止まると，古生物学者にとってワクワクする展開が待っている．この段階で，それらは化石とよばれるようになるのだ（“それら”というのは，古生物学者のことではなくて，骨のことだ）．図 1・2 に，数多ある**化石化**（fossilization）の過程のうちの二つの事例を示す．

図 1・1　草原に転がった，乾燥したウマの遺体．文字どおり骨と皮だけの状態である．これが堆積物に埋もれると，化石化が進んでいく．［Morgan Trimble/Getty Images］

埋没後に起こること　埋没中の環境は化学的に安定しているわけではない．まずいことに，骨は水酸化リン酸カルシウム（別名ヒドロキシアパタイト）という鉱物を主成分としており，埋没した後，地殻内部に存在するイオン濃度の高い流体にさらされると，いともたやすくかつ急速に分解してしまうのだ．こうなると，化石は溶けてなくなってしまうため，発見されることはない．ただ，よい点としては，適切な化学的条件下の地下水に浸れば，骨は本来の組成からフルオロアパタイト（フッ素燐灰石）のような鉱物に**置換**（replacement）され，最終的に溶解および風化がされにくくなる．

置換される度合いは状況により異なる．もし埋没後に（数百万年単位で）周囲に流体が一切存在せず，化学反応が生じない状況下であれば，骨は鉱物に置換されないまま，100％元来の骨の鉱物組成を残す可能性がある．ただ，こうした状況は古い化石ではほとんど起こりえない．

一方で，同じだけの年月（あるいはもっと少ない年月）地層中に埋もれていても，骨の元の組成が一切残らず，完全に別の鉱物に置換されることもある．いずれにせよ，地層中に数百万年も埋もれている間，程度の差こそあれ，恐竜の骨は置換されていく．古い化石ほどより置換される傾向にある．最後の"非鳥類恐竜"が生きていたのが6600万年前よりも前の時代なので，恐竜の化石はある程度置換されているのが普通だ．2019年に報告された鳥脚類恐竜フォ

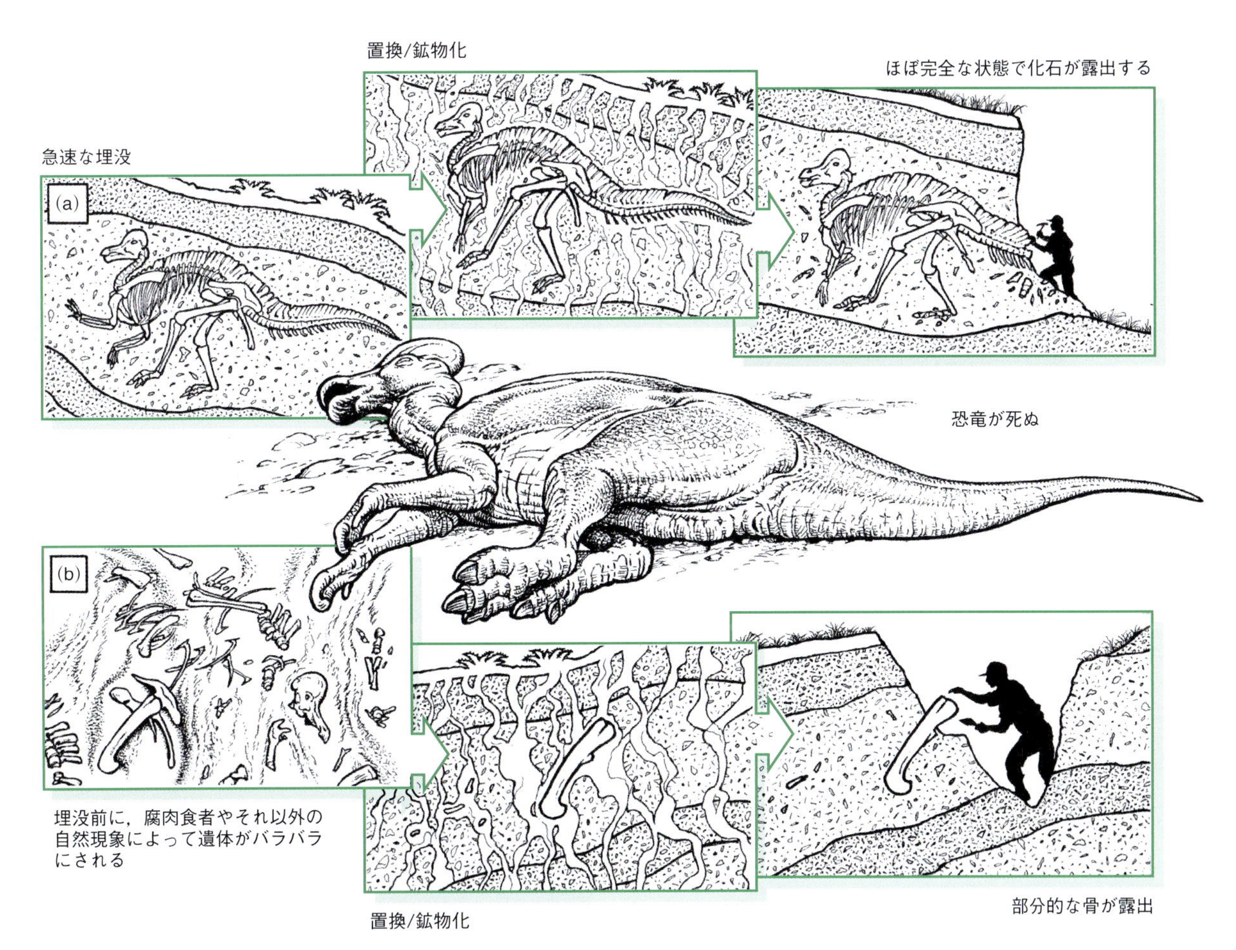

図 1・2　化石化の過程を二つの事例で示す．どちらの場合も，まずは動物の死によって始まる．ある程度，表層から腐敗が進む．上段の例(a)では，まず動物が死に，遺体が急速に埋没した後，地中で細菌による分解が進み，新たな鉱物の浸透や置換が起こる．そして数百万年の時を経て，化石が地表に露出する．この工程を経ると，骨格はほぼ完全に揃い，骨も関節した（骨と骨の関節が外れずに結合した）状態で発掘される．この状態で見つかる化石は，最高の保存状態といってよい．下段の例(b)では，遺体がまず腐肉食者によってバラバラにされたり，動物によって踏みつぶされたりして，周辺に撒き散らされる．運よく残った骨格部位は，河川によって運搬され，埋没し，置換や鉱物化を経て，数百万年後に地表に露出する．この工程を経ると，化石はバラバラの状態や欠損した状態で見つかったり，水の流れの中でできた摩耗や，当時の腐肉食者らの咬み痕が残されたりする．化石の保存状態の違いは，動物の死後，遺体に何が起こったかを物語る．

図 1・3 オーストラリアで発見された恐竜フォストリア（*Fostoria*）の趾骨（趾の骨）．地層中で骨がオパールに置換されている．［D. E. Fastovsky 提供］

図 1・4 ジュラ紀に堆積した米国・ユタ州のモリソン層（Morrison Formation）の骨化石．鉱物化作用を受けることで，化石はもはや骨ではなく，岩石の塊に変質している．［D. E. Fastovsky 提供］

ストリア（*Fostoria*）の化石の事例では，なんと元来の骨が部分的にオパールに置換されていた（図 1・3）．

化石に本来の骨の形状や微細構造がどれだけ残るかについても千差万別だ．もともとの骨が非常に粗く置換されて化石に残る場合もある．また，置換されて化学組成的にも質感的にも**岩石**(rock)そのものだが，もともとの骨の正確な形状や微細構造を残し，かつて骨であった状態と区別がつかないほどの見事な天然の複製品が作られることもある．

骨は多孔質で，生きているときには血管や結合組織，神経などの軟組織が占めている空間に，鉱物が充塡されて化石となる．この現象を**鉱物化**（permineralization）という（図 1・4）．大多数の化石骨で，程度の差こそあれ，置換と鉱物化がそれぞれ起こる．

ここまで，化石骨あるいは動物の体の一部がどのように化石に保存されるかを説明してきた．しかし，こうした部分的な骨格の化石が見つかる一方で，非常にまれで幸運なケースとして，数百から数千もの骨が一気にまとまったボーンベッド（bonebed）になって見つかることもある．これらのボーンベッドは，**単一種**（monospecific），すなわち 1 種類の動物の骨が集まってできている場合がある．こうしたものを見つけた場合，この種が**群居性**（gregarious）だった，あるいは群れで行動していたものが化石記録に残されたことを示すのではないかと想像できる．

生痕化石　恐竜化石として，骨化石以外に最も重要なタイプの化石は，**生痕化石**（trace fossil, ichnofossil: *ichnos* 痕）である．恐竜の生痕化石は，たとえば**足印**（footprint）や連続歩行痕のような**行跡**（こうせき）（trackway）が代表的だ．図 1・5 に示したのは，恐竜の足印の**モールド**（mold，雌型，印象痕），すなわち堆積物に押しつけられてできた凹みである．そのほかに，**キャスト**（cast，雄型）が見つかることもある．これは，モールドを鋳型として堆積物が充塡してできた凸型の生痕化石である．したがって，モールドの中で形成される恐竜の足印のキャストは，立体的である．

過去 40 年間（1980 年代以降）で，生痕化石の重要性が認識されるようになった．生痕化石によって，恐竜が体の真下に肢を下ろして歩く直立型（下方型）の姿勢をとっていることがわかるようになり，ほかにも歩行姿勢や移動時

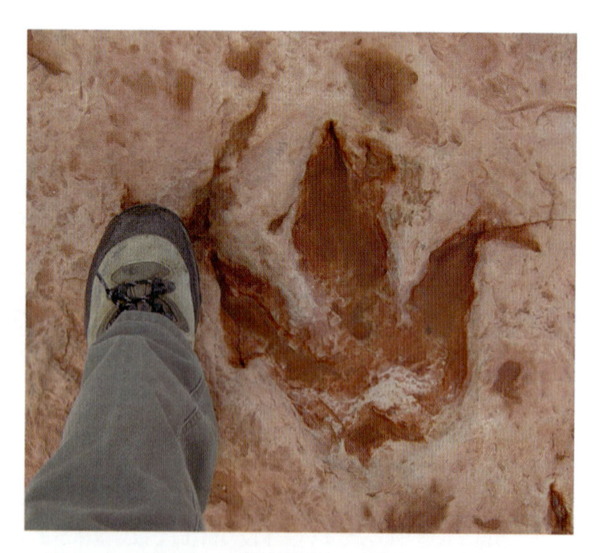

図 1・5 前期ジュラ紀に堆積した米国・アリゾナ州北東部のモエナヴ層（Moenave Formation）に残された獣脚類恐竜の足印化石．ヒトの足がスケールとして写っている．［D. E. Fastovsky 提供］

図 1・6　モンゴル・ゴビ砂漠のシャルツァフ(Shar-tsav)で発見された，1頭の中型の獣脚類恐竜が小型の獣脚類恐竜の群れに追われている様子を示す行跡化石．化石証拠から示唆されるとおり，ヴェロキラプトル(*Velociraptor*)の群れが1頭のガリミムス(*Gallimimus*)を襲撃している後期白亜紀のとある日の歴史的瞬間をイラストにした．［写真は D. E. Fastovsky 提供］

の歩行速度も研究されるようになってきた．行跡には，過去の驚くべきドラマが残されることがある．たとえば，およそ1億5000万年前のある日，おそらくはオルニトミムス科（Ornithomimidae；6章）だと考えられる1頭の大きな獣脚類恐竜が，少し小型の獣脚類の群れに襲撃されようとしている様子が残っていたりするのだ（図1・6）．

そのほかのタイプの化石　このほかにも印象的な名前の化石があるが，ここではまとめて紹介しよう．恐竜やその他の脊椎動物の糞が化石化したものが見つかることがある．これは**糞化石**（coprolite，コプロライト）とよばれており，時に印象的なこれらの“おとしもの”から，恐竜の食性を“腸の視点”から推し量ることができる．また，本書で後に紹介するが，化石化した卵や皮膚の印象が発見されることがある．巣の化石が発見されることもある（図1・7）．分子構造や細胞，**胃石**（gastrolith；図6・18参照），はては軟組織まで，恐竜の体の隅から隅まで，化石に残る可能性があるのだ．

1・2　恐竜を持ち帰ろう

化石を探す

さて，地層中に埋没している化石はどうすれば見つけることができるのだろうか．実は，私たちは地中に埋まっている化石を見つけているのではない．岩石サイクルとよばれる，岩石が形を変化させていく地質学的プロセスのなかで，化石が地表に現れるのだ．つまり，化石が入った地層が，地表に露出するということである．それでも，化石を見つけることができるのは神の贈り物というべきものだ．仮に，あるタイミングにある場所で，とある化石が入っている**堆積岩**（sedimentary rock）が地表に露出し，風化さ

図 1・7　恐竜オリクトドロメウス(*Oryctodromeus*)の巣穴化石. 骨格が発見された周囲の堆積物の構造を注意深く調べることで巣穴の存在が明らかとなった. [D. J. Varricchio 提供]

れつつあったとしよう. そこに偶然, 化石を探している**古生物学者**(paleontologist) がいたならば, その化石は彼らの目に留まり, 回収されるだろう. 1億6500万年もの間, 恐竜たちが地球上を闊歩していたその足元で, もっと古い時代の恐竜の化石がどれほどの回数で露出・風化し, 踏みつけられ, そして永久に失われていったことだろう (図1・8). つまり, 後にも述べるが, 化石を探す場所選びが非常に重要なのである.

すなわち, 化石との出会いは, まちまちな化石の保存状態, 化石が地表に露出するタイミング, そして熱心な古生物学者が化石を探すタイミングなどの要素が, 絶妙に偶然一致することで生まれるものなのである.

1・3 化石の採集

恐竜のロマンとは, まさに化石採集のことだと言っても過言ではない—エキゾチックな辺境の地, 壮大なフィールド環境, 荒々しく巨躯の野獣たちとの邂逅(かいこう) (15章). しかし結局のところ, 恐竜の化石採集とは, よく練られた採集計画や地質学の深い知識, そして少しばかりの運によってなされるものである. 化石採集の手順は以下のようなものである.

1. **採集計画** (planning): フィールド調査の準備や, どこを探索すべきかの科学的調査.
2. **化石の捜索** (prospecting): いわゆる, 化石ハンティングのこと.
3. **採集** (collecting): 現場がどこであれ (街から遠く離れた場所で採集することが多い), 化石産地から化石を採ってくること.
4. **プレパレーション** (preparation) と**キュレーション** (curation): 化石を観察できるよう母岩から露出させ, 博物館のコレクションに加え管理するということ.

これらの工程を踏んでいくためにはさまざまな能力, あるいはさまざまな分野の専門家の協力が必要である.

採 集 計 画

恐竜化石の採集は, 思い立ったときに簡単にできるようなものではない. たとえ恐竜化石が豊富に産出する地域であったとしても, 恐竜の骨がすぐに見つかることはまれである. また, 化石を掘り出したとたんに失われる重要な情報についても考慮しなければならない. このような理由から, ほとんどの古生物学者は, 地質学もしくは生物学のPh.D. (博士号) を取得している. また, 実際に発掘調査を指揮する古生物学者は, もれなく, フィールドワークの科学的な知識だけではなく, 実践的な経験を何年間にもわたって身につけている.

発掘調査の遂行　恐竜化石は一人で採集できるようなものではない. そこらに散らばっている単離した骨や歯の化石ならば, あるいは可能かもしれない. でも, 骨格まるごとなんて, 独力ではとても無理だ. 発掘調査にはまとまった人数のチームが必要だ. 希少な恐竜化石を見つけるためには, 多くの人の目で探索しなければならない. 大きな骨から小さな破片まで, すべての化石を石膏ジャケット (後述) にくるんでまとめるまでの複雑な工程をこなすのにも, 人手がいる. そして, 石膏ジャケットに包まれた標本を持ち運ぶなどの力仕事は, とても一人でこなすには無理な作業だ. そこの君も, やってみたいならいつでも大歓迎だ. さらに, 発掘調査では, 発掘チームの食料, 飲料水, 心身の健康状態を維持しなければならない. しかも大概, 発掘地はそうしたものがすぐに手に入るような場所ではない. 強い日差しや高い気温, 粉塵, 害虫, さまざまな備品の不足, 限られた食料, そして“日常生活のリアル”からの隔絶—ここにあげたあらゆる要因で, どんなに熱意がある人でもしだいに滅入ってきてしまうのだ. そこには確かに大自然が広がっている. しかし, それはキャンピング用品のカタログを見て想像するような光景ではない. 加えて言うなら, 海外で発掘を行う場合は言葉の問題があり, 発掘チームの誰かが事故に巻き込まれたときも医療機関へア

図 1・8　パラサウロロフス(*Parasaurolophus*)のつがいが，それらよりも古い時代に棲息していた恐竜の骨化石が崖から露出して風化している傍を歩いていき，化石骨の欠片が踏みつけてられ，壊されていく様子.

図 1・9　1920 年代に行われたアメリカ自然史博物館のゴビ砂漠での発掘調査の準備風景．それから 100 年経った現在でも，発掘現場に生活必需品をもっとうまく運ぶ方法を見つけられた人はいない．車は当時と比べて新しい道具だ．しかし，基本的な発掘計画の立て方や，発掘準備の仕方は変わっていない．[Photo 12/Universal Images Group/Getty Images]

クセスしにくいため，災害に遭ったときのリスクが飛躍的に高まるのだ.

さまざまな地域で化石を発掘するには，燃料や水分，食料，日用品など，自給自足の準備が必要だ．これに加えて，科学的な成果を上げるための発掘場所の地質図や地形図などの地図類，さまざまな調査道具，重たくてもろい恐竜の骨を安全に運搬するための器具も必要である．これには，発掘の計画と経験値が求められる．あなただけではなく，クルー全員の命が懸かっている（図 1・9）．だからこそ，自分が何をすべきか正しく理解しなければならない.

化石全般にいえることだが，特に恐竜の化石は，代替可能な資源ではない．恐竜化石の発掘は常に一発勝負なのだ．よってすべて正しい作業工程で行わなければならない．なぜなら，その標本を採集するチャンスは，二度とないからである．その際，どんな些細な情報も，どんなに小さな化石の破片をうっかり壊してしまったとしても，そのときに回収しなければそれは永久に失われてしまうのだ．それゆえ，脊椎動物化石を収集するにはさまざまな約束事を守らなければならない．

最も基本的なこととして，公有地で化石採集をする場合には，許可が必要だということである．許可を与える機関は，発掘を実施する前に，綿密な発掘計画の提出を求めてくる．つまり，発掘の許可を得るには，事前に綿密な発掘計画を練る必要がある．

特に大きくて重たい恐竜化石を発掘する場合，発掘許可を得る過程で重要視されることの一つは，最終的にその化石がどこにいくのかという点があげられる．誰，またはどの機関がその化石を保有することになるのか．その人物，

Box 1・1 “スー”と名づけられた恐竜

“スー”(図 B1・1) はティラノサウルス・レックスの非常に大きな素晴らしい化石である．同時に，恐竜化石を収集する際に起こりうる誤解や問題の教訓の象徴として，悪名高い標本でもある．化石研究家の Peter Larson は，化石の発掘やプレパレーションを行い，化石やそのキャストを販売する会社であるブラックヒルズ地質学研究所 (Black Hills Institute of Geological Research: BHIGR) の共同設立者，兼社長だが，彼はサウスダコタ州の牧場主 Maurice Williams から，彼の土地で化石の発掘を行い，そしてその後プレパレーションを行った後に販売する許可を得ていたものと思っていた．両者は，ブラックヒルズ地質学研究所が発掘した化石の代金の一部を Williams に支払うことに合意した．1990 年 7 月，ブラックヒルズ地質学研究所チームのボランティアメンバーの Susan (Sue) Hendrickson が恐竜の化石を発見した（そしてそれがこの恐竜の名の由来となった）．

それは非常に珍しいティラノサウルス・レックスの化石だった．多少ごちゃっとしていたものの，明らかに大きく，部分的に関節した状態を残し，保存状態もよく，きわめて高い価値があることは明らかだった．Larson と発掘チームは，頭骨だけでも 2 m 近くの長さがあるこの標本の発掘に，最終的には 20 万 9000 ドルに達した巨額の費用と，多大なる時間を投じた．まず，骨に達するまで，その上を覆っていた堆積物の丘を 10 m ほども削り取ることから始めた．フィールド調査期間が終わる頃には，発掘チームは非常に大きな標本の塊をサウスダコタ州のラボに持ち帰

図 B1・1　見事なティラノサウルス・レックス(*Tyrannosaurus rex*)標本“スー”の骨格．これは米国・サウスダコタ州の牧場から採集され，所有権について牧場主と採集者，米国内務省との間で争われた．最終的にオークションで約 830 万ドル(約 10 億円)の価格で落札され，シカゴのフィールド自然史博物館に収まった．[Santi Visalli/Archive Photos/Getty Images]

もしくは機関は，化石を収蔵し，研究者がそれを研究したり，一般の人々が観に行くことができるのに適切な設備や収蔵スペースを備えているか．以上のことをどうやって実現するのか．その質と量の点で，最も重要な恐竜化石標本のコレクションの多くが世界中の著名な博物館に集められている．たとえば，ニューヨークのアメリカ自然史博物館（American Museum of Natural History）や，シカゴのフィールド自然史博物館（Field Museum of Natural History），コネティカット州ニューヘイブンのイェール大学ピーボディ博物館（Yale Peabody Museum），アルバータ州ドラムヘラーのロイヤル・ティレル古生物学博物館（Royal Tyrell Museum of Palaeontology），ワシントンD.C.のスミソニアン協会・国立自然史博物館（National Museum of Natural History, Smithsonian Institute），ロンドン自然史博物館（Natural History Museum, London），パリの国立自然史博物館（Musée National d'Histoire Naturelle）などがあげられる．これらの機関は，貴重な標本やそのデータを管理するのに足る設備がある．

り，プレパレーションが開始された．そして，Larsonが取決めについて理解していたことに従い，標本に関する権利として，5000ドルの小切手をWilliamsに渡した．この発見は古生物の国際学会でも発表され，論文の出版の準備も進められ，プレパレーションは着々と進められていた．ここまでは，この標本はその学術的価値が注目されるだけで，社会政治的な事件に巻き込まれることになるとは知る由もなかった．

その後，事態は急転直下する．Williamsが，ブラックヒルズ地質学研究所には標本を保有する権利を与えたのではなく，化石を発掘し，プレパレーションする許可を与えただけだ，と主張したのだ．さらに問題を複雑にしたのは，Williamsがネイティブアメリカンのスー族の一員でもあることから，スー族もまた，その化石がスー族のものだと主張をし始めたのである．さらに，米国連邦政府までもが，Williamsの土地が米国の信託財産であり，それゆえ，化石は内務省に代表される米国に属すると大上段から主張したのである．

1992年，何の前触れもなく，FBIが銃器とFBI捜査官，警察官を動員して，ブラックヒルズ地質学研究所に押し入ったのだ[*1]．FBIが捜索を開始し，州兵が“スー”の化石をブラックヒルズ地質学研究所から強制的に運び出し，この規模の大きさの化石を扱える場所として有名で，何よりも中立的な立場にあった，サウスダコタ鉱山技術学校に保管することになった．

その後，この問題は法廷へと引き継がれた．恐竜は放置されたままだった．長い裁判の末，標本はWilliamsが保有することとなり，Williamsは有名なオークションハウスのサザビーズでこれを競売にかけようとした．一方，Larsonは“スー”とは関係のない許可違反の問題で刑務所に入っていた．しかし，この告訴と判決は，実質的に政治的なものだったと主張する人もいる．

この標本の価値は疑いようのないものだ．心配されたのは，この標本が米国を離れ，どこか個人のコレクションとなり，誰も研究できなくなるのではないか，ということだった．そこで，シカゴのフィールド自然史博物館，カリフォルニア州立大学群，ディズニー・パーク，マクドナルド社，ロナルド・マクドナルド・ハウス，そして個人の寄付者たちが，この化石がフィールド自然史博物館に展示されるように協力し，総額約830万ドル（当時の円相場で約10億円）で落札するという，不自然な同盟が結ばれたのである．

化石のプレパレーションは，フィールド自然史博物館とフロリダ州オーランドのディズニーワールドの2箇所で続けられ，両会場とも，何千人もの来場者が，化石が母岩から取出され，キャストを作り，組立てられる準備が整う様子を見学に訪れた．“スー”は今や，フィールド自然史博物館の目玉展示となっている．終わりよければ，すべてよし，である．

“スー”にまつわるこの逸話は，古生物学での化石採集がうまくいかないことを示す最もひどい事例であろう．最終的に，収まるべきところに標本は収まった．恐竜化石は無事であり，無傷で，全身のおよそ80%が完全な状態で残っていると見積もられ，適切に管理された場所で最適な方法で展示されている．一方で，そうはうまく運ばないこともあったであろう．というのも，“スー”によって，恐竜古生物学の見方が変わってしまったのだ．なぜなら，これまで価値がないものと思われていた恐竜の化石に，何百万ドル（何億円）もの価格がつく可能性があることを，誰もが認識するようになったからだ．恐竜化石の採集は高価なビジネスとなり果て，多くの研究者は，そのゲームに参加するための資金を持っていない．それが顕著に表れたのが，2020年10月6日に行われたオークションだ．2体目の見事なティラノサウルス・レックス標本の“スタン”が，クリスティーズのオークションハウスで，匿名の人物によって3180万ドル（約33億円）で落札されたのだ．“スタン”は，2025年に開館予定のアラブ首長国連邦のアブダビ自然史博物館（Natural History Museum Abu Dhabi）で公開される予定である．

＊1 Larsonは FBI捜査官にこう言われたという．曰く，「あなたが協力するかどうかで，この問題はとても簡単に済むこともあるし，非常に面倒なことにもなりうる」と．映画にするなら，この役は是非，ロバート・デ・ニーロに演じてもらいたい．

私有地で発掘作業を行う場合も，公有地で行う場合と同様に厄介な手続きが必要だ．標本の所有権が争われる場合があり，特に標本の価値が数百万ドル（数億円）に上る場合は，握手や口約束では済まないことが多い．“スー(Sue)”というニックネームで知られるティラノサウルス・レックス（*Tyrannosaurus rex*）標本で，まさにそのような争いが生じたことは有名だ（Box 1・1）．

古生物学に携わる者は，どんな国籍の者でも，海外旅行する機会が多い．海外で発掘調査をするには，まったく新しいレベルでの事務手続きが必要だ．言葉の壁がある中で，上述のような課題への対処をすべてこなさないといけない．それに加えて，ビザの取得，海外での発掘調査の準備，最終的な化石の保管場所の決定など，問題は山積みだ．しかし，自国で採れた化石を他国へと持ち運ぶことを，黙って指をくわえて見ている国があるだろうか．それは非常に繊細な問題であり，時には外交官の交渉術のような手腕が求められることもある．

発掘を科学する　上述のような面倒な手続きをいくら踏んだところで，最終的に科学的な研究が行われなければ意味がない．古生物学者の仕事とは，単に僻地に行って化石を採ってくるだけではないのだ．そんなずさんなことをしてしまったら，以下にあげるような四つの重要な情報が永久に失われることになるだろう．

1. その恐竜化石が産出した地層はどのような環境で堆積したのか．
2. 古地理的な観点から，その恐竜は当時の地球のどこに棲息していたのか．
3. その恐竜はどの時代に棲息していたのか．
4. その恐竜はどのようにして死んで化石になったのか．

穴を掘る小型の植物食恐竜として知られるオリクトドロメウス（*Oryctodromeus*；図1・7）は，化石周辺の地質学的背景をきちんと記録することの重要性を教えてくれる好例である．そこで見つかったのは，自ら掘ったであろう巣穴の中で化石化した恐竜の遺体だったのだ．もし地質学的背景の理解がきちんとなされていなかったら，この巣穴の痕跡やこの動物の（少なくとも恐竜としては）珍しい行動は気づかれることもなく，闇に葬られてしまったであろう．

つまり，化石を採集する前には，化石の**産出地**（locality）の地質図を作成し，化石が周囲のどの堆積環境から産出したのかわかるよう，化石周辺のなるべく多くの情報を記録する必要がある．このような情報を得るには，**古環境**（paleoenvironment）のような専門的な地質学的知識が要求される．これは，化石が産出する地層が堆積した時代やその前後の時代の岩相が示す当時の環境のことである．通常このような情報は，その地域の地質図の作成と詳細な堆積学的研究によってわかることである．化石の骨が最終的に埋没した当時の環境を知るために，通常は堆積学者と連携して調査を行う．**堆積学**（sedimentology）とは，地質学のなかでも堆積岩と，そこに残された当時の環境情報を研究する学問である．このような連携を組むことで，古生物学者は化石に残された動物と，その動物が生き，死んだ当時の環境について詳しいことがわかるようになるのである[*2]．

よく聞かれる質問に，“恐竜の化石がどこにあるか，どうやってわかるのですか”というものがある．一番シンプルな答えは“どこにあるかなんて，わかりません”である．これは嘘でもなんでもなく，恐竜化石を見つけるための魔法の公式とは，長きにわたって図書室で一生懸命に文献を調べて予備調査を行い，化石が産出しそうな地域を注意深く特定することである．一方で，恐竜が生きていた当時の環境を知り，その情報に基づいて恐竜の産出地域を予測すると，化石に出会う確率はぐっと高まるのも事実である．

いくつかの基準に基づいて化石を探すと，発見の成功率が高まる．その基準とは，以下のとおりである．

1. 正しい岩石を探すこと：堆積岩にしか化石は入っていない．
2. 正しい時代の岩石を探すこと：恐竜が産出する時代の岩石である必要がある．
3. 陸成の堆積岩を探すこと：恐竜は陸棲の動物である．

正しい岩石を探す　恐竜の化石は堆積岩の中に保存されていることが多い．実際，堆積岩はある堆積環境で形成され，その堆積環境の多くは恐竜が実際に生き，かつ死んだ場所なのである．恐竜化石は堆積岩以外から見つかることもあるが，ほとんどすべてが堆積岩から見つかっている．

正しい時代の岩石を探す　恐竜は後期三畳紀に現れ，狭義の“恐竜”は白亜紀の終わりに絶滅した．後期三畳紀から白亜紀の最末期までの期間に堆積していない岩石からは，恐竜の化石を見つけ出すことはできない．その時代よりも古い，もしくは新しい時代の岩石からも，驚くような生物の化石が見つかる．ただし，それは“恐竜”ではない．

陸成層を探す　恐竜はその進化史を通じて生粋の**陸棲**（terrestrial）動物であり，**海棲**（marine）の動物ではない．つまり，彼らの骨は通常，当時の河川系や砂漠，三角州を示す堆積岩から見つかるということである．しかし，恐竜の化石は湖成層や沿岸の海成層からも見つかることが

---

*2　生物が死んだ後に遺体に起こったあらゆる事象を調べるのが“タフォノミー(taphonomy)”とよばれる分野であり，これは堆積学と古生物学を合わせた専門分野である．化石のタフォノミーを理解することは，化石が入っていた地層の堆積環境にその動物が実際に生きていたのか，あるいは，動物の死後に遺体がその場所まで流されてきたのかどうかを知るための最良の方法である．

ある．

世界でも豊富に化石を産出する地域は，**バッドランド**(badland）とよばれる，川で深く削られた険しい土地のように，地層が広く露出する場所である．特に，化石産地は砂漠に多く存在する．砂漠では地面が植生によって覆い隠されることが少なく，ひとたび化石が地表に顔を出したとしても，空気が乾燥しているため，化学的風化作用や水によって洗い流されるようなことが起こりにくいのだ．そういった理由から，化石を捜索中の古生物学者をジャングルの中で見かけることはあまりない．ジャングルでは，風化作用がずっと強く，堆積岩が植生で覆い尽くされているからである．化石を見つけられる可能性が高いのは乾燥した地域である．ただし，決してすべての恐竜化石が砂漠から発見されたわけではない．上述の三つの基準を満たす場所で探す限り，そこから恐竜の化石が見つかる可能性は十分にあり，その条件を満たすという事実があれば，恐竜の化石を探しに行く十分な理由になるだろう．

化石は代替可能な資源ではない．したがって，化石およびその周囲の堆積環境に関する情報の収集には最大限の注意を払わなければならない．計画性の不足，化石の重要性に対する無関心，あらゆる技術に未熟であること，そして化石を地面から掘り出す際に周囲の堆積環境に気づかないことによっての無知は，よくても重要な情報の損失となり，最悪の場合は，あなた自身とチームの命が危険にさらされることになるだろう．

化石の捜索

発掘計画が上手くいき，前述したような条件を満たす露頭（地層が露出している場所）へ，必要な人材や装備をうまく届けることができ，周辺の地質学的背景もしっかりと把握したとしよう．それでは次に何をすればよいのだろうか．私たちのすべきことは，視線を地面に下ろし，岩石から露出した化石をただひたすら探し歩けばよいのである．つまり，みんなが言う“恐竜の発掘に出掛ける”という言葉には語弊があるのだ．骨を取出す際には少し地面を掘ることはあるが，誰も，化石骨を探すために地層を掘ったりはしない．地層中に骨が見つかるのは，堆積岩が風化して骨の一部が地表に露出するからなのだ．もし運がよく，かつ化石を見つけ出すことのできる“いい目”をもっていたなら，何かを地表に見つけることができるだろう．フィールドに出て研究するタイプの古生物学者のなかには，ほかの人よりたくさんのよい化石標本を見つける化石探しの名人もいる．化石探しには，経験に基づいた“感覚”(あるいは何らかの特殊能力）のほかに，経験を積んだ目と強い運が大きな武器となる（図1・10）．米国・ロサンゼルス郡立自然史博物館(Natural History Museum of Los Angeles Country)の“化石探し名人”古生物学者の Harley Garbani は,「現

図 1・10　類まれなるフィールド古生物学者である René Hernandez-Rivera が，メキシコ・バハカリフォルニアの後期白亜紀の地層から，ハドロサウルスの仲間，通称“鴨嘴竜(かもはしりゅう)”の椎骨をもう一つ発見したところ．目を見張るような化石を発見してきた実績は，彼にとってこの手の仕事が天職ということを物語っている．[Maria Luisa Chavarría 提供]

場で化石が僕にささやいてくるんだ」と言っていたものだ．しかし結局のところ，より熱心に露頭を見つめ続けることこそが，何かを見つけるための秘訣といえるだろう．

化石の採集

化石の採集作業は，古生物学のなかでも繊細さと大胆さの両方が要求される最大の見せ場である．化石を運搬するための準備には繊細さが要求され，通常，数百キログラムもある骨や**母岩**（matrix：化石の骨を内包する岩石）の塊を地面から持ち上げ，そして街に持ち帰るときには単純に馬力が要求される．ほとんどの恐竜化石は非常に大きく，かつ壊れやすいため，化石は母岩ごと硬いジャケットとよばれる石膏製の保護カバーで覆われる．図1・11に，化石に石膏ジャケットを被せる手順を示した．

石膏ジャケットの大きさや重量によっては，フィールドから化石を運び出すのには非常に大きな困難を伴う．サッカーボールぐらいの小さなジャケットであれば，ムキムキな人が一人いれば余裕で持ち運びできるだろう．しかし，大きなジャケットを運び出す際には，添え木やホイスト，ウインチなどの巻き上げ機，クレーン，平床式トラック，フロントエンドローダー（ショベル付き車両），ヘリコプター，さらには大型輸送車が，マッチョマンたちのほかに必要になってくる．

ラボに持ち帰ってからの作業：プレパレーションとキュレーション

恐竜の骨化石をフィールドからラボ（研究室）へと持ち帰ってからすることは，石膏ジャケットを取外して化石の

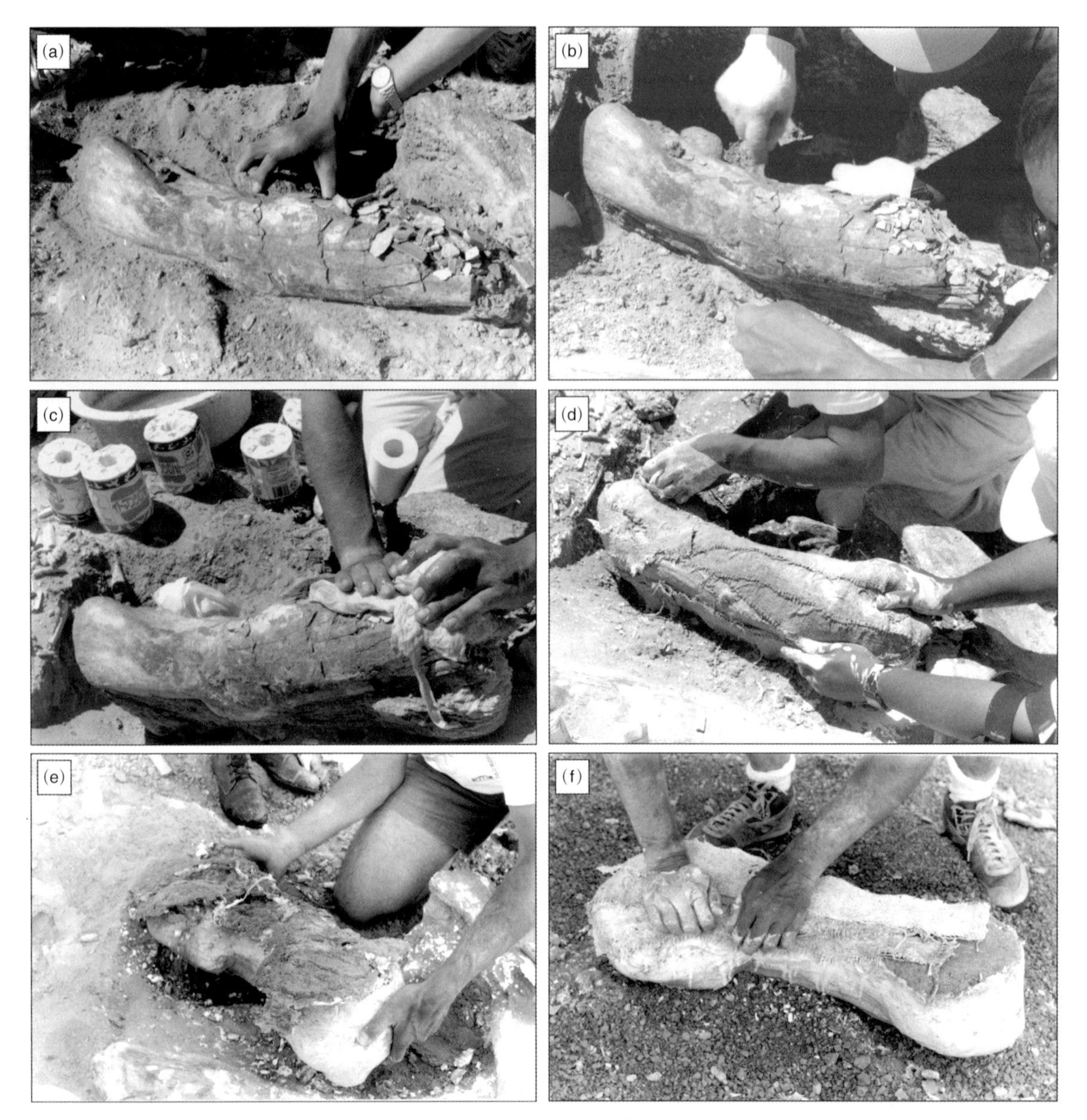

図 1・11　(a) 地表に露出した化石の一部が発見されると，地中のどのあたりまで化石が埋まっているかを特定するために，化石の周りの岩石(母岩)を取除いて綺麗にする必要がある．化石骨を露出させる作業には，小さなスコップから歯科用ピック，細筆に至るまでさまざまな道具が用いられる．骨が露出したら，低粘度の接着剤を化石に染み込ませて補強するための“糊付け”作業を行う．
(b) 化石の台座の削り出し作業．化石骨の天面が露わになったら，次はその周囲の岩石を掘り込んで削り取っていく．小さい化石であればこの作業は楽に進められるが，大きい化石の場合はちょっとした丘の壁面をまるごと削り出すようなものなので，大変な重労働である．ともあれ，この作業は化石がその真下の母岩でできた小さな台座に乗っかったような状態になるまで続けられる．
(c) トイレットペーパー・クッション．最も低コストの緩衝材は，水で濡らしたトイレットペーパーである．これを化石の周りに張り付けて化石を覆っていく．この作業には大量のトイレットペーパーを消費する．たとえば，長さ 1 m の大腿骨(腿の骨)を包むのに，1 ロールのトイレットペーパーが必要だ．一方で，この工程は決して手を抜いてはいけない作業である．これを怠ると，フィールドから戻ってから粉々に砕けた化石とご対面することになるか，このあとの工程で被せる石膏ジャケットが化石に直にくっついてしまう．それは避けたいところだ．
(d) 石膏のジャケットを被せる作業．トイレットペーパーでミイラのようにグルグル巻きにした標本の周りに麻布を切り裂いて石膏に浸したものを貼り付けてジャケットを作る．まず，容器に石膏を溶き，あらかじめ切り裂いた麻布を丸めて石膏に浸し，そして麻布を広げて，台座ごと化石を覆っていく．
(e) 化石をひっくり返す作業．石膏ジャケットが硬化したら，台座の底を切り外し，標本を上下にひっくり返す．つまり，台座の基部を母岩から切り離してから反転させるということだ．これは化石を保護するジャケットの覆いがうまく機能するかが問われる，非常にデリケートな工程である．
(f) 化石の裏面をジャケットで覆う作業．先ほどまで底面だった台座の底は，ひっくり返ったことによって，天面を向いている．次に，ここを石膏のジャケットで覆っていく．この時点で，化石は完全に石膏でグルグル巻きにされたジャケットとなり，フィールドから運び出される準備が整ったことになる．[D.J. Nichols 提供]

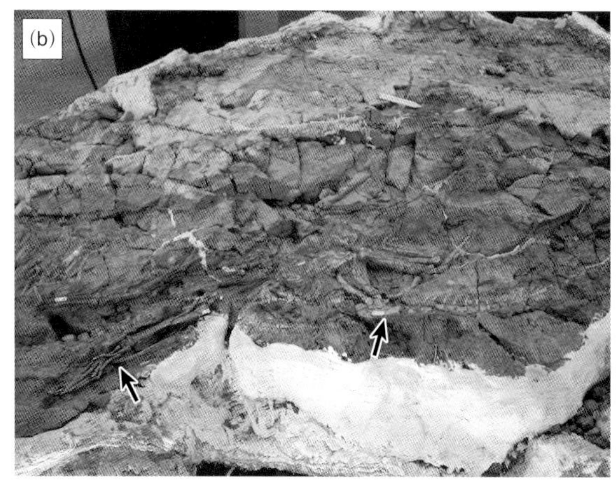

図 1・12　プレパレーションラボでの風景．米国・フラッグスタッフ(Flagstaff)のノーザンアリゾナ博物館(Museum of Northern Arizona)のプレパレーションラボである．(a) 前方には，獣脚類恐竜コエロフィシス(*Coelophysis*)の化石が入っている石膏ジャケットが写っている．後方には，化石標本に接着剤を染み込ませて修復する際に標本を保定するための砂が入った箱，開いてクリーニング途中のジャケット，収蔵棚，研磨機などが写っている．(b) (a)に写っていた石膏ジャケット．コエロフィシス標本が見えている．左方に腕と手があり，右方に骨盤，後肢，尾が見える(矢印)．(c) 恐竜ペンタケラトプス(*Pentaceratops*)の頭骨が研究のため，作業台の上に並べられている様子．後方には標本用の大きな収蔵棚が並んでいる．[D. E. Fastovsky 提供]

周囲の母岩を取除く**プレパレーション**（preparation, 剖出）を行うことである．母岩の除去は，刷毛で掃いたり，歯科用のドリルなどの道具で削り落としたり，母岩を酸処理によって溶かしたりすることで進められる．このプレパレーション作業は通常，**プレパレーションラボ**（preparation laboratory）で，**プレパレーター**（preparator）という，化石を母岩から綺麗に掘り出して補強し，研究や展示に使えるようにすることを生業にする専門家の手によって行われる（図 1・12）．これはとても時間がかかり，かつ難しい作業で，プレパレーターには非常に高度な技術と知識，そして忍耐強さが要求される．化石骨が母岩よりも硬くて頑丈な場合はまだ作業がしやすい．しかし，化石骨が母岩より柔らかい場合，この作業は非常に難しいものとなる．特に細かい部分の作業には特別な技術，というより細心の注意が必要で，照明付きの拡大レンズの下でプレパレーションをしなければならない．古生物学者は誰しも，この作業がどんなに大変かを知っている．プレパレーターの功績は見えにくいものの，彼らは古生物学における偉大なヒーローなのだ．

皆さんが博物館で恐竜の組立骨格を観たいと思う気持ちはわかる．確かに，実物化石でできた組立骨格は魅力的だろう．しかし，実物の化石骨は文字どおり岩石なのでとても重たく，組立て上げるのに時間がかかるうえに，お金もかかり，また金属のフレームに化石骨を固定し，実際に組上げる際に，骨を壊してしまう恐れがある．さらに，組立骨格は時間の経過とともに少しずつダメージが蓄積されてくる．組立骨格自身の重みのせいで生じる骨の位置の微妙なずれや，展示している建物の振動，あるいは一部の来館者が尾の先や指先を持ち帰ってしまうというようなこともありうる．そのようなことで，組立骨格標本は徐々に劣化していくものだ．加えて，骨と骨を接ぎ合わせて標本を組上げてしまうと，研究に利用しにくくなってしまうのである．

そのため，多くの博物館では，組立骨格の展示用にガラスファイバーや樹脂素材を使って骨のレプリカを作っている．上手にレプリカを作ることができれば，その展示はプロの古生物学者から見ても，実物の化石を組立てて作った骨格と見分けがつかないほどよくできている．また，重量も軽く，中にフレームを通すこともできるので，化石の実物を使ってはとてもできないような，大胆かつ躍動的な姿

図 1・13　竜脚類恐竜バロサウルス(*Barosaurus*)と獣脚類恐竜アロサウルス(*Allosaurus*)の見事な組立骨格展示. この組立骨格は, 実際の骨格標本からガラスファイバーとエポキシ樹脂でレプリカを作り, 組上げている. 実物の骨を用いていたら, このようなダイナミックな姿勢で展示することはできない. [Thom Lang/The Image Bank Unreleased/Getty Images]

勢で展示することができるのだ（図1・13）.

実物の骨を組立てない状態で保存して, しっかりと管理（キュレーション）し, いつでも研究できるような状態にしておくことが, 恐竜の発掘・採集への投資に最大限の見返りをもたらす. 古生物学の研究は, その多くが公的な資金援助によって行われている. そして, 化石骨のレプリカを組立骨格として展示することが, その投資の価値を最大限引き出す方法なのである.

驚愕の費用　恐竜化石を扱うことは，とても費用がかさむ．発掘チームがどのぐらいの人数で構成されるか；発掘地へのアクセスにどれほどの困難が伴うか；発掘チームがどのぐらいの期間，フィールドに滞在するか；どのぐらいの量の化石を採集してくるか；プレパレーションラボへの運搬費用はどれくらいか；プレパレーションにどれくらい時間がかかるか；もし骨格に欠損部位があったら，その部位を作って穴埋めすることまで含め，どのような組立骨格展示を作っていくか…．ここにあげた項目しだいで，展示室に恐竜化石が並ぶまでにかかる費用が変わるのだ．

もしそれが小型の恐竜であれば，石膏ジャケットで化石を覆う作業は，フィールドで数日間あればできるだろう．しかし，大きな恐竜化石の場合は，すべての骨格要素を石膏ジャケットに包み，発掘地から運び出すまでに，ゆうに5シーズン（5年）かかることもある．そしてさらに，プレパレーションしてレプリカを作り，骨格を組立て終えるには，フィールドワークにかかる時間の倍の期間がかかることだろう．恐竜が個人コレクターの間で珍重され，いい恐竜標本であれば数百万ドル（数億円）という値段がつくというのもうなずけるのではなかろうか．

本章のまとめ

化石とは堆積物中に残された過去に棲息していた生物の痕跡であり，体化石や生痕化石など，さまざまなタイプに分けることができる．体化石には骨や歯，皮骨など生物体の一部が含まれる．生痕化石には，足印や行跡をはじめとする，モールドやキャストとして地層中に残される生物体の痕跡が含まれる．そのほかのタイプの化石は，上記以外のすべてを含む．

化石化とは，生物の死後に遺体に起こる過程である．その過程で，遺体はまず堆積物中に埋没し，かつて生きていた生物体内にある生体鉱物が，埋没中に他の鉱物へと部分的ないし完全に置き換えられる，置換とよばれる段階を経るのが一般的である．

化石（特に恐竜の化石）を得るには，知識に基づいて推測する能力のほかに，力仕事をする体力と入念に発掘の準備を進める能力も必要である．それには五つの工程を踏む必要がある．すなわち，採集計画を練ること，化石を捜索すること，採集すること，ラボに持ち帰ってからプレパレーションすること，そして標本を適切に管理するキュレーションを行うことである．採集計画では，化石を捜索する場所を選定することや，研究遂行のための公的な許可を得ること，発掘調査を円滑かつ安全に終わらせるための準備をすることが求められる．化石の捜索には，十分な経験に基づいて訓練された，化石を探す目が必要である．化石の採集は，壊れやすい化石を，プレパレーションが行える場所まで安全に運ぶまでの工程である．プレパレーションでは，化石のクリーニングや復元，化石の補強を行う．キュレーションとは化石を長期にわたって安全に保存し，それを調査する研究者や関心の高い市民がアクセスできるような状態を維持することである．

何より，恐竜を扱うにはお金がかかるのだ．

参考文献

Behrensmeyer, A. K. and Hill, A. P. (eds.) 1980. *Fossils in the Making*. University of Chicago Press, Chicago, IL, 338p.

Cvancara, A. M. 1990. *Sleuthing Fossils: The Art of Investigating Past Life*. John Wiley and Sons, New York, 203p.

Farlow, J. O. 2018. Noah's Ravens: *Interpreting the Makers of Tridactyl Dinosaur Footprints*. Indiana University Press, Bloomington, 643p.

Farlow, J. O., Chapman, R. E., Breithaupt, B., and Matthews, N. 2012. The scientific study of dinosaur footprints. In Brett-Surman, M. K., Holtz, T. R. Jr., and Farlow, J. O. (eds.) *The Complete Dinosaur*, 2nd edn. Indiana University Press, Bloomington, pp.713–759.

Gillette, D. D. and Lockley, M. G. (eds.) 1989. *Dinosaur Tracks and Traces*. Cambridge University Press, New York, 454p.

Horner, J. R. and Gorman, J. 1988. *Digging Dinosaurs*. Workman Publishing, New York, 210p.

Kielan-Jaworowska, S. 1969. *Hunting for Dinosaurs*. Maple Press Co. Inc., York, PA, 177p.

Larson, P. and Donnan, K. 2004. *Rex Appeal: The Amazing Story of Sue, the Dinosaur That Changed Science, the Law, and My Life*. Invisible Cities Press LLC, Monpelier, Vermont, 424p.

Lockley, M. G. and Hunt, A. P. 1995. *Dinosaur Tracks and Other Footprints of the Western United States*. Columbia University Press, New York, 338p.

Martin, R. E. 1999. *Taphonomy: A Process Approach*. Cambridge University Press, Cambridge, 524p.

Rogers, R. and Eberth, D. A. 2008. *Bonebeds: Genesis, Analysis, and Paleobiological Significance*. University of Chicago Press, Chicago, 512p.

Sternberg, C. H. 1985 (originally published 1917). *Hunting Dinosaurs in the Badlands of the Red Deer River, Alberta, Canada*. NeWest Press, Edmonton, Alberta, 235p.

Chapter

2 恐竜たちの時代

What's in this chapter

本章では以下の項目を紹介する：

- 深層（地質）時間
- 地質時代～はるか昔へ
- 世界的な気候変動(気候変動は21世紀のことだけではない！)

2・1 “恐竜”はどの時代に生きていたのか，またどうすれば，それがわかるのか

“恐竜”化石を含むすべての化石は通常，**地層**（stratum, *pl.* strata）とよばれる堆積岩の層の中から発見される．**層序学**（stratigraphy）とよばれる堆積岩の研究分野は，地層とそこに含まれる化石の古さを調べる，地質学分野の専門領域の一つである．すなわち，層序学は“恐竜”化石の時代を知るためのテクニックなのだ．また，層序学は，岩石の年代を数値で示す**地質年代学**（geochronology: *geo* 地球，*chronos* 時間）と，周囲の地層の堆積岩や生物化石などを比べ，地層の古さ，新しさを調べる**岩相層序学**（lithostratigraphy: *lithos* 岩），および**生層序学**（biostratigraphy: *bios* 生物）とに分けられる．これらの手法を使うことで，人類の歴史を調べるのと同様に，“恐竜たちがどの時代に生きていたのか”という，恐竜の（または恐竜が登場する以前の）歴史に関する疑問の答えを知ることができる．

地質学者は二つの方法で時代を認識する．一つが，その時代が現在から遡ってどれくらい古いかの年数を数値で表す方法で，もう一つが“三畳紀”，“中生代”といった時代区分の名称によって表す方法である．たとえば，“地球は今から45億6700万年前に形成された”といった場合，それは“地球が45億6700万歳である”ということと同義である．残念ながら，岩石や化石が何年前のものか，それを詳細に特定することは簡単ではなく，不可能なこともある．そのため，地質学者は地球の歴史を長さの異なるいくつもの期間に分けて，岩石や化石の年代をできるだけ細かい精度で，いずれかの区分と対応づけている．たとえば，ある化石がちょうど9230万年前に生きていた生物だと言い切ることはできないが，その化石が後期白亜紀という時代にできたものだと決めることはできる．すると，後期白亜紀という時代は1億50万年前から6600万年前[*1]（105–66 Ma[*2]）までの期間であることはわかっているため，その化石はその時代のどこかに棲息していた生物だということを意味している．

まずは，時代について直感的にわかるよう絶対年代の説明から始める．すなわち，その時代が今から何年前までの期間かということだ．そのあとで，さまざまな階層の時代の区分について説明していこう．

地質年代

地質時代の年代決定　岩石や化石が現在から遡って何年前にできたかを知ることができたとき，地質学者は最も幸せを感じる．岩石や化石の古さは，特定の鉱物に含まれる不安定な**同位体**（isotope），すなわち**放射性同位体**（radioisotope）が崩壊する性質を利用して測ることができる（同位体の化学的性質は付録2・1で紹介する）．放射性同位体は，不安定なエネルギー状態から，より安定な状態へと自然崩壊する．すなわち放射性同位体は，より高いエネルギー状態から，低いエネルギー状態の分子構造へと，自ら“変化しようとする”のだ．この放射性同位体から安定同位体へと変化するとき，エネルギーの放出が必ず起こるが，これにかかる時間は同位体の種類によって変わる．崩壊の基本的な反応は以下のようなものである．

放射性“親”同位体（親核種）
↓
安定“子”同位体（娘核種）
＋
核生成物質
＋
エネルギー
（通常，熱エネルギーとして放出される）

ここでカリウム元素（K: 原子番号19，質量数39）を例にあげて説明しよう．カリウムには^{40}K（カリウム40）という放射性同位体がほんのわずかに存在し，その陽子数は19個，中性子数は21個である．^{40}Kが“電子捕獲”によって崩壊すると，原子核中の陽子が電子と反応することで，中性子がつくられる．この反応によって原子番号は19から18へと減少する（陽子一つが失われ，中性子へと変わる）．この崩壊によりカリウム元素（原子番号19）は，アルゴン元素（Ar: 原子番号18）へと変化する．しかし，質量数は40のままである．これは，陽子が中性子に変換したものの，質量は変化していないためである（表2・1）．

上記の崩壊反応をまとめると以下のようになる．

^{40}K（放射性同位体，親核種）
↓
^{40}Ar（安定同位体，娘核種）＋エネルギー

表 2・1　カリウム(K)とアルゴン(Ar)の同位体の陽子，中性子，原子量，原子番号

	安定K同位体 ^{39}K	放射性K同位体 ^{40}K	安定Ar同位体 ^{40}Ar
陽　子	19	19	18
中性子	20	21	22
質量数	39	40	40
原子番号	19	19	18

*1　訳注: 日本語版では国際年代層序表 International Chronostratigraphic Chart 2023年9月（翻訳時の最新版）に合わせた方がよいと判断できる場合は，適宜，原著中での数値年代を変更して表記している．本表によれば，地球は45億6700万年前に形成されたと推定されている．

*2　“Ma”は，100万年前（a million years ago）を意味するラテン語“*mille annos*”からきている．本書では，これ以降“Ma”が頻繁に登場するので，覚えてもらいたい．

自然崩壊が生じる頻度，すなわち崩壊率を知ることができれば，岩石や化石ができた数値年代を得る鍵となる．もし，以下の3点がわかれば，岩石や化石が形成されてから現在までの経過時間を推定することができる．

(1) 岩石が形成されたとき，あるいは動物が死んだときの（化石になる前の），親核種である放射性同位体の量
(2) 岩石や化石の中に現在残されている親核種の量
(3) その放射性同位体の崩壊率

たとえば，現在，ある岩石中に元の量の30%の放射性同位体しか残されていないとする．もし，その同位体の崩壊率がわかれば，その岩石が形成されてから現在まで経過した時間を見積もることができ，それが“岩石の年齢”を表す．すなわち，岩石の年齢は，岩石中にもともと含まれていた放射性同位体の70%が崩壊するのにかかった時間と等しくなる．

この崩壊率を定数として数値化すると使い勝手がよい．そこで，放射性同位体の原子の元の量から（親核種の残りの50%を残したまま）残りの50%が崩壊するまでにかかる時間を**半減期**（half-life）とよぶ．親核種と娘核種の相対量の時間変化を図2・1に示す．

時代を決定するのに最適な同位体を選ぶ　放射性同位体は，それぞれ特異的な崩壊率をもっているため*3，半減期もそれぞれ異なる．つまりは，調べたい時間の古さに合った半減期（崩壊率を反映する）の放射性同位体を選べばよいのだ．たとえば，地質年代測定といえば，“^{14}C”の炭素同位体を思い描く人が多いのではないだろうか．だが，恐竜の時代を調べるには，^{14}Cの半減期は短すぎてまったく使えない．半減期がたった5730年しかない^{14}Cを用いて“恐竜”化石の年代を調べようとすることは，自分の年齢をミリ秒単位で示すようなものだ．恐竜の生きていた時代は数千万年前から数億万年前のことであるため，これだけ半減期を繰返した期間が過ぎていると，測定できる放射性同位体がほとんど残っていないのだ．逆に，死後，数千年ほどしか経過していない人骨に対しては，半減期が488億年のルビジウム（^{87}Rb）とその娘核種のストロンチウム（^{86}Sr）の比を利用したルビジウム-ストロンチウム法は，適切な年代測定の手法ではないだろう．これはいわば，100メートル走のタイムを日時計で計測するようなものだ．

放射性同位体は，強力な年代測定の手法だ．しかし，通常は化石の中に放射性同位体が含まれていないため，恐竜の骨の年代測定に直接使うことはできない．年代測定に使用される放射性同位体の多くは通常（とはいえ，これもそう頻繁に起こることではないのだが），火山のマグマだまりで溶岩が冷え，鉱物が結晶化する際に形成される．放射性同位体が形成されるやいなや，すなわち，溶岩中で鉱物が結晶化してから，同位体の崩壊が開始する．いわば，溶岩が冷えて結晶化した瞬間から同位体の崩壊時計は動き始めるのだ．

しかし，火山のマグマだまりの中に棲息していた恐竜などいない．それは，たとえ映画『ジュラシック・ワールド（*Jurassic World*）』に出てくる“スーパー恐竜”でさえも同じだ．では，溶岩が噴出した年代しか知ることができないのに，どうやって“恐竜”の骨の古さがわかるのだろうか．その難問を攻略するのに使われるのが，岩相層序である．

岩 相 層 序

堆積作用と堆積岩　**堆積物**（sediment）とは，粒度に応じて砂や泥（シルト，粘土），あるいは粉塵，そのほかあまり馴染みのない物質が，数十平方メートル（m^2）から数百平方キロメートル（km^2）の地理的スケールの範囲に堆積したものである．そして，これらが水の流れや，

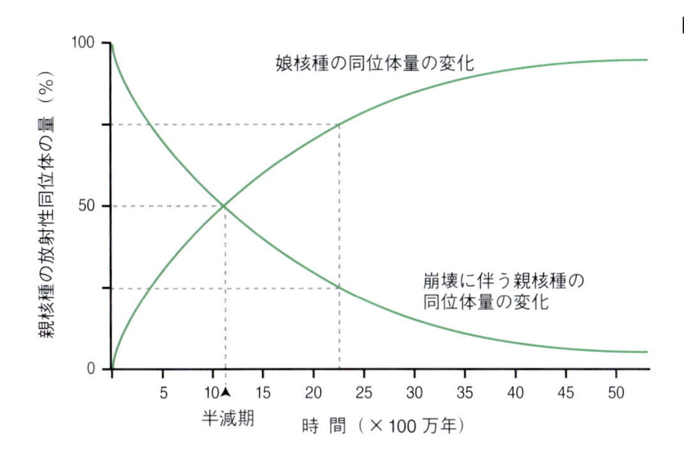

図 2・1　放射性同位体元素の崩壊曲線．岩石中の放射性同位体のもともとの存在量と，現在残っている放射性同位体の量，そしてその元素の崩壊率がわかっているとき，その同位体から岩石の年齢を見積もることができる．たとえば，ある同位体の親核種と娘核種が25%：75%の割合で残った岩石を見つけたとしよう．その状態は，二度の半減期を経過して親核種の崩壊が起こったことを示している．一度目の半減期では，100%の親核種うち50%が崩壊（親核種：娘核種＝50%：50%）．二度目の半減期では，残り50%の親核種のうち50%が崩壊（親核種：娘核種＝25%：75%）．二度の半減期に要した期間は“時間軸”によって読み取ることができる．この事例では，およそ2250万年間であることがわかる．したがって，その岩石は2250万年前に形成されたものであることがわかる．

*3　個々の分子が崩壊する速度は，短期的に見れば変動するが，長期的に見れば一定の値となる．

図 2・2 米国ユタ州デッドホースポイント州立公園を流れるコロラド川に削り取られて露出した地層累重の様子．この一連の地層は1億年前頃に堆積した．［fotoMonkee/Getty Images］

風，火山の噴火によって運ばれた結果，文字どおり堆積したものである．河川や砂漠，湖，入江，山地，海洋底，パンパスに代表される広大な平原など，私たちが想像できるありとあらゆる地形は，その場所ごとに特異的な堆積過程があり，地形ごとに特徴的な堆積構造が形成され，時間の経過や埋没によって地形ごとに特異的な堆積岩が作られていくのである．これらの地質学的プロセスの中で，堆積物はおもに水や風によって運ばれ，平面的に堆積することで地層が生み出されるのである．この地層が順々に下から上に積み重なり，分厚い一連の堆積岩になるのである（図2・2）．

相対年代　新しい堆積物は古い堆積物の上に堆積することは動かしようのない事実である（図2・2）．そしてその自明の理こそが，全時代を通じて堆積層の順序を判断する基本原理なのである．二つの地層のどちらが古いか判断することを**相対年代決定**（relative dating）という．これはその地層が現在から遡ってどれくらい古いかを言い当てるのではなく，その地層が他の地層に比べて新しいか古いかを決めることである．そしてこの年代決定法が“恐竜”の骨の時代を決める手法の一つでもある．たとえば，“恐竜”の骨の化石を含む地層が二つの火山灰層に挟まれているとしよう．うまくいけば，それぞれの火山灰層の絶対年代を決めることができるだろう．そうすると，その“恐竜”の骨は下位の火山灰層の年代よりも新しく，上位の火山灰層の年代よりも古い，ということがわかる．二つの火山灰層が堆積した時代の間隔によって，その間に挟まれた地層の中から見つかる骨の化石の年代決定の精度が決まるのである（図2・3）．

しかし絶対年代が決められない場合，離れた2地点の地層が同じ時代に堆積したものかどうかを知るにはどのようにすればよいのだろうか．実は，層序学者にはもう一つの決定的な武器があるのだ．それが生層序である．

図 2・3 年代が特定された2層に挟まれた地層から産出した骨．2層の年代がわかると，骨の年代をその2層の間の範囲に限定することができる（本文参照）．

生　層　序

生層序は化石を用いた相対年代決定法である．この手法は，特定の年代の期間には特徴的な**生物群集**（assemblage）がいたという前提に基づいている．たとえば，“恐竜”が2億3100万年前から6600万年前までの時代に棲息していたことがわかっているとしよう．そうすると，“恐竜”の化石が見つかった地層はすべて，その期間のどこかの時代のものだと判断できる．生層序は現在から遡ってどれくらい前の時代かを数値的に示すことはできない．しかし，長い地球史の中の数百万年間という短い期間にのみ棲息していた生物種がいくつも知られていれば，それらの化石が地層中にあるかないかによって時代を決定することができるので

ある．たとえば，ティラノサウルス・レックス（*Tyrannosaurus rex*）が繁栄したのは6700万年前から6600万年前までのたった100万年間だった．したがって，Susan (Sue) Hendricksonが“スー”の愛称で知られる*T. rex*をサウスダコタ州の地層から見つけたとき（Box 1・1参照），この地層が，モンタナ州の*T. rex*が産出する6700から6600万年前に堆積した地層と同じ時代であり，さらにほかの*T. rex*が見つかる地層も同じ時代に堆積したことがわかるのだ．

代(界)，紀(系)，世(統)，期(階)，あぁ〜覚えるのが大変だ！　時間軸が年，月，週，日，時，分，秒と階層で区分されるのと同じように，地質時代もある階層で区分される．まずは大きな時代区分である“**代**（era）”から説明していこう．“代”は古い順に**古生代**（Paleozoic：*paleo*古い，*zoo*動物），**中生代**（Mesozoic：*meso*真ん中），そして**新生代**（Cenozoic：*cenos*新しい）と分けられている．それぞれの“代”は，さらに細かい（とはいっても，それぞれ数千万年間という期間にわたる）区分である“**紀**（period）”に分けられる．たとえば，本書で注目すべき中生代は，古い方から順に**三畳紀**（Triassic），**ジュラ紀**（Jurassic），**白亜紀**（Cretaceous）に分けられる．この三畳紀はドイツの三層に区分された堆積岩に由来し，ジュラ紀はフランスとスイスの国境にあるジュラ山脈，そして白亜紀の*creta*はラテン語でチョークを意味し，このチョークでできた英国のドーバーの白い崖（White Cliff）に由来している．そしてさらに“紀”は，それぞれ数百万年間の期間にわたる，さらに細かい時代区分の“**世**（epoch）”や“**期**（age）”に分けられる．図2・4には，恐竜が地球上を闊歩していた期間の地質年代区分を示している[*4]．

2・2　中生代の大陸配置と気候

大陸は地球の歴史を通じて地球表面を動くものであり，地球が不動のものではないということは，1910年代から知られていた．大陸が動くことは，“**大陸移動**（continental drift）”とよばれている．ただし，大陸移動そのものは，もっと重要な**プレートテクトニクス**（plate tectonics）とよばれる概念のごく一部にすぎない（付録2・2）．1960年代後半にプレートテクトニクス理論が提唱されたことで，山脈の隆起や海洋循環，生物の地理的分布に至るまで，地球上のさまざまな現象について合理的な説明ができるようになり，私たちの地球に対する理解は飛躍的に深まった．さて，この本の主人公は恐竜である．というわけで，地球の誕生した45億6700万年前から大陸の進化の過程をすっ飛ばして，後期三畳紀の地球から眺めてみよう．後期三畳紀という時代は，すべての大陸が寄せ集まり，一つの大きな大陸を構成していた時代である．これが**パンゲア超大陸**（Pangaea）である（図2・5）．

後期三畳紀

パンゲアは，後期三畳紀（Late Triassic）の地球でみられた大きな陸地である．多くの大陸がそうであるように，パンゲアにも巨大な山脈が並んでいたが，理屈のうえではこの陸地のどんな場所へも歩いていくことができた．現在は海によって大陸が大きく隔てられ，大陸ごとに異なった**動物相**（fauna）や**植物相**（flora）がみられるが，後期三畳紀の世界では，あらゆる場所の動物相や植物相が似通っていた．これは，すべての大陸がつながっていたためであろう．

前期〜中期ジュラ紀

パンゲア超大陸が最初に分裂を始めたのは，前期ジュラ紀（Early Jurassic）のことである．この大陸分裂は，南と北にパンゲア超大陸を裂くようにして生じた．北米の東側の海岸線やメキシコ湾，そしてベネズエラやアフリカ西部の堆積物を調べると，中期ジュラ紀（Middle Jurassic）に海路（古大西洋“proto-Atlantic”ocean）が貫入して広がっていった様子が記録されている．こうしてパンゲア超大陸は，北と南の超大陸に分裂し，それぞれ**ローラシア超大陸**（Laurasia）と**ゴンドワナ超大陸**（Gondwana）となっていった．だが，中期ジュラ紀の時点であっても，この二

---

*4　訳注：なお，時間軸によって定義される地質年代学的な区分に堆積した地層は層序学的に区分される．たとえば，“前期白亜紀”という時代に堆積した地層は“下部白亜系”となる．時代を表す地質年代学的な区分“代 era，紀 period，世 epoch，期 age”は，それぞれ地層を表す年代層序学的な区分の“界 erathem，系 system，統 series，階 stage”と対応する．

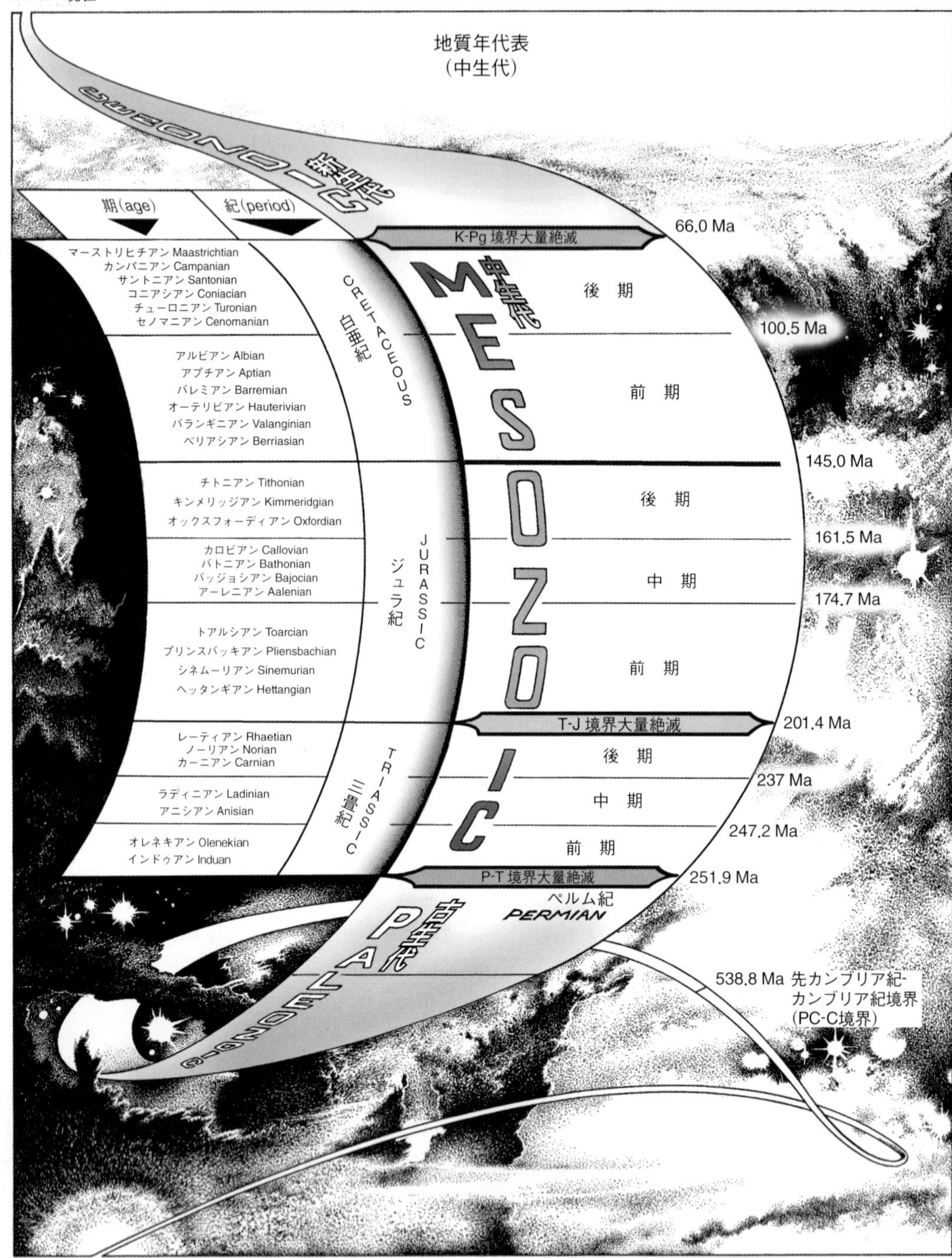

図 2・4　“恐竜”が闊歩していた中生代の地質年代区分．中生代は，三畳紀，ジュラ紀，白亜紀で構成される．このうち，“恐竜”は後期三畳紀から後期白亜紀（231–66.0 Ma）まで棲息し，その期間は1億 6500 万年にも及ぶが，地球の長い歴史の中のほんの一部にすぎない．もし地球の歴史を 1 月 1 日 0 時（地球が誕生したとき）から 12 月 31 日 24 時（現在）までの 1 年間のカレンダーに置き換えると，“恐竜”が地球上に存在していた期間は 12 月 13 日から 12 月 26 日までなのである．〔P-T 境界（ペルム紀-三畳紀境界），T-J 境界（三畳紀-ジュラ紀境界），K-Pg 境界（白亜紀-古第三紀境界），地質年代の数値は International Commission on Stratigraphy（ICS）；https://stratigraphy.org/ICSchart/ChronostratChart2023-09.pdf より〕

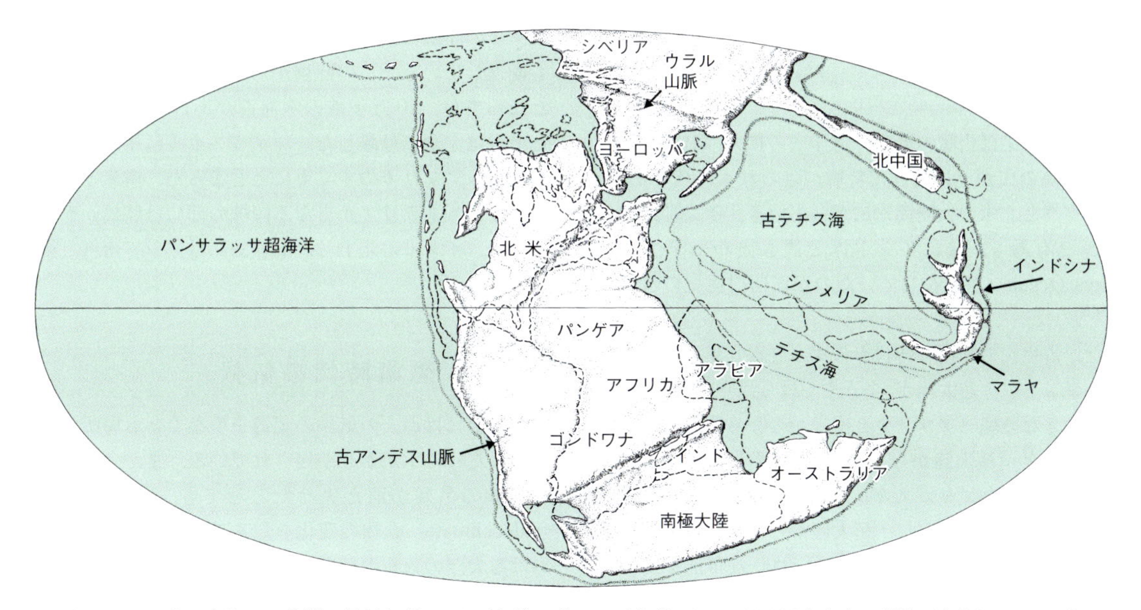

図 2・5　現在の大陸の，後期三畳紀(2 億 3700 万年前–2 億 140 万年前：237–201.4 Ma)当時の配置．地球上は一つの超大陸パンゲアによって占められていた．

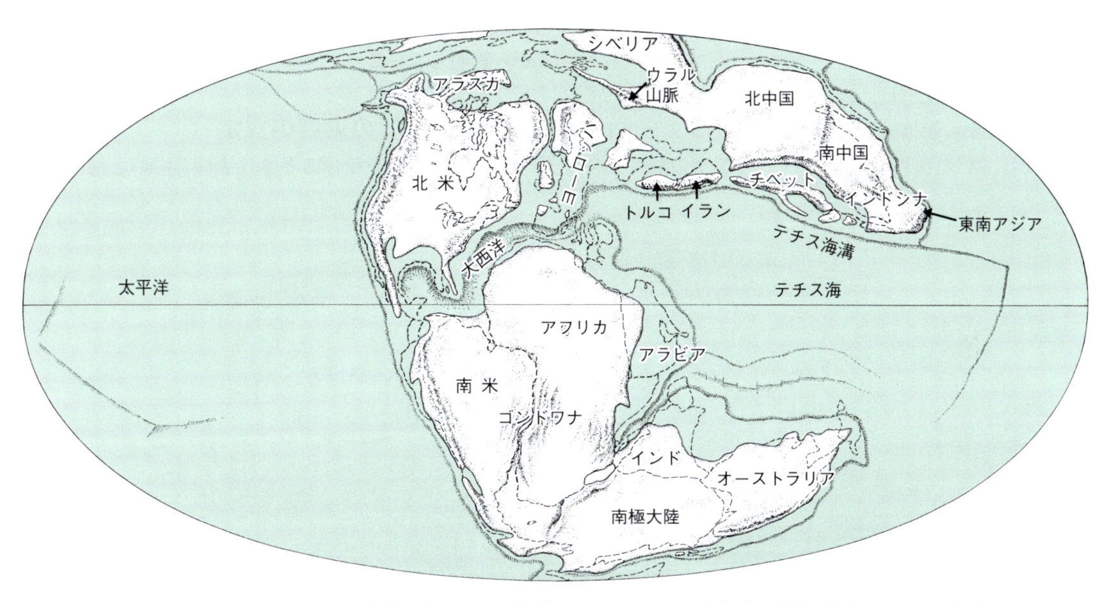

図 2・6　後期ジュラ紀(1 億 6150 万年前–1 億 4500 万年前：161.5–145.0 Ma)当時の大陸配置．パンゲア超大陸の分裂が進んだが，南半球のゴンドワナ超大陸の分裂は起こっていない．

つの大陸は陸橋でつながっていたようだ．

また，この時代は中生代で最初に大陸プレートの一部を覆い隠す**浅海**（epeiric sea, epicontinental sea）域が拡大した時期でもある．浅海とは，大陸プレートの一部を覆い隠す浅い海のことである．**海水準**（eustatic sea level：陸地に対する海面の高さ）が高かった時代には，現在よりも浅海が広がっていた．浅海域の拡大縮小は，地球の地質学的な尺度の長い歴史の中でも私たちにとって馴染み深く，地球規模の気候変動を含めて地球の未来を考えるうえでも重要な題材なのだ．

後期ジュラ紀

後期ジュラ紀（図 2・6）と前期白亜紀には大陸分裂がかなり進行していた．“テチス海(Tethys Ocean：ギリシャ神話の海神 *Tethys* に由来する)”とよばれる広い海が，北側のローラシア超大陸と南側のゴンドワナ超大陸という，二つの超大陸の間に広がっていた．

前期白亜紀

白亜紀の前半は山脈の隆起や海洋底の拡大，高い海水準，そして浅海の広がりによって特徴づけられる時代である．ヨーロッパと北米の大陸間が広がっていき，そこに地中海の前身でもあり，後にインド洋と置き換わる**テチス海**(Tethys Ocean) が存在していたのが前期白亜紀の特徴である*5.

また，古生代の初期の時代からずっと寄せ集まったままだったゴンドワナ超大陸が，ようやくばらばらになり始め，二つの大きな陸塊（アフリカと南米からなる陸塊と，オーストラリアと南極大陸からなる陸塊），そして二つの小さな陸塊（インドとマダガスカル）に分かれ始めた．インドとマダガスカルはゴンドワナ超大陸から最初に解き放たれたが，オーストラリアと南極大陸は5000万年前までくっついた状態であった．また，前期白亜紀では現在の大陸配置に近い形になったが，南米と南極大陸はまだ陸続きだったことがわかっている．

後期白亜紀

後期白亜紀の大陸配置は，現在のものに近い（図2・7）．北米は他の大陸からほぼ分離し，唯一，東アジアと北米が陸橋で結ばれていた箇所が現在のベーリング海峡であった．この陸橋は白亜紀から現在まで，現れては消えを幾度も繰返している．この陸橋が形成された時代として有名なところでは，10万年前の氷河期があげられる．アフリカと南米は完全に分離した．マダガスカルはインドから分裂した後，アフリカのすぐ東にとどまった．南米と，南極大陸とオーストラリアからなる陸塊の間には陸橋が形成されていた．インドは北上し，最終的にはアジア南部と衝突する．

2・3 恐竜時代の気候

地球上には過去の気候の変遷を少なくとも局所的に推測できるだけの手がかりが残されている．また，中生代当時の気候の名残が消え失せたとしても，中生代の**古気候**(paleoclimate) 全体の変化を知ることはできる．地球上における大陸の分布だけではなく，海洋の量や分布によって，気温や湿度，降水パターンは劇的に変化する．この点について，すべての大陸が一つのパンゲア超大陸として合体している場合（図2・5）と，現在の世界のように地球上に大陸がまばらに分布している場合（図2・7）を比較しながら説明していこう．

大陸と海洋での温度の安定

太陽からの熱を受けるとき，大陸(陸地)と海洋(水塊)で

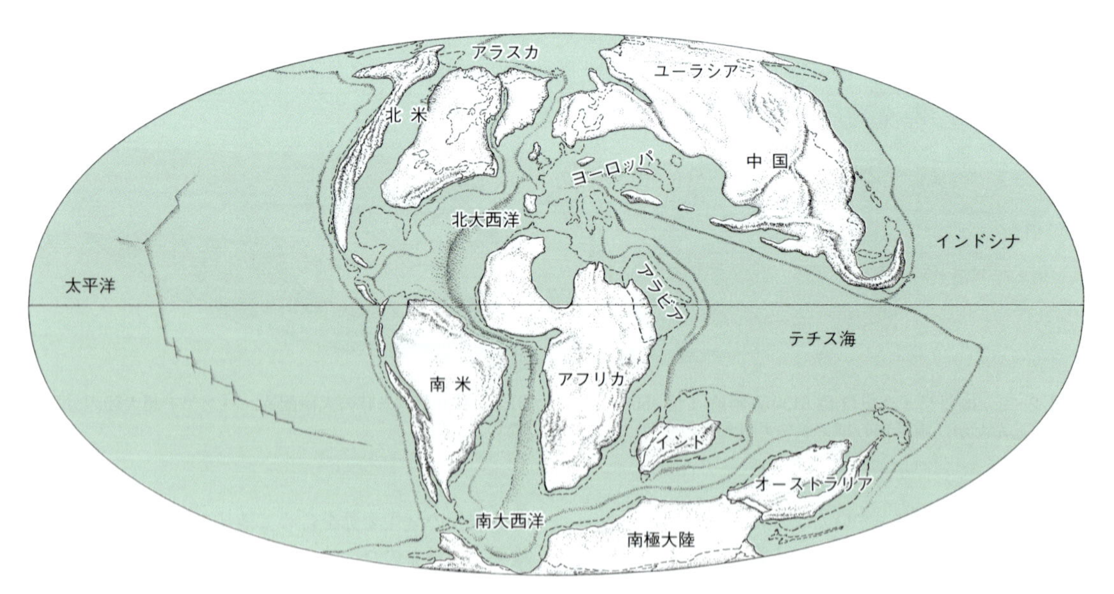

図 2・7 後期白亜紀(1億50万年前-6600万年前: 100.5-66.0 Ma)当時の大陸配置．現在の大陸配置と比べて顕著な違いはみられない．アジアと北米の間に陸橋が形成されていることや，ヨーロッパが群島になっていることに注意．この時代ではゴンドワナ，ローラシアの両超大陸はともに完全に分裂している．

*5 訳注：テチス海はローラシア超大陸とゴンドワナ超大陸に挟まれた海域であり，その西部は地中海として残ったが，東部はインド洋の拡大に伴い閉じた．

は温まり方がまったく異なる．たとえば，プールに飛び込んでしばらく遊んだ後にプールから上がると，プールサイドの床や外気が冷たく感じるという経験をしたことがあるだろう．これは物質間の**熱容量***6〔heat capacity：1モル（mol）の物質の温度を1℃上昇させるのに必要な熱量〕の違いによってひき起こされる．この熱容量とは，ある物質の温度をどれだけ簡単に変えられるかを示す．水は大陸地殻よりも高い熱容量をもつ．これは，大陸の温度を変化させるよりも，水の温度を変化させる方がより多くの熱エネルギーを必要とすることを意味する．つまり，水は温められるまでに時間がかかり，かつ冷やされるのにも時間がかかるということだ．このような性質があるからこそ，沿岸域の気温は内陸の気候と比べていつも穏やかなのである．

すべての大陸が超大陸パンゲアとして一つにまとまっていた（図2・5）中生代という時代の始まりに，大陸と海洋の熱容量の違いがどのように気候に影響を与えたかについて考えてみよう．海洋よりも大陸の方が急速に温められたり冷やされたりすることを**内陸効果**（continental effect）とよぶが，当時はその内陸効果が現在よりも強かった．パンゲアがあった頃は，気候の変動が激しかったに違いない．現在の世界では，大陸間に広がる海洋が大陸の気温を一定に保とうとしている．しかし，パンゲアがあった当時の気候は大陸が急速に温められて暑くなり，かつ急速に冷却されて寒くなるような気候だったのだろう．

前期ジュラ紀にパンゲアが分裂し始めて以降は，海水準が上昇し，超大陸が分裂するにつれて浅海が広がったことで，内陸効果が弱まり始めた．地球上を覆う海洋の面積が増えるほど地球の気候は安定し，海水準が低かった頃の大陸でみられたような気温変動に比べて，陸地の気温差も小さく，かつゆるやかに気温が変化するようになっていった．

中生代の気候変動

後期三畳紀から前期ジュラ紀にかけては気温が高く，乾燥した気候だった．その証拠は三畳紀を通して得られている．ただし，後期三畳紀の初めには湿度が一時的に高かったというエピソードは加えてよいだろう．また，これらの時代では顕著な**季節性**（seasonality）がみられた．これはつまり，季節の変化が明瞭だったことを意味する．この季節性の存在は，パンゲアの陸地面積の広さに強く起因している．しかし，ジュラ紀の残りの3分の2の期間から白亜紀のほぼすべての期間は，大陸の極域から氷床や氷河がすっかりと消えうせた時代である．現在の世界では氷河が地球の南北両方の高緯度域に発達し，北極も南極も氷床で覆われているが，氷河がまったく発達しない世界というのは人類史上では経験したことのない世界である．これらの時代の北極圏（北緯66.5°以北）からも南極圏（南緯66.5°以南）からも温暖な環境を好む植物や魚の化石が見つかっているため，気候が温暖であったことが示唆されており，それゆえ氷床も氷河も発達していなかったことがわかる．また，これらの時代の地層から大陸氷河の存在を示すような痕跡が一切見つかっていないことも，これを裏付ける証拠の一つである．

極域の氷床がなかったということは，氷床や氷河として存在するはずの水がすべて当時の海盆を満たしていたということを意味するため，気候にも重大な影響をもたらす．言い換えると，当時の地球では海水準が高く，浅海も大きく広がっていたということを示す．大陸や海盆上で増えた水は，内陸効果を減じ，気候を安定させる効果をもたらした．また一方で，それまでの時代で明瞭だった季節性が，これらの時代では弱まっていった．

しかし，当時の気候は場所によって大きく異なっていたようだ．たとえば北米の上部ジュラ系の陸成層では酸化した堆積層や炭酸カルシウムが含まれるといった特徴が残されており，後期ジュラ紀当時の北米では季節によって乾燥するような地域であったことが示唆されている．蒸し暑い沼だらけのジャングルは，恐竜にとっては災難だ．

白亜紀の古気候は，それより前の時代の古気候よりもわかっていることが多い．少なくとも白亜紀の前半は，気候が汎世界的に温暖で安定していたようだ．白亜紀の前半の時代は，両極域で相変わらず氷床が発達せず，現在みられるような気候と比べてずっと季節変化が少なかったようだ．これは，赤道域の気温が現在と当時とでそこまで差がなかったとしても，極域を比較すると当時の方が温暖であったことを意味している．白亜紀の極域の気温は0℃～15℃だったと見積もられている．つまり，現在の地球で極域と赤道付近の気温差が±41℃もあるのに対し，当時はその差が17～26℃程度しかなかったということだ．

白亜紀の前半は，プレートテクトニクスによるプレートの運動（tectonic）の活発化がもたらす造山運動や海洋の広がりによって，大気中のCO_2（二酸化炭素）増加と，海盆の体積の減少が起こり，それがさらに浅海の拡大をもたらすという相乗効果が現れた．そのため，当時すでに熱を吸収して温められていた大気は，温暖な気候のまま安定する結果となった．氷床が減少すると，大気中に反射する太陽光の量が減るため，地表の気温の上昇をもたらした．

現在の地球上で問題になっている“温室効果”という言葉は聞いたことがあるだろう．前期白亜紀から白亜紀の中頃にかけては，まさにその温室効果の影響を受けていた．白亜紀の中頃も含め，地球は歴史上で幾度も温室効果を経験してきた．したがって，地球全体の温暖化についての記録

*6　1 mol（分子数がおよそ6.02×10^{23}個）の物質の温度を1℃上昇させるのに必要な熱量として定義される．

が地質記録としてたくさん残されているのである．

白亜紀の最後の3000万年間は，それまで安定していた白亜紀の中頃の気候から，徐々に不安定な状態へと変わっていったようだ．白亜紀の終わりにかけては非常に大きな規模の海退（海岸線の海側への後退）がみられ，季節性も強くなっていったという証拠が見つかっている．

本章のまとめ

恐竜が棲息していた時代は，生層序学，岩相層序学，地質年代学を組合せることによって推定することができる．古生物学者はこれらを用いて，相対年代と絶対年代を明らかにすることができる．これらの手法から地球史全体を通じた地質年代表が地質学者によってつくられており，その年代の精度を高めるために更新が続けられている．地質年代は代，紀，世，期，といった上位から下位までの階層によって区分されている．

最初期の恐竜が現れたのは後期三畳紀で，地球上の大陸がすべて超大陸パンゲアとよばれる一つの陸塊にまとまっていた．それ以降，大陸は分裂して離れ続け，現在の配置に近づいていった．

一つの巨大な大陸の存在が当時の気候に大きな影響を及ぼし，強い季節性を生み出した．この状態はジュラ紀を通じて和らいでいったが，少なくとも後期ジュラ紀の北米に関しては強い季節性がみられた．白亜紀の中頃までには大陸の分裂が落ち着き，海水準が上昇し，極域の氷床が解け，高濃度のCO_2（二酸化炭素）ガスによって地球規模の温暖化と温室効果の相乗効果がひき起こされた．

参考文献

Barron, E. J. 1983. A warm, equable Cretaceous:　the nature of the problem. *Earth Science Reviews*, **19**, 305–338.

Berry, W. B. N. 1987. *Growth of a Prehistoric Time Scale Based on Organic Evolution*. Blackwell Scientific Publications, Boston, MA, 202p.

Crowley, T. J. and North, G. R. 1992. *Paleoclimatology*. Oxford Monographs in Geology and Geophysics, no. 18, Oxford University Press, New York, 339p.

Gradstein, F., Ogg, J., and Schmitz, M. (eds.) 2012. *A Geological Time Scale 2012*. Elsevier, Amsterdam, 1176p.

Lewis, C. 2000. *The Dating Game: One Man's Search for the Age of the Earth*. Cambridge University Press, Cambridge, 253p.

Robinson, P. L. 1973. Palaeoclimatology and continental drift. In Tarling, D. H. and Runcorn, S. K. (eds.) *Implications of Continental Drift to the Earth Sciences*, vol. I, NATO Advanced Study Institute, Academic Press, New York, pp. 449–474.

Ross, M. I. 1992. *Paleogeographic Information System/Mac Version 1.3*:　*Paleomap Project Progress Report*, no. **9**, University of Texas at Arlington, 32p.

付録2・1　化学の世界をざっくり紹介

地球は周期表[*7]に表される**元素**（element）から構成されている．たとえば水素(H)，酸素(O)，窒素(N)，炭素(C)，鉄(Fe）のように親しみのある元素もあれば，バークリウム(Bk)，イリジウム(Ir)，トリウム(Th）のように馴染みの薄い元素もある．すべての元素は**原子**（atom）から構成され，原子こそが元素としての性質を保つことができる最小の粒子である．もっと細かくみていくと，原子は**陽子**（proton），**中性子**（neutron），そしてさらに小さい粒子である**電子**（electron）などの原子よりも小さい**亜原子粒子**（subatomic particle）から構成される．陽子と中性子は原子の中心にある**核**（nucleus）に存在する．電子は核を取囲む原子雲の中に存在している．一部の電子は核のすぐ近くにひきつけられているが，核との結びつきがゆるい電子もある．これらの，原子との結びつきが弱い不安定な電子は，結びつきの強いより安定な電子と比べて，比較的容易に核から引き離すことができるだろう（付録図2・1）．

これを頭に入れて，亜原子粒子についてもう少し考えて

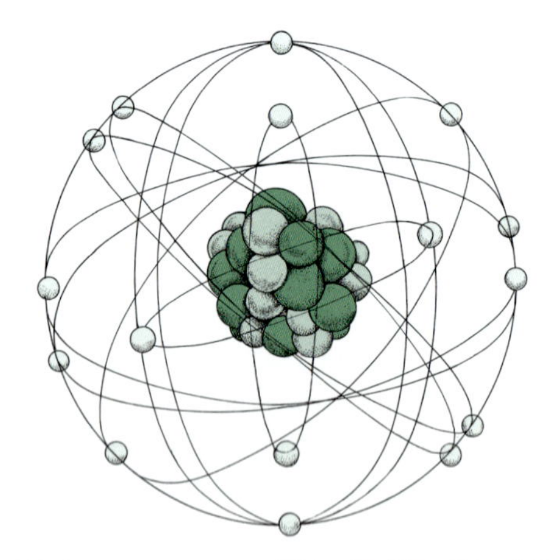

付録図 2・1　カリウム原子の模式図．核には19個の陽子と20個の中性子がある．核の周りの電子雲の中は19個の電子があり，電子のエネルギー状態によって核との距離が決まる．

*7　以下の二つの歌をYouTubeで視聴するとよいだろう．AsapSCIENCE(www.asapscience.com)で歌われている，カンカンの旋律が有名なJacques Offenbach作の“Orpheus in the Underworld(地獄のオルフェ)”と，アルバム*An Evening Wasted with Tom Lehrer*の中から，Tom Lehrerが奏でるSir Arthur Sullivanの“Major General's Song”にのせた英語の周期表おぼえ歌だ．

みよう．陽子と電子はそれぞれ +1 と −1 の電荷をもっている．中性子は，その名が示すように，中立（neutral）で，電荷をもたない（電荷は 0）．原子内の電荷のバランスをとるために，正の電荷をもつ陽子の数と，負の電荷をもつ電子の数は等しくなければならない．この陽子の数と同じ数は元素の**原子番号**（atomic number）とよばれ，元素記号の左下につける．たとえば，カリウムの元素記号は K（ラテン語で *kalium*）で表され，19 の陽子をもつ．つまり，カリウムの原子番号は 19 であり，$_{19}$K と表記される．

一部の亜原子粒子は電荷をもつと同時に，質量もある．実際には 1 粒でおよそ"1.67×10^{-24} g（グラム）"しかない微小な陽子の質量数を"1"と仮定しよう．このとき，中性子の質量数も 1 となる．陽子と中性子の質量に比べ，電子の質量は無視できるほど小さい．したがって原子の質量数は，陽子の総数と中性子の総数を足したものとなる．カリウム原子を例に考えてみよう．カリウム原子の質量数は，中性子の総数である 20 に，陽子の総数である 19 を足し合わせたものであるため，39 となる．これは ^{39}K と書き表される．原子番号は元素に固有の数なので，通常，同位体の話をする際には含めない．したがって，本来は $^{39}_{19}$K と表されるべきだが，表記のうえでは ^{39}K と略記される．

同じ原子番号をもっていても質量数が異なる原子は同位体とよばれる．たとえば，恐竜の棲息年代を明らかにするのに重要な ^{39}K（カリウム 39）の同位体は ^{40}K である．^{40}K はカリウムの同位体なので，^{39}K と同じ原子番号をもち，19 個の電子と 19 個の陽子からなる．両者の質量数の違いは，中性子の数の違いを表している．^{40}K は 19 個の陽子に加え 21 個の中性子をもつため，質量数は 40 まで増える．ただし，これはカリウム原子であることに変わりないため，原子番号は 19 のままである．

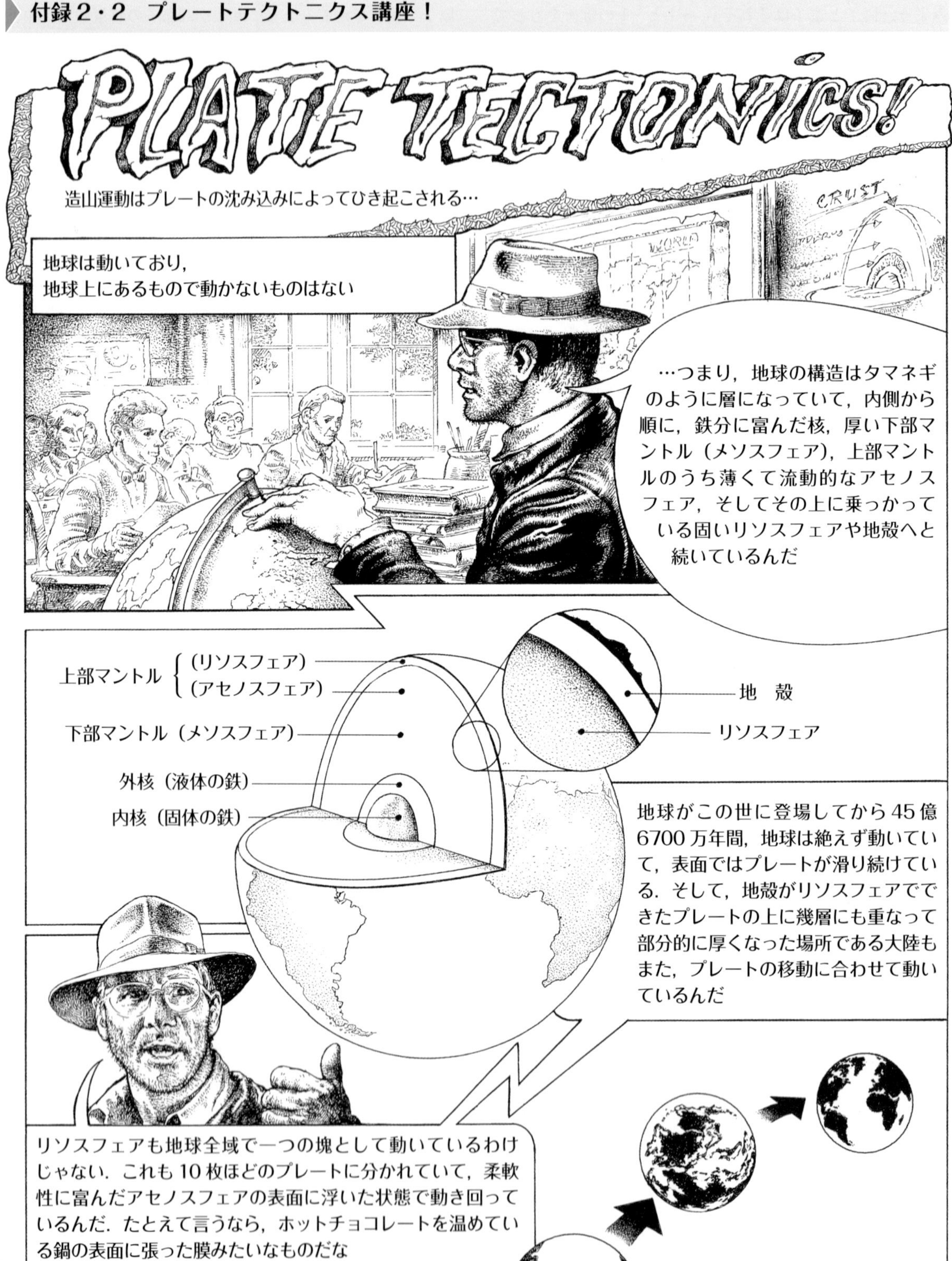
PLATE TECTONICS!
造山運動はプレートの沈み込みによってひき起こされる…
CRUST
WORLD
地球は動いており，
地球上にあるもので動かないものはない
…つまり，地球の構造はタマネギのように層になっていて，内側から順に，鉄分に富んだ核，厚い下部マントル（メソスフェア），上部マントルのうち薄くて流動的なアセノスフェア，そしてその上に乗っかっている固いリソスフェアや地殻へと続いているんだ
上部マントル
（リソスフェア）
（アセノスフェア）
下部マントル（メソスフェア）
外核（液体の鉄）
内核（固体の鉄）
地　殻
リソスフェア
地球がこの世に登場してから45億6700万年間，地球は絶えず動いていて，表面ではプレートが滑り続けている．そして，地殻がリソスフェアでできたプレートの上に幾層にも重なって部分的に厚くなった場所である大陸もまた，プレートの移動に合わせて動いているんだ
リソスフェアも地球全域で一つの塊として動いているわけじゃない．これも10枚ほどのプレートに分かれていて，柔軟性に富んだアセノスフェアの表面に浮いた状態で動き回っているんだ．たとえて言うなら，ホットチョコレートを温めている鍋の表面に張った膜みたいなものだな
リソスフェアのプレートの表面は“地殻”とよばれる層で覆われている．大陸リソスフェアでは地殻が厚いが，海洋リソスフェアでは地殻が薄いことがわかっている

プレートが運動する仕組みはプレートテクトニクス理論によって説明される．プレートテクトニクスは地球がどう運動しているかを理解するためだけじゃなく，地球上の生命がどう進化してきたかを理解するためにも重要なんだ

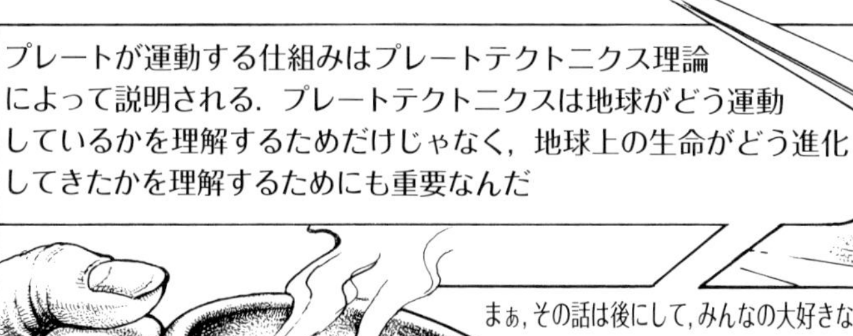

まぁ，その話は後にして，みんなの大好きなホットチョコレートに話を戻そうか．鍋で温められたホットチョコレートをイメージすると，プレートテクトニクスの仕組みがよく理解できるはずだ

コンロでホットチョコレートを温めると，表面に膜ができるだろう．熱が鍋の中の液体が循環するのに合わせて，この膜は絶えず動き続ける．新たに熱い膜ができると，冷やされた古い膜にしわが寄っていき，やがて新しくできた膜と融け合うだろ

これがまさにリソスフェアで起こっていることなんだ．熱く融けた物質がアセノスフェアから上昇してきて，そこで冷やされてリソスフェアを形成する．それが新しくできたリソスフェアだ．長い地質学的時間スケールでいうと，リソスフェアが成長して広がっていく中心部にあたるな．熱いアセノスフェアが新たに下から登ってきて付け足されるたびに，冷やされた古いリソスフェアは脇へ押しやられる

当然ながら，拡大しようとする新しいリソスフェアの隣にある古いリソスフェアはどこかに押し出されて移動しなければならない．そうすると，そのリソスフェアは別のリソスフェアにぶつかるんだ．たとえていうなら，車と車が正面衝突するようなものだな

衝突後に乗り上げる：これは海洋リソスフェアが別の海洋リソスフェアに衝突したときに起こりうることのひとつだ．
ただし海洋リソスフェアと大陸リソスフェアが衝突したとしても，海洋リソスフェアの方が密度が高いので，海洋リソスフェアが大陸リソスフェアに乗り上げることはほとんどない

衝突後に下に潜り込む：一方で，海洋リソスフェアが大陸リソスフェアに衝突したときには，海洋リソスフェアが大陸リソスフェアの下に潜り込むことが一般的だ．これを，海洋リソスフェアの沈み込みとよぶ

衝突後に互いにひしゃげる：大陸リソスフェア同士が衝突してひしゃげる場合，巨大な山脈が形成される．インド亜大陸のリソスフェアがアジア大陸のリソスフェアに衝突したときにしわ寄せによってできあがったのが，世界最高峰を誇るヒマラヤ山脈だ

要するにだ，プレートテクトニクスの仕組みを簡単に言うと，こうだ．まず熱いマントルが上昇して，海洋の拡大中心を形成する．次に，そこから遠く離れた大陸縁辺で，古くにできあがっていた海洋地殻が大陸地殻の下に沈み込む．海洋プレートの沈み込んだ箇所（スラブ）は熱くなるため，それらが融けて，上を覆っている大陸リソスフェアの間隙を縫って上昇する．融けたスラブが大陸リソスフェアの表面に達すると，マントルによってもたらされた熱エネルギーやガスが逃げ場を求め，火山群がそこにできあがるというわけだ．たとえば，南米のアンデス山脈や，米国北西部でロッキー山脈の西側に沿って並ぶカスケード山脈なんかがそうだ

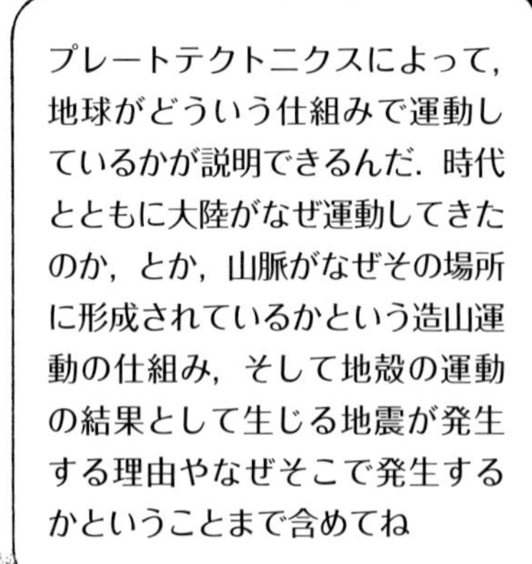

プレートテクトニクスによって，地球がどういう仕組みで運動しているかが説明できるんだ．時代とともに大陸がなぜ運動してきたのか，とか，山脈がなぜその場所に形成されているかという造山運動の仕組み，そして地殻の運動の結果として生じる地震が発生する理由やなぜそこで発生するかということまで含めてね

君たちに地質学者たちが好んで使う
言い回しを教えよう
“Subduction leads to orogeny！
（沈み込みが起これば山が隆起する！）”

Chapter

3 生物同士がどういう関係にあって，どうやってその関係がわかるのか

君はいったい誰なの？
―"Who are you? Who? Who?"
(Peter Townsend の歌"The Who"より)

What's in this chapter

本章の目的はこの本を通して何度も登場する以下の項目に親しんでもらうことにある．

- 系統：生物間の進化的な関係性
- 生物進化：綿々とつながる生物同士の系譜を形づくるメカニズム
- 系統分類学：進化パターンを解き明かす手法
- 分岐図：表徴形質を基に生物の近縁関係を示した枝分かれの図．これらが示す生物の関係性は仮説であり，分岐図とは系統関係を示した仮説である．

3・1 あなたは誰？

自分は他者とどう違うのだろうか.アイデンティティ(独自性）を知ることはすべての動物において根源的な問題である．ヒトもまた例外ではない．私たちが何者であるのかを知ることは,私たちの本質の理解につながる．たとえば,メロドラマなど，ドラマの手法として，主要な登場人物がアイデンティティの一部を失うという演出がよく使われる．そう考えてみると，私たちが何者なのかという問題は私たちのあらゆる振舞いに影響を与えている.

“あなたは誰？”の問いの答えを探すには，まずは“あなたはほかの誰とどういう関係でつながっているの？”と尋ねることから始めてみよう.というのも,人間の社会にとって，他者との関係性はその人自身のアイデンティティを決める重要な要素であるためだ．同様に，恐竜とはいったい何者なのかという質問に答えるには，恐竜のなかでの相互の関係性と，恐竜と恐竜以外の動物との関係性を知る必要がある.

私たちが何者なのか，どこからやってきたのか，といった生物間の関係性を調べる学問が**系統学**（phylogeny）である．これはすなわち，生命の歴史をたどることである.ここで“進化”の出番となるのだ．進化とは，基本的に生物同士が遺伝的なつながりをもってきた結果生じたものにほかならない.

3・2 生物進化

生物進化（biotic or organic evolution）とは“変化を伴う由来（descent with modification)”である（『種の起源』からの引用，後述)．すなわち生物が世代交代し，**形態学**(morphology：*morph* 形態，*ology* ～学）的特徴が変わっていくことである〔**進化**（evolution）論の解説は付録3・1参照〕．それぞれの新しい世代が，生命をつなぐ切れ目のない遺伝子の糸の最も新しいつむぎ手になっている．新しい世代は先進的だといえる．というのも，その生物が一生のうちで役立つかもしれない新しい特徴を潜在的にもっているからだ．しかし，同時に遺伝で引き継いだ特徴によって祖先ともつながっている．そのつながりがどれだけ近いのか遠いのか，それこそが**系統関係**（systematic relationship, phylogenetic relationship）である.

系統関係とリンネ式分類体系

通常，生物の分類には，スウェーデンの博物学者であるCarolus Linnaeus（Carl von Linné, 1707–1778）によって考案された階層分類が用いられる．このリンネ式の階層分類は大変有名だが，悪名高いともいえる．これは，生物を大きなグループから小さなグループへと入れ子式に表すものである．大きい階層から順に，界（kingdom)，**門**（phylum)，綱（class)，目（order)，科（family)，属（genus)，種（species）となっている．個々の生物名は，イタリック体で**属名**（generic name）と**種小名**（specific name）の組合わせで書き表される.たとえば,かの有名な大型恐竜ティラノサウルスの模式種の場合は *Tyrannosaurus rex*（ティラノサウルス・レックス）となる．生物のグループを構成するそれぞれの**階層**（hierarchy）の名前は**分類群**（taxon, *pl.* taxa, タクソン）という．Linnaeus は，生命を特徴づける形質が，階層になっていることに気がついた．すなわち，大きなグループの中には小さなグループがあり，さらにその中にはもっと小さなグループがあり，さらにその中には…といった具合だ．生物の分類の階層については，このあとでもっと詳しく説明しよう.

すべての分類には目的がある．たとえば映画の分類は,ドラマ，ホラー，コメディーなどのテーマ別と，PG-12指定，R指定など鑑賞指定区分によっても分類される．リンネ式分類体系は，近縁性を反映するために考案された.すなわち，ある分類群に属する生物同士は，階層に関係なく,ほかのどの分類群よりも近い関係にある.たとえば,“哺乳綱（class Mammalia)”という分類群の場合，哺乳綱に属する生物同士は，哺乳綱に属さない生物よりも互いに近い関係にある.

リンネの分類体型は普遍的に使われているが，実はここには時代背景による手品のような作用が働いている．というのも，Linnaeus が分類体系を確立したのは，進化が正しく理解されるずっと前のことであった．加えて，Linnaeus 自身は，進化によって地球上の生物多様性が生み出されたとは考えていなかった．実際のところ，彼は今で言うところの“創造論者”だったのだ．そのため，彼の分類体系は生物間の類似性のみに基づいており，私たちが今日理解している生物の関係性とは別物である．Charles R. Darwin が1859年に『種の起源（*On the Origin of Species*)』を出版した後，生物間の関係性に対する考えは，“変化を伴う由来（descent with modification)”という概念が加わるようになった．関係性の近いものほどよく似た傾向にあるというのは，とても合理的な考え方だ．しかし，表面的な類似性というのは，必ずしも進化上の関係性を示す最適の指標にはならないことに注意が必要である．リンネの分類体系は，現在でも広く使われている．しかし，多くの進化生物学者は，生物の多様性が進化によって生み出されるという概念と，リンネの分類体系が適合していないという問題に直面している．4章では，この問題をもう少し詳しく取上げる.

系統関係の求め方

相同性　もし生物の間に遺伝的なつながりがあるな

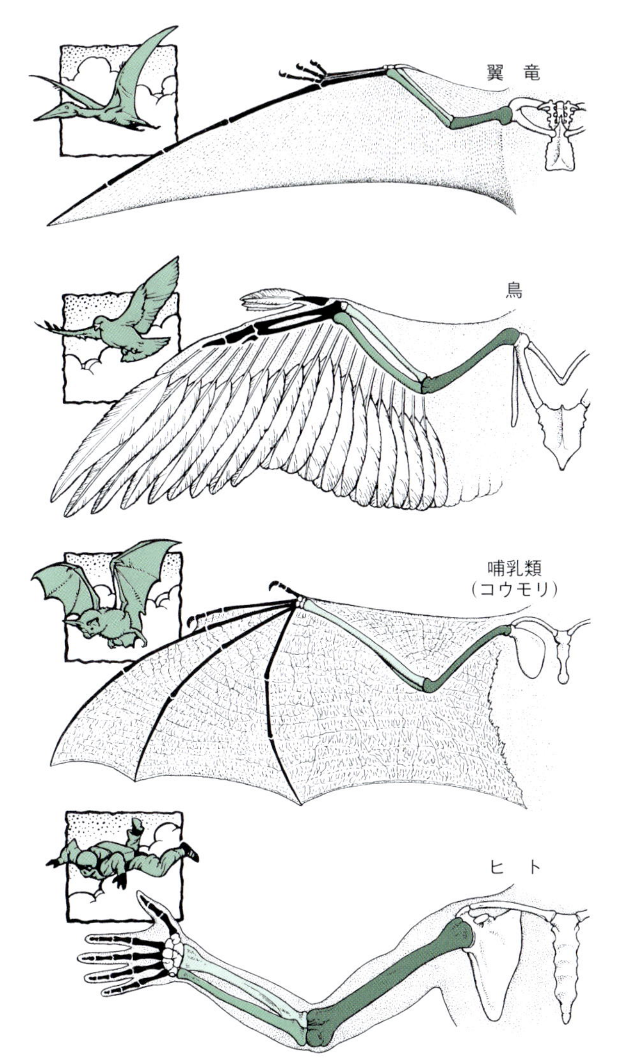

図 3・1 相同器官．ヒト，コウモリ，鳥，翼竜の前肢はすべて相同である．これらの外形はまったく違うものに見えるが，基本的な構造と骨の配列は共通しているのである．この基本構造の類似性は，祖先を共有していることを示唆しているため，相同性に基づいて進化系統の仮説がつくられる．

らば，体の各部位にもそれが現れているはずだ．たとえば，ヒトの手の五本指と，トカゲの前肢の五本指は，独立に生じたのではない．前肢の指は五本指であることが基本形だが，ヒトとトカゲという二つの系統の進化で受け継がれてきたのである．トカゲとヒトの前肢の指の起源は，理屈のうえでも実質的にも，両者の遠い昔の共通祖先の指に遡ることができる．二つの形質が共通祖先の（単一の）同一の器官基本形に遡ることができる場合，二つの形質は解剖学的に相同な特徴であるとよべるのである（図3・1）．たとえば，この理論をもとに，すべての哺乳類の前肢の指が，恐竜のそれと**相同**(homologous)であると推論できるのだ．しかし，ハエの翅と鳥の翼は共通の祖先の同一の形態に遡ることができないので相同であるとはいえない．飛行という同じ役割を担っているハエの翅と鳥の翼は**相似**（analogous）な器官とよばれる（図3・2）．

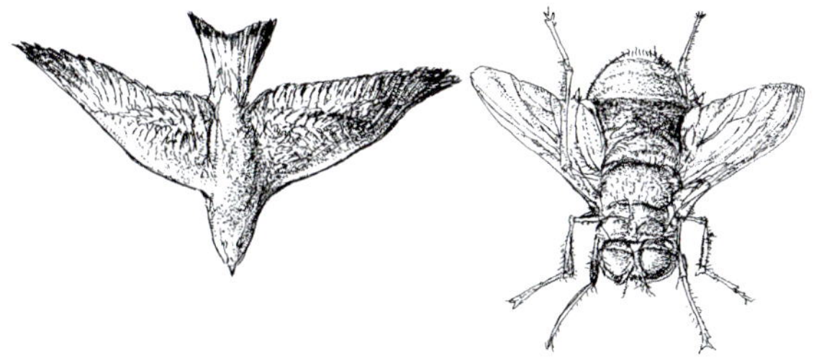

図 3・2 相似器官．ハエの翅は，鳥の前肢のような脊椎動物の翼とは構造的に相同ではない．両種は“飛ぶ”という機能では同じだが，ハエの翅と鳥の翼の構造は大きく異なっているため，共通祖先の単一の構造に辿り着くことはない．

少々わかりにくいかもしれないが，とても重要な違いを説明しよう．図3・1に示した翼竜，鳥，哺乳類の四肢は，確かに相同である．しかし，翼としての機能は相同とはいえない．もし，これらの翼が相同であるならば，四肢から翼の進化は，彼らの共通祖先で1回だけ起こったことを示す．そして，これらの翼は，起源となった翼が変異したものということになる．ところが実際には，翼竜，鳥，哺乳類それぞれの祖先は，飛ぶことができない．そのため，個々の系統で独立して翼と飛行能力を獲得したと考えるのが妥当だろう．つまり，これらの脊椎動物がもつ翼は，たとえ四肢として相同な器官だったとしても，翼としては相似器官である（図3・2）．進化学は，翼を形成するにはさまざまな方法があることを教えてくれる．

進化の樹の解明

ここで，皆さんが一度は目にしているであろう“進化の樹”の解説が必要になる．たとえば図3・3を見てみよう．この樹形は，うごめく原始的なスライム状の生物から始まる．この生物を，枝先の方にたどっていくと，すべての生物に進化していく．このような樹形はどの子孫がどの祖先に由来しているのか，そしてその変化がいつ起こったのかを示している．教科書や博物館の解説，ナショナル・ジオグラフィックの記事でおなじみのこの樹形は，進化を理解するのに重要となる．このような図を**進化の樹**(evolutionary tree)[*1]とよんでいる．

しかし，どの祖先からどの子孫へとつながっていくのか，

*1　訳注：本章ではさまざまな“樹”や“図”の名称が登場するが，原著の用語をそれぞれ以下のように訳した．“進化の樹”など馴染みのない用語も含まれるが，著者の意向に従い，用語の語源と意味を考慮して訳し，それぞれの用語を使い分けている．cladogram：分岐図，evolutionary tree：進化の樹，tree of life：生命の樹，phylogenetic tree：系統樹，phylogram：系統図．

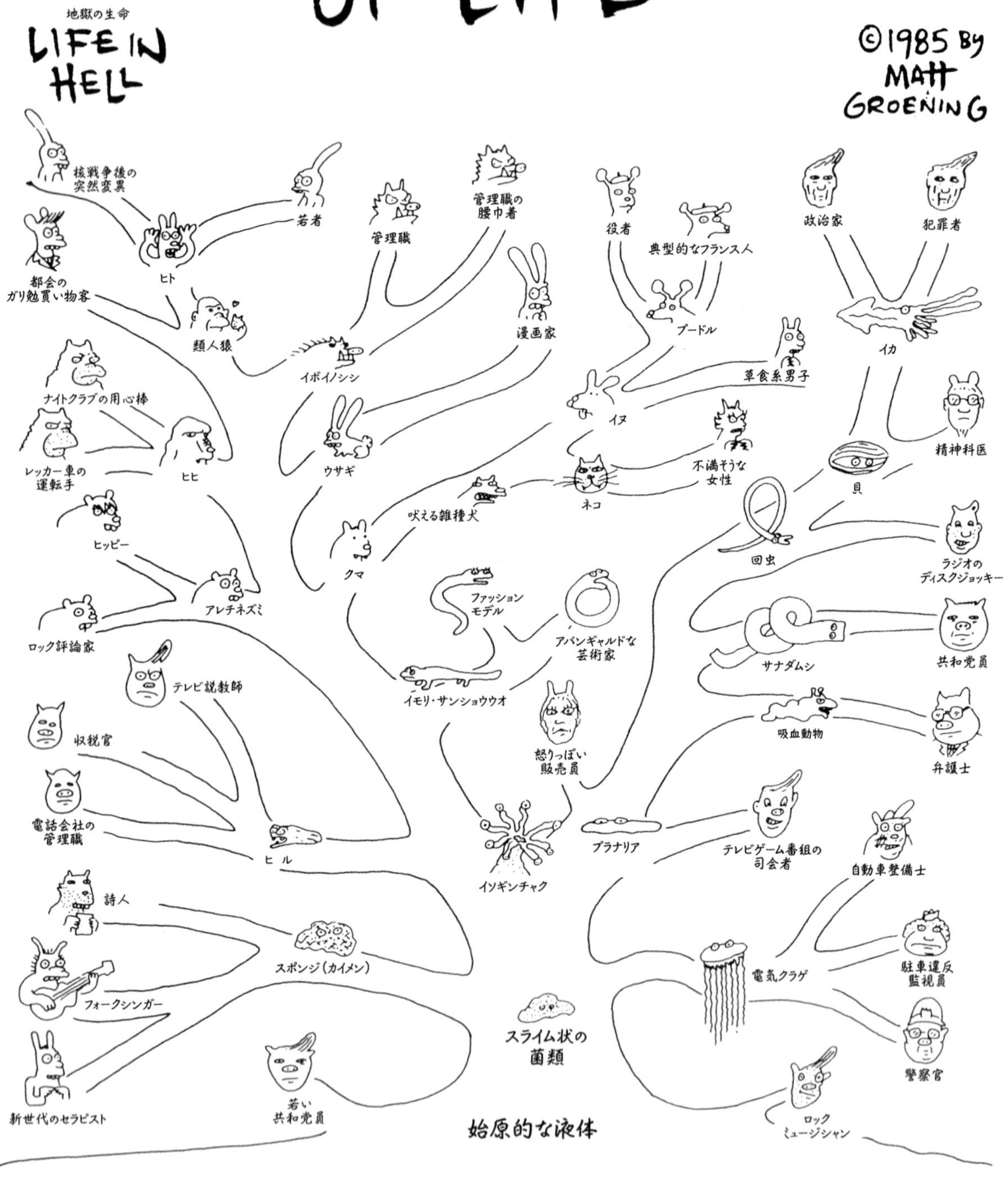

図 3・3　進化の樹（evolutionary tree）の例．進化を樹木で表す手法はDarwin（1859年）まで遡るが，今では馴染み深いものになっている．［© Matt Groening,『*Big Book of Hell*』より．All Rights Reserved. Pantheon Books, a division of Random House, Inc. NYの許可を得て転載］

どうやってわかるのだろうか.

結局は,“生命の樹（tree of life）”の枝を構成する膨大な分岐が起こるところを目撃した人間はいないのだ.

問題はさらに深刻である. 1章で学んだように, 化石が保存されることは, 本当にまれなのだ. たとえば, 偶然にも保存されたある化石Aを, 私たちが偶然見つける. これがまたもや偶然化石として保存されて, 偶然見つかった化石Bの直接的な祖先だということはありうるのだろうか. このようなことが起こるチャンスはゼロに等しい. ニュースや, 立派な光沢紙の科学雑誌でどう書かれていようと, 最古の人類化石が, すべての現代人にとっての曾, 曾, …, 曾祖父だった, ということはありえない.

ただし, 見つけたその化石は私たちの本当の曾, 曾, 曾祖父がもっていた特徴の多くをもっている可能性はある. また, その中に生物間の類縁関係を認識する鍵がある. 実際の直接的な祖先を見つけることはできないが, 多かれ少なかれ祖先がどんな形であったかを推測することは十分に可能だ. 進化の樹では祖先が明示されているように見えるが, 実際の祖先の化石などに証拠がある可能性は乏しい. そこで, 進化の樹を使わずに, 生物の類縁関係（見方を変えれば, 進化の道筋）を理解するために革新的な方法が使われる. この方法が, **系統分類学**（phylogenetic systematics）とよばれるものである.

3・3　系統分類学: 進化の道筋の復元

系統分類学は, 1900年代の中頃に発展した, 進化の道筋を復元するための手法である. 本章で後述するように, この手法は類縁関係を科学的に決定することができる唯一の方法であるため, すべての進化生物学者と古生物学者がこの手法を用いている. 一般書ではあまり解説されていないが, 恐竜をよく理解するための唯一の方法は系統分類学に即して恐竜の進化を読み解くことである. だからこそ本書で解説するのだ.

系統を復元するには, ある二つの生物がどのくらい近縁な関係にあるのかを知る方法が必要である. より近縁な関係にあるものは固有の特徴を共有している傾向にあるため, 系統関係の復元は, 単純そうにみえる. そして, 私たちは, このことを直感的に知っている. なぜなら, 私たちが近縁であると感じる生物（たとえばイヌとコヨーテ）は互いに類似しており, 多くの形質を共有していることが見てとれるからだ. 家畜動物のブリーダーはこれを何千年にもわたって利用してきた. 彼らは, 次世代の外見や行動がその両親に似るという事実を利用し, 望む形の植物や動物の品種を開発してきたのだ. 系統分類学は, 生物の特異的な特徴を用いて, 生物間の関係性を推察することができる手法である. この手法は, 何よりもまず, 生物の特徴が階層的に分布するという事実に強く依存している.

階　層

Linnaeusの素晴らしき洞察力の一つは, 自然界に存在するすべての特徴は, **階層**（hierarchy）に分けて並べることができるということに気づいた点にある（図3・4）. これは, 連続する入れ子式の構造として理解できる. その身近な例としては軍隊の等級などがあげられる. または, 生物学的な例をあげるなら, すべての生物のなかで, 背骨

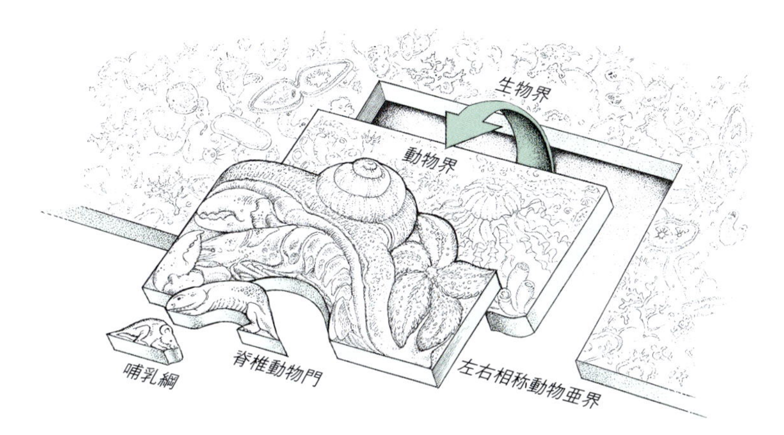

図 3・4　生物の分類の階層構造をジグゾーパズルで表している. 動物パズルの絵柄はそれぞれ, その動物が属する大きな分類群を示している. たとえば, ネズミは哺乳綱（class Mammalia）を示しており, トカゲは爬虫綱（class Reptilia）を示している. 哺乳綱と爬虫綱のピースが組合わさり脊椎動物門（phylum Vertebrata）を構成する. 脊椎動物門は, ロブスターやカといった無脊椎動物門の仲間を含む左右対称な動物（左右相称動物亜界 subkingdom Bilateria）の部分集合体として組込まれる. 左右相称動物亜界はそのほかの動物グループとともに,“動物界（kingdom Animalia）”とよばれるグループを構成する. この動物界とは, すべての生物（生物界）の部分集合である.

をもつ動物のグループが部分集合を形成し，さらにそのなかで，体毛[*2]をもっている動物の仲間がまた部分集合を形成するといった具合だ（図3・4）．このようなグループの特徴は，それぞれの階層的に分布している．実際，ほとんどの生物がもっているDNAのようなものから，文化的な文字記録を作成することができる脳のような非常に特殊な器官に至るまで，現生生物のあらゆる特徴は，階層的に分布しているのである．

しかし，生物の体の中には，元の構造からまったく変化しない，またはわずかにしか変化しない痕跡的な特徴はどこかにあって，それが生物の類縁関係を示す階層関係を明らかにするための鍵となる．

形　　質

特徴を認識することは，生物の階層を確立するうえで必要不可欠である．したがって，ここで私たちがいうところの“特徴（feature）”というものをもっと注意深くみる必要がある．解剖学的特徴のうち観察可能なものを“**形質**(character)”とよぶ．独特な骨やめったにみられない形態はすべて“形質”といえるであろう．その一方で，動物の行動やその方法は“観察可能な形質”には含まれない．たとえば，“咬む力が強いこと”は形質ではないが，“顎の筋肉が大きいこと”は形質に含まれる．

特定の生物がもつ一つの形質ではなく，あるグループ全体が共通の形質をもつ場合，その形質には大きな意味がある．たとえば，現生の鳥は羽毛をもつことで知られている．羽毛の生えた現生動物はすべて鳥であり，すべての鳥には羽毛が生えている．このように，ペンギンだけではなく，ワシやダチョウ，キウイはすべて羽毛をもっており，鳥の仲間である．そして，もし誰かがある動物をさして“それは鳥だ”と言えば，私たちは自信をもって，その動物が羽毛をもっていると予想できる．

形質は階層的に分布しているため，形質の階層内での分布は，その形質を特徴としてもつグループの位置に対応する．簡単な例として哺乳類の体毛についてもう一度考えてみよう．哺乳類は独特な体毛をもっているので，もし，すべての動物のなかから哺乳類を見分けようとするなら，このタイプの体毛をもつ動物を探せばよい．一方，“体毛をもつ”という形質は，イヌとクマを区別するのには有効ではない．それはイヌもクマも哺乳類タイプの体毛をもっているからだ．イヌとクマを区別するには，体毛をもつ動物のなかで，両者を区別することができる体毛以外の別の形質が必要となる．すなわち形質の階層的分布とは，“体毛をもつ”という特徴の分布の方が，イヌとクマを区別するのに有効な形質の分布よりも広いということである．

このように形質を区別することは，階層を形成するのにとても重要である．そしてそのような理由から，形質の種類はその機能によって二つに分けることができる．グループを特徴づける形質である**表徴形質**（diagnostic character）と，特徴づけない形質，すなわち**非表徴形質**（non-diagnostic character）である．ここでいう“表徴形質”という意味の“diagnostic”という単語は，英語では医療で用いる“診断（diagnose）”と同じ意味となる．ちょうど，医師が独特な症状によって病気を“診断”するように，あるグループは独特な形質によって特徴づけられるのである．

ある形質が，ある階層の表徴形質となったとしても，そのグループの中に含まれる小さなグループ（下の階層）では非表徴形質となる．それは，階層が変わると，グループと形質の対応がつかなくなるためだ．体毛をもつという形質によって，哺乳類以外の動物と哺乳類を区別できることは述べたが，イヌとクマの違いを体毛があるという形質で区別できないように，ある哺乳類を別の哺乳類と区別するのには使えない．

分　岐　図

分岐図（cladogram：*clados* 枝，*gramm* 文字）は表徴形質の階層分布を枝分かれによって示した図である．しかし，以下で解説するように，分岐図は階層とそれを特徴づける形質の分布を可視化するためだけのものではなく，生物の類縁関係を理解する鍵となる．

分岐図の見方を，私たちに馴染み深い2種類の動物，イヌとネコを使って説明しよう．イヌとネコの分岐図を図3・5に示した．

まず，これらの動物を特徴づける表徴形質を探さなければならない．とりあえず，以下の形質を使って説明してみよう．

(1) 体毛をもっている
(2) 脊椎をもっている
(3) 独特な形をした犬歯をもっている

分岐図において，それぞれの枝分かれの地点（分岐点）は**ノード**（node，節）とよばれる（図3・5）．分岐点すなわちノードの手前には，慣例的に枝を横断する短い棒線（バー）を描き，このノードを結びつける表徴形質を箇条書きで羅列する．分岐図とは，二つの異なる生物が同じ表徴形質を共有することで結びつけられることを示している．この場合は，ネコとイヌが共有する表徴形質を基に描かれている．すなわち分岐図は，生物が共有する表徴形質によって描かれるのだ．

*2　哺乳類のほかにも地球上の多くの生物が毛で覆われている．ハチの仲間やタランチュラのようなクモの仲間がその例である．しかし，哺乳類の体毛は他のグループの毛とは異なり，特殊なタンパク質でできており，その成長の仕方も特徴的である．したがって，哺乳類の体毛と，それ以外の分類群の毛むくじゃらの構造は相似の関係である．

もちろん，分岐図は進化の樹ではないということをつけ加えておこう．分岐図はシンプルな枝分かれの図であり，二つの生物が共有するユニークな形質を示しているにすぎない（Box 3・1）．そのため，ある形質を共有する二つの生物を描く順番は関係ない．つまり，分岐図上で，イヌが左，ネコが右に位置しても（図 3・5 a），その逆になっていても（図 3・5 b），分岐図が意味することは同じである．どちらの図も，二つの生物がノードに羅列された形質を共有していることに変わりはない．

ここに第三の動物が加わったとき，問題はより複雑になる（というより，面白くなる）．ここではサルを第三の動物として登場させてみよう（図 3・6）．3 種の動物はどれも独自の形態をしているため，ここで初めて，三つのなかで比較的似ている 2 種の動物と，それ以外の 1 種という組合わせができる．この段階で階層構造ができあがる．これらサル，イヌ，ネコをひとまとめにしたグループは，三つの動物が共有する形質（体毛と脊椎）によって特徴づけられる．このグループ内の部分集合を構成する 2 種の動物（ネコとイヌ）は，とある形質（特異な形の犬歯）を共有することで結びつく．しかし，第三の動物であるサルはこの形

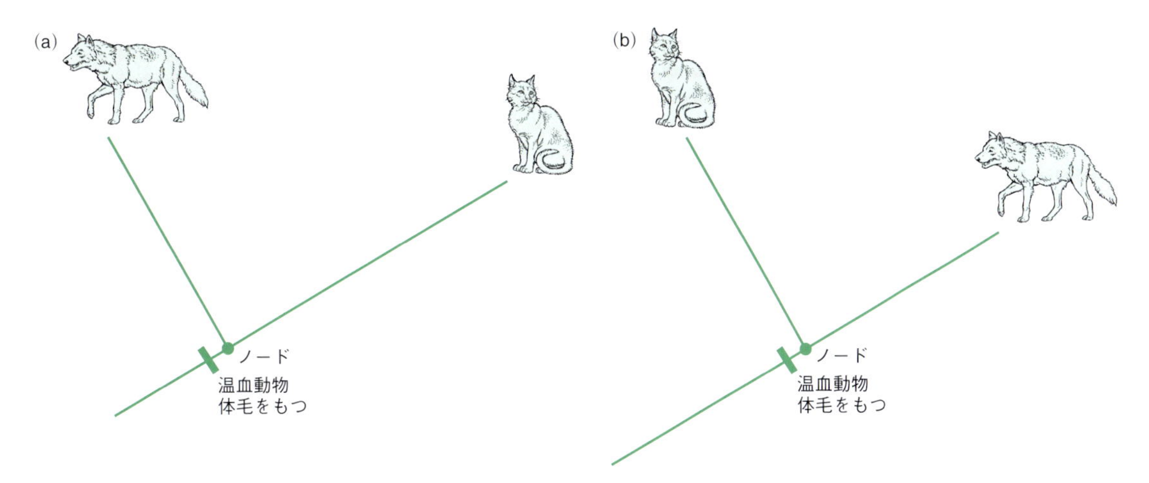

図 3・5　分岐図の例．(a) ネコとイヌは，枝分かれ部分であるノード（節）のすぐ下，棒線（バー）に示された形質によって関連づけられる．ノードには，どの分類群で形質が共有されているかが示されている．特定のノードで形質を共有することで結びつけられたグループには，名前をつけることができる．この図の例では，“肉食哺乳類”のように名づけられるだろう．(b) イヌとネコの位置を入れ替えた分岐図．(a)と配置が入れ替わっているが，同じものである．ノードの先で二つの分類群の順番が入れ替わっても，分岐図の意味は変わらない．なぜなら分岐図は，分類群が同じ形質をもっていることを示しているにすぎないからだ．

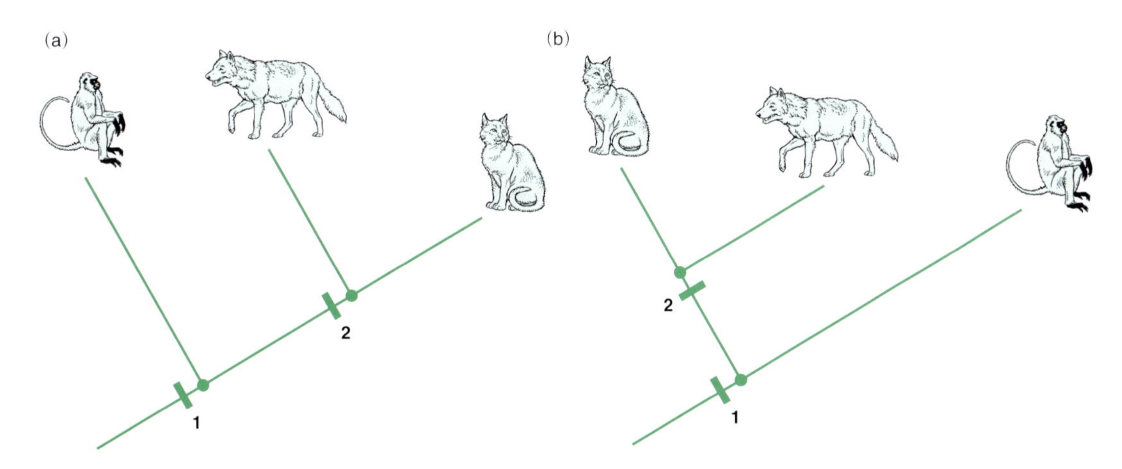

図 3・6　3 種の哺乳類の分岐図上の配置例の一つ．(a) ノード **1** が示すグループの構成種は体毛と温血性で関連づけられる．このグループを哺乳類（Mammalia）とよぶことができる．さらに哺乳類というグループの中には，肉食動物の歯をもっているという形質によって関連づけられる下位の分類グループがある〔たとえば“肉食哺乳類（mammalian carnivores）”と名づけよう〕．この下位のグループはノード **2** によって規定されている．(b) (a)と同じ分岐図だが，ノード **1** と **2** の分類群が入れ替わっている．この図から伝えられる情報は，(a)と(b)で違いはない．

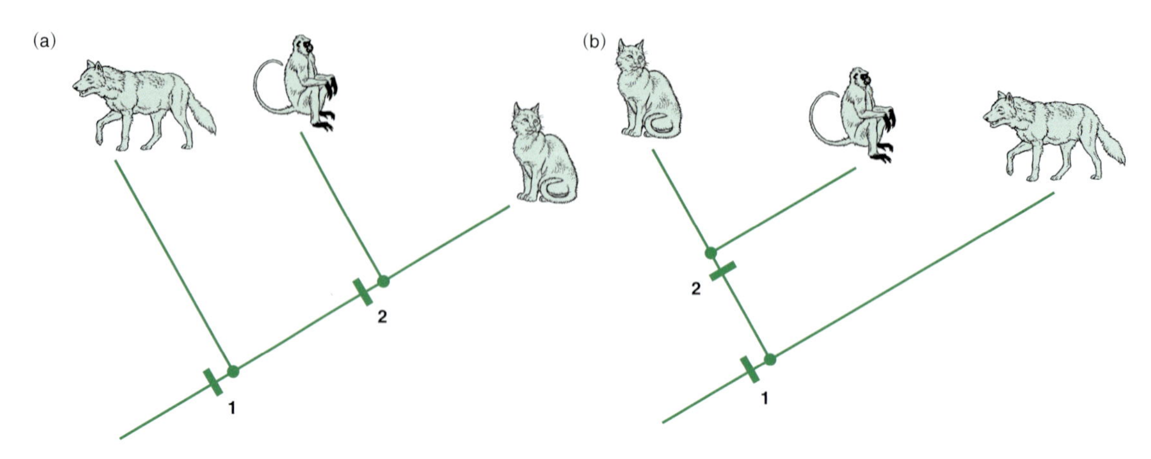

図 3・7　3種の哺乳類の分岐図上の配置の一例.（a）ノード **2**（図3・6）の形質に基づくならば，ネコとサルが，イヌよりも多くの形質を共有していることを示している（本文参照）.（b）ノード **1** と **2** の配置を入れ替えた（a）と同じ分岐図.（a）と（b）の分岐図に込められた情報に違いはない．図3・6の分岐図（a）と（b），ここに示した分岐図（a）と（b）に違いはない．しかし，図3・6と3・7に示した分岐図には重要な違いがある．図3・6では，イヌとネコが互いにサルよりも近縁関係であることを示しているが，ここではサルとネコの両者がイヌよりも近縁関係であることを示している.

質を共有しないので，サルが先ほどの部分集合に含まれることはない.

形質，または動物は，分岐図上でどのように配置されるのだろうか．それは，形質の選び方によって左右される．たとえば，以下にあげる先ほどとは違う形質を使って，もう一度分岐図を組んでみよう.

- 短い吻部（口先）
- 大きな眼

これらの形質に基づくと図3・7のような分岐図が描けるが，これは図3・6の分岐図と矛盾する.

複数の分岐図のなかから，どれを選んだらよいのだろうか．最も確からしい分岐図とは，新しい形質が増やされても樹形が変わらないものである．これらの哺乳類に当てはまるすべての形質を使って描くと，図3・6の分岐図の方が支持される．また，図3・6の分岐図を見れば，イヌはサルよりもネコとの共通点が多いと推察できる.

分岐図と生物進化

さて，分岐図から生物進化の理解にどうつなげていけばよいだろうか．分岐図上に描かれた形質の階層に基づいて，**クレード**（clade）または**単系統群**（monophyletic group）というものを定義することができる．単系統群は“自然群（natural group）”とよばれることもあり，その構成種が系統的にほかのどの生物よりも密接に関連づけられるグループのことである．そのため，単系統群を理解することは進化を理解するためには重要である．もし，あるグループが単系統であれば，そのグループ内の生物とグループ外のどんな生物との共通祖先と比べても，グループ内の生物の共通祖先の方がより新しいことを示唆している．図3・6の分岐図はイヌとネコがサルよりも互いに近縁であることを示している.

生物進化の観点からいうと，これまでグループを特徴づけるといわれていた特定の形質は，つながりをもったグループ間では相同のものとして扱われる．便利な例として哺乳類の体毛に再び（!）登場してもらおう．ここで，（そのほか多くの形質がある中で）すべての哺乳類が特有の体毛を共有するという事実を基に，哺乳類が単系統であることがわかっているとする．もし，すべての哺乳類に体毛があり，哺乳類が単系統だとすれば，クマとウマでみられる体毛は，両者の最も近い共通祖先にもあっただろうと推測することができる.

ここでは生物の進化を学んでおり，単なる形質の階層を説明しているわけではない．そこで，**派生的な**（advanced, derived）という用語を“表徴形質”に置き換えてみよう．また，特殊化していない（general），もしくは“非表徴形質”という用語の代わりに，**原始的な**（primitive）または**祖先的な**（ancestral）という用語を用いることにする．“原始的な形質”が悪いまたは劣るということではないし，“派生した形質”がより良いまたは優れているということでもない．これらは単に，進化によってどのくらい形質が変化してきたかということを表しているにすぎない．原始的な形質とは祖先でみられる形質状態を示し，派生形質とは，その子孫においてその形質が進化によって変化した状態を示している．ヒトの手足の五本指は，間違いなく原始的な形質である．進化的に意味のある形質は，すべての現生四肢動物の共通祖先で取得してから，進化の過程で変わることなく保持されてきた．ここで，**四肢動物**（テトラポーダ）（Tetrapoda: *tetra* 4本の，*pod* 脚）とは，脊椎動物の1グループであり，大部分の陸棲脊椎動物がこれに含まれる(4章). ちなみに, 五本指が原始形質だからといって, それを保持する私たちヒトの価値が下がるわけではない.

分岐図（枝分かれの図）は階層構造になっているため, 生物の階層的な形質の分布を図示するうえで最適な方法である. 派生形質（特異的に見られる形質）をもつということは, その動物が新たに形成された単系統群に含まれるということを示唆する. というのは, 進化によって新しい特徴が獲得されると, その派生形質は, これを獲得した最初の生物のすべての子孫に受け継がれる可能性を秘めているからだ. そのため, 派生形質というのは, 分岐図上のそれぞれの枝の分岐点を特徴づけているのである. 原始形質とは祖先から受け継がれてきた形質のことであり, 派生形質のようにそれをもつことが単系統性を示唆することにはならない.

手足という身近な例を使って, もっとシンプルに考えてみよう. 前述したように手足をもつことは, 四肢動物（Tetrapoda）というグループにおいて原始形質である. 言い換えれば, すべての四肢動物は手足をもっている. たとえ, ヘビのように手足がない四肢動物も, その祖先は手足をもっていた. そのため, 四肢動物に属するある二つのグループを, “四肢をもつ”という形質を使って区別するというのは無茶な話である. 具体的な例をあげるならば, “四肢をもつ”という形質だけでは, イヌとカエルとチンパンジーの区別がつかない. しかし, ここですべての脊椎動物（Vertebrata）を対象に考えてみよう. すると, この“四肢をもつ”という形質は, 脊椎動物全体の分岐図の根元の方を見ていくと, 派生形質として十分に通用する. なぜなら, 脊椎動物のなかで, 四肢動物は四肢をもつが, 魚のような一部の脊椎動物は四肢をもっていないからだ. そのため脊椎動物において, “四肢をもつ”という形質は, 四肢動物の派生形質（表徴形質）になり, 四肢動物が単系統群であることを示唆する. この派生形質を共有することで, 四肢動物に属するグループ同士は, 魚のようなほかの脊椎動物よりも, 互いに近縁関係であることが示唆される.

そこで, どんな分岐図でも, ノードに付随する形質が何かを知る必要がある. これらの形質は, そのノードでくくられるグループが独占的に共有している. したがって, この分岐図において, ノードに付随する形質を共有しているグループは, 単系統であることが示唆される. つまり, この単系統に含まれるメンバーは, ほかのグループのどの生物よりも, 近縁な関係にある.

分岐図は生物の形質分布の階層構造を反映して, 大きな単系統群とその中に含まれる小さな単系統群（入れ子式構造）によって構成されている. 図3・8に分岐図の階層構造の一部分を示した. ヒトは派生形質をもつ単系統群であると同時に, 別の派生形質をもつ単系統群である哺乳類の中に含まれる. 温血性（もしくは, 内温性; 14章）という形質は, *Homo sapiens*（ホモ・サピエンス, ヒト）にとっては原始的な形質であるが, 哺乳類というグループの形質としては派生的であると扱われるので注意が必要である. ここまで見てきたように, ある形質が派生的か原始的かについての判断は, 分岐図のどの階層に注目するかによって変わるのだ.

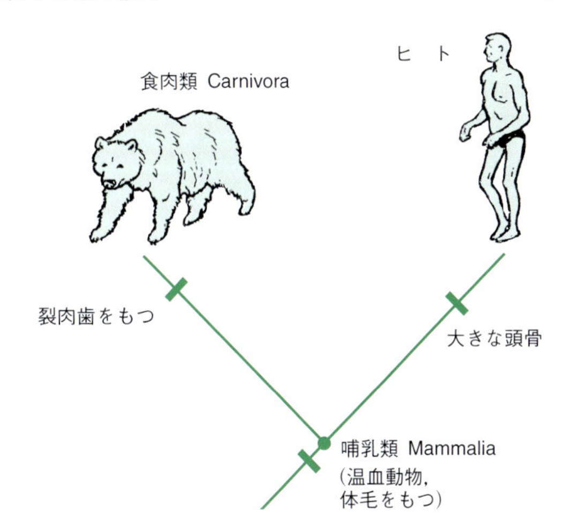

図 3・8 哺乳類の中でのヒトの系統的な位置を示した分岐図（系統樹）. 哺乳類は, 温血であることや体毛をもつことなど, そのほかの哺乳類の仲間を結びつける多くの形質によって特徴づけられる. 哺乳類を構成するグループの一つである食肉類(Carnivora)にはクマやイヌなどが含まれるが, 分岐図をつくるためにここで登場してもらった. 食肉類の仲間はみな, 裂肉歯とよばれる特徴的な歯をもつという形質を共有しており, 一方, ヒトも巨大な頭骨に代表されるように特異的な骨格的特徴を多くもっている. ヒトと食肉類を含むすべての哺乳類は温血性であり, 体毛をもっているという特異的な形質を共有している. しかし, これら二つのグループのうち, 大きな頭骨をもっているのはヒトだけであり, 裂肉歯をもっているのは食肉類だけである.

分岐図はその単系統群に属するすべての種を描く必要はない. もしヒトと食肉類に限って話をするならば, 分岐図に彼らを載せて, 彼らを特徴づけている派生形質を示すことができる. しかし, ほかの哺乳類（たとえばゴリラ）が分岐図に新たに組込まれることもあるだろう. もし, 私たちが確立した分岐図の階層関係が有効であれば, 新たにほかの生物を図3・6と図3・7の分岐図に加えても, その基本的な階層の配置は変わらないはずである. 図3・9では, 図3・8の分岐図にもう一つ別のグループを足したものである. この場合, 新しい生物が加わった後でも, 図3・8で確立した基本的な関係性は保持されている. ということは, この分岐図は確からしいといえる.

分岐図は系統樹

ここまで, 派生形質によって単系統群を認識できること,

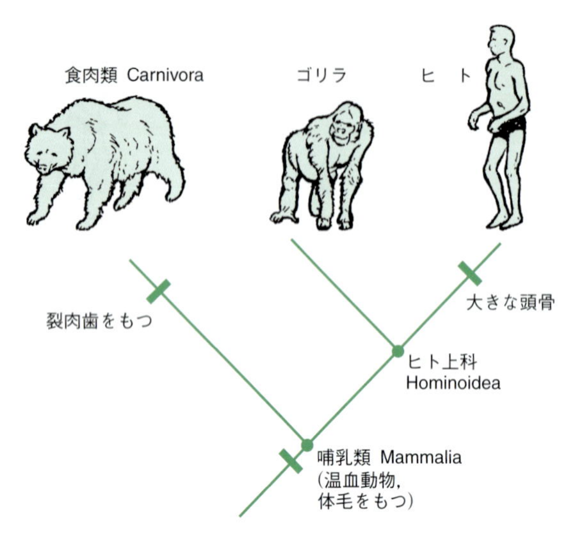

図 3・9　図3・8の分岐図に，ゴリラ属(*Gorilla*)を加えた哺乳類の分岐図．このゴリラを加えたものは，図3・8に示したものと基本的な外形は変わらない．

そして，その形質の階層構造が生物群の階層構造も決められることを説明してきた．図3・9を見てみると，派生形質の分布から，クマよりもヒトとゴリラが互いに近い関係であることがわかる．また，毛皮や髪といった派生形質をもっていない動物たちよりも，3種（クマ，ゴリラ，ヒト）が互いにより近い関係にあることもわかる．

さて，これをどうやって進化に結びつければよいだろうか．体毛が派生形質として進化したのは哺乳類というグループの進化と関連している．先ほど哺乳類の関係性について述べたとおり，私たちが哺乳類とよぶグループが登場したのは，彼らに共通する特徴が最初に進化したときだといえる．そして，分岐図を見れば，その後の進化でいつ起こったのかはわからないが，ヒトとゴリラの両方を結びつける形質が進化し，哺乳類の中に新しいグループが生じたことを特徴づける形質が進化したことを教えてくれる．この新しいグループは“ヒト上科（Hominoidea（ホミノイデア））”とよばれ，多くの形質によって特徴づけられる．そのなかには，進化的なものではないが，樹上生活に関連した腕と胴体の特殊化した形質が含まれる．

分岐図が，生物進化の復元に使われるようになった今，分岐図はある意味“樹”そのものともいえる．しかし，これは一般書籍でおなじみの“進化の樹”とは異なる．この進化の樹と区別するため，私たちはこれを**分岐図**（cladogram），あるいは**系統樹**（phylogenetic tree）とよび，これをどうやって構築し，どう解釈するのかというルールを理解することが系統分類学である*3．

分岐図（系統樹）と，進化の樹には根本的な違いがある．分岐図には時間の概念がなく，ある生物の祖先を特定することはできない．その代わり，進化的イベントが起こった順序，さらに重要なこととして，祖先種がもっていた特徴を特定することができる．たとえば，図3・9の分岐図からは，私たちはクマ，ゴリラ，ヒトの共通祖先を知ることはできない．しかし，分岐図は，最初期の哺乳類が体毛をもっていたことを特定できる（もちろん，哺乳類はほかにも多くの形質によって特徴づけられる）．分岐図（または系統樹）と進化の樹の重要な違いについては，Box 3・1で取上げている．

分岐図（系統樹）は進化の道筋を復元する道具として使われているが，これは実は**関係性の仮説**（hypothesis of relationship）の一つであることを忘れないでおこう．関係性の仮説とはすなわち，生物がどれくらい密接に（あるいは離れて）関連づけられるかについての仮説であり，表徴形質がどのような順番で出現してきたかを示した仮説でもある．しかし，分岐図から読み取ることができる関係性の仮説をどうやって検証すればよいのだろうか．

最節約原理

ここまで見てきたように，進化の道筋を示す分岐図はいくつも構築することができてしまう．そのなかからどの分岐図を選べばよいのであろうか．ここで役に立つのが**最節約**（parsimony）の原理である．最節約原理とは，14世紀に英国の神学者 William of Ockham によって最初に明文化された，洗練された哲学の概念の一つである．彼は，“必要最低限の手順をふんだ説明が，最も良い説明である”と述べている．この概念に従えば，単純なものが同じように有益である場合に，わざわざ複雑な解釈をする必要はないということになる．また，少ない進化の段階を経て仮説を示すことができるのに，同じ事象を説明するために，より多くの進化段階を経た仮説を支持する根拠もない，ということだ．

図3・10は鳥，ヒト，コウモリの二つの分岐図とともに，

*3　ここで私たちは，ある用語の意味について歴史的な問題に遭遇する．Darwin の著書である『種の起源』で用いた“樹”の比喩は，それ以降，進化を表現する際に使われるようになった．しかし，1970年代から1980年代にかけて初期の系統分類学者(たとえば分岐論者)は，非常に注意深く“系統樹”と“分岐図”を使い分けてきた．ところが，系統分類学の手法がより広く受け入れられるようになると，分岐論者は少々ずぼらになり，“系統樹”という用語を分岐図という意味で使うようになった．これは，専門家にはよいだろうが，“分岐図”の用語のルーツが枝分かれであるという事実を知らない学生は混乱するだろう．
　そこで本書では，旧来の分類法を意味する“進化的”や，系統分類法を意味する“系統的”という用語に，生物進化を意味する“樹”をつけ加えることで妥協している．要するに，ここで“進化樹”とは，化石記録と見た目の類似性に基づいた古い様式の分類学のことを示し，“系統樹”は分岐図のことを示す．(訳注：ただし，日本語版では混乱を避けるため，原著で“系統樹”とされている箇所に対して，必要に応じて“分岐図”の訳をあてている．)

翼，体毛，羽毛，乳腺といった形質の変化を示している．(b)の仮説では，鳥は祖先が一度獲得した乳腺を失い，体毛を羽毛に変えなくてはいけない．一方，(a)の仮説では，翼が2回進化したことになるが，実際にはこの二つの分岐図のなかで(a)の方がより単純で，ここに，翼以外の形質を増やしたとしても，進化の段階は複雑にはならない．分岐図(a)が単純である一方，分岐図(b)にヒトとコウモリが共有する形質（たとえば，特に頭骨と前肢などを特徴づける形質として，骨の配置や形態，数，あるいは歯の形態，各生物の生化学）を加えてしまうと，それらの形質がコウモリで1回，ヒトで1回というように，それぞれの枝で独立して進化したことになってしまう．これは，進化の段階を増やしており，ヒトよりも，鳥とコウモリが互いに最も近い関係にあるというこの分岐図(b)の仮説は，あまり最節

Box 3・1 分岐図 vs 進化の樹: そこに込められた意味は？

分岐図（cladogram）と進化の樹（evolutionary tree）は，その見た目，語源，目的から，混同されがちである．分岐図も進化の樹も，樹形をしており，樹のように枝分かれし，どちらも進化と関係がある．さらに悪いことに，“系統樹（phylogenetic tree: 分岐図と進化の樹が混ざったような用語）”や“系統図（phylogram: あやふやな用語）”のような奇妙な表現も存在し，分岐図と進化の樹の混乱はさらに深刻化している．皮肉にも系統学の専門書では，“樹”という単語が多用されているが，実際には議論されているのは分岐図である．1970年代から1980年代にかけて起こった，分岐分析の革命（表徴形質を用いた系統の定義の確率）よりも前に描かれていたような進化の樹が，現在でも一般向け書籍で生物進化を表現するのに広く使われている．

では，そこに込められた意味は何だろうか．実はそこには，多くの問題が潜んでいる．分岐図と進化の樹の違いは，非常に根本的なものであり，進化の道筋の復元に進化の樹を使う系統学者に対して，それは“科学”ではないと，攻撃的な批判が浴びせられた．当然ながら，このような非難から，大いに辛辣な議論になった．自分の研究が科学ではないと言われて喜ぶ研究者がどこにいるだろうか．こうした批判は，悪意があるように感じるかもしれない．しかし，分岐図は検証可能だが，進化の樹は検証できないのは事実である．前述したように，検証可能であることは，科学的仮説の品質証明のようなものだ．

では，進化の樹とは何だろうか．これは，一つのシナリオなのだ．それも，生命の歴史についての物語である．もし，この物語が科学的なデータ（たとえば分岐図）と一致しているのであれば，その物語は正しいのかもしれない．だが，これは検証不可能であるため，その答えを知ることはできない．それでもヒトという生き物は，他の多くの事柄と同様に進化に関しても物語を好むものだ．そして，進化の樹という用語は，進化の道筋を視覚的に示す最も一般的な手法として残っている．だが，誤解されやすいのだ．

そこで，これを明確にするために，表B3・1に分岐図と進化の樹のおもな違いについて，飾ることなく事実だけを“要約”した．

表 B3・1 分岐図(系統樹) vs 進化の樹

基　準	分岐図（系統樹）	進化の樹
図　表	データに基づき階層的に表された二分岐の図．分類群ごとの形質の分布が示されている．	時代を通して祖先とその子孫を推定し，進化の過程を描いたシナリオ．
祖先と子孫	特定されない．しかし，祖先と子孫の両方が，とある特徴をもっていたことは特定できる．	特定される．
時　間	分岐図は時間を特定できない．古い時代の生物の方が，新しい時代の生物よりも派生的な特徴を多く示すことがある．生物がいつ（時間的に）化石記録に初めて登場したかは，形質がどのくらい高度に進化したかを示す有益な指標にはならない．このように化石の出現時期は分岐図と関係がない．	樹の縦軸は時代を表す．生物がいつ（時代的に），化石記録に初めて出現するかは，その生物が後の生物の祖先とみなされるかどうかに直結している．
ノード	どの分類群がどんな共有派生形質をもっているのかを特定できるところ．	推定される祖先とその子孫との関係を示すところ．
一般書での掲載	残念ながら，多くない．	非常に一般的．特にヒトの進化で用いられている．
科学かどうか	科学である．**検証可能な仮説**（testable hypothesis）．	科学ではない．どの生物から何の生物が進化してきたかは検証不可能．

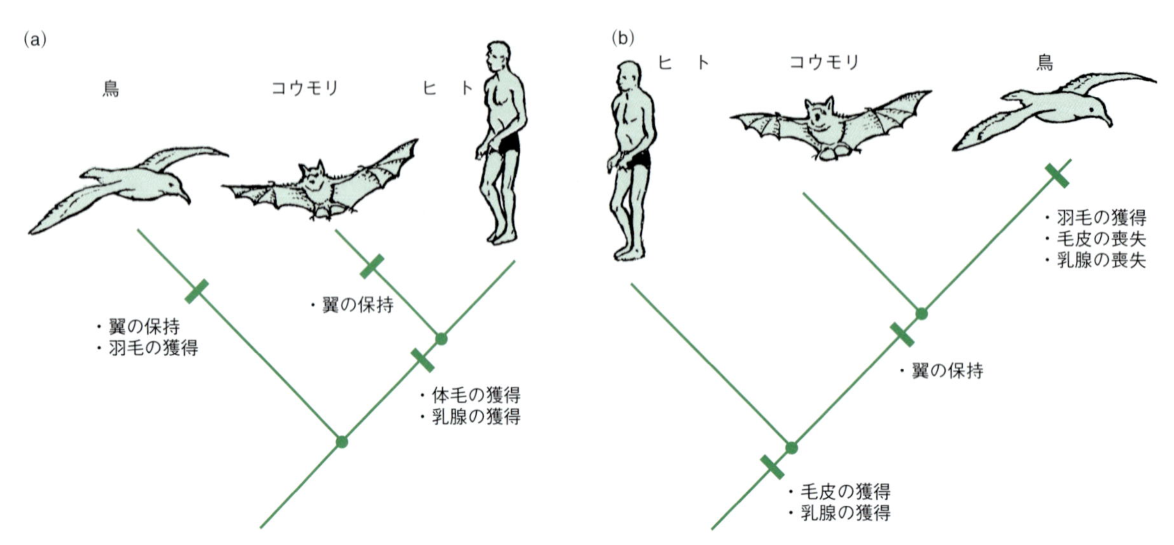

図 3・10　鳥，コウモリ，ヒトの類縁関係について，考えられる二つの対立仮説．(a) 左の分岐図(系統樹)では，翼が独立に2回進化しなければならない．(b) 右の分岐図では，鳥が体毛と乳腺を失わなければならない．これらの形質変化だけではなく，ほかの多くの形質からも，(a)の分岐図がこのなかで最節約的であることがわかる．

約的ではないという結論が残される．

実際のところ，これらの脊椎動物の“進化”の仮説として，鳥よりもコウモリとヒトがより近い共通祖先をもっていた方がより確からしい．そしてこれが，コウモリとヒトがともに哺乳類として分類されているゆえんである．この場合，派生形質を共有していることで，3種の動物の進化に関して最節約的な分岐図を描くことができるのだ．

分岐図(系統樹)は科学だ

実際に，分岐図（系統樹）は系統関係に関する科学的な仮説である．そのほか多くの優れた科学と同様，分岐図は生物の形質の分布について，検証可能な予測をすることができる仮説であり，そこから進化的な関係性を推測することができる．現生種だろうが絶滅種だろうが，どんな生物でも，既存の分岐図に基づいた系統仮説を検証できる．現生動物では，解剖学的情報だけではなく，遺伝子を用いて分岐図を描くこともできる．その後，どの分岐図が最も進化の道筋に近いのかを決定するのに最節約法が用いられる．4章以降で明らかにしていくように，分岐図は過ぎ去ってしまった時代に起こったことを学ぶ最も有力な手法なのだ．

分岐図の検証　もし系統解析の手法が真に科学的であるならば，科学の品質証明に値するものでなくてはならない．すなわち，検証可能でなくてはならない．では，分岐図をどうやって検証するのだろうか．ここに，複数の検証方法を紹介しよう．

(1) 分岐図は，観察した形質に基づいて構築される．最初に，生物の形質を正しく観察できているかを確かめる．その方法とは，ある形質を観察した全員が同じようにその形質をとらえ，同じ結論に到達できるかを確かめることだ．さらに，ある研究者が，関係性を調べる対象の生物たちが，ある形質を共有しているとみなした場合，その生物を観察した全員が，そのことに同意できるかを確認する．

(2) 分岐図は，階層的な形質の分布を示している．では，この階層は正しく復元できているのだろうか．誰が見ても，原始的な形質としているものが原始的，派生的な形質としているものが派生的であると合意できなければいけない．言い換えれば，項目(1)でも(2)でも，形質とそれをもつ生物の関係について，大筋の合意が得られるかどうかを確認しているのである．

(3) 得られた分岐図は最節約法で選ばれているだろうか．わずか三つの分類群と数個の形質であれば，簡単に確認することができる．しかし，数十またはそれ以上の分類群と形質数に及ぶ大規模なデータ量であれば，最節約的な形質の分布を求めるには，コンピューターの力が必要になる．この最節約的な形質の分布を決めるアルゴリズムは非常に複雑で，異なるアルゴリズムを使うと，導き出される分岐図上の分類群の配置も異なる．このアルゴリズムによる最節約的な形質分布の決定方法については，その説明だけで本書の厚さをゆうに超えるだろう．

(4) 分岐図の堅牢性を検証する一つのよい方法は，新しい分類群をそこに追加することである．もし，元の系統仮説が堅牢（robust）であれば，新たに分類群を加えても，元の分類群の配置または樹形は崩れることがない．仮説が堅牢でない場合，新しい分類群を追加すると，元の樹形は大きく変化してしまう．

これらの基礎的なテストによって，分岐図の堅牢性を高めることができる．また，この検証のしやすさという利点によって，系統解析は科学的な手法としても位置づけられるようになった．この系統仮説の検証は，分岐分析が導入される以前では系統分類学者がなしえなかったことである．

リンネ式の分類形式からの卒業と系統分類学の導入

私たちは，“イヌ属（*Canis*），爬虫綱（class Reptilia），鳥綱（class Aves）”などといった Linnaeus が確立した分類体系のグループ名をたびたび見かける．しかし，Linnaeus が全体的な形質の類似性をもとにグループを定義したことを思い出してほしい．ここまで見てきたように，この全体的な形質の類似性は，進化的なイベントを復元するのに適していないことがわかるだろう．さらに，形質そのものには，祖先が子孫を生み出すという進化論の発想はあまり含まれていない．それらの形質が，特定の性質をもっているか，もっていないか，ただそれだけである．では，分類群名に進化的な観点をもち込むにはどうしたらよいのだろうか．

1990 年代初頭，分類学者の Jaques Gauthier（図 16・12 参照）と Kevin de Queiroz は，“表徴形質”と“系統的な**定義**（definition）”との間の微妙な，しかし重要な区別を確立した．表徴形質とは，本章の前半でも紹介した，グループに共有される，あるいは共有されていない形質のことである．系統的な定義は，あるグループの進化過程に明確に関連する形質のことである．すなわち，あるグループを構成する生物のうち二つに着目し，両者の直近の共通祖先から進化したすべての生物を，一つのグループとして系統的に定義することができる．これは，分岐図と組合わせることで，非常にわかりやすく可視化できる（図 3・11）．

ここで，ヒトを例に考えてみよう．“ヒト”とよばれるグループの系統的な定義は，ホモ・サピエンス・サピエンス（*Homo sapiens sapiens*：現代人）とホモ・サピエンス・ネアンデルタールエンシス（*Homo sapiens neandertalensis*：ネアンデルタール人），およびこれらの直近の共通祖先から派生したすべての子孫となる．この定義は，Linnaeus が考えていたような，時間とともに変化することのない**生物相**（biota：地球上に存在するすべての生物）ではなく，“進化する”生物相という考えに根ざしたものである．この定義は，ヒトにどのような形質があるかを教えてくれるものではないが，分岐図上で何がヒトとみなされ，何がそうでないかを明確に区切ることができる．これを用いてグループを定義すると，生物進化の指紋ともいえるこの共通祖先が，“ヒト”という名前のグループに進化的な意味合いをもたせることができる．この方法で分類群を定義することで，進化の意味合いはないが現在も使用され続けている多くのリンネ式の分類群の名前と，系統進化に基づく分類群の名前を区別することができる．本書に登場する重要な分類群を同定するため，この重要な概念による定義を用いる．多くの場合，明確に分類群を特定できる表徴形質があるが，ごくまれに明確に特定できないこともある．4 章では，この“定義”によって生まれた新しい世界との出会いが待っている．

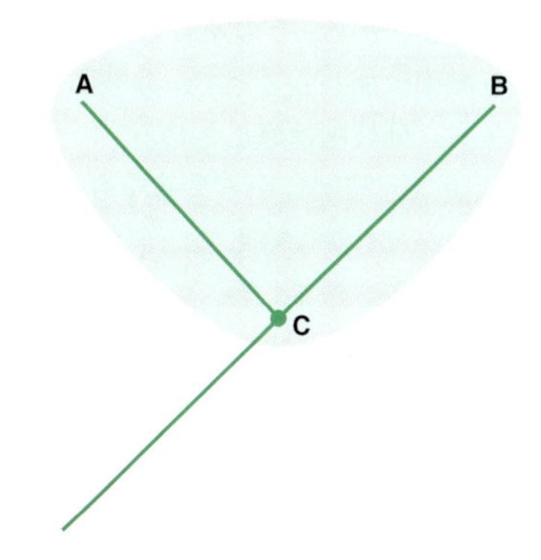

図 3・11　分類群の定義．ここにグループ C に属する二つの小集団 A と B がある．グループ C は，A と B，およびこれらの直近の共通祖先の子孫をすべて含む単系統群と定義される．

本章のまとめ

生物と生物の関係性は，その生物のアイデンティティを理解するうえで必要不可欠である．関係性を復元するためには，分岐図という枝分かれの図が用いられる．それぞれの生物種は，共有する派生形質（または表徴形質）を用いて分岐図が描かれ，それをもとに分類される．一つにまとめられたグループ内の生物は，それ以外のほかのどの生物より，互いに近縁であるとみなされ，そのグループは単系統であるとされる．新たに進化してくる生物は，祖先種と子孫種を分ける新たな形質の登場とともに，分岐図上につけ加えられる．これらの新たな形質というのが，表徴形質（または共有される派生形質）である．

分岐図は，“生命の樹”とはさまざまな点で異なっている．分岐図は，共有される派生形質によって生物を分ける手法であって，時間軸や祖先種の存在が示されることはない（ただし，分岐図では祖先とされる生物種がどのような形質をもっていたかを知ることができる）．最も重要なのは，分岐図は検証が可能であるという点である．分岐図上で，あるはずだと予想された形質が現れなかった場合，その分岐図は修正される必要がある．その逆もしかりである．また，新しい生物が分岐図に加わることで，分岐図上の形質の分布が崩れたときも，分岐図は修正される．

複数の系統仮説（分岐図）から最適なものを選ぶ際は，形質の変化の回数が最も少ないもの，すなわち最節約的であるものを選ぶのが最も好ましい．

参考文献

Cracraft, J. and Eldredge, N. (eds.) 1981. *Phylogenetic Analysis and Paleontology*. Columbia University Press, New York, 233p.

Darwin, C. 2008 [1859]. *On the Origin of Species: A Facsimile of the First Edition*. Harvard University Press, Cambridge, MA, 540p.

Eldredge, N. and Cracraft, J. 1980. *Phylogenetic Patterns and the Evolutionary Process: Method and Theory in Comparative Biology*. Columbia University Press, New York, 349p.

Futuyma, D. J. 2005. *Evolution*. Sinauer Associates, Sunderland, MA, 603p.

Nelson, G. and Platnick, N. 1981. *Systematics and Biogeography, Cladistics and Vicariance*. Columbia University Press, New York, 567p.

Stanley, S. M. 1979. *Macroevolution*. W. C. Freeman and Company, San Francisco, 332p.

Wiley, E. O., Siegel-Causey, D., Brooks, D., and Funk, V. A. 1991. *The Compleat Cladist: A Primer of Phylogenetic Procedures*. University of Kansas Museum of Natural History Special Publication no. 19, Lawrence, KS, 158p.

Zimmer, C. 2014. The Tangled Bank: *An Introduction to Evolution*, 2nd edn. Roberts and Company, CO, 452p.

付録3・1 “進化”とは何か

Charies Darwinが著した『種の起源』（1859年）は，現代の進化論の原点とみなされている．地球上の生物が時間とともに変化してきたことを表す言葉として“進化(evolution)”というものがあるが，この言葉の最も一般的な理解について述べることは，Darwinの研究の重要な部分ではない．ともに変化してきたという考えは，Darwin以前（200年以上前）から，知識豊かな博物学者（または自然哲学者）によって，確立されたものであった．Darwinの自然科学への貢献は，そのような変化がどのようにして生じたのかについての考えを提唱したことだった．彼の仮説は，以下の論理で組立てられた．

(1) 家畜化された動物や，栽培品種化された植物は多様である．
(2) 同様に，野生動植物の間にも多様性がみられる．
(3) 現生生物は，生存し繁殖するために絶えず競い合っている．そして，この競争は近縁な種間で最も激しい．
(4) 個体間で繰広げられる生存競争は，個体間の変異と相まって，生命の存続に結びつき，さらに重要なことに，生存能力のある子孫の繁殖につながる．この過程が，Darwinの言うところの**自然選択**（natural selection）である．
(5) ある変異をもつ生存可能な子孫が，ほかの個体と比べて繁殖の成功率が高いということは，その変異の特徴が次の世代に確実に受け継がれるということである．
(6) この過程が何百，数千世代と繰返されることが，自然選択による進化であり，“ダーウィン的進化論(Darwinian evolution)”ともよばれる．

生存能力のある子孫を生み出すことで生き残った変異は，残らなかったものよりも，より適合しているといわれる．ちなみに，この**適合**（fitness，フィットネス）という用語は，スポーツジムで行うフィットネスとは関係ない．いくらスポーツジムで長時間を過ごしたところで，適合度が高まるものではないので注意してほしい．そして，次に続く世代の“適合”した子孫は，交配と似た方法で，最終的に祖先とはまったく異なった子孫を生み出す（まったく新しい種であったりする）．たとえば，ある系統の生物にとって，長い脚が高い適応性もっていたとしよう．すると，その系統は，脚がどんどん長くなる進化傾向を示し，子孫の長い脚は祖先とは十分に異なる長さにまでなり，ついには別種と認識される．進化という発想に対するDarwinの貢献は，“自然選択による進化”仮説の提唱にある．

Darwinは遺伝学をまだ知らなかったため（…とはいえ，実は彼が生きている間に発見された），“近縁な関係”の仕組みを具体的に説明できなかった．しかし，たとえば両親とその子供が近縁な関係にあるというような，自然科学的な考え方を知っていた．関係性の意味が明確になったのは，染色体，遺伝子，対立遺伝子に加えて1930年代以降にDNAが詳しく理解されるようになってからである．

1920年代以降，“新総合説（New Synthesis)”または“近代総合説(Modern Synthesis)”とよばれる考え方が起こり，進化に関する発想はDarwinがもともと考えていた仮説に統合された．もちろん，その後明らかになった，遺伝子に関する知識はここには含まれない．新総合説は，特定の組合わせの遺伝子（**遺伝子型** genotype）がどのように選択され，次の世代に受け継がれるのか，そのメカニズムを理解するために，当時急速に発展した個体群生態学や遺伝学，古生物学，統計学の各分野を従来のダーウィン的進化論に導入することで生まれた概念である．ここから，生物の外見上の形質（**表現型** phenotype）や行動様式が，連続的に変化しながら遺伝していくという仮説が導き出された．

新総合説が始まってからこの方，自然選択による進化論は洗練され，現在では著しく理解が進んでいる遺伝学，発生学，分子生物学の知識も組込まれている．新しい特徴の進化は，Darwin が主張したように，漸進的な場合もあるが，突然生じる場合もある．時には，遺伝子型の変化は新しい種を生み出すが，新しい種に発展するよりも小さな，または大きな規模での表現型の変化を生み出すこともある．そして，Darwin が提唱したように，自然選択は現世代の個体群の表現型を保つように働きかけ，一部の表現型が繁殖のチャンスを多く得ることになる．

生物の適合または非適合は，膨大な変数によって決定される．この変数のなかには，その生物が進化する環境，相互に影響し合う他の動植物，そして究極的にはその子孫の生存能力といった事柄などが含まれる．当然，これらの変数はまったく予測できない．また，これまで進化生物学者によって理解されてきた自然選択による進化は，未来の進化的な出来事の予測には関与しない．

進化論から未来を予測することができないのであれば，自然選択による進化仮説は非科学的であると考えるべきだろうか．思い出してみよう，科学とは検証可能な明確な予測のできる仮説を示さなくてはいけない．進化の仮説は未来を予測できないが，検証可能な予測をしている．いくつか例をあげてみよう．

- 古い生物と，新しい生物との間の段階には，それぞれの形質の中間型をした生物がいることが予測できる．
- 生命の多様性は，基本的な生物の設計の上に多様性を生じており，変異の上に変異を重ねて，現在の姿となっていることが予測される．
- 生物の種によって若干異なるものの，すべての生物を構成する共通の生化学物質が存在するであろうことが予測できる．
- 本書に特に関係性があることとして，鳥類と“爬虫類”の特徴を併せもった動物が存在することが予測される(8章)．

遺伝学者 Theodosius Dobzhansky は，進化の総合説（Evolutionary Synthesis）の先駆者の一人であり，*The American Biology Teacher* という学会誌で，“進化がなければ生物学で何ひとつ成り立たない”と述べた．確かにそうだと言える．

しかし，皮肉なこともある．英語の“進化（evolution）”という単語は，厳密には，“悲劇の進化”という言葉のように必然的な結末への展開を思わせるニュアンスがある．生命の進化，すなわち生物進化は，前もって定められた道，あるいは必然的な道に沿って進行するわけではない．それゆえ，Darwin が『種の起源』の最後の頁の，最後の段落の，最後の文章の，最後のひと言まで“進化する”という単語の使用を避けていたのは，驚くべきことではない．

Chapter

4 恐竜ってどんな動物？

What's in this chapter

本章では，脊椎動物のなかでも特に羊膜類における恐竜の系統的な位置づけについて解説する．

- 脊椎動物，なかでも特に四肢動物の進化の過程について学ぶ
- 四肢動物の基本的な解剖学的特徴の知識を身につける
- 恐竜とはどんな動物かを学ぶ
- 恐竜類の表徴形質と定義を理解し，恐竜と恐竜ではないものの違いについて学ぶ

4・1　生命の歴史を理解しよう

前章では，すべての生物の正体と起源を調べるために科学者が使う手法（分岐分析）を学んだ．ここでは，この手法を実際に使って，最節約的に描かれた分岐図において，それぞれの階層を特徴づける形質を追いながら，脊椎動物（バーテブラータ）(Vertebrata）における恐竜の系統的な位置づけを理解する．分岐図上で，分岐点を順に辿ることで，恐竜類（ディノサウリア）(Dinosauria）に至る進化の道筋を復元することができれば，その進化史が明らかになっていくであろう．オズの魔法使いに出てくる良い魔女のグリンダが，"最初の一歩から始めるのが一番よ"とドロシーに忠告する場面があるが，私たちも彼女の言葉に従い最初の一歩を踏み出そう．

4・2　脊椎動物のはじまり

現在生きている生物は，現生種とよばれ，そのすべてが単系統群として認識されている．これはRNAとDNA，特殊な化学構造でできた細胞膜，さまざまな種類のアミノ酸（タンパク質），代謝経路（化学反応），自己修復能力（単純な成長とは異なる）をもつことで特徴づけられる*1．先ほど，私たちが"生命"と認識しているものを，あえて"現在生きている生物"という言葉で表現した．これは，地球史の初期から現在"生命"とよばれるものが繁栄するようになるまで，どれだけ多くの分子生命が出現し，増殖し，絶滅していったか確かめようがないためである．

現生種の進化史を網羅した分岐図を理論上は構築することもできるが，およそ38億年に及ぶ生命の歴史を集約しなくてはいけない．ここではその代わり，動物界（kingdom Animalia）にターゲットを絞り，まずは5億1千万年前の初期（とはいえ最古ではないが）の脊索動物である，ピカイア・グラシレンス（*Pikaia gracilens*）から追跡調査を始めることにしよう．ピカイアは，見た目は小型のアンチョビの切り身（缶詰や瓶詰で売られているオイル漬けのイワシ）のように細長く平べったい全長5 cmほどの生き物で，脊椎動物の祖先として初期の化石である（図4・1）．

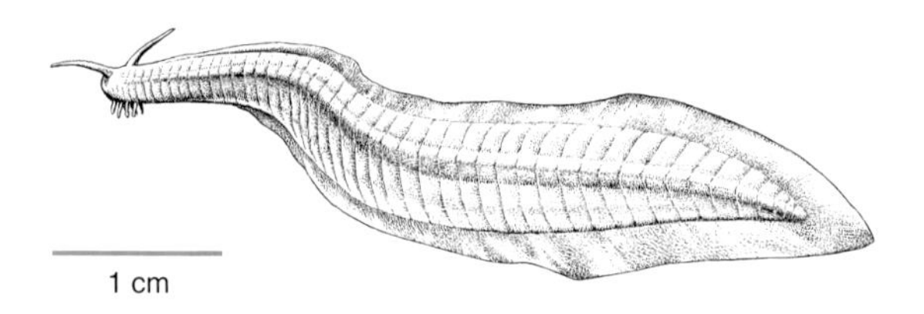

図 4・1　脊索動物と考えられるピカイア・グラシレンス（*Pikaia gracilens*）は，カナダのカンブリア紀の中期（ミャオリンギアン世ウリューアン期）の地層から見つかっている．

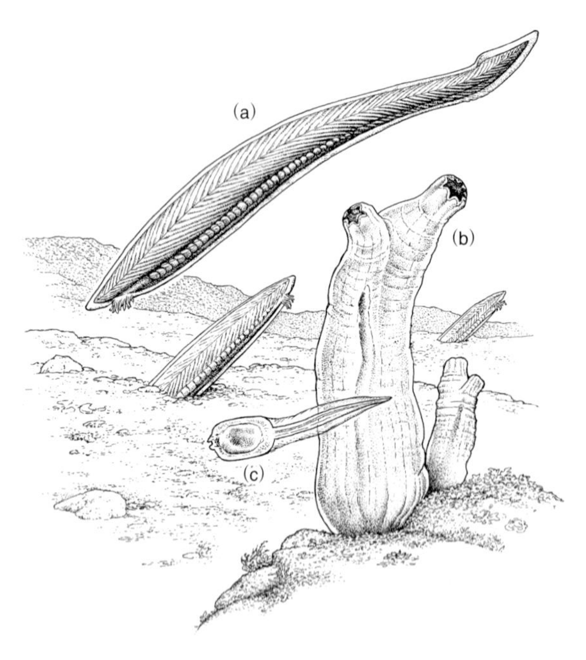

図 4・2　原始的な脊索動物の例を二つ示す．(a) 頭索類(Cephalochordata)のナメクジウオ(アンフィオクサス属 *Amphioxus*)．(b) 尾索類(Urochordata)のユウレイボヤ(キオナ属 *Ciona*)．(c)ユウレイボヤの幼体．(a)の頭索類と(b)の尾索類は，脊椎動物とともに，以下のような多くの派生形質を共有している：体壁の筋が分節化すること；神経と血管枝が上部と下部に分かれること；新たにホルモンや酵素系など多くの特徴を獲得したこと．(c)に示したユウレイボヤの幼体は自由遊泳し，尾まで脊索が通っている．これが成体へと変態すると吻部で底質に固着し，体の内部や外部構造をつくり変える．

*1　もしウイルスを生物に含めるなら，この記述は厳密には正しくない．なぜなら，ウイルスは生物に特徴的な膜や，アミノ酸，代謝経路をもたず(ウイルスは生物の細胞内に侵入し，細胞の分子とタンパク質合成機構をハイジャックするだけだ)，独自には増殖できないからである．さらに，レトロウイルスはDNAすらもたない．ウイルスの起源は謎に包まれているが，ウイルスが進化史の初めにこれらの特徴を失ったという仮説もある．(訳注：ただし，ウイルスを生物に含めないという考え方の方が一般的である．)

脊索動物

ピカイアは，ヒト（および恐竜）も属するクレードである**脊索動物**（Chordata：*chord* 神経索，*ata* をもつ）を特徴づける形質をもっていた．ピカイアは私たちの遠い祖先の姿を彷彿とさせるかもしれないが，脊索動物と脊椎動物（Vertebrata）の前身となる生物がどのようなものだったかは，圧倒的に情報量の多い現生の生物から推測されることであって，化石種はそこに少し情報を補足しているにすぎない．現生の脊索動物を構成しているグループには，ホヤを含む尾索類（Urochordata：*uro* 尾），ナメクジウオの仲間の頭索類（Cephalochordata：*cephal* 頭），そして本書にとって最も重要な脊椎動物がある（図4・2）．これらのグループは以下に示すの特異な特徴をもとに，脊索動物の中にまとめられる．1）咽頭鰓裂（喉の部分にある鰓の開口部）をもつ；2）**脊索**（notochord：すべての脊索動物が胚発生の過程で形成する，体軸に沿って神経索を支える堅い棒状の構造）をもつ；3）背側に神経索〔背骨をもつ動物である脊椎動物では，これを脊髄とよぶ〕をもつ．(1)～(3) のこれら一連の形質を獲得する進化は，生命史の中で1回しか起こらなかったようだ．したがって，これらの形質をもつ動物は単系統群としてまとめられる．ここまで解説してきた脊索動物とそれを特徴づける形質は，図4・3の分岐図の基部に示してある．ピカイアと他の生物とともに，ヒトや恐竜の起源となる脊索動物の出現はカンブリア紀（5億3880万年–4億8540万年前）に遡らなければならない．

脊椎動物

興味深いことに，脊索動物という大きなグループの中には，私たちにとってなじみ深い**脊椎動物**（Vertebrata：*vertebre* 曲げること．転じて，背骨を曲げる関節を表している）が含まれている．脊椎動物の表徴形質は，石灰化した内骨格（すなわち**骨** bone）や，そのほかさまざまな形質があげられる（図4・3）．この内骨格は複数の**骨格要**

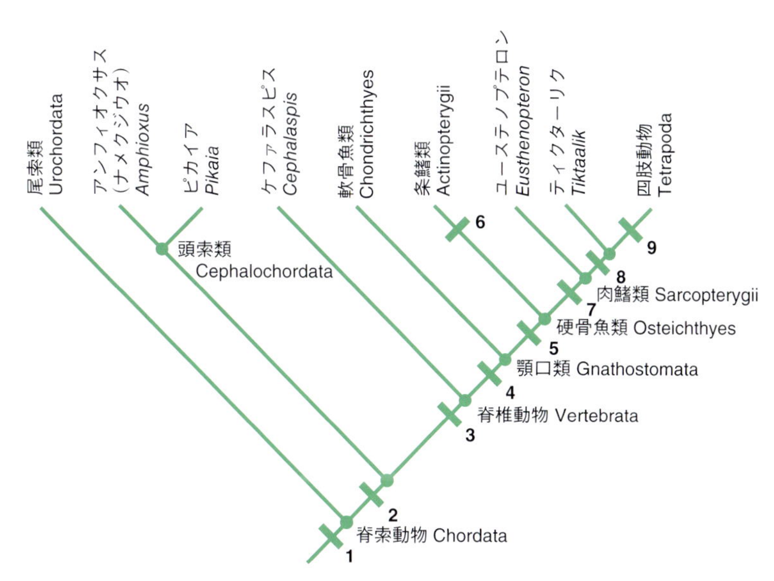

図4・3　脊索動物(Chordata)の分岐図．本書は恐竜学の本であり，脊索動物すべてを網羅する本ではないため，この分岐図上にはあまり細かい形質は載せていない．個々の共有派生形質は以下に示したものである．

1. 脊索動物(Chordata)：鰓裂，脊索，脊索の上を通る長い神経索をもつこと．
2. 体壁の筋が分節化していること；背側と腹側に分かれた神経と血管をもつこと；新しいホルモンと酵素系を獲得すること．
3. 脊椎動物(Vertebrata)：骨が形成されること；神経堤細胞をもつこと；頭部神経の分化；眼の発達；腎臓の獲得；新しいホルモン系；口器を獲得すること．
4. 顎口類(Gnathostomata)：顎の獲得．
5. 硬骨魚類(Osteichthyes)：軟骨内に骨化が起こること．
6. 条鰭類(Actinopterygii)：鰭条(鰭を支える棘状の構造)の獲得．
7. 肉鰭類(Sarcopterygii)：胸鰭と腹鰭が独特な骨格をもち，筋が配置されること(図4・4)．
8. 骨格の取得により四肢動物のさらなる出現と，さまざまな機能の獲得；長い鰭条はまだ鰭に保持されている．
9. 四肢動物(Terapoda)：陸上での運動ができる骨格を備えること；特に四肢は，基本的な骨格要素を保持していること．

分岐学の手法に基づき，単系統群のみを分岐図上に示している．この中にはなじみのないグループもあるかもしれないが，分岐図を埋めるために書き込まれている．ケファラスピス(*Cephalaspis*)は，原始的な顎をもたず底棲で遊泳する脊椎動物(Vertebrata)である．一方ユーステノプテロン(*Eusthenopteron*)は肉食の肉鰭類(Sarcopterygii)の仲間で，初期の四肢動物(Tetrapoda)の特徴を多く兼ね備えている．ティクターリク(*Tiktaalik*)は，肉鰭類の鰭と現生四肢動物の脚とのちょうど中間型の骨格形態を示すきわめて重要な化石種の魚類である．〔訳注：近年の系統分類では，ナメクジウオなどの頭索類よりも，ホヤなどの尾索類の方が脊椎動物に近縁だという説が支持を集めている．また，尾索類(Urochordata)についても，被嚢類(Tunicata)というグループ名が使われることが多い．〕

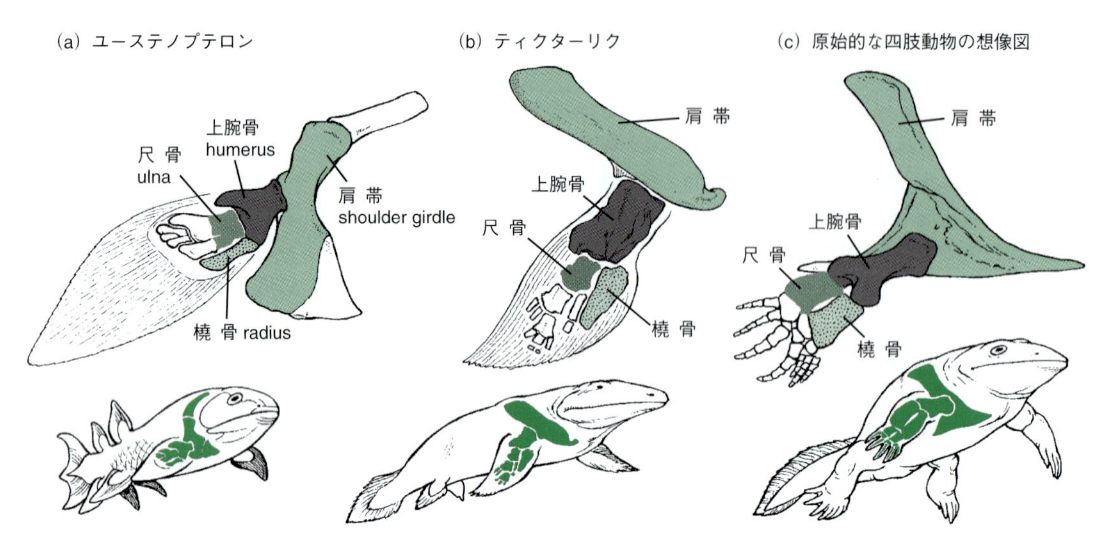

図 4・4 肉鰭類と四肢動物を結びつける，両者の相同な特徴の一部を示す．(a) 絶滅した肉鰭類であるユーステノプテロン(*Eusthenopteron*)の肩の骨(肩帯)と胸鰭．(b) ティクターリク(*Tiktaalik*)の肩帯と胸鰭．(c) 初期の四肢動物の肩帯と前肢．ティクターリクは，形態学の観点から，肉鰭類と四肢動物の間にピッタリとはまる(図 4・3)．初期の四肢動物では，完全な前肢が見つかっていないので，アカントステガ(*Acanthostega*)とイクチオステガ(*Ichthyostega*)の特徴を総合して図示している．相同な骨のうち重要なものについては図中に示している．〔訳注：本文の四肢動物の定義に従うと，アカントステガとイクチオステガは四肢動物の外群になるため，厳密には正しくない表現．これらは，四肢動物を含む大きなクレード，四肢形類(Tetrapodomorpha)に含まれる．〕

素(element[*2])から成り立つ．これらの脊椎動物の特徴は，軟骨質の骨格要素をもつサメ，ガンギエイ，エイなどの**軟骨魚類**（コンドリクティス Chondrichthyes）には当てはまらない．しかし，彼らの祖先は石灰化した骨格をもっており，進化の過程で失ったと考えられているため，脊椎動物のグループの中に含まれる．

脊椎動物のうち，私たちが自然と興味をもつ対象は，**顎口類**（グナトストマータ Gnathostomata：*gnathos* 顎，*stome* 口）という，完全な顎をもつという表徴形質などでまとめられるグループである．この顎口類には，私たちヒトや，頭に思い浮かぶ脊椎動物の大半が含まれる．顎をもたない脊椎動物として，現生ではヤツメウナギがいるが，これらについてはここでは触れず，顎口類の一グループである硬骨をもった魚，すなわち**硬骨魚類**（オステイクティス Osteichthyes：*osteo* 骨，*ichthys* 魚）に着目してみよう．

硬骨魚類の分岐図の大きな枝分かれは，進化の主要な分岐点を表している．一方のクレードである**条鰭類**（じょうきるい）（アクティノプテリギイ Actinopterygii：*actyn* 放射・条，*pteryg* 鰭・翼）の系統はキンギョ，マグロ，サケといった，おなじみの魚を含む．もう一方のクレードの**肉鰭類**（にくきるい）（サルコプテリギイ Sarcopterygii：*sarco* 肉，*pteryg* 鰭・翼；図 4・3）はあまり聞き慣れないグループかもしれないが，鰭の付け根に筋肉がついた独特の肉鰭をもっていることで特徴づけられる．実は肉鰭類は私たちには非常になじみの深いグループである．

肉鰭類は魚だが，これらの鰭を構成する骨には，四肢動物の肢の骨に対応する骨（すなわち相同な骨格要素）が含まれている（3 章）．この四肢動物とは，四肢をもつ脊椎動物であり，恐竜もヒトもこのグループに含まれる（図 4・4）．さらに，肉鰭類の骨盤，脊柱，頭骨を構成する骨は，四肢動物にもある．これらの特徴的な形質をもっているということは，肉鰭類の仲間のどれかが，恐竜類の祖先であり，私たちヒトの祖先でもあることを示している（Box 4・1）．

4・3 四肢動物

系統の定義をもう一度思い出してみよう（3 章）．現代型の四肢動物は，サンショウウオと哺乳類（マンマリア Mammalia）の最も新しい共通祖先のすべての子孫を含むクレードとして定義される．この**四肢動物**（テトラポーダ Tetrapoda）は，図 4・4 で示したように肢の骨が特有の配置をしているところに特徴がある．では，ここで四肢動物をもっと詳しくみていくことにしよう．そして，私たちが興味をもっている恐竜については化石記録として最も良く保存されている骨格を理解していこう．

---

*2 英文では，解剖学用語でいう“element”は骨格要素を意味するが，化学用語でいう“element”は元素を意味する（2 章および用語集）．そのため，原著では章によって同じ用語(element)を異なる意味で使用しており，日本語版ではこれを訳し分けている．

Box 4・1 フィッシュ&チップス

1978年から1979年にかけて，科学誌の*Nature*に刺激的で心躍る論文とそれに対する反応が掲載された．その内容は，3種の顎口類（Gnathostomata）の仲間である，サケ，ウシ，ハイギョの系統関係についての議論である．英国人古生物学者のL.B. Halsteadは，2種の“魚”がウシよりも系統的により近い関係にあるはずだと主張した．彼曰く，結局のところ，サケもハイギョも“魚”なのだ！という論拠である．ヨーロッパの分岐学者たちは，こぞってこれに反論し，進化学的見解では，ハイギョはサケよりもウシに近いと主張した．もし後者の見解に従うのであれば，ハイギョとサケを“魚”と称するなら，ウシも“魚”とよばれるべきである．だが，ウシが“魚”だなんてありうるだろうか．

大部分の脊椎動物（Vertebrata）がいわゆる“魚”である．彼らは，海水または淡水に棲息しており，空気よりも粘性の高い液体の中という環境に適応するため，それに応じた移動，摂食，繁殖ができるような特徴を多く備えている．しかし，結局のところ，私たちが一般的に認識している“魚”という用語が鰓（えら）とウロコをもった遊泳性の生き物を示していたとしても，この“魚”は進化学的に意味のある用語ではない．なぜなら，一般的に認識されている“魚”が共有し，“魚ではない顎口類”がもっていないような派生形質など，どこにもないからである．私たちの認識する“魚”がもっている形質は，すべての顎口類がもっている形質であるか（つまり，顎口類としては原始的な形質），あるいは独立して獲得した形質かのどちらか一方である．

サケ，ウシ，ハイギョの系統関係として広く認められている分岐図を図B4・1に示している．ここまで私たちが議論してきた内容について，サケ，ウシ，ハイギョ，それぞれが属するグループ名を用いると，この分岐図はもっとわかりやすくなるだろう．サケは条鰭類（Actinopterygii），ウシは四肢動物（Tetrapoda），ハイギョは肉鰭類（Sarcopterygii）に属する．肉鰭類の仲間が，条鰭類の仲間よりも，四肢動物とより多くの派生形質を共有するということは，すでに明らかである．このように，この分岐図には二つのクレードがある．

クレード① 肉鰭類の一種＋四肢動物
クレード② 肉鰭類の一種＋四肢動物＋条鰭類

クレード①は肉鰭類．クレード②は“魚”全体を含めたグループであり，顎口類の関係を示した図4・3の分岐図の一部と類似している．ここに登場する動物だけで考えると，単系統群は次の二つだけである．①ハイギョ＋ウシ，②ハイギョ＋ウシ＋サケ（それぞれ，肉鰭類と条鰭類を代表する動物）．

ここにあげた動物のうち，どれが“魚”なのだろうか．ハイギョとサケが“魚”というのは明白だろう．しかし，ウシも仲間に含めない限り，ハイギョとサケは単系統群としてまとめることができない．一方で，系統学的な見方をするならば，“魚”という呼称は，硬骨魚類の段階，もしくはそれよりもさらに下層の分岐でしか意味をもたない，ということをこの分岐図は教えてくれる．しかし，たとえ物事の本質を言い表していなくとも，日常的な用語として，“魚”という言葉を使うことはできるし，実際に使っている．ただし，フィッシュ&チップスをハンバーガー&フライドポテトと言い換える日はこないだろう．

Halstead, L. B. 1978. The cladistic revolution - can it make the grade? *Nature*, **276**, 759–760.
Gardiner, B. G., Janvier, P., Patterson, C., *et al*. 1979. The salmon, the cow, and the lungfish: a reply. *Nature*, **277**, 175–176.

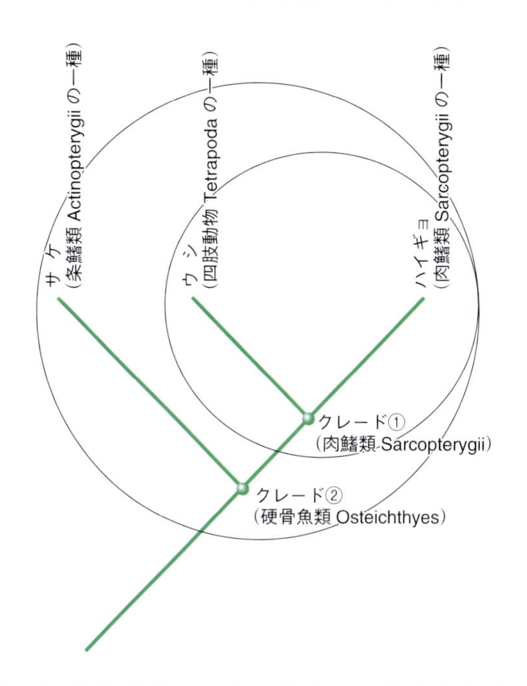

図 B4・1 サケ，ウシ，ハイギョの分岐図．ハイギョとウシは，サケよりも互いに近い関係にある．

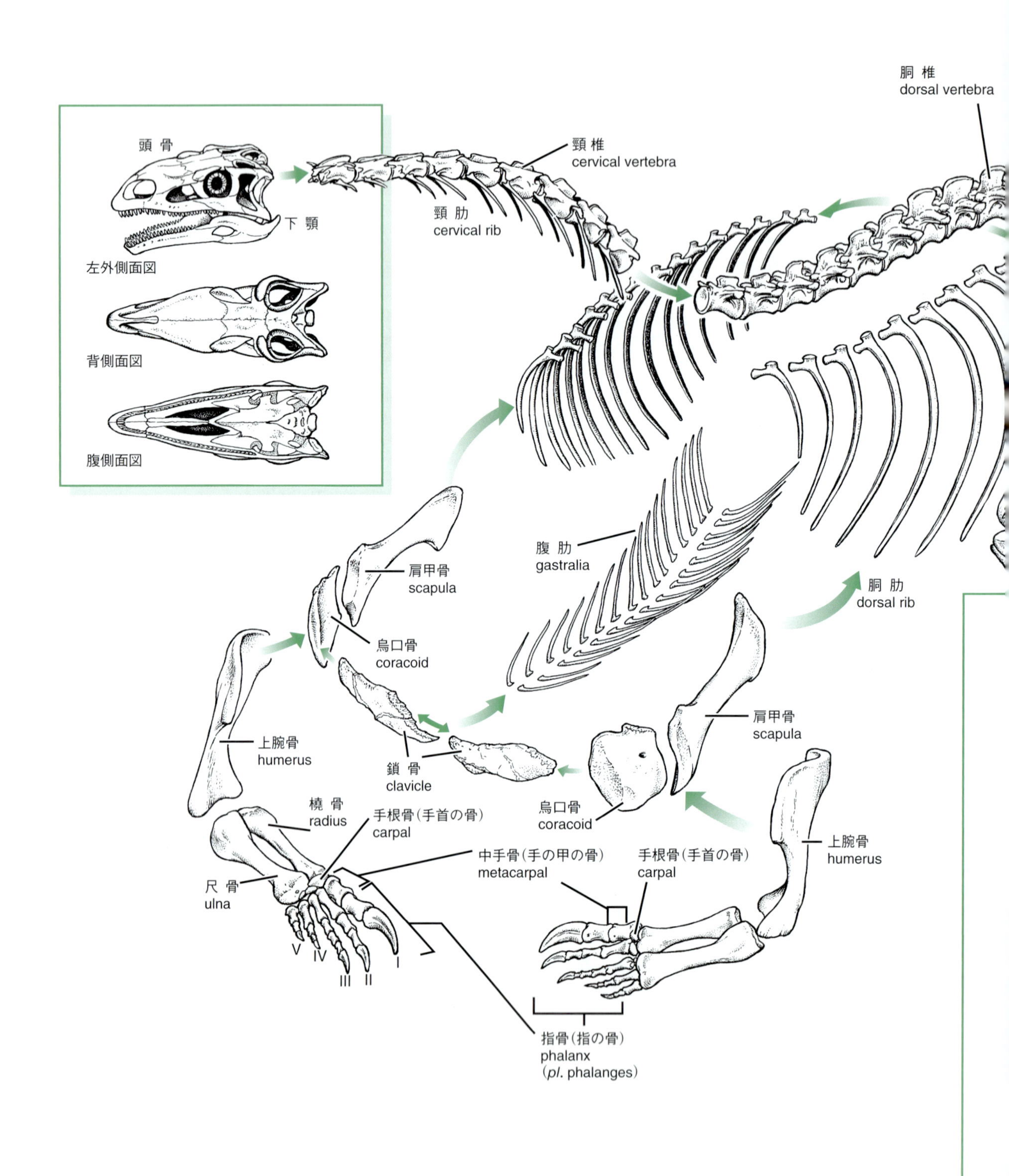

図 4・5　“古竜脚類”恐竜のプラテオサウルス(*Plateosaurus*)を例とした，四肢動物の一般的な骨格を示した図．

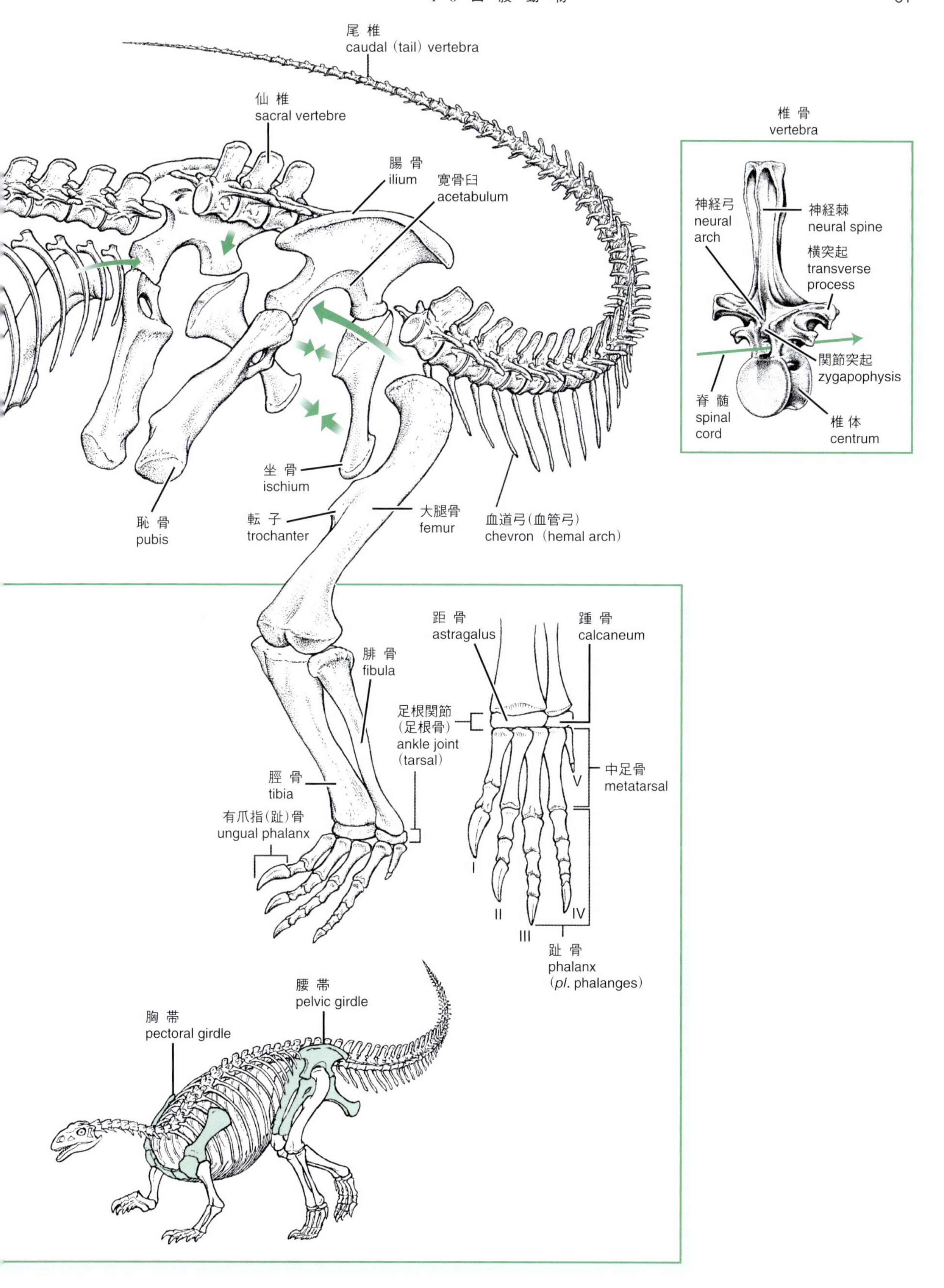

尾 椎
caudal (tail) vertebra
仙 椎
sacral vertebre
腸 骨
ilium
寛骨臼
acetabulum
坐 骨
ischium
恥 骨
pubis
転 子
trochanter
大腿骨
femur
血道弓(血管弓)
chevron (hemal arch)
椎 骨
vertebra
神経弓
neural
arch
神経棘
neural spine
横突起
transverse
process
関節突起
zygapophysis
脊 髄
spinal
cord
椎 体
centrum
距 骨
astragalus
踵 骨
calcaneum
腓 骨
fibula
足根関節
(足根骨)
ankle joint
(tarsal)
脛 骨
tibia
有爪指(趾)骨
ungual phalanx
中足骨
metatarsal
V
I
II
III
IV
趾 骨
phalanx
(pl. phalanges)
腰 帯
pelvic girdle
胸 帯
pectoral girdle

四肢動物の骨格入門

図4・5は一般に“古竜脚類（prosauropods）”と称される基盤的な竜脚形類を例に，典型的な四肢動物の骨格を展開して示したものである．四肢動物は単系統であり，脊柱の両側を対になった前肢と後肢が挟むという基本構造は四肢動物に共通している．四肢は，**肢帯**（girdle）とよばれる複数の骨に支えられ，脊柱とつながっている．脊柱の前端には**頭骨**（skull）と**下顎**（mandible）で構成される頭部がついており，脊柱の後端には尻尾がある．

脊　柱（vertebral column）　脊柱は，**椎骨**（vertebra, *pl.* vertebrae）の繰返し構造よって構成される．この椎骨の下部の円柱形の部分が**椎体**（centrum）であり，椎体の上の溝には脊髄が通っている（図4・5右上の挿入図参照）．椎体の上に脊髄が通る孔をつくっているのが**神経弓**（neural arch）である．左右の神経弓が正中で癒合し，背側に1本の神経棘（neural spine）のほかに，左右に対になった横突起（transverse process）や関節突起（zygapophysis）が稜状，コブ状，または板状など，さまざまな形の突起が張り出している．これらの突起には，筋肉や靱帯が付着したり，肋骨の近位端が関節したりする．椎骨がいくつも連なってできた脊柱の構造は，脊索動物の原始的な分節構造の名残であり，体の長軸に沿って身体を曲げやすくしている．

肢　帯（girdle）　肢帯は**腰帯**（pelvic girdle）と**胸帯**（pectoral girdle）に分けられ，体幹の骨格を包むように配置されている．板状の骨で構成される腰帯と胸帯は，それぞれ腰椎と胸郭を部分的に覆うか，または挟みこんでいる（図4・5）．腰帯には後肢が関節し，胸帯には前肢が関節する．

左右の腰帯はそれぞれ，三つの骨で構成されている．1）**腸骨**（ilium）という平らな板状の骨は**仙椎**（sacrum：左右の腸骨の間に並ぶ椎骨）とつながっている．2）前方の下向きに伸びる骨は**恥骨**（pubis），3）後方の下向きに伸びる骨を**坐骨**（ischium）という．これら三つの骨が集まる結合部は**寛骨臼**（acetabulum）とよばれる股関節を形成する．他の爬虫類と異なり恐竜ではこの股関節がへこみではなく完全な孔となっている．

一方，胸帯を構成する板状の**肩甲骨**（scapula）は身体の両側に位置し，肋骨の外側に靱帯と筋肉によって付着している．さらに肩甲骨は**烏口骨**（coracoid）とともに盾状の骨格をつくり，二つの骨の接合部に関節面（肩関節）を形成して前肢を支えている．

胸　部（chest）　胸部を構成する骨格要素をいくつか紹介しよう．**胸骨**（sternum）は，一般に扁平な骨で，前位の胴肋（dorsal rib）の末端で（胸肋 sternal rib，もしくは肋軟骨を介して）胸部につながっている．首元にある**鎖骨**（clavicle）は一対の骨であり，左右の烏口骨の間に鎮座している．

脚 と 腕（legs and arms）　四肢動物の手足は，祖先の肉鰭類が最初に獲得した骨の配置を残している．古生物学者の Neil Shubin の著書『*Your Inner Fish*（ヒトのなかの魚，魚のなかのヒト）』によると，肉鰭類の四肢の骨の配置を“一個の骨，二個の骨，小さな骨の塊，指”と表現した（図4・4と図4・5を比較）．前肢でも後肢でも，上部に位置する1本の骨が対になった下部の骨（Shubin の言う“一個の骨”）に関節している．前肢では，肘より上部の骨を**上腕骨**（humerus），対になった下部の骨を**橈骨**（radius）と**尺骨**（ulna）（“二個の骨”）とよぶ．前肢の上部（上腕）と下部（前腕）の間の関節部分が肘となる．後肢では，膝より上部（上腿）の骨を**大腿骨**（femur），膝関節を挟んで，対になった下部（下腿）の骨を**脛骨**（tibia）と**腓骨**（fibula）（“二個の骨”）という．

前後肢の下部の対になった骨（前腕，下腿）の先には，手首または足首の骨がある．手首の骨は**手根骨**（carpal），足首の骨は**足根骨**（tarsal）とそれぞれよばれる．これが Shubin の言うところの“小さな骨の塊”にあたる．掌の骨は**中手骨**（metacarpal）とよばれ，これに対応する足の甲の骨は**中足骨**（metatarsal）とよばれる．これらをまとめて**中手足骨**（metapodial）という．最後に，手足の指を柔軟に動かすことを可能にしている小さな骨は，**指(趾)骨**（phalanx, *pl.* phalanges）とよぶ（訳注：前肢では指骨，後肢では趾骨とそれぞれ和訳されるが，英文上では区別されない）．それぞれの指の末端にある指(趾)骨を末端指(趾)骨（terminal phalanx）とよび，かつツメが覆う骨も覆わない骨もあるが，とりわけ，ツメが覆っていた末端指(趾)骨を**有爪指(趾)骨**（ungual phalanx）とよぶ[*3]．

最初期の四肢動物には，手足に8本もの指趾をもつものがいた．四肢動物の初期進化で指趾の数は急激に減少し，手足に各五本指趾で安定した（図4・5）．しかし，凶悪なティラノサウルス・レックス（*Tyrannosaurus rex*）などの恐竜を含む，多くの四肢動物の系統で，指趾の数がさらに減少しているものもいる．

頭　部（head）　すでに説明したように，顎口類の脊柱の前端には頭骨と下顎で構成される頭部が位置する（図4・6）．頭骨はもともと特徴的な骨の配置をしている．骨で囲った脳の入れ物である**脳函**（braincase）は，頭骨の中央から後ろに向かって位置する．脳函の後ろにあるのが，

*3　訳注：ungual phalanx に対して“末節骨”という訳がつけられる場合があるが，これは基節骨（proxima）・中節骨（media）・末節骨（distalis）の3節に分かれた哺乳類の指の末端の指骨である distalis に対する訳語である．“ungual”は“ツメがある”を意味するため，“有爪指(趾)骨”の訳が適切である．

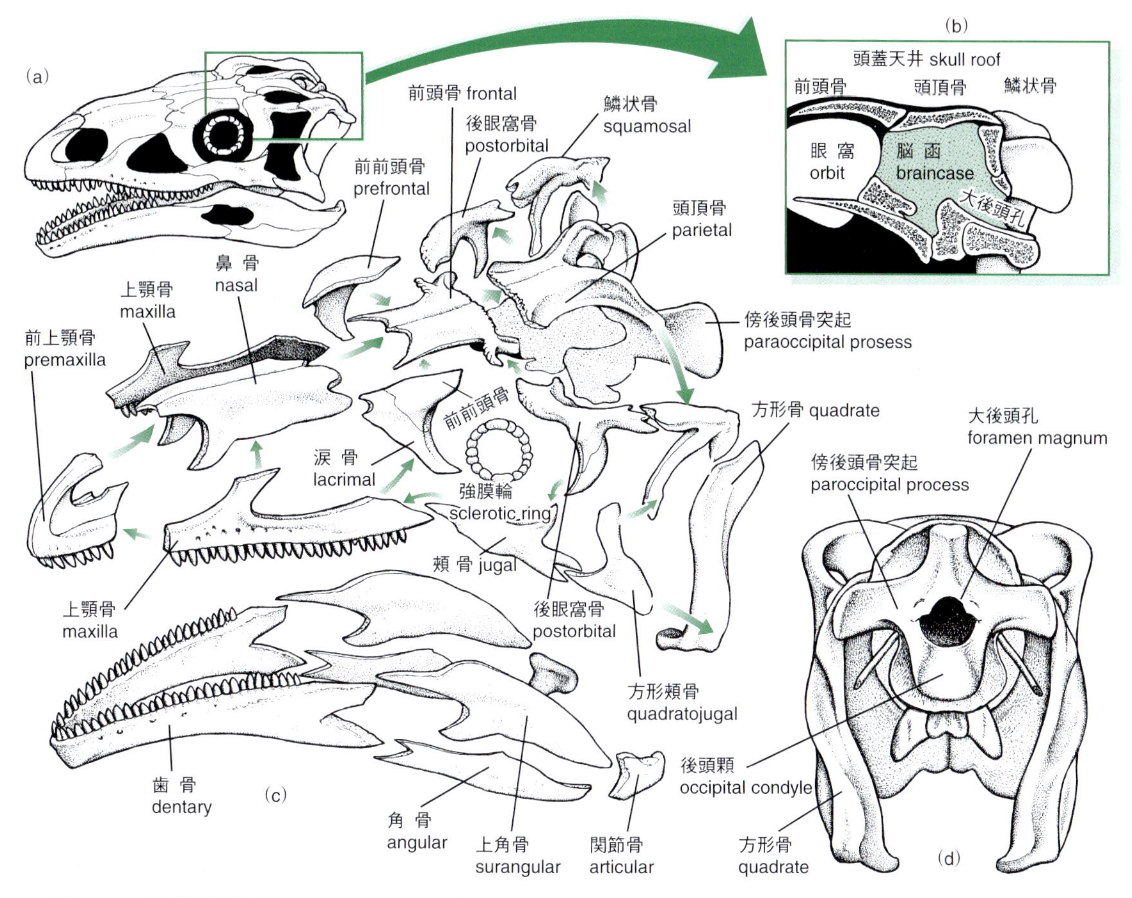

図 4・6 "古竜脚類"恐竜のプラテオサウルス(*Plateosaurus*)の頭骨と下顎を例とした，一般的な骨の配置.(a) 頭骨の分解図.(b) 脳函の正中断面図.(c) 下顎の分解図.(d) 頭骨の尾側面図.

後頭顆（occipital condyle）というドアノブのような形状の骨で，脳函（および頭骨全体）と脊柱をつなげている．脳函の後方に開いている孔は**大後頭孔**（foramen magnum）とよばれ，脊髄はこの孔を通って脳函に入り，脳へとつながる．脳函の両側には，**あぶみ骨**（stapes）が収まる孔があり，この骨が**鼓膜**（tympanic membrane, eardrum）から脳へ音を伝える．最後に，脳函を覆い，頭部の上方後部の大部分を構成しているのが，湾曲した平板状の複数の骨が連結してできた**頭蓋天井**（skull roof）である（図4・6b）．

どんな頭骨にも，二対の孔が開いている．そのうち，頭骨の両側の真ん中部分に位置している，大きく円形に開いた孔が**眼窩**（orbit）であり，前方に開いたもう一対の孔が**鼻孔**（naris, nostril）である．最後に下顎の上に位置する頭蓋の底面は，対になった一連の骨が平板状にならんで，**口蓋**（palate）を形成している．基本的には，鼻孔から取込まれた空気は，**後鼻孔**（choana）とよばれる口蓋の前方に開いた一対の孔から口の中に導かれる．こうしていったん口の中に入った空気は，気管を経由して肺に向かうことになる．

哺乳類を含む多くの脊椎動物では，鼻腔の底面と口腔の天蓋の間に通り道があり，鼻孔から入った空気はこの側路を通って咽喉の奥に導かれる．その結果，咀嚼と呼吸が同時にできる．このような頭骨の特殊化によってできた新たな通路は**二次口蓋**（secondary palate）とよばれ，哺乳類以外の他の四肢動物では，カメ，ワニ，そして多くの恐竜にもみられる．しかし，図4・6のような種の恐竜は，まだ二次口蓋をもっていない．その場合，口の中で本格的に食物の咀嚼を行っていたら，鼻から吸い込んだ空気が咽頭の奥まで通っていく呼気とすぐに混ざり合ってしまうだろう．そのため，原始的な四肢動物は，もともと咀嚼を行っていなかったと考えられる．

四肢動物のなかでの違い

四肢動物はさまざまな派生形質を共有しており（図4・7），それらの多くを骨格で確認することができる．たとえ

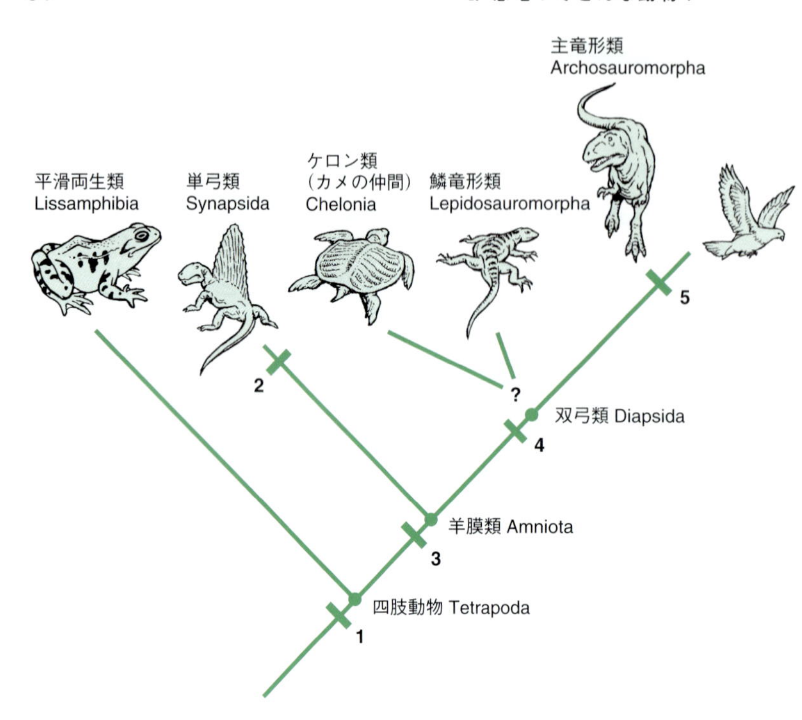

図 4・7 四肢動物（Tetrapoda）の分岐図．派生形質を以下に示す．
1．四肢動物：前肢と後肢をもつこと（図 4・5）．
2．下部側頭窓が開くこと（図 4・9）．
3．羊膜をもつこと（図 4・8）．
4．下部と上部の側頭窓が開くこと（図 4・9）．
5．前眼窩窓が開くこと（図 4・12）．
鱗竜形類は単系統のグループであり，現生種としてはヘビ，トカゲ，ムカシトカゲが含まれる．双弓類におけるケロン類（Chelonia，カメの仲間）の位置づけはまだ明らかになっていない．

ば，四肢動物は頭頂部分の骨が特異的な配列をしているだけではなく，肢帯と四肢の骨格も特異な形態をしている．四肢動物が共有するこれらすべての類似性が，遠く離れた系統の生物から別々に進化したという仮説は最節約的な考え方ではない．そのため，これらの派生形質を共有していることから，四肢動物が単系統であると再確認できる．それではひき続き，四肢動物の中での恐竜類の位置づけを探る旅を続けよう．

羊 膜 類

四肢動物に含まれるグループの一つである**羊膜類**（Amniota（アムニオータ），有羊膜類ともいう）は，鳥類，哺乳類の直近の共通祖先，および，そこから派生したすべての子孫が含まれる単系統群である．羊膜類は，卵の中で発生する胚を包む**羊膜**（amnion）とよばれる特殊な膜を形成することで特徴づけられる（図 4・8 および下記の文章を参照）．羊膜をもたない四肢動物である“**無羊膜類**（anamniotes）”のうち，現生種として残っているのはカエル（無尾類 Anura（アヌラ）），サンショウウオやイモリ（有尾類 Urodera（ウロデラ）），珍しい四肢のない熱帯の“両生類”であるアシナシイモリ（無足類 Apoda（アポダ））である―もっとも，アシナシイモリという名前からして，四肢がないのは当たり前のことだが．もしすべての“無羊膜類”が現生の“両生類”と同じような生活様式をもっていたとするならば，“無羊膜類”の仲間は常に水辺で生活し，卵も外部からの水分の供給が必要だったと考えられる．

対照的に，羊膜類は完全に陸棲であるため，卵には内部の水分を保つための特殊化が必要となる．半透過性の羊膜はガス交換ができるが水分を透過させないため，胚は液体に浸かり続けることができる．羊膜の獲得は，石灰化した卵殻や，胚の栄養源となる大きな卵黄嚢や，胚の老廃物をため込むための尿嚢の獲得といったさまざまな特徴とともに進化してきた．こうして，羊膜に包まれた胚の入った卵を，陸上で干からびさせることなく産みつけることができるようになった．そして，羊膜類は水との結びつきを断ち切ることが可能になったのである（水を飲むこと以外）．これは，完全に陸上生活に進化するために重要な段階であり，爬虫類（Reptilia（レプティリア）），そして哺乳類への進化とも関連している．

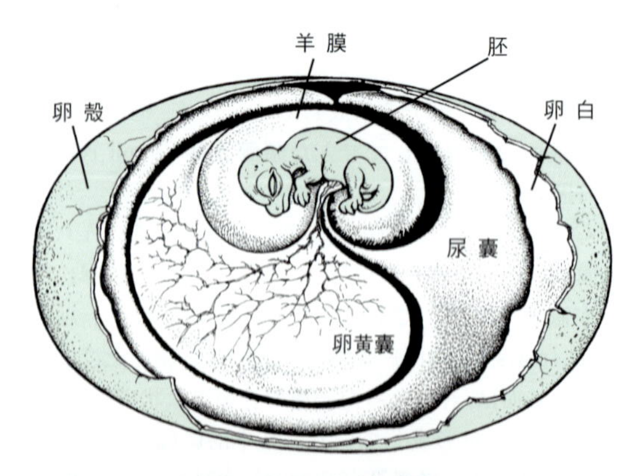

図 4・8 羊膜類の驚くべき卵の構造．もし未受精卵であれば食用になるだろう．

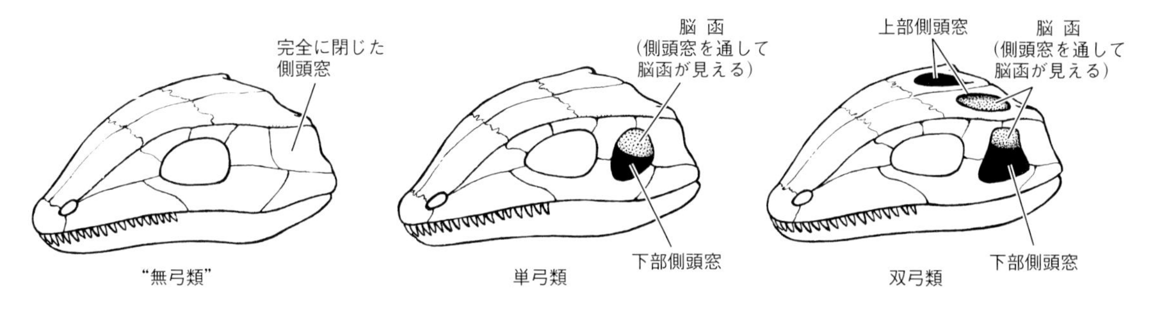

図 4・9 羊膜動物のおもな3タイプの頭骨.

羊膜類には三つの大きなグループがある. 原始的な羊膜類であり, 時として**"無弓類** (anapsids)"とよばれるグループのほか, **単弓類**(シナプシダ) (Synapsida: *syn* 一緒・単, *apsid* 弓), **双弓類**(ディアプシダ) (Diapsida: *di* 二つ) がある. これらは, 眼の後ろにある**側頭窓**(そくとうそう) (temporal fenestra: *fenestra* 窓; 図4・9) とよばれる頭骨に開いた孔の数と位置で簡単に分類できる. 本書では双弓類を主役にしているが, ここで少し回り道をしていくつか原始的な"無弓類"と単弓類を見てみよう.

"無弓類"と単弓類

"無弓類"の頭蓋天井の特徴は, 羊膜類の仲間がもっていた頭蓋天井の形態の原型に近いと考えられる. これら初期の羊膜類では, 頭骨の眼窩の後方は完全に閉じているため側頭窓がない. "無弓類"のような頭骨の形状は, 本書で取扱っていないはるか昔に絶滅した, がっしりした体型の四足歩行性の動物にみられ, 最近までカメの仲間だけがその生き残りであると考えられてきた. 近年, 形態学と分子系統学でともに悩ましい問題は, カメが非常に派生的な双弓類の単系統群であることが示唆されたことである (後述参照). これは, 現生の"無弓類"が存在しないことを意味する. また, 爬虫類という分類群の意味にも大きな影響をもたらしている (Box 4・2).

単弓類は四肢動物に含まれる羊膜類のなかの主要な2大系統のうちの一つである. ちなみにもう一方は双弓類である. かつて"哺乳類型爬虫類"とよばれた多くの絶滅種と同じ様に, その子孫であるヒトを含むすべての哺乳類もまた単弓類の仲間である (図4・10, Box 4・2). 初期の単弓類と, もう一方の大きな系統である恐竜を含む双弓類の分岐は, 3億2000万年前から3億1000万年前の間に起こったようである. 以来, 単弓類の系統は独自の進化をしており, 他のどのクループとも遺伝的交流がない.

単弓類は頭蓋天井の形質によってひとまとめにされており, この形質は基盤的な四肢動物とは異なる特徴だ. 頭蓋天井には眼窩の後ろの下方 (腹側) に発達した**下部側頭窓** (lower temporal fenestra) がある (図4・9). 顎を閉じる筋はこの孔の内側を通り脳函の外側に付着する. 単弓類は羊膜類のなかでも飛び抜けて多様化したグループであり, 本書のような教科書を簡単に一冊は書けてしまう. この段

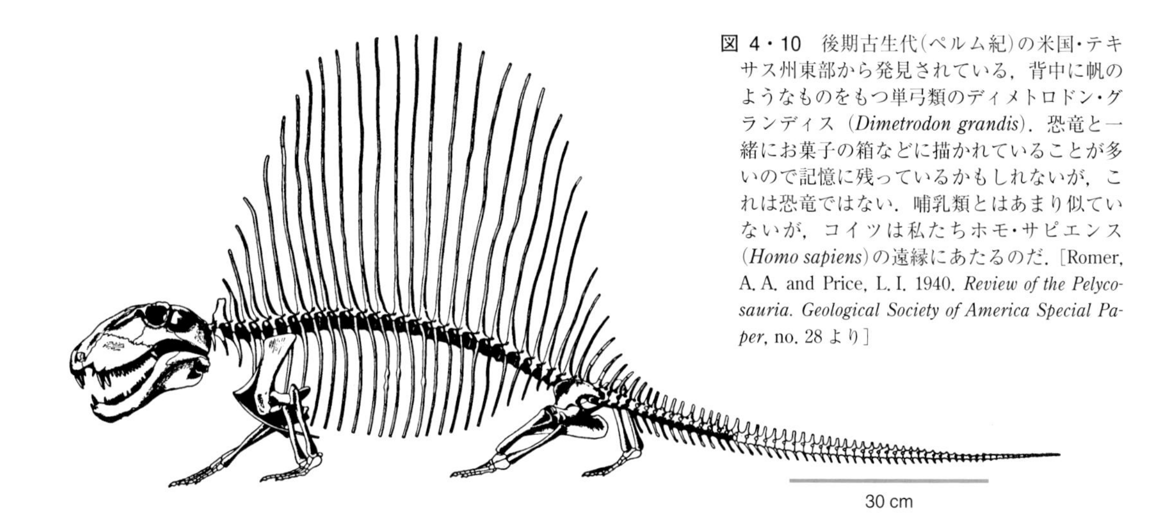

図 4・10 後期古生代(ペルム紀)の米国・テキサス州東部から発見されている, 背中に帆のようなものをもつ単弓類のディメトロドン・グランディス (*Dimetrodon grandis*). 恐竜と一緒にお菓子の箱などに描かれていることが多いので記憶に残っているかもしれないが, これは恐竜ではない. 哺乳類とはあまり似ていないが, コイツは私たちホモ・サピエンス (*Homo sapiens*)の遠縁にあたるのだ. [Romer, A. A. and Price, L. I. 1940. *Review of the Pelycosauria. Geological Society of America Special Paper*, no. 28 より]

Box 4・2　そもそも“爬虫類(Reptilia)”とは何か？

鋭い君たちは，図4・7と図4・11から“爬虫類”が抜け落ちていることに気がついただろう．だが，恐竜が爬虫類だということは有名ではないか．シェークスピアの台詞を悪用すると，“ブルータスよ，恐竜が嘘をついたのではない，悪いのは爬虫類の方だ”．

3章を思い出してほしい．Linnaeusは，見た目が似ているもの同士をグループ分けすることで，分類体系を確立した．Linnaeusの定義した爬虫類（Reptilia：*reptere* 這う，Linnaeusがつくった名前）は，ウロコに覆われ，一昔前のロックンロールの歌詞のように*4，四本足で“お腹を地面につけて爬虫類のように這い歩く♪”生物である．

しかし，もし分類体系が関係性の深さのみで構築されていたのなら，ヘビ，トカゲ，ワニ，ムカシトカゲのような現生爬虫類は単系統であるといえるだろうか．これらの現生爬虫類は，本当にほかのどんな動物よりも互いに近い関係にあるのだろうか．図4・11の分岐図と図B4・2の分岐図は，共有派生形質をもとに，鳥はトカゲよりもワニとより近い関係にあることを示している．この関係は，鳥が爬虫類でない限り成り立たない．しかし，鳥が爬虫類だなんてことがあるのだろうか．

現代の進化論で定義される爬虫類は，Linnaeusの伝統的な分類による，這行し，ウロコに覆われ，哺乳類でも鳥でも“両生類”でもない寄せ集めの動物と同じであるはずがないことは明らかだ．ワニと鳥の関係は，ヘビやトカゲとの関係よりも互いに近いのならば，ヘビ，トカゲ，ワニを含む単系統群（すなわち“爬虫類”）には，鳥も含まれるべきである．

では，爬虫類とは系統的にどこに位置づけられるのだろうか．爬虫類には，羊膜類のようなグループを特徴づける表徴形質はない．そのため，爬虫類＝羊膜類という単純明快な結論に辿り着く．これは系統解析が導入される以前の一般的な見解だった．当時，爬虫類は，羊膜という膜に包まれることで陸上に産卵することを可能とするグループとして特徴づけられていた．そう考えてみると，鳥，ワニ，トカゲ，そして恐竜が羊膜類なのはもちろんだが，最後の確認となったが，哺乳類もまた羊膜類である．このような観点では，系統学者はまったく望まない道を選ぶしか論理的な選択肢は残されていない．すなわち，哺乳類も爬虫類とよぶことになるのだ（米国では，ちょっと前までは，元カレまたは元カノに対する呼称として“爬虫類”が使われることがあった）．

しかし，ここで化石記録に助けられることになる．絶滅した生物もこの分岐図に含めたとしよう．ここでは，絶滅動物のなかから，小型でトカゲのような外見をしたカプトリヌス形類（Captorhinomorpha［カプトリノモルファ］）をあえて選んで分岐図に加えてみた．すると，私たちが爬虫類とよぶクレードの存在が浮かび上がってくる．そこには，絶滅した羊膜類の“無弓類”がいくつか含まれるが，単弓類（すなわち哺乳類）は含まれないことがわかる．系統学的にいうと，爬虫類に最も近い系統，すなわち“姉妹群”は，単弓類（哺乳類を含む）であり，これらがともに羊膜類というクレードを構成している（図B4・2）．

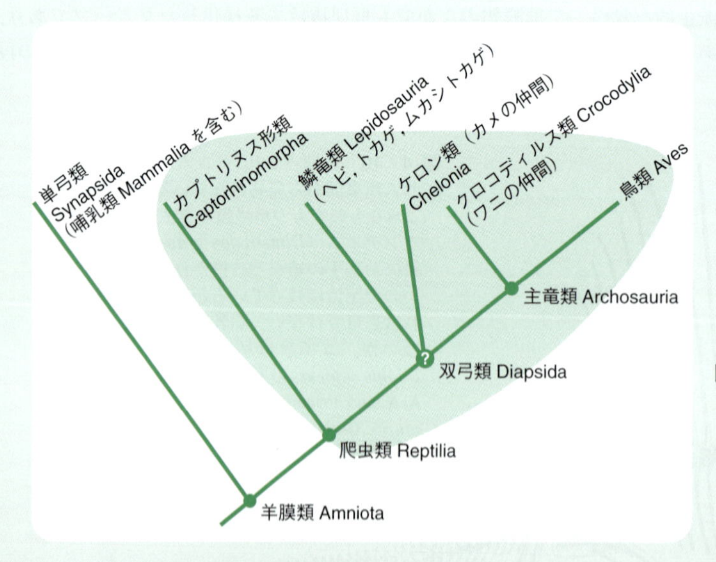

図 B4・2　絶滅した羊膜類の無弓類（カプトリヌス形類 Captorhinomorpha など）を含めた分岐図は，羊膜類≠爬虫類となっており，私たちが認識する爬虫類というグループに近い．すなわち，この分岐図では，すべての爬虫類は羊膜類だが，すべての羊膜類が爬虫類に含まれることはない．

*4　Jerry Leiber と Mike Stoller によるロック音楽“Little Egypt（リトル・エジプト）”(1961)．

落も単弓類の話題を中心に進んでいる．しかし，恐竜が主役の本書では，後ろ髪を引かれる思いで次に進むことにしよう．

4・4 双 弓 類

羊膜類を構成するもう一つの大きな系統が双弓類である（図4・7と図4・9）．現生の双弓類には，ヘビ，トカゲ，ワニ，ムカシトカゲ（ニュージーランドのみに棲息するトカゲのような爬虫類），そして鳥を含むおよそ15,000種がいる．絶滅した双弓類には恐竜，そのほかイルカのような姿をした魚竜類，首長竜，モササウルス類（図17・10b参照）など白亜紀の海に適応した肉食のトカゲなどが含まれる．カメは長い間，無弓類の頭骨形状を示していると考えられていたが，現在では双弓類に分類されている（前述およびBox 4・2）．これまでにどのくらいの種の双弓類が現れては絶滅していったのか，本当のところは誰にもわからない．

双弓類は鳥とトカゲの直近の共通祖先と，そのすべての子孫が含まれる．彼らは，頭蓋天井に上部側頭窓と下部側頭窓の二つが開いていることを含め（図4・9），そのほか多くの共有派生形質でひとまとめにされる．上部と下部の側頭窓は，顎を閉じる筋が収縮して筋が膨らむためのスペースを提供すると考えられている．恐竜では，上部側頭窓には血管軟組織（血管が集まる箇所）が位置し，たとえば雄鶏のトサカのようなディスプレイや，体温調整の機能を補助していたのかもしれない．

双弓類は二つの大きな系統に分けられる．**鱗竜形類**（りんりゅうけいるい）（Lepidosauromorpha（レピドサウロモルファ）: *lepido* ウロコ，*saur* トカゲ・竜，*morpho* 形）は，ヘビ，トカゲ（モササウルス類を含む）とムカシトカゲ，加えて絶滅したトカゲのような姿をした双弓類が含まれる．もう一つが**主竜形類**（Archosauromorpha（アルコサウロモルファ）: *archo* 支配的な・おもな）である．ここまでくれば，恐竜まであと一息だ．

主 竜 形 類

主竜形類は，多くの重要な共有派生形質によって単系統性が支持されている（図4・11）．主竜形類のなかでも基盤的なメンバーの大部分は三畳紀から知られている．なかには，外見が大きなトカゲのようなもの，マッチョなワニのようなもの，ブタ鼻の爬虫類のような姿のものまでいた．

主竜形類のなかの**主竜類**（Archosauria（アルコサウリア））というグループは，進化的に重要かつ革新的形質を多く獲得している（図4・11）．なかでも特に**前眼窩窓**（ぜんがんかそう）（antorbital fenestra）とよばれる眼窩前方の吻部側面に開いた孔をもつことで（図4・

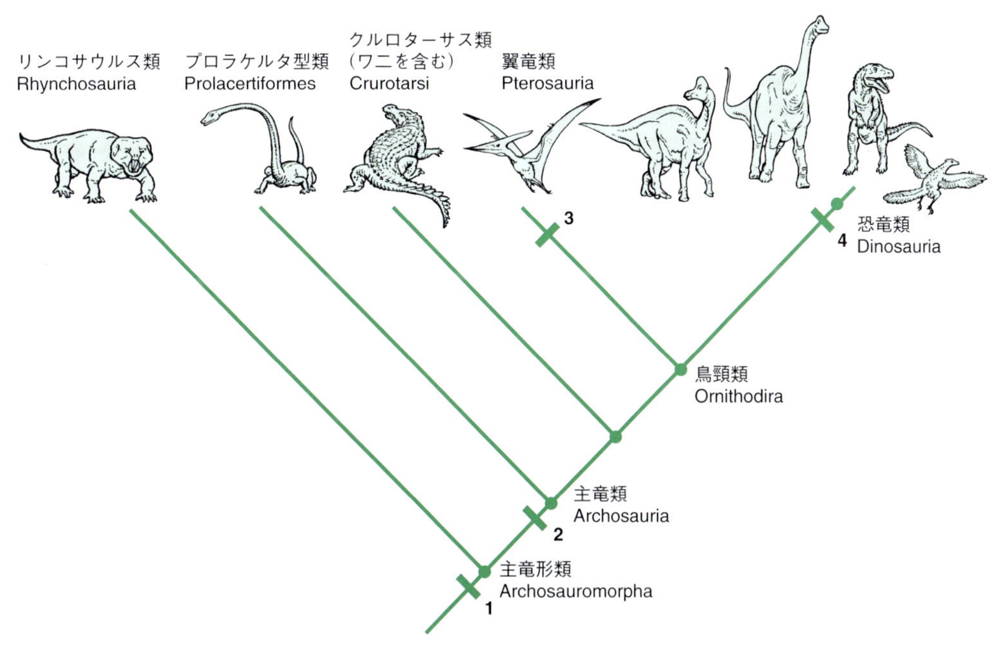

図 4・11　主竜形類（Archosauromorpha）の分岐図．派生形質は以下のとおり．

1. 主竜形類（Archosauromorpha）：歯が歯槽におさまっていること；鼻孔が長くなること；頭骨が高くなること；脊椎に脏性脊索が残っていないこと．
2. 主竜類（Archosauria）：前眼窩窓が開くこと（図4・12）；口蓋歯が消失すること；足首（踵骨）の関節が新しい形態をしていること．
3. 翼竜類（Pterosauria）：飛翔のためのさまざまな特殊化（手の第Ⅳ指の伸長など）がみられること．
4. 恐竜類（Dinosauria）：孔の開いた寛骨臼（図4・15）をもつこと（完全な形質リストは，図4・14に示した恐竜類の派生形質を参照）．

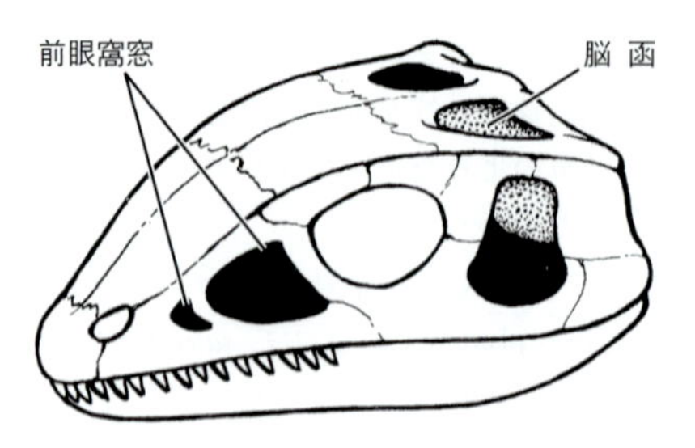

図 4・12　主竜類(Archosauria)の頭骨図．表徴形質の一つである前眼窩窓を示した．

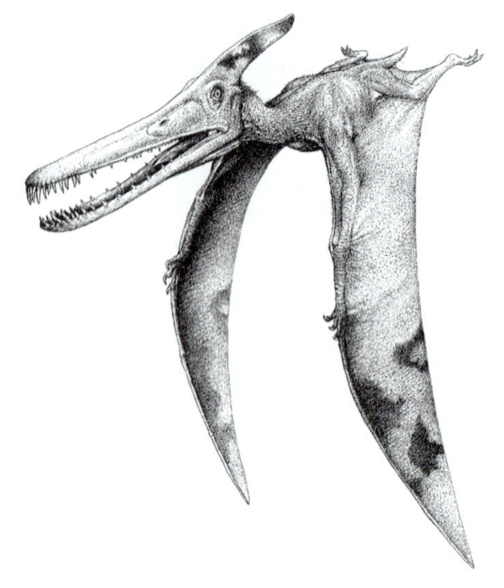

図 4・13　恐竜類に近い系統である翼竜類（Pterosauria)．白亜紀のアジアに棲息していたプテロダクティルス上科(Pterodactyloidea)．

12)，単系統としてまとめられる．この主竜類にはワニ，鳥，恐竜が含まれる．前眼窩窓をもつということは系統分類学的には重要な意義をもつが，皮肉なことにその機能は不明である．もしかすると，体内の塩分のバランスの維持と関係があったかもしれない．

ワニ（クロコディルス類 Crocodylia（クロコディリア））はその近縁種とともに**クルロターサス類**（Crurotarsi（クルロタルシ）：*crus* 下腿，*tars* 足首）とよばれるグループに属する．このグループには，ワニと外見がよく似た多くの種のほか，真のワニも属しているが，ここではこれ以上解説しない．主竜類のうち，もう一つの主要なグループが，恐竜とそれに近縁なグループで構成される**鳥頸類**（ちょうけいるい）（Ornithodira（オルニトディラ）：*ornith* 鳥，*dira* 頸，図 4・11）である．

さて，鳥頸類の段階までくれば，恐竜の祖先に到達するまであともう一息だ．このグループは**恐竜類**(Dinosauria（ディノサウリア）：*deinos* 恐ろしい，*saur* トカゲ・竜）と翼竜類(Pterosauria（プテロサウリア）：*ptero* 翼をもった；図 4・13）の二つの単系統群で構成される．翼竜類は中生代の主竜類であることから“恐竜”と勘違いされるかもしれないし，あるいは翼をもって飛翔することから“鳥”と間違われるかもしれない．しかし，彼らは恐竜とも鳥ともまったく異なる動物である．翼竜類は特異的かつ優雅な生き物であったが，非常に残念なことに絶滅してしまった．

4・5 恐竜類

分岐図を恐竜類まで一気に駆け登るとゼーゼーと息切れを起こしてしまうだろうが，本書を読み終える頃には分岐図の全貌がみえてくるであろう．恐竜類の正式な定義は，トリケラトプス・ホリドゥス（*Triceratops horridus*）と，派生的な鳥の代表例としてパッセル・ドメスティクス（イエスズメ，*Passer domesticus*）の直近の共通祖先と，そのすべての子孫を含むメンバーとなる（図 4・14）．

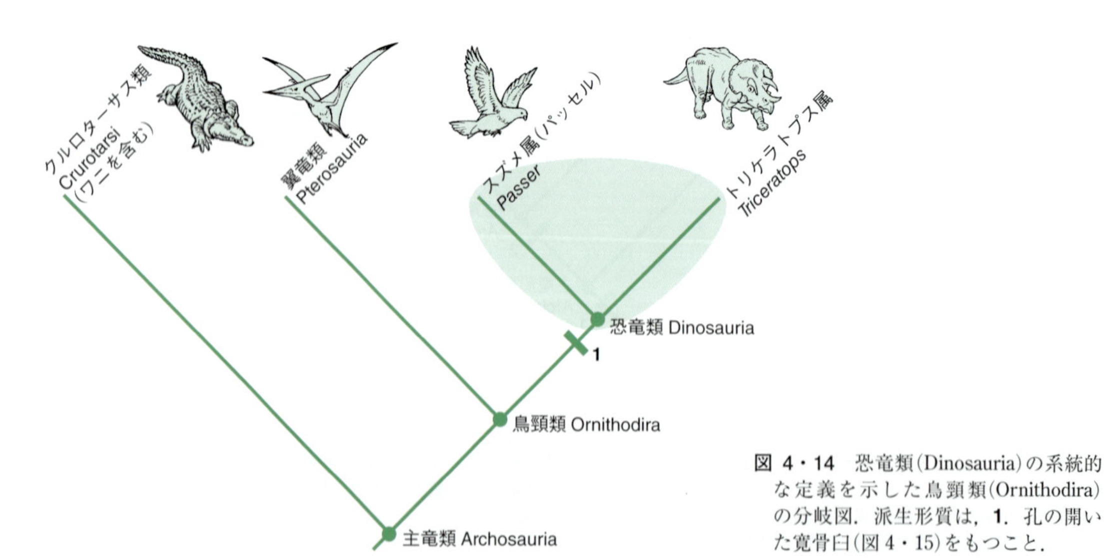

図 4・14　恐竜類(Dinosauria)の系統的な定義を示した鳥頸類(Ornithodira)の分岐図．派生形質は，**1**. 孔の開いた寛骨臼(図 4・15)をもつこと．

Box 4・3　動物の姿勢は，その動物の分類も運動様式も反映している

陸上での歩行に最も高度に適応した四肢動物（Tetrapoda）の仲間は，下方（直立）型の姿勢をとる傾向がある．この姿勢によって動物の陸上での運動効率が最大限に発揮できるのは明らかである．たとえばすべての哺乳類が下方（直立）型の四肢をもつことで特徴づけられていても驚きはしない．サンショウウオのように水中生活に適応した四肢動物は，肢が身体に対してほぼ水平に張り出す，這い歩き（側方）型の姿勢を示す．側方型姿勢は，初期の四肢動物の基本的な肢の配置だったようで，それはおそらく遊泳運動から継承された，胴体の側方へのしなやかな動きが，陸上での四肢の運動の助けとなっていた．

四肢動物のなかでもワニのように半直立姿勢をしている仲間もいるが，彼らの肢は水平面からおよそ45°下方に傾いて伸びている（図B4・3）．この半直立姿勢は，水棲と陸棲生活の両方への適応を示しているのだろうか．この説は明らかに間違っている．なぜなら，オーストラリアに棲息するスナオオトカゲ（ゴアナ）や，インドネシアに棲息するコモドオオトカゲのように，巨大で完全に陸棲のオオトカゲも半直立型の姿勢をとるためである．もし，適応が形質の進化を促す唯一の要因だとすれば，なぜ陸棲のトカゲが完全な直立姿勢をしていないのだろうか．また，なぜ水棲のワニが完全に這い歩き姿勢をしていないのだろうか．

この問題はもっと複雑であり，特定の環境や行動への適応と，遺伝的形質を通して理解されるものである．もし，単純に祖先形質と派生形質の観点で，姿勢というものを考えるのであれば，四肢動物における祖先の状態は這い歩き（側方）型の姿勢である．下方（直立）型姿勢は，より派生的な形質状態を示している．しかし，這い歩き（側方）型の姿勢をとる動物は，下方（直立）型の姿勢をうまくとるように設計されていないのだろうか．

1987年，米国ロードアイランド州ブラウン大学のD. R. Carrierは，下方（直立）型の姿勢を獲得すると運動様式が変わるだけではなく，呼吸様式もまったく異なったものになるという仮説を提唱した（14章に紹介する恐竜の“温血性”に関する記述を参照）．半直立姿勢をとる生物は陸上での能率を高めるため，原始的な形質（這い歩き）を改良した結果としてそのような姿勢になったのかもしれない．一方で，彼らはあまり派生的でないタイプの呼吸様式を保持しているのかもしれない．

恐竜（図4・11）と哺乳類が完全な直立姿勢をしているのは，陸上での生活に深く根づいていることを示しており，また彼らは派生的な呼吸様式も獲得している．これらすべての生物は，遺伝的形質や棲息環境，あるいは呼吸様式といったさまざまな要素の相互作用でデザインされる．ほかにどんな要素が形態に影響しているのだろうか．

興味深いことに，図4・7の分岐図によると，恐竜類（Dinosauria）と哺乳類（Mammalia）の最も近い共通祖先は基盤的な羊膜類（Amniota）の仲間であり，彼らは這い歩き（側方）型の姿勢をとる動物であった．恐竜と哺乳類（またはその先駆者）は，最も近い共通祖先から独立して進化しているため，下方（直立）型の姿勢は羊膜類の中で，単弓類（Synapsida）で1回と，恐竜類に至る前の進化段階で1回の，少なくとも2回独立に進化したことになる．

図 B4・3　4種類の脊椎動物の姿勢．左側に示した原始的な“両生類”は這い歩き（側方）型であり，その後ろのワニは半直立型．右側に示したヒトとその後ろにいる恐竜はともに完全に下方（直立）型である．

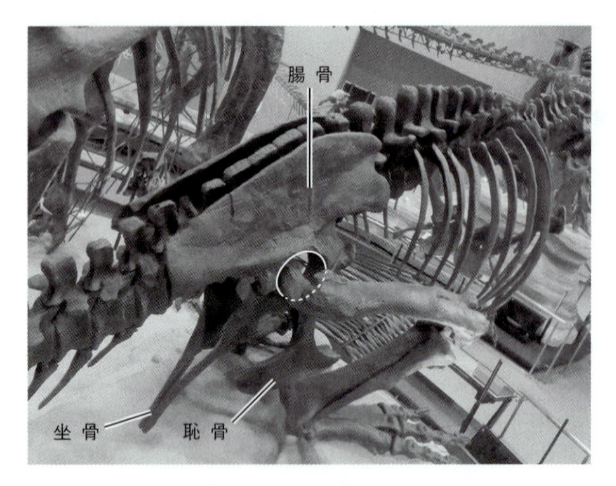

図 4・15　恐竜類(Dinosauria)の特徴である，孔の開いた寛骨臼(白線)．ティラノサウルス・レックス(*Tyrannosaurus rex*)に優雅なモデルとして登場してもらった．［国立科学博物館展示標本，名古屋大学 藤原慎一 撮影］

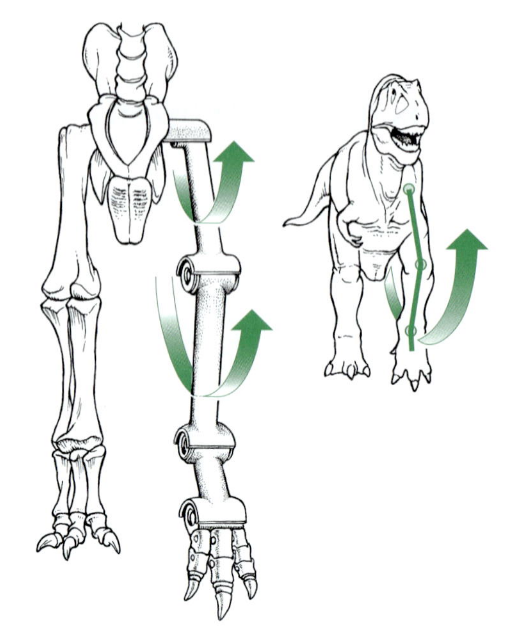

図 4・16　恐竜類の完全下方(直立)型姿勢．たとえば，ヒトとは違って，脚の骨は前後方向にしか動かず，効率的に一平面上の動きに制限されている．

ここで，進化的な定義の有効性が明らかになった．それというのも，2010 年代以降の研究により，初期の恐竜は，同時代の恐竜の近縁種の爬虫類と，さほど大きな違いがなかったことがわかってきた．さらに同時代の生物に関する理解が進むにつれて，恐竜類の明確な特徴が数少なくなっていったのだ．しかし，5 章でみていくように，分岐分類学に基づいてグループを定義することで，私たちが恐竜類と定義したい単系統群の境界を確実かつ効果的に区切ることができる．

恐竜ではない動物から恐竜への進化の過程については次の章に残しておこう．ここでは，恐竜類の特徴として広く受け入れられている“孔の開いた**寛骨臼**（acetabulum：骨盤の大腿骨の関節部分）”に注目する（図 4・15）．

高く高く立ち上がれ

すべての恐竜に共通する特徴だが，恐竜だけにみられる特徴ではないのが（かつては恐竜に固有の特徴と考えられていた），**下方(直立)型の姿勢**（parasagittal posture/erect posture）である．これは，肢を胴体の**矢状面**（正中面と平行な面）に沿って動かす姿勢のことである（Box 4・3）．この姿勢は，恐竜類に近縁な主竜類にもみられるが（5 章），この特徴はまさに恐竜を象徴するものなので，ここで紹介する．

恐竜類の仲間が下方(直立)型の姿勢をとることは，行動様式に関連する重要な一連の解剖学的特徴で支持されている．大腿骨の骨頭は，骨幹に対しておよそ 90° の向きにつく．大腿骨の骨頭そのものは，ヒトの大腿骨でみられるような球状ではなく，円筒形になっているため，大腿骨の動きは主として前後方向，すなわち身体の正中面に対して平行な面（矢状面）上に限られる．一方，足根関節は，直線状の関節となる．このタイプの足根関節はメソターサル関節（mesotarsal joint）[*5] とよばれ，身体の正中面と平行に前後に動かすことができるだけである（図 4・16）．このデザインは，“効率的な走行”という特定の運動様式に適した構造であることを明確に物語っている．さらに，この走行適応は，恐竜のもう一つの特質を浮き彫りにしている．すなわち恐竜とは，とことん陸棲動物であり続けたということである．

本章のまとめ

本章では，分岐図を用いて，生物における恐竜類（Dinosauria）の系統的な位置づけを解説した．恐竜類は，脊索動物（Chordata：左右対称で背側に神経索と，少なくとも胚の段階で脊索をもつ）という大きなグループのうち，背骨をもつという形質によってくくられる脊椎動物（Vertebrata）というグループの中に含まれる．脊椎動物のなかでも，恐竜類は四肢をもつことで特徴づけられる四肢動物

*5　訳注：近位足根骨である距骨(きょこつ)と踵骨(しょうこつ)が下腿（いわゆる，脛を構成する骨格）の一部となり，その遠位が一直線に並び，そこに足の一部である遠位足根骨（中足骨のすぐ近位にある骨だが，骨化しないことも多く，図 4・5 には示されていない）との関節を形成する状態．ヒトでは，距骨と踵骨が足の一部となり，下腿と距骨・踵骨の間に関節が形成される．

(Tetrapoda) に分類される．さらに，恐竜類は四肢動物のなかでも私たちと同じく羊膜をもつ羊膜類 (Amniota) に含まれる．

羊膜類は，一般的に側頭窓の数とその位置によって分類される．羊膜類のうち，哺乳類を含むグループの単弓類 (Synapsida) は，下部側頭窓をもっていることでまとめられる．もう一方は，爬虫類 (Reptilia) だが，なかでもヘビ，トカゲ，ワニ，鳥，おそらくカメを含むグループの双弓類 (Diapsida) は，すべて下部側頭窓と上部側頭窓をもっている．この二つの主要なグループの分岐は3億2000万年前頃に起こったとされる．

"恐竜"(本書では非鳥類恐竜を示す用語として使っていることを思い出してほしい) は，双弓類に含まれ，現生の双弓類のうち恐竜類と最も近い関係にあるのがワニと鳥である．これらはまとめて主竜類 (Archosauria) とよばれており，双弓類のなかでも前眼窩窓があることで特徴づけられる．鳥を爬虫類とよぶことは，伝統的なリンネ式の分類に反する．しかし，この旧式の分類様式に従うと，分岐分析によって示された進化の関係性を正確に表すことができない．

最後に，本章で紹介した双弓類の基本的な骨格形態を以下にあげる．体軸骨格の骨格要素は，椎体 (centrum)，神経弓 (neural arch)，**血道弓** (chevron，血管弓 hemal arch)，頸椎 (cervical vertebra)，尾椎 (caudal vertebra)，肋骨 (rib)，腹肋 (gastralia, 腹骨ともよばれる)，腰帯 (pelvic girdle)，胸帯 (pectoral girdle) である．体肢骨格の骨格要素には，上腕骨 (humerus)，橈骨 (radius)，尺骨 (ulna)，大腿骨 (femur)，脛骨 (tibia)，腓骨 (fibula)，手根骨 (carpal)，足根骨 (tarsal)，中手足骨 (metapodial)，指(趾)骨 (phalanx)．ほかに頭骨と下顎を構成する骨格要素がある．

参考文献

Bakker, R. T. and Galton, P. M. 1974. Dinosaur monophyly and a new class of vertebrates. *Nature*, 248, 168–172.

Benton, M. J. 1997. Origin and early evolution of the dinosaurs. In Farlow, J. O. and Brett-Surman, M. K. (eds.) *The Complete Dinosaur*. Indiana University Press, Bloomington, IN, pp.204–214.

Benton, M. J. 2004. Origin and relationships of Dinosauria. In Weishampel, D. B., Dodson, P., and Osmólska, H. (eds.) *The Dinosauria*, 2nd edn. University of California Press, Berkeley, pp.7–20.

Brusatte, S. L. 2012. *Dinosaur Paleobiology*. Wiley-Blackwell, Oxford, 322p.

Carrier, D. R. 1987. The evolution of locomotor stamina in tetrapods: circumventing a mechanical constraint. *Paleobiology*, 13, 326–341.

Gauthier, J. A., Kluge, A. G., and Rowe, T. 1988. Amniote phylogeny and the importance of fossils. *Cladistics*, 4, 105–209.

Parrish, M. J. 1997. Evolution of the archosaurs. In Farlow, J. O. and Brett-Surman, M. K. (eds.) *The Complete Dinosaur*. Indiana University Press, Bloomington, IN, pp.191–203.

Sereno, P. C. 1991. Basal archosaurs: phylogenetic relationships and functional implications. *Journal of Vertebrate Paleontology*, 11 (suppl.), 1–53.

What's in this chapter

本章は 1 億 6500 万年間に及ぶ地球上の“恐竜”の生命史がどのように始まったのかを紹介する．そこで，以下の問いに可能な限り答えていく：

- 恐竜の祖先から，初期の恐竜への進化はどのように起こったのか
- “恐竜”がもっていた優れた資質とはどんなものだったのか
- 初期の恐竜の成功の要因は何だったのか
- 初期の恐竜はどんな姿をしていたのか
- 最初に恐竜が出現したのはどこだったのか

Chapter

5 恐竜時代の幕開け

5・1 最初の恐竜を探し求めて

ここまで見てきた恐竜の進化はそもそも，どうやって始まったのだろうか．最初の恐竜には，何かしら特別だったり，変わっていたり，優れていた点があったから，その後の繁栄への道のりを歩めたのだろうか．最初の恐竜は，地味でありながらも，“ヴィーナスの誕生”のように貝殻の上に乗って，注目を浴びながら登場したのだろうか．そもそも，私たちは最初の恐竜がどんな動物だったかわかっているのだろうか．すべての恐竜の祖先となる動物は，何か特異的であり，ほかとは違っていたのではないか*1．

20 世紀の英国の古生物学者 Alan Charig は，恐竜が下方（直立）型の姿勢をとったことで，そのグループのその後の成功を確実にする，圧倒的な選択的優位性を得たと考え，これを提唱した．しかし，このあと紹介するように，恐竜だけが完全な下方型の姿勢を獲得したわけではない．同時代に棲息していた多くの恐竜以外の爬虫類も下方型の姿勢をとっていた．おそらく，最初の真の恐竜は，中期三畳紀の恐竜以外の主竜類からほんの少し姿を変えた動物で，中期三畳紀の主竜類と同じような行動生態をしていたのだろう．もしそうだとすれば，最初の恐竜というのは，その後に繁栄したすべての子孫の始祖となる動物であるということ以上に科学的な重要性はないのだろうか．

最初の恐竜は，中期三畳紀の終わり頃に出現したと推測される．しかし，仮にこの時代の地層や化石が非常に豊富であったとしても，実際の恐竜の“始祖たる存在”，すなわち恐竜の系統の偉大な祖父または祖母となる動物化石が見つかる可能性は限りなく低い．もし，それらしい動物の化石を見つけたとしても，それがすべての恐竜の直接的な祖先であると知る術がない．それは，その動物が，“最初の恐竜”そのものではないが，ごく近縁な動物である，という可能性を棄却することができないからだ．

そこで，再び分岐図に立ち返ることになる．分岐図は形質を階層によって分けたものであり，祖先種がどんな形質をもっているべきかを特定できる．ここで，祖先種がもっていたと予想される形質の組合わせと，一致する形質状態の動物を見つけられるかどうかが課題となる．すなわち，恐竜の仮説的な祖先がもつ形質を分岐図から読み解いて，その形質を備えた動物を基盤的な主竜類（といっても主竜類のなかではそこまで基盤的ではないのだが）のなかから探すのだ．この場合，恐竜に近縁な**基盤的**（basal）な小型の主竜類（アルコサウリア）（Archosauria）が有力候補となる．ちなみに，“基盤的な主竜類（basal Archosauria）”という用語は，その動物が主竜類の分岐図の“基部（base）”に位置することを意味するところから使われている．恐竜の始祖を見つけようとした場合，その候補となりうる小型の基盤的主竜類がいくつか知られている．

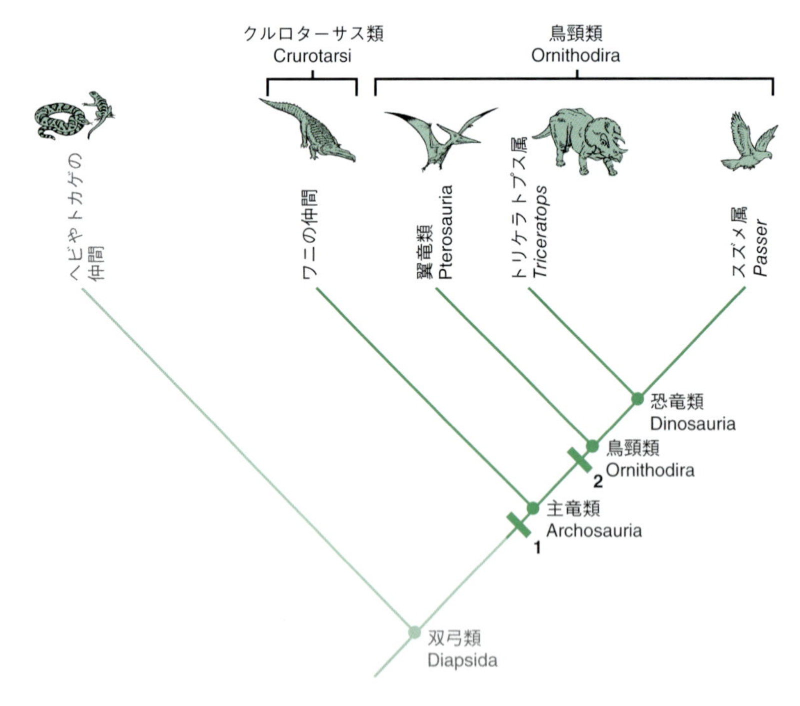

図 5・1 クルロターサス類(Crurotarsi)と鳥頸類(Ornithodira)の分岐を示した主竜類(Archosauria)の分岐図．派生形質は以下のとおり．
1. 主竜類(Archosauria)：前眼窩窓が開くこと．
2. 鳥頸類(Ornithodira)：神経棘の遠位端(先端)が広がらないこと；前肢第Ⅱ指の第2指骨が，同じ指の第1指骨よりも長くなること；脛骨が大腿骨よりも長いこと；中足骨が束になること．

*1 ここにあげた疑問に対する解答は，順番に以下のとおり：Q1 不明．Q2 不明．Q3 いいえ．Q4 いいえ．Q5 必ずしもそうでなくてもよさそうだ！

5・2 主竜類

クルロターサス類 vs. 鳥頸類

ここで，4 章を思い出してほしい．主竜類（Archosauria）とは前眼窩窓（図 4・11，図 4・12 参照）をもつ爬虫類の 1 グループであり，現生の子孫にはワニや鳥の仲間がいる．ワニと鳥は，主竜類の初期進化に系統の基部で枝分かれし，ワニへとつながる系統のクルロターサス類（Crurotarsi：*crus* 下腿，*tarsus* 足首）と，鳥へとつながる系統の鳥頸類（Ornithodira：*ornis* 鳥，*dir* 頸）という二つのグループが出現した（図 5・1）．これら二つのグループは，足首で足根関節を構成する骨によって区別される（図 5・2）．クルロターサス類では，**踵骨**（calcaneum）と**距骨**（astragalus）という二つの足首の骨（足根骨）が，ほぼ同じくらいの大きさである．これら二つの骨の間で形成される足首の関節（足根関節）は，crurotarsal ankle（訳注："下腿と中足骨の間に形成される足根関節"の意で，下腿と一体に動く距骨と，足の甲と一体に動く踵骨の間で関節が動く）とよばれ，このグループ名の由来となっている．一方，鳥頸類では距骨が踵骨よりも大きく，足首は平面上での一軸まわりの回転でしか動かすことができない．このタイプの足根関節は 4 章にも登場した，mesotarsal ankle（訳注："足根骨の中間に形成される足根関節"の意で，近位足根骨である踵骨・距骨と，遠位足根骨の間で関節が動く）とよばれるものである．crurotarsal ankle と mesotarsal ankle の違いは，歩行姿勢の違いにも反映される．クルロターサス類は，側方（這い歩き）型，または半直立型の歩行姿勢をとる傾向にあるのに対し，鳥頸類ではすべてではないが，一般に直立（下方）型の歩行姿勢をとる（図 4・16 参照）．

クルロターサス類は，地面を這い，四足歩行性で，鎧をまとった神話上の怪物ベヒモス（訳注：聖書ヨブ記に登場するカバに似た巨獣）のような姿をした動物たちで，図 5・3 に示すように多様性に富んだ仲間で構成されている．大部分のクルロターサス類は，ジュラ紀まで生き延びることができなかった．ただし例外は，現生まで生き残ったワニとその近縁の系統を含むクロコディルス形類（Crocodylomorpha：*Crocodylus* クロコディルス属，*morph* 形）である．

鳥頸類は，恐竜とその近縁種を含む恐竜形類（Dinosauromorpha）と，鳥ではないが空を飛ぶ堂々たる爬虫類の翼竜類（Pterosauria：*pter* 翼，*saur* トカゲ・竜）の二つのグループで構成される（それぞれのグループについては図 4・7，図 14・13 参照）．鳥は獣脚類恐竜の系統に含まれる．そして，大変悲しいことに，鳥頸類で生き残っているのは鳥だけなのだ（図 5・1，7 章，8 章）．

恐竜形類

古生物学は専門用語が多いことで悪名高く，恐竜類（Dinosauria）に近づくにつれて，分類群名がどんどん増えていく．**恐竜形類**（Dinosauromorpha：*dinosaur* 恐竜，*morph* 形）は，恐竜とその近縁種をまとめたグループの正式名称である．ややこしいことを一つ付け加えると，恐竜を除く基盤的な恐竜形類は，クルロターサス類とともに，かつては**偽顎類**（Pseudosuchia：*pseud* 偽，*suchus* 鰐神）とよばれるグループに含められていた．のちに，系統関係

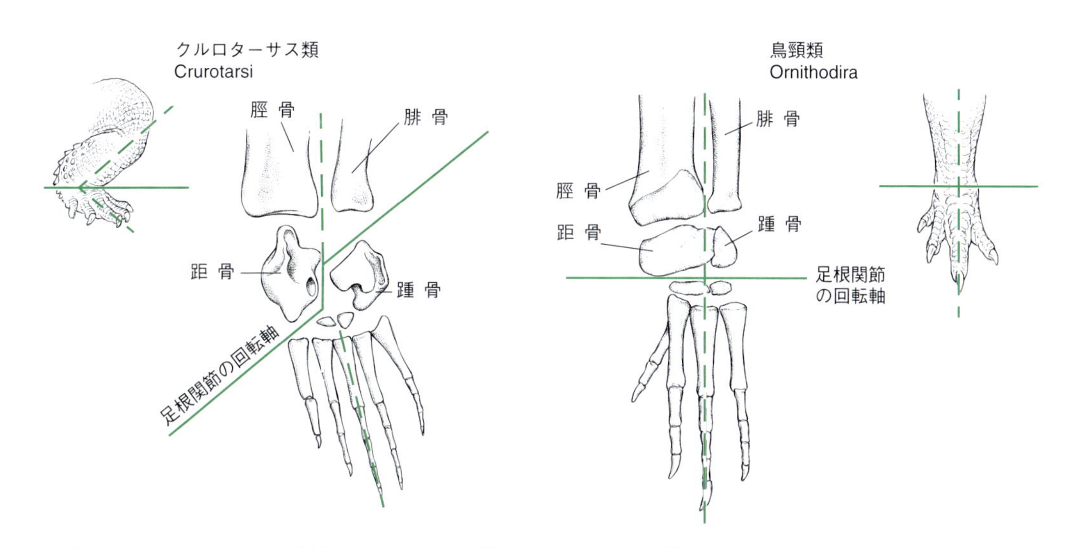

図 5・2 クルロターサス類(Crurotarsi)と鳥頸類(Ornithodira)の足首の比較図．クルロターサス類の，二つの近位足根骨(距骨，踵骨)の間で形成されるタイプの足根関節(crurotarsal ankle)では，地面に対して常に鋭角に保持された下腿と，地面と水平に置かれる足の甲との間にある足根関節(足首)が，複雑な可動域をもたなければならない．一方，近位足根骨と遠位足根骨の間で形成されるタイプの足根関節(mesotarsal ankle)は，下腿の一平面上の動きを，同じく足の甲の一平面上の動きにそのまま伝達している．

図 5・3 原始的な主竜類(Archosauria)勢ぞろい.
(a) フィトサウルス類(Phytosauria)のルティオドン(*Rutiodon*).
(b) アエトサウルス類(Aetosauria)のスタゴノレピス(*Stagonolepis*).
(c) ラウイスクス類(Rauisuchia)のポストスクス(*Postosuchus*).
(d) 原始的なワニのプロトスクス(*Protosuchus*).

が整理され，これらが鳥頸類に含まれ，かつ翼竜類よりも恐竜類に近縁であることが示され，恐竜形類にまとめられるようになった．さらに，真の恐竜類には含まれないが，一部の基盤的な恐竜形類〔ラゲルペトン(*Lagerpeton*)など〕よりも恐竜類に近縁な恐竜形類の一群〔マラスクス(*Marasuchus*) やシレサウルス科 (Silesauridae)〕があることがわかり，これと恐竜類をあわせて，**恐竜型類** (Dinosauriformes: *dinosaur* 恐竜，*form* 型) にまとめられるようになった．頭が混乱してきたであろう読者の皆さん，どうか落ち着いてくれ．本書では，“ごちゃごちゃ言わずにシンプルに考えようぜ (KISS: Keep it simple stupid)！”という理念に従おう．とりあえず本書では，鳥頸類(Ornithodira)というグループの中に，恐竜形類 (Dinosauromorpha) が含まれていて，その中に恐竜も含まれるということだけ頭に入れておいてもらえればよい (図5・4)．

では，恐竜形類とはどんな動物なのだろうか．最初期の，恐竜類ではない基盤的な恐竜形類は，尻尾を含む全長が1 mに達するかどうかの小型の動物であり，軽量で，昆虫食または肉食で，多くの種は歩くときは四足だが，走るときには二足になる動物だったとされる．それらは『ジュラシック・パークII』のオープニングシーンに登場した恐竜のようだったであろう．アルゼンチンからは，マラスクス(*Marasuchus*，かつては“*Lagosuchus*”として知られていた)とラゲルペトン (*Lagerpeton*) が見つかっている．また，こうした動物に小型のシレサウルス科 (Silesauridae) が含まれるが，この仲間はポーランドからシレサウルス(*Silesaurus*) が発見されたのを皮切りに，アフリカからアシリサウルス (*Asilisaurus*)，のちにアルゼンチンからはシュードラゴスクス (*Pseudolagosuchus*)，そして北米からもエウコエロフィシス (*Eucoelophysis*) が発見されている．シレサウルス科として断片的な標本しか見つかっていないレウィスクス (*Lewisuchus*)*2 もアルゼンチンから見つかっている．最近になって，シレサウルス科は世界中に分布していたことが明らかになった．シレサウルス科の歯は，鳥盤類のものとよく似ているため，植物食であったようだ．恐竜形類の系統の基部に位置する恐竜類以外の仲間を図5・5に示す．ここにあげた以外にも多くの種が知られているが，本書ではその中のほんの一部を取上げた．

恐 竜 類

2億4500万年前から2億3000万年前あたりの時代に，恐竜形類のあるグループの中から，真の恐竜類とよべる最初の動物が出現したようだ．これについては，私たちは確信をもっている．なぜなら，恐竜形類のなかで，恐竜類以外の仲間と恐竜類の境界は，非常に詳細に分けられるからだ．S. Brusatte (16章) は，2019年の著書『*The Rise and Fall of the Dinosaurs* (恐竜類の勃興と終焉)』の中で，その理由を見事に表現している．

日く，“*ある段階で，原始的な恐竜形類のなかから，真の恐竜類が進化した．だが，劇的に見えるこの進化は名ばかりのものであった．恐竜類以外の恐竜形類と恐竜の間の境界はあいまいで，むしろ人為的に設けられたものであり，慣例的な科学的定義づけの副産物ともいえる．いわば，地形的な特徴がない砂漠の中で，経度で直線的に引かれた米国のイリノイ州とインディアナ州の境界を越えるのと同じようなものだ．イヌくらいの大きさの恐竜形類の一つが，別のイヌくらいの大きさの恐竜形類に進化したとき，恐竜以外の動物と真の恐竜類の境界線が引かれたのであり，その進化に大きな飛躍はなかった* (pp.33–34 より)．”

*2 レウィスクス(*Lewisuchus*)はシュードラゴスクス(*Pseudolagosuchus*)と同じ動物であると考えている研究者もいる．もしこの仮説が正しければ，シュードラゴスクスの方が新しく命名された名前であるため，これまでシュードラゴスクスとして同定された標本がすべて，もっと古くに命名されていたレウィスクスに名前が変わることとなる．

図 5・4 恐竜形類(Dinosauromorpha)の分岐図. 派生形質は以下のとおり.

1. 恐竜形類(Dinosauromorpha): 大腿骨頭が長軸から外れて横に張り出していること; 脛骨近位端に真っ直ぐな突起(cnemial crest)があること; 最も長い中足骨が脛骨の長さの50%以上であること; 第V中足骨の遠位に趾骨がなく, 先端がとがっていること.
2. 恐竜型類(Dinosauriformes): 上腕骨の三角胸筋稜が伸長していること; 脛骨の遠位端が横方向に拡大して長方形になっていること.

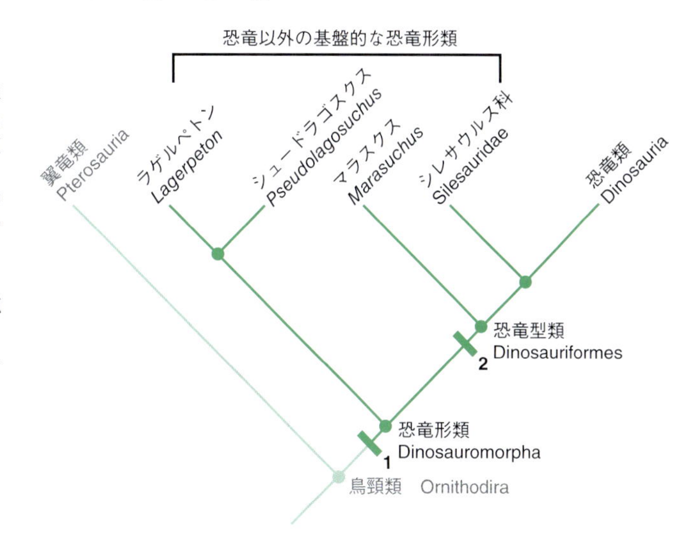

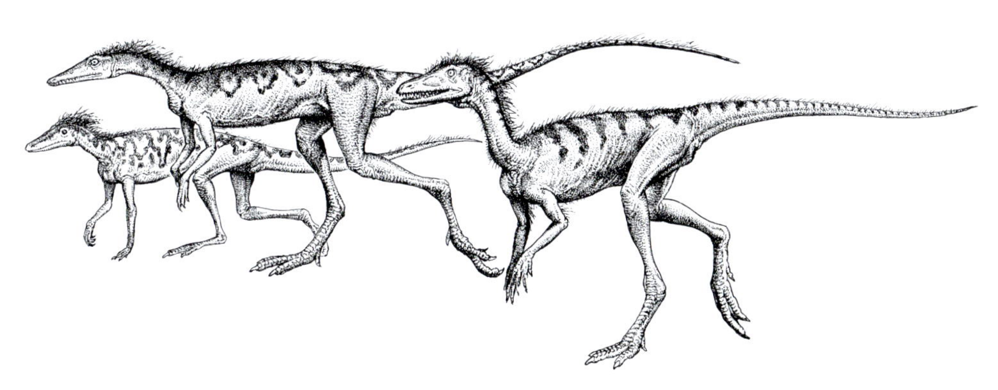

図 5・5 基盤的な恐竜形類(Dinosauromorpha)の復原画. 左からシレサウルス(*Silesaurus*), マラスクス(*Marasuchus*), シュードラゴスクス(*Pseudolagosuchus*).

ここで, グループの定義の仕方と, 表徴形質に基づくグループの同定との違いを理解することが重要になる. 4章に登場した恐竜類 (Dinosauria) の定義を復習してみよう. 恐竜類の定義は"トリケラトプス (*Triceratops* 属) と, 派生的な鳥のスズメ (*Passer* 属) の直近の共通祖先と, そのすべての子孫が含まれる単系統群"である (図4・14参照). この定義によって, どれほど恐竜と似た形態をしていようがいまいが, その動物が恐竜類に含まれるか, もしくは含まれないかを明確に区別できる.

分岐図の仕組みを思い出してみよう. 分岐図とは, ある単系統群 (たとえば恐竜類) がどこから始まるかをまず定義し, 階層的な形質の分布に基づき, それと近縁なものから遠縁のものまでを順番に識別していくものである. 恐竜形類のなかで, 系統的に恐竜類により近縁な種が次々と発見されるようになるにつれて, 以前は恐竜類の特徴だと思われていた形質が, 恐竜類以外の種でももっていることが明らかになってきた. すなわち, その形質では, 恐竜類を定義することができなくなってしまうのだ. こうして, 恐竜類を定義する表徴形質がどんどん減ってしまった.

2010年の時点までは, 一連の明確な表徴形質によって, 恐竜類を定義できると考えられていた. この一連の形質は図5・6に示してある. しかし, これらのうち, 一部の"明確"とされていた表徴形質は, これまで考えられていたほど明確なものではないのかもしれない. これは, 形質そのものが曖昧になっていることのほか, 恐竜類とそれ以外の恐竜形類の境界を区別する形質の数も, 従来考えられてきたものとは違ってくるかもしれないためだ. さらに, これらの形質の多くは, 断片的な化石から得られたものであり, 美しく保存された100%完全な骨格から得られたものではないことを思い返してもらえれば, その境界のあたりに位置したであろう動物の骨化石に, どんな形質が残されているのか, いないのか, そして, どんな形質が重要なのか, あるいは重要でないのかについての解釈は, 研究者によって異なるのもわかるだろう. 要するに, 恐竜類と恐竜類以

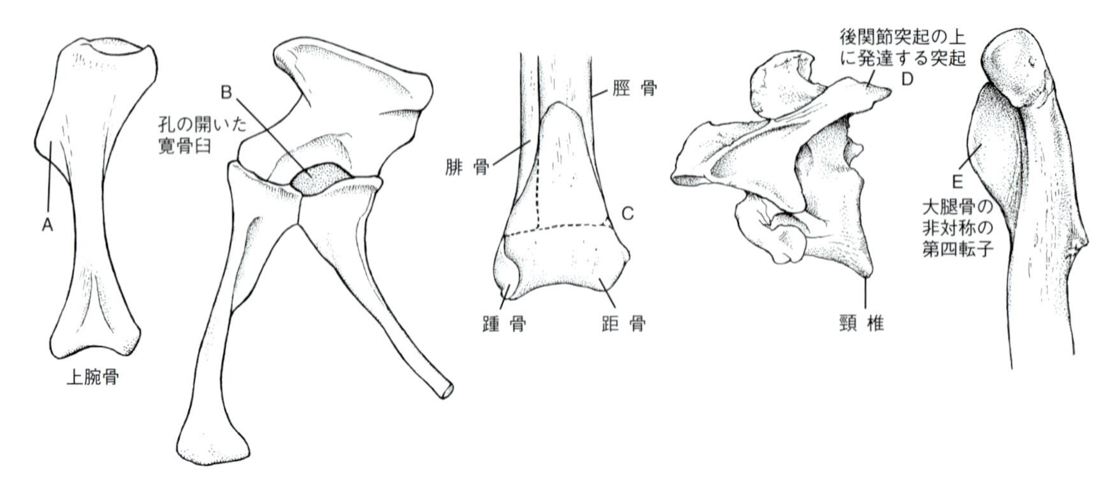

図 5・6 かつて恐竜を特徴づけると考えられていた派生形質の一部. A: 上腕骨の三角胸筋稜が伸長し，前肢の力強い運動を可能にする，B: 孔の開いた寛骨臼，C: 距骨の近位関節面の30%に腓骨が接する（距骨は踵骨とともに近位足根骨を構成し，mesotarsal ankle では，近位足根骨と遠位足根骨の間に足根関節が形成される），D: 頸椎の後関節突起の上に epipophysis という突起が発達し，頸椎間の回転運動を制限する，E: 大腿骨に近位側と遠位側に非対称な形の第四転子をもつ.

外の恐竜形類の間に境界線を引くことは非常に際どく，恐竜の起源に関する世界的権威の一人である Sterling Nesbitt（16章）は，実際に，恐竜類の表徴形質だと確実にいえる唯一の特徴は，寛骨臼に孔が開いていることだけだと結論づけている（図4・14参照，図5・6 B）*3.

5・3 初期の恐竜類

最古の恐竜の化石記録は，おそらく中期三畳紀（2億4200万年前から2億3700万年前）のヨーロッパと南米から発見された足印化石だろう. これらの興味深い足印は，現在までに知られている最古の恐竜化石の足の骨の形の特徴と一致しており，恐竜が地球上に最初に出現した時代が中期三畳紀だという推論は妥当だろう. だが一方で，これが恐竜に近い形態をしてはいるが，真の恐竜ではない恐竜形類によってつけられた足印化石ではないと断言することはできないだろう.

これまでに知られている最古の恐竜化石の体化石は，アルゼンチンの後期三畳紀に堆積したイスキグアラスト層（Ischigualasto Formation）から産出したものである. このイスキグアラスト層は，地層の基底部はおよそ2億2900万年前（またはこれより少し古い）で，化石産出層の上部は，下部よりもおよそ200万年新しい（およそ2億2700万年前）とされている.

このイスキグアラスト層からは，エオラプトル（*Eoraptor*）やヘレラサウルス（*Herrerasaurus*）といった，初期の二足歩行性の恐竜が産出している（図5・7）. これらの化石は，恐竜の体化石として最も古いものというだけでなく，恐竜類のなかで最も原始的な形質を示している.

エオラプトルとヘレラサウルスは，恐竜として原始的な形質をもっていることから，分類学的な位置を明確にすることは難しい. かつて，これら2種は，恐竜類の二大グループである，竜盤類にも鳥盤類にも（後述）属さない恐竜であると考えられていた. しかしのちに，両種は竜盤類に含まれる獣脚類とよばれるグループの中でも，原始的な仲間だと認識されるようになった. 近年の研究から，エオラプトルは驚くことに非常に原始的な竜脚形類に属すると考えられるようになり（とはいえ，竜盤類の仲間であることに変わりはない），一方で，ヘレラサウルスは，新たに発見された竜盤類のエオドロメウス（*Eodromaeus*）とともに，獣脚類に残ることとなった.

これらの恐竜が見つかったのと同じイスキグアラスト層から，惜しいことに断片的な化石だが，恐らく最古の鳥盤類であるピサノサウルス（*Pisanosaurus*），竜脚形類のパンファギア（*Panphagia*），獣脚類のサンユアンサウルス（*Sanjuansaurus*）が見つかっている. 断片的な化石でありながらも，疑問の余地のなく鳥盤類だとわかるエオカーソル（*Eocursor*）は，南アフリカの後期三畳紀の地層から発

*3 2018年に，生物学者の江川史朗と共同研究者により，寛骨臼に孔が開く発生をコントロールする分子メカニズムが明らかにされた. だが実のところ，その発生が起こるか起こらないかの違いは非常にわずかなものであった. このことは，真の恐竜類と恐竜の前駆動物を区別できるものがごくわずかであることをよく示している. 引用文献: Egawa, S., Saito, D., Abe, G., and Tamura, K. 2018. Morphogenetic mechanism of the acquisition of the dinosaur-type acetabulum. *Royal Society Open Science*, 5, 180604. doi: 10.1098/rsos.180604

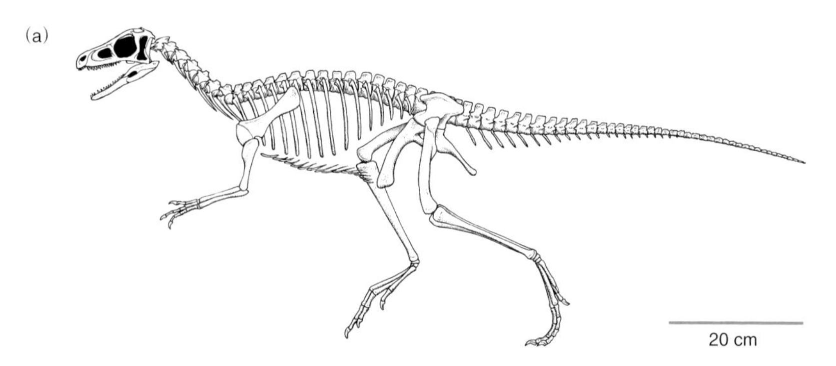

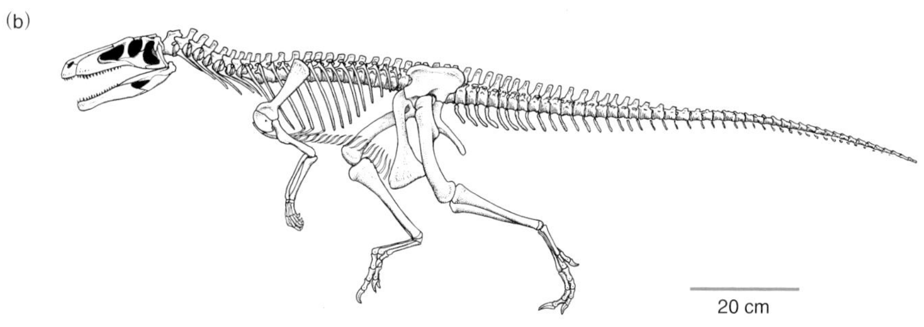

図 5・7 (a) エオラプトル(*Eoraptor*). (b) ヘレラサウルス(*Herrerasaurus*).

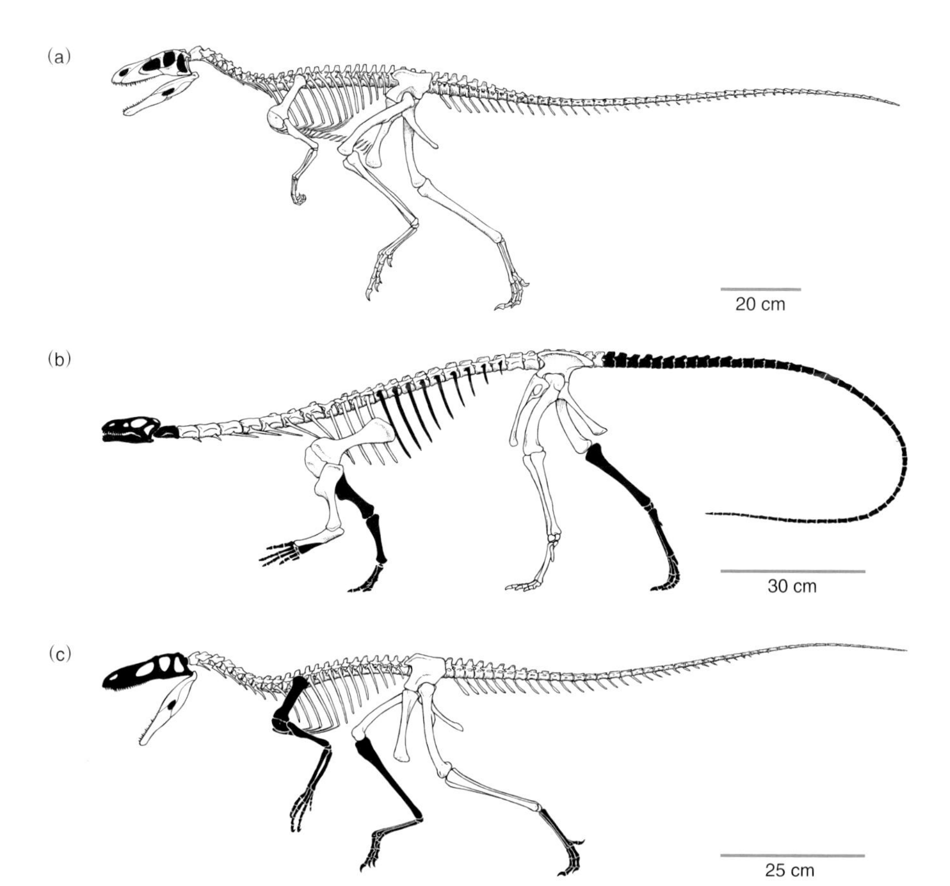

図 5・8 (a)スタウリコサウルス(*Staurikosaurus*). (b)サートゥルナーリア(*Saturnalia*). (c) グアイバサウルス(*Guaibasaurus*). 白塗り箇所は，実際に骨が見つかっている部分.

見されたものである．

この産地の近く（ブラジル）に，おそらく同じくらいの年代の地層があり，そこからは基盤的な竜盤類のスタウリコサウルス（*Staurikosaurus*）と竜脚形類のサートゥルナーリア（*Saturnalia*）が産出している．同じくブラジルからは，スタウリコサウルスが産出した地層よりも少し新しい時代の地層から，グアイバサウルス（*Guaibasaurus*）が発見されている（図5・8）．この恐竜は当初，基盤的な竜盤類として記載され，のちに分類が見直されて獣脚類に含められることとなったが，さらにその後，形質が原始的すぎるという理由から，獣脚類か竜脚形類とは特定せず，竜盤類の一員と改めて判断されている．スタウリコサウルスは，2億3300万年前頃に堆積しただろうとされる地層から見つかっている．つまり，もしこの年代が正しければ，恐竜のなかでも最古のものとなる可能性がある．ただ，この地層の正確な堆積年代はまだはっきりとしていない．

5・4 鳥盤類と竜盤類

後期三畳紀に出現した基盤的な恐竜類の紹介が終わった．ついに恐竜類の二大系統である鳥盤類と竜盤類の出番である．英国の古生物学者 Harry Seeley は 1887 年に，恐竜類がこの二大グループに分けられることに最初に気づいた．**竜盤類**（サウリスキア）(Saurischia：*saur* トカゲ・竜, *ischium* 骨盤）は，骨盤を構成する三つの骨（恥骨，坐骨，腸骨）のうち，恥骨の先端が前方（頭側）かつやや腹側を向くトカゲのような特徴をもっている（図5・9）．一方，**鳥盤類**（オルニティスキア）(Ornithischia：*ornith* 鳥，*ischium* 骨盤）は，恥骨の少なくとも一部が，

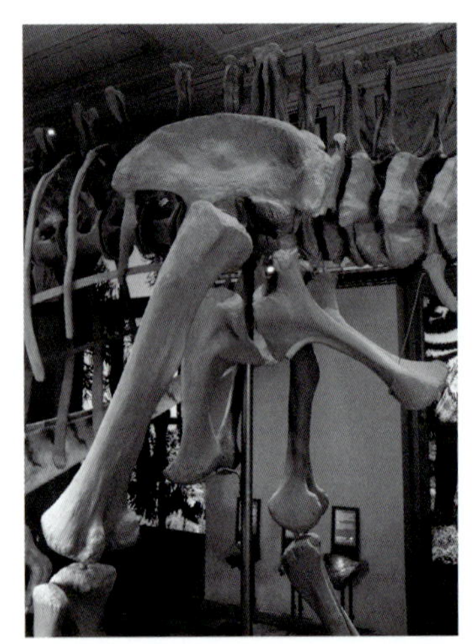
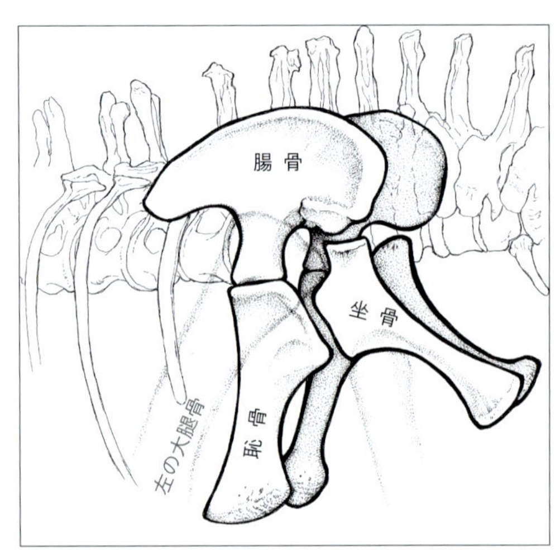

図 5・9 竜盤類(Saurischia)であるアパトサウルス(*Apatosaurus*)の骨盤を左側から見たところ．恥骨の先端は前方を向いており，竜盤類の特徴を示している．［写真：D. E. Fastovsky 提供］

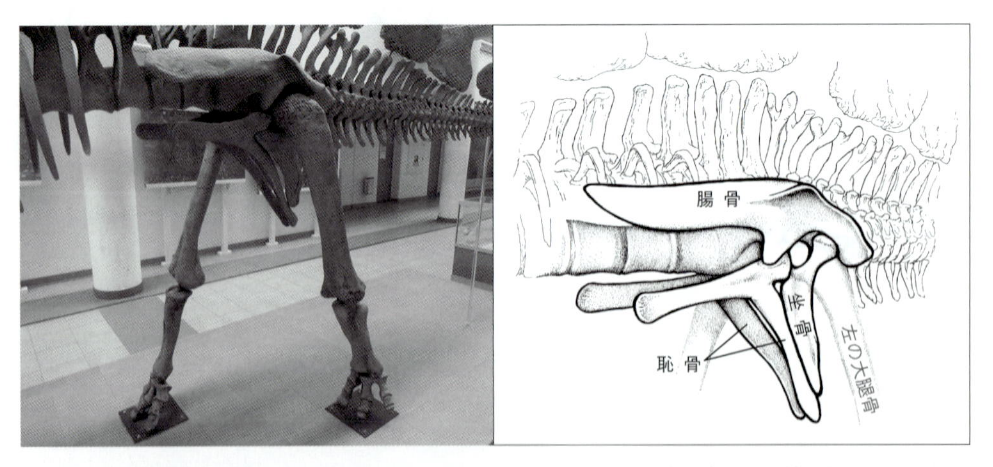

図 5・10 鳥盤類(Ornithischia)であるステゴサウルス(*Stegosaurus*)の骨盤を左側から見たところ．恥骨の一部が坐骨の基部に沿って後方を向いており，鳥盤類の特徴を示している．［写真：D. E. Fastovsky 提供］

坐骨の腹側の縁に沿って後方に傾く，鳥の骨盤のような特徴をもっている（図5・10）．このような骨盤の形状は，**opisthopubic**（訳注：*opistho* 後向き，*pubis* 恥骨；“後向恥骨”の意）とよばれる．骨盤による両グループの分類は，Seeley が提唱して以来，使われ続けている．

Seeley は，骨盤の形を観察したままに表現し，恐竜を分類した．竜盤類の骨盤は，ワニやトカゲにみられるものと似ている．一方，鳥盤類の骨盤は，恥骨の先端が坐骨の軸に沿うように後方を向いて伸びており，一見すると鳥の骨盤を連想させる．しかし，Seeley はその骨盤の類似性を系統的な類似性によるものとは考えていなかった．竜盤類の骨盤は，獣脚類においては原始的な形態である．さらに皮肉なことに，鳥は竜盤類の恐竜から派生しているのだ（6章～8章）．後方を向いた恥骨をもつ鳥の骨盤は，鳥盤類の系統とは独立して進化したと考えられている．私たち（現生動物）が生きている現世から見ると，鳥盤類は，進化の観点からいう行き止まりの系統である．

恐竜がどちらのタイプの骨盤をもっているかは，恐竜の進化を理解するうえで非常に重要なことである．そして Seeley は，この骨盤形態の違いから，鳥盤類と竜盤類が単一の祖先をもたず，かつて“**槽歯類**（Thecodontia：*thec* 槽，*odont* 歯）”とよばれた基盤的な主竜類のなかの異なる動物に起源をもつことを示していると考えた[*4]．Seeley は恐竜類という呼称を認識してはいたものの，彼にとってそれは単系統のグループではなかったのだろう．しかし，最終的に，Seeley による竜盤類と鳥盤類が異なるグループであるという主張は分岐分析による系統分析によって支持されているが，一方で，Seeley の当初の考えとは異なり，両グループが恐竜類という単系統群にまとめられるということもわかってきた（Box 5・1）．

5・5 竜盤類は鳥盤類よりも原始的か？

鳥盤類と竜盤類の違いは明確であり，両グループはそれぞれしっかりと確立された派生形質の組合わせによって特徴づけられる（図5・11）．だが，鳥盤類と竜盤類のどちらが他方より原始的だったりするのだろうか．竜盤類は，カギツメや歯などの特徴から，祖先である基盤的な恐竜形類によく似ているようにみえる．また，本書を含む多くの恐竜関連の書籍では，鳥盤類よりも先に竜盤類が登場している．そのため，竜盤類の方がより原始的で，鳥盤類は竜盤類の祖先から進化してきたのではないかと直感的に思ってしまう読者もいるかもしれない．しかし竜盤類もまた，鳥盤類よりも先に登場したかどうかはわからないが，ずっと多種多様なグループなのだ．

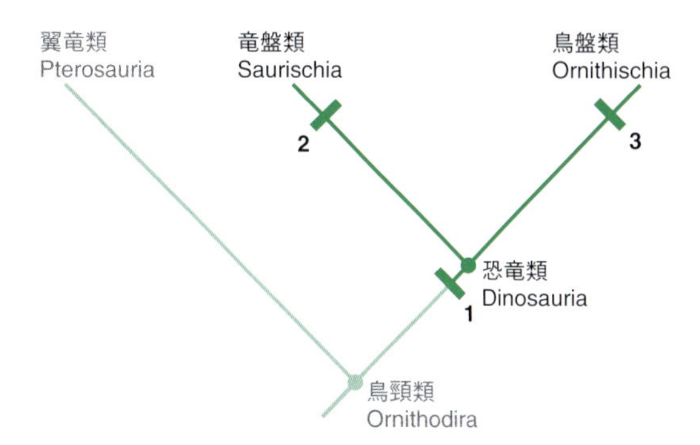

図 5・11 恐竜類(Dinosauria)の分岐図．派生形質は以下のとおりである．

1. 恐竜類(Dinosauria)：寛骨臼に孔が開いていること(図5・6B)．
2. 竜盤類(Saurischia)：伸長した頸椎，吻部先端の外鼻孔が大きくなっていること；前眼窩窓の後方部分で涙骨が広がっていること；第2頸椎の間椎体(axial intercentrum)に第1頸椎に関節するための窪みがあること；首の前方に位置する頸椎の椎体が前後に伸長していること；際立って大きな手をもっていること；遠位の第V手根骨が消失していること；手の第I指の1番目の指骨がねじれていること；中足骨が重なり合うこと．
3. 鳥盤類(Ornithischia)：恥骨と坐骨の先端が後方を向いていること；前歯骨をもつこと；吻部の先端には歯がなく骨表面が粗いこと；前眼窩窓が縮小していること；**眼瞼骨**(palpebral)をもつこと；顎関節が上顎歯列よりも下方(腹側)に位置すること，鈍角三角形をした歯冠の頬歯をもつこと；仙椎領域の背側に骨化した腱をもつこと；恥骨の前方に小さな前恥骨突起(prepubic process)をもつこと；腸骨の寛骨臼前縁に長く薄い前寛骨臼突起(preacetabular process)が発達すること．

鳥盤類が竜盤類から進化したという決定的な証拠は，これまで示されたことがない．図5・11に示したように，分岐分析の観点からも，竜盤類が鳥盤類に劣らず派生的であることがわかる．つまり，どちらの系統が先に出現したかは今のところわかっていない．しかし少なくとも恐竜の体化石の記録から確実にいえることは，恐竜の偉大な二つの系統である鳥盤類と竜盤類の起源が，後期三畳紀まで遡るだろうということだ．

5・6 恐 竜 の 進 化

恐竜の最も初期の進化については，いまだ謎に包まれている．ここまで見てきたように，最古の恐竜の体化石はア

---

*4 “槽歯類(Thecodontia)”は主竜類(Archosauria)と同じ表徴形質で特徴づけられる．主竜類について議論しようとする場合，都合よく(いわゆる“槽歯類”とよばれてきた)基盤的な仲間だけをさしてこれを語ることはできない．主竜類という呼称を使う以上は，恐竜類(Dinosauria)や翼竜類(Pterosauria)を含め，“主竜類の表徴形質をもつすべての動物”がこれに含まれなければならない．つまり，“槽歯類”という用語は古くから使われてきた由緒ある名称ではあるが，分岐分類学の考え方ではグループ名として成立しえなかったのだ(8章，16章)．

Box 5・1　もし100年以上もの間，私たちの考えが完全に間違っていたとしたら？

Harry Seeleyの研究は，分岐分析が“最先端，今風，流行”の手法になるずっと前に行われた．それにもかかわらず，Seeleyが分類した鳥盤類（Ornithischia）と竜盤類（Saurischia）は，分岐分析の手法が起こした革命のあとも生き残り，単系統群として安定して存続した恐竜類（Dinosauria）の中で，両グループは，それぞれ単系統群としてお行儀よく安定して存在し続けていた．

しかし，2017年に英国の古生物学者M. Baron，D. B. NormanとP. M. Barrettは，斬新で実に過激な恐竜類（Dinosauria）の中の区分けを提案した[*5]．本章でも一部登場した，恐竜と恐竜以外の種を含む74種の恐竜形類（Dinosauromorpha）と，457個の形質を解析し，恐竜類は以下の二つのグループに分けられると結論づけた．一方は**鳥肢類**（Ornithoscelida）とよばれる，獣脚類（Theropoda，6章～8章）と鳥盤類（Ornithischia；10章～12章）を含むグループである．もう一方は，再編成された**竜盤類**（Saurischia）である．これには，竜脚形類（Sauropodomorpha；9章）と，本章でも紹介した，それまで獣脚類の一部であると考えられていたヘレラサウルス科（Herrerasauridae）が含まれる．図B5・1では，Seeleyの古典的な分類と，Baronらの新しい分類を比較している．

しかし，図B5・1は，別のことを明らかにしている．この大胆な新しい分類案では，雷竜とよばれるタイプの動物であるブロントサウルス（*Brontosaurus*）のような竜脚形類は，従来の恐竜類の定義から外れ，もはや恐竜ではなくなるのだ．従来の恐竜の定義とは，トリケラトプス（*Triceratops*）とスズメ（*Passer*）と，これらの最も近い共通祖先をすべて含むものとされている．鳥肢類は，トリケラトプスを含む鳥盤類とスズメを含む獣脚類の両系統で構成され，竜脚形類はこれに含まれないのだ．だが，ブロントサウルス（*Burontosaurus*）とその近縁種を含めずに“恐竜”といえるだろうか．そこで，新しい分岐図では，竜脚形類を含めた新しい定義を恐竜類に与えた．ここでは，ディプロドクス（*Diplodocus*；図9・1参照）を竜脚形類の代

*5　Baron M. G., Norman, D. B., and Barrett, P. M. 2017. A new hypothesis of dinosaur relationships and early dinosaur evolution. *Nature*, 543, 501–505. doi:10.1038/nature21700

ルゼンチンやおそらくブラジルなど，南米から発見されている．また北米の南西部からも恐竜が発見されているが，この地層は，南米の後期三畳紀の恐竜が発見される地層よりも1000万年弱ほど新しい年代であると考えられている．

米国の南西部から発見されている後期三畳紀の恐竜は，原始的な種ではない．小型の肉食で二足歩行性のコエロフィシス・バウリ（*Coelophysis bauri*）とタワ・ハラエ（*Tawa hallae*）のような恐竜は，まごうことなき獣脚類の仲間である．これらの恐竜は，II部で正式に対面することになる竜盤類のなかの1グループだ．

恐竜形類（Dinosauromorpha）と，それに含まれる恐竜類（Dinosauria），そしてこれらと近縁な翼竜類（Pterosauria）の系統関係は，やや複雑である（4章および図4・11，図4・13参照）．それというのも，基盤的な恐竜形類と，初期の恐竜類の特徴が概して原始的であり，その一方で翼竜類ではその特徴があまりに派生的であることがおもな原因だろう．一方は，系統関係を決めるうえで鍵となる表徴形質を欠く原始的な生物の雑多な集団であり，もう一方は，多くの派生形質をもつ翼竜類のようなグループである．そのため，両グループが，どの系統から枝分かれし，どうやって進化したのかを解き明かすことが困難なのだ．とはいえ，ここ数年の間で進められてきた研究から，共通見解として，これら二つのグループの大まかな系統関係が描けるようになってきた．

1980年代初頭まで，翼竜類は飛行のために高度に特殊化した動物であるものの，鳥頸類（Ornithodira）としての派生形質を共有していることから，主竜類のなかでも恐竜に最も近いと考えられていた（図4・11参照）．しかし，近年では，シレサウルス科（Silesauridae）の仲間の発見に加えて，マラスクスやラゲルペトンのような動物の理解が深まったことで，彼らのように恐竜ではない基盤的な恐竜形類こそが，鳥頸類の系統の中で，翼竜よりも恐竜の祖先に近い動物なのは明らかだと考えられるようになってきた[*6]．恐竜類を除く基盤的な恐竜形類のなかでも，シレ

*6　少なくとも2020年まではそのように考えられていた．最近(2020年9月の時点)の研究では，ラゲルペトンとドロモメロン(*Dromomeron*)を含む，恐竜ではない基盤的な恐竜形類(Dinosauromorpha)の系統(図5・12)に翼竜類(Pterosauria)の起源があると考えられている．この研究の重要性は謎多き翼竜類の起源を理解するため，初めて系統的な手法が使われた点にある．これまで誰も考えていなかったほど，翼竜は恐竜に近縁だったようだ．以下の文献を参照．Ezcurra, M. D., Nesbitt, S. J., Bronzati, M., *et al*., 2020. Enigmatic dinosaur precursors bridge the gap to the origin of Pterosauria. *Nature*, doi: 10.1038/s41586-020-3011-4.

表として扱っている．Baronらは，恐竜類をスズメ属(*Passer*)，トリケラトプス属（*Triceratops*），ディプロドクス属（*Diplodocus*）の直近の共通祖先とそのすべての子孫を含むクレードとして再定義した．

この新しい系統図への批判が相次いだ．しかし，これが慎重で，包括的であり，目覚ましい研究であることは誰もが認めるところである．いまだにこの結論には問題が含まれている．鳥肢類の単系統性を支持する一部の共有派生形質は強力であったが，それ以外の形質はSeeleyの系統図ではうまく当てはまっていたものの，新しい系統図では，最節約という観点からは問題があった．

私たちは，この系統図から未来の古生物学を見ているのだろうか．今後数年のうちに，この新しい系統図は注意深く精査され，本書の将来の版では，Baronらの解析結果が標準となり，Seeleyの大昔の，分岐分析以前の系統図は注釈つき，あるいは，このBoxのようにおまけとして扱われるようになるかもしれない．

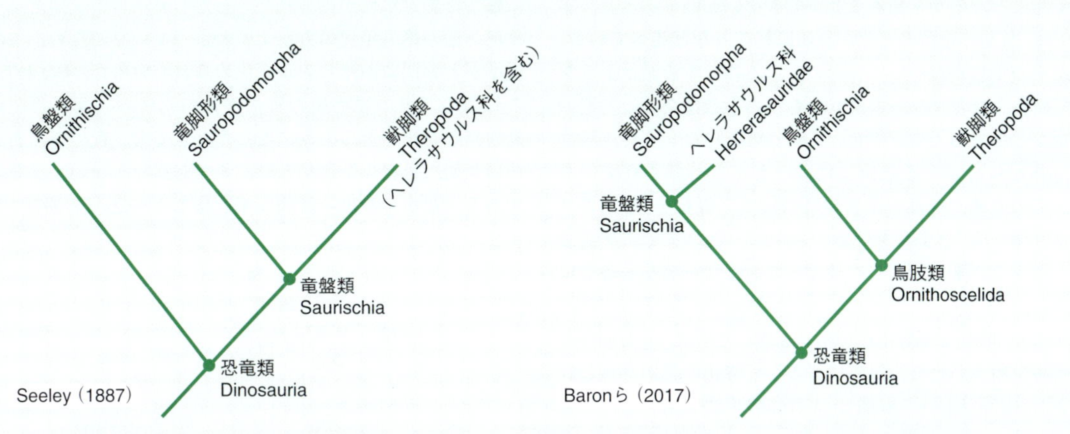

図 B5・1 Seeleyによる1887年の恐竜の系統図と，Baronらによる2017年の恐竜の系統図の比較．両分岐図の特に重要な違いを強調するため，単純化して示している．

サウルス科が最も恐竜類に近縁で，マラスクス，ラゲルペトンと順に，遠縁な関係になっていると考えられている（図5・4）．

恐竜の系統関係に関するこの共通見解は簡単に受け入れられてきたわけではなかった．たとえば，アルゼンチンの古生物学者M. Langerらは1986年から2007年の間に，基盤的な恐竜形類と恐竜の系統関係についての新たな仮説を年に1本のペースで論文発表してきた．こう次々と研究が発表された理由の一つは，前述したように，初期の恐竜形類が多くの原始的な形質をもっているためである．さらに，その時期に新しい標本が数多く発見されたことも手伝っている．たとえば，ひとたびシレサウルス科というグループが認識されると，とたんに古生物学者たちはシレサウルス科の化石が世界中で見つかることに気がつき始めた．だが，発見されたシレサウルス科の多くは頭部が見つかっていない（図5・4に記された表徴形質には，頭部に関するものがないことに注目してもらいたい）．頭骨は化石種の系統的な関係性を明らかにするのに非常に重要な部位である．そのため，今後，シレサウルス科の完全な頭骨が発見され，系統的な関係がより明らかになることが期待される．ここで，本章に登場した恐竜形類と，初期の恐竜の系統関係のまとめた分岐図(図5・12)を見てもらいたい．ただし，これが最終的な分岐図になるというわけではなさそうだ，ということは理解しておこう！

実は，この分岐図を見ると，興味深くも驚くべき事実が明らかになる．恐竜の祖先に近い，マラスクスやシレサウルス科のような主竜類は，もともと**完全二足歩行性**(obligate biped：常に二足歩行をとる）動物だったのだ．ということは，初期の恐竜は，完全な二足歩行性の動物だったことは間違いない．だが，主竜類の原始的な状態は四足歩行性であった．すなわち，恐竜は単系統なのだから，トリケラトプス（*Triceratops*），アンキロサウルス（*Ankylosaurus*），ステゴサウルス（*Stegosaurus*）といったすべての四足歩行性の恐竜は，その姿勢を**二次的に進化**(secondarily evolved）または再進化させたということだ．彼らは，系統的にみると，四足歩行姿勢から一度前肢を持ち上げて二足歩行姿勢になったあと，再び前肢を地面に降ろして四足歩行姿勢に戻ったのだ．実際にステゴサウルス類（Stegosauria）やケラトプス類（Ceratopsia）を見れば，後肢が前肢よりもわずかに長くなっており，二足歩行性の祖先の名残がみられる．シレサウルス科ですら，祖先の名残として一部の種が四足歩行していたかもしれない．

Box 5・2 年代がなければ，価値もない

地質年代学者とは，さまざまな地層や岩石の絶対年代を測定し決定する研究者たちである．その大家である故 Samuel A. Bowring は，よくこう言った．「年代がなければ，価値もない」この言葉が意味するところは，もし，あるイベントが起こったのがいつだったのか具体的な数値でわからなかったら，そのイベントがどのくらい速く，あるいは遅く起こったのかを知ることができないということだ．本章では，初期の恐竜の進化が急速に起こったと述べている．だがその年代がわかっていないと，ここでする話はトランプで積み上げたタワーのようにもろいものになる．初期の恐竜が登場する三畳紀では，2章で紹介したような放射性同位体から計測する数値年代はほとんど計測されていない．そのため，一部の地質学者は後期三畳紀を“時代のブラックホール”とよんでいる．さらに，これまでに計測された数少ない年代値もごく最近まであまり正確なものではなかった．

かつて，時代を絶対年代で示せなかった頃は，岩石層序と生層序を組合わせた相対年代によって時代の推定が行われてきた（2章，図2・3参照）．これらの手法を用いて，三畳紀は前期，中期，後期の三つの世(epoch)に分けられた．それぞれの時代(世)は生層序を用いて，“期(age)”に細分化される．本章で注目している“期”は，カーニアン(Carnian)期，ノーリアン(Norian)期，レーティアン(Rhaetian)期という後期三畳紀の三つの期である（図 B5・2）．

これらの三つの期の絶対年代はほとんどわかっていない．したがってイベントが起こった順番はわかっているが，それらがいつ起こったのかわからないのだ．そのため，堆積学者が衝撃的な発見をすることがまだまだある．たとえば2007年に，海成層の時代と海棲動物相を注意深く再検討した結果，ノーリアン期の始まりが従来の解釈よりもおよそ700万年も早まり，それまでのカーニアン期の絶対年代にくい込んだのだ．

この問題は，陸棲環境ではより深刻だ．恐竜は，ここまで見てきたように，完全に陸棲に適応した生物であり，世界中に分散した恐竜の動物相の棲息年代は，相互に対比されてきた．しかし，カーニアン期からノーリアン期については，時代の区分が海棲生物の生層序に基づいているので，陸棲である恐竜動物相の棲息年代は，異なる地域間での対比が容易ではない．

研究は，現在もなお進歩している．本章で見てきたように，エオラプトル（*Eoraptor*）とヘレラサウルス（*Herrerasaurus*）を産出するアルゼンチンのイスキグアラスト層（Ischigualasto Formation）の堆積年代は，現在では判明している．そこからほど近いブラジルにほぼ同じ時代だと思われているグアイバサウルス（*Guaibasaurus*）とスタウリコサウルス(*Stauricosaurus*)を産出する層準の堆積年代は，まだあまり定かではない．ところが最近になって，獣脚類コエロフィシス（*Coelophysis*）や原始的な竜盤類チンデサウルス（*Chindesaurus*）のような後期三畳紀の恐竜を産出する北米南東部のチンリ層（Chinle Formation）で，非常に厳密な絶対年代が得られた．しかしカーニアン期とノーリアン期の絶対年代の方がよくわかっていないため，この層準がどの期にあたるのかが決められないのだ．すなわち，これらの北米の動物相の年代が他の北米の後期三畳紀の動物相と対比できるようになったとしても，世界中にある他の後期三畳紀の動物相とは，まだ対比できないままなのである．だが，今後の研究成果を待とう一乞うご期待！

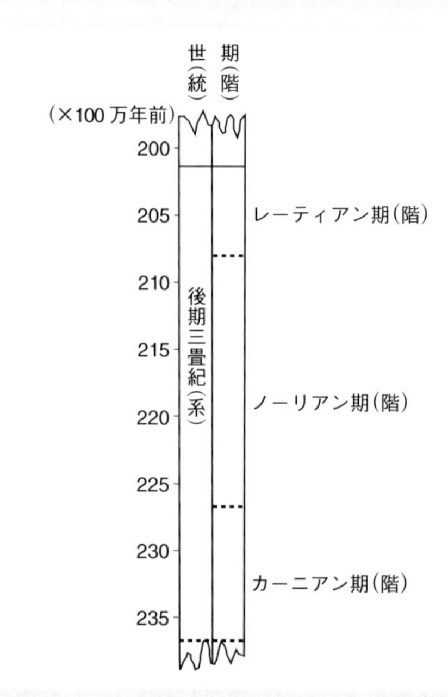

図 B5・2 後期三畳紀の年代表．カーニアン階の下部の層準から得られた2023年9月の絶対年代は，カーニアン期の基部をおよそ2億3700万年前と推定している．イタリアのカーニアン階上部を除いて，後期三畳紀の層準には信頼できる同位体年代が得られていない．そのため，カーニアン期とノーリアン期の境界(2億2700万年前)と，ノーリアン期とレーティアン期の境界（2億800万年前–2億900万年前）は，古地磁気層序を用いて推定された．この手法は，地層の断面に残された，地球の磁極が反転した層準を基に時代の対比をする方法である．後期三畳紀の時代を決定するのが難しい一方で，三畳紀-ジュラ期の境界は，放射性同位体を用いた手法で2億140万年前と厳密な値が得られている．ただし，その数値は，生態系も棲息域も恐竜から遠く離れた海成層からである．

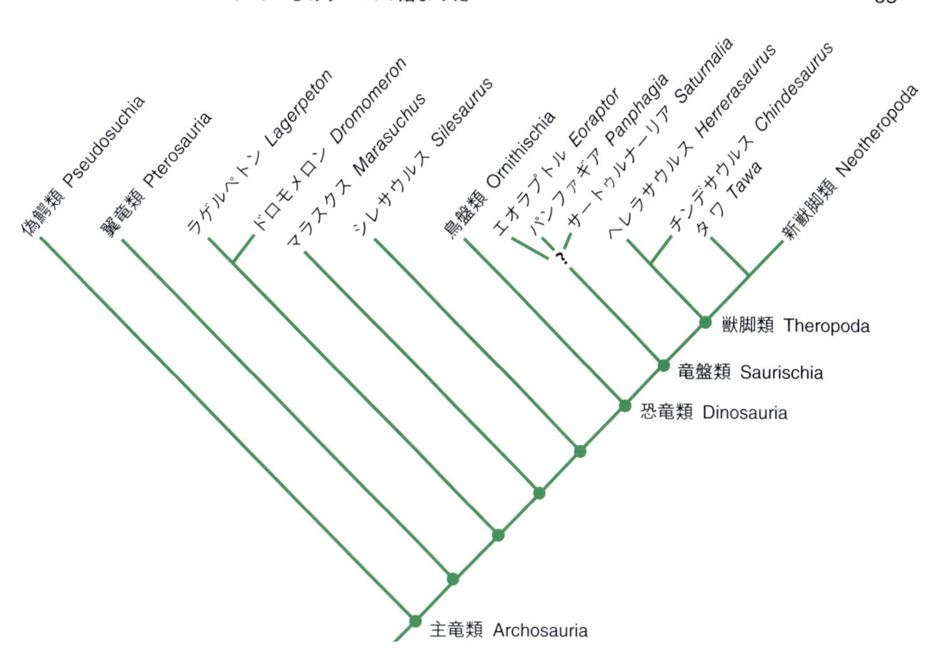

図 5・12　本章に登場する基盤的な恐竜形類と初期の恐竜の系統関係のまとめ．鳥盤類はエオカーソル(*Eocursor*)とピサノサウルス(*Pisanosaurus*)を含む．

5・7　さあゲームの始まりだ

恐竜が拡散していった地域やその速度に関しては，限られたことしかわかっていない．わかっている限り，最古の恐竜の骨格の体化石は後期三畳紀のカーニアン期（図 2・4 参照，Box 5・2）とよばれる時代である．前述したようなカーニアン期の恐竜の体化石が，すべてブラジルやアルゼンチンから見つかっていることから，古生物学者たちは，恐竜の発祥地は南米にあると考えている．しかし，恐竜が保存されたカーニアン期の陸成層は，世界的にもそれほど多くは知られていない．すると，以下のようなさまざまな疑問がわき上がってくる．南米から見つかったこれらの恐竜は，本当に最古の恐竜なのだろうか．また，南米は恐竜の起源となる場所なのだろうか．あるいは，南米のカーニアン期の陸成層は，この時代で唯一残されている陸成層であり，当時のカーニアン期の陸棲環境のほぼすべての情報がそこからしか知りえないということなのだろうか．これらの疑問に対して，私たちは納得のいく答えを持ち合わせていない．現段階でいえることは，恐竜が最初に出現したのは足跡化石が発見された中期三畳紀の終わり頃，または，恐竜の体化石が発見された後期三畳紀カーニアン期であることは間違いないということだ．

期(時代)の変わり目は何を意味するか

カーニアン期は 2 億 2700 万年前に終わり，次なる時代のノーリアン期が始まった（図 2・4 参照，Box 5・2）．驚くべきことにノーリアン期までに恐竜は世界中に棲息域を拡大し，パンゲア超大陸の全土に広く分布していった（図 5・13）．

特筆すべきことは，ノーリアン期の最初期にはすでに恐竜類は多様化しており，主要なグループである鳥盤類，竜脚形類，獣脚類が登場していた．つまり，地層の年代が正しく測定できているならば（Box 5・2），恐竜の発祥の地がどこであったとしても，初期の恐竜が出現したのち，恐竜の進化と，世界中への分布域の拡大は，急速に起こったことを示している．恐竜類のなかの一大グループとなる鳥盤類についても，カーニアン期の種は，ピサノサウルス（*Pisanosaurus*）のような謎多き種だけである．しかし，後期三畳紀の終わりには，全長 1 m ほどのエオカーソル・パルヴス（*Eocursor parvus*）（図 5・14）に代表されるように，種数は多くはないものの，鳥盤類が確実に存在していたことは明らかである．

陸上の支配：生態的地位の奪い合いか，一方的な蹂躙か？

真の恐竜が出現した途端に，恐竜を除く基盤的な恐竜形類が，慎み深く一歩下がって恐竜に生態的地位を明け渡したというわけではない．真の恐竜も恐竜以外の恐竜形類も，生態学的に非常に似ていたと考えられる．実際，最初期の恐竜は，そのグループまたはクレードのなかでも原始的な形質を残しており，基盤的な恐竜形類とほとんど似たような外形（表面的な類似ではない場合もあるが）をしていた．しかし，化石記録からは奇妙な傾向が見て取れる．アルゼンチンのカーニアン期の堆積層からは，初期の恐竜と恐竜

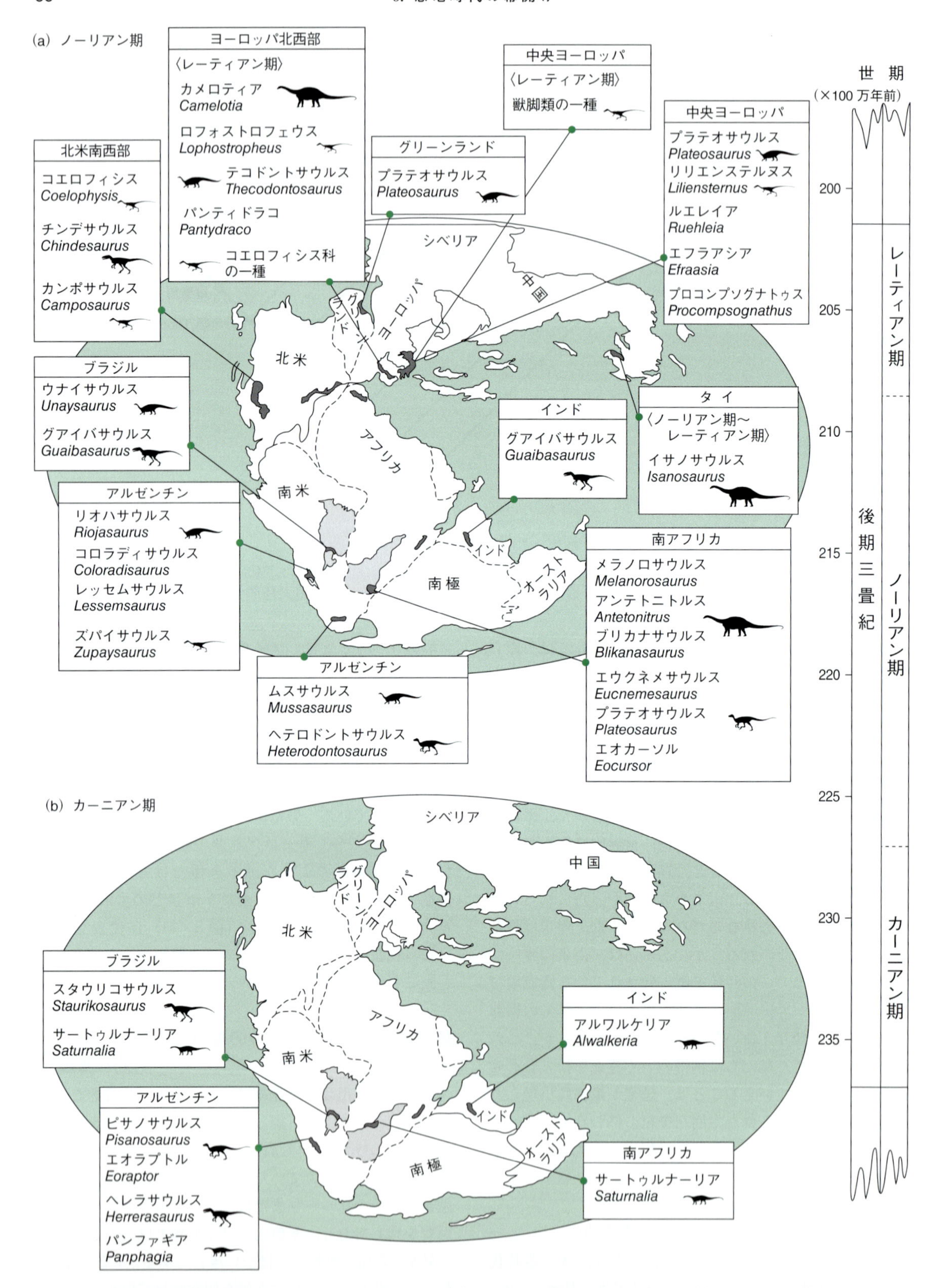

図 5・13　後期三畳紀の超大陸パンゲアにおける恐竜の分布図をそれぞれの時代で示した．(a) ノーリアン期(ただし，一部はレーティアン期の恐竜である)，(b) カーニアン期．［Langer *et al.*(2010)の図より改変］

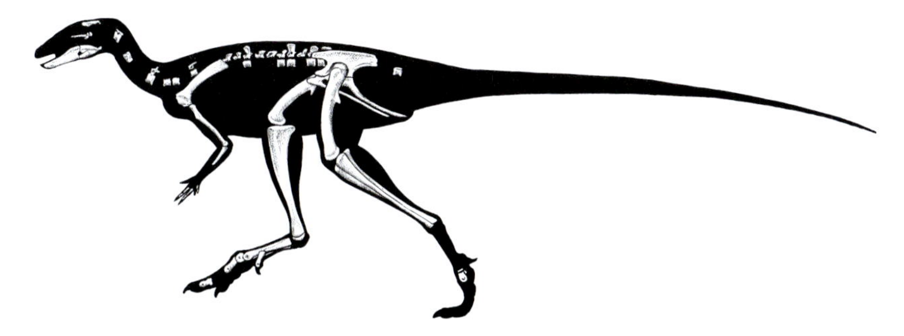

図 5・14　南アフリカから見つかっている，原始的な初期の鳥盤類(Ornithischia)として確実な仲間であることがわかっているエオカーソル・パルヴス(*Eocursor parvus*)．［Hartman, S. 提供. Butler, R. J., Smith, R. M. H., Norman, D. B. 2007. A primitive ornithischian dinosaur from the Late Triassic of South Africa, and the early evolution and diversification of Ornithischia. *Proc. R. Soc. B.*, **274**, 2041–2046. doi: 10.1098/rspb.2007.0367.］

以外の基盤的恐竜形類が豊富に産出することは前述した．だが，両者が一緒に発見されることは非常にまれで，南米では，恐竜が基盤的な恐竜形類にとって代わったようである．一方，ノーリアン期の北米南西部においても，コエロフィシス（*Coelophysis*）やチンデサウルス（*Chindesaurus*）といった竜盤類の恐竜が，ラゲルペトン（*Lagerpeton*）（図5・12）に近縁なドロモメロン（*Dromomeron*）といった恐竜ではない基盤的な恐竜形類と約1200万年の間，共存していたことがわかっている．少なくとも北米の後期三畳紀は，恐竜と恐竜以外の恐竜形類が共存する動物相が長きにわたって続いた，安定した時代として特徴づけることができる．だが，後期三畳紀の終わりまでに，恐竜以外の恐竜形類は世界中で徐々にその姿を消していった．その一方で，真の恐竜類が舞台に登場し，地上を駆け回るようになったのだ．

カーニアン多雨事象　恐竜たちが，カーニアン期に棲息していた“恐竜もどき”から，その地位をどのように奪い取ったのか，多くの古生物学者たちが頭を悩ませてきた．恐竜以外の恐竜形類が恐竜に似ていれば似ているほど，両者の入れ替わりの過程は不思議にみえる．

M. J. Benton らは，2018年に発表した研究論文で，乾燥から湿潤，そして再び乾燥へと戻る地球規模の気候変動としてよく知られる“カーニアン多雨事象（Carnian Pluvial Episode）”（カーニアン湿潤化イベント Carnian Humid Episode とも称される）が，恐竜の台頭する要因となった可能性を示唆した．カーニアン多雨事象は，2億3200万年前頃に起こったと推定され，大規模な火山活動とともに，地球規模の気候変動や海洋・大気循環に影響を与えたと考えられている．このような環境変化は，地球史に残るいくつかの大量絶滅に関連しているものもある．そのうえ，恐竜以外の多くの大型陸上動物の絶滅は，カーニアン多雨事象と時期が重なるのである．Benton らによると，カーニアン多雨事象では，まず気候変動による“生態学的外乱（ecological perturbation）”が絶滅をひき起こし，その後，恐竜が劇的に放散したと考えられる．すなわち，当時の地球で事実上空いてしまったエコスペース（生態空間；17章）を恐竜が埋めていったのだ．カーニアン多雨事象ののち，針葉樹の多様化に伴い，初期の陸上植物の多くが絶滅した．これと時を同じくして，単弓類であろうと双弓類であろうと，三畳紀のさまざまな植物食の羊膜類がともに絶滅していることが，Benton らの仮説を裏付けている．また，植物食動物に続き，肉食動物も絶滅していったのであろう．

その土地に棲息する凶暴な恐竜以外の羊膜類と恐竜の真っ向勝負によって，初期の恐竜類が爆発的に勢力を拡大したとの考えは，数世代昔のロンドン自然史博物館の Alan Charig のような古生物学の啓蒙主義者がかつて唱えていたものである．しかし，実態はそうではなかったことは，今では多くの古生物学者が合意している．現在の古生物学者の共通見解は，先んじて繁栄していた者たちが絶滅し，恐竜が放棄されて空いたエコスペースを再び埋めるように放散したことが成功につながった可能性が高いということである．このあと，後期三畳紀に展開された恐竜と恐竜以外の恐竜形類との椅子取りゲームほどドラマチックな展開ではないが，自然の摂理に沿って起こった出来事といえる．哺乳類と恐竜の一部である鳥類がこの椅子取りゲームを制するのは，1億6600万年後の6600万年前のことである．ただ，そのもっと前から，そのゲームに向けた準備を虎視眈々と進めていたことだろう．詳細は17章で紹介する．

5・8　羽　　毛

さまざまな恐竜のグループを見ていく前に最後にもう一つ，特筆すべき意外なテーマをここで紹介しよう．それは羽毛だ．数世代前の古生物学者や恐竜愛好家にとって，進化は大変シンプルであった．羽毛をもつのは鳥だけで，爬虫類である恐竜はウロコで覆われていたに違いないと考えられてきた．でこぼこした表皮の印象化石が数例見つかっていたこともこの考えを強く後押しした（12 章）．そして，羽毛は誰の目にもとまることがなかった．現在でさえ，羽毛が何のためにあるのかと問われれば，数世代前の古生物学者の多くは“飛ぶため”と答えるだろう．ふむ，はたしてそうだろうか．

羽毛を最初に獲得したのは何者か？

1970 年代の初め，John Ostrom（16 章）が，最古の“鳥”として知られる，翼をもった素晴らしきアーケオプテリクス（*Archaeopteryx*；8 章）は実は恐竜であると唱えて以来，考え方が大きく変わり始めた．この結論は，分岐分類学が導入される以前の，リンネ式の分類体系に支配されていた当時の学界に大きな混乱を招いた．もし鳥が恐竜であるならば，さらに鳥は爬虫類でもあるということがありうるのだろうか．これまで見てきたように，リンネ式の分類は，進化的な系統関係とはあまり相性がよくなかったのである．

そのため，全員ではないが，大部分の古生物学者は，“そうか，だったら，ちょっと奇妙で高度に派生した，原始的な鳥だか恐竜だかよくわからない一部の動物が羽毛をもっていたのだろう，何も驚くことはないじゃないか”という結論に達した．ところが 1990 年代になると，空を飛ばない竜盤類恐竜，すなわちティラノサウルス・レックス（*Tyrannosaurus rex*）の仲間でさえも羽毛をもっていたことがわかり，羽毛をもった恐竜の存在はもはや“驚き”に値しないことが明らかになってきた．さらに，これまで，羽毛は獣脚類で獲得された構造だと思われていたが，羽毛（あるいは羽毛のような構造）は，なんと鳥盤類ももっていたことが明らかになったのだ．竜盤類と鳥盤類の両方が羽毛をもっているということは，羽毛は恐竜で派生した形質なのだろうか．はたまた，分岐図のもっと基部ですでに獲得していたのだろうか．

このあと，それぞれの恐竜のグループを見ていく中で，さまざまな羽毛恐竜と出会うことになる．しかし，これだけははっきりと言える．それまで人々のイメージの中で，滑らかでピカピカ光沢のある緑茶色のウロコで覆われていた恐竜の姿は，150 年の時を経て，むさくるしく，羽毛だらけで，羽毛がたびたび抜け落ちるような，色鮮やかな恐竜へと様相を変える時がきたのだ（図 5・15）．羽毛は竜盤類と鳥盤類の双方がもつため，羽毛についてはここで皆さんに紹介しておこう．

(a)

(b)

図 5・15　『ジュラシック・パーク』でいうところの，肉食の“ラプトル”であるデイノニクス（*Deinonychus*）．(a) 羽毛の生えた元気な“地上の猛禽”としての復元．(b) そこから羽毛をむしり取ったイメージでの復元．羽毛のない状態の自身を見たデイノニクスは，きっと自己認識できないだろう．

5・9　飛翔に使われない羽毛

現生の鳥の羽毛には多くの機能が備わっている．羽毛は，断熱材（ダウンの寝袋やジャケットなど），ディスプレイ（たとえばクジャクなど），感覚器官として使われ，さらに最も有名な機能は，飛行（翼型など）を可能にするというものだ．たった一つの解剖学的構造には多くの用途があるのだ．

断熱効果

綿羽（後述）に断熱効果があることは，よく知られているだろう．では，羽毛は当初，断熱材として進化し，その後，飛行に用いられるようになったのだろうか．この発想は，現生のすべての鳥が内温性（または温血性；14 章）であることを思い起こせば，それほど突飛な発想ではないだろう．また，大部分の内温動物のなかでも，特に小型の動物では，体内の熱を逃さないために断熱材を必要とする．一方，身体を温めるために，体外の熱源を必要とする外温動物（または冷血動物）には，断熱機能をもつ必要はない．

もし，羽毛が内温動物の断熱材としての適応であれば，小型の非飛翔性恐竜の化石は，羽毛とともに発見されるはずである．羽毛が飛行のためではなく，断熱のために進化したという証拠がようやく示されたが，これは目を見張る発見であった（7 章）．しかし，本当に羽毛は断熱材として機能するために進化してきたのだろうか．

おしゃれな羽毛

現代型の鳥（新鳥類（ネオルニテス） Neornithes）は，色鮮やかな動物であり，飛翔と保温のほか，ディスプレイとして羽毛を使っていることは周知の事実である．コトドリやクジャクのように羽毛の形も重要だが，求愛行動や鳴き声を除けば，羽毛の色彩は繁殖を成功させるための重要な評価基準だろう．もし，現生の鳥の羽毛が重要なディスプレイ機能をもっているならば，恐竜の羽毛にも同じ機能があったのだろうか．近年，古生物学者によって，化石に残った羽毛の実際の色や模様が解明され始め，黒，茶，赤，玉虫色といった羽毛の色の違いに加え，模様などが確認されている．色についての詳細は，6章と7章にて触れることにする（6章"素晴らしき色の世界"の項と図7・10，図7・24参照）．君た

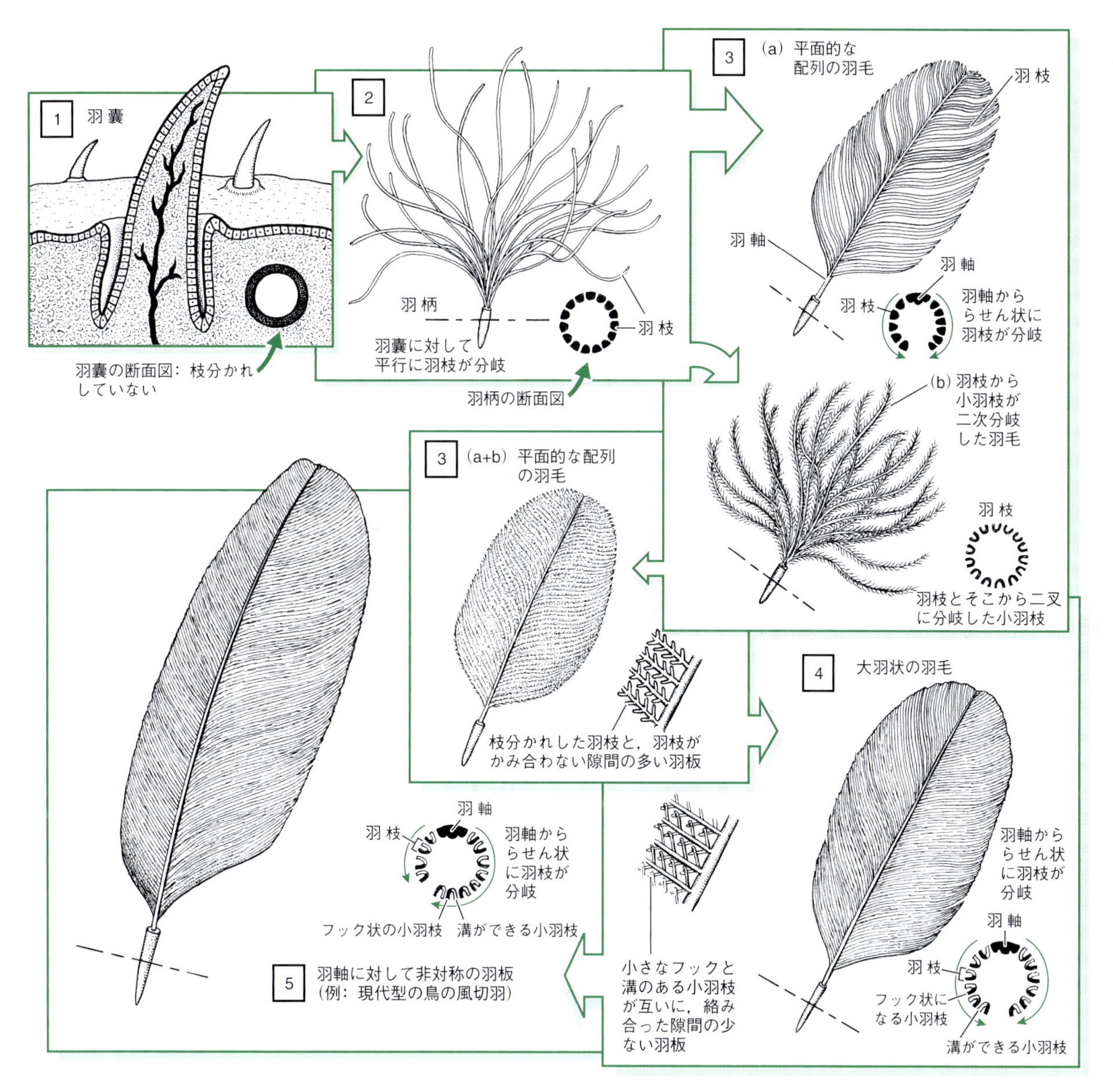

図5・16 羽毛の進化の段階的変化．各タイプの形成初期につくられる，羽嚢とよばれる筒状構造の断面図も示す．タイプ1：単純な中空の筒状繊維で，羽嚢は枝分かれしない．タイプ2：羽嚢が筒と平行に多数の羽枝へと一次分枝した状態．タイプ3a：羽嚢の筒と並行な1本の羽軸を残し，それに対してらせん状に羽枝が一次分枝した状態で，羽軸の対面で羽嚢が開くと，羽軸と羽枝が平面状に並ぶ．タイプ3b：羽嚢と平行に分枝した各羽枝から，さらに小羽枝が二叉に二次分枝した状態．タイプ3a+b：羽嚢において，羽枝のらせん状分枝と，羽枝から小羽枝の二次分枝を両立させた状態で，最終的に羽軸と羽枝，小羽枝がただ平面的に並んだ構造をつくる．隣り合う羽枝から伸びる小羽枝が互いにかみ合わない，隙間の多い羽枝を形成する．タイプ4：二叉に別れた小羽枝の一方がフック状になり，もう一方には溝が形成され，隣り合う羽枝のフック状の小羽枝と溝のある小羽枝が互いにかみ合うことで，隙間の少ない一体化したしっかりした構造の羽枝を形成し，空気が通り抜けにくくなる．タイプ5：羽嚢が羽軸に対して左右非対称に開くことで，最終的に羽軸に対して非対称の羽板をもつ風切羽となる．

ちのご両親世代が思い描く，ワニのような深緑色のウロコをもった恐竜は，もはや過去のものなのだ．恐竜は色鮮やかで，明るい模様の動物なのである．では，羽毛はディスプレイのために発達してきたものなのだろうか．

感 覚 器

解剖学者のW. S. Personsと古生物学者のP. J. Currieは，鳥の羽毛には別の重要な機能があることを近年の研究で示唆している．それが感覚器としての機能である．哺乳類のヒゲ（洞毛）や，昆虫の小さな感覚毛のように，鳥の単繊維性の羽毛は，特に吻部に低い密度で生えており，感覚器官として機能している．彼らは，もし羽毛が元々断熱材として発達したのだとすれば，密に生えている必要があっただろうと述べている．おそらく，体表の広範囲に単純に分布する羽毛は，もとは触覚器官として始まり，やがてディスプレイ，断熱材，そして飛行機能をもつようになったのだろうと彼らは考えている．

発生学的な見解

長い間，羽毛は“爬虫類”がもつようなウロコから発生したと考えられてきた．ウロコが伸長し，羽枝と小羽枝が順に分岐していく…というシナリオだ．しかし，ここ10年の研究により，羽毛の発生は，特殊な羽嚢（feather follicle）とその成長の開始と終了を制御する一連の遺伝子の相互作用によって起こるということがわかってきた．羽毛の進化には四つの段階があり，それぞれの進化段階は，一つ前の段階の羽毛から変化したもので，いずれの段階の羽毛も現生の鳥にみられる（図5・16）．この四つの段階は以下のとおりである．

(1) ケラチンというタンパク質でできた単繊維構造で，中空の筒状繊維を構成する毛のような羽毛（**単繊維性の羽毛** monofilamentous feather）．
(2) 羽枝どうしが緩やかに接しているが，絡み合っておらず，羽枝の先端が鉤状になっていない羽毛（**綿羽** down）．
(3) 先端が鉤状になった羽枝が互いに絡み合い，羽軸を中心に対称的な羽板をもつ状態の羽毛，鳥の体表の大部分がこれで覆われる（**正羽** contour feather）．この羽毛のような形状を“羽状（pennaceous）”[*7]とよぶ．
(4) 先端が鉤状になった羽枝が絡み合い，羽軸を中心に非対称の羽板を形成するタイプの羽毛（**風切羽** flight feather）．風切羽のような形状も，“羽状”の一つに数えられる．

羽毛の発達には複数の段階があることは，現生の鳥にさまざまな種類の羽毛があることの説明にもなっている．図5・16に示す羽毛の発生順序は，羽毛の進化の順序を反映していると考えられる．たとえば，単純な単繊維状の羽毛（段階1）は，おそらく羽毛の進化段階のなかでは最も初期段階であり，一方，風切羽にみられるような鉤状になった羽枝の末端や非対称の羽板は，あとの方で進化してきた可能性が高い．実際，一部の飛べない恐竜では，単純な毛のような単繊維性の羽毛で覆われており，小型で活発な非飛翔性の種では，おそらく綿羽が断熱材として使われおり，さらに正羽で体の表面が覆われていたことだろう．空を飛ぶ能力を備えた恐竜は，当然ながら飛行のための特殊な羽毛である風切羽を発達させた．

羽毛には，これをもつすべての動物で，感覚器，ディスプレイ，断熱材そして飛行の機能と関与しており，私たちが本章をとおして求めてきた，恐竜類（Dinosauria）の表徴形質の真髄である可能性が非常に高い．あるいは，もっと起源を遡ることができるかもしれない．1971年に，小型の翼竜類（Pterosauria）であるソルデス・ピロスス（*Sordes pilosus*）の発見により，翼竜が柔らかい(？)毛のような構造で覆われていたことが明らかになった．だとすると，羽毛の起源は，恐竜類よりもっと基盤的な鳥頸類（Ornithodira）まで遡ることになるのだろうか．

その答えは，はっきり“Yes”と返ってくる．Benton率いる英国ブリストル大学の古生物学研究室が2019年に行った研究で，翼竜類が，恐竜がもつような羽状にはなっていない繊維性の羽毛で体表が覆われており，これが羽毛の表徴形質を示す素材であることが明らかになったのだ．恐竜類と翼竜類の系統で羽毛を独立に進化させたのか，あるいは羽毛は鳥頸類を特徴づける形質だと最節約的に解釈すべきか…．ここでは，後者の仮説の方が正しいだろうと予想しておこう．

最初期の恐竜は，肉食性で二足歩行性の，さらに小型から中型の大きさの動物だったことは明らかである．また，彼らは，何かしらの単繊維性の羽毛で覆われていた可能性が高い．残念ながら，三畳紀の化石記録で羽毛に覆われた動物の化石記録は今のところ見つかっていない．羽毛のようなもので体を覆われた動物たちは，内温性（または温血性；14章）への道のりを，二本足で歩んでいたのかもしれない．

本章のまとめ

最初期に登場した形態的にも最も原始的な恐竜は，小型で，二足歩行性，そして肉食もしくは昆虫食の動物であり，アルゼンチンやブラジルにおいて，おそらく2億4500万年前から2億3000万年前に出現したようだ．これらの原

*7 訳注：ペンはもともと，鳥の正羽や風切羽の羽軸を削って作られたことから，その語源は，ラテン語の羽毛（*penna*）に由来する．

始的な恐竜は，先行して繁栄していた，恐竜類（Dinosauria）以外の基盤的な恐竜形類（non-dinosaur basal dinosauromorphs）のような主竜類のグループとともに棲息し，両者は形態だけでなく行動様式も似ていたと考えられる．初期の恐竜類と恐竜以外の恐竜形類が形態的に類似することから，恐竜の祖先は基盤的な恐竜形類のなかでも，最近発見されたシレサウルス科（Silesauridae）の系統から派生したようだ．両者は形態がよく似ているため，恐竜以外の恐竜形類の化石がいくつも発見されていくにつれて，恐竜類を特徴づける表徴形質の数はどんどん少なくなっているのが現状だ．

これらの初期の恐竜は，原始的だが，獣脚類（Theropoda）や竜脚形類（Sauropodomorpha）といった派生的な恐竜グループに属することがわかっている．このことから，ヘレラサウルス（*Herrerasaurus*）やエオラプトル（*Eoraptor*）のような最初期の恐竜が出現した2億2900万年前よりも前に恐竜の進化がある程度進んでいたと考えられる．

恐竜は大きく鳥盤類（Ornithischia）と竜盤類（Saurischia）に分けられる．これらは，さまざまな形質によって特徴づけられているが，ここでは恥骨の先端の向きに注目する．分岐図からわかるように，鳥盤類と竜盤類は同程度に派生的な仲間であり，一方が他方よりも原始的であるということはできない．しかし，恐竜を“竜盤類”と“鳥盤類”の二つのグループに分けるという，長年の常識を覆す新しい系統関係も提唱されている．

恐竜の進化の中で獲得してきた革新的なもののなかでも，最も驚くべきは羽毛の進化だろう．かつては，羽毛は鳥だけのものと思われていたが，今では羽毛は恐竜の竜盤類と鳥盤類の双方で知られており，さらには分岐図上では鳥頸類（Ornithodira）の基部までその起源が遡る可能性がある．初期の羽毛は単繊維性で，一見すると体毛のような構造だったかもしれない．綿羽が最初に断熱材として進化し，それと同時に感覚器やディスプレイとしての機能が進化したのが，羽毛の機能の起源のようだ．

カーニアン期（後期三畳紀の前期）あるいはそれ以前にひとたび恐竜が出現すると，彼らは，最初ゆっくりと世界中に放散していった．だが，カーニアン多雨事象（Carnian Pluvial Episode）で世界規模の気候変動が起こった結果，恐竜類の多様化が加速していったのだろう．その後，後期三畳紀の中頃までには，恐竜は世界中に分布域を拡大したが，それはおそらく，それまでその地位を占めていた動物がいなくなったことによって空いたエコスペース（生態空間）に，日和見的に入り込むことができる能力があったことの結果だろう．

参考文献

Benton, M. J., Bernardi, M., and Kinsella, C. 2018. The Carnian Pluvial Episode and the origin of dinosaurs. *Journal of the Geological Society*, **175**, 1019–1026.

Brusatte, S. L. 2019. *The Rise and Fall of the Dinosaurs: A New History of a Lost World*. William Morrow, NY, 404p.

Brusatte S. L., Benton M. J., Ruta M., and Lloyd, G. T. 2008. Superiority, competition, and opportunism in the evolutionary radiation of dinosaurs. *Science*, **321**,1485–1488. doi: 10.1126/science.1161833

Brusatte, S. L., Nesbitt, S. J., Irmis, R. B., *et al.* 2010. The origin and early radiation of dinosaurs. *Earth-Science Reviews*, **101**, 68–100.

Desojo, J. B., Fiorelli, L. E., Ezcurra, M. D., *et al.* 2020. The Late Triassic Ischigualasto Formation at Cerro Las Lajas (La Rioja, Argentina): fossil tetrapods, high-resolution chronostratigraphy, and faunal correlations. *Nature Research*, **10**. doi: 10.1038/s41598-020-67854-1

Langer, M. C., Ezcurra, M. D., Bittencourt, J. S., and Novas, F. E. 2010. The origin and early evolution of dinosaurs. *Biological Reviews*, **85**, 55–110.

Nesbitt, S. J. 2011. The early evolution of archosaurs: relationships and the origin of major clades. *Bulletin of the American Museum of Natural History*, **352**, 1–292.

Nesbitt, S. J., Butler, R. J., Ezcurra, M. D., *et al.* 2017. The earliest bird-line archosaurs and the assembly of the dinosaur body plan. *Nature*, **544**, 484–487.

Padian, K. 2013. The problem of dinosaur origins: integrating three approaches to the rise of Dinosauria. *Earth and Environmental Science Transactions of the Royal Society of Edinburgh*, **103**, 423–442.

Person, W. S. IV and Currie, P. J. 2015. Bristles before down: A new perspective on the functional origin of feathers. *Evolution*, **69**, 857–862.

Prum, R. O. and Brush, A. H. 2003. Which came first, the feather or the bird? *Scientific American*, **288**, 84–93.

Xu, X. and Guo, Y. 2009. The origin and early evolution of feathers: insights from recent and neontological data. *Vertebrata PalAsiatica*, **47**, 311–329.

Yang, Z., Jiang B., McNamara, M., *et al.* 2019. Pterosaur integumentary structures with complex feather-like branching. *Nature Ecology & Evolution*, **3**, 24–30.

PART

竜盤類

凶暴，強力，強大，巨大な恐竜たち

図Ⅱ・1　熟した竜脚類の遺体というごちそうを前に，2頭のアロサウルス（*Allosaurus*）が対峙したところ．

竜盤類(Saurischia)は，“恐竜のなかでも最も小さい種から，史上最大の陸棲動物まで”，“最も敏捷で獰猛な捕食恐竜から，最も重たい植物食恐竜まで”，“最も賢い恐竜から，最も頭の鈍い恐竜まで”，“最も重力の影響を受けた恐竜から，最も軽やかに空中を飛ぶ恐竜まで”，実に多様な恐竜を含むグループである．そして，何を隠そう，竜盤類のなかで最も馴染みのある動物として，鳥が現在の私たちと同じ世界まで生き延び，繁栄しているのである．

Ⅱ・1　三人模様の絶体絶命

恐竜は伝統的に竜盤類と鳥盤類(Ornithischia)とに分けられていたことを思い出してほしい．鳥盤類Ⅲ部で詳しく解説するが，これは明瞭な分類群だ．目が肥えてくれば，鳥盤類恐竜の間の形態的な類似性さえわかるようになるだろう．ところが，竜盤類ではそうはいかない．竜盤類は，ティラノサウルス・レックス(*Tyrannosaurus rex*)やブロントサウルス(*Brontosaurus*)のような見た目のまったく異なる恐竜をいっしょくたにしたグループだ．はたしてこのグループ分けは正しいのだろうか．

この問いに答えるなら，“今現在，確かなことはわからない”となる．5章で述べたように，1887年にH. G. Seeleyが恐竜類(Dinosauria)を二つの主要なグループ，鳥盤類と竜盤類に分けた．これは，恥骨の向きの違いによって分けられたものである．竜盤類では恥骨が体の前の方を向く．一方，鳥盤類では，恥骨が後ろ，すなわち，尾の方に向いて伸びる(図5・9, 図5・10参照)．しかし，恥骨が前を向くという特徴は，もともとすべての四肢動物(Tetrapoda)が原始的な形質としてもっているのである．この形質が四肢動物として原始的な特徴であるということは，これを四肢動物の中に含まれるあるグループの単系統性を示す派生形質とすることはできない(3章)．

5章で説明したように，2017年に，恐竜類の分類を根底から覆す仮説が提唱された(Box 5・1参照)．これは，鳥盤類と獣脚類(Theropoda)がともに鳥肢類(Ornithoscelida)というグループにまとめられ，竜盤類には竜脚形類(Sauropodomorpha)とヘレラサウルス(*Herrerasaurus*)およびその近縁種が含まれるというものである．ヘレラサウルス(図5・7b参照)とその仲間が獣脚類の一部だとする説明を5章で見てきたのを覚えているかもしれない．ただし，基盤的な恐竜類は，原始的な状態から進化がそこまで進んでいないため，表徴形質を認識することがそもそも困難である．5章で紹介した恐竜の分け方が，最も適切で最節約的なものに落ち着くかは，誰にもわからない．将来的には，恐竜類を鳥肢類と竜盤類の二大グループに分けるとする方が確からしいことになるかもしれない．しかし，ボクシングでチャンピオンを撃破して初めてタイトルを奪取できるのと同様，この新しい仮説が決定的となるまでは，恐竜類を鳥盤類と竜盤類の二大グループに分けるというSeeleyが提唱した元々の仮説をタイトルホルダーのチャンピオンとして取扱っていくことにしよう．図Ⅱ・2に，竜盤類が単系統であるという現在まで広く理解されてきた分岐図を示す．

Ⅱ・2　竜盤類を竜盤類たらしめる特徴は何か

竜盤類は多くの派生形質によって特徴づけられている(図Ⅱ・2)．図Ⅱ・3にはそのうちの二つを示した．一般に，これらの形質は，このグループが物をつかむことができる手と力強い足を備えている傾向にあることを示している．

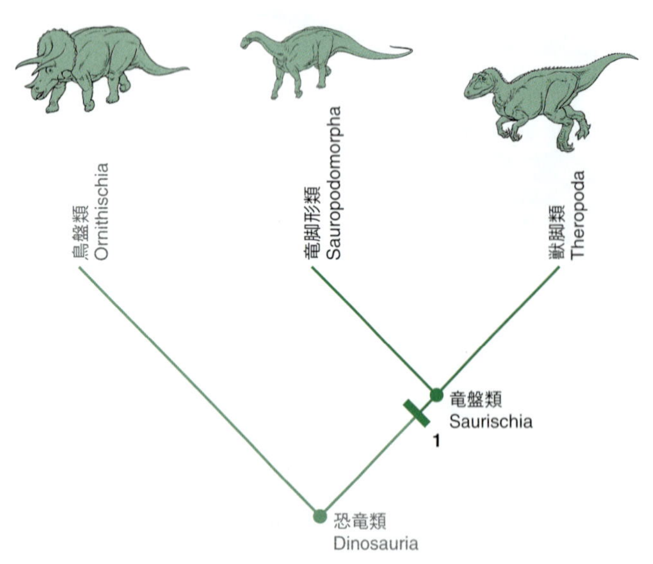

図Ⅱ・2　恐竜類(Dinosauria)の分岐図とともに，竜盤類(Saurischia)の単系統性を示す．派生形質は以下のとおり．

1. 長く伸びた頸椎，外鼻孔の前端に孔が広がること；前眼窩窓の後部まで涙骨が伸びていくこと；第2頸椎の間椎体(axial intercentrum)に環椎(第1頸椎)に面した凹状の関節面を形成すること；前位の頸椎が伸長すること；大きな手をもつこと；第Ⅴ遠位手根骨の喪失，手の第Ⅰ指の第1指骨がねじれること；中足骨が瓦状に重なり合うこと(図Ⅱ・3)．

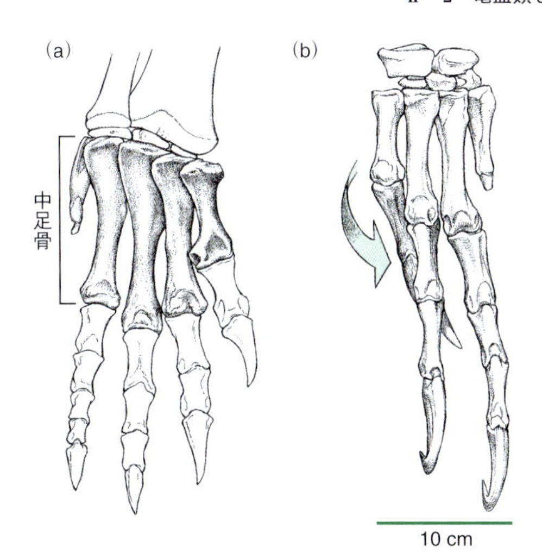

図Ⅱ・3　(a) 基盤的な"古竜脚類(prosauropods，側系統群)"のアンモサウルス(*Ammosaurus*)の足で，中足骨が重なり合う様子．(b) 手の第Ⅰ指(親指)が掌の方へ曲がる(掌屈する)様子．

手に関していうと，手が前肢の上腕・前腕を合わせた長さの半分ほどの大きさがあること；指が長いこと；第Ⅰ指(親指)が他の指とは異なる方向を向くが，単に手の外側に伸びていくのではなく，ややヒトの親指に近い形で，掌の方へ曲がる[*1]といった特徴があげられる．これは，手の形態が物を，とりわけ獲物をつかむためにデザインされていることを示す．足に関していうと，中足骨が互いにぴったりと合わさり，しっかりと関節していることから，歩行時に効率的に体重(重量)[*2]を支えることができただろう．また，最初期の竜盤類を含む肉食の仲間は，足を使って獲物をつかむこともできただろう．すべての竜盤類が肉食ではなかったが，進化の当初から，肉食への適応の片鱗を見せていたようである．

本書ではSeeleyの恐竜類の分類を踏襲することにする．この場合，竜盤類には，ギザギザした歯をもつことで名を馳せている肉食の獣脚類(Theropoda：*theros*野獣，*pod*足；6章〜8章)と，その姉妹群として，長い首をもつことで名を馳せている植物食の竜脚形類(Sauropodomorpha：*saur*トカゲ・竜，*pod*足，*morph*形；9章)に分けられる．

参考文献

Baron, M. G., Norman, D. B., and Barrett, P. M. 2017. A new hypothesis of dinosaur relationships and early dinosaur evolution. *Nature*, **543**, 501–505. doi:10.1038/nature21700

Gauthier, J. A. 1986. Saurischian monophyly and the origin of birds. *Memoirs of the California Academy of Sciences*, 8, 1–55.

Langer, M. 2004. Basal Saurischia. In Weishampel, D. B., Dodson, P., and Osmólska, H. (eds.) *The Dinosauria*, 2nd edn. University of California Press, Berkeley, pp.25–46.

Langer, M. and Benton, M. J. 2006. Early dinosaurs: a phylogenetic study. *Journal of Systematic Paleontology*, 4, 309–358.

Sereno, P. C. 1999. The evolution of dinosaurs. *Science*, **284**, 2137–2147.

Sereno, P. C., Forster, C. A., Rogers, R. R., and Monetta, A. M. 1993. Primitive dinosaur skeleton from Argentina and the early evolution of Dinosauria. *Nature*, **361**, 64–66.

Sereno, P. C. and Novas, F. E. 1992. The complete skull and skeleton of an early dinosaur. *Science*, **258**, 1137–1140.

＊1　獣脚類の手で親指が他の指と異なるつき方をする状態を，一部の古生物学者は"半対向性(semi-opposable)"と表現している．
＊2　訳注："体重"については9章脚注＊2 (p.172) 参照．

Chapter

6 獣脚類 I 血に染まった歯とカギツメ

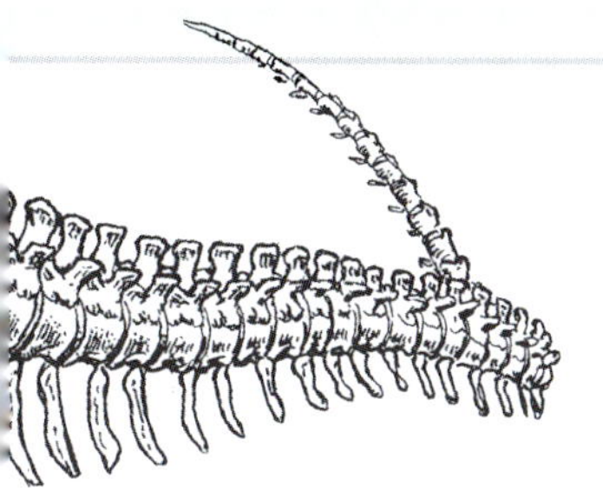

図 6・1　恐竜の王者，ティラノサウルス・レックス(*Tyrannosaurus rex*)

What's in this chapter

本章ではタイトルのとおり獣脚類 (Theropoda) を紹介する．獣脚類は，君たちが今までに見た最高の夢よりも美しく，最悪の悪夢よりも恐ろしい．このグループには，ティラノサウルス・レックスやハチドリが含まれる．本章では以下のことをざっくりと理解してもらいたい．

- 獣脚類とはどんな動物か
- 恐竜類における獣脚類の基本的な系統的位置づけ
- 獣脚類はどのように生き，そして絶滅していったのか

6・1 獣 脚 類

獣脚類流の肉の食べ方

肉食の恐竜は，ステーキナイフのようなギザギザの歯と，たくましいお尻，獲物をガッチリつかむことができる三日月形の鋭いカギツメを手足にもつようになる（図6・1）．このような特徴の組合わせにより，恐ろしくも多様な肉食動物が多く出現した．肉食の恐竜類といえば，獣脚類である．しかし，ほかにも食べ物の選択肢はたくさんあるのに，なぜ肉にこだわるのだろうか．**獣脚類**（Theropoda：*thero* 獣，*pod* 脚）は実に多様化しており，数多くの仲間がいる．以下に列挙したものはすべて獣脚類に含まれる：コエロフィシス上科（Coelophysoidea：*Coelophysis* 属，*-oidea* 上科），新ケラトサウルス類（Neoceratosauria：*neo* 新，*Ceratosaurus* 属），カルノサウルス類（Carnosauria：肉竜類：*carn* 肉，*saur* トカゲ・竜），テリジノサウルス上科（Therizinosauroidea：*Therizinosaurus* 属，*-oidea* 上科），オルニトミモサウルス類（Ornithomimosauria：オルニトミムス竜類：*Ornithomimus* 属，*saur* トカゲ・竜），オヴィラプトロサウルス類（Oviraptorosauria：オヴィラプトル竜類：*Oviraptor* 属，*saur* トカゲ・竜），トロオドン科（Troodontidae：*Troodon* 属，*-idae* 科），ドロマエオサウルス科（Dromaeosauridae：*Dromaeosaurus* 属，*-idae* 科），ティラノサウルス上科（Tyrannosauroidea：*Tyrannosaurus* 属，*-oidea* 上科），鳥類（Aves：*av* 鳥）．つまり，春の早朝にさえずる鳥はみな獣脚類恐竜なのだ．

獣脚類は，後期三畳紀からの長い進化史をもっている．そして，その一部である鳥は，6600万年前に迎えた白亜紀末の"恐竜"たちの"終焉"を乗り越えて私たちとともに生きている．しかし，本章では鳥類以外の（non-avian）あるいは鳥以外の（non-bird）獣脚類に着目し，鳥類の話は7章までとっておこう．

鳥類以外の獣脚類（以下，本章では"非鳥類獣脚類"，もしくは"獣脚類"と表記する）は，南極大陸を含むすべての大陸から発見されている．実際に"獣脚類"の化石は，あらゆる堆積環境から発掘されてきた．多くの場合，骨格は遊離したバラバラの状態で発見されているが，単一種のかつ非常に多くの個体の"獣脚類"からなるボーンベッドも知られている（後述"社会性：ティラノサウルスの雌雄差"の項参照）．

"獣脚類"には，ミクロラプトル（*Microraptor*）のように全長1 mに満たないものから，全長13 mに成長するティラノサウルス（*Tyrannosaurus*），それ以上になるカルカロドントサウルス（*Carcharodontosaurus*），ギガノトサウルス（*Giganotosaurus*），スピノサウルス（*Spinosaurus*）などがいる．"非鳥類獣脚類"は，このように多様な体サイズをもっていたが，おもに獲物を追跡，攻撃，捕食することに適応進化した結果のようだ．

獣脚類とはどんな奴らか？

獣脚類は，竜盤類（Saurischia）に属する単系統のグループの一つで，もう一つの単系統群である竜脚形類（Sauropodomorpha）を除くすべての竜盤類と言い換えることもできる．獣脚類の正式な定義を述べる前に，私たちにとって古くから馴染みの深いスズメ（*Passer*）に再び登場してもらおう．彼らも獣脚類の一員だ（図5・1参照）．獣脚類とは，竜脚形類とよりも，スズメとより近縁な共通祖先をもつすべての動物（図6・2）と定義することができる．この定義により，鳥は獣脚類に含まれることになる．

しかし，以前紹介したような包括的な定義をここでは使わないのはなぜだろうか．つまり，一方に派生的な獣脚類（スズメ），もう一方に原始的な獣脚類（"獣脚類恐竜"）を定義し，彼らに最も近い共通祖先のすべての子孫を"獣脚類"と定義すればよいではないか，と思う方もいるだろう．しかし，このような定義を使うと，最も初期の恐竜のうち，どれが獣脚類で，どれがそうではないかを見極めるのが難しくなってしまうのだ．そのため，獣脚類の定義を，"竜脚形類を除いたすべての竜盤類"とすることで，今後新しい化石が見つかって，獣脚類の定義について新しい解釈が生まれる余地を残しているのだ．

獣脚類は，カギツメをもつ二足歩行性の動物で，多くの仲

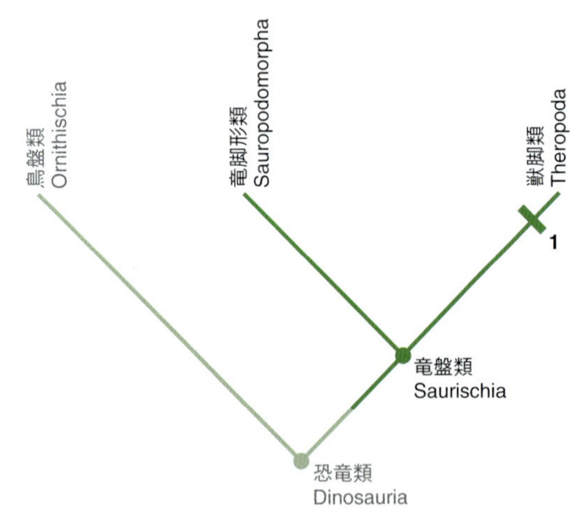

図6・2　獣脚類（Theropoda）の単系統性を示した恐竜類（Dinosauria）の分岐図．最初期の恐竜の系統的な位置づけについては明らかになっていない．たとえば，エオラプトル（*Eoraptor*），エオドロメウス（*Eodromaeus*），グアイバサウルス（*Guaibasaurus*），ヘレラサウルス（*Herrerasaurus*）などは，獣脚類であることを示す明確な表徴形質を見つけるのがとても難しい．ここでは，"獣脚類"の専門家であるエジンバラ大学のStephen Brusatteが2012年に示した特徴をいくつか紹介する．

1. 獣脚類（Theropoda）：薄く，鋸歯状の突起が縁に並んだ，湾曲したナイフのような歯（このような歯の形状をziphodontとよぶ）；上顎骨のなかで，前眼窩窓の前に，promaxillary fenestraとよばれるもう一つの孔が開くこと；物をつかむことのできる大きな手．

図 6・3 典型的な“大型獣脚類”の歯．後期ジュラ紀の肉食の“獣脚類”であるアロサウルス(*Allosaurus*)の遊離した歯．歯の前縁(写真の右側)に顕著な鋸歯が並ぶことがわかる．[© Naturhistorisches Museum Wien；Alice Schumacher 提供]

間が鋸歯とよばれるギザギザに縁取られた扁平な歯をもっているが，歯を喪失する進化も複数回起こった(図6・3)．また，すべての獣脚類は，中空の椎骨と四肢骨をもつという特殊な形質をもっていた．しかし，鋸歯やカギツメ，中空の骨をもつこと，そして二足歩行性といった特徴は，すべて恐竜形類の歴史よりも前から引き継がれた原始的な特徴である．これらの形質をもつことから，“一見”，獣脚類は鳥盤類など他の恐竜よりも“原始的”な生物に見えるかもしれない．しかし，分岐図を見てみれば，獣脚類が決して“原始的”な生物などではないことがわかるだろう（図6・2）．

6・2 “獣脚類”の生活

“獣脚類”には，一匹狼で，飢えた凶暴なティラノサウルス・レックス（*Tyrannosaurus rex*）のような動物が目の前を通過する植物食動物の群れに襲いかかるといったイメージがある．だが，実際はどうだったのだろうか．最も巨大なやつらが，最も凶悪なのだろうか．それよりも，群れをなして高い社会性をもち，非常に視力がよく，大きな脳をもち，獲物をつかむことができる手と肉を切り裂くことができるカギツメをもった俊敏な小型“獣脚類”こそが，中生代の悪夢のような存在であったことを数々の証拠が示唆している（図6・4）．そのほか，獣脚類には，足の速いオルニトミムス科（Ornithomimidae：*Ornithomimus* 属，*-idae* 科）や，図体のでかい植物食のテリジノサウルス上科(Therizinosauroidea)，現生のワニ程度の動物でさえもオードブルのメニューに加えていそうな魚食の巨大な動物もいた．このように獣脚類はさまざまな適応進化を遂げ，ついには飛行にも挑戦する仲間も現れた．

生きるために走る

ここまで，すべての恐竜が，走ることに適応（**走行性** cursorial）し，完全な下方型の後肢をもつことを紹介してきた．獣脚類では，これらの特徴が顕著に現れる．獣脚類は過去も現在も，私たちヒトと同じように，**完全二足歩行性**（obligate biped）であるため，歩行も走行も後肢だけで行っていた．がっしりとした構造の骨盤に支えられ，脊柱がほぼ水平になるようバランスを保つ姿勢をとっていた（図6・5）．骨格と行跡（1章）が示す証拠から判断すると，後肢は身体の側方に張り出さず，細身の胴体の真下に下ろしていたようだ．ガニ股の状態で左右の足をそれぞれそのまま前へ踏み出すのではなく，1本の線上を綱渡りするように正中線に沿って左右の足を交互に踏み出すように歩いていたようだ（図6・6）．

大部分の“獣脚類”は，足首から先の骨が相対的に長いこ

図 6・4 攻撃姿勢で復元された後期白亜紀の肉食の恐竜ヴェロキラプトル(*Velociraptor*)の骨格．[米国・カルフォルニア州，ロサンゼルス郡立自然史博物館(Natural History Museum of Los Angeles County)所蔵．ZUMA Press, Inc./Alamy Stock Photo]

図 6・5　福井県立恐竜博物館に展示されているアロサウルス・フラギリス(*Allosaurus fragilis*)の骨格．後肢を支点として，長い尾と，上下方向に高いが左右方向に平たい胴体と頭部が配置する．後肢が趾行性であることに注目してほしい．［D. E. Fastovsky 提供］

図 6・7　北米の後期ジュラ紀の“獣脚類”アロサウルス(*Allosaurus*)の大きな趾行性の右足．［オーストリアのウィーン自然史博物館(Naturhistorisches Museum Wien)所蔵．© Naturhistorisches Museum Wien；Alice Schumacher 提供］

図 6・6　米国・ユタ州の中期ジュラ紀のエントラダ層(Entrada Formation)から見つかった“獣脚類”の行跡化石．右足と左足の足印が限りなく正中に近づいている．このような素晴らしい一連の足印を見ると，行跡の残し主が軟らかい泥の上を歩いていく様子が目に浮かぶであろう．［写真：D. E. Fastovsky 提供］

とで後肢全体が長くなっており，脚にもう一つ余分な関節を追加している*1．足には 4 本の趾があり，うち 3 本の趾が接地し，体重（重量）*2 を支えるのに使われ，第 I 趾は足の側面に蹴爪のようにくっついているだけだ．このように，足の甲の裏側をべったりと地面につけずに趾だけが地面に接するような歩行姿勢を**趾行性**(digitigrade)とよぶ(図 6・7)．この姿勢が三本趾の特徴的な足跡を残したのだ(図 1・5 参照)．一方，ヒトの足は，バレエを踊っているときは別として，爪先立ちではなく，足の甲の骨と踵の方に荷重をかけて体が支えられている．私たちがとるような姿勢を**蹠行性**(plantigrade)とよぶ．“獣脚類”の体サイズと脚のプロポーションには興味深い関係があり，小型から中型の“獣脚類”の後肢は，より細長く，大腿部（大腿骨）は下腿部（脛骨）の長さに比べると短いつくりをしている．これは，まさに足の速い二足歩行動物の特徴である（図 6・8）．

“獣脚類”は間違いなく走行性の動物だ！

しかし，“獣脚類”は実際のところ，どの程度走行に適応していたのだろうか．後肢の骨の長さの比率をもとに走行速度を計算すると，最も速い“獣脚類”では時速約 40～60 km に達したと見積もられる．この数値を裏付ける行跡化石が見つかっている．たとえば米国・テキサス州から見つかっている白亜紀の足跡化石は，時速 30～40 km の速度で足音をとどろかせて走ったためにできたとされる（13 章）．もちろん，大部分の“獣脚類”は常に全速力で走っていたわけではない．米国・コネチカット州の前期ジュラ紀の行跡の事例では，“獣脚類”が時速 4 km で湖畔をのんびりと散歩していたことがわかっている．

大型の“獣脚類”の場合，映画のシーンのようにジープを

---

*1　バレエのポワント(つま先立ち)と少し似ているが，“獣脚類”では体重(重量)を支えるのに使われる 3 本の趾のうち，先端の鋭いカギツメだけで全体重を支えることはない．〔訳注：バレエのポワントのように，趾の末端部だけで体重を支える歩行姿勢を，蹄行性(unguligrade)とよぶ．趾行性(digitigrade)は，普通に背伸びをするときのように踵や足の甲の裏側は浮かせるが，趾の裏側を地面につけるような歩行姿勢である．〕
*2　訳注：“体重”については 9 章脚注 *2 (p.172)参照．

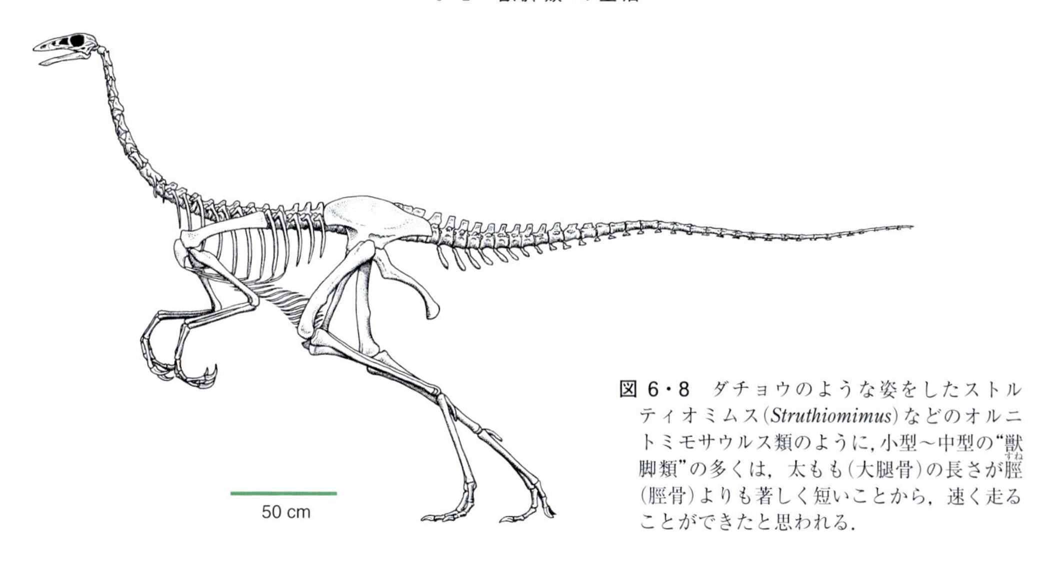

図 6・8 ダチョウのような姿をしたストルティオミムス(*Struthiomimus*)などのオルニトミモサウルス類のように，小型〜中型の“獣脚類”の多くは，太もも(大腿骨)の長さが脛(すね)(脛骨)よりも著しく短いことから，速く走ることができたと思われる．

追い抜くことはできなかっただろう．ドシドシと雷音をとどろかせて走ったことを示す巨大な“獣脚類”の行跡化石は知られていない．コンピューター上のシミュレーションによると，時速 50 km 程度を出すためには，グロテスクなほど過剰にマッチョな脚の筋肉が必要であったと考えられる．妥当な範囲で筋肉のバランスを考えると，最大級の“獣脚類”は時速 40 km を超えることはできなかったと思われる．

ここまで，“獣脚類”がいかに走行適応しているかを紹介してきたが，彼らがどうやって飛行能力を獲得していったかについては，7 章と 8 章で紹介する予定だ．さらに，1 章でも登場したように，そう頻繁にすることはなかったかもしれないが，穴を掘ることができた仲間もいたと考えられている．スピノサウルスの仲間が水陸両棲だったということはいうまでもないが，スペインで見つかった中型の“獣脚類”の行跡から，少なくとも一部の種が泳げたことがわかっている．“獣脚類”はさまざまな運動様式を獲得していたのだ．

手足とカギツメ

後肢について，現代型の鳥（新鳥類 Neornithes(ネオルニテス)）と同様，“獣脚類”の物をつかむことができる力強いカギツメを備えた足は，移動運動のためだけでなく，捕食のための武器としても重要な役割を果たしていたに違いない（図 6・9）．このような足の特殊化は，ドロマエオサウルス科 (Dromaeosauridae) とトロオドン科 (Troodontidae) で最も洗練されていた．彼らの第Ⅱ趾のカギツメは，とりわけ巨大で湾曲し，鋭く尖っており，大きな弧を描くように動かすことができた．ふだん歩いたり走ったりする際にはこのカギツメを反り返らせるように持ち上げるなどして，先端が摩耗したり折れたりするのを防いでいたのだろう．しかし，いざというときには，カギツメを前に撃ち出し，脚全体で力強いキックを生み出し，不運にも獲物となった動物の腹部に食い込ませ，素早い一撃で臓物を引出すのに用いたのではないかと一部の古生物学者は考えている（図 6・9）．だが，この仮説に異論を唱える研究者もおり，カ

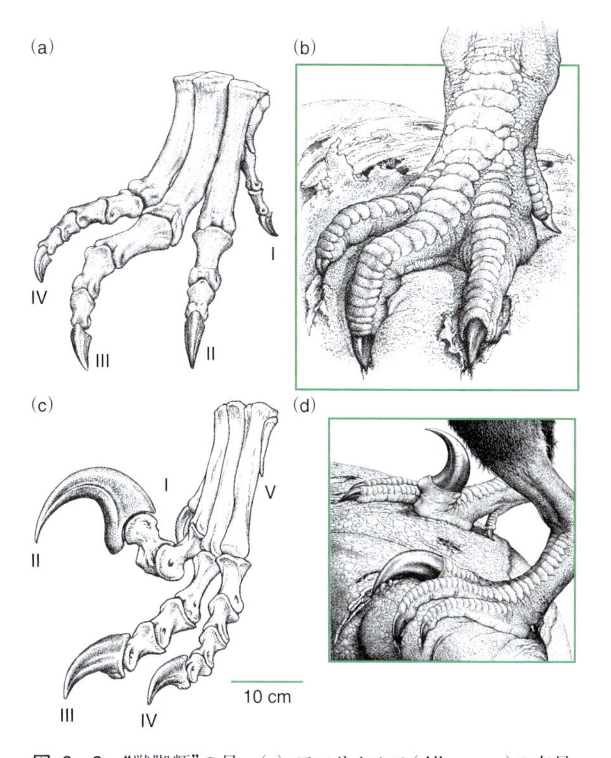

図 6・9 “獣脚類”の足．(a) アロサウルス(*Allosaurus*)の右足の骨格，および (b)“非鳥類獣脚類”の足がどのように使われていたかを示した復元図，そして (c) 第Ⅱ趾の大きなカギツメが際立つ，デイノニクス(*Deinonychus*)の左足の骨格，および (d) その足をどのように使っていたかを示した復元図．

ギツメは攻撃よりも，獲物をつかむのに使われていただろうと主張している．いずれにしろ，彼らのカギツメと相対するときは，美しき友情を予感させるようなものではなかったのは確かだ．

図 6・10　アロサウルス（*Allosaurus*）の三本指の右手を内側から見たところ．第 I 指は，他の指とやや向かい合って配置しているため，物をつかむことができたと考えられる．進化したドロマエオサウルスの仲間では，物をつかむ能力がさらに発達している．［© Naturhistorisches Museum Wien; Alice Schumacher 提供］

大部分の“獣脚類”の前肢は，強い腕と，器用な三本指の手をもつことで特徴づけられる，ただし，一部の原始的な“獣脚類”は第 V 指を消失したものの，残りの 4 本の指を備えていた．一方，ティラノサウルス上科で特に有名だが，一部の非常に派生的な仲間はたった 2 本の指しかもっていなかった．二本指の手をもつ“獣脚類”は，第 I 指と第 II 指

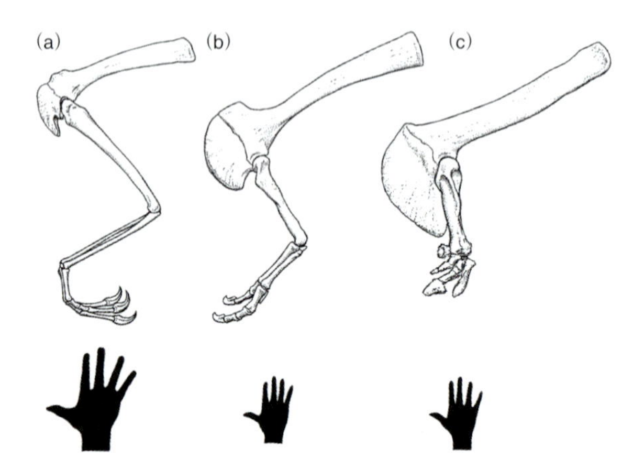

図 6・11　左前肢の骨格．(a) ストルティオミムス（*Struthiomimus*），(b) ティラノサウルス（*Tyrannosaurus*），(c) カルノタウルス（*Carnotaurus*）．ヒトの手を大きさの比較のために入れている．〔訳注：(c)のカルノタウルスについて，ここには描かれていないが，実際は非常に短い前腕骨格（橈骨，尺骨）がある．〕

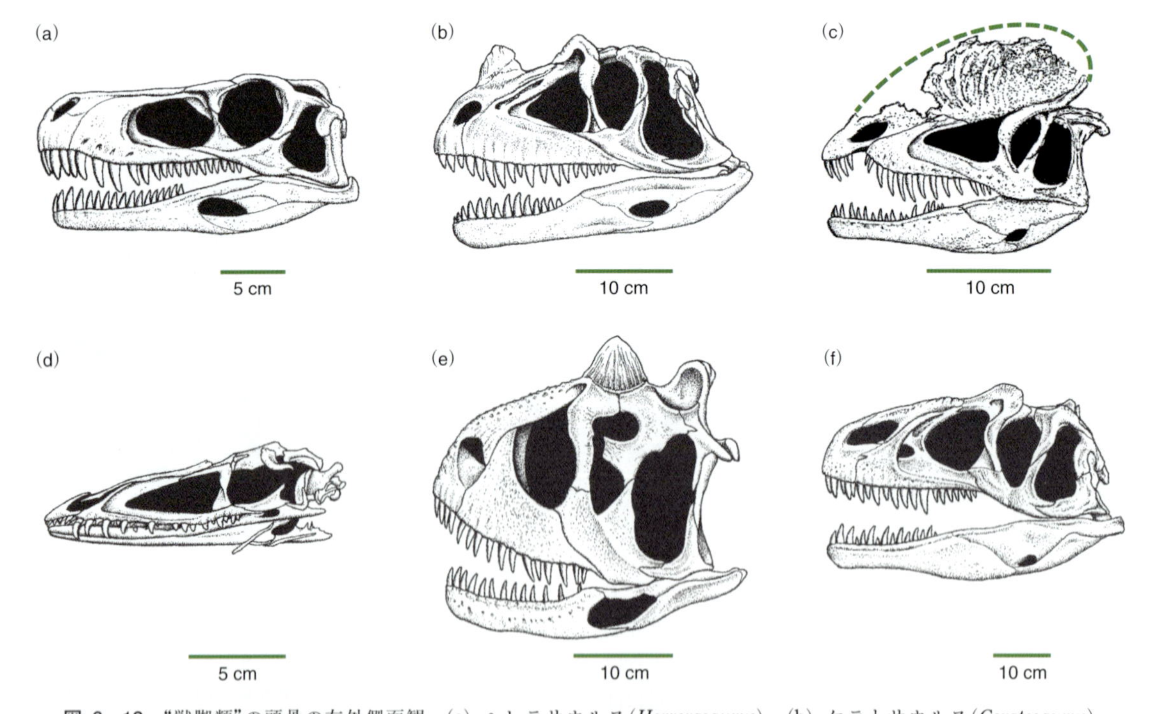

図 6・12　“獣脚類”の頭骨の左外側面観．(a) ヘレラサウルス（*Herrerasaurus*），(b) ケラトサウルス（*Ceratosaurus*），(c) ディロフォサウルス（*Dilophosaurus*），(d) コエロフィシス（*Coelophysis*），(e) カルノタウルス（*Carnotaurus*），(f) アロサウルス（*Allosaurus*）．

だけが残っているものもいれば，第Ⅱ指と第Ⅲ指だけが残っているものもいた（7章）．一般に，“獣脚類”の3本の指は，第Ⅰ指(親指)，第Ⅱ指，第Ⅲ指であり，これらの指はいずれも長く，大きく広げて伸ばすことができ，先端には強力なカギツメがついている．ヒトの親指のように，“獣脚類”の第Ⅰ指も他の指とやや向かい合うように配置しており，親指を掌の上に折り重ねることができる．このような手の形は物をつかむための機能があったことは間違いない（図6・10）．

ティラノサウルス上科（Tyrannosauroidea）のように手が口まで届かないほど短い前肢をもつことで有名な，高度に特殊化した大型の“獣脚類”もいた．しかし，このような“獣脚類”でさえ，前肢の骨は頑丈で，指の先端に大きなカギツメをもっていたことから，これらが積極的に使われていたと考えられる．一方，カルノタウルス（*Carnotaurus*）とその近縁種の小さな腕と手は，手骨格の骨が減少し，前肢が**退化**（vestigial）していたと考えられる，退化とは，進化の過程でその動物がもう使うことがなくなった，痕跡的な器官ということである（図6・11）．

歯と顎

多くの肉食動物がそうであるように，肉食の“獣脚類”は体サイズに対して頭が大きくなる傾向にある．頭部が最も大きくなる種では，頭骨長が1.75 mにもなる．一般に“獣脚類”の頭骨は，一見すると恐竜以外の鳥頸類(オルニトディラ)(Ornithodira)と似ている．しかし，実際は“獣脚類”のなかでも頭骨の形態に違いがある．たとえば，ティラノサウルス上科は頑丈で，下顎も含めて上下に高さがあったことから，力強く咬みつくことができたと考えられている．一方，それ以外の仲間は，カルカロドントサウルス（*Carcharodontosaurus*）のような大型の“獣脚類”であっても，比較的軽量化した頭骨をもっていた（図6・12，図6・13）．歯のないオルニトミモサウルス類（Ornithomimosauria）や，歯をもっているが肉食ではないテリジノサウルス上科（Therizinosauroidea）など，肉食ではない“獣脚類”は相対的に小さな頭骨をもっていた．

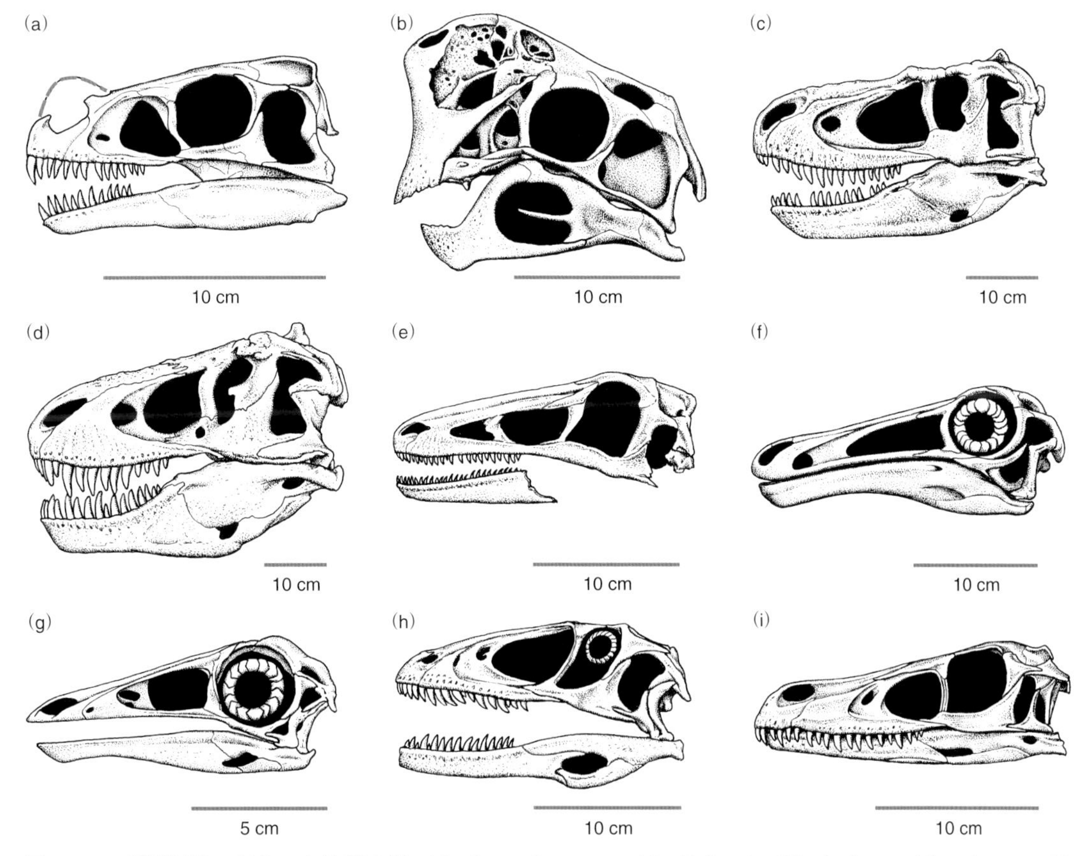

図6・13 “獣脚類”の頭骨の左外側面観．(a) オルニトレステス(*Ornitholestes*)，(b) オヴィラプトロサウルス類(Oviraptorosauria)の一種，(c) アルバートサウルス(*Albertosaurus*)，(d) ティラノサウルス(*Tyrannosaurus*)，(e) サウロルニトイデス(*Saurornithoides*)，(f) ガリミムス(*Gallimimus*)，(g) ドロミケイオミムス(*Dromiceiomimus*)，(h) デイノニクス(*Deinonychus*)，(i) ヴェロキラプトル(*Velociraptor*)．

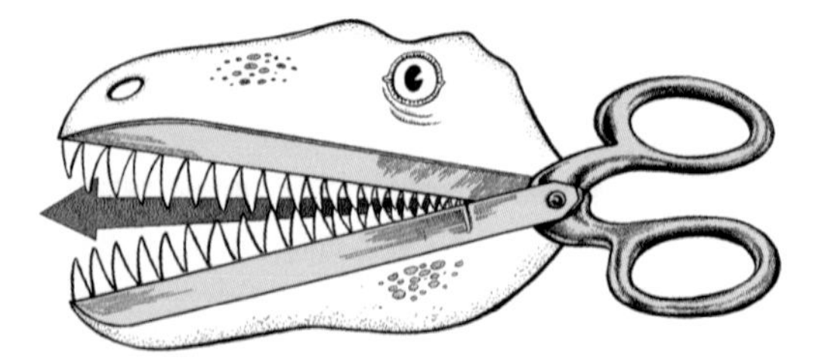

図 6・14　肉食の“獣脚類”の口は，切り裂くことに使われる歯と回転軸となる顎関節の位置関係が，はさみのデザインとよく似ている．

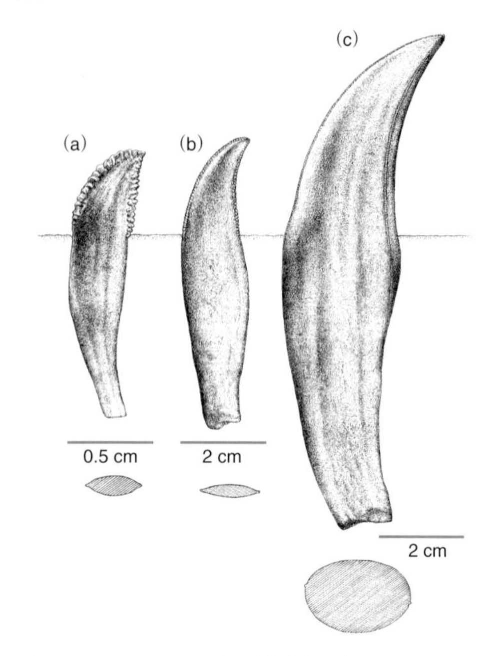

図 6・15　さまざまな“獣脚類”の歯の側面および断面の比較図．(a) 通常の“獣脚類”の鋸歯よりも，大きな突起(歯状突起)が並ぶトロオドン(*Troodon*)の歯，(b) 肉を切り裂くための弓のこ刃のようなドロマエオサウルス(*Dromaeosaurus*)の歯，(c) 骨を咬み砕くためのティラノサウルス(*Tyrannosaurus*)の丸く太い歯．

“獣脚類”の歯（歯をもっている種に限る）は，両側面が扁平になっており，後方に反りかえるように**湾曲**(recurve)し，先端がとがっていて，縁がギザギザした鋸歯になる傾向がある（図 6・3）．歯列と同じ高さに顎関節があるため，口を閉じると，はさみのように後方から前方に向かって切り裂いていく効果があった（図 6・14）．こういった形状の歯は，獲物を突き刺したり，切り裂いたりするのに適しているが，獲物を咀嚼（そしゃく）するのには適していない．咀嚼については，Ⅲ部でじっくり説明するが，ここで一つ述べておこう．咀嚼とは哺乳類と鳥盤類恐竜でそれぞれ独自に発達した特殊な摂食様式であり，四肢動物の多くはおろか，大部分の脊椎動物はほとんど食物を咀嚼しない．そういった意味で，“獣脚類”がわざわざ咀嚼能力と，それに伴って歯や顎の形態を適応させてこなかったことに驚くべき点はない．

獲物を捕らえるのに用いた歯は，先端がとがり，反り返るように湾曲し，鋸歯で縁取られて上下の顎に並んでいた．さらに歯が後方に反り返ることで，獲物を口から逃さずに押さえつけることができただろう．また，“獣脚類”の歯は，顎の後方にいくほど反り返り，顎の前方では真直ぐに伸びる傾向にある．これは，顎を閉じたときに獲物を突き刺すのに最も効果的な歯の形と配列になっているようだ．ヴェロキラプトル（*Velociraptor*）のような小型の“獣脚類”の歯は，大きく鋸歯の先端がとがっていて，歯の断面も薄くなっていたため，弓のこ刃のように食物を薄切りに咬み切ることができただろう（図 6・15b）．歯の表面のエナメル質を構成する生体鉱物の結晶は，単純な配列をしており，特定の方向から加えられる力に対する強度が高いつくりをしている．このことから，歯には，食物を切り裂く際のように一定方向の力が加わることで均一な応力が歯の中に分布していたことを示しており，暴れる獲物を押さえつける際に加えられるような複雑な力がかかることで不均一な応力を受けることには適していなかった．

一方，ティラノサウルス上科の歯はその真逆で，歯の断面は厚く，歯の縁には先端が丸い鋸歯が並んでいた．このことから，これらの歯は食物を切り裂く機能は低いが，獲物を咬む力は強く，より高い強度をもちさまざまな方向から加えられる複雑な力に耐えられただろう．したがって，必死にもがく獲物と格闘するようなこともできただろう（図 6・15c）．ティラノサウルス上科の歯のエナメルの結晶は複雑な配列をもっていることから，骨を砕く際などに生じるさまざまな方向からの力に対する歯の強度を高めていることが示唆される（後述参照）．さらに謎深き歯をもつのは，トロオドン科である．トロオドン科は，強く，鋭いカギツメを備えた手足をもつことから肉食であると考えられているが，彼らの歯には，通常の小さなギザギザした鋸歯ではなく，とりわけ大きな丸っこい**歯状突起**(denticle)をもっていることから，一部の古生物学者は，不完全ながらも植物食に適応していたのではないかと考えている（図 6・15a）．

“獣脚類”の頭骨や歯の形態にみられる違いは，おそらく彼らの咬みつき方も多様であったことを示している．近年，“獣脚類”の頭骨構造について，CT スキャンとコンピューター上での応力解析を組合わせた研究が盛んに行われている（図 6・16）．たとえば，比較的軽量な構造の頭骨をもつアロサウルス（*Allosaurus*）の場合，顎の筋肉の力だけで獲物の肉を切り裂くのではなく，力強い首の筋肉で頭を打ち下ろして獲物に切りかかり，肉を引き裂いていたと考

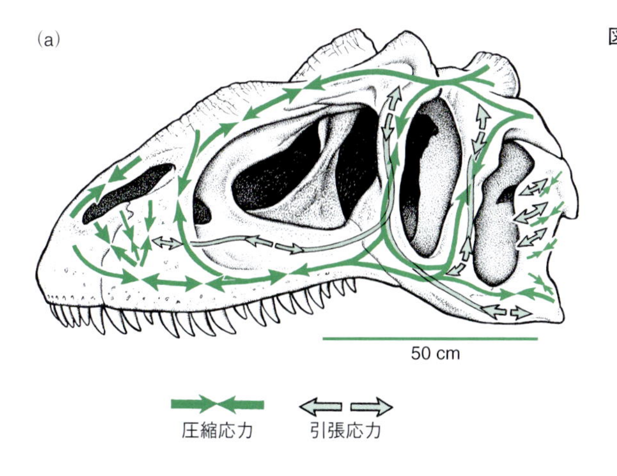

図 6・16 筋肉を復元する試み．(a) アロサウルス(*Allosaurus*)の頭骨を有限要素法で応力解析した結果を示した図．矢印は咬みついたときに骨の中に生じる応力の方向を示す．(b) 肉食の“獣脚類”マジュンガサウルス(*Majungasaurus*)の頭骨上に復元された顎の筋肉．A は頭骨とその中に収まっている筋肉を描いた顎の全体図．B は一番手前の骨(頬骨や方形骨など)を切り取って，さらに表層の筋肉を剝がし，深層の筋肉を示した図．筋肉の作用は引っ張ることしかできないため，顎には互いに拮抗する作用の筋肉がある．つまり，一方の筋肉が収縮すると他方が引き伸ばされるというように，互いに作用しあっている．内転筋(adductor muscle)が収縮すると顎が閉じ，下制筋(depressor muscle)が収縮すると顎が開く．ご想像どおり，顎を閉じる筋肉の方が，顎を開く筋肉よりも大きい．CT スキャンで得られた恐竜の頭骨の三次元形状と，恐竜に近縁である現生種(鳥とワニ)との比較解剖に，有限要素法による応力解析を組合わせること(たとえば“extant phylogenetic bracketing”; Box 6・1)で，筋肉の配置を限りなく正確に復元することができる．[Holliday(2009) と Brusatte(2012) より改変]

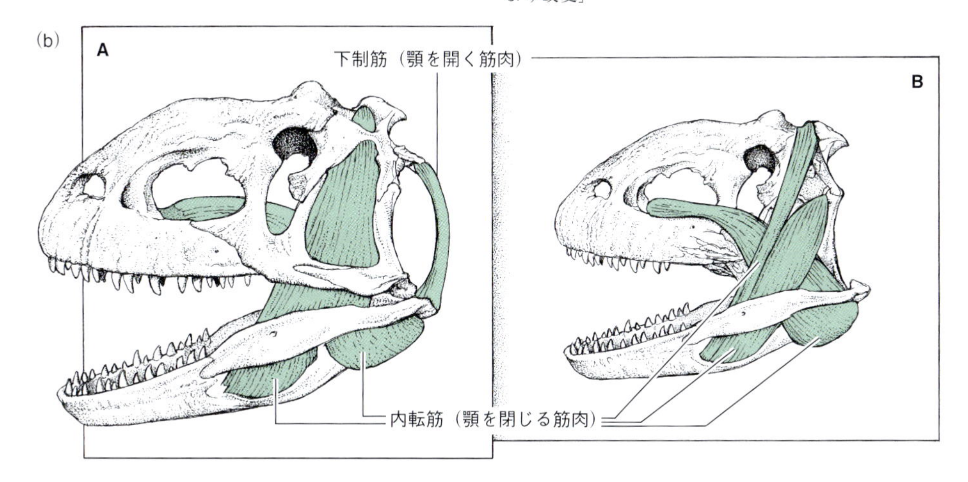

えられている．獲物に打ち込んだ頭を首で後ろに引っ張ることで，歯が肉を切り裂くことになる．この裂傷で獲物がすぐに死ぬことはなかったであろうが，血が失われ，おそらく細菌の感染がひき起こされることで致命的なダメージとなったかもしれない．軽量にできた頭骨と刃のような薄い歯をもった恐竜の必殺技の一つとして，追跡・待ち伏せ戦略をとっていたかもしれない．

図 6・17 ティラノサウルス(*Tyrannosaurus*)の上顎の歯の左外側面観．[© Naturhistorisches Museum Wien; Alice Schumacher 提供]

対称的に，ティラノサウルス上科（図 6・13d, 図 6・17）と，カルノタウルス（*Carnotaurus*）（図 6・12e）のようなアベリサウルス科（Abelisauridae）では，太い歯と，より大きくがっしりと構築され高さのある頭骨で，獲物の骨を砕き息の根を止める一撃を生み出しただろう．また，獲物の吻部や首を上下の顎でしっかり挟んで押さえ込むことで獲物を窒息死させるようなこともしたかもしれない．このような攻撃方法の仮説は，彼らのような捕食者がもつ大きく開く力強い顎や，ずんぐりとした歯の形態とも整合する．さらに強靱な首の筋肉が大きな頭部を支えていた．何より，どの獣脚類も，首の一番前に位置する第一頸椎と関節する頭骨の後頭顆がボール状に丸くなっていることから，首と頭骨の間に高い可動性があったことは間違いないだろう（Box 6・1）．

歯を失った獣脚類 極端な歯の数の減少や消失は，

“獣脚類”の進化の中で少なくとも２回，鳥では３回起こっている．“獣脚類”のなかで歯を喪失したグループの一つ目がオルニトミモサウルス類（Ornithomimosauria）である．小さな頭骨と長い脚をもつその姿は，まるで長い尻尾をもったダチョウのよう（図６・８）であり，基盤的な１属を除き，彼らには歯がまったくない（図６・13f, g）．オルニトミモサウルス類は，**クチバシ**（beak）をもっており，ガリミムス（*Gallimimus*）の場合，クチバシの縁にギザギザとした突起が並んでおり，こし器のようになっていた．この機能については議論されてきたが，一説には現生のアヒルのように水中で餌をこし取っていた可能性が示唆されている．クチバシの縁の構造に関して，もう一つの解釈としては，こし器としての機能は低く，むしろ引きちぎりにくい繊維質の植物をすりつぶすのに適していたのではないかという説もある．どちらの仮説にしろ，オルニトミモサウルス類は，**無歯**（edentulous）の顎をもっていたのは事実だ．

オルニトミモサウルス類は，歯の代わりに**胃石**（gastrolith）をもっていることが知られている．口の中で食べ物を小さく噛み砕いて咀嚼する代わりに胃石を飲み込み，筋肉質の**砂嚢**（gizzard）の中に胃石を蓄えていた．そして，飲み込みはしたものの，噛み切ることができなかった植物片を，砂嚢の中の石ですりつぶすことで消化の効率を高めた（図６・18）．彼らは，力強いカギツメのついた手と，一流ランナーとしての能力を兼ね備えていることから，アヒルのような水陸両棲の生活様式よりも，むしろ陸棲に特殊化していたと考えられる．クチバシをもったオルニトミモサウルス類は，現生の植物食の鳥のように，胃石を敷き詰めた砂嚢の中で植物繊維をすりつぶしたであろう．

二つ目の無歯性の“獣脚類”のグループは，オヴィラプトロサウルス類（Oviraptorosauria）である（図６・13b, 図６・19, 図７・18 参照）．頭骨は前後にとても短く，スカスカに大きな穴が開き，顎の筋肉がよく発達していた．短い上顎には，口蓋の正中線上のちょうど真ん中に“くい”のような突出がある．オヴィラプトロサウルス類の頭骨の構造に関する研究から，彼らの上下の顎が，ハマグリやカキ，イガイなどの堅い殻を挟み割って食べるためにデザインされていることがわかった．この仮説によると，オヴィラプトロサウルス類はおそらく，力強い顎の筋肉を用いて，口の縁を覆うとがったクチバシや，口蓋の中央に位置する丈夫な“くい”に力を加えることで貝殻を破壊し，中身を食べていたと考えられる．しかし，７章で紹介するように，オヴィラプトロサウルス類がその特殊な頭骨を用いて何をしていたのかは，未解決のままである．

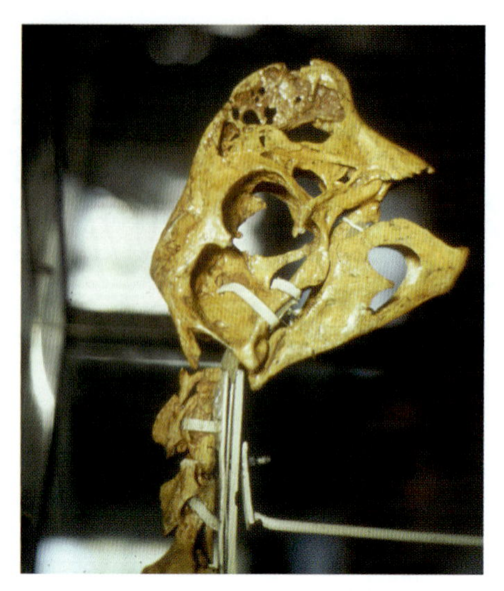

図 6・19　後期白亜紀のモンゴルの“獣脚類”であるオヴィラプトロサウルス類(Oviraptorosauria)の一種の頭骨．歯をもたず，箱のような形をした頭骨をもつ．［D. E. Fastovsky 提供］

図 6・18　胃石．［© Naturhistorisches Museum Wien; Alice Schumacher 提供］

感覚器官

獲物を見つけ，追跡するために，“獣脚類”は自らがおかれている環境を鋭く認識する必要がある．**脳のエンドキャスト**（brain endocast）や，最近では CT スキャンによる脳函内部の復元ができるようになった（図６・20, Box 11・1 参照）．そのおかげで，恐竜がどのように周囲の環境を知覚していたのかを知ることができるようになってきた．脳は感覚器官の中枢を担っているため，鳥やワニのように，その行動様式と脳の形態との関連性や脳の発達部位がわかっている，“恐竜”に近縁な現生動物と比較することで，恐竜の脳のどの感覚をつかさどる部分が大きくなっているかを調べ，感覚器の発達度合いを推測することができる(Box 6・1)．

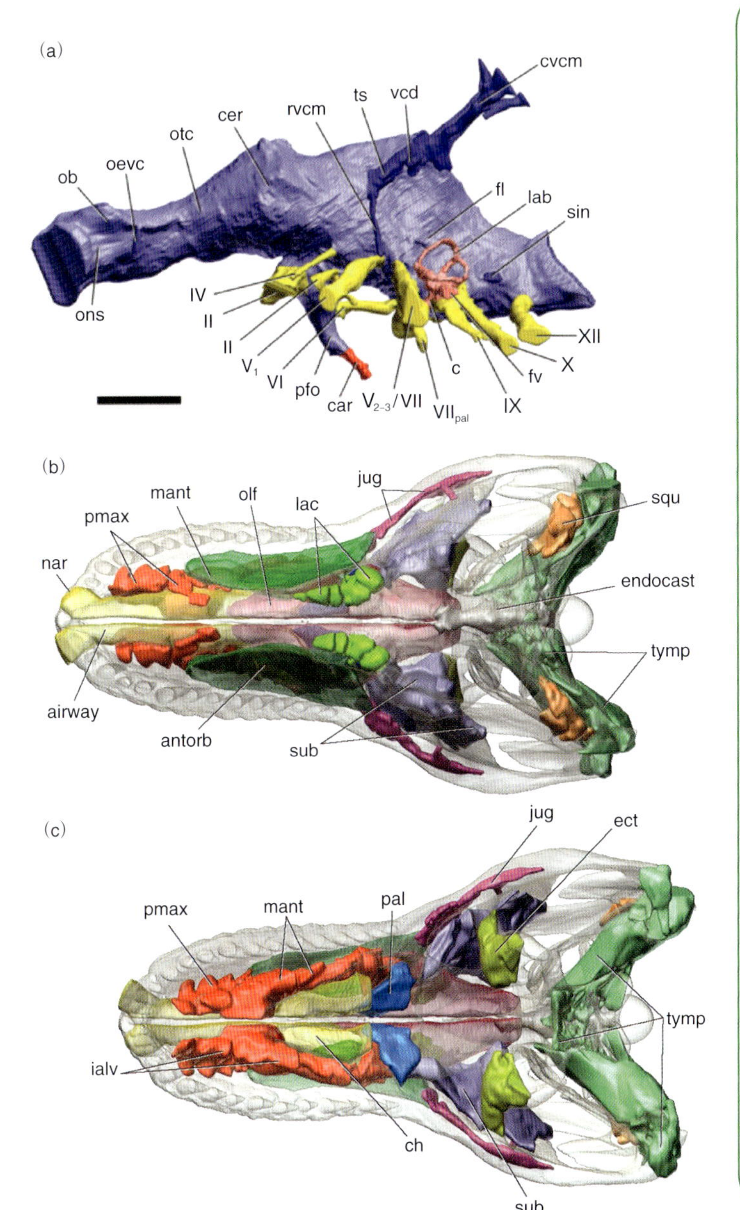

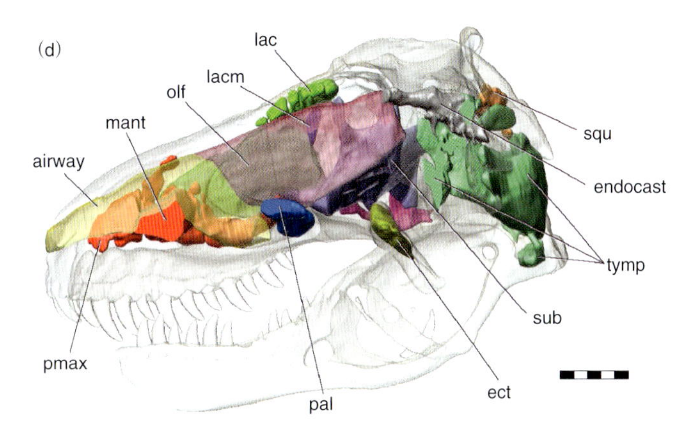

略語 airway：鼻気道
antorb：antorbital sinus 前眼窩骨洞
c：cochlear duct 蝸牛管
car：cerebral carotid artery 大脳頸動脈
cer：cerebral hemisphere 大脳半球
ch：choana 後鼻孔
cvcm：caudal middle cerebral vein 深中大脳静脈
ect：ectopterygoid sinus 外翼状骨洞
endocast：脳のエンドキャスト
fl：flocculus 片葉
fv：fenestra vestibuli 前庭窓（卵円窓）
II～XII：第 II～第 XII 脳神経
ialv：interalveolar sinus 槽間洞
jug：jugal sinus 頬骨洞
lab：endosseous labyrinth 骨内迷路
lac：lacrimal sinus 涙嚢
lacm：medial lacrimal sinus 涙嚢内側部
mant：maxillary antral sinus 上顎洞嚢
nar：nostril 鼻孔
ob：olfactory bulb 嗅球
oecv：orbital emissary brain canal 眼窩の導出静脈
olf：olfactory region of the nasal cavity 鼻腔の鼻粘膜嗅部
ons：sulcus (depression) for olfactory nerve branches and associated vessel 嗅神経およびそれに付随する血管が通る孔
otc：olfactory tract cavity 嗅索
pal：palatine sinus 口蓋骨洞
pfo：pituitary fossa 下垂体窩
pmax：promaxillaly sinus 上顎洞前部
rvcm：rostral middle cerebral vein 吻内側大脳静脈
sin：blind dural venous sinus of hindbrain 後脳の硬膜静脈洞（非表示）
squ：squamosal sinus 鱗状骨洞
sub：suborbital sinus 眼窩下洞
ts：transverse sinus 横静脈洞
tymp：middle ear cavity 内耳腔
vcd：dorsal head vein 硬膜静脈洞

図 6・20 現代の最新技術のCT撮像データで可視化された立体構築復元の精細さは驚異的だ！ (a) CTスキャンにより復元されたティラノサウルス・レックス(*Tyrannosaurus rex*)の脳の左外側面観．スケールバーは4 cm．(b) CTスキャンにより復元されたティラノサウルス・レックス頭骨の背側面観．鼻腔が非常に複雑な形態をしていることから，比較的よく発達した嗅覚をもっていたことがわかる．(c) 腹側面観．(d) 左外側面観．(b)～(d)のスケールバーは20 cm．頭骨解剖用語の略語は，図の右上の囲みを参照．脳神経については Box 11・1参照．[L. M. Witmer 提供，(a) Witmer, L. M., Ridgely, R. C. 2009. *The Anatomical Record*, 292, 1266–1296]

Box 6・1 骨格にお肉をのせていく… extant phylogenetic bracketing 法の活用

本章と次章では，ギリギリ（歯ぎしり），グサグサ（カギツメによる斬撃），ゴツゴツ（特異的な頭骨），ボリボリ（骨を砕く），ムシャムシャ（植物食）についての話がたくさん出てくる．もちろんこれらの話には筋肉が関わってくる．しかし，どのくらいの量の筋肉が体のどこに配置されているのか，どうやってわかるのだろうか．

骨格が体を支えるというのは，よく聞かされる話だろう．骨格がなければスライムのように地面の上で，ただプルプルと震えているしかできないだろう．これは大まかには正しいのだが，たとえば長い距離を歩いたときに，背中の筋肉が疲れる理由の説明にはなっていない．骨格は本当に体の支えとなっているのだろうか．

実は，体を支えているのは骨格ではなく，筋肉なのだ．骨格は，筋肉の付着部位となり，適切な位置で支えとなり，筋肉が重い物を持ち上げる．しかし，ずっと昔に死んで筋肉がもう残っていない絶滅動物では，どうやって筋肉を復元すればよいのだろうか．

この場合，まずは相同性から考えていく．骨格が系統の歴史を反映しているのであれば，筋肉にも同じことがいえるはずだ．つまり，骨と同じように，筋肉や筋肉群の種別は（ときに変化しているが，まったく変化していないこともある），相同性からその系統関係を追跡することができるということだ．

この前提の上に立つと，“非鳥類恐竜”の筋肉について知りたかったら，まずは，これに近縁な現生グループを二つ選び，その筋肉の付着位置と機能を理解するところから始めるとよい．“恐竜”の場合，鳥とワニがそれにあたるが，これらに加えて，主竜類から遠く離れた系統のトカゲや哺乳類も調べる必要がある．このプロセスによって，筋肉の相同性を確かめることができ，さらにはその機能も推測していくことができる．この手法を用いて，近縁の現生種で知られている筋肉の配置から，絶滅した動物がどのような筋群をもっていて，そしてそれらがどのように機能していたかを類推して復元していく．絶滅種は分岐図上で最も近縁な現生（extant）種によって系統的に（phylogenetic）囲い込まれる（bracketed）ことから，この手法は extant phylogenetic bracketing とよばれている．

ご存知のとおり，骨格は筋肉を支えている．したがって，必ずというわけではないが，一般に骨格の形は，そこに付着する筋肉が加える力によって骨の内部に発生する応力に対応できるつくりになっている．応力が特に集中する箇所では，骨は大きくなり，厚くなる．また，そのような箇所は一般に骨に顕著な隆起がみられる．つまり，骨の形は，その中に発生する応力分布を反映しているともいえるのだ．さらに，骨格に筋肉が付着する箇所には，“筋痕(muscle scar)”が残る．そのため，骨格の形態情報と“phylogenetic bracketing”を組合わせることで，どの筋群がどこからどこまで通っていたのか導き出すことができる．この手法で鍵となるのは，破壊や摩耗されていない保存状態のよい骨格を使うことである．そこで，CT スキャンのような新しい技術（図 6・20）が重要だ．CT スキャンを用いることで，ゆがみのない恐竜の骨格の三次元画像を高解像度で得ることができる．

中生代の巨大な“獣脚類”の完全な筋肉の配置は誰も見たことがない．しかし，“extant phylogenetic bracketing”の手法のおかげで，図 B6・1 に示したような筋の復元をかなり正確に描くことができるのだ．

この Box では，骨格の上に筋肉を復元していく方法を紹介したが，“extant phylogenetic bracketing”は筋肉を復元するためだけに使われる手法ではない．たとえば，化石として保存されることが少ない軟組織の解剖学的特徴と機能を理解する方法としても使われており，恐竜やその他の絶滅動物について，より多くの情報を得ることができる．本書では，骨格の解剖学的特徴だけでなく，絶滅した恐竜の生活様式を理解するため，この手法が随所に使われている．

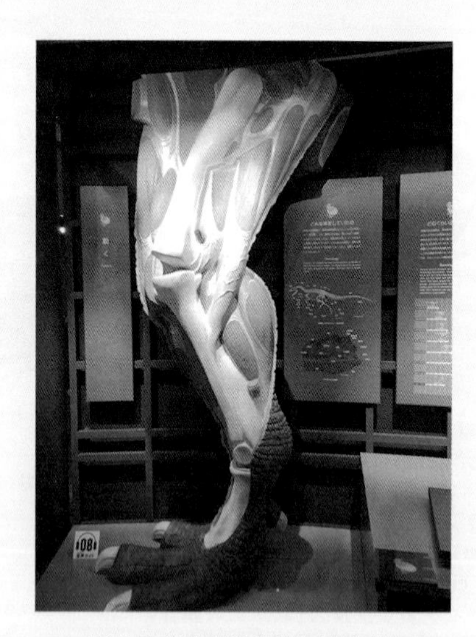

図 B6・1 福井県立恐竜博物館に展示されているティラノサウルス（*Tyrannosaurus*）の筋肉の復元．ティラノサウルスの筋肉はほとんど残っていないが，“extant phylogenetic bracketing”や，この動物の大きさ，詳細が明らかな骨格形状を組合わせることで，ティラノサウルスの脚の筋の配置を復元することができる．このティラノサウルスの脚は，彼らの生きていた当時の姿に近いものだろう．［D. E. Fastovsky 提供］

脳の形状から，“獣脚類”が鮮明な視覚をもっていたことは明らかである．そして，それを示すように，彼らの眼も大きい．特にトロオドン科で顕著だが，デイノニコサウルス類（Deinonychosauria；デイノニクス竜類：*Deinonychus* 属，*saur* トカゲ・竜）では一般に，眼はより前方に向いていることから，左右の視野が重なり両眼視していたことがわかる．両眼視ができたということは，ほぼ確実に立体視ができたことを意味する．すなわち，ヒトや多くの肉食の現生鳥類のように，左右の眼から得られる独立した二つの像を，脳の中で統合することができたのだ．複数の研究により，吻部の幅が狭いティラノサウルス上科ですら55°の範囲で両眼視できたといわれている．この両眼視の視野は，ヒトやフクロウには遠く及ばないものの，ハドロサウルス科（Hadrosauridae）やケラトプス類（Ceratopsia）のような植物食恐竜が両眼視できる最大視野の範囲をはるかに上回っていたようだ（図6・21）．

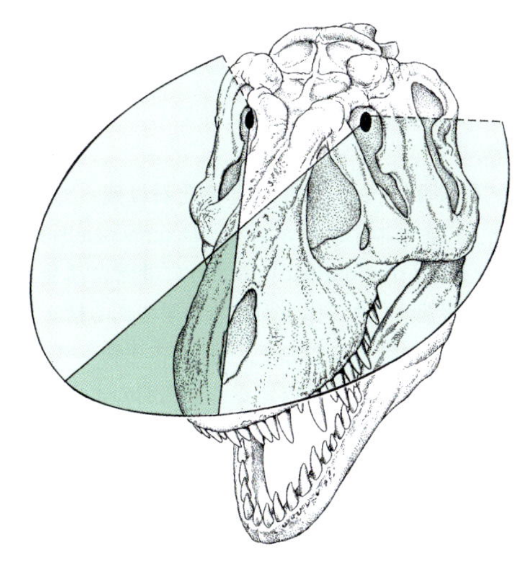

図 6・21 ティラノサウルス・レックス（*Tyrannosaurus rex*）の頭部を斜め上方向から見た図．55°の範囲で両眼視ができたことを示している（本文参照）．

捕食動物にとっては，聴覚も同様に重要であり，多くの“獣脚類”恐竜が優れた聴覚をもっていたことは大いに納得できる．実際，トロオドン科とオルニトミモサウルス類の内耳腔は顕著に広がっており，これらの“獣脚類”が特に低周波音をとらえられたことを示している．トロオドン科では，外耳と中耳の詳細な解剖学的研究により，音が発せられる方向を特定することができたといわれている．これを把握することは捕食者にとって，重要な能力である．

ティラノサウルスの仲間の感覚器官　ティラノサウルスの仲間と系統的に近縁な現生動物がいないため（7章），彼らの行動や生活様式については謎が多い．なかでも強大なティラノサウルスの生活様式についての謎は人々を魅了し続けている（Box 7・1参照）．L. M. Witmerや，R. C. Ridgelyを中心としたオハイオ大学の研究グループはCTスキャンを駆使して，ティラノサウルスとその近縁種について非常に興味深い研究成果を示した．ティラノサウルスの仲間の脳の形を復元すると（図6・20a），大脳半球が肥大化していたらしいことが推定できた．エディンバラの古生物学者であるStephen Brusatteが，脳化指数（EQ；§13・3参照）を用いてティラノサウルスの脳を評価したところ，少なくともイヌやネコよりも賢く，チンパンジーと同等の思考力をもっていただろうと解釈した．これはおそらく恐竜に好意的に書かれたものなのだろうが，彼の言うことの半分でも正しかったとしたらどうだろう．

さらに，ティラノサウルスの脳から，嗅覚が発達していたことが明らかになっている．他の“獣脚類”と比べて，ティラノサウルスの仲間は大きな嗅球をもっており，鼻腔も特に大きくなっていた．これらの特徴から，彼らが嗅覚能力に頼った行動をとっていたと推察される．

他の“獣脚類”と同じく，ティラノサウルスの仲間は低周波音を聞く能力も卓越していた．特に，ティラノサウルスの仲間の場合，耳のデザインや構造は，聴力が彼らにとって並外れて重要な感覚器官であったことを明確に示している．Witmerらは，ティラノサウルスの感覚器官の性能をもとに，視覚・嗅覚・聴覚を駆使して獲物を素早く追跡する能力をもった捕食者として復元した．

バランス感覚

“獣脚類”のなかでも特に小型から中型種では，脊柱をほぼ水平に保つことで，重心を腰の近くに置くことができた．この卓越したバランス感覚こそが“獣脚類”の恐るべき兵器となったに違いない．

デイノニコサウルス類のバランス感覚は，隠れた秘密兵器によって威力を増していた．それは，神経弓に沿って著しく伸長した関節突起（zygapophysis）で補強された堅い尾である（図6・22）．尾は付け根部分，つまり骨盤のすぐ後ろにのみ可動性があり，残りの部分は完全に硬直状態であった．尾を堅く補強することで，尾全体を一つの塊としてさまざまな方向に動かすことができた．長く力強い腕や物をつかむことができる手，大きな頭部と対向する方向に尾を動かすことで，尾にはヤジロベエのように身体のバランスを保つ重りとしての機能があったと考えられている．

ドロマエオサウルス科とトロオドン科の骨格は軽量であったが，頑丈なつくりをしていたことから，非常に機敏な動きができたと考えられる．そんな彼らの骨格を見ていると，逃げる獲物に跳びかかり，彼らの脅威の足を片方または，両方とも獲物に蹴りつけ，食事を終えるまで，もがく獲物を押さえつけていた姿が想像される．

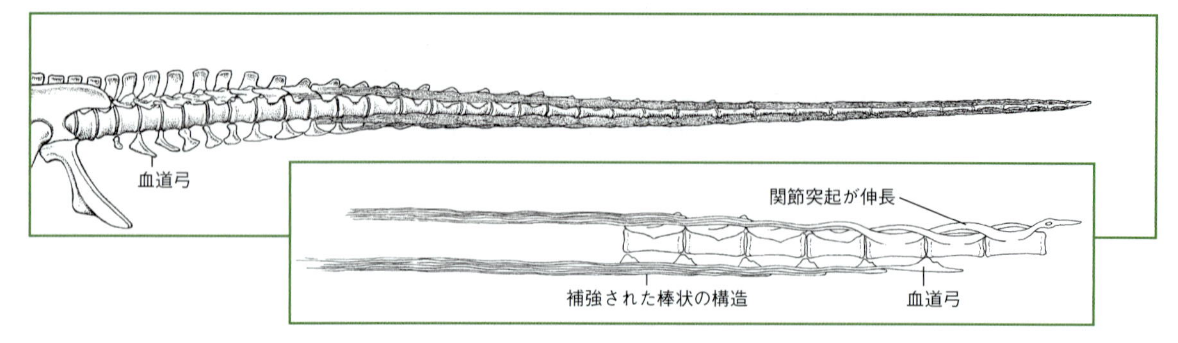

図 6・22 デイノニクス(*Deinonychus*)の堅い尾．個々の神経弓から，関節突起が伸長しており，それが互いに交差することで，堅牢な尾を形成している．

6・3 “獣脚類”の知能

脳の形と構造がわかっているすべての“獣脚類”は，私たちヒトの感覚からすると，驚くべき能力を大脳に秘めていた．彼らの脳は，ワニやトカゲを恐竜サイズに拡大した際に推定される脳の大きさをはるかに上回っており，脳が“膨れ上がった”状態である．実際，デイノニコサウルス類(Deinonychosauria)は，他のどの“非鳥類獣脚類”よりも，体の大きさに対して脳が大きく，鳥類の知能の範疇に十分入るほど賢かったと類推される（13 章）．このことから，これらの“獣脚類”が，もっと小さな脳をもつ他の仲間よりも，おそらく複雑な知覚能力と，より精密な運動制御ができたことを示唆している．ティラノサウルス・レックス(*Tyrannosaurus rex*)でさえもある程度頭を使っていたと推定される．これらはすべて，種内，種間の行動様式が洗練されていたことを示唆しており，その根拠となる独立した証拠があり，救いようのないほど愚かな“恐竜”のイメージを覆すものである．あなたのご両親，そのまたご両親が想像する間抜けな“恐竜”の姿は本当に絶滅したのだ．

皮膚の秘密

5 章で見てきたように，いまどきの恐竜の概念には羽毛がつきものだ．どの恐竜が，どんな羽毛をもっていたのかは，いまだ全貌は明らかになっていない．しかし，これまで考えられていたよりもずっと多くの恐竜が羽毛をもっていたことは，恐竜に少しでも関心がある人なら誰もが納得するところだろう．最終的には，すべての恐竜が羽毛をもっていたということになるかもしれない．

鳥をはじめとして，特別よく保存された化石が 1990 年代半ばに中国から見つかり始めると，古生物学者たちは，初めて“非鳥類獣脚類”にも，羽毛や羽毛のような構造に覆われていたものがいたことに気づいた．なかでも有名なのが，カウディプテリクス(*Caudipteryx*)，プロトアーケオプテリクス(*Protarchaeopteryx*)，シノルニトサウルス(*Sinornithosaurus*)，そしてミクロラプトル(*Microraptor*)である（7 章）．同じ地域から見つかっているシノサウロプテリクス(*Sinosauropteryx*)とディーロン(*Dilong*)という 2 種の“獣脚類”は，羽毛の原型と解釈される繊維状の構造で体の広範囲が覆われていた．しかし，羽毛恐竜はアジアだけでなく，北米のオルニトミモサウルス類(Ornithomimosauria)にも報告されている．羽毛にはすべて色と模様があることから，これらの動物が視覚的に互いを認識していたことが示唆される（後述“素晴らしき色彩の世界”の項参照）．

多くの“獣脚類”では，羽毛の印象化石は残っていない．それでも，ドロマエオサウルス科(Dromaeosauridae)とトロオドン科(Troodontidae)のように非常に活発であったとされる“獣脚類”は，体表が断熱効果のある構造で覆われていたことが示唆されており，一部の古生物学者たちは，“獣脚類”の幼体や，大きな成体さえも綿羽のような断熱材で体が覆われていたのではないかと推測している．

だが，ティラノサウルス・レックスやカルカロドントサウルス(*Carcharodontosaurus*)のような，巨大で，力強く，ずっしりとした“獣脚類”が羽毛で覆われた姿は少し突飛に感じられるかもしれない．ところが，中国の古生物者である Xu Xing(徐星)らが，2011 年に中国から全長 8 m のユーティラヌス・フアリ(*Yutyrannus huali*)を発見したことを公表した．ユーティラヌスは，体の一部が長さ 15 cm の繊維状の羽毛で覆われていた（図 7・8 参照）．ティラノサウルス・レックスに近縁なユーティラヌスに羽毛があったことが明らかになった今，ティラノサウルスも羽毛に覆われた，“イカれた姿”に復元されることも増えてくるだろう．羽毛と“獣脚類”の進化については，7 章でもう一度詳細に説明する．

食うもの食われるもの

すべての“獣脚類”がそれぞれ異なっているように（7 章），その獲物もまた多様だった．ヴェロキラプトル(*Velociraptor*)がどんな獲物を好んでいたかを示す証拠として，最もダイナミックで反論の余地のない証拠は，“格闘恐竜”

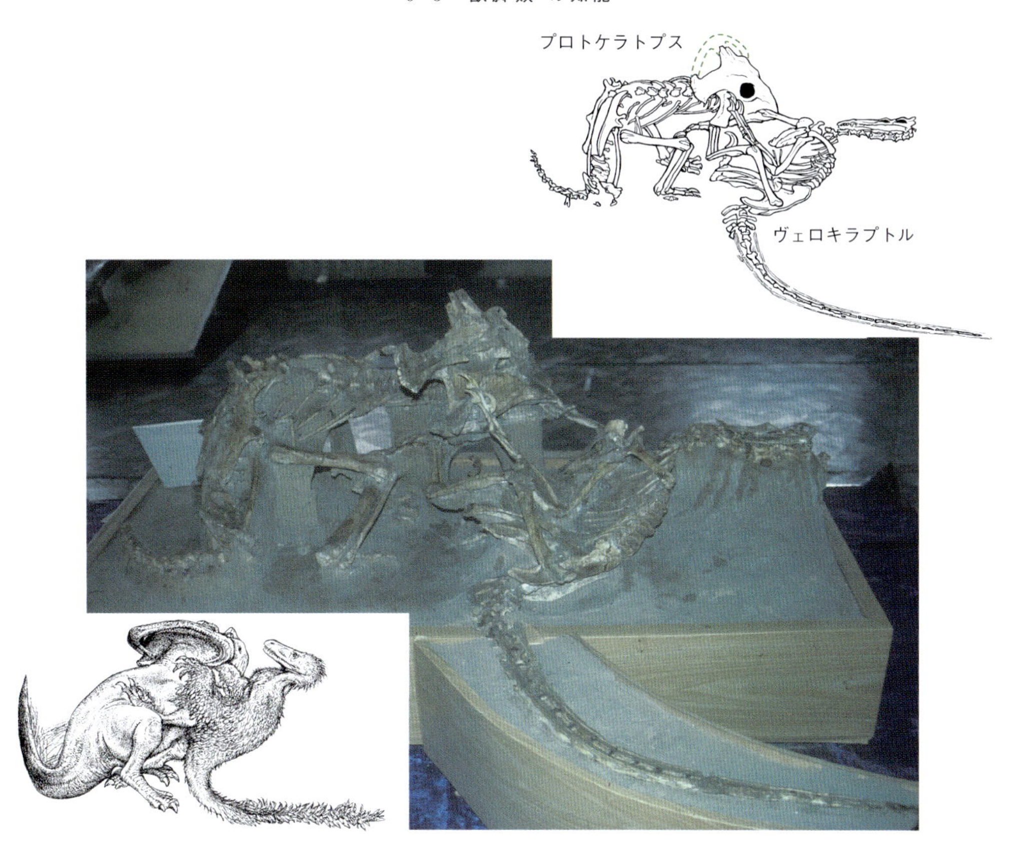

図 6・23　後期白亜紀のモンゴルから発見された，有名な格闘恐竜化石．プロトケラトプス（*Protoceratops*）に覆い被さるヴェロキラプトル（*Velociraptor*）．［写真：Museum of Natural History, Ulaanbaatar］

とよばれる標本である．これは，化石記録が劇的な生と死の瞬間をとらえたものだった．この標本では，“獣脚類”のヴェロキラプトルの両後肢が，亜成体のプロトケラトプス（*Protoceratops*）のお腹に蹴り込まれており，左前肢は獲物につかみかかり，右前肢はもがいているプロトケラトプスの顎にしっかりとくわえ込まれている（図 6・23）．

後期ジュラ紀のコエルロサウルス類（Coelurosauria）であるコンプソグナトゥス（*Compsognathus*）は，すばしっこいトカゲのほぼ全身骨格を飲み込んだ状態で見つかっている．このことから，コンプソグナトゥスがごちそうをほぼ丸飲みしていたことだけではなく，スピードと機動性を活かしてすばしっこい獲物を捕まえていたことがわかる．“獣脚類”の食性を示す胃の内容物の化石は，シノサウロプテリクス（*Sinosauropteryx*）が捕食したトカゲと哺乳類，バリオニクス（*Baryonyx*）が捕食した魚の残骸，ダスプレトサウルス（*Daspletosaurus*）が捕食したハドロサウルス科の骨などが知られている．

時に，食うものよりも食われるものの方が簡単に特定できることがある．長さ 44 cm，高さ 13 cm，幅 16 cm の糞化石が見つかっており，この中には，四肢骨の一部や，ケラトプス類（Ceratopsia）のフリルの一部であると考えられる骨の破片が 30～50% も含まれていた．この糞化石はどこから見つかったのだろうか．年代は後期白亜紀，産地は米国西部のモンタナ州ヘルクリーク層（Hell Creek Formation，図 17・12 参照）である．発見された時代，場所，そして糞の大きさから，ティラノサウルス・レックスが糞の落とし主である可能性が高い．“獣脚類”の食性に関するその他の情報と組合わせると，この糞化石は，少なくともティラノサウルス上科が大量の骨を砕き，消費し，不完全ながらもこれを消化していたことを示す証拠となった．

さらに，ティラノサウルスが犯人だと考えられる，トリケラトプス（*Triceratops*）の骨盤に残された歯の咬み跡や，ハドロサウルス科（Hadrosauridae；鴨嘴竜）であるエドモントサウルス（*Edmontosaurus*）の尾椎が噛み砕かれた跡が見つかっている．竜脚類のアパトサウルス（*Apatosaurus*）とラペトサウルス（*Rapetosaurus*）の骨に等間隔につけられた歯形の溝は，同じ地域に棲息していた大型の“獣脚類”の仕業と考えられる．北米では巨大“獣脚類”のア

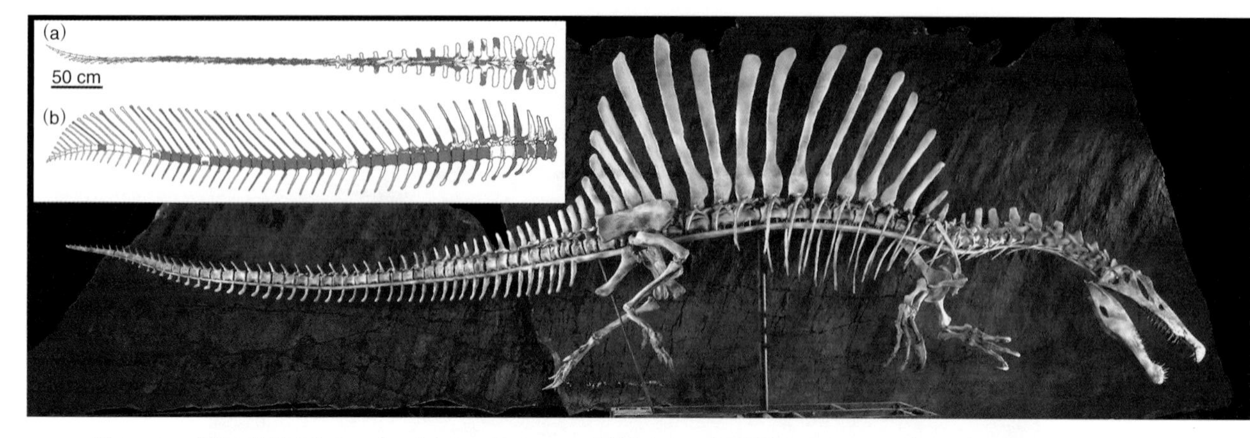

図 6・24 新たに発見されたスピノサウルス(*Spinosaurus*)標本から，今再び明かされるその姿．写真の組立て骨格は，もともと見つかっていた標本と，新たに発見された標本を組合わせてできている(Box 16・6 参照)．この組立て骨格には，新たな研究で明らかになった尾びれ状の尾が反映されていないため，更新する必要がある．左上の挿入図は，新たに発見されたスピノサウルスの尾の復元骨格図．グレーで示された部位が新たに発見された箇所．(a) 背面図，(b) 右側面図．［挿入図：Ibrahim, N. *et al.* 2020. Tail-propelled aquatic locomotion in a theropod dinosaur. *Nature*, 581, 67–72 より．写真：Paul Sereno 提供］

ロサウルス (*Allosaurus*)，マダガスカルではマジュンガサウルス (*Majungasaurus*) が棲息しており，彼らが歯形を残した犯人かもしれない．最後に，後期ジュラ紀の大型“獣脚類”であるアロサウルスの噛み跡が，ステゴサウルス (*Stegosaurus*) の首にある板状の皮骨についた傷と結びついた．逆に，アロサウルスの骨には何かに突き刺され，その後治癒した傷跡があり，これがステゴサウルスの尾の先端にある棘状の皮骨（スパイク）によってできた外傷である可能性がある．同時代に同所的に生きていたこれらの恐竜たちは，食うもの食われるものの関係だったのだろうか．

白亜紀の大型“獣脚類”であるスピノサウルス (*Spinosaurus*) が**魚食性** (piscivorous) であることは，以前から示唆されてきた．彼らは，ワニのような吻部，高い位置にある外鼻孔，長い円錐形の歯といった魚食性の特徴をもっていた（図 6・24；7 章）．泳ぐ能力は“獣脚類”一般にみられる適応ではないが，スピノサウルスの骨格を見る限り，まったく考えられないことでもない．

2014 年，スピノサウルスが多くの時間を水の中で過ごしていたことを示す新たな証拠[*3]があったことから，水と陸地を行き来していたと考えられる．全長最大 15 m にも及ぶ巨大なスピノサウルスは，その大きさの“獣脚類”にしては，驚くほど長く力強い前肢をもっているなど，数多くの特異的な適応がみられた（7 章）．さらに，スピノサウルスは密度の高い頑丈な骨をもつ．これは，多くの水棲動物に共通する特徴だが，“獣脚類”では通常，中空の骨をもっているので，スピノサウルスのような骨は“獣脚類”としては特異である．また，趾の骨が扁平であることから，鰭足のように使っていたことを示唆している．もしかしたら，水かきもついていたかもしれない．特に注目したいのが，華奢（きゃしゃ）で小さな骨盤をもっていたことである．頑丈な骨盤は，陸上生活に適応したグループにとって，バランスをとるための重要な特徴であること思い出してほしい．また，鼻の穴は，頭骨の先端ではなく，中央に位置している．これらの特徴は，スピノサウルスが多くの時間を水の中で過ごしたことを示している[*4]．

数々の水棲適応の特徴が示すように，スピノサウルスが水棲の捕食者だったのならば，おそらく魚食だったであろう．だが，どんな魚を食べていたのだろうか．スピノサウルスの歯が発見されている地層から，大きなノコギリエイの仲間であるオンコプリスティス (*Onchopristis*) も見つかっている．また，明らかにオンコプリスティスであるとわかる骨格の一部が，スピノサウルスの歯槽の中から発見されたことから，メディア[*5]によってスピノサウルスがオンコプリスティスを食べていたと広められた．しかし，オンコプリスティスが埋没する間に，一緒に洗い流された骨の一部が小石のように歯槽のくぼみに引っかかっただけという可能性はないのだろうか．もちろん，その可能性も

*3 最初に記載されたオリジナルの標本は，第二次世界大戦中に英国空軍によるミュンヘンの空爆で破壊された（Box 16・6 参照）．

*4 この“獣脚類”が水棲適応していたかどうかについての論争は，2020 年 4 月にスピノサウルス(*Spinosaurus*)の完全な尾の形が初めて報告されたことで，決着がついた．神経棘と血道弓が伸長することで，上下(背腹方向)に幅広く，左右に平たい鰭のような尾になっていたことが明らかになった．尾は，水中での推進力となり，波のようにウネウネとした動きをしていただろう．残念ながら，図 6・24 の組立て骨格ができた当時，上下に幅広い尾の存在は明らかになっていなかった．

*5 英国のテレビ番組『*Planet Dinosaur*(恐竜の惑星)』(2011 年)．

あるだろう．しかし，スピノサウルスが巨大な魚食性の，水陸両方に棲息する捕食者だったということは，ありえないことではない．

スピノサウルスの特異な形態を行動学の観点から理論的に解釈するまで，第二次世界大戦の影響による遅れがあったにしても，約100年もの時を必要とした．だが，彼らの最も目立つ特徴はどこだろうか．背中に高さ2 mの幌のように伸長した神経棘だろうか．これはディスプレイの役割があったと考えられているが，100年後にこの説を再度確認する必要があるだろう．

共食い　一部の恐竜は共食い（cannibalism）することをためらわなかった．たとえば，マジュンガサウルス（*Majungasaurus*）は，同種をおやつとする猟奇的行動をいとわなかったようだ．マジュンガサウルスの骨に残された歯形の溝の間隔が，マジュンガサウルスの歯並びの間隔と一致していたのだ（図6・25）．その時代，マダガスカルで唯一知られている肉食動物の歯の間隔と合致したという，あくまで状況証拠ではあるが，彼らの“悪事”は立証できる．ただし，このように共食いをする動物たちが，同種の仲間を捕まえて食べたのか，病気で弱り，死んだ仲間を食べていたのか，またはその両方なのかはわかっていない．

共食いという不当な評価を受けたものもいる．後期三畳紀のコエロフィシス（*Coelophysis*）は，その胸郭の中にコエロフィシスの幼体と思われる化石が入った状態で見つかったことから，彼らが共食いをしていたと考えられていた．種の存続のためには，これはあまりよい方法とはいえない．ところが，最近の研究では，胸郭に残された幼体の化石が，恐竜以外の主竜類，つまり他人であることがわかった．この方が，種の存続戦略としては理に適っているだろう．

トリケラトプスの獲物，または獲物になったトリケラトプス

1917年，カナダ地質調査部（Geological Survey of Canada）のL. M. Lambeは，巨大な肉食恐竜であるゴルゴサウルス（*Gorgosaurus*）は，あまり攻撃的な捕食者ではなく，腐肉食者（スカベンジャー）だったと提唱した．彼は，この“獣脚類”の歯に摩耗した痕跡が見られないことから，動物の腐敗した死体の柔らかい肉を主食としていと考えたのだ．この解釈はこれらの動物に関する根拠に乏しい“知識”でしかないにもかかわらず，“獣脚類”の食性と狩猟に関する議論で何度も繰返し登場し，それはまるで，延々と繰返される流れ作業のようである．

大型“獣脚類”が腐肉食であったという仮説は，彼らの歯が通常摩耗しておらず，餌となる動物の死骸を容易に得ることができたという前提のもとに成り立っている．さらに，彼らの前肢がなぜこんなにも小さいのかという問いに対して，納得のいく説明ができていないことも，この説を後押ししている．では，これからその一つ一つに反論していこう．第一に，ほぼすべての大型“獣脚類”の歯に，摩耗した跡が残っていることが明らかになっている．ただし，このことは，大型“獣脚類”が活発な捕食者であったことを証明するものではない．現生の腐肉食動物と活発な捕食動物は，ともに歯の摩耗が激しくなることがある．むしろ，歯をもつ動物はすべて，歯が摩耗するのだ．しかし，このあとの章で見ていくように，咀嚼は哺乳類の典型的な特徴である．“獣脚類”恐竜は，食べ物を決して哺乳類のようには咀嚼しないのだ．むしろ彼らは，よく発達した鋸歯状の歯を使って，獲物を切り刻み，口の奥へ奥へと送り込んでいたと考えられる．

動物の死骸がどれだけ手に入るかは，それが腐敗した肉であろうがなかろうが，おそらく季節によるだろう．厳しい乾季や，巨大な洪水が発生する時期は，ハドロサウルス科，ケラトプス類（Ceratopsia），竜脚類（Sauropoda）などの動物の死骸が大量に発生したことだろう．実際，植物食動物の群れが洪水によって死んだことを示す証拠がたくさん見つかっている（11章）．面白いことに，恐竜の骨が最もよく見つかる河川成の堆積物に保存された標本は，死骸が氾濫原で乾燥したため，肉が堅く乾き，まさに“恐竜ジャーキー”状態になっていたことを示唆している（12章）．Lambeが，腐肉食の“獣脚類”の餌源と想像していたような，柔らかく熟して，悪臭を放った腐肉になっていたことを示すような化石は見つかっていない．おそらく，これは単に保存状態の問題だろう．しかし，このような化石記録からわかる当時の遺体の様子は，今日の同様の環境で見られる動物の遺体の様子と一致している．

最後に，“獣脚類”の短い前肢は，攻撃にではなく，倒した獲物を切り裂いたり切り離したりするのに使われていたようだ．この解釈は，“獣脚類”が顎から獲物に突進していったと想像される攻撃方法と矛盾しない．

少なくともティラノサウルス科（Tyrannosauridae）は，腐肉食であったと考えられている．その理由は，彼らが幅広く，球根状の歯をもっており（図6・15，図6・17），その大きな体は，俊敏な獲物を捕えられるほど速く動けなかったと考えられるためである．ハイエナのような現生の腐肉食動物は，幅広い歯を使って死骸の骨を砕いている．明らかな肉食動物の装いをした巨大なティラノサウルス・レックスが腐肉食者であることを想像できない研究者たちは，腐肉食であるという仮説の議論を深めようとしない．それどころか，ティラノサウルス・レックスは，腐肉食説を支持する一派が考えるより，速く走ることができたというのが，ティラノサウルス・レックスが活動的な狩猟者であったとする説を支持する研究者の主張である（前述参照）．

図 6・25　“獣脚類”の共食いの痕跡.（上）マダガスカルの巨大な獣脚類であるマジュンガサウルス（*Majungasaurus*）の歯.（下）マジュンガサウルスの骨の上についた咬み痕. マジュンガサウルスの骨の上に残った溝の間隔は，マジュンガサウルスの歯の間隔と一致する. さらに，それぞれの溝の傍らに残った引っかき傷は，鋸歯の痕である.［© Naturhistorisches Museum Wien：Alice Schumacher 提供］

ここで一つ明らかなのは，ティラノサウルスの歯が丸みを帯びているのは，動物の体の大きさから想定される歯の大きさを明らかに上回っているということだ. 白亜紀の最末期の米国・モンタナ州から見つかっている，糞化石の中に含まれた骨片が，以下のように物語っている. すなわち，ティラノサウルス・レックスが骨を砕いて食べていただけでなく，必要とあらば獲物を殺し，その過程で骨髄の中のタンパク質を摂取していたことは明らかだということだ. 13 章で見ていくように，ティラノサウルス上科（Tyrannosauroidea）の速い成長速度は，彼らが獲物から得られる限りのタンパク質をすべて必要としていたことを示している.

結局のところ，ティラノサウルスのような“獣脚類”は，有能で恐ろしく活発な捕食者でありながら，腐敗が進んだ美味しそうな肉料理に顔を背けるほど好き嫌いはなかっただろうと考えている. 規格外に大型のティラノサウルス上科から，小型のトロオドン科（Troodontidae），ドロマエオサウルス科（Dromaeosauridae），そしてコエロフィシス上科（Coelophysoidea）まで，すべての“獣脚類”は，大型の植物食動物も，小型の肉食動物も，時には動物の死骸さえも，分け隔てなく獲物として消費していたととらえた方がよいだろう.

“ジュラシックパーク”　食性の好みを直接観察できる機会はほとんどない. そのため，どの動物が何を食べていたかは推測するほかない. 私たちに与えられた最良の方法は，特定の場所と時代から知られている“獣脚類”と，獲物になりうる動物の情報から，食うものと食われるものの関係を推測することだ. たとえば，白亜紀の最末期の典型的な大物の対決といえば，ティラノサウルスとトリケラトプスだろう（Box 7・1 参照）. また，タルボサウルス（*Tarbosaurus*）とサウロロフス（*Saurolophus*）の関係も有名である. さらに，トロオドン科（Troodontidae）と小型の鳥脚類やハドロサウルス科など，同所的に棲息していたより大型の恐竜の幼体などの組合わせも想定できる.

ティラノサウルス科のものと考えられる行跡がカナダ・ブリティッシュコロンビア州の北東にある後期白亜紀の地層から報告されている. この化石は，彼らが群居性であったことを示しており，伝説的な捕食者のティラノサウルス・レックスもしくはその近縁種が，数頭の群れで移動していた可能性を示唆している（後述参照）.

比較的小型の動物の場合，群れで狩りをすることで，より大きな獲物を仕留めることもできただろう. 異なる種類の恐竜の骨が一緒に見つかると，しばしば食うものと食われるものの関係にあったのではないかとメディアを賑わせることがある. たとえば，全長 3 m のデイノニクス（*Deinonychus*）の歯が，全長 7 m の大型鳥脚類のテノントサウルス（*Tenontosaurus*）の骨格と一緒に発見されており，デイノニクスがテノントサウルスを獲物にしていたことが示唆された. 両者の体の大きさの差は歴然であるため，デイノニクスが群れで狩りをしない限りテノントサウルスを襲うことができなかったろうというのだ. こうして，ヴェロキラプトル（*Velociraptor*）の仲間が群れで狩りをしていたという仮説が生まれたのだが，映画『ジュラシックパーク』の中では，かなりゆがめて伝えられてしまった. ここで，デイノニコサウルス類（Deinonychosauria）が群れで狩りをしていたという説が眉唾ものだと思われないように，2008 年に中国から複数個体のデイノニコサウルス類が一緒に行動している行跡化石が見つかっているという事実をつけ加えておこう.

集団行跡の化石は，群れによる狩りを行っていたことを示す有力な証拠となる. 図 1・6 に示したのは，モンゴルのゴビ砂漠から発見された行跡化石である. これは，小型“獣脚類”の群れが，大型“獣脚類”を追跡した行跡だと考えられる. この化石が発見された場所・時代・足印の形状から，小型“獣脚類”の方はヴェロキラプトル（*Velociraptor*）であろう. また，大型“獣脚類”の足跡の方は，単独で行動

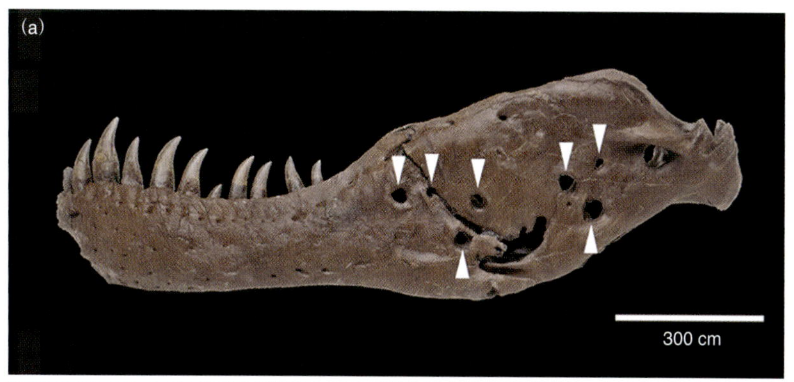

図 6・26 (a) ティラノサウルス(*Tyrannosaurus*)の病変した左の下顎(白い矢じりが病変部分を示している). (b) 感染症を患ったティラノサウルスの生体復元図. 同じような病変を示す現生の鳥の生体写真をもとに描かれている. [(a) © 1999 The Field Museum, GEO86260_7c. 写真は John Weinstein による. (b) Chris Glen, The University of Queensland による. doi: 10.1371/journal.pone.0007288.g004]

していたオルニトミムス科のガリミムス (*Gallimimus*) のようだ. つまり, ここから推測されることは, ヴェロキラプトルの群れは, オルニトミムス科 (Ornithomimidae) のような大きな動物を倒すことが可能であり, 実際に襲っていたということだ.

“獣脚類”は予想外のところから受けた攻撃で, 大きなダメージを被ることもある. 2009 年, 古生物学者の D. Varrachio と, J. R. Horner は, 現生の鳥の感染症の研究者との共同研究により, 巨大なティラノサウルス・レックスのような“獣脚類”が, 下等な原生生物によって慢性的な痛みを味わっていた可能性が指摘された. これは, 多くのティラノサウルスの顎に無数の病変の痕跡が見つかっていることから示唆された (図 6・26a). これらの病変の症状は, かつては他のティラノサウルスによって受けた傷とも疑われたこともあったが, その後の研究で, 現生のニワトリやシチメンチョウ, ハヤブサの顎にみられる, ある骨形態にとても類似していることがわかってきた. 現生の鳥では, トリコモナス・ガリナエ (*Trichomonas gallinae*) という顎に感染する寄生性の原生動物が, 顎の骨の塊を食べることで, 顎を変形させたり, 損傷させることが知られている. 同じような形態の病変の症状がみられるということは, トリコモナスと同じ, または, それと近縁な生物が白亜紀の“非鳥類獣脚類”にも悪さをしていたことを強く示している. 細菌に侵された証拠は他の“獣脚類”にもみられる. “スー”と名づけられた恐るべきティラノサウルスや (Box 1・1 参照), “ビッグ・アル”と名づけられたシカゴのフィールド自然史博物館のアロサウルスには, 慢性的な細菌性の骨感染症の症状が残されている.

社会性: ティラノサウルスの雌雄差

単一種のボーンベッドが発見されていることから, “獣脚類”は群れで狩りをするだけでなく, 集団で生活していたと考えられる. 幼体と成体を含んだ集団が 1 箇所で死んだ状態で見つかっている“獣脚類”としては, コエロフィシス上科があげられる. このような状態で見つかるコエロフィシス上科としては, 南アフリカ・ジンバブエと米国・アリゾナ州から見つかっているメガプノサウルス (*Megapnosaurus*) や, 米国・ニューメキシコ州のコエロフィシス (*Coelophysis*; 7 章) が有名である.

そのほかの“獣脚類”でボーンベッドが知られているものには, 米国・ユタ州から見つかっているアロサウルス (*Allosaurus*), アルゼンチンのパタゴニアから見つかっているギガノトサウルス (*Giganotosaurus*) やマプサウルス (*Mapusaurus*) がある. これらの産状は, 社会性をもち, 共同生活をしていた一部の“獣脚類”の大家族が諸共に死んでしまった痕跡なのだろうか. それとも, これらのボーンベッドは，同種の仲間たちの共有の餌場だったのだろうか．

この 20 年あまりの間，古生物学者たちは，おそらく最も孤独な殺し屋だといわれる，ティラノサウルスの仲間であるダスプレトサウルス（*Daspletosaurus*）とティラノサウルスでさえも，2 個体以上の化石が一緒に発見されることが多いことを認識してきた．つまり，ティラノサウルスの仲間にとって，家族単位での行動が快適な集団単位であった可能性があるということだ．このように，“非鳥類獣脚類”は，最大級の種でさえ群れをつくっていた可能性が高まっており，鳥類の系統に近づくにつれて，群れを形成することは，ますます当然のことになってきている．

性的二型と性選択におけるその役割　多くの脊椎動物は明瞭な**性的二型**（sexual dimorphism）を示す．性的二型とは，オスとメスがまったく同じ姿をしているのではなく，異なる特徴をもつことである．一般に，一方の性が他方より大きかったり，雌雄で異なる形態をしていたりする．双弓類（Diapsida）のなかでも，現代型の鳥（新鳥類 Neornithes）では，特にオスとメスで羽毛の色が大きく異なっており，オスの方が鮮やかな色彩を帯びていることが多い．これらの特徴は，一般に**性選択**（sexual selection，性淘汰）に関わっている．性選択は選択の一つであり，自然選択（natural selection，自然淘汰；付録 3・1 参照）のように特定の集団または種に所属する個体すべてに等しく起こるのではなく，性別に基づく選択である．シカのオス同士が繁殖期に，つれないメスと繁殖する権利を獲得するために枝角を衝突させる行動は，よく知られた性選択の例だろう．鳥では，派手な明るい色の羽毛，音楽のような鳴き声，複雑な羽毛を駆使したダンス，そのほかあらゆる種類の**ディスプレイ**（display）行動で，性的二型が性選択と密接に関連している．こうしたことはヒトの行動と何も違わないだろう．

“獣脚類”の骨格から，彼らがどのような社会的な相互関係をもっていたのかわかるのだろうか．新ケラトプス類（Neoceratopsia（ネオケラトプシア）；11 章）のフリルやツノ，ハドロサウルス科（12 章）のトサカのように，肉食恐竜でも頭骨に目立つトサカ状の突起を飾って見せびらかしているものは数多くいる．その例として，メガプノサウルス（*Megapnosaurus*），ディロフォサウルス（*Dilophosaurus*；図 6・12c），プロケラトサウルス（*Proceratosaurus*），おそらくはオルニトレステス（*Ornitholestes*），ケラトサウルス（*Ceratosaurus*），クリオロフォサウルス（*Cryolophosaurus*；図 6・27），アリオラムス（*Alioramus*），一部のオヴィラプトロサウルス類（Oviraptorosauria）などがあげられる．これらのトサカ状の突起は，薄いシート状の骨でできているものもあれば，中空の骨（頭骨の含気孔の一部）でできているものもある．さらに，ヤンチュアノサウルス（*Yangchuanosaurus*）やアロサウルス（*Allosaurus*），アクロカントサウルス（*Acrocanthosaurus*），ティラノサウルス上科（Tyrannosauroidea）といった獣脚類の頭骨では，吻部の上縁がわずかに高くなっており，眼の上方にゴツゴツした突起がある．これらの構造は，ケラチン質（角質）が覆うことでつくられる**小さなツノ**（hornlet）の芯であると考えられている．こうした構造をもつ“獣脚類”は，パンクロックファッションのようなトゲトゲした突起が頭部についていたことだろう（図 6・12b, e, f，図 6・13a, c, d）．

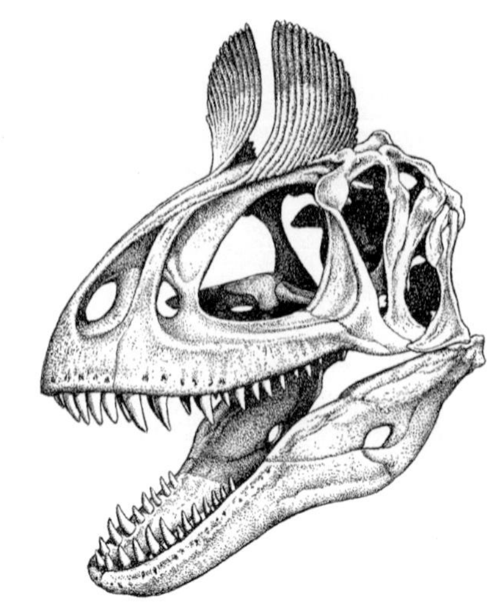

図 6・27　後期ジュラ紀の南半球極地の“獣脚類”であるクリオロフォサウルス（*Cryolophosaurus*）．トサカ状の突起のある頭骨が特徴的．

このトサカ状の突起や小さなツノは，ディスプレイとして機能していたに違いない．また，少なくとも小さなツノの方は，なわばり争いや交尾相手のメスをめぐるオス同士の闘いのときに，頭突きするのに用いられていたかもしれない．もし，トサカ状の突起と小さなツノが視覚的なディスプレイとして機能しており，特にこれらをもつ“獣脚類”が大きな群れで生活していたならば（前述参照），これらの構造は種に特異的であったり，同種内の雌雄差があったりすることで，個体の特徴や性別などの種内変異を示していたと予想される．さらに，トサカ状の突起が，立派に性的に成熟したことを表す指標となっていたとするならば，若く未成熟の個体では，トサカ状の突起やツノが小さく未発達だったはずだ．

こうした推察はすべての“獣脚類”に当てはまるのだろうか．性的二型はメガプノサウルスとコエロフィシスで見つかっている．これらの“獣脚類”では，二型のうち，一方が比較的長い頭骨と首，太い四肢，肘や腰回りの筋肉の発達が見られるのに対して，他方は逆に短い頭骨と首，細い四肢をもっている．ティラノサウルスでも，性的二型が形態に表れており，より大きく，がっしりした方がメスであると考えられている．しかしそれ以外の“獣脚類”の性差については，まだわかっていない．ここはひとつ，生きている恐竜や，そのつがい，群れを見てみたいものだ．

素晴らしき色彩の世界　ディスプレイとそれらが性選択に果たす役割を示す証拠（前述参照）が，絶滅した“獣脚類”の骨格だけでなく，現生の獣脚類（すなわち鳥）の行動様式にも深く刻まれている．“非鳥類獣脚類”の性選択に関わる行動にも色彩が役立っていたのではないだろうか．今日の鳥の性選択では，より合理的な判断をくだそうとするメスたちに好かれようと，おめかししたオスが闊歩し，羽繕いしたりするが，“非鳥類獣脚類”も同じように振舞っていたのではないだろうか．

驚いたことに，色彩パターンの情報が少なからず化石に残されている．たとえば，シノサウロプテリクス（*Sinosauropteryx*）の尾部には縞模様がはっきりと肉眼で見える（図6・28）．しかし，模様以上の情報，すなわち体の色は，それが羽毛で覆われた動物のものであろうとなかろうと，最近まで知ることができないと思われていた特徴の一つであった．

現代型の鳥の羽毛は，**メラノソーム**（melanosome）とよばれるカプセル型をした微細な細胞小器官によって色づいている．現生の鳥では，これらの細胞小器官の形や大きさ，分布の違いが，黒・赤・茶・黄などの色彩の違いを反映することがわかっている（図6・29a）．2007年，イェール大学の大学院生であったJakob Vintherが電子顕微鏡を用いて調べた結果，現生の鳥にみられるメラノソームを絶滅した鳥の羽毛からも発見した．Vintherらは，英国の古生物学者であるMichael Bentonの率いる研究チームと同時進行的に並行して研究を行っていたが，現生の鳥にみられるメラノソームの形と分布を指標に，世界で初めて遠い昔に絶滅した恐竜の色をアンキオルニスで復元したことを発表したのだ．

その後，基盤的な鳥であるコンフキウスオルニス（*Confuciusornis*；孔[夫]子鳥；図8・7参照），アーケオプテリクス（*Archaeopteryx*；8章），飛べない“獣脚類”のシノサウロプテリクス（*Sinosauropteryx*；図6・28）とシノルニトサウルス（*Sinornithosaurus*；図7・21参照），トロオドン科のアンキオルニス（*Anchiornis*；図7・23, 図7・24参照）の原始的な羽毛の色彩が復元されてきた．2019年に出版されたBentonの興味深い著書『*The Dinosaurs Rediscovered*（恐竜の再発見）』によれば，彼の研究チームはVintherのチームよりも先にシノサウロプテリクスの羽毛の色の復元に成功し，最終的にはより多くの恐竜の羽毛の色を復元したと記している．シノサウロプテリクスの尾は，肉眼でも縞模様があることがわかるが，Bentonのチームの研究により，これが白と赤褐色の縞である可能性が高いことが明らかになった．また，背から尾にかけて生えている逆毛は黄褐色ないし，赤みを帯びた茶色で彩られていたようだ．最近では，“非鳥類獣脚類”の羽毛化石において，別の“色”も発見されている．たとえば，新たに発見されたジュラ紀の原始的な鳥のカイホン（*Caihong*, 図6・29b）は，華やかな玉虫色（訳注：構造色とよばれる）であったことがわかっている．

“非鳥類獣脚類”に色彩と模様があったことから，彼らはおそらく，ディスプレイや性選択など，現生の“獣脚類”（すなわち鳥類）でみられるような，さまざまな社会的行動に色彩や模様を活用していたであろうという可能性が強まってきた．“獣脚類”以外の“非鳥類恐竜”の色については，7章で紹介しよう．

こんにちは赤ちゃん．私がママよ

“非鳥類獣脚類”の性的二型とは別に，彼らの繁殖行動についての理解はオヴィラプトロサウルス類（Oviraptorosauria）の抱卵している姿での化石が発見されたことで飛躍的に高まった．1920年代，Roy Chapman Andrewsによって，モンゴルの発掘で初めて卵の化石が発見された（図1・9, Box 16・1参照）．この卵の化石は，アジアの小型ケラトプス類のプロトケラトプス（*Protoceratops*）のものだと考えられた（11章）．その理由は，この卵の化石がある“獣脚類”恐竜の骨格と一緒に見つかっていたことから，“獣脚類”が“プロトケラトプスの卵”を盗もうとしていたと解釈されたためで，この“獣脚類”には“卵泥棒”を意味するオヴィラプトル（*Oviraptor*：*ovi* 卵，*raptor* 盗人）という名前がつけられた．1990年代中頃になると衝撃的な事実が判明した．卵の化石の中に入っていたのは，プロトケラトプスではなく，実はオヴィラプトルの胚だったのだ．憐れなオヴィラプトルは70年もの間，濡れ衣を着せられてきたのだ．

1990年代の発見以来，8個体もの関節したオヴィラプトロサウルス類の骨格が，卵が並べられた巣の上に覆い被さった状態で発見された．卵の中の胚は，卵の上に覆い被さっていた成体と同じ種であった．これが，ママだったのか，パパだったのかは不明だが，そのオヴィラプトロサウルス類の骨格は巣の中央に鎮座していた．左右の後肢は両側に対称的に置かれ，巣を守るかのように前肢を外側に大きく広げていた（図6・30）．これらの標本は，むき出し（開放型）の巣の上で抱卵していたことを示すのだろうか．

これらの巣には，2個ずつの卵がセットになって弧を描くように配置されている（図6・30a）．この円形の巣の中央部は盛り土になっており，それを囲むように円形に2個ずつセットになった卵がたくさん産みつけられているのだ．さらに，各卵は約30°～40°傾き，卵の先端が上を向くようになっている．巣の上には，卵の親（ママかパパかはわからないが）によって土がかぶせられており，さらに同心円状に2周目となる卵の2個セットがぐるりと産みつ

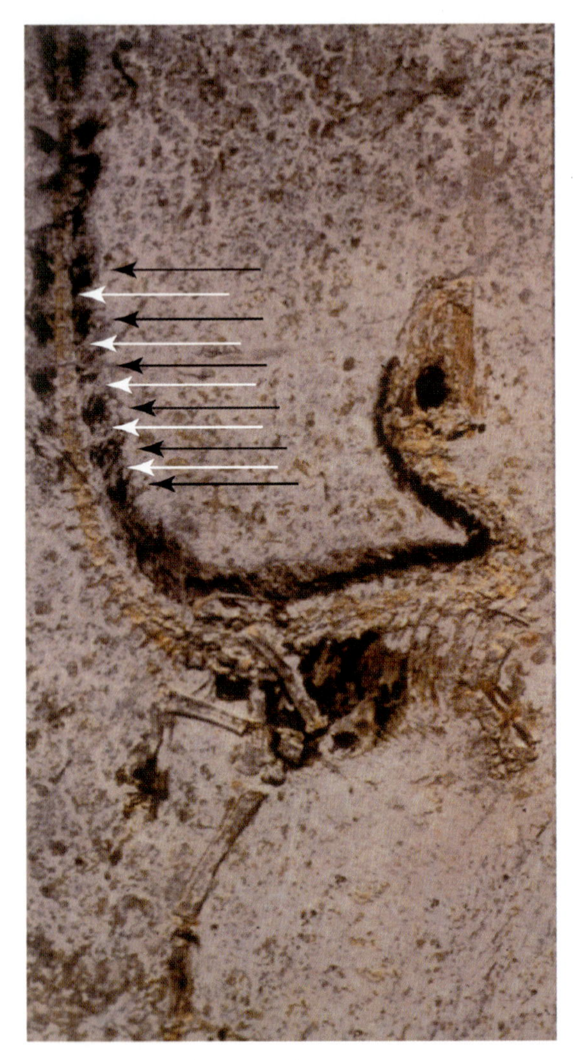

図 6・28　“非鳥類獣脚類”のシノサウロプテリクス(*Sinosauropteryx*)における羽毛の色調模様．風切羽ではない初期の繊維状の羽毛が，この動物の背中から尾にかけて残っている．矢印は，色調の変化による縞模様を示しており，特に尾部でよく保存されている．［Xu Xing 提供］

(a)

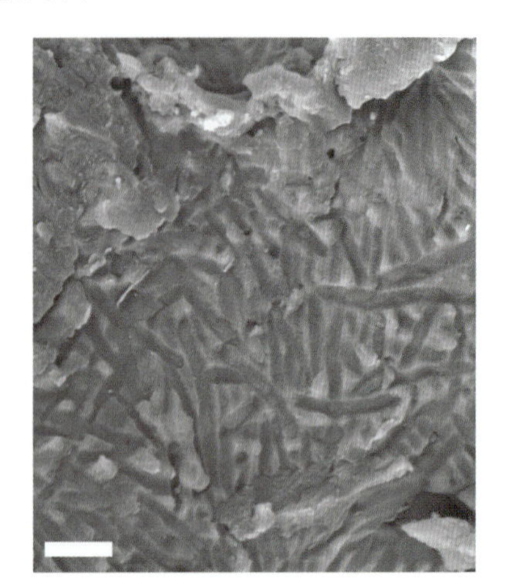

(b)

図 6・29　メラノソームと恐竜の色．(a) 羽毛の色を構成する細胞小器官のメラノソームは，電子顕微鏡で見ることができる．その形と分布から“非鳥類獣脚類”を彩った色調の一部がわかる．細長いメラノソームは，黒，茶，灰色であったことを示す．(b) 中国のジュラ紀の岩石から発見されたカイホン(*Caihong*)は，2019 年に構造色である玉虫色の羽毛をもっていたことがわかった獣脚類である．［(a)Julia Clark 提供，(b)Velizar Simeonovski, The Field Museum, for UT Austin Jackson School of Geosciences］

けられている（これはママ恐竜の役割だ)．1 頭のオヴィラプトロサウルス類が産む卵の数については，明らかになっていないが，少なくとも 15～30 個と推定される．このように産卵が繰返されると，一つの巣の中に 2 個ずつ円形に並べられた卵が，三重の同心円に配置されていることもある．

卵化石に対してつけられた属名であるマクロオーリトゥス（*Macroolithus*）は，現在では後期白亜紀の中国のオヴィラプトロサウルス類に属するヘイユアニア（*Heyuannia*）の卵だと考えられている．ボン大学の研究チームは，このヘイユアニアの卵殻から，卵の色に関与する特定の化合物を分離することに成功した．この卵の色を復元したところ，青から緑色であり，卵が産み落とされた周囲の景色の色とおそらく一致していたことがわかった．この研究は，彼らが開けた場所に巣作りしていたことを示唆した．図 6・30 の化石から得られた研究の解釈をさらに補強するものとなった．

では，巣の上で見つかった成体（ママか，パパか，あるいはその両方かはさておき）は，いったいそこで何をしていたのだろうか．第一に考えられるのは，(a)抱卵だが，(b)卵を保護していただけの可能性，(c)オヴィラプトロサウルス類の成体が今まさに産卵している瞬間のシーンが化石になった可能性もある．(a)の説については，ありうる話だが(c)の説の可能性は薄いだろう．だが(a)の説には少々

図 6・30 オヴィラプトル(*Oviraptor*)とその仲間の卵と成体. (a) オヴィラプトルの卵化石. 一対の卵が円形に配置されていることに注目してほしい. これらの卵は横に大きく傾いているが, これは堆積物に埋没したあとに卵の向きが変わった可能性がある. 抱卵時はきっと上向きに並んでいたことだろう. (b) この標本では, オヴィラプトルに近縁なキティパティ(*Citipati*)の成体が巣の卵の上にぺったりと座った状態で化石になっている. 体の骨格の大部分は残されていないが, 前肢は卵を抱くように置かれ, 後肢はこの動物が死んだときの位置にとどまっている. [写真: Copyright © 1995, Springer Nature]

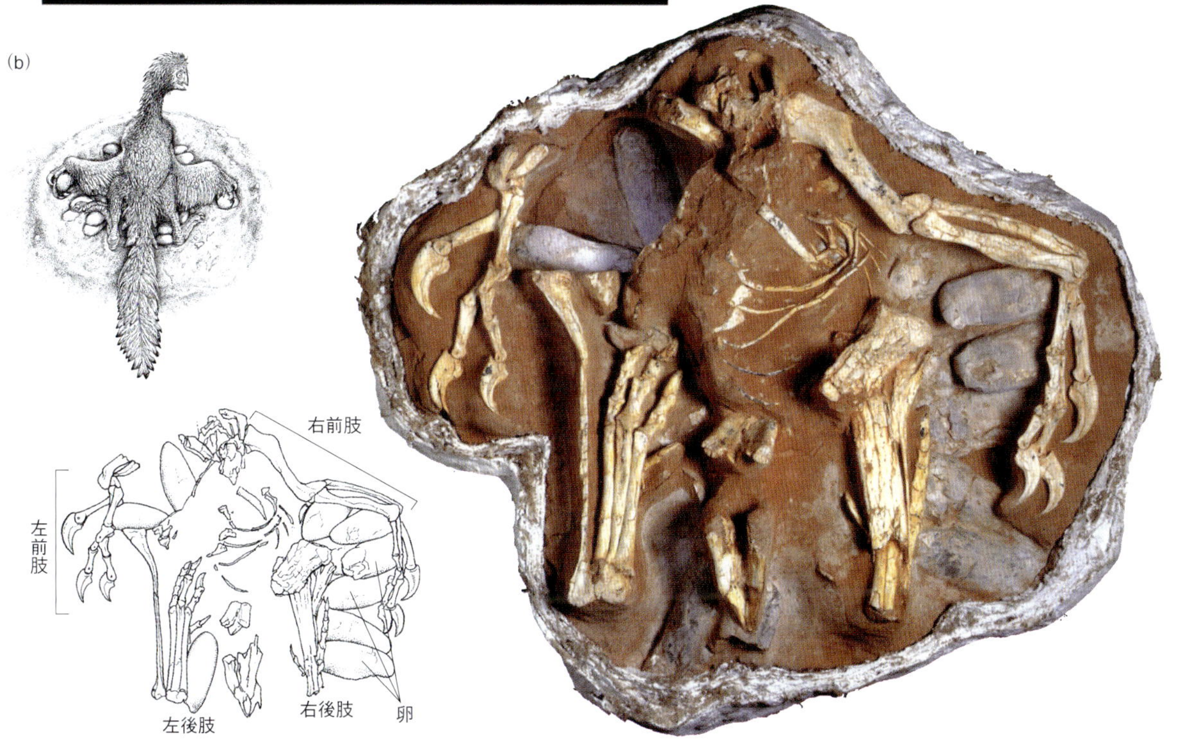

問題がある. 第一に, 上向きに傾斜して配置された卵は, 巣の中で何層かに分かれて並べられており, “恐竜”だろうがどんな動物だろうが, その上に座ってすべての卵を温めるのにあまり都合のよい配置ではない. また, 思い出してほしいのだが, 2層目の卵が同心円状に並んだ巣の中心部には, 卵どころか, 盛り土があるだけである. はたして卵の産みの親は, ただの土を頑張って温めていたのだろうか. 第二に, 2015年に公表された凝集同位体の研究 (14章“凝集同位体温度測定法”の項参照) により, 両親の体温は卵を温めるには少し低すぎたことが示された. ただし, 2017年に発表された同位体の研究では, オヴィラプトロサウルス類は抱卵時に高い体温を示すという矛盾する結果が出ている. つまりは, これらの恐竜の体温についてはまだ決定的な結論が出ていないということだ. このドラマチックなオヴィラプトロサウルス類の成体の化石が巣の上でどんな役割を果たしていたかについては, 彼らが卵の親であるということ以外には何一つ明確になっていないのだ.

“非鳥類獣脚類”がふ化したあとの成長に関する情報の大部分は, たとえば米国・ニューメキシコ州のゴーストランチや, 米国・ユタ州のクリーブランドロイド, 後期白亜紀の地層が分布するモンゴルのゴビ砂漠などに分布するボーンベッドなどから得られる．コエロフィシスやメガプノサウルスでは，ふ化したての幼体から成体まで，体の大きさが10～15倍に成長することがわかっており，しかもこの成長速度はとても速かったと考えられている．恐竜の成長率に関することについては，13章で再び触れよう．

“獣脚類”の生活様式についてはいったんここまでにして，次の章では“獣脚類”の驚くべき多様性に迫っていこう．

本章のまとめ

獣脚類は，恐竜のなかで最も有名なティラノサウルス・レックス（*Tyrannosaurus rex*）のような獰猛な種が含まれる．最古の恐竜は獣脚類であり，すべてカギツメをもった二足歩行性で，特異な中空の骨をもった動物だった．そして，彼らは鳥類として現在でも生き続けている．中生代の“獣脚類”の大部分が，手で物をつかむため部分的に対向できる親指を含む3本のカギツメのついた指，鋸歯のある後方に反り返った扁平な歯をもつ肉食の動物であった．このグループは，とことん走行適応していたと言っても過言ではない．

恐竜のなかでも“獣脚類”は最も知能が高く，獲物を追跡して仕留めるための高度に発達した感覚器と運動能力をもっていた．彼らは視力もよく，多くの場合，立体視することができた．少なくともティラノサウルス・レックスは，嗅覚が非常に発達していた．小型から中型の“獣脚類”は，その骨格から高い敏捷性をもっていたことがわかる．

“獣脚類”は多かれ少なかれ羽毛で覆われていたようだ．彼らは，色彩豊かな動物であったことは疑いようがなく，その特徴は，ディスプレイや性選択と関連していたと考えられる．現代型の鳥（新鳥類 Neornithes）が社会性を高度に発達させていることを考えると，“獣脚類”も同様であったと推定することができる．小さなツノなどさまざまな装飾が施された頭部をもった“獣脚類”がいたことや，そのほか多くの証拠から，彼らの多くが群れで狩りをするような社会性をもっていたと考えられる．特に，一部の“獣脚類”が鳥のように卵や子供の世話をしていたことが知られている．一部の“非鳥類獣脚類”の母親（あるいは父親）“恐竜”は鳥類のように抱卵していたのだ．

参考文献

Abler, W. L. 1992. The serrated teeth of tyrannosaurid dinosaurs, and biting structures in other animals. *Paleobiology*, 18, 161–183.

Benton, M. J. 2019. *The Dinosaurs Rediscovered: How a Scientific Revolution is Rewriting History*. Thames & Hudson, London, 320p.

Brusatte, S. L. 2012. *Dinosaur Paleobiology*. Wiley-Blackwell, New Jersey, 322p.

Carpenter, K., Sanders, F., McWhinney, L. A., and Wood, L. 2005. Evidence for predator-prey relationships: examples for *Allosaurus* and *Stegosaurus*. In Carpenter, K. (ed.) *Carnivorous Dinosaurs*, Indiana University Press, Bloomington, IN, pp.325–350.

Clark, J. M., Maryańska, T., and Barsbold, R. 2004. Therizinosauroidea. In Weishampel, D. B., Dodson, P., and Osmólska, H. (eds.) *The Dinosauria*, 2nd edn. University of California Press, Berkeley, pp.151–164.

Currie, P. J. 1990. Elmisauridae. In Weishampel, D. B., Dodson, P., and Osmólska, H. (eds.) *The Dinosauria*, 1st edn. University of California Press, Berkeley, pp.245–248.

Currie, P. J., Trexler, D., Koppelhus, E. B., Wicks, K., and Murphy, N. 2005. An unusual multi-individual tyrannosaurid bonebed in the Two Medicine Formation (Late Cretaceous, Campanian) of Montana (USA). In Carpenter, K. (ed.) *Carnivorous Dinosaurs*. Indiana University Press, Bloomington, IN, pp.313–324.

D'Amore, D., 2009. A functional explanation for denticulation in theropod dinosaur teeth. *Anatomical Record*, **292**, 1297–1314.

Holliday, C. M. 2009. New insights into dinosaur jaw muscle anatomy. *Anatomical Record*, **292**, 1246–1265.

Holtz, T. R. 2004. Tyrannosauroidea. In Weishampel, D. B., Dodson, P., and Osmólska, H. (eds.) *The Dinosauria*, 2nd edn. University of California Press, Berkeley, pp.111–136.

Holtz, T. R. Jr. 2012. Theropods. In Brett-Surman, M. K., Holtz, T. R. Jr., and Farlow, J. O. (eds.) *The Complete Dinosaur*, 2nd edn. Indiana University Press, Bloomington, pp.346–378.

Holtz, T. R., Molnar, R. E., and Currie, P. J. 2004. Basal Tetanurae. In Weishampel, D. B., Dodson, P., and Osmólska, H. (eds.) *The Dinosauria*, 2nd edn. University of California Press, Berkeley, pp.71–110.

Horner, J. and Gorman, J. 2009. *How to Build a Dinosaur*. Dutton, NY, 246p.

Makovicky, P. J. and Norell, M. A. 2004. Troodontidae. In Weishampel, D. B., Dodson, P., and Osmólska, H. (eds.) *The Dinosauria*, 2nd edn. University of California Press, Berkeley, pp.184–195.

Makovicky, P. J., Kobayashi, Y., and Currie, P. J. 2004. Ornithomimosauria. In Weishampel, D. B., Dodson, P., and Osmólska, H. (eds.) *The Dinosauria*, 2nd edn. University of California Press, Berkeley, pp.137–150.

Norell, M. A. and Makovicky, P. J. 2004. Dromaeosauridae. In Weishampel, D. B., Dodson, P., and Osmólska, H. (eds.) *The Dinosauria*, 2nd edn. University of California Press, Berkeley, pp.196–209.

Osmólska, H. and Barsbold, R. 1990. Troodontidae. In Weishampel, D. B., Dodson, P., and Osmólska, H. (eds.) *The Dinosauria*, 2nd edn. University of California Press, Berkeley, pp.259–268.

Osmólska, H., Currie, P. J., and Barsbold, R. 2004.

Oviraptorosauria. In Weishampel, D. B., Dodson, P., and Osmólska, H. (eds.) *The Dinosauria*, 2nd edn. University of California Press, Berkeley, pp.165–183.

Rega, E. 2012. Disease in dinosaurs. In Brett-Surman, M. K., Holtz, T. R. Jr., and Farlow, J. O. (eds.) *The Complete Dinosaur*, 2nd edn. Indiana University Press, Bloomington, pp.666–712.

Sereno, P. C., Martinez, R. N., Wilson, J. A., *et al*. 2008. Evidence for avian intrathoracic air sacs in a new predatory dinosaur from Argentina. *PLoS ONE*, 3, e3303. doi:10.1371/journal.pone.0003303.

Schweitzer, M. H. 2011. Soft tissue preservation in terrestrial Mesozoic vertebrates. *Annual Reviews of Earth and Planetary Sciences*, **39**, 187–216.

Schweitzer, M. H., Moyer, A. E., and Zheng, W. 2016. Testing the hypothesis of biofilm as a source of soft tissue and cell-like structures preserved in dinosaur bone. *PLoS ONE*, 11, e050238. doi:10.1371/journal.pone.050238.

Stokosa, K. 2005. Enamel microstructure variation within the Theropoda. In Carpenter, K. (ed.) *Carnivorous Dinosaurs*. Indiana University Press, Bloomington, IN, pp.163–178.

Sues, H. D. 1990. *Staurikosaurus* and Herrerasauridae. In Weishampel, D. B., Dodson, P., and Osmólska, H. (eds.) *The Dinosauria*, 2nd edn. University of California Press, Berkeley, pp.143–147.

Therrien, F., Henderson, D. M., and Ruff, C. B. 2005. Bite me: biomechanical models of theropod mandibles and implications for feeding behaviour. In Carpenter, K. (ed.) *Carnivorous Dinosaurs*. Indiana University Press, Bloomington, IN, pp.179–237.

Tykoski, R. S. and Rowe, T. 2004. Ceratosauria. In Weishampel, D. B., Dodson, P., and Osmólska, H. (eds.) *The Dinosauria*, 2nd edn. University of California Press, Berkeley, pp.47–70.

Witmer, L. M. and Ridgely, R. C. 2009. New insights into the brain, braincase, and ear region of tyrannosaurs (Dinosauria, Theropoda), with implications for sensory organization and behavior. *The Anatomical Record*, **292**, 1266–1296.

Yang, T.-R, Wiemann, J., Xu, L., et al. 2019. Reconstruction of oviraptorid clutches illuminates their unique nesting biology. *Acta Palaeontologica Polonica*, **64**, 581–596.

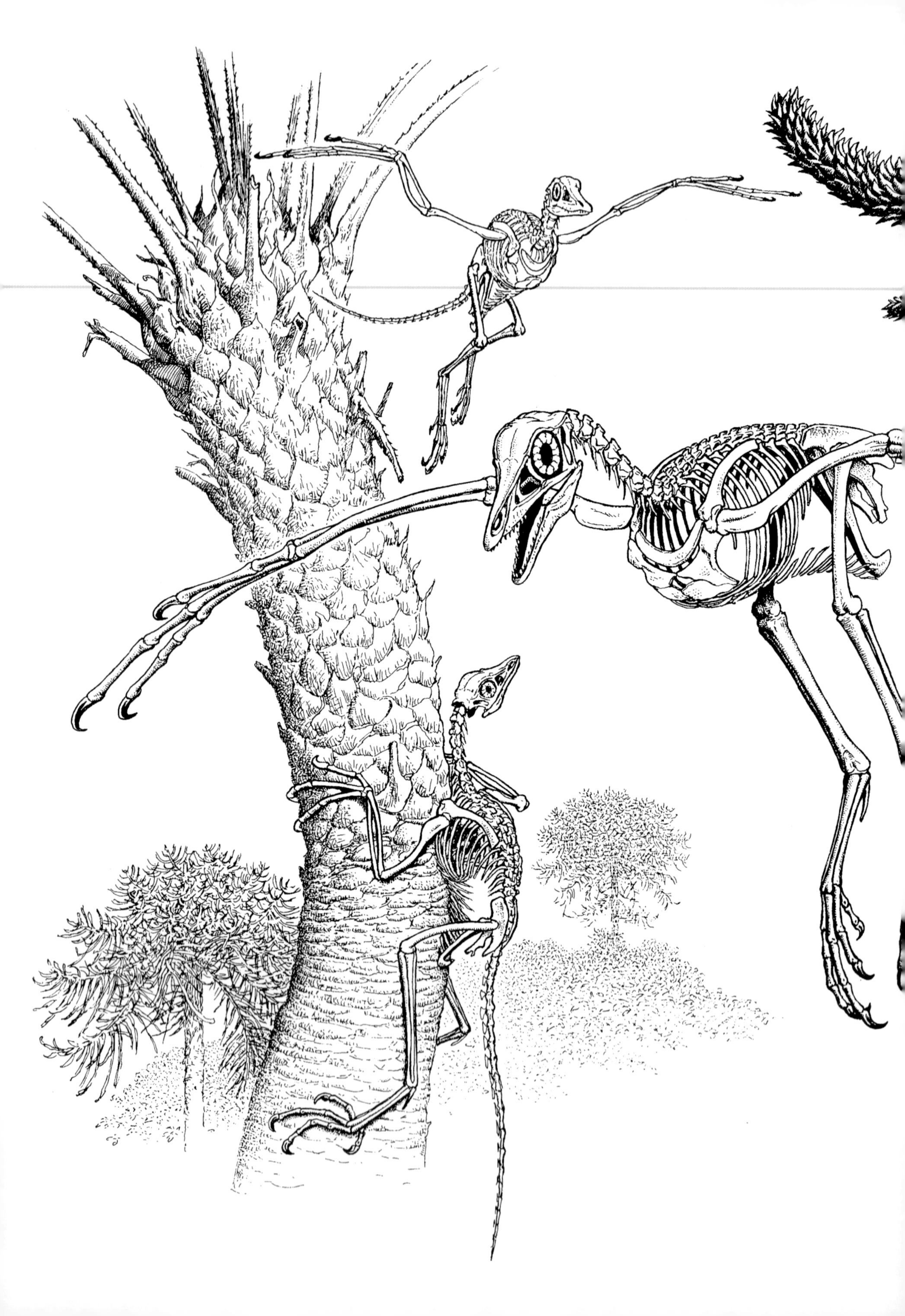

Chapter

7 獣脚類 II 獣脚類に会いにいこう

What's in this chapter

獣脚類は，よく知られているものからそうでもないものまで，非常に多くの種が含まれる．本章では獣脚類を分類し，特に重要なグループの系統関係を解説する．獣脚類の多様性を知るためにも，まずは系統関係の全体像から始めよう．複雑な系統関係を深堀りしていくほど，分岐図は私たちの味方となってくれる．また，分岐図を使うことで，これから登場する覚えきれないほど数多くの難しい恐竜の名前を，少数の大きなグループに落とし込むことで，グループ間の系統関係を認識することができるようになる．これら大きなグループの基本的な系統関係は，獣脚類の進化の主要なテーマを理解するうえで道しるべとなってくれる．

獣脚類の進化における主要なイベント

主要な獣脚類（Theropoda）の系統関係を図7・1に示した．まずは，新獣脚類（Neotheropoda）から始めるとしよう．5章と6章で紹介した基盤的な獣脚類を除く大部分の獣脚類がこれに含まれる．

新獣脚類の系統は大きく二つに分かれる．一つは後期三畳紀のコエロフィシス（*Coelophysis*）とその近縁種からなるグループ，もう一方がテタヌラ類（Tetanurae）である．テタヌラ類はさらにスピノサウルス（*Spinosaurus*；6章に登場）を含むメガロサウルスのグループと，鳥類の系統へと続く鳥獣脚類（Avetheropoda）に分岐する．この鳥獣脚類のなかには，このあと紹介するコエルロサウルス類（Coelurosauria）が含まれており，ティラノサウルス（*Tyrannosaurus*）などのお馴染みの恐竜たちから鳥までがここに含まれる．これらの基本的な関係を示したのが，図7・1の分岐図である．

7・1 新獣脚類

新獣脚類（Neotheropoda：*neo* 新しい，Theropoda 獣脚類）は，多くの派生形質で支持される系統仮説である．数ある特徴のなかでも，“三本趾”の足はよく知られた特徴だろう．この3本の趾で体重（重量）*1が支えられる．ただし，4本目の趾（実際には第Ⅰ趾）は縮小し，地面に接することなく，足の側面ないし後方におまけのようにくっついている（図6・7，図6・9参照）．このほかに，左右の鎖骨（clavicle）が癒合し，**叉骨**（furcula）を構成するという特徴もある．この叉骨は，サンクスギビングの際に食べる，チキン（ニワトリ）やターキー（シチメンチョウ）の“ウィッシュボーン”としてお馴染みだろう*2．現生の四肢動物では，叉骨をもっているのは鳥だけであり，現生の鳥はみな叉骨をもっている．だが，分岐図は叉骨の進化の道筋をもっと詳しく物語っている．この叉骨は，鳥で獲得したのではなく，鳥の祖先である新獣脚類ですでに獲得されていたものが引き継がれただけなのだ．図7・1にこれら以外の新獣脚類の派生形質もあげたので，見てもらいたい．

この新獣脚類には数多くの有名な恐竜が含まれる．たとえば，後期三畳紀の小型二足歩行恐竜のコエロフィシス（*Coelophysis*；図7・2a，図6・12d参照），前期ジュラ紀の少し大型のディロフォサウルス（*Dilophosaurus*；図7・2b，図6・12c参照），南米に棲息する大型でずんぐりとしたカルノタウルス（*Carnotaurus*；図7・2c，図6・12e参照）を含むアベリサウルス上科（Abelisauroidea：*Abelisaurus* 属，*-oidea* 上科）とその近縁種の後期ジュラ紀の有名なケラトサウルス（*Ceratosaurus*；図7・2d）に代表されるケラトサウルス科（Ceratosauridae：*Ceratosaurus* 属，*-idae* 科），さらにテタヌラ類（Tetanurae）も当然ながら新獣脚類の仲間である（後述）．

7・2 テタヌラ類

テタヌラ類（Tetanurae；堅尾類：*tetan* 堅い，*ur* 尾）は恐竜のなかでも非常に大きなグループだが，それらに共通する特徴が，その名前の由来にもなった堅牢な尾である．テタヌラ類の尾は，他の獣脚類の尾とは違って可動性がほとんどなく，尾の付け根以外ではほとんど曲げることができない．これは，尾椎の神経弓の一部が前後に突出した**関節突起**（zygapophysis）が，それぞれしっかりとかみ合うことで，尾の後ろ半分から**遠位**（distal）端にかけて曲げにくく，堅い尾をつくっているのである（図7・3）．前章に登場したデイノニクス（*Deinonychus*）はそのよい例である（図6・22参照）．尾は獣脚類の体の構造上，全身のバランスをとるために重要な部位であり（6章），機能的なデザインの観点からテタヌラ類の骨格の進化を俯瞰すると，尾は付け根以外の関節の可動性が低くなっていく傾向にあることがわかる．

何といってもテタヌラ類は，獣脚類のなかでも非常に重要な進化が起こった系統である．第一に，テタヌラ類はまったく新しい呼吸様式を獲得した．鳥を含むすべての竜盤類（Saurischia）は，骨の内部に**側腔**（pleurocoel）とよばれる凹みと，**含気孔**（pneumatic foramen）とよばれる小さな空洞をもっていたと考えられている．連結した一連の補助的な気嚢から含気孔を介して側腔に空気が入りこむことで，肺に送り届けられる空気の総量が増えることになる（13章）．基盤的なテタヌラ類のエアロステオン（*Aerosteon*）は側腔とその開口部となる含気孔をもっており，現生の鳥と同様，複雑に分岐した一連の気嚢をすでにもっていたことが示唆されている．これらの適応は，獣脚類の進化が進むにつれて複雑さを増し，高度に派生した獣脚類から現代型の鳥（新鳥類）に至るまでに，これまでにあらゆる生物が獲得してきた呼吸様式のなかでも，最も効率的な様式をもつようになった．このような適応によって，獣脚類は高度な活動性を維持することが可能となり，そのような呼吸器系をもつことで，持続的な飛翔をも可能にしていくことができたことは間違いない．恐竜の呼吸様式と代謝については，13章，14章でより詳しく取上げる．

テタヌラ類は，このほかにも多くの派生形質を共有している（図7・1）．このグループには，メガロサウルス（*Megalo-*

---

*1　訳注：“体重”については9章脚注*2（p.172）参照．

*2　訳注：サンクスギビング（感謝祭）の食事の際，二人で1本の叉骨の両端を引っ張り合って骨を折り，長い方を取った人の願い事がかなうと言われている．

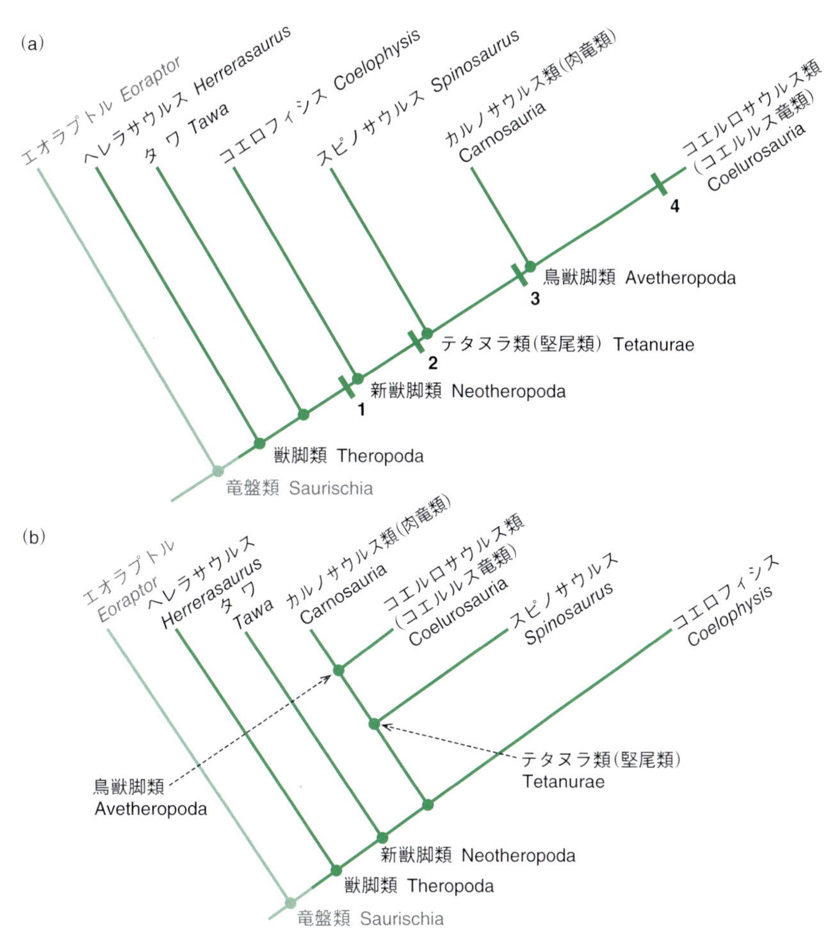

図 7・1　(a) 主要な獣脚類(Theropoda)の各グループの系統関係を示した図．おもな共有派生形質は，獣脚類の専門家である，メリーランド大学のTom Holtz Jr.(2012)とエディンバラ大学のStephen Brusatte(2012)の研究成果をもとにしている．

1. 新獣脚類(Neotheropoda)：叉骨があること；手の第Ⅴ指を消失していること；仙椎が五つ以上であること；体重(重量)支持に使われる足の趾が3本であること．
2. テタヌラ類(Tetanurae)：歯の分布が顎の前方に限られていること；相対的に見て大きな手をもつこと；隣り合う尾椎が長く伸びた関節突起で互いにかみ合うこと；上顎骨に穴があること(前眼窩窓の前に位置する，第二の前眼窩窓をもつ)．
3. 鳥獣脚類(Avetheropoda)：前肢の指が3本であること(第Ⅳ指の消失)；椎骨に複雑な空洞があり，気嚢の存在を示唆すること．
4. コエルロサウルス類(Coelurosauria)：脳が巨大化すること；細長い足をもつこと．

この分岐図から見ると，獣脚類は，あたかも始めから鳥へと向かって(あるいは，少なくともコエルロサウルス類(Coelurosauria) へと向かって)進化しているように見える．だが，もちろんそうではない．単に分岐図の描き方によって，そのように見えてしまうだけである．進化とは，たとえば四肢を鰭状に変化させるなどの特定の目的をもって起こるものでも，飛翔能力などの新たな運動様式の獲得を目指して起こるものでもない．

(b) この点を踏まえて，同じ分岐図だが，獣脚類の進化がコエロフィシス(*Coelophysis*)への進化を“目指した”ように見えるように描かれた分岐図を示した．図3・5の分岐図の例で示したのと同様，(a)の分岐図を新獣脚類のノードを中心に分岐図を左右反転させただけで系統関係は変わりない．進化の方向性というものが実際にあったとしても，所詮それは後づけで解釈したものでしかない．

saurus；図7・4a）やトルヴォサウルス（*Torvosaurus*；図7・4b）などのメガロサウルス科（Megalosauridae：*Megalosaurus* 属，*-idae* 科）に加えて，バリオニクス（*Baryonyx*；図7・4c）やスピノサウルス（*Spinosaurus*；図7・4d，6章）などのスピノサウルス科（Spinosauridae：*Spinosaurus* 属，*-idae* 科）のような大型の獣脚類が含まれる．このあと紹介する鳥獣脚類もまたテタヌラ類の一部である．

鳥獣脚類

鳥獣脚類（Avetheropoda：*av* 鳥，Theropoda 獣脚類）は，より鳥に近縁な獣脚類のグループある．鳥獣脚類は多くの派生形質を共有しており，カルノサウルス類とコエルロサウルス類の二つの系統から構成されている．カルノサウルス類（Carnosauria；肉竜類：*carn* 肉，*saur* トカゲ・竜）の“*carn-*”は肉を意味するが，なぜこのような名前になっ

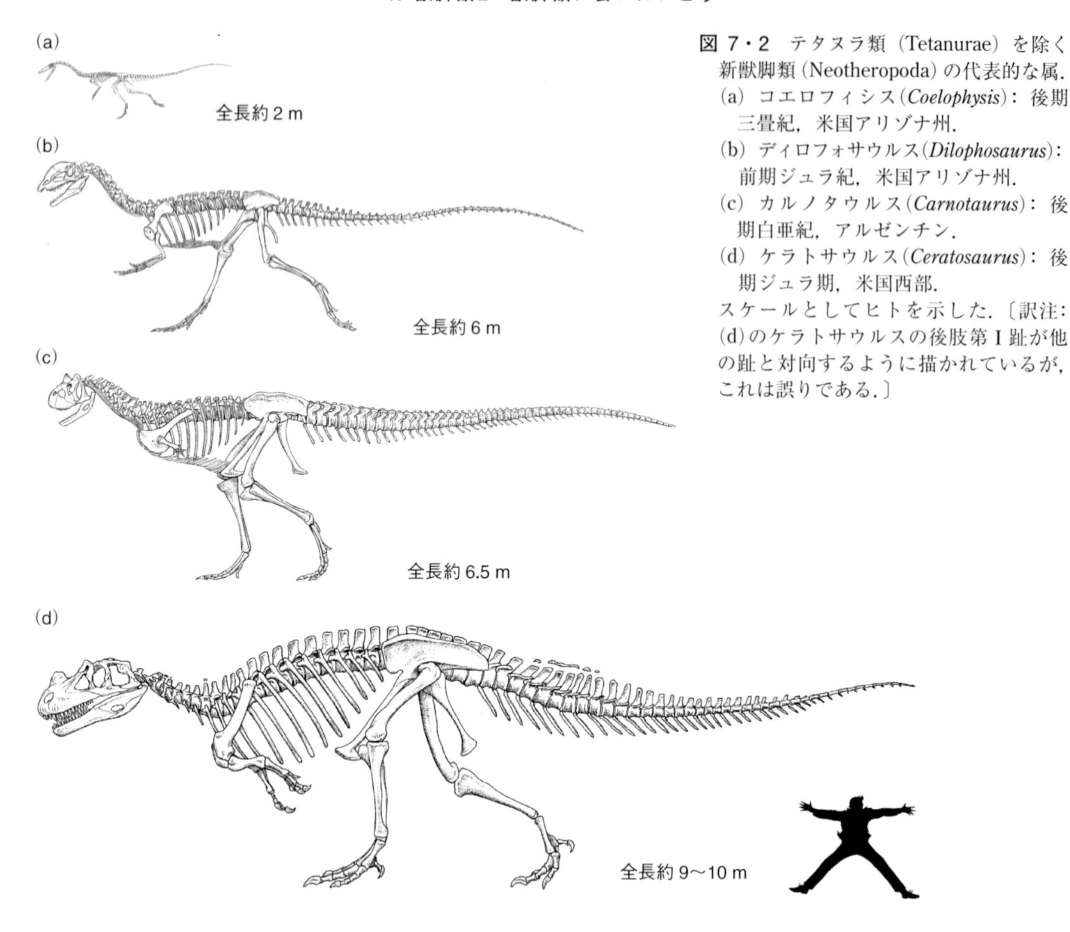

図 7・2 テタヌラ類（Tetanurae）を除く新獣脚類（Neotheropoda）の代表的な属.
(a) コエロフィシス（*Coelophysis*）：後期三畳紀，米国アリゾナ州.
(b) ディロフォサウルス（*Dilophosaurus*）：前期ジュラ紀，米国アリゾナ州.
(c) カルノタウルス（*Carnotaurus*）：後期白亜紀，アルゼンチン.
(d) ケラトサウルス（*Ceratosaurus*）：後期ジュラ期，米国西部.
スケールとしてヒトを示した.〔訳注：(d)のケラトサウルスの後肢第 I 趾が他の趾と対向するように描かれているが，これは誤りである.〕

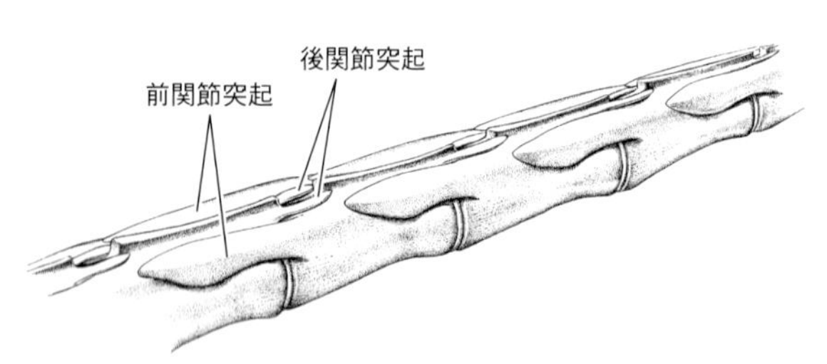

図 7・3 テタヌラ類（Tetanurae）の尾椎の関節突起. 左が頭側，右が尾側である. この関節突起が隣接する椎骨の前後にまたがって伸長し，椎骨間の可動性を低くしていることに注目.

たかは，説明する必要はないだろう．一方，コエルロサウルス類（Coelurosauria；コエルルス竜類：*Coelurus* 属，*saur* トカゲ・竜）は"*Coelurus* 属（*coel* 空洞，*ur* 尾）の仲間の恐竜"を意味するが，このコエルルスの学名中の"*coel-*"に"空洞の"という意味があり，このグループがもつ空洞の多い繊細な骨格にちなんでいる（図 7・1）.

カルノサウルス類とコエルロサウルス類　かつて，カルノサウルス類は大型かつのろまで凶暴な肉食恐竜がすべて含まれるグループであり，一方のコエルロサウルス類は小型かつ華奢（きゃしゃ）な非飛翔性の動物で，トカゲや昆虫などの小型動物を食べる恐竜が含まれるグループと考えられていた（当初，鳥がコエルロサウルス類の一部であるという概念はなかった）．現在の分岐図においても，確かに鳥獣脚類はこれら二つの系統に枝分かれする（図 7・1）が，カルノサウルス類とコエルロサウルス類というグループのそれぞれの定義は，かつてのものとはかなり違ったものになっている.

カルノサウルス類には，アロサウルスの仲間やカルカロドントサウルスの仲間といった，非常に大型の恐竜が含まれる．有名なアロサウルス（*Allosaurus*；図 7・5a）とシンラプトル（*Sinraptor*；図 7・5b）は，典型的なアロサウルスの仲間である．カルカロドントサウルス類（Carcharodontosauria（カルカロドントサウリア））の仲間は，実に巨大なカルカロドントサウルス（*Carcharodontosaurus*；図 7・5c）とギガノトサウルス（*Giganotosaurus*；図 7・5d）などを含む．特にカルカロドントサウルスやギガノトサウルスは全長約 10〜15 m に達し，"世界最大の陸棲肉食動物"チャンピオンの有力な候補者たちだが，実はこのタイトルに名乗りをあげる恐竜はほかにもまだまだいたのだ.

現在の定義でのコエルロサウルス類は小型種も大型種も含まれる．なかでも大型種として代表的なのが，かの有名

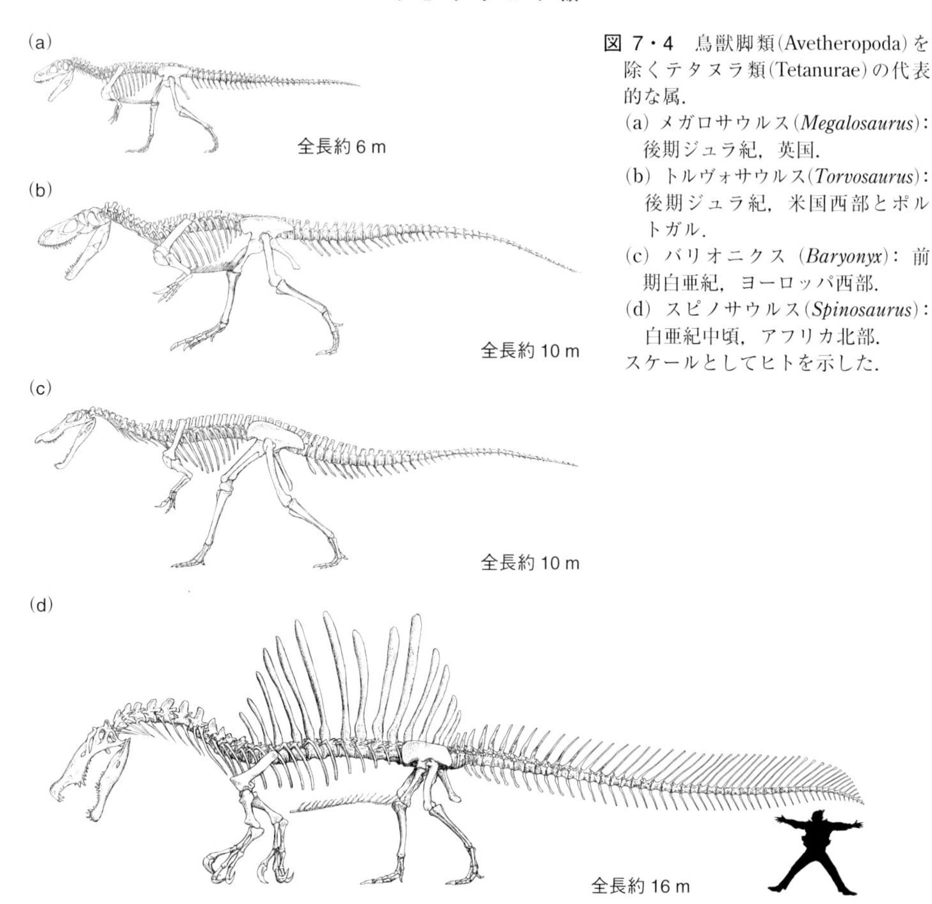

図 7・4 鳥獣脚類(Avetheropoda)を除くテタヌラ類(Tetanurae)の代表的な属.
(a) メガロサウルス(*Megalosaurus*):後期ジュラ紀,英国.
(b) トルヴォサウルス(*Torvosaurus*):後期ジュラ紀,米国西部とポルトガル.
(c) バリオニクス(*Baryonyx*):前期白亜紀,ヨーロッパ西部.
(d) スピノサウルス(*Spinosaurus*):白亜紀中頃,アフリカ北部.
スケールとしてヒトを示した.

なティラノサウルス上科(ティラノサウロイデア)(Tyrannosauroidea)である.さらに,このあとに登場する,恐竜のなかでもひときわ興味深い仲間もこのグループに含まれる.ただ,コエルロサウルス類に関する話題は盛りだくさんなので,もう少しあとの段落で分岐図とともに個別に取上げることにして,まずは“ビッグボーイズ”*3,すなわち大型の獣脚類を見ていこう.

大型獣脚類の収斂進化

テタヌラ類に目を向けると,獣脚類の進化には特徴的な傾向がみられる.端的に言って,大型獣脚類はみな,見た目上は互いによく似ている.そのため,かつての定義において,大型の獣脚類はすべて,“カルノサウルス類”としてひとまとめにされていたほどだ.しかし,獣脚類のそれぞれの系統が大型化するにつれて同じような形態を“独立”に進化させてきたことが明らかになっている.このように異なる系統で同じような形態に進化することを,**収斂**(しゅうれん)(convergent)とよぶ.大型の獣脚類の場合,相対的な頭部の大型化や前肢の矮小化は収斂的に起こっている.これと類似した形態進化は,カルノタウルスを含む新ケラトサウルス類(ネオケラトサウリア)(Neoceratosauria:*neo* 新,Ceratosauria ケラトサウルス類)や,スーチュアノサウルス(*Szechuanosaurus*),メガロサウルス(*Megalosaurus*),アフロヴェナトル(*Afrovenator*)などを擁する原始的なテタヌラ類,そして,ギガノトサウルス(*Giganotosaurus*)やアロサウルス(*Allosaurus*),一部のティラノサウルスの仲間を擁する鳥獣脚類(Avetheropoda)でも独立に起こっている.ここで,水陸両棲だと考えられている大型獣脚類スピノサウルス(*Spinosaurus*)の姿を思い描いてみよう.スピノサウルスの場合,矮小化した前肢をもつ大部分の大型獣脚類とは異なり,相対的に長い前肢をもっている.そのため彼らの姿は,古生物学者の目にも奇異に映る.

テタヌラ類の仲間は,収斂進化により,大きな頭骨と短い前肢という一見似たような形態をしていながらも,その行動様式はどうやら大きく異なっていたようだ.ここまで見てきたように,一部の種は軽量化することで,おそらく

*3 人間の心理は奇妙なもので,専門家ではないが社会的に見識のある人であっても,大型の獣脚類をさすときにはつい,“彼”という指示語を使ってしまうことが多いようだ.しかし,その性別が正しく判定できる確率は答えが2択なので50%である.

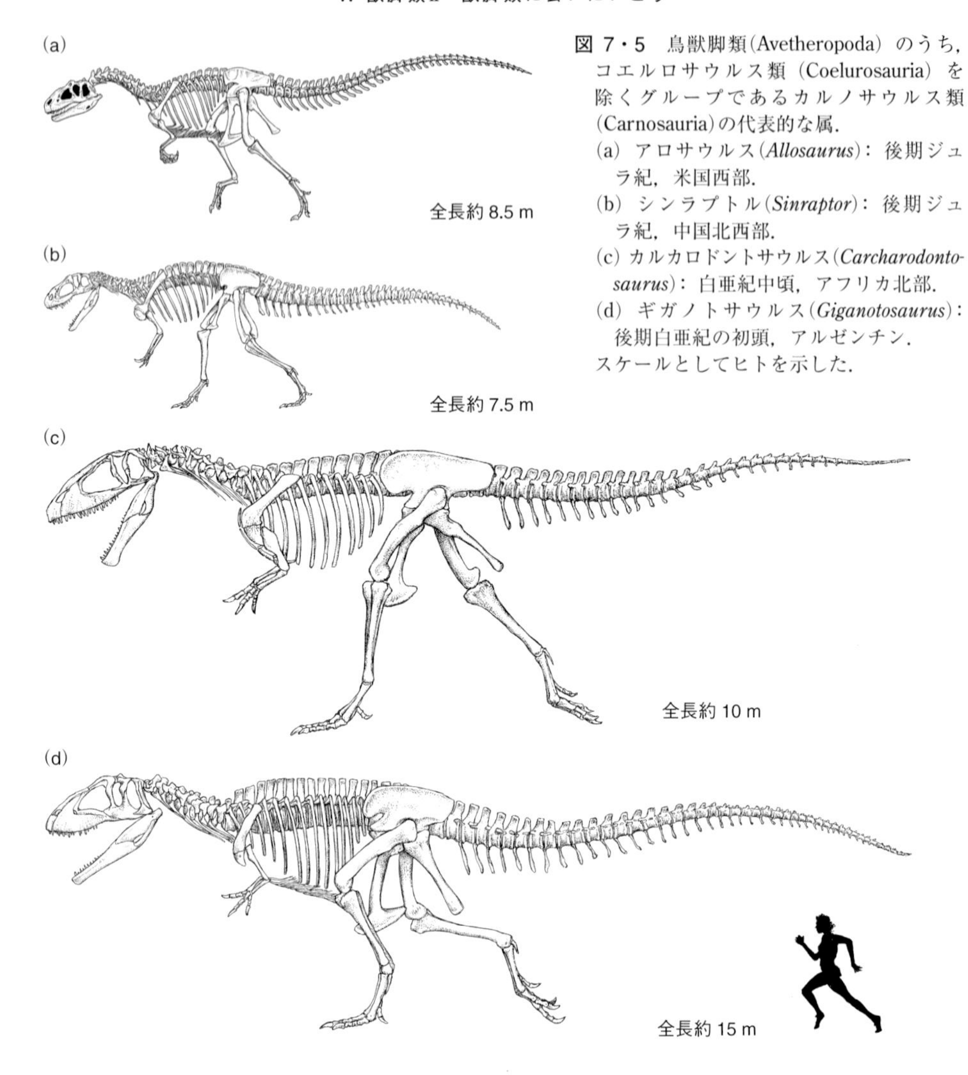

図 7・5　鳥獣脚類(Avetheropoda)のうち，コエルロサウルス類(Coelurosauria)を除くグループであるカルノサウルス類(Carnosauria)の代表的な属．
(a) アロサウルス(*Allosaurus*)：後期ジュラ紀，米国西部．
(b) シンラプトル(*Sinraptor*)：後期ジュラ紀，中国北西部．
(c) カルカロドントサウルス(*Carcharodontosaurus*)：白亜紀中頃，アフリカ北部．
(d) ギガノトサウルス(*Giganotosaurus*)：後期白亜紀の初頭，アルゼンチン．
スケールとしてヒトを示した．

走行性に適応し，また別の種は重たくゆっくりと歩を進める戦車のような運動様式に進化した．歯や顎の形態から判断するに，獲物を襲い，仕留める方法も異なっていたようだ．ではなぜ彼らは表面的に似た形態を独立に進化させてきたのだろうか．

その答えは，巨大化に必然的に伴う形態変化があったといえるだろう．身体を大きくしながらも俊敏な二足歩行性を維持するためには，体サイズと身体の各部位の強度との妥協点を見いだしていかなければならない．短い腕，指の本数の減少，大きな頭は，そのような妥協の結果の一つであると考えられている．

つづいて獣脚類全体に目を向けると，小型の獣脚類は腕と手の指が長いため，物をつかみやすい器用な手をしている．そのため，前肢は獲物を捕まえる役割を果たしたと考えられる．一方，肉食で大型の獣脚類では，逆に腕が相対的に小さくなる傾向にあることから，獲物を得る方法が小型獣脚類とは異なっていたことが示唆されるが，それでも同じように獲物を仕留めることに長けていただろう．獲物の捕獲方法も違えば，獲物の性質（特に大きさ）も違っていたのだ．

コエルロサウルス類

コエルロサウルス類（Coelurosauria）は，地球上に登場してきたあらゆる動物のなかでも最も卓越したグループである．彼らは食性にしても，捕食するものから植物食のものまで，体サイズにしてもティラノサウルスのような巨躯からハチドリのような矮小のものまで，驚くほど多様である．さらに，多くの仲間は知能が高く，あるものは強肉食性であり，またあるものは…とまあ，説明し始めるとキリがない．そして，遺伝的に受け継がれるさまざまな能力，多様性，進化の巧妙さを集約したこのグループから今日の世界で私たちが目にしている鳥が誕生することになる．

飛べないことが明らかな羽毛恐竜として最初に発見されたのはコエルロサウルス類であり，これまでに知られている大多数の羽毛恐竜もまたコエルロサウルス類である．少なくとも，すべてのコエルロサウルス類に羽毛が生えていたことを化石記録が示していると言っても過言ではない．

コエルロサウルス類は，多様性に富んでいるため，このグループの表徴形質を正確に示すのは困難である．コエルロサウルス類の系統解析を専門とする，古生物学者の Stephen Brusatte（図 16・20 参照）は，すべてのコエルロサウルス類に共通する特徴といえるのは，脳が大きくなることくらいしかないのではないか，と述べたほどだ[*4]．このあと見ていくように，このグループは，派生的になるにつれて重要な特徴をもつようになっていく．ここに登場するコエルロサウルス類には，ティラノサウルス（*Tyrannosaurus*）の仲間，小型のコンプソグナトゥス（*Compsognathus*）の仲間，アルヴァレスサウルス（*Alvarezsaurus*）の仲間，ナマケモノのような姿のテリジノサウルス（*Therizinosaurus*）の仲間，オヴィラプトル（*Oviraptor*）の仲間，デイノニコサウルス類（Deinonychosauria），そして鳥翼類（Avialae）が含まれる（図 7・6）．これらのグループの多くは，獣脚類の行動様式について紹介した 6 章で紹介済みである．ここでは，これらのグループの系統関係を解説していこう．

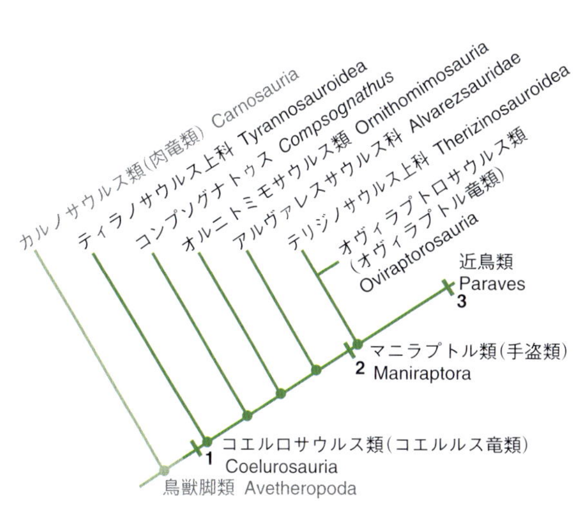

図 7・6　コエルロサウルス類(Coelurosauria)のおもな分類群の基本的な関係を示した分岐図．共有派生形質は以下のとおり．
1. コエルロサウルス類(Coelurosaurira)：脳の巨大化；足が細くなること．
2. マニラプトル類(Maniraptora)：伸長した前肢をもつこと；胸骨が骨化すること．
3. 近鳥類(Paraves)：腕と手が非常に長くなること；羽軸のある羽毛(大羽)が層状に重なってできた翼をもつこと；恥骨が下方もしくは後方を向くこと(後向恥骨)；足の第Ⅱ趾に反り返らせて引っ込めることができる大きなカギツメをもつこと．
[Brusatte, S. L. 2012. Dinosaur Paleobiology, Wiley-Blackwell を基に作図]

ティラノサウルス上科

ティラノサウルス上科（Tyranosauroidea：*Tyrannosaurus* 属，*-oidea* 上科）は，現在わかっているだけでも 20 種ほど知られている多様な系統である．このグループが最初に出現したのは中期ジュラ紀である．大半は中型にとどまっており，カルノサウルス類と同様，半対向性の前肢の親指をもっていた．米国・ノースカロライナ州の古生物学者である Lindsay Zanno（図 16・28 参照）らは，最初期のティラノサウルス上科は，軽量で小型の体躯と，高度に走行適応した動物であったと考えられることから，“末端の捕食者”と特徴づけた．カルノサウルス類が地球上から消え去るとともに，ティラノサウルスの仲間が繁栄し，白亜紀の中頃までには大型化（gigantism）して巨大な体躯を誇る捕食者の仲間入りをするが，6600 万年前の大量絶滅事変によって中生代が終焉を迎えるとともにティラノサウルス上科の物語もまた幕を閉じた（17 章）．

多くの恐竜と同じように，ティラノサウルス上科もアジアと北米に分布していた．最初期の最も原始的なティラノサウルス上科はアジアから見つかっているため，この地で進化を遂げた彼らをおおむねアジア人ならぬ“アジア恐竜”といってもよいだろう．白亜紀の中頃のある地点で，他の多くの恐竜とともに，彼らはベーリング海峡をつなぐ陸橋を渡って北米に移動したと考えられる（11 章）．この新天地は，非常に居心地がよく，有名な大型のティラノサウルス科（Tyrannosauridae：*Tyrannosaurus* 属，*-idae* 科）が進化した．たとえば，アルバートサウルス（*Albertosaurus*；図 7・7），ドリプトサウルス（*Dryptosaurus*），ゴルゴサウルス（*Gorgosaurus*），ダスプレトサウルス（*Daspletosaurus*）など，いずれも全長 10 m 前後の大型種である．最大級のティラノサウルス上科が登場するのは彼らの進化の最後である．それこそが，白亜紀の終わりに北米に登場したティラノサウルス・レックス（*Tyrannosaurus rex*）だ（Box 7・1）．一般に，ティラノサウルスの仲間の進化は，時代とともに全体的に巨大化が進むという特徴がある．その一方で前肢は徐々に縮小するが，おそらく頭骨が大きくなり咬む力が増すことで，縮小した前肢の役割を補っていたのだろう．

ティラノサウルス上科が羽毛をもっていた可能性が浮上したのは，2012 年に中国から全長約 9 m の比較的原始的

*4　Brusatte らが示すコエルロサウルス類(Coelurosauria)に共有される他の形質には以下のようなものがある．後方に顕著な突起のない L 字型をした方形頬骨；距骨の**上行突起**(ascending process)が横方向に伸びる溝または孔により，内側・外側の関節顆と分断されること；頬骨が U 字型よりも緩やかに湾曲し眼窩の縁を形成すること；第四転子が大腿骨骨幹部後面の遠位から起こり，近位内側方向に伸び，近位で大腿骨骨幹部の軸に沿った後位内側の縁と合流する．う～ん，これらの特徴はあまり目立たないので，本書ではひとまず脳の肥大化だけに注目しておこう．［Brusatte, S. L. *et al*. 2014. Gradual assembly of avian body plan culminated in rapid rates of evolution across the dinosaur-bird transition. *Current Biology*, 24, 2386–2392.］

Box 7・1 ティラノサウルス・レックス君，起立！

古代ギリシアの叙事詩であるオデュッセイア に登場する海の怪物セイレーン*5のように，ティラノサウルス・レックス（*Tyranosaurus rex*）は，地球上で最も巨大で凶悪な肉食動物の象徴的な存在である．ティラノサウルスについては，もう長い間，新しい研究による新たな知見が得られていないように感じられるかもしれない．しかし実際は，ティラノサウルス・レックスはいまだ謎に包まれた動物であり，歴史的にもその（古）生態については根深い意見の対立があった．1956年から続く由緒ある人気テレビ番組の"To Tell The Truth（真実を言うと）"のように，これまで，私たちはティラノサウルスに関する憶測や偽の情報をあえて伏せてきた．本書で必要なのは，本物のティラノサウルス・レックスの情報なのだ．さあ，今こそ真のティラノサウルス君よ，立ち上がれ！

ティラノサウルスを神話的に扱うあらゆる憶測をすべて無視してしまえば，ことは非常に単純である．ティラノサウルス・レックスは，その生態を知るための比較対象となる類似した現生動物がいないのだ．全長13 m，体重（質量）数トンに及ぶ，肉食で，二足歩行，かつ短い腕と，2本の指をもつ恐竜はきわめて特殊な存在であり，その生態について多くの憶測が飛び交ってきた．これまで50標本あまりしか見つかっていないなかで，しかもそのほとんどが過去30年間で発見されたものの，完全な骨格はごくわずかという状況である．それにもかかわらず，人々の脳細胞の古生物学への関心に向けられる熱量がティラノサウルスに注がれてきたからには，この神秘的な動物の生態についての私たちの知識は，それなりに信頼のおけるものとなっているはずだ．実際，私たちはそこに到達しつつあるといえるだろう．

ティラノサウルス・レックスは，1902年にモンタナ州東部の大牧場で伝説的な化石収集家のBarnum Brownによって初めて発見された．2個体分の化石が一緒に発見され，プレパレーション作業が行われた．その後，アメリカ自然史博物館の館長であるH. F. Osbornによって，これら2標本は別属（つまりは別種）として，それぞれ"暴君王"を意味するティラノサウルス・レックス（*Tyrannosaurus rex*）と，"帝国の力"を意味するダイナモサウルス・インペリオスス（*Dynamosaurus imperiosus*）と命名された． あろうことか，Osbornが"ティラノサウルス"という名のセイレーンの歌に心奪われてしまい，セイレーンの最初の犠牲者となってしまったのだ*6．のちに，二つの標本は同じ種であることが明らかになった．ダイナモサウルスよりもティラノサウルスの方に命名の先取権があったため，幸いにして，1970年代に活躍したMarc Bolanが所属するロックバンド"T-rex"の名前が，"*D. imperiosus*"となることは避けられた．

ティラノサウルスはでっかいぞ

動物の体サイズの大きさというものは，全長や体重（質量）で表すことができる．インターネットや恐竜本を開けば，恐竜の体重が書かれている．ティラノサウルス・レックスについては，体重が数トンと推定されている．しかし，絶滅した動物の体重はさまざまな要因に激しく左右されるもので，なかでも現生に類似したものがいない動物の場合は特にそうだ（§13・5）．全長は，体重よりも正確に計測することができるので，より確かな測定基準といえる．全長がわかるティラノサウルスのすべての標本をみても，彼らは成長しきったとしても全長14 mを超えることはなかったようだ（後述参照）．

ティラノサウルスは強靱だ

アルバートサウルス（*Albertosaurus*）のような近縁種と比較してみると，ティラノサウルスの骨格の方が少しがっちりしている．そのため，ティラノサウルスの走るスピードは時速25 km程度にとどまるというのが，多くの古生物学者の見解である．だが，ティラノサウルスはもっと俊足だったと反論している研究者も一部にはいる．重厚な骨格は混乱のもとだ．ギガノトサウルスとカルカロドントサウルスの大きさはティラノサウルスに匹敵するが，これらの骨格はより軽量な構造になっている．スピノサウルスは，ティラノサウルスよりも全長が長いが，彼らは半水棲動物であった可能性が高い！ つまり，これらの恐竜と比べると，ティラノサウルスは文字どおり重厚な動物なのだ．

ティラノサウルス・レックスの小さな腕に2本の指（第I，第II指）

ヒトでは，前肢の長さは，後肢の長さの70%ほどだ．一方，ティラノサウルス・レックスの腕は短く，脚の長さの20%ほどしかないため，手が口に届かない．しかし，前肢が退化したというわけではなさそうだ．腕は頑丈なつくりをしており，筋骨格の復元をしたところ，140 kgfの荷重に耐えられたようだ．そして，指の先端には目立ったカギツメがついている．前肢が口に食べ物を運ぶのに使わ

*5 訳註：海の怪物セイレーンは美しい歌声で航行中の人々を惑わし，餌食にする．
*6 しかし，話はこれで終わりではなかった．2018年に発見された新しいティラノサウルスの仲間の化石は，Osbornに敬意を表して，現在は廃名となった"ダイナモサウルス（*Dynamosaurus*）"にちなんで"ダイナモテラー（*Dynamoterror*）"と名づけられた．

れたかどうかは別としても，何らかの機能があったことは確かだろう．スプーンの柄で紅茶缶の蓋をこじ開けるように，腕や手を体と地面の間に入れて，腹ばいに横たわった状態から身体を起こす際に使ったのではないかという説が古くからあった．これは大真面目に提案された仮説だ．腕を地面につけることで胴体の前端が地面に固定されるため，後肢と胴体の後ろ側を持ち上げることができ，最終的に立ち上がることができたというものだ．つい最近の2021年1月のことだが，まさにその行動を示すとされる足跡化石がニューメキシコ州から報告された．いきすぎた推測か，はたまた優れた洞察か，いったいどちらだろうか．

なんて大きな頭と歯をもっているのでしょう！

ティラノサウルスの頭は長さがおよそ2mと大きく，しかも顎は上下方向に高い，顎を閉じる強力な筋肉が付着していた．さらに，頭骨を構成する骨は互いにがっちりと縫合し，大きさも形もバナナのような歯は獲物の骨を砕くのに使われていた（図6・15参照）．この恐竜を語る際に，あまり注目されない特徴だが，頸椎の長く頑丈な神経弓には，後頭部へと伸びる強力な筋肉が付着していたことも注目すべき点だ．

フロリダ州立大学の古生物学者であるGregory M. Ericksonは，ティラノサウルス・レックスの歯のレプリカを用いて，現生動物の骨を噛ませてその咬合力を評価した．というもの，ティラノサウルスと同じ時代に産出する化石骨には，肉食動物の歯で咬まれた穴が多数見つかっているのだ．現生動物の骨にこれと同じような穴を再現するためには，1本の歯に対して約31,138 Nもの力を加える必要があることをEricksonは発見した．想像してみてほしい，ティラノサウルス・レックスの口の中には，これだけの咬合力をかけることができる歯がずらりと並んでいるのである．陸上動物で史上最強級クラスの咬合力をもつ肉食動物だと言われるのも頷けるだろう．糞化石（6章）の中からは砕かれた骨が見つかっており，ティラノサウルスが獲物の骨を砕いて食べていたことを示す，動かぬ証拠とされている．

ティラノサウルス・レックスの類まれなる感覚器

ここまで，ティラノサウルス・レックスは感覚器のなかでも嗅覚と，立体視できる視覚が発達していることを紹介した（図6・20，図6・21参照）．だが，正直なところ知性についての評価は難しい．脳化指数（EQ）は約2.5で，現生の鳥より低く，最も賢い他のコエルロサウルス類に劣る（図13・3参照）．合理的な解釈を好む研究者によって，その知的能力はチンパンジーと比較されることもある．しかし，この意見に対しては，チンパンジーの知性を正当に評価できているか疑問が残る．

ティラノサウルスは羽毛に覆われていた

もし君が，ツルツルとしたウロコに覆われた緑色のかっこいい恐竜が好きだったとしたら，悲しいお知らせをしなければならない．2012年に，中国の古生物学者であるXu Xing（図16・13参照）らは，大型の羽毛に覆われた原始的なティラノサウルス上科（Tyranosauroidea）の一つであるユーティラヌス（*Yutyrannus*）を発表した．この羽毛は単繊維状（5章）で，身体の表面にわりと密に生えていた（図7・8）．

原始的なティラノサウルス上科とされるユーティラヌスでの羽毛の発見は，すべてのティラノサウルス上科が羽毛に覆われていた可能性を示唆するが，はたしてこれは決定的な証拠となりえるのだろうか．2017年にP. R. Bellらがアルバートサウルス（*Albertosaurus*），ダスプレトサウルス（*Daspletosaurus*），ゴルゴサウルス（*Gorgosaurus*），タルボサウルス（*Tarbosaurus*）などといった，後期白亜紀の多くの大型ティラノサウルス科のさまざまな部位で，羽毛ではなく，ウロコに覆われた皮膚の痕跡を発見している．そのため，原始的なティラノサウルス上科に羽毛があったとはいえ，白亜紀の終わりに大型の獣脚類の仲間入りをしたティラノサウルス上科では羽毛は消失していたと論じた．Bellらは，羽毛の消失は大型化への移行と関連づけ，後期白亜紀の大型獣脚類に仮に羽毛があったとしても，背中あたりに限って帯状に生えていた程度だろうとみている．この問題についてはいまだ議論が続いている．

その生涯とはタフなものだった

ティラノサウルス・レックスの標本の多くの骨が疲労骨折しており，若い個体の化石が多く（13章），20歳を超えるものは少ない．もしこれらが，ティラノサウルス・レックスの個体群の特徴を正しく反映しているとしたら，ティラノサウルスの成長速度は早く，厳しい生涯が一般的だったといえるかもしれない．生前に治癒した骨折を含め，多くの化石からわかる病態が，この解釈を支持している．しかし近年，特に大きく，年老いたティラノサウルス・レックスの標本が発見され，長生きをした大型個体もいたことを示した．ティラノサウルスは，獲物に突撃することが生活の一部になっているのだとしたら，史上最強の肉食動物であり続けることは，そこまでよいことでもなかったのかもしれない．

肉食動物として生きたティラノサウルス・レックスの証

全体を見通してティラノサウルスの一つの姿が浮かび上がってくる．ティラノサウルス・レックスは，活発な肉食動物で，ケラトプス類（11章）やハドロサウルス科（12章）のような，大型で，強く，やすやすとは狩られてはくれない獲物を襲って食べていたようだ．ティラノサウルスは恥骨を中心として，恥骨前方の強靱な胴体と巨大な頭骨，縮小した前肢に対して，後方の長い尾がヤジロベエのように絶妙にバランスを保っていた．彼らが好んだ攻撃方法はおそらく待ち伏せてから飛び掛かる方法で，獲物を追いかけて倒すようなことはやらなかったと考えられる．攻撃の初手は頭からの突進である．力強い長い腕や，物をつかむことができる手をもっていないティラノサウルスは，前肢の代わりに巨大な歯が生えた口で獲物を攻撃したのだろう．先に登場したS. Brusatteは，“陸上のサメ”のような攻撃というのをティラノサウルスの特徴にあげている．ティラノサウルスは，控えめにいっても，大きく力強い動物を地面に投げ飛ばすことができるほど強靱な首の筋肉があることで，咬む力がより強化され，これが獲物にとって致命傷となったはずだ．また，ティラノサウルス・レックスのカギツメのある足が，口から届く位置にあるのも好都合だ．手は獲物を押さえつけるのに役立ったに違いない．しかし，頭や首，力強い脚，カギツメのある足が，最も重要な武器であったことは間違いない．

後期白亜紀の恐竜対決といえば，言わずと知れたこの時期の最大かつ最強の肉食恐竜であるティラノサウルス・レックスと，当時最大の植物食恐竜である恐ろしくも3本のツノを備えたトリケラトプス（*Triceratops*）との対峙だろう．この対決はありえない話ではない．これらのベヘモス（巨大生物）は，後期白亜紀に，モンタナ州東部からノースダコタ州，サウスダコタ州西部にまたがる北米の雄大な土地で共存していたのだ．恐竜愛好家にとって，究極のメインイベントともいえる恐竜対決の結果については，これまで，あまりに多くの人が綴ってきた内容である．残念ながら，貪欲なまでに新知見を求める人たちに向けて発信できる新しい情報はここにはない．その代わり，スミソニアン協会・国立自然史博物館（National Museum of Natural History, The Smithsonian Institute）に新たに設置された，“真の巨大生物同士の対決”を記念するような組立て骨格を紹介しよう（図B7・1）．

ティラノサウルス・レックスは，2個体のペアが一緒に発見されるが多いことから，社会性をもっていたことが示唆される．恐竜研究家のGregory Paulは，1988年に出版された彼の著書，『*Predatory Dinosaurs of the World*（世界の肉食恐竜）』の中で，ライオンからヒントを得たのか，ティラノサウルスの家族はメスが狩りを担当していた可能性があると述べている．その後，ティラノサウルス科のなかでもティラノサウルスと非常に近縁な種であるタルボサウルスとアルバートサウルスが群れで行動していたことが明らかになり，ティラノサウルス科が集団で狩りを行っていたという考えがより強くなった．

図 B7・1　ティラノサウルス(*Tyranosaurus*)がトリケラトプス(*Tricaratops*)を餌食にしているところ．米国・ワシントンDCのスミソニアン協会・国立自然史博物館にて2019年から新たに展示に加えられた組立て骨格．スケールバーは12インチ（30.48 cm）．

な前期白亜紀のティラノサウルス上科である，ユーティラヌス・フアリ（*Yutyrannus huali*）が発見されたためである．ユーティラヌスは，単繊維性の羽毛で覆われていた（図7・8）が，問題となるのはその体サイズである．現生の哺乳類では，小型種は全身を毛皮で覆われているが，ゾウ，カバ，サイといった大型種ではあまり毛皮で覆われていないことがよく知られている．小型の哺乳類は，体の体積に対して表面積が大きいので，皮膚から熱を逃がしやすいため，哺乳類の毛皮は，おもに断熱材として機能している．しかし，大型の哺乳類はその真逆で，体の体積に対して表面積が小さいため，体内の熱を保ちやすくなっている（羽毛や毛皮などの断熱材で体が覆われた動物の表面積と体積比の問題については，14章で詳しく解説する）．そうなると，白亜紀中頃にティラノサウルス上科が劇的に巨大化したことで，保温のための羽毛が必要なくなり，羽毛を消失していったのだろうか．Box 7・1で述べたように，白亜紀末期の巨大なティラノサウルス科に羽毛があったかどうかという問題は，いまだに解決していない．

図 7・7　アルバートサウルス(*Albertosaurus*)の骨格.［Richard T. Nowitz/Getty Images］

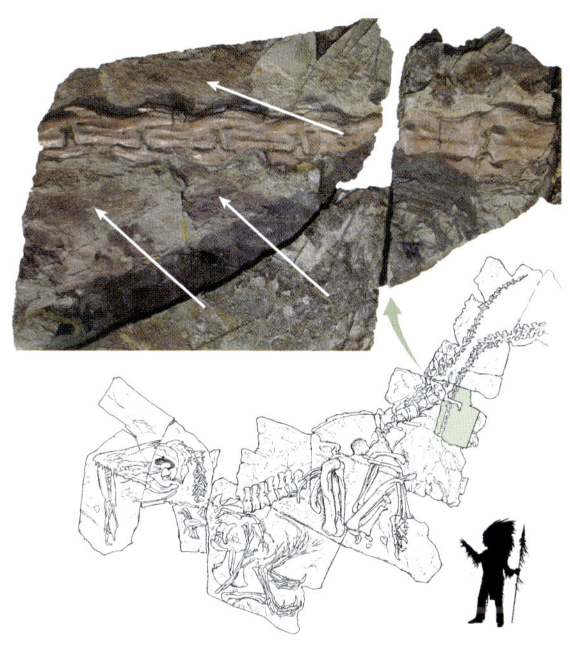

図 7・8　中国・遼寧省から発見されたユーティラヌス(*Yutyrannus*)の全身骨格の産状図，および尾の一部の写真(産状図中で緑で示した部位)．写真中に白矢印で示した繊維状の構造は，飛行には用いられなかった羽毛だと考えられている．［写真：D. E. Fastovsky 提供］

コンプソグナトゥス科とオルニトミモサウルス類

コンプソグナトゥス科（Compsognathidae：*Compsognathus* 属，*-idae* 科）は小型で，軽量化された骨格をもち，高度に走行適応した動物である．また，映画『ジュラシック・パークII』のオープニングに登場していた恐竜のモデルとされる．彼らの反り返ったナイフのような歯は，彼らが小型の脊椎動物や昆虫といったものを餌とした，肉食であったことを示唆している．

ここでは2種のコンプソグナトゥス科に注目しよう．一つは，後期ジュラ紀の小型恐竜であるコンプソグナトゥス（*Compsognathus*），もう一つは，前期白亜紀の中国から見つかっているシノサウロプテリクス（*Sinosauropteryx*）である．コンプソグナトゥスはドイツのバイエルン州，ゾルンホーフェン（Solnhofen）から産出している．この地は，1700年代以前から建築用の石材を採掘しており（図7・9），非常に有名な**ラーゲルシュテッテ**（Lagerstätte：特に保存状態のよい化石を産する堆積層）である．シノサウロプテ

図 7・9　コンプソグナトゥス(*Compsognathus*)．ドイツ・バイエルン地方のゾルンホーフェンから見つかった後期ジュラ紀の小型のコンプソグナトゥス科(Compsognathidae)．［The Natural History Museum/Alamy Stock Photo］

リクス（図7・10）が発見された中国・遼寧省もまた，ラーゲルシュテッテの一つである．遼寧省の前期白亜紀の熱河層群（Jehol Group）は，化石を豊富に含む地層であり，その母岩は一見するとゾルンホーフェンのものとよく似ている．ラーゲルシュテッテとよばれるだけあって，両地層ともに化石の保存状態が素晴らしい．多くの動物化石は，完全体で関節した状態で見つかっており，細粒泥岩には動物の表皮の印象だけでなく，軟組織だと思われるものまで黒ずんで保存されている．

1997年に発見された小型恐竜のシノサウロプテリクスは，飛べないことが明らかな体つきをした，小さなコンプソグナトゥス科であった．しかし，この飛べない獣脚類の体は，単繊維性の羽毛で厚く覆われていた．つまり，羽毛はもともと飛翔のために進化したものではないことを示唆している．図7・10と図6・28では，シノサウロプテリクスの二つの異なる標本それぞれで，羽毛の色彩パターンと羽毛で覆われた部位を紹介している．

図7・10　飛ぶことに適していない羽毛をもつコンプソグナトゥス科(Compsognathidae)のシノサウロプテリクス(*Sinosauropteryx*)．矢印で示したように，この動物の背中側に生えた単繊維状の羽毛には飛行の機能がなかったと考えられる．羽毛によって，尾がさらに長く伸びているように見える．本化石は中国・遼寧省から発見されている．[X. Xu 提供]

高度に走行適応した**オルニトミモサウルス類**（Ornithomimosauria；オルニトミムス竜類：*Ornithomimus* 属，*saur* トカゲ・竜）は，オルニトミムス（*Ornithomimus*：*ornis* 鳥，*mimus* もどき）に代表され，“ダチョウ恐竜（ostrich-like dinosaurs)”の俗称のとおり，その姿だけでなく，その生活様式もダチョウに似ていたと考えられる．このグループには，ガリミムス（*Gallimimus*），ストルティオミムス（*Struthiomimus*），ドロミケイオミムス（*Dromiceiomimus*）といった走行適応した中型の恐竜が含まれ，長い後肢に小さな頭，大きな眼，そして歯のない顎をもつことで特徴づけられる（図7・11）．グループとしては古くから知られているが，食性については明らかになっていない．それというのも，大きく力強い手とそこに備わったカギツメとは不釣り合いなほど，頭部が小さくて顎にも歯がないため，その食性を解明することが困難なのである．さらに，このカギツメも他の一般的な肉食動物のように大きく湾曲したものではない．多くの古生物学者は，彼らが植物食であったと考えている．ティラノサウルス科のように，彼らもまた後期白亜紀のアジアと北米にまたがって分布していたことが知られている．

しかし，1967年にモンゴルのゴビ砂漠からデイノケイ

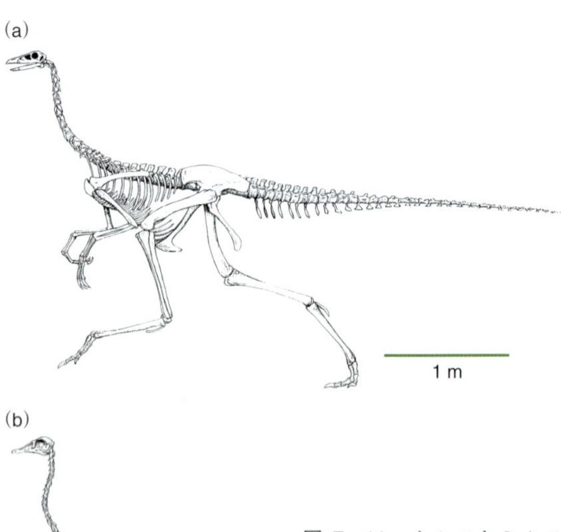

図7・11　オルニトミムス科(Ornithomimidae)と現生のダチョウの骨格の比較図．(a) ストルティオミムス(*Struthiomimus*)，(b) ダチョウ(*Struthio*)．両者の骨格デザインの類似性から，生態も似ていたと考えられている．

ルス（*Deinocheirus*）が発見された後，オルニトミモサウルス類に関する私たちの認識は大きく変えられてしまった．後にポーランドの伝説的な古生物学者となるZofia Kielen-Jawarowskaは，当初，巨大なオルニトミモサウルス類らしき恐竜の一対の前肢のみでデイノケイルスの最初の標本として記載したが，他の部位は一切残されていなかった．ゴビでの発掘記録を著した本に割かれた1章は，その驚きをもって“There ain't no such animal（そんな動物が存在するはずがない）”という見出しがつけられた．

曰く，“*ゴビの南側の露頭に沿って歩いていると，小高い丘の上から，かなり大きな骨が姿をのぞかせているのに気づきました．骨が十数個はあったでしょうか．私は，骨を覆う砂を取除いていきました．すると，突如，すばらしく保存状態がよく，大きく弧を描いた長さ12インチ（30.48 cm）のカギツメが姿を現しました．これは，間違いなく前肢のカギツメだったのですが，今までに発見されたどのカギツメよりも大きかったのです．部分的に露出した出っ張った骨は，腕の骨のように見えました．もし，これが腕の骨ならば，今まで見たことのないくらい大きなカギツメがついた長い前肢に出会ったことになるのです．*（Kielen-Jaworowska, Z. 1969. *Hunting for Dinosaurs*. MIT Press, Cambridge, MA, p.141）”

この時に発見された左右の腕の長さは2.5 mを超え，3本の長い指のついた巨大な手の先には，強力なカギツメがついていた．もし，通常の体サイズのオルニトミムス科（Ornithomimidae：*Ornithomimus*属，*-idae*科）をこの前肢のサイズに見合う大きさまで拡大したら，とんでもなく巨大な動物になってしまう．その後50年間，この巨大な前肢は，モンゴル・ウランバートルにあるモンゴル科学アカデミー古生物学センター（Mongolian Paleontology Center, Mongolian Academy of Sciences）の壁に展示され，オルニトミモサウルス類を研究する者たちに，“わが正体を解き明かせ”とばかりに挑戦状を叩きつけてきた．

2009年，新たに多くのデイノケイルスの標本が発見されたというワクワクする噂が流れた．だが，いったいどのくらいの数が発見されたのか，そしてその正体についてどのようなことが新たにわかったのかについては，明らかになっていなかった．2014年，ついに完全な記載論文が発表され，数々の噂がようやく沈静化した．デイノケイルスは，巨大で俊敏な走行性の怪物のような“ダチョウもどき”恐竜ではなく，猫背で，吻部が長く，上下に高い顎をもち，後ろ足の短い動物だったのだ．どこからどう見ても，俊敏な走行適応した動物ではなかった．さらに，胃のあたりに食べ物をすり潰すための1000個以上の胃石と魚の痕跡が保存されていた．つまりは，この生物は魚も食べていたかもしれないということだ．この論文の著者らによれば，デイノケイルスは，足の先端が尖っておらず，上下に高い顎をもち，棲息地である川の周辺で泥だらけになって魚を捕ったり，巨大な前肢のカギツメを使って植物を掘り起こしたり，さらにはその大きなカギツメで身を守っていたらしい．すなわち，“巨大な雑食動物（megaomnivore）”らしいのだ．デイノケイルスの姿は，図7・12に示したように，ありえないくらい巨大な動物であった．

マニラプトル類

マニラプトル類（Maniraptora；手盗類：*man* 手，*raptor* 盗人）には，前述したグループを除くすべてのコエルロサウルス類（Coelurosauria）が含まれる（図7・6）．オルニトミモサウルス類よりもマニラプトル類に近い獣脚類のグループには，いわば恐竜の福袋のようなグループであり，テリジノサウルスの仲間やアルヴァレスサウルスの仲間のような奇妙な姿をしたものから，オヴィラプトロサウルス類（Oviraptorosauria；オヴィラプトル竜類；図6・

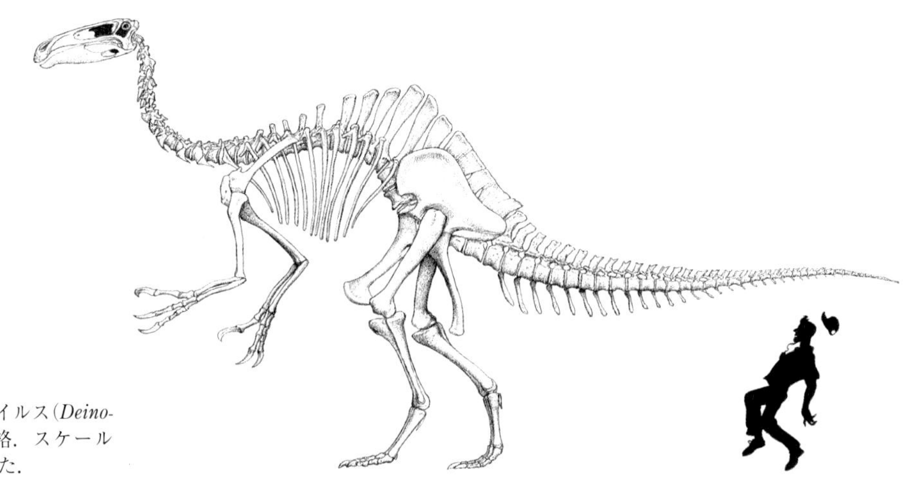

図7・12 デイノケイルス（*Deinocheirus*）の復元骨格．スケールとしてヒトを示した．

19，図6・30参照）や，いまやすっかり有名になったデイノニクス（*Deinonychus*）やヴェロキラプトル（*Velociraptor*）を含むデイノニコサウルス類（Deinonychosauria）という高度な捕食者がこのグループに含まれる．ニワトリ，ペンギン，スズメ，ダチョウ，ワシ（つまりは鳥）のような鳥翼類（Avialae；後述および8章）の仲間もまた，このグループに含まれる．6章では，オヴィラプトロサウルス類（Oviraptorosauria）とその営巣の習性に加え，デイノニコサウルス類の肉食動物としての特性についてざっくりと見てきたので，ここでは他のグループにもっと目を向けることにしよう．鳥の起源については8章で詳しく説明するので，ここでは少し触れるだけにする．

マニラプトル類は，多くの特徴をもったグループだが（図7・6），大部分の種で共有される派生形質は，**半月型の手根骨**（semi-lunate carpal）をもつことである．これによって，手首の関節の可動性が飛躍的に高まった（図7・13）．

図 7・13　マニラプトル類に含まれるオヴィラプトロサウルス類の仲間であるインゲニア（*Ingenia*）の左手骨格．緑で塗りつぶした箇所が半月型の手根骨．

まずは，アルヴァレスサウルスの仲間とテリジノサウルスの仲間から始めよう．アルヴァレスサウルスの仲間は，奇妙で珍しいグループの恐竜で，南米，北米，アジアから見つかっている．モノニクス（*Mononykus*；図7・14）がそのよい例で，彼らの全長は最大2 mと大型の恐竜ではないが，奇妙に癒合した手骨格（鳥の手骨格との収斂進化）と短い前肢，顎の前方に限定して生えた小さな歯，全身が羽毛で覆われるという特徴をもっていた．これらの特徴的な部位がどのように使われていたのかはいまだ謎のままである．しかし，この癒合した短い手には，明らかに特殊な機能があると考えられ，植物食への適応から掘削を伴うシロアリ食への適応に至るまで，何か特殊な戦略への適応があるのではないかと考えられてきた．

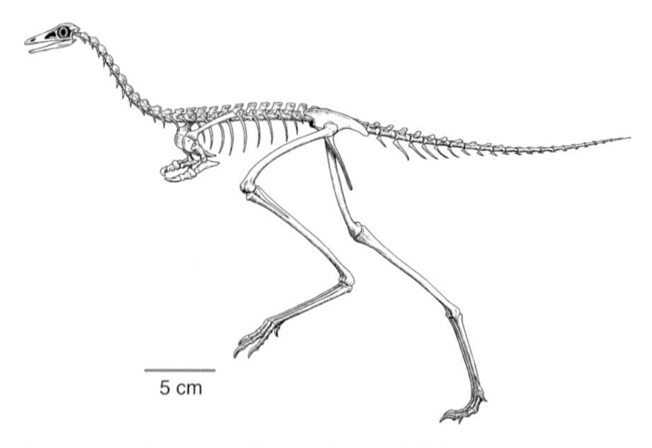

図 7・14　モノニクス（*Mononykus*）の骨格図．アルヴァレスサウルス科（Alvarezsauridae）の特異的に癒合した手骨格と短い前肢を示している．

テリジノサウルスの仲間は，アルヴァレスサウルスの仲間ほどではないにしても，その生態は多くの謎に包まれている．北米とアジアから発見されているテリジノサウルス上科（テリジノサウロイデア）（Therizinosauroidea：*Therizinosaurus* 属，*-oidea* 上科）は，植物食に適応していた可能性が高いもう一つの白亜紀の獣脚類の系統である*7．彼らはきわめて巨大でずんぐりとしており，こうした高度に進化した特異なマニラプトル類獣脚類は，絶滅した地上性のオオナマケモノのような姿になぞらえられたり，魚食性として復元されたり，ハチの巣を狙って木登りする動物と考えられたり，あるいは植物食として復元されたりしてきた（図7・15）．その行動様式には多くの議論が生じ（当初は系統的位置づけも定まらなかった），獣脚類のなかでも特異なグループであるというのが共通見解であった．しかし新しい標本の発見により，ナマケモノのような動物でもなく，ハチを食べるために木登りするような動物でもなく（そのような胃内容物は見つかっていない），植物食であった可能性が示唆されている．

テリジノサウルスの仲間の特徴の多くは非常に特異である．なかでも彼らの特別大きなカギツメは，ナマケモノのカギツメを想起させる（図7・16）．肉食の獣脚類の優美な手の先にあるカギツメのように大きく湾曲し，鋭く，肉をつかむための道具とはまったく異なる形態をしていた．テリジノサウルスの仲間がこのカギツメで何をしていたのかは解明されていない．しかし，テリジノサウルスの仲間について私たちが知りえる数少ない事柄の一つは，彼らの体が，シノサウロプテリクスで見られるような，単繊維状の原始的な羽毛で覆われていたということだ（図7・17）．

*7　このタイプの一つが，前期ジュラ紀のエシャノサウルス（*Eshanosaurus*）である．左の下顎のみが知られており，一部の研究者は基盤的な竜脚形類としている．2009年に英国の古生物学者であるPaul Barrettが再検討したところ，非常に初期のテリジノサウルスの仲間であるとされた．

図 7・15　テリジノサウルスの仲間のノトゥロニクス(*Nothronychus*)の生体復元図と骨格図の対峙（図 7・16 も参照）.

図 7・16　テリジノサウルスの仲間の手骨格のレプリカ．カギツメの長さはいずれも約 40 cm. 福井県立恐竜博物館所蔵．［D. E. Fastovsky 提供］

図 7・17　中国・遼寧省から産出しているテリジノサウルスの仲間のベイピャオサウルス(*Beipiaosaurus*)の化石には，頭部，首の背側，胸郭の前方に単繊維状の羽毛(矢印)が保存されている．［X. Xu 提供］

“見た目の類似性”が必ずしも系統を反映しないことはすでに述べた（3 章）が，これを差し引いても，テリジノサウルスの仲間に系統的に最も近いのは，一見するとまったく似ていないオヴィラプトル科（オヴィラプトリダエ）(Oviraptoridae：*Oviraptor* 属, *-idae* 科）というグループの恐竜である（図 7・18 に加えて図 6・13b，図 6・19，図 6・30 参照）．オヴィラプトル科はオヴィラプトロサウルス類に含まれ，白亜紀を通して棲息していたグループである．初期の種は歯をもっていたが，後期白亜紀になると歯をもたない（edentulous）種が登場した．最も小型種であるカエナグナタシア（*Caenagnathasia*）から最大種であるギガントラプトル（*Gigantoraptor*）まで，全長は約 1～8.5 m，推定体重（質量）は 5～3000 kg までに及ぶ多様なグループである．6 章で紹介したオヴィラプトルの体サイズは，この範囲に収まる．この謎めいたグループは，大部分の種に歯がなく，穴だらけの頭骨（図 6・19 参照）と，強力なクチバシをもち，かつ，走行に適した体をもち，何かをするために発達したであろう力強く物をつかむことができるカギツメをもっていた．

だが，その“何か”とは何だったのだろうか．これについては，浅瀬で無脊椎動物を捕るため，植物を食べるため，大きなカギツメで何かの隙間から獲物を掻き出すため，木登りのため，雑食のため，あるいは，これらの説の一部，もしくは全部の用途，またはどれにも当てはまらないなど，大雑把な説が数多く唱えられてきたが，そのうちいくつかは両立しない説もあった．オヴィラプトロサウルス類の体サイズの範囲が広いことを考えると，オヴィラプトロサウルス類が種ごとに異なる用途でカギツメを用いたことは自明であり，この解剖学的特徴に特定の特殊な機能があると

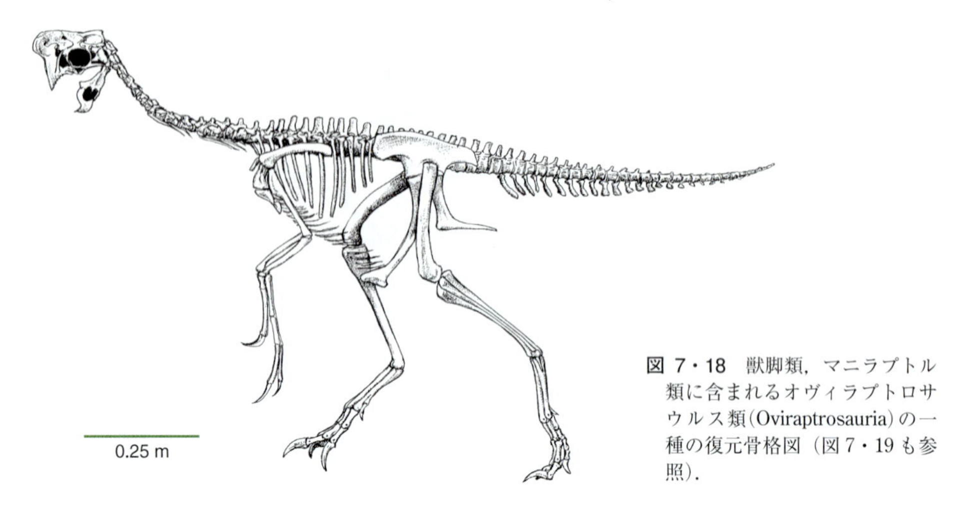

図 7・18　獣脚類，マニラプトル類に含まれるオヴィラプトロサウルス類(Oviraptrosauria)の一種の復元骨格図（図 7・19 も参照）．

図 7・19　羽毛が保存されている中国・遼寧省から見つかったオヴィラプトロサウルス類のカウディプテリクス(*Caudipteryx*)の化石．白い矢印は羽毛．［X. Xu 提供］

はいえないようだ．しかし，特異な形状の頭骨からは，このグループの恐竜が似たような行動様式をしていたことが示唆される．ほっそりとした骨格から，彼らが活発な走行動物であったことが示される．そして，遼寧省のラーゲルシュテッテから見つかっている，基盤的なオヴィラプトロサウルス類のカウディプテリクス（*Caudipteryx*）の発見により，彼らが単繊維状の羽毛で覆われていたとことがわかっている．この羽毛は色鮮やかだったのかもしれないが，色の復元までは実現していない（図 7・19）．

近　鳥　類

マニラプトル類のなかで最後に紹介する二つのグループは，デイノニコサウルス類と，一見もっと馴染み深そうだが，実はあまり知られていない鳥翼類である．両グループは，高度な捕食者であり脅威の知能をもつ，**近鳥類**（パルアヴェス）（Paraves：*par* 近い，*av* 鳥）という，どこからどう見ても，すごい生物たちで構成されたクレードである（図 7・20）．

デイノニコサウルス類（Deinonychosauria（デイノニコサウリア）：デイノニクス竜類：*Deinonychus* 属，*saur* トカゲ・竜）には，鎌のよ

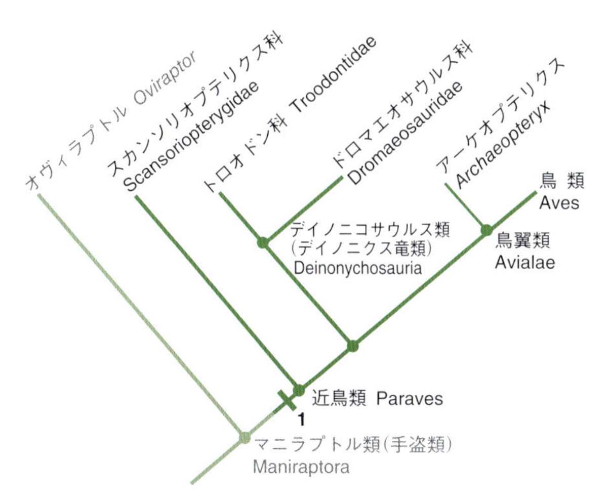

図 7・20 近鳥類(Paraves)の分岐図．共有派生形質は以下のとおり．

1．近鳥類(Paraves)：非常に長い腕と手をもつこと；羽軸のある羽毛(大羽)が層状に重なってできた翼をもつこと；恥骨が下方，または後方を向くこと(後向恥骨)；足の第Ⅱ趾に反り返らせて引っ込めることができる大きなカギツメをもつこと．[Brusatte(2012)と Wang *et al.*(2019)を基に作図]

うなカギツメをもつトロオドン科（Troodontidae：*Troodon* 属，*-idae* 科）とドロマエオサウルス科（Dromaeosauridae：*Dromaeosaurus* 属，*-idae* 科）を含み，大型の獣脚類よりもずっと恐怖心をかき立てられるグループであることは間違いない．6章で紹介したように，ドロマエオサウルス科は非常に賢く(図13・3参照)，強肉食で，おそらく社会性のある動物である．ほっそりとした骨格に，大きなカギツメ，強力な手，堅い尾を備えていることから，活動的な生活を送り，“内温動物(または温血動物；14章)”であった可能性が示唆されている．そのような代謝をもっていた動物は，何らかの断熱材で体が保温されていたとしてもおかしくない．ここでもまた，前期白亜紀の遼寧省のラーゲルシュテッテから，豪華な羽毛恐竜たちが見つかっている．そこには，シノルニトサウルス（*Sinornithosaurus*；図7・21）とミクロラプトル（*Microraptor*；図7・22）も名を連ねている．

ミクロラプトルは，オヴィラプトロサウルス類で見られたような単繊維状の羽毛ではなく，風切羽（5章）を前肢だけでなく後肢にももつ驚くべき動物であった．この“4枚の翼”をもった恐竜が，いったいどのように飛行していたのか，多くの推論がなされている．滑空をしていたのはもちろんのこと，羽ばたき飛翔のようなこともしていたはずだ．しかし，どう飛んでいたかは別として，飛行中のミクロラプトルはキラキラと輝いていたはずである．なぜなら，羽毛に残された微小なメラノソームから，羽毛が構造色をもち，光線の当たり方によってさまざまな色に見えていたことが示唆されているからだ．

ミクロラプトルはあまり大きな動物ではない．全長は1mに満たず，その長さの半分以上を尾が占める．このほかにも，“四翼”のドロマエオサウルス科は，少なくとも5種が知られている．その一つが，このタイプのなかでは非

図 7・21 羽毛に覆われたドロマエオサウルス科(Dromaeosauridae)であるシノルニトサウルス(*Sinornithosaurus*)の完全な骨格．中国・遼寧省から発見された化石．矢印は単繊維状の羽毛．[X. Xu 提供]

図 7・22　四翼の羽毛恐竜であるドロマエオサウルス科（Dromaeosauridae）のミクロラプトル・グイ（*Microraptor gui*）の化石．中国・遼寧省から見つかったこのミクロラプトルは，すべての四肢によく発達した風切羽をもっている．［X. Xu 提供］

常に大型のカンギュラプトル（*Changyuraptor*）であり，尾の羽毛の長さだけでも 30 cm はあった．これらの動物は鳥のような姿をしているが，鳥へと続く進化の途中にいるわけではない．むしろ彼らは鳥とは別に滑空または飛翔へと独自に適応放散したグループの一つだったといえよう（図 7・22）．

トロオドン科もまた，その特徴的な歯をもつことから（図 6・15a 参照），鳥盤類のような植物食動物，またはデイノニクスのような肉食動物だったのではないかと考えられてきたが，いずれにせよ謎の多いグループである．他のドロマエオサウルス科と同じように，彼らのカギツメも鎌のような形をしている．ただし，ドロマエオサウルス科のもののように大きく湾曲したカギツメではなく，カギツメの先端が地面につかないように上に引上げることもできなかったようだ．しかし，トロオドン科はとても大きな脳をもち，立体視が可能で，尾は堅く伸び，手で物をつかむことがで

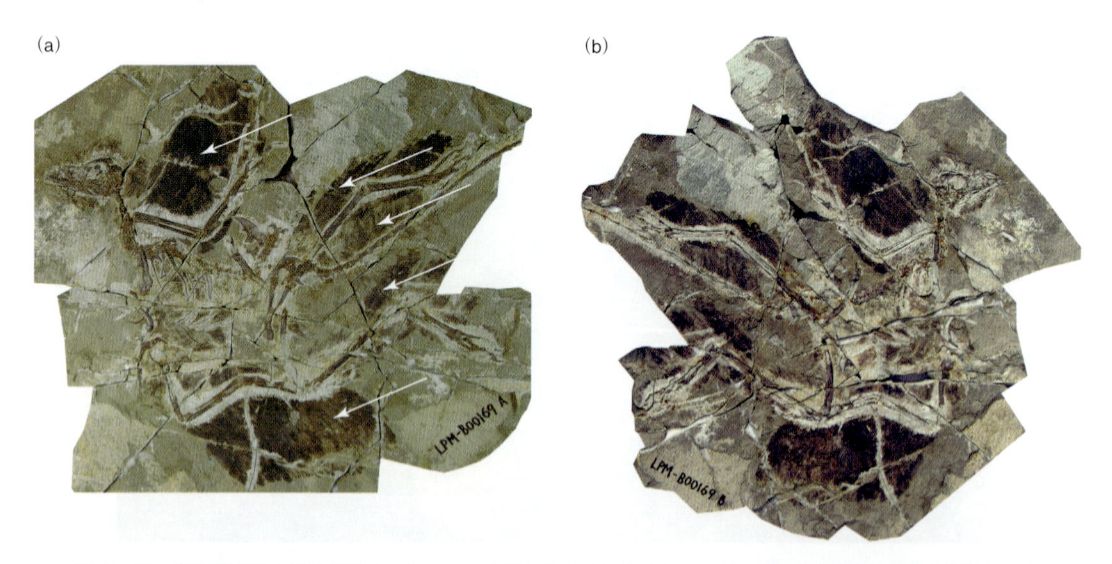

図 7・23　泥岩層の板の間に保存された，トロオドン科のアンキオルニス（*Anchiornis*）の美しき完全な標本．中国・遼寧省より産出したこの標本では，羽毛がはっきりと目視できる．(a) 泥岩の板に保存された化石で，羽毛を白い矢印で示している．(b) (a)の泥岩の板を割った反対側．［X. Xu 提供］

図 7・24 トロオドン科のアンキオルニス(*Anchiornis*)の羽毛と頭部のトサカの生体復元画．標本に保存されたメラノソームの大きさ，形状，密度，分布状況をもとに色や模様を復元している．[The American Association for the Advancement of Science]

きた．遼寧省から発見されたトロオドン科のアンキオルニス（*Anchiornis*）で明らかになったように，トロオドン科も羽毛で覆われていた（図7・23）．さらに，アンキオルニスの場合，羽毛中に残される色を知る手掛かりとなるメラノソームの全身の分布を注意深くマッピングすることで，とうに絶滅した非飛翔性の恐竜の色彩がつまびらかになったのだ（図7・24）．

鳥翼類(Avialae)は，怖いもの知らずの凶悪な肉食恐竜のデイノニコサウルス類とともに近鳥類に含まれる（図7・20）．鳥翼類には，現代型の鳥である新鳥類（ネオルニテス）（Neornithes）だけでなく，8章に登場する歯をもった鳥の祖先的な仲間も数多く含まれる．

スカンソリオプテリクス科

スカンソリオプテリクス科（スカンソリオプテリギダエ）（Scansoryopterygidae: *Scansoryopteryx* 属, *-idae* 科）の登場なくして，近鳥類の紹介を終えることはできない（図7・20）．スカンソリオプテリクス科は，私たちの想像を超えたグループで，皮膜が張った翼をもったコウモリのような獣脚類恐竜である．このグループについては，スカンソリオプテリクス（*Scansoriopteryx*）*8 とエピデクシプテリクス（*Epidexipteryx*）の2種が最初に見つかった．獣脚類は通常，手の第Ⅱ指が長いのだが，これらの種では第Ⅲ指が伸長していた．これらの小さなスズメサイズの獣脚類は，指の構造的な奇妙さを除けば特別注目されるような特徴はない．しかし，このグループの異質性は，2015年にイー・チー（*Yi qi*）と2019年にアンボプテリクス・ロンギブラキウム（*Ambopteryx longibrachium*）がそれぞれ発見されるまで十分に理解されていなかった．これら2種の近鳥類は，動物が飛ぶ能力を獲得するまでには，思いもよらない進化の段階が必要であったことを示している（図7・25a, b）．これはヒトが飛行機を発明するまでの試行錯誤でも同じことがいえるだろう．イーとアンボプテリクスは，マニラプトル類の派生形質をすべて備えた獣脚類である．たとえば，3本の指を備えた大きな手，そしてフサフサの羽毛で覆われた体といった特徴だ．だが，それらの特徴に加えて，さらに際立つ特徴をもっていた．それは，長い釣り竿状の“柱状の骨格要素”が手首から新たに伸びていたのだ．この骨が皮膜を支えていたことは明らかであり，鳥の翼よりもコウモリの翼に近い．残る疑問は，翼のどこまで皮膜に覆われていたかである（図7・25c）．イーとアンボプテリクスのような恐竜の存在はまったく想像されていなかった．獣脚類の進化の袋小路を垣間見ているようだ．

カウボーイよ，まずは落ち着きたまえ！

ここまで紹介してきたおかしな生物たちはすべて分岐図上では近鳥類に含まれるのだが（図7・20），奇妙な違和感が残る．トロオドン科のアンキオルニスとドロマエオサウルス科のミクロラプトルは，前肢と後肢に長い風切羽をもち，四翼を使って滑空していたようだ．窓の外を見ればわかるように（または8章でもよいが，それはお任せしよう），現生の鳥も太古の鳥も皆，飛び続けている．進化の過程で何が起こったのかを示す最もよい指標である分岐図によれば，ドロマエオサウルス科とトロオドン科は，鳥類の直接的な祖先ではない．しかし，ドロマエオサウルス科とトロオドン科，現代型の鳥（新鳥類）の共通祖先が，原始的な近鳥類だったのは確かだ．では，その共通祖先も飛ぶことができたのだろうか．

原始的なデイノニコサウルス類が飛ぶことができたと言い切ることは難しい．デイノニコサウルス類のなかで，飛翔に挑戦したグループが少なくとも2回，トロオドン科（アンキオルニス）とドロマエオサウルス科（ミクロラプトル）で独立に出現したというのが私たちの見解である．

つまり三つの系統で，飛ぶことができた，または飛ぶことを試みたグループが独立に登場したということだ．それが鳥翼類，トロオドン科，そしてドロマエオサウルス科である．だが，飛行能力は進化の過程で（または別の方法で）習得するのが容易であるとは考えにくいので，複数の系統で独立に進化したというのは，何とも奇妙な話である．

獣脚類の飛行の進化に関してすべての謎は解けたと思っていた矢先，新たな近鳥類が発見された．それが，先ほど解説した，想像を超えてヘンテコな姿をしたスカンソリオプテリクス科であった（図7・25）．コウモリのような皮膜をもったこのグループは，なんとも招かれざる客ではな

*8 訳注：エピデンドロサウルス(*Epidendrosaurus*)という種も記載されているが，現在ではスカンソリオプテリクスのシノニムだと考えられている．

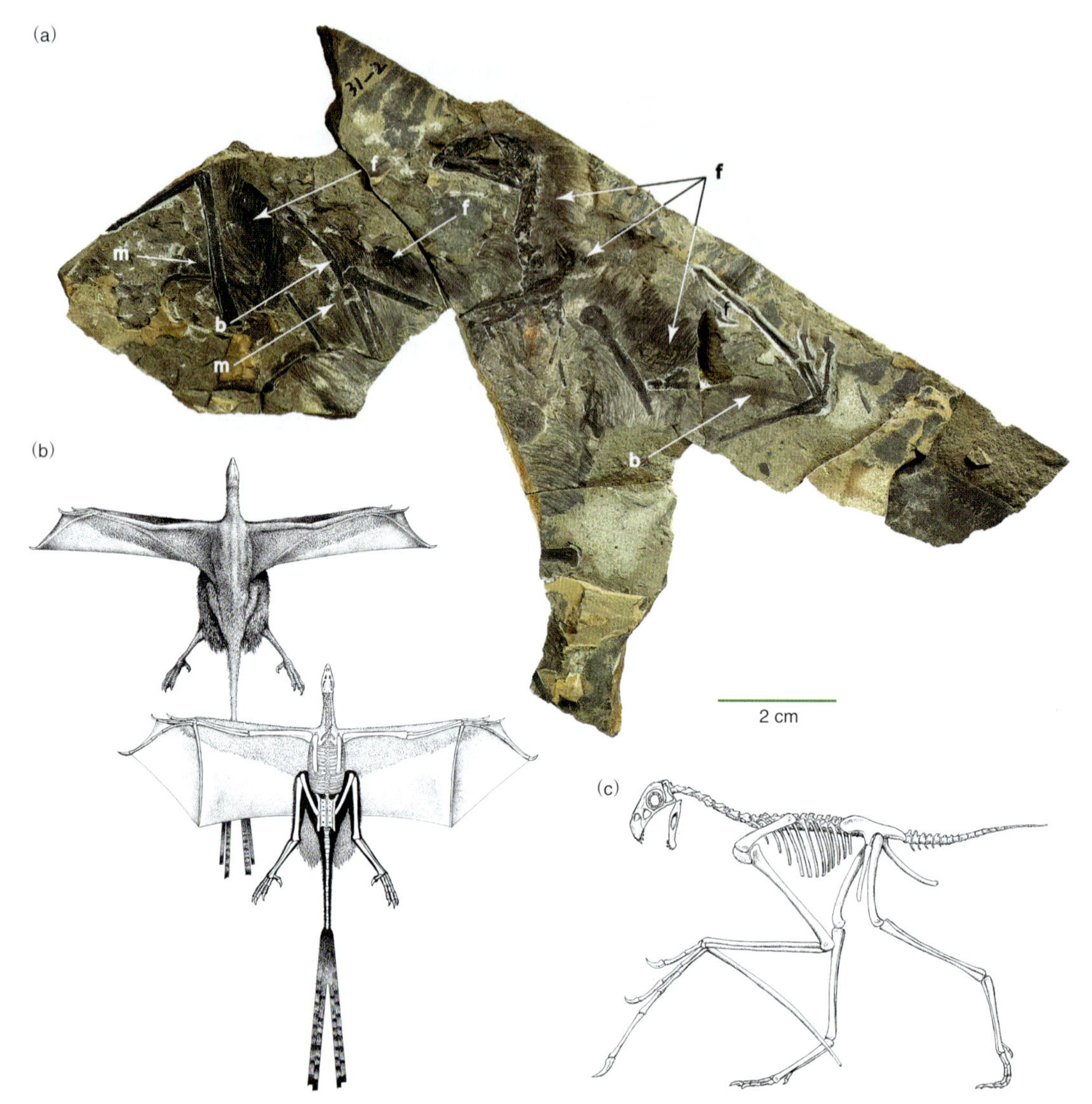

図 7・25　コウモリのような皮膜が張った翼をもつ獣脚類のイー・チー(*Yi qi*). (a) 化石標本. 図中の矢印は, f: 羽毛, m: 皮膜が保存されている箇所, b: 皮膜の翼を支えていた太く長く伸長した骨をそれぞれ示す. イー・チーの(b)生体復元図と(c)復元骨格図. 皮膜の配置について, 考えられる二つの仮説に基づきそれぞれ作図された. [(a) Xu, X. *et al*. 2015. A bizarre Jurassic maniraptoran theropod with preserved evidence of membranous wings, *Nature*, 521, 70–73. doi:10.1038/nature14423 より]

いか. スカンソリオプテリクス科のうち, おそらく飛行できたと考えられるのはイーとアンボプテリクスの少なくとも2種で, 加えてスカンソリオプテリクスとエピデクシプテリクスも含めた合計4種が飛行できた可能性がある. コウモリのような翼をもった空飛ぶ獣脚類は, 間違いなく進化の袋小路に迷い込んだ仲間である. この系統からさらに進化したものはいない. スカンソリオプテリクス科は派生的なトロオドン科でもドロマエオサウルス科でも, 鳥翼類でもない. 彼らは獣脚類の進化の樹から飛び出てきた独自のグループなのだ. 分岐図が正しいことを前提に導き出される推論としては, 飛行は近鳥類の中だけで少なくとも4回, トロオドン科, ドロマエオサウルス科, 鳥翼類, そしてスカンソリオプテリクス科の系統で独立に進化したということになる. まるで, 小型で軽量, 長い腕, 断熱材の羽軸のある羽毛とそれに伴う内温動物の代謝 (14章) といった特徴をもつ動物たちは, 進化的な発想で“飛んでみたい！”と思い至る何かがあったようだ. そして, 彼らは実行したのだ.

鳥 翼 類

ようやく**鳥翼類**(Avialae(アヴィアラエ): *av* 鳥, *-al* 翼) に近づいてきた. 鳥翼類になれば, いわゆる“鳥”とよばれてもおかしくない動物だ．しかし，すべての鳥翼類が現生型の鳥，すなわち鳥類（Aves），もしくは新鳥類（Neornithes）というわけではない．“鳥”は誰もが見たことがある動物だろうから，鳥翼類は少し身近に感じられるかもしれない．鳥翼類は，それだけで個別の章で取扱うべき分類群なので，8章で改めて説明することにしよう．

本章のまとめ

獣脚類（Theropoda）は非常に多様化したグループで，際立った進化を辿ってきた．彼らの進化の大きな第一歩は，新獣脚類（Neotheropoda）の出現である．新獣脚類のなかでも，コエロフィシス（*Coelophysis*）とその近縁種は，テタヌラ類（Tetanurae）とは区別することができる．テタヌラ類の尾は関節突起が伸びて前後の尾椎が互いにかみ合い堅牢になることで尾の付け根から躍動的に動かすことができ，物をつかむことができるカギツメを備えた前肢および前半身とのバランスをとるために使われた．このグループには，最も捕食性の高い恐竜が属している．テタヌラ類には，メガロサウルス，スピノサウルス，そして鳥獣脚類（Avetheropoda）などの大型獣脚類が含まれる．偉大なるカルノサウルス類（Carnosauria）とコエルロサウルス類（Coelurosauria）の対立が，系統図上で現代に実現した構図になる．カルノサウルス類には北米のアロサウルスをはじめ，南米のギガノトサウルスやアフリカのカルカロドントサウルスなど，さらに大型の種が含まれる．コエルロサウルス類には，超肉食動物や足の長い植物食動物，そしておそらく雑食性だろうと思われる種などがおり，驚くほど多様である．またコエルロサウルス類はみなが羽毛をもっており，一部の種については，その色や模様が明らかになっている．

中国・遼寧省の前期白亜紀の地層から発見された，羽毛をもった非飛翔性の多くの獣脚類化石によって，現在私たちが目にしている“鳥”と，“鳥”以外の境界を曖昧にしている．現生生物のなかでは，羽毛をもつことは鳥の派生形質であることは明らかだが，遼寧省の化石は羽毛をもっているからといって，鳥であるとは言い切れないことを示している．これらの発見により，羽毛には複数の用途があり，断熱材またはディスプレイとして進化し，後に飛翔に使われるようになったという可能性が高まってきた．鳥以外の羽毛をもったマニラプトル類（Maniraptora）の分岐図では，飛翔能力の獲得へと向かった進化の道のりが幾度にも分岐しており，なかには進化の袋小路にはまったものもあった．

参考文献

Bell P. R., Campione N. E., Persons IV W. S., *et al*. 2017. Tyrannosauroid integument reveals conflicting patterns of gigantism and feather evolution. *Biological Letters*, **13**, 20170092. doi: 10.1098/rsbl.2017.0092

Brusatte, S. L. 2012. *Dinosaur Paleobiology*. Wiley-Blackwell, New Jersey, 322p.

Brusatte, S. L., Norrell, M. A., Carr, T. D., *et al*. 2010. Tyrannosaur paleobiology: New research on ancient exemplar organisms. *Science*, **239**, 1482–1485.

Holtz, T. R. Jr. 2012. Theropods. In Brett-Surman, M. K., Holtz, T. R. Jr., and Farlow, J. O. (eds.) *The Complete Dinosaur*, 2nd edn. Indiana University Press, Bloomington, IN, pp.347–378.

Hou, D., Hou, L., Zhang, L., and Xu, X. 2009. A pre-*Archaeopteryx* troodontid theropod from China with long feathers on the metatarsus. *Nature*, **461**, 640–643. doi:10.1038/nature08322

Lamanna, M. C., Sues, H.-D., Schachner, E. R., and Lyson, T. R. 2014. A new large-bodied oviraptorosaurian theropod dinosaur from the latest Cretaceous of western North America. *PLoS ONE*, **9**(3), e92022. doi:10.1371/journal.pone.0092022

Li, Q., Gao, K.-Q., Vinther, J., *et al*. 2010. Plumage color patterns of an extinct dinosaur. *Science*, **327**, 1369–1372. doi: 10.1126/science.1186290

Wang, M., O'Connor, J. K., Xu, X., and Zhou, Z. 2019. A new Jurassic scansoriopterygid and the loss of membranous wings in theropod dinosaurs. *Nature*, **569**, 256–260. doi: 10.1038/s41586-019-1137-z

Witmer, L. M. and Ridgely, R. C. 2009. New insights into the brain, braincase, and ear region of tyrannosaurs (Dinosauria, Theropoda), with implications for sensory organization and behavior. *The Anatomical Record*, **292**, 1266–1296.

Xu, X., Tang, Z., and Wang, X. 1999. A therizinosaurid dinosaur with integumentary structures from China. *Nature*, **399**, 350–354.

Xu, X., Wang, X., and Wu, X. 2000. A dromaeosaurid dinosaur with a filamentous integument from the Yixian Formation of China. *Nature*, **401**, 262–266.

Xu, X., Wang, K., Zhang, K., *et al*. 2011. A gigantic feathered dinosaur from the Lower Cretaceous of China. *Nature*, **484**, 92–95. doi:10.1038/nature10906

Xu, X., Zhou, Z., Wang, X., *et al*. 2003. Four-winged dinosaur from China. *Nature*, **421**, 335–340.

Zanno, L. E., Tucker, R. T., Canoville, A., *et al*. 2019. Diminutive fleet-footed tyrannosauroid narrows the 70-million-year gap in the North American fossil record. *Nature Communications Biology*. doi:10.1038/s42003-019-0308-7

Zhou, Z.-H., Wang, X.-L., Zhang, F.-C., and Xu, X. 2000. Important features of *Caudipteryx*—evidence from two nearly complete new specimens. *Vertebrata Palasiatica*, **38**, 241–254.

Chapter

8 獣脚類Ⅲ：“鳥”の起源と初期進化

問い：ニワトリが先か，卵が先か
答え：卵が先．ただし，その卵はニワトリからではなく，
　　　恐竜から生まれた

What's in this chapter

本章では以下の項目を紹介する：

- **マニラプトル類（Maniraptora）恐竜から現代型の“鳥”への段階的進化**
- **“鳥”が獣脚類恐竜の仲間であること**
- **“鳥”がどのようにして飛べるようになったか**
- **初期の“鳥”が“三文の得”以上のものを得たこと**

8・1　鳥 翼 類

7章では，獣脚類（Theropada）恐竜から，“鳥”(Box 8・1）を含むグループであるマニラプトル類（Maniraptora），そして，さらにその一部である近鳥類（Paraves）までの進化をたどった．本章ではこのあと**鳥翼類**（Avialae）までの段階的な進化をたどっていくが，現代型の“鳥”に特徴的にみられる表徴形質をよりたくさん取上げていくことになる．それはたとえば，四本趾の足をもちつつ，三本趾の足跡を残すこと，叉骨をもつこと，羽毛をもつこと，などの特徴である．鳥翼類は，現生の“鳥”のほかに，絶滅した“鳥”やその近縁種を含む単系統群である．つまり，鳥翼類を見ることで，“現代型の鳥”(鳥類 Aves，もしくは**新鳥類** Neornithes）へと至る進化段階をたどることになる．

鳥翼類は，現生の“鳥”の代表としてスズメ属（*Passer*）と，獣脚類のなかでも近鳥類（Paraves，原鳥類と訳されることもある）の一つとしてこのあと紹介するアーケオプテリクス属（*Archaeopteryx*；始祖鳥ともよばれる），およびその両属の最も新しい共通祖先のすべての子孫として定義される．図8・1に鳥翼類の表徴形質を示す．

さて，ここから先に読み進む前に，“鳥”とはいったいどういう動物なのかをはっきりさせておこう．“鳥”は特徴的であるがゆえに，見るからに“鳥”だとわかる．これは，彼らの軟組織や骨格に数多くの表徴形質があるためだ．ここでは，骨格に現れる表徴形質をおもに取扱っていくことにする．なぜなら，何百万年経っても骨格の形質は残るからだ．したがって，もし“鳥”の表徴形質，すなわち，“鳥”たらしめる特徴が何なのか，を知りたいときは，まずは付録8・1を見てもらいたい．皆が知る“鳥”，すなわち**鳥類**（Aves）が，どのような表徴形質によって特徴づけられるかがわかるようになっている．

アーケオプテリクス・リトグラフィカの発見

アーケオプテリクス（*Archaeopteryx*；始祖鳥）は，ハト程度のサイズの，羽毛で覆われた近鳥類獣脚類である．これまで発見された化石のなかで最も重要なものの一つとされており，“鳥”の起源について語るときには，この化石が発見されて以降，外すことができない．アーケオプテリクスの最初の化石は，ドイツ南部バイエルン州に分布する，およそ1億5000万年前の上部ジュラ系のゾルンホーフェン石灰岩（Solnhofen limestone）というラーゲルシュテッテ（Lagerstätte：特に保存状態のよい化石を産する堆積層）*1から発見された．最初は1861年に羽毛の化石（図8・2）だけが見つかった．そして，そのすぐあとに骨格が見つかったのだが，全長50 cmほどのその生物は，キメラのような姿をしていた．というのも，それは羽毛や叉骨といった“鳥”的な特徴と，長い尾やカギツメのついた手といった“爬虫類”的な特徴を併せもっていたからだ(図8・3，図8・4，表8・1)*2．それまで，こんな動物の化石が見つかったことはなかった．それゆえ，この動物がはたして“鳥”なのか，爬虫類なのか，人々は大いに困惑したのだ．

アーケオプテリクスの特徴として目立つのは，羽毛の印象痕が明瞭で，化石に残されているということだ(図8・3)．現在では，その羽毛が黒い色をしていたことが，メラノソームの解析（7章）から明らかになっている．翼は風切羽で構成されており，“現代型の鳥”(新鳥類 Neornithes）の羽毛と実質的に区別がつかない（図8・2）．また，体は左右対称型の羽毛で覆われており，これも“現代型の鳥”(新鳥

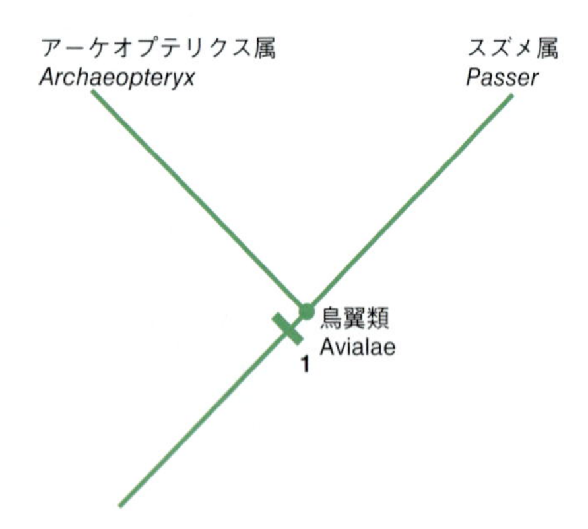

図8・1　T. Holtz Jr. の研究に基づく鳥翼類（Avialae）の分岐図．鳥翼類は，アーケオプテリクス属(*Archaeopteryx*)とスズメ属(*Passer*)の最も新しい共通祖先と，そのすべての子孫で構成される．派生形質は以下のとおり．

1. 鳥翼類(Avialae)：肩甲骨と烏口骨が癒合すること；上腕骨が肩甲骨よりも長いこと；尺骨が大腿骨より長いこと（これらの特徴は，前肢が長いことを反映している)；尾椎の数や長さの減少．

鳥翼類が定義されて以降，しばらくの間，羽ペンに使われるような板羽を何層も重ねた翼をもつことが，グループの特徴とされてきた．しかし，この特徴は，獣脚類のなかで，鳥翼類よりもっと原始的な獣脚類の分類群からみられることが明らかになってきた．本書では，これを近鳥類の特徴として取扱っている．しかし，今後の発見で，この特徴は，獣脚類のなかのもっと原始的なグループを定義するものになっていくかもしれない．

*1　アーケオプテリクス(*Archaeopteryx*)の種小名“リトグラフィカ(*lithographica*)”は，その化石が発見された非常に細粒の石灰岩に由来する．粘土の粒に匹敵するほど細粒の石灰岩は，何百年もの間，精密な石版画(リトグラフ)を作るために使われてきた．アーケオプテリクス・リトグラフィカ(*A. lithographica*)は非常に希少な化石種で，最初の標本が発見されてから160年以上経つが，これまでに公的機関に登録されているのは12標本と1枚の羽毛化石(図8・2)しかない．

*2　Darwinが『種の起源(*On the Origin of Species*)』を著したのが1859年のことで，そこで彼は，生物の種が別の種へと進化していくという仮説を提唱した．いわゆる“爬虫類”と“鳥”の特徴を併せもつ“ミッシング・リンク”の明らかな事例としてアーケオプテリクス(*Archaeopteryx*)の化石が発見されたのが，その出版からたった2年後のことだった．

類）の体にみられる特徴だ．アーケオプテリクスの後肢には長い羽毛が生えていたが，脚の先端にいくと羽毛は極端に短くなっていた．したがって，後肢の羽毛は，ミクロラプトル（*Microraptor*）およびその近縁種の，いわゆる“四翼”の“羽毛恐竜”（図7・22参照）にみられるほど，飛翔に重要な機能を果たすことはなかっただろう．

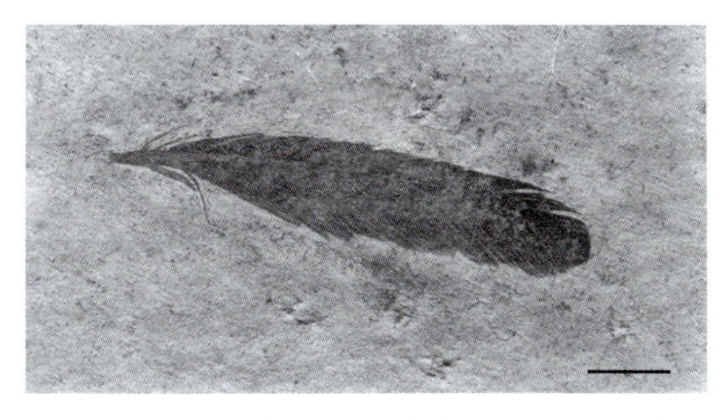

図 8・2 ジュラ紀に“鳥”がいたことを初めて明らかにした化石．1861年に記載された，ドイツ・バイエルン州のゾルンホーフェン採石場（Solnhofen quarry）から産出したアーケオプテリクス・リトグラフィカ（*Archaeopteryx lithographica*）の羽毛化石．スケールバーは10 mm．［J. H. Ostrom 提供，Carney, R. M. *et al.* Copyright © 2012, Springer Nature］

しかし，1800年代終わり，“鳥”と“爬虫類”は異なるグループであり，“恐竜”は“爬虫類”に含まれるという考え方が支配的だった．そのため，アーケオプテリクスの化石が発見されて間もない頃は，羽毛は“鳥”だけがもつものだということが一般的な認識であった．したがって，ほとんどの研究者が，この動物が史上最古の“鳥”だとみなしたのだ（Box 8・1）．しかし，一部の研究者はこう反論した．“歯と尾をはじめとする爬虫類的な特徴を数多くもつような動物（表8・1）が“鳥”なんかでありえるはずがない．これは爬虫類であるはずだ．仮にこの動物が恐竜だったとしても（Box 8・2），恐竜は爬虫類に含まれるはずだろう？”と．

得体の知れない謎めいた動物　21世紀の獣脚類（Theropoda）恐竜（7章）の研究史を見てきたあとの私たちの感覚では，アーケオプテリクスは異形でも不可解でも何でもなく感じられる（図8・4）．アーケオプテリクスは，これまでの獣脚類の章（6章，7章）で見てきたようなマニラプトル類としてみても，鳥翼類の表徴形質を新たに備えた動物として違和感なく受け入れられる．それもそのはずで，これまでに知られているアーケオプテリクスの12標本のうち，少なくとも1標本は，羽毛の保存状態が悪かったこともあり，長い間，小型の獣脚類恐竜だと思われてはいた

Box 8・1 “鳥（bird）”という用語で特定の分類群をさすことはできない

Oh well uh — everybody's heard, about the bird —
Bird bird bird, bird is a word!
“Surfin Bird”, The Trashmen (1963)

話は進化論が発表される以前のCarolus Linnaeusまで遡る（3章で紹介したのを思い出してみよう）．彼は“爬虫類（Reptilia）”と“鳥類（Aves）”に違いを見いだした人物だ．曰く，爬虫類は這い歩くウロコで覆われた存在で，鳥類は飛行する羽毛で覆われた存在であると．依然として合理的な考え方をする人であれば，羽毛が生えたアーケオプテリクス（*Archaeopteryx*）の化石を見れば，それを“鳥”とよぶであろう（そして，実際によばれていた）．進化的な考え方でいくと，これはすべての鳥翼類（Avialae）が“鳥”とよばれなければならないことを意味する．

したがって，“鳥”を鳥類（Aves）と定義するなら，鳥類とは鳥翼類と同義となってしまうこともありうる．なぜなら，もしアーケオプテリクスが“鳥”なら，鳥類に含まれなければならないからだ．そうなると，鳥類の定義は，アーケオプテリクスとスズメ（*Passer*）の最も新しい共通祖先と，そのすべての子孫ということになる．さらに，鳥類のなかに，現生のすべての“鳥”の共通祖先とそのすべての子孫で定義される，**新鳥類**（Neornithes）が含まれるということになる．だがもしそうなると，鳥翼類という名前はなくなる…という結果になろう（読解力のある学生にとっては痛くもかゆくもなかろうが）．しかし，Avesという用語を提唱したLinnaeusの定義に従うと，鳥類（Aves）とは新鳥類（Neornithes）を表すことになる．この矛盾をどうすればよいだろうか．

本書では，任意にいいとこ取りで用語を選択した．まず，正式な分類名として，鳥翼類（Avialae）と新鳥類（Neornithes）を採用した（このほかにも，数多くの分類名が登場したのを見てきたことだろう）．一方で，いかにも“鳥”っぽい動物を呼称する非公式な言葉として，“鳥（bird）”という言葉も使うこととした．本書で“鳥”と表現した場合，それは，おそらく大なり小なりの飛行能力を備え，羽毛が生えたマニラプトル類獣脚類をさす．そして，“現代型の鳥（modern birds）”＝鳥類(Aves)＝新鳥類(Neornithes)と呼称する．この定義であれば，Linnaeusも満足するであろう．

図 8・3　美しい保存状態のアーケオプテリクス(*Archaeopteryx*). ベルリン標本の完全な骨格. この標本はもはや, かつてリンネ式の分類法における脊椎動物門の二つの綱, 爬虫綱(Reptilia)と鳥綱(Aves)をつなぐ"ミッシングリンク"ではない. [© Naturhistorisches Museum Wien; Alice Schumacher 提供]

図 8・4　アーケオプテリクス(*Archaeopteryx*)が木の枝につかまって止まっている様子の復元骨格（福井県立恐竜博物館）. その姿は典型的なマニラプトル類の獣脚類であり, 長い前肢を後ろに引き, 半月型の手根骨をもつことで可動性が高まった手根関節で, 大きな手を後方に折り曲げた姿勢で復元されている. まるで, 生物進化史の中に飛び立たんとしているかのようだ. [D. E. Fastovsky 提供]

が（それは事実なのだが), この標本が"鳥"であるということを誰も考えつきもしなかったのだ.

獣脚類恐竜とアーケオプテリクス, "現代型の鳥"(新鳥類）の系統的な関係性は, 1976 年に米国の古生物学者, J. H. Ostrom によってしっかり関連づけられた（16 章). この研究は, 古脊椎動物学, および生物進化学の広範囲に及

表 8・1　鳥翼類（Avialae）を除いたマニラプトル類（Maniraptora）獣脚類, アーケオプテリクス（*Archaeopteryx*), 現代型の"鳥"(新鳥類 Neornithes）の形質の比較

鳥翼類を除くマニラプトル類 (non-avialan Maniraptora)	アーケオプテリクス (*Archaeopteryx*)	新鳥類 (Neornithes)
•歯がある •脳函がわずかに大型化 •尾は堅牢で長く, 発達する •三本指の手：第Ⅰ～第Ⅲ指 •後肢：二足歩行性 •足 ‣趾は 3 本が前向き, 1 本が後ろ向き ‣足根骨が癒合しない ‣第Ⅴ趾がない ‣カギツメ •含気骨 •叉骨をもつ •胴体の柔軟性が高い ‣胸骨は小さくて平たく, 軟骨質 ‣骨盤が癒合しない ‣椎骨がすべて揃う ‣胴体は原始的で, 脊柱は柔軟 ‣飛翔適応はなく, 原始的な獣脚類の肩帯・前肢骨格, および筋肉の発達度合いをもつ •羽毛がある ‣羽毛は単繊維状が多いが, 一部は風切羽をもつ •飛行能力なし	•歯がある •脳函がわずかに大型化 •尾は堅牢で, 発達する •三本指の手：第Ⅰ～第Ⅲ指 •後肢：二足歩行性 •足 ‣趾は 3 本が前向き, 1 本が後ろ向き ‣足根骨が癒合しない ‣第Ⅴ趾がない ‣カギツメ •含気骨 •叉骨をもつ •胴体の柔軟性が高い ‣胸骨は小さくて平たく, 軟骨質 ‣骨盤が癒合しない ‣椎骨がすべて揃う ‣胴体は原始的で, 脊柱は柔軟 ‣飛翔適応はなく, 原始的な獣脚類の肩帯・前肢骨格, および筋肉の発達度合いをもつ •羽毛がある ‣風切羽をもつ •飛行能力あり（?） ‣滑空性, または弱い羽ばたき飛翔能力	•歯がない •脳函が肥大化 •尾端骨(尾柱)を形成 •手根中手骨を形成：第Ⅰ～第Ⅲ指が癒合 •後肢：二足歩行性 •足 ‣趾は 3 本が前向き, 1 本が後ろ向き ‣足根骨が癒合し, 足根中足骨を形成 ‣第Ⅴ趾がない ‣カギツメ •含気骨 •叉骨をもつ •胴体の堅牢性が高い ‣胸骨に竜骨突起が形成され, 骨質 ‣骨盤が癒合し, 仙椎とともに複合仙椎となる ‣一部の椎骨が欠失 ‣胴体は堅牢 ‣明瞭な飛翔適応が胴体, 翼, 前肢の筋肉にあり, 堅牢で骨化した胸骨と複合仙椎をもつ（付録 8・1) •羽毛がある ‣風切羽をもつ •飛行能力あり ‣高度な羽ばたき飛翔能力

ぶ革命の静かな第一歩となった．この研究が発表された時点で，羽毛の生えた獣脚類恐竜の化石はまだ発見されておらず，後述するように，今日の私たちが認識している進化の細かな段階の発見がほとんどわかっていない状態であった．また，分岐学はまだ普及しておらず，“マニラプトル類（Maniraptora）”，あるいは近鳥類（Paraves）という単語すら存在していなかった．同様に，7 章で述べたように，カルノサウルス類（Carnosauria）とコエルロサウルス類（Coelurosauria）という分類群に対する考え方は，今日の私たちが定義するものとは大きく異なっていた．しかし，1969 年に Ostrom がデイノニクス（*Deinonychus*）というドロマエオサウルス科（Dromaeosauridae）恐竜を記載し，さらに，1970 年にアーケオプテリクスの再記載を終える頃には，“爬虫類（爬虫綱）”，“鳥類（鳥綱）”，“恐竜類（恐竜綱）”といった分類群への認識は，それ以前とはまったく異なる様相を呈するようになったのだ．Ostrom は，アー

Box 8・2　時代は変われど，本質は変わらず

本書で述べる鳥類（Aves＝新鳥類 Neornithes）と恐竜の関係は，特に新しい考え方ではない．初期の著名なダーウィン主義者の T. H. Huxley をはじめ，1800 年代中期から後期を彩る数多くのヨーロッパの自然科学者たちが，鳥類と恐竜に関係があることを言及してきた．実際，ダーウィン主義者でなくとも，鳥類と恐竜の重要な類似性に気づくことがあり，Huxley の見解は当時も広く受け入れられていた．1986 年にイェール大学の J. A. Gauthier（図 16・12 参照）が調べたところ，Huxley は“爬虫類である恐竜と，鳥類の親和性を示す証拠”として，35 もの形質を列挙し，そのうち，17 の形質は現在でも有効なものとして認められているとのことだ．

それでは，一体全体どうして鳥類が恐竜であるということがニュースになるのだろうか．20 世紀の初頭，Huxley の仮説が下火になったことがあった．なぜなら，鳥類と恐竜の間で共有された形質の多くが，収斂進化によって現れたと考えられるようになったためだ．

では，恐竜と鳥類の収斂進化を示す証拠があったかというと，そんなことはない．ただ，当時は恐竜に関する知識が乏しかったため，恐竜が特殊化しすぎていて，とても鳥類へと進化することができなかったろうと思われたのだ．さらに，当時は鳥類の祖先として有力視されていた獣脚類恐竜から，叉骨が見つかっていなかった．したがって，2 本の鎖骨が癒合した構造である鳥類の叉骨の起源は，恐竜類（Dinosauria）の外群にあるはずだということになる．鳥類の祖先は，恐竜ほど特殊化していない，主竜類のなかでもより原始的な仲間のなかから探されようとしていた．

20 世紀前半，デンマークの解剖学者 G. Heilmann は，恐竜や鳥，翼竜，ワニが原始的な主竜類の一群から進化してきたと考え，その雑多な集団を一つのグループにまとめ，これを“槽歯類（Thecodontia）”（5 章）と名づけた．“槽歯類”は他のすべての主竜類が進化する元となったグループであると定義されており，そして鳥類もまた主竜類であることが明らかなことから，鳥類は“槽歯類”から進化してきたに違いない，と考えられたのである．Heilmann は，オルニトスクス（*Ornithosuchus*：由来が *ornith* 鳥，*suchus* ワニ，となっているとおり）が鳥類の祖先の有力な候補だと考えていた．オルニトスクスは全長 1.5 m ほどで，肉食性の二足歩行の主竜類であり，ワニのような見た目をした脚が長い動物だ．50 年ほどの間，Heilmann による詳細でよく議論された分析が，鳥類の起源として支持を集めていた．

その後，いくつかの発見があって，“槽歯類”起源説が徐々に下火となっていった．まず，獣脚類のコエルロサウルス類（Coelurosauria）から鎖骨が発見されたのだ．さらに，“槽歯類”が単系統群ではないことが認識されるようになってきた．つまり，“槽歯類”は表徴形質によって特徴づけられるものではなく，“槽歯類”に含まれるすべての仲間とそれ以外を区別する特徴がなかったということである．表徴形質がないグループから，どうやって鳥類（あるいは他のどんな動物グループ）が派生することができようか．

ここで，恐竜と鳥類の関係性に関するルネッサンスをもたらした研究者について特筆しなければならないだろう．すでに本書で登場した，イェール大学の J. H. Ostrom（図 16・9 参照）その人である．Ostrom の発想は，彼の学生であった R. T. Bakker や P. Galton（図 16・10 参照）に影響を与え，1974 年に，脊椎動物門（Vertebrata）の中に新たに恐竜綱（Dinosauria：リンネ式の分類階級の一つ）を設け，そこに鳥類が含まれるべきであるとする論文を発表するに至った．この意見はあまり受け入れられなかった．というのも，恐竜の生理学については賛否両論があり，またその根拠となる解剖学的な議論も完全に納得できるものではなかったからだ．あるいは，このアイディアそのものが，当時としては新しすぎたのかもしれない．

しかし，1986 年になると，Gauthier が分岐分析の手法を用いて鳥類の起源を探ろうとしたところ，100 を優に超える形質から，アーケオプテリクス（および鳥類）がコエルロサウルス類恐竜であることを示したのである．こうしてようやく，振り子の揺り戻しのように，鳥類の起源は“元の鞘”へと収まっていったのである．

ケオプテリクスが多くのドロマエオサウルス科的な特徴と，“鳥”的な特徴を併せもつことをこれでもかというほど示した．その46年後，古生物学者のL. M. ChiappeとQ. Mengは，おそらくOstromも認めるであろう次の言葉でアーケオプテリクスの特徴を表現した．曰く，「鳥類の世界のローマの神ヤヌス（Janus）のように，この有名な化石の“鳥”の体の半分は後ろを向いており，もう半分が前を向いている」しかし，アーケオプテリクスが発見されてから160年以上経った今でも，春の朝のチュンチュンしたさえずりで楽しませてくれる小鳥たちが実は恐竜であると聞くと，人々は驚き，何か可愛いくもバカげた冗談なのではないかと思うのだ（Box 8・2）．

アーケオプテリクスがもつ“恐竜”と“鳥”の中間的な形態学的特徴は，表8・1にまとめた．依然として，“現代型の鳥”（新鳥類 Neornithes）とアーケオプテリクスの間には大きな進化段階の隔絶がある．保存のよい“鳥”の化石は非常に少ないため，その隔絶を埋めることは容易ではない．“鳥”の化石は小さく，繊細なため，脊椎動物の化石のなかでもとりわけ希少で研究するのが難しいのである．

熱河生物相の発見

中国の東北部に位置する遼寧省（りょうねいしょう）は，隣接する近隣の省とともに，地球上で最も素晴らしいラーゲルシュテッテを構成する化石鉱床が広がっている．前期白亜紀当時にそこに広がっていた温帯林には，水系がつながった複数の湖が広がっており，何千何万もの動物や昆虫，植物が棲息していたことがわかっている．しかし，こののどかな環境は，一変してしまうこととなる．火山噴火が繰返し起こることで，地形や生物相に壊滅的な破壊をもたらしたのだ．これらの火山噴火に伴って生物の大量死が起こり，植物は言うに及ばず，脊椎動物や無脊椎動物の死体が，火山灰が混ざった水にまみれて湖へと流され，水の流れがほとんどない湖底に沈み，細粒の火山灰や石灰泥の沈殿によって静かに埋没されていった．現在，ほとんど乱されることなく薄く堆積した粘土層と火山灰層の中に，それらの遺体が見事な保存状態の化石として残されている．どれほど見事かというと，そこからは何千もの化石が発見され，完全に関節した状態で残った骨格，毛や羽毛，軟組織，皮膚の印象，ウロコ，砂嚢の中に残った石，はては最後に食べた食事までもが揃っており，こうしたお宝が，古生物学者たちによって次々と記載されているのだ．もし中国へ旅行することができなかったとしても，ChiappeとMengが2016年に著した『*Birds of Stone*（石になった鳥たち）』に，これらの化石の息をのむような画像が載っているので，読むことをお勧めする．

熱河生物相（Jehol Biota）は，1億3100万年前から1億2000万年前までの時代に堆積した三つの層から構成される熱河層群（Jehol Group）に，当時のすべてが保存されているのである．アーケオプテリクスをはじめとする数々の良質の化石を産するドイツのゾルンホーフェンでさえ，熱河層群の化石の豊かさには及ばないのだ．

アーケオプテリクスと“現代型の鳥”のギャップを埋める，熱河層群の“鳥”化石　ドイツ・ゾルンホーフェンのアーケオプテリクスの時代からわずか2000万年間の“鳥”の進化の記録が残されていることは見事なことで，この時代にアーケオプテリクスと“現代型の鳥”（新鳥類）の間のギャップを埋める重要な特徴が獲得されている．そのうち，熱河生物相に残されたおよそ1000万年間の記録は，前期白亜紀の脊椎動物の生活史を解き明かすのに十分な豊かさを誇っている．熱河生物相には，アーケオプテリクスの進化段階における解剖学的特徴と非常に近い特徴をもつ，基盤的な“鳥”の化石が見つかっている．しかし，これらの基盤的な“鳥”は，分岐図上ではもっと派生的な特徴をもつ“鳥”とともに産出している．つまり，これら一連の“鳥”化石から，鳥翼類から“現代型の鳥”（新鳥類）へ，どのような形質を獲得しながら進化していったかを垣間見ることができるようになったのだ．

8・2　中生代の鳥翼類の進化

原始的な鳥翼類

鳥翼類（Avialae）のなかで，アーケオプテリクスとより近縁な関係にあるのは，マダガスカルの後期白亜紀の地層から発見されたラホナヴィス（*Rahonavis*）である．この“鳥”は，アーケオプテリクスよりもより派生的な特徴をもっていると考えられている．ラホナヴィスがアーケオプテリクスよりもやや大型で，カラス程度の大きさ（図8・5）であることから，近年の研究では，ラホナヴィスをドロマエオサウルス科（Dromaeosauridae）に含めるものもある．しかし，分岐図上でのその位置づけは，アーケオプテリク

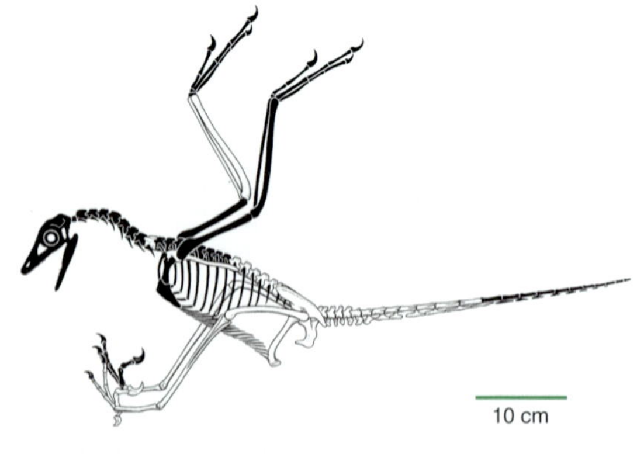

図 8・5　マダガスカルの後期白亜紀の地層から産出したラホナヴィス（*Rahonavis*）．原始的な“鳥”，もしくは“鳥”に近縁な非飛翔性のドロマエオサウルス科だと考えられている．

スよりも派生的なのか，原始的なのか，不明なままである．彼らは，ドロマエオサウルス科やトロオドン科（Troodontidae）の恐竜のものと類似した，湾曲した大きなカギツメを後肢の足にもつとともに，アーケオプテリクスのような長い尾をもつ．ラホナヴィスはアーケオプテリクスより2500万年後の時代の動物で，胸椎には側腔（pleurocoel）へとつながる含気孔（pneumatic foramen）が開くなど，“鳥”らしさを示す派生的な特徴をいくつももっていた．この含気孔は，13章でみるように，ラホナヴィスが現生の“鳥”のような，一方向の呼気・吸気の流れによる効率的な呼吸様式をしていたことを示唆するものである（図8・6）．今後，さらに研究が進めば，いずれその系統的な位置づけは固まるだろう．同じく，中国・遼寧省から発見されたジェホロルニス（*Jeholornis*）もまた，アーケオプテリクスに似た特徴をもつ動物の一つだ．その特徴は，アーケオプテリクスよりも，“現代型の鳥”（新鳥類）にやや近いとされているが，マニラプトル類にみられるような長い骨質の尾をもつなど，祖先的な特徴も残している．

コンフキウスオルニス科（Confuciusornithidae）は，前期白亜紀のコンフキウスオルニス（*Confuciusornis*, 孔［夫］子鳥；図8・7）とチャンチェンゴルニス（*Changchengornis*）を含むグループで，“現代型の鳥”（新鳥類）にみられるように，尾端骨（pygostyle：新鳥類やカエルがもつ骨で，“臀部の柱”を意味し，“尾柱”ともいう）とよばれる，尾椎が癒合して短くなった構造を獲得したことで特徴づけられる（付録8・1）．コンフキウスオルニスは多くの標本が発見され，その数の多さから，長い尾羽をもつもの（図8・7）と装飾用の尾羽をもたないものの二型（同一種の個体間で異なる二つの形態があること）が知られている．尾羽以外はほとんど両者の見分けがつかないことから，これらの特徴は，“現代型の鳥”でもみられるような性的二型とそれに付随する性選択があったことがうかがえる（6章）．コンフキウスオルニスは，完全に歯を喪失してクチバシを形成し，強力な飛翔筋があったことを示唆する骨化した胸骨を

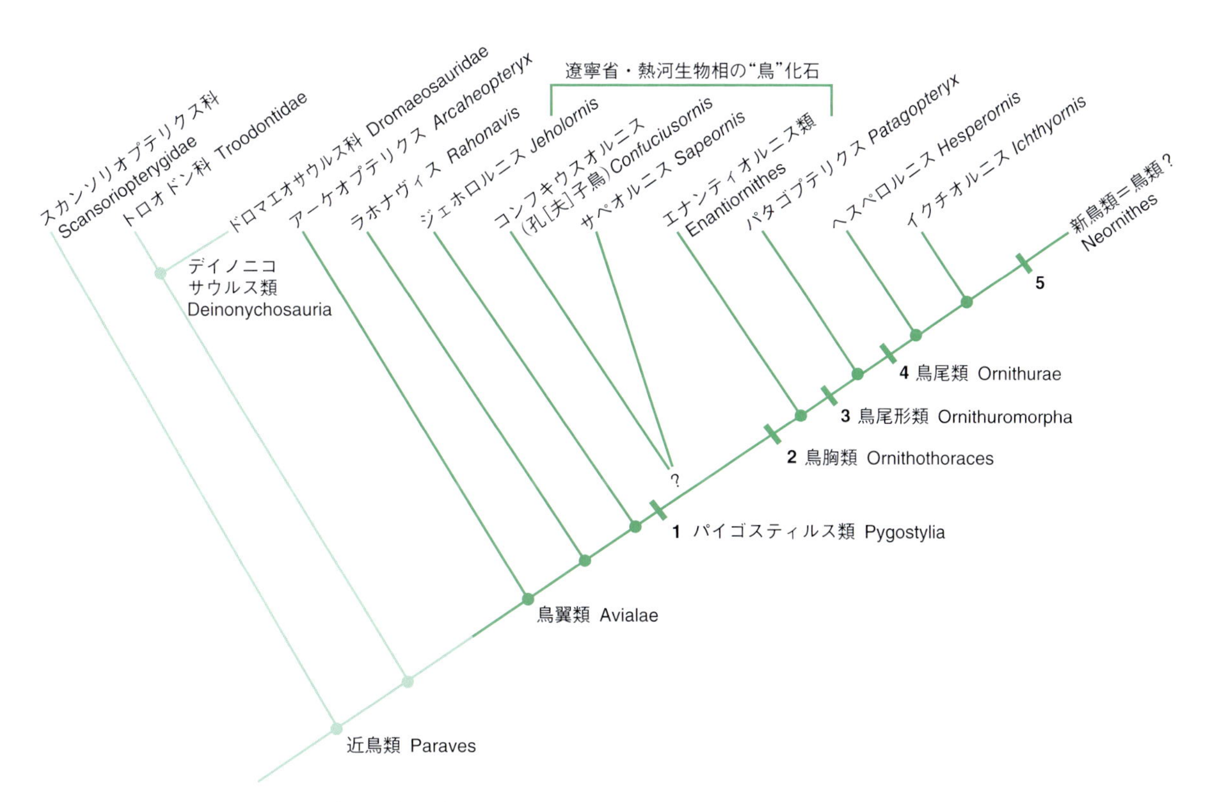

図8・6　本章に登場した鳥翼類（Avialae）の系統仮説を反映した分岐図．派生形質は以下のとおり．

1. パイゴスティルス類（Pygostylia）：尾端骨（尾柱）をもつ．
2. 鳥胸類（Ornithothoraces）：胴椎の数の減少，弾性のある叉骨，棒状の烏口骨，小翼羽，手根中手骨，完全に折りたたむことができる翼をもつ．
3. 鳥尾形類（Ornithuromorpha）：胴椎の数のさらなる減少，腹肋の喪失．
4. 鳥尾類（Ornithurae）：恥骨が腸骨や坐骨と平行になるよう傾きが変わる，胴椎の減少，寛骨臼が小さくなる，膝蓋骨が滑り動く大腿骨滑車溝が形成される．
5. 新鳥類（Neornithes）：歯の喪失．

［分岐図は以下の論文を基に作図．Wang, M and Zhou, Z. 2017. The evolution of birds with implications from new fossil evidences. In Maina, J. N. (ed.) *The Biology of the Avian Respiratory System*. Springer International Publishing, New York, pp.1–26.; Chiappe, L. M. and Meng, Q. 2016. *Birds of Stone*. Johns Hopkins University Press, Baltimore, Maryland, 294p.］

図 8・7 中国・遼寧省の前期白亜紀の地層から産する熱河生物相のなかでは，比較的原始的な“鳥”であるコンフキウスオルニス(*Confuciusornis*；孔[夫]子鳥ともよばれる)．(a) 羽毛の色は判明していないが，顕微鏡観察や分光観察の技術を駆使し，羽毛の模様が判明しているため，モノクロの濃淡で描かれている．(b)オスと思われる個体は長い1対の尾羽をもち，ディスプレイに用いられていたと考えられる．[(a)Li, Q., *et al.* 2018. Elaborate plumage patterning in a Cretaceous bird, doi: 10.7717/peerj.5831. (b)S. Abramowicz, Dinosaur Institute, Natural History Museum of Los Angeles County 提供]

もつなど，より派生的な特徴をいくつか備えていた．しかし同時に，互いに癒合しない三本指の手骨格や，比較的原始的な前腕骨格や胸郭骨格とそれに付随する筋系，癒合しない足骨格など，原始的な特徴も残していた．中生代の“鳥”のなかでもより派生的な仲間は，歯をもち，軟骨性の胸骨をもつという原始的な特徴を残している．したがって，コンフキウスオルニス科にみられる派生的な二つの形質（歯の喪失と骨化した胸骨）は，中生代に進化した“鳥”のなかでも，この系統で独立に起こった可能性がある．

他方，これらと近縁なサペオルニス（*Sapeornis*）は特徴的な尾羽をもっていなかったが，同じように，尾端骨（尾柱）がよく発達していた（図8・8）．コンフキウスオルニスとは異なり，サペオルニスには骨化した胸骨がなかった．これは，サペオルニスが，より派生的な“鳥”に加え，おそ

図 8・8 中国・遼寧省の前期白亜紀の地層から産する熱河生物相の，見事な保存状態のサペオルニス・カオヤンゲンシス(*Sapeornis chaoyangensis*)の標本．翼や頭骨の細部まで残っている．[S. Abramowicz, Dinosaur Institute, Natural History Museum of Los Angeles County 提供]

らくはコンフキウスオルニスほどには，強力に羽ばたいて飛ぶことができなかったことを示すのだろう．

鳥胸類

鳥胸類（Ornithothoraces：*ornis* 鳥，*thorac* 胸）以降の段階になると，“鳥”は胴椎の数を減らし，肩関節の可動方向を水平方向から背腹方向に変え，手の指を部分的に癒合させて**手根中手骨**（carpometacarpus）をつくり，飛翔に使われる風切羽のほかにも，**小翼羽**（alula：翼の前縁にある2～6枚の対称的な形状の羽毛，および痕跡的な指で，“鳥”が低速飛行する際に姿勢を安定させる機能をもつ）を発達させた．こうした特殊化を遂げた“鳥”は，すべて鳥胸類に属する．鳥胸類は，大きく二つのグループに分かれる．一つがエナンティオルニス類（Enantiornithes）*3で，もう一つが，新鳥類（Neornithes）へと続いていく系統の鳥尾形類（Ornithuromorpha）である（図8・6）．

エナンティオルニス類　中生代の“鳥”の研究者であれば，エナンティオルニス類（Enantiornithes：*enantios* 反対の，*ornith* 鳥）の仲間の名前をいくつか諳んじることができるだろう．エナンティオルニス類は，南極大陸を除く世界中から化石が見つかっていることから，当時は当たり前にみられる“鳥”で，とても多様化しており，これまでに70種以上が知られている．エナンティオルニス類は，すべてではないが，その多くがスズメ程度の大きさであった．生態は多様であったろうが樹上性で，その多くが非常に優れた飛翔能力をもっていた．エナンティオルニス類は，中生代の“鳥”のなかでも最も多様な分類群だったのだ（図8・9）．

エナンティオルニス類は，手根関節（手首）も変化させ，“鳥”へと至る系統の中で，最も早くに，体にぴったり合わせるように翼を折りたためるようになった．また，木の枝をつかめるような適応をしていった．つまり，後肢の第Ⅰ趾（親趾）がそれ以外の趾と真反対の方向に向くようになった．枝をつかめるような足をもつということは，これら中生代に生きていた“鳥”が樹上性であったことを示唆しており，彼らが生活の中で飛翔能力をいかんなく発揮していた

図8・9　中国・遼寧省の1億2500万年前から1億2000万年前の前期白亜紀の地層から産する熱河生物相のエナンティオルニス類の2種．(a) ハトほどの大きさのチョウオルニス・ハニ(*Zhouornis hani*)は，他のエナンティオルニス類と比べてやや大型で，強力な顎と足のカギツメをもつことから，捕食者であり，白亜紀の中頃の小さな猛禽のような存在だったのかもしれない．(b) スズメほどの大きさのスルカヴィス・ジーオルム(*Sulcavis geeorum*)は，強力な顎をもつことから，種子のような硬い餌を食べていたと考えられる．［S. Abramowicz, Dinosaur Institute, Natural History Museum of Los Angeles County 提供］

*3　エナンティオルニス類(Enantiornithes)の名前の由来はわかりにくいが，このグループを代表する属であるエナンティオルニス(*Enantiornis*)を命名したC. A. Walkerによると，肩甲骨と烏口骨で構成される肩関節の関節面形状が，“現代型の鳥”とは“反対”となっていることに由来する（訳注：肩関節を構成する肩甲骨と烏口骨の関節面において，“現代型の鳥”では肩甲骨が凸で烏口骨が凹な関節面を形成するのに対し，エナンティオルニス類では反対に，肩甲骨が凹で烏口骨が凸の関節面を形成する）．

とする仮説を支持するものでもある．

エナンティオルニス類は歯と強力な頭骨をもっており，力強く咬むことができたようだ．おそらく，植物の種子でも食べていたのではないだろうか．やはりこれも熱河生物相の標本だが，胃内容物から虫や樹液が見つかっているものもある．これは，少なくとも一部のエナンティオルニス類が昆虫食であり，場合によっては植物食でもあったことを示している．

エナンティオルニス類は，"鳥"研究者が知るような"現代型の鳥"（新鳥類）とは異なる．彼ら（"鳥"研究者のことではなく，エナンティオルニス類のこと）には，まだ**腹肋**（gastralia，腹骨ともよばれる）が残っていた．これは，胴体の腹側に肋のように並ぶ骨で，原始的な主竜類から残る形質である．また，胴椎の数も多く，アーケオプテリクスの 13～14 個と，現生の"鳥"の 4～6 個の間くらいの数である．また，足根中足骨を構成する骨も，骨盤を構成する骨も癒合していない．

鳥尾形類　鳥尾形類（Ornithuromorpha：*ornith* 鳥，*uro* 尾，*morph* 形）はひたすら，鳥類（Aves）への進化を目指していった（ただし，進化は意志をもって特定の方向を目指して進むものではないことに注意）．鳥尾形類は，後期白亜紀のアルゼンチンに棲息していたパタゴプテリクス（*Patagopteryx*；図 8・10）と，**鳥尾類**（Ornithurae：*ornith* 鳥，*ur* 尾）として知られるすべての"鳥"を含む．パタゴプテリクスはオスのニワトリ程度の大きさで，強力な後肢と貧弱な翼をもっており，おそらく非飛翔性の"鳥"だったであろう（無飛翔化の進化は"鳥"のなかのいくつもの系統で独立に起こっている）．鳥尾形類に共通してみられる特徴は，骨盤の幅が広くなることである．これにより彼らはより大きな卵を産めるようになったと考えられる．産む卵が大きければ大きいほど，胚が発達し，より成長段階が進んだ雛が産まれるということだ．

鳥尾類は少なくとも 15 個の明確な形質によって特徴づけられており（その一部については図 8・6 参照），鳥翼類（Avialae）のすべてのクレードのなかで最も単系統性が支持されるクレードである．鳥尾類には，"現代型の鳥"，すなわち新鳥類に最も近縁な"鳥"であるヘスペロルニス型類やイクチオルニス型類のほか，新鳥類，すなわち，すべての"現代型の鳥"の最も新しい共通祖先とそのすべての子孫が含まれる．

ヘスペロルニス型類（Hesperornithiformes：*hesper* 西方[*4]，*ornith* 鳥，*form* 型）は単系統群であり，大型で長い首をもち，非飛翔性で，現生のアビやウのように，後肢で水をかいて泳ぐ潜行性の"鳥"の仲間である（図 8・11）．前肢はきわめて退縮しており，逆に，推進器として使う力強い後肢を発達させていた．後肢は体の側方を向いてお

図 8・10　アルゼンチン・ブエノスアイレスのベルナルディーノ・リバダビア自然科学博物館(Museo Argentino de Ciencias Naturales Bernardino Rivadavia)に展示されている，後期白亜紀のアルゼンチンに棲息していた非飛翔性の"鳥"，パタゴプテリクス(*Patagopteryx*)の希少な組立て骨格．［Professor J. R. Hutchinson, Royal Veterinary College, UK 提供］

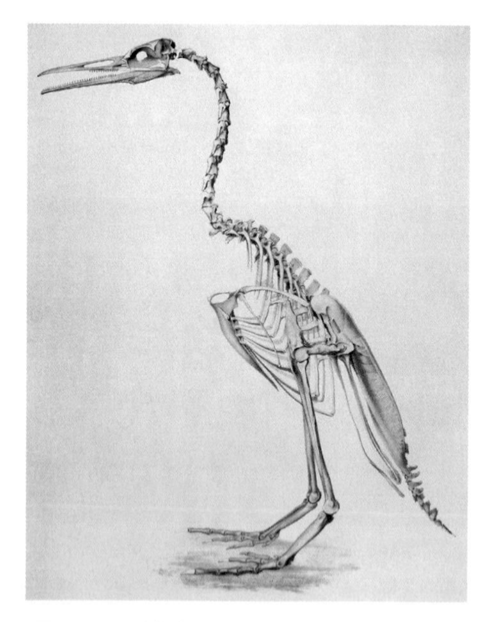

図 8・11　後期白亜紀の米国に棲息していた潜水性の"鳥"，ヘスペロルニス(*Hesperornis*)．［J. H. Ostrom 提供］

＊4　ヘスペロルニス(*Hesperornis*)が 19 世紀に米国・カンザス州で発見された当時，カンザス州は米国の"西部"と認識されていた．現在のカンザス州は，米国の中西部に位置する．

り，体の真下に置くことはできなかった．このような理由から，陸上で運動する際は，せいぜいアザラシのようにのたうちながら移動するくらいしかできなかったろう．

一方で水の中に入れば，ヘスペロルニス型類の“鳥”は，高度に海棲適応していた．骨格とともに見つかった糞化石から食性が示唆され，長くて可動性が高い首は，魚を捕らえるのに役立ったことだろう．さまざまな点において，ヘスペロルニス型類は“現代型の鳥”（新鳥類）に非常に近かったが，顎に歯をもっていた．現生の潜水性の“鳥”のように，骨の含気性は失われていた．おそらく，飛翔のために胸や肩の骨格に強度をもたせる必要がなくなったことから，叉骨や烏口骨（うこうこつ），前肢の骨格は極度に退縮していたのだろう．

これらの遊泳適応から，まだ多くの化石は発見されていないが，ヘスペロルニス型類が後期白亜紀の登場以前に，長い進化の歴史があったことが示唆される．ヘスペロルニス型類には，前期白亜紀の英国に棲息していたエナリオルニス（*Enaliornis*），そして北米大陸に棲息していたヘスペロルニス（*Hesperornis*；図8・11），バプトルニス（*Baptornis*），パラヘスペロルニス（*Parahesperornis*）などが含まれる．

これらより，さらに鳥類（Aves）に近縁なのが，歯を備えた“鳥”のイクチオルニス型類（Ichthyornithiformes（イクチオルニティフォルメス）：*ichthys* 魚，*ornith* 鳥，*form* 型）である（図8・12，図8・6）．ヘスペロルニス型類とは異なり，イクチオルニス型類は飛翔能力に優れた動物であった．後期白亜紀の北米大陸の地層から産するイクチオルニス（*Ichthyornis*）は，竜骨突起（骨のキール）ががっしりと発達した胸骨に加え，上腕骨に三角胸筋稜（deltopectoral crest）というきわめて大きな突起をもっていたことから，おそらく力強い羽ばたきに適応していたのだろう．また，胴体の骨格が短くなり，癒合している点や，手根中手骨をもつこと，尾端骨（尾柱）をもつこと，完全に癒合した足根中足骨をもつこと，10個以上の胴椎や仙椎などが癒合して複合仙椎となることなど，“現代型の鳥”（新鳥類）と共通する特徴を数多く備えていた．海成層からのみ見つかることから，イクチオルニス型類は中生代のカモメ（ただし歯の生えたカモメ）のような動物だったのだろう．

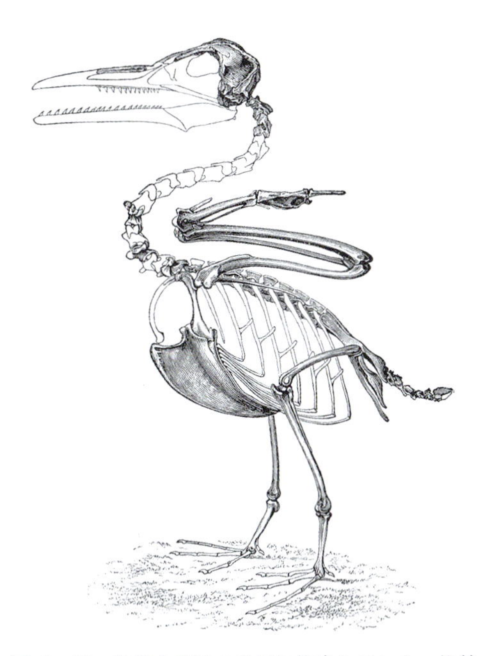

図 8・12 後期白亜紀の米国に棲息していた，比較的小型の，カモメのような“鳥”，イクチオルニス（*Ichthyornis*）．

8・3 新鳥類（鳥類）

新鳥類（Neornithes），あるいは鳥類（Aves）は，頭骨や骨盤，足首などの11個もの特徴から支持されている単系統群である．“非鳥類恐竜”が白亜紀末に絶滅したとき，新鳥類以外の“鳥”もまた，大量絶滅した．中生代でみられたような，歯が生えた“鳥”は，新生代にはもうみられなくなった．しかし，付録8・1で示すように，“現代型の鳥”が最初に登場したのは，“非鳥類恐竜”が絶滅する前のことである．サケビドリやガン・カモの仲間（ガン型類/カモ型類 Anseriformes（アンセリフォルメス）：*Anser* ガン，*form* 型），アビの仲間（アビ型類 Gaviiformes（ガヴィイフォルメス）：*Gavia* アビ，*form* 型），そしておそらくは，シギ，カモメ，ウミスズメなどの磯や浜に棲息する渉禽（しょうきん）（shorebird）とよばれる“鳥”の仲間（チドリ型類

図 8・13 白亜紀の南極圏に棲息していた，アヒルやガン，ハクチョウなどの“現代型の鳥”（新鳥類）を構成するグループの一つであるガン型類（Anseriformes）の仲間のヴェガヴィス（*Vegavis*）．この化石は，“現代型の鳥”，すなわち新鳥類が，“非鳥類恐竜”と同じ時代に棲息していたことを示す最初の証拠となった．［Julia Clark 提供］

Charadriiformes：*Charadrius* チドリ），ヤケイやキジの仲間（キジ型類/ニワトリ型類 Galliformes：*Gallus* ニワトリ），そして翼で羽ばたき遊泳を行う現生のミズナギドリの仲間（ミズナギドリ型類 Procellariiformes：*Procellaria* ミズナギドリ）やオウムの仲間（オウム型類 Psittaciformes：*Psittacus* オウム）はすべて，中生代のうちに最初の仲間が登場したと考えられている．

小型のカモ型類であるヴェガヴィス（*Vegavis*）の骨が白亜紀の南極圏から発見されており，“現代型の鳥”（新鳥類）が“非鳥類恐竜”と同時代に繁栄していたことを示す直接的な証拠が残されている（図 8・13）．テキサス大学の化石鳥類学者 Julia Clarke（図 16・25 参照）らによれば，アヒルやニワトリ，エミューやダチョウなどの走鳥の仲間が，後期白亜紀にはすでに登場していたようだ．このような“現代型の鳥”（新鳥類）の初期の化石記録は不完全ながらも，白亜紀が終わる頃に生じた鳥類（Aves）の起源や初期の適応放散，そして動物相に定着していくまでを物語っていることは明らかだ．

分 子 時 計

新鳥類（Neornithes）が正確にいつ登場したのかについては，化石記録以外の情報からも知ることができる．本書では絶滅した生物，すなわち，化石記録によってのみ知ることができる存在について扱っているため，ここまでおもに化石記録に重きを置いて紹介した．しかし，“鳥”のように，まさに今現在生きている動物を扱う場合，まったく異なる手法を使ってそれを知ることができる．それが分子時計である．

分子時計（molecular clock）は，一定の時間経過とともに分子配列がどれだけ変化したかを計算する手法である．たとえば，互いに近縁な現生の生物である A 種と B 種の 2 種を選んだとしよう．さて，両種が共通してもつ，たとえば，血液中に含まれる血清アルブミンのようなタンパク質を考えてみると，両種の血清アルブミンは互いに非常によく似ているはずだ．しかし，A 種と B 種が共通祖先から分岐してから時間が経過しているなら，分子の形や組成，あるいはその両方が微妙に異なることになり，分子が進化したことになる．もし，単位時間当たりにどれぐらいの割合で分子の形態や組成の分岐が起こるかがわかれば，A 種と B 種の共通祖先（すなわち，血清アルブミンの組成や形態が両種の祖先的な形質であるもの）が今からどれぐらい昔に生きていた動物なのかを知ることができる．ヒトとチンパンジーの共通祖先の棲息年代を研究した事例では，この手法（というよりも，まさにこの分子）を用いた．すると，両種は地質学的記録から推定される 1500 万年前ではなく，わずか 500 万年ほど前に両種の最も新しい共通祖先がいたことが示されたのだ．

近年，分子生物学者は **DNA ハイブリダイゼーション**（DNA hybridization）という手法を使うようになってきた．この手法は，前述のタンパク質で行った手法と似たようなもので，（タンパク質の代わりに）2 本の相同な DNA 鎖を比較する．同じ種同士であれば，この 2 本の DNA 鎖はほとんど変わらないはずだ．分子生物学者は，DNA ハイブリダイゼーションを用いて，2 本の DNA 鎖の違いを比較する．一定の時間経過の中で DNA 鎖中の塩基の**置換**（substitution）が生じる割合がわかれば，二つの異なる生物が，どれくらい昔に同じ DNA 配列をもっていたかを計算することができる．計算で得られた時間の長さは，両者が共通祖先から分岐してから経過した時間と等しいはずだ．

では，“鳥”の場合はどうであろうか．分子時計での見積もりによると，最初期の新鳥類（Neornithes）は，化石記録から示唆される時代よりもいささか前に登場したということになる．現在までわかっている化石記録からは，“鳥”の主要な放散は，“非鳥類恐竜”が“絶滅したあと（新生代）”に起こったことが示唆されている．ここまで紹介してきたとおり，“鳥”の化石記録は依然として断片的であり，おそらく，その大まかな進化の流れを把握できているにすぎないのだろう．

おもに DNA ハイブリダイゼーションを用いた分子時計に基づくと，新鳥類の初期放散は白亜紀のうちに起こっていた，つまり“K-Pg 境界よりも前”に起こったということが示唆されている．この化石記録との矛盾をどう解決すればよいだろうか．

近年，分子時計によって見積もられた結果を支持する化石記録が，わずかではあるが見つかってきた．ここまで見てきたように，“現代型の鳥”（新鳥類）は白亜紀からも見つかっており，アヒルやニワトリ，そしてダチョウやエミューなどの非飛翔性の大型の“鳥”などの祖先的な仲間がその化石記録に加わってきた．古鳥類学者の Daniel Field らは，2018 年にまさにこの課題に取組み，これらの新鳥類の初期の仲間が白亜紀に登場した可能性が高いが，今日の“鳥”の主要なグループの多くを生み出した放散イベントは，中生代を席巻していた（新鳥類以外の）“鳥”がいなくなったあとに起こったのだと結論づけた．後期三畳紀に恐竜が台頭してきたときと同じように，“現代型の鳥”（新鳥類）が賢くて優れていたために勝ち残ったというわけではなく，単に競合者が絶滅していなくなったことが放散のきっかけになったと考えられるのだ．

つまり，“鳥”が恐竜であること，そして“非鳥類恐竜”から，獣脚類の一部である新鳥類へと移行していったことは，詳細かつ圧倒的な証拠によって支持されるのだ．ただし，その主張は順調に勝ち進んできたものではない．Ostrom によって始められたこの論争は，その後 30 年以上にわたって続いてきた（Box 8・3）．分岐分析が登場する以前の古

Box 8・3 “鳥”は恐竜である: この仮説ははじめから熱烈に歓迎されたわけではなかった

“鳥”が現在も生きている獣脚類恐竜であるという科学的な仮説は，進化を探る非常に印象的な研究成果であり，進化における最も華々しい変遷の一つとして捉えられている．しかし，他の良質な科学でもそうであるように，この仮説はある時を境に，とある鳥類学会の場で既成事実かのように発表され，それ以降，すべての人が素晴らしい発見だと喜んで受け入れ，大団円となったわけではない．そうではなく，むしろ，この仮説に対する論争は長いこと続き，これに異を唱える研究者たちがあの手この手で反証を試みてきたのだ．これらの反証を乗り越えてきた結果，この仮説はより強固なものとなっていった．ここで，“鳥”は恐竜であるとする仮説に対する異論としてどのようなものがあげられてきたか，いくつか紹介しよう．

指形態に基づく異論

“鳥”がマニラプトル類獣脚類恐竜から派生してきたとする仮説に対する，最も大きな障壁となったのが，手根中手骨を構成する指に関する議論であろう．現生の“鳥”の手根中手骨が，3本の指が癒合した構造であることを思い出してほしい．古生物学的な証拠によれば，これら3本の指がどの指か(指番号)は明らかである．もし鳥翼類(Avialae)が恐竜の一部だとすれば，その指は第I，第II，第III指(親指，人差指，中指)となるはずである．なぜなら，鳥翼類獣脚類恐竜の手の指は，アーケオプテリクスを含め，第I〜第III指で構成されるからだ．

発生学者らは，1870年代以来，“現代型の鳥”(新鳥類)の手の手根中手骨の発生様式を研究してきた．それによれば，新鳥類の手を構成する指の番号は第II〜第IV指(人差指，中指，薬指)だとする結論が繰返し導かれてきた．古生物学的には，まぎれもなく第I〜第III指であるのに，発生学的には第II〜第IV指ということが起こりうるのだろうか．もし，発生学者の言うように，その指が第II〜第IV指だとするなら，手の指が第I〜第III指の恐竜からどうやって進化することができたのだろうか．

この矛盾を解消する方法の一つが，双弓類研究の権威であるJ. A. Gauthier(図16・12参照)と発生生物学者のG. P. Wagnerによって提唱された．発生学者は，手足に“凝集”が起こる順序によって，指番号を同定する．つまり，のちに指になっていく領域の初期発生の芽を探すのだ．発生学者らは，新鳥類の手の初期発生で最初の凝集が起こる位置を第II指，二つ目の凝集が起こる場所を第III指，…以下同様，と考えていた．しかし，GautierとWagnerの見解は少し違った．彼らが“発生時に起こる指の決定のフレームシフト”と表現した現象を認めたのだ．彼らによれば，発生学上は第II指とされている芽が，成体では第I指になり，発生学上の第III指に相当する芽が第II指に，発生学上の第IV指に相当する芽が第III指になるということだ．もっと新しい研究から，元の第I指の発生に紐づけられる遺伝子が，第II指の芽の位置で発現し，元の第II指の発生に紐づけられる遺伝子が，第III指の芽の位置で発現することがわかってきた．この“フレームシフト”によって，元の祖先での指番号から，新しい指番号へと移動が起こったようにみえる．

これらの新しい発見によって，新鳥類の手の指と，絶滅した獣脚類の手の指が同じ指番号であるとみなせるようになった．こうして，WagnerとGauthierの研究により，発生学と古生物学の間の見解の不一致が解消され，新鳥類の起源が鳥翼類にあると言い切ることができるようになったようにみえた．

しかし，2019年に発生生物学者のThomas Stewardら(共著者には，Gauthierとともにフレームシフト仮説を提唱したWagnerも入っている)が発表した論文で，羊膜類全般において，第I指，第II指，第III指なのか，はたまた第IV指なのかも含め，指番号の同定の可否について疑問が呈されたのだ．この論文によると，羊膜類全体で，第I指を除いたほかのすべての指が，遺伝的にバラバラだという点が問題だと指摘されている．つまり，たとえばある羊膜類で，遺伝的に第III指とされている構造が，別の羊膜類では第III指ではない可能性があるということである．唯一の例外が第I指であり，羊膜類全体で一貫して発現していることが明らかとなっている．この論文の著者らは，現生の“鳥”である新鳥類の指式は第I指，第III指，第IV指であると主張している．もしそれが正しければ，獣脚類の指式もまた，これまで考えられてきたものとは異なったものになりそうだ．しかし，現在も生きている新鳥類以外の獣脚類がいないため，それを確認することは非常に困難である．そのため，手の指に関する疑問は，未解決のままということになろう．今後の研究を待つしかない．

“鳥”の羽毛が形を保っていられるかどうかについて

ほかにひっかかる点をあげるとすれば，獣脚類の羽毛についての問題であろう．そもそも，たとえばシノサウロプテリクス(*Sinosauropteryx*)やシノルニトサウルス(*Sinornithosaurus*)にみられるような単繊維状の羽毛が，ミクロラプトル(*Microraptor*)やアンキオルニス(*Anchiornis*)，アーケオプテリクス(*Archaeopteryx*)の化石でみられるような風切羽と，解剖学的に同じ構造であるかどうかは不明なのだ．もしこれらの構造が，解剖学的に異なるものだとすれば，単繊維性の羽毛をもつということは，非飛翔性の獣脚類と“鳥”が進化的なつながりを示すことにはならない．しかし，現在では，単繊維性の羽毛と風切羽が複合的な構造を共有していることが明らかとなっている．さらに，特異的なメラノソームが双方の羽毛に認められること，そして胚における羽毛の発生過程の理解が進んできたことから，単繊維性の羽毛と風切羽が相同な構造だということは，もはや覆しようのない結論となっている．

でも，“羽毛恐竜”の多くはアーケオプテリクスよりもずっと新しい時代の動物じゃないか！

おそらく，科学的には重要度の低い，しかし，最もよくあげられる反論が，獣脚類から“鳥”へ進化したとする仮説の時代的な疑念である．本書でも多くのページが割かれている，羽毛をもった“非鳥類獣脚類”の多くが，中国・遼寧省の熱河生物相を構成する一員であり，これらは前期白亜紀の時代の生物だ．一方，アーケオプテリクスは後期ジュラ紀の動物だ．アーケオプテリクスは，中国の“羽毛恐竜”と比べて，2000万年から3000万年ほど古い時代の動物である．つまり，より新しい時代（前期白亜紀）に生きていた“羽毛恐竜”が，進化してアーケオプテリクスを生み出すようなことがあるはずがない，というのがその批判である．

この批判には分岐図に対する根本的な思い違いがある．分岐図では，検証しようのない時間の概念を排除して解析を行う．それは，化石に残る確率との矛盾がどうしても出てくるためだ．化石記録にある生物が残されていないのは，その時代にその生物がいなかったからだ…，あるいは単に化石に残っていないためである…と証明することは不可能である．古い格言にあるように，

“Absence of evidence is not evidence of absence
（証拠が無いことは，無いことの証明にはならない）”

羽毛が化石に残ることはまれであり，起こる確率の非常に低い条件が揃う必要がある．非常に限られた数，そして化石産地でしか，羽毛は化石に残されていない．つまり，絶滅動物に羽毛があったかどうかは，検証できないことなのだ．分岐図をどう構築するかについて，3章を思い返してほしい．まず，原始的な形質と，派生的な形質がどのように分布しているかをみていき，そして，これらのデータを用いて，系統仮説を組立てていったはずだ．逆に言うと，中国・遼寧省の“羽毛恐竜”たちが生きていた前期白亜紀という時代は，分岐図（系統樹）の構築とは無関係なのだ．これらの“羽毛恐竜”がもつ，原始的な形質と派生的な形質の組合わせのみが，進化過程の仮説を構築し，その関係を理解するのに重要なのである．

典的な考えを保持し，“鳥”と恐竜は別物だと信じる研究者は依然として残っている．しかし，“鳥”が恐竜であるということは，現代の鳥類学界でも圧倒的な支持を得ている．

一つの時代の終焉

歯をもつ“鳥”は，いずれも中生代の終わりに絶滅し（17章），そして，その理由は誰にもわからない．にもかかわらず，Fieldらの2018年の研究では，地上性の生活様式をとっていた系統の方が，新生代まで生き残るのに有利だったと示唆された．ここでいう地上性とは，非飛翔性という意味ではなく，樹上性ではない“鳥”をさす．これが意味するところは，一部の歯がない地上性の初期新鳥類が，白亜紀の終焉前に登場し，これらが絶滅を免れ，そして，その後に始まった“すばらしい新世界”，すなわち新生代に繁栄し，現在みられるような多様な“鳥”へと進化していったと解釈できるということだ．

最後に一つ，言っておかなければならないことがある．現生の“鳥”には歯がない．歯とは，脊椎動物の顎に生えるエナメル質と象牙質でできた構造のことだ．実際，新生代の“鳥”には歯が一切生えていない（ただし，歯のようなトゲトゲ構造がクチバシに発達している事例がないわけではない．訳注：一部の“鳥”は，クチバシの縁がギザギザになるが，エナメル質と象牙質でできた構造ではないため，歯とは見なされない）．獣脚類の進化の中で，無歯化が幾度も起こったことを踏まえると，“現代型の鳥”（新鳥類）のゲノムには歯を生やす遺伝子がまだ残っている可能性はないだろうか．直感的には，“それはありえそう”という答えになるだろう．1980年代から1990年代にかけて何度か行われた研究によると，“現代型の鳥”（新鳥類）には歯をつくるための遺伝子がまだ残っていることが示されたのだ．“鳥”へと進化する際に唯一起こった変化は，歯を生やす遺伝子を発現させない遺伝子が加わったということだ．歯を生やすという遺伝子コードは，すべての羊膜類（Amniota［アムニオータ］）がゲノムに共通してもっているものだ．そのため，現在でも，新鳥類（たとえばニワトリ）に歯を生やすことは可能なのである．すべての“現代型の鳥”（新鳥類）の体の中には，マニラプトル類が残っているといえよう．

8・4 “鳥”の飛翔の起源

図8・6に示された分岐図を見てみると，鳥翼類の進化において，飛行能力がどんどん向上していったことがわかる．この飛行能力はどのような起源によって生じたのだろうか．長いこと，“鳥”の飛行の起源に関する疑問は，二つの対極的な仮説の間で論争が続いてきた（図8・14）．その一つは**樹上性起源説**（arboreal hypothesis）とよばれ，

図 8・14 “鳥”の飛行の起源に関する両極端の仮説，樹上性起源説と走行性起源説．(a) 樹上性起源説は，“鳥”が木から滑空しながら降りていくうちに進化してきたとするものである．(b) 走行性起源説は，“鳥”が地上を走るうちに宙に浮けるように進化してきたとするものである．

“鳥”が樹上から降りる際に滑空することを起源とするものである（図 8・14a）．この仮説では，滑空が羽ばたき飛翔の前駆的な運動として獲得され，“鳥”がより高度な滑空能力を獲得するにつれて，羽ばたき飛翔の能力の幅を広げていったとしている．この仮説によれば，羽ばたき運動は，滑空時の飛行進路を調整しようとする動きが元になったと考えられる．この樹上性起源説に相対するもう一つの仮説が，**走行性起源説**（cursorial hypothesis）というものだ（図 8・14b）．走行性起源説は，祖先的な“鳥”が地上を走るうちに飛翔能力を獲得したとしている．このシナリオでは，地上を走る“鳥”が障害物を避けようとする際に，一時的に宙に浮く状態を維持しようとする行動が元になったとしている．

“鳥”の進化についてわかっていることと照らし合わせると，これらの仮説はどちらも不十分のように感じられる．化石記録から考えると，これらの両方が関与していなければ成立しなさそうに思えるのだ．マニラプトル類は，彼らがどんなに走行適応していたとしても，走って走って，ついに飛び立てるほど速く走れたわけではなかろう．また，マニラプトル類は，墜落しないようになるまで，何度も何度も木から飛び降りることはしなかったろう．

“鳥”の飛行の起源の新しいモデル

樹上性起源説は，直感的には魅力的で，飛行能力を得るようになる進化はたやすく感じられる．一方で，走行性起源説は，“鳥”の祖先が走行性の動物であったことから，強く支持される．走行性起源説の問題点をあげるなら，走行性の獣脚類が地上を走ることで飛行能力を獲得することをモデル化することが，ほとんど不可能だという点である．このことから，飛行能力を獲得していく過程のどこかで，樹上適応をしていたとする仮説の方が，多くの研究者に支持されてきた．しかし，走行適応していた頃の形態的な遺産はすべての現生の“鳥”に残されており，事実，現生の“鳥”の後肢の特徴は，コエルロサウルス類の特徴からほとんど変わっていないのである．しかし，そのことが，小型で走行性のマニラプトル類が木に登って樹上性になったことをどうして否定できるだろうか．

近年，二つの対立仮説のいいとこ取りをしたような興味深い仮説が提唱された．それは，初期の走行性獣脚類が，羽ばたきを利用して，急勾配の傾斜や，上部がひさしのように張り出す崖（オーバーハング），木の幹をも駆け登ったのではないか，というものだ．羽ばたきながら傾斜を登る状態から，羽ばたき飛翔へと至るには，そこまで難しいことではなかっただろう．

古生物学者の Q. Li，M. J. Benton（図 16・21 参照），M. S. Y. Lee らは，“鳥”になるまでには，以下にあげるいくつもの段階を経ていく必要があっただろうと主張した．その段階とは，前肢の動きを後肢の動きから独立させること（これは，二足歩行性であることから，すでに獲得されている形質），風切羽を獲得すること（これも，風切羽を特に前肢に生やすという形質は，非飛翔性の獣脚類のなかでも，オルニトミムス科まで起源を遡ることができるため，獲得済み；図 7・11 参照），体サイズを極端に小型化させること，そして樹上性の生活様式をとること（これは，体サイズの小型化によって達成できただろう）である．

体サイズの急激な減少は顕著に起こった．近鳥類は，真の“鳥”（鳥類）へと進化していく以前の 1 億 7800 万年前頃に，体サイズが急激に小型化していったことがわかっている（図 8・15）．

基盤的な鳥翼類は，力強く羽ばたいて飛翔できた可能性がある．しかし，基盤的鳥翼類の多くは，（エナンティオルニス類を除いて）強力な飛翔筋の付着部となる骨質の発

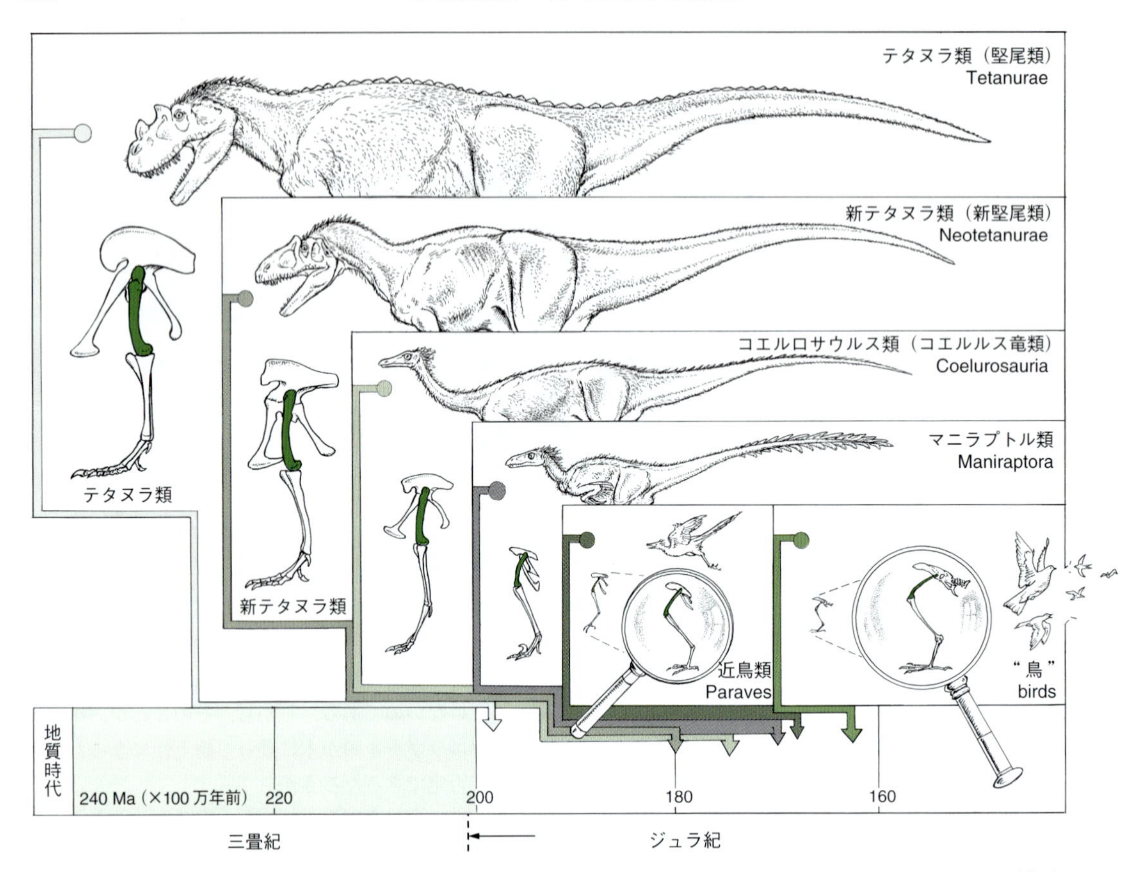

図 8・15　5000 万年の間に，鳥類(Aves)へと至る獣脚類の系統に起こった劇的な体サイズの減少と四肢の形態変化．大腿骨(緑)の計測値は体サイズ，すなわち推定体重(質量)を表す指標となる．これらの変化を時間軸とともに示すと，“鳥”へと進化していく獣脚類の系統の中で，劇的な体サイズの減少や四肢の相対的な長さの変化が，ジュラ紀の前半に起こったことがわかる．[Lee, M. S. Y., Cau, A., Naish, D., and Dyke, G. J. 2014. Sustained miniaturization and anatomical innovation in the dinosaurian ancestors of birds. *Science*, 345, 562–566 より改変]

達した胸骨をまだもっておらず，前肢も飛翔への顕著な適応をみせているわけではない．そのため，その飛翔能力は，現生の“鳥”にみられるほどのものではなかっただろう．したがって本書では，短時間の弱々しい羽ばたきと，長時間の滑空を併用して飛ぶような動物だったのではないかと考えている．これらの“鳥”は，後肢の足で枝をつかめるようになっていたことや，熱河生物相が森林環境であったこと，そしてこうした飛翔様式が木々の間で行うのに適していたであろうことから，おそらく樹上性だったろう．

鳥胸類へと進化する段階になると，力強い羽ばたき飛翔がほとんどの種で行われるようになったことだろう．この時点で，尾端骨（尾柱）を獲得するとともに，尾羽を操作するのに使われる筋肉や軟組織（“現代型の鳥”，すなわち新鳥類が飛行方向を変えるのに必要な特徴）が獲得されたのだろう．そうなると，もはや木は“鳥”が飛び立つのに必要不可欠な存在ではなくなっていたことだろう．イクチオルニス（*Ichthyornis*）のような鳥尾類は，カモメ（*Larus*）のような新鳥類と同じくらい上手に飛べたのではないかと本書では考えている．図 8・16 に，中生代を通じて起こった，恐竜型類（Dinosauriformes）よりも原始的な段階に始まり，恐竜類（Dinosauria），近鳥類（Paraves）を経て，新鳥類（Neornithes）の進化段階に至るまでの数多くの形態的な変化をまとめた．

忘れられた歴史

現世においては，多くの形質が“鳥”に固有のものとして認識されている．ゆえに，“爬虫類”から“鳥”への進化は，急激な形態変化を一気に果たしたように錯覚をしてしまうだろう．しかしながら，これら“鳥”に固有と思われていた形質が，獣脚類恐竜の段階でその大半がすでに獲得されていたことがわかってきた．また，形質によっては，さらに起源を遡ることができる（6 章, 7 章）．“鳥”がもつ特徴は，多くの絶滅した獣脚類ももっていた．さらに，7 章や 8 章の分岐図をたどると，“現代型の鳥”(新鳥類) に特異的だと明らかな形態的特徴が，獣脚類の進化のどの段階で獲得されたかを知ることができる．少なくとも本章の記述で明

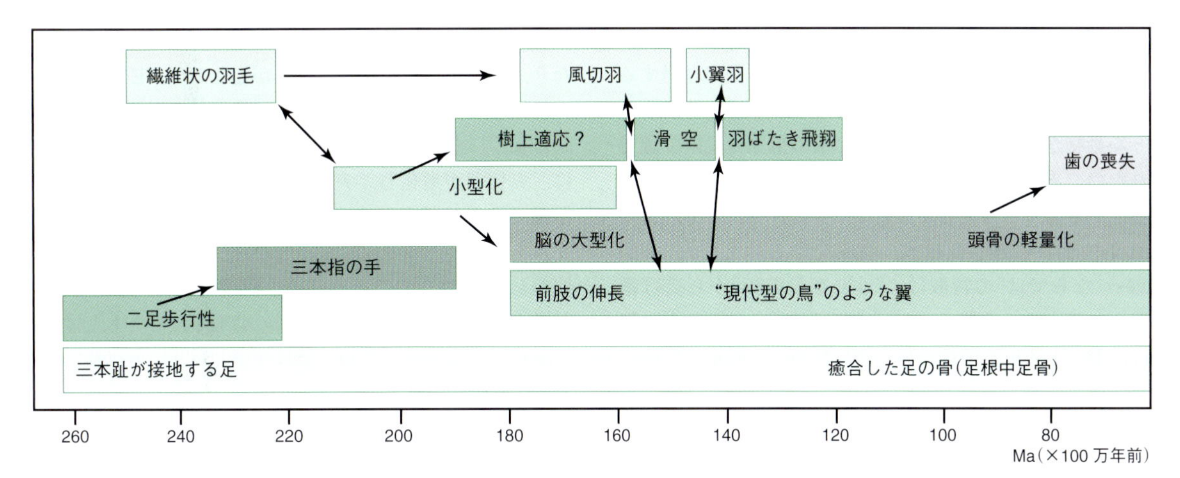

図 8・16 “現代型の鳥”(新鳥類)に至るまでの進化における重要な形態変化．片向き矢印は，形態の獲得に因果関係があったであろう関係を示す．両向き矢印は，形質が共進化した可能性を示す．［Cau, A. 2018. Assembly of the avian body plan: a 160-million year long process. *Bollettino della Società Paleontologica Italiana*, 57, 1–25 より改変］

らかなように，“現代型の鳥”(新鳥類) に特異的な形質は，進化の過程で徐々に獲得されていったものなのだ．“現代型の鳥”(新鳥類) に“特異的”にみえる形質が獲得された進化段階は，分岐図をどれだけ遡ることができるのだろうか．“現代型の鳥”(新鳥類) に至る前の進化段階である，鳥翼類の“鳥”的な特徴を以下に列挙する．

- アーケオプテリクス (*Archaeopteryx*) がもっていた腹肋 (腹骨ともよばれる) が，“現代型の鳥”(新鳥類) では失われている→羊膜類で獲得
- 二足歩行性→恐竜形類 (Dinosauromorpha) で獲得
- 近位足根骨と遠位足根骨の間で足根関節(踵)を形成する (mesotarsal)→恐竜形類から恐竜類 (Dinosauria) にかけて獲得
- 羽毛：単繊維状の羽毛→おそらくは，鳥頸類 (Ornithodira) で獲得されたが，Ⅲ部で紹介するように，鳥盤類 (Ornithischia) と竜盤類 (Saurischia) の両方がもっていたことから，恐竜類では確実に獲得されていた．風切羽→飛行能力を得るずっと前のマニラプトル類獣脚類で獲得
- 空洞がたくさんある骨 (含気骨)→竜盤類で獲得
- 足に前方を向いた三本の趾と，側方を向いた第Ⅳ趾があり，各趾に発達したカギツメを備える→新獣脚類 (Neotheropoda) で獲得
- 叉骨をもつ→新獣脚類で獲得
- 手の拇指 (第Ⅰ指) が半対向性になる→テタヌラ類 (Tetanurae；堅尾類) で獲得し，近鳥類にかけて発達
- 手に3本の可動性が高く，独立して動く指と，その先端に鉤状に曲がった発達したカギツメをもつ→テタヌラ類 (堅尾類) で獲得
- 関節突起が伸長することで，尾の可動性が低くなる→テタヌラ類 (堅尾類) で獲得
- 半月型の手根骨をもつ→マニラプトル類で獲得
- 大きな脛骨と，遠位の足根関節に向かって細くなる小さな腓骨→マニラプトル類で獲得，近鳥類でより顕著になる
- 脳の大型化→コエルロサウルス類 (Coelurosauria：コエルルス竜類) で獲得
- 恥骨が後方を向く→近鳥類で獲得
- 非常に効率のよい外呼吸様式→鳥頸類で獲得 (13 章)

このように，鳥翼類が，その祖先である非鳥翼類獣脚類から多くの形質を受け継いでいることは明らかである．だが，皮肉なことに，“鳥”が恐竜であるという考え方自体は目新しいことでもなく，アーケオプテリクスが発見された1800 年代中頃までさかのぼる (Box 8・2)．

目的をもって生きる

含気骨 (pneumatic bone) と羽毛をもつことは，体を軽量化し，飛行を可能にする素晴らしい適応だと考えられてきた．確かにこれらは優れた構造だ．鳥類の体の軽量化に貢献しており，羽毛が飛翔に効果的に働くことは疑いようのない事実だ．しかし，含気骨と羽毛ができた当初の目的は，体の軽量化や飛行のためだったのだろうか．

今私たちは，“鳥”の祖先でそれらの形質が獲得されていることを知っている．そのため，それらの形質がもともと，体の軽量化や飛行のために獲得されたのではないだろうと推測できる．骨に孔が開くことは竜盤類の特徴で，コエロフィシス (*Coelophysis*) やコエルロサウルス類 (コエルルス竜類) のような非飛翔性の恐竜の学名やグループ名も，含気骨をもつことが由来となっている．骨に開いた孔は，おそらく効率的な外呼吸に役立っていたのだろう．これに

ついては，前述したように，巨大で重厚な体格をした（確実に飛行能力がなかったと言い切れる）竜脚類が登場する9章でまた紹介する．含気骨は，私たちが“鳥”と認識するような動物が現れるよりも，ずっと前の祖先の段階で獲得されたのだろう．“鳥”ではさまざまな洗練された特徴が備わっているようにみえるが，実は，含気骨や，一方向流の換気システムの外呼吸様式，羽毛をはじめとした“鳥類（Aves）ならでは”の特徴は，“非鳥類獣脚類”から受け継いだものである．そして，“非鳥類獣脚類”も，それらの特徴を，もっと古い鳥頸類のなにがしかから受け継いだのだろう．

多くの人が，羽毛は飛行のために獲得されたと思うだろう．その意見には同意する．羽毛は確かに，飛行のために使われている．しかし，飛行能力を獲得するために，羽毛が進化してきたとは考えにくい．というのも，飛行能力を明らかにもたなかったであろう多くの“非鳥類恐竜”が羽毛をもっていたからだ．これは発想を変えてみると，羽毛がいったい何のために進化してきたのかを理解する鍵となる．

飛行能力があろうとなかろうと，すべての“羽毛恐竜”に共通の特徴がある．それは，骨格から判断する限り，彼らが非常に活動的で，多くが捕食者としての生活を送っていたということである．飛翔能力をもたない獣脚類に羽毛が生えていたことから，羽毛が断熱効果によって獣脚類の体温を温かく保ち，長時間の高い運動性を保つのに不可欠な構造であり，それらの羽毛の特性は，最終的に飛行にも役立つことになったと多くの古生物学者は考えている（14章）．最も高度に発達した羽毛形態が風切羽であることは，偶然ではないのだろう．単繊維状の羽毛や綿羽は，羽毛の進化の初期段階の形態であり，より原始的な“非鳥類獣脚類”の体を覆っていたと考えられる．

しかし，それで実際に“鳥”の羽毛の起源を説明できるだろうか．原始的な羽毛は単繊維性であり，温かい体温を保持する断熱材としては少し心もとない．また，大型獣脚類で紹介したように，進化初期の羽毛が体全体を覆っていたわけでもなさそうだ．しかし，多くの人が知るように，“現代型の鳥”（新鳥類）は色彩豊かで，高度な社会性をもち，鋭敏な視覚をもつ（6章）．また，獣脚類は飛行能力の有無にかかわらず，特徴的な模様や色で覆われていたことがわかっている．羽毛はもともと，断熱材としてだけではなく，ディスプレイとしての機能も果たしていたのだろうか．

5章で，羽毛が感覚器官として重要だと述べたことを思い出してほしい．またもや仮説にすぎないが，羽毛の進化についてもっともらしいシナリオを考えてみた．はじめは，表皮を広く覆う単繊維性の羽毛が感覚毛として登場したのだろう．獣脚類の社会性の発達とともに，副次的に羽毛が彩られ，同時に羽毛の密度が高まっていったと考えられる．ついで（あるいは同時に），より羽毛の密度が高くなり，繊維が枝分かれした綿羽が進化して，断熱材としての効果をもつようになり，小型で活動的な獣脚類で保持されるようになった．そして最後に，図5・16に示したように，風切羽が進化し，ディスプレイとしての機能をもち，小型で非常に活動的な生態になっていった．このシナリオはあくまで一つの仮説だ．しかし，現代の“鳥”の羽毛の使われ方そのままであるため，仮説としての強みがあると考える．いずれにせよ，初期の羽毛が，もともとは飛行のために進化してきたわけではないということは断言できる．

方向制御と力強い羽ばたきを伴う飛翔能力の進化

現世では，動物界のうち，二つのグループに飛翔能力をもつものが含まれる（ここでいう“飛翔能力”とは，滑空能力を除外した飛行能力をさす）．それは，節足動物と脊椎動物だ．飛翔能力のある節足動物は昆虫であり，脊椎動物ではコウモリと“鳥”だ．これを進化学的な表現で言い表すと，哺乳類（単弓類）と“鳥”（恐竜類の一部である獣脚類，そしてそのさらに一部である新鳥類）が現生の飛翔能力をもつ脊椎動物だ，ということになる．

昆虫類も脊椎動物も，もともとは飛翔能力をもっておらず，両者の共通祖先にも飛翔能力はなかった．これが意味するところは，飛翔能力が昆虫類と脊椎動物でそれぞれ独立に進化してきたということだ．脊椎動物のなかをより詳しく見ていくと，哺乳類と獣脚類恐竜の共通祖先にも飛翔能力はなかった．すなわち，現生動物だけを見ていくなら，飛翔能力は，昆虫とコウモリ，そして“鳥”で，少なくとも3回独立に獲得されたということになる．生命史において飛翔能力が独立に進化した回数はこれですべてだろうか．

いいや，そうではない．主竜類の紹介で登場した翼竜類を思い出してほしい（図4・13参照）．翼竜類は恐竜には含まれないが，恐竜類の姉妹群として鳥頸類に含まれる，見事な飛翔能力をもつグループだ（図4・11参照）．したがって，飛翔能力は動物界で少なくとも4回独立に獲得されたということになる．そのうち2回が主竜類（“鳥”と翼竜），1回が哺乳類（コウモリ），1回が節足動物（昆虫類）だ．では，飛翔能力が独立に獲得された回数はこれで全部だろうか．

実は，まだありそうなのだ．近鳥類のなかでどれほど飛行能力が独立に登場してきたかを侮ってはいけない．分岐図から読み解くと，主竜形類のほんの小さな一群でしかない近鳥類の中で，力強い羽ばたき飛翔が少なくとも3回，独立に獲得されてきたようなのだ（図7・20参照）．最も有名なのが，本章でずっと追いかけている系統，すなわち鳥類（Aves）だ．しかし，ほかにも“四翼”の飛行動物とよばれるものがいる．たとえば，デイノニコサウルス類

(Deinonychosauria；デイノニクス竜類）のミクロラプトル（*Microraptor*）やアンキオルニス（*Anchiornis*）だ（図7・21，図7・23参照）．これらの動物は，よく発達した風切羽をもっていたが，鳥胸類にみられるような力強い羽ばたき飛翔を示す解剖学的特徴はほとんどもっていなかった．おそらくこのグループは，木登りをしてから滑空することが主で，羽ばたきによって少しだけ飛行を補助したのだろう（それでもなお，後肢の翼で羽ばたくことはなかっただろう）．最後に，飛行能力を独立に獲得したもう一つのグループが，スカンソリオプテリクス科(Scansoriopterygidae)である（図7・25参照）．これは，非常に謎めいた，コウモリのような姿をした近鳥類で，獣脚類恐竜はおろか，恐竜全体の多様性を論じる教科書を書き換えるほどの存在である．これら基盤的な近鳥類であるスカンソリオプテリクス科とデイノニコサウルス類はどちらも，四翼の飛行動物だが，飛行能力に関していえば，進化に行き詰った系統だといえる．少なくとも，現在まで見つかっている化石記録から判断すると，彼らから飛行能力をもつ子孫は存続しなかった．しかし，鳥類（Aves）は彼らと同じように，原始的な非飛翔性の近鳥類獣脚類を祖先にもちつつも，はるか先の領域へと到達した．すなわち，現在の新鳥類のように疑うべくもない飛行能力を獲得するに至ったのである．

加えて言うなら，進化史で飛行能力が獲得された回数は，最低限このくらいあったことがわかっているという数だ．たとえば，昆虫のなかで，どれだけの系統が飛行能力を独立に獲得し，そして途絶えていったのか，私たちは知る由もない．近鳥類だけをとってみても，力強い羽ばたき飛翔へと至る道は，実験的試行とそれが少しだけ成功したことの繰返しのようにみえる．昆虫やコウモリ，翼竜でも同じようなことが起こっていたとしてもおかしくはない．

おわりに

中生代が“恐竜の時代”とよばれ，新生代が“哺乳類の時代”とよばれていることを，読者諸君もご存知だろう．中生代は恐竜が支配し，新生代は哺乳類が支配していると…—そのように聞き覚えているのではなかろうか．

今日，現生の哺乳類の多様性はどんなに多く見積もっても，4500種程度だ．一方，現生の“鳥”では，10,000種もしくはそれ以上に及ぶ．そんなわけで，ひき続き，君たちを“恐竜（鳥）の時代”にお迎えすることになる．ご了承あれ．

本章のまとめ

“鳥”(新鳥類 Neornithes）は恐竜である．これは，“鳥”が恐竜に近縁であるという意味ではない．とはいえ，もし“鳥”が恐竜であるなら，“鳥”が恐竜と関係があることは間違いない．また，これは，“鳥”が恐竜のなかから現れたということを意味するのでもない．とはいえ，“鳥”が恐竜とよばれる動物から進化してきたことは間違いない．ここで言いたいのは，“鳥”はまさに恐竜である，ということだ．これは，ヒトは哺乳類である，と述べるのと同じくらい確かなことだ．

現生の“鳥”(新鳥類）は，非常に派生的な解剖学的特徴をもち，一見，他の動物とは大きく異なるように思える．ただ，実際のところ，獣脚類の進化を見ていくと，“鳥”の特徴として特異的に思われるものの多くが，獣脚類の分岐図の中に散らばっていることがわかる．分岐分析によれば，“鳥”らしい特徴が，“鳥”以外の獣脚類，とりわけテタヌラ類（Tetanurae；堅尾類）や近鳥類（Paraves）にも広くみられることが示されている．

ドイツ・バイエルン地方から発見された後期ジュラ紀の獣脚類，アーケオプテリクス・リトグラフィカ（*Archaeopteryx lithographica*）をはじめ，中国・遼寧省の前期白亜紀の地層から発見された飛行能力がない羽毛をもった多くの獣脚類恐竜の化石によって，“鳥”と“鳥”以外の動物との境界線が不明瞭になってきた．現生動物のなかだけでみれば，羽毛は“鳥”に特異的な形質だ．しかし，これらの化石によって，羽毛が“鳥”だけに生えているものではないことが示されてきた．これらの発見によって，羽毛には多くの機能があり，もともとは断熱材やおそらくはディスプレイのために発達し，その後，飛行のために流用されることになったという仮説が支持されることとなった．

鳥翼類（Avialae）の重要な特徴は，飛行能力をもつことである．飛行の起源は謎に包まれているが，分岐図からは，飛行能力が数百万年もの時をかけて，体の小型化，および樹上適応，羽ばたき能力が低い状態での滑空飛行の段階を経てから，堅牢な胴体や骨化した胸骨，飛翔筋の発達，尾端骨（尾柱），小翼羽，尾羽による飛行制御機構など，飛行に関連したさまざまな特徴を獲得していったことが示唆される．

アーケオプテリクス（*Archaeopteryx*；始祖鳥ともよばれる）は発見当初より，鳥類（Aves）と恐竜の関係を示す鍵であると認識されてきたが，数多くの“羽毛恐竜”が発見され，“現代型の鳥”(新鳥類）に向けての重要で段階的な進化が，飛行能力の進化過程とともにつまびらかになってきた．“鳥”の化石は残りにくいものの，その記録からは，“現代型の鳥”(新鳥類）への進化イベントがどのような順序で起こってきたかがわかるようになってきた．

“鳥”の進化における飛行能力の発達は，アーケオプテリクスよりも派生的な進化段階で生じた．含気孔の発達の後，尾端骨（尾柱）の獲得，胴椎の数の減少，肩帯の形態変化，手根中手骨の発達が順に起こった．一方で，腹肋（腹骨）などの原始的な形質は保持された．これらの特徴はすべて，白亜紀の鳥胸類（Ornithothoraces）にみられた特徴である．そのなかには，当時ありふれていたエナンティオルニス類（Enantiornithes）や，鳥類（Aves）へと至る系統の鳥尾形類（Ornithuromorpha）が含まれる．

鳥尾形類のなかでは，非常に派生的な"鳥"が何系統も登場した．特筆すべきは，潜水性のヘスペロルニス型類（Hesperornithiformes）と，カモメのような姿をしたイクチオルニス型類（Ichthyornithiformes）である．これらの"鳥"はそれぞれ特殊化し，現生の"鳥"とは異なっていた．とりわけ，歯の喪失などの，新鳥類，もしくは鳥類の表徴形質の多くをもっていなかった．"現代型の鳥"（新鳥類）の最古の化石記録は非常に断片的で不完全だが，後期白亜紀までさかのぼることができる．とはいえ，"現代型の鳥"（新鳥類）の主要な放散は，中生代が終わった後に起こったのだ．

参考文献

Benton, M. J. 2014. How birds came to be birds. *Science*, **345**, 508–509.

Brusatte, S. L., Lloyd, G. T., Wang, S. C., and Norell, M. A. 2014. Gradual assembly of avian body plan culminated in rapid rates of evolution across the dinosaur-bird transition. *Current Biology*, **24**, 2386–2392.

Carney, R. M., Vinther, J., Shawkey, M. D., D'Alba, L., and Ackermann, J. 2012. New evidence on the colour and nature of the isolated Archaeopteryx feather. *Nature Communications*. doi: 10.1038/ncomms1642.

Cau, A. 2018. Assembly of the avian body plan: a 160-million-year long process. *Bollettino della Società Paleontologica Italiana*, **57**, 1–25.

Chiappe, L. M. 1995. The first 85 million years of avian evolution. *Nature*, **378**, 349–355.

Chiappe, L. M. and Dyke, G. J. 2002. The Mesozoic radiation of birds. *Annual Review of Ecology and Systematics*, **33**, 91–124.

Chiappe, L. M. and Dyke, G. J. 2007. The beginnings of birds: recent discoveries, ongoing arguments, and new directions. In Anderson, J. S. and Sues, H.-D. (eds.) *Major Transitions in Vertebrate Evolution*. Indiana University Press, Bloomington, IN, pp. 303–336.

Chiappe, L.M. and Meng., Q. 2016. *Birds of Stone: Chinese Avian Fossils from the Age of Dinosaurs*. Johns Hopkins University Press, Baltimore, MD, 294p.

Chiappe, L. M. and Witmer, L. M. (eds.) 2002. *Mesozoic Birds*. University of California Press, Berkeley, 520p.

Clarke, J., Tambussi, C. P., Noriega, J. I., Erickson J. M., and Ketcham, R. A. 2005. Definitive fossil evidence for the extant radiation of Aves in the Cretaceous. *Nature*, **433**, 305–308.

Cracraft, J. and Clarke, J. 2001. The basal clades of modern birds. In Gauthier, J. and Gall, L. F. (eds.) *New Perspectives on the Origin and Early Evolution of Birds. Proceedings of the International Symposium in Honor of John H. Ostrom*, pp. 143–156.

Dial, K. 2003. Wing-assisted incline running and the evolution of flight. *Science*, **299**, 402–404.

Dingus, L. and Rowe, T. 1997. *The Mistaken Extinction*. W. H. Freeman and Company, New York, 332p.

Erickson, P. G. P., Anderson, C. L., Britton, T., *et al*. 2006. Diversification of Neoaves: integration of molecular sequence data and fossils. *Biology Letters*, **2**, 543–547.

Field, D. J., Bercovici, A., Berv, J. S., *et al*. 2018. Early evolution of modern birds structured by global forest collapse at the End-Cretaceous mass extinction. *Current Biology*, **28**, 1–7.

Gauthier, J. A. 1986. Saurischian monophyly and the origin of birds. In Padian, K. (ed.) *The Origin of Birds and the Evolution of Flight*. California Academy of Sciences Memoir no. **8**, pp. 1–56.

Gauthier, J. A. and Gall, L. F. (eds.) 2001. *New Perspectives on the Origin and Early Evolution of Birds*. Peabody Museum of Natural History, Yale University Press, New Haven, CT, 613p.

Foth, C., Tischlinger, H., and Rauhut, O. W. M. 2014. New specimen of *Archaeopteryx* provides insights into the evolution of pennaceous feathers. *Nature*, **511**, 79–82.

Hecht, M. K., Ostrom, J. H., Viohl, G., and Wellenhofer, P. (eds.) 1984. The beginnings of birds. *Proceedings of the International Archaeopteryx Conference Eichstatt*, Freunde des Jura-Museums Eichstätt, Willibaldsburg, 382p.

Ji, Q., Currie, P. J., Ji, S., and Norell, M. A. 1998. Two feathered dinosaurs from northeastern China. *Nature*, **399**, 350–354.

Ostrom, J. H. 1974. Archaeopteryx and the origin of flight. *Quarterly Review of Biology*, **49**, 27–47.

Ostrom, J. H. 1976. Archaeopteryx and the origin of birds. *Biological Journal of the Linnaean Society*, **8**, 91–182.

Prum, R. O. and Brush, A. H. 2003. Which came first, the feather or the bird? *Scientific American*, **288**, 84–93.

Schweitzer, M. H., Suo, Z., Avci, R., *et al*. 2007. Analyses of soft tissue from *Tyrannosaurus rex* suggest the presence of protein. *Science*, **316**, 277–280.

Shipman, P. 1998. *Taking Wing*. Simon and Schuster, New York, 336p.

Stewart, T. A., Liang, C., Cotney, J. L., *et al*. 2019. Evidence against tetrapod-wide digit identities and for a limited frame shift in bird wings. *Nature Communications*, **10**, 3244. doi: 10.1038/s41467-019-11215-8 www.nature.com/naturecommunications

Wagner, G. P. and Gauthier, J. A. 1999. 1,2,3=2,3,4: a solution to the problem of the homology of the digits in the avian hand. *Proceedings of the National Academy of Sciences*, **96**, 5111–5116.

Zhang, F., Kearns, S. L., Orr, P. J., *et al*. 2010. Fossilized melanosomes and the colour of Cretaceous dinosaurs and birds. *Nature*, **436**, 1075–1078.

Zelenitsky, D. K., Therrien, F., Erickson, G. M., *et al*. 2012. Feathered non-avian dinosaurs from North America provide insight into wing origins. *Science*, **338**, 510–514.

付録 8・1　新鳥類が新鳥類であるための条件とは？

現生の脊椎動物のなかで，新鳥類はきわめて特異的な表徴形質を数多く揃えている（付録図 8・1）が，その多くは，ここにあげるように，化石にも残っている．

羽　毛　すべての現生の“鳥”，すなわち新鳥類は，羽毛をもつ．新鳥類の羽毛は複雑で特徴的な構造をしている．羽毛の中央を走る**羽軸**（shaft）は，中空であり，先端に向かって径が細くなっていく．羽軸から枝分かれするのは**羽枝**（barb）とよばれる構造で，その長軸方向に沿ってさらに枝分かれした小さな**小羽枝**（barbule）が，隣り合う羽枝から生えた小羽枝と絡み合うことで，羽毛全体が

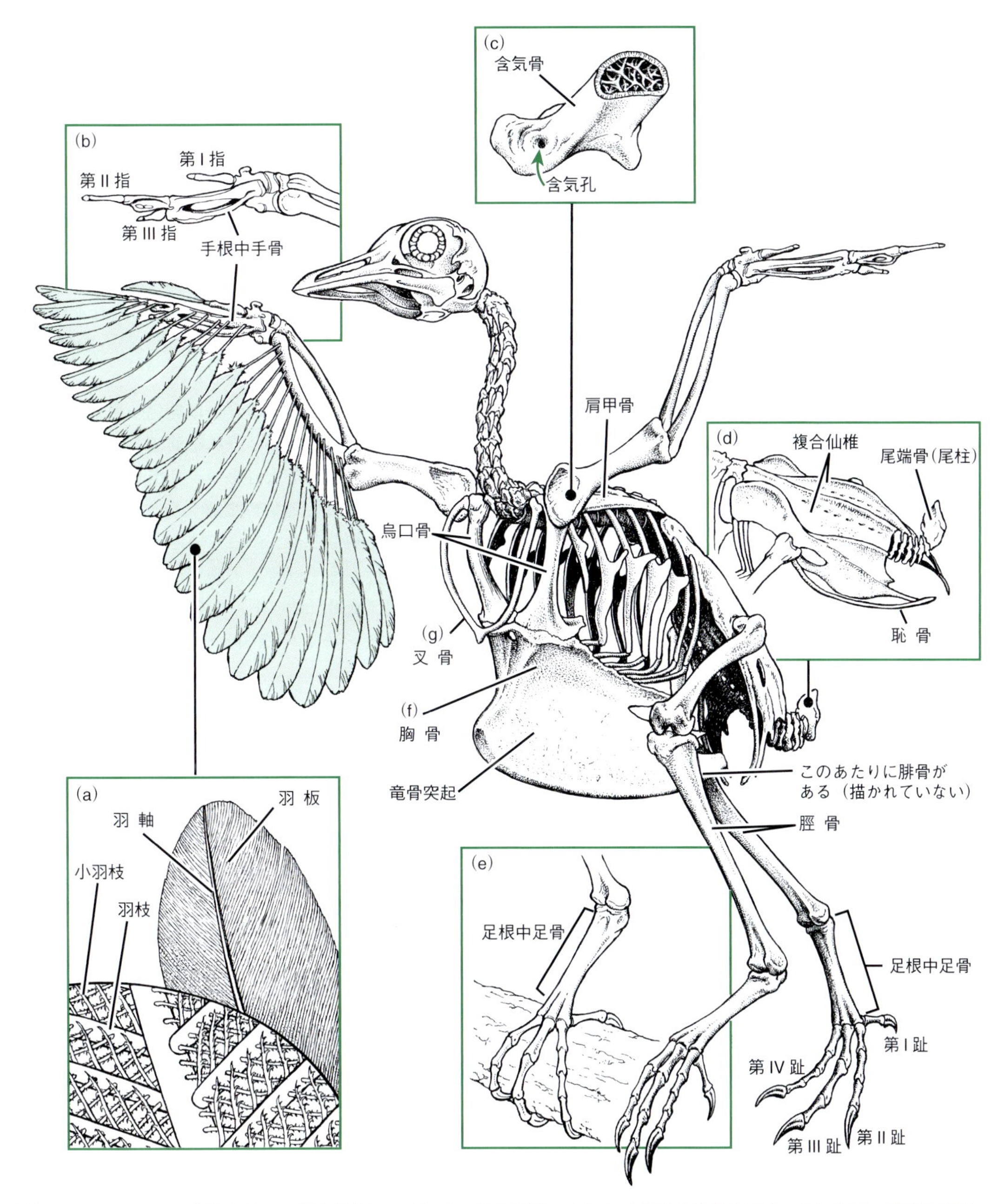

付録図 8・1　ハトの骨格を例に，新鳥類（Neornithes）の骨格形態にみられる主要な特徴を示す．(a) 羽毛の詳細な構造；(b) 手根中手骨，および指番号；(c) 含気孔が開いた空洞だらけの骨；(d) 複合仙椎（腰部の癒合した骨）と尾端骨（尾柱）；(e) 足根中足骨（癒合した足の骨）；(f) 下方に大きな竜骨突起が張り出した胸骨；(g) 叉骨（左右の鎖骨が癒合したもの）．

羽板（vane）とよばれるしっかりした一葉の構造を形成する（付録図8・1a）．羽板が羽軸を境に非対称的になったものは，飛行に使われることが多いため，**風切羽**（flight feather）とよばれる．小羽枝が発達しないために，ふわふわして，羽板がうまく形成されない羽毛は，**綿羽**（down，ダウン）とよばれ，寝袋や羽毛布団，スキーウェアに使われることからもわかるとおり，優秀な断熱材として機能する．

歯の喪失　すべての新鳥類は歯をもたない．新鳥類の上下の顎は，角鞘（rhamphotheca, *pl.* rhamphothecae）で覆われ，クチバシになる．

大きな脳　新鳥類は，大きな脳函に収められた非常に発達した脳をもつ．

手根中手骨　新鳥類の手首や手を構成する骨は癒合し，**手根中手骨**（carpometacarpus）とよばれる構造になる*5（付録図8・1b）．手根中手骨は互いに癒合した3本の指から構成され，これらの指は第Ⅰ指，第Ⅱ指，第Ⅲ指とされる．

後肢と足　新鳥類は完全二足歩行性であり，下方型の姿勢をとる（4章）．下腿は“ドラムスティック”として食される部位だが，ここを構成するのは大きさが異なる2本の骨で，それぞれ脛骨と腓骨とよばれる．脛骨は大きいが，腓骨は足首に向かってきわめて細くなっていく．

すべての新鳥類の足の指先にはカギツメがついている．（キツツキやオウムなどを除く）多くの新鳥類では，第Ⅱ，第Ⅲ，第Ⅳ趾の3本が前を向き，短い第Ⅰ趾が後ろを向く．趾へとつながる足の甲にあたる部位には，第Ⅱ，第Ⅲ，第Ⅳ趾の3本の中足骨が，遠位足根骨とともに癒合し，**足根中足骨**（tarsometatarsus）とよばれる特異的な構造となる（付録図8・1e）．

尾端骨（尾柱）　新鳥類は，長い尾の骨をもたない．むしろ，多くの場合，尾椎のほとんどが失われている．一部の残った尾椎は癒合し，小さい痕跡的な骨質構造を形成する．これを**尾端骨**もしくは**尾柱**（pygostyle：*pygo* 臀・尻，*stylus* 柱）とよぶ（付録図8・1d）．新鳥類では，尾端骨（尾柱）の両脇を筋肉や脂肪組織が覆って尾羽球とよばれる構造となり，ここで尾羽の動きを制御する．米国では感謝祭の日になると，この部位は“ローマ法王の鼻”（キリスト教の宗派によっては“パーソンの鼻”）とよばれ，喜ばれている．日本では，“ぼんじり”として食される．

含気骨　新鳥類は，外呼吸の際に複雑な気嚢（air sac）の系を用いて，一方向性の空気の流れをつくり出す（§13・2参照）．したがって，新鳥類の骨は空洞だらけで，含気孔が開いている（付録図8・1c）．

堅牢な骨格　新鳥類の骨格は進化の過程で骨の数の減少と骨の癒合が進み，翼とそれを羽ばたかせる筋肉がつくための軽量かつ堅牢な土台をつくり出している．胴体の椎骨は癒合し，近位と遠位の要素に分かれた肋骨を介して，よく発達した胸骨とつながっている．胸骨は大きく，羽ばたき飛翔を行う種では特に，腹側に突出した表面積の大きな**竜骨突起**（keel，キール）を発達させ，飛翔筋の付着部位を広くしている（付録図8・1f）．脊柱の腰のあたりの

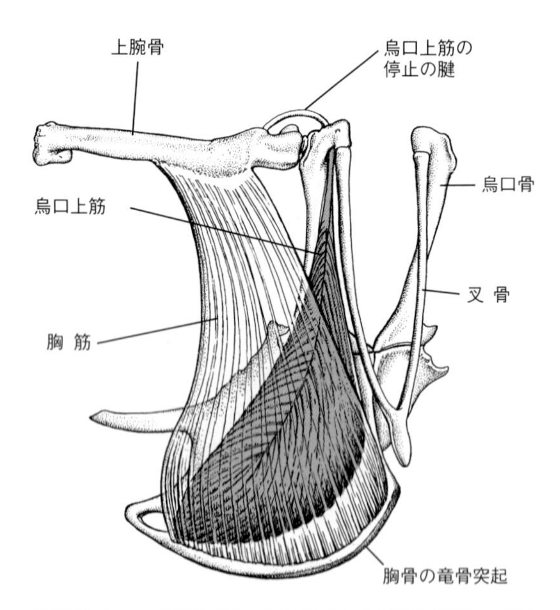

付録図 8・2　飛翔に用いられる二つの主要な筋肉，胸筋と烏口上筋．胸筋は翼の打ち下ろしに用いられ，烏口上筋は翼の打ち上げに用いられる．

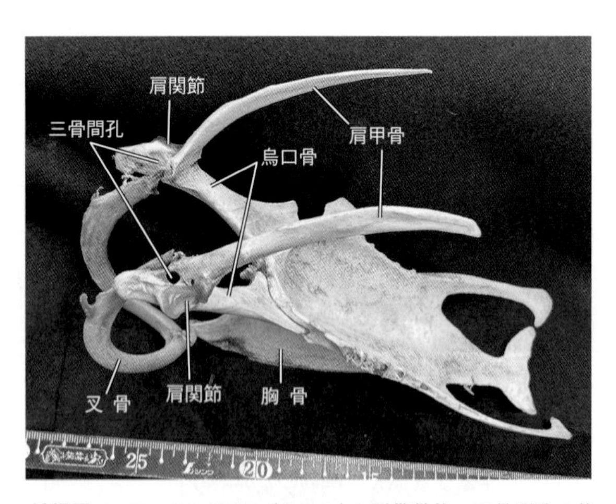

付録図 8・3　カナダガン（*Branta*）の肩帯骨格．三骨間孔の位置を示す．［名古屋大学 藤原慎一 提供］

*5　この部位は，いわゆる手羽先の部位で，肘から手首までを含めて，辛く味付けしてビールのおつまみにした料理が“バッファロー・ウイング”だ．日本国内であれば，下味をつけて揚げた，名古屋名物の“手羽先揚げ”が有名である．

椎骨も互いに癒合し，**複合仙椎**（synsacrum）を形成する．これは，数多くの仙椎（および胴椎の一部）が互いに癒合して，単一の骨となったものである（付録図8・1d）．恥骨は非常に細長く，後方に向かって伸びる．

肩の領域では，柱状の形をした烏口骨が，胸骨の前部と肩甲骨，叉骨にまたがるようについて，これらを補強している（付録図8・1g）．新鳥類以外で叉骨をもつ現生動物は“皆無”である．ただし，叉骨はすべての新獣脚類がもつ特徴である．

飛翔筋　現生の飛行動物では，翼の打ち下ろし（パワー・ストローク）を**胸筋**（pectoralis muscle）が担っている．胸筋は胸骨と烏口骨の前面，および叉骨から起こり，上腕骨に停止する．翼の打ち上げ（リカバリー・ストローク）は，**烏口上筋**（supracoracoideus muscle）が担う．烏口上筋は胸骨の竜骨突起から起こり，烏口骨に沿って上方へ向かっていく（付録図8・2）．そして，途中から腱に変わり，烏口骨と叉骨，肩甲骨からつくられる，**三骨間孔**（triosseal foramen）とよばれる孔を通ってから，上腕骨の近位に停止する（付録図8・2，付録図8・3）．これは現生種の中では新鳥類に特異的にみられる適応である．

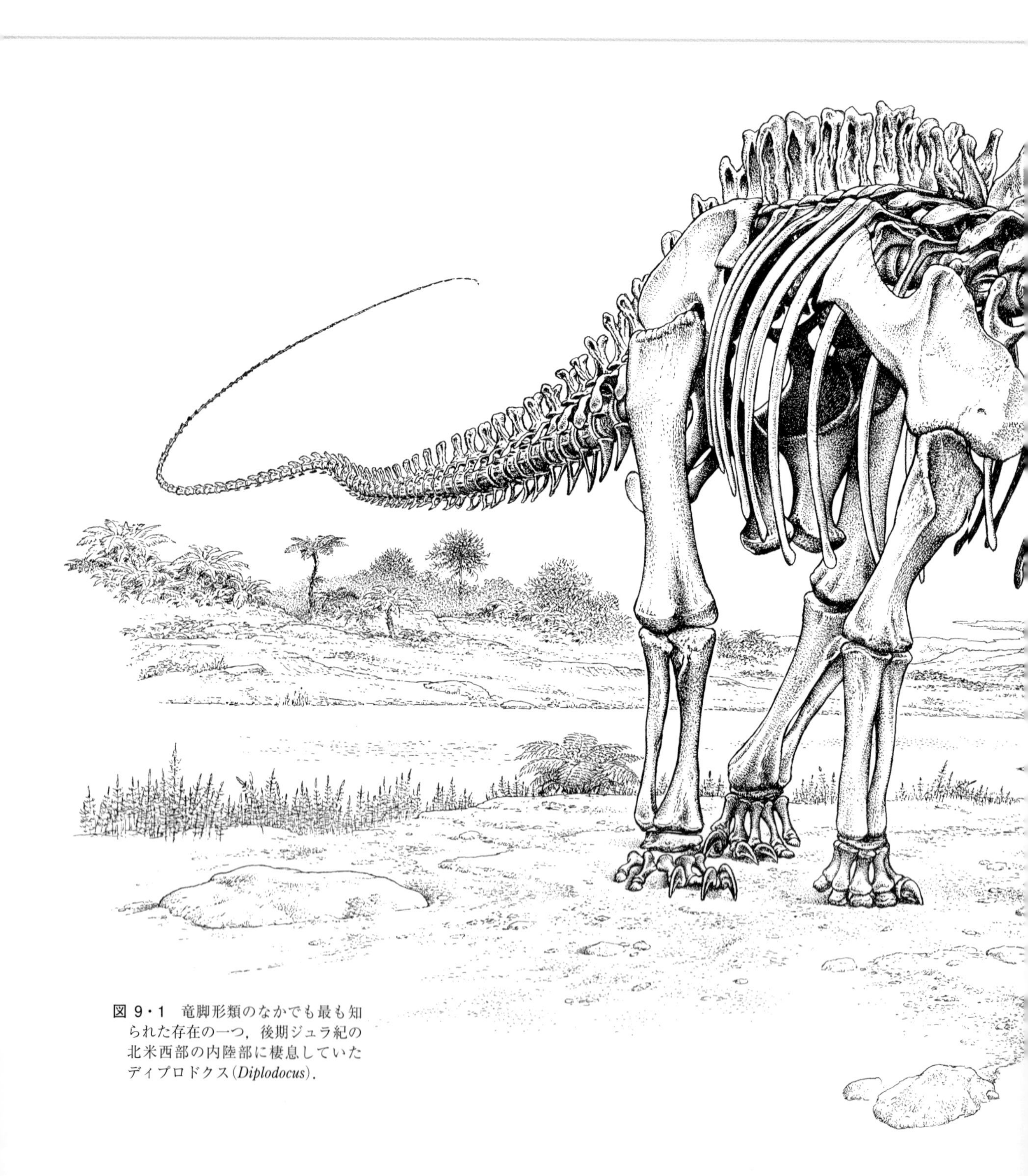

図 9・1　竜脚形類のなかでも最も知られた存在の一つ，後期ジュラ紀の北米西部の内陸部に棲息していたディプロドクス(*Diplodocus*).

Chapter

9 竜脚形類：偉大，異様，威風の恐竜たち

What's in this chapter

本章では，雷竜タイプの恐竜を紹介する．きわめて巨大で，知能が低い動物の象徴でもあり，それゆえに絶滅していった動物として記憶にとどめている人もいるだろう．これが雷竜のすべてだろうか？

しかし，彼らの強大さや威厳についてはどうだろうか．これらの恐竜の多くが，75,000 kg，あるいはそれ以上という，陸上での体サイズの極限に達した（図9・1）．小型の種でさえ，体重（重量）支持や神経回路，換気呼吸，消化などなど，バイオメカニクス（生体力学）的にも，生理学的にも，限界まで負担が強いられていたに違いない．

バイオメカニクス的な観点から，竜脚形類は地球上を闊歩していた動物のなかでも最も洗練された仲間の一つである．本章では，このような生物を実際に目にすることができないことが悲劇だと言えるほど，生物進化における他に類をみない傑作である竜脚形類を俯瞰していくこととする．

9・1 竜脚形類

竜脚形類（Sauropodomorpha：*saur* 竜・トカゲ，*pod* 足，*morph* 形）は，“非鳥類恐竜”が登場してからドラマチックに終焉するまで，1億6000万年もの期間存続したグループだ．この長い期間で，竜脚形類はあらゆる大陸へと分布を広げ，100を超える種を生み出した．そして，新種の発見はいまだに続いている．つまり，彼らが成功者だったことは間違いないのだ．

竜脚形類とはどんな動物か

竜脚形類は，多くの表徴形質によって特徴づけられる竜盤類（Saurischia）の一群だ（図9・2）．ブロントサウルス（*Brontosaurus*）に代表される雷竜のような姿をしたものは，**竜脚類**（Sauropoda）といい竜脚形類の一部である（図9・1）．それ以外の竜脚形類は，比較的短い期間しか存続しなかった原始的な形質で特徴づけられるグループである．これら基盤的な竜脚形類を“**古竜脚類**（prosauropods：*pro* 前の，*Sauropod* 竜脚類）”（図9・2，図4・5参照）という．

専門家の間では長いこと，“古竜脚類”の分類学上の取扱いに手を焼いてきたが，現在では，“古竜脚類”は初期の竜脚形類のなかでも，徐々に竜脚類へと進化を進めてきた，派生的な一連の動物だと認識されている（図9・2）．本章では，基盤的な竜脚形類のことを“古竜脚類”と二重引用符をつけて表現するが，これはこのグループが単系統群ではないことを意図してのものである．

単系統群の竜脚形類を正式な定義で言い表すと，“非常に原始的な竜脚形類のエオラプトル（*Eoraptor*）と，非常に派生的な竜脚形類のサルタサウルス（*Saltasaurus*）の最も新しい共通祖先と，そのすべての子孫”である[*1]．

竜脚形類：最初期の恐竜のなかでの立ち位置

竜脚形類は最初期の恐竜として知られている（5章）．実際，最古の恐竜の一つとして知られるエオラプトル（図5・7a参照）は，かつては獣脚類の仲間とされたこともあるが，現在では竜脚形類だと考えられている．彼らは初期に登場してから，急速に多様化した．進化に伴う彼らの形態的な変化は，二足歩行性の祖先に始まり，頭部の小型化と首の伸長が起こった．また，ここまでも見てきたように，後肢と前肢の長さがほぼ同じになっていき，彼らが四足歩行化していく傾向が見て取れる（図9・3）．これらの進化と並行して，高度な植物食性の生活様式への進化が起こっていった．

植物食性と“古竜脚類”の進化は，基盤的な竜脚形類が**裸子植物**（gymnosperm：種子をもつ植物；図15・9参照）の台頭と並行し進化してきたことと関連づけられる．つまり，特に丈の高い裸子植物が陸上植物相の重要な地位を占めるようになってくるにつれて，“古竜脚類”自身もまた大型化し，グループ全体として陸上脊椎動物相の重要な構成要素となっていったのである．“古竜脚類”は，丈の高い植物を利用できるようになった最初の陸上動物だったのだ．

9・2 “古竜脚類”

“古竜脚類”は，小さい頭部と長い首，樽型の胴体に長い尾を備えた比較的原始的な段階の恐竜の集まりで，後期三畳紀から前期ジュラ紀までの，オーストラリアを除くすべての大陸から見つかっている．一般に，前肢は後肢よりも短く，指は前後肢とも5本すべてもっていた．“古竜脚類”の手の親指には，大きな半月型のカギツメが備わっていた（図9・4）．食物をかき集めるためなのか，防御のためなのか，はたまた，それ以外の何らかの社会的行動のためな

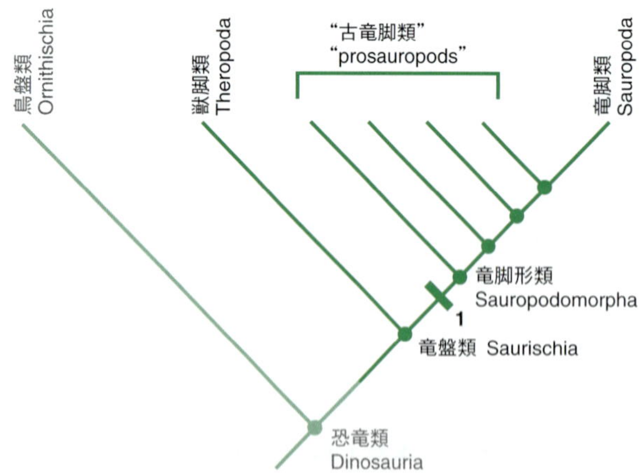

図9・2 “古竜脚類(prosauropods)”と竜脚類(Sauropoda)について，現在同意を得られている系統関係．派生形質は以下のとおり．

1. 竜脚形類(Sauropodomorpha)：全長の5%程度しかない比較的小型の頭骨をもつこと；下顎先端部が下方に曲がること；先端が粗くギザギザした歯冠で覆われた細長い披針形(細長く，先がとがり，基部がやや広い形)の歯をもつこと；10個以上の頸椎から構成される非常に長い首をもつこと；仙椎の前後に後位胴椎と前位尾椎が加わることで複合仙椎を形成すること；大型化したカギツメを備えた大きな第I指を手にもつこと；恥骨に大きな閉鎖孔(obturator foramen：恥骨基部に開いた孔)をもつこと；大腿骨の伸長．

*1 この定義を別の表現で言い表すなら，竜脚形類は，獣脚類よりも，サルタサウルス(*Saltasaurus*)により近縁な動物，となる．

図 9・3　アルゼンチンの上部三畳系，ロス・コロラドス層(Los Colorados Formation)から発見された派生的な“古竜脚類”のレッセムサウルス(*Lessemsaurus*)．[dpa picture alliance archive/Alamy Stock Photo]

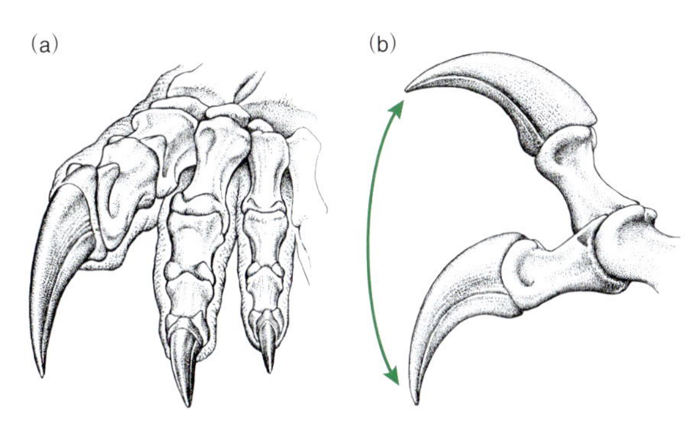

図 9・4　“古竜脚類”プラテオサウルス(*Plateosaurus*)の左手骨格．親指のカギツメが発達していることに注目．(a) 復元された左手骨格，(b) 親指のカギツメと，骨格で制限されたその可動範囲(矢印)．

のか，このカギツメの機能については明らかになっていない．

“古竜脚類”の生活と生活様式

摂餌戦略　さて，お腹が空いた“古竜脚類”は，何を食べただろう．頭骨の形態には，咀嚼(そしゃく)に適応したデザイン(Ⅲ部)が微塵もみられない．しかし，顎関節は歯列よりもやや下に位置しており(図9・5)，これは咀嚼を行う動物に時々みられる特徴である．歯は互いに離れた位置に生えており，葉状の形態をしている(図9・6)が，咬耗(こうもう)(上下の歯がこすれ合うこと)の痕跡はほとんどない．このことから，歯の機能は食物に穴を開けることだったと示唆される．

かねてより，竜脚形類は植物食だったと考えられていたが，原始的な竜脚形類の頭骨や歯，全体的な体のプロポーションにおいて植物食への特殊化がみられないことから，一部の基盤的な仲間では肉食のものがいたと考えられるようになった．しかし，“古竜脚類”は植物食だったであろうことが，多くの肉食の恐竜よりも体に対して小さな頭部をもつことから示唆される．近年の研究では，“古竜脚類”は植物食が主体であったが，たまには肉を食べることもあっただろうとされている．

何体かの“古竜脚類”の骨格は，胃石とともに発見されている．このことから，食物が口を通過したあとで食物をすりつぶす役割は，胃石が果たしていたようだ．さらに，胴体が樽のように丸々としていることから，食物は胃の中で

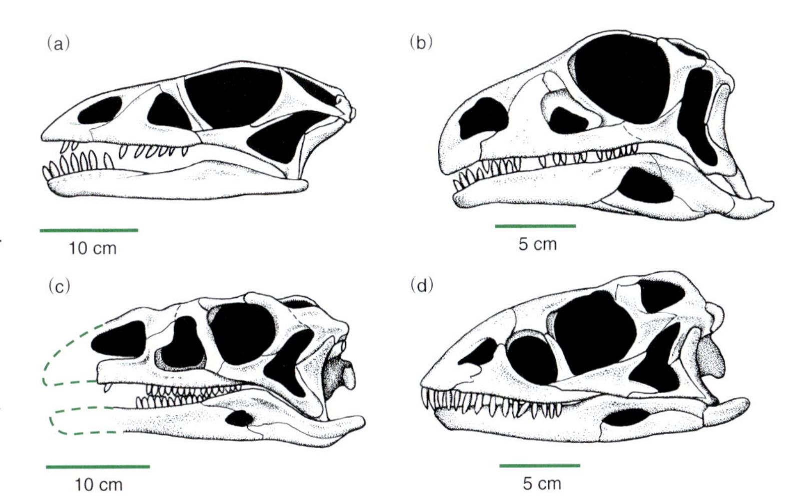

図 9・5　“古竜脚類”の頭骨の左外側面観．
(a) アンキサウルス(*Anchisaurus*)
(b) コロラディサウルス(*Coloradisaurus*)
(c) ルーフェンゴサウルス(*Lufengosaurus*)
(d) ユンナノサウルス(*Yunnanosaurus*)

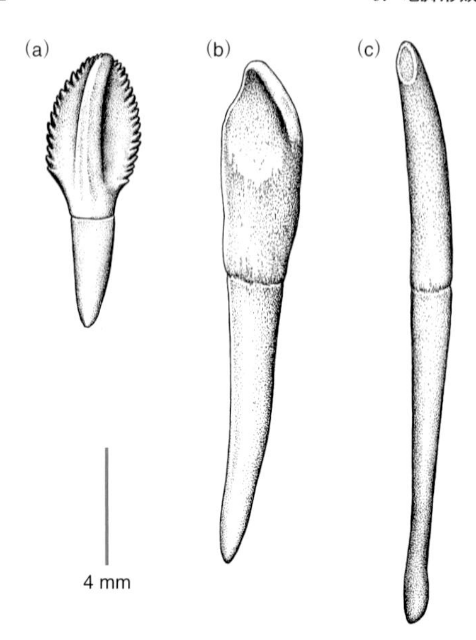

図 9・6 代表的な竜脚形類の歯．(a) “古竜脚類”プラテオサウルス(*Plateosaurus*)の葉状の形をした歯，(b) 竜脚類カマラサウルス(*Camarasaurus*)のヘラ状の形をした歯，(c) 竜脚類ディプロドクス(*Diplodocus*)の鉛筆状の形をした歯．図示した歯の下方に伸びた部位は歯根である．

発酵もされていただろう（10章）．

移動速度はどれほどだったか　原始的な“古竜脚類”の多くは，前肢の長さが後肢の長さよりも短く，胴体も比較的短い体のつくりをしている．これは，彼らが四足歩行をしていたのではなく，後肢での二足歩行が主体だったことを示唆している．実際，エオラプトル（*Eoraptor*）は間違いなく二足歩行性だった．しかし，レッセムサウルス（*Lessemsaurus*；図9・3）やメラノロサウルス（*Melanorosaurus*；図9・8）のように，“古竜脚類”の仲間でも最大級の体躯を誇った派生的な仲間では完全四足歩行性（常に四足歩行をとる）に移行していたと思われる．すべての恐竜は原始的な段階で二足歩行性だったと考えられているが，竜脚形類も例外ではなく，進化の初期段階では二足歩行性であった（4章，5章）．このことは，行跡化石からの証拠からも支持される．オトゾウム（*Otozoum*）と名づけられた生痕化石の分類群（訳注：足跡や巣穴，卵化石の持ち主である生物が特定できないことが多いため，それぞれに学名がつけられる）は，“古竜脚類”が残したと考えられている行跡化石だが，これは完全な二足歩行の跡が残されている．

“古竜脚類”はゆっくりとしか歩けなかったと考えられる．行跡化石に基づく計算によれば（13章），歩行速度は時速5 kmに満たなかった．これは，ヒトの平均的な歩行速度とほぼ同じである．もちろん，これらの行跡は，“古竜脚類”が後期三畳紀のある日に歩いていたものが偶然残されたにすぎない．彼らの実際の最高速度はもっと速いものだったろう．

社 会 性　“古竜脚類”の社会性についてはほとんどわかっていない．ただ，ドイツとスイスからプラテオサウルス（*Plateosaurus*）が有名なボーンベッドとして見つかっている．また，各地でその他の“古竜脚類”のボーンベッドも見つかっていることから，彼らが群れを形成していたことが示唆される．実際，“古竜脚類”の群れがヨーロッパを横断して渡り歩いていたとする研究が1915年に発表されたこともあった．

プラテオサウルス（*Plateosaurus*）やテコドントサウルス（*Thecodontosaurus*），メラノロサウルス（*Melanorosaurus*）などは数多くの標本が見つかっている．これらの化石を詳細に調べたところ，頭骨の大きさや大腿骨の大きさに性的二型（6章）がみられることがわかってきた．性的二型は，特に高度な社会性をもつ動物で顕著にみられる傾向があるため，群居性と性的二型には何らかの関係があるのかもしれない．

卵と巣と赤ん坊　“古竜脚類”のなかでも，アルゼンチンのムスサウルス（*Mussaurus*）と南アフリカのマッソスポンディルス（*Massospondylus*）は卵と巣の化石が報告されている．卵は殻が非常に薄く，巣の中の卵の数は10個ほどと恐竜としては少ない方で，ふ化したばかりの赤ん坊も体に対して大きな頭をもち，歯がなく，そして体全体がとても小さかった．これらの“古竜脚類”の成体はふ化直後の赤ん坊のおよそ500～1000倍の大きさになる．このことから，基盤的な竜脚形類は卵からかえってから急速な成長期を迎えたに違いない．

ムスサウルスではふ化直後から，幼体，成体までの化石が知られている．幼い状態から成熟していくにつれてムスサウルスの形態がどのように変化していくかについて，2019年にアルゼンチンの古生物学者A. Oteroらによって詳細に調べられた．まず，彼らは形態に基づく三つの成長段階（ふ化後間もない段階，幼体，そして成体）があることを明らかにした．次に，彼らは各成長段階の齢査定を行い，ムスサウルスのふ化後個体が0歳，幼体がおよそ1歳，そして成体がおよそ8歳であるとし，ふ化直後の体重（質量）*2 はおよそ70 gであり，1歳になる頃にはおよそ8 kgまで成長し，そして成体になる頃にはおよそ1000 kg以上に達しただろうと見積もった．とりわけ毎年平均100 kg

*2 訳注：“体重”という日本語には，body weight，すなわち“体の重さ(kgf, N)”という意味と，body mass，すなわち“体の質量(kg)”という二つの意味が混在する．二つの語は互いに異なる次元を扱っており，特に科学を扱う分野では区別されてしかるべきものだが，両者を区別する適当な日本語が存在しないのが現状である．苦肉の策として，日本語版ではこれ以降，体の質量(body mass [kg])を意味する場合は，段落中の初出箇所で“体重(質量)”と表す．同様に，体の重量(body weight [kgf, N])を意味する場合は，“体重(重量)”と表すこととする．

以上の増量という 10 歳に至る前の急激な成長速度に注目してほしい．成長率がこのように急激だったことは示唆されているが，これがどのような代謝様式をもつことでできたのかについては，明らかになっていない（13 章）．

ムスサウルスではほかにも興味深いことが観察されている．ふ化直後は前肢が後肢よりもやや短いだけであることから，四足歩行をしていたと考えられる．その後，ムスサウルスが成長するに伴い，体全体に対する尾の質量と長さが相対的に大きくなる一方で，首の相対的な質量と長さは小さくなっていったようだ．この体のプロポーション変化に伴い，当初は胸のあたりにあった重心の位置が，徐々に骨盤の方へと移動していき，成体になると二足歩行を行うことができるようになったと考えられる（図 9・7）．

“古竜脚類”はあまり普遍的にみられる動物ではなかったようで，前期ジュラ紀には絶滅し，それほど長い期間地球上に存在していたわけではなかった．それでもなお，“古竜脚類”が丈の高い植物を食べる生態的地位を占めるようになったことで，今日の世界でみられるような生態系が初めて地球上に整うこととなった．より注意深く研究し新たな化石が発見されていくことで，この謎めいた基盤的な恐竜の仲間について，もっと多くのことが明らかにされていくだろう．

9・3 竜 脚 類

竜脚類（Sauropoda）は雷竜の俗称でもよばれる，四足歩行で植物食，そして小さな頭部と長い首に長い尾をもつ恐竜である．竜脚類のなかでの系統的な関係についてはまだ議論の余地が残されているものの，竜脚類がヴルカノドン（*Vulcanodon*）とサルタサウルス（*Saltasaurus*）の直近の共通祖先と，そのすべての子孫として定義される単系統群であるということは，多くの研究者が認めるところである（図 9・8）．

体のデザイン

竜脚形類の進化を基盤的な段階から辿っていったとしても，“本当の意味で”巨大化するには，かなり進化の過程を経なければならない．竜脚類の多くは，そうした真に巨大な恐竜であった．竜脚類の体ははじめから非常に洗練されたデザインだったとみえ，彼らが最初に地球上に登場して以降，わずかなチューニングをすることはあっても，1 億 4000 万年間その姿をほとんど変えないまま存続し続けた（図 9・9）．つまり，彼らの体のデザインは非常に優れていたということだろう．

まず，ほとんどの竜脚類で，頭骨が非常に派生的な形態

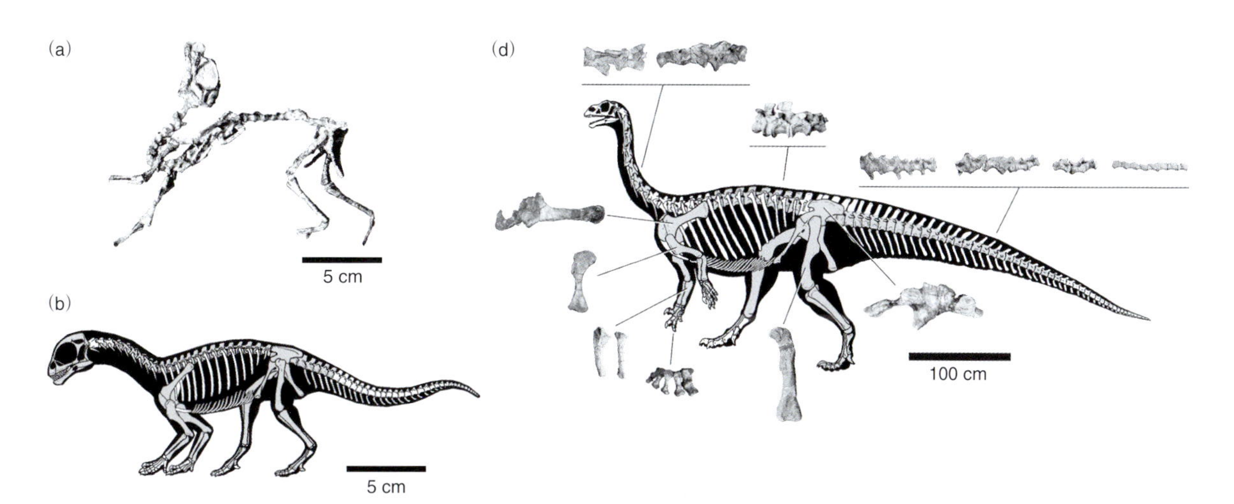

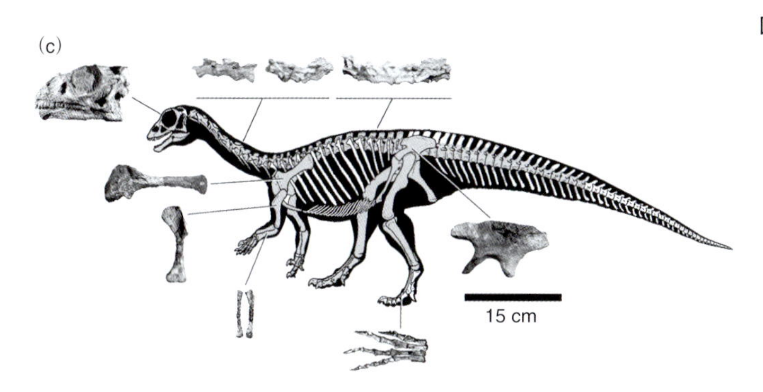

図 9・7　ムスサウルス（*Mussaurus*）の成長過程．ふ化直後（a）と 1 歳の個体（b）は，どちらも典型的な幼い動物の形態（すなわち，相対的に大きな頭部や眼窩，体に対して大きな脚や足）がみられる．（c）から（d）へと年齢を重ねていくと，首や尾のプロポーションが変化し，それに伴って重心の位置が後方へ移り変わっていき，しだいに二足歩行姿勢へと適応していく様子がわかる．［Otero, A., Cuff, A.R., Allen, V. *et al*. 2019. Ontogenetic changes in the body plan of the sauropodomorph dinosaur *Mussaurus patagonicus* reveal shifts of locomotor stance during growth. *Nature Scientific Reports*, 9, 7614. doi: 10.1038/s41598-019-44037-1 より］

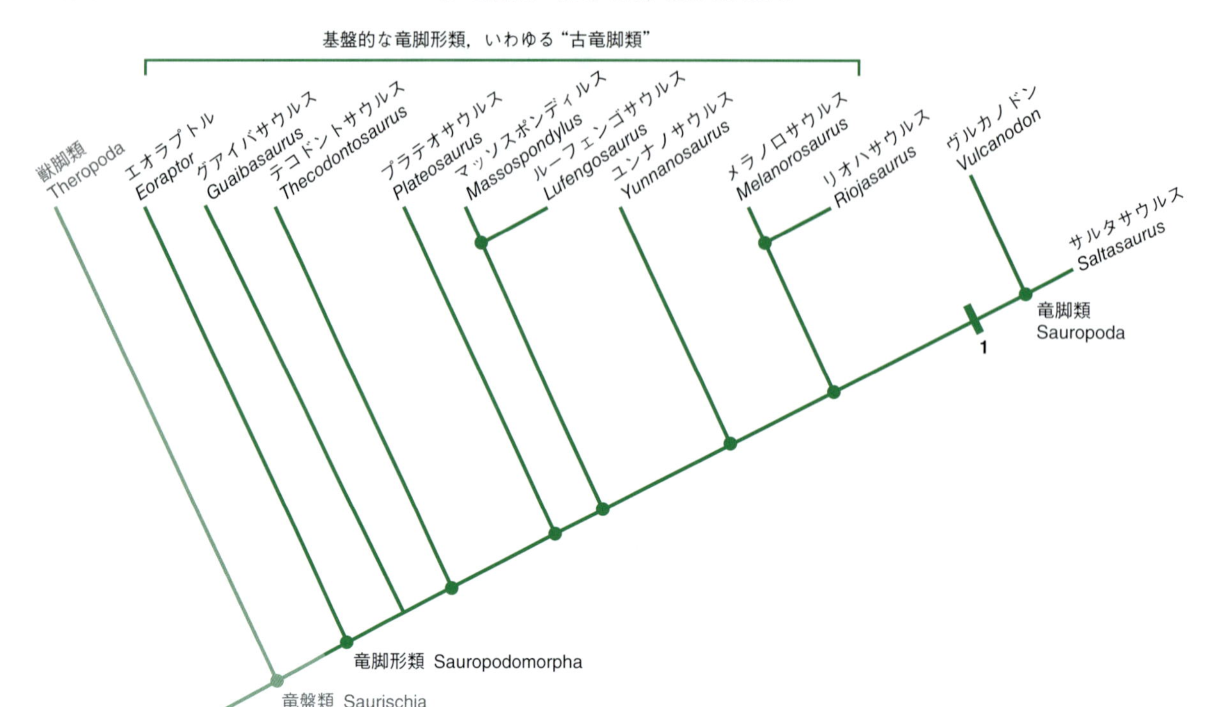

図 9・8　基盤的な竜脚形類(Sauropodomorpha)，すなわち，"古竜脚類"(prosauropods)の分岐図．この分岐図上において，竜脚類(Sauropoda)との類縁関係が遠いものから近いものまでの関係性が示されている．竜脚類の派生形質は以下のとおり．

1． 前位の頸椎に特殊な層状構造があること；前肢の長さが後肢の長さの60％より長くなること；尺骨の近位端が三方位に伸びた形状をしていること；橈骨の遠位端が長方形に近い形状をしていること；第Ⅴ中手骨の長さが第Ⅲ中手骨の長さの90％以上になること；坐骨の骨幹部が扁平になること；大腿骨の前位転子が退縮すること；大腿骨の骨幹部の水平断面が楕円形であること；脛骨の長さが大腿骨の長さの70％以下になること；第Ⅲ中足骨の長さが脛骨の長さの40％以下になること，第Ⅰ，第Ⅴ中足骨の近位端の面積が，第Ⅱ，第Ⅲ，第Ⅳ中足骨の近位端の面積よりも広くなること；第Ⅲ中足骨の長さが第Ⅴ中足骨の長さの85％以上になること．

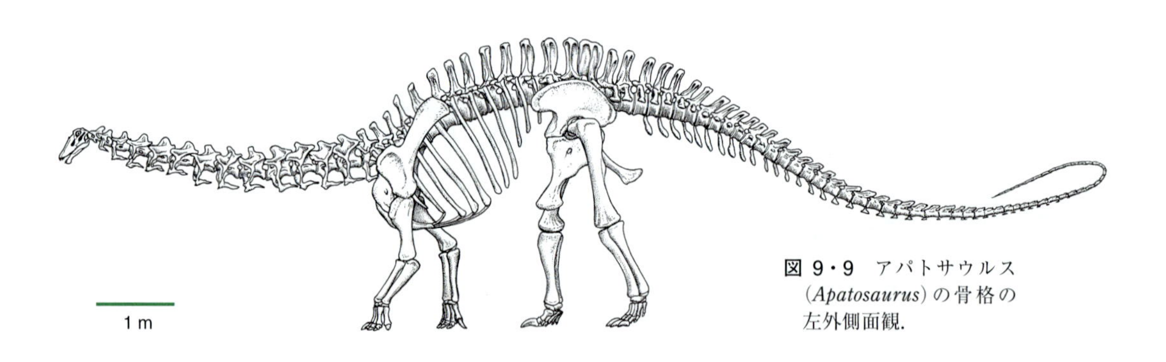

図 9・9　アパトサウルス(*Apatosaurus*)の骨格の左外側面観．

をしており，他の動物とは一線を画していた．歯列は植物食の哺乳類や鳥盤類恐竜のように顎の内側に並んではいなかったことから，頬はもっていなかったことが示唆される（Ⅲ部）．しかし，歯は単純な形の歯冠だったが，形状は種によって大きく異なり，三角形やヘラ状，あるいは細長い鉛筆状と多様であった（図9・6）．顎の前端にだけ歯が生えていた種もいた（図9・10）．このことから，竜脚類がどうやって植物を食べていたか（消化の方法ではなく，口の中への放り込み方）は，種によって異なっていたと考えられる．口縁部にずらっと歯が並ぶカマラサウルス（*Camarasaurus*）のような種（図9・6b，図9・10c）は，硬い針葉樹のような植物に対して，食べるところを無造作に刈り取っていたのだろう．一方で，繊細な鉛筆のような歯が口の前の方にだけ並んでいるディプロドクス（*Diplodocus*）のような種（図9・6c，図9・10d）は，葉が生い茂った植物を引きちぎるようにして，噛まずに丸呑みして体の後方へ送り届け，胃で消化していたのだろう．一部の派生的な竜脚類は，鳥盤類のように咀嚼をするように進化した

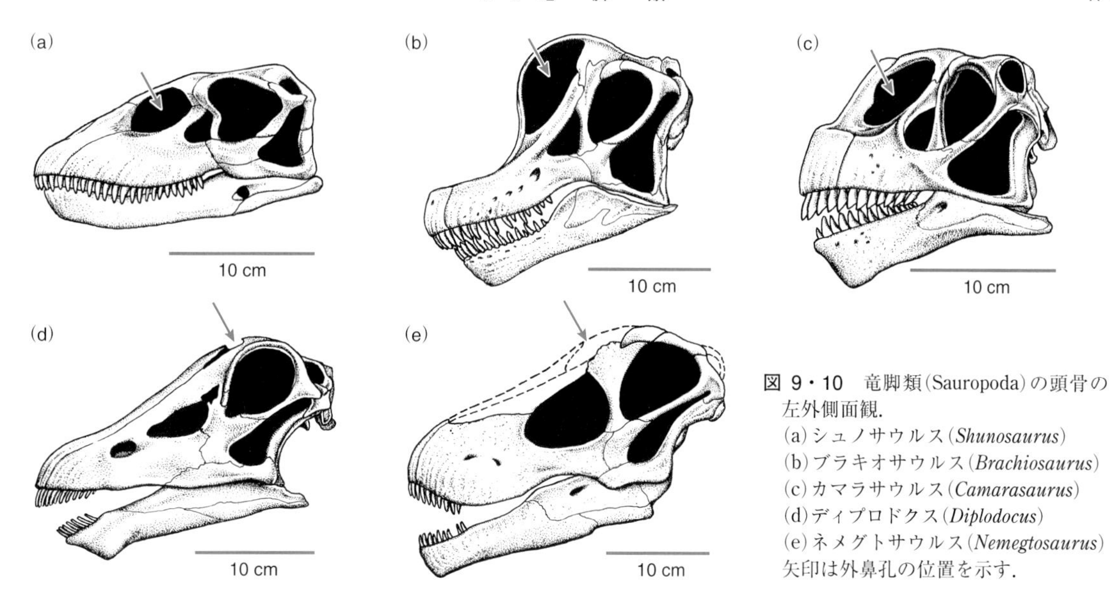

図 9・10　竜脚類(Sauropoda)の頭骨の左外側面観.
(a)シュノサウルス(*Shunosaurus*)
(b)ブラキオサウルス(*Brachiosaurus*)
(c)カマラサウルス(*Camarasaurus*)
(d)ディプロドクス(*Diplodocus*)
(e)ネメグトサウルス(*Nemegtosaurus*)
矢印は外鼻孔の位置を示す.

ようだ（Ⅲ部で解説するように，咀嚼とは高度に特殊化した行動であり，哺乳類が咀嚼するようにはなったものの，それ以外のほとんどの脊椎動物が行わない行動なのである）．ごく一部の竜脚類は，未発達の頬を備えていた可能性がある．上下の歯が咬合するという証拠は多くの仲間，特に原始的な仲間にみられている．さらにニジェールサウルス（*Nigersaurus*）の場合，複数の歯がひとかたまりに集まるデンタルバッテリーのような特徴的な構造を発達させた（Ⅲ部，12 章）．本書のあとの方で解説するが，これらの特徴は歯をよく使うことを示している．しかし，竜脚類は基本的には咀嚼をしない動物であり，植物体からちぎり取った食物を消化するために，別の手段を用いていたと考えてよいだろう．

竜脚類の頭骨は，頭蓋天井に大きな孔が開くなど，繊細なつくりをしていた（図 9・10）．頭骨に大きな孔が開くという特徴は，比較的原始的なシュノサウルス（*Shunosaurus*；図 9・10 a）から，派生的なブラキオサウルス（*Brachiosaurus*；図 9・10 b）やディプロドクス（*Diplodocus*；図 9・10 d）まで広くみられる．この孔は外鼻孔であり，吻部の先端にではなく，頭部のてっぺんに位置している（図 9・10）．系統的な傾向として，外鼻孔がこのように頭部の後方へ移動していったことについて，いまだ納得のいく説明はなされていない．外鼻孔がそのような位置にあるのは，長い首の先端で水を飲みやすくするためなのだろうか．それとも，頭骨の後ろの方に外鼻孔が開いていたとしても，軟組織でできた鼻腔が頭骨の上にあり，実際の鼻孔はもっと前の方に開いていていたのだろうか（仮にそうだとしても，竜脚類研究者がその痕跡を見つけることは難しいだろう）．いずれにせよ，このような頭骨内の配置には何か適応的な意味があったのだろう．なぜなら，外鼻孔の吻部前端から頭頂部への移動はほとんどの竜脚類でみられ，さらに，ネメグトサウルス（*Nemegtosaurus*；図 9・10 e）のような非常に派生的な竜脚類が，系統的に少し離れたディプロドクスと同じ適応を示すという収斂進化をしているからだ．すなわち，これらの頭骨は非常に小さくつくられているという点である―たとえ，中型から大型の竜脚類の頭骨が 1 m を超える長さだったとしても，だ．ものすご～く長い首の先っぽに，巨大で重たい頭部を置くような体のデザインにしようとするのはよほどの愚か者であろう．

こうした“ものすご～く長い首”は，梁と桁を組合わせ，その隙間にエアポケットをあつらえたような，複雑かつ非常に精巧な骨格でつくられており，軽量性と堅牢性が最大限まで高められている（図 9・11 a）．哺乳類の椎骨とは異なり，多くの竜脚類の椎骨は側腔（pleurocoel）とよばれる孔や，含気孔（pneumatic foramen）がたくさん開いており，穴だらけといってよい（§7・2 および 13 章）．同様の構造は中生代の“鳥”にも，“現代型の鳥”にもみられ，小さい補助的な気嚢が複雑につながりあった一連の袋構造として，肺に送り届ける空気の容積を増やすのに活用されている（図 13・2 参照）．現生の“鳥”と同様，竜脚類の補助的な気嚢は含気孔を通じて骨の内部の空洞に広がっていたことだろう（図 9・11 b）．

また，竜脚類に特徴的な形質として，椎骨に二叉に分岐した神経棘をもつという点があげられる．ここには 1 対の**項靱帯**（nuchal ligament）が通っていた．項靱帯は強い弾性をもったひも状の結合組織で，背中から伸びて頭部や首を支え，同様の機能をもつ筋の働きを補助していた（図 9・11 a，図 9・12）．パレオアーティスト（古生物画家）の Mark Hallett と竜脚類の専門家の Mathew Wedel は，彼ら

(a)

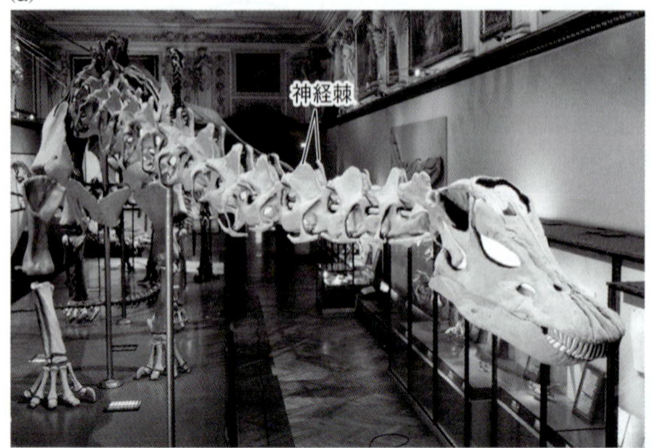

(b)

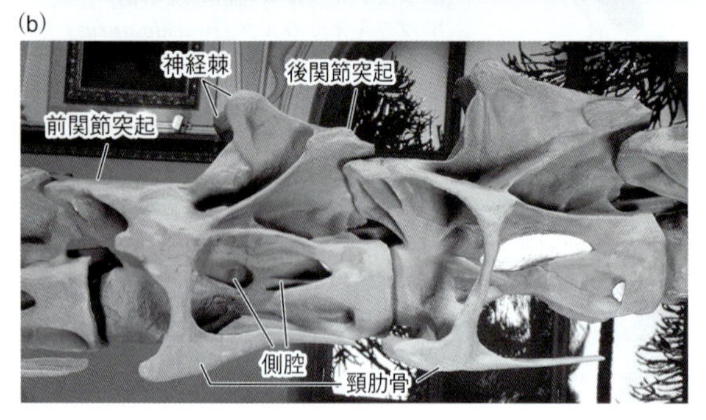

図 9・11　アパトサウルス(*Apatosaurus*)の首の左外側からの写真．(a) 頸椎の関節突起がつくり出す複雑な梁桁のような構造が，筋肉や靱帯が付着する枠組みとして機能し，これによって長い首を支えている．二叉に分岐した頸椎の神経棘の存在は，1対の項靱帯が長い首に沿って伸びていたことを示している．(b) ポケットのように含気孔や側腔が開いた頸椎が関節した様子を示す．写真の左側が頭側，右側が尾側である．右側の頸椎は側腔の穴に石膏で白い詰め物がなされているが，すべての側腔に詰め物がされているわけではない．頸椎の下側にある細長い骨の突起は，頸肋骨である．［©Naturhistorisches Museum Wien；Alice Schumacher 提供］

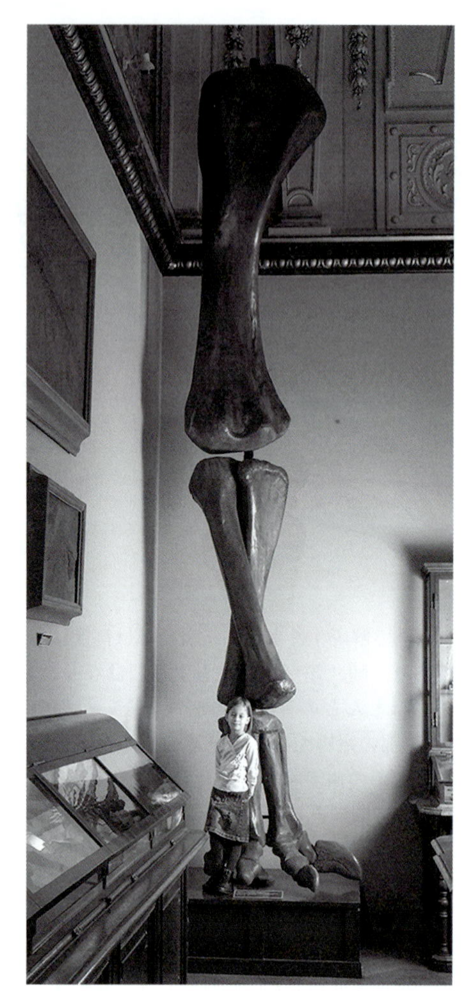

図 9・13　アパトサウルス(*Apatosaurus*)の右前肢の骨格展示が，ウィーン自然史博物館(Naturhistorisches Museum Wien)の厳粛な展示室の中にたたずむ様子．［©Naturhistorisches Museum Wien；Alice Schumacher 提供］

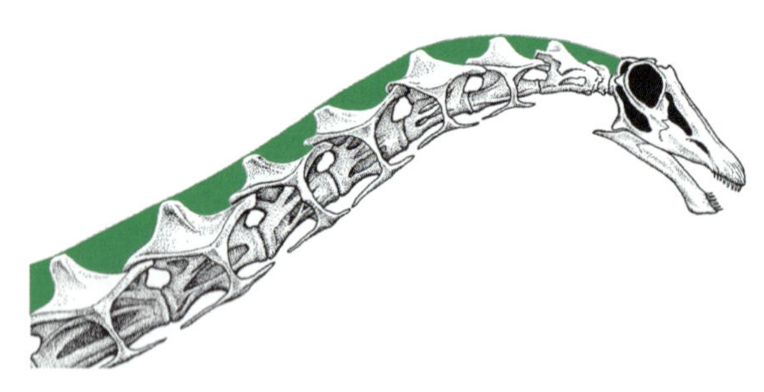

図 9・12　竜脚類の項靱帯(緑)が，頭部から首へ，そしてさらに後方へと伸びていく様子を示す．

の素晴らしい著書『*The Sauropod Dinosaurs*（竜脚類恐竜）』(2016) にて，頭部を高く持ち上げる竜脚類では特に，項靱帯に高い強度と操作性，そして姿勢維持の機能が求められるため，項靱帯は1本ではなく，1対の構造だったろうと言及した．彼らの解釈によれば，竜脚類の首はゆるいS字の曲線を描いていただろうとのことだ．すなわち，図9・12に示すように，首は低角度で胴体から伸び，少しばかり持ち上がるが，後頭部や頭部に近いいくつかの頸椎間の関節で下方に曲がっていたのではないかと唱えた．竜脚類がこの首のゆるく湾曲した姿勢を保つのに項靱帯が役立っていたのだろう．

竜脚類は四足歩行性の動物である．ここまでに見てきた恐竜たちと同様に，彼らは二足歩行性の祖先である基盤的な竜盤類の仲間から二次的に四足歩行性を獲得してきた．四肢は柱状に発達し，ギリシア神殿の柱のような荘厳なたたずまいがある（図9・13）．四肢骨は他の部位の骨格と比べて緻密な組織で構成されており，骨格のなかでも特に質量を集め，強度を高めることが要求される箇所であることからそれに見合った適応を果たしている．

後肢は巨大で頑丈な骨盤と関節していた．骨盤と大腿骨の関節部となる寛骨臼，すなわち股関節は非常に巨大であり，御多分に漏れず穴が開いていた（図4・15，図5・9参照）．腸骨は厚く頑丈で，寛骨臼の背側縁に張り出した腸骨の隆起が大腿骨近位部の上から覆うような形をしていることも珍しいことではない．寛骨臼の穴はおそらく厚い軟骨でふさがれており，大腿骨の骨頭からかかる力を受止めるだけの強力な構造となっていたことだろう．端的に言うと，竜脚類の骨盤は非常に強固につくられており，威容を誇る動物の体を支える中心として機能していたのだ．

前肢は**指行性**（digitigrade）であった．これは，彼らが指先を地面につけて立っていたことを意味する．前肢の指はほぼ左右対称な馬蹄形の半円状に並んでおり，第Ⅰ指（親指）には巨大なカギツメが備わっていた（図9・14 a）．一方，後肢は踵の骨をしっかりと地面につける**蹠行性**（plantigrade）ではなく，足の甲の裏を地面にはつけるが，踵を完全には地面につけない半蹠行性（semi-plantigrade）であった．つまり，後肢では体重を後肢の足の甲の裏から趾先までの全体で支えていたことを表している*3．足は非対称のつくりをしており，通常は第Ⅰ，第Ⅱ，第Ⅲ趾（親指，人差し指，中指）の3本の趾に大きなカギツメを備えていた（図9・14 b）．行跡を見ると，その足印から，前後肢ともにカギツメの後ろの踵に相当する部位に軟組織でできたパッドがあったことがわかり，この構造も体を支持するのに役立ったであろう（図9・15）．竜脚類の仲間の足印は非常に大きく，驚くなかれ一つの足印が幅1mに達す

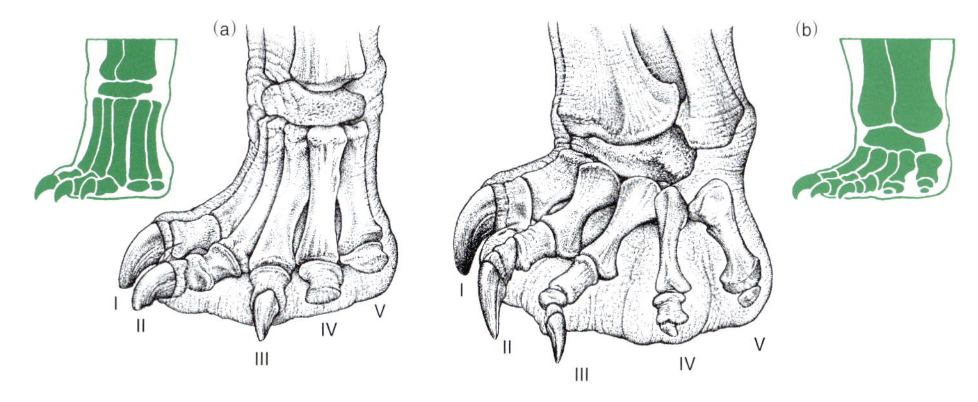

図 9・14　竜脚類の(a)左前肢と(b)左後肢．シルエットで示した手足の骨格図からもわかるように，竜脚類の"手"はより指行性の傾向が強いが，それと比べて，"足"はほとんど蹠行性である．図中の番号(Ⅰ～Ⅴ)は，第Ⅰ～第Ⅴ指(趾)までの番号に対応する．

図 9・15　米国コロラド州に分布する後期ジュラ紀のモリソン層(Morrison Formation)に残された，平行に並んだ5本の行跡．この行跡はディプロドクス科の恐竜が並んで歩いた際につけられたものだと考えられている．左右の手足を体の正中に近いところに置いて歩いていることや，尾をひきずった跡がまったく残されていないことに注目せよ．[Martin Lockley 提供]

*3　たとえば，ヒトは足の趾先から踵まで足の裏全体で体重支持を行うため，蹠行性である．

ることも珍しいことではなかった．

全身の構造は吊り橋にたとえることができる．四本の頑丈な柱（四肢）がそびえ立ち，首と頭部が前肢から吊り下げられ，長い尾が後肢から吊り下げられている．前述したとおり，首は項靱帯によって吊り下げられていた．尾側（caudal）の靱帯は，おそらく，尾を背側から吊り下げていたことだろう．首へ伸びる靱帯も，尾へ伸びる靱帯も，椎骨から飛び出ているさまざまな突起から伸びていた．頸椎の下側からは**頸肋骨**（cervical rib；図 9・11b）とよばれる長くて細い構造が伸びているが，ここは椎骨同士の関節を支持する靱帯がついていたのだろう．

竜脚類は幅広い胴体をもっていたが，彼らの行跡の左右の幅はほとんどの場合きわめて狭く，基本的に足を体の正中に近い場所に踏み出して歩いていたようだ．最も重要な点として，竜脚類の行跡で尾を引きずった痕跡が残されているものは一つもない．これは，多くの竜脚類が，ものによっては 15 m にも達する長くて鞭のような尾を地面から完全に持ち上げた状態で歩いていたことを示す明確な証拠である（図 9・15）．

長い間，竜脚類は湖沼に棲息し，水の浮力を借りてその巨体を持ち上げる動物として復元されてきた．この復元によれば，彼ら竜脚類の仲間は水中深くに沈んだまま生活し，頭部を水面まで高く伸ばして，ワニのように鼻孔だけを水面からのぞかせて呼吸をし，“弱々しい”歯で水に浸かった柔かい沼地の植物を噛んでいたということらしい．しかし，竜脚類の姿形はワニとは似ても似つかない．力強い柱状の四肢をもつ竜脚類をして，どうして彼らが“水陸両棲”だったといえるだろうか．実際，竜脚類の詳細な解剖学的研究からは，彼らが中生代の湿地で大きな体を水に浮かべ，のんびりと過ごしていたという証拠は得られていないのである．むしろバイオメカニクス（生体力学）的に一番もっともらしく解釈するなら，竜脚類の緻密でがっしりとした柱状の四肢は，完全に陸上での運動のために設計されたものであるといえよう．

竜脚類はどれほど賢かったか？

竜脚類は高い知能をもっていたわけではないので，必然的にこの項目はきわめて短い記述にとどまるだろう．頭部は体に対してとても小さく，さらにその頭部の中で，脳は相対的に小さかった．このことは，恐竜のなかで，竜脚類が体サイズに対して最も小さな脳をもっていたことを意味する．脳の大きさそのものが，知能の高さを測る有効な指標になるわけではない．しかし，脳の形態から知能を推定するより洗練された指標（Box 11・1 参照）を用いたとしても，竜脚類が高い知能をもっていなかったことがわかる．しかし，彼らが長い期間にわたって生き延びてきたことからわかるように，彼らの脳は，体の調整や制御，さまざまな外部からの刺激に対する反応など，基本的な機能を果たしてきたことは間違いない．このあと解説するように，彼らの行動様式のレパートリーは，これほど小さな脳しかもたない動物の行動として私たちが想像できる範疇を超えた，ずっと洗練されたものだったであろう．

巨大恐竜とその祖先の生活様式

彼らが闊歩した場所　これらの荘厳な動物の化石は，大昔の河川の氾濫原であったり，砂質の砂漠であったり，非常に多様な環境の堆積物から見つかる．タンザニア南東部のテンダグルー（Tendaguru, Box 16・6 参照）や，米国・テキサス州北部のグレンローズ（Glen Rose）の行跡が残るサイト（化石産地），ブラキオサウルス科（Brachiosauridae）のアストロドン（*Astrodon*）が産出した米国・メリーランド州に分布する地層は，これらの環境が当時海に近い場所で，きわめて湿潤であったことを強く示す証拠が残されている．こうした場所は，彼ら竜脚類にとって最も居心地のよい環境だったのかもしれない．ただ一方で，こうした場所は，単に行跡化石が残りやすい環境だっただけだということも考えられる．というのも，アルゼンチンに分布する下部白亜系のネウケン層（Neuquén Formation）や，モンゴルに分布する上部白亜系のネメグト層（Nemegt Formation），米国に分布するモリソン層（Morrison Formation）上部のように，河辺の環境からも見事な竜脚類の化石が見つかっているからだ．竜脚類がさまざまな環境で堆積した地層から見つかることから推測すると，彼らは非常に多様な環境の中で生き残っていくことができたということなのだろう．

9・4　天まで届け，竜脚類の首

竜脚類の特異的な体のデザインは，丈の高い中生代の針葉樹林（15 章）の葉を食べることを強く意識したものとなっており，竜脚類の首がキリンの首と表面的には似ていることもこの推論を後押ししている．もう少しだけ表面的な思考を続けてみると，竜脚類の体のデザインを三つの“型”にタイプ分けできる．この“型”は単系統群を示すものではないが，これを用いることで，彼らがどのように行動していたかを類推することができる．きわめて長い首と尾をもち，一般に長い体と四肢をもつ竜脚類を“Ⅰ型”とすると，アパトサウルス（*Apatosaurus*；図 9・9）がこの“Ⅰ型”の典型的な例となる．“Ⅱ型”はブラキオサウルスに代表され，長い首をもつほか，前肢が後肢より長くなることで特徴づけられる（図 9・16）．前肢の方が長くなることにより，“Ⅱ型”の竜脚類は頭を高く持ち上げることができ，種によってはその高さが 13 m に達したことだろう．それ以外の竜脚類は“Ⅲ型”としてひとくくりにする．“Ⅲ型”竜脚類

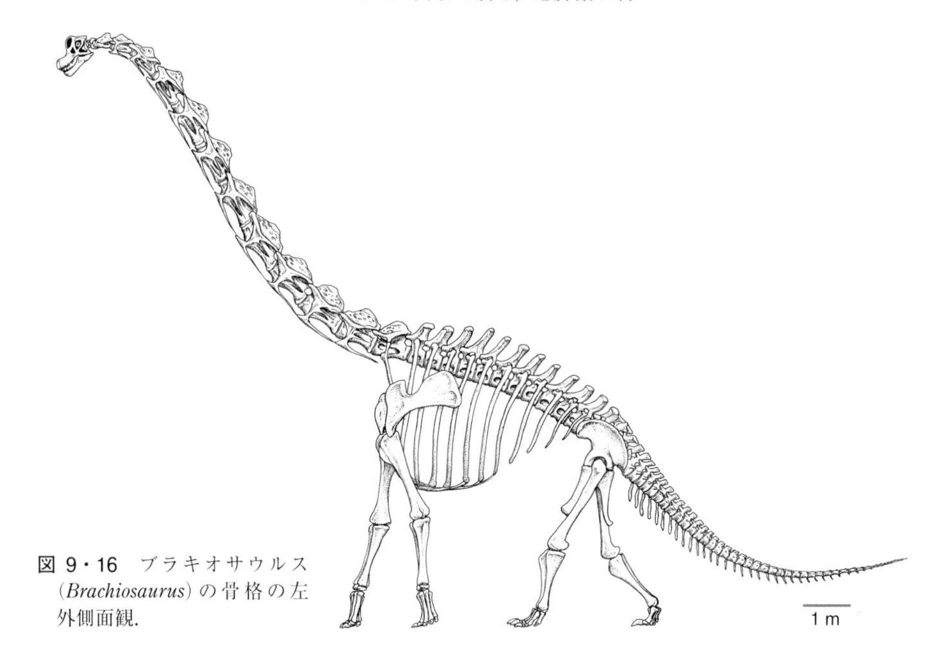

図 9・16 ブラキオサウルス (*Brachiosaurus*) の骨格の左外側面観.

の多くはより寸詰まりの体をもち，樹冠の葉を食べられるようなつくりにはできていなかった．ここではどれだけ丈の高い植物をとれたかについて着目しているため，寸詰まりで体も短い“Ⅲ型”の竜脚類についてはおいておこう．

さて，“Ⅱ型”の竜脚類がどのように餌をとっていたかは説明するまでもないだろう．彼らは長い前肢で嵩(かさ)を増したうえで，長い首を持ち上げ，頭を高いところまで届けることで，樹冠の葉まで食べることができたと考えられる．では，“Ⅰ型”の竜脚類はどうだっただろうか．

“Ⅰ型”竜脚類はキリンのように首を鉛直方向に持ち上げるようなポーズをとることは物理的に無理であることから，近年は，頭部が肩と同じくらいの高さに置かれるように復元されている．おそらく，多くの竜脚類が頭部を胴体と同じくらいの高さに保ち，下草を食べていたのだろうと考えられている．もしこれが正しいとすれば，そもそもどうして彼らは長い首や尾をもつに至ったのだろうか．

しかし，“Ⅰ型”の竜脚類が骨盤を中心に体を後ろに傾けて前肢を持ち上げ，長くて強力な尾を３本目の脚のように使うことで，２本の後肢と尾で三脚のような姿勢をとったとしたらどうだろう（図 9・17）．たとえば，全長 37 m の動物が，骨盤から胴体を上方に傾けることができれば，胴体から首を極端に反り返らせずとも，樹木の非常に高いところまで達することができただろう．“Ⅰ型”の竜脚類が三脚のような姿勢で立っていた可能性について，何か根拠となるものはあるだろうか．その一つに，多くの竜脚類が，きわめて頑丈なつくりの骨盤に付随する仙椎の神経棘が長く伸びていたことがあげられる．この神経棘には，高い樹冠まで頭を持ち上げた姿勢を維持するための巨大な筋肉が搭載されていた．頑丈な骨盤は，三脚構造の安定した支持基盤として機能したであろう．しかし，竜脚類が三脚立ちポーズをとった可能性については，いまだに物議をかもしている．この巨大な動物の後ろ半身の長い尾と頑丈な骨盤だけで，はたして前半身を持ち上げる際にかかる荷重や負荷に耐えることができたか疑問に思っている古生物学者もいる．その一方で，この仮説を支持する勢力は，図 1・13 に示したような壮大な組立骨格を博物館に展示することで応戦する．本書の考えでは，すべての竜脚類が四足歩行姿

図 9・17 竜脚類が尾を“第三の足”として使い，三脚立ちをしている様子の復元図.

勢のまま餌をとることを基本路線としていたが，“Ⅰ型”の竜脚類に関しては，三脚立ちの姿勢で頻繁に幾度も餌をとった可能性が高いと考えている．

高所の餌を食べていた竜脚類について，もし本当に頭をそのような高さまで持ち上げていたとするなら，脳が心臓より 8 m も高い場所に置かれることになる．つまり，たとえば 8.5 m の長さの首を通る動脈を通じて血液を輸送するとなると，ブラキオサウルスのような“Ⅱ型”の竜脚類の心臓は，現生の知られているどの動物よりも強く拍動して，キリンの 2 倍ほどにまで血圧を高めなければならない．つまり，非常に強力な心臓を備える必要があったということだ．ある研究者は，心臓が十分なポンプとして機能するためには 400 kg ほどの質量になったのではないかと見積もっている（図 9・18）．脳内の細い毛細血管が，どのようにその高い血圧に耐えていたかについては，またも推測の域を出ない．おそらくは，長い首に沿った血管の中に強力な弁をもつことで高い血圧を維持し，これらが同時に機能することで心臓の負担を軽減させていたのだろう．しかし残念ながら，化石記録はそのことについて何も語ってはくれないのだ．

これらの考察はあるが，長い首をもつ動物は別の試練に直面しており，これを解決しなければならない．もし竜脚類が哺乳類や他の多くの四肢動物（テトラポーダ Tetrapoda）と同じように，単純に息を吸って吐くような，双方向流の空気の流れによって換気していたとしたら，その長い首を通る気管の中に，呼吸に使われることのない膨大な量の無駄な空気がとどまることになる．しかし，もし竜脚類が補助的な気嚢（前述したように，竜脚類が気嚢をもっていたことについては明確な根拠がある）を用いて鳥類的な換気様式をとっていたなら，吸気に含まれるほぼすべての酸素を肺での外呼吸に使うことができる．そして，長い首の気管の中にある未使用の空気が大量にとどまることになる問題は解消されるはずだ（13 章，図 9・11）．

図 9・18 脳に血液を送るために必要な血圧の比較．(a) 竜脚類では約 630 mmHg，(b) キリンでは約 260 mmHg，(c) ヒトでは約 130 mmHg の血圧がそれぞれ必要である．

獣脚類と同様に，竜脚類も含気骨や側腔（前述参照）をもつ．これは“現代型の鳥”（新鳥類）がもつ非常に派生的な特徴（図 13・2 参照）だと考えられてきた構造だが，むしろ，基盤的な竜盤類から備わっていた形質なのかもしれない．このことは，新鳥類が現生の動物のなかできわめて特異的な形質を数多くもつが，新鳥類へと至る系統の中でそれよりも“原始的”な動物では意外なほど，その形質の多くが獲得されている…という 7 章から強調してきた点を改めて補強するものである．

血圧や心臓の大きさ，肺の容量，外呼吸の際の換気様式など，竜脚類の体が実際にどのように機能していたかについて，わからないことは山ほど残されている．しかし，少なくともこれらの点を鑑みるに，竜脚類が高度に進化した動物だったということは明らかである．

食　性　歯の全体的な形態や，そしてとりわけ歯の咬耗面（こうもうめん）（上下の歯がこすれ合うことで削れ，形成される平らな面）の解析から，竜脚類が枝葉をくわえて引きちぎって食べていたようだ．その様子は，みずみずしい植物の塊をおもむろにくわえては食道へと送り込むというようなものだっただろう．竜脚類によっては咀嚼も行っていたようだ．カマラサウルス（*Camarasaurus*）やブラキオサウルス科（Brachiosauridae）のような竜脚類は短い吻部をもち，頭骨の丈も高く，頑丈な歯（図 9・6b）を備えていたが，この形態はより力強い咬合ができたことを示している．このことは，これらの竜脚類の歯に咬耗の痕が目立つことからも支持される．対照的に，長い吻部をもつディプロドクス上科（ディプロドコイデア Diplodocoidea）は，鉛筆状の細長い歯（図 9・6c）が顎の先端部だけに並んでおり，彼らは樹冠から葉だけを引きちぎり，大量の食物の消化を胃の中の腸内細菌に任せていたのだろう（後述参照）．ディプロドクス上科は，上顎に対して下顎を前後に動かすことができたことが明らかとなっており（この動きはヒトでいうところの歯ぎしりである），葉を引きちぎるのに役立ったことだろう．また，ここでも前肢の親指の大きく発達したカギツメが，植物体から呑み込める大きさの枝葉を引きちぎるのに役立ったかもしれない．食物の塊は，強力な首の筋肉によって呑み込まれ，首を通る食道の中を，喉から胃まで長い旅をすることになる．

鳥盤類（オルニティスキア Ornithischia）の仲間は恥骨を後方へ伸ばすこ

とで消化管が収まる空間を増大させたと考えられている（III 部）．竜脚類は鳥盤類とは異なり恥骨が前方を向いていたことを考慮しても，胴体の断面が幅広いことから，大容量の**消化管**（gut，腸）を備えていたはずだ．竜脚類は**内部共生生物**（endosymbiont）を利用したきわめて大きな発酵器を一つまたは複数備えていたことだろう．内部共生生物とは，具体的には動物の消化管の中に共生する細菌のことである．恐竜に食べられた植物の細胞壁はこれらの内部共生生物の働きによって化学的に分解されることで，恐竜が栄養として吸収できるようになったのだろう．竜脚類の腹腔の大きさを考慮すると，彼らは高繊維質の植物を食べていたと考えられる（15 章）．おそらく，彼らは食物を少しずつ消化管へ運ぶことで，栄養価の低い食物から極限まで栄養を搾り取ったのだろう．確実に言えることは，この巨大な動物が体を維持するために，その小さなおちょぼ口で一生懸命に栄養を摂取し続けなければならなかったということだ．竜脚類の消化管はゆっくりかつ延々と植物を運び続けるベルトコンベアのようなものだったのだろう．

ロコモーション（移動運動）　ブラキオサウルスやディプロドクス，アパトサウルスの最高移動速度は時速 20〜30 km 程度だと見積もられている．家屋並みの大きさでゾウ 3〜10 頭分の体重（質量）をもつ動物の移動速度の見積もりとしては，ほどよいものといえる．彼ら竜脚類の行跡に基づいた計算によれば（図 9・15，13 章），普段はもっとずっと遅い速度で歩いて過ごしていたと考えられ，1 日の平均移動距離は 20〜40 km 程度だったろう．

巨大生物が群れを成す

竜脚類が並んで移動していたことを示す行跡（図 9・15）を見れば，彼らが何らかの社会性をもっていたことがわかるだろう．竜脚類の社会性は，大きな群れや小さな群れをつくるものから，そしておそらくは単独で行動するものまで多様だったようだ．

米国西部のモリソン層（Morrison Formation）で数多くの竜脚類化石が発見され（図 9・15），タンザニアのテンダグルー盆地でのボーンベッド（Box 16・6 参照）や，インドの下部ジュラ系の竜脚類化石産地，そして近年では中国・四川省の中部ジュラ系から無数の竜脚類の足印が発見されている．これらはさまざまな状況証拠から，シュノサウルス（*Shunosaurus*）やディプロドクス（*Diplodocus*），カマラサウルス（*Camarasaurus*）といった竜脚類が群居性だったことを物語っている．しかし，その群れはどのようなものだったのだろうか．大量の個体から構成されるボーンベッドで見つかるということは，その動物が大きな群れを形成していたことを意味する．しかし，竜脚類が形態的にも多様であることから，すべての竜脚類が同じような社会性をもっていたというわけではないだろう．米国西部のモリソン層から産するブラキオサウルス（*Brachiosaurus*）やハプロカントサウルス（*Haplocanthosaurus*），そしてモンゴルから産出するオピストコエリカウディア（*Opisthocoelicaudia*）は単独個体で見つかることから，彼らは個体数としてそこまで多いわけではなく，また，より単独で生活するような動物だったのかもしれない．

大きな群れをつくっている竜脚類を想像すると，別の問題が思い浮かぶ．前述したように，おそらく竜脚類のような巨大な動物はずっと食べ続けていないとならない．もし竜脚類が大きな集団で生活していたとすれば，口が届く範囲の枝葉はすべて引きちぎり，行く手にある低木や茂み，木などを踏みつけながら歩いていったと考えられ，その棲息域の植生に甚大な被害をもたらしたはずだ．つまり，竜脚類の群れは滞在地の食糧をやがて枯渇させ，次の食糧を求めて移動しなければならなかったろう．こうした竜脚類は，食糧を枯渇させないように移動を繰返していた可能性がある．一方で，単独行動性の竜脚類は群れで生活することもなく，環境を維持するために移動をし続ける必要もなかったため，移動し続けるような動物ではなかったかもしれない．仮に単独行動性の竜脚類が移動することがあったとしても，そこには群居性の竜脚類とは別の要因があったことだろう．こうしたおおまかな推測以外，竜脚類が群れの中でどのように社会を営んでいたかについてはほとんどわかっていない．たとえば，どの個体が群れを率いていたか，あるいは彼らがどんな物に目を惹かれて行動していたのか，といった点についてはまったくわかっていないのである．

防御行動　インターネット上では，竜脚類の防御方法に関して息もつかせぬ憶測めいた情報が飛び交っているが，結局のところ，彼らにとってその巨大な体サイズこそが，攻撃に対する最大の防御であったのは間違いないだろう．というのも，竜脚類の種類にもよるが，同じ層準から見つかる捕食者の体サイズと比べても 50〜300％ほども大きな体サイズを誇っているからだ．群れで生活することで，少なくとも健康な個体は，外敵にとって攻略できない獲物だったに違いない．尾はしなやかな鞭のようであり，襲いかからんとする捕食者をなぎ倒すのに役立ったであろう．捕食者が群れを成して襲いかかってきた場合は，体サイズと尾の両方が防御の役に立ったことだろう（ただし，捕食者がどのように竜脚類を獲物として狩っていたかについての仮説は 6 章を参照してもらいたい）．竜脚類の手足のカギツメは，肉食の獣脚類のカギツメのように鋭くとがっていたわけではない．しかし，竜脚類の成体の体重（質量）と力強さで，全力で蹴り上げられたら，深刻なダメージを負うことは間違いないだろう．ほかの多くの部位がそうであるように，竜脚類のカギツメにもいくつかの機能が備わっていたと考えられる．では，竜脚類の群れの中で年老いた個体や未成熟の個体は力が弱く，それゆえに，残忍なよだれを垂らした大型獣脚類の餌食となりやすかったのだろうか．それはありうる話だ．幼体と年老いた個体が相対的に弱い個体であるということはほとんどの四肢動物に共通していえることだ．まとめると，竜脚類がどのように身を守っていたかについては，常識的な範囲で想像できること以上のことは，ほとんど何もわかっていないのである．

成長と発生　長い間，竜脚類の営巣行動についてはほとんどわかっていなかった．1990 年代初頭になっても，竜脚類は胎生で，子供を産んでいたかもしれないと真面目に考えられていたのである（もし本当にそうだとしたら，恐竜としても非常に特殊なグループとして認識されていただろう）．

そのうち古生物学者が卵の化石を意識的に探すようになってから，竜脚類の卵化石がちらほら見つかり始めた．そして 1997 年にパタゴニアで竜脚類が地面につくった巣の化石が見つかったのだ．この化石産地はアウカマウエボ(Auca Mahuevo：“アウカ族の産卵地”の意）として知られる．ここでは，1 平方キロメートル以上の範囲に無数の巣が見つかっており，それぞれの巣を埋めるようにふ化前の巨大な卵が数万個も残されていたのである．その後，さらなる調査によって，4 層（数え方によっては 6 層）に及ぶ卵の層が見つかった．それぞれの卵の層では 15〜34 個の卵がひとかたまりになって産みつけられており，これが 1 頭の母親恐竜の卵の巣なのではないかと考えられている．最も驚くべき点として，これらの卵の中には高い確率でふ化前の胚の骨格が残されており，なかには皮膚の印象まで残されていたものまであったのである（図 9・19）．

巣の水平分布を調べると，それがどれほど高度に発達したものかはわからないまでも，竜脚類は群れをつくり，社会性をもっていたことがわかる．営巣地はいくつもの大きなコロニーによって形成されていたことは明らかで，母親恐竜は毎回同じコロニーで巣作りをしたのかもしれない．竜脚類はそこで半月形の穴を掘り，30 個ほどの卵を静かに産み落としていった．その後，最適な温度と湿度を保つために，卵の上に植物をこんもりと覆いかぶせていた可能性がある．

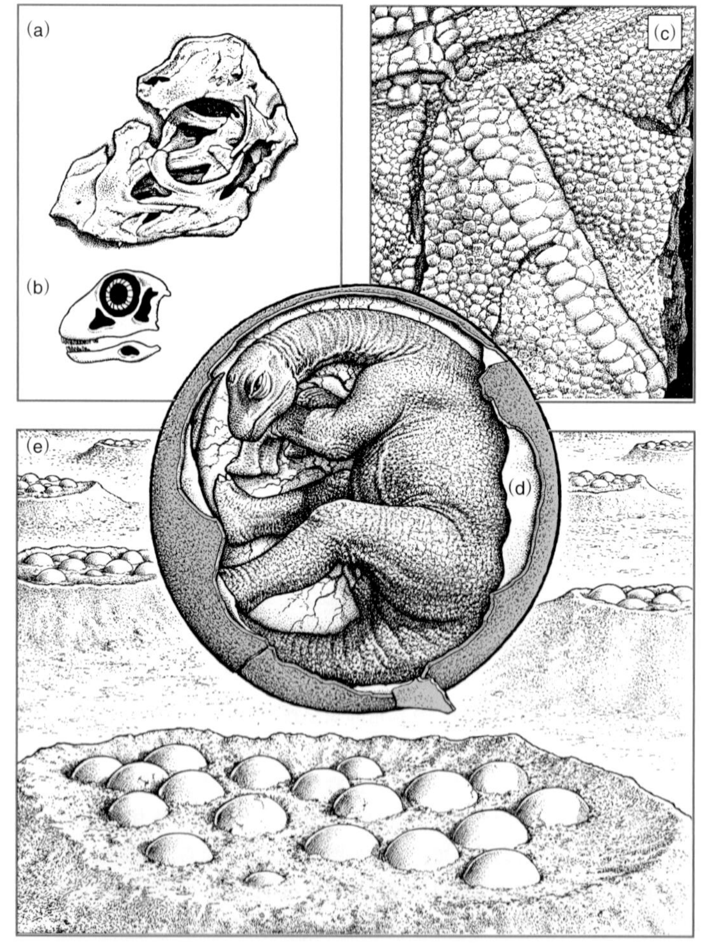

図 9・19　アルゼンチン・パタゴニアのアウカマウエボ恐竜化石産地から見つかったティタノサウルス類の化石．(a) ティタノサウルス類(Titanosauria)の卵化石の中の胚の頭骨，(b) その復元図，(c) ティタノサウルス類の皮膚痕化石，(d) 卵とその中の胚の復元画，(e) 営巣地の中の巣の様子．実際の巣は，ここに描かれているように盛り上げられてつくられたわけではなかっただろう．おそらく，卵を産むための窪みを掘り，その上に周囲に生えている植物を軽く被せていたのだと考えられる．

産卵後は，母親恐竜は卵を巣に残して離れていったのだろうと考えられる．それは以下にあげるさまざまな理由から判断できる．まず，アウカマウエボから見つかる竜脚類の成体と幼体の体サイズの違いを考えてみよう．おおよそ同じような体サイズの竜脚類は，ふ化直前でおよそ0.5 kgである一方で，成体は45,000 kgに達する．つまり，成体はふ化する頃の幼体の10万倍も大きな体をしているということだ（ただし，§13・5参照）．二つ目に，成体の骨がこれらの卵化石とは一切，一緒には見つかっていない点があげられる．三つ目に，この化石産地からは，卵の中のふ化前の胚化石しか見つかっていないということだ．ふ化したあとの幼体が見つかっていないということは，親から世話を受けるために巣にとどまるようなことはしていなかったということを示している．最後に，胚の歯には小さな咬耗痕が形成されているという点だ．これは，卵の中にいる限りは必要なものではないが，ふ化直後の個体から自力で生活をしていこうとするのであれば必要なものになる．

もしこの推論が正しければ，これらの竜脚類の赤ちゃんは卵を内側から突いて出てきたあと（竜脚類の胚には卵歯があったという証拠が残っている），生まれたばかりのウミガメの子供のように，隠れる場所や食べ物を求めて頑張って生きていったのだろう．竜脚類の赤ちゃんの誕生日が，その土地に棲息する獰猛（どうもう）な獣脚類によって，そのまま命日になってしまったこともあっただろう．しかし，もし竜脚類の赤ちゃんがいっせいにふ化すれば，数百もしくは数千に及ぶ竜脚類のふ化直後の赤ちゃんのうち，数個体は獣脚類からの難を逃れ，一日一日と餌を食べて成長しながら，延命していくことができただろう．

もしかすると，ふ化直後の個体の集団は，営巣地の周囲に控える数体の竜脚類の成体から守られていたかもしれない．しかし，これを支持したり否定したりするような証拠は一つもない．

アウカマウエボでの発見以降，上部白亜系のフランス南部やモンゴル，インドで，卵化石の中から竜脚類の胚がいくつも発見されてきた．特に，インドでは2007年に，世界で2例目となる竜脚類の巨大な営巣地化石が発見されたのである．このような卵が寄せ集まった巣の化石から，これらの恐竜の成長様式や繁殖様式，生存率に関連した生活戦略を読み取ることができる．一つは，数千に及ぶ大量の卵や仔を産み，その大半が繁殖するまでに生き延びず，寿命が比較的短い生活戦略，すなわち***r* 戦略**（*r*-strategy）だ．カゲロウを例に思い浮かべてみよう．こうした動物の仔は親に似た形をした**早成**（precocial）の状態で産まれてくる．しかし，親に対する仔の数が多すぎるため，親が仔の世話をすることはない．

これと対照的なのが，産む卵や仔の数が少ないが，親から仔の世話が手厚く，寿命も比較的長い***K* 戦略**（*K*-strategy）である．クジラを例に思い浮かべてみよう．こうした動物の仔は成熟に達するまで長い時間をかけて成長する**晩成**（altricial）で，長い期間にわたって親からの世話を受ける．

竜脚類は明らかに多くの卵を産む動物だ．つまり，仔の生存率を高めるための親から仔への投資は，そこまで大きくはなかっただろう．すなわち，竜脚類は *r* 戦略をとっていたということになる．

これらのほかに，竜脚類の繁殖戦略や成長様式，生活史についてどのようなことがわかっているのだろうか．竜脚類が交尾する際はおそらく，四つん這いのメスに三脚立ちしたオスがのしかかるというものだったろう．ただし，仮に竜脚類がこのような最も原始的な姿勢での交尾をしていた[*4]としても，そのほかすべての点については推測の域を出ない．たとえば，竜脚類の強力な親指のカギツメが，こういった交尾の場面で何かの役に立ったかどうかについては，何もわかっていないのである．また，そもそも竜脚類のオスにどのようなペニスがあったかという疑問についても大いに気になるところだ．

竜脚形類は，ふ化後にきわめて急速に成長したということは明白である．近年行われた竜脚形類の骨の微細構造の研究から，“古竜脚類”も竜脚類もともに，急速かつ連続的に成長していたことが示唆された．骨組織の研究から，アパトサウルス（*Apatosaurus*）では成長が一番急激だった時期には毎年5500 kgほどのペースで体重が増えていったと考えられている（13章）．このような急速な成長を支えるために必要な食糧消費量は，想像を絶するものがある．さらに，竜脚類はかつて考えられていたような，性成熟するまで60年かかり，100～150歳の寿命をもつような動物ではなかったようだ．現段階で受け入れられている解釈では，竜脚類は20年以内には性成熟したと考えられている．おそらく“古竜脚類”も，同様だったろう．また，竜脚類の寿命は30年を大きく超えることはなかったろう．竜脚類は超特急で生涯を突き進んでいったのだろう．

9・5 竜脚形類の進化

竜脚形類（Sauropodomorpha）は10を超える数の派生形質によって容易に特徴づけられる（図9・2，図9・8）．原始的な竜脚形類の“古竜脚類（prosaurpods）”は側系統群のため，まずは竜脚類（Sauropoda）のことを理解しよう．竜脚類は10個以上の特異的な形質によってまとめられる．

＊4 これについてのイラストつきでの詳細な描写が，竜脚類“愛”にあふれたHallett & Wedelの2016年の書籍『*The Sauropod Dinosaurus*』に掲載されている．

その形質の多くは，巨大な体と陸上で体重を支えることへの適応を示すものだ（図 9・8）．

竜脚類

少なくとも竜脚類の進化の大枠については，コンセンサスが得られているようだ．従来考えられてきたとおり，竜脚類はブリカナサウルス（*Blikanasaurus*）やヴルカノドン（*Vulcanodon*），コタサウルス（*Kotasaurus*）といった何種類かの原始的な仲間と，より派生的な真竜脚類（Eusauropoda）というクレードによって構成される．真竜脚類は多くの形質によって特徴づけられる（図 9・20）．真竜脚類で最も原始的な仲間として知られているのはシュノサウルス（*Shunosaurus*）で，この恐竜は中国の中期ジュラ紀の地層から産出した全長 9 m の動物である（図 9・

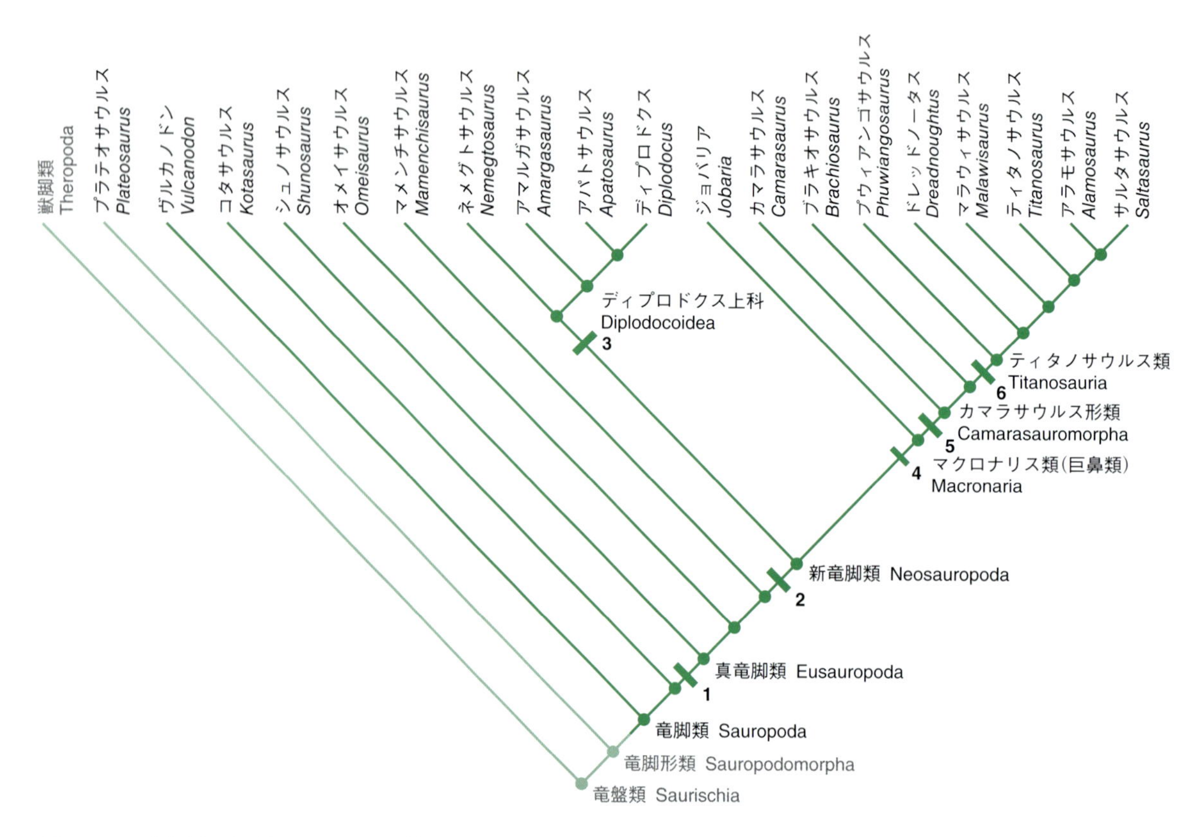

図 9・20　竜脚類の主要なグループの関係を示した分岐図．派生形質は以下のとおり．

1. 真竜脚類（Eusauropoda）：吻部が幅広く丸みを帯びること；外鼻孔の尾側縁が前眼窩窓の後縁よりも後ろに位置すること；前上顎骨や上顎骨，歯骨の外側に板状の構造が発達すること；前前頭骨の前位突起が消失すること；前頭骨は長さよりも幅の方が広くなっていること；歯冠のエナメル質が皺状になっていること；後位の歯の多くが前眼窩窓の後縁よりも後ろに位置すること；少なくとも 12 個の頸椎をもつこと；頸椎の神経棘が前位に大きく傾くこと；“sacral plate（仙椎の横突起と仙肋の複合体）”の背側面が腸骨の背側縁と同じ高さになること；積木状の手根骨をもつこと；中手骨が U 字形に柱列すること；手の指骨が近位遠位方向よりも左右方向に広くなること；手の第Ⅱ～第Ⅳ指の指骨の数が 2 個以下であること；腸骨の背側縁が強く突出した形になること；大腿骨の前位転子が失われること；腓骨中腹の外側に筋痕がみられること；第Ⅱ～第Ⅳ中足骨が遠位で広がる構造をしていること；後肢の第Ⅳ趾に三つの趾骨があること；後肢第Ⅰ趾で有爪趾骨（ungual phalanx）の長さが第Ⅰ中足骨よりも長くなること．
2. 新竜脚類（Neosauropoda）：前上顎骨と上顎骨から構成される要素において下鼻孔（subnarial foramen）が形成されること；上顎骨の上行突起の基部に前前眼窩窓が開くこと；方形頬骨と上顎骨が関節すること；後肢第Ⅳ趾の趾骨が 2 個以下になること．
3. ディプロドクス上科（Diplodocoidea）：吻部が長方形になること；外鼻孔が完全に頭骨の後方に位置すること；下鼻孔が前後に伸びること；前上顎骨と上顎骨間の縫合線と正中線のなす角度が 20° よりも小さくなること；後位の歯のほとんどが前眼窩窓よりも吻側に位置すること．
4. マクロナリス類（Macronaria）：外鼻孔の最大直径が眼窩の直径よりも大きいこと；下鼻孔が鼻孔窩（external narial fossa）の中に位置すること；顎の筋肉が大きくなること．
5. カマラサウルス形類（Camarasauromorpha）：前上顎骨の背側突起の伸長方向が鉛直に近づくこと；板状骨（splenial）が下顎結合（mandibular symphysis）にまで達すること；前位胴椎の側腔（pleurocoels）の後端がとがること；第Ⅰ中手骨が第Ⅳ中手骨よりも長いこと．
6. ティタノサウルス類（Titanosauria）：胸骨板（sternal plate）の後縁が極端に拡大すること；橈骨と尺骨が非常に頑丈であること．

図 9・21　中期ジュラ紀の中国・四川省に棲息していた原始的な真竜脚類のシュノサウルス(*Shunosaurus*).

10a，図 9・21)．シュノサウルスの頭骨は相対的に前後に長くて上下に短い形をしており，外鼻孔が吻部の先端に位置することや，顎いっぱいに小さなヘラ状の歯がたくさん並ぶなど，原始的な竜脚形類の状態を想起させる形態をしている．

竜脚類は進化の過程で顎の運動機構や体型に関連した形態を変化させてきた．竜脚類が完全四足歩行姿勢をその祖先である基盤的な竜脚形類，すなわち"古竜脚類"，から受け継いできたことは確かである．それと同時に，竜脚類の体サイズは顕著に大型化していった．そしてティタノサウルス類（Titanosauria）で極限に達した（後述参照）．ただし，一部では体サイズの小型化への進化も起こった．

さらに，威容を誇るグループである新竜脚類（Neo-sauropoda）が出現した．新竜脚類は外鼻孔が拡大し，下顎は頑丈になった．また，歯に咬耗面が形成されていることから，顎を前後に動かすことができるようになったと考えられる．新竜脚類は大きく二つのグループに分けられる．その一つが，ずんぐりむっくりしたマクロナリス類（Macronaria；巨鼻類）で，もう一つが細長くて痩せ型のディプロドクス上科（Diplodocoidea）である（図 9・20)．体型が異なる両グループは，頭骨の形態も異なる．カマラサウルス（図 9・22）の仲間やブラキオサウルス（図 9・16）の仲間を含むマクロナリス類は，前後に短く，上下に高い頭骨をもつ傾向があり，これは強い咬合力を備えていたことを示している．一方のディプロドクス上科の頭骨は上下に低くて前後に長く，外鼻孔が吻部から頭骨の後ろの方にすっかり移動してしまい，歯も鉛筆状のものが顎の先端部だけに生えている（両グループの頭骨の違いは図 9・10 参照)．前述したように，これらの頭骨や歯の形態的な違いは，両グループの行動の違いにも表れたことだろう．

ここでティタノサウルス類（Titanosauria）を取上げずして，マクロナリス類の進化の紹介を終えることはできない（図 9・20)．ティタノサウルス類は竜脚類のなかでもきわめて多様化したグループで，すべての大陸から見つかっているほか，竜脚類のなかで最後まで地球上で生きていたグループでもある．ティタノサウルス類のなかには驚嘆すべき体サイズにまで達したものもいる．アルゼンチンから見つかったパタゴティタン（*Patagotitan*）は，その全身複製骨格がニューヨークのアメリカ自然史博物館（American Museum of Natural History）に展示されているが，全長が実に 37 m に達する（図 9・23)．

また，ティタノサウルス類はこれまで知られているなかで史上最も重い陸上動物も含まれる．アルゼンチンから見つかったアルゼンチノサウルス（*Argentinosaurus*）や，エ

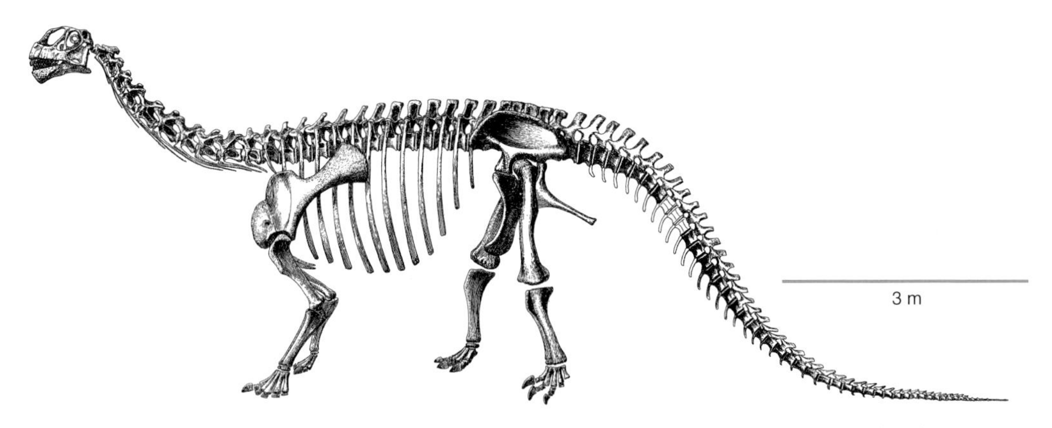

図 9・22　カマラサウルス(*Camarasaurus*)の骨格．後期ジュラ紀の米国西部に棲息していた名の知れたマクロナリス類(Macronaria)である．これは伝説的な古生物学者である O. C. Marsh(Box 16・3 参照)が著した 1880 年代の記載論文に載った古い復元骨格で，尾を引きずった姿で描かれている．

図 9・23　全長 37 m に復元されたパタゴティタン（*Patagotitan*）の骨格．後期白亜紀のアルゼンチンに棲息していた非常に巨大なティタノサウルス類（Titanosauria）で，2019 年 1 月 15 日に部分改装公開されたアメリカ自然史博物館の常設展にて，展示室の門番のように待ち構えている．まさしく，“巨竜（The Titanosaur）”である．

ジプトから見つかったパラリティタン（*Paralititan*）は，おそらく体重（質量）60 トンに達したことだろう*5．ただし，これらの恐竜は部分的な骨格しか見つかっておらず，また，どの推定方法を使うかによって体重が変わってくるため，この数値は参考程度に考えておいた方がよいだろう（13 章）．2014 年に最初に記載されたアルゼンチンから見つかった荘厳な恐竜，ドレッドノータス（*Dreadnoughtus*；図 9・24）は，破片的な顎の骨に加えて体骨格のおよそ 70% が保存されており，比較的完全な骨格が見つかっている．上腕骨と大腿骨の周囲長から体重を推定する新しい計算方法を用いると，ドレッドノータスの体重は 59.3 トンという途方もない値になると見積もられている*6．白亜紀のアルゼンチンはティタノサウルス類の天下だったとみえ，この 5 年ほどの間に，アルゼンチンから発見された新しい竜脚類が数多く記載されている．結局のところ，世界中のティタノサウルス類の多様性について，その全容が解明されれば，中生代にどんな恐竜が闊歩していたのかという理解が根本から覆ることになるかもしれない．

竜脚類は進化の過程で単に大型化を目指して突き進んできたわけではない．トランシルヴァニア地方（ルーマニア中部・北西部）からは，マギアロサウルス（*Magyarosaurus*）というティタノサウルス類が見つかったが，この“ドワーフ”竜脚類は全長 5〜6 m ほどしかなく，同時代の世界の

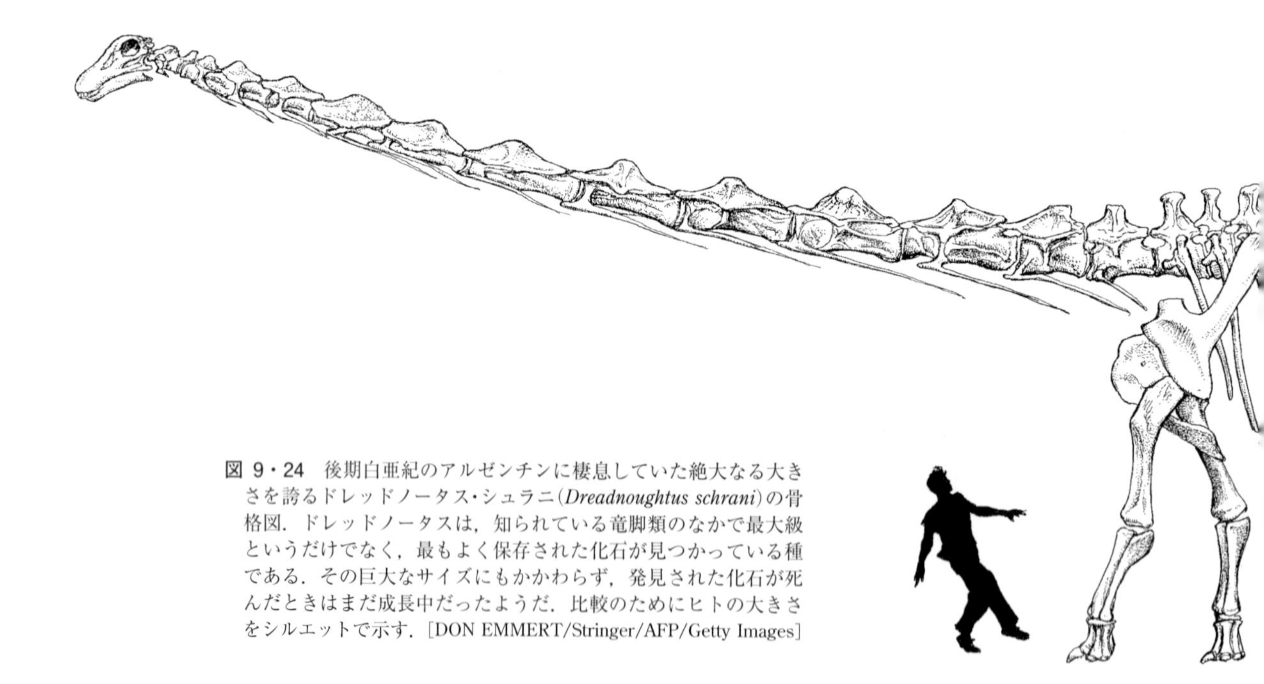

図 9・24　後期白亜紀のアルゼンチンに棲息していた絶大なる大きさを誇るドレッドノータス・シュラニ（*Dreadnoughtus schrani*）の骨格図．ドレッドノータスは，知られている竜脚類のなかで最大級というだけでなく，最もよく保存された化石が見つかっている種である．その巨大なサイズにもかかわらず，発見された化石が死んだときはまだ成長中だったようだ．比較のためにヒトの大きさをシルエットで示す．［DON EMMERT/Stringer/AFP/Getty Images］

*5　メートル法では，1 トンは 1000 kg に相当する質量単位である．ただし，英国のヤードポンド法に基づく米トン（約 907 kg）や英トン（約 1016 kg）も英文中では常用されるため，原文が英語の文章を読む際は注意が必要である．

*6　しかし，本当にこの体重（質量）の推定値は正しいのだろうか．別の計算方法を用いた，より新しい（そしてより現実的な？）研究によれば，ドレッドノータス（*Dreadnoughtus*）の体重は重くても 30〜40 トンの間だったろうと見積もられている（13 章）．どうあれ，ドレッドノータスは質量が非常に大きな巨大な動物だったということは疑いようのない事実であり，そのことがわかれば十分であろう．

どの竜脚類よりもずっと小型だった．これらの小型種は小さな島に棲息していたが，現在の動物たちにもみられるのと同じ島嶼矮小化（island dwarfism）が中生代にもみられたということがわかる（訳注：現生の大型動物の場合，島嶼に棲息する種や個体群が，大陸に棲息する種や個体群よりも矮小化する傾向が知られている）．

後期白亜紀のアルゼンチンから見つかったサルタサウルス（*Saltasaurus*）や，その名のとおりマラウイから見つかったマラウィサウルス（*Malawisaurus*）などのティタノサウルス類は，体が**皮骨**（osteoderm：*osteo* 骨，*derm* 皮膚）*7 とよばれる皮膚に埋め込まれた特殊な骨で覆われていた．これらの種の場合，皮骨は体の表面に散りばめられた，スカスカした構造の，長さが 22 cm に満たない小さな骨である．なぜ皮骨はこのように間隔を空けた配置になっていたのだろうか．古生物学者の Kristina Curry Rogers は，この動物が幼体の頃はアンキロサウルス類（Ankylosauria；いわゆる“鎧竜”；10 章）の鎧にみられるように，皮骨が舗装されたかのごとく互いにびっちりと詰まった密な配置をしていたとの仮説を提唱した．そして成長するにつれ，皮骨の互いの距離が離れていったとのことである．また，皮骨の中の空洞には，環境ストレスを受けるときに備えてミネラルや栄養分を貯蔵していたのではないかとしている．

ティタノサウルス類のなかで最も有名な恐竜は，皮肉なことに，最も産出数の少ないものの一つである，後期白亜紀の米国南西部に棲息していたアラモサウルス（*Alamosaurus*）である（図 9・25）．後期白亜紀の竜脚類は，ヨーロッパやアジア，南米から多くの化石が知られているものの，北米から見つかる化石は非常にまれである．これは，後期白亜紀の竜脚類が，北米南西部よりも先へと北上して分布していなかったことを示している．“このこと”についてのあらましは，別の章で紹介することとしよう（15 章では必ず登場するだろう）．

マクロナリス類とは対照的に，ディプロドクス上科は細長い体型をした動物で，きわめて長い首と尾を備えていた．地球上に棲息していた動物のなかで，最大の体重をもつものは含まれないが，最大全長のものが含まれる．後期ジュラ紀のディプロドクスは全長がおよそ 30 m に達したものの，体重は 15 トン程度だったと見積もられている（再び§13・5 参照）．

このように，ディプロドクス上科は長い首に長い尾を備えた，ほっそりした動物（体重が数十トンに及ぶ動物を“ほっそり”と表現できるかどうかについてはさておいて）であり，特殊な頭骨を発達させた．というのも，彼らの歯は長く伸びた鉛筆のような形状をしており，その歯が頭骨の前端部のみに生えていたのである（図 9・6c）．咬耗の痕は歯の側面には一切残っていなかったが，歯の先端部に

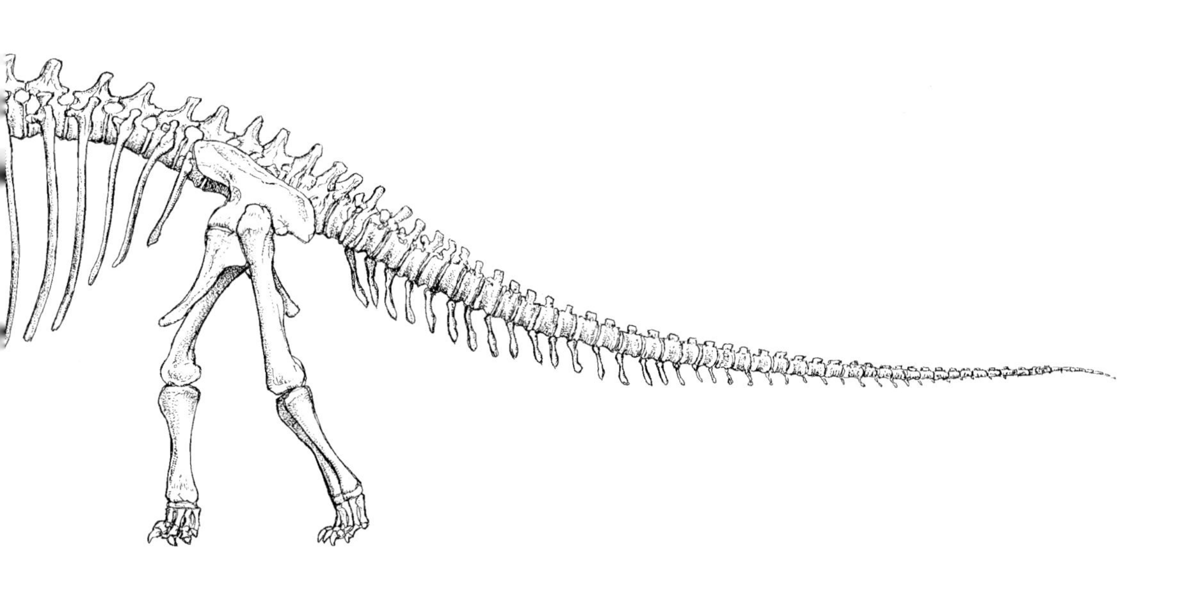

*7 哺乳類では皮骨をもつものはまれだが（訳注：アルマジロなどにみられる），四肢動物（Tetrapoda）では比較的普通にみられる骨である．たとえば，ワニの皮膚のウロコの中には皮骨がある．皮骨は他の恐竜について紹介する章でも出てくるので，覚えておこう．

は明瞭に残っていたこと，そして前後に動く顎の機構は，この恐竜がどのように口の中に食物を入れていたかを特徴づけている．

恐竜のなかでも特に印象に残る姿をしたものがディプロドクス上科に含まれる．その一つが前期白亜紀のアルゼンチンから見つかったアマルガサウルス（*Amargasaurus*）で，きわめて長い神経棘をもつことで知られている（図9・26）．後期ジュラ紀の北米西部内陸海路の沿岸に棲息していた全長21 mを誇るアパトサウルス（*Apatosaurus*）は，“ブロントサウルス（*Brontosaurus*）”という誤った名前でよく知られている（Box 9・1）．長い首と尾で特徴づけられるディプロドクスもこの仲間に含まれるが，これは背中に沿って西洋のドラゴンがもつウロコのような棘をもっていた（図9・27）．

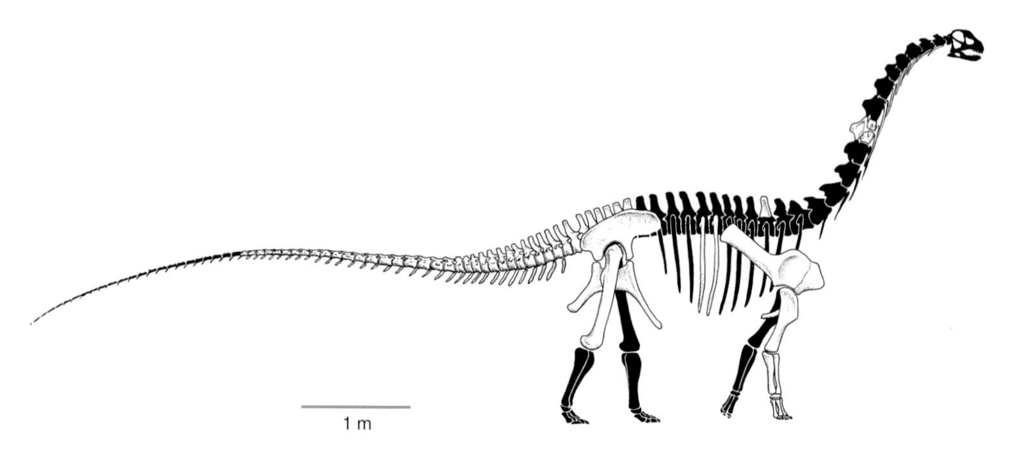

図 9・25　あまり名が知られていない後期白亜紀の米国南西部に棲息していた竜脚類のアラモサウルス（*Alamosaurus*）．白塗りした骨がこの恐竜で見つかっている部位である．

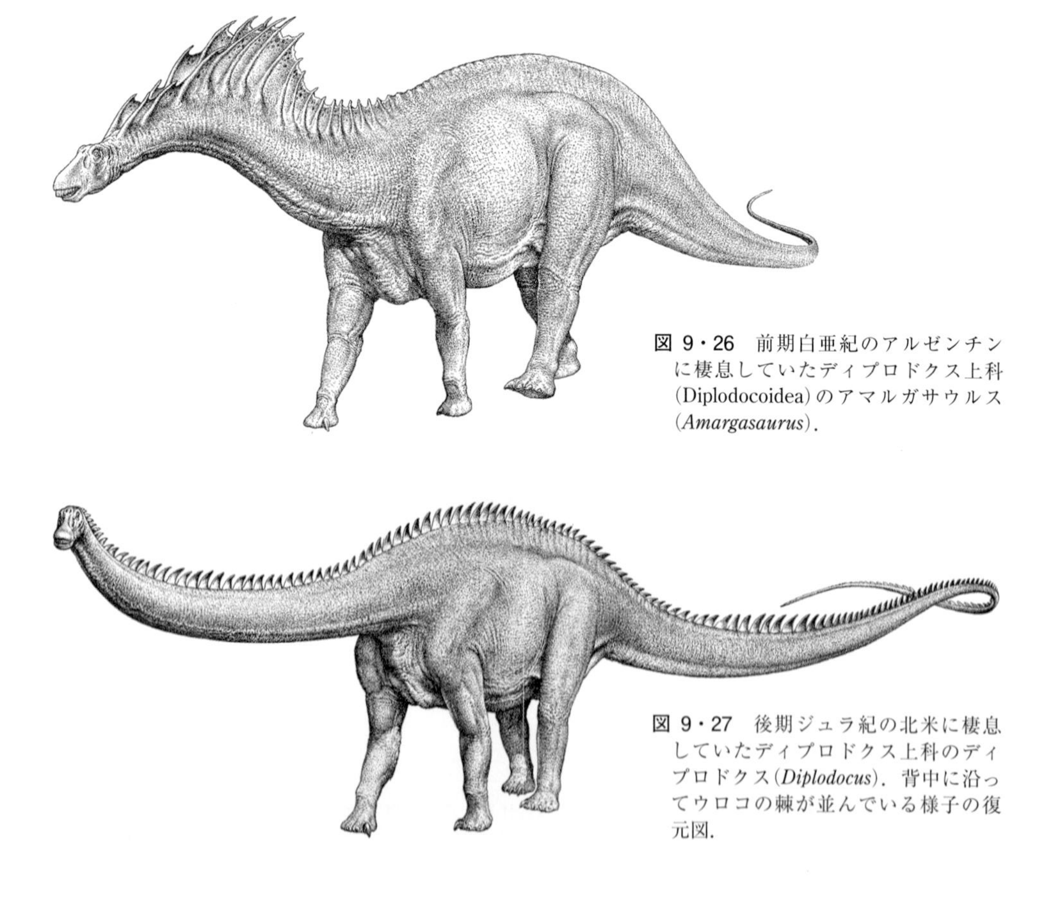

図 9・26　前期白亜紀のアルゼンチンに棲息していたディプロドクス上科（Diplodocoidea）のアマルガサウルス（*Amargasaurus*）．

図 9・27　後期ジュラ紀の北米に棲息していたディプロドクス上科のディプロドクス（*Diplodocus*）．背中に沿ってウロコの棘が並んでいる様子の復元図．

Box 9・1 コロコロ変わる，波乱万丈のブロントサウルス

19世紀の終わり，米国の北米西部内陸部から数多くの恐竜が発掘された．多くは不完全な化石ではあったが，真新しい竜脚類の化石が次々とはるか東のニューヘイブンやフィラデルフィアといった大都市に運ばれていった．1877年にイェール大学のO. C. Marsh（Box 16・3参照）は，新しい竜脚類の化石の一つをアパトサウルス（*Apatosaurus*）と命名して発表した．その後，発掘地からどんどん新しい標本が運ばれ研究が進められたなかから，Marshは“新たな”竜脚類を発見し，1879年にこの“新たな”竜脚類をブロントサウルス（*Brontosaurus*）と命名した．

時が流れ，恐竜の人気が高まってきたことで，ブロントサウルスの名はこれまで発見された恐竜のなかで最も広く知られたものの一つになったが，その陰でそれよりも前に命名されていたアパトサウルスの知名度はいまいちであった．ところが，多くの恐竜研究者の間で，アパトサウルスとブロントサウルスが実は同じ動物なのではないかとの疑いが沸き上がってきた．実際，この件については1903年に，米国・イリノイ州シカゴのフィールド自然史博物館（Field Museum of Natural History）のE. S. Riggsによって論文が発表されている．それ以降，竜脚類研究者の多くがブロントサウルスをアパトサウルスのシノニム（異名同種）とみなしたのだ．もしアパトサウルスとブロントサウルスが同じ属の竜脚類だとしたら，先につけられた名前が優先権をもつ．つまり，この後期ジュラ紀の巨大生物の名前には，アパトサウルスの方が適用されるべきということになる．

その頃，Marshは自身が命名したブロントサウルス（後にアパトサウルスのシノニムとされた）に頭部が見つかっていないことを残念に思っていた．そこで，この恐竜がどんな頭部をもっていたかについて考え，別の竜脚類のカマラサウルス（*Camarasaurus*）の頭部のようなものだったのではないかという考えに至ったのが，1883年のことである．そうして，ブロントサウルス，ないしアパトサウルスには，カマラサウルスがもつような短い吻部の頭骨が復元されるようになったのだ．

20世紀の初頭になって，アメリカ自然史博物館（American Museum of Natural History）の古脊椎動物部門のキュレーターかつ陰の実力者であったH. F. Osbornと，ピッツバーグのカーネギー自然史博物館（Carnegie Museum of Natural History）の化石脊椎動物部門のキュレーターW. J. Hollandがこの議論の檜舞台に登場する．両者それぞれが，アパトサウルス（ブロントサウルスもアパトサウルスも，同じ属であるとこの当時認識されていた）の首の先にどんな頭をのせればよいかについて，それぞれが自信満々に意見を述べ，その見解の相違をめぐって白熱した議論を巻き起こした．OsbornはMarshの説をとり，ニューヨークの博物館で自身が復元したアパトサウルスの壮大な組立て骨格に，カマラサウルスの頭部を添えた（図B9・1a）．一方，ピッツバーグのHollandは，アパトサウルスの頭部がディプロドクス（*Diplodocus*）のような形態をしていただろうという考えに自信をもっていた．これは，現在のコロラド州の恐竜国定公園（Dinosaur National Monument）から発見された完全に近い“アパトサウルス”の骨格からいくぶん離れた場所から見つかった，同一個体のものと思われる頭骨の特徴に基づいての推論であった．Hollandの説は大きな賛同が得られなかったが，彼はOsbornの独断的な説に抵抗するかのように，カーネギー自然史博物館のアパト

(a)

(b)

図 B9・1 (a) 1970年代初頭にアメリカ自然史博物館に展示された“ブロントサウルス（*Brontosaurus*）”の組立骨格．この恐竜の骨格は，カマラサウルス（*Camarasaurus*）がもつような形態の頭骨を，アパトサウルス（*Apatosaurus*）の体骨格にくっつけたキメラであった．(b) 1990年代中頃にアメリカ自然史博物館に展示用に修正されているアパトサウルスの骨格と，この体骨格の“新しい”頭骨として準備されたディプロドクス（*Diplodocus*）がもつような形態の頭骨．［(a) Michael A. Morales, American Museum of Natural History, (b) American Museum of Natural History 提供］

サウルスの組立骨格を頭なしの状態で展示し続けた．しかしその抵抗むなしく，Hollandの死後，この頭なしの骨格には，まるでOsbornから命じられたかのように，カマラサウルスのような頭部が据えられてしまったのだ．

この恐竜は実際にどんな頭部をもっていたのだろうか．この問題は，1978年，カーネギー自然史博物館古生物学部門のキュレーターであったD. S. Bermanと，後に竜脚類の権威となったJ. S. McIntoshの手によってついに解決した．カーネギー自然史博物館の竜脚類の標本をつぶさに観察した結果，彼ら二人はアパトサウルスがむしろディプロドクスの頭骨のような，長い頭骨をもっており，従来考えられていたような頑丈な頭骨とは異なるとの結論に至った．その結果，アパトサウルスの骨格を展示していた多くの博物館は，BermanとMcIntoshの説（すなわち，Hollandが最初に主張した説）に同調し，恐竜史上初の“無痛での頭の交換手術”が各地で行われることとなったのである（図B9・1b参照）．

さて，アパトサウルスの頭の問題については上記のとおりだが，一方で，“ブロントサウルス”という名前に愛着をもつ人々は根強く存在していた．浸透した名前を消し去ってしまうというのも味気なかろう…というわけで，非公式な折衷案ができあがった．それはどういうものかというと，“ブロントサウルス（brontosaur）”（＝“雷竜”）を，学名としてではなく，“イヌ”のような一般称として再利用しよう，という案だ．竜脚類を“雷竜”とよぶことにすれば，何のことか皆わかるだろう，ということだ．いずれにせよ，学術的には“ブロントサウルス”はアパトサウルスであり，この恐竜はディプロドクスの頭部のような細長い頭骨をもっていた，ということで議論が落ち着き，これで一件落着となるはず…だった．

ところが2015年4月に，ヨーロッパの研究者3名が，アパトサウルス（*Apatosaurus*）や“ブロントサウルス（*Brontosaurus*）”も含め，ディプロドクス（*Diplodocus*）とその近縁種について，膨大かつ網羅的な解析を行ったのだ．その論文中，300ページに及ぶ解析結果のあと，彼らは，ブロントサウルスは有効な属名である，と結論づけた．そして，ブロントサウルス属（*Brontosaurus*）には，ブロントサウルス・パルヴス（*B. parvus*），ブロントサウルス・エクセルシオール（*B. excelsior*），ブロントサウルス・ヤンナピン（*B. yahnapin*）の三つの種がある，ということまで話は展開した．当然ながら，いずれの種も，ディプロドクスのような細長い頭骨をもっていた．

この議論は135年間も続いている．これでようやく，この竜脚類の象徴ともいえる恐竜に関する長い議論に決着がついたのだろうか．そうだと信じよう．

竜脚形類は，彼らが棲息していた時代だけではなく，あらゆる時代を通じて最大の陸棲脊椎動物であった．後期ジュラ紀の米国西部から見つかるブラキオサウルス（*Brachiosaurus*；図9・16）やタンザニアから見つかるギラファティタン（*Giraffatitan*）は，全長23 m，体重（質量）50,000〜60,000 kgほどに及ぶと見積もられ，数十年もの間，史上最大の陸棲動物として人々に思い浮かべられてきた．現在ではその史上最大の称号は，アルゼンチノサウルス（*Argentinosaurus*）やドレッドノータス（*Dreadnoughtus*）に奪われてしまったが，全長がテニスコートの縦の長さに匹敵するブラキオサウルスの名は，それでもなお，超巨大生物の代表格といえよう．

竜脚類は成長速度が速いが，移動速度が遅い，中生代に繁栄した丈の高い植物を食べて生活していた動物であった．竜脚類は驚異的な進化を遂げた動物であると今ではみなされており，いまだに彼らの“巨大生物”としてのバイオメカニクスの研究や進化的な重要性に関する研究を通じて，困惑や驚き，刺激がもたらされている．

本章のまとめ

竜脚形類（Saurpodomorpha）は非常に多様な植物食性で四足歩行性の竜盤類（Saurischia）である竜脚類（Sauropoda）と，初期に登場した単系統群ではない（側系統群の）“古竜脚類（prosauropods）”によって構成される．“古竜脚類”は基盤的な大型恐竜で，恐竜類（Dinosauria）が最初に登場した後期三畳紀から現れ，前期ジュラ紀まで生き延びた．彼らは竜脚類の祖先的な位置づけにある単系統群であると当初は考えられていたが，現在では，初期放散した竜盤類のグループの一つであり，生命史上，最初に丈の高い植物を食べることができるようになったグループとして認識されている．

竜脚類は，地球史上最大の陸棲動物で，吻部の先端から尾の先端まで40 m近くになる種もいた．この究極の植物食の四足歩行動物は非常に高度に進化しており，巨大な体重（質量）についてさまざまなバイオメカニクス（生体力学）的な適応を示した．例として，柱状の四肢や巨大な骨盤をもつようになったこと，体重を支える機能に影響しない程度に骨を軽量化する傾向がみられたこと，複雑な橋桁のような長い首の先に小さな頭がついていることによって，首の可動性と軽量化をきわめていたこと，などがあげられる．竜脚類の骨の形態には印象に残る数多くの特徴がみられるが，なかでも鳥類がもつような気嚢があったことを示唆する側腔とよばれる空洞を椎骨にもつことがあげられよう．このような巨大な動物にとって，哺乳類のようなふいご式の換気様式での呼吸は非効率的だ．竜脚類はむしろ，鳥類のような換気様式での呼吸をしていたのではないかと考えられる．

竜脚類の頭骨は相対的に小さく，竜脚類のグループの全般的な進化傾向として外鼻孔が頭骨の最上部へと移動していくことが知られ，それはディプロドクス上科（Diplodocoidea）で顕著である．歯の形態は，単純な葉状のものや，口の先端にのみ生える鉛筆状のものなど，多様であった．多くの竜脚類には，鳥盤類（Ornithischia）にみられたような咀嚼適応を示していなかった（Ⅲ部）．その代わり，胃の中の微小生物相（すなわち腸内細菌）が，食物の消化の役割の大部分を担っていたことだろう．しかし，すべての竜脚類で，食物を口に運ぶさまざまな戦略があったようで，それが顎の筋肉や頭骨のデザイン，歯の咬耗の違いに現れている．

ボーンベッドの産状や行跡化石が示すように，一部の竜脚類には社会性があったようだ（社会性をもたないものもいただろう）．行跡に残された証拠から，竜脚類が歩行中に尾を引きずらなかったことは明らかである．また，竜脚類が，少なくとも産卵期には群居性であったことが，近年発見された広大な営巣地の化石から示されている．竜脚類の寿命は数百歳にもなると考えられていたこともあったが，現在では，彼らが幼体の時期にきわめて急速に成長し，寿命も30歳ほどだったろうと考えられている．竜脚類の巣とともに多量の卵や幼体の化石が見つかっていることから，彼らは*r*戦略をとっていたと考えられている．

竜脚類は，大きな体をもつこと自体が防御機能を果たしていたようだが，鞭のような尾や幅広くて鋭い前肢のカギツメも身を守ることに役立っただろう．

竜脚類の途方もない体サイズをみていると，彼らが陸棲の脊椎動物として実際に生きていたことがにわかには信じがたい．彼らは，少なくとも成体では“内温性（または温血性；14章）”の代謝機構をもってはいなかったと考えられる．とはいえ，彼らは大量の食物を摂取しており，小さな口で絶え間なく食べ続ける必要があっただろう．もしある程度成長した健康な個体が群れ集まっていた場合，その棲息地一帯の植生が丸裸にされただろうことは想像に難くない．このことから，竜脚類が食糧となる植物を求めて移動し続けた動物であった可能性が指摘されている．

参考文献

Curry Rogers, K. and Wilson, J. A. (eds.) 2005. *The Sauropods: Evolution and Paleobiology*. University of California Press, London, 349p.

Curry Rogers, K., D'Emic, M., Rogers, R., Vickaryous, M., and Cagan, A. 2011. Sauropod dinosaur osteoderms from the Late Cretaceous of Madagascar. *Nature Communications*, 2 (564), 1–4. doi: 10.1038/ncomms1578

Galton, P. M. and Upchurch, P. 2004. Prosauropoda. In Weishampel, D. B., Dodson, P., and Osmólska, H. (eds.) *The Dinosauria*, 2nd edn. University of California Press, Berkeley, pp.232–258.

Hallett, M. and Wedel, M. 2016. *The Sauropod Dinosaurs*. Johns Hopkins University Press, Baltimore, MD, 320p.

Henderson, D. M. 2004. Tipsy punters: sauropod dinosaur pneumaticity, buoyancy, and aquatic habits. *Proceedings of the Royal Society of London, Series B* (Suppl.), **271**, S180–S183.

Klein, N., Remes, K., Gee, C. T., and Sander, P. M. (eds.) 2011. *Biology of the Sauropod Dinosaurs — Understanding the Life of Giants*. Indiana University Press, Bloomington, IN, 331p.

Seymour, R. S. and Lillywhite, H. B. 2000. Hearts, neck posture and metabolic intensity of sauropod dinosaurs. *Proceedings of the Royal Society of London, Series B*, **267**, 1883–1887.

Tidwell, V. and Carpenter, K. (eds.) 2005. *Thunder-Lizards — The Sauropodomorph Dinosaurs*. Indiana University Press, Bloomington, IN, 495p.

Upchurch, P., Barrett, P. M., and Dodson, P. 2004. Sauropoda. In Weishampel, D. B., Dodson, P., and Osmólska, H. (eds.) *The Dinosauria*, 2nd edn. University of California Press, Berkeley, pp.259–321.

Upchurch, P., Barrett, P. M., Zhao, X., and Xu, X. 2007. A re-evaluation of *Chinshakiangosaurus chunghoensis* Ye vide Dong 1992 (Dinosauria, Sauropodomorpha): implications for cranial evolution in basal sauropod dinosaurs. *Geological Magazine*, **44**, 247–262.

Wedel, M. J. 2003a. The evolution of vertebral pneumaticity in sauropod dinosaurs. *Journal of Vertebrate Paleontology*, **23**, 344–357. doi:10.1671/0272-4634(2003)023[0344:TEOVPI]2.0.CO;2

Wedel, M. J. 2003b. Vertebral pneumaticity, air sacs, and the physiology of sauropod dinosaurs. *Paleobiology*, **29**, 243–255. doi:10.1666/0094-8373(2003)029,0243:VPASAT.2.0.CO;2

Yates, A. M. 2012. Basal Sauropodomorpha: the "Prosauropods". In Brett-Surman, M. K., Holtz, T. R.Jr., and Farlow, J. O. (eds.) *The Complete Dinosaur*, 2nd edn. Indiana University Press, Bloomington, pp.424–443.

Yates, A. M., Bonnan, M. F., Nwevelling, J., Chinsamy, A., and Blackbeard, M. G. 2009. A new transitional sauropodomorph dinosaur from the Early Jurassic of South Africa and the evolution of sauropod feeding and quadrupedalism. *Proceedings of the Royal Society of London, Series B*, **277**, 787–794. doi:10.1098/rspb.2009.1440

鳥盤類
鎧をまとい，ツノで武装し，アヒルのような クチバシをもった恐竜たち

ここまでたくさんの竜盤類（Saurischia：*saur* トカゲ・竜，*isch* 骨盤）を紹介してきたが，本書のず〜っと前の方で，恐竜のなかの二大グループの一つである鳥盤類（Ornithischia：*ornith* 鳥，*isch* 骨盤）について少しふれたのを覚えているだろうか．鳥盤類は1887年に命名されたが，そのときはまだ，鳥盤類がどれほど多様なグループなのかは想像すらされていなかった．現在では，鳥盤類の全容が少しずつわかってきた．鳥盤類の中の恐竜の各グループについては，10章〜12章にかけて順に紹介していく．その前に鳥盤類がどういうグループなのかについてもう少し詳しく見ていこう．

Ⅲ・1 鳥盤類を鳥盤類たらしめる特徴は何か

Ⅱ部で述べたように，鳥盤類は互いによく似ており，数多くの表徴形質がある．これら多くの特徴のうち，重要なのは次の二つだ．

- すべての鳥盤類で，少なくとも恥骨の一部が後ろ向きに伸びて，坐骨に寄り添って平行に並ぶ[*1]．このように後方を向いた恥骨を**後向恥骨**（opisthopubic：*opistho* 後方，*pubic* 恥骨）とよぶ（図Ⅲ・1）．
- すべての鳥盤類は，**前歯骨**（predentary）という特異的な骨をもつ．前歯骨は正中線上にある骨で，下顎の前端を覆うスコップ状の骨である（図Ⅲ・2）．

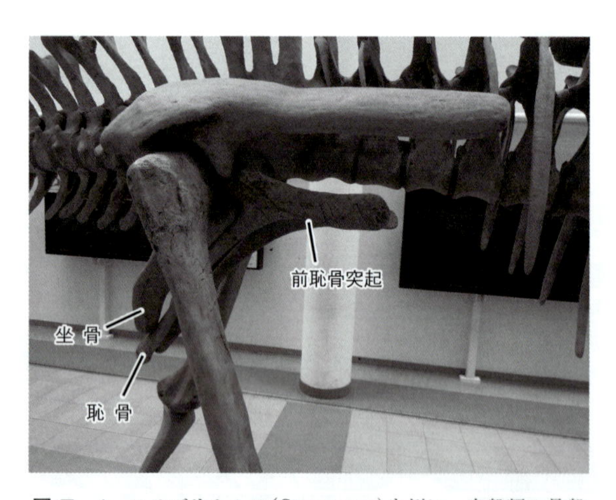

図 Ⅲ・1 ステゴサウルス（*Stegosaurus*）を例に，鳥盤類の骨盤の右外側面観を示す．写真右側が頭側（前方）である．恥骨が後方に伸び，坐骨の下側に添うように並んでいることに注意．これが後向恥骨とよばれる状態である（図5・9，図5・10も参照）．［D. E. Fastovsky 提供．Department für Lithosphärenforschung, University of Vienna にて撮影］

図 Ⅲ・2 ケラトプス科（Ceratopsidae）の恐竜トリケラトプス（*Triceratops*）の頭骨の左の前外側観．前歯骨が下顎の前端を覆っている．

これらの形態的特徴は両方とも，摂食や消化に伴う適応である．原始的な特徴として，恥骨は前方を向いていたことをまず思い出してほしい（図5・9参照）．鳥盤類は後方に向いた恥骨を得ることで，胃（複数の胃をもっていた可能性もある）や消化物の吸収を担う消化管，すなわち腸の表面積を大きくすることができたと考えられている．このように消化器系を発達させると，食べた植物から栄養を得やすくなるのである．大きな消化管をもつことで胴体が樽状に広がったことは，肋骨の形状からも判断できる．また，後述するように，鳥盤類を特徴づける骨の一つである前歯骨は下顎側のクチバシの支えとして機能した．それ以外の鳥盤類の表徴形質は，図Ⅲ・3の分岐図に示した．鳥盤類が単系統であることは強固に支持されていることがわかるだろう．また，恐竜類の中での鳥盤類の系統的な位置づけが読み取れる（Box 5・1参照）．

2009年に発見されたある化石から，鳥盤類の意外な特徴が明らかとなった．それは，原始的（基盤的）な鳥盤類の一つであるティアニュロン（*Tianyulong*）である（図Ⅲ・4）．ティアニュロンには，原始的な羽毛の第一段階にあたると思われる，長い単繊維状の構造があり，それが一列に首から背中，尾まで生えていたのである．

人によってはその化石の発見だけでは疑わしいと思うかもしれない．ところがどっこい，2014年にP. Godefroitらがクリンダドロメウス（*Kulindadromeus*）という，新鳥盤類（Neornithischia；図Ⅲ・3）に分類されるやや派生的な

---

*1 “鳥”では恥骨が後方を向いているため，鳥盤類（Ornithischia）の名が“鳥のような骨盤をもつ”に由来している．しかし，ここまでの章で説明したように，“鳥”は竜盤類（Saurischia）の仲間であることは明白である．とてもわかりにくいだろうが，“鳥”は恐竜類（Dinosauria）の二大グループのうち，“トカゲのような骨盤をもつ”ことに名前の由来がある竜盤類の方に属しているのであって，もう一方の“鳥のような骨盤をもつ”鳥盤類は現在まで生き延びてはおらず，当然ながらここには“鳥”は含まれない．

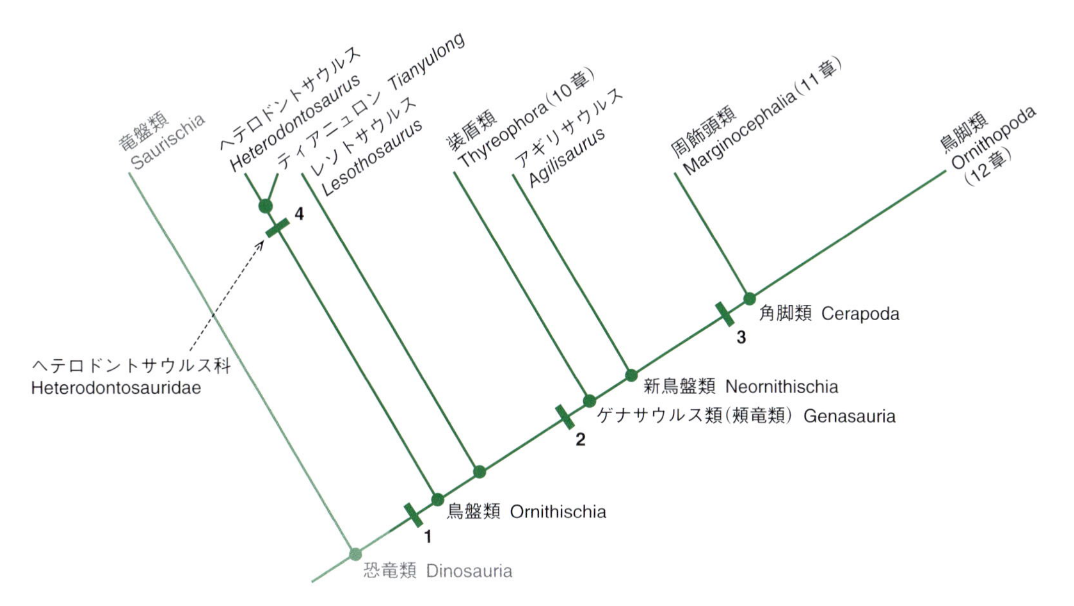

図 Ⅲ・3　鳥盤類(Ornithischia)の分岐図．派生形質は以下のとおり．

1. 鳥盤類(Ornithischia)：骨盤で後方を向いた恥骨(後向恥骨 opisthopubic)をもつこと；前歯骨をもつこと；歯のないゴツゴツした先端の吻部をもつこと；前眼窩窓が狭くなること；眼瞼骨(palpebral)をもつこと；顎関節が上顎の歯列よりも下に位置すること；鈍角三角形状の歯冠をした頬歯をもつこと；五つ以上の仙椎をもつこと；仙椎のあたりに骨化した腱が発達すること；恥骨に小さい前恥骨突起(prepubic process)が発達すること；腸骨に長くて薄い前寛骨臼突起(preacetabular process)が発達すること．
2. ゲナサウルス類(Genasauria)：左右の歯列が正中方向に近づくこと(頬の領域が大きいことを示唆)；下顎外側に空いた穴(外側下顎孔 external mandibular foramen)が小さいこと．
3. 角脚類(Cerapoda)：前上顎骨の歯と上顎骨の歯の間に間隙があること；前上顎骨歯の数が5本以下であること；指状に発達した前位転子〔anterior trochanter：大腿骨の近位外側で大転子(greater trochanter)の前位に張り出す突起〕をもつこと．
4. ヘテロドントサウルス科(Heterodontosauridae)：高い歯冠の頬歯をもつこと；縁歯は歯冠の末端の3分の1のところにのみ小歯が発達すること；前上顎骨と歯骨の両方に犬歯状の歯が発達すること．

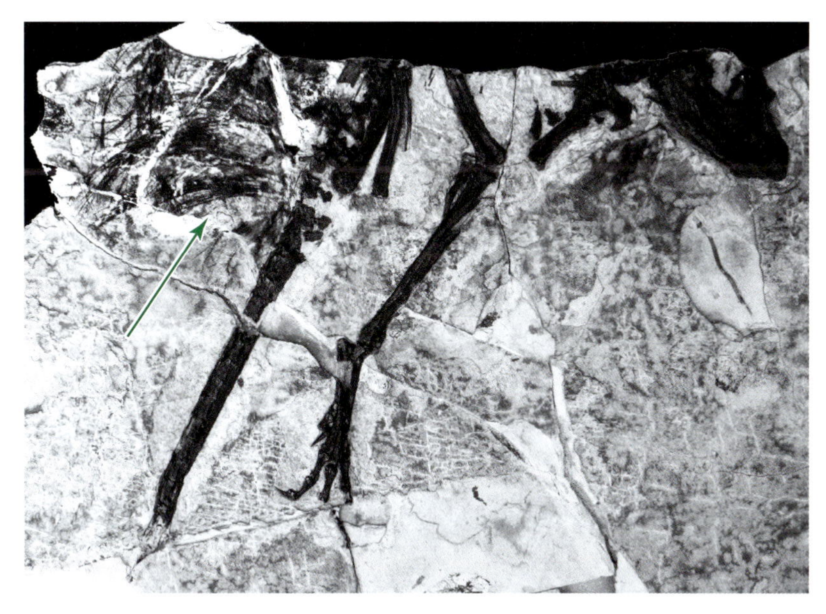

図 Ⅲ・4　基盤的な鳥盤類のティアニュロン(*Tianyulong*)の尾と左後肢．単繊維状の羽毛が生えている(矢印)．頭部は写真の右を向いている．羽毛が原始的な鳥盤類と多くの竜盤類(すなわち獣脚類)でともに見つかっていることから，最節約的な観点からいうと，羽毛は両グループの共通祖先から獲得されていた．つまり，最初期の恐竜ですでに羽毛が獲得されていたということになる．［Xu Xing 提供］

鳥盤類をなんとシベリアから発見し記載した．このクリンダドロメウスは，ウロコのほかに，三つの異なるタイプの羽毛をもっていたのだ．つまり，鳥盤類は少なくとも原始的な段階では，羽毛をもった動物だということが示されたのである（11章）．

これらの事実から，ある明白な疑問に辿り着く―はたして，羽毛ないしその前駆的な構造は基盤的な恐竜類（Dinosauria（ディノサウリア））からすでに獲得されていたのだろうか．その問いに対して手短に答えるなら，“おそらくそうだ”となるだろう．つまり，原始的な単繊維状の羽毛は，基盤的な恐竜，あるいはそれよりももっと原始的なグループにまで遡ることができるのである（5章）*2．

Ⅲ・2 噛むとはどういうことか，噛み砕いて考えてみよう

鳥盤類の特徴として特筆すべき点の一つは，多かれ少なかれ，すべての鳥盤類が食物を咀嚼（そしゃく）したということである．私たちヒトを含め，多くの哺乳類が咀嚼を行うことはご存知のとおりだが，実は脊椎動物のほとんどは咀嚼することができないという事実を知ると驚かれるかもしれない．咀嚼をしない脊椎動物は，食物に単純に咬みついているだけなのだ．これら多くの脊椎動物では，“咀嚼”で行う消化段階（食物をペースト状にすりつぶして消化しやすくすること）を別の器官で行っている．たとえば，竜脚類のように，砂嚢の中で胃石を使って引きつぶしが行われる．しかし，鳥盤類は歯で咀嚼する道を選んだようだ．まずは咀嚼とは何かを解説し，鳥盤類の特殊化についてよりよく理解していこう．

哺乳類の咀嚼

まずは，なじみのある現生動物の哺乳類の咀嚼について，基本的なことを解説していこう．植物食の哺乳類は，体サイズを問わず，頭骨を三つの領域に分けることができる（図Ⅲ・5）．前位にはブレード状の歯〔切歯（せっし）（incisor）である場合が多い〕が並び，食物をごっそりと咬んで摘み取るための領域（cropping part）として機能する．摘み取り領域の後ろに続くのは，**歯隙**（しげき）（diastem）とよばれる領域で，

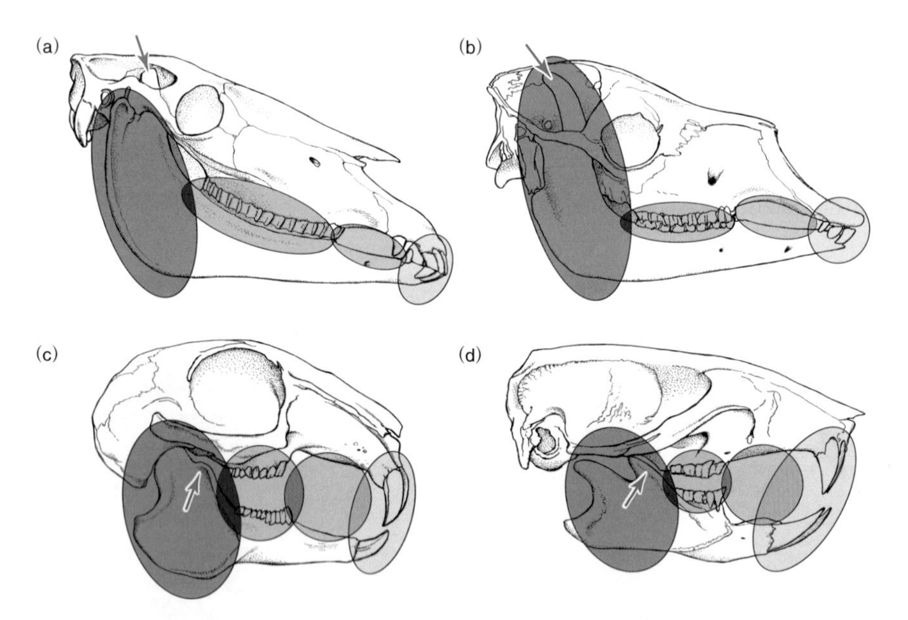

図Ⅲ・5 代表的な植物食の哺乳類の頭骨（スケールはそろえていない）．(a) ウマ（*Equus*（エクウス）），(b) ラマ（*Lama*（ラマ）），(c) ノウサギ（*Lepus*（レプス）），(d) ドブネズミ（*Rattus*（ラットゥス））．頭骨は以下の領域に色分けされている．前方から，食物を摘み取る領域，歯隙（diastem），食物をすりつぶす頬歯（cheek tooth），鉤状突起（coronoid process）など顎を閉じる筋が付着する領域に分けることができる．体サイズや植物の採食様式に関わらず，これらの基本構造が植物食の哺乳類の頭骨にみられる．矢印は鉤状突起を示す．

*2 この問いは，はたして羽毛の進化が一度しか起こらなかったのか，あるいは複数回独立に起こったのかどうか，という点にかかっている．これまでは，羽毛の進化は一度だけだと考えられてきた．もしそうだとすれば，少なくとも翼竜類（Pterosauria）と獣脚類（Theropoda），鳥盤類（Ornithischia）に羽毛が確認されているため，羽毛は原始的な鳥頸類（Ornithodira）の段階ですでに獲得されていたということになる．一方，もし羽毛の進化が複数回起こったのだとすれば，羽毛はこれらのグループでそれぞれ独立に獲得されたということになる．そうなると，羽毛があることが鳥頸類の特徴だとはいえなくなるのだ．この問題についてはまだ審判が下っていない．

歯がまったく（あるいは，ほとんど）なく，おそらくは舌で食物を運搬するための領域だと考えられている．最後に，口の一番奥に鎮座しているのが**頬歯**(cheek tooth)である．哺乳類の場合，前臼歯（premolar）と臼歯（molar）が頬歯に相当する．特に植物食動物は，肉食動物よりも餌を咀嚼する傾向があり，頬歯は前後の頬歯と互いに密着して塊状に並ぶことが多く，植物質の餌をすりつぶすのに使われる．哺乳類では，顎を閉じたときに上顎と下顎の歯がぴったりと隙間なく合わさるが，口を閉じたときに上下の歯が合わさることで，咀嚼時に効果的にすりつぶすことができるようになるのである．

哺乳類の咀嚼に関わるものとして，ほかに二つの形態的特徴をあげることができる．まず，下顎の後部に**鉤状突起**(coronoid process）とよばれる大きな突出部が発達する点である．この鉤状突起は強力な閉顎筋の付着部位となる（図Ⅲ・5）．二つ目にあげられるのが，歯列が頭骨の正中に寄った位置に配置されているという点である．歯列が正中に寄ることによって，**頬**（cheek）の領域が広がる．頬は筋組織からなり，咀嚼の最中に食物が口の外にこぼれないように押しとどめる働きをしている．

つまり哺乳類では，咀嚼機能があることで，頭骨や下顎，歯などに特徴的なデザインが施されているのだ．興味深いことに，ほぼすべての鳥盤類恐竜にも，これらの咀嚼への適応を示す特徴が数多くみられるのである．植物食の哺乳類と鳥盤類恐竜に共通するこれらの特徴は，間違いなく，独立に獲得されたものである．このあと，10章～12章を読み進めていくなかで，鳥盤類のなかのそれぞれのグループの咀嚼適応を見ていこう．

恐竜の咀嚼

原始的な四肢動物(Tetrapoda)では，顎関節が歯列とまったく同じ高さに配置されているのが特徴である（図Ⅲ・6b）．このような場合，顎ははさみのように機能する．具体的には，顎を閉じたときの上下の歯が，顎の後部から前部にかけて順々に咬み合わさっていく（このような顎は，獣脚類でみられる；図6・14参照）．

対照的に，すべての鳥盤類のように，顎関節の位置が歯列よりも低い位置にある場合，顎は工具のペンチのように機能する．つまり，顎の咬合部は前から後ろまで全体が同時に閉じるということである（図Ⅲ・6a）．このような構造の場合，上下の顎に並んだ一連の頬歯が後ろから前の順にせん断していくのではなく，一度に全体がこすれ合うような動きをする．つまり，最も原始的な鳥盤類ですでに優秀な咀嚼機能を備えていたということになる．そして，それ以降に現れた鳥盤類から，咀嚼をしなくなったものはついぞ現れなかった．

すべての鳥盤類を含む多くの恐竜は，口で食物を摘み取るのに歯を用いることはなく，代わりに**角鞘**(rhamphotheca)で覆われたクチバシ（beak, bill）を用いていた．クチバシの表面は，ツノ（horn）やヒラヅメ（nail），蹄（hoof），カギツメ（claw）と同様，タンパク質の一種，**ケラチン質**(keratin，角質）で覆われている．体毛（fur）が恐竜で見つかったことはないが，体毛もまたケラチン質からつくられる構造の一つだということは知っておくとよい．

Ⅲ・3　鳥盤類を俯瞰して

鳥盤類（Ornithischia）は，グループの基底部に近いかなり原始的な段階から，主要なグループへの分岐が起こり，その後の多様化につながっていった．このことは，多くの専門家が，同意するところである（図Ⅲ・3）．

最も原始的な鳥盤類：ヘテロドントサウルス科，レソトサウルス，およびその近縁種

最も基盤的な鳥盤類は，後期ジュラ紀のチリに棲息して

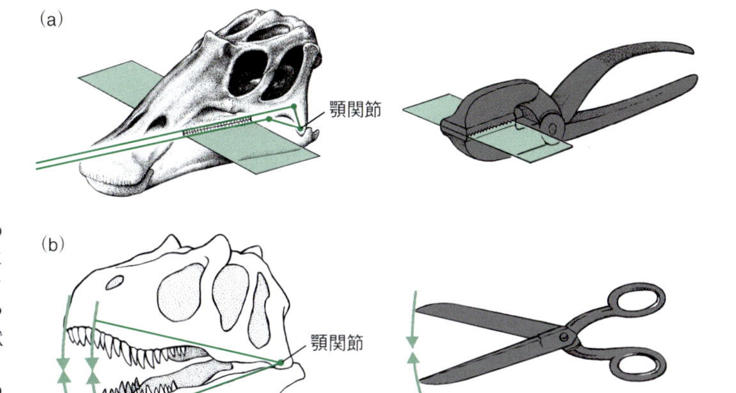

図Ⅲ・6　顎関節の位置の違い．(a) 鳥盤類の場合，顎関節が歯列の高さよりも低い位置にあるため，歯列に並ぶ頬歯は工具の給水ポンプ用ペンチのように同時に咬み合い，すりつぶし運動ができるようになる．一方，(b) 獣脚類の場合，顎関節が歯列と同じ高さにあるため，はさみで物を切るときのように，顎の後ろから前に向かって順に歯が閉じきっていくことになる．

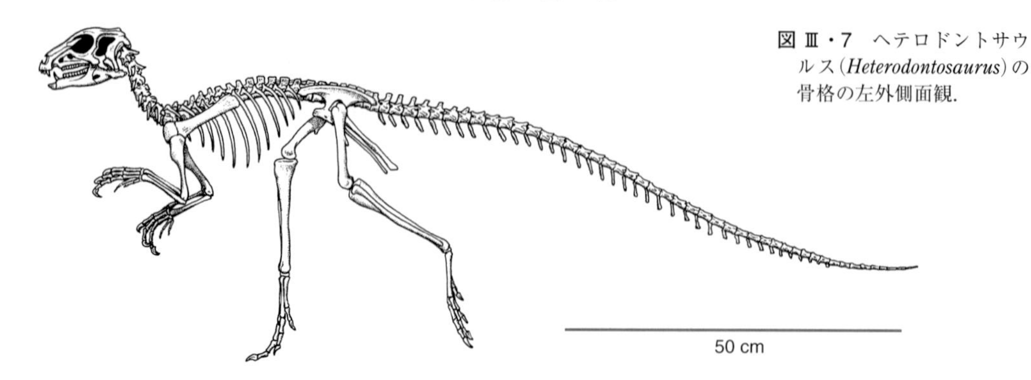

図Ⅲ・7　ヘテロドントサウルス(*Heterodontosaurus*)の骨格の左外側面観.

いたチレサウルス (*Chilesaurus*), もしくは, 謎めいた存在の後期三畳紀(?)のアルゼンチンに棲息していたピサノサウルス(*Pisanosaurus*)である. チレサウルスはもともと, 最初に記載された2015年には, なんと獣脚類だと考えられていた. しかし, その2年後に改めて系統解析が行われ, 原始的な鳥盤類だということに落ち着いたのである. あまりにも原始的だったがゆえ, 解析を行った著者らは, チレサウルスが獣脚類から鳥盤類へと進化する途上の動物なのではないかと示唆したほどだ.

さて, "獣脚類から鳥盤類への移行"とはどういうことだろうか. ここで, Harry Seeleyが1887年に恐竜を鳥盤類と竜盤類の二大グループに分けたところに立ち返ってみよう (§5・4). この観点から恐竜類を俯瞰した場合, 獣脚類の中から鳥盤類が出てくるということはありえようはずもない. というのも, ひとたび竜盤類と鳥盤類が分岐すると, これらの系統はそれぞれ別個に進化をしていくためだ. しかし, 恐竜の系統関係の新しい解釈を適用すると, 話は変わってくる. 新しい解釈では, 獣脚類と鳥盤類が, 鳥肢類 (Ornithoscelida) というグループにひとまとめにされるのだ (Box 5・1参照). となると, 原始的な獣脚類が, 鳥盤類の前駆的な動物になるということもありうるのだ. そうして登場した鳥盤類が, たとえばチレサウルスのような動物だったという可能性もある.

ピサノサウルスの存在についてはもっと心もとないものである. この恐竜は1940年代にアルゼンチンから発見されたのだが, 非常に断片的で保存状態も悪く, 鳥盤類に分類するのも難しい化石であるが, 鳥盤類であれば知られている鳥盤類のなかで最も古い化石記録である. 棲息していた時代の古さ, 化石の不完全さ, 保存状態の悪さなどの懸念事項はあるが, ピサノサウルスはチレサウルスより派生的な形質をもつことは明らかである. ここで再確認しておこう. "古い時代の動物"であることが"原始的な動物"だということにはならない, ということである. これは3章でも述べた重要な違いである.

ヘテロドントサウルス科 (Heterodontosauridae) は小さな二足歩行の鳥盤類 (図Ⅲ・7) だが, その系統的な位置は, 確かなことがまだわかっていない. ヘテロドントサウルス科は原始的な特徴と派生的な特徴を併せもつ. そのため, これが基盤的な鳥盤類だと考える研究者もいれば, 周飾頭類 (Marginocephalia; 11章) の姉妹群だと考える研究者もおり, また, イグアノドン類 (Iguanodontia)[*3] のような派生的な鳥脚類 (Ornithopoda; 12章) の姉妹群だと考える研究者もいる. ヘテロドントサウルス科は, 歯列が頭部の正中に寄っていて, 頬の領域を確保しており, ゲナサウルス類 (Genasauria) の特徴を備えていることから, これらが基盤的なゲナサウルス類だと考える研究者もいる. 本書では暫定的に, これを基盤的な鳥盤類に位置づけることとする (図Ⅲ・3).

ヘテロドントサウルス科はさまざまな点において必ずしも原始的とはいえない動物である. たとえば, 彼らは"のみ"のような形の歯冠をした長い歯を備えており, その歯冠の先端には小歯 (denticle) という小さなギザギザの構造 (図Ⅲ・8a) があった. また, 大きな犬歯のような牙も, 上顎と下顎にそれぞれ備わっており, このような形の異なる歯をもつことがヘテロドントサウルス (*Heterodontosaurus*: *hetero* 異なる, *odont* 歯, *saur* トカゲ・竜) という属名の由来となっている (図Ⅲ・8b). また, 頭骨の形態と歯の摩耗の様子から, 彼らが特異な咀嚼を行っていたことが示唆される. 下顎はおもに鉛直方向に動くが, 左右の下顎がそれぞれ, その前後軸まわりに内側にわずかに回転すること

*3　訳注: 原著では真鳥脚類(Euornithopoda)となっている. しかし, 真鳥脚類は, ヘテロドントサウルス科(Heterodontosauridae)を除く鳥脚類(Ornithopoda)として定義されるグループである. つまり, 鳥脚類の中にヘテロドントサウルス科が含まれていて初めて成立するグループとなる. しかし, 本書はヘテロドントサウルス科を鳥脚類の外群として扱っているため, その前提のもとでは, 真鳥脚類という分類群は本来, 成立しない. そこで, 日本語版では, 真鳥脚類に代替できるグループとしてイグアノドン類(Iguanodontia)を使うこととする.

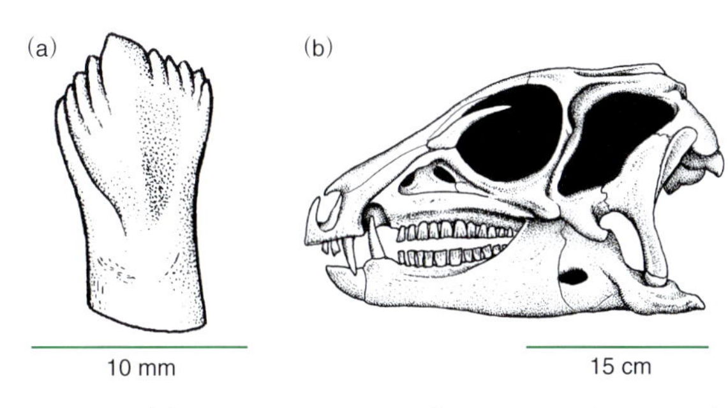

図Ⅲ・8 (a) ヘテロドントサウルス科のリコリヌス(*Lycorhinus*)の上顎の歯. (b) ヘテロドントサウルス(*Heterodontosaurus*)の頭骨の左外側面観.

で，咀嚼の効率を大幅に高めていたようだ（図Ⅲ・9）. この機構によって，物を噛むごとに，より効率的にすりつぶすことができたようだ. 彼らは強力な前肢とカギツメのついた手をもっていたが，これらは植物をつかんだり，根や塊茎を掘り起こしたりするのに使われたのだろう.

他の多くの鳥盤類と同様，ヘテロドントサウルス科が犬歯状の牙を発達させてきたのは，同種の個体（おそらくはオス）同士の闘争や，儀式的なディスプレイ行動，社会性のある集団内での順位を決めること，あるいは求愛行動などに関係して進化してきたものなのだろう（11章）. 現生

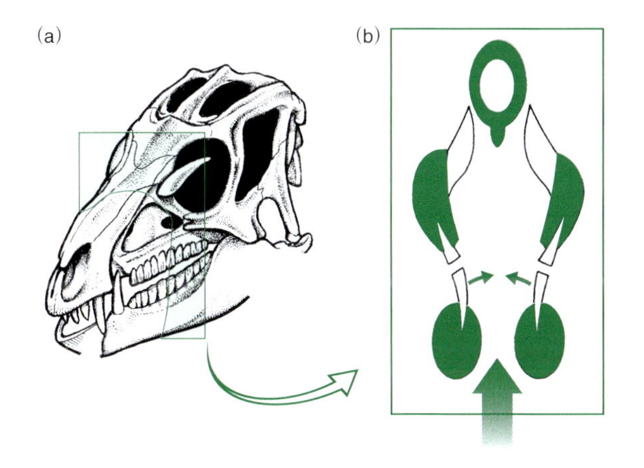

図Ⅲ・9 ヘテロドントサウルス科(Heterodontosauridae)の顎の運動機構. 噛む際に下顎がどのように動くかを図示している. (a) ヘテロドントサウルス(*Heterodontosaurus*)の頭骨. (b) 正面から見た左の上顎および下顎の歯の咬合時の歯の動き. 下顎を閉じると，下顎が前後軸まわりに内側へわずかに回転する.

動物でディスプレイ用の牙をもつ例としては，牙をもったシカのような見た目のトラグルス科（マメジカ科 Tragulidae）があげられる. マメジカはアジアやアフリカに棲息する現生の哺乳類であり，性的成熟に伴ってオスとメスで異なる形で発達する（これを性的二型という；6章）牙がある. ちょうど，ヘテロドントサウルス科にみられる牙と同じである. このマメジカの牙は，種内闘争や儀式的なディスプレイ行動，社会性の順位を決めるのに使われている. ヘテロドントサウルス科はさらに，頰のあたりにコブ状の隆起が発達する（それゆえ，頰部の牙“jugal boss”とよばれる[*4]）が，この構造も相手に見せつけることでの視覚的な効果があったのかもしれない.

他の鳥盤類も，異なる方法でディスプレイ行動をしていただろう. すでにティアニュロン（*Tianyulong*）については紹介したが，これは中国・遼寧省西部から発見された，羽毛が生えたヘテロドントサウルス科である（図Ⅲ・4）. 羽毛の色や模様によっては，これらの原始的な羽毛はディスプレイとしての機能があったかもしれないし，交尾の相手を選ぶこと（6章）や縄張りの主張，周囲環境に溶け込むカモフラージュ，体の保温（5章，13章）などに活用されていたのかもしれない.

レソトサウルス（*Lesothosaurus*）[*5]は，小型で脚が長い，前期ジュラ紀の南アフリカに棲息していた植物食恐竜である（図Ⅲ・10）. レソトサウルスは，顎関節が歯列より低い位置になること（図Ⅲ・6a）など，典型的な鳥盤類の表徴形質をそろえていた. こうした形質から，この恐竜が咀嚼を行っていたことを示唆している. ただし，これ以外の鳥盤類に関しては，暗示どころではない，咀嚼の明確な証拠を見てとることができる.

Ⅲ・4 その他の鳥盤類

ゲナサウルス類

最も基盤的な鳥盤類をここまで紹介してきたが，“それら以外のすべての鳥盤類”は**ゲナサウルス類**（頰竜類，Genasauria：*gena* 頰，*saur* トカゲ・竜）というグループに含められる. グループ名の由来は，これらの恐竜がよく発達した頰をもっていることにある. ゲナサウルス類は，二つの大きなグループと，本書では深く取扱わないいくつかの恐竜を含む. 大きなグループの一つが装盾類（Thyreophora；

---

*4 頭骨を構成する骨の一つ，頰骨(jugal)の一部が隆起した構造のため，こうよばれる.

*5 レソトサウルス(*Lesothosaurus*)の系統的な位置は誰もが認めるような形ではっきりと定まったわけではない. Butler ら(2008)による鳥盤類(Ornithischia)を包括的に扱った系統解析によれば，レソトサウルスはそれまで定位置とされてきた鳥盤類の基盤的な位置ではなく，装盾類(Thyreophora：10章)の基盤的な位置に置かれると解釈された. これはつまり，ステゴサウルス類(Stegosauria)やアンキロサウルス類(Ankylosauria)により近縁な動物だということを意味する. しかし，この解釈は広く受け入れられているわけではない. したがって，本書では，より広く受け入れられている従来の定位置，すなわち，鳥盤類の基盤的な位置にレソトサウルスを置くこととした. それにしても，基盤的な新鳥盤類(Neornithischia)の系統関係は実にしっちゃかめっちゃかである(Box 12・1 参照).

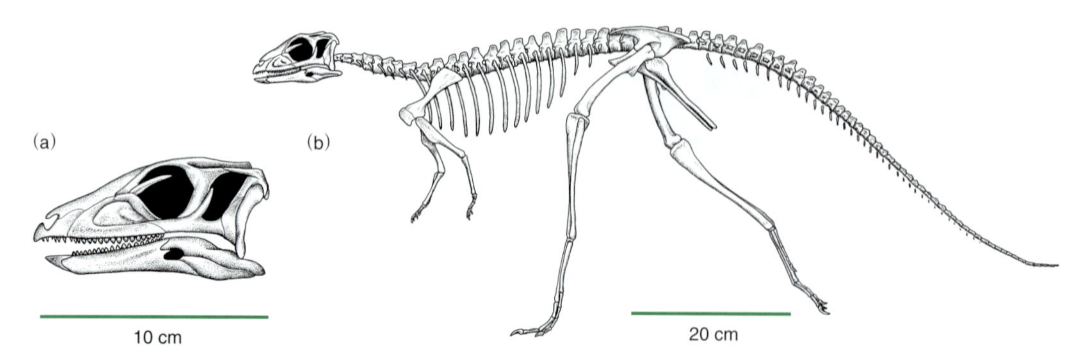

図Ⅲ・10　基盤的な鳥盤類恐竜のレソトサウルス（*Lesothosaurus*）の（a）頭骨と（b）骨格の左外側面観を示す．

10 章）で，もう一つが新鳥盤類（Neornithischia）である．新鳥盤類には角脚類（Cerapoda）が含まれ，その角脚類はさらに周飾頭類（Marginocephalia；11 章）と鳥脚類（Ornithopoda；12 章）に分けられる．ゲナサウルス類に含まれる恐竜はすべて，筋肉でできた頬を備えていた．この頬の存在は，歯列が頭部の外側面から内側へ深く入り込んで並んで配列することや，下顎の前方がポットの注ぎ口のように先細りになっていること，そして下顎の外側に開いた孔（**下顎孔** mandibular foramen）が小さくなることなどによって示唆され，他の恐竜とは異なる特徴的な点としてあげられる．頬の存在なくして咀嚼を行うことはできない．そのため，咀嚼はゲナサウルス類が常日頃行っていた行動だろうと考えられている．わけのわからない恐竜の名前を“ごった煮”にしたように思われるかもしれないが，これらの恐竜がどのような関係にあるかについては，図Ⅲ・3 の分岐図を見ればはっきりとわかるだろう．

装 盾 類

装盾類（Thyreophora：*thyreo* 盾，*phor* 装備する）は，皮質性の装甲をまとっていることに由来するグループ名である．装盾類はゲナサウルス類のなかでも，キールのある皮骨（scute），もしくは皮骨板（bony plate）を何列も背中に並べたものが含まれる．装盾類のなかでもとりわけ有名なグループは，ステゴサウルス類（Stegosauria）とアンキロサウルス類（Ankylosauria）だが，本書ではそれ以外の装盾類についても含めて紹介する（10 章）．

新 鳥 盤 類

分岐図を少し登っていくと現れるのが，やや派生的なグループの**新鳥盤類**（Neornithischia：*neo* 新，Ornithischia 鳥盤類；図Ⅲ・3）だ．原始的な新鳥盤類には，さまざまな種類の小型で二足歩行性の恐竜が含まれるが，鳥盤類の中での系統的な位置づけはまだはっきりしていないものが多い．本書ではこれらを“基盤的新鳥盤類”と称しておこう．ここでは“基盤的新鳥盤類”の系統関係について悩むと泥沼にはまるので，12 章で再び登場してもらうこととしよう．

角 脚 類

角脚類（Cerapoda：*cera* ツノ，*pod* 足）は，ケラトプス類（Cera-[topsia]）+鳥脚類（[Ornitho]-poda）を組合わせたグループ名で，ゲナサウルス類のなかでも，前上顎骨歯（premaxilla teeth）と上顎骨歯（maxilla teeth）の間の歯隙がより顕著に発達したほか，それ以外のいくつかの派生形質で特徴づけられる（図Ⅲ・3）．角脚類のなかに，周飾頭類（Marginocephalia：*margin* 縁，*cephal* 頭）というグループがあるが，これは周飾頭類の原始的な仲間も含めて，頭骨の後部に特異的な棚状の構造が発達することでまとめられる．周飾頭類に含まれるのは，ドーム状の頭部をもったパキケファロサウルス類（Pachycephalosauria）とケラトプス類（Ceratopsia）という，鳥盤類のなかでもよく知られた二つのグループである（11 章）．特に，ケラトプス類は後期白亜紀の北米などから見つかる“角竜（horned dinosaur）”として有名である．

鳥脚類（Ornithopoda）のうち，特にイグアノドン類（Iguanodontia）は，咀嚼の効率を，生物進化史上，最高のレベルまで引上げた仲間である．このグループのなかには，“鴨嘴竜（duck-billed dinosaur）”として有名なハドロサウルス科（Hadrosauridae）や，一番最初に化石として認識された恐竜の一つであるイグアノドン（*Iguanodon*）が含まれる．彼らとの出会いは 12 章まで待ってもらおう．

参考文献

Baron, M. G. and Barrett, P. M. 2017. A dinosaur missing link? *Chilesaurus* and the early evolution of ornithischian dinosaurs. *Biology Letters*, 13, 20170220. doi: 10.1098/rsbl.

2017.0220

Boyd, C. A. 2015. The systematic relationships and biogeographic history of ornithischian dinosaurs. *PeerJ*, 3, e1523. doi: 10.7717/peerj.1523

Butler, R. J., Upchurch, P., and Norman, D. B. 2008. The phylogeny of the ornithischian dinosaurs. *Journal of Systematic Paleontology*, 6, 1–40.

Norman, D. B., Witmer, L. M., and Weishampel, D. B. 2004. Basal Ornithischia. In Weishampel, D. B. and Dodson, P. (eds.) *The Dinosauria*, 2nd edn. University of California Press, Berkeley, pp.325–334.

Sereno, P. C. 1986. Phylogeny of the bird-hipped dinosaurs (Order Ornithischia). *National Geographical Research*, 2, 234–256.

Chapter

10 装盾類：鎧をまとった恐竜たち

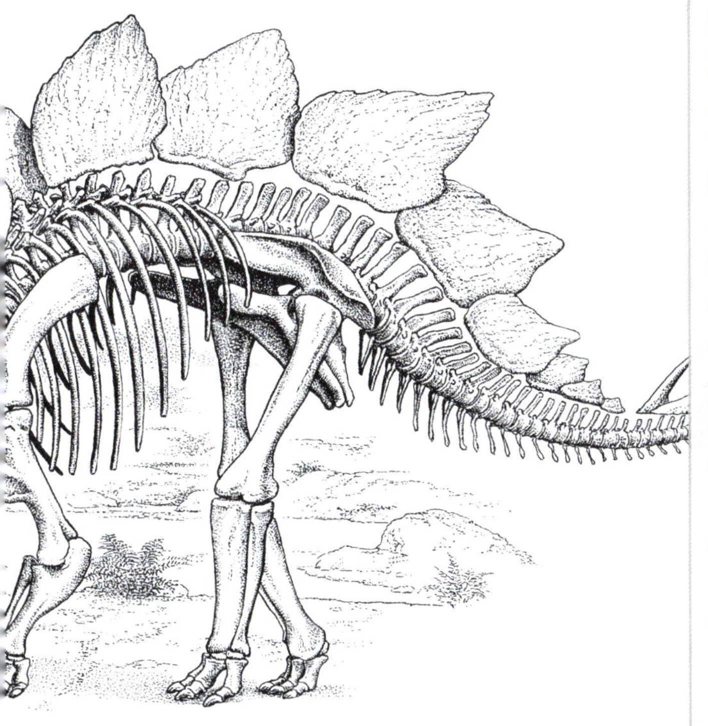

図 10・1　装盾類(Thyreophora)を構成する二大グループの代表種．(左) 前期白亜紀の米国・ユタ州に棲息していたアンキロサウルス類(Ankylosauria)のガストニア(*Gastonia*)．(右) 後期ジュラ紀の米国に棲息していたステゴサウルス類(Stegosauria)のステゴサウルス(*Stegosaurus*)．

What's in this chapter

鳥盤類には主要なグループがいくつか含まれるが，本章では，そのうちの装盾類(Thyreophora) を紹介する．ラテン語の学名は少し発音が難しいだろうが，何とかなるだろう．このグループについて理解を深めていくために，

- 装盾類を構成する二つの主要なグループ, ステゴサウルス類 (Stegosauria) とアンキロサウルス類 (Ankylosauria) をそれぞれ紹介する．
- 装盾類がどうやって捕食者から身を守っていたかを学ぶ．
- 装盾類の生活がどのようなものだったかを理解する．
- 装盾類の起源や，グループ内の系統的な関係を理解する．ただ残念なことに，生命史において彼らが最終的にどうなったかは皆の知るところである．

10・1 装盾類

装盾類(そうじゅんるい)（Thyreophora(ティレオフォラ): *thyr* 楯, *phor* 装備）の体はとにもかくにも防御のために設計されており，進化の結果，鎧をまとうようになった．この戦略で生き抜くことを決めたのは功を奏したようで，装盾類はおよそ1億年もの期間この地球上で繁栄し，現在知られているだけで50種に達するほどの多様性を示すに至ったのだ．

装盾類ってどんな動物？

すべての装盾類は，首から背中，尾まで，皮骨を体の前後方向に何列も並べていることで特徴づけられる．このグループに含まれる動物の大部分は二つの主要なクレードに含まれる．一方がステゴサウルス類（Stegosauria）で，もう一方がアンキロサウルス類（Ankylosauria）である（図10・1）．ステゴサウルス類とアンキロサウルス類はともに，単系統群である広脚類（Eurypoda）を構成する．この二つの主要なグループの外群に，原始的な前期ジュラ紀の装盾類が何種類かおり，これらで装盾類が構成される．図10・2に基盤的な装盾類の系統関係を示す．

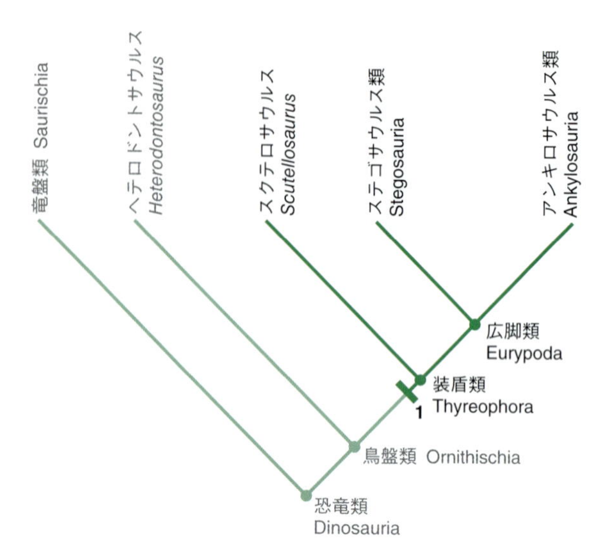

図 10・2　装盾類(Thyreophora)の分岐図．鳥盤類(Ornithischia)のなかでの装盾類の位置づけに注目せよ．派生形質は以下のとおり．
1. 装盾類(Thyreophora) 側方に広がった頰骨突起(jugal process)をもつこと；背部にキール状(舟底のような形)の突起がある皮骨が平行に何列も並ぶこと．

原始的な装盾類

広脚類はステゴサウルス類とアンキロサウルス類から構成されるが，その外群となる原始的な装盾類には，スクテロサウルス（*Scutellosaurus*），エマウサウルス（*Emausaurus*），スケリドサウルス（*Scelidosaurus*）の3種が知られている（図10・3）[*1]．これら3種はあらゆる点において原始的な特徴をもつ鳥盤類（Ornithischia(オルニティスキア)）だが，**皮骨**（osteoderm）という，皮膚の中に形成される骨が背中から尾まで並ぶという，装盾類の表徴形質も兼ね備えていた．これら3種のうち，2種は二足歩行性で，恐竜類の原始的な状態を残し

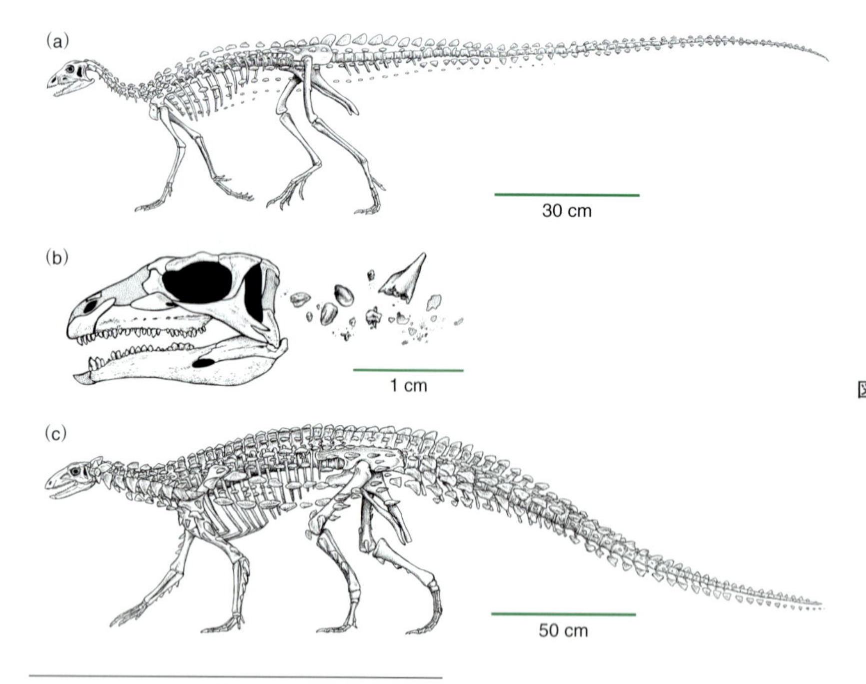

図 10・3　原始的な装盾類(Thyreophora)の左外側面観．(a) 前期ジュラ紀の米国・アリゾナ州に棲息していたスクテロサウルス(*Scutellosaurus*)．(b) 前期ジュラ紀のドイツに棲息していた，断片的な化石で知られているエマウサウルス(*Emausaurus*)．(c) 前期ジュラ紀の英国に棲息していたスケリドサウルス(*Scelidosaurus*)．

*1　Butler ら(2008 年)の仮説が正しければ，レソトサウルス(*Lesothosaurus*)が4番目に加わるかもしれない．

ていた．ただ，残りの1種スケリドサウルスだけは四足歩行性だったと考えられ，この歩行姿勢が以降すべての装盾類に引き継がれていった．

10・2 広　脚　類

広脚類（Euripoda：*eury* 広い，*pod* 足）は，派生的な装盾類のクレードである．ここには，鳥盤類恐竜のなかでも二つの名の知れたグループであるステゴサウルス類とアンキロサウルス類が含まれる（図10・2）．彼らについて詳しく見ていこう．

10・3 広脚類：ステゴサウルス類

ステゴサウルス類（Stegosauria：*stego* 屋根，*saur* トカゲ・竜；剣竜ともいう）は中型の恐竜で，全長は3〜9 m，体重（質量）は300〜1500 kgほどであった．ステゴサウルス類は，皮骨が棘状（スパイク）ないし板状（プレート）に発達した皮骨板をもつことや，四足歩行性の姿勢によって特徴づけられる（図10・4）．彼らの後肢は前肢と比べてかなり長かったため，体は前の方が下向きに傾いていた（図10・5）．ツメをもつ一部の指には幅広いヒヅメがついていた（訳注：恐竜を含む主竜類の手は，第Ⅳ，第Ⅴ指にツメがない）．ステゴサウルス類は，動物の棲息個体数としてはそれほど多くはなかった．しかし，広い地域に分布を広げていたことがわかっており，これまでに中国，モンゴル，インド，米国，スペイン，フランス，英国から見つ

図 10・4　後期ジュラ紀の中国・四川省に棲息していたステゴサウルス類（Stegosauria）のトゥオジアンゴサウルス（*Tuojiangosaurus*）．

図 10・5　いわゆる"剣竜（plated dinosaurs）"のなかで最も有名な恐竜，後期ジュラ紀の北米に棲息していたステゴサウルス（*Stegosaurus*）．(a) 斜め前方から，および (b) 斜め後方からの写真．この恐竜は，かつて親しまれたような背中を丸めたようなポーズで組立てられてはおらず，このように背部の靭帯やプレートが尾をまっすぐ水平な姿勢に保っていた．［D. E. Fastovsky 提供］

かっている．ほかにも，南アフリカから発見された装盾類もステゴサウルス類に分類されている．ステゴサウルス類は中生代を細々と生き延びていった．最も古い記録が中期ジュラ紀で，白亜紀の中頃に途絶えたようである．

ステゴサウルス類の生活様式

ロコモーション（移動運動） ステゴサウルス類の体の構造を見る限り，彼らが速く移動できた動物だったとは考えにくい（図10・6）．実際，ステゴサウルス類は長い後肢に短い前肢というバランスの悪い四肢をもっているため，歩きにくかっただろうと推測される．というのも，前肢と後肢を同じ歩調（cadence: 歩行中に足が地面に達する頻度）で動かすと，後肢の歩幅が前肢の歩幅よりもずっと大きくなってしまうのである．もし，高速で移動すると，なんと後半身が前半身を追い越して，尻が頭を追い越してしまうのである．この難題は二つの方法によって回避できる．まず，1）走行中に前肢を地面から離して一時的に二足歩行で走るという方法，あるいは，2）常にゆっくりと歩くという方法である．ステゴサウルス類の重心から察するに，1）の方法をとったとは考えにくい．一番もっともらしい方法は，ステゴサウルス類が非常にのんびりしており，どんなに急いでもせいぜい最高時速 6.5〜7.0 km でしか歩けなかったという説である（13章）．彼らがお腹を満たすために食べていた植物は逃げ回ることがないため，植物食動物にとっては，速く走って獲物を追いかける能力など重要ではないのだ．

ステゴサウルス類はどうやら成長速度も遅かったようだ．恐竜の幼体から成体までの成長速度は，骨組織の種類をよく観察することで推測できる（13章）．ステゴサウルス類の成長に関する近年の研究によると，他の主要な恐竜の分類群の平均的な成長速度と比べて，ステゴサウルス類は大きくなりすぎないようにゆっくりと時間をかけて成長したようだ．このことは，ステゴサウルス類がどのように背中の皮骨板（プレート）を使っていたかについて，ちょっとしたヒントを与えてくれる（後述の“スパイクとプレート”の項参照）．

食事の仕方 ステゴサウルス類の採食行動は，カメの仲間や鳥類と同じように，まず上顎と下顎の先端，およびその両方を覆う角鞘から構成されるクチバシを用いることから始まる（図10・7）．上下のクチバシはおそらく先端がとがっており，枝葉を摘み取って引きちぎるのに使われたのだろう．

他のすべてのゲナサウルス類（Genasauria; Ⅲ部）と同様に，ステゴサウルス類の歯列は内側に入り込んでいた．つまり，そこには頬があったということを示しており，咀嚼もしていたことを示している．しかし，どのくらい効率良く咀嚼していたかについては定かではない．ステゴサウルス類の頬歯は比較的小さくて単純な構造をしており，三角形をなしていた（図10・8）．そして，頬歯の配置は隙間だらけで，効果的に食物をすりつぶすことができなかったと考えられる．さらに言えば，歯を使って食物をすりつぶすような植物食動物では，歯に咬耗面（上下の歯がこすれ合うことで削れ，形成される平らな面のこと）が発達するものだが，ステゴサウルス類の頬歯にはそれがみられない．そしてさらに，顎を閉じる筋が効率良く働くための鉤状突起とよばれる構造（図Ⅲ・5参照）が，ステゴサウルス類では発達していなかった．彼らは本当に咀嚼をしたのだろうか．していたのかもしれないが，咀嚼を行う他の脊

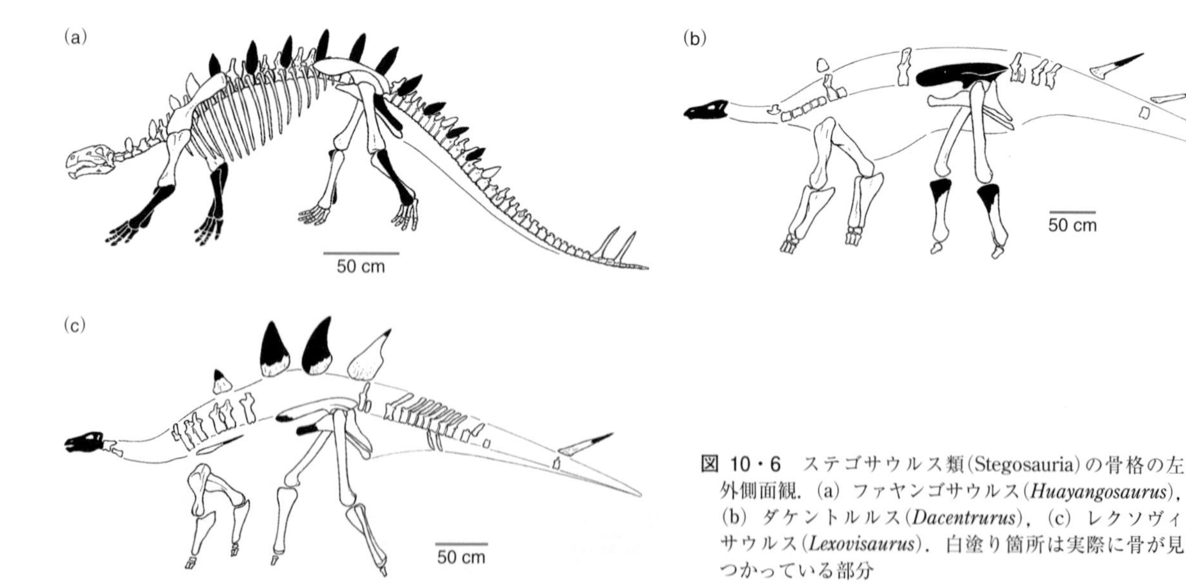

図 10・6 ステゴサウルス類(Stegosauria)の骨格の左外側面観．(a) ファヤンゴサウルス(*Huayangosaurus*), (b) ダケントルルス(*Dacentrurus*), (c) レクソヴィサウルス(*Lexovisaurus*)．白塗り箇所は実際に骨が見つかっている部分

図 10・7　ステゴサウルス類の頭骨の左外側面観(左列)，および背側面観(右列)．
(a, b)ステゴサウルス(*Stegosaurus*)．
(c, d)ファヤンゴサウルス(*Huayangosaurus*)．
(e, f)トゥオジアンゴサウルス(*Tuojiangosaurus*)．
(g)チュンキンゴサウルス(*Chungkingosaurus*)．

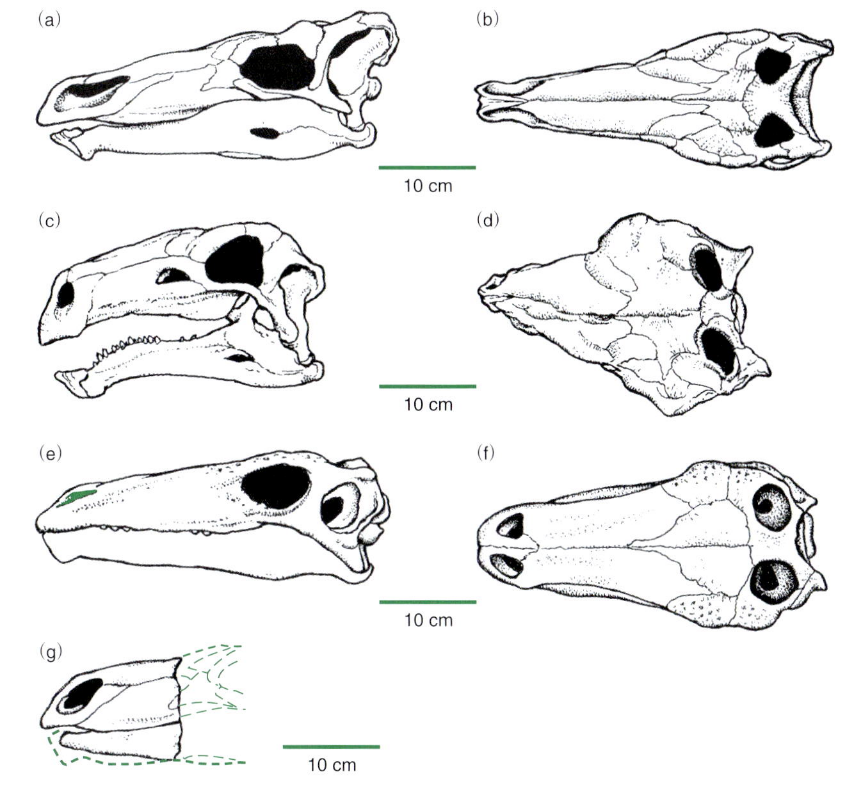

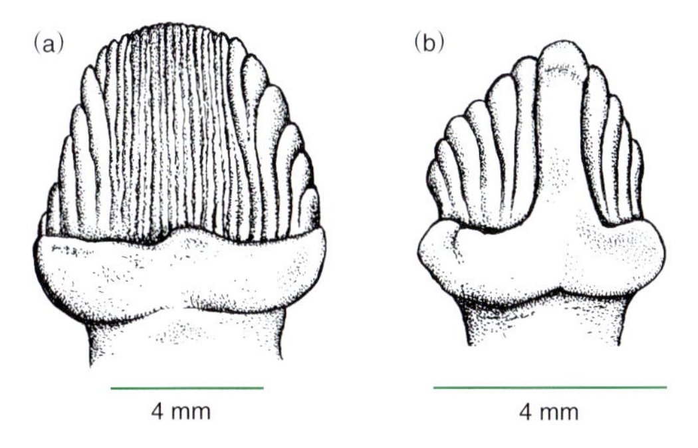

図 10・8　ステゴサウルス類(Stegosauria)の上顎歯の舌側図(内側から見た図)．(a)ステゴサウルス(*Stegosaurus*)，(b)パラントドン(*Paranthodon*)．

椎動物と比べたら，ステゴサウルス類は効果的な咀嚼ができなかっただろう．

それでは，ステゴサウルス類はどんな方法で食物をすりつぶしていたのだろうか．鳥は筋で囲まれた砂嚢とよばれる消化管をもっており，その中に取込んだ胃石(gastrolith；6章)を用いて食物をすりつぶしている．もしステゴサウルス類にも胃石が見つかっていれば，彼らが胃石を使って食物をすりつぶしていたといえただろう．しかし残念ながら，胃石は"古竜脚類(prosauropods)"や竜脚類(Sauropoda)(サウロポーダ)，プシッタコサウルス科(Psittacosauridae)(プシッタコサウリダエ)，オルニトミモサウルス類(Ornithomimosauria)(オルニトミモサウリア)といった他の恐竜で見つかっているにもかかわらず，ステゴサウルス類では一切見つかっていないのだ．結局のところ，ステゴサウルス類は，あまり咬耗していない歯をもち，消化管を収める領域が広く，枝葉を摘み取るための角鞘で覆われたクチバシをもち，顎を閉じる筋が弱く，そして頬をもっていたことが特徴としてあげられるものの，彼らが植物食だったということ以外は，どうやって食べ物を消化していたかについては，ほとんどわかっていないのである．

それでは，ステゴサウルス類はどんな物を食べていたのだろうか．まず，彼らの頭は地上から 1 m ほどの高さにしかない．したがって，ステゴサウルス類は低い植生，すなわち地上すれすれのところにあるシダやソテツ，あるいは葉状の裸子植物(gymnosperm；15 章)を食べていたのではないかと考えられる．

もちろん，中生代に生きていた動物のなかで，低い植生を食べていた動物はステゴサウルス類だけではない．当時はステゴサウルス類よりもずっと効果的な咀嚼ができた植物食恐竜がほかにもたくさんおり，ステゴサウルス類は特にこうした植物食恐竜と競争する関係にあっただろう．ほかの恐竜が，非選択的に植物を摘み取っている傍らで，ステゴサウルス類はその細長い頭骨を利用して，植物のなかで一番栄養価の高い部位を選択的に摘み取るようなことをしていたのかもしれない.

また一方で，ステゴサウルス類が背の低い植物ばかりを食べていたわけではなかった，ということも考えられる．実際，ステゴサウルス類は後肢だけで立ち上がって，高いところの植物を食べあさることができたと考える研究者もいる．このとき，力強く柔軟な尾が第三の“脚”として機能すれば，全体で三本脚を使って立つことができたろう（竜脚類を思い返してもらいたい）．もしそのようなことができたとしたら，最大級のステゴサウルス類であれば，6 m の高さの枝まで届くことができただろう．

脳ミソは何個？ 0 個, 1 個, それとも 2 個？　大部分のステゴサウルス類が絶滅してから 1 億 5000 万年ほども時間が経過して実際の姿を知ることができなくなっても，彼らが決して賢い動物ではなかったことは間違いない．成体のステゴサウルス類の脳のサイズは，体重（質量）のおよそ 0.001% しかなかったと見積もられている．この体重(質量）に対する脳サイズの質量比は, 知力の指標（gray-matter scale）ともなるが，ステゴサウルス類のそれは，恐竜のなかで比較してもダントツの最下位である（図 10・9）．ステゴサウルス類の生活戦略として，賢くある必要はなかったのだろう．実際のところ, 彼らの脳は極端に小さい．脳があまりにも小さいため，過去の研究者が骨盤のあたりの一連の椎骨（いわゆる仙椎）で，脊髄を収めるための空洞（椎孔）が広がり，椎孔が連結して形成される脊柱管が拡大していることに注目し，そこに第二の脳があったのではないかと考えたほどである．そこで，頭に脳が一つ，そして骨盤に頭の脳を補うための脳がもう一つ，といった具合に，二つの脳をもったステゴサウルスの恐竜像ができ上がってしまったのだ．これに感化され，多くの文学作品が生まれた．ほんの二例ばかりだが，Box 10・1 に紹介したので，見てもらいたい．

ステゴサウルス類の仙椎で拡大した脊柱管，いわゆる“後部の脳”とされているものが，何のためにあったのかについてはまだ大きな謎として残されている．多くの脊椎動物で，仙椎の脊柱管が広がることが知られているが，これは後肢へ伸びる神経が通るためである．しかし，ステゴサウルス類では仙椎の前位で特に椎孔が拡張しており，そこに形成される脊柱管の容量は脳の 20 倍ほどもある．現生の鳥の一部にも，位置の椎骨に同様の広がりをもった孔をもつものがいるが，これは神経系に栄養を供給する**グリコーゲン**（glycogen: 複雑な構造をした糖分子で，体内に貯蔵でき，かつ分解してエネルギーを得ることができる）を貯蔵するための機能をもっていると考えられている．1990 年代初頭に，進化生物学者かつ解剖学者の Emily Bucholtz は，ステゴサウルス類の骨盤にある大きな脊柱管にもグリコーゲンが貯蔵されていたではないか，という説を提唱した．おそらく，この仮説がステゴサウルス類の仙椎の脊柱管の大きな広がりを最もよく説明できているのではなかろうか．

以上のような憶測についてはひとまず置いておいて，ステゴサウルス類のうち，ケントロサウルス（*Kentrosaurus*）とステゴサウルス（*Stegosaurus*）については脳函の構造が知られている（図 10・9）．彼らの脳函は細長く，やや湾曲しており，そしてなによりも“小さい”ものであった．ただし, 脳の中で動物の嗅覚を司る領域である**嗅球**（olfactory bulb）だけは発達していた．ステゴサウルス類の生活様式は非常にゆったりとしていて，複雑な動きをするようなものではなかったのは間違いないようだが，ときどき立ち止まっては優雅にバラの花の香りでも嗅いでいたのだろう…．ただし, もしその時代にバラがあれば, の話だが…*2.

謎の動物たちの社会性　ステゴサウルス類の社会的な行動や, 彼らの生活史についてはほとんどわかっていない．巣の化石はおろか，卵化石，卵殻の破片，胚の化石すら，ステゴサウルス類では一切知られていないのである．ステゴサウルス類の幼体や子供の化石がわずかに見つかっているが，それが唯一，亜成体の生活様式を推し量ることができる材料である．

成熟した個体には**性的二型**（sexual dimorphism）が見られたのではないかと考える研究者もいる. 性的二型とは，オスとメスの違いが形態の違いとして現れることである．彼らの主張するところによると，ステゴサウルス類の性的二型は，骨盤を構成する胴椎や仙椎の肋骨の数や，大腿骨の大きさに現れるということだが，これらの形質で性的二型がはっきり見られるということは示されてこなかった．しかし，2016 年の研究で，ステゴサウルス（*Stegosaurus*）の皮骨板（プレート）の大きさと形状で，二型が明確に示された．形態は二つの型に分かれていて中間的なものがないことや，一方の型の皮骨板が他方の型よりも 45% 大きく幅広いこと，二つの型の個体数がほぼ同数であることなど，この形態的な差異が性差によるものではないかと推察されるのに十分な条件が出そろっている．

ステゴサウルス類に社会性がどの程度発達していたかについても，ほとんどわかっていない．タンザニアのテンダグルー（16 章）から見つかったケントロサウルス（*Kentrosaurus*）は, 多数の個体が, 関節が外れてはいるものの, 個々の骨格が識別できる状態で密集して見つかっている．このことから，ケントロサウルスは群れをつくったり社会性をもった行動を行うような**群居性**（gregarious）の動物だったのではないかと考えられる．同様の産状が，米国・モンタナ州から発見されたステゴサウルスで知られている．ス

*2　バラが地球上に登場したのは，ステゴサウルス類が絶滅してしばらく経ってからのことである (15 章).

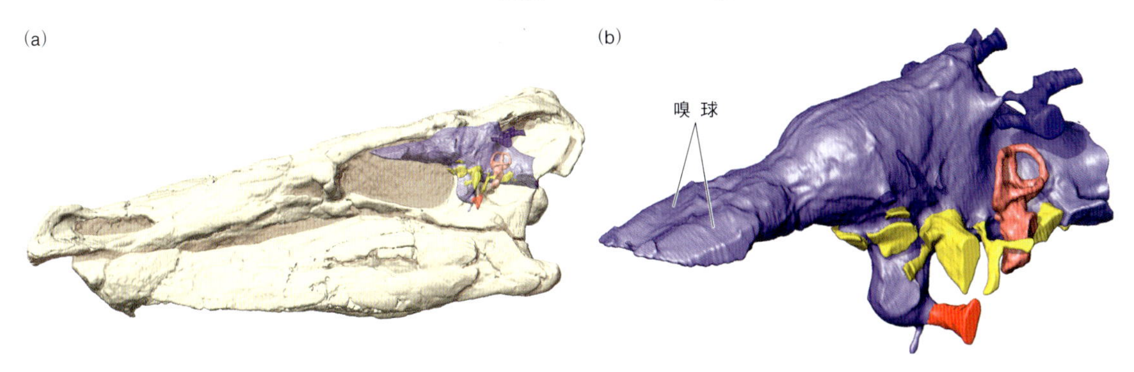

図 10・9　CT スキャンから復元されたステゴサウルス(*Stegosaurus*)の頭骨と脳．(a) 半透明で示した頭骨の左外側面観と，その中の脳の位置，(b) 脳の三次元形状．［Larry Witmer and Witmerlab, Ohio University, USA 提供］

図 10・10　ステゴサウルス(*Stegosaurus*)標本のうち最良の標本(NMNH 4349)がフィールドで発見されたままの状態を示した産状図．皮骨のプレートは椎骨と直接，関節するわけではなく，皮膚に埋もれていたことに注意．そのため，生きていたときに，背中のプレートや尾のスパイクがどのような向きに並んでいたかを復元することは難しい．しかし現在は，背中に二列に並んだプレートが，互い違いに鉛直に立っていたと考えられている．ただ，米国・ユタ州プライスの先史博物館(Prehistoric Museum)の元館長で古生物学者の K. Carpenter は，尾のスパイクだけは外側に向いて突き出ていたと主張した．彼によれば，尾のスパイクが背中のプレートのように真上を向いているとしたら，その機能が損なわれるということである．この産状図は元々，O. C. Marsh(16 章)の論文のために描かれたものである．(Marsh, O. C. 1887. *American Journal of Science*, 34, 413–417)

テゴサウルス類はおもに単独の個体として化石が見つかるものの，一部の産状で群居性であった可能性が示唆されたことと，性的二型があったことを併せて考えると，少なくとも一部の種が，ちょうど現生の鳥が行うのと同じように，同種内のディスプレイ行動を行っていた可能性が考えられる．もちろん，これまでステゴサウルス類の化石の保存状態はとても羽毛が見つかりそうもないものだという点は差し引いて考える必要があるが，ステゴサウルス類では羽毛やそれに類する構造がまったく知られていない．おそらく，ステゴサウルス類の性徴は，その背中に並んだプレートやスパイクの形状や大きさに現れていたのだろう．

スパイクとプレート　装盾類の形態的特徴を受け継いだステゴサウリア類は，その多くの種で背中に少なくとも二列の皮骨板が並んでおり，それぞれの皮骨板の基部は皮膚に深く埋まっていた（図 10・10）．皮骨板は，棘状（スパイク；図 10・11）や丸みを帯びた円錐形，あるいは板状（プレート）をしていることが多い．そして前述したように，皮骨板には性的二型が見られた．これらの皮骨板は

Box 10・1 恐竜狂歌

さて，ここは，John Keats（1795–1821）やWilliam Blake（1757–1827），Emily Dickinson（1830–1886），Ogden Nash（1902–1971）といった著名な詩人たちの詩を紹介するコーナーではない．恐竜に関する詩はそういったものを目指しているのでは決してない．狂歌やくだらない詩の多くでは，恐竜は巨大な体をもつわりに脳ミソが足りない動物として（そしてうまく世渡りできない動物として）描写されてきた．そういった悲惨な扱いがされなくなった作品は，近年になってやっと，ちらほらとみられるようになった程度である．

恐竜を詠った詩で一番有名なのは，ステゴサウルス（*Stegosaurus*）の愚鈍さを揶揄したものである．この詩が詠われたのは，この動物が腰のあたりに第二の脳をもつことで，脳の信号伝達の遅さを補おうとした，とする架空の説によるものである．この作品は1930年代から1940年代にかけてのコラムニストBert L. Taylorが*ChicagoTribune*紙に投稿したものだ．それはこんな調子の詩だ：

Behold the mighty dinosaur,	威風堂々たる恐竜よ
Famous in prehistoric lore,	先史時代の伝説よ
Not only for his power and strength,	力強いだけではない
But for his intellectual length.	その知性もハンパじゃない
You will observe by these remains	この動物をよくご覧あれ
The creature had two sets of brains—	この動物は二つも脳がある
One in his head (the usual place),	普通の脳が頭に一つ
The other at his spinal base.	特殊な脳が尻に一つ
Thus he could reason a priori	だから頭で演繹的に考えて
As well as a posteriori	尻では帰納的に考える
No problem bothered him a bit	どんな悩みもすぐ解決
He made both head and tail of it.	２箇所の脳ですぐ解決
So wise was he, so wise and solemn,	なんと聡明で真面目な生き物だ
Each thought filled just a spinal column.	脊柱は二つの思考で一杯だ
If one brain found the pressure strong	片方の脳で痛みを感じると
It passed a few ideas along.	もう片方には一部の思考だけ伝達
If something slipped his forward mind	頭が何かを忘れると
'Twas rescued by the one behind.	尻がきっと思い出す
And if in error he was caught	何か問題が生じると
He had a saving afterthought.	すぐに言い訳を思いつく
As he thought twice before he spoke	２箇所で喋ることを考えて
He had no judgement to revoke.	どちらを喋ればよいかわからない
Thus he could think without congestion	どんなに疑問が湧いたとしても
Upon both sides of every question.	脳がパンクすることはない
Oh, gaze upon this model beast,	こんな理想的な動物ほかにはない
Defunct ten million years at least.	でも１億年前には絶滅したとさ

中生代の動物の“知性”たる恐竜を強烈に皮肉った詩としては，英国の著名な“大”進化生物学者John Maynard Smithの作による『*The Danger of Being too Clever*（賢すぎると身を滅ぼす）』があるので紹介しよう．

The Dinosaurs, or so we're told	恐竜とかいう動物を知っているか
Were far too imbecile to hold	彼らは想像以上に愚かなようだ
Their own against mammalian brains;	彼らの脳は哺乳類よりはるかに劣り
Today not one of them remains.	現在では一匹たりとも生き残っていない
There is another school of thought,	でも，別の見方もある
Which says they suffered from a sort	彼らはどうやら
Of constipation from the loss	コケを十分に食べられず
Of adequate supplies of moss.	便秘で苦しんでいたというのだ
But Science now can put before us	でも現在は科学が進歩して

The reason true why Brontosaurus	ブロントサウルスが絶滅した
Became extinct. In the Cretaceous	本当の理由がわかるのだ
A beast incredibly sagacious	白亜紀当時，彼らは幸せ一杯に
Lived & loved & ate his fill;	人生を謳歌し，愛欲と食欲を満たしていた
Long were his legs, & sharp his bill,	すらりと長い脚に，鋭いクチバシ
Cunning its hands, to steal the eggs	手癖の悪い手，これを使って
Of beasts as clumsy in the legs	サツを翻弄する悪党のように，愚鈍な
As Proto- & Triceratops	プロトケラトプスやトリケラトプスの卵を
And run, like gangster from the cops,	盗んではまんまと逃げおおせていたのさ
To some safe vantage-point from which	安全な場所に逃れたら
It could enjoy its plunder rich.	そこで優雅なお食事タイム
Clever far than any fox	どんな狐よりもずる賢く
Or Stanley in the witness box	猟奇的殺人者スタンレーよりもずる賢い
It was a VERY GREAT SUCCESS.	彼らは本当に“最高の人生”を送っていたのだ
No egg was safe from it unless	どんな卵も彼の手にかかれば助からない
Retained within its mother's womb	母親のお腹の中以外に安全な場所などない
And so the reptiles met their doom.	だから爬虫類どもは絶望に瀕した
The Dinosaurs were most put out	一番割を食ったのは恐竜たちだ
And bitterly complained about	彼らは自分たちの卵が
The way their eggs, of giant size,	大きすぎることに悩み苦しんだ
Were eaten up before their eyes,	産み落とした稚児の姿を目にする前に
Before they had a chance to hatch,	卵がかえることも許されず
By a beast they couldn't catch.	すばしっこい連中に食べられていく
This awful carnage could not last;	殺戮はこれだけではなかった
The age of Archosaurs was past.	主竜類の時代が終わったのだ
They went as broody as a hen	鶏に進化した彼らは卵を抱くしかなく
When all their eggs were pinched by men.	挙句に卵は人間に取上げられた
Older they grew, and sadder yet,	どんなに産んでもどんなに待ち焦がれても
But still no offspring could they get.	愛しい我が子を見ることはない
Until at last the fearful time, as	とうとう最期のときがやってきた
Yet unguessed by Struthiomimus	それは卵泥棒恐竜にも予期せぬことだった
Arrived, when no more eggs were laid,	もう盗める卵がなくなってしまったのだ
And then at last he was afraid.	彼はふと気がついた
He could not learn to dimb with ease	樹上の鳥の巣を狙えばよかったことに
To reach the bird's nests in the trees,	その練習をしてこなかったことを悔やんだ
And though he followed round and round	彼は卵を求めてさまよい歩いた
Some funny funny things he found,	そしてあることに気がついた
They never laid an egg — not once.	彼らが一度たりとも卵を産まなかったことに
It made him feel an awful dunce.	彼は自暴自棄に陥った
So, thin beyond all recognition,	誰の目にも明らかなほど痩せ細り
He died at last of inanition.	そしてついに飢えて息絶えた
MORAL	教　訓
This story has a simple moral	この話から学ぶべきことがある
With which the wise will hardly quarrel;	賢き者は喧嘩せず
Remember that it scarcely ever	他人を喰いものにするような
Pays to be too bloody clever.	ずる賢さはいずれ身を滅ぼすと

図 10・11　後期ジュラ紀のタンザニアに棲息していた，トゲトゲした皮骨をもつステゴサウルス類(Stegosauria)のケントロサウルス(*Kentrosaurus*)の骨格．[Institut und Museum für Geologie und Paläontologie, Universität Tübingen 提供]

もともとは防衛のために使われたのではないかと考えられる．しかし，防御以外の機能もあったのではなかろうか．

ステゴサウルス類のスパイクやプレートの形態や並び方のパターンは，種ごとに異なっていた（**種特異的** species-specific）．つまり，その形態や並び方が種の特徴だということだ．さらに言えば，スパイクやプレートは，体の外側から見たときに最も見栄えがするように配置されていた．こうした見た目の点や，上述の点と併せて，プレートが捕食者に対して，あるいは他のステゴサウルス類に対するディスプレイとしての機能を備えていたと考えられる．捕食者から見れば，プレートがステゴサウルス類の背中に突き立てられていれば，相手がより大きな体に映ったことだろう．もし，**種内**(intraspecific)，つまり同種の動物間でディスプレイ行動を行っていたとしたら，ステゴサウルス類は皮骨板を，個体識別のためだけではなく，縄張り争いで優位に立つためや，繁殖期に性的アピールのために使っていただろう*3．

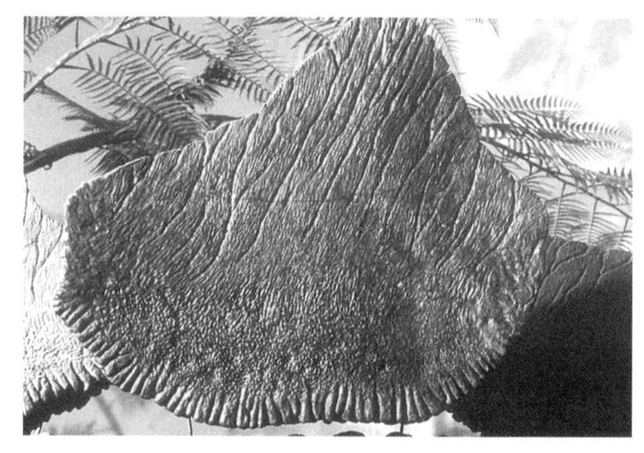

図 10・12　ステゴサウルス(*Stegosaurus*)の背中のプレートの一つの外側面図．平行な溝が何本も表面を走っているが，これはプレートの表面を通る血管の跡で，骨質のプレートを覆うケラチン質層へ栄養を送るのに使われていた．[Royal Ontario Museum © ROM Stegosaur dinosaur-ROM2006_8073_27]

ここまで得られている証拠からは，この説はそこまで確かなものとはいえない．わずかながらこれまで見つかっている幼体のステゴサウルス類では，背中にはまだ大きなスパイクやプレートがなかったようだ．まだ体が小さく，性的に成熟していない個体にこうした特徴がみられないということは，性的に成熟したときになって初めて，体を大きく見せることや，セクシーに見えることが重要になってくるということを表している．となると，ディスプレイにおけるプレートの重要性がどこにあるのかがわかってくる．もし，性的に成熟したあとにプレートが大きく発達するのであれば，性的に未成熟なときの行動にはこれらの構造が重要ではなく，成体の行動で重要な意味をもってくるということになる．

ステゴサウルス類の皮骨は，プレートやスパイクだけではない．ほかにも，皮骨を柔軟に動かせるほどの小さな皮骨が首の下側を覆っていたことがわかっている．

ホットプレート　ステゴサウルス（*Stegosaurus*）のプレートの表面には全体に無数の溝が走っており，またプレートの内部はハニカム（蜂の巣）状の孔が無数に空いている（図 10・12）．このようなプレート表面の溝や内部の孔は，複雑な血管網が走っていた痕だと考えられる．このように多量の血液が体から供給されていたことからすると，プレートの用途は，プレートの隙間を通る空気に熱を放出して体を冷却することだったのだろうか．それとも，

*3　オスとメスのどちらがより大きなプレートをもっており，どちらがより細長くて小さいプレートをもっていたのだろうか．これについてはまだわかっていない．もし現生の鳥や爬虫類と同じようであったとすれば，オスの方が大きなプレートをもっていた可能性が高いということになるだろう．しかし，その例外はたくさんあることに留意しておかなければならない．

太陽エネルギーを浴びて体を温めることだったのだろうか．要するに，プレートは**体温調節**（thermoregulation）に使われたかどうか，ということである．この仮説を検証するため，古生物学者のJ. O. Farlowらは，プレートに熱を放出（あるいは吸収）する機能があるかどうかを確かめた．ステゴサウルスが生きていたときにこうなっていただろうと考えられている，左右非対称にプレートを配列した場合，熱の発散効果が顕著に高くなることがわかった．このことから，プレートの役割として体温調節があっただろうということが示唆された．

この研究の着想は創造的かつ魅力的だったが，ハーバード大学の生物学者R. P. Mainらはこれに対して強く反論した*4．2005年に彼らはプレートの微細構造を分析した結果，ラジエーターのように血液を循環させる血管系が存在せず，むしろ，骨質のプレートの表面の血管溝は，ヒラヅメやカギツメ，クチバシのように，骨格の表面を覆う角質層へ栄養を送るために使われていたと考えるべきだと主張した．では，骨の内部を通る血管系についてはどう解釈されたのだろうか．これについては，骨の成長に伴うリモデリングに利用されたということのようだ．要は，通常の骨の中の血管の役割と変わらないということだ（13章）．

ここでプレートの役割についての最初の仮説に立ち戻ってみよう．プレートには体を大きく見せる機能があり，すなわち，これが防御に役立てられていたという説だ．尾にある長くとがったスパイク（棘）の役割は明白だろう．尾を力強く振ることによって，スパイクで左右にあるものに切りつけていたのだろう．昔の復元では，これらのスパイクはおもに上方向に向けられていたが，恐竜の専門家であるKenneth Carpenterの研究によれば，このスパイクが横方向に伸びており，防御用の武器として，より効果的だったことがわかった．

まとめると，ステゴサウルス類は相容れない多くの特徴を備えた動物だといえるだろう．咀嚼を行う動物の仲間（ゲナサウルス類）に含まれてはいるものの，そこまで上手に咀嚼できる動物ではなかった．また，性的ディスプレイとしての高い機能を備えていた可能性がある一方で，社会性をもっていたという証拠があまりみられない動物でもあった．つい最近まで，最も有名な属であるステゴサウルスのプレートの配置さえよくわかっていなかったのである．ステゴサウルス類の生態について，両立しない多くの仮説があまりにも多いのは，この動物について私たちが知っていることがあまりに少ないということでもある．今後，もっと多くのことがわかってくることを切に望む．

10・4 広脚類：アンキロサウルス類—重さとオナラ

アンキロサウルス類（Ankylosauria；鎧竜・曲竜ともいう）はうずくまって防御する達人である．アンキロサウルス類の名前（*ankylos* 癒合した，*saur* トカゲ・竜）が示すように，彼らの体は，首からのど，背，尾にかけて，皮膚中に発達した骨質のプレートや棘（皮骨）で覆われ（図10・13〜図10・15），隣り合う皮骨が互いに癒合し，固定

図 10・13 鎧で覆われ，尾にこん棒をもったアンキロサウルス類（Ankylosauria）の一種であるエウオプロケファルス（*Euoplocephalus*）．

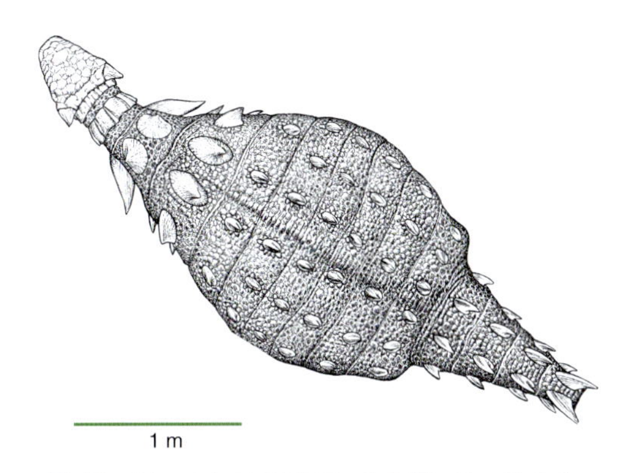

図 10・14 エウオプロケファルス（*Euoplocephalus*）の体を覆う鎧の復元図（背側面観）．

*4 本書の中で，創造的かつ魅力的でありながら，支持されない可能性がある仮説をいくつも目にすることだろう．I部で述べたように，科学がそもそも創造的なプロセスそのものである以上，こうした研究のアイディアは恐竜の新たな側面を見いだせることに重要な役割を果たすだけではなく，仮説を立ててこれを検証するという創造的なプロセスがどういうものかということを知るうえでも重要である．

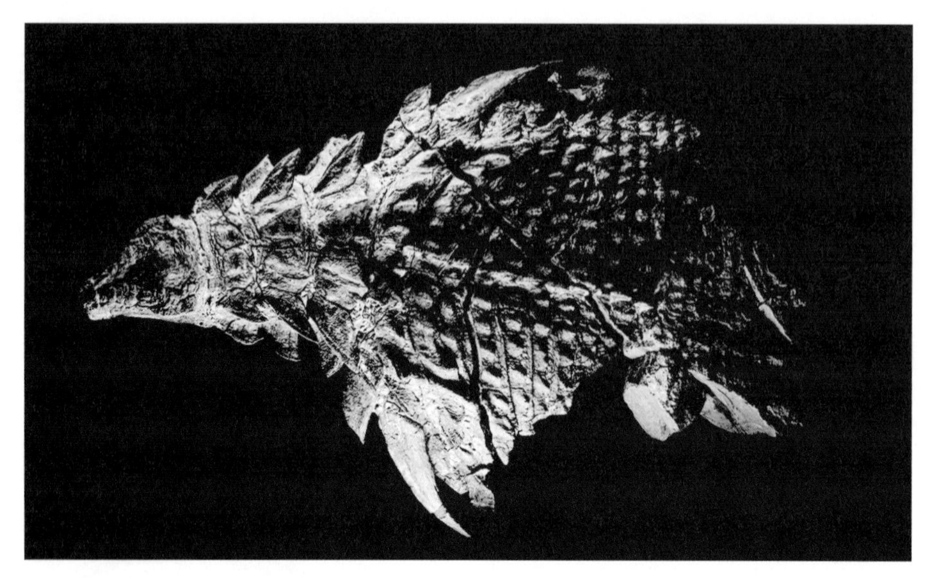

図 10・15　ボレアロペルタ（*Borealopelta*）の背面を覆う鎧の様子．この並外れた保存状態の標本の発見は，2017 年の古生物学の研究成果のハイライトの一つである（Box 10・2）．この並外れて良好な保存状態の"鎧竜（armored dinosaurs）"から，皮骨とそれを覆う角質層の形態や成長が明かされた．（Brown, C. M. 2017. An exceptionally preserved armored dinosaur reveals the morphology and allometry of osteoderms and their horny epidermal coverings. *PeerJ*, doi: 10.7717/peerj.4066, 39p. 参照）

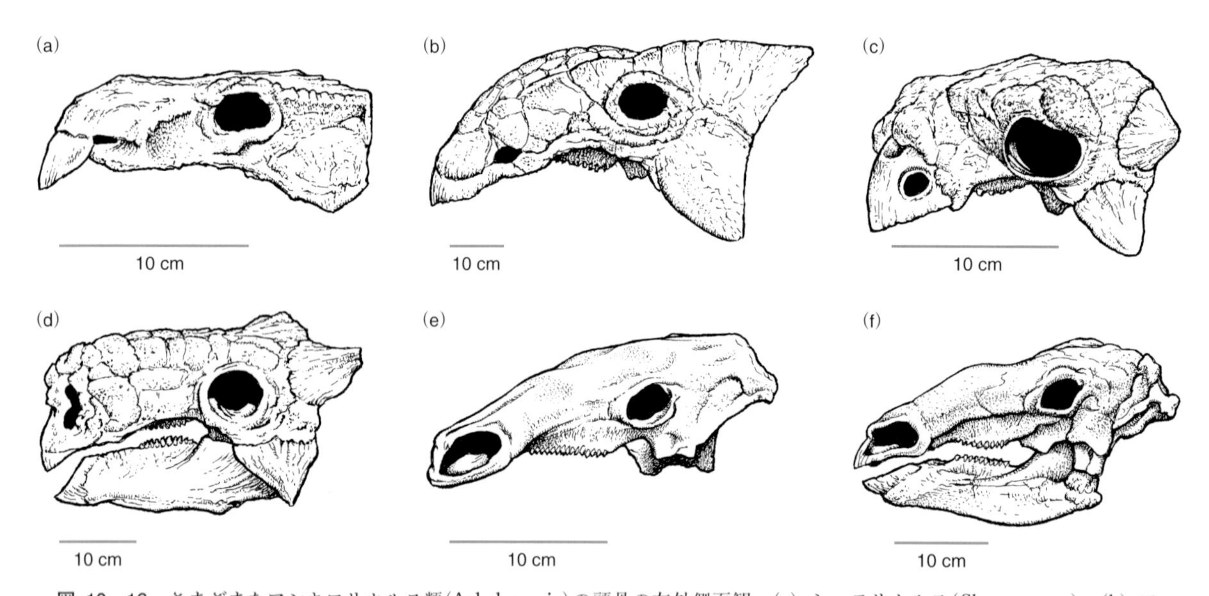

図 10・16　さまざまなアンキロサウルス類（Ankylosauria）の頭骨の左外側面観．(a) シャモサウルス（*Shamosaurus*），(b) アンキロサウルス（*Ankylosaurus*），(c) ピナコサウルス（*Pinacosaurus*），(d) タルチア（*Tarchia*），(e) シルヴィサウルス（*Silvisaurus*），(f) パノプロサウルス（*Panoplosaurus*）．

されていた．多くの場合，これらのプレートによって頭頂部や頬，まぶたまでもが覆われていた．

このように鎧で覆われたアンキロサウルス類の体はずんぐり丸くて幅が非常に広かった（図 10・13）．このような立派な胴回りをもっていたことから，そこに巨大な消化管が収まっていたということがわかる．アンキロサウルス類の頭部は低くて幅広く（図 10・16），口に入れた植物を細かく噛み砕くための単純な葉状の歯を備えていた（図 10・17）．

アンキロサウルス類の頭骨で最も目立つ特徴は，頭骨内部の一連の複雑な鼻腔内の空気の通り道（鼻道）である．これらの構造は頭骨を CT スキャンで撮像すること（Box 11・1 参照）によって明らかになった．これらの鼻道は複

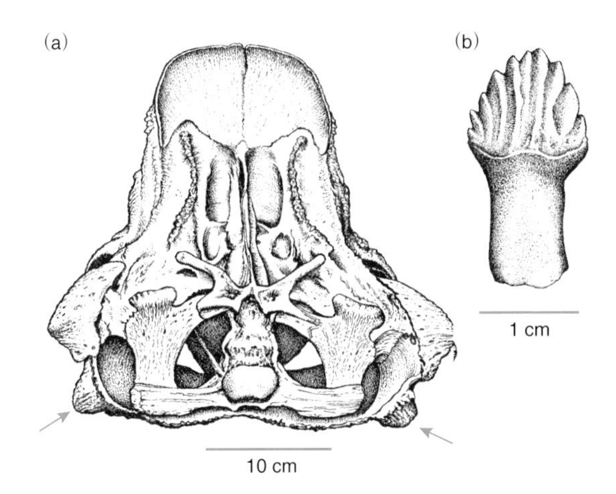

図 10・17　(a) エウオプロケファルス(*Euoplocephalus*)の頭骨の口蓋側面観，矢印はアンキロサウルス科(Ankylosauridae)の特徴の一つである鱗状骨の“ツノ”を示す．(b) エドモントニア(*Edmontonia*)の葉状の歯．

雑に入り組んでおり，一部の仲間ではらせん状になっていた（図 10・18）．このように入り組んだ構造の鼻道をもつことから，このグループにとって嗅覚が重要な役割を果たしていたことを示しているが，その機能そのものははっきりとわかっていない．

アンキロサウルス類は中型の恐竜であり，全長 5 m に達することはまれであったが，アンキロサウルス（*Ankylosaurus*）のような一部の種は全長 9 m に達した．ステゴサウルス類（Stegosauria）と同様，前後の四肢の長さはそろっておらず，後肢の長さが前肢の長さの 150% ほどになった．

ステゴサウルス類と同様に，アンキロサウルス類もまた世界中に分布していた．おもに産出するのは北米とアジアからであるが，ヨーロッパやオーストラリア，南米，南極大陸からも少ないながらも見つかっている．グループとしては，白亜紀に多様性のピークを迎えたようである．

アンキロサウルス類で最も保存状態のよい化石はモンゴルと中国から見つかっている．そこは当時でも現在においても海から遠く離れた内陸であったが，ほぼ完全な関節した見事な標本がうつぶせ状態，もしくは横倒しの状態で見つかっている．対照的に，北米では部分的な骨格で見つかることが多い．通常これら北米の化石は海岸の堆積物，そして時には海の堆積物中から，仰向けの状態で見つかる．これらの証拠から，北米のアンキロサウルス類は海に近い場所で棲息していたと考えられる．そして，死後，体内から発生するガスによって腹部が膨張し，潮流に流される間に重い鎧を背負った背中を下に向けてひっくり返ったのだろうと考えられる．ただ，あとで紹介するように，北米からも驚嘆すべき標本が見つかることもあるのだ（Box 10・2）．

アンキロサウルス類の化石は 1 個体分の化石，もしくは部分的な骨格として見つかることが多い．1 箇所のボーンベッドから複数個体が見つかったアンキロサウルス類は，モンゴルから産出したピナコサウルス（*Pinacosaurus*）のたった一種しか知られていない．このことは，彼らが単独で行動していたか，もしくは非常に小さな群れしかつくらなかったことを示しているのだろう．過去のことは断片的にしかわからず，確かめることもできないが，それでもアンキロサウルス類が巨大な群れをつくらなかったということは，かなり確かだといえる．

アンキロサウルス類は二つの主要なクレードに分けられる．一つがノドサウルス科（Nodosauridae）で，もう一つがアンキロサウルス科（Ankylosauridae）である（図 10・18, 図 10・19）．

ノドサウルス科　ノドサウルス科〔Nodosauridae：*nodo* 結び目（丸い皮骨板の形状に由来），*saur* トカゲ・竜，*-idae* 科〕は比較的長い吻部をもっており，肩の筋もより発達していた．巨大な肩の筋が付着する部位として**肩峰突起**（acromion process）とよばれる大きなコブ状の構造が肩甲骨に発達することからも，彼らの肩の筋が発達していたことが示唆される（図 10・20）．この突起の発達はノドサウルス科を特徴づけるものの一つである．また，ノドサウルス科は大きく広がった腰部に加えて，柱状の四肢を備えていた．多くの種で，肩甲骨の側面から伸びる長い棘（parascapular spine）が発達していた．ノドサウルス科はおもに北半球（北米やヨーロッパ）から産出するが，オーストラリアや南極大陸からも新たな発見が相次ぎ，これらの動物が南半球にも広く分布していたことがわかってきた．

アンキロサウルス科　アンキロサウルス科（Ankylosauridae：*ankylos* 癒合した，*saur* トカゲ・竜，*-idae* 科）に含まれる仲間の姿形は，堅固な動く要塞のような印象を受ける．すべての仲間に鎧が発達していたが（図 10・15），体に沿って並ぶ丈の高い棘の本数はノドサウルス科と比べて少ない．尾の先端には皮骨性の大きなこん棒を備えており，種によっては，その尾に沿って複数対のコブないし，三角形の棘が並んでいた（図 10・21）．ノドサウルス科と比べ，アンキロサウルス科の頭部は短くて幅広く，頭骨の後縁には“squamosal horn（鱗状骨のツノ）”とよばれる大きな三角形の突起が備わっていた（図 10・17a）．

アンキロサウルス類の生活様式

摂食器官としての口　アンキロサウルス類（鎧竜・曲竜）はおそらく，地面から 1 m ほどの高さまでの低い植生を食べていただろう．クチバシの形態が異なる場合，異なった植物を食べていただろうと考えられる．ノドサウルス科は幅の狭いクチバシをしていた．縁がとがったクチバシを用いて特定の種類の枝葉や果実を引っ張ったり咬みちぎったりするなど，選択的に植物を摘み取って食べていた

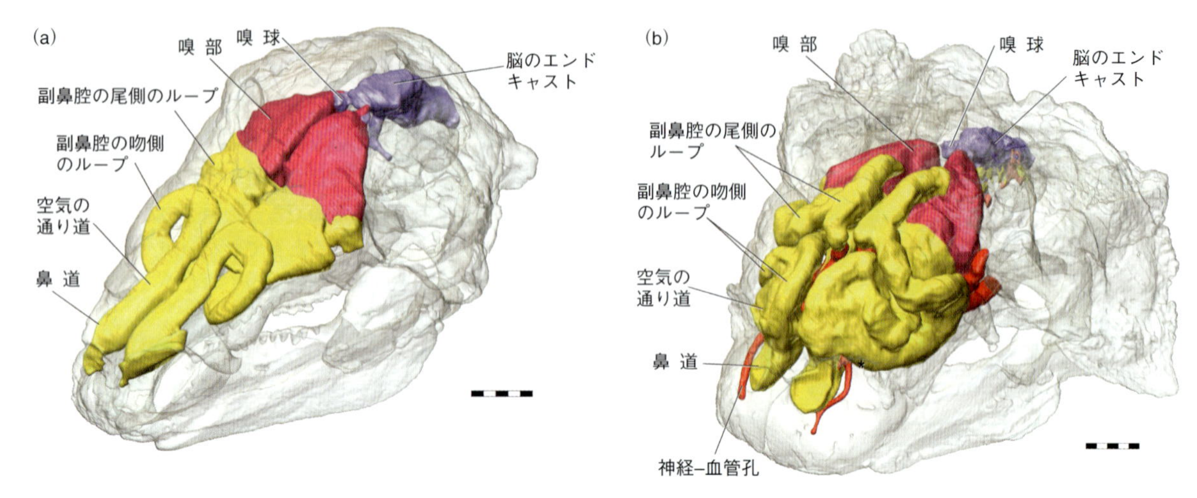

図 10・18　アンキロサウルス類(Ankylosauria)の(a)ノドサウルス科(Nodosauridae)のパノプロサウルス(*Panoplosaurus*)と(b)アンキロサウルス科(Ankylosauridae)のエウオプロケファルス(*Euoplocephalus*)の頭骨の比較．アンキロサウルス科の頭骨の方が，ノドサウルス科の頭骨よりも幅広く，もっと下を向くようになっている．図はCTスキャンデータから立体構築されたもの．どちらの種でも，副鼻腔が外鼻孔から脳函に向けて伸びており，途中で渦を巻くような構造をしていることがわかる．このような副鼻腔をもっていることから，彼らが高度な嗅覚を備えていたことは疑いようがない．アンキロサウルス類がいい匂いをしていたかどうかは不明だが，少なくとも彼らは匂いを嗅ぐことに関して高い能力をもっていたことがわかる．頭骨後部の紫色の領域は脳である．スケールバーは5 cm．［L. Witmer 提供］

図 10・19　(a) アンキロサウルス科(Ankylosauridae)のエウオプロケファルス(*Euoplocephalus*)と (b) ノドサウルス科(Nodosauridae)のサウロペルタ(*Sauropelta*)の比較．アンキロサウルス科はよりずんぐりしており，尾にこん棒をもっていた．一方のノドサウルス科はもっとすらっとした体型で，背部に特徴的な皮質を敷きつめた鎧をまとっている．

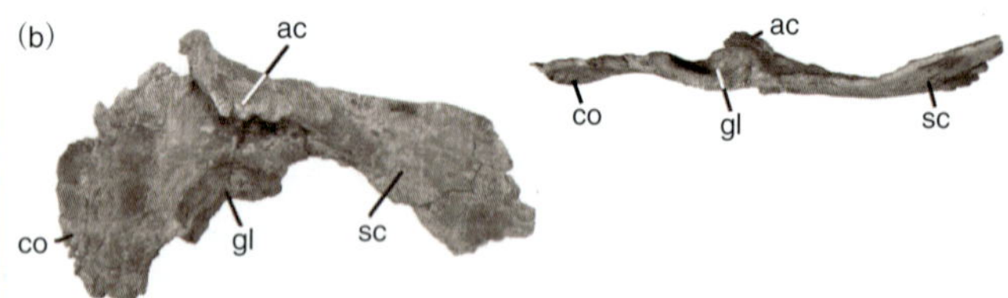

図 10・20　(a) 福井県立恐竜博物館に展示されているエドモントニア(*Edmontonia*)の骨格と，肩甲烏口骨(緑矢印)および上腕骨(白矢印)の位置を示す．(b)ガストニア(*Gastonia*)の左の肩甲烏口骨．左は外側，右は腹側から見たところ．ac: 肩峰突起(acromion process)，co: 烏口骨(coracoid)，gl: 関節窩(glenoid)，sc: 肩甲骨(scapula)．肩甲骨に発達した肩峰突起は，ノドサウルス科(Nodosauridae)の表徴形質の一つである．［(b)Kinneer, B. *et al*. 2016. *N. Jb.Geol. Paläont. Abh*., doi: 10,1127/njgpa/2016/0605 より］

(a)

(b)

図 10・21 (a) エウオプロケファルス(*Euoplocephalus*)の尾のこん棒. (b) ピナコサウルス(*Pinacosaurus*)の尾に並んだスパイク(棘). 尾に沿って骨化した腱が走っている様子が確認できる. [(a)The Library, American Museum of Natural History, (b)Museum of Natural History, Ulaanbaatar]

と考えられる. 一方, アンキロサウルス科は非常に幅広いクチバシをしており, 植物を低木の茂みから咬みちぎったり, 地面から引き抜いたりするなどして, 非選択的に食べていたのだと考えられる.

食物が口に入った後, それを飲み込むまでにどのような処理をしていたかについては, まだよくわかっていない. ステゴサウルス類やパキケファロサウルス類 (Pachycephalosauria; 11章) と同様に, ノドサウルス科とアンキロサウルス科がもつ三角形の歯は小さく, 特別複雑な形をしていない. また, 咀嚼を得意とする動物と異なり, 隙間なく歯が並ぶようなことはない. しかし, 歯に残された摩耗痕から, 彼らが食物をすりつぶしていたことが示唆される. さらに, 彼らののどには大きな**舌骨** (hyoid) があり, 舌の基部を支えていた. このことから, アンキロサウルス類は長くて器用な舌をもっていたようだ. さらに, **二次口蓋** (secondary palate) も発達しており, 咀嚼と呼吸が同時にできるようになっていた. もっといえば, 歯列が頬の内側深く入り込んだ場所に並んでいたことから, 頬がよく発達していて, 噛んでいる食物が口からこぼれ落ちるのを防いでいたと考えられる. 顎の骨そのものは比較的大きくて堅牢であった (ただし, 咀嚼のための筋の付着領域が発達していたというわけではない). 実際, アンキロサウルス類の多くは, 歯の形態や配置は別として, 顎の特徴から, 彼らがよく咀嚼して物を食べていたということがうかがえる.

単純な歯しかもっていないのに, 頬が発達した強力な顎をもっているというのは矛盾しているようにみえるが, 彼らがいくらかは咀嚼していたのは確かなようだ. ともあれ, 食物を飲み下す前にどれだけ咀嚼をしていたかということよりも, 体の後ろの方で深く湾曲した胸郭に囲まれた大きな腹部に注目すれば, その矛盾にも納得がいくだろう (図10・13). アンキロサウルス類に幅広い腹部があったということは, そこに巨大な消化管が詰まっていたことを示している. すなわち発酵のための大きな胃が分化し複数の胃があった可能性がある. そして, その胃の中にはおそらく細菌が共生していただろう. 胃は巨大な発酵樽として機能し, どんなに堅い木片のような植物であろうと, 細菌の助けを借りて分解していたに違いない. 現生の哺乳類では, ウシのような反芻動物がこのような方法で堅い植物を分解している.

丈の低い植物を食べ, かつ咀嚼していたことや発酵させる器官があったことを示唆する解剖学的特徴をもつことを考え合わせると, アンキロサウルス類が食べていた植物の候補を絞っていくことができる. アンキロサウルス類の頭が届く高さには, 丈の低いシダ植物やソテツなどの裸子植物, そして花をつける植物である**被子植物** (angiosperm) の低木などがあった. このような豊富な植物のごちそうがあるなかで, 彼らは特に地面から数メートルまでのところのものを食べていたのだろう (15章).

脳と感覚器官　ただし, アンキロサウルス類など装盾類は, とりわけ選択的に餌を食べていた動物ではなかったかもしれない. というのも, 彼らの脳が恐竜のなかでも最も小さい部類に属するためだ. 竜脚形類のみが, 彼らよりも体サイズに対して小さな脳をもっていた (13章). しかし, 本章の脚注2で示した話題をもう一度繰返すが, もしこの時代にバラが存在していたとすれば, ステゴサウルス類と同様に, アンキロサウルス類も立ち止まって香りを嗅いでいたことだろう. 頭骨の中には大きくうねった鼻道が収まっていることから (図10・18), この恐竜にとって嗅覚が重要な感覚器官であったことがうかがえる. ゆっくりとしか考えることができない脳と相まって, アンキロサウルス類はほかのどんな恐竜と比べても, 体サイズに対する移動速度が最も遅い動物であった. 彼らの運動速度を見積もった研究によれば, 時速10 kmより速く移動することができず, 歩くときはさらにゆっくりとしたものだった (時速およそ3 km) ようだ. アンキロサウルス類の体のつくりはあくまで食物を消化するためのものであって, 速く走るためのものではなかったということである.

防御行動　アンキロサウルス類は速く移動することはできなかっただろうが, 四肢の骨格を見てみると, 彼らが捕食者に対して積極的に防御行動を示していたらしいことがうかがえる. まず, すべてのアンキロサウルス類で,

Box 10・2 カナダでのアンキロサウルス類，大豊作

2017年は事実上，“アンキロサウルス類（Ankylosauria）の年”とよばれるにふさわしい年であった．華々しい標本が一つといわず，二つも発見されたのだ．発見されたのは，一つがノドサウルス科で，もう一つがアンキロサウルス科である．

ボレアロペルタ

ノドサウルス科（Nodosauridae）の方は，2011年にカナダのアルバータ州北部に分布するタールサンド（粘性が高い鉱物油分を含んだ砂岩層）から発見された．お行儀よいポーズでたたずむ北米のアンキロサウルス類化石の例にもれず，後期白亜紀に北米大陸を縦断していた内海（北米西部内陸海路 Western Interior Sea）に堆積した細粒の砂岩ないしシルト岩層の中に，背中を下に向けて化石になっていた．これは，化石を見つけることを期待しつつ重機を操作していた敏腕作業員のShawn Funkが見つけたものである．幸いなことに重機の作業は中断され，この恐竜化石が無事に掘り出され，ロイヤル・ティレル古生物学博物館（The Royal Tyrrell Museum of Palaeontology）のプレパレーションラボに送られた．そしてそこで，6年間かけてMark Mitchellによってクリーニングがなされた．その作業時間，実に7000時間である．1章で，プレパレーターは“功績が見えにくいが，偉大なヒーロー”だと表現したのを思い返してもらいたい．2017年に，ポスドク研究員のCaleb Brownが記載論文を発表し，ボレアロペルタ・マークミッチェリ（*Borealopelta markmitchelli*）と命名した．

このボレアロペルタの標本はノドサウルス科に属し，頭骨や体の前半部を覆う**背甲**（はいこう）（carapace），そして胃内容物も含め，体の後半部も一部残っていた（図10・15，図B10・1）．この標本の素晴らしい点は，その頭骨や背甲の骨格の完全さだけではない．それよりも，生きていたときに皮骨を覆っていたであろうケラチン質（ツメやツノをつくるタンパク質）の層や，さらには，元の皮膚と考えられる黒っぽい色の物質が残っており，その中に生きていたときの色合いを推定できる分子構造までも保存されているという点にある．これがどれほど“素晴らしい”ことか．Brownによれば，この恐竜は背側が濃い赤褐色をしている一方で，腹側が明灰色をしており，この色の濃淡（シェーディング）が，大型の獣脚類のような強力な捕食者に対するカモフラージュのように働いたのではないかということだ．他の恐竜にも体色のシェーディングが見られた可能性があるが，これについては11章で改めて紹介しよう．

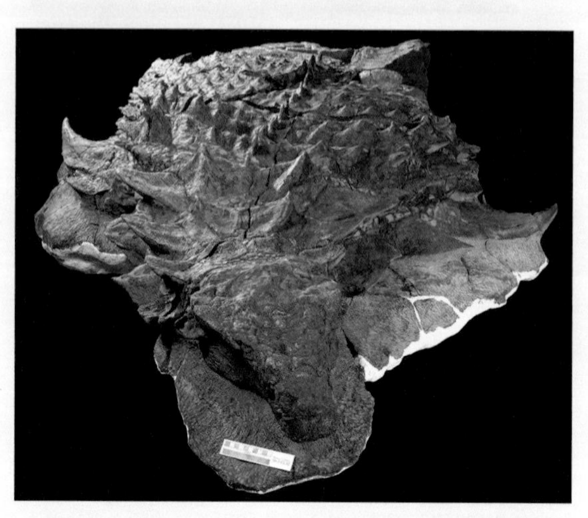

図 B10・1 ボレアロペルタ（*Borealopelta*）の頭骨および背甲の斜め上からの写真．元々は背側を下に向けて化石化していたが，この写真では背中側を上に向けた状態に戻してある．[Royal Tyrrell Museum, Alberta]

ボレアロペルタに関する最後の疑問は，どうして他のアンキロサウルス類と比べてずっと保存状態がよいのだろうか，という点である．これは，ボレアロペルタの標本が保存された堆積環境に答えがある．この標本はタールサンドから発見された．このことは，この標本が急速に埋没し，細菌による分解を免れたということを示している．砂岩層に浸透した油分によって，細菌が有機物を破壊しようとする働きを抑制し，化石の中の元々の生体組織が保護されたのだろう．これは，タールに浸した電柱が風雨にさらされても侵食されにくいのと同じである．

ズール

2017年に報告された見事なアンキロサウルス類化石のもう一つが，ボレアロペルタよりも3500万年ほど新しい時代の恐竜だが，その発見がボレアロペルタのそれをなぞったようないきさつとなっている．2014年にある会社が，数多く調査されてきたモンタナ州北部の露頭（地層が地表に露出する場所）で化石を探していたとき，このアンキロサウルス科（Ankylosauridae）のズール・クルリヴァスタトール（*Zuul crurivastator*）を発見したのだ．この化石は，後期白亜紀の終盤の方に，カメのようにひっくり返って死んでしまったもう一つの北米産アンキロサウルス類である．死んだあと，その遺体は河口に流されていき，そこで関節がばらばらにされることなく，分解も破壊も受けることなく，埋没したようだ．ただ，“完全に”取り外されていた部位があった．それが四肢である．

ズール*5は，もともとは2014年に化石の発掘業を営む“Theropoda Expeditions社”によって発見された．なお，この社名は，“獣脚類探訪”を意味する．この会社は当時，富裕層にゴルゴサウルス（*Gorgosaurus*）の標本を売却するために勤しんでいた．発見されたズールは，尾のこん棒がアンキロサウルス科のものであることを示しており，大金持ちの居間に個人観賞用として置くよりも，博物館に置いて研究された方がよいものだと判断された．そこで，“Theropoda Expeditions社”はロイヤル・オンタリオ博物館（Royal Ontario Museum）の古生物学者David Evansに連絡をとり，2016年に石膏ジャケットを含めて総質量20トンの塊を引渡した．この標本のクリーニングは，博物館の展示標本をプレパレーションする専門業者のリサーチ・キャスティング・インターナショナル（RCI）社に任された．

2017年までに，頭骨と尾がクリーニングされた．そしてこの標本は記載論文の中でズール（*Zuul*）と命名された．しかし，三次元的に保存された見事な頭骨（図B10・2）と印象的な尾のこん棒のほかに，ズールにはまだ，一艘の船を思わせる完全な背甲や，美しい皮膚の印象痕が残されていた．RCI社のAmelia Madill率いるチームは，およそ6 mに及ぶこの恐竜を覆う母岩の砂を黙々と削り，取除き続けた．その全身実物化石は“恐竜博2023”で日本でも展示公開された．

図 B10・2　アンキロサウルス科のズール（*Zuul*）の完璧に三次元形状を保持した見事な頭骨．［Mark Thiessen 提供］

この動物は，背甲が一度破損したあと（この破損が，荒れ狂うもう1頭のアンキロサウルス科恐竜との闘争によってつけられたものかどうかはわからないものの），それが治癒したと考えられている．こうしたことまではわかってきたのだが，この動物が生きていたときの体色やその他の古生物学的側面を知ることができそうな分子構造については，まだ調べられていない．要するに，この動物は，あの見事なボレアロペルタよりもさらに素晴らしい標本になる可能性が残されているのだ．

*5　このアンキロサウルス類の属名（ズール *Zuul*）の由来は，記載者ら曰く，「この恐竜の属名は，1984年の映画『ゴースト・バスターズ』に登場した架空の怪物ゴウザー（Gozer）の手先の，地獄の門番ズール（Zuul）にちなんでいる」『ゴースト・バスターズ』の俳優Dan Ackroydや恐竜愛好家らは，このネーミングセンスをいたく気に入った．“こんな学名ありかよ！”と唸らされる．［*Royal Society Open Science*, 4, 161086. doi: 10.1098/rsos.161086］

頭部から頸部，胴部，尾部にかけて，体の上面全体に骨質のプレートである皮骨が敷き詰められていたことがあげられる（図10・13, 図10・15, 図B10・1）．

ノドサウルス科の場合，上述のとおり，肩の領域が非常に強力に発達しており，肩の上には長い棘も装備されていた．このムキムキマッチョで重厚に武装された前半身，そして相対的に長い後肢と左右の足の幅が広い姿勢をしていたことを合わせて考えると，ノドサウルス科の重心は体の前の方にあり，彼らが体の前面の棘を使って防御していたと考えられる．

アンキロサウルス科はさらなる武装化をはかり，尾に強力なこん棒を備えるに至った（図10・21）．この尾のこん棒は，体全体の半分ほどの長さを占める尾の末端に左右対になった皮骨が尾の先端に塊になっている．一部の仲間では，尾に沿って棘が並んでいた（図10・21b）．

CTスキャン技術の発達や詳細な筋肉の配置が復元されたことによって，現在ではアンキロサウルス科の尾のこん棒のデザインについて多くのことがわかるようになってきた．まず，対になった骨の塊は部位によって骨の密度が異なり，骨の中でも最も緻密な層は最外層に分布する（図10・22）．また，彼らの尾は基部での可動性が高かった．しかしその一方で，尾の後部では，互いに固く連結するよう変形した尾椎や一連の**骨化**（ossify：骨になること．可動性を著しく制限する）した腱によって，末端まで堅牢な構造になっていた．尾の後部の堅牢な部位は剛性があったため，強力な筋肉の付着部としても機能していた．尾の基部に可動性が高い尾椎を備え，先端（遠位）にいくにつれて堅牢な尾椎を備えていたことから，彼らは尾の末端のこん棒を，まるで野球のバットのように，左右にブンブンと振ることができただろう．

それでは，実際にどのくらい力強く尾を振ることができたのだろうか．古生物学者のVictoria Arbourは尾の先端

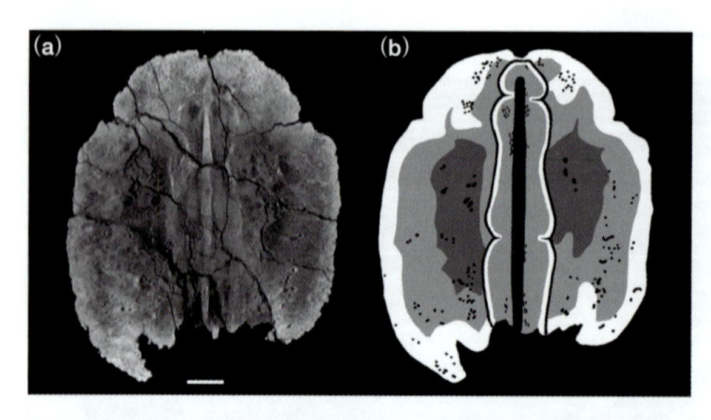

図 10・22　(a) CTスキャンによるアンキロサウルス科(Ankylosauridae)の尾のこん棒の断面画像，および (b)その模式図. 模式図は骨の密度が最も高い領域(白)から，中くらいの領域(薄灰色)，最も低い領域(濃灰色)をそれぞれ示している. スケールバーは5 cm. [Arbour, V. M. 2009. Estimating impact forces of tail club strikes by ankylosaurid dinosaurs. *PLoS ONE*, 4(8): e6738. doi:10.1371/journal.pone.0006738 より]

のこん棒が振られる速度と力を理論的に計算した. 彼女の計算によると，どのように筋肉を復元するかによって異なるものの，速度はだいたい秒速 18.9 m となり，骨のこん棒が衝突したときの衝撃は 376 kg·m/秒（キログラムメートル毎秒）となる. アンキロサウルス科の尾のこん棒にガツンとやられるような事態だけは避けなければなるまい.

ノドサウルス科の防御行動は，頭部もしくは肩を前に押し出して，肩甲骨の上に発達した棘（parascapular spine）を捕食者に突きつけるようなものだったに違いない. 一方でアンキロサウルス科の防御行動は，後肢を軸とし，襲いかからんとする敵を見すえつつも，強力な前肢の筋肉を用いて前半身をぐるりと回転させながら敵にお尻を向けるようなものだったろう. そして，彼らは敵の脚や足元に向けて大きなこん棒を振ったに違いない.

しかし，アンキロサウルス科もノドサウルス科も，最終的な防御手段は丸まってうずくまることだったであろう. 四肢を体の下に折りたたむと，体重（質量）3500 kg に達するアンキロサウルス類の体はテコでも動かなくなる. 安全な鎧をまとったノドサウルス科とアンキロサウルス科は，ともに中生代で最も難攻不落な要塞だったのである.

10・5 装盾類の進化

装盾類

装盾類（Thyreophora）の仲間の進化には，大型化と二次的な四足歩行化を伴っていたことは疑いようがない. というのも，四足歩行性の広脚類のクレードに含まれる動物は，すべてこれらの原始的な二足歩行性の仲間から派生してきたということが分岐図から判断できるためである. 原始的な装盾類の仲間を見てみると，スクテロサウルス（*Scutellosaurus*）のような細くて小さな二足歩行性の動物から，スケリドサウルス（*Scelidosaurus*）のようなより大型で四足歩行性の動物へと徐々に変化していく様子がうかがえる（図 10・3, 図Ⅲ・3 参照）.

広脚類

アンキロサウルス類が，スケリドサウルスのような原始的な鎧をまとった四足歩行の動物から進化してきたということは想像に難くない. 分岐図によると，原始的な広脚類（Eurypoda）はスケリドサウルスのような姿をしていただ

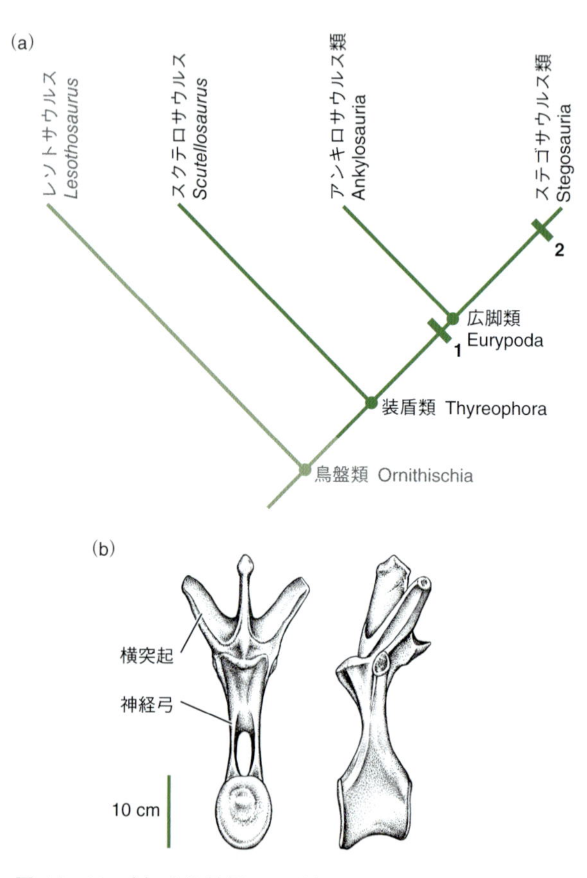

図 10・23　(a) 広脚類(Eurypoda)，およびステゴサウルス類(Stegosauria)の単系統性を示した分岐図. 派生形質は以下のとおり.

1. 広脚類(Eurypoda): 眼窩の縁辺部に骨が癒合すること; 方形骨(図 4・6 参照)と頭骨後部の間の切痕が消失すること; 腸骨の前位部が肥大化すること.
2. ステゴサウルス類(Stegosauria): 胴椎の神経弓が非常に高くなり，横突起のつく角度が急角度になること; 背部と尾部に骨化した腱がみられなくなること; 肩峰突起が板状に広がること; 手根骨が大きな塊状になること; 前恥骨突起が長く伸びること; 後肢の第Ⅰ趾が失われること; 後肢の第Ⅱ趾の趾骨のうちの一つが失われること; 皮骨の発達に関連した数多くの特徴; 肩から尾の先端にかけてプレートや長いスパイクが形成されること.

(b) ステゴサウルス(*Stegosaurus*)の胴椎の一つの頭側面観および左外側面観. ノード2でみられるステゴサウルス類の表徴形質の一つである神経弓の高さに注目せよ.

ろうということを示唆している（図 10・23）．そしてそこからより大型で，強力かつより重厚な鎧をまとった原始的なアンキロサウルス類やステゴサウルス類が派生してきたことが想像される．

ステゴサウルス類

ステゴサウルス類（Stegosauria）は鳥盤類（Ornithischia）に含まれる単系統群の一つである．ステゴサウルス類は図 10・24 に示したような多くの表徴形質によって特徴づけられる．祖先的なステゴサウルス類は，棘状の皮骨を備え，前肢と後肢の長さがそこまで大きく違わない動物であったはずである．ステゴサウルス類のクレードの中における最初の分岐は，ファヤンゴサウルス（*Huayangosaurus*）とそれ以外のステゴサウルス類の間で起こった．この分岐は中期ジュラ紀後半より前のどこかで生じた．ファヤンゴサウルスは，それ以外のステゴサウルス類に含まれるグループの一つであるステゴサウルス科と多くの特徴的な派生形質を共有している（図 10・24）．

ステゴサウルス科のなかでは，ダケントルルス（*Dacentrurus*）が最も基盤的な仲間である．ステゴサウルス科の残りの仲間にはステゴサウルス（*Stegosaurus*），ウエルホサウルス（*Wuerhosaurus*），ケントロサウルス（*Kentrosaurus*），トゥオジアンゴサウルス（*Tuojiangosaurus*）が含まれる．ステゴサウルス科の進化では，前肢と後肢の長さの違いがだんだん大きくなっていくことが特徴的である（図 10・24）．

分岐図の末端には，ステゴサウルス類で最も名の知られたステゴサウルスが鎮座する（図 10・5）．ステゴサウルスは特徴のあるプレートをもつが，これは祖先種がもっていたトゲトゲした円錐状の皮骨から進化したものだと考えられる．このプレート状の皮骨はステゴサウルスなどでしか知られていないが，この進化は中期から後期ジュラ紀のはじめの方に起こったと考えられる．

アンキロサウルス類

アンキロサウルス類（Ankylosauria）にとって重厚な鎧は非常に重要な装備であり，またこれらは化石にも残りやすい．このことから，アンキロサウルス類のクレードを特徴づける派生形質の多くがこの鎧やそれを支える器官に関係していると聞いても驚かないだろう（図 10・25）．アンキロサウルス類の進化は，このグループの起源がジュラ紀のどこかで二つの主要な系統であるアンキロサウルス科とノドサウルス科に分岐するところから始まる．

すべてのアンキロサウルス類は，もともと細長い（といってもステゴサウルス類のクチバシよりやや幅が広い程度の）スコップ状のクチバシをしており，その特徴はノドサ

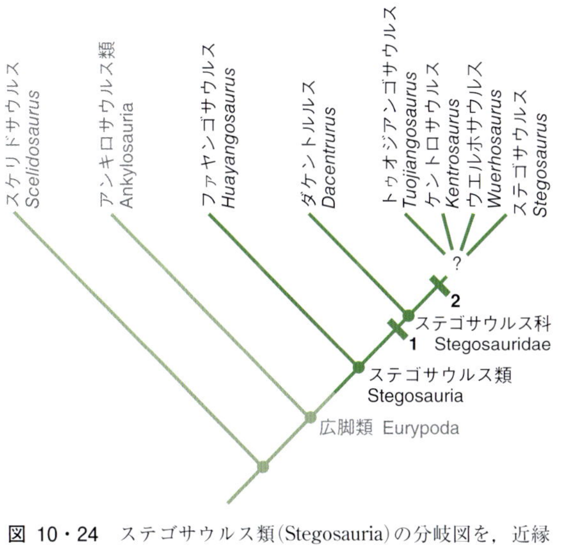

スケリドサウルス *Scelidosaurus*
アンキロサウルス類 Ankylosauria
ファヤンゴサウルス *Huayangosaurus*
ダケントルルス *Dacentrurus*
トゥオジアンゴサウルス *Tuojiangosaurus*
ケントロサウルス *Kentrosaurus*
ウエルホサウルス *Wuerhosaurus*
ステゴサウルス *Stegosaurus*
?
2
ステゴサウルス科 Stegosauridae
1
ステゴサウルス類 Stegosauria
広脚類 Eurypoda

図 10・24　ステゴサウルス類（Stegosauria）の分岐図を，近縁なアンキロサウルス類（Ankylosauria）とその次に近縁なスケリドサウルス（*Scelidosaurus*）との系統関係とともに示した．派生形質は以下のとおり．
1. ステゴサウルス科（Stegosauridae）：大腿骨の前位転子（antitrochanter）が大きく発達すること；前恥骨突起が長いこと；大腿骨が長いこと；体幹側面の皮骨を欠くこと．
2. 上腕骨の遠位端が幅広くなること；大腿骨がさらに長くなること；胴椎および尾椎の神経弓が高くなること．
分岐図末端に示された属の系統的な位置関係はまだよくわかっていない．

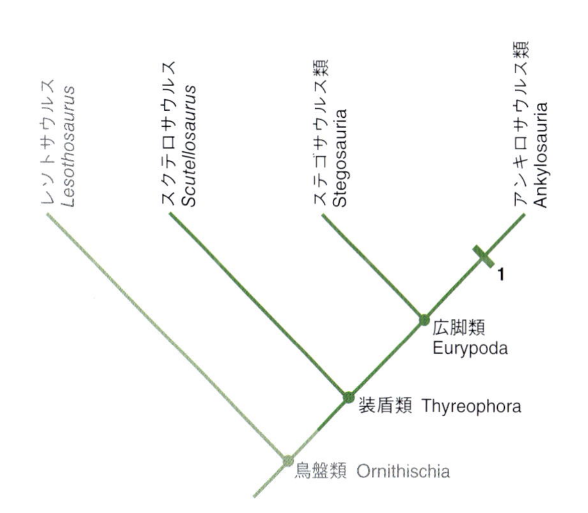

図 10・25　広脚類（Eurypoda）の系統関係とともに，アンキロサウルス類（Ankylosauria）の単系統性を示した分岐図．派生形質は以下のとおり．
1. アンキロサウルス類（Ankylosauria）：前眼窩窓と上部側頭窓が閉じること；下顎の側面にキール状（舟底のような形）のウロコが骨化して癒合すること；第一尾椎が仙椎および腸骨と癒合すること；腸骨が回転して左右に広がったブレード状の形態になること；寛骨臼の孔が閉じること；背部を覆う鎧として，左右対称に並んだ皮骨のプレートや棘が発達すること．

ウルス科のすべての仲間，そしてアンキロサウルス科のシャモサウルス（*Shamosaurus*）にも引き継がれた．一方，その他すべてのアンキロサウルス科では，体の幅が広がって尾にこん棒が発達するのに伴い，クチバシも幅広くなっていった．

アンキロサウルス科

アンキロサウルス科（Ankylosauridae）にはいくつもの派生形質がある．図 10・26 はアンキロサウルス科に含まれる属の系統的な位置関係を示した．また，この系統関係を支持する重要な特徴も同時に示している．

ノドサウルス科

アンキロサウルス類のもう一つの主役であるノドサウルス科（Nodosauridae）も，図 10・27 に示したような多くの派生形質を共有している．よく発達した肩峰突起が特に目立った特徴だといえる．この肩峰突起に付着する筋肉が発達し，その発達に伴って肩甲骨に沿って伸びる棘（parascapular spine）も発達し，それらが彼らの防御行動に重要な役割を果たしただろう．ノドサウルス科の仲間が繁栄していた間，その外形の変化はほとんどみられなかったが，種ごとにみられる多くの特徴的な形質によって，彼らの系統関係を知ることができる（図 10・27）．

本章のまとめ

装盾類（Thyreophora）は，背にいく列もの皮骨を備えた，小型から中型で，その多くが四足歩行の鳥盤類（Ornithischia）である．一部の原始的な仲間を除くと，装盾類は二つの主要なグループであるステゴサウルス類（Stego-

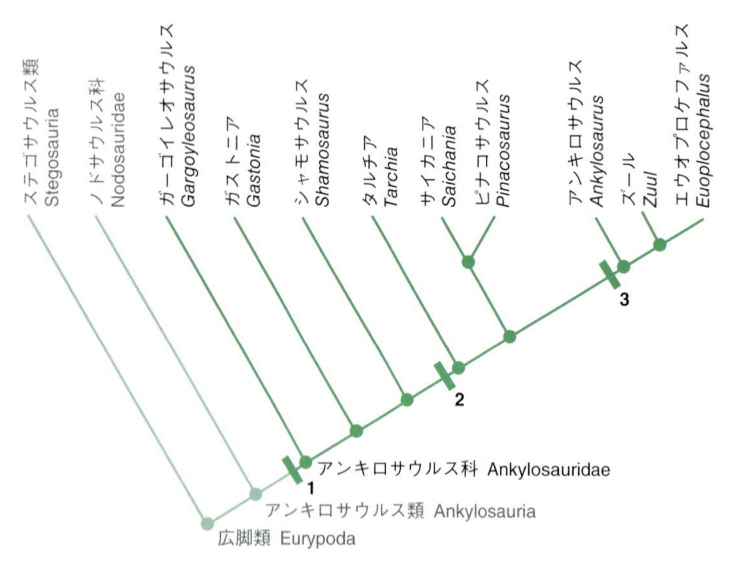

図 10・26 アンキロサウルス科(Ankylosauridae)の分岐図を，最も近縁なノドサウルス科(Nodosauridae)とステゴサウルス類(Stegosauria)との系統関係とともに示す．派生形質は以下のとおり．

1. アンキロサウルス科(Ankylosauridae)：鱗状骨のツノがピラミッド状に発達すること；口蓋の前上顎骨部が短くなること；前上顎骨切痕をもつこと；翼状骨の下顎枝が吻側外側方向を向くこと；尾にこん棒が発達すること．
2. 口蓋が吻背側から尾腹側へ湾曲すること；鼻中隔が鉛直方向に立っていること；基部結節(basal tuber)がゴツゴツした稜になっていること．
3. 軸椎以降の頸椎の尾側端が頭側端よりも背側に位置すること；左右の胸骨が癒合すること．

〔訳注：ガストニア(*Gastonia*)など，各分類群の位置づけは，分岐図ごとに異なることに注意(図 10・27 参照)〕

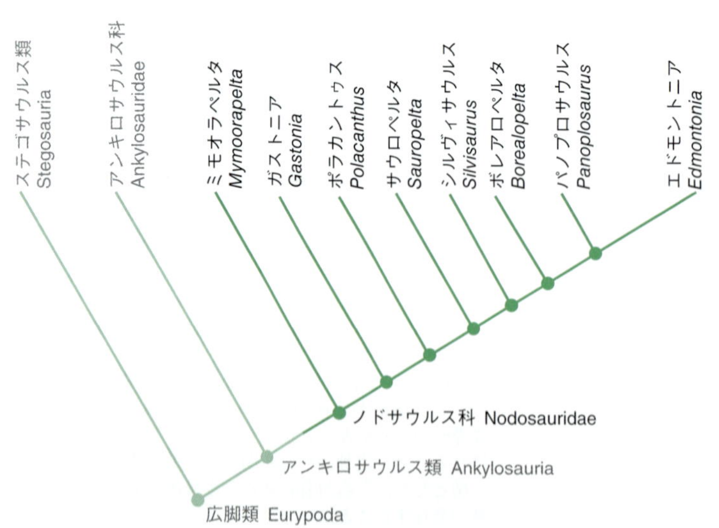

図 10・27 ノドサウルス科(Nodosauridae)，およびそれと最も近縁なグループであるアンキロサウルス科(Ankylosauridae)とステゴサウルス類(Stegosauria)の系統関係を示した分岐図．[Brown *et al.* (2017)を基に描いた]

sauria）とアンキロサウルス類（Ankylosauria）に分けられる．このステゴサウルス類とアンキロサウルス類はともに単系統群である広脚類（Eurypoda）に含まれる．広脚類の仲間は，その知能の低さによって知られており，恐竜のなかでも，竜脚形類を除き，全身に対する脳の質量比が最も低い値を示す．

ステゴサウルス類は広脚類の仲間のなかでも比較的謎の多い動物である．ステゴサウルス類は後肢が前肢と比べて顕著に長く，背部に板状もしくは棘状の一対の皮骨が列になって並んでおり，末端の尾にはおそらく防御用の武器として用いられていた長いスパイクを備えていることで特徴づけられる．彼らの化石記録は中期ジュラ紀から前期白亜紀にかけて残されている．

ステゴサウルス類の化石はあまり多く見つからず，おそらく群れではなく，単独で行動していたのだろう．ステゴサウルス類のプレートは少なくともディスプレイのために活用されていたと考えられる．ほかのすべての広脚類と同様，ステゴサウルス類には頬があり，咀嚼をしていたことがうかがえる．しかし，歯と歯の間は隙間だらけで，食物をすりつぶす効率は低かったと考えられる．あまり化石が多く見つからないことも原因の一つだが，ステゴサウルス類の繁殖戦略や行動生態については数多くの謎が残されている．

アンキロサウルス類は鎧をまとったずんぐりむっくりの四足歩行動物である．彼らの体には細かい皮骨が敷き詰められており，体のどこもかしこも皮骨性の鎧で覆われていた．アンキロサウルス類はジュラ紀の中頃から白亜紀の最末期まで生存していた．アンキロサウルス類にはノドサウルス科（Nodosauridae）とアンキロサウルス科（Ankylosauridae）という二つの主要なグループが含まれる．ノドサウルス科はやや軽量な体のつくりをしており，肩甲骨に沿って伸びる棘（parascapular spine）が長くなるのが特徴である．一方のアンキロサウルス科は，よりずんぐりとした体のつくりをしており，尾にはこん棒を備えていた．

アンキロサウルス類は低い植生をついばんで食べる動物であった．彼らの歯や頬はステゴサウルス類のものと類似している．しかし，アンキロサウルス類には二次口蓋があり，咀嚼中にも呼吸ができるようにすることで，咀嚼の効率を高めていたと考えられる．ただし，彼らがおもに消化管内での発酵によって食物から栄養を得ていたことは疑う余地がない．このことは，彼らが横幅の広い胴体をもっていたことから示唆される．アンキロサウルス類はステゴサウルス類とは異なり，群居性だった可能性を示唆している．彼らの繁殖戦略についてはほとんどわかっていない．さらにその形から防御に重きをおいた動物だったことは明らかだ．彼らはしゃがみこんで鎧で体を守り，アンキロサウルス科ならば尾の先のこん棒を振り回したことだろう．

参考文献

Brown, C. M., Henderson, D. M., Vinther, J., *et al.* 2017. An exceptionally preserved three-dimensional, armored dinosaur reveals insights into coloration and predator-prey dynamics. *Current Biology*, **7**, 2514–2521. doi: 10.1016/j.cub.2017.06.071

Buffrenil, V. de, Farlow, J. O., and de Ricqlès, A. 1986. Growth and function of Stegosaurus plates: evidence from bone histology. *Paleobiology*, **12**, 459–473.

Carpenter, K. (ed.) 2001. *The Armored Dinosaurs*. Indiana University Press, Bloomington, IN, 512p.

Carpenter, K. 2012. Ankylosaurs. In Brett-Surman, M. K., Holtz, T. R. Jr., and Farlow, J. O. (eds.) *The Complete Dinosaur*, 2nd edn. Indiana University Press, Bloomington, IN, pp.505–525.

Coombs, W. P., Jr. and Maryańska, T. 1990. Ankylosauria. In Weishampel, D. B., Dodson, P., and Osmólska, H. (eds.) *The Dinosauria*. University of California Press, Berkeley, pp.456–483.

Coombs, W. P., Weishampel, D. B., and Witmer, L. M. 1990. Basal Thyreophora. In Weishampel, D. B., Dodson, P., and Osmólska, H. (eds.) *The Dinosauria*. University of California Press, Berkeley, pp.427–434.

Galton, P. M. and Upchurch, P. A. 2004. Stegosauria. In Weishampel, D. B., Dodson, P., and Osmólska, H. (eds.) *The Dinosauria*, 2nd edn. University of California Press, Berkeley, pp.343–362.

Giffin, E. B. 1991. Endosacral enlargements in dinosaurs. *Modern Geology*, **16**, 101–112.

Hopson, J. A. 1980. Relative brain size in dinosaurs — implications for dinosaurian endothermy. In Thomas, R. D. K. and Olson, E. C. (eds.) *A Cold Look at the Warm-Blooded Dinosaurs*. AAAS Selected Symposium no. 28, pp.278–310.

Jerison, H. J. 1973. *Evolution of the Brain and Intelligence*. Academic Press, New York, 482p.

Maryańska, T. 1977. Ankylosauridae (Dinosauria) from Mongolia. *Palaeontologia Polonica*, **37**, 85–151.

Norman, D. B., Witmer, L. M., and Weishampel, D. B. 2004. Basal Thyreophora. In Weishampel, D. B., Dodson, P., and Osmólska, H. (eds.) *The Dinosauria*, 2nd edn. University of California Press, Berkeley, pp.335–342.

Sereno, P. C. and Dong, Z.-M. 1992. The skull of the basal stegosaur *Huayangosaurus taibaii* and a cladistic analysis of Stegosauria. *Journal of Vertebrate Paleontology*, **12**, 318–343.

Saitta, E. T. 2016. Evidence for sexual dimorphism in the plated dinosaur *Stegosaurus mjosi* (Ornithischia, Stegosauria) from the Morrison Formation (Upper Jurassic) of western USA. *PLoS ONE*, **10** (4), e0123503. doi:10.1371/journal.pone.0123503

Vicaryous, M., Maryańska, T., and Weishampel, D. B. 2004. Ankylosauria. In Weishampel, D. B., Dodson, P., and Osmólska, H. (eds.) *The Dinosauria*, 2nd edn. University of California Press, Berkeley, pp.363–392.

Chapter

11 周飾頭類：コブ，ツノ，クチバシで武装した恐竜たち

What's in this chapter

本章では周飾頭類（Marginocephalia）を紹介する．これは，白亜紀にアジアと北米で繁栄した鳥盤類のなかの１グループで，“これぞ恐竜”ともいうべき象徴的な種がいくつも含まれる．ここでは彼らの系統的な位置を確認しつつ，どんな生態をもち，どんな適応をしていたかについてつかんでもらう．恐竜好きの仲間と近所のビールバーに集まることがあれば，スポーツの話ではなく，“周飾頭類について語るのはどうよ？”とでももちかけてみてはどうだろう．そんな状況になったときに，順調に会話が始まったあとも話題を切らさないような小ネタを提供しよう．

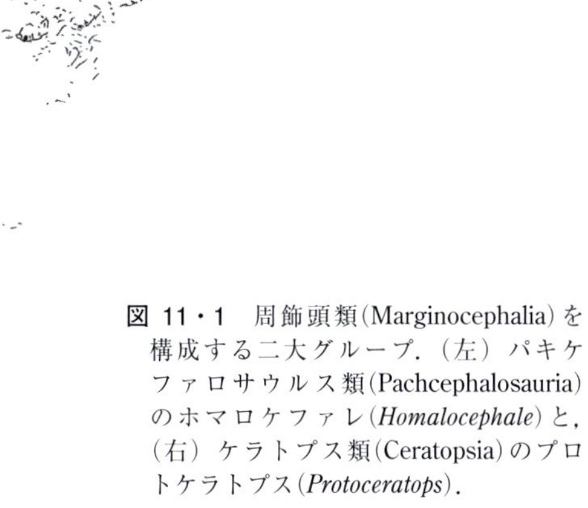

図 11・1　周飾頭類(Marginocephalia)を構成する二大グループ．（左）パキケファロサウルス類(Pachcephalosauria)のホマロケファレ(*Homalocephale*)と，（右）ケラトプス類(Ceratopsia)のプロトケラトプス(*Protoceratops*)．

11・1 周飾頭類

周飾頭類ってどんな動物？

周飾頭類（Marginocephalia：*margin* 周り・縁，*cephal* 頭）－これは恐竜について知ったかぶったそんじょそこらの5歳児の口から放たれる単語ではない．周飾頭類は，一見すると姿のまったく異なる二つの主要な恐竜の系統をまとめたグループである．一つがパキケファロサウルス類（Pachycephalosauria）で，もう一つがケラトプス類（Ceratopsia）である（図11・1）．周飾頭類は，**鳥脚類**（Ornithopoda；12章）とともに，角脚類（Cerapoda）という単系統群にまとめられる（図11・2）．これらはすべてゲナサウルス類（Genasauria）に含まれる．

周飾頭類はすべて，頭骨の後面を横切る陵，あるいは棚状に骨が発達する．種によって，この特徴に程度の差はあるが，すべての種に共通する点がある．それは，頭骨を上から見たときに，この張り出した部位によって，頭骨後部の骨が隠れてしまうということだ．

周飾頭類はさまざまな形態や体サイズに分化していったが，彼らの棲息域は白亜紀の北半球に限られていた．化石記録から推測すると，特にアジアと北米に分布が集中していた．

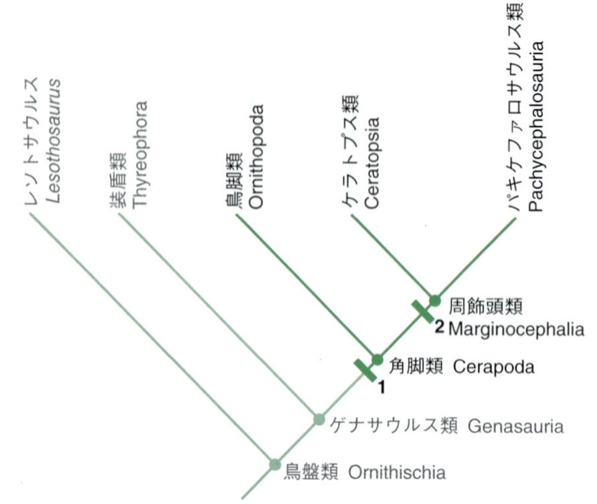

図 11・2　鳥盤類（Ornithischia）の系統の中で角脚類と周飾頭類の系統関係を示した分岐図．派生形質は以下のとおり．
1. 角脚類（Cerapoda）：前上顎骨と上顎骨の歯の間に顕著な歯隙があること；上顎骨歯が5本以下であること；前位転子（anterior trochanter）が指状に発達すること．
2. 周飾頭類（Marginocephalia）：背側から見たときに細長い頭頂骨の棚状突起が後頭部の骨格要素を覆い隠すこと；後頭部の棚状突起の外側縁が鱗状骨によって構成されること．

11・2 パキケファロサウルス類：ドームだと思っていたけど…

パキケファロサウルス類（Pachycephalosauria：*pachy* 厚い，*cephal* 頭，*saur* トカゲ・竜；"堅頭竜 dome-headed dinosaur"ともいう）は肥厚化した頭頂部をもった二足歩行性の鳥盤類（Ornithischia）恐竜である（図11・3，図11・4）．北米の種では，頭頂部が高いドーム状に発達したものがいた．一方，アジアの種では高いドーム状の頭蓋をもつ種もいたが，そのほかに平たくて厚い低いドーム状の頭頂部をもつ種もいた（図11・4）．こうしたドームが高い種と低い種はもともと，別々の属として認識されていた．ところが，たいていは，低いドームをもつものが単純に若年個体であり，その後，高いドームの頭骨に成長していく可能性が，研究の積み重ねにより明らかになってきた（後述参照）．

図 11・3　後期白亜紀の北米に棲息していた最大級のパキケファロサウルス類のパキケファロサウルス（*Pachycephalosaurus*）．パキケファロサウルスの頭骨の大きなドームを取囲むように，たくさんのコブやスパイク（棘）が並んでいることに注目せよ．［D. E. Fastovsky 提供］

パキケファロサウルス類の生活様式

パキケファロサウルス類はどこに棲息していたか　アジアのパキケファロサウルス類は，水はけがよく，一時的にしか水が流れることがない，サハラ砂漠のような砂砂漠の環境に棲んでいたことは明らかである．彼らの化石はほぼ完全な頭骨や，ほぼ完全に関節した骨格として見つかることが多い．これらの化石は，死後に流されたような痕跡は残されておらず，その動物が死んだすぐ近くで化石化したと考えられる．

一方，北米の種の棲息環境はまったく異なっていた．北米で周飾頭類の仲間が見つかる堆積層は，白亜紀当時の穏やかな気候で形成された広い海岸平野であり，ロッキー山脈が西側で隆起するとともに浸食で削剥された土砂の堆積

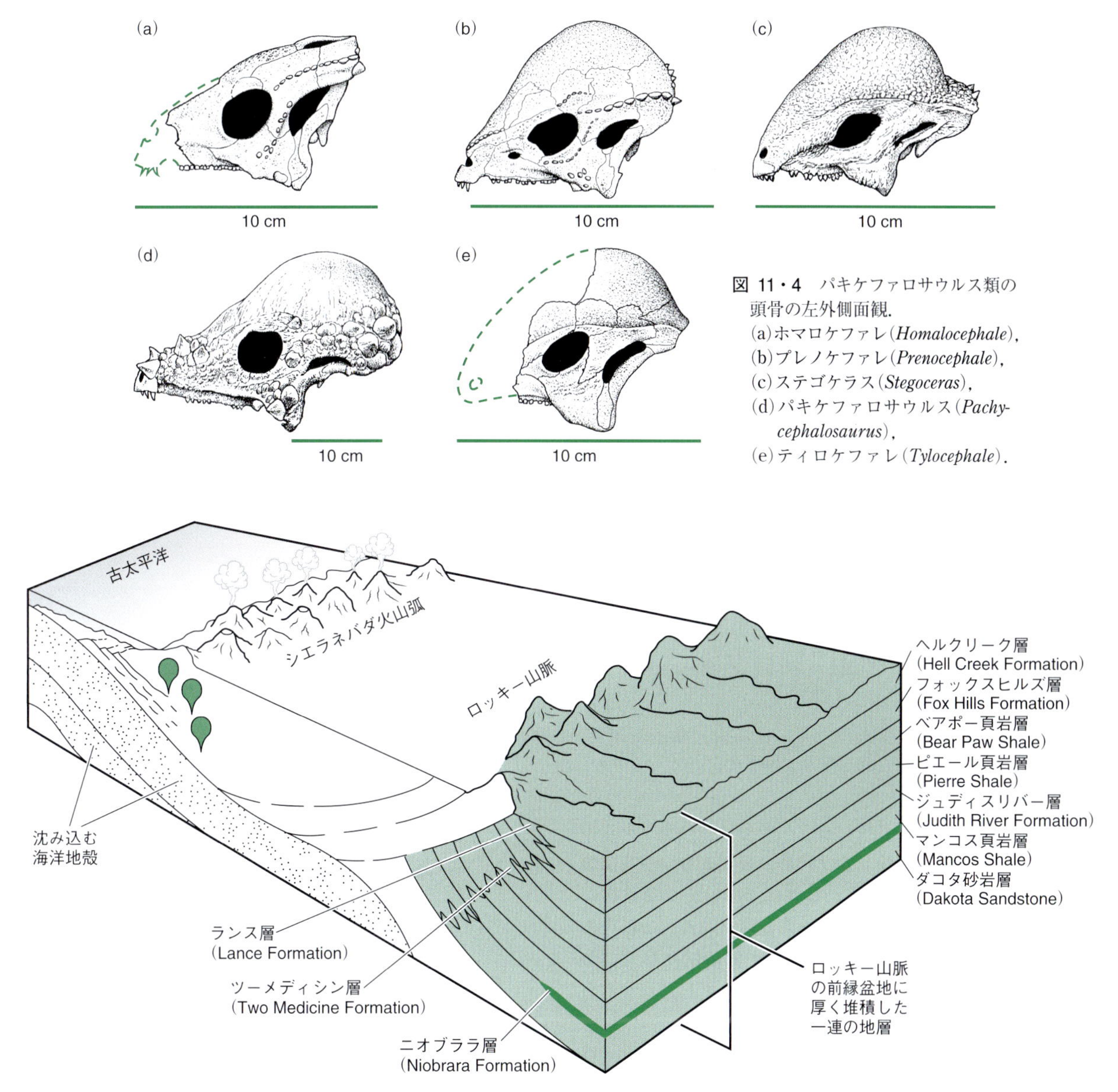

図 11・4　パキケファロサウルス類の頭骨の左外側面観．(a)ホマロケファレ(*Homalocephale*)，(b)プレノケファレ(*Prenocephale*)，(c)ステゴケラス(*Stegoceras*)，(d)パキケファロサウルス(*Pachycephalosaurus*)，(e)ティロケファレ(*Tylocephale*)．

図 11・5　後期白亜紀の北米の地質構造の模式断面図．ロッキー山脈の前身が隆起して，河川によって浸食されて流された．そして隆起しつつあるロッキー山脈のすぐ東山麓側の平野に何層も厚く堆積して層序を形成していった．化石は河川によって高地から運搬され，東の平坦な海岸平野に堆積していった．この土地は，現在では世界で最も豊かな恐竜化石の名産地となっている．

によって形成された（図 11・5）．最もよく見つかるパキケファロサウルス類の部位は，単体で見つかる厚い頭頂部である（図 11・6）．これらの化石には水の流れによる摩耗の跡が表面にみられることから，埋没して化石化する前に河川によって長い距離を運搬されたことがわかる．実際，北米のパキケファロサウルス類は頭骨しか見つかっていない種がほとんどである．頭頂部がとりわけ多く見つかるのは，この部位が単に体の中で最も頑丈であり，長い距離を流されても壊れにくいためだ．海岸平野の堆積層から関節した標本が見つからないのは，北米のパキケファロサウルス類が，堆積作用よりも浸食作用の方が強い，山麓や山岳地帯といった環境に棲息していたことを示唆している．

摂餌戦略　パキケファロサウルス類が植物食性だったとされる根拠は，歯の形態からだけではない．彼らが非常に太い腹部をもっていたという点も，その根拠となる．口の先端には餌をつかみとるための釘のような歯があり，この釘のような歯の最後列は犬歯のように発達することもあった（図 11・4）．これら先端の歯の周りは小さなクチ

図 11・6　博物館の引出しのトレー一杯に並べられた，パキケファロサウルス類の頭頂部のコレクション．写っているカメラの横幅は 10 cm．［Michael A. Morales 提供］

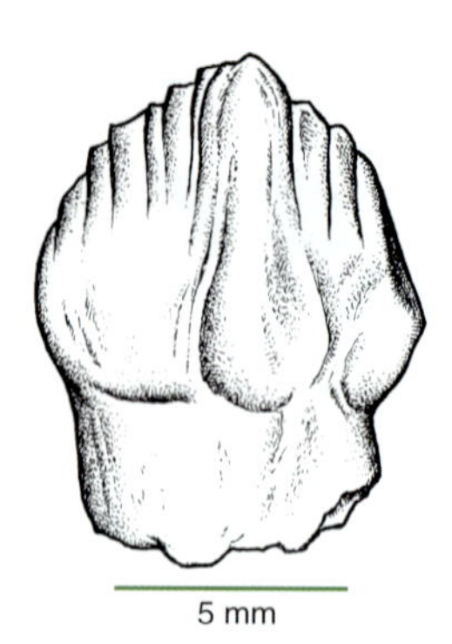

図 11・7　パキケファロサウルス（*Pachycephalosaurus*）の上顎側の頬歯．これは原始的な鳥盤類がもつ典型的な“葉状”の形態をした歯で，似たような形態の歯が，ヘテロドントサウルス科（Heterodontosauridae）や装盾類（Thyreophora）など，他の鳥盤類にもみられる（図 10・17b 参照）．

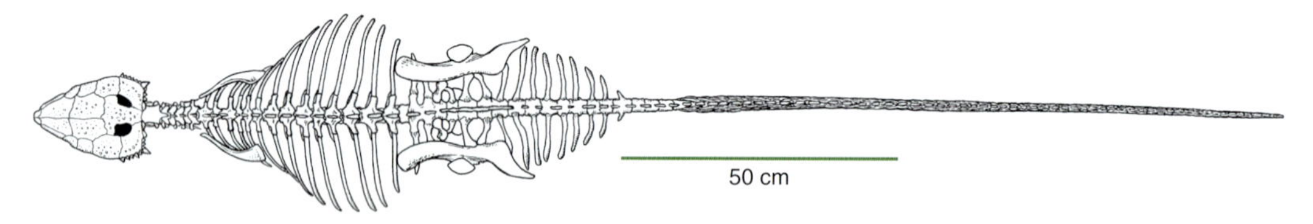

図 11・8　ホマロケファレ（*Homalocephale*）の骨格の背側面観．胸郭が腹部から尾の付け根にかけて左右に大きく広がっていることに注目せよ．

バシがあったと考えられている．パキケファロサウルス類の口の奥には，同じ形をした三角形の歯冠をもつ小さな頬歯（きょうし）が並んでいた（図 11・7）．これは，原始的な鳥盤類に典型的にみられる“葉状”の形態をした歯である．これらの歯の歯冠の前縁と後縁はギザギザした鋸歯（きょし）状になっており，植物の葉や果実を断ち切ったり，突き刺したりするのに役立っただろう．

消化器系の出口の方に目を移してみよう．パキケファロサウルス類の胸郭は非常に幅広く，その広がりは尾部の付け根にまで及んでいる．このような胸郭の大きさが示唆することは，そこに巨大な胃が存在していたということである．もしかすると複数の胃があった可能性もある．巨大な胃のおかげで，堅い植物でも細菌の発酵の助けを借りて分解することができたと考えられる（図 11・3，図 11・8）．

パキケファロサウルス類の脳

パキケファロサウルス類の脳は鳥盤類としては普通のサイズであり，知能の程度も鳥盤類のなかでは普通であったと考えられる．通常の鳥盤類とは異なる点をあげるとすれば，脳の嗅葉が発達していたことである．この特徴から，彼らは平均的な鳥盤類よりも発達した嗅覚を備えていたと考えられる．しかし，彼らが何の匂いを嗅いでいたかにつ

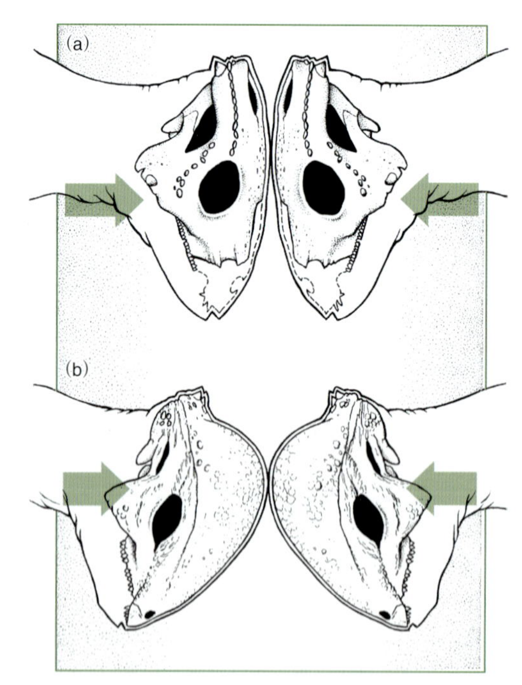

図 11・9　パキケファロサウルス類の頭部の押しつけあい，あるいは，ぶつけあい（頭突き）の様子．(a) ホマロケファレ（*Homalocephale*），(b) ステゴケラス（*Stegoceras*）．

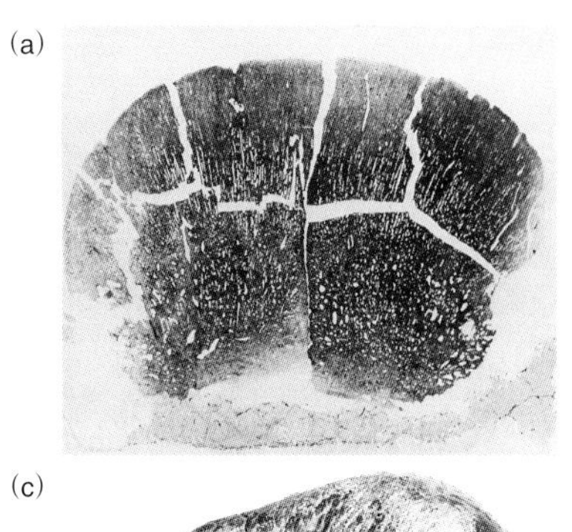
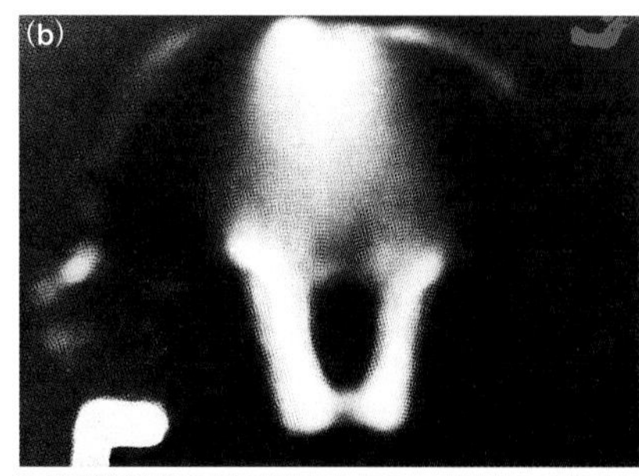
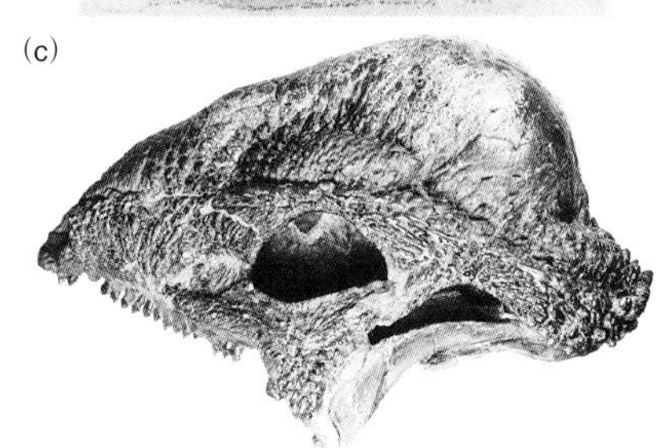
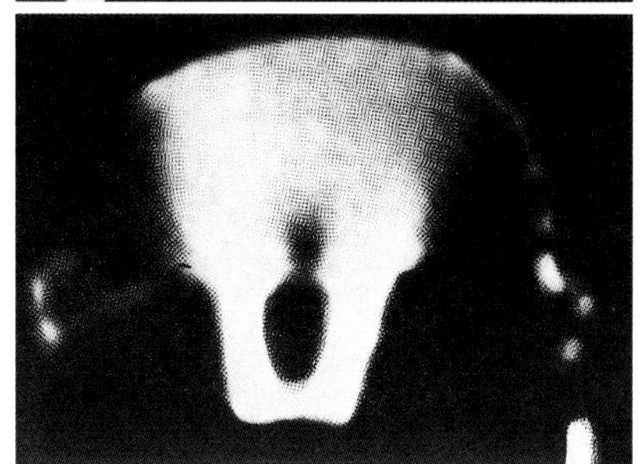

図 11・10　パキケファロサウルス類の一種，ステゴケラス(*Stegoceras*)の頭骨のドーム内における，頭突きをした場合の応力分布．(a) 頭骨のドームの垂直方向の断面．(b) 頭蓋ドームのプラスチックモデルの外縁の複数箇所に力を加え，偏光下で見た図．(c) 頭骨の左外側面観．(a)のステゴケラスの頭骨内部にみられる放射状に伸びる構造(硬化したコラーゲン線維)の分布パターンが，(b)のモデルでみられる応力の分布パターンと類似していることに注目せよ．［Hans Dieter Sues 提供］

いては，パキケファロサウルス類の絶滅とともに永遠の謎となっている．

このように，パキケファロサウルス類の脳は鳥盤類としてはきわめて平凡といえるが，頭骨内での脳の向きという点では非常に特殊であった．パキケファロサウルス類の**後頭顆**（occipital condyle）とよばれる頭骨後面の関節は，頭骨の後方かつ，やや下向きについていたが，脳の後ろ半分も後頭顆の向きに合わせて下向きに傾いていた．また，頭頂部のドームが高くなればなるほど，頭骨に対する後頭顆の向きよりも下側に傾いていくことが知られている．そして，その特徴から，パキケファロサウルス類の頭部は，物思いにふける以外の何らかの特殊な用途と関係しているのではないかと考えられている．

頭を…破壊槌として使っていたかどうか　このような特異なドーム状の頭部形態をもつことから，パキケファロサウルス類がその厚い頭頂部を破壊槌として（つまり頭突き用に）使ったのではないかと長い間，多くの古生物学者が考えていた（図 11・9）．このドームの内部構造を見てみると，骨組織が非常に緻密であり，ドームの表面と垂直方向に何本もの鉱化したコラーゲン線維が発達していることがわかる．このような構造は，頭頂部で受ける強い打撃を受けて，その力を脳の外周に伝播させるのに理想的な構造である．たとえるなら，スパーリング中のボクサーが頭に受ける力を逃がすためにかぶるヘッドギアのようなものだ．

古生物学者の H.-D. Sues は，高いドームをもつパキケファロサウルス類の一種ステゴケラス（*Stegoceras*）の頭部の断面を模した，特殊な透明プラスチックの切片を用い，それに圧力を加えることで，頭突きの状況のシミュレーションを行った（図 11・10）．このモデルに紫外線を当てると応力線が可視化される．実験の結果，コラーゲン線維の向きと同じような方向に応力線が走ることが示された．この結果は，コラーゲン線維は頭同士をぶつけ合う衝撃に耐えるために進化したという仮説を支持するものであった．

より強い頭突きができるように進化　本当にパキケファロサウルス類が頭突きを行う動物だったとしたら，彼らの体も頭突き行動に合わせて適応していなければならない．パキケファロサウルス類が頭を持ち上げると頭骨の後面が下向きに傾くことを思い出してほしい．頭突きをするために頭部を下げた状態にすると，頭部の後面が傾いていることによって，頭部と首の間の関節が致命的なねじれや脱臼が起こる危険を最小限にとどめることができる．

首にも頭突きによる致命傷を避けるような構造がいくつか見られたらよかったのだが，残念ながら，パキケファロサウルス類の首の構造についてはほとんどわかっていない．ただし，後頭部には首の筋肉の付着領域が大きく発達しており（図 11・11），彼らが強力な首の筋肉をもってい

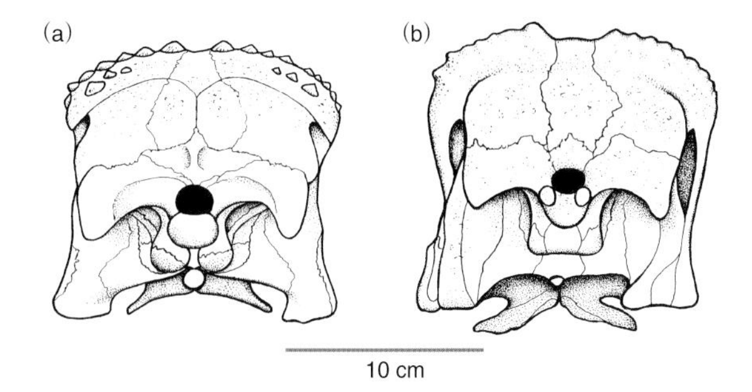

図 11・11　パキケファロサウルス類の頭骨の尾側面観(後頭部から見た図)．(a) ホマロケファレ(*Homalocephale*)，(b) ステゴケラス(*Stegoceras*)．

たことは明らかである．この筋肉は，頭突きの際に頭部を固定するために使われたと考えられる．

脊柱に目を移してみよう．パキケファロサウルス類の脊柱は特異的で，椎骨同士が，溝と細い隆起を継ぎ合わせる構造によって関節していた．この構造によって，脊柱の堅牢化を実現していたに違いない．また，頭突きの衝撃の瞬間に体が横向きに回転するような致命的な動きを回避していたのかもしれない．

非暴力武装者？　しかし実は，そんなに速いスピードで，強くぶつかっていたわけではないかもしれない．北米のパキケファロサウルス類の"スティギモロク（*Stygimoloch*）"は厚い頭頂部をもっていたが，彼らのドームには血管が通っていた微細な孔が無数に見つかった．つまり，骨の中の空間を血管やそれ以外の軟組織が占めていたということだ．こんなに多くの血管が発達していたら，"スティギモロク"にとって，頭部の正面や側面に衝撃を受けるのは好ましい状況ではなかっただろう．もしかすると，他の属についてもいえるかもしれないが，少なくともこの"スティギモロク"のドームのおもな用途は破壊槌ではなく，ディスプレイ用だったという可能性を根強く残している．

パキケファロサウルス類流の社会性

ドームをディスプレイに使ったにしても，頭突きに使ったにしても（あるいはその両方の用途があったとしても），彼らに社会性があったことは強く示唆され，ある程度の性的二型が見られたことが見込まれる．この仮説を検証するため，ステゴケラス・ヴァリドゥム（*Stegoceras validum*）というパキケファロサウルス類の一種で，数多くの標本の頭部形態が調べられた．その研究から，ステゴケラスのドームは相対的なサイズと形状によって，二つのタイプに分けられることがわかってきた（図 11・12）．一方のタイプは，他方よりも大きくて厚いドームをもっていたのだ．見事なことに，大きいタイプのドームの個体と小さいタイプのドームの個体の割合は 1：1 であった．これは一方がオスで，他方がメスであったと考えられる．ただし，どっちがオスでどっちがメスだったかはわかっていない．

性 選 択　　パキケファロサウルス類はすべて，ドーム状の頭部を含めて，視覚的なディスプレイに関連した特徴をもっていた．まず，犬歯状の歯をもっていた点が一つあげられる．これらは現在のブタやシカの仲間がやるように，威嚇的なディスプレイ行動や，ライバルに咬みついて攻撃するような行動に用いられたであろう．同様に，吻部や頭部の側面，そして最も目立つ箇所として，周飾頭類（Marginocephalia）の語源ともなった後頭部の棚（図 11・1 のノード 2，図 11・4）を覆っていたコブ状もしくは棘状の皮骨の存在があげられる．これらの特徴はすべて自己顕示的に用いられ，より優位な社会的地位に立つためのものであったろう．

ある性別（現生の爬虫類を参考にするならば，それはオスだろう）の個体が集団内で優位な地位に立てるということは，異性（すなわちメス）と接触する機会が増えることを意味し，交尾の機会も増えるということになる．6 章を思い返してもらいたい．これを**性選択**（性淘汰，sexual selection）といい，一方の性（一般にメスであることが多い）によって，他方の性に選択圧が生じることである．性選択と自然選択（natural selection）はまったく異なるものであり，自然選択では性別に関係なく，特定の形態が繁殖の成功に有利に働くものである．

パキケファロサウルス類では，ドームやコブ，スパイク（棘）などの構造がすべて儀式的に競い合うディスプレイ行動に用いられ，時には闘争によって致命的な影響を与えた可能性もある．おそらく頭部の装飾でベストファッション賞に輝いたオス個体は，この競り合いに勝利し，メスに選ばれる確率が高まったのだろう．しかし，勝利したオス個体は，常にその地位を狙うライバルのオスに対して目を光らせていなければならなかっただろう．

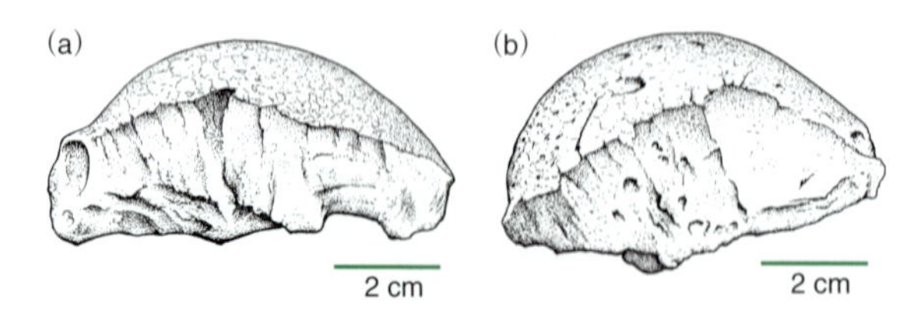

図 11・12　ステゴケラス（*Stegoceras*）の頭骨のドームの形態にみられる二型．浅いタイプのドーム(a)はメスで，高いタイプのドーム(b)はオスではないかという意見もある．

11・3　パキケファロサウルス類の進化

パキケファロサウルス類は，いくつもの派生形質を共有している（図 11・13）が，その多くは頭骨の特に頭頂部や後頭部に関するものである．前述したように，パキケファロサウルス類の頭頂部は非常によく化石に残る部位である．しかし，そのことがゆえに，彼らの系統関係についてははっきりしない点が多い（図 11・14）．2013 年に発表された系統解析によれば，分岐図上で最も原始的なパキケファロサウルス類はアジアのワンナノサウルス（*Wannanosaurus*）であり，パキケファロサウルス類がアジア起源なのではないかということを示唆している（図 11・14 b）．一方，2010 年に発表された別の系統解析によれば，その"最も原始的"であるはずのワンナノサウルスが，なんと，最も派生的なパキケファロサウルス類だという結果となったのである（図 11・14 a）．

パキケファロサウルス類の系統解析の問題点は，その形質のほとんどが，高く肥厚化した頭頂部や後頭部から突き出た小さな棘などの装飾物に大きく偏っているという点にある．これらの形質が，パキケファロサウルス類の系統関係や，進化の傾向を探るために用いられてきた．しかし，後述するように，これらの形質は，この恐竜の成熟度合いを表しているかもしれないのだ．そうなると，これまでに行われてきた系統解析の研究結果がゆらいでしまうことになる．図 11・14 を見ればわかるように，今後のパキケファロサウルス類の系統解析研究から目が離せなくなってきた．

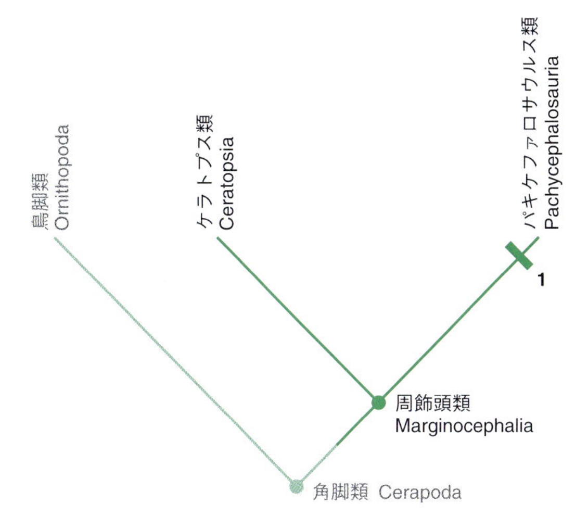

図 11・13 周飾頭類(Marginocephalia)および，その中でパキケファロサウルス類(Pachycephalosauria)が単系統であることを示した分岐図．派生形質は以下のとおり．

1．パキケファロサウルス類(Pachycephalosauria)：頭蓋天井が厚くなること；前頭骨が眼窩縁を構成しなくなること；鱗状骨の後外側縁に小さなコブが並ぶこと；薄い板状の基底結節(basal tubera)をもつこと；稜構造と溝構造の噛み合わせが二重構造になった関節を胴椎にもつこと；仙肋骨が伸びること；尾の骨化腱が互いに癒合してカゴ状になること；腸骨の関節がS字状になること；腸骨の内側突起をもつこと；恥骨が寛骨臼をほとんど構成しなくなること；鱗状骨が後頭部骨格の上に広く張り出すこと；方形頬骨の腹側の頬骨と方形骨との境界を形成する関節の可動性が高いこと．

パキケファロサウルス類の胴回りが幅広いという特徴は，他の多くの鳥盤類にみられるような幅の狭い原始的な胴回りと比べて，明らかに派生的な形質である．この特徴は，消化管が左右の後肢の間や尾の付け根まで，体のより後方へと移動したことを示している．装盾類（そうじゅんるい）(Thyreophora（ティレオフォラ）) と同様（Ⅲ部“鳥盤類”の導入部分，および 10 章），パキケファロサウルス類も単純な咀嚼（そしゃく）しかできなかったが，彼らもまた細菌の発酵の力の助けを借りて，食べた植物からより多くの栄養を得ていたのだろうと考えられる．

でも，それって本当に正しいの？

ここまで，パキケファロサウルス類の生態や系統について紹介してきた．いずれも，よく組立てられたお話だと感じるだろう．しかし…，私たちは本当にパキケファロサウルス類について正しく理解できているのだろうか．パキケファロサウルス類は滅多に見つかる恐竜ではない．前述のとおり，骨格が関節した状態で見つかることはほとんどない．むしろ，頭蓋天井ばかりがゴロゴロ見つかっているという状況である．頭骨の厚いドームや尖った棘が洗い流され，当時の川床に堆積したものばかりだ．これらの恐竜が，化石が見つかったような場所(河川の中)に生きていなかったことは明らかである．つまり，化石の保存状態から，彼らが生きていたときの様子をうかがい知ることはほぼ不可能だ．そして，過去 10 年ほどの間の研究で，それまで私たちが知っていると思っていたことが，重大な問題を抱えることになったのだ．

たとえば，J. R. Horner と M. B. Goodwin らは，後期白亜紀の北米に棲息していた三つの属，ドラコレックス (*Dracorex*)，スティギモロク (*Stygimoloch*)，パキケファロ

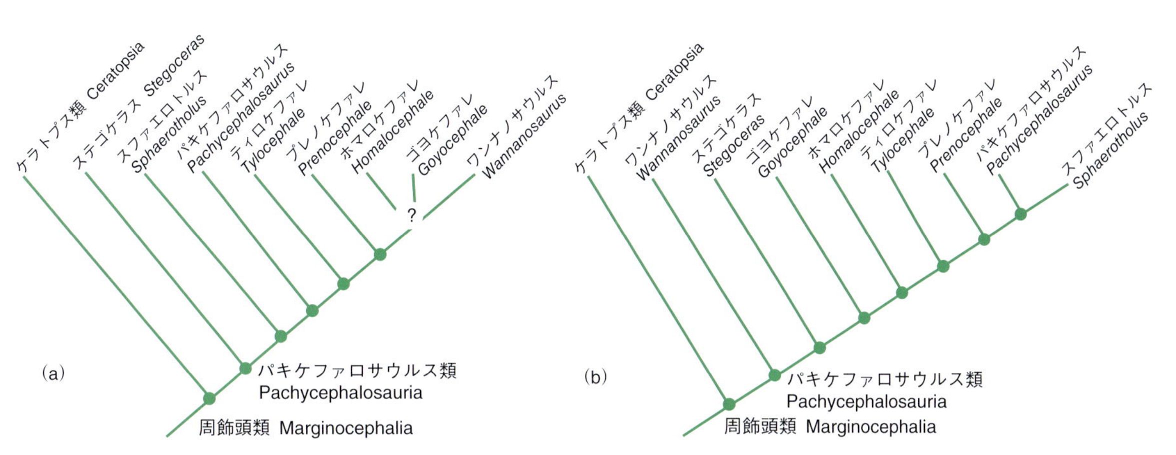

図 11・14 近年の研究による，パキケファロサウルス類(Pachycephalosauria)の中の系統的な関係を示した二つの分岐図．(a) 2010 年に Longrich らによって，そして (b) 2013 年に Evans らによってそれぞれ発表された分岐図を簡略化したもの．これらの分岐図が著しく異なっていることに気づくだろう．このことは，パキケファロサウルス類の系統関係をはっきりさせるためにはまだ多くの研究が必要であるということを示している．

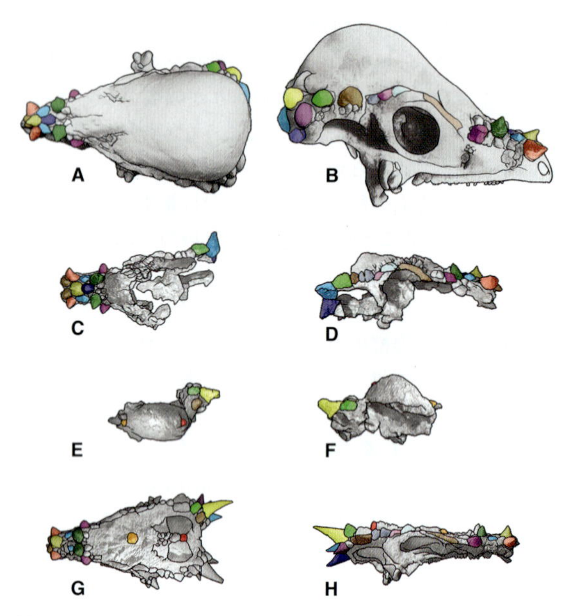

図 11・15　パキケファロサウルス(*Pachycephalosaurus*)の頭骨の成長．(左)背側面観，(右)右外側面観．(E)～(H)の頭骨標本は，もともと別の属の名前が与えられていたが，のちにパキケファロサウルスの幼体や亜成体であろうと考えられるようになった．当初，最も若い標本(G,H)は“ドラコレックス(*Dracorex*)”，亜成体標本(E,F)は“スティギモロク(*Stygimoloch*)”と名づけられた．やや若い成体標本(C,D)の段階を経て，より年老いた成体標本(A,B)へと成長段階が変化していく．頭骨のコブやツノは，成長段階ごとに位置の対応がつくよう，色分けされている．スケールバーは5 cm．［Horner, J. R. and Goodwin, M. B. 2009. Extreme cranial ontogeny in the Upper Cretaceous dinosaur *Pachycephalosaurus*. *PLoS ONE*, 4, e7626 より］

サウルス（*Pachycephalosaurus*）が，同一の種なのではないかという論文を発表した．彼らによれば，これら三つの属が，成長段階の違いを表しているというのだ．この論文によれば，幼体型（ドラコレックス）では頭頂部が平べったくなっていたものが，成長して成熟していくとともにドーム状に変わっていくということだ．さらに，頭頂部の成長に伴い，頭骨から突き出たトゲトゲした突起が，成熟していく中で滑らかになっていくという（図 11・15）．彼らが集めた証拠は非常に印象的なのは確かだが，もし彼らの主張がすべて正しいとすれば，パキケファロサウルス類の進化史を再検討する必要が生じてくる．

(1) Horner らによるパキケファロサウルスの頭頂部の成長モデルは，平たいものからしだいにドーム状に盛り上がってくるというもので，ドーム状に変化していくのは性的成熟の頃に起こるとしている．この成長過程は，多くの古生物学者が同意できるものである．とすると，これまで見つかってきた平たい頭のパキケファロサウルス類はすべて幼体だったということなのだろうか．それとも，成体で平たい頭をしたパキケファロサウルス類も一部にはいたのだろうか．少なくとも，平たい頭頂部のパキケファロサウルス類と，ドーム状に盛り上がった頭頂部のパキケファロサウルス類が，自動的に別属に分けられるということを意味するわけではないことはいえそうだ．

(2) パキケファロサウルス類はそこまで多様化したグループではない．古生物学者はこれまで，ドームの大きさや，頭骨の棘の形や位置，大きさによってパキケファロサウルス類の種の違いを識別してきた．しかし，成長とともにこれらの特徴が変わっていくということが明らかとなった今，現在知られているパキケファロサウルス類の種数さえも，過剰な見積もりということになるかもしれない．

(3) 本章の中ですでに紹介した研究（図 11・12）だが，1981 年に発表された論文で，故 R. Chapman らが統計的な解析に十分な数のステゴケラスの頭骨のドームを調査し，その中で性差が認められた，と主張した．しかし，これが，年齢が異なる二つの集団を比較したものだという可能性も捨てきれないはずだ．

(4) シカやウシ，ヒツジの仲間のような現生の大型植物食動物は，種内闘争や，同性の間での闘争を儀式化し，これを性選択に取入れている．哺乳類では一般に，オス同士がこの儀式を行い，メスがオスを選別する．パキケファロサウルス類の性選択についての議論は，こうした現生の大型植物食哺乳類になぞらえたものである．パキケファロサウルス類の行動に関するこうした推測は，本書のような恐竜の一般書や，R. T. Bakker の手による頭突きをするパキケファロサウルス類の印象的な絵に描かれてきた．

頭をぶつけ合おうが，体のどこをぶつけ合おうが，こうした闘争行動をしていたとする推論は性選択があったことを前提としたものである．そして，その前提は，頭骨を“装飾”する棘や稜線，ドーム状の構造をもつことによって成り立っている．しかし，この“装飾する”という言葉そのものが，この推論を誘導している可能性も否定できない．なぜなら，私たちは“装飾”がどういうときに行われるか，頭の中に思い浮かべることができるからだ．それは，宝石やブランド物の服のように，通常は異性に対して自分をよく見せるための合図を送る装置として使われるものだろう．だが，こうした構造物が，まだ提唱されていない“何か別の目的”のために機能していた可能性はないのだろうか．そして，もしその疑念が正しかったとすると，パキケファロサウルス類の性選択に関連した議論そのものの信憑性が薄らいでしまうのである．

(5) 成熟度合いによらず，二つのドーム状の頭部を用いて

図 11・16　頭突きをする２頭のパキケファロサウルス(*Pachycephalosaurus*)の像．オランダのアーメルスフォールト動物園(DierenPark Amersfoort）より．［Ger Bosma/Alamy Stock Photo］

これをぶつけ合えば（図 11・16)，見事な頸椎の骨折や打撲が即座にでき上がること請け合いである．そんな“事故アピール”をするよりも，おそらく，相手の脇腹を突いたり，押し合い圧し合いすることがパキケファロサウルス類の“自己アピール方法”だったのだろう．もし正確な打撃に精進した“自己アピール”が横行していたとすれば，頭突きをしない側の性（たとえばメス）は，いつの間にか，頭突きをする側の性（たとえばオス）の数がいつの間にか減っていることに気づくだろう．

パキケファロサウルス類が性選択に関連した行動をしていたことは，強固な根拠に基づいた推論であり，おそらく間違いないだろう．しかし，たとえそうだとしても，恐竜に関する議論がいつもそうであるように，一見，単純で当たり前のように見えることが実は正しいということもありえるし，私たちが十分に考察できていない，あるいは理解していないだけで，実は多くの複雑な事象が隠れ潜んでいることもありえるのだ．

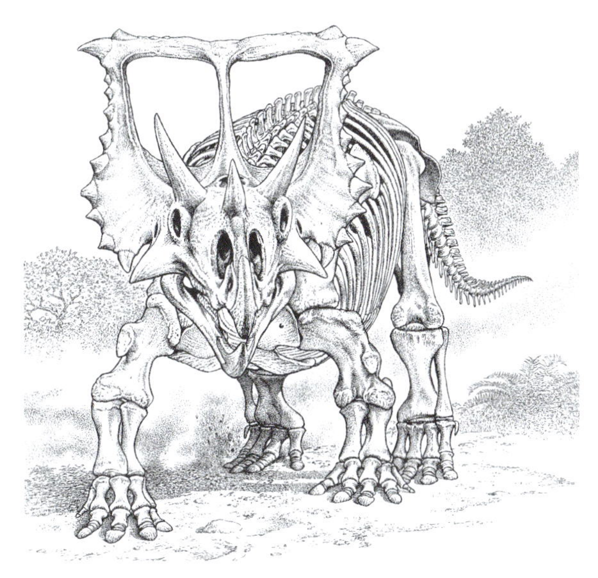

図 11・17　後期白亜紀の北米西部内陸部に棲息していたケラトプス類のカスモサウルス(*Chasmosaurus*)．

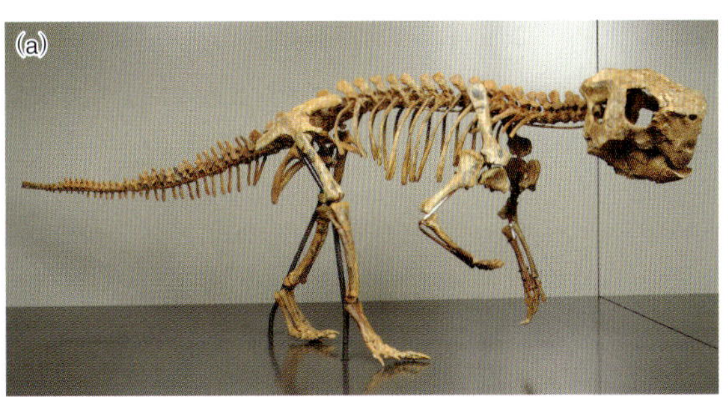

図 11・18　アジアから産出した，小型でツノをもたないケラトプス類のうちの２属．(a) プシッタコサウルス(*Psittacosaurus*)，(b) プロトケラトプス(*Protoceratops*)．［© Naturhistorisches Museum Wien；Alice Schumacher］

11・4　ケラトプス類：フリルをもつ恐竜，および，そのなかでツノをもつ一部の恐竜

これはサイのような動物だったのか，はたまた，カバのような動物だったのか…．1800年代後半に最初に発見されて以降，古生物学者たちはケラトプス類（ケラトプシア）（Ceratopsia：*cerat* ツノ，*ops* 顔；“角竜 horned dinosaurs”ともいう）が，よく知られた現生の動物のどれになぞらえられる恐竜なのかを探ろうとしてきた．だがしかし，ケラトプス類はサイでもなければ，カバでもない，ケラトプス類なのである．したがって，ケラトプス類になぞらえられる動物は地球上でこれまで存在していないのだ．表面的には，一部の“新型モデル”のケラトプス類は，まさにサイのような見た目をした，体重（質量）6〜7トンにも及ぶかという，ツノで武装した力強くて大型の植物食動物である（図 11・17)．しかし，これと同じくらい名の知れたケラトプス類

として，白亜紀という時代の中でもやや早い時期のアジアに棲息していた，とてもサイに似ても似つかない，体重（質量）25～200 kg と軽量でツノをもたない仲間がいる（図 11・18）.

アジアや北米から見つかるケラトプス類の化石記録はほかのどの恐竜の仲間よりも豊富であり，彼らについては非常に多くのことがわかっている．原始的な仲間は小型で二足歩行性の動物であったが，そこから進化の初期の段階で強靭な四足歩行性の仲間へと進化してきた．手足の指趾に分厚いヒヅメが発達し，体サイズは小型の戦車と肩を並べるほどになっていった*1.

ツノがあろうとなかろうと，それがケラトプス類だと判別できる特徴がある．ケラトプス類にはすべて，その先端にある鋭く湾曲したクチバシを備えた幅の狭い頭骨をもっていたが，その頭骨は頬の領域で左右に張り出すという特徴をもっていた(図 11・19)．そして上顎の吻部の先端には，ケラトプス類が固有に進化させた**吻骨**（rostrum bone）が備わっていた（図 11・20）.

多くのケラトプス類がツノをもっていたが，すべての仲間にツノがあったわけではない．ただ，ツノをもったケラトプス類は，他のどの脊椎動物にみられるツノよりも印象的なツノを築き上げていった（図 11・21）．多くの哺乳類にみられるツノのように，頭骨に骨として残された**角芯**（horn core）の表面は，幾重にも重なった角質層で覆われ，実際のツノの先端はさらに長く伸びていたと考えられている．つまり，生きていたときのツノの大きさは，角芯よりもずっと大きかっただろう（図 11・22）.

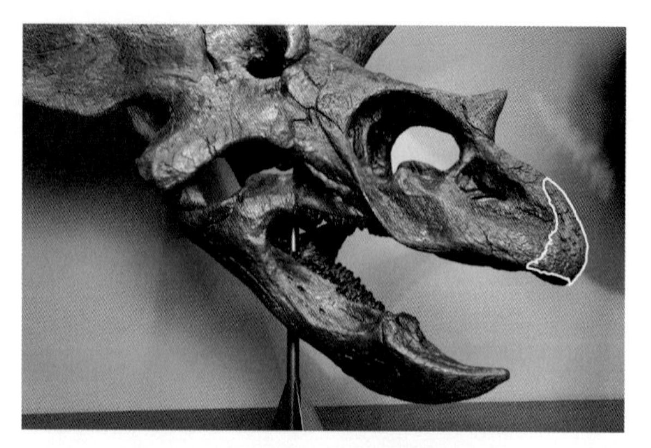

図 11・20 ケラトプス類の吻部．吻骨を白く縁取っている．
［© Naturhistorisches Museum Wien；Alice Schumacher］

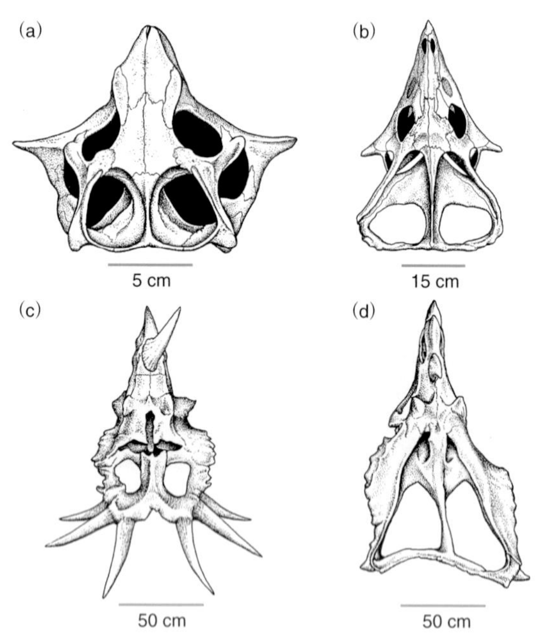

図 11・19 ケラトプス類の頭骨の背側面観．(a) プシッタコサウルス(*Psittacosaurus*)，(b) プロトケラトプス(*Protoceratops*)，(c) スティラコサウルス(*Styracosaurus*)，(d) カスモサウルス(*Chasmosaurus*).

ケラトプス類の特徴として同様に目をひくのは**フリル**（frill）である．これは周飾頭類特有の後頭部の棚状の突起が発達したものである．頭骨の後頭部から長く張り出したフリルは，その大きさや装飾，形態が大きく多様化していった（図 11・19，図 11・21）．最も大きくなったフリルでは，長さが 2 m に達したものもある.

ケラトプス類の生活様式

咀嚼のための適応　ケラトプス類は，何度も何度も咀嚼を行うための適応をした．鋭く湾曲したクチバシに，鈴なりに並んだ上下顎の頬歯，発達した鉤状突起，顎の縁よりも内側に位置する歯列，筋肉質の頬があったことを示す証拠―これらすべての特徴が，彼らがず～っと噛み噛みモグモグ（咀嚼）していたことを強く裏付けている.

ケラトプス類の口の先端は，幅が狭くてするどく湾曲したクチバシのついた吻部であった．これは，彼らが食物となる植物を選択的にとることができたことを示している．頬歯の一つ一つは比較的小さいものであったが，頬歯は互いに折り重なりながらくっつき合い，顎で**デンタルバッテリー**（dental battery）とよばれる構造をつくり，一連の歯が全体として一つのせん断器として機能していた（図 11・23）．乳歯から永久歯へと歯が一度しか生え変わらない哺乳類とは異なり，ケラトプス類では，歯が摩耗すると間髪入れず何度でも代わりの歯と交換されたため，上下の顎とそれぞれ左右の計四つのデンタルバッテリーの咬耗面

*1　訳注：ただし，ケラトプス類を含むすべての恐竜類で，前肢の第Ⅳ指と第Ⅴ指の末端指骨(terminal phalanx)はツメのような形状，すなわち有爪指骨(ungual phalanx)にはなっていないため，すべての指趾にヒヅメがあったわけではないことに注意.

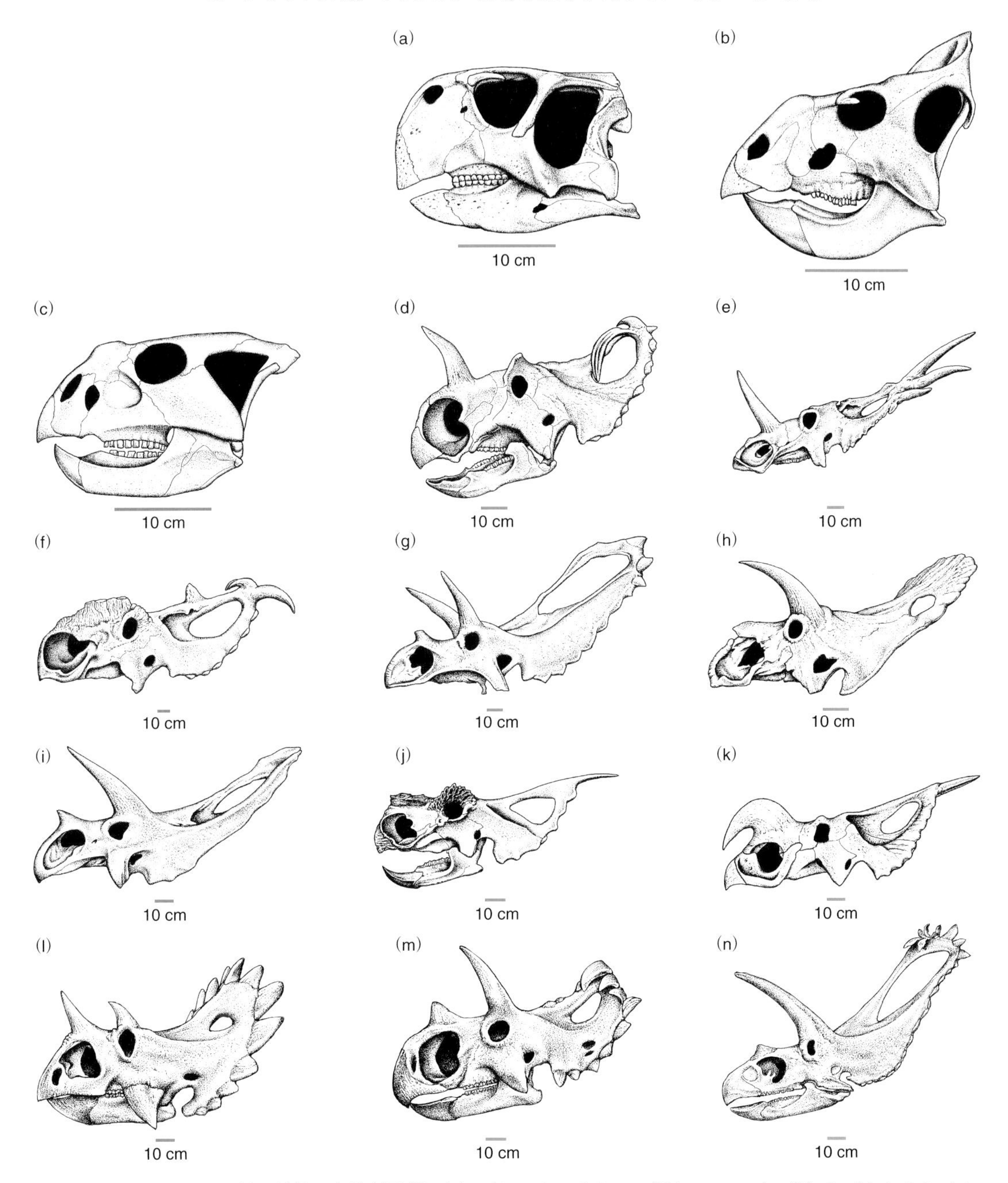

図 11・21　ケラトプス類の頭骨の左外側面観．(a) プシッタコサウルス(*Psittacosaurus*)，(b) レプトケラトプス(*Leptoceratops*)，(c) バガケラトプス(*Bagaceratops*)，(d) セントロサウルス(*Centrosaurus*)，(e) スティラコサウルス(*Styracosaurus*)，(f) パキリノサウルス(*Pachyrhinosaurus*)，(g) ペンタケラトプス(*Pentaceratops*)，(h) アリノケラトプス(*Arrhinoceratops*)，(i) トロサウルス(*Torosaurus*)，(j) アケロウサウルス(*Achelousaurus*)，(k) エイニオサウルス(*Einiosaurus*)，(l) レガリケラトプス(*Regaliceratops*)，(m) ウェンディケラトプス(*Wendiceratops*)，(n) ティタノケラトプス(*Titanoceratops*)．

は継続的に切れ味が保たれることになる．古い摩耗した歯が抜け落ちるときには，その下に新しい歯がすでに萌出している…という仕組みだ．

どういうわけか，動物界全体でも特異的な特徴なのだが，彼らの歯の咬耗面は徐々に急角度になる方向へと進化していった．北米の派生的な大型のケラトプス類になると，デンタルバッテリーの咬耗面は垂直に切り立つようになっていった（図 11・23 b）．

図 11・22 トリケラトプス(*Triceratops*)の頭骨と，生きていたときにツノの骨芯を覆っていただろう角質の鞘の様子を復元した図．角質(ケラチン質)は，指のヒラヅメやカギツメと同じ成分である．

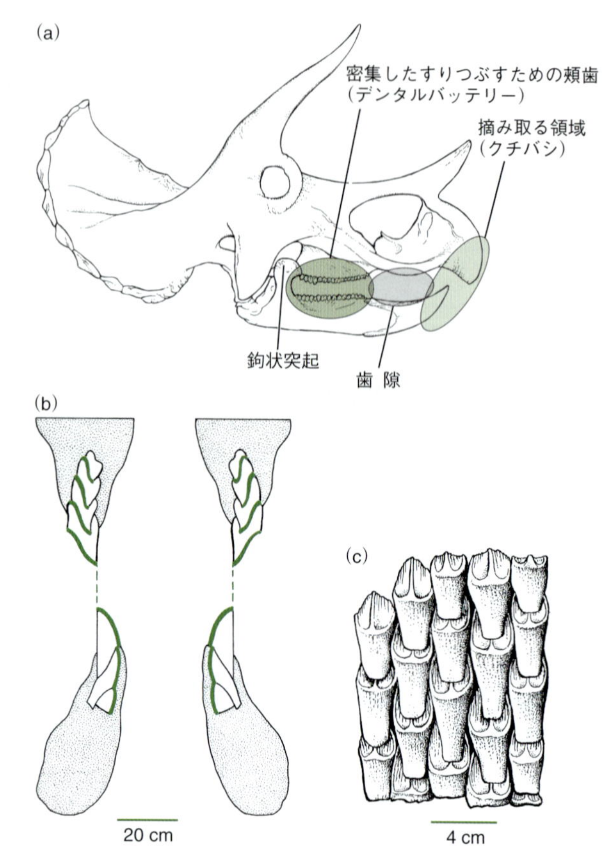

図 11・23 ケラトプス科(Ceratopsidae)の咀嚼．トリケラトプス(*Triceratops*)の頭骨を例に，(a)ケラトプス科の顎が前位で餌を摘み取る領域(薄い緑)，歯隙(灰色)，餌をすりつぶす頬歯領域(濃い緑)に分かれる様子と，鉤状突起を示す(図 III・5 も参照)．(b)トリケラトプスの上顎と下顎の断面図で，垂直に咬合して餌をすりつぶすデンタルバッテリーの様子．(c)トリケラトプスの下顎のデンタルバッテリーを舌側(内側)から見た様子．

この垂直にせん断する咀嚼運動は，強大な閉顎筋によって可能となっていたはずだ．この顎を閉じる筋肉は上側頭窓からフリルの基部にかけて付着領域を広げていた．そして，筋肉のもう一方の端は，下顎から飛び出した強大な鉤状突起についていた（図 11・24）．すべての特徴において，ケラトプス類の咀嚼器官は，それまでの他のどんな脊椎動物よりも高度に進化していたのである[*2]．

口の奥で ケラトプス類は，装盾類（Thyreophora）やパキケファロサウルス類と比べて幅の狭い胴体をもっていた．このことから，彼らの消化管は異常に大きいものではなく，植物から栄養を得る際に細菌の発酵の力に強く依存することもなかったと考えられる．とはいっても，途方もなく無数に存在する植物の種類のなかから，この動物の食料となったものがどれだったのかを探し出すことはとても無理な作業である．

ただ，最大級の四足歩行性ケラトプス類であっても，高い位置の植物をついばむことはなかったろう．最大種のケラトプス類が食べることができた高さの上限はおそらく 2 m にも達しなかっただろう．ただし，彼らは適度な大きさの木をなぎ倒して，葉や果実を食べることはできたかもしれない．

ケラトプス類がどの種類の植物を好んで食べたかは謎に包まれている．ケラトプス類の口の高さに合う植物としては，被子植物やシダ類，そしておそらくは球果植物の低木などの多様なものが対象だったということはいえる（15 章）．

ロコモーション(移動様式) 原始的なケラトプス類のプシッタコサウルス（*Psittacosaurus*）は完全二足歩行性であり，典型的な二足歩行性の鳥盤類のように歩いていたと思われる．しかし，そのほかのケラトプス類はすべて四足歩行性であった．彼らの後肢は完全下方(直立)型であったが，前肢の姿勢については統一見解が得られていない．彼らの前肢が四足歩行性の哺乳類のように胴体の真下に置かれていたと考える研究者がいる一方で，前肢の形態に基づいた推測から，彼らはもっと側方(這い歩き)型であっただろうと考える研究者もいる（図 11・25）．

前肢の姿勢をどう復元するかは，ケラトプス類がどのよ

---

*2 原始的ケラトプス類のプシッタコサウルス(*Psittacosaurus*)は，北米のケラトプス類にみられるような高度に洗練された咀嚼機構を備えていなかった．しかし，プシッタコサウルスは砂嚢の中にいくつもの胃石をもつことで知られており，それを用いて食物を砕いていたのだろう．胃石をもつケラトプス類はこれ以外には知られていない．

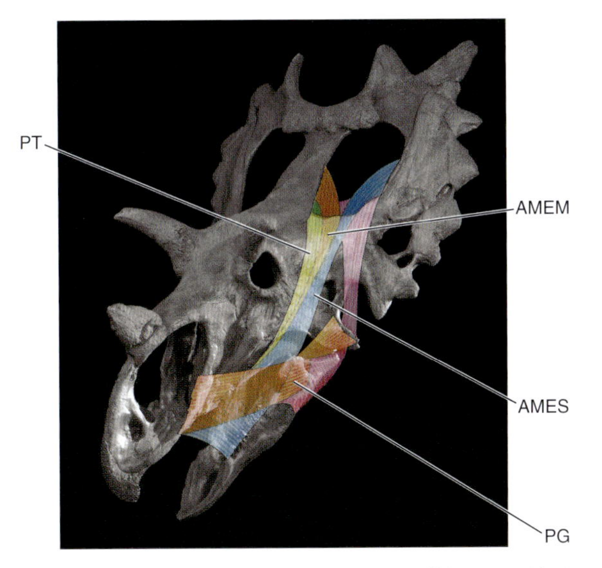

図 11・24 長いフリルをもったケラトプス科（Ceratopsidae）の頭骨に復元された顎の筋肉．主要な閉顎筋は以下のとおり．AMES：下顎内転筋浅層部（adductor mandibularis externus superficialis），AMEM：下顎内転筋内側部（adductor mandibularis externus mediali），PT：偽側頭筋（pseudotemporalis），PG：翼突筋（pterygoideus）．

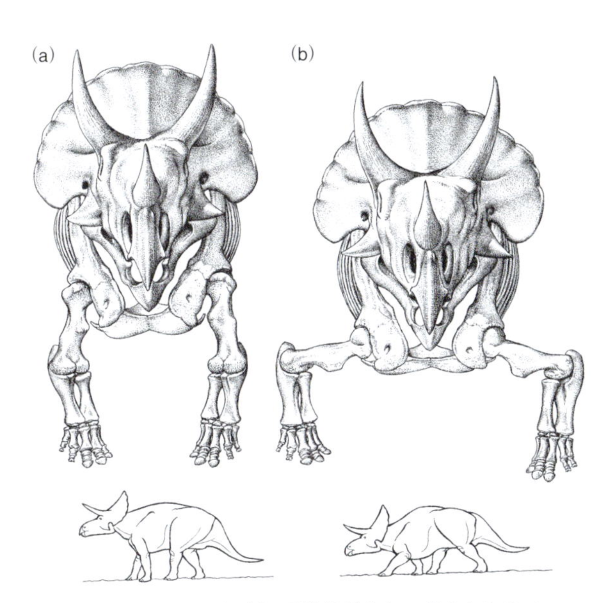

図 11・25 ケラトプス類の前肢姿勢として考えられる二つの対立仮説．（a）完全下方（直立）型，（b）側方（這い歩き）型

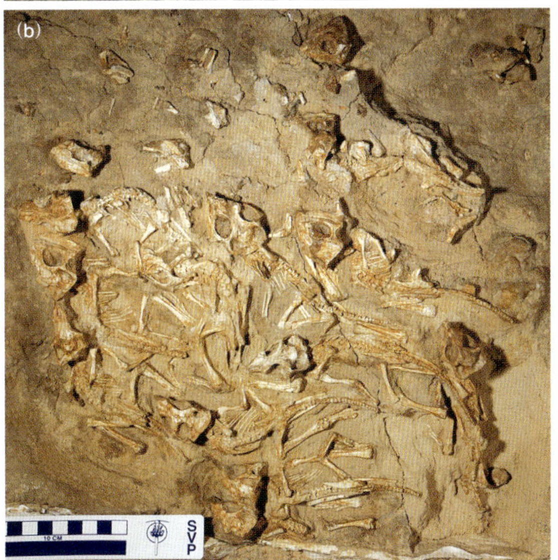

図 11・26 アジアから産出した，巣化石とその中のケラトプス類の幼体化石．（a）中国・遼寧省に分布する下部白亜系のイーシャン層（Yixian Formation）から産出した，34 体のプシッタコサウルス（*Psittacosaurus*）の幼体が入った巣化石．おそらく親と思われる，成体のプシッタコサウルスの頭骨が写真の左側に見える．（b）モンゴル・ゴビ砂漠に分布する上部白亜系のジャドフタ層（Djadokhta Formation）から産出した，15 体のプロトケラトプス（*Protoceratops*）の幼体が入った巣化石．成体のプロトケラトプスは全長およそ 2 m だが，この幼体の全長は 10 cm 程度である．このことから，この幼体は生後 1 年以内であったろうと考えられる．幼体が巣立ちを迎えるまで，巣の中で少なくとも 1 年間はともに過ごしていただろうことから，プロトケラトプスの赤ちゃんは親の保護を受けていたはずだ．この写真を目に焼きつけてほしい．これはまさに，恐竜の赤ん坊が絶命する最後の数秒の様子が写った，ドラマチックな瞬間なのだ．写真中の定規の目盛は 1 cm 刻み．［（a）Meng, Q. *et al.* 2004. Palaeontology: Parental care in an ornithischian dinosaur, *Nature* 431, 145–146, doi: 10.1038/431145a より］

うに走っていたかについての解釈に大きく影響してくる．前肢が側方（這い歩き）型の姿勢であれば，ゆっくりとした走行しかできなかっただろうし，おそらくはゆったりとした生活様式であったと考えられる．一方，前肢と後肢をともに完全下方（直立）型の，哺乳類のような姿勢に復元すると，より速く走ることができる白亜紀の巨大なサイのような動物として復元されるだろう．前肢の姿勢がどちらだったのかわかっていないため，彼らの歩行速度は時速 2～4 km の範囲のどこか（13 章），最高走行速度は時速 30～

35 km のどこかだろうと大雑把に見積もられている*3．

恐竜の子育て：その1　巣の中に入った恐竜の卵の化石が最初に見つかったのは1922年のことである．この卵の化石は，アジアの小型のケラトプス類，プロトケラトプス（*Protoceratops*）のものだろうと考えられた．そしてそれから70年間にわたり，世界中の博物館でプロトケラトプスと卵が並べられて展示されることとなった．しかし，残念ながら，70数年後に判明した事実がある．この“プロトケラトプスの卵”の中に入っていた胚は獣脚類（Theropoda，テロポーダ）恐竜のオヴィラプトル（*Oviraptor*）の赤ん坊だったのである（6章，図6・30参照）．

このようにオヴィラプトルの卵と混同された経緯はあったが，現在では，アジアからケラトプス類の幼体の化石が比較的よく発見されている．尾まで含めて全長23 cmしかないプシッタコサウルスのふ化したての幼体の化石が見つかったのである．そして近年では，ふ化後に少し成長した段階のプロトケラトプスの完全な骨格が巣の中から見つかっている（図11・26）．このことは，プロトケラトプスがふ化後に何かしら親からの保護を受けていたことを強く示唆している．この推論が成り立つのは，親からの保護がなければ，巣に寄り集まった幼体の集団が，1年あまり生き延びることなど考えられないからだ．さらに，プロトケラトプスではふ化後から成体に至るまでのすべての成長段階の化石が見つかっているため，この恐竜の**個体発生**（ontogeny，**オントジェニー**）の様式（もしくは成長・発生の様式）は恐竜のなかで最もよく理解されている．同様に，原始的なケラトプス類のプシッタコサウルス（図11・27a）や，白亜紀の最末期を生きたトリケラトプス（*Triceratops*；図11・27b）をはじめ，他の多くのケラトプス類についても，その個体発生の成長様式が明らかになりつつある．そして，パキケファロサウルス類の項目で紹介したように，ケラトプス類の個体発生を理解することは，彼らの行動生態を理解する糸口にもなる．

ツノとフリルとケラトプス類の行動生態　ケラトプス

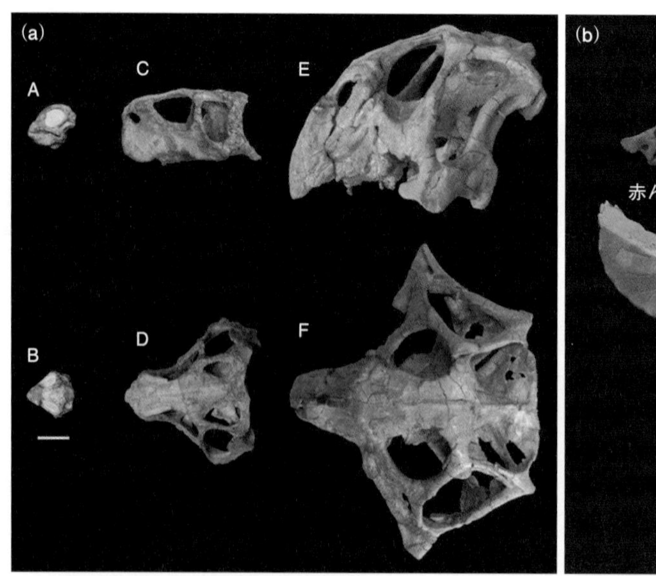

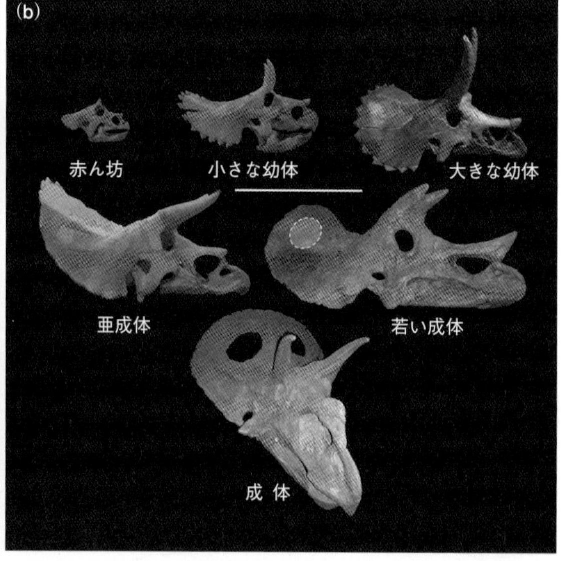

図 11・27　ケラトプス類の成長過程．(a) 原始的なケラトプス類のプシッタコサウルス（*Psittacosaurus*）．(A,C,E)左外側面観，(B,D,F)背側面観．スケールバーは20 mm．ここでは，赤ん坊，幼体，成体の三つの成長段階を示す．(b) 最も派生的かつ，後期白亜紀の最も新しい時代に棲息したケラトプス類のトリケラトプス（*Triceratops*）．ここでは，赤ん坊，幼体，亜成体，成体の四つの成長段階を示す．この成長段階についての論文の著者らは，“成体”がもとはトロサウルス（*Torosaurus*）として記載された恐竜だとしており，トロサウルスとトリケラトプスが同じ動物なのではないかと主張している（本文参照）．スケールバーは1 m．［(a) Bullar, C. A. *et al.* 2019. Ontogenetic braincase development in *Psittacosaurus lujiatunensis* (Dinosauria: Ceratopsia) using micro-computed tomography. *PeerJ* 7: e7217, doi:10.7717/peerj.7217, (b) Horner, J. R., Goodwin, M. B. 2006. Major cranial changes during *Triceratopsontogeny*, *Proc.R.Soc.B*, 273, 2757–2761. doi:10.1098/rspb.2006.3643 より］

*3　訳注：両生類，爬虫類，哺乳類を含む現生の四足歩行性動物では，下方型と側方型それぞれの前肢姿勢で用いる筋肉が異なり，各筋肉の付着領域が相対的に発達するため，逆に骨格上でどの筋肉の付着領域が発達しているかを調べることで前肢姿勢を復元することができる．この現生動物の基準に基づけば，少なくともケラトプス科の前肢は下方型の姿勢をとっていたであろうという見解が得られている．［Fujiwara, S. and Hutchinson, J. R. 2012. Elbow joint adductor moment arm as an indicator of forelimb posture in extinct quadrupedal tetrapods, *Proceedings of the Royal Society B: Biological Sciences*, doi.org/10.1098/rspb.2012.0190］

類のツノは，接近戦で捕食者を撃退するために使われたと考えられていたこともあった．後述するように，近年の解釈においても，この仮説が完全に否定されているわけではない．しかし，パキケファロサウルス類の装飾と同様，種内の個体間でのディスプレイ行動や儀式的な闘争，なわばり争い，性徴の誇示や種の識別，集団内での順位づけとしての機能の方が主だったのではないかと考えられている．

ツノを用いて社会的地位を優位に保ち，なわばりを守ることは，哺乳類のなかでもツノをもつ“有蹄類（ungulates）”に見られる行動である．動物の体の大きさを誇示するためのツノのような構造の発達は，これらの哺乳類（そしてツノをもった他の四肢動物においても）が社会的地位を優位に保つのに役立っている．このような構造として，以下にあげるような各種のツノが役立っている．ホーン〔horn：ウシのツノのように骨芯の外側を角質（ケラチン質）の覆いがあるタイプのツノ〕やアントラー（antler：シカのツノのように枝分かれした毎年生え変わる骨質のツノ），オッシコーン（ossicone：キリンのツノのように，骨芯がコブ状に発達し，皮膚で覆われたもの），鼻角〔nasal horn：サイのツノのように，骨の芯をもたず，角質（ケラチン質）だけで構成された吻部のツノ〕．端的にいうと，哺乳類に見られるさまざまな形態をしたツノは，(1) 種を認識するために用いられることで**種間**（interspecific）の交配（つまり，別の動物種同士で交配すること）を避けることができ，そして，(2) **種内**（intraspecific）の個体間（現生の哺乳類ではオス同士）で，ディスプレイや儀式的な闘争行動の際に相手との差を生み出すことに用いられていると考えられている．

ケラトプス科（Ceratopsidae（ケントプシダエ））に話を戻すと，近年では現生のツノをもった哺乳類の行動から推測し，ケラトプス科の大きな鼻角や後眼窩角（postorbital horn）は種内でのなわばり争いや社会的地位を優位に保つために使われたのではないかという見方がなされている．同様に，より派生的なケラトプス類はフリルの縁辺に複雑な肋構造（何本も平行に並んだ畝のような構造）や棘を発達させたが，これによって種の違いを認識したり，成長段階の違いを他の個体に知らせたりしたのではないかとみられている（図 11・21，図 11・27 b）．このような点から考えると，ケラトプス類の多様なツノやフリルの形態は，種間の個体識別や，種内の社会的地位の確保に役立てられていたのではないかと考えられる（図 11・28）．

そして，再び暗雲が立ち込めつつある ケラトプス類に性選択が起こっていたとするなら，性的二型が見られたはずだ．実際，1980 年代にプロトケラトプスを使って行われた統計的な解析によると，成体のフリルや顔面の形態に二つの異なる型が確認でき，これが性的二型の強力な証拠であるとされた．しかし，2014 年に統計学的に信用がおけるほどの膨大な標本を使って行われた研究では，プロトケラトプスにおいて“オス”とされた集団と，“メス”とされた集団には，数値的に判断できる違いがないと結論づけ，これが“Males resemble Females（オスとメスは見分けがつかぬ）”というキャッチーなタイトルで発表された．プロトケラトプスの成体が二つの異なる集団に分けられるというのは，単なる希望的な観測だったのだろうか．その答えは，“イエス”となってしまうのかもしれない．ともあれ，今後行われる研究において，プロトケラトプスの性差を計測によって見分ける指標が見つからない可能性があることは，覚えておいてよい．

図 11・28 “そこのけそこのけカスモサウルスが通る！” カスモサウルス（*Chasmosaurus*）のフリルの装飾を示す．非常に長いフリルを使い，頭を前に倒すだけではなく，頭部を左右に振ることで，前面の敵を威圧することができただろう．

では，ケラトプス類で性選択があったことを判断できるのだろうか．幼体では，フリルがそこまで大きくならない．幼体のフリルは，体サイズが成体の 75% に達して初めて顕著な発達を開始するようなのである（図 11・27 b）．このことは，フリルの成長が性的成熟と関係していることを示しており，それゆえにフリルの大きさや形態は繁殖戦略と関係があるとみることができる．これは少なくとも性選択とみなしてよいのではないだろうか．

性選択は他のケラトプス類，たとえばセントロサウルス（*Centrosaurus*）やカスモサウルス（*Chasmosaurus*）にもみられると現在では考えられている（図 11・28）．これらの種の多くで，フリル縁辺の肋構造や棘の発達に二型がみられるのである．こうした特徴は，性的な成熟度の指標，すなわち相手側の性と交尾をしようとする際，同性のどの個体をライバルとして気にし，どの個体は相手にしなくてもよいかを判断するための指標となったとみるのがもっともらしい解釈である．図 11・27(b) をよく見てみると，トリケラトプスに興味深いことが起こっているのに気づく．トリケラトプスが年齢を重ねると，フリルがより発達していくが，フリルの縁に並んだギザギザの突起（縁後頭骨 epioccipital）のとがり具合が滑らかになっていくのだ．古生物学者は，こうした骨が性的成熟度を表す指標になったと考えているが，たいていは，ギザギザの突起や棘がより目立ってくると，その動物は性的に成熟していったことを示すと思われがちだ．だが，もし，それが真逆，すなわち成熟するほどにギザギザの突起や棘が滑らかになっていくというのは意外ではなかろうか．

これらすべての特徴は，ケラトプス類が社会性をもっていたという強い証拠であり，彼らが大きな群れで生活していたということは想像に難くない．ケラトプス類の単一種の膨大な個体数の骨で構成される**ボーンベッド**（bonebed）が数多く見つかり，圧倒的なデータの集積となっている点も，この根拠となっている．だがしかし，どうやって一つの群れが化石に残るのだろうか．カナダ・アルバータ州から見つかった有名なセントロサウルスのボーンベッドの例であれば，解釈は単純だ．セントロサウルスの群れが氾濫している河川を渡っているときに，濁流にのみ込まれ，死屍累々と堆積したのであろう．ボーンベッドは少なくとも9種のケラトプス類で知られており，その多くのボーンベッドは100個体を超える化石から構成されている．個体識別やなわばり争い，儀式的な闘争，ディスプレイ行動，そして社会的に優位な立場を保つような行動は，巨大な群れのような高度な社会の中で起こりやすい．

このような大きな群れでいたのだとしたら，ケラトプス類の顔やフリル，胴体に穴が開けられたような切創（骨まで達する傷）が見つかるのではないかという期待が高まるであろう．実際，そのような切創が少なくとも5種のケラトプス類から見つかっている．トリケラトプスやセントロサウルスからは，頬やフリルのあたりにこれらの動物のツノによってつけられたと考えられる切創があり，さらにそれが治癒している痕跡が見つかっている．トリケラトプス

Box 11・1　恐竜の脳

脳はご存知のとおり，軟組織である．したがって，化石に脳が保存されていることはありえないと言ってよい．ただし，恐竜がどんな形態の脳をもっていたかを知る非常によい方法がある．それを使えば，脳のどの部位が発達していたかを知ることができ，その恐竜が鋭い嗅覚をもっていたのか，あるいは優れた視覚をもっていたのかを類推することができる．では，それはどのようにしてわかるのだろうか．

旧来の手法では，もし骨の脳函部分の保存状態がよければ，古生物学者は**脳のエンドキャスト**（brain endocast），すなわち，脳の三次元形状をかたどった．だがこれはそう簡単にはいかない作業である．これをするには，脳函に詰まっているすべての堆積物を取除かなければいけないわけで，脳函が壊れるリスクが高い作業である．次に，その中

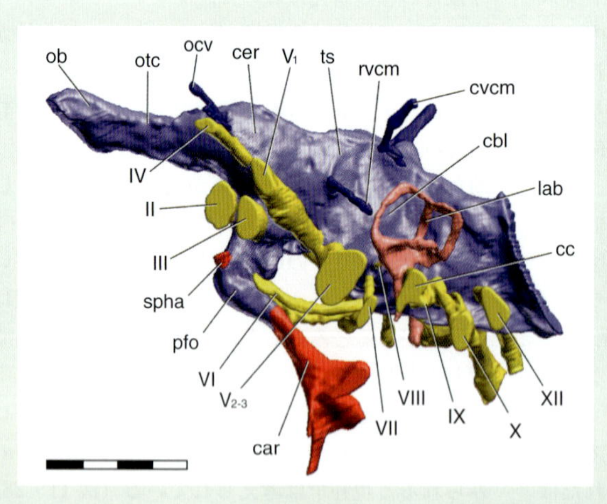

car：cerebral carotid artery canal 大脳頸静脈
cbl：cerebellum 小脳
cc：columellar canal あぶみ骨管
cer：cerebral hemisphere 大脳半球
cvcm：caudal middle cerebral vein 深中大脳静脈
lab：endosseous labyrinth 骨内迷路
ob：olfactory bulb 嗅球
ocv：orbitocerebral vein canal 眼窩大脳静脈
otc：olfactory tract cavity 嗅索
pfo：pituitary fossa 下垂体窩
rvcm：rostral middle cerebral vein 吻内側大脳静脈
spha：sphenoid artery canal 蝶形骨動脈
ts：transverse sinus 横静脈洞
II～XII：第 II～第 XII 脳神経．II：視神経．III：動眼神経，IV：滑車神経，V_1：三叉神経：眼神経，$V_{2\text{-}3}$：三叉神経（上顎神経，下顎神経），VI：外転神経，VII：顔面神経，VIII：内耳神経，IX：舌咽神経，X：迷走神経，XI：副神経，XII：舌下神経．

図 B11・1　CT スキャンから立体構築されたケラトプス科（Ceratopsidae）の一属，パキリノサウルス（*Pachyrhinosaurus*）の脳（図 11・21f）．スケールバーは 4 cm．［Witmer, L. M. and Ridgely, R. C. 2008. Structure of the brain cavity and inner ear of the centrosaurine ceratopsid dinosaur *Pachyrhinosaurus* based on CT scanning and 3D visualization. In Currie, P. J. *et al.* (eds.) *A New Horned Dinosaur from and Upper Cretaceous Bone Bed in Alberta*. NRC Research Press, Ottawa, Ontario, Canada, pp.117–144.］

は大きな2本の後眼窩角と小さい鼻角をもつが，これは吻部に1本の大きなツノしかもたないセントロサウルスとかなり異なる武器であり，もし種内闘争にこれらのツノが用いられていたとしたら，両種の頭部に残される傷はまったく異なったものになるはずだ．さて実際にトリケラトプスの切創を見てみると，この動物のフリルにはセントロサウルスのフリルにつけられた傷よりも有意に多くの治癒痕が残されていた．つまり，闘争の様子を再現すると，トリケラトプス同士がつけた傷はおもに，巨大で高い位置にある後眼窩角によってつけられたものであると想像される．これらの結果は，ケラトプス類が同種の個体間で頭突きして取っ組み合い，流血しながら闘っていたことの強い証拠であろう．

こうしたケラトプス類がディスプレイ行動をしていたという議論に関して，原始的な仲間のプシッタコサウルスからも思わぬ発見があった．Ⅲ部で紹介したように，基盤的な鳥盤類のティアニュロン（*Tianyulong*）が羽毛のような単繊維状の構造をもっていた（図Ⅲ・4参照）ということは，この特徴が，おそらく獣脚類だけではなく，少なくとも恐竜類全体が本来備えていた形質だということだ．そして，プシッタコサウルスもまた，尾の背側だけにではあるが，単繊維状の羽毛のような構造をもっていた（図11・29）．これらの構造がディスプレイのための構造だったことは明らかだ．そして，羽毛の起源を語るうえでも，ケラトプス類の社会性を語るうえでも，ディプレイ行動がいかに重要だったかを示している．

ケラトプス類の頭脳　“非鳥類恐竜”の脳そのものは軟組織であり，何千万年も前にとうに失われている．しかし，素晴らしい手法によって，ケラトプス類を含め，恐竜の脳がどのようなものだったかを知ることができる（Box 11・1）．ケラトプス類の複雑で多様な行動を考えると，彼らの脳が特に大きいわけではなかったというのはちょっとした驚きである（13章）．体サイズや装飾に関係した解剖学的特徴が対極にあるプロトケラトプスとトリケラトプスという2属のケラトプス類を見ても，どちらとも同じような体サイズのワニやトカゲなどの脳のサイズから予想さ

の空洞を鋳造できるよう，その枠組みである脳函をばらばらにして，再び組直すという作業が必要であった．この骨を組直す工程をこなすプレパレーターには非常に高い技術が要求された．キャストをとるには，組上がった脳函の内壁に何層ものラテックス樹脂を塗り重ねていくことから始め，それが重合（固化）してからは，次の難関が待ち受けている．ラテックス樹脂は軟らかい素材でできている．もし，脳函が元から割れていたのなら，割れ面から樹脂を引き剝がせばよいので，そう難しくはない．しかし，もし脳函が完全な保存状態だったとすれば，その樹脂を大後頭孔（foramen magnum：脊髄が脳に到達するために後頭部に開いた穴）から注意深く引抜く必要がある．手にしたラテックス樹脂は，脳函の内側の形状を忠実に再現したモールドである．さらにこのモールドから，石膏ないし樹脂で型をとることで，脳のエンドキャストができ上がる．こうした涙ぐましい労力によって，恐竜の脳に関する情報を引出すことができるのである．ところが，脳が脳函の内壁の際までぴったり収まる哺乳類とは異なり，恐竜の脳は脳函の内壁にぴったりと収まっているわけではない．したがって，脳のおおむねの形状は取得できるが，詳細な構造までを知ることはなかなかできないのである．

近年，古生物学者たちは脳の形状をうまく取得するために，CT（computed tomography）スキャン技術を活用するようになってきた（図6・20参照）．この技術は，恐竜の脳の理解に革命的な進歩をもたらした．ヒトが検診でCT画像を撮るときに無害であるように，この技術は標本を非破壊で行うことができ，X線が透過する際に化石の骨と堆積物の密度の違いを捉え，それぞれの分布を可視化するものである．したがって，化石から堆積物を取除くプレパレーション作業は不要なのだ．CT撮像装置はまず，何層もの連続した二次元スライス画像を取得する．コンピューター上でこのスライス画像を積層することで，目的物の三次元的な形状を取得することができ，グルグル回して好きな方向から眺めることができるようになるのだ．この技術の利点はたくさんある．まず，時間も費用もかかり，標本の破損の恐れさえあるプレパレーションの必要がないことがあげられる．それに加え，CTスキャン技術は，化石の保存状態そのままの形状を綺麗に取得できる．どんなに丁寧にプレパレーションをしても，CTスキャンはそれと同等もしくはそれ以上の精度で形状を取得してくれるのだ（訳注：CTスキャン装置の解像度によっては，取得できる形状の精度が落ちることもある）．前述したように，恐竜の脳は脳函の内壁にぴったりフィットしているわけではないので，取得した形状は脳の形状をそのまま正確に写しとったものではないが，それでも，取出せる形態的な情報量は驚嘆すべきものである．ここに示したCTスキャン画像を例に見てみよう（図B11・1）．従来の手法では観察することができなかった頭骨内に分布する脳神経（脳神経は前方からローマ数字で順番がつけられている）の分布までもが映し出されるのだ．古生物学および解剖学を専門とするL. M. Witmer研究室のウェブサイト（www.oucom.ohiou.edu/dbms-witmer/3D-Visualization.htm）では，本書に載せた恐竜の脳のCTイメージ画像以外にも，たくさん見ることができるので，訪れてみてもらいたい．

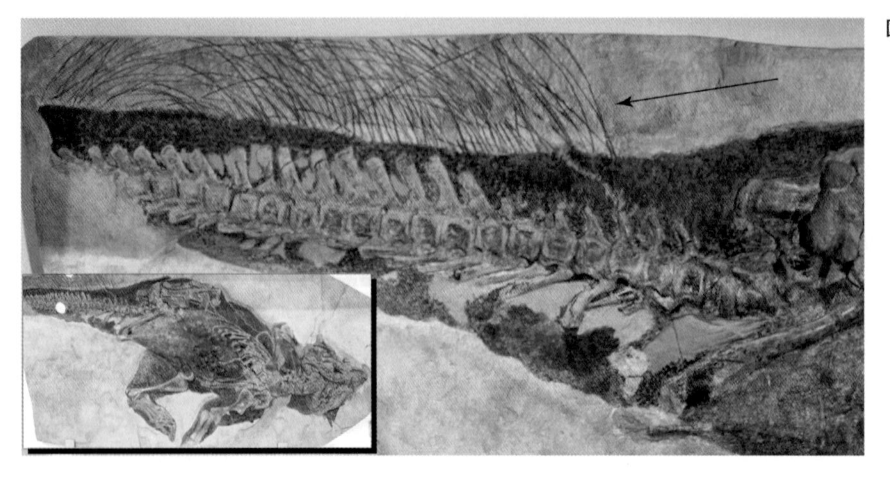

図 11・29　プシッタコサウルス(*Psittacosaurus*)の“素晴らしき世界”．予期せぬ発見となったこの標本は，原始的なケラトプス類(Ceratopsia)のプシッタコサウルスである．尾のあたりに注目してもらいたい．おそらく単繊維状の羽毛(矢印)と思われる構造が尾の背側に沿って生えていることがわかる．左下に標本の全体像を示す．こんな構造をもっていたなんて，誰が予期できただろうか．写真は，実際の標本のキャストを写したものである．

れる大きさよりも小さい脳しかもっていなかった．ただ，彼らの脳は竜脚類 (Sauropoda)，アンキロサウルス類 (Ankylosauria)，ステゴサウルス類 (Stegosauria) のものよりも大きかったというのは幸いである．しかし，どんな鳥脚類 (Ornithopota) や獣脚類 (Theropoda) の脳と比べても，灰白質の領域は相対的に小さかったようである．ただ，ケラトプス類が多様で魅惑的な形態の頭部を備えていたことから察するに，脳のサイズがどうあれ，比較的複雑な行動のレパートリーをもっていたのではないかと考えられる．

体の色を復元しよう一背腹でくっきり色分け！　恐竜の羽毛化石からメラノソームの痕跡が発見 (図 6・29 参照) されるまでは，“恐竜はどんな色をしていたの？”という問いに対して，古生物学者は“う～ん，化石の骨は茶色だけどねぇ”としか答えようがなかった．そもそも，誰もそうした問いを発することがなかったのだ．なぜなら，恐竜が濃緑色をしていたことなんて誰もが“知っていた(＝そんなものだろうと思い込んでいた)”のだから．ところが，化石中のメラノソームの発見によって，絶滅した動物の体色がわかる可能性が出てきた．アンキオルニス (*Anchiornis*) が縞々模様をしていたこと (図 7・24 参照) や，アーケオプテリクス (*Archaeopteryx*) が黒い羽毛で覆われていたらしいことがわかったことがよい例だ．しかし，こうした研究は羽毛をもつ恐竜でのみ行われてきたことだ．だったら，羽毛をもたない恐竜の体の色はどうやってわかるのだろうか．

その答えが，2010 年に発表された研究でなされた．まさに図 11・29 に示したプシッタコサウルス標本で，体表面の色の証拠が化石に残されていたのだ．尾に生えた単繊維状の羽毛とともに，この標本には皮膚の痕跡も残されている．皮膚には，小さくて丸い皮骨が敷き詰められており，生きていたときには皮膚表面がごつごつしていたことを示している．そして興味深いことに，そこには，暗褐色と琥珀色にはっきり分かれた模様が浮かび上がってきたのだ．わかったこととして，どうやらプシッタコサウルスはお腹側の方が明るい色をしていたようだ．ここでも，背側から見たときに，動物本体が見えづらくなる体色の効果，すなわち“シェーディング”の一例が出てきた．アンキロサウルス類 (Ankylosauria) のズール (*Zuul*) とボレアロペルタ (*Borealopelta*) が，同様の“シェーディング”の体色のパターンをしていたことを思い返してほしい (Box 10・2)．

11・5　ケラトプス類の進化

ケラトプス類 (Ceratopsia) は多くの派生形質によって特徴づけられる単系統群である (図 11・30)．このグループとして原始的な形質状態をもっていたと考えられているのはインロン (*Yinlong*, 隠龍；図 11・31) とプシッタコサウルス (*Psittacosaurus*；図 11・18) の 2 属である．これらは，どちらもアジアに棲息していた小型の二足歩行性の動物である．もっと派生的なケラトプス類は，新ケラトプス類 (Neoceratopsia) とよばれているが，彼らはすべて四足歩行性であった．分岐図から，ケラトプス類の重要な進化イベントを読み取ることができる (図 11・30)．それはどんな要因によってかはわからないが，彼らが進化の初期段階において四足歩行性へ移行したということである．

ケラトプス類の進化の初期段階では，彼らが分布域を大きく拡大したという証拠も読み取ることができる．新ケラトプス類 (図 11・32) にはまず，アジアに棲息していたプロトケラトプス (*Protoceratops*) やバガケラトプス (*Bagaceratops*) などの小型でやや原始的な仲間が知られている．また，やや新しい時代ではあるが，北米に棲息していた仲間として，やはり原始的なモンタノケラトプス (*Montanoceratops*) やレプトケラトプス (*Leptoceratops*) と，もっと派生的で北米にしか棲息していなかったグループであるケ

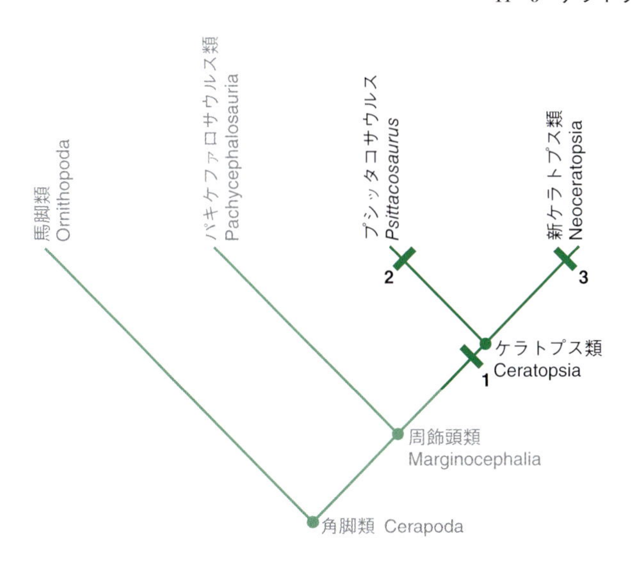

図 11・30 ケラトプス類(Ceratopsia)の分岐図とともに，プシッタコサウルス(*Psittacosaurus*)と新ケラトプス類(Neoceratopsia)の関係，および，新ケラトプス類が単系統であることを示した．派生形質は以下のとおり．

1. ケラトプス類(Ceratopsia)：吻骨をもつこと；外鼻孔が高くなり，平たい面によって前上顎骨の腹側縁から離れること；前上顎骨が大きくなること；頬骨の外側への張り出しが発達すること．

2. プシッタコサウルス(*Psittacosaurus*)：頭骨の前眼窩領域が短いこと；鼻孔が高い位置にあること；前眼窩孔と前眼窩窓がなくなること；涙管の壁として骨化しない領域があること；後眼窩骨の頬骨方向および鱗状骨方向に突起が伸びること；歯骨の歯の歯冠にゆるやかな一次稜線(primary ridge)が発達すること；前肢の第Ⅳ指の指骨が一つしかないこと；前肢の第Ⅴ指がないこと．

3. 新ケラトプス類(Neoceratopsia)：頭部が大型化すること；吻骨の前端がキール状になること；方形頬骨がさらに縮小すること；上顎骨歯に一次稜線が発達すること；上腕骨頭が発達すること；坐骨がゆるやかなカーブを描くこと．

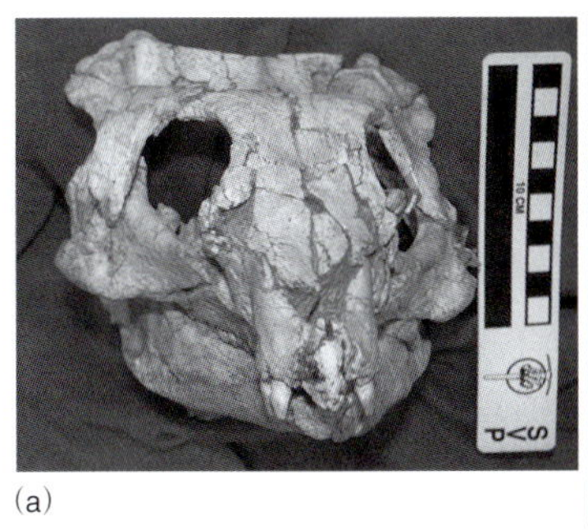

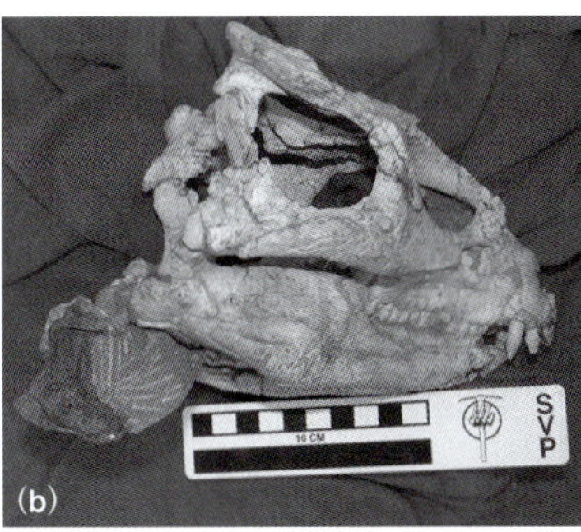

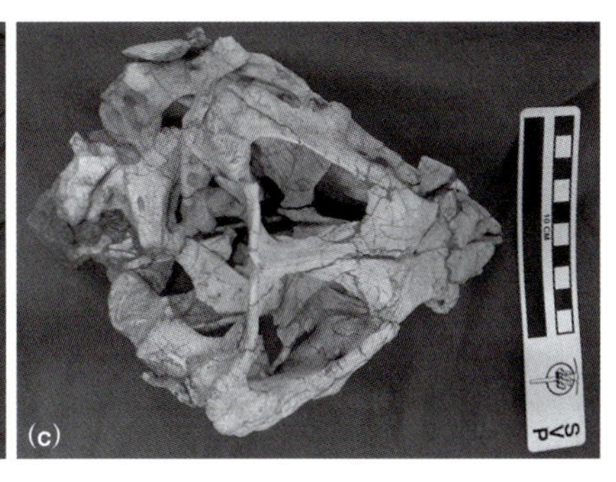

図 11・31 アジアから見つかった基盤的なケラトプス類，インロン(*Yinlong*)の頭骨(a〜c)．これまで知られているなかで最も原始的なケラトプス類である．(a) 吻側面観，(b) 右外側面観，(c) 背側面観．[J. M. Clark 提供]

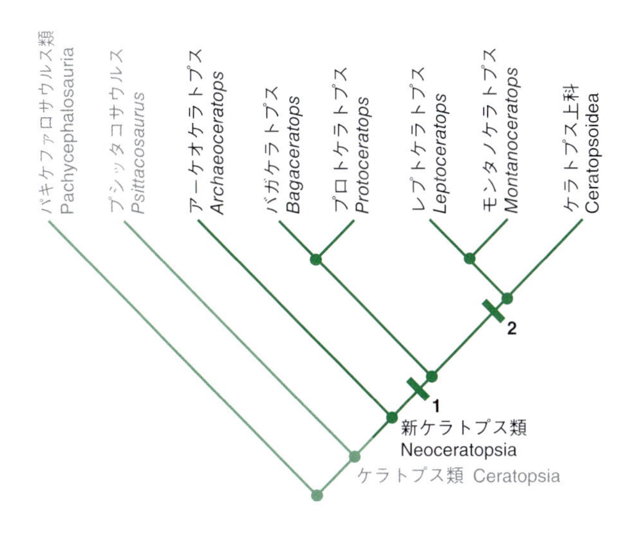

図 11・32 基盤的な新ケラトプス類(Neoceratopsia)の分岐図とともに，これと近縁なプシッタコサウルス(*Psittacosaurus*)とパキケファロサウルス類(Pachycephalosauria)との系統的な位置関係を示す．派生形質は以下のとおり．

1. 頭骨の前眼窩部が伸長すること；前眼窩孔が楕円形になること，上部側頭窓が三角形になること；複合頸椎(syncervical：頸椎が癒合すること)が発達すること．

2. 外鼻孔が極端に大きく発達すること；前眼窩窓が縮小すること；鼻角が形成されること；前頭骨が眼窩の縁を形成しなくなること；上後頭骨が大後頭孔の縁を形成しなくなること；縁後頭骨によってフリルの縁辺が波打った形状になること；交換歯が二つ以上存在すること；歯の付随的な稜(subsidiary ridge)がなくなること；歯が二重歯根になること；10個以上の仙椎をもつこと；腸骨の背側縁が外側へ張り出すこと；大腿骨が脛骨よりも長いこと；後肢の末端の趾骨がヒヅメ状になること．

ラトプス科(Ceratopsidae)[*4]が知られている．このケラトプス科には，大型でなじみの深いトリケラトプスやセントロサウルスのような仲間(図11・33)，そして2015年に報告されたウェンディケラトプス(*Wendiceratops*；図11・34)などが含まれる．

さまざまな新ケラトプス類の棲息域，すなわち**生物地理**

*4 訳注：北米からアジアへ“出戻り”したと考えられているケラトプス科であるシノケラトプス(*Sinoceratops*)が2010年に報告されたため，すべてのケラトプス科が北米に棲息していたわけではない．

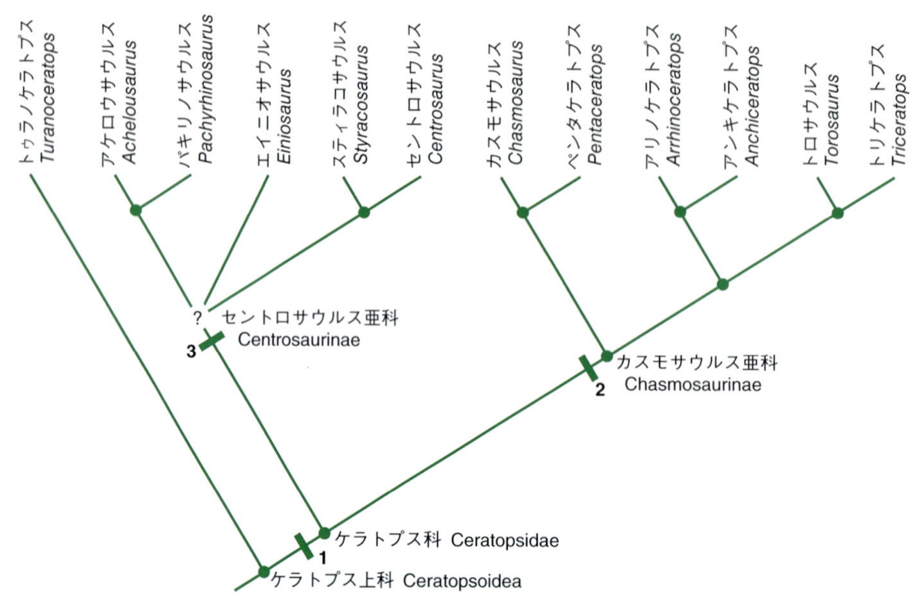

図 11・33 ケラトプス上科(Ceratopsoidea)の分岐図を示す．派生形質は以下のとおり．
1. ケラトプス科(Ceratopsidae)：外鼻孔が極端に大きくなること；前眼窩窓の極端な退縮；鼻角の骨芯をもつこと；涙骨の退縮；前頭骨が眼窩の縁を形成しなくなること；基後頭骨と上後頭骨が大後頭孔の縁を形成しなくなること；フリル縁辺に縁後頭骨が並び，フリル縁辺の輪郭が波状になること；歯列が鉤状突起よりも尾側まで範囲を広げること．
2. カスモサウルス亜科(Chasmosaurinae)：吻部が拡大すること；前上顎骨間の孔（interpremaxillary fossa）が形成されること；鱗状骨の縁後頭骨（epioccipital）が三角形であること；仙椎の腹側が丸みを帯びていること；坐骨の長軸が広がり，軸に沿って湾曲していること．
3. セントロサウルス亜科（Centrosaurinae）：前上顎骨の口縁が歯槽の縁よりも下部へ伸びること；後眼窩角が頭骨の長さの15%よりも短いこと；頬骨が側頭部下方に張り出すこと（jugal infratemporal flange）；鱗状骨が頭頂骨よりもずっと短いこと；頭頂骨の縁後頭骨の数が6〜8個であること；前歯骨の咬合部が外側へ急角度に傾くこと．

分布（biogeography）と，図 11・32 や図 11・33 のようにケラトプス類の中での原始的な仲間と派生的な仲間の分岐図を比較すると，あることに気づく．それは，新ケラトプス類の進化の初期段階で，おそらくはプロトケラトプスのような姿の動物であった原始的な仲間が新世界（北米）へと渡ったのであろう，ということである．この渡りのルートは，おそらくベーリング海峡に一時的に現れた島によってできた陸橋だったのではないかと考えられている．近年の研究からは，このような移動パターンがあったことだけではなく．アジアと北米の間の棲息域の移動がケラトプス類の進化史で幾度も起こっていたことが示唆されている（図 11・35，図 11・36）．

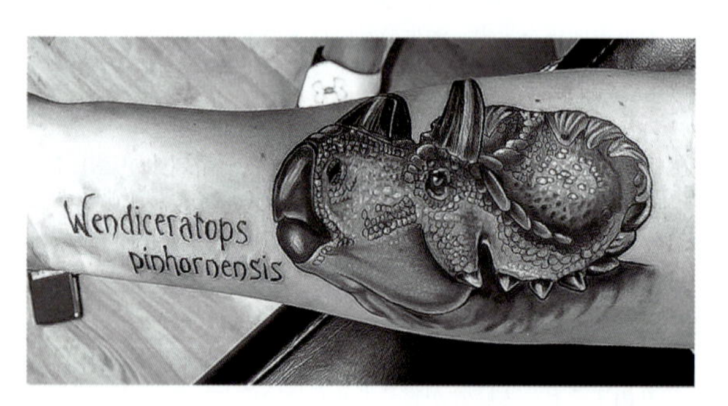

図 11・34 2015年に新種として記載された，カナダ・アルバータ州から産出したセントロサウルス亜科のウェンディケラトプス(*Wendiceratops*)．このケラトプス類は，発見者のWendy Slobodaにちなんで命名された．彼女はその発見を祝して，ウェンディケラトプスのタトゥーを腕に入れた(図 11・21 m も参照)．［Wendy Sloboda 提供］

北米に渡った仲間のうち，祖先種のもっていたやや原始的な形態的特徴を保持していた系統はごくわずかであった．それ以外の仲間は，豪華で多様な，もっと大型で派手なケラトプス科の中で多様化していった．ケラトプス科は二つのグループへと分岐していった．一つはカスモサウルス（*Chasmosaurus*）を模式属[*5]とするカスモサウルス亜科（Chasmosaurinae（カスモサウリナエ））で，もう一つがセントロサウルス（*Centrosaurus*）を模式属とするセントロサウルス亜科

＊5 分類群のうち，上科(superfamily)，科(family)，亜科(subfamily)，族(tribe)などの“科階級群”の名義となる生物の属を，模式属(type genus）という．

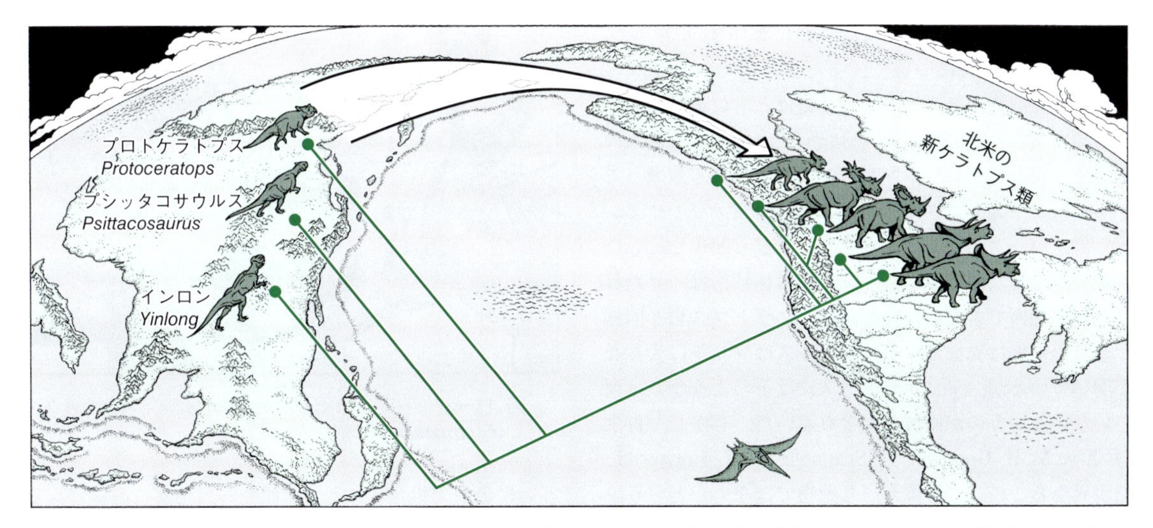

図 11・35　You and Dodson (2004) に基づくケラトプス類 (Ceratopsia) の分岐図を北米とアジアの地図上に重ね合わせたもの．より派生的な仲間が北米へと渡っていったことが読み取れる．白い矢印はアジアから北米への移動経路を示している (図 11・36 も参照)．

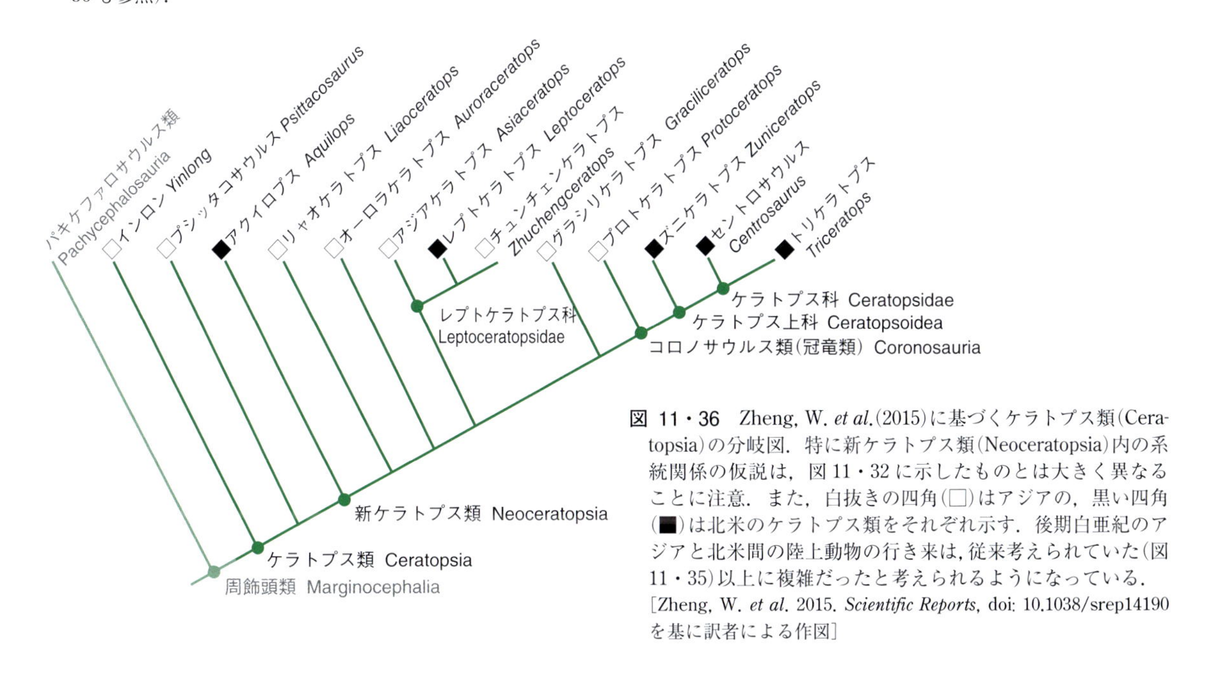

図 11・36　Zheng, W. *et al.* (2015) に基づくケラトプス類 (Ceratopsia) の分岐図．特に新ケラトプス類 (Neoceratopsia) 内の系統関係の仮説は，図 11・32 に示したものとは大きく異なることに注意．また，白抜きの四角 (□) はアジアの，黒い四角 (■) は北米のケラトプス類をそれぞれ示す．後期白亜紀のアジアと北米間の陸上動物の行き来は，従来考えられていた (図 11・35) 以上に複雑だったと考えられるようになっている．［Zheng, W. *et al.* 2015. *Scientific Reports*, doi: 10.1038/srep14190 を基に訳者による作図］

(Centrosaurinae，セントロサウリナエ) である．カスモサウルス亜科は巨大で幅広いフリルを発達させる傾向にあったことから，“長いフリルをもったケラトプス科”ともよばれる．一方のセントロサウルス亜科はフリルが短い傾向にあったことから，“短いフリルをもったケラトプス科”ともよばれている．彼らの体骨格 (postcrania：頭骨よりも後ろに位置するすべての骨格) は互いに似通っていた．しかし，頭骨はツノや頭部の装飾の形態が種ごとに多様であり，おそらくディスプレイ行動に用いられていたのだろうと考えられている (図 11・19，図 11・21)．ただ，これらの巨大で派手なケラトプス科の起源は北米にはなかったようだ．アジア・ウズベキスタンのトゥラノケラトプス (*Turanoceratops*) は明らかにケラトプス科の直近の外群であり，ケラトプス科の進化の起源が北米へと渡っていく以前のアジアにあったことを示している (図 11・33) *6．

北米のケラトプス科のなかで，白亜紀の最末期に棲息し

*6　訳注：トゥラノケラトプス (*Turanoceratops*) はケラトプス上科 (Ceratopsoidea) には含まれるものの，ズニケラトプス (*Zuniceratops*) とともにケラトプス科 (*Ceratopsidae*) の外群に位置するとする研究が多いため，本書ではそれに従った．一方で，Sues and Averianov (2009) のように，トゥラノケラトプスをケラトプス科に含めるとする見解もある．

ていたトリケラトプス（*Triceratops*）とトロサウルス（*Torosaurus*）の2属について，まだまだ驚くべき気づきをもたらした研究がある．これら2属はともに最後のケラトプス類であるとともに，"非鳥類恐竜"が絶滅する最期のときまで，現在はグレートプレーンズとよばれる地域（モンタナ州，ノースダコタ州，サウスダコタ州，ワイオミング州，アルバータ州）で地響きを立てながら闊歩していた最大級のケラトプス類でもある．両属の体骨格は，見た目には違いが判断できない．ただ，他のケラトプス類と同様に，頭骨の形態は異なる．トロサウルスはフリルに大きな穴が開いているが，トリケラトプスにはそのような穴は開いていないというのが両属の大きな違いだ．しかし，古生物学者のM. B. Goodwin，J. Scannella，J. R. Hornerは，形態が異なるこの二つの属が同じ動物ではないかという説を提唱した．彼らは，トリケラトプスがもっと歳をとると，フリルの厚みがどんどん薄くなっていき，それが，トロサウルスのフリルで穴が開く場所に対応する点に着目した．つまり，彼らによれば，トロサウルスが単に歳をとったトリケラトプスなのではないか，というのだ．本書では，図11・33に示したように，両属が別の動物だということで紹介している．しかし，図11・27(b)を見れば，上述の古生物学者たちが，トリケラトプスの成長モデルをどう見ているか—すなわち，最終的に"トロサウルス"へと至ると捉えている—がわかるだろう．もし，Goodwinらの仮説が正しければ，"トロサウルス"とよばれている恐竜が，先取権がある名前であるトリケラトプスとよばれるようになるということだ．

行動様式の進化　もし仮に行動様式と形態の間に何らかの関係を見いだすことができたとしたら，ケラトプス類の分岐図全体にみられる形態の進化傾向から，新ケラトプス類の行動様式の進化について読み取れることがある．たとえばアジアのプロトケラトプス（*Protoceratops*），北米のレプトケラトプス（*Lepoceratops*）やモンタノケラトプス（*Montanoceratops*）のように，フリルやツノがあまり発達していないケラトプス類では，ディスプレイ行動はおそらく，現生のトカゲなどにみられるように，頭部を左右に振るようなものだったであろう．

より派生的なケラトプス科になると，鼻角や後眼窩角をもつフリルを発達させた．たとえばカスモサウルス（*Chasmosaurus*）やペンタケラトプス（*Pentaceratops*），トリケラトプス（*Triceratops*）のように長いフリルをもったカスモサウルス亜科では，フリルのディスプレイ機能がより強調されていたであろう（図11・28）．対照的に，セントロサウルス（*Centrosaurus*）やアヴァケラトプス（*Avaceratops*），そしてパキリノサウルス（*Pachyrhinosaurus*）のようなフリルの短いセントロサウルス亜科はもっとサイのような外見をしており，おそらく対戦相手と互いに鼻角で組合うことで，眼や耳，吻部など体になるべく損傷を被らないように闘争を行ったのだろう（図11・37）．

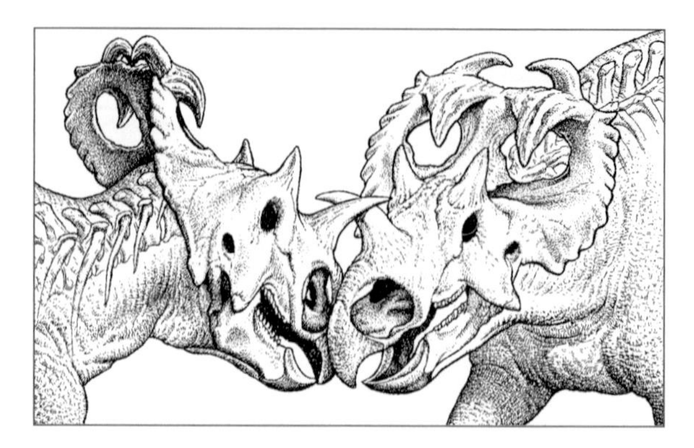

図 11・37　ツノを絡め合わせて闘うセントロサウルス（*Centrosaurus*）のオス（？）同士．

フリルの派手な装飾や，ツノの形態的な多様性は，これらが"性選択のために使われている！"という強烈なメッセージを放っている．そして，前述したように，ツノやフリル，そして咀嚼への適応の進化はケラトプス類の進化において際立った変化をみせている．この多様な種を生み出したケラトプス類というグループにおいては，ディスプレイ行動や相互の認識，優劣を競うといったことが生き残るうえで重要な世界だったに違いない．しかし，プロトケラトプスや最近の"トロサウルス"の研究からいえることは，私たちがどんなに"非鳥類恐竜"について理解したと思っていたとしても，それまで未知だったことが判明することによって，いとも簡単に覆されるということだ．

本章のまとめ

周飾頭類（Marginocephalia）は，ドーム状の頭部をもった鳥盤類恐竜である二足歩行性のパキケファロサウルス類（Pachycephalosauria）と，ツノにオウムのようなクチバシ，そしてフリルを備えた四足歩行性のケラトプス類（Ceratopsia）を含むグループである．このグループは白亜紀のアジアや北米におもに分布しており，頭骨の後部に発達したさまざまな大きさの棚状の構造をもつことによって特徴づけられる．

周飾頭類は群居性の動物であり，彼らの形態に現れているように，性選択に基づいた行動をとっていたと考えられる．パキケファロサウルス類のドーム状の頭部は，頭や脇腹への頭突きをすることで，種内闘争に用いられていたと考えられている．ケラトプス類は非常に多様な形態のツノやフリルをもっており，こうした頭部の装飾から，ケラトプス類が高度な種内競争を行っていたことがうかがえる．どちらのグループにおいても，性的二型があったと考えられている．ケラトプス類が群居性であったとする説は，単一の種の膨大な個体数の骨がボーンベッドとして見つかることからも支持される．これは，ケラトプス類が，現在はカナダや米国のグレートプレーンズとよばれる場所を群れで闊歩していたということを示している．

すべての周飾頭類はゲナサウルス類（Genasauria）に含まれる．つまり，彼らは多かれ少なかれ，咀嚼を行っていたということである．パキケファロサウルス類の歯は高度な咀嚼をしていたことを示していないが，彼らは横幅の広い腹部に収められた消化管の中で食物を発酵させていたと考えられている．一方，ケラトプス類はがっしりとした鉤状突起やデンタルバッテリーをもっていたこと，口の中を三つの区画（食物をついばむクチバシ，歯隙，そして食物をすりつぶす頬歯）に分けていたこと，フリルの高い位置から伸びる強力な閉顎筋をもっていたことから，咀嚼機能を高度に発達させていたことがうかがえる．

ケラトプス類では，幼体の世話をしていた種がいたことが知られている．ある程度成長したケラトプス類の幼体が巣に収まっている化石が見つかっており，これは親によって幼体が保護されていたことを示している．

ケラトプス類は進化の過程で大型化するとともに，少なくとも一度以上，ベーリング海峡が陸橋だった時代にアジアから北米へと渡った．最初期のケラトプス類においても種内の競争が重要な行動規範であったと考えられ，後期の仲間では派手なフリルやツノを発達させるに至った．

参考文献

Bullar, C. M., Zhao, Q., Benton, M. J., and Ryan, M. J. 2019. Ontogenetic braincase development in *Psittacosaurus lujiatunensis* (Dinosauria: Ceratopsia) using micro-computed tomography. *PeerJ*, **7**, e7217. doi: 10.7717/peerj.7217

Chapman, R. E., Galton, P. M., Sepkoski, J. J., and Wall, W.P. 1981. A morphometric study of the cranium of the pachycephalosaurid dinosaur *Stegoceras*. *Journal of Paleontology*, **55**, 608–618.

Dodson, P. 1996. *The Horned Dinosaurs*. Princeton University Press, Princeton, NJ, 346p.

Dodson, P. and Currie, P. J. 1990. Neoceratopsia. In Weishampel, D. B., Dodson, P., and Osmólska, H. (eds.) *The Dinosauria*. University of California Press, Berkeley, pp.593–618.

Dodson, P., Forster, C. A., and Sampson, S. D. 2004. Ceratopsidae. In Weishampel, D. B., Dodson, P., and Osmólska, H. (eds.) *The Dinosauria*, 2nd edn. University of California Press, Berkeley, pp.494–513.

Evans, D. C., Schott, R. K., Larson, D. W., Brown, C. M., and Ryan, M. J. 2013. The oldest North American pachycephalosaurid and the hidden diversity of small-bodied ornithischian dinosaurs. *Nature Communications*, **4**, 1828. doi: 10.1038/ncomms2749\www.nature.com/naturecommunications

Farke, A. A, Wolf, E. D. S., and Tanke, D. H. 2009. Evidence of combat in *Triceratops*. *PLoS ONE*, **4**, e4252. doi:10.1371/journal.pone.0004252

Farlow, J. O. and Dodson, P. 1975. The behavioral significance of frill and horn morphology in ceratopsian dinosaurs. *Evolution*, **29**, 353–361.

Goodwin, M. B. and Horner, J. R. 2006. Major cranial changes during *Triceratops* ontogeny. *Proccedings of the Royal Society of London, Series B*, **273**, 2757–2761. doi:10.1098/rspb.2006.3643

Horner, J. R and Goodwin, M. B. 2009. Extreme cranial ontogeny in the Upper Cretaceous dinosaur *Pachycephalosaurus*. *PLoS ONE*, **4**, e7626.

Lingham-Soliar, T. and Plodowski, G. 2010. The integument of *Psittacosaurus* from Liaoning Province, China: taphonomy, epidermal patterns and color of a ceratopsian dinosaur. *Naturwissenschaften*, **9**, 479–486. doi:10.1007/s00114-010-0661-3

Longrich, N. R., Sankey, J., and Tanke, D. 2010. *Texacephale langstoni*, a new genus of pachycephalosaurid (Dinosauria: Ornithischia) from the upper Campanian Aguja Formation, southern Texas, USA. *Cretaceous Research*, **31**, 274–284.

Maiorino, L., Farke, A. A., Kotsakis, T., and Piras, P. 2014. Males resemble females: Re-evaluating sexual dimorphism in *Protoceratops andrewsi* (Neoceratopsia, Protoceratopsidae). *PLoS ONE*, **10**(5), e0126464. doi:10.1371/journal.pone.0126464

Makovicky, P. 2012. Marginocephalia. In Brett-Surman, M. K., Holtz, T. R.Jr., and Farlow, J. O. (eds.) *The Complete Dinosaur*, 2nd edn. Indiana University Press, Bloomington, pp. 527–549.

Sereno, P. C. 1990. Psittacosauridae. In Weishampel, D. B., Dodson, P., and Osmólska, H. (eds.) *The Dinosauria*. University of California Press, Berkeley, pp.579–592.

Schott, R. K., Evans, D. C., Goodwin, M. B., Horner, J. R., Brown, C. M., and Longrich, N. R. 2011. Cranial ontogeny in *Stegoceras validum* (Dinosauria: Pachycephalosauria): A quantitative model of pachycephalosaur dome growth and variation. *PLoS ONE*, **6**(6), e21092. doi:10.1371/journal.pone.0021092

Witmer, L. M. and Ridgely, R. C. 2008. Structure of the brain cavity and inner ear of the centrosaurine ceratopsid dinosaur *Pachyrhinosaurus* based on CT scanning and 3D visualization. In Currie, P. J., Langston, W., and Tanke, D. H. (eds.) *A New Horned Dinosaur from an Upper Cretaceous Bone Bed in Alberta*. National Research Council of Canada Monographs no. 49729, pp.117–144.

You, H.-L. and Dodson, P. 2004. Basal Ceratopsia. In Weishampel, D. B., Dodson, P., and Osmólska, H. (eds.). *The Dinosauria*, 2nd edn. University of California Press, Berkeley, pp.778–793.

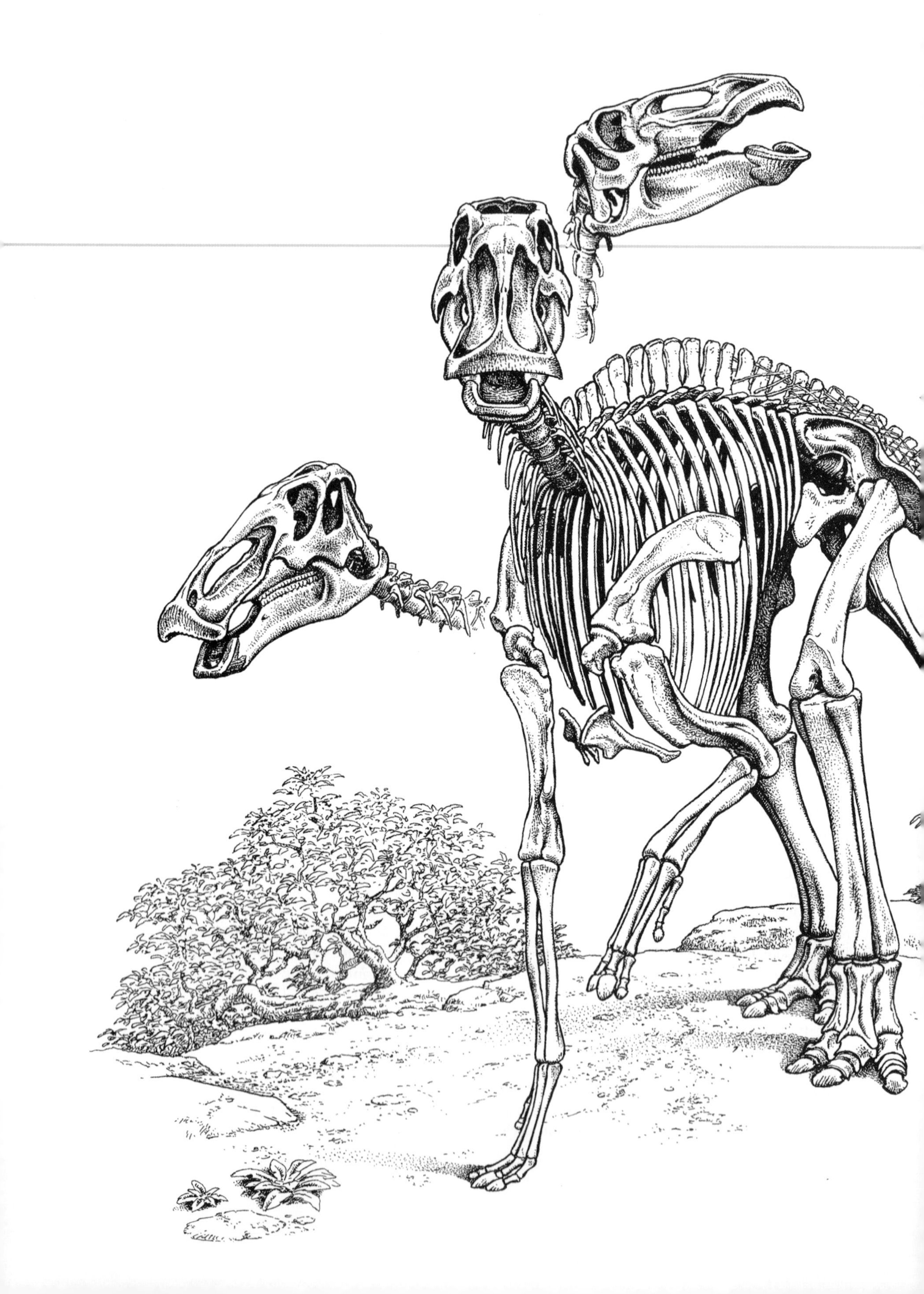

Chapter

12 鳥脚類：神秘的な中生代の咀嚼動物

What's in this chapter

さて，ついに鳥脚類（Ornithopoda）の出番だ．二足歩行性で植物食の鳥盤類（Ornithischia）の仲間である．本章では，鳥盤類の本道を突き進んだ仲間を見ていくことになる．それまでの世界でも，その後の世界でも，これほど力強い咀嚼に適応した動物たちはいない．鳥脚類は種も多く，非常に多様で，多くの化石が残されている．そのなかには，“ミイラ”化石や卵化石，赤ちゃんの化石などなど，それ以上何を望めるのかというほどのお宝が含まれている．さらに，鳥脚類がどのように進化してきたのかについても解説し，彼らがこれほどまでに成功できた適応の秘密を探っていく．さぁ，準備はいいか．鳥脚類をモグモグ噛みながら，味わっていこう．

図 12・1　後期白亜紀の北米西部内陸海路の沿岸域に棲息していたハドロサウルス科（Hadrosauridae）の鳥脚類，エドモントサウルス（*Edmontosaurus*）．（訳注：上腕骨がうっかり左右逆に描かれてしまっていることに注意．）

12・1 鳥脚類

鳥脚類（Ornithopoda：*ornith* 鳥，*pod* 足）は，生態的に現生のウシや，シカ，バイソン，野生のウマ，レイヨウ，ヒツジにあたる中生代の動物である（図12・1）．完全な植物食である彼らは，恐竜類（Dinosauria）のなかでも最も標本数が多く多様で，獣脚類を除けば，最も長い期間存続したグループである．最初に彼らが出現した中期ジュラ紀から絶滅した白亜紀の終わりまで，現在わかっている限りで実に100種以上の鳥脚類が進化した．

鳥脚類はすべての大陸に分布を広げた．彼らは，米国・アラスカ州のノーススロープ，カナダ・ユーコン州，ノルウェー領・スピッツベルゲン島などの北半球の端から，南極・シーモア島やオーストラリア南東海岸など，南極圏まで広く分布していた．これら世界各地の環境は多様である．つまり，鳥脚類は非常にさまざまな棲息環境と気候の中で生きていたということだ．

彼らの大きさもさまざまに進化した．初期の鳥脚類は一般に小型（全長1〜2 m）だが，この仲間の一部は巨大化した（全長15 m以上；図12・2）．

鳥脚類については，他のすべての恐竜類についてわかっていることを合わせたものと同じくらい多くのことがわかっている．イグアノドン（*Iguanodon*）は，Richard Owen 卿が1842年に“恐竜類(Dinosauria)”を命名したグループのもとになった初期メンバーである（16章）．ハドロサウルス科（Hadrosauridae），いわゆる“鴨嘴竜（duck-billed dinosaurs）”は，バラバラの骨格から広大なボーンベッドまでさまざまな産状で知られている．なかには，皮膚の印象化石（ウロコのパターンは種の判別にも使える）や，骨化した腱，強膜輪（眼球を支える骨），あぶみ骨（鼓膜から脳へ音を伝える細い棒状の骨）や，舌骨（舌を支える華奢な骨）のような壊れやすい頭部の骨も残っていた．さらに，古生物学者たちはハドロサウルス科の卵，ふ化したての子供から，“亜成体”，そして成体に至るまですべての成長段階の化石を発見している．また，鳥脚類の足印と行跡が世界中のいたる所に残っている．

鳥脚類とはどんな動物か

鳥脚類は，図12・3にあるように，ゲナサウルス類（Genasauria；頬竜類）に含まれる角脚類（Cerapoda）のなかの1グループである（図Ⅲ・3参照）．鳥脚類の系統関係についての現在の理解はこうだ．まず，ヒプシロフォドン（*Hypsilophodon*）など数種類の基盤的な鳥脚類（一般に，小型で二足歩行性の植物食動物）と，それら以外の鳥脚類が含まれる**イグアノドン類**（Iguanodontia：*Iguanodon* 属，*-ia* 類）が分岐した．私たちが鳥脚類としてイメージする恐竜は，イグアノドン（図12・2）や，“鴨嘴竜”として知

図 12・2　前期白亜紀に棲息していた荘厳な鳥脚類，イグアノドン・ベルニッサールテンシス（*Iguanodon bernissartensis*）．ウィーン自然史博物館（Naturhistorisches Museum Wein）に1880年代初頭に最初に組立てられた骨格標本．最近の解釈に基づく鳥脚類の歩行姿勢では，脊柱が地面と水平になるように復元されている．［© Naturhistorisches Museum Wien; Alice Schumacher］

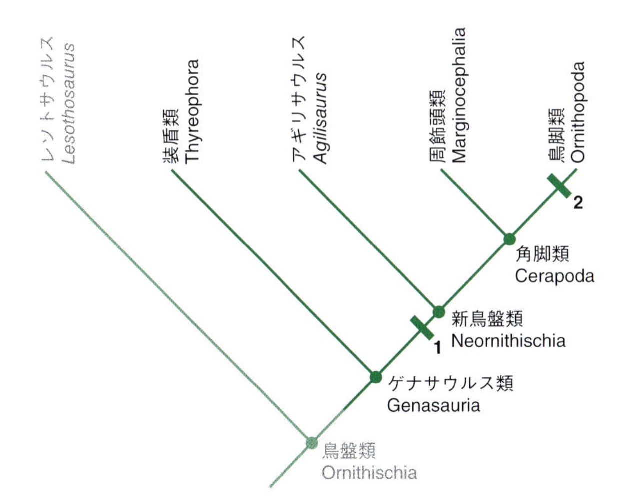

図 12・3　ゲナサウルス類(Genasauria)の分岐図の中で，鳥脚類が単系統性であることを示した．派生形質は以下のとおり．

1. 新鳥盤類(Neornithischia)：前上顎骨の歯列が上顎骨の歯列よりも腹側へ大きくずれること；半月型の傍後頭骨突起をもつこと；下顎関節顆が押し下がり上下の歯列よりも下に位置すること；前上顎骨の外側突起が伸長して涙骨および(または)前前頭骨と接すること．
2. 鳥脚類(Ornithopoda)：後眼窩骨と頬骨間の縫合がスカーフ継ぎ(なだらかに傾斜した面が合わさる縫合様式)になっていること；後眼窩骨が構成する眼窩の縁が膨らんでいること；腸骨の後寛骨臼突起が深くなっていること；腸骨後部外側の筋付着領域が棚状に発達していること；坐骨の脚部が外側に膨らんでいること；前恥骨突起が細長く伸長していること．

られる**ハドロサウルス科**（Hadrosauridae：図 12・1）などだが，これらはすべてイグアノドン類に含まれる．ただ，鳥脚類の系統関係は少し複雑である．というのも，アギリサウルス（*Agilisaurus*）やヘーシンルサウルス（*Hexinlusaurus*）など，かつては鳥脚類に含まれると考えられていた小型で二足歩行性の多くの植物食恐竜が，現在では鳥脚類には含まれないと理解されているためである．これらは，鳥脚類よりももっと基盤的な仲間だと考えられており，鳥脚類の直近の外群になるか，もしくは，新鳥盤類（Neornithischia）には含まれるものの，角脚類の外群になると考えられている（図 12・3，図 12・4）．

鳥脚類の生活様式

移動方法　鳥脚類の，特に大型の種は，同じ動物が二足歩行と四足歩行のどちらも行っていたようだ．小型の種は，おもに二足歩行をしており，ほっそりとした骨をもつことから，彼らが俊敏で素早い動物だったことがわかる．しかし，食事中やジッと立っているときは，四足の姿勢をとったであろう．イグアノドンのような大きな鳥脚類では，通常は四足歩行性の姿勢をとり，急いでいるときだけ二足歩行性になったであろう．多くの大型鳥脚類では頑丈な手首に加え，中央の指に厚いヒヅメ状のツメを備えた手をもっており，これで相当な体重(重量)支持ができたと考えられる（訳注：手は，第Ⅱ～第Ⅳ指を地面につけることができたが，この3本のうち，ツメがあるのは第Ⅱ指と第Ⅲ指のみ）．一方，一部のハドロサウルス科は，完全四足歩行性（常に四足歩行をとる）であったことが今ではわかっている（後述“前肢の構造”の項参照）．しかし，彼らの腰の筋肉の配置は，一般的な四足歩行動物よりも，二足歩行動物のものに近い．このように，腰の筋肉が，一見すると二足歩行性のものと似ているのは，もともと二足歩行性であった祖先の形質を引き継いでいるためだと考えられる．たとえばケラトプス類（Ceratopsia）がそうであるように，ハドロサウルス科も二足歩行性の祖先から進化したのは明らかであるが，彼らの場合，ケラトプス類とは異なり，はっきりと四足歩行性への適応進化が腰の形態に現れていない．成体よりも幼体の方が二足歩行性の傾向が強かっただろう．

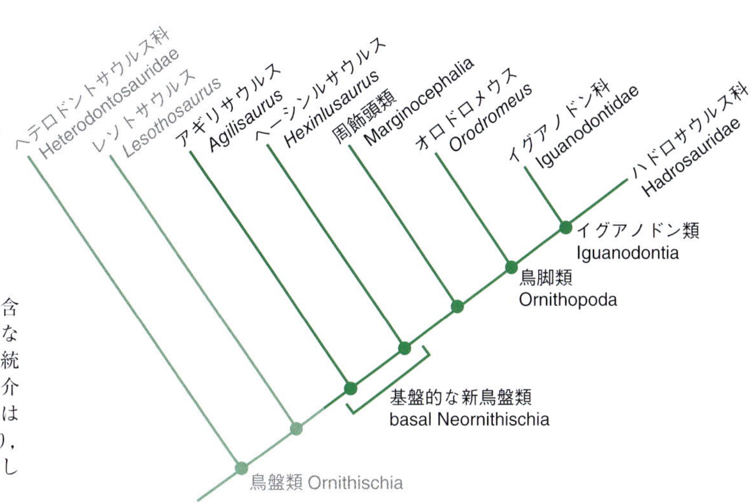

図 12・4　かつて鳥脚類(Ornithopoda)に含まれると考えられていた，数種の原始的な二足歩行性の鳥盤類(Ornithischia)の系統的な位置関係を示した分岐図．Ⅲ部で紹介したように，原始的な鳥盤類の系統関係はまだ確定的なものではなく，流動的であり，ここに紹介した分岐図も今後，変わってしまうことだろう．

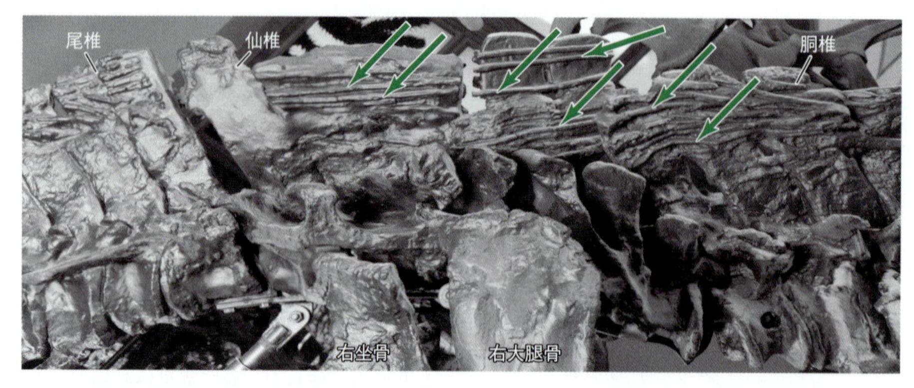

図 12・5　ウィーン自然史博物館(Naturhistorisches Museum Wein)に展示されたイグアノドン(*Iguanodon*)の骨格において，骨盤がある領域の神経棘に沿って発達した骨化した腱を矢印で示す．骨盤の領域は，二足歩行をする際に負荷が大きくなる部位だが，この腱があることによって，脊柱の動きが制限され，骨盤の領域が堅牢な構造になった．〔訳注：この標本は右の腸骨(骨盤を構成する骨の一つ)が外れていることに注意．〕

鳥脚類は全般的に尾が長く，筋肉や**骨化した腱**（ossified tendon）によって補強されており，尾をほぼ水平に保つことで，前半身とうまくバランスをとっていた．骨盤は，特に二足歩行をする際に，高い負荷がかかる（骨の中の応力が高まり，骨折をひき起こしやすい）場所だが，最大級の鳥脚類では，骨化した腱が腰のあたりまで発達し，骨盤を頑強に支えていた（図 12・5）．一般に，後肢は力強くて前肢よりも長く，前肢の 2 倍以上の長さになることもあった．

それでは，鳥脚類はどのくらいの速度で移動することができたのだろうか．ハドロサウルス科のような大型のイグアノドン類では，時速 15〜20 km くらいの速さで持続的に走ることができたであろうが，短距離走では時速 50 km まで出せたとする解釈もある．ただ，脊柱が堅くて曲がりにくいことや，胸郭と胸骨に対して肩帯の動きが制限されていることから，四足でのギャロップ走行はできなかったと考えられる．小型の鳥脚類は，走行速度がもっと速かっただろう（13 章）．

前肢の構造　多くの鳥脚類はほっそりとした前肢をもっており，手を使って葉や枝をしっかりつかんで，口まで運び，ギザギザしたクチバシで枝葉をむしり取ったであろう．

大部分のイグアノドン類は，多数の機能を備えた特殊化した指と手をもっていた（図 12・6）．イグアノドン（*Igu-*

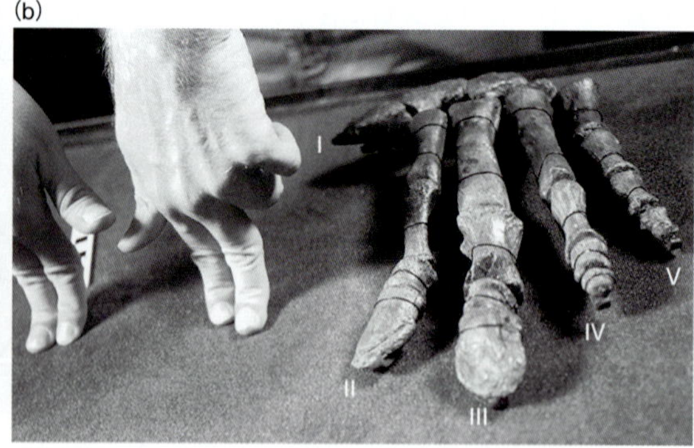

図 12・6　イグアノドン類(Iguanodontia)の手骨格，および指番号を示した．(a) イグアノドン(*Iguanodon*)の右手骨格．スパイク状に尖った第Ⅰ指のツメに注目せよ〔訳注：第Ⅳ指の末端に有爪指骨(ungual phalanx)が復元されているが，実際には，第Ⅳ指にこの骨は見つかっていないことに注意〕．(b) マンテリサウルス(*Mantellisaurus*)の左手骨格．第Ⅰ指のスパイク状のツメが左に向いて伸びている．第Ⅱ指と第Ⅲ指は末端がヒヅメで覆われていただろう．第Ⅳ指と第Ⅴ指は指の節の数が多く，可動性が高かったと考えられる．イグアノドン類の立ち姿勢で，どのような指のつき方になっていたかを，ヒトの手で示した(訳注：写真中のヒトの手は第Ⅳ指を浮かせているが，多くのイグアノドン類では，第Ⅱ，第Ⅲ指とともに，ツメをもたない第Ⅳ指も地面につけていたことが足印やミイラ化石に残るパッドから知られている)．［(a) © Naturhistorisches Museum Wien：Alice Schumacher，(b)Simon Ingram/National Geographic(UK)．化石：Natural History Museum, London］

anodon）においては，たとえば第Ⅰ指（親指）が先端の尖った円錐形をしていた．この第Ⅰ指は，小剣のように近距離で防御するための武器，または種や果実を割るため（もしくはその両方，あるいはそれ以外の用途…？）に用いられていたと考えられる．第Ⅱ指と第Ⅲ指はヒヅメのような先端で，ツメを形成しない第Ⅳ指とともに，3本の指で体重（重量）支持をしていたことは明らかである．これらの指は，四足歩行性をとった際に体重支持の重要な役割を果たす．最後に，外側の指（第Ⅴ指）は動きの自由度が高く，ヒトの親指が小指に届くように，掌を横切るように折り曲げることができただろう．多機能の指を備えた手をもつことは，イグアノドン類が二足歩行と四足歩行の両方に適応していたことを示唆している．このような機能的なオプションは，現生の中型から大型の植物食の哺乳類にはみられないものである．

ハドロサウルス科は，それ以外のイグアノドン類とは異なり，手の第Ⅰ指の指骨は失われており，第Ⅴ指は比較的小さい．残った3本の長い指のうち，第Ⅱ指と第Ⅲ指の先端はヒヅメのようになっており，四足歩行時に体重支持をする以外，他の機能はほとんどなさそうである．ハドロサウルス科はおそらく，四足歩行姿勢で過ごすことが多かっただろう．だが，化石を見ても明らかであるように，手は足よりも弱々しいつくりになっていた．このことは，手で体重の大部分を支えることはなく，足で体重の大部分を支えていたことを示している．

食物繊維を摂取しよう！　鳥脚類の食事については，特にハドロサウルス科（Hadrosauridae）で比較的よくわかっている．というのも，ハドロサウルス科では，胃の内容物まで残った“ミイラ”化石が見つかっているからだ．図12・7に，最も保存状態がよいハドロサウルス科の“ミイラ”化石の写真を示す．この驚くべき標本は，本来の軟組織や骨が保存されているわけではないので，本当の意味でのミイラとはいえない．通常は死後に遺体が腐敗してから埋没するが，この標本の場合，“恐竜ジャーキー”状態になるまで十分に乾燥して[*1]から，硬く乾燥した遺体が埋没したようだ．乾燥して硬化した筋肉と腱が腐敗しなかったため，軟組織から骨までのまるまる1セットが埋没後に鉱物に置換されたのだ（1章）．その驚くべき結果が，皮膚の化石や，干物のようになった腱や筋肉，胃や腸に残った“最後の晩餐”の記録なのである．これを調べると，ハドロサウルス科はどうやら，小枝や木の実など，堅い植物質の餌を食べていたようである．

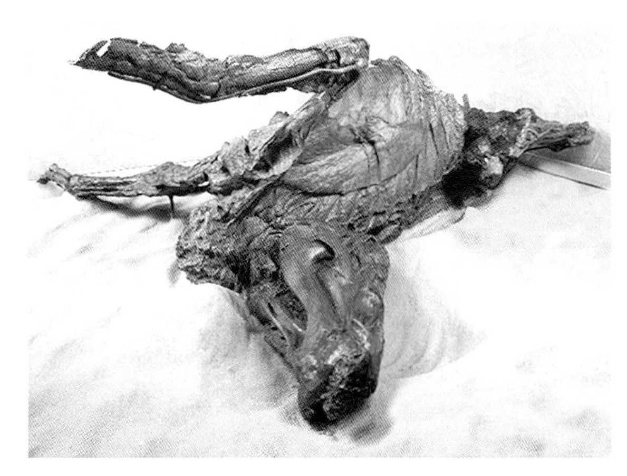

図 12・7　ハドロサウルス科（Hadrosauridae）の一つであるエドモントサウルス（*Edmontosaurus*）の“ミイラ”化石．皮膚や靱帯，筋組織，胃内容物，骨格まで，完全に保存されていた．この個体は氾濫原で死に，その後，遺体が干からびてビーフジャーキーならぬ“恐竜ジャーキー”になった．そのジャーキー状態の遺体が堆積物に埋没後，乾燥した遺体の組織が鉱物に置換され，遺体の“ミイラ化石”ができ上がった．［American Museum of Natural History 提供］

鳥脚類が餌として選択した植物の高さは，彼らの頭が届く高さと対応していただろう．彼らは針葉樹や新たに進化してきた被子植物（花を咲かせる植物全般；15章）のうち，地面を覆う低木の葉をムシャムシャと熱心に食べていたのだろう．こうした植物を食べるとなると，地面から1～2 m の高さで餌を採ることになるが，最大級の鳥脚類なら地面から4 m の高さまで届いただろう．

堅く繊維質で，必ずしも栄養が豊富とはいえない植物を主食とする場合，身体を維持するためには，顎が食物から十分な栄養を抽出できる実用的な装置として機能しなければならない．そして，鳥脚類にはその目的を達するのに十分な顎が備わっていた．他のすべてのゲナサウルス類がそうであるように，鳥脚類の吻部の前端にはクチバシがあり，歯隙の後方には，すりつぶすための頬歯（きょうし）が並んでおり，力強く咀嚼（そしゃく）をするための筋肉がつくがっしりした鉤状突起（こうじょうとっき）を備えていた（図12・8）．歯列が頬の側面から内側に深く入り込んでいることから，大きな肉質の頬がその外側を覆っていたようで，互いに密に寄り添った強力な頬歯が並んでいた．ハドロサウルス科になると，小さい頬歯がさらに密に寄り添い，ケラトプス類（Ceratopsia）で発達したものと同様に，高度に発達したデンタルバッテリー（dental battery）をつくり上げていた（図12・9）．しかし，この

*1　現世においても，図1・1のウマの遺体のように，草原などで死んだ動物の遺体が自然にミイラ状態になるということはそれほど珍しいことではない．細菌の活動が抑えられるような乾燥地で，腐肉食動物がそこまで多くないような環境であれば，生体組織は多少腐敗するものの，筋肉や腱，靱帯，皮膚などは乾燥してジャーキー状に硬くなっていく．ひとたび乾燥しきってしまえば，乾燥した状態が維持されている限り，何年も“ミイラ”状態で遺体は残ることができる．実際，肉を腐らせないようにするには，（塩漬けの代替手段として発達した）干し肉に加工するのが有効な手段だろう．

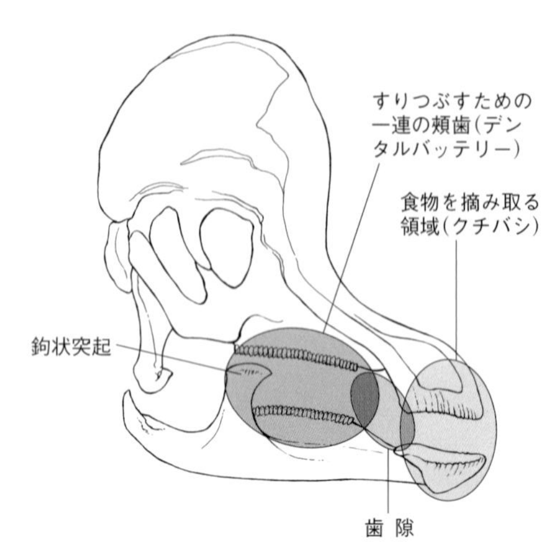

図 12・8　後期白亜紀のハドロサウルス科(Hadrosauridae)のコリトサウルス(*Corythosaurus*)の頭骨．鳥脚類のうち，特にハドロサウルス科で発達した咀嚼がどこで行われていたかを示す．咀嚼適応としてこれまでにも紹介してきたように，頭骨は以下に領域分けできる．前位には，餌を摘み取る領域(薄い緑)，その後ろには歯隙(灰色)，食物をすりつぶす密集した頬歯の領域(濃い緑)がある．さらに，鉤状突起を示す(図Ⅲ・5, 図 11・23 も参照)．

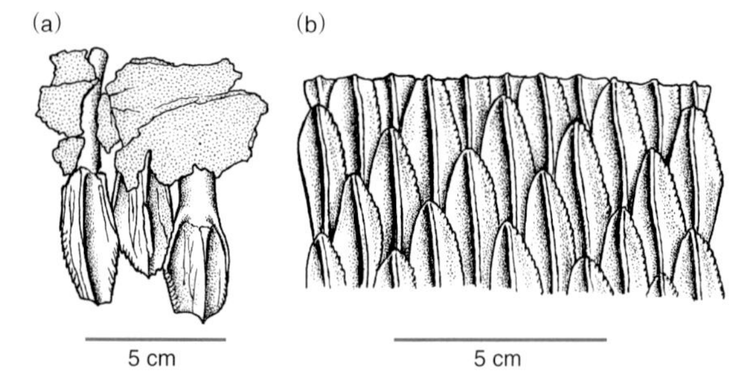

図 12・9　鳥脚類(Ornithopoda)の歯の様子．(a) イグアノドン(*Iguanodon*)の3本並んだ上顎の歯．(b) ランベオサウルス(*Lambeosaurus*)の下顎のデンタルバッテリー．鳥脚類の進化を通じて，前後の歯や下から生えてくる歯が互いに密に寄せ集まるようになっていき，ランベオサウルス亜科(Lambeosaurinae)のデンタルバッテリーではその極みに達した．

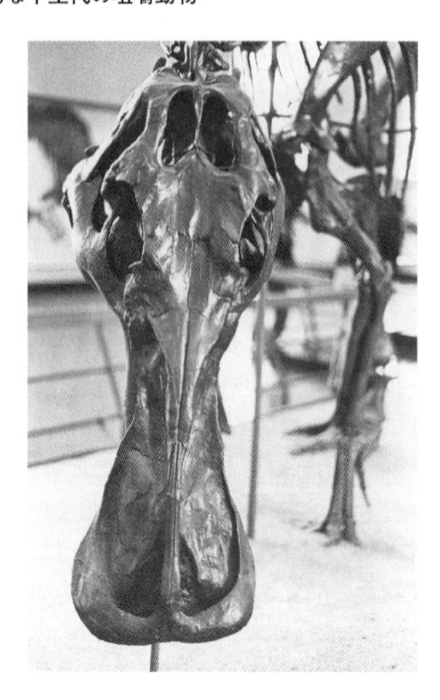

図 12・10　米国西部に棲息していた，頭部にトサカがないタイプのハドロサウルス科(Hadrosauridae)の一種，エドモントサウルス(*Edmontosaurus*)．ハドロサウルス科の吻部が幅広いことがわかる．[D. B. Weishampel 提供]

ような基本的な構造は同じでも，鳥脚類はそれぞれの種で異なった形態の顎をもっており，食物を咀嚼するための顎の動きもかなり違っていたことだろう．

鳥脚類の顎の運動メカニズムに関する最近の見解では，種によって摂食行動に違いがあったと考えられている．基盤的な鳥脚類では，クチバシの幅が比較的狭くなっており，植物を選択的に摘み取ることができたと考えられている．一方，イグアノドン類のなかでも特に派生的なハドロサウルス科では幅の広い吻部を備えており（図 12・10），クチバシの縁がギザギザになっているものもいた．こうした口をもつハドロサウルス科は，おそらく選択的に餌を採ることはできなかっただろう．その代わり，あまり選り好みをせずに，口に入れたものが何であるかをあまり気にせず，葉や枝をかじり取り，頬歯で刻んでいたのだろう．基盤的な鳥脚類はもっと丁寧に食物をかじっていたようだが，イグアノドン類の顎はウッドチップを製造する粉砕機のように機能したことだろう．

いざ食物が歯隙の奥の頬歯まで届けられると，そこで咀嚼が行われる．ここでいう“咀嚼”とは，ヒトが行う咀嚼とはいささか異なる．むしろ，ヘビのように頭骨内で骨が動くような動物と比べると，そう遠くないといえる．私たちの頭骨は，下顎が垂直運動（上下方向の顎の動き）するほかには頭骨を構成する個々の骨格要素はしっかり結合して互いに固定されており，いわゆるアキネティック（akinetic, 無可動的）の状態で咀嚼を行う．しかし，鳥脚類の頭骨は別の方法をとった．通常の顎の上下運動に加えて，頭骨の上顎側で歯列およびそれに付随する骨格要素が側方へ開くことで，上顎側の頬歯と下顎側の頬歯が左右方向に互いにこすれ合う動きを生み出し，すりつぶしを行うのだ．このように，頭骨を構成する個々の骨格要素間に可動性がある状態を，**キネティック**（kinetic, 可動的）という．

鳥脚類は上顎側に可動性がある特異的な頭骨を進化させた．頭骨を構成する骨格要素のうち，特に上顎骨（上顎側の頬歯が生える骨）が顎を閉じる（咬合(こうごう)する）たびに外側にわずかに回転する（図 12・11）．このような左右方向の動きを**プレウロキネシス**（pleurokinesis）とよぶ．上顎側の頬歯と下顎側の頬歯が左右とも咬合するとき，上下のデンタルバッテリーの歯と歯がこすれ合う場所に咬耗面(こうもうめん)が形成され，そこで植物をすりつぶしたことだろう．鳥脚類のうち，特にイグアノドン類にとって，このプレウロキネシスの獲得は重要な進化だった．これによって，どんなに食

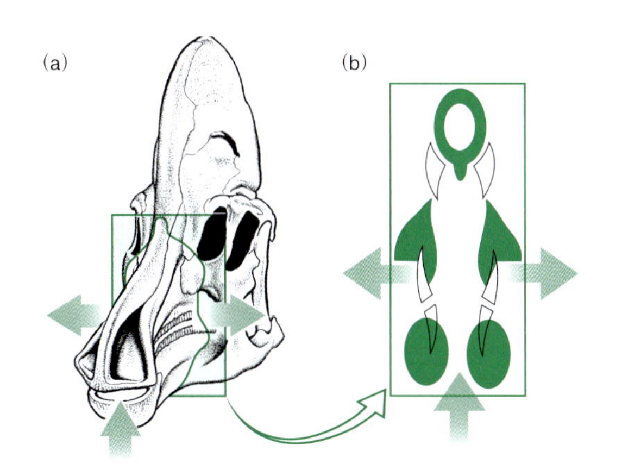

図 12・11 鳥脚類(Ornithopoda)の顎運動において，顎を閉じる動きに伴って上顎が側方へ開く仕組み(プレウロキネシス pleurokinesis)を示す．(a) コリトサウルス(*Corythosaurus*)の頭骨において，咬合とともに上顎骨がずれる方向を示す．顎が閉じる(咬合する)と，上顎側のデンタルバッテリーを備えた骨(上顎骨)がわずかに側方にずれ動く．この機構によって，上顎と下顎のデンタルバッテリーがこすれ合う動きが助長される．(b) 頭骨の断面図．下顎側の歯に対して，上顎側の歯が側方にずれ動くプレウロキネシスとよばれる動きの様子を示す．

べにくい繊維質の植物でも，噛んで食べることができるようになったのである．

ハドロサウルス科になると，この咀嚼様式にさらに磨きがかかった．隙間なく敷き詰められた頬歯がつくる上下左右の“デンタルバッテリー”が，食物のせん断やすりつぶしのための道具として効果的に機能した（図 12・11）．11 章“ケラトプス類の生活様式”の項でも紹介したように，彼らの頬歯は哺乳類とは異なり，生涯を通じて生え変わり続けるため，歯が摩耗してなくなってしまう心配はなかったことを思い返してもらいたい．ハドロサウルス科も同様の歯の交換システムを備えていた．しかも，咬合はケラトプス類のように歯の側面でではなく，歯冠の頂部で行われていたため，ケラトプス類よりもさらに効果的なすりつぶしが行えただろう．頬歯は永久に生え変わり続けるため，歯が摩耗してなくなってしまう心配はなかった（哺乳類では生涯に一度しか歯が生え変わらないため，永久歯を死ぬまで使い続けなければならない）．ハドロサウルス科には，絶え間なく生え変わる歯と，デンタルバッテリーに常に新しい咬耗面が露出すること，頭骨のプレウロキネシス（側方への可動性）とこれを機能させる強靭な顎の筋肉をもつといった複合要素が備わっており，どんなに繊維質で堅い植物でも確実に咀嚼できたと考えられる．

ここまで見てきた他のすべての鳥盤類（Ornithischia）の仲間もこのあとの工程は同じだ．植物を十分に咀嚼すると，これを飲み込み，セルロースを分解する細菌がわんさか待ち構えている大きな消化管へと送り，そこで消化していく．その洗練された咀嚼能力を考えると想像するのは容易だが，ハドロサウルス科を含む大型のイグアノドン類では体サイズの割に大きな消化管をもっていた．このように鳥脚類は，針葉樹を主体とした栄養価が低い繊維質の食物を大量に摂り，そこから栄養素を極限まで搾り取る能力を備えていたのである．

鳥脚類の知能　恐竜類の基準でみれば，鳥脚類は賢い部類に入る．たとえば現生の“爬虫類”を恐竜と体サイズを揃えて，その知能を想像してみたとしても，鳥脚類はそれと同等以上に賢かっただろう（13 章）．たとえば，オーストラリア・ビクトリア州から見つかっている基盤的な鳥脚類のレアエリナサウラ（*Leaellynasaura*）はどうやらきわめて賢く*2，また脳の視葉が発達していることから，鋭敏な視覚をもっていたようだ．一般に，イグアノドン類の脳が発達しているのは，単にほかに防衛手段がないため，視覚や嗅覚，聴覚などの感覚器官に頼って逃げることを重視しており，これらの感覚器官の発達が脳の大きさに反映されているだけなのかもしれない．さらに，鳥脚類の脳サイズの大きさは，彼らが複雑で多様な行動生態をしていることの表れなのかもしれない．

鳥脚類の社会性

鳥脚類の発見以来，研究者はこれらの動物に多くの関心を寄せてきたが，なかでもハドロサウルス科（Hadrosauridae）の頭部にそびえたつ骨や軟組織で構成された“トサカ”は特に注目されてきた．こうした構造は，大きな群れで発見されることが多いことも相まって，ハドロサウルス科が高度な社会的行動をとっていたことを示唆するものといえる．

歌う爬虫類　ハドロサウルス科が関心を集めてきたことの要因の一つに，一部の仲間が中空になったトサカをもっていたことがあげられる（図 12・12）．このトサカの中の空洞の機能については，かつては，ハドロサウルス科が水中で生活するためではないかと考えられたこともあった（水中生活説は，竜脚類も同様だが，現在では誰もその説を支持していないことを申し添えておこう）ほか，嗅覚をより鋭敏にするためだったのではないかと考えられていたこともあった（こちらの仮説については，否定はされていないため，そうだった可能性は残されている）．一方で，別の研究から，トサカの内部に細かく区切られた空間が反響室の役割をし，まるで中生代の“アルペンホルン”のよう

*2 J. A. Hopson は，多くの鳥脚類の平均脳化指数(EQ：encephalization quotient，図 13・3 参照）がおよそ 1.5 というなかで，レアエリナサウラ(*Leaellynasaura*)の脳化指数が 1.8 だったと見積もった．

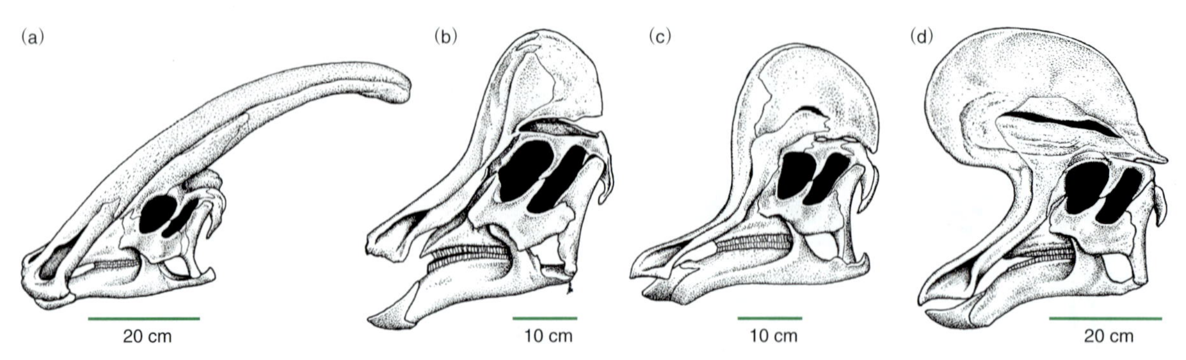

図 12・12　ハドロサウルス科(Hadrosauridae)の一部の仲間の頭骨の左外側面観. (a) パラサウロロフス(*Parasaurolophus*), (b) ヒパクロサウルス(*Hypacrosaurus*), (c) コリトサウルス(*Corythosaurus*), (d) ランベオサウルス(*Lambeosaurus*).

に大きな低周波音を生み出すことができたのではないか*3 と考えられるようになってきた．仮に音を出す個体がいたとしても，それを聴いてくれる相手がいなければ意味がない．この点については，ハドロサウルス科が音を聴くメカニズムが内耳の形態から研究されており，彼らが中空のトサカから発せられたであろう低周波音を聴きとることができたということが示唆された．

こうした見解をもとに，現在では中空のトサカの役割については，種内競争（11 章）や性選択（6 章, 11 章）に用いることが主だったのではないかと考えられている．種，性別，あるいは集団内における社会的地位といった情報を伝えるため，トサカは視覚的にも聴覚的（反響室としての機能があった場合）にも目立っていなければならなかったのだろう．ミュージシャンの Rod Stewart とオペラ歌手の Placido Domingo が歌合戦をするようなものだ．こうして歌合戦を勝ち抜き，自己アピールに成功した個体が，成熟したオスとメスとして出会い，交配に至ることができたのだろう．では，ハドロサウルス科のトサカにはどれほどの性選択の圧がかかっていたのだろうか．

古生物学者の J. A. Hopson は，ハドロサウルス科のトサカの形態が性選択のために機能しているという仮説の正しさを証明するには，次の五つの点について説明しなければならない，とした．

(1) コミュニケーションとディスプレイが重要だとしたら，ハドロサウルス科の聴覚と視覚はともに優れていなければならない．
(2) トサカが視覚的なディスプレイとしての機能と，発する音の共鳴装置としての機能を両方果たすのであれば，トサカの外形が，中を通る空洞の形状と似たような形になる必要はない．
(3) トサカが視覚的なシグナルとして機能するなら，その大きさと形状は種ごとに特異的であるはずで，性的二型も示しているはずである．
(4) トサカに視覚的な意味があるのであれば，同所的に棲息するハドロサウルス科の種が多ければ多いほど，トサカの形状はより多様化したはずである．
(5) トサカがもし性選択が繰返された結果として発達してきたのであれば，後の時代の種ほど特殊な形状をしているはずである．

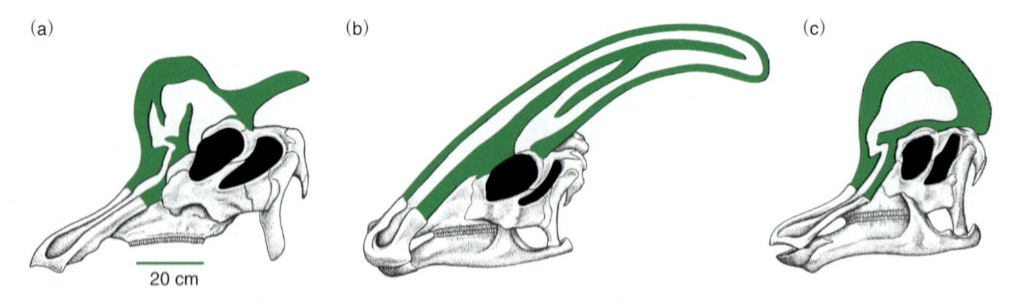

図 12・13　ハドロサウルス科(Hadrosauridae)のランベオサウルス亜科(Lambeosaurinae)に含まれる恐竜について，中空になったトサカ状の突起の内部で，鼻腔の経路が複雑に入り組んでいる様子を示す．(a) ランベオサウルス(*Lambeosaurus*), (b) パラサウロロフス(*Parasaurolophus*), (c) コリトサウルス(*Corythosaurus*).

*3　ミュージシャンたちへ．この音域をオクターヴ表記するなら，中央 C 音から 2 オクターヴ下の G2 音から，中央 C 音より上の F♯音までだと思ってもらえればよい．

こうした仮説はどれくらい正しいのだろうか．ハドロサウルス科の化石に残る**強膜輪**(sclerotic ring；図4・6参照)から判断すると，相対的に大きな眼球をもっており，視覚が発達していたことがうかがえ，同様に，中耳や内耳の構造から，広範囲の周波数の音が聴こえたことがわかっている．これらから，仮説(1)は比較的よく支持されるといえる．また，トサカの内部の管の壁面形状は，トサカの外形と比べてずっと複雑で表面積が大きくつくられているため，仮説(2)についても支持できる（図12・13）．仮説(3)については十分に支持されている．これは，ハドロサウルス科のうち，**ランベオサウルス亜科**（ランベオサウリナエ）(Lambeosaurinae)に属する恐竜の成長と発生について行われてきた研究の成果から，性的成熟に近づくにつれて，トサカが顕著に突出するようになることがわかってきたことによる．また，ランベオサウルス亜科の成体は，とりわけトサカの大きさや形状で二型を示すことが知られている（図12・14）．これらの“形態”の違いはオスとメスの（すなわち性的二型）を示しているのではないかと考えられている．

仮説(4)は，繁殖期ではアピールのために目立つことが有利に働くだろうという考えに基づいている．この仮説については，空洞のあるトサカをもつハドロサウルス科5種と，中身が詰まったトサカをもつハドロサウルス科1種が同所的に平和に棲息していたことが知られている，カナダのアルバータ州立恐竜公園（Dinosaur Provincial Park）の化石を用いて検証が行われた．すると，ハドロサウルス科の種の多様性が低い層準では，トサカの形態的な差異が小さくなっていたため，仮説(4)は支持されることとなった．一方，興味深いことに，仮説(5)の方を支持する証拠が得られなかったのだ．というのも，少なくともランベオサウルス亜科では，時代を経るごとにトサカの構造が控えめになっていったのだ．となると，“ケラトプス類の生活様式”（11章）の項目で見てきたように，こうした頭部の装飾の一部は，種の識別ではなく，その個体がどれだけ成長しているかを示すサインとして機能していたと考えることもできる．

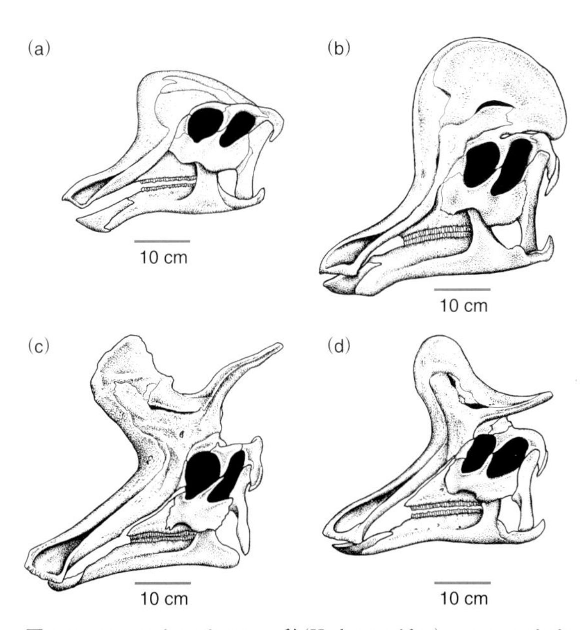

図 12・14　ハドロサウルス科(Hadrosauridae)のランベオサウルス亜科(Lambeosaurinae)において，成長段階と性的二型を示す．コリトサウルス(*Corythosaurus*)の(a)幼体と(b)成体．ランベオサウルス(*Lambeosaurus*)の(c)オスと思しき個体と，(d)メスまたは亜成体と思しき個体．恐竜の成長過程についての理解が進むにつれ，標本の形態が単純な成長段階を示しているのかどうかについての確証が得られなくなっている．

もし，トサカが種の識別や儀式的ディスプレイ，求愛，親子のコミュニュケーション，社会的格づけに用いられていたのであれば，グリポサウルス（*Gryposaurus*）やマイアサウラ（*Maiasaura*），ブラキロフォサウルス（*Brachylophosaurus*）にみられるような弓状に発達した鼻骨正中部の隆起は，オス同士の闘争の際に威嚇し合ったり，ぶつけたりするのに使われたのかもしれない（図12・15a）．鼻孔とその周囲は，おそらく風船のように膨らむひだ状の皮膚で覆われていただろう（図12・15b）．もしそれが正しければ，この皮膚を膨らませ，視覚的なディスプレイとして使うと同時に，まるで中生代のバグパイプ奏者のように音を出すことができただろう．プロサウロロフス（*Prosaurolophus*）やサウロロフス（*Saurolophus*）ではがっしりしたトサカが眼窩の上まで突起状に伸びているが（図12・15 c），その上には全体を袋のように膨らませられるような皮膚が覆いかぶさっていたことだろう（図12・15d）．一方，エドモントサウルス（*Edmontosaurus*）は湾曲した鼻骨の隆起も顕著ではなく，突起状に伸びたトサカももっていなかったが（図12・1，図12・10），複雑にへこんだ鼻孔部分を覆った皮膚を，袋のように膨らますことができたかもしれない．ただ，これまで述べてきた“トサカ”とはまったく別物だが，2014年に報告されたあるエドモントサウルス標本で，“肉質のトサカ”*4が保存されている化石が報告された．つまり，エドモントサウルスは骨質のトサカはもっていなかったが，軟組織でできた肉質のトサカをもっていたということになる（図12・15e,f）．

ハドロサウルス科のうち，ランベオサウルス亜科は中空のトサカをもつグループだが，頭部の上にそびえたつトサカは，互いをぱっと認識するのに役立ったはずだ（図12・

*4　ニワトリのオス(雄鶏)は頭部に，骨ではなく，肉厚で赤色の皮膚組織でできた“肉質のトサカ(cockscomb)”をもち，ディスプレイに用いている．

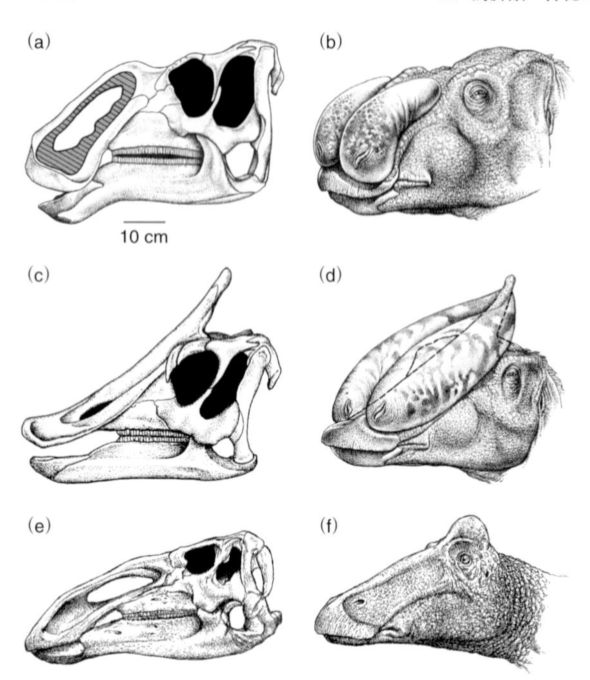

図 12・15 ハドロサウルス科(Hadrosauridae)のハドロサウルス亜科(Hadrosaurinae)の頭骨がどのような軟組織で覆われていたかを復元した図. (a) グリポサウルス(*Gryposaurus*)の頭骨の鼻孔の窪み(斜線の領域)には, (b) 膨らませることのできるひだ状の皮膚が覆っていたことだろう. (c) サウロロフス(*Saurolophus*)の頭骨には後方に伸びた突起があるが, (d) 袋のように膨らませることができる皮膚の覆いがトサカに沿って発達していたことだろう. これらの復元図は, 現生の鳥の頭部を覆う軟組織の特徴をもとに, ハドロサウルス亜科の頭部をどのような軟組織が覆っていたかを想像して描いたものだ. (e) エドモントサウルス(*Edmontosaurus*)の頭骨には骨質のトサカはないが, (f) 雄鶏がもつような肉厚のトサカのような皮膚があったことがわかっており, おそらくは鮮やかな色をしていて, ディスプレイに用いられた可能性が高い.

12). 相互認識には, トサカで視覚に訴えるだけではなく, 大きなトサカ内部で反響して発せられる低い鳴き声も使われたことだろう (図 12・13).

その他の鳥脚類 ハドロサウルス科以外の鳥脚類にも, 性選択や種内競争の観点から説明できそうな特徴がみられた. オウラノサウルス (*Ouranosaurus*) の頭部の上にある幅広いコブ状の突起や, ムッタブラサウルス (*Muttaburrasaurus*) やアルティリヌス (*Altirhinus*) の弓なりに湾曲した吻部などは, 種内競争や性選択に関わる生態行動に重要な役割を果たした可能性がある. オウラノサウルスはさらに, 非常に高く伸びた神経棘を備えており, 背中に大きな帆を張っているかのような姿をしていた (図 12・16). この帆のような構造が一体何の役に立ったのかについては, スピノサウルス (*Spinosaurus*; 図 6・24 参照) の帆が何の役に立ったのかという問題と同じように, 推測

図 12・16 前期白亜紀のニジェールに棲息していたイグアノドン類(Iguanodontia)の仲間, オウラノサウルス(*Ouranosaurus*). カナダ・オンタリオ州のロイヤル・オンタリオ博物館(Royal Ontario Museum)に展示されている組立骨格. [William Cushman/Shutterstock.com]

の域を出ない. 長い神経棘の間に皮膚を膜のように張ることで, 身体を温めたり冷やしたりする体温調節の機能をもっていたのかもしれないし, あるいは身体を実際よりもずっと大きく見せることによるディスプレイ機能をもっていたのかもしれないが, 真実がどうだったかについてはわからない.

多くの鳥脚類がその恐竜ただ一種しか含まれていないボーンベッドとして見つかることを考慮すると, 鳥脚類がディスプレイ行動をしていたという仮説はより説得力を増す. **単一型** (monotypic) のボーンベッド, すなわち, たった1種類の動物からしか構成されないボーンベッドとして見つかる鳥脚類には, ドリオサウルス (*Dryosaurus*) やイグアノドン (*Iguanodon*), マイアサウラ (*Maiasaura*), ヒパクロサウルス (*Hypacrosaurus*) などが知られている. ハドロサウルス科の場合, 単一の群れが1万頭以上に達していたかもしれないことを示す化石が得られている. この個体数は, 大陸横断鉄道が完成して 0.55 インチ口径のライフルが猛威を振るう前の北米において, グレートプレーンズをとどろき歩いていた巨大なバイソンの群れに匹敵する.

恐竜の子育て: その2 鳥脚類の繁殖行動に関する謎が少しずつ明らかにされつつある. 基盤的な鳥脚類, もしくは角脚類のすぐ外群に位置する小型恐竜のオロドロメウス (*Orodromeus*) は, ふ化したての幼体でも関節が骨化して完全な形で形成されているなど, 四肢骨がよく発達しており, 幼体であっても, 歩いたり, 走ったり, 飛び跳ねたりして, 成体と同じように餌を探し回ることができたと考えられる. すなわち, 子育てがほとんど必要なかったことがうかがえる.

ハドロサウルス科が放任主義ではなく, きちんと子育てをしていたことを最初に発見したのは, 古生物学者の J. R.

Horner で，その詳細は Horner と J. Gorman の書籍『*Digging Dinosaurs*（恐竜化石の発掘）』で見事に記載された．マイアサウラやヒパクロサウルス，そしておそらくそのほか多くのハドロサウルス科が，コロニーを形成して，柔らかい堆積物に浅いくぼみを掘って巣を作り，そこに産卵していたようだ．特にマイアサウラの場合，一つの巣に対して 17 個以上の卵が産みつけられていた．巣はおよそ母親恐竜の体の長さの分だけの距離を空けて点在していたことから，成体が巣の世話をしていたことがうかがえる．仔犬がいかにも“赤ちゃん”っぽい姿をしているのは皆さんもご存知だろうが，ふ化したてのマイアサウラ（図 12・17）も同様で，大きな四肢に手足，大きな頭と眼，短い吻部など，いかにも“赤ちゃん”っぽい姿をしていた．マイアサウラのふ化したての幼体は，卵殻の破片が散在する中から見つかっていることから，幼体はかつて自身を覆っていた卵殻が瓦礫（がれき）のように敷き詰められた巣の中でしばらく生活し続けていたことが示唆される．

ハドロサウルス科では，ふ化したての幼体の関節はあまり発達していないため，巣の中で保育されている間は無力な存在だったことだろう．幼体は巣から遠く離れた場所まで餌を捜しに行くこともできず，両親が餌を運び，外敵から守ってくれるのに頼り切っていたに違いない．しかし，ふ化して間もない全長 1 m の幼体から，全長 9 m の成体への成長は急速だったに違いない．ひと月当たり平均 12 cm も全長が伸びていったが，これは成長が速い哺乳類や鳥の成長速度に匹敵する（13 章）．これが意味するところは，ふ化して間もない幼体がこれだけの成長をするための食糧を，両親がせっせと運んできたということだろう．

近年，少なくともヒパクロサウルスの発生過程に関する研究が新たな段階に進み，成長に伴う頭部の形態変化の様子が詳細に分析されるようになった．卵の中の胚から，巣の中で育っていた段階の赤ん坊，幼体，亜成体（ガラスの 10 代！），そして成体に至るまで頭骨をずらりと揃え，完全な成長過程が明らかにされたのだ．こうした徹底した頭骨の集め方は，ケラトプス類（Ceratopsia）の成長段階を追った研究（図 11・27 参照）に匹敵するものである．その研究によると，ほかのあらゆる動物の幼体がそうであるように，ヒパクロサウルスも生まれたときは可愛らしい顔つき，つまり吻部が短くて眼が大きく，トサカがほんの少ししか発達していない顔をしていたようなのだ．そして，あらゆる脊椎動物と同様，成長して大人になるにつれて，だんだんと可愛げがなくなっていってしまうのである．

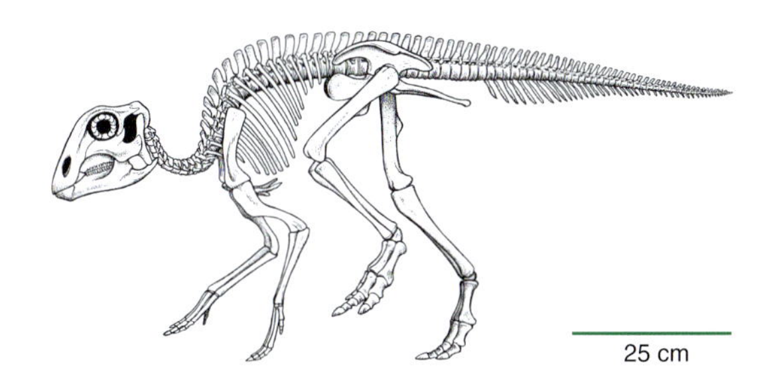

図 12・17　ふ化したばかりのハドロサウルス科（Hadrosauridae）のマイアサウラ（*Maiasaura*）の全身骨格の左外側面観．成体は全長およそ 4.5 m だということを念頭において，この図に挿入されたスケールバーから赤ちゃんがいかに小さいかを確認してもらいたい（図 13・9 参照）．

鳥脚類の子育てに関するまったく別の事例が，“ヒプシロフォドン様の恐竜”（訳注：小型かつ二足歩行性で，初期に枝分かれした鳥脚類，ないし新鳥盤類の意）のオリクトドロメウス（*Oryctodromeus*）で示されている．オリクトドロメウスでは，明らかに巣立ち前だと思われる晩成の幼体が巣穴の中から見つかったのだ（図 1・7 参照）．このような化石はまだ一例しか知られていないものの，行き止まりの巣穴の奥の空間で，1 頭の成体と 2 頭の幼体の遺骸が見つかったのである．オリクトドロメウスは，頭骨や胸郭のあたりに穴を掘るのに適した形態的特徴（掘削適応）がみられたことから，**掘削性**（fossorial），あるいは穴居性の生活様式を送っていたのではないかと考えられる．

以上のことから，鳥脚類の生活様式は，群れの中でのことであったり，繁殖時のつがい同士であったり，家族の中でのことであったりと，他個体とのつながりをもつ機会が多分にあったことがうかがえる．これらすべての行動は，前述したような視覚や音声によるコミュニケーションを行うことと密接に関わっており，特にハドロサウルス科が複雑な社会的行動をしていたことを支持するものである．

9 章で，繁殖戦略には *r* 戦略と *K* 戦略があると紹介したが，鳥脚類の生態は，その相対する二つのどちらに該当するだろうか．小型で初期に枝分かれした鳥脚類，または，角脚類の外群であるオロドロメウス（*Orodromeus*）は，ふ化したての幼体が早成性であったことから，おそらく *r* 戦略をとっていたと思われる．一方，マイアサウラやヒパクロサウルス，そしてその他のハドロサウルス科は，ふ化した幼体が巣にとどまり，晩成性であったことから，おそらくは *K* 戦略をとっていたのだろう．

12・2　鳥脚類の進化

角脚類（Cerapoda）の中からの鳥脚類（Ornithopoda）の分岐は，三畳紀の最末期もしくはジュラ紀の最初に起こったと思われる．鳥脚類というクレードは多くの派生形質によって特徴づけられる（図 12・3）．ここまで見てきたように，鳥脚類の中では，オロドロメウス（*Orodromeus*）やヒプシロフォドン（*Hypsilophodon*）などの原始的な鳥脚類，イグアノドン類（Iguanodontia）の分岐が初期に起こった．このイグアノドン類は，その後の多様化によって，鳥脚類の大多数の仲間を生み出すことになる．

鳥脚類はかつて，三本趾の足で二足歩行する鳥盤類（Ornithischia）全般が含まれるグループとして認識されていたが，分岐分類学の手法を使った厳密な解析を行うと，これがなんとも合意形成の難しいグループであることが示されるようになってきた（Box 12・1）．鳥脚類のグループとしての定義はこうだ．すなわち，“トリケラトプス（*Triceratops*）よりもパラサウロロフス（*Parasaurolophus*，ハドロサウルス科）により近縁なすべてのゲナサウルス類”である．分岐図上でいうと，これは，“周飾頭類（Marginocephalia）を除くすべての角脚類（Cerapoda）”という意味になる（図 12・18）．この定義に従うと，ここには，ヒプ

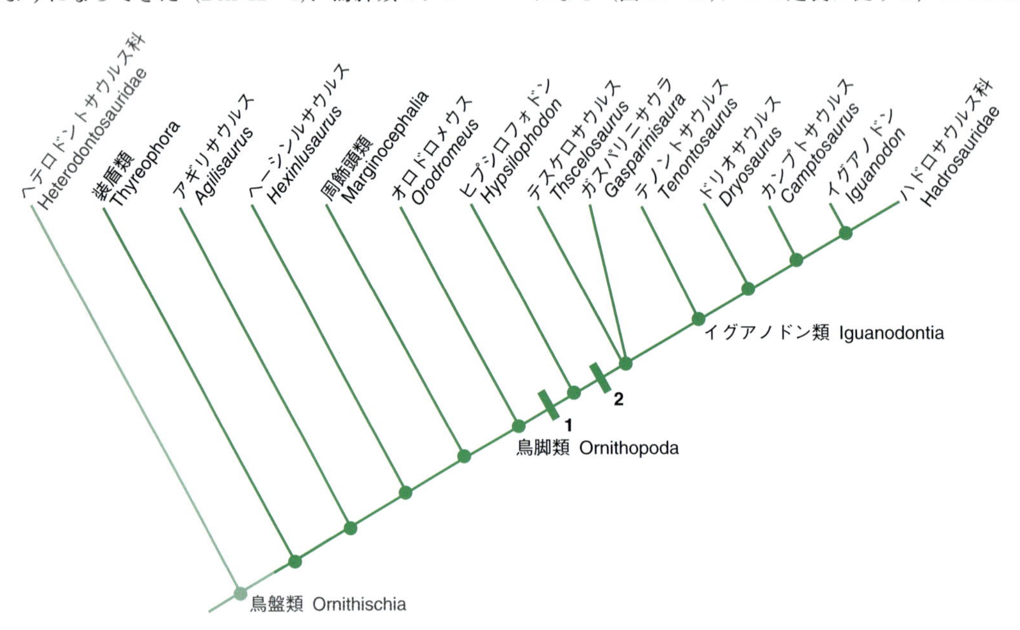

図 12・18　基盤的な鳥脚類（Ornithopoda）の分岐図．古生物学者の R. J. Butler ほか（2008），および R. J. Butler と P. M. Barrett（2012）の研究に基づく．注目してもらいたい点は，有名な鳥脚類のほとんどが，イグアノドン類（Iguanodontia）とよばれるグループに属するということである．派生形質は以下のとおり．

1. 前眼窩窓の輪郭の後腹側縁で涙骨と上顎骨が接続することで，頬骨がその輪郭を構成しなくなること；副方形骨孔（paraquadratic forame）が方形骨ないし方形頬骨の側方に向くこと；上顎骨歯と歯骨歯に，頂底方向に伸びる稜が複数形成されること．

2. 深い楕円形の窓が左右の鼻骨の縫合線に沿って存在すること；前眼窩窓の外輪が楕円形もしくは円形になること；一対の前頭骨が短く幅広いこと；胴椎の数が 16 以上になること；近位尾椎の神経棘が椎体より 50％以上高いこと；後寛骨臼突起の長さが腸骨全体の長さの 25〜35％になること．

Box 12・1　この…基盤的な鳥盤類めらが！

目の前の恐竜がもし，二足歩行性の鳥盤類で，植物食，かつ後肢が三本趾だったなら，それは鳥脚類（Ornithopoda）だ…かつてこう言い切ることができた時代はラクだった．しかし，古生物学者が鳥脚類の系統関係についてもっと注意深く研究を進めていくにつれ，そして分岐分析という“メガネ”を通して見ていくようになると，どの恐竜が鳥脚類の表徴形質をもっているのか，あるいは，いないのかという点について，だんだんこんがらがってきたのだ．

まず，ヘテロドントサウルス科（Heterodontosauridae）が，“鳥脚類”という具材を煮込んだ鍋の蓋からふきこぼれてきた．これは紛れもなく，三本趾で植物食かつ二足歩行性の鳥盤類（Ornithischia）であり，長いこと鳥脚類に含められてきた．ところが，古生物学者の R. J. Butler と P. M. Barrett が新たな分岐分析を行ったところ（16 章），ヘテロドントサウルス科は，鳥盤類の基盤的なところまで引き下げられることとなったのだ．

これまで“鳥脚類”とされてきた他の恐竜たちも系統的な位置づけが問題となってきた．オスニエロサウルス（*Othnielosaurus*），ヘーシンルサウルス（*Hexinlusaurus*），アギリサウルス（*Agilisaurus*），ゼフィロサウルス（*Zephyrosaurus*），レソトサウルス（*Lesothosaurus*），ピサノサウルス（*Pisanosaurus*），ジェホロサウルス（*Jeholosaurus*），ヤンドゥサウルス（*Yandusaurus*），ストームバーギア（*Stormbergia*）など，ほかにもあげたらキリがない．さら

に悪いことに，かつて由緒正しき分類群の“ヒプシロフォドン科（Hypsilophodontidae）”としてまとめられてきたこれらの仲間がみんな，側系統群であることが示され，研究者を当惑させることとなった．あまりにも複雑な分岐図となったため，米国・ノースダコタ州の古生物学者 C. Boyd は 2015 年にこう述べたほどだ．曰く，「もうこうなったら，かつて鳥脚類に含まれていたものから，周飾頭類以外，そしてイグアノドン類以外のすべての仲間を全部寄せ集めて，“基盤的な新鳥盤類（basal Neornithischia）”とよぶことにしようぜ」

この系統学的な問題は，分岐分析による系統解析の手法の強みと弱みがともに現れている．ここまで見てきたように，この手法は派生形質というものに強く依存している．つまり，原始的な形質が多いものを扱う場合，グループを決めるのに必要な派生形質が少ないため，その系統的な位置づけが不安定になってしまうのだ．その結果，系統関係を示す複数の仮説，いわゆる分岐図の中で，どれが最も確からしいか，どれを選ぶべきか，を判断することが難しくなってくるということだ．

ただ，ほとんどの人は，たとえばガスパリニサウラ（*Gasparinisaura*）という恐竜の系統的な位置づけの正解を知らなかったとしても，気になって眠れないということもなく，毎日快適な生活を送ることができるだろう．きっとそうだろうと見越して，ここでは基盤的な新鳥盤類の系統関係として提唱されてきた数々の分岐図のうち，二つを紹介しよう．本文でも紹介した図 12・18 は，Butler と Barrett によって 2012 年に提唱された分岐図だ．一方，図 B12・1 は，2015 年に C. Boyd によって提唱された分岐図である．ここで最低限知っておいてもらえればよいことは，鳥脚類とは（あるいは，“新鳥盤類とは”と言い換えてもいいかもしれない），単純に真っすぐ進化していった系統ではないということだ．むしろ，その分岐図は藪のようにワサワサと複雑に分岐をしているのである．そして，ハドロサウルス科（Hadrosauridae）という最も高度な進化を遂げたグループに辿りつくまでに，進化の行き詰まりや，多様化しかけてその後続いていかなかった進化の枝がいくつもあったということだ．

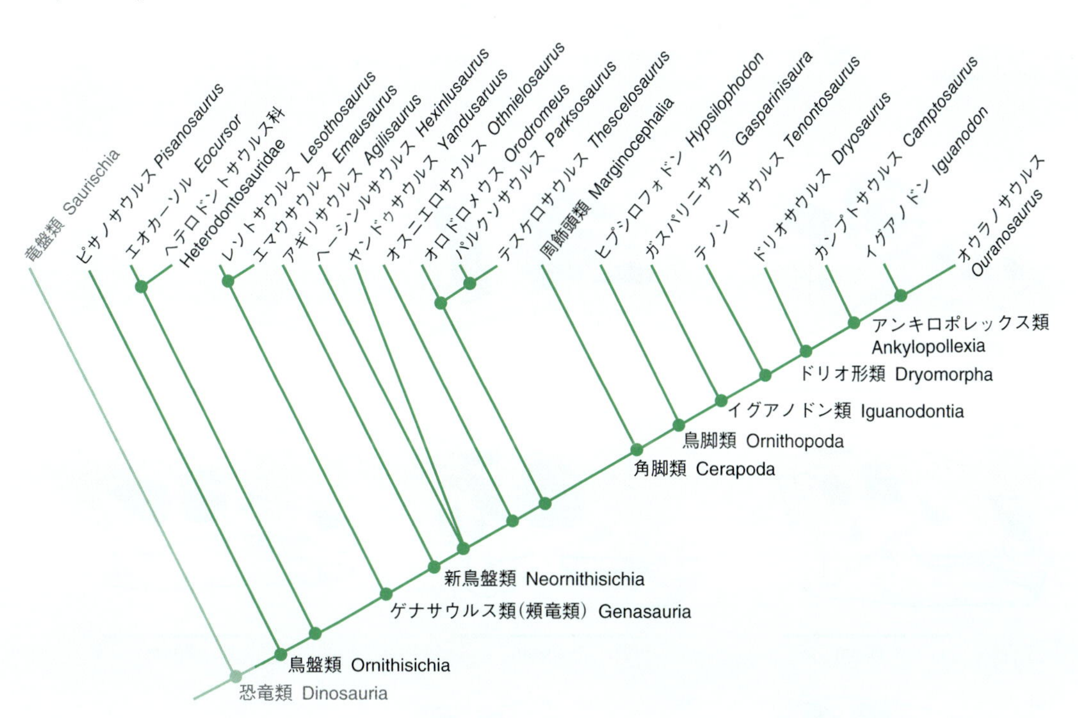

図 B12・1 C. Boyd が 2015 年に提唱した鳥盤類（Ornithischia）の系統関係をもとに，本書では一部の樹形に改編を加えた．全体的な傾向は，図 12・18 に示した分岐図と似ている．しかし，重要な点でいくつか異なるところもある．たとえば，オロドロメウス（*Orodromeus*）を基盤的な鳥脚類（Ornithopoda）と位置づける研究がいくつかあるが，この分岐上では鳥脚類に含まれてすらいない．同様に，パルクソサウルス（*Parksosaurus*）やテスケロサウルス（*Thescelosaurus*）は長いこと，正当な鳥脚類だと考えられてきていたが，この分岐図では，鳥脚類から遠く離れたところに位置づけられている．これらの分岐図を紹介したのは，系統解析の専門としない人々に蕁麻疹を起こさせることを目的としたのではない．2020 年現在，基盤的な新鳥盤類（Neornithischia）の系統関係を理解することがあまりに複雑で定まっていないことかを示したかったということだ．［Boyd, C. 2015. The systematic relationships and biogeographic history of ornithischian dinosaurs. *PeerJ*, 3, e1523. doi: 10.7717/peerj.1523 より改変］

シロフォドン（*Hypsilophodon*）やガスパリニサウラ（*Gasparinisaura*）など，比較的小型でほっそりした鳥脚類が含まれるほか，やや大型でがっしりしたパルクソサウルス（*Parksosaurus*）やテスケロサウルス（*Thescelosaurus*）などの種，そして派生的な仲間であるイグアノドン類（Iguanodontia）が含まれる（図 12・19）．イグアノドン類は，カンプトサウルス（*Camptosaurus*；図 12・20f）やイグアノドン（*Iguanodon*；図 12・20g），そしてすべてのハドロサウルス科（Hadrosauridae）を含む多様なグループである．一般に，ハドロサウルス科を除くイグアノドン類は，後期ジュラ紀から前期白亜紀の期間に最盛期を迎えた．

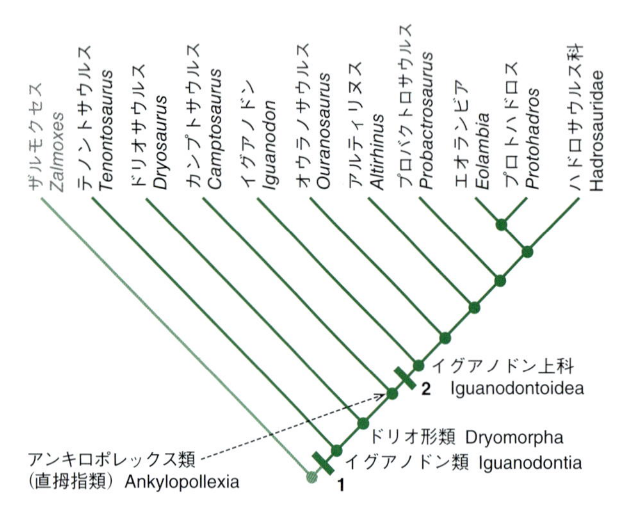

図 12・19 基盤的なイグアノドン類(Iguanodontia)の分岐図．派生形質は以下のとおり．

1. イグアノドン類(Iguanodontia)：前上顎骨には歯がなく，幅広くて滑らかな縁をもつこと；前眼窩窓の縮小；前歯骨の縁がギザギザになること；歯骨枝(dentary ramus)の分岐が深くなること；胸肋(肋軟骨)が骨化しなくなること；手の第Ⅲ指の指骨を一つ失うこと；扁平な板状の前恥骨突起をもつこと．

2. イグアノドン上科(Iguanodontoidea)：前上顎骨の縁辺が前顎骨の縁辺から大きくずれること；上顎骨と頬骨の間にはめ込み状の関節をもつこと；クチバシと歯列の近心側の間の歯隙が発達すること；歯の縁辺が乳頭状の小歯になること；上顎骨側の歯の歯冠が，歯骨側の歯の歯冠よりも細長く，槍の穂先状になること；第Ⅱ～第Ⅳ中手骨がぴったり寄り添うように配置すること；三角形に尖った第四転子が遠位に位置すること；大腿骨の伸筋が通る滑車溝(extensor groove)が深くなること．

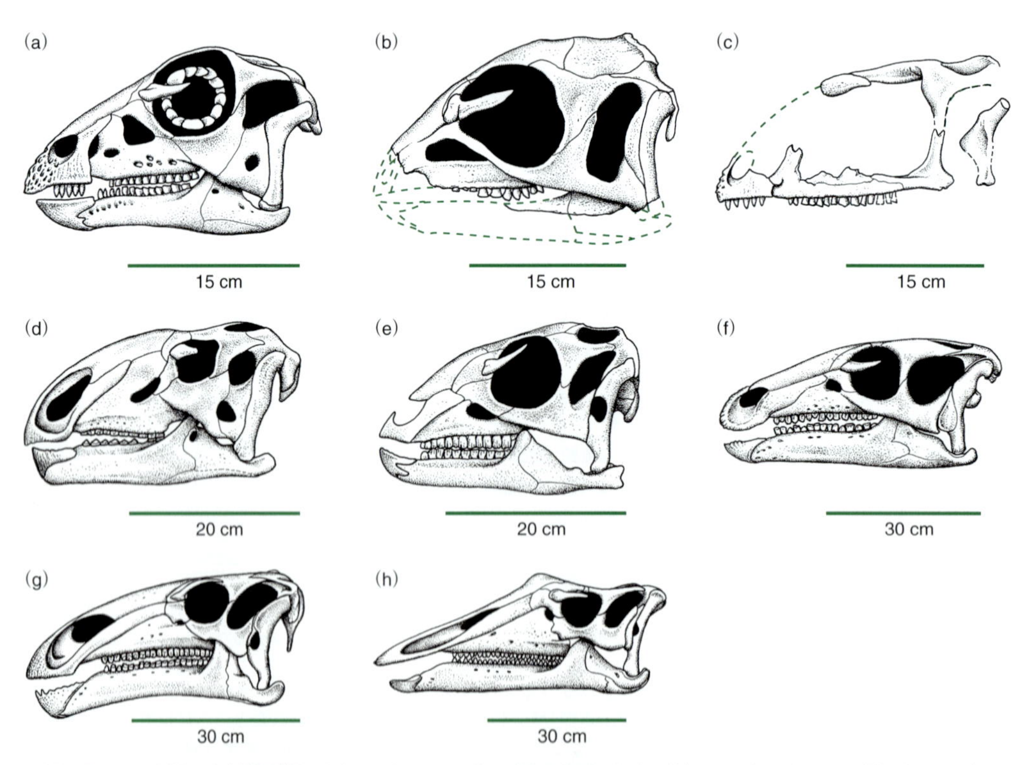

図 12・20 頭骨の左外側面観．(a) ヒプシロフォドン(*Hypsilophodon*)，(b) ヤンドゥサウルス(*Yandusaurus*)，(c) ゼフィロサウルス(*Zephyrosaurus*)，(d) テノントサウルス(*Tenontosaurus*)，(e) ドリオサウルス(*Dryosaurus*)，(f) カンプトサウルス(*Camptosaurus*)，(g) イグアノドン(*Iguanodon*)，(h) オウラノサウルス(*Ouranosaurus*)．

ハドロサウルス科はすべての恐竜のなかでも最も知られたものの一つである．彼らは非常に高度に進化した後期白亜紀の鳥脚類で，ここまで紹介してきたように，その生態を明らかにできるような目覚ましい化石記録が知られている．ハドロサウルス科には二つの主要なグループが含まれる．一つがランベオサウルス亜科（Lambeosaurinae）で，もう一つがハドロサウルス亜科（Hadrosaurinae）であり，ハドロサウルス科の大半がこの二つのグループに含まれることになるが，ハドロサウルス科の中での系統的な位置づけがはっきりしていない種もいくつかある（図12・21）．ハドロサウルス科に含まれる多様な種を図12・22に示す．〔訳注：ただし，本文中で“ハドロサウルス亜科”として紹介される恐竜の多くは，サフロロフス亜科（Saurolophinae）に含まれるべきとする分岐図も多い（図12・23）ため，他の書籍を読む場合は注意が必要である．〕

鳥脚類には多くの興味深い進化傾向がみられる．その一つとして，鳥脚類の多様化が，裸子植物（特に針葉樹）や被子植物の多様化（図15・8参照）と並行して進化しているように見えるという点があげられるが，おそらくこれは偶然ではないだろう．このことは，鳥脚類と植物が互いにペアを組んで社交ダンス，あるいは男女のペアで踊るダンス“パ・ド・ドゥ”，をするように，裸子植物が捕食されにくくなるように進化を遂げれば，鳥脚類はそれを食べてなんとか栄養を抽出していこうと進化をするというような関係を続けてきたことを示している．植物と鳥脚類の共進化は，ハドロサウルス科の顎に非常に効率的なプレウロキネシスと，絶えず生え変わり続けるデンタルバッテリーが備わったことで，その関係が最高潮に達した．ハドロサウルス科以外のイグアノドン類は，やはり強力な咀嚼ができる動物ではあったが，ハドロサウルス科ほどの究極的な特殊化は果たしておらず，少なくとも，後期白亜紀の北米やアジアでの傾向として，生態的地位がハドロサウルス科以外のイグアノドン類からハドロサウルス科へと入れ替わったことが示されている．ハドロサウルス科は，地球生命史の中でも比肩するもののない，圧倒的に精巧な咀嚼能力を進化させたグループであった．これは，堅くて繊維質の裸子植物

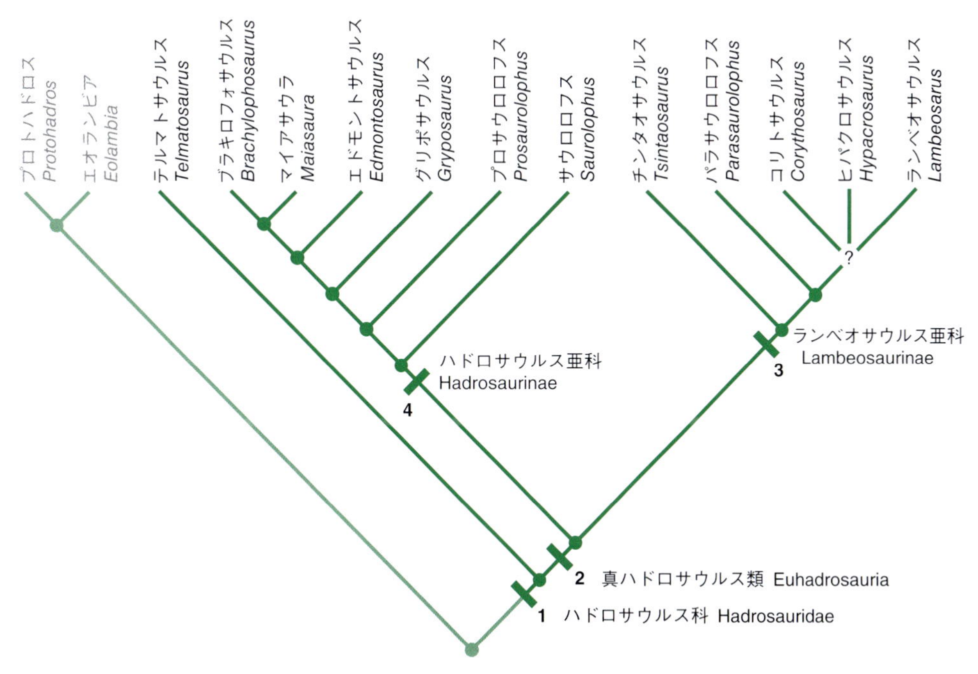

図 12・21　J. R. Homer, *et al.* (2004)の研究に基づくハドロサウルス科(Hadrosauridae)の分岐図．派生形質は以下のとおり．

1. ハドロサウルス科(Hadrosauridae)：歯一列当たり3個以上の交換歯をもつこと；鉤状突起よりも後方まで歯骨の歯列が伸長していること；上角骨孔が欠如していること；上眼窩骨が眼窩の縁を構成する骨と癒合または欠如すること；長い烏口骨突起をもつこと；肩甲骨の近位が背腹方向に細いこと；大腿骨遠位の顆間伸筋溝が非常に深くて，しばしばトンネル状になること．
2. 真ハドロサウルス類(Euhadrosauria)：鉤状骨(coronoid)が欠如していること；上角骨が短くなり鉤状突起を構成しなくなること；前上顎骨の口縁が二重になっていること；三角形の後頭部をもつこと；8個以上の仙椎をもつこと；縮小した手根骨をもつこと；恥骨閉鎖孔が完全に開いていること；第Ⅱ，第Ⅲの遠位足根骨が欠如していること．
3. ランベオサウルス亜科(Lambeosaurinae)：上顎骨の前位突起が欠如しているが背側に傾斜した棚状の構造が発達すること；前上顎骨の後外側突起に溝があること；上顎骨が上下に低いこと；頭頂骨のトサカ状の突起が低く上側頭窓の長さの半分以下の長さであること．
4. ハドロサウルス亜科(Hadrosaurinae)：鼻孔周囲の尾側縁にへこみがあること．

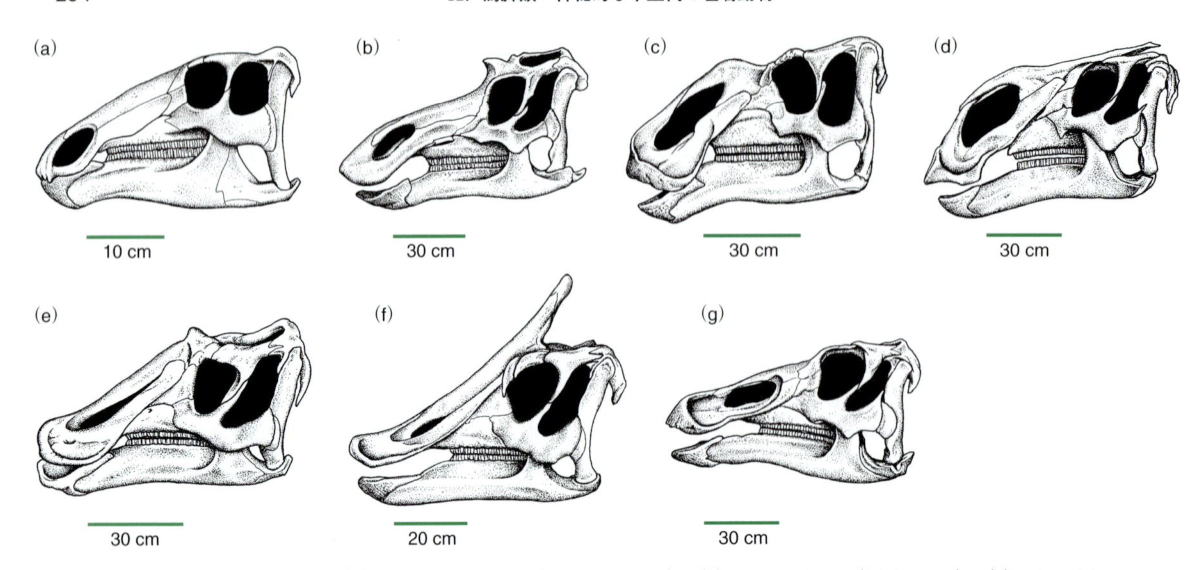

図 12・22　頭骨の左外側面観. (a) テルマトサウルス(*Telmatosaurus*), (b) マイアサウラ(*Maiasaura*), (c) グリポサウルス(*Gryposaurus*), (d) ブラキロフォサウルス(*Brachylophosaurus*), (e) プロサウロロフス(*Prosaurolophus*), (f) サウロロフス(*Saurolophus*), (g) エドモントサウルス(*Edmontosaurus*).

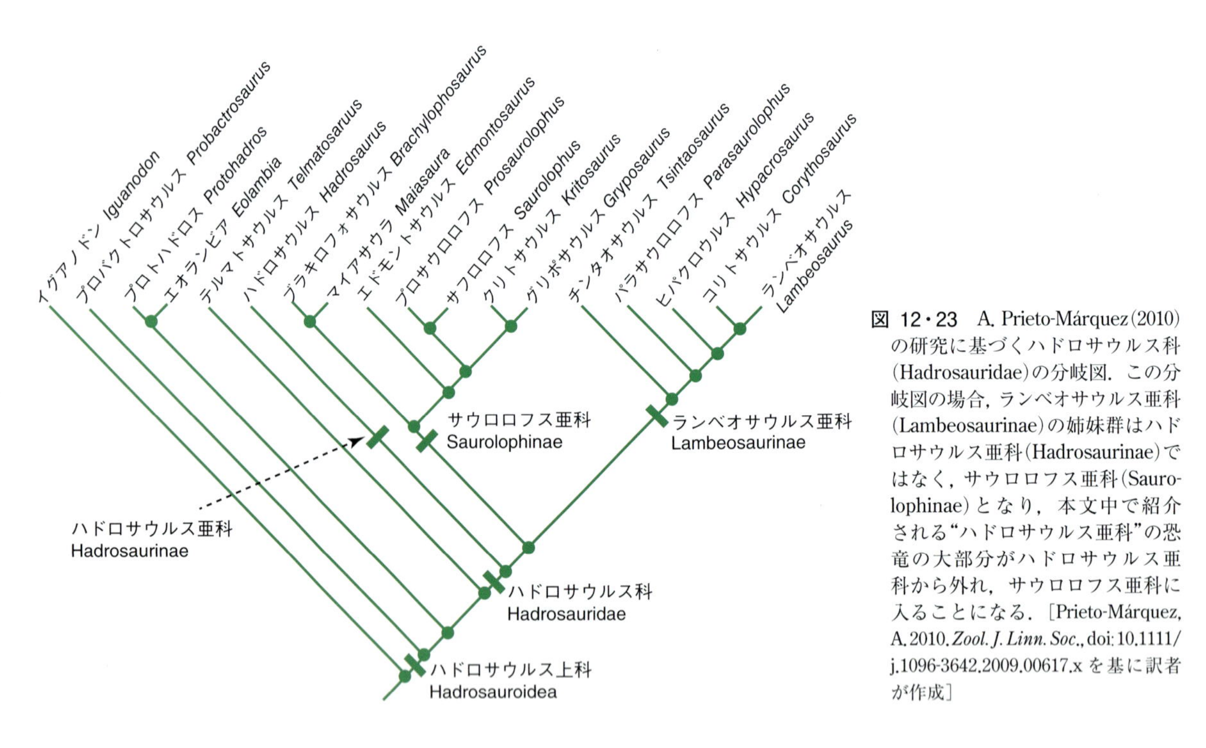

図 12・23　A. Prieto-Márquez(2010)の研究に基づくハドロサウルス科(Hadrosauridae)の分岐図. この分岐図の場合, ランベオサウルス亜科(Lambeosaurinae)の姉妹群はハドロサウルス亜科(Hadrosaurinae)ではなく, サウロロフス亜科(Saurolophinae)となり, 本文中で紹介される"ハドロサウルス亜科"の恐竜の大部分がハドロサウルス亜科から外れ, サウロロフス亜科に入ることになる. [Prieto-Márquez, A. 2010. *Zool. J. Linn. Soc.*, doi: 10.1111/j.1096-3642.2009.00617.x を基に訳者が作成]

を食べ続けてきたことから得た勲章なのだろう.

鳥脚類の進化は, 咀嚼に関連した特殊化のほかにも, 親が仔をより手厚く保護していくように進化していったことでも特徴づけられるかもしれない. 前述したオロドロメウス (*Orodromeus*) は鳥脚類のなかでも基盤的, あるいは角脚類よりも原始的な仲間 (図 12・4, 図 12・18) だが, 比較的早成性の仔が卵からかえる. このことは, 少なくとも原始的な鳥脚類では早成性だった可能性を示している. 一方, ハドロサウルス科はすべてが, 晩成性で生まれてきたと考えられている. 鳥脚類の多様化が進むにつれて, もっと派生的な鳥脚類の中で, ハドロサウルス科へ進化する前の段階のどこかで晩成性が進化してきたのだろう.

本章のまとめ

鳥脚類 (Ornithopoda) は, 恐竜類 (Dinosauria) の中

で最も化石記録が豊富で，かつ多種多様な植物食恐竜である．ここには，ハドロサウルス科（Hadrosauridae）を含むイグアノドン類（Iguanodontia）のほか，さまざまな原始的な仲間が含まれる．かつては，すべての二足歩行性の鳥盤類（Ornithischia）が鳥脚類に含まれると考えられていたこともあったが，現在では，かつて鳥脚類に含まれると考えられていた恐竜の多くが，鳥脚類の外群，すなわち基盤的な鳥盤類に分類されている．

鳥脚類の体サイズは，全長2 mに満たない非常に小型の種から，全長15 m以上に達した非常に大型の種までさまざまであり，地球上のほぼすべての地域に棲息域を広げていた．ほかの多くの恐竜の主要なグループと同様，原始的な仲間は二足歩行性であったが，大型化していくに伴い，四足歩行性のものが増えていった．基盤的なイグアノドン類は，四足歩行と二足歩行を併用していたが，より派生的なハドロサウルス科になると，ほとんど四足歩行を行っていたようだ．とはいえ，ハドロサウルス科も，速く走るときには二足歩行をとった可能性がある．

鳥脚類は高度な咀嚼能力を備えていた．歯列が頭骨の側面に対して内側深くに配置していたことから，頬をもっていたことが示唆されている．また，咀嚼を行う植物食動物に共通した特徴として，顎が三つの領域に分けられていた．鳥脚類の場合は，先端部のクチバシ，歯隙，そして食物をすりつぶすために密に寄り集まった頬歯の三つの領域である．そしてすべての鳥脚類に大きく発達した鉤状突起があり，顎を閉じる強力な筋がそこについていたことを示している．ハドロサウルス科は，プレウロキネシス（側方への可動性）をもつ頭骨やデンタルバッテリーを備えることで，咀嚼能力をさらに高いレベルへとひき上げた．糞石や胃内容物の化石から，ハドロサウルス科は堅い繊維質の植物を食べていたことが明らかになっており，歯を使っての咀嚼が彼らの生活の命綱だったことがわかる．

鳥脚類は社会性を発達させた動物たちであり，ハドロサウルス科では特にそれが顕著であった．多くの鳥脚類が単一種から構成されるボーンベッドから見つかることがこれを支持している．また，多くの鳥脚類が，非常に複雑で目立った性的二型の特徴を頭部にもっていたことから，鳥脚類の生活は強い性選択の圧を受けていたことがうかがえる．少なくともハドロサウルス科では，さまざまな鳴き声によってコミュニケーションを交わしていたことだろう．

マイアサウラ（*Maiasaura*）という恐竜の発見によって，“鴨嘴竜（duck-billed dinosaur）”式の子育て方法が明らかになってきた．ハドロサウルス科では，巣の中のふ化したての仔から成体まで，成長段階の完全な過程が明らかになっており，彼らが急速に成長を遂げたということを示す証拠が得られている．営巣していたということは彼らの社会性を示しており，晩成性の仔を親が世話していたことが明らかとなっている．“鴨嘴竜”，すなわち，ハドロサウルス科は*K*戦略をとっていた．興味深いのは，オロドロメウス（*Orodromeus*）のような原始的な鳥脚類，もしくは鳥脚類よりもさらに原始的な鳥盤類の仔は早成性であり，*r*戦略をとっていたことである．

鳥脚類の進化は，咀嚼機能の特殊化が進んでいったことによって特徴づけられる．大型の鳥脚類のなかでも，高度に進化したハドロサウルス科が，それ以外のイグアノドン類の生態的地位を奪い，これに取って代わっていったといえる．

参考文献

Boyd, C. 2015. The systematic relationships and biogeographic history of ornithischian dinosaurs. *PeerJ*, 3, e1523. doi: 10.7717/peerj.1523

Butler, R. J. and Barrett, P. M. 2012. Ornithopods. In Brett-Surman, M. K., Holtz, T. R.Jr., and Farlow, J. O. (eds.) *The Complete Dinosaur*, 2nd edn. Indiana University Press, Bloomington, IN, pp.551–556.

Eberth, D. A. and Evans, D. C. (eds.) 2014. *Hadrosaurs*. Indiana University Press, Bloomington, IN, 619p.

Hopson, J. A. 1975. The evolution of cranial display structures in hadrosaurian dinosaurs. *Paleobiology*, 1, 21–43.

Horner, J. R. 1984. The nesting behavior of dinosaurs. *Scientific American*, **250**, 130–137.

Horner, J. R., Weishampel, D. B., and Forster, C. A. 2004. Hadrosauridae. In Weishampel, D. B., Dodson, P., and Osmólska, H. (eds.) *The Dinosauria*, 2nd edn. University of California Press, Berkeley, pp.438–463.

Norman, D. B. 2004. Basal Iguanodontia. In Weishampel, D. B., Dodson, P., and Osmólska, H. (eds.) *The Dinosauria*, 2nd edn. University of California Press, Berkeley, pp.413–437.

Norman, D. B., Sues, H.-D., Coria, R. A., and Witmer, L. M. 2004. Basal Ornithopoda. In Weishampel, D. B., Dodson, P., and Osmólska, H. (eds.) *The Dinosauria*, 2nd edn. University of California Press, Berkeley, pp.393–412.

Ostrom, J. H. 1961. Cranial morphology of the hadrosaurian dinosaurs of North America. *Bulletin of the American Museum of Natural History*, **122**, 33–186.

Varricchio, D. J., Martin, J. A., and Katsura, Y. 2006. First trace and body fossil evidence of a burrowing, denning dinosaur. *Proceedings of the Royal Society Series B*, **274**, 1361–1368.

Weishampel, D. B. 1984. The evolution of jaw mechanisms in ornithopod dinosaurs. *Advances in Anatomy, Embryology and Cell Biology*, **87**, 1–110.

Weishampel, D. B. 1997. Dinosaurian cacophony. *BioScience*, **47**, 150–159.

PART

IV 体温調節，古生物地理，大量絶滅

古生物学者ではない一般の人々は，古生物学とは荒野で化石を集め，これを科学的に研究し，（私たちにとって）新しい，予想だにしなかった奇妙な生き物に学名をつける作業だと思っている人が多いだろう．そして，現役の古生物学者なら，これが古生物学の醍醐味の一つだということを否定しないだろう．

これらの作業は古生物学にとってとても大事だということは重々承知してもらったうえで，これは，古生物学という知的世界の魅力のほんの一部にすぎないということは知っておいてもらいたい．それは，ティラノサウルス（*Tyrannosaurus*）がトリケラトプス（*Triceratops*）を食べていたとか，オルニトミムス科（Ornithomimidae（オルニトミミダエ））の恐竜が時速約 50 km で走ることができたとか，そういう細かな発見のことを述べているのではない．古生物学が真価を発揮するのは，全体像，つまり総合的な領域でのことなのだ．古生物学とは，地球全体規模についての科学的な問いを考えることともつながっている．たとえば，地球上の生態系全体が地球史を通じてどのように進化してきたか，進化には何らかの方向性があるのか…具体的には，生物がより知能を高くする方向に向かって進化する傾向があるのか，時間の経過とともに生命は多様性を増していく傾向にあるのか…などといった問いがこれにあたる．長い時間軸をとらえる古生物学の視点によって，普通の人が認識することが難しいような時間スケールで，生命史の大きな変動をとらえ，これを調査することができるようになる．

特に，現在のように劇的な気候変動が地球規模で生物の絶滅をひき起こしている状況で，古生物学者は次のような質問を投げかけられることが多い―“私たちは今，大量絶滅の真っただ中にいるのだろうか”，“次にどんなことが起こるか”，“大量絶滅に生き残りやすい生物と，そうでない生物がいるのか”，“ある生態系が他の生態系よりも大量絶滅に強いということがあるのだろうか”，“大量絶滅後に生物多様性が元の世界の水準まで**回復**（recovery）するにはどれぐらいの時間がかかるのか”．私たちは，人類が特別な存在であり，特別な時代を生きていると思いがちだ．しかし，地球の歴史は（産業化時代を除けば）有史前にあらゆることを経験してきており，その記録が地層の中に残されているのだ．地質学者の M. Bjornerud は，自身の著書『*Reading the Rocks*（地層を読む）』に“*An Autobiography of the Earth*（地球の自叙伝）”という副題をつけたが，まさにそのとおりだといえる．地層に記録されたことを読み解いていくことで，地球規模の気候変動が過去に幾度も起こっていたことがわかる．また，このような環境の劇的な変化に対して，地球上の生物がどのように対応してきたかについても，読み取れることがあるのだ．

実のところ，人類は地球史上まれにみる寒冷な時代に登場し，繁栄してきた．かつての地球はもっと温暖なことが多かった．では，温暖化とは，地球の通常状態に戻るということにほかならないのではないか…という考え方もできる．古生物学とは，地球史の幅広い領域を網羅する学問分野であり，こうしたタイムリーな疑問に対して，何らかの考察をすることができる特異な学問である．

そこでこのⅣ部では，過去を探る研究を知り，そこから自然と沸き起こる，もっと大きく包括的な問いを考えるための第一歩を踏み出すこととしよう．

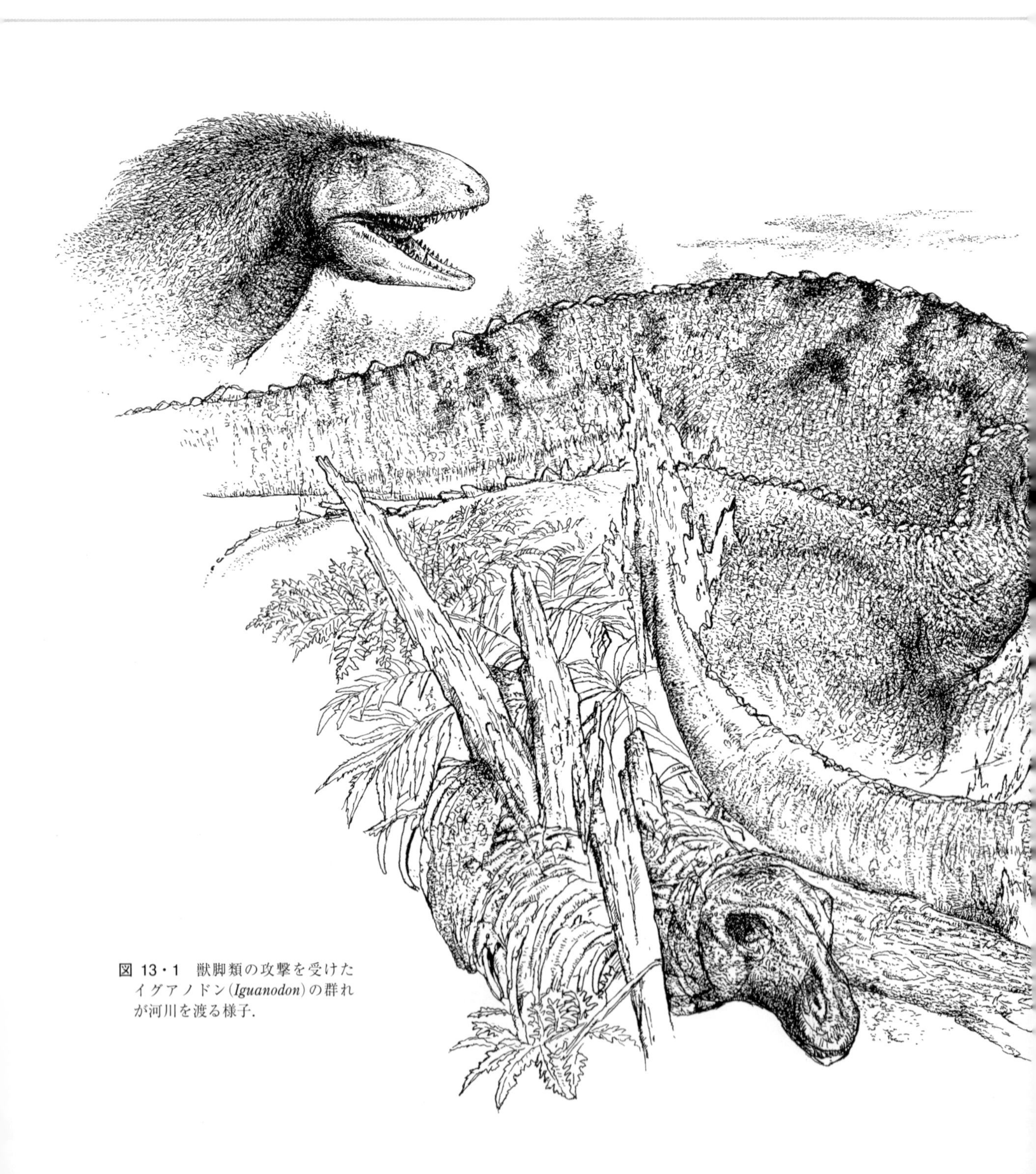

図 13・1　獣脚類の攻撃を受けたイグアノドン(*Iguanodon*)の群れが河川を渡る様子.

Chapter

13 恐竜の生物学的側面 I

What's in this chapter

さて，本章では，数千万年間もの時の流れを隔てた恐竜という存在について，彼らが実際に息をし，闘争し，恋に落ち，殺し，怪我を負わせ負わされ，食べ，ウンチをするような，生きた動物だったということを実感してもらおう．ただの集められた化石の山としてではなく，生きものだということを感じてほしい．

13・1 生物学的古生物学

1960年代後半，古脊椎動物学者たちは，彼らが研究している化石がたとえ地層中から発見された岩石であるとしても，彼らが本当に知りたいことは，その化石生物の生物学的側面なのだということを認識するようになった．すなわち，その絶滅生物が生きていたときはどんな生物だったのか，どんな行動や生態だったのか，そして，体をどのように機能させてどのような行動をしていたのかといった，生物そのものとしての姿のことである．こうした新しい化石の捉え方の気づきは新しい考え方を生み出し，その新しい考え方に基づく研究は新たな学問領域に発展していった．これが，過去に棲息していた生物の生物学的側面を研究する分野－**生物学的古生物学**（paleobiology，パレオバイロジー）である．私たちは，化石をとおして，"非鳥類恐竜"のことを生物としてどれだけのことがわかるのだろうか．今では，かつては絵空事だと考えられてきたこと以上のことが明らかになってきている．しかし，それでも，私たちが知りたいと願う全体像と比べたら，ずっとわずかなのだ．

13・2 恐竜の外呼吸

竜脚形類や獣脚類を含むグループである竜盤類の章（6章～9章）で，含気骨と側腹腔は気嚢のために適応した構造だと紹介したことを思い出してもらいたい．ここまで気嚢と私たちのよく知る肺との関係については詳しく触れてこなかった．では，これらの構造が全体としてどう機能しているかについて，もう少し掘り下げていってみよう．

息していたい

私たち哺乳類は，肺を"ふいご"のようにして，肺の外から中へ（吸気），そして中から外へ（呼気）と，空気の**双方向流**（bidirectional）の流れをつくり，外呼吸を行う．酸素（O_2）は，肺に到達した空気の中から取込むことができる．ただし，一部の空気は肺に到達できず，構造上どうしても**気管**（trachea）内にできるデッドスペース（死腔）にとどまったままとなってしまう．こうした空気は外呼吸には使われない．ここにとどまる空気は，肺での酸素と二酸化炭素（CO_2）の交換には寄与せず，呼吸器系に吸気として入り，呼気としてただ出ていくだけだ．キリンのように長い首をもつ動物の場合，気管内のデッドスペースで無駄になる空気の量も多くなる．ならば，より巨大な竜脚類であれば，その無駄な空気の量はいかほどになっただろうか？

ところが実は，鳥や獣脚類，竜脚類は，特殊な機構によって**一方向流**（unidirectional）の空気の流れをつくることが知られている．鳥では，吸気の際，取込まれた空気は途中で二手に分かれ，それぞれ後位気嚢と肺へと送られる．このとき，肺へ向かった空気は，肺を通過する際に酸素が外呼吸によって血液に取込まれることで失われ，そのまま前位気嚢へと引込まれていく．呼気の際には，後位気嚢の中にとどまっていた空気が肺を通過して外呼吸に使われ，同時に，すでに酸素を失った前位気嚢の中の空気が押し出されていき，そのままともに体外へと排出されていく．このように，"一方向流"の外呼吸システムという名称は，肺を通過する空気が常に同じ方向へと流れていくことにちなんでいる．さらに特筆すべきことに，空気が同じ方向へと流れていくとき，肺の中では，血液が空気と逆方向に流れるように毛細血管が分布する．これは，"向流交換（countercurrent

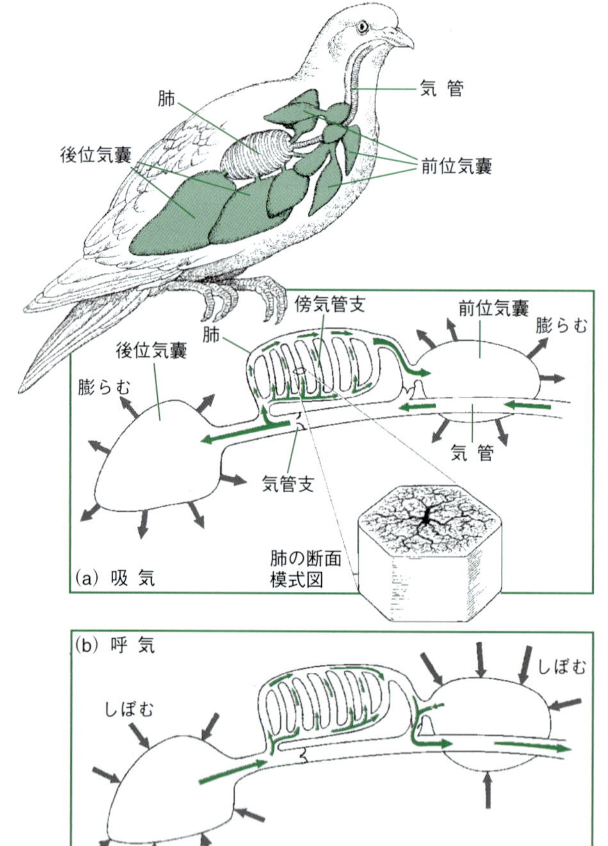

図 13・2 一方向流の外呼吸システムを説明した模式図．(a) 吸気の際は空気が気管を通り，拡張した後位気嚢に一度ためられる（簡略化のため，後位気嚢を一つの袋として描いている），このとき，空気は肺にも流れ，酸素が取除かれたのち，二酸化炭素に富んだ空気が拡張した前位気嚢にたまっていく（前位気嚢も簡略化のため一つの袋として描かれている）．(b) 呼気の際は，後位気嚢から肺を通過して二酸化炭素に富んだ空気と，前位気嚢にためられていた二酸化炭素に富んだ空気がともに，気管を通って体の外へ吐き出される．

exchange)”とよばれ，最も効率的にガス交換（すなわち，脱酸素状態の血液に酸素が取込まれる）ができる方法であることが判明している．向流交換のような外呼吸システムは，鳥類以外の動物にはみられないものだ．そして，鳥類の外呼吸様式は，哺乳類の肺で行われる“ふいご”式の双方向流外呼吸システムと比べて，空気中からより多くの酸素を抽出することができるのだ（図 13・2）．こんな呼吸器系を欲しいと思わないか，アスリート諸君？

一方向流の換気をもつような動物は，最大限に酸素の消費効率を高める必要があるということであり，非常に活動的であることが想定される．鳥と同じ，一方向流の換気システムをもつ現生動物はワニだけである．しかし，ワニには発達した気嚢もなければ，側腔も，含気孔もない．それに対して，鳥には，肺のおよそ 9 倍の容積にもなる，高度に特殊化した複雑な気嚢があり，側腔や含気骨もある．気嚢そのものは，空気中の酸素を取込む機能をもたない．しかし，気嚢をもつことで一方向流の空気の流れがつくり出される．これらの適応はすべて，鳥が酸素を消費する効率を最大限にするためのものだ．

気嚢や側腔をもつことで，骨には明瞭な痕跡が残される．つまり，ほとんどの獣脚類や竜脚類が一方向流の外呼吸様式をもち，程度の差こそあれ，それと関連した複雑な適応をしていたことは確かだろう．一方向流の外呼吸様式は，現生の鳥がいかに特殊であるかを示す特徴の一つだ．しかし，その特徴は，鳥と“非鳥類獣脚類”に共通してみられるものであり，両者が進化的に深いつながりをもつことをさらに強調するものでもある．

13・3 恐竜の知能

恐竜の知能をはかることはできるのだろうか．現生の動物においても，“知能”というものを簡単に定義できるものではない．知能とは，問題を解決する能力，行動の柔軟性，感受性，あるいは，抽象的な思考や自意識をひっくるめたものと捉えられるかもしれない．もしそのようなものが生前にあったとしても，絶滅した動物でそれを知ることなどできはしない．

しかし，非常にざっくりとではあるが，知能は体サイズに対する脳サイズの割合（脳サイズ：体サイズ比）と相関することは明らかである．“脳サイズ：体サイズ比”は，たとえば理論上，チワワとセントバーナードのような，体サイズの異なる動物での比較に用いることができる．知能がこの比と相関するということは，この比が大きければ大きいほど，その生物は一般的に，前述の資質のいずれかを備えている可能性が高いということになる．事実，より高い知能をもつと考えられている哺乳類の“脳サイズ：体サイズ比”は，魚のそれよりも大きい値を示す．では，たとえば，図 10・9 や Box 11・1 の例で示したような極小の脳をもつ巨大な恐竜は，どれほど賢かったのだろうか．おそらく，私たちが想像するよりも少しは賢かっただろう．

体サイズが大きくなるとともに，生物が体のプロポーションを変えていくことはよく知られており，このことを**アロメトリー**（allometry，相対成長）*1 という．“脳サイズ：体サイズ比”にもアロメトリーの法則が成り立つことが知られており，体の他の部位のサイズが大きくなるのと同じ比率で脳サイズが大きくなるわけではない．たとえば，全長 0.5 m のガラガラヘビにおける体サイズに対する脳サイズは，全長 3 m に達するアナコンダのそれと比べて大きい．これは，アナコンダの方がガラガラヘビよりも圧倒的に知能が低いということなのだろうか．そうではあるまい．

したがって，動物の脳が大きいか小さいかを比較しようとする場合，サイズの違いによる影響を補正する方法が必要となってくる．そのための定量的な方法は，進化心理学者の H. J. Jerison が 1970 年代初頭に初めて提唱したもので，**脳化指数**（encephalization quotient：**EQ**）とよばれる指標を考察した．Jerison は“爬虫類”や哺乳類，鳥類など，現生のさまざまな脊椎動物から数多くの“脳サイズ：体サイズ比”を計測し，体サイズに対する脳サイズの全体の回帰直線から，“脳サイズ：体サイズ比”の期待値を求めた．広範囲の“脳サイズ：体サイズ比”を調べ上げたことで，Jerison は動物間のサイズの違いを考慮に入れることができるようになった．そして，一見，非常に大きい脳をもっていたり，非常に小さい脳をもっているようにみえる動物の“脳サイズ：体サイズ比”の比較にも対応できるようになった．個々の動物ごとに，“脳サイズ：体サイズ比”は母集団全体の回帰直線よりも大きかったり，小さかったりする．Jerison は，動物種ごとに回帰直線からの偏差から，回帰直線上にある“脳サイズ：体サイズ比”の期待値に対する実際の“脳サイズ”の割合を見積もり，これを脳化指数（EQ）と定義した．

現生の脊椎動物の EQ 値がどのような範囲を示すかがわかったことを受けて，古生物学者の J. A. Hopson は，現生の脊椎動物の“脳サイズ：体サイズ比”の計測から得られた回帰直線上の期待値に対する絶滅した脊椎動物の“脳サイズ：体サイズ比”の偏差から，絶滅動物の EQ 値を見積もっ

*1 アロメトリーをわかりやすく理解するため，アリを例に考えてみよう．アリの歩脚，腹部，胸部，複眼を含む，特徴的な体全体を思い描いてみよう．この体形は，アリの体サイズだからこそ，うまく機能する．しかし，もしアリが，竜脚類と見つめ合えるほどの大きさにまで大きくなったらどうだろう．そうなると，アリは小さいときの体形を維持したままでは，体はほとんど機能しなくなってしまうだろう．巨大な竜脚類サイズのアリが体を動かそうとするなら，その体形を劇的に変えなければならないのだ．

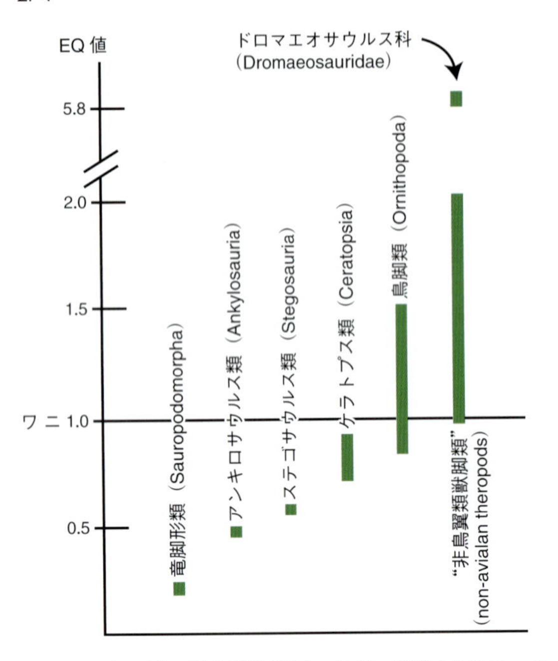

図 13・3　“恐竜”の脳化指数(EQ)の比較．数値 1.0 はワニの EQ の基準値を示す．この図から，“非鳥翼類獣脚類”や鳥脚類の多くが，現生の“爬虫類”，すなわちワニの基準値よりも相対的に大きな脳をもっていたことがわかる．EQ 値の 2.0 と 5.8 の間に数値のギャップがあることに注目せよ．このギャップからわかることは，ドロマエオサウルス科を含むデイノニコサウルス類(Deinonychosauria)は知能の点において他の“恐竜”とは一線を画すということだ．［データ：Hopson, J. A. (1980)による］

た．図 13・3 に Hopson が恐竜の主要なグループで見積もった EQ 値を示す．恐竜は“爬虫類”であると Hopson は認識していたため，恐竜の EQ 値は，現生の“爬虫類”であるワニの“脳サイズ：体サイズ比”の回帰直線に対する偏差から求められている．その結果，多くの鳥脚類や“非鳥翼類獣脚類”の“脳サイズ：体サイズ比”は，現生の“爬虫類”の知能の水準よりも有意に高い値を示した．これが示すことは，これらの恐竜は，ワニの水準と比べると，ずっと賢かったということだ．

13・4 恐竜の骨

古生物学者たちは，骨の外形だけではなく，内部構造からも，恐竜の成長や年齢，生理など，多くの情報を得られることに気づくようになった．化石骨には微細な解剖学的構造が詳細に残っていることがある．これらを観察するには，骨を薄切りにし，それをスライドガラスに載せ，光が透過できるほどの薄さ（およそ 30 μm）になるまで研磨する．骨の薄片を載せたスライドを顕微鏡下で観察して研究が行われる．切断や研磨することで骨を破壊したくない場合は，CT スキャンなどで内部構造の情報を得ることもできる．どちらの手法でも，そこから素晴らしい情報が得られるのだ．

骨のハバース管　骨は硬くなって生体鉱物となった組織である．では，骨はどのように成長するのだろうか．その答えは，**再構築**（**リモデリング**，remodeling）による成長である．骨が成長する際には，最初に形成される**一次骨**（primary bone）とよばれる骨が再吸収（もしくは溶解）され，そこが**二次骨**（secondary bone）とよばれる構造で埋められていくというプロセスを経る．二次骨は，**ハバース管**（Haversian canal）とよばれる骨内を通る血管を充塡する形で沈着していく．そして，二次骨が形成されている間にも，二次骨は再吸収され，再び充塡されていくことを繰返す．これが，“再構築（リモデリング）”とよばれる骨の成長である．ハバース管を通る血液は，骨の再構築に使われる栄養分をもたらす．また，生きた骨細胞は，再構築中の骨の中に暗い斑点のように存在している．再構築された骨構造は特徴的（図 13・4）で，現生種だけでなく，化石種の骨でも確認することができる．

さて，ここで，現生の四肢動物での傾向について単純化しすぎている感もあるが，この骨の成長の過程の概要を理解するのに便利なので，そのまま説明させてもらおう．鳥と哺乳類は，性的成熟に達するまで成長するが，その後，成体として繁殖年齢でいる間はほとんど成長しない．性的成熟に至る時期まで成長し続け，その後の成長が途絶える

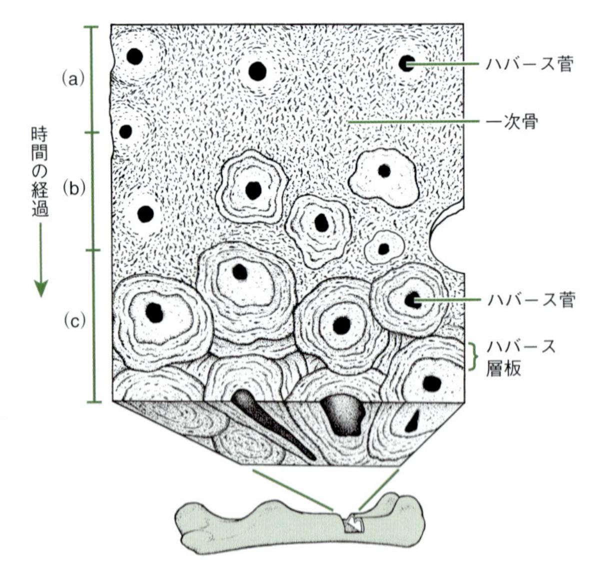

図 13・4　ハドロサウルス科(Hadrosauridae)の四肢骨で，一次骨がハバース管の陥入を受け，ハバース層板に置換されていく様子．(a)から(c)に向かって，時間の経過を表す．まず，(a) 一次骨の内部に骨の長軸方向に伸びる血管（ハバース管）が通り，(b) ハバース管に沿って骨の溶解・再吸収が起こり，(c) その穴を充塡するように，ハバース層板が形成される．

ことから，このような成長様式を，**有限成長**（determinate growth）とよぶ．したがって，このような成長をする生物の体サイズは，ある程度予測することができる．一方，ヘビやトカゲ，ワニ，カメなどの多くの“爬虫類”，そしてサンショウウオやカエルなどの“両生類”は，生涯を通じて成長し続け，成長が止まるのは個体が死んだときである．最終的にどのような体サイズになるかが決まっていないため，このような成長様式を，**無限成長**（indeterminate growth）とよぶ．

鳥や哺乳類は，幼若期を経て，一般に繁殖の開始，あるいはその前後の時期まで成長し，その後成長が止まるため，動物の成長期は生涯の前半に凝縮されている．これが意味することは，鳥や哺乳類では，成長速度が非常に速い傾向にあるということだ．成長速度が速いということは，より高頻度での再構築（リモデリング）が骨の内部で起こっているということである．すなわち，鳥や哺乳類では，“爬虫類”や“両生類”と比べて，骨内のハバース管がより高密度に分布しているということである．

一般的なことを付け加えるなら，概して，成長速度が速いほどハバース管の密度が高くなるのは，骨の再構築（リモデリング）に必要なエネルギーや細胞活動の大きさを反映している．つまり，鳥や哺乳類では，若齢で骨内にハバース管が高密度に分布するのに対し，“爬虫類”や“両生類”では，ハバース管が骨内に数多く通って再構築（リモデリング）が起こるには高齢にならないといけないということである．さらに，鳥と哺乳類を比べると，鳥の骨の方が哺乳類の骨より高密度にハバース管が分布し，再構築（リモデリング）が起こっている．これは，鳥の方が哺乳類よりも成長速度が一般に速いことを意味する．絶滅した脊椎動物のなかでは，骨に残るハバース管が恐竜類（Dinosauria）や翼竜類（Pterosauria），中生代や新生代の哺乳類を含むグループの**獣弓類**（Therapsida）で発見されている．

“恐竜”は有限成長をする．さらに言うと，再構築のためのハバース管が高密度に分布した骨（図13・5）をもっており，“恐竜”の成長速度が現代型の鳥と比肩するものだったことを示している．この“恐竜”の非常に速い成長速度は，“恐竜”が“温血性（もしくは，内温性）”だったことと関連しており，そのことについては14章で説明する．

では，もし“恐竜”の成長速度がわかるとしたら，“恐竜”の年齢査定ができるだろうか．実は，化石で見つかった“恐竜”の個体年齢は“成長停止線（LAG）”とよばれる構造から知ることができるのだ．

成長停止線（LAG）　恐竜の骨や歯の中には同心円状の成長輪がみられる．成長輪の形成は成長が遅くなった期間を反映する．たとえば，数年間にわたる長期の干ばつや寒波などに遭うと，成長輪が刻まれる．現生の四肢動物では，こうした成長輪は季節変化を反映することが多い．たとえ

(a)

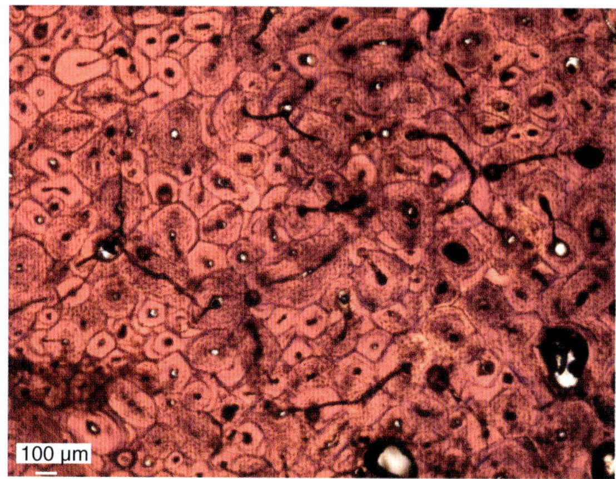

(b)

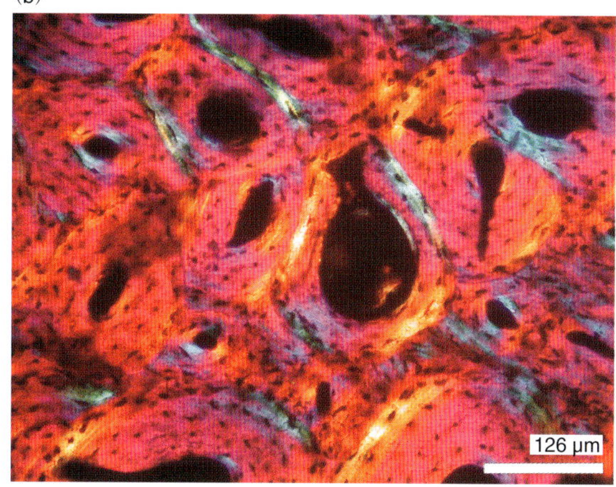

図 13・5　ハバース管が密集した(a)ティラノサウルス(*Tyrannosaurus*)の骨の断面，および，(b)アーケオルニトミムス(*Archaeornithomimus*)の骨の断面の拡大図．[A. Chinsamy-Turan, University of Capetown 提供]

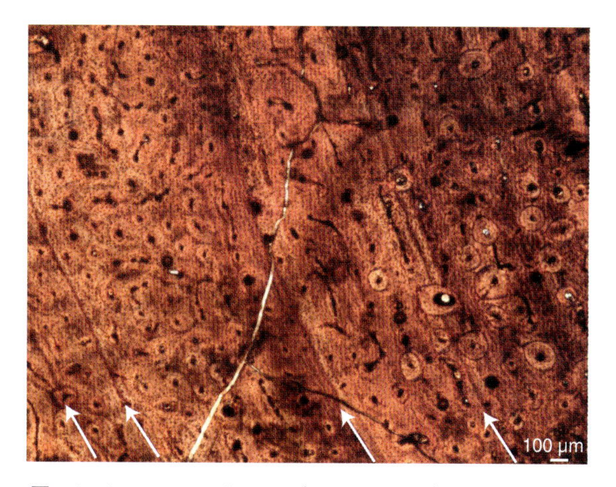

図 13・6　ティラノサウルス(*Tyrannosaurus*)の腓骨に刻まれた成長停止線(LAG)．矢印で示したものがLAGである．[A. Chinsamy-Turan, University of Capetown 提供]

ば熱帯域の乾季やより温帯の緯度地域の寒季のように，代謝が活発ではなくなる時期には成長が止まる．そのような時期に形成される縞模様が**成長停止線**（lines of arrested growth：**LAG**）とよばれるのである（図 13・6）．

成長停止線から成長を読取る　しかし，成長停止線ははたして本当に季節変化を捉えているのだろうか．今まで得られている証拠からは，成長停止線と季節変化が強く関係していることが示されている．もちろん，成長輪が形成された日付を定量的に記録する術はないため（2 章），上述の証拠はあくまで状況証拠である．ただし，状況証拠はさまざまな研究試料から得られており，かつこれらからは一貫して，成長停止線の形成が季節の変動周期と対応することが支持されている．たとえば，年輪と思しき縞模様は，恐竜類と近縁だろうがそうでなかろうが，さまざまな分類群でみられる．さらに，骨の中で，ある成長輪から次の成長輪までの間隔（厚み）を測り，その変化を内側から外側まで追跡していくと，これが年間の季節変動と対応しているようだ．そして最後に，成長輪の間隔は骨の外側に向かって徐々に小さくなっていくが，これは動物が年老いていくにつれ成長速度が遅くなっていくことと対応する．実際これまでに，成長停止線は年ごとの成長量以外の要素と対応づけられたことがないのである．

つまり，成長停止線の間隔が年ごとの成長量であるという前提に基づくならば，恐竜がどれくらいの成長速度をもっていたか，あるいは，彼らがどれだけの寿命をもっていたかなど，恐竜の古生態についてこれまで謎だった部分に一気に踏み込むことができるのである．

恐竜の年齢推定　それでは，どうすれば恐竜の年齢がわかるのだろうか．古生物学者の A. de Ricqlès，J. Horner，K. Padian の共同研究でその手法が紹介されている．

(1) 成長停止線が年毎に刻まれるならば，その本数はおそらくその恐竜の化石標本が死亡した年齢と対応するため，その本数を数えると年齢が推定できる．一般に，四肢骨などの長骨には成長停止線が明瞭に残ることが多いため，化石標本の齢査定の研究にはこれらの骨が使われる*2．
(2) 成長停止線から次の成長停止線までの骨の厚みは，その期間（1 年間）に沈着した骨組織の量に対応する．これを年間の日数で割ると，1 日当たりの骨の成長量，すなわち，成長速度を見積もることができる．
(3) 骨の全体の厚みを計測し，その厚みに成長するまでにどれだけの年数がかかったかを見積もる．

こうした段階を踏むことで，その化石標本の個体年齢を知ることができるということだ．

成長曲線　年齢の異なる十分な数の標本が揃えば，その種における**成長曲線**（growth trajectory）を描くことができる．これは，ある個体の生涯を通じた成長パターンのことである．身近な例をあげると，ヒトの成長曲線は直線的（一定の成長速度）ではない．まず生後，急速に成長してから，性的成熟に至るまで徐々に成長速度が落ちていき，性的成熟後は劇的に成長速度が落ちる．ヒトはほとんどの場合，人生の 4 分の 1 の期間を過ぎると成長が止まる．一方，たとえばワニなど，多くの動物では生涯を通じて成長し続ける無限成長をする（ただし，成長速度は幼体のときで最も高い；図 13・7）．

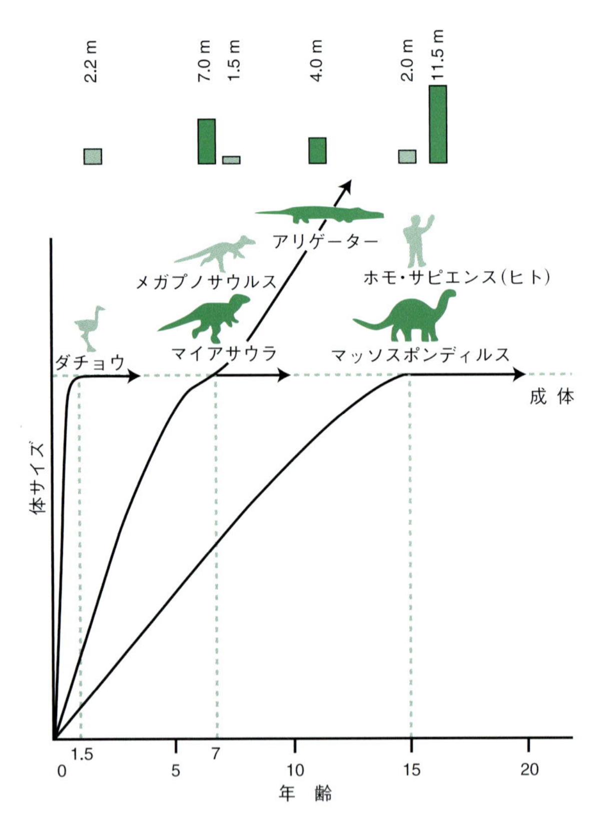

図 13・7　骨から見積もられた恐竜の成長速度を，ダチョウ（*Struthio*），アリゲーター（*Alligator*），およびヒト（*Homo sapiens*）と比較する．哺乳類や鳥，恐竜は有限成長をするため，性的成熟に達すると，成長速度が著しく低くなる．しかし，無限成長をするアリゲーターは，6〜8 歳で性的成熟に達した後も"成体の体サイズ"が大きくなり続ける．上段には，成体の体サイズを全長，ないし，体高，身長で示してある．

*2　骨は成長とともに，骨幹部を占める緻密骨（皮質骨）が太くなっていくため，依然として，成長停止線の数を数えることは簡単ではない．緻密骨が太くなるにつれ，再構築と骨破壊が起こり，中心部に形成されていた初期の古い成長停止線（LAG）が消滅していく．したがって，これを念頭に置いて成長停止線の総数を推定しなくてはならない．通常は，1 個体内の複数の骨で成長停止線を数えることで，特定の骨で緻密骨が太くなるにつれて初期の成長停止線がかき消されていたとしても，個体の成長停止線の総本数を大まかに知ることができる．

では恐竜ではどうだろうか．恐竜の成長様式を調べるには，二つの方法がある．まず一つは，長骨（四肢骨や肋骨など，細長い骨のことで，成長の研究では大腿骨や脛骨（けいこつ）が用いられる場合が多い）の長さを計測し，それを成長段階の指標とする方法である．もう一つの方法は，動物の体サイズを体重(質量)で見積もり（下記参照），これを成長段階の指標とするものである．いずれの方法も，これまで紹介してきたように，一生の成長速度に顕著な変化があった場合に成長段階の推移を捉えることができる（図11・15，図11・27参照）．仮に，そのような変化がなかったとしても，その動物の成長曲線がどのようなものであるかを知ることができる．興味深いことに，成長曲線が変化する時期は恐竜の種ごとに顕著に異なる．ただし，成長様式が調べられたすべての恐竜で，いずれも基本的なS字曲線，すなわち，生後すぐにはやや遅い成長速度だったものが，急速に成長速度を加速させ，そして最後に，成熟する年齢に達すると成長速度が遅くなるという成長曲線を描いて成長していく．

さまざまな恐竜の成長曲線を図13・8に並べた．竜脚類のヤネンスキア（*Janenschia*；図13・8a），数種類のティラノサウルス科（Tyrannosauridae；図13・8b），鳥翼類のアーケオプテリクス（*Archaeopteryx*；図13・8c），原始的なケラトプス類のプシッタコサウルス（*Psittacosaurus*；図13・8d），そしてハドロサウルス科のマイアサウラ（*Maiasaura*；図13・8e）の成長曲線である．当たり前のことだが，これらの恐竜はすべてが同じ成長曲線を示しているわけではない．同じティラノサウルス科のなかでも，ゴルゴサウルス（*Gorgosaurus*）やアルバートサウルス（*Albertosaurus*），ダスプレトサウルス（*Daspletosaurus*）よりもはるかに大きいティラノサウルス（*Tyrannosaurus*）では，近縁種と比べてより急速で，さらに長く続く"成長のスパート"期間をもっていることがわかる．実際，ティラノサウルスはその成長の軌跡によって，生涯を通じて，文字どおり規格外の大きさにまで成長していく（図13・8b）．アーケオプテリクス（図13・8c）をもし"鳥"の一つと捉えるのであれば，これは非常に原始的で，これまで知られているなかでも最古の鳥翼類でもある．この動物で調べたところ，現生の鳥類学者にもなじみのない生理学的な発見が数多く得られた．というのも，アーケオプテリクスはどうやら，同じくらいの体サイズの獣脚類（テロポーダ）（Theropoda）であるマニラプトル類（マニラプトラ）（Maniraptora）と似たような成長速度ではあったものの，現代型の鳥と比べると成長速度が遅かったようだ．つまり，生理学的には，現代型の鳥と比べると非常に原始的ではあるものの，近縁な獣脚類と比べると普通の成長速度だったといえるだろう．マイアサウラは，平均して毎年500 kgほど成長していったと考えらえており（図13・8e），ふ化直後に数kg程度の体重(質量)だったものが，5年ほどで2500 kgほどの体重(質量)の成体になると見積もられている．これを化石の観点からみるとどうなるかを示したのが図13・9だ．ティラノサウルス・レックス（*Tyrannosaurus rex*）が急成長を遂げるとき，10年間にわたって毎日2.3 kgも体重が増量したことだろう．ティラノサウルスを別にしても，これらの恐竜の多くは，10〜15年のうちに成長を終えていたようだ．おそらく，性的成熟は最大の体重に達するよりも少し早くに訪れたことだろう．マイアサウラでは生後3年で，ティラノサウルスや竜脚類（サウロポーダ）（Sauropoda）では生後10年で性的成熟に達したと考えられる．例外的に，小型のアーケオプテリクスでは，2年で成長が止まったが，もし近縁な獣脚類と同様の成長パターンをみせていたのだとすれば，性的成熟はおそらくその少し前に訪れたことだろう．

一部の恐竜で年齢推定ができるようになったことで，ほかのこともみえてくるようになった．それは，これまでに見つかってきた標本の多くが，15〜20歳の若年個体だったという事実である．たとえば，830万ドルで落札されたことで有名なティラノサウルス標本の"スー"は，うら若き20歳であった．見つかっているティラノサウルス標本で最も歳をとっていた個体はおそらく30歳前後だったろうと考えられている．ティラノサウルス・レックスがいかに"暴君王"として君臨していたとしても，その生涯はお気楽かつ堂々としたものなどではなく，むしろ想像以上に厳しく，速く過ぎていくものだったということだ．

13・5　恐竜の体重(質量)推定

恐竜の体サイズの指標として身体の特定の部位の長さは測りやすいため，これが用いられることが多いのはすでに述べたとおりである．しかし，多くの研究で動物の体重(質量：body mass [kg])を体サイズの指標としていることに気づくだろう．しかし，体重の推定はややこしいにもかかわらず，なぜ研究者はその値にこだわるのだろうか．それは，質量を使うことが実用的だからである．体重こそが，あらゆる体サイズの指標を集約したものであり，複数存在する体サイズの指標を使わずに，たった一つの数値で体サイズを表現できるからである．これは言い換えると，体重がどんな計算にも使えるということを示している．ということで，ここで軟組織がとうに失われ，化石化してしまった動物の体重をどう正確に見積もっていくかについて考えていこう．

かつて，物事の本質がよく理解されていなかった時代は，恐竜の体重(質量)を推定することはむしろ簡単であった．これは，米国の古生物学者E. H. Colbertが1960年代初頭に行ったように，恐竜の縮小模型を作製し，水に沈めてかさ増しした分の容積をまず計測した（図13・10）．

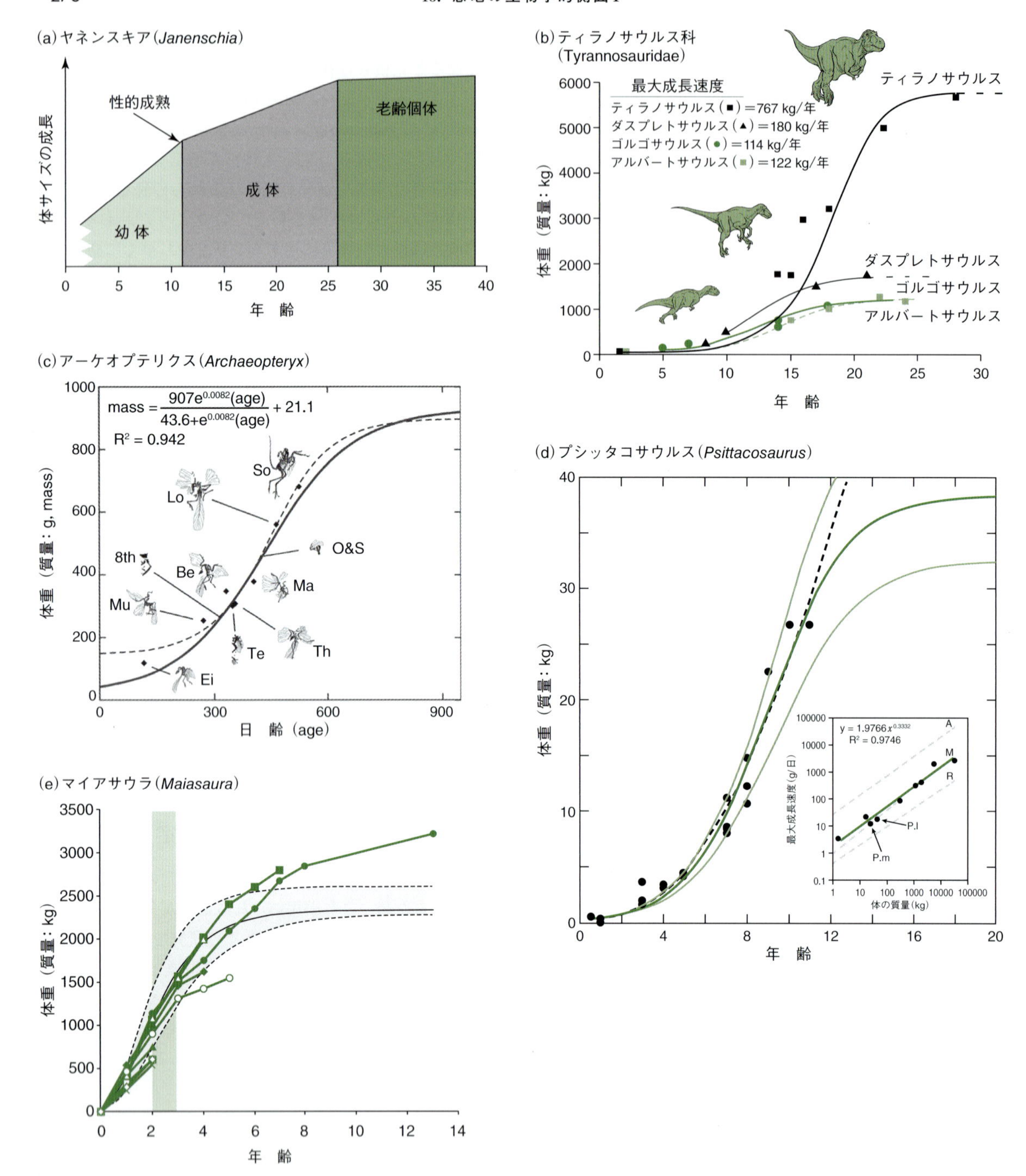

図 13・8 本文で詳述した，成長停止線(LAG)などの計測から見積もられた恐竜の成長曲線を示す．(a) 竜脚類のヤネンスキア(*Janenschia*)，(b) 後期白亜紀のティラノサウルス科(Tyrannosauridae)，(c) 鳥翼類のアーケオプテリクス(*Archaeopteryx*)，(d) 原始的なケラトプス類のプシッタコサウルス(*Psittacosaurus*)，(e) ハドロサウルス科のマイアサウラ(*Maiasaura*)．(a)～(d)の成長曲線はいずれも，幼体から成体までの一連の標本を基につくられ，点としてプロットされた各標本の座標からS字の成長曲線が描かれている．(e)の成長曲線は，各標本の脛骨から計測できるすべての成長停止線をプロットし，その周囲長から見積もった体重(質量)の推移を個体ごとに示している．[(a,b)Erickson, G. M. 2005. Assessing dinosaur growth patterns: a microscopic revolution. *Trends in Ecology and Evolution*, **20**, 667–684. (c)Erickson, G. M. *et al.* 2009. Was dinosaurian physiology inherited by birds? Reconciling slow growth rates in *Archaeopteryx*. *PLoS ONE*, **4** (10), e7390, doi:10.371/journal.pone.0007390. (d)Erickson, G. M. *et al.* 2009. A life table for *Psittacosaurus lujiatunensis*: initial insights into ornithischian population biology. *The Anatomical Record*, **292**, 1514–1521. (e)Woodward, H. N. *et al.* 2015. *Maiasaura*, a model organism for extinct vertebrate population biology: a large sample statistical assessment of growth dynamics and survivorship. *Paleobiology*, **41**, 503–527, doi:10.1017/pab.2015.19 より]

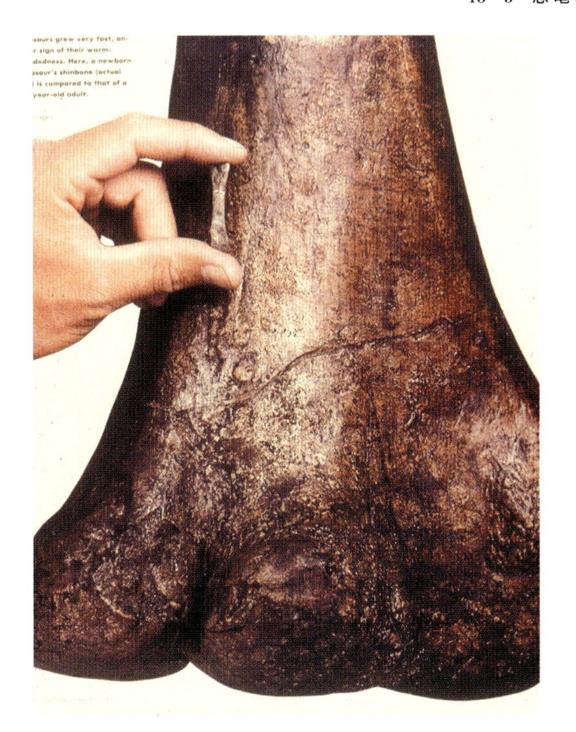

図 13・9　ハドロサウルス科のマイアサウラ（*Maiasaura*）の大腿骨で，ふ化直後の個体と成体を比較した写真．スケールにヒトの手を添えた．

かさ増しした水の容積は，そのあと恐竜の縮小模型の縮小率から元のサイズまで戻したときの容積を計算する．たとえば，もしこの縮小模型が元の恐竜のサイズの32分の1スケールで作られていたのなら，かさ増しした分の水を32の3乗倍した容積が，元の恐竜の容積となる．そしてさらに，四肢動物の密度（単位体積当たりの質量，すなわち比重）に応じた計算式によって体重が導かれる．

しかし，四肢動物の比重としてどの値を用いればよいのだろうか．Colbertは，ワニの幼体での研究を参考に，少なくともワニの幼体の体全体の比重は0.89になるとした．これは，水よりもやや低い密度である．一方，大型のトカゲであるドクトカゲ（*Heloderma*）の研究に基づくと，比重は0.81となる．哺乳類を広く見比べてみれば，クジラの体の密度とチーターの体の密度が異なること，さらにチーターの獲物となるガゼルの体の密度とも異なるということは想像に難くないだろう．要するに，すべての四肢動物に共通する体の密度など存在しないのだ．

恐竜の体重(質量)を見積もる別の方法を紹介しよう．仮に，大きな大腿骨しか見つかっていない動物の化石が目の前にあったとしよう．もしそうだとしても，そう悲観することはない．というのも，四肢骨の断面形状から体重を見積もることができるからである．四肢骨の断面形状と体重の関係は直感的に理解することができる．なぜなら，陸棲動物が大型化すればするほど，その体重に応じて，四肢の大きさはその断面積や周囲長が大きくなる必要があるのは明白だからだ．ここで問題となるのは，すべての四肢動物で，体重に対する四肢の断面積ないし周囲長が同じ割合で増加していくのかどうか，という点だ．もしそうなってくれるなら，一つの関係式がすべての動物に適用できるはずである．だが，そうは問屋が卸さないのが実情だ．

J. O. Farlowが指摘したように，体重(質量)は筋肉の質量によって大きく変わるが，筋肉の質量は動物の行動によって発達度合いが変わる．つまり，恐竜の体重は，どういう行動様式をしていたかにも左右されるのである．たとえば，クマの体重を骨から見積もろうとしたときに，シカの体の筋肉や消化管の質量の割合をそのまま適用するわけにはいかないだろう（図13・11）．

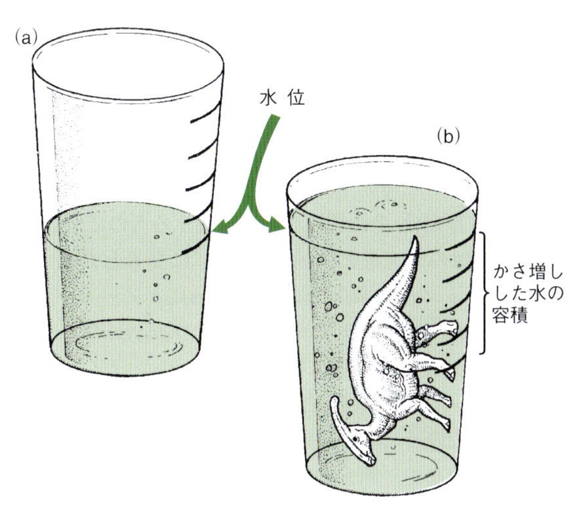

図 13・10　恐竜の縮小模型を水に沈め，かさ増しした水の容積を用いて恐竜の体重(質量)を見積もる方法．この容積から質量を換算する方法は本文を参照．

図 13・11　骨の断面を用いて恐竜の体重(質量)を見積もる方法．

実際問題として，たとえクマとシカの四肢骨の断面積や断面の周囲長が同じだったとしても，両種の体重（質量）はまったく異なるのである．同様に，体重が両種で同じだったとしても，骨の断面形状は異なってくる．さらにいえば，恐竜の筋肉とその質量に関する私たちの知識は完全ではない．したがって，四肢骨の断面形状から体重を推定する方法は，非常に便利で多くの研究者に利用されているものの，恐竜の体重の見積もりにおいて重大な間違いを犯す恐れが常につきまとっているのである．

では，CT スキャンの普及や，複雑な計算の解法が発達してきた昨今ではどうだろうか．リバプール大学の K. T. Bates らが示したように，これらの手法を使って恐竜の体重（質量）を見積もることは可能である．彼らはまず，レーザースキャンで取得した全身の骨格の形状をコンピューター上に取込み，軟組織を含む体全体の輪郭を復元してみた（図 13・12）．

こうした手法で使われるコンピューターモデルの優れている点は，実際にあったと思われる体の内部の構造まで考慮に入れることができる点にある．たとえば，気嚢は一部の“非鳥類恐竜”が間違いなくもっていた構造の一つとして，体の中のかなりの空間を占めていたはずで，その恐竜の比重は，骨格から想定される“典型的な四肢動物の比重”から大きくかけ離れたものとなっていたはずだ．ほかにも，コンピューターを駆使して，Bates らは骨格にどれだけの軟組織があったかの見積もりを効果的に計算した．生物学的な知見から，体の部位ごとに異なる密度を与えることができるようになったのだ．

Bates らは 2000 年代中頃から恐竜の体重（質量）の推定を開始した．最初は大型獣脚類 3 種と，オルニトミムス科（Ornithomimidae）1 種，そしてハドロサウルス科（Hadrosauridae）1 種の計 5 種が計算に用いられた．結果として，これらの恐竜の体重は顕著に異なる結果が得られ，Bates らは“体重の推定には非常に大きな不確実性が伴うことが強く示された”と述べた．それでも，“体重の最良の推定値”が求められている．大型獣脚類の 3 種ではそれぞれ 7655 kg，6071 kg，そして 6177 kg という値が得られ，オルニトミムス科は 423 kg，ハドロサウルス科は 813 kg と見積もられた．さて，検証が可能なものが科学とよばれる．では，このような計算の結果得られた質量の値に意味があるかどうかを，Bates らはどうやって判断したのだろうか．

彼らが行った検証方法は，これと同じ手法を現生のダチョウの骨格に対しても行ってみる，というものであった．もしこの手法が有効ならば，体重（質量）が既知である現生の鳥の骨格から，その体重を正しく推定できるはずである．検証の結果，ダチョウの骨格から推定された体重は実際の体重と非常に近いものとなった．つまり，この手法は体重の推定に有効だということである．

この研究手法の最も優れた点は，動物の体の中の質量分布を知ることができる，ということにつきる．研究に使われた恐竜では，いずれも重心が股関節よりやや前寄りで胴体の下の方に位置していた．これらの恐竜は，骨格のデザインから，いずれも脊柱を地面に対してほぼ水平に保っていたと推定されてきた（4 章）が，この研究から得られた重心位置の推定は，その仮説を強く支持するものであった．

Bates が他の研究者と共同で 2015 年に発表した論文では，ドレッドノータス（*Dreadnoughtus*）とアパトサウルス（*Apatosaurus*），ギラファティタン（*Giraffatitan*）の 3 種の巨大な竜脚類に焦点を当てた．彼らの研究によれば，ドレッドノータスは体重（質量）がおそらく 30 トン～40 トンに達しただろうという結論になり，彼らの見解として書かれるまでもなく，陸上動物としては異常なほど大きな値となっている．ただし，竜脚類の体重が 60 トン近くに達したのではないかと他の研究でなされた推測については，Bates らは，“解析結果からは，ドレッドノータスの体重

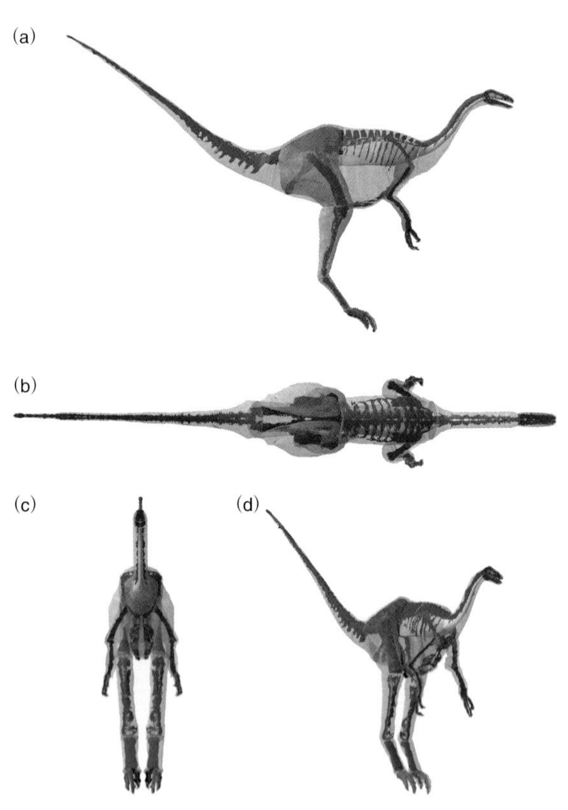

図 13・12 オルニトミムス科のストルティオミムス（*Struthiomimus*）で実践された，レーザースキャン技術で取得した骨格に軟組織の輪郭を復元したうえでの“最良の体重（質量）の推定法”．(a) 右外側面観，(b) 背側面観，(c) 頭側面観，(d) 斜方観．スケールは示していない．［Bates, K. T. *et al.* 2009. Estimating mass properties of dinosaurs using laser imaging and 3D computer modelling. *PLoS ONE*, 4 (2): e4532. doi:10.1371/journal.pone.0004532 より］

が40,000 kg（40トン）を超えるようにするには，体の密度を非常に高く設定しなければならないのに加え，骨格を覆う軟組織の体積を，現生の四足歩行性の哺乳類のものよりも数倍も肥大化させなければならないことが示されており，ドレッドノータスの体重に対する59,300 kg（59.3トン）という推定値は，きわめてありえそうにない”と述べている[*3]．

13・6 俊足か…あるいは鈍足か…

行跡（こうせき）（1章）は動物のロコモーション（移動運動）行動の直接的な証拠であり，ある動物の歩行や走行能力の有無を知る手掛かりとなる．また，解剖学的証拠から得られた復元の唯一の検証材料ともなる．たとえば，“左-右-左-右”と交互についた足印から，すべての恐竜が完全下方（直立）型の歩行姿勢をしていたことがわかる．さらに，行跡から動物の移動速度も計算することができるのだが，それはどのように求めているのだろうか．

これにはまず，ストライド長を計測する必要がある．ストライド長とは，地面の上に足が着いた場所から，同じ足が次に着く場所までの距離である．もし動物がゆっくり歩いていたならば，ストライド長は短くなる．一方，その動物が速く歩いたり，走ったりすると，ストライド長ははっきりと長くなる．これは，発車間際のバスに駆け込もうとしたことのある人ならば，誰でも直感的にわかるだろう．さてここで，あなたよりも小さい動物から追いかけられている状況を想像してほしい．この小さな動物は，速度を維持するため，体サイズに対して長いストライドをとって追いかけてこなければならない．つまり，歩行時や走行時のストライド長は，体サイズの影響を受けるということだ．そして，その影響の大きさは，動物の種類ごとに異なるのである．

では，ストライド長と体サイズ，そして移動速度はどのような関係にあるのだろうか．英国のバイオメカニクスの権威R. M. Alexanderは，**力学的相似性**（dynamic similarity）を考慮して，この問題を見事に解いてみせた．力学的相似性は変換係数の一つである．この考え方ではまず，すべての動物が同じ体サイズで，さらに同じ頻度で四肢を動かすと“仮定”する．このように体サイズと歩調を揃えることで，体サイズが大きかろうが小さかろうが，ヒトだろうが，イヌだろうが，恐竜だろうが，問題ではなくなる．なぜなら，これらの動物はすべて，“力学的相似性”を保って移動しているためである．ここで唯一異なるのは，移動速度だけだ．Alexanderはその補正された移動速度を“無次元速度”と定義した[*4]．この無次元速度は，相対的なストライド長に正比例する．当然ながら，ストライド長は行跡から計測することができる．つまり，無次元速度を導入することで，初めて恐竜の移動速度を計算することができるのである．

これがどういう原理なのかを説明するために，Alexanderが用いたオーストラリア・クイーンズランド州から見つかった後期白亜紀の大型獣脚類の行跡を例にしてみよう．この行跡の足印の長さは64 cmである．他の同じような体サイズの大型獣脚類を参考に，Alexanderはこの動物の後肢の長さをおよそ2.56 mと見積もった．この行跡のストライド長は3.31 mあったため，後肢長に対するストライド長の割合として計算される“相対的なストライド長”は1.3となる．相対的なストライド長が1.3の場合，無次元移動速度は0.4となる．そして，これらの計算式から，オーストラリアのこの獣脚類はだいたい秒速2.0 m，あるいは，時速7.2 kmの速さで移動していたと推定することができる．

この方法は非常に複雑そうに感じられるかもしれないが，行跡から実際の移動速度を見積もるのに最もよい方法である．ただし，これは行跡を残したときの速度を見積もったもので，その動物が出せる最高速度ではない．それでは，恐竜が出せる最高速度はどのように見積もればよいだろうか．1982年に，クイーンズランド大学のR. A. Thulbornは運動能力を計算する方法を考案した．Alexanderはその少し前に，足印のストライド長に基づいた移動速度の見積もりに関する研究と，現生動物の体サイズ，ストライド長，移動速度の関係に関する研究を発表したが，Thulbornの研究はこの研究のうえに成り立つものであった．Thulbornは，相対的なストライド長が歩容（たとえば，歩行，走行，トロット，ギャロップなどの歩行・走行パターン）に関わらず，移動速度と深く関係するとした．

具体的に書くと，以下のような関係式になる．

$$\text{移動速度} = 0.25 \times (\text{重力加速度})^{0.5} \times (\text{ストライド長の見積もり値})^{1.67} \times (\text{後肢長})^{-1.17}$$

Thulbornはこの関係式を用いて，60種以上の恐竜のさまざまな歩容の走行速度を見積もった．最初に見積もったのは，歩行から走行へ移行するときの速度（歩行/走行移行速度）であり，このときのストライド長は後肢長のおよ

---

*3 次の論文から引用：Bates, K. T., Falkingham, P. L., Macaulay, S., Brassey, C., and Maidment, S. C. R. 2015. Downsizing a giant: reevaluating *Dreadnoughtus* body mass. *Biology Letters*, 11, 2015. doi: 10.1098/rsbl.2015.0215. そのほかにBates, K. T., Manning, P. L., Hodgetts, D., and Sellers, W. I. 2009. Estimating mass properties of dinosaurs using laser imaging and 3D computer modeling. *PLoS ONE*, 4 (2), e4532.

*4 “無次元速度”は矛盾したよび方のようだが，この値は実際の移動速度から，後肢長と重力加速度の積の平方根で除して計算することができる．

そ2〜3倍となる．ただ，動物にとってより重要なのは，最高移動速度である．というのも，特に恐竜にとって捕食者から逃れて命を長らえたり，あるいは命をつなぐための食糧を追いかけて捕えることと関係するためである．Thulbornは恐竜の最高移動速度を，最大相対ストライド長（3.0〜4.0の範囲）と，歩調とよばれるストライドの単位時間当たりの頻度（3.0×後肢長$^{-0.63}$）を用いて求めた．

本書のさまざまな場面で恐竜の移動速度が登場するが，これはThulbornの算出した推定値に基づいたものである．一部の獣脚類や鳥脚類（Ornithopoda）のような小型の二足歩行の恐竜は，最高時速40 kmで走れたようだ．恐竜のなかでも俊足を誇る大型のオルニトミムス科は時速60 kmに達しただろう．しかし，大型の鳥脚類や獣脚類は通常，歩行もしくは低速でのトロットしかできず，平均すると最高移動速度は平均時速20 kmに満たなかっただろう．したがって，全力でギャロップ疾走するティラノサウルスの姿は映像としては魅力的だが，Thulbornや私たちの見解としては考えにくい復元である．映画のワンシーンのように，ティラノサウルス・レックスがジープを追いかけまわすようなことはなかったと思われる．

次に四足歩行恐竜ではどうだろうか．ステゴサウルス類（Stegosauria）やアンキロサウルス類（Ankylosauria）はのろまで，最高移動速度はせいぜい時速6〜8 km程度だったろう．竜脚類の最高移動速度は時速12〜17 kmだったようだ．では，ケラトプス類（Ceratopsia）はどうだっただろう．猛り狂ったサイのようにフルスロットルでギャロップ疾走できたのだろうか．Thulbornの見積もりによれば，ケラトプス類の最高移動速度は時速25 kmでのトロットだということだ．

これらの推定最高移動速度は，はたして何の問題もなく受け入れられているのだろうか．P. Dodsonは，この基準で見積もると，ヒトが（1991年時点では）いまだ到達していない時速37 kmの最高移動速度で走れることになってしまうと主張した[*5]．だとするなら，恐竜の最高移動速度を正しく見積もることができているのだろうか．

さきほど，コンピューターで体重(質量)を見積もった研究を紹介したが，今度は同様にコンピューターで移動速度を計算した研究を紹介しよう．脊椎動物学者のW. I. Sellersらはハドロサウルス科のエドモントサウルス（*Edmontosaurus*）について，解剖学的根拠に基づき，彼らが言うところの“力学的かつ生理学的にもっともらしい歩容”での複雑な運動モデルをコンピューター上でつくり上げた．彼らのつくったモデルで興味深い点は，このモデルにハドロサウルス科の解剖学的パラメータと歩容を適用すると，どのような行跡が形成されるかをシミュレートしてくれるというものである．つまり，実際に化石に残る行跡と比較できるというわけだ．彼らのモデルによれば，ピョンピョン跳ねるような動きだと秒速17 mと最も速く移動でき，ついで，秒速16 mと見積もられた四足でのギャロップ，そして秒速14 mでの二足での走行が最も遅くなるという．この結果は，これまで古生物学者が抱いてきた，ハドロサウルス科が速く移動したいときには二足歩行になるという印象を覆すものであった．こうした研究には，まだまだ掘り下げていく余地があるということは明白である．

13・7 恐竜の病理

化石の骨は何も語らない…ただの石だ…．そう思う人もいるのではなかろうか．しかし，恐竜の病理に関する数多くの研究がこれまでになされてきている．たとえば，致命傷には至らなかったが，骨折を含め，生前に負った怪我の研究や，図6・26に示したような，病原体の研究などがそうだ．こうした観点で捉えるなら，化石の骨は実に多くのことを語ってくれるのだ．

骨折や病変は，恐竜の化石に記録されているなかでは最も多く見つかる病理である．これらは闘争時に負う傷である場合が多い．たとえば，咬み痕などは，防御する側も攻撃する側も負うことがある傷だ（図6・25参照）．もし骨折した箇所の周囲で骨が形成されている痕跡が見られたなら，この骨折は致命的なものではなかったことを示している．最も多く見られる骨の損傷の要因は，闘争によるものだと考えられているが，まれに別のことが要因だと考えられる損傷もある．たとえば，鳥脚類のカンプトサウルス（*Camptosaurus*）の化石で腸骨が治癒した痕跡は，原因を辿れば，度を越えたな性行為によるものではないかとも考えられている．

生きているうちに骨折したことは，骨が治癒していることから判断できるが，骨折の痕跡は一般に，小型の恐竜よりも，大型の恐竜で多く見られる．これは，非常に巨大な動物には，致命的なダメージを負わせることが困難だということが一つの要因かもしれない．とにかく，骨折が治癒した痕跡が見つかっている恐竜化石は，大型のものに大きく偏っている．たとえば，アロサウルス（*Allosaurus*）やゴルゴサウルス（*Gorgosaurus*），アルバートサウルス（*Albertosaurus*），イグアノドン（*Iguanodon*），ティラノサウルス（*Tyrannosaurus*），ハドロサウルス科（Hadrosauridae），パキリノサウルス（*Pachyrhinosaurus*）などの化石がそうだ．

＊5　訳注：1991年時点での人類の最高速度は，Carl Lewisの時速36.51 km(100 m走9.86秒)だった．2024年時点ではUsain Boltの時速37.58 km(100 m走9.58秒)まで記録が伸びている．

骨折した箇所には，“カルス（callus）”とよばれる構造がよく見られる．“カルス”は，骨折箇所の周囲に形成される球根状の骨質の塊である．これは，骨折箇所を防護するだけではなく，補強の役割も担い，最終的には内温動物（“温血性”）の代謝(14章)をもつことを示唆する構造でもある，ハバース管が通ることで再構築されていく．

このほか，恐竜の骨で認められている病理は，関節炎や骨感染症（骨髄炎），椎骨の癒合，癌などがある．“スー”とよばれる見事なティラノサウルス標本（Box 1・1参照）は現在，シカゴのフィールド自然史博物館（Field Museum of Natural History）に展示されているが，この標本にも，賛否両論あるものの，痛風が確認されているといわれている．当然ながら，これらの病気の感染経路を特定することは難しい．大型や小型に関わらず，さまざまな恐竜で，同じ動きを繰返し行うことで起こる関節周囲の外傷はよく見られる(もちろん，外傷は関節周囲だけには限らないが)．恐竜として生まれたからこそ被ったであろう物理的な外傷はおそらく驚くほど多くの事例が知られている．しかしそれでもなお，まだまだ多くの病理が未発見のままで残されていることだろう．しかし，概して，怪我もなく健康体で生涯を終えることができた恐竜は少なかったようだ．

13・8 恐竜ゾンビ

ゾンビのように，恐竜を復活させることはできるのだろうか（復活させるにしても，ゾンビよりも社会的な存在としての復活が望ましいが…）．研究者たちは，とうの昔に死んだ，ガチガチに化石化してしまった“非鳥類恐竜”を蘇らせることはできるのだろうか[*6]．

絶滅動物を蘇らせるというアイディアは，Michael Crichtonの小説『ジュラシック・パーク（*Jurassic Park*）』（1990）で描かれた．この物語では，恐竜の血液が，樹液の化石（琥珀）に閉じ込められた蚊の中から，彼らが吸ったものとして抽出されたことになっている．恐竜の血液には，恐竜の血液細胞が含まれている．この血液細胞が培養された結果，Sam Neillが演じたAlan Grant博士がヴェロキラプトル（*Velociraptor*）と対峙する破目になったのはご存知のとおりだ．この小説が出版された当時，化石に保存された細胞から恐竜のクローンをつくることは，真面目な学界でもちょっとした話題になった．しかし，DNAは100万年かそこらで分解されてしまうことがわかった．また，琥珀が一度固まったあとからも異物が琥珀内に混入できることも指摘され，琥珀に閉じ込められた中身が恐竜時代のものかはっきりしないことになってきた．こうして，恐竜を蘇らせようという発想は下火になって，文字どおり埋もれていた．しかし1990年代後半にまったく別の形で，それこそゾンビのように掘り起こされ，復活することになった．

米国・ノースカロライナ州立大学の生物学科教授のMary H. Schweitzer（図16・17参照）は，モンタナ州立大学の博士課程に在籍中だった当時，きわめて保存状態のよいティラノサウルス・レックス（*Tyrannosaurus rex*）の骨の薄片で，血管溝の中にある，黒い粒が入った赤色の構造を観察した．化石に（骨のような硬組織ではなく）軟組

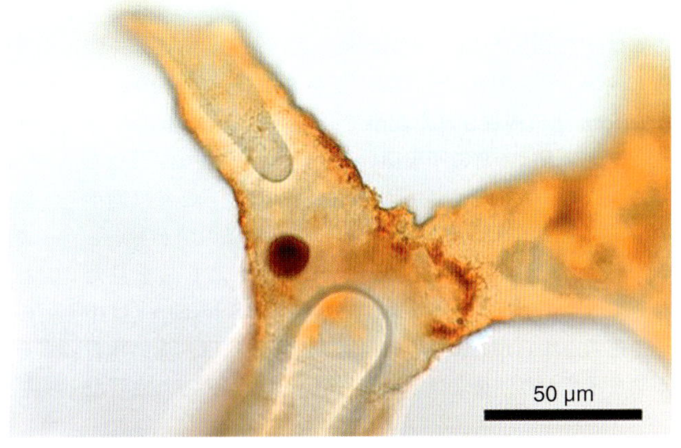

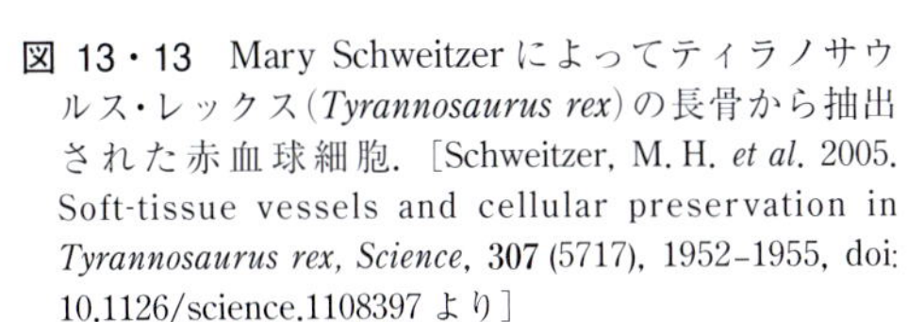

図 13・13 Mary Schweitzerによってティラノサウルス・レックス（*Tyrannosaurus rex*）の長骨から抽出された赤血球細胞．［Schweitzer, M. H. *et al.* 2005. Soft-tissue vessels and cellular preservation in *Tyrannosaurus rex*, *Science*, 307 (5717), 1952–1955, doi: 10.1126/science.1108397 より］

*6 アフリカ西部の伝承では，“ボコル”とよばれる呪術師が，死者を蘇らせることができるとされている．“ゾンビ”という言葉は，アフリカ西部の北キンブンド（North Mbundu）語で蘇った死体を意味する“*nzumbe*”に由来すると考えられている．研究者は呪術者ではない．しかし，Mary Shelleyの小説『フランケンシュタイン（*Frankenstein*）』（1818）以降，科学の力で死者を蘇らせるという考え方は西洋の思想にも根づくようになった．

織など保存されないという当時の誰しもが思っていた"常識"に反し，彼女はこの構造が赤血球に似ていると感じた．この構造は血管溝というあるべき場所に存在していたため，もし本当に恐竜の赤血球だとしたら，すごい発見だ．彼女はその後も数多くの軟組織構造を化石の骨から発見してきた．ラホナヴィス（*Rahonavis*；8章）のカギツメの芯となる有爪指骨やシュヴウイア（*Shuvuuia*）の羽毛化石から，血管や骨細胞，ケラチンタンパク質といった構造を発見したのだ．

彼女が発見してきたこれらの構造は，本当に恐竜の軟組織なのだろうか．これを確かめる方法の一つは，免疫反応の検査である．生体には，体外から侵入してきた異物に対して抗体をつくり出す反応をする．そこでSchweitzerらは，抽出した恐竜の赤血球と思しき構造中のタンパク質の抗体を実験用マウスの体内でつくることにした．そして作製された抗体をラットやシチメンチョウのヘモグロビンに反応させると，Schweitzerらが想定していたとおり，恐竜から抽出したタンパク質はヘモグロビンに非常によく似たものだということがわかった．また，化石から抽出したケラチンタンパク質と思しき構造についても，同様に検査された．現生の動物からつくり出した，カギツメや羽毛を構成するケラチンタンパク質に特異的な抗体は，化石中のケラチンと思しき構造と結合したのだ．つまり，Schweitzerはとうの昔に絶滅した恐竜の化石から，軟組織を取出すことに成功したということだ．死後6600万年も経過したものの，驚くほど保存状態のよい別のティラノサウルス化石が発見されたとき，さらに事態はすごいことになった．その時点でノースカロライナ州立大学に移っていたSchweitzerは，その化石の骨の中から髄質組織を発見したのだ．しかもこれは，卵を産む動物に特徴的にみられる組織であった．現生の動物でこの髄質組織をもつのは排卵期のメスの鳥だけである．すなわち，このティラノサウルス標本はメスであり，しかも排卵期であったということを明確に示しているのだ．この発見に際して，*Scientific American* 誌に掲載された記事で引用されたSchweitzer本人のコメントは非常に印象深いものだった．曰く，「"なんてことなの，女の子よ！　しかも妊娠中よ！"と私は助手のJennifer Wittmeyerに叫んだの．彼女は私の頭がおかしくなったのだろうか…というような目でこちらを見たわ」*7　このティラノサウルス標本から，Schweitzerは中空で透明な柔らかい管を取出した．その中には，赤い物質が詰まっており，彼女はこれが恐竜の血液が入った血管だと解釈したのだ（図13・13）．

Schweitzerの研究成果は無条件に受け入れられたわけではなかった．彼女らが抽出した構造は化石化した恐竜の軟組織などではなく，化石骨の中に現生の微生物ないし細菌が侵入してバイオフィルムを形成したものを見ているのではないか，と疑う論文を発表した研究者もいた．しかし，2016年になると，そうした疑念が薄れてきた．というのも，ハドロサウルス科のブラキロフォサウルス（*Brachylophosaurus*）の化石化した骨から，コラーゲンポリペプチド配列が抽出され，ティラノサウルスの化石骨から抽出されたポリペプチドと同様の厳密な検査によってその真偽が検証されたのだ．化石中に残るコラーゲンに関して行われてきた近年の研究から，この分子構造が長期間にわたって分解せずに残るという異常な耐久性をもつことが解明されつつある．しかし，本書の原著が出版された2019年時点においても，骨の内部は微生物にとってとりわけ過ごしやすい環境であり，化石骨内部に見られる構造はSchweitzerらが主張するようなコラーゲンに由来するものではないのではないか，と疑問を呈する研究者は多く存在する．そのほか多くの検証事項と同様，化石に残る軟組織構造の問題についても不可解な要素はまだ残されており，Schweitzerらの主張が無批判に受け入れられるようになるまで検証されていくにはまだ時間がかかることだろう．

これとは別に，まったく別のアプローチから，化石中に残る分子構造の証拠についての研究が進められてきた．2008年4月に発表された研究では，アリゲーターやダチョウ，ニワトリを含む21種の現生種と，ティラノサウルスとマンモスの2種の絶滅動物を用いて，タンパク質の比較がなされた．ティラノサウルスから抽出されたタンパク質は，変質していないと思われる大腿骨の化石中にあるコラーゲンの一種であった．比較検証の結果は明白なものだった．タンパク質の構造から，マンモスと現生のゾウが系統的に近縁であることが支持され，同時に，本書の内容にとってより重要な点として，ティラノサウルスはアリゲーターよりも鳥と近縁であることが示されたのである．

絶滅動物の化石中に残る組織の分子構造について，古組織学者のAlida Bailleul率いる国際的な協力研究者らの手で，より深く掘り下げた研究が行われた．この研究では，ハドロサウルス科のヒパクロサウルス（*Hypacrosaurus*）の幼体の標本から，コラーゲンを含む複数のタンパク質，そして，DNAの存在を示唆する細胞核由来の物質を特定したのだ．この研究は，Schweitzerらの研究やその関連し

*7　これは次の記事からの引用である．Schweitzer, M. H. 2010. Blood from stone: How fossiles can preserve soft tissue. *Scientific American*, 303 (6), 62–69. 本書が出版された時点で，化石中の髄質骨にはDNAのように分解されてしまわない硫酸化グリコサミノグリカン（sulfated glycosaminoglycan）の一つであるケラタン硫酸（keratan sulfate）という化合物が保存されていたということが明確に示されている．したがって，恐竜化石の骨の中のケラタン硫酸の有無を調べることは，少なくともその恐竜が妊娠個体かどうかを判別することができる大きなヒントの一つになるだろう．詳細は次の論文を参照のこと．Canoville, A., Zanno, L. E., Zheng, W., Schweitzer, M. H. 2021. Keratan sulfate as a marker for medullary bone in fossil vertebrates. *Journal of Anatomy*, doi: 10.1111/joa.13388.

た研究と同様に，Schweitzerらが絶滅した“非鳥類恐竜”から本物の生体分子や軟組織を抽出したとする当初の主張を強く支持するものとなっている．

では，実際に生きた恐竜を復活させられるかについてはどうだろうか．Michael Crichtonが小説『ジュラシック・パーク（*Jurassic Park*）』で描写したような事態は起こらないだろうが，恐竜の化石中に保存されているDNAの断片を紡ぎ合わせてこれを復元できるのではないか…ということは，一部の古生物学者が夢見るようなものになってきている．Jack Horner（図16・14参照）もその一人だ．Hornerは分子生物学者と研究チームを形成し，現生種の鳥であるニワトリの遺伝子中にある，進化の過程で長期間発現してこなかった構造の遺伝子を発現させることで，祖先である恐竜がもっていた尾をニワトリに形成させようと試みた．この研究は，鳥の祖先である“獣脚類”が恒常的に尾を備えていた時代の遺伝子が，鳥の遺伝子中にもまだ存在しており，ただ発現していないだけであるはず，という着想のもとに行われた．結局，彼らはニワトリに尾を生やすことはできなかった．しかし，そこに至る彼らのエピソードやその研究の動機となった夢については，Hornerの2009年の著書『*How to Build a Dinosaur*（恐竜のつくり方）』に詳しく書かれてある．さらに興味深いことに，1980年の時点ですでに，研究者たちは現生のニワトリの胚に歯の発生を誘導することに成功しているのだ．おそらく，ワーナー・ブラザーズないしディズニーの映像作品以外で，歯を生やした鳥を観たいと思う人はいないだろう．しかし，進化史の中で長いこと使われてこなかった歯の遺伝子が，現生の鳥の中で失われず，確かに残っているということは明白に証明されたのである．この遺伝子は，胚から成鳥に至るまでの鳥の発生の中で，ただ単に発現していなかったというだけなのだ．

さらに，どう考えても“現生の鳥を除いて，生きた恐竜の姿を見ることはないだろう”と誰もが思っていたまさにそのとき，分子生物学者のD. K. Griffinらによって“a glimpse into prehistoric genomics（先史時代の生物のゲノムを垣間見る）”と副題がつけられた論文が発表された．この論文の発想は，extant phylogenetic bracketing（現生種による系統的包囲法）の考え方を応用したものである（Box 6・1）．彼らは，現代型の鳥（新鳥類 Neornithes（ネオルニテス））がきわめて多様である中で，遺伝的な共通点があることを利用し，彼らがいうところの“獣脚類の系統にみられるはずの核型（染色体の形状）”を復元しようという試みである[*8]．これはある意味で理論的な試みだったものの，もし仮に，“非鳥類恐竜”の数多くの遺伝子群が，現生の鳥の遺伝子の中に長いこと使われないまま眠っていたとして，それらを同定することができれば，おそらく彼らが主張するように，鳥類の祖先である“非鳥類恐竜”がもっていたであろう核型がどのようなものかがわかるだろう．

リョコウバトやドードー，モア，マンモス，マストドン，フクロオオカミなど，ごく最近絶滅した動物たちを蘇らせることは倫理的に非難される可能性が高まっている．その一方で，はるか昔に存在していた生体分子が化石に残っているはずがないと思っていたものが，実は残っているということが認識されるようになった今，“非鳥類恐竜”が生きている姿を見ることができるのではないかという幻想は，幻想ではなくなりつつあるのだ．

本章のまとめ

本章では，個々の恐竜の特徴を述べるのではなく，恐竜のグループ全体としての生物学的側面に焦点を当てた．こうした側面を研究する分野を“生物学的古生物学（paleobiology，パレオバイオロジー）”とよぶ．

鳥類を含め，恐竜はみな，一方向流の外呼吸システムを採用している．これは，哺乳類が採用する双方向流の外呼吸システムとは著しく異なるものである．一方向流の外呼吸システムでは，気嚢系を利用して，空気を貯めておく場所を確保しつつ，肺の中に一定方向の空気の流れをつくっている．肺の中で，空気が一定方向に流れ，それと逆方向へ血液が流れることで，空気と血液の間でガスの向流交換が行われている．すなわち，吸いこんだ空気中の酸素（O_2）と血液中の二酸化炭素（CO_2）が交換されるのである．現生の鳥が採用している一方向流の外呼吸システムは，吸い込む空気の量と肺の中でのガス交換の効率をともに極限まで高めることができる．

かつて，“恐竜”は愚鈍な動物だと信じられてきた．しかし，もし脳化指数（EQ）という脳サイズと体サイズの比で求められる指標が動物の知能を反映するとしたら，EQをワニなどの現生の“爬虫類”と比べると，多くの“恐竜”で，鳥の方に近い知能をもっていたことが示される．

“恐竜”の骨の顕微鏡下での薄片観察や，CTスキャンを撮ることで，現代型の鳥（新鳥類）で見られるような頻度で骨の再構築が起こっていたことがわかる．このことは，“恐竜”の成長曲線が鳥のものと近いことを示している．これは，幼齢で比較的速く成長し，おそらく性成熟に達したであろう年齢で成長が遅くなるというものだ．骨の成長停

*8　Griffin, D. K., *et al*. 2020. Time lapse: a glimpse into prehistoric genomics. *European Journal of Medical Genetics*, 63; doi: 10.1016/j.ejmg.2019.03.004．この論文の著者らは，ここで提唱した手法を使えば，現代型の鳥（新鳥類）の祖先である“非鳥類恐竜”の真の姿に迫れると考えている．彼らによれば，その動物は“ジュラ紀に棲息していたニワトリほどの大きさの，地上で二足歩行をしていた羽毛の生えた恐竜であった可能性が最も高い”ということだ．

止線（LAG）の間隔は年ごとの成長量を反映すると考えられている．したがって，各成長段階での“恐竜”の年齢は，成長停止線（LAG）を数えることで推定できる．“恐竜”の年齢と体サイズの関係を調べると，多くの属でS字曲線を描いて成長していることがわかる．これは，ふ化直後，幼体，そして成体それぞれの時期の成長速度がどのようなものであるかを反映している．

体重(質量)は，動物の体サイズの指標としてとても重要である．しかし，恐竜の体重を推定することは難しい．恐竜の体重を求めるため，多くの手法が考案されてきた．最もシンプルでよく使われるのが，大腿骨の周囲長に基づく推定法だ．あらゆる四肢動物でこの値と体重の関係を両対数で示すと，ほぼ比例するとされている．ここで“ほぼ比例する”と書いたのは，四肢動物は同じような体サイズでも，筋量が異なるため，骨の形状を用いた体重の推定値に大きく影響するからだ．絶滅した恐竜のより厳密な体重推定は，コンピューター上で軟組織を三次元的に復元したモデルに基づく方法だ．この手法で現生の恐竜であるダチョウの体重を推定し，実際の体重との比較を行い，手法の妥当性を検証したところ，この手法から十分によい結果を得られることが示されている．

恐竜がどれだけ速く移動できたかについては，多くの関心を集めることだろう．しかし，これを確かめることは難しい．恐竜の移動速度の最も直接的な証拠となるのは，恐竜が残した行跡であり，行跡を残した動物の移動速度を見積もる数学的な手法が提唱されている．しかし，化石に残る恐竜の行跡は，フルスロットルで全力疾走しているものはほとんどなく，多くがのんびりと散歩していた痕跡である．それでも，行跡化石と恐竜の骨形態の組合わせで，恐竜の最高速度についてある程度の推定をすることができる．おそらく，最速の恐竜はオルニトミモサウルス類（Ornithomimosauria）のような走行性の二足歩行恐竜であったろう．その高速集団からだいぶ遅れて，ティラノサウルス・レックス（*Tyrannosaurus rex*）のような大型で肉食の獣脚類が続いただろう．四足歩行恐竜のハドロサウルス科（Hadrosauridae）やケラトプス類（Ceratopsia）は比較的速く走ることができただろう．しかし，こうした移動速度を推定する一部の手法は，恐竜の移動速度の過大評価につながる恐れがあることも忘れてはならない．

近年，特にDNAなど，恐竜の軟組織が残されているかどうかについての研究が進められてきた．DNAは100万年ともたずに劣化してしまうため，“非鳥類恐竜”のDNAが完全な形で残っているものが発見される可能性はきわめて低い．しかし，一部の研究者は，赤血球やコラーゲンのポリペプチド配列など，恐竜の化石に残っていた軟組織を同定し，しかもこれらが数千万年も昔に死んだ恐竜の軟組織であると解釈した．これらの解釈には多くの批判が向けられたが，これを裏付ける十分なデータが集まってきている．

恐竜がもっていたであろう歯を発現する遺伝子が現生の鳥にも認められ，さらに，その眠っていた遺伝子を活性化することで鳥に歯を発現させる研究が行われた．眠っている遺伝子を発現させる試みはほかにも数多くこなされてきたが，成功例は少ない．しかし，眠っている遺伝子が現生の恐竜，すなわち鳥の中にまだ残っているという考え方は，科学的に裏付けされつつある．

参考文献

Bailleul, A. M., O'Connor, J., and Schweitzer M. H. 2019. Dinosaur paleohistology: review, trends and new avenues of investigation. *PeerJ*, **7**, e7764. doi: 10.7717/peerj.7764

de Ricqlès, A., Horner, J. R., and Padian, K. 2006. The interpretation of dinosaur growth patterns. *Trends in Ecology and Evolution*, **21**, 596–597.

Erickson, G. M. 2005. Assessing dinosaur growth patterns: a microscopic revolution. *Trends in Ecology and Evolution*, **20**, 677–684.

Erickson, G. M., Makovicky, P. J., Inouye, B. D., Zhou, C.-F., and Gao, K.-Q. 2009. A life table for *Psittacosaurus lujiatunensis*: initial insights into ornithischian population biology. *The Anatomical Record*, **292**, 1514–1521.

Hopson, J. A. 1980. Relative brain size: implications for dinosaurian endothermy. In Thomas, R. D. K. and Olson, E. D. (eds.) *A Cold Look at the Warm-Blooded Dinosaurs*. AAAS Selected Symposium 28, Westview Press, Boulder, CO, pp. 287–310.

Horner, J. R., de Ricqlès, A., and Padian, K. 2000. Long bone histology of the hadrosaurid dinosaur *Maiasaura peeblesorum*: growth dynamics and physiology based upon an ontogenetic series of skeletal elements. *Journal of Vertebrate Paleontology*, **20**, 115–129.

Kaye T. G., Gaugler G., and Sawlowicz, Z. 2008. Dinosaurian soft tissues interpreted as bacterial biofilms. *PLoSONE*, **3**, e2808. doi: 10.1371/journal.pone.0002808

Padian, K., and Lamm, E.-T. 2013. *Bone Histology of Fossil Tetrapods: Advancing Methods, Analysis, and Interpretation*. University of California Press, Berkeley, CA, 285p.

Rega, E. 2012. Disease in dinosaurs. In Brett-Surman, M. K., Holtz, T. R. Jr., and Farlow, J. O. (eds.) *The Complete Dinosaur*, 2nd edn. Indiana University Press, Bloomington, IN, pp.667–711.

Saitta, E. T., Liang, R., Brown, C. M., *et al.* 2019. Cretaceous dinosaur bone contains recent organic material and provides and environment conducive to microbial communities, *eLife*. doi: 10.7554/eLife.46205.001

Schweitzer, M. H. 2010. Blood from stone: How fossils can preserve soft tissue. *Scientific American*, **303**(6), 62–69.

Sellers, W. I., Manning, P. L., Lyson, T., Stevens, K., and Margetts, L. 2009. Virtual palaeontology: gait reconstruction of extinct vertebrates using high performance computing. *Palaeontologia Electronica*, **12**(3), 11A, 26p. http://palaeoelec

tronica.org/2009_3/180/index.html

Spotila, J. R., O'Connor, M. P., Dodson, P., and Paladino, F. V. 1991. Hot and cold running dinosaurs: body size, metabolism, and migration. *Modern Geology*, **16**, 203–227.

Thomas, R. D. K. and Olson, E. C. (eds.) 1980. *A Cold Look at the Warm-Blooded Dinosaurs*. AAAS Selected Symposium no. 28, 514p.

Woodward, H. N., Freedman-Fowler, E. A., Farlow, J. A., and Horner, J. R. 2015. *Maiasaura*, a model organism for extinct vertebrate population biology: a large sample statistical assessment of growth dynamics and survivorship. *Paleobiology*, **41**, 503–527. doi: 10.1017/pab.2015.19

What's in this chapter

- 脊椎動物の代謝戦略
- 絶滅動物の代謝戦略の復元
- “恐竜”はどの程度“温血”だったのか
- 脳をオーバーヒートさせることなく，これらの謎を解く方法

Chapter

14 恐竜の生物学的側面 II 恐竜の代謝“お熱いのがお好き”

図 14・1　内温性で知性が高く，活動的な，強大な 2 頭のオルニトミムス科(Ornithomimidae)が，来てはならない場所に運悪く飛び出てきてしまった 1 匹のふわふわした毛皮で覆われた小さな哺乳類に狙いを定めている様子．

14・1　追憶の中の恐竜

そもそも，“恐竜”という動物に対する古生物学者の捉え方は2通りある．時は1840年代，英国の優秀（かつ厄介）な解剖学者，Richard Owen 卿は，“恐竜”を温血動物で哺乳類のような動物として記載した（16章）．その後，50年経つ間に，“恐竜”に対する捉え方が大きく変わってしまった．それは，「“恐竜”は“爬虫類”であり，“爬虫類”は哺乳類よりも原始的な生き物で，冷血動物だから，“恐竜”も冷血動物だったに違いない」というものである．そして20世紀になってもしばらくの間，“恐竜”は飾り立てたワニのような動物だと考えられてきた．すなわち，“ウロコで覆われた緑色の動物で，頭の回転も動きもノロマな動物”ということだ．そのような“恐竜”の捉え方は，1960年代から1970年代初頭にかけての革命的なアイディアによって見直されるようになり，それ以来，“恐竜”に関する研究はグッと面白くなってきたのだ．中生代に生きていた“恐竜”はむしろ，“見た目は鳥っぽくないが，中身は鳥みたいな動物”と捉えた方がよいのではないか…と．

14・2　恐竜の生理学：体温についてのお話

“温血性”や“冷血性”という言葉を聞いたことがあるだろうが，これらは実はあまり生物の代謝を本質的に言い表す用語ではない．というのも，たとえば，“冷血性”とされる脊椎動物の多くは，活動中に血液が暖かくなる．そういうわけで，動物の血液の状態の違いをもう少し実態に沿った表現をするなら，次のように区別するのがよいだろう．まず，体内で体温を調節する性質のことを**内温性**（endothermy：*endo* 内側，*therm* 熱）とよび，この性質をもつ動物を内温動物と称する．一方，体温を調節するために体外の熱源に頼らなければならない性質のことを**外温性**（ectothermy：*ecto* 外側，*therm* 熱）とよび，この性質をもつ動物を外温動物と称する．

別の観点で生物の代謝を区別することもできる．体温が変化する性質を**変温性**（poikilothermy：*poikilo* 変化する）とよび，この性質をもつ動物は変温動物とよばれる．一方，体温を一定に保つ性質を**恒温性**（homeothermy：*homeo* 同じ）とよび，この性質をもつ動物は恒温動物とよばれる．私たちヒトは“内温性かつ恒温性”である．もし私たちが体温を調節できなくなると，体調を崩すことになる．一方，トカゲのような外温性の動物は，体の芯の温度が低くなったとしても耐えることができる．しかし，内温性の動物は体の芯を一定に保たなければならないのだ．

外温性と内温性は，熱を得るために生化学的にも生物物理学的にも異なる方法をとるということを表している．一方，変温性と恒温性は，体温が変動する適応から体温を一定に保とうとする適応までの漸移的な適応の幅がある中で，その両極の状態を表している．

これらの適応はすべて，**代謝**（metabolism）に関わる適応戦略である．代謝とは，生物がエネルギーを得てそれを使うことによる化学反応のことである（付録図14・1）．多くの生物が，内温性かつ恒温性，あるいは外温性かつ変温性のように，一般的な代謝戦略の極に区分できる一方，そのような区分に当てはまらない生物も数多く存在することも知っておいてもらいたい（Box 14・1）．

両極の代謝戦略の違いは，筋肉の働きの違いとして如実に現れる．まず，内温動物も，外温動物も，筋肉が活性化されるとほぼ同時に最大限の収縮力を発揮することができる点では同じだ．筋肉の突発的なエネルギー出力は，外温動物の方が内温動物よりも大きいとする説さえある．しかし，究極的には，内温動物の筋肉の方が，外温動物の筋肉よりも大きなエネルギーを生み出すことができる．というのも，内温動物の筋肉は，酷使し続けてから細胞が**無酸素**（anaerobic）呼吸を始めて**乳酸**（lactic acid）を生成し始めるまでの時間が長いのだ(付録図14・1)．これはつまり，一般に外温性の四肢動物と比べて，内温性の四肢動物は，高いレベルでの運動性をより長い時間発揮し続けることができるということを意味する．そしてそのような理由から，外温性の捕食者は待ち伏せによって獲物を捕らえざるをえない一方で，内温性の捕食者は（すべてがそうではないにしても）獲物をひたすら追い続けたり，あるいは，自身に襲い来る獲物から延々と逃げ続けたりといった戦略をとることができるのだ（図14・2）．

では，もしそうだとしたら，なぜ外温動物は内温性へと進化せず，外温性であり続けているのだろうか．外温動物

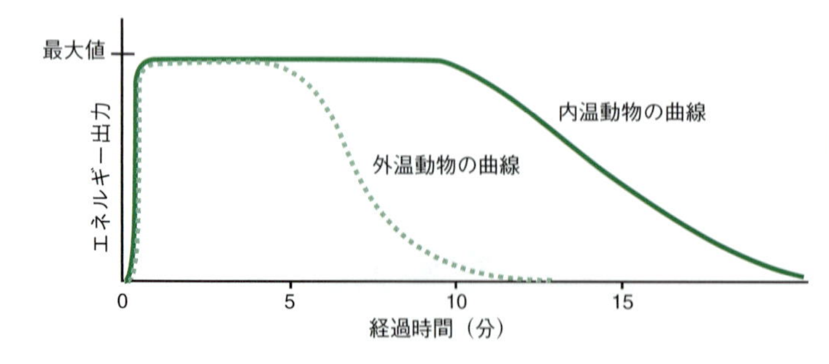

図 14・2　外温動物と内温動物の筋のエネルギー出力量の経時変化．曲線はそれぞれ，内温動物と外温動物の筋がほぼ瞬間的に最大エネルギー出力に達したときの経時変化を示している．一般に，内温動物の方が外温動物と比べて，時間にして2倍以上，最大出力でエネルギーを発揮し続けることができる．

が単に内温性を獲得するよう進化していないだけだと考える人もいるだろう．しかし，ことはそう単純ではない．現生動物のエネルギー収支の現実を考慮すると，“エネルギー消費の点において，内温性は外温性よりもはるかにコストがかかる”ということだ．内温性の代謝を維持するためには，外温性の代謝を維持するよりも10〜30倍，あるいはそれ以上のエネルギーを消費する必要があるのだ．一方，もし外温性であることでの制約の範囲の中で行動していられるのであれば，その動物は内温動物と比べてエネルギー的な面では，非常に低コストで生きていくことができるのだ．そして，適応と生存戦略の観点からすると，その代謝様式を選択することも非常に理に適ったことである．

14・3 “恐竜”の代謝様式はどうだったか

映画『ジュラシック・パーク（*Jurassic Park*）』や『ジュラシック・ワールド（*Jurassic World*）』が現実世界にあれば話は別だが，中生代に生きていた“恐竜”に直に体温計をあてて，体温を測定することはできない．では，どうすれば“恐竜”の体温を知ることができるのだろうか．これは，ある**指標**(proxy)を使って見積もっていくのだ．指標とは，ある特徴を反映する別の特徴のことである．

まず本題に入る前に…これから，“恐竜”が内温性の代謝をしていたことを示す根拠がバンバン出てくるので心してほしい．このあと紹介するように，“恐竜”の種ごとに代謝は異なっていたようだ．“恐竜”を“爬虫類”(すなわち冷血動物）として捉えるよりは，進化的に意味のある“羊膜類”（4章）の一員として捉えることで，“恐竜”の代謝戦略の全容を考えていくことができるようになるのだ．では，“恐竜”の代謝戦略の証拠となる指標を見ていくこととしよう．

分岐図

鳥は恐竜である．そして，現代型の鳥（新鳥類 Neornithes）が内温性であることは言わずと知れたことだ．ここでクイズを出そう．“鳥”の内温性は，恐竜の進化のどの段階から備わっているものなのだろうか．すなわち，どれくらい分岐図を遡ったところで，内温性が獲得されたのだろうか．

ここで，断熱材の有無が重要な判断材料の一つとなる．現生の小型から中型の内温動物（すなわち，鳥類と哺乳類）はすべて体毛ないし羽毛を備え，断熱に役立てている．ここから言えることは，体外の熱源に体温調節を依存する外温動物が，外部から熱の流入を遮断するような断熱材をもつ必要はないだろう，ということだ．そうした根拠から，羽毛をもつアーケオプテリクス（*Archaeopteryx*）は内温性だったと考えられる*1．羽毛，すなわち断熱機能を備えた鳥類以外の獣脚類恐竜が中国から数多く発見されたが(6章〜8章)，このことから，内温性は獣脚類（Theropoda）のなかでもコエルロサウルス類（Coelurosauria；コエルルス竜類）よりも原始的な段階からすでに備わっていたことを示唆しており，もしかすると獣脚類に至る前のもっと基盤的な段階から備わっていた可能性すらある(図14・3)．

当然ながら，この判断基準に基づくなら，獣脚類のほかにもさらに多くの恐竜が内温性だった可能性が出てくる．原始的な鳥盤類（Ornithischia）のティアニュロン（*Tianyulong*）に羽毛が生えていたことを思い返してもらいたい（Ⅲ部）．もし，鳥盤類で見つかった単繊維性の羽毛が，竜盤類(Saurischia)の一グループである獣脚類がもつ羽毛と“相同”な構造だとすれば，羽毛による断熱（そして，断熱材をもつことから示唆される代謝様式，すなわち内温性）は恐竜類（Dinosauria）全体を特徴づけるものになる可能性がある．同じ論理で，もし恐竜の単繊維性の羽毛が，翼竜類（Pterosauria）のものとも相同な構造だったとすれば，羽毛で体が覆われるという特徴(および内温性)は最初の鳥頸類（Ornithodira）からすでに備わっていたと言えるかもしれない．ただ，最初に現れた原始的な羽毛は，おそらくまばらに生えており，体表全体を覆うようなものではなく，ディスプレイや感覚器として機能しただろう．仮にそうであったとすれば，こうした最初期の原始的な羽毛は，動物の全身を断熱できるような代物ではなかったことだろう．

現生動物では，気嚢の存在と，それに伴う一方向流の換気システムをもつことが高い代謝によるエネルギー出力を生み出すこと，すなわち内温性であることを示す．これまでの章で紹介したように，含気骨をもつことはその動物に気嚢が発達していたことを示しており，そして一方向流の換気システムによる外呼吸能力を備えていたことも示している．竜盤類はグループ全体でこの含気骨がよく発達している（Ⅱ部，6章〜9章）．これらの特徴は高度に発達した呼吸器系を備えていたことを示しており，外温性の動物が通常備えているよりもずっと高い代謝率をもった内温動物だったことを示している．

*1 1992年に，J. A. Rubenはアーケオプテリクス(*Archaeopteryx*)が外温性だったとする仮説を提案した．彼のこの説は，飛翔に要求される膨大なエネルギー量と，外温動物が代謝によって生み出すことができるエネルギー量に基づいて提唱された．Rubenは，アーケオプテリクスの骨が強力な羽ばたき運動を長時間し続けるには不向きな構造をしており，アーケオプテリクスが力強く羽ばたいて飛翔することができないのは明らかだと考えた．そして，そのような飛ぶことがあまり得意ではない動物は，外温性の代謝をもっていれば十分だろうと考えた．しかし，外温性の四肢動物のなかで，力強く羽ばたいて飛翔する能力を得ることができた動物は(アーケオプテリクスがどうだったかはさておき)一つも進化してきていない．さらに言えば，私たちの見解では，アーケオプテリクスが断熱材(羽毛)をもつことと，彼らが外温性であったこととの辻褄が合っていないように思われる．

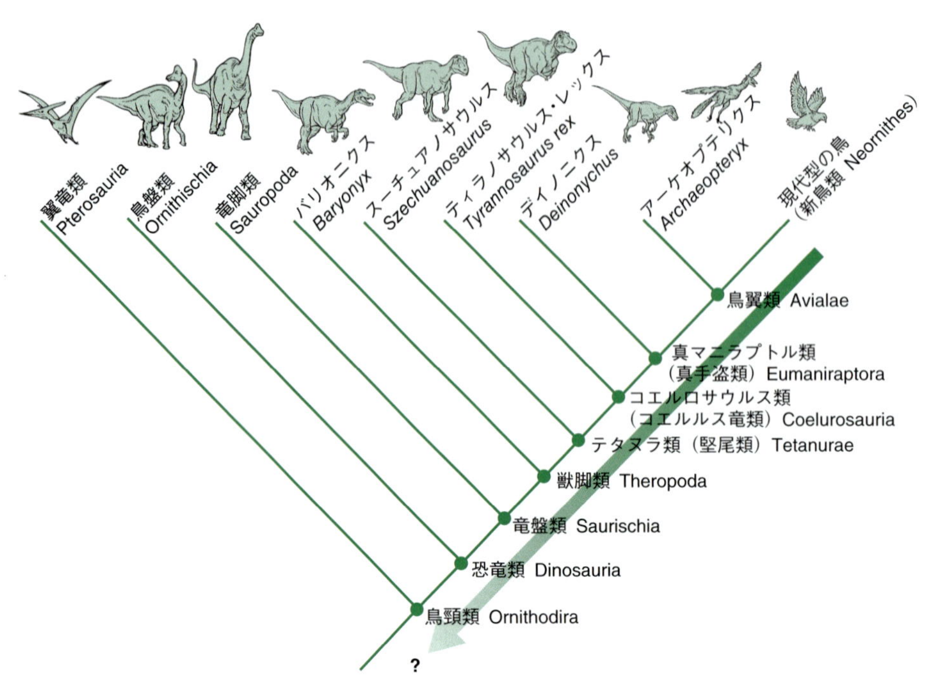

図 14・3　獣脚類(Theropoda)のなかで内温性がどこまで遡れるかを示した分岐図．すべての鳥翼類(Avialae)が内温性であったが，その起源を分岐図のどこまでたどれるかについてははっきりとわかっていない．羽毛の生えたユーティラヌス(*Yutyrannus*；図7・8)の発見により，内温性の起源が少なくともコエルロサウルス類(Coelurosauria)まで遡ることができるというところまではわかってきた．また，単繊維性の羽毛を鳥盤類がもつことから，おそらく内温性は恐竜類(Dinosauria)の基盤的なところ(図5・4の分岐図参照)まで遡ることができるだろう．この理屈をさらに掘り下げると，単繊維性の羽毛が翼竜類(Pterosauria)にも見つかっているため，羽毛の起源自体はすべての鳥頸類(Ornithodira)まで遡ることができると考えられる．

Box 14・1　血の温もり：もつもの，もたぬもの

内温性は鳥と哺乳類の特徴であるが，もはやこれらのグループだけの特徴とはいえない．生理学者たちは，なんと植物がさまざまな方法を用いてしばらくの間体温を一定に保つことができるということを見いだした．その最も一般的な方法は，呼吸による代謝（付録14・1に詳述）で，ATP（アデノシン三リン酸）を分解して得たエネルギーが熱として放出されるのを利用するというものである．何種類かのヘビは，抱卵の際に体温を上昇させることが知られているが，これは筋の収縮によってなされている．一部のサメやマグロの仲間は対向流式の血液循環によって体の中心部の筋から熱を確保している．さらに，ガやコウチュウ，トンボ，ハチなどのさまざまな昆虫でも，体温を調節するものがいることが知られている．

これらの分類群においては，内温性がグループを特徴づける形質とはならない．ただ単に，これらの分類群の一部の仲間が，棲息場所で自身を取囲む空気や水などの媒体よりも高く体温を維持しているということである．熱の外部勾配に抗って体温を維持する仕組みは，少なくとも13回独立に進化してきたと考えられている．

このことは，内温性が特定の分類群の表徴形質であるとする考えと反する．内温性とは，鳥と哺乳類の二つのグループだけを特徴づけるものではないのだ．そしてさらに鳥や哺乳類のなかでさえ，ヒトやネコ，イヌなどのなじみの動物にみられる内温性かつ恒温性は，すべての仲間に共通してみられるわけではない．たとえば，内温動物の多くは，活動時の代謝速度と比べて，静穏時の代謝速度が著しく低い．こうした動物の身近な例として，ハチドリやコウモリ，冬眠中のクマなどがあげられる．彼らはいずれも内温性ではあるが，詳細にみてみると恒温性とはいえないのだ．このほかにも多様な代謝戦略があり，代謝戦略とは，私たちが二極化して分類したものよりもはるかに複雑で多様なものであることがわかる．

“恐竜”の内温性の証拠に関する初期の研究 “恐竜ルネッサンス”の起こり

“恐竜”が内温性だったとする証拠を示した最初期の研究は，古生物学者のR. T. Bakkerによってなされた（16章）．彼は自身の指導教員であったJ. H. Ostromによるデイノニクス（*Deinonychus*）の発見とアーケオプテリクスの再記載の研究に触発されて，“恐竜”の内温性に関する研究を行った．“恐竜”が内温性だとする研究の大きな潮目が訪れる何年も前に，Bakkerは（声高に）“恐竜”は温血性だったに違いないと主張した．彼はさらに，古生物学者のP. M. Galtonとともに，脊椎動物門（phylum Vertebrata（バーテブラータ））の中に新たな“綱（class）”として，鳥を含めた“恐竜綱（class Dinosauria）”を創設しようと提唱までした．当時の多くの古生物学者は，この主張を奇想天外で正当な古生物学とは相容れないものと考えた．しかし，12年も経たないうちに，系統分類学によって，BakkerとGaltonの洞察が正しかったということが示されることとなった．こうした活動が功を奏し，それまで摩訶不思議な生物という存在でしかなかった“恐竜”は，一般と専門の両方の立場から大きな関心を集める存在へと昇りつめたのだ．BakkerとOstromはともに1970年代の“恐竜ルネッサンス（Dinosaur Renaissance）”（16章）を盛り上げ，それが1990年の小説『ジュラシック・パーク』や，そこから生じた1993年の映画『ジュラシック・パーク』シリーズ第一作が創作されていく土台となっていったことは間違いない．では，そのきっかけとなった観察や発見は何だったのだろうか．

歩行姿勢への着目　単純な観察事象として，鳥類を除くすべての恐竜が完全な下方(直立)型の歩行姿勢をとっていたことがわかる．現生の脊椎動物のなかで完全下方型姿勢をとることができる動物が含まれるのは鳥と哺乳類だけであり，そしてそのどちらも内温動物である．それゆえBakkerは，“恐竜”が完全下方型姿勢をとっていることは，それらが内温性だったことを示すと考えた．

この関係は見事に対応しているようにみえる．しかし，歩行姿勢と内温性の間にははたして因果関係があるのだろうか．これは，完全下方型姿勢を維持するためには，神経と筋の間の精密な制御機構が不可欠であり，それができるのは内温性の代謝をもつ動物の体内で体温が一定に保たれていることが条件となるだろう，との予測に基づいている．Bakkerのこの見解のあとの研究（Box 4・3参照）では，側方（這い歩き）型の動物が歩くとき，足を踏み出すたびに胴体が左右に折れ曲がる（側屈する）ことが示された．

図 14・4　側方型の脊椎動物が高速で走る様子．走るたびに胴体が左右交互に肺を圧縮する．

このような胴体の側屈は，折れ曲がった側の肺の容積が著しく減ることになる（図14・4）．そのため，いざ外呼吸のための吸気が必要となっても，それに応じた量の空気を容積が減った方の肺の中に確保することができない．そう考えると，完全下方型姿勢が進化したことの意義は，高速移動を行う際に，肺の容積を最大限に確保するためだと言えるのかもしれない*2．

四肢動物の解剖学的特徴と内温性の関係について，さらに二つの点をあげることができる．まず，現生の内温動物が相対的に長い四肢をもつのに対して，現生の外温動物が比較的ずんぐりした四肢をもつという特徴があるという点だ*3．実際，“恐竜”の多くが相対的に長い四肢をもっている．次に，現生の四肢動物のなかで，二足歩行性のものはすべて内温性であるという事実である．近年の研究で，二足歩行性の動物の歩行時と低速走行時でそれぞれ要求されるエネルギー量が見積もられた．大型および小型の二足歩行“恐竜”において，それぞれの運動を維持するために要求される理論上のエネルギー量が見積もられ，驚くべき結果が導かれたのである．つまり，広く信じられてきた説とは真逆の結果が得られたのだ．それは，ハドロサウルス科（Hadrosauridae（ハドロサウリダエ））やティラノサウルス科（Tyrannosauridae（ティラノサウリダエ））のような大型の二足歩行“恐竜”の歩行や低速走行に必要なエネルギー量は，外温動物が生み出すことができるエネルギー量よりも有意に大きかったのである．一方，小型の二足歩行“恐竜”では，要求されるエネルギー量に外温動物との有意な差はみられなかった．ただし，外温性の代謝によって得られるエネルギー量として最大限の値を出す必要があることが示された．したがって，この論文の著者らは，少

*2　訳注：側方型歩行姿勢をとる現生のカメやカエルはそもそも胴体の脊柱が左右に曲がりにくいため，側方型であれば歩行時に胴体が側屈するのはすべてに当てはまるわけではない．また，胴体を左右にくねらせながら爬行するヘビは，片方の肺が退化しているため，胴体の側屈した側の肺の容積が小さくなることにも例外があることに注意．

*3　訳注：しかし，内温性か外温性かの違いを四肢の相対的な長さで説明しようとすると，数多くの動物が例外となることに注意が必要である．

なくとも大型の二足歩行“恐竜”は内温動物だったに違いない，と結論づけている．

2009年の研究では，13種の絶滅二足歩行動物で運動器官の解剖学的構造と，推定される酸素消費量で見積もられる代謝率の関係をモデル化し，運動性のパラメータから酸素消費量を見積もった．その結果，恐竜形類（Dinosauromorpha）のなかでも，恐竜類（Dinosauria）の外群であるマラスクス（*Marasuchus*；5章）や恐竜を含むすべての種で，内温性の代謝であることを示す酸素消費率が確認された．なかでも，ティラノサウルス（*Tyrannosaurus*），アロサウルス（*Allosaurus*），プラテオサウルス（*Plateosaurus*），ディロフォサウルス（*Dilophosaurus*），ゴルゴサウルス（*Gorgosaurus*）などの大型の恐竜類5種や，ヘテロドントサウルス（*Heterodontosaurus*），コンプソグナトゥス（*Compsognathus*），ヴェロキラプトル（*Velociraptor*）などの小型で活動的な二足歩行性の種では，その傾向が顕著であった．もちろん，これらは実際に生きている“恐竜”から計測したものではなく，モデルに基づいた計算であることは付け加えておこう．

四肢の足さばき　ドロマエオサウルス科（Dromaeosauridae）やオルニトミムス科（Ornithomimidae）など，さまざまな小型から中型の二足歩行性の“恐竜”は華奢な骨格をもつことで特徴づけられ，さらに，下腿（脛）に比べて大腿が短い．この特徴は，持続的に走行することに高い能力をもつことを示しており，現生の外温動物では通常みられないものだ．

それでは，二足歩行性ではない大型の“恐竜”の場合はどうなのだろうか．ここで問題が浮き彫りになる．13章で解説したように，すべての四肢動物の歩行速度は，行跡に残る後肢の足印の前後の間隔（ストライド長）と動物の後肢の長さから計算することができる．しかし，当然ながら，動物が常に最高速度で歩行・走行して行跡を残すことはない．

四足歩行性の“恐竜”は現生の最速の哺乳類のように走ることができたのだろうか．祖先種を見れば，その疑問を解くカギが見つかる．哺乳類では，完全下方型姿勢は四足歩行性の仲間から進化した．しかし，恐竜形類では，完全下方型姿勢は二足歩行性の仲間から進化している．一部の“恐竜”の四足歩行姿勢は，二足歩行性の祖先から二次的に獲得されたものである（10章～12章）．それゆえか，四足歩行性の“恐竜”の前肢は，四足歩行性の哺乳類の前肢とは，見た目も機能も異なるように見えるのだ（図11・25参照）．しかし，ここまで紹介してきたように，少なくともエドモントサウルス（*Edmontosaurus*）の四足歩行モデルは明らかに足取りが軽そうであった．

捕食者と被捕食者：食う者vs食われる者の関係

Bakkerの主張の中で最も卓見だと感じられるのは，化石記録に基づき当時の捕食者とその獲物たる被捕食者の生物量の割合から代謝を見積もろうとした点であろう．

Bakkerの見積もりによれば，内温動物の代謝維持には，外温動物の代謝維持に必要なエネルギーの10～30倍のエネルギーが要求されるということである．Bakkerはこの事実を基に，もし仮に捕食者が内温動物だったとしたら，彼らが外温性だった場合よりもずっと多くのエネルギーが必要だったはずであり，これは捕食者と被捕食者の生物量に反映されるはずだと考えた．この比は**捕食連鎖（“捕食者：被捕食者”）の生物量比**（predator/prey biomass ratio）とよばれる．Bakkerは外温動物の捕食連鎖の生物量比がおよそ40％であるのに対して，内温動物ではその比が1～3％になると見積もった．さて，ここで太古の生物相で，この捕食連鎖の**生物量**（biomass）比を測ってみよう．Bakkerは主要な博物館の収蔵標本から，捕食者の標本数とその獲物となったであろう被捕食者の標本数を数え，さらにそれぞれの標本が生きていたときの体重（質量）を見積もった．つまりBakkerは，現世の生態系の生物量（総質量）の比を基に，太古の生態系のエネルギー収支を明らかにしようとしたのである．

Bakkerの出した結果は明快であった．“恐竜”では，捕食者と被捕食者の生物量比が2～4％までと非常に低い値を示したのである．彼は，“恐竜”で構成される生態系の食物連鎖網において，被捕食者に対する捕食者の生物量の割合が低いという値を得たことで，“恐竜”が内温性だったと主張した（図14・5）．

この研究は非常に独創性があったが，いくつかの問題点も指摘されている．たとえば，Bakkerは，被捕食者の体サイズが捕食者の体サイズとだいたい同じであるという前提を置いていたが，これは明らかな誤りであるといえる（たとえば，クマがサケを捕食しているシーンを思い浮かべてもらいたい）．そしてその前提が成立しないとき，すなわち，捕食者と被捕食者の体サイズが異なる場合，Bakkerが結果として導き出した生物量比に重大な影響を与えるのである．さらに問題となるのが，捕食者：被捕食者の生物量比の計算では，動物が死ぬ要因をすべて捕食によるものとする前提を置いてしまっており，他の要因によって動物が死ぬという可能性を一切考慮に入れていないという点である．この前提は現世の生態系においても当てはまらない．

化石標本を使った研究ということで，避けようのない問題点もいくつかあげられる．まずあげられるのが，“恐竜”の体重（質量）を推定することの難しさである（13章）．さらに，“恐竜”化石の保存状態には，さまざまな要因のバイアスがかかるという点も忘れてはならない．当時の生態系がそのまま化石記録に残されているという保証はどこにもない．そういうことがわかっているからこそ，古生物学者は**化石群集**（fossil assemblage），すなわち，特定の化石産地や時代区分，地域から収集された化石の群集構成につ

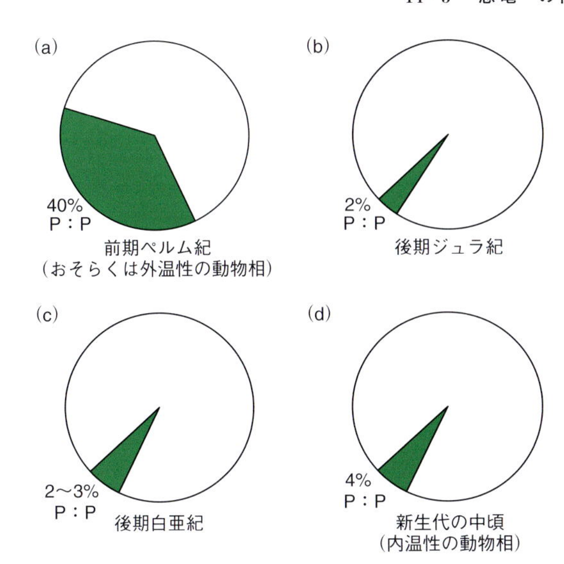

図 14・5 捕食者と被捕食者の生物量比(P：P)を，生命史の中の代表的な動物相からいくつか選んで示してある(R. T. Bakker の見積もりに基づく)．捕食者は緑で，被捕食者は白でそれぞれ示している．(a) 前期ペルム紀のニューメキシコ州の生態系，(b) 後期ジュラ紀の北米の生態系，(c) 後期白亜紀の北米の生態系，(d) 新生代中頃の北米の生態系．(d)の新生代の動物相は哺乳類で構成されており，内温動物であることが明らかな生態系での生物量比であり，内温動物の動物相における捕食者と被捕食者の生物量比のよい指標となる．Bakker が復元したように，恐竜の生態系における捕食者と被捕食者の生物量比は，内温性の哺乳類(新生代中頃)の生態系のそれと近いが，外温性の生態系だと考えられる前期ペルム紀の動物相のそれとは大きく異なることがわかる．

いて議論するときでも，その動物たちが実際に生きていたときの生態系の構成を正しく知る術がないことを常に念頭に置いているのである．

さらに，Bakker は博物館に収蔵されている標本数を数えることでデータを集めたが，そうした標本は，単純に珍しい種類であるとか，保存状態がよかったなどの理由で現地から採集されたものであることが多い．つまり，博物館標本で集めたデータは，元の動物相と比べて，保存状態が比較的よい動物の割合が高くなり，なかでも特に，珍しい動物の割合が高くなってしまう傾向がある．

多くの研究者が Bakker の研究を再検証しようと試みてきたが，その結果はまちまちで，はっきりとした結論が導かれなかった．究極のところ，捕食者と被捕食者の生物量比から重要な情報を得ようとしたアイディア自体は卓見だったものの，重大な欠点も抱えていたため，信頼性のある明瞭な結果が得られることがなかったのである．しかし Bakker の示した証拠や主張によって，“恐竜”が内温性だったのかもしれないとする考え方が広まり，“恐竜”はもはやちょっと目立つ姿をしたワニのような動物として認識されることはなくなったのだ．

“恐竜”の心臓と脳の性能の真実 現生の内温動物はすべて，四つの部屋（2 心房 2 心室）に分けられた心臓を備えている．心臓に四つの部屋があることで，酸素をふんだんに含んだ血液と，酸素を消費した後の血液がしっかり分けられる効果が生まれる．そしてこれは，内温性を保つための必要条件なのかもしれない．内温性の代謝を保つためには，脳のように複雑で精密な器官に酸素に富んだ血液を常に送り続ける必要があり，そのためには血圧を高めに保たねばならない．しかし，そこまで血圧が高いと，肺の中の**肺胞**（alveolus, *pl.* alveoli）は，それを取囲む毛細血管の血圧によって押しつぶされてしまうだろう．こうした点に対処するため，哺乳類と鳥は血液が二つの異なる循環器系をめぐるように分けられている．一つは，血液が肺の中をめぐる肺循環系（pulmonary circuit）で，もう一つは，血液が体の中をめぐる体循環系（systematic circuit）である．この二つの異なる循環系を回すためには，両循環系を完全に分けることができるポンプ機能が必要であり，そのポンプこそが 4 部屋に分かれた心臓なのである．

はたして“恐竜”にはこのような機能の心臓が備わっていたのだろうか．“恐竜”に最も近縁な現生の動物は鳥とワニであり，彼らは 4 部屋の心臓をもつ．したがって，恐竜類の基盤的な仲間ですでに，二つの異なる循環系を制御できる心臓が備わっていたと考えることができる．

2000 年に大動脈の痕跡とともに 4 部屋の心臓の痕跡が残った恐竜の化石が見つかったことで，この仮説は強く支持された．その“心臓”と思しき器官は，基盤的な鳥脚類（Ornithopoda〔オルニトポーダ〕）のテスケロサウルス（*Thescelosaurus*）の胸腔に鉄鉱石の塊として残されており，**コンピューター断層撮像装置**（computed tomography, computed tomography scan, **CT スキャン**）を用いることでその構造が明らかにされた．その構造が本当に心臓なのかと疑う者がいる一方で，支持する者もいたが，その後の研究で，どうやらその仮説に疑いをもつ側に軍配が上がったようだ．

1970 年代の終わりになると，脳化指数（encephalization quotient：EQ）によって“恐竜”の知性を測ろうとする研究が行われるようになった（13 章）．H. J. Jerison がこの脳化指数の概念をもたらしたのは記憶に新しい．Jerison は脳化指数を解析していくなかで，現生の脊椎動物の脳化指数が内温性と外温性で大きく異なることを突き止めた．つまり，現生の内温動物である鳥や哺乳類の脳化指数は，現生の外温動物である“爬虫類”や“両生類”の脳化指数と比べて有意に高いということである．これはおそらく，内温動物の精密な神経と筋肉の制御を維持するためには，内温性の代謝によって可能となる体温の維持が不可欠なためであろう．脳化指数に基づくと，コエルロサウルス類（Coeluro-sauria〔コエルロサウリア〕；コエルルス竜類）は多くの鳥や哺乳類と同等に活発な動物であると推定された．一方で，大型の獣脚類や鳥脚類は鳥や哺乳類ほど活動的な動物ではなかったものの，典型的な現生の“爬虫類”よりはずっと活発だったと見積もられた．つまり，脳化指数を動物の活動性指標とすると，コエルロサウルス類以外の“恐竜”は現生の“爬虫類”の活動性の範疇に収まるようだ（図 13・3 参照）．

鼻も顔も内温性を物語る　内温性の代謝を維持するためには，肺の中の空気を頻繁に入れ替える（換気する）必要がある．そして高い頻度で換気を行うと，どんどん体内の水分が失われていくため，何か予防策を施す必要がある．現生の哺乳類や鳥が施している対策は，**呼吸鼻甲介**（respiratory turbinate）とよばれる，軟組織で覆われた渦巻き状の薄い骨を鼻腔の中にもつことである．粘膜で表面を覆われた呼吸鼻甲介には二つの機能がある．一つは，鼻から呼気が出ていく前に，湿気を体内に引き戻し，水分を節約するというものである．そしてもう一つが，体内に入る前の吸気が温まり，体外に出ていく呼気が冷えることによって，脳の温度が一定に保たれる効果がある（図 14・6）．

生物学者の John Ruben は，現生の内温動物が外呼吸の際に湿度を保ち，かつ脳の温度を一定に保つための器官を備えているということが，“恐竜”の代謝を解き明かすヒントになるのではないかと考えた．多くの“恐竜”で，複雑な経路の嗅覚鼻甲介（olfactory turbinate）をもつことが知られている．嗅覚鼻甲介は，嗅覚が優れていたことを示す指標だ．一方で，少なくとも Ruben が調べた限りでは，外呼吸した空気を保湿するために用いられる呼吸鼻甲介をもつ種は見つかっていない．このことから，Ruben は，“恐竜”が現生の多くの哺乳類や鳥にみられるような内温性を備えてはいなかっただろうと結論づけている．

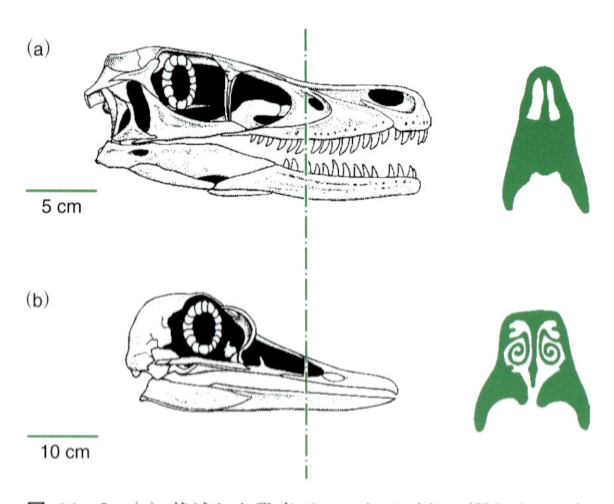

図 14・6　(a) 絶滅した恐竜ヴェロキラプトル（*Velociraptor*）と (b) 現生の鳥のレア（*Rhea*）の吻部の断面図を示した．頭骨のどの部位の断面が描かれているかは左に示してある．鳥の内鼻腔には渦巻き状の呼吸鼻甲介が見られるが，ヴェロキラプトルの内鼻腔にはそれがない．

しかし，Ruben が結論を導き出した頃と比べると，鼻甲介の構造についてもっと詳しいことがわかってきた．まず，鼻甲介は骨があまりに薄いため，化石には残りにくいという点だ．つまり，化石でそれが見つからなかったとしても，そこに鼻甲介がなかったとはいえない，と多くの研究者が指摘した．そして，重要な点として，呼吸鼻甲介が，パキケファロサウルス類（Pachycephalosauria）のステゴケラス（*Stegoceras*）とスファエロトルス（*Sphaerotholus*）という 2 種類の“恐竜”から見つかっているのだ．そしてさらに重要な点として，近年の研究によると，脳の温度を維持し，呼気の湿度を保つためには，呼吸鼻甲介は必ずしも必要ないということなのだ（§14・5）．脳の温度を冷やす，あるいは，恒温状態にするには，ほかにも方法があるのだ．

かいじゅうたちのいるところ

地球上での恐竜の分布域をみると，現生の外温動物の分布よりもはるかに広範囲に広がっていることがわかる．というのも，現生の外温動物はたいてい，北緯 45° 以北や南緯 45° 以南からは見つかっていないのである．さらに，大型の現生外温動物になると，北緯 20° 以北や南緯 20° 以南に分布することはほとんどない（図 14・7）．

大陸が移動した分を補正したとしても，白亜紀の“恐竜”産地は当時の北緯約 80° や南緯約 80° 付近まで分布している．“恐竜”産地の北限と南限では，長期間にわたる日没があり，少なくとも冬季には一時的に氷点下になっていたことは確かだろうと考えられる．

北米の極域に棲息していた“恐竜”としては，ハドロサウルス科（Hadrosauridae）やケラトプス科（Ceratopsidae）のほかに，ティラノサウルス科（Tyrannosauridae），トロオドン科（Troodontidae）などが知られている．オーストラリアから産出する極域に棲息していた“恐竜”には，大型の獣脚類や，多くの幼体の化石を含む基盤的なイグアノドン類（Iguanodontia）が知られている．これらの“恐竜”とともに産する動物として，魚やカメの仲間，翼竜類，プレシオサウルス類（Plesiosauria），鳥（羽毛の痕跡が見つかっている程度），そして驚嘆すべきことに，**分椎類**（Temnospondyli）の生き残り（分椎類は他の地域では前期ジュラ紀には絶滅した“両生類”グループである；図 15・5 参照）まで見つかっている．

これらの動物が一堂に見つかる場合，彼らが内温性だったか外温性であったかを解釈するのが難しくなってくる．南極域から見つかる恐竜の多くは大きな脳とよく発達した視覚をもっていたことがわかっており，これらの特徴は長期間，陽が昇らない暗い時期に役立っただろうと思わせる．たとえば，基盤的な新鳥盤類（Neornithisichia）のレアリナサウラ（*Leaellynasaura*）などがそうだ．しかし，それ以外の動物は，暗い環境に対する十分な備えができていた

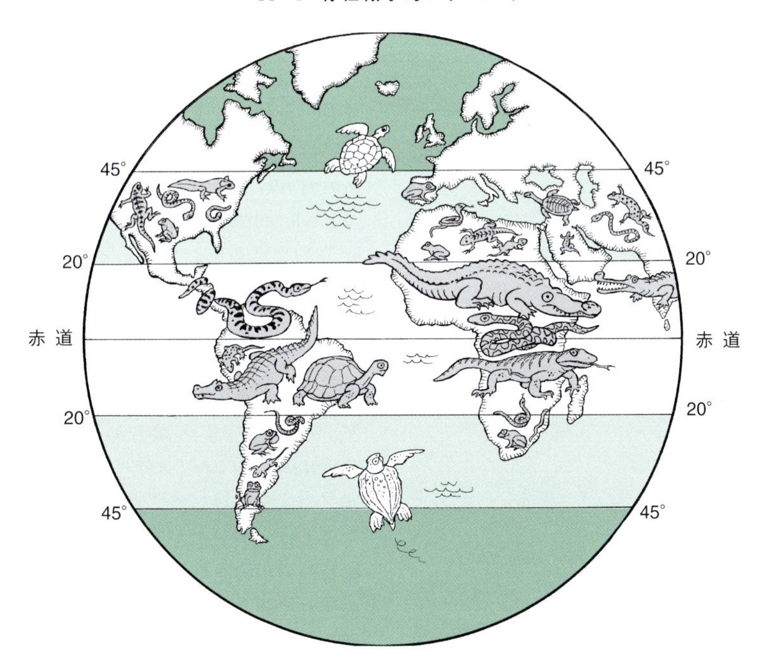

図 14・7 現生の外温性四肢動物の緯度分布．このうち，大型の陸棲種，すなわち，大型のヘビやトカゲ，ワニ，リクガメは，南北の緯度20°以上にはあまり分布していないことがわかる．

とは言い難い．一部の動物は，掘った穴の中で冬をやり過ごすという方法をとることもできただろう．しかし，すべての仲間がそのような対処法をとれたとは考えにくい．

北半球の場合，極域の動物相で，体サイズ的に体を隠すことができるほどの穴を掘ることができたであろう動物はトロオドン科ぐらいである．冬の過酷な気候を避けるために，渡りをした“恐竜”はいたかもしれないが，そうした“恐竜”は気温が十分に暖かくなる時期を見越しながら，長い距離を移動する必要がある．“恐竜”の渡りについては，これを支持する証拠も否定する証拠も見つかっていない．

14・4 骨組織学的アプローチ

脊椎動物のなかで，二次骨であるハバース層板が密になるという特徴をもつ系統（すなわち，鳥類と哺乳類）を考えると，“恐竜”が内温性だっただろうと考えるのはさほど突飛な考えではなかろう．

しかし，ハバース層板はさまざまな要因によって形成されるということを忘れてはならない．その要因の一つが，内温性というだけのことである．二次骨内でのハバース層板の形成は，体サイズや年齢，そしておそらくは置換される骨のタイプ，骨内部に生じている応力，栄養の代謝回転（turnover：骨組織と軟組織の間での代謝活動）に大きく影響される．ただ，最後にあげた二つの要素は代謝と深く関係しているということは付け加えておこう．

ここまで見てきたように，一部の獣脚類や小型鳥脚類，イグアノドン類，竜脚類（Sauropoda）を除き，ほとんどの“恐竜”の仲間では，骨や歯に同心円状に成長する非常によく発達した成長停止線（lines of arrested growth：LAG）が形成されている．成長停止線は，乾季や冬季のように，代謝が活発ではなくなる時期に成長が止まることで，骨や歯の内部に形成される縞模様のことである．このことから，“恐竜”の成長とは，内温性と外温性の違いだけで代謝が説明できるような単純なものではなく，気候の影響をもっと強く受けていると考えられるのだ．初期の鳥のうち，2種の小型の飛翔性の種と，1種の大型の非飛翔性の種であるパタゴプテリクス（*Patagopteryx*；図8・10参照）で成長停止線が見つかっている．このことから，初期の鳥は明らかな羽毛を備えていたにもかかわらず，季節ごとに成長速度が異なるような代謝をしていたことがわかったのである．これら初期の鳥に成長停止線が認められたということは，結局のところ，彼らの内温性のレベルは現生の鳥ほどの域には達していなかったことを示しているのだろう（下記参照）．

エナンティオルニス類（Enantiornithes）の**骨組織**（bone histology）は，ヘスペロルニス（*Hesperornis*）やイクチオルニス（*Ichthyornis*）などの鳥尾類（Ornithurae）の骨組織とは異なる．エナンティオルニス類では，骨組織の様子が現代型の鳥に非常に近いのだ．また，前期白亜紀の原始的な鳥であるコンフキウスオルニス（*Confuciusornis*；孔[夫]子鳥）の骨組織も同様に，現代型の鳥と似ている（図8・7参照）．

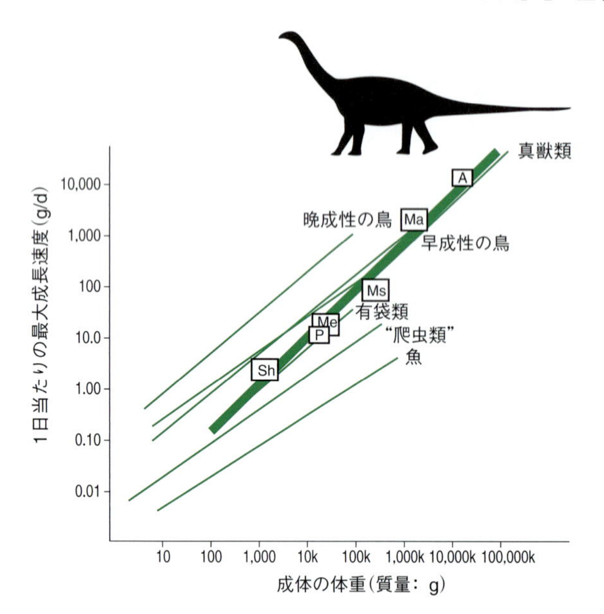

図 14・8　さまざまな体サイズの脊椎動物グループの最大成長速度の比較．成長速度はグループごとに何種類もの動物を用いて求めている．"恐竜"(太線)の場合，Sh：シュヴウイア(*Shvuuia*)，P：プシッタコサウルス(*Psittacosaurus*)，Me：メガプノサウルス(*Megapnosaurus*)，Ms：マッソスポンディルス(*Massospondylus*)，Ma：マイアサウラ(*Maiasaura*)，A：アパトサウルス(*Apatosaurus*)によって回帰直線が描かれている．この傾きは，他の脊椎動物グループと比べて若干大きく，他のグループとは異なる成長の仕方をしていたことを示している．[Erickson, G. M. 2005. Assessing dinosaur growth patterns: a microscopic revolution. *Trends in Ecology and Evolution*, 20, 677–684]

つまるところ，こうした事実から，"恐竜"の内温性についてどのようなことがわかるのだろうか．今では，動物の代謝率が最大成長速度と非常に高い相関関係にあることが示されてきた．現代型の鳥にみられるほど成長速度が速いということは，その動物が内温性の代謝様式をとっていることを強く示唆している．図 13・8 と図 14・8 で，"恐竜"の主要なグループと現生のなじみ深い一部の動物について，成長速度を対比した．一部の大型の"恐竜"は大きな体サイズに達するまで非常に速い成長速度を示している（図 13・8b）．また，"恐竜"全体でみると，成長速度は現生の内温性の動物たちの成長速度と近いものになっている．これは言い換えると，"恐竜"の代謝は，現生の鳥や哺乳類に近いものであり，現生のヘビやトカゲ，ワニといった"爬虫類"のものとは異なるということだ（図 14・8）．

14・5　空調調節

昨今の CT スキャン技術の発達により，"恐竜"の生物学的側面についての理解が飛躍的に進んできた．CT スキャンを効果的に使うことで，外見からではわからない，膨大な解剖学的構造が明らかになってきている．CT スキャンを使った研究でより深く理解されるようになったこととしてあげられるのは，ティラノサウルス・レックス（*Tyrannosaurus rex*；図 6・20 参照）やアンキロサウルス類（Ankylosauria；図 10・18 参照）など，多くの恐竜の鼻腔が複雑な構造をしているという点が明らかになったことだ．どちらの場合でも，研究者たちは，こうした複雑な鼻腔の形状が動物の嗅覚の高さを反映していると解釈している．しかし，この複雑な形状の鼻腔がもたらす効果はそれだけにとどまらないだろう．2018 年に Jason Bourke らは，アンキロサウルス類のエウオプロケファルス（*Euoplocephalus*）とパノプロサウルス（*Panoplocaurus*）の鼻腔の空気の流路に対して，"流体力学解析"を行った．彼らが行ったことは，デジタルモデルを使ってアンキロサウルス類の副鼻腔の中の空気の動きをシミュレーションし，その空気の流れに伴う熱交換を計算したのだ．驚嘆すべきほどに発展した工学的手法から彼らが明らかにしたことは，アンキロサウルス類の鼻腔は，そこを通る空気の温度を，吸気は温め，呼気は冷やすように効果的に調節していたというのだ．さらに，哺乳類が呼吸鼻甲介を使って行っているのと同様に，こうした複雑に発達した鼻腔の鼻道によって，アンキロサウルス類は体から水分が喪失されるのを抑えることができたということも示された．Bourke らは，アンキロサウルス類の鼻腔が複雑に湾曲していることで，生体の脳の温度を一定に保つことに役立ったに違いない，と結論づけている．

また，当初は，呼吸鼻甲介をもたないという特徴が外温性の代謝をもつことを反映していると解釈されてきた．しかし，複雑な経路の鼻腔をもつことで，呼吸鼻甲介の機能と同じような効果，すなわち，体温を保つ効果と体の水分の喪失を防ぐ効果という二つの効果が果たされるとういことが明らかになりつつある．

それでは，アンキロサウルス類以外の恐竜たちは，こうした空調調節機能をもっていたのだろうか．覚えているかどうかはわからないが，4 章で，"恐竜"の頭骨の上部側頭窓付近に脈状になった軟組織があったということを思い出してほしい．長いこと，上部側頭窓の開口部の最上部は顎を閉じる筋肉で占められていると考えられてきた．しかし，解剖学者の Casey Holliday らは 2019 年の研究で，上部側頭窓の最上部には血管がたくさん通る脂肪組織があったとし，これが体温調節に利用できたのではないか，という仮説を唱えた．つまり，血液をその脂肪組織の領域に送り込むことで，そのあたりの体温を動物にとって最適な状態になるよう，冷やしたり温めたりできたのではないか，というのだ．また，これらの脂肪組織は，ディスプレイに使われるような構造を皮下から支えるのに役立ったかもしれない．当然ながら，こうした構造は化石には残ってはいないことは注意してもらいたい．ただ，この脂肪組織が，ディスプレイと体温調節の二役を担ったという可能性があるのだ．つまり，たとえばティラノサウルス・レックス（*Tyrannosaurus rex*）をはじめとする大型獣脚類は，後頭部から雄鶏のトサカのような軟組織でできたディスプレイ構造を突き立てていたかもしれない．上部側頭窓が体温調節に関わっていただろうとする証拠が増えてきてはいるものの，トサカの存在については，まだはっきりしたことがわからない．しかし，低・中緯度に棲息していたディロフォサウルス（*Dilophosaurus*）や高緯度地域に棲息していたクリオロフォサウルス（*Cryolophosaurus*）のような，それぞれ暑かったり寒かったり，あるいは双方ともに比較的乾燥した地域に棲息していたりといった，極限的な気候域の獣脚類が，派手なトサカ状の突起を発達させていたことを鑑みると，獣脚類に軟組織でできたディスプレイ構造が発達していたという仮説はそう軽んじてはいけないのかもしれない．

14・6 安定同位体からの証拠

非常に便利なことに，脊椎動物の化石の骨から，彼らの体温を知ることができる．これは，**安定同位体**（stable isotope）から調べることができる．安定同位体とは，放射性(不安定)同位体とは異なり，自然に崩壊することがない同位体のことである．特にここで注目すべきは酸素の同位体である．酸素の安定同位体は3種類あり，^{16}O が圧倒的に多く存在し，ほかに ^{17}O と ^{18}O がある*4．最後の ^{18}O が特に興味深い．というのも，^{18}O と ^{16}O の量比は温度に依存するからである．これは，相転移の際に，重い同位体と軽い同位体の分別，すなわち，**同位体分別**（isotope fractionation）が起こるためである*5．そのため，もしある生体物質に酸素が含まれていれば，その生体物質中の ^{18}O/^{16}O の比によってその生体物質が形成されたときの温度を知ることができるのだ．骨や歯の場合，それらを構成する生体鉱物の一種であるリン酸塩(PO_4)に酸素が含まれている．つまり，骨の酸素同位体比を調べれば，その骨が形成されたときの動物の体温を知ることができるのだ．“恐竜”の内温性に関する疑問に答えるため，体の深部と末端部の骨での体温の比較や，同位体を用いた直接的な体温の推定，棲息する緯度ごとの体温の変化，そして，“凝集同位体温度測定法（clumped isotope geothermometry，後述参照)”など，さまざまなアプローチの研究が行われてきた．

体の深部と末端部の体温の比較

もし仮に“恐竜”が変温性だったとすれば，肋骨や椎骨などの動物の深部にある骨と，四肢骨や尾椎など動物の末端部にある骨には，その周囲の体温に大きな温度差があったはずだ，と古生物学者のR. Barrickと地球化学者のW. Showersらは考えた（図14・9）．

しかし，もし“恐竜”が恒温性だったとすれば，体液が一定の温度に保たれるため，動物の深部の骨と末端部の骨には，その周囲の体温に温度差がほとんどなかったはずである．骨格部位ごとの周囲の体温の違いは，^{16}O に対する ^{18}O の割合（すなわち，^{18}O/^{16}O）によってわかるはずである．

BarrickとShowersの研究によれば，研究対象となったティラノサウルス（*Tyrannosaurus*）やヒパクロサウルス（*Hypacrosaurus*），モンタノケラトプス（*Montanoceratops*），オロドロメウス（*Orodromeus*），そして幼体のアケロウサウルス（*Achelousaurus*）といった一部の“恐竜”では，各個体の深部の骨と末端部の骨の周囲の体温に2℃ほどの違いしかなかったとのことだ．これはつまり，これらの“恐竜”が恒温性に近い代謝を備えていたということを示している．一方，アンキロサウルス類のノドサウルス科（Nodosauridae（ノドサウリダエ））では，深部と末端部の骨の酸素同位体比に大きな違いがあり，それは温度差にして11℃ほどに相当したという．これは，恒温性の代謝をもつ動物の温度差の範疇を外れているといえる．BarrickとShowersは，ノドサウルス科を除き，彼らが検証に用いたすべての“恐竜”は恒温性であり，体の一部が“部分的に変温性”を示したと結論づけた．

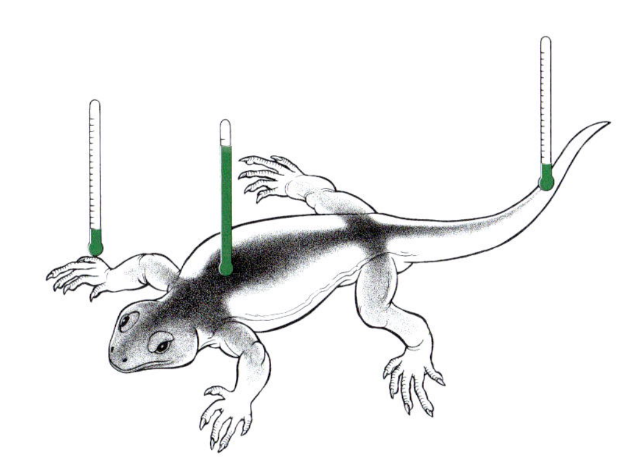

図14・9 変温性の外温動物における，体の深部と末端部の体温の違い．このような外温性の四肢動物の体温は，周囲の気温によって左右されるため，外気が寒いときには，末端部の体温が深部の体温よりもずっと低くなる．

*4 大気中に存在する酸素同位体全体の中で，^{16}O は 99.763％を占め，^{17}O は 0.0375％，^{18}O は 0.1905％．
*5 この場合，同位体分別は，液体(生体が摂取する水)から固体(歯や骨の形成時に酸素が取込まれる)へと相転移する際に起こる．また，気体(大気)から液体(大気から雨粒が凝縮する際)へと相転移する場合にも同位体分別は起こる．

直接的な体温測定

ここまで見てきたように，Barrick と Showers の研究は酸素同位体比に大きく依存していた．しかし，そこには落とし穴があったのだ．骨の同位体比からその周囲の体温を見積もるには，動物が棲息していた環境の同位体組成を知る必要があったのだ．つまり，絶滅動物が飲んでいた水の温度がわからなければ，正しく計算できなかったのである．しかし，そんなものをどうやって知ればよいのだろう．だが，Barrick と Showers は非常に賢く計画が練られた研究を行っていた．彼らの手法では，周囲の水の温度を知る必要などなかったのだ．というのも，彼らは“恐竜”の実際の体温を知るのが目的ではなく，体の深部と末端部の相対的な温度差を比較することが目的だったからである．

しかしその後，多くの古生物学者や地球化学者がさまざまな研究を通じて，恐竜が生きていたときの実際の体温を見積もろうとしてきた．これは，まず体温がすでにわかっている外温動物を用いて，骨の酸素同位体比とその周辺の体温の関係を調べてから，その関係を参考にして，“恐竜”の骨の酸素同位体比から体温を見積もろうとするものである．たとえば，“恐竜”がいた生態系の多くで，ワニは重要な生態的地位を占めている．そして，現生のワニがどのような水温で活発に活動できるかはすでにわかっているので，ワニの骨の酸素同位体比から，その環境下の水の酸素同位体比を推定することができる．化石のワニの骨の酸素同位体比から推測される体温は，現生のワニの骨の体温と数℃ほどしか変わらなかったろうという前提を置くと，当時の環境下の“恐竜”が実際に飲んでいたであろう水の酸素同位体比をきっちりと見積もることができる．そうすると，その環境に棲息していた“恐竜”の具体的な体温を決定することができる，という具合である．

こうした手法を用いた研究の結果はいずれも整合的であった．白亜紀の獣脚類や竜脚類，鳥脚類，ケラトプス類を用いて多量のデータが集められてきたが，その結果によれば，これらの“恐竜”たちの体温は 30～37℃ に維持されていたようだ．これは，少なくとも現生の既知の内温性の動物の体温の範疇に収まっている（図 14・10）．

緯度による体温の違い

同位体を用いるという観点をもち込めば，“恐竜”を丸裸にして体温を測る方法はほかにもある．地球化学者の H. Fricke と古生物学者の R. Rogers が始めた研究は，後に他の共同研究者を増やしていったが，彼らは歯の同位体組成について，北から南への緯度ごとの変化を調べていったのだ．彼らが“恐竜”の歯に注目したのには理由がある．歯は壊れにくく，元の同位体組成を，骨よりもよく保存していると期待できるからだ．研究者たちが，緯度ごとの歯の同位体の変化を調べたのは，赤道域と極域の気温に違いがあり，雨の $^{18}O : ^{16}O$ 比が赤道域から極域に向けて減少していくためである．これは酸素が大気中に気体として存在している状態から，液体の雨粒へと凝集する相変位が起こる際に，同位体分別が起こることと関係する．つまり，赤道から離れて北の方（あるいは南の方）に棲息する動物ほど，雨を構成する水（そして湖や河川を流れる水）は，^{16}O が相対的に多く含まれることにより，軽くなるということだ．一方，赤道域の水は ^{18}O が相対的に多く含まれることになるため，重くなる．当然ながら，海洋に棲息していない生物は，“恐竜”も含め，こうした湖や河川の水を飲むことになる．そして，これらの水の同位体組成は，それを飲んだ動物たちに体の中に取込まれることになる．Fricke と Rogers は，こうした水のことを“体内の水（body water）”

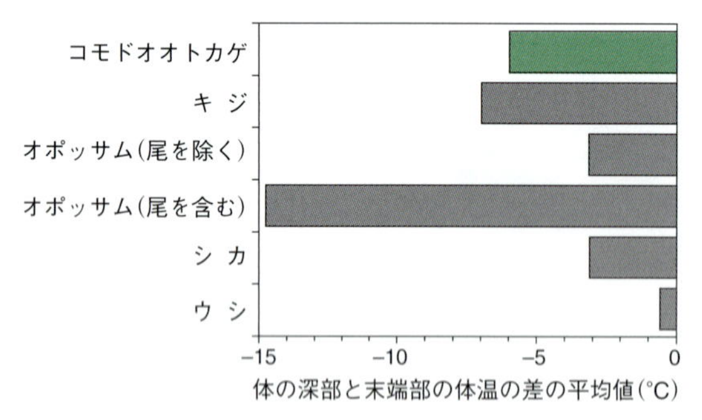

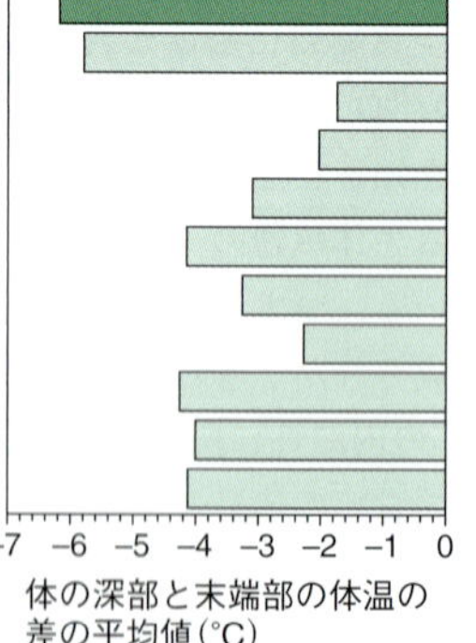

図 14・10　脊椎動物の現生種と絶滅種で，体の深部と末端部の骨の体温を酸素同位体比から見積もり，その差の最大値を比較した図．現生の脊椎動物は，外温性のトカゲであるコモドオオトカゲと，鳥の一種（キジ），内温性の哺乳類のなかから代表的なものをいくつか選んだ．深部と末端部の体温に最も違いがみられたのはオポッサム（この動物は一般に内温性だと考えられている）であり，このことから，たとえ内温性だったとしても，深部と末端部（この場合は長い尾）の体温に大きな差がある場合があることを示している．この研究に使われた“恐竜”のうち，アンキロサウルス類のノドサウルス亜科を除くすべての“恐竜”が，恒温性の範疇に収まったと結論づけられた．

と言い表した．

説明したとおり，体内の水は，歯などの生体の組織に取込まれる．ここで，酸素が歯や骨に取込まれるプロセス，すなわち，液体である体内の水の状態から，固体である歯や骨の成分になるときに，二度目の同位体分別が起こる．内温性の恒温動物の場合，棲息する緯度ごとに生体の体温が変化しないため，二度目の同位体分別の度合いは緯度ごとの違いがみられない．一方，外温性の変温動物の場合，棲息する緯度ごとに生体の体温が異なるため，二度目の同位体分別の度合いに違いが生じるのだ．低緯度地域は気温が高いため，同位体分別は起こりにくい．一方，高緯度地域は気温が低いため，同位体分別の変化の幅が大きくなる．

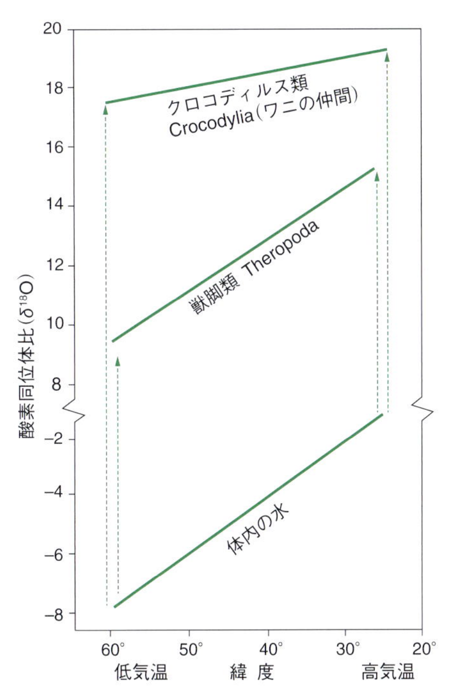

図 14・11 “恐竜”の代謝戦略を，棲息する緯度勾配と酸素同位体比によって示す．横軸に緯度，縦軸に酸素安定同位体比がプロットしてある．“体内の水（body water）”として示された直線は，生物が飲んだ水の酸素同位体比を示す．その酸素同位体比は，緯度ごとの温度差によって生じる同位体分別の結果，緯度ごとに異なる値を示す．“獣脚類”と“クロコディルス類（ワニの仲間）”とそれぞれ書かれた直線は，同じ緯度勾配に棲息するこれらの動物の歯の酸素同位体組成である．点線矢印は，体内の水から歯のエナメル質がつくられる際に起こる同位体分別の量を示す．“恐竜”では，緯度（外気温）に関係なく，同じ量の分別が起こるが，クロコディルス類では酸素が歯に取込まれる際に起こる分別が外気温（緯度）によって変化する．結果，緯度ごとのクロコディルス類の歯の酸素同位体比の変化は，獣脚類のそれよりも傾きが明らかに小さくなっている．ここに，獣脚類が内温性の代謝をもつ恒温動物であるのに対して，クロコディルス類は外温性の代謝をもつ変温動物であることの違いが現れている．［Fricke, H. and Rogers, R. 2000. *Geology*, 28, 799–802 より再描画］

こうした化学現象を利用して，その動物が内温性の恒温動物であったか，外温性の変温動物だったかを判別するために非常に強力な指標ができあがったのだ（図 14・11）．そして実際に，竜脚類や獣脚類，鳥脚類，ケラトプス類など 100 体ほどの“恐竜”化石を使ってこの手法から“恐竜”の代謝を推定した大掛かりな研究からも，Fricke と Rogers が最初に到達した結論と同じ結果が導かれている．つまり，外温性の変温動物であるワニの歯の同位体組成の緯度変化と比べて，“恐竜”の歯の同位体組成の緯度変化はまったく異なるものとなったのである．これらの結果は，“恐竜”の体の中では現生の内温性の恒温動物と同じような形で酸素同位体の分別が起こっていたことを明確に示しており，現生のワニと同じような同位体組成の緯度変化パターンを示した白亜紀のワニとはまったく異なっていたということだ．

凝集同位体温度測定法

上述の同位体を用いた直接的な体温測定法の“アキレス腱”，すなわち弱点となるのは，その手法が，動物が飲んだ水の同位体組成がはじめにわかっていないといけない，というものである．しかし，2010 年以降，絶滅動物の骨や歯が形成されたときの体温のほかにも，卵殻が形成されたときの体温を測るための**凝集同位体温度測定法**（clumped isotope geothermometry）とよばれる新しい手法が使われるようになってきた．凝集同位体温度測定法は，^{18}O と ^{13}C がそれぞれ異なる温度で引き寄せ合い，凝集する現象を利用する．これらの分子の凝集量は温度に依存する．つまり，これらの凝集量を測定すれば，わざわざ水の中の酸素の同位体組成を見積もらなくても済むのだ．地球化学者の R. A. Eagle らはこの手法を用い，ジュラ紀の竜脚類（Sauropoda）の歯やオヴィラプトロサウルス類（Oviraptorosauria（オヴィラプトロサウリア））の卵殻を含め，さまざまな絶滅脊椎動物や現生の脊椎動物を対象にこの手法を適用した．この地質時代用の体温計を現生の脊椎動物試料でキャリブレーションすることで，竜脚類の体温が 31～38°C ほどになることや，オヴィラプトロサウルス類の卵殻が現代型の鳥よりも低い温度域で形成されるということを突き止めた．絶滅した“恐竜”で推定されたこれらの体温は竜脚類が内温性の代謝をしている（ただし次頁参照）一方で，オヴィラプトロサウルス類ではそれほど内温性の兆候が見られなかったことを示していた．

十人十色～それぞれの代謝戦略

つまるところ，“恐竜”の代謝はどうなっていたと考えるべきなのだろうか．現在までわかっていることは，“恐竜”は外温性かつ変温性のワニのような動物ではない，ということだ．“恐竜”はワニとは何か別物の代謝をもっていたということだ．ここで生じる疑問は，「では，“恐竜”の代謝はどんなものだったのか」ということだろう．一部は相互に矛盾しないものもあるだろうが，“恐竜”の代謝について，次の（仮説 I）～（仮説 V）のように，さまざまに異なる意見がこれまで提唱されてきた．

仮説 I **鳥も含め，恐竜の種ごとに，異なる内温性の代謝戦略がとられてきた** “恐竜”の体サイズや行動生態の多様性を考慮すると，“恐竜”が画一的な代謝戦略をとっていたことは考えにくい．一部の研究者は，大型の竜脚類は**巨体恒温性**（gigantothermy）という戦略をとっていたのではないかと考えている．これは，竜脚類の体サイズが大きいことから，体積に対する体表面積の割合が小さくなるため，体の深部の体温が保持されやすくなっており，真の内温性の代謝戦略をとらずとも，恒温性でいられるというものだ．しかし，凝集同位体温度測定法による研究では，竜脚類は巨体恒温性のような受動的な体温維持戦略をとっていたにしては，体温が低すぎるということが示唆された．この研究者らは，竜脚類は体温を積極的に維持する真の内温性ではなく，真の外温性の動物だったと結論した．その一方で，小型から中型の獣脚類や，同程度の体サイズの鳥脚類は，おそらく活発に活動する内温性の恒温動物であっただろうということを示す研究結果が得られている．これは，現代型の鳥（新鳥類）ほどの代謝レベルではなかったかもしれないが，オポッサムのような哺乳類がもつような内温性の代謝レベルだったのではなかろうか．最近，小型の獣脚類だけではなく，大型の獣脚類にも羽毛が発見されるようになったことに加え，獣脚類の骨は，他のどの動物よりも鳥の骨に見られるものと近いほど二次骨（ハバース層板）が密に存在することも，獣脚類が内温性の代謝をもっていたことを支持している．

仮説 II **“恐竜”は内温性の恒温動物と外温性の変温動物の“中間的な”代謝戦略をとっていた** “恐竜”の古生理学者であった故 R. E. H. Reid は，“恐竜”がこうした“中間的”な代謝戦略をとっていたと長年主張してきた．この仮説では，“恐竜”が低い代謝量であったとしても，4 室の心臓をもち，体温を保つために巨体恒温性と血液循環を活用することで，さまざまな気温に耐えることができた，としている．Reid によると，“恐竜”は成長速度が速いが，このことは，彼らが内温性だったとしても矛盾はしないが，内温性でなければこのような成長速度を示すことができないわけではないだろうと考えた．そしてこの考えを支持する根拠として，鳥類以外の恐竜には，鳥や哺乳類とは異なり，少なくとも部分的にさえ体積に依存した体温維持が不可能なほどの，真に小型の種が存在していない点をあげた．そしてこの根拠のほかに，骨組織学的な根拠を基に，彼は，現代型の鳥や哺乳類にみられるような内温性の代謝は，“恐竜”にはなかったと主張した．彼の観点では，“恐竜”の“中間的”な代謝戦略が，現生の内温動物がもつような代謝戦略に向けての進化の途上にあったというのではなく，“非鳥類恐竜”がこれとはまったく別の特異的な代謝戦略を独自に獲得したという考え方だ．これについては，2014 年にニューメキシコ大学の生理学者 J. M. Grady らが同様の見解を示しており，“恐竜”の成長速度を復元したところ，これが現生の内温性の恒温動物のものとも，外温性の変温動物とも異なっていて，むしろ，“中温性（mesothermy）”ともいうべき，その両極の代謝戦略の中間的なところにあったと結論した．

仮説 III **“恐竜”は成長段階ごとに異なる代謝戦略をとっていた** 一部の古生物学者は，特に大型の鳥脚類や獣脚類といった“恐竜”が，急激に成長する幼体のときには内温性かつ恒温性の代謝戦略をとっていたが，成体では巨体恒温性を経て，外温性かつ恒温性に近づいていったと考えている．多くの地球化学者が恐竜の体温が高かったという研究結果を出し続けていることから，これらの“恐竜”が外気とは異なる温度で体温を保っていたという点は正しいのかもしれない．そしてこれは内温性の代謝をもつ動物の特徴である．

仮説 IV **原始的な恐竜類では内温性を獲得していたが，一部の恐竜がこの特性を失い，二次的に外温性の代謝へと戻っていった** 少し異なる視点からこのことについて考えてみよう．恐竜が単系統であるならば，基盤的な恐竜類の代謝戦略というものは決まっていたはずである．さらに，竜盤類や鳥盤類には羽毛があったことを考えると，基盤的な恐竜には羽毛があったと考えるのが整合的だ．もしこれが正しいとすれば，そして（それなりに確かな根拠によって）彼らが単繊維性の羽毛の起源が単一の起源であったとするなら，最初期の恐竜類の体は羽毛で覆われていた可能性が高い．原始的な鳥盤類の体にも羽毛が確認されていることと，最初期の恐竜が小さな体サイズをもっていた（つまり，体積に対して相対的に大きな体表面積をもっていた）ことから，初期の恐竜の体を覆っていた羽毛は断熱材として機能したと考えられる．外温性の動物が断熱材によって体温を維持することに意味はない．そのため，体が羽毛で覆われていたということは，最初の恐竜や初期の恐竜たちが内温性の代謝をもっていたことを示している．しかし，恐竜が進化して多様化するにつれ，一部の系統では，体中が羽毛で覆われなくなっていき，そしておそらくは内温性が失われていっただろうと考えられる．たとえば，竜脚類は内温性の代謝戦略を捨て，巨体恒温性の代謝戦略へと変わっていったのだろう．彼らの大きな体サイズは，内温性の代謝によって熱を生み出さずとも，恒温状態を十分に維持できただろうと考えられる．ハドロサウルス科のような巨大な動物は，皮膚痕が残る“ミイラ”化石が残されている（図12・7参照）が，羽毛をもっていた形跡がない．彼らもまた，似たような代謝戦略をとっていたのかもしれない．

仮説 V　**“恐竜”の代謝戦略は，上記の仮説 I ～仮説Ⅳの一部もしくはすべてである**　つまるところどういうことだったのかわからないという場合の最適な判断は以下のようになろう．すなわち，“恐竜”の生理学的機能はさまざまな内温性の代謝戦略を複雑に織り交ぜたもので，体サイズや行動様式，そしてもしかすると周囲の環境による影響も受けるようなものだったということだろう．しかし，これらの代謝戦略は，“恐竜”の主要なグループごと，異なる行動様式をとるなかで，異なる方向性へと進化していった可能性がある．

とはいえ，“恐竜”の代謝戦略については，ある程度わかってきたことが増えており，この分野の研究の“熱量”もある程度落ち着いてきたとはいえども，まだまだ煮えたぎるこのトピックの結論が得られるのはもっと先のことだということだ．これは本章を読み終えた諸君にも十分に伝わったことと思う．

本章のまとめ

生理学者は“温血性”や“冷血性”という用語をあまり使わない．彼らはむしろ，より動物の代謝戦略の本質を表す用語，すなわち，熱源に基づいた呼び方として内温性や外温性，あるいは，生体の体温の変動の仕方の違いに基づいた呼び方として恒温性や変温性といった用語を用いる．ただし，代謝戦略とはこのように二極化できるものではなく，連続的な幅の中で変化していくものであり，これらの用語はその幅の両極端の状態をさしている．

“恐竜”が内温性の代謝をもっていたことを示唆する解剖学的な特徴には以下のようなものがあげられる．まず，現生の下方型の姿勢をとる動物はすべて内温性だが，恐竜もまた下方（直立）型の姿勢をとっていたこと．次に，内温性の代謝において，高い血圧を維持するために四つの部屋に分かれた心臓が必要とされるが，“恐竜”の心臓も4部屋に分かれていたように思われること．そして，一部の“恐竜”が高い脳化指数をもっていたこと，である．

しかし，これらの指標はいずれも決定的なものとはいえない．というのも，下方型の姿勢と内温性の関係については因果関係が示されておらず，たまたま対応しているように見えるだけなのかもしれないという批判がある．また，ややこしいことに“恐竜”には高い脳化指数をもつ仲間がいたことは事実だが，一方で，きわめて低い脳化指数をもつ仲間もいた．さらに，“非鳥類恐竜”の一部は呼吸鼻甲介をもっていなかったことから，彼らは現生の内温動物のように呼吸時に高頻度で換気することがなかったのかもしれない．ただ，羽毛をもつことや，鼻道が複雑な経路をした鼻腔をもつことといった点は，“恐竜”の内温性を強く支持している．

“恐竜”の骨にハバース層板が発達していたことは，彼らが内温性であったことを示唆している．骨にハバース層板が形成されることに加え，骨に残る成長停止線から推測される速い成長速度は，現生の内温動物にだけ見られる特徴である．これらの特徴は，“恐竜”は少なくとも幼体の時期には内温性の代謝戦略をとっていたであろうことを示している．

エネルギー収支の観点から述べると，内温性を維持するには非常にコストがかかる．そのため，内温動物で構成される生態系では，被捕食者に対する捕食者の割合が，外温動物で構成される生態系のそれと比べて，極端に小さくなるはずである．“恐竜”の生態系でこの割合を求めるため，さまざまな研究が行われてきた．しかし，多くの制約により，“恐竜”の生態系における捕食者：被捕食者の割合をきちんと計算できた研究はいまだにない．その制約とは，博物館に収蔵されている標本が，“恐竜”が生きていた当時の動物の個体数構成を正しく反映できているわけではないこと，また，内温性の捕食者が外温性の動物を捕食することもあれば，その逆の場合もあること，さらに，被捕食者の個体数を減らす要因，すなわち死因が捕食によるものだけではないことなどがあげられる．

現生の大型の外温動物は北緯20°以北や南緯20°以南には棲息していない．しかし，“恐竜”は極域にも棲息していたことから，彼らが内温性の代謝をもっていただろうと考えられたこともある．ただし，高緯度地域からは“両生類”の分椎類（Temnospondyli）も見つかっている．おそらくは地球全体が現在よりも暖かかったこともあり，過去の外温動物の分布域は現在よりも高緯度地方へ広がっていたのだろう．

羽毛をもつことによる断熱効果の起源は，鳥頸類（Ornithodira）まで遡ることができるとともに，内温性が基盤的な主竜類（Archosauria）の段階ですでに獲得されていた可能性を示す証拠も数多くあげられている．ともかく，8章で見てきたように，アーケオプテリクス（*Archaeopteryx*）やそれと近縁な鳥翼類（Avialae）の系統は，現代型の鳥とは異なり成長速度が遅かった．このことは，基盤的な鳥頸類にみられた断熱性の覆いは，内温性のようなライフスタイルを試してみていたのかもしれない．

$^{18}O/^{16}O$ の同位体比は温度に依存するため，保存状態のよい骨や歯の化石の古体温計として使われてきた．この手法の発想の根底にあるのは，外温動物では内温動物と比べて，体の深部の骨と末端部の骨で体温に差があっただろうというものである．この判断基準に基づくと，“恐竜”（と

一部の哺乳類）では，外温性のものもいれば，内温性のものもいたようだ．たとえば，ハドロサウルス科（Hadrosauridae）のような仲間は体の深部と末端部で体温の差がほとんどなかった一方で，アンキロサウルス類（Ankylosauria）や大型の獣脚類（Theropoda）のうちの２種では外温性の範疇に当てはまった．内温性と外温性はあくまで多様性の両極端を示すものであり，脊椎動物の中での代謝戦略は簡単に結論づけられるものではない．これを裏付けるように，現生哺乳類の有袋類の仲間であるオポッサムでは，外温性の範疇に入る値が得られている．緯度ごとの体温の変化を調べた研究によると，“恐竜”の体温は棲息する緯度によって生じる周囲環境の気温の変化によらず，よく維持されていたことがわかった．一方，凝集同位体温度測定法によると，研究に使われた“恐竜”は成長の初期段階では内温性であることが示唆された．

少なくとも，かつて言われていたような“冷血性”のトカゲやワニのような動物をモデルとして復元されてきた“恐竜”の代謝はもはや時代遅れのものだということは確かだ．さまざまな証拠から，“恐竜”はおそらく多岐にわたる代謝戦略をとっており，そのほとんどもしくはすべての仲間が，ある意味で不完全な形での内温性の代謝戦略をとっていたといえるだろう．これはおそらく，現生の外温性の変温動物や内温性の恒温動物の代謝戦略とは異なるもので，それらの中間的な代謝戦略だったのかもしれない．

参考文献

Amiot, R., Lècuyer, C., Buffetaut, E., *et al.* 2006. Oxygen isotopes from biogenic apatites suggest widespread endothermy in Cretaceous dinosaurs. *Earth and Planetary Science Letters*, **246**, 41–54.

Amiot, R., Wang, X., Wang, S., *et al.* 2017. δ^{18}O-derived incubation temperatures of oviraptorosaur eggs. *Palaeontology*, **60**, 633–647.

Bakker, R. T. 1975. Dinosaur renaissance. *Scientific American*, **232**, 58–78.

Bakker, R. T. 1986. *The Dinosaur Heresies*. William Morrow and Company, New York, 481p.

Bakker, R. T. and Galton, P. M. 1974. Dinosaur monophyly and a new class of Vertebrates. *Nature*, **248**, 168–172.

Barrick, R. E., Stoskopf, M. K., and Showers, W. J. 1997. Oxygen isotopes in dinosaur bone. In Farlow, J. O. and Brett-Surman, M. K. (eds.) *The Complete Dinosaur*. Indiana University Press, Bloomington, IN, pp.474–490.

Bourke, J. M., Porter, W. R., and Witmer, L. M. 2018. Convoluted nasal passages function as efficient heat exchangers in ankylosaurs (Dinosauria: Ornithischia: Thyreophora). *PLoS ONE*, **13** (12), e0207381. doi: 10.1371/journal.pone.0207381

de Ricqlès, A., Horner, J. R., and Padian, K. 2006. The interpretation of dinosaur growth patterns. *Trends in Ecology and Evolution*, **21**, 596–597.

Desmond, A. 1975. *The Hot-Blooded Dinosaurs*. The Dial Press, New York, 238p.

Eagle, R. A., Tütken, T., Martin, T. S., *et al.* 2011. Dinosaur body temperatures determined from isotopic (^{13}C-^{18}O) ordering in fossil biominerals. *Science*, **333**, 443–445.

Eagle, R. A., Enriquez, M., Grellet-Tinner, G., *et al.* 2015. Isotopic ordering in eggshells reflects body temperatures and suggests differing thermophysiology in two Cretaceous dinosaurs. *Nature Communications*, **6**, 8296.

Farlow, J. O. 1990. Dinosaur energetics and thermal biology. In Weishampel, D. B., Dodson, P., and Osmólska, H. (eds.) *The Dinosauria*. University of California Press, Berkeley, pp.43–55.

Fricke, H. and Rogers, R. 2000. Multiple taxon-multiple locality approach to providing oxygen isotope evidence for warm-blooded theropod dinosaurs. *Geology*, **28**, 799–802.

Grady, J. M., Enquist, B. J., Dettweiler-Robinson, E., Wright, N. A., and Smith, F. A. 2014. Evidence for mesothermy in dinosaurs. *Science*, **344**, 1268–1272.

Holliday, C. M., Porter, W. R., Vliet, K. A., and Witmer, L. M. 2019. The frontoparietal fossa and dorsotemporal fenestra of archosaurs and their significance for interpretations of vascular and muscular anatomy in dinosaurs. *The Anatomical Record*, **303**, 1060–1074. doi: 10.1002/ar.24218

Hopson, J. A. 1980. Relative brain size: implications for dinosaurian endothermy. In Thomas, R. D. K. and Olson, E. D. (eds.) *A Cold Look at the Warm-Blooded Dinosaurs*. AAAS Selected Symposium 28, Westview Press, Boulder, CO, pp.287–310.

Horner, J. R., de Ricqlès, A., and Padian, K. 2000. Long bone histology of the hadrosaurid dinosaur *Maiasaura peeblesorum*: growth dynamics and physiology based upon an ontogenetic series of skeletal elements. *Journal of Vertebrate Paleontology*, **20**, 115–129.

Padian, K. and Lamm, E.-T. 2013. *Bone Histology of Fossil Tetrapods: Advancing Methods, Analysis, and Interpretation*. University of California Press, Berkeley, CA, 285p.

Reid, R. E. H. 2012. "Intermediate" dinosaurs: the case updated. In Brett-Surman, M. K., Holtz, T. R. Jr., and Farlow, J. O. (eds.) *The Complete Dinosaur*, 2nd edn. Indiana University Press, Bloomington, IN, pp.873–921.

Rich, P. V., Rich, T. H., and Wagstaff, B. E. 1988. Evidence for low temperatures and biologic diversity in Cretaceous high latitudes of Australia. *Science*, **242**, 1403–1406.

Sellers, W. I., Manning, P. L., Lyson, T., Stevens, K., and Margetts, L. 2009. Virtual palaeontology: gait reconstruction of extinct vertebrates using high performance computing. *Palaeontologia Electronica*, **12**(3), 11A, 26p. http://palaeoelectronica.org/2009_3/180/index.html

Spotila, J. R., O'Connor, M. P., Dodson, P., and Paladino, F. V. 1991. Hot and cold running dinosaurs: body size, metabolism, and migration. *Modern Geology*, **16**, 203–227.

Thomas, R. D. K. and Olson, E. C. (eds.) 1980. *A Cold Look at the Warm-Blooded Dinosaurs*. AAAS Selected Symposium no. 28, 514p.

付録 14・1　エネルギー代謝の仕組み

ご存知のように，私たちが栄養源としているのは**炭水化物**（carbohydrate）とよばれる炭素系分子である（皆も大好きな“キャンディー”も炭水化物だぞ！）．ただ，炭水化物がどうやって栄養源となっているかについてはあまり知られていないかもしれない．わかりやすくいうと，まず，炭水化物を分解することで得られるエネルギーを使って，**ATP**（adenosin triphosphate，アデノシン三リン酸）とよばれる分子を合成する．ヒトを含め，あらゆる生物で，ATP からエネルギーを取出す方法は共通している．ATP 分子を，それと似た構造の分子である **ADP**（adenosine diphosphate，アデノシン二リン酸）とリン酸基に分解する際にエネルギーが放出されるのである．

細胞呼吸

細胞呼吸（cellular respiration）の際，たとえばグルコース（ブドウ糖）のような炭水化物中の化学結合が酸化（oxidation）とよばれる反応によって分解される．これらの反応は複雑で相互に密接に関連した一連の段階を踏みながら進んでいく．1 分子のグルコース（単純な構造の炭水化物）は“解糖系（glycolysis）”とよばれる反応により 2 分子のピルビン酸と 2 分子の ATP を生成する．つづいてピルビン酸は“クエン酸回路（citric acid cycle）”とよばれる一連の反応を介して CO_2 と水素（H_2O）に分解される．生じた水素は“電子伝達系（electron transport chain）”によって酸化され，あわせて 36 個もの新たな ATP 分子をつくり出すことができる．クエン酸回路という名前は，炭水化物を分解していく段階でクエン酸が生成されることに由来している（付録図 14・1）．

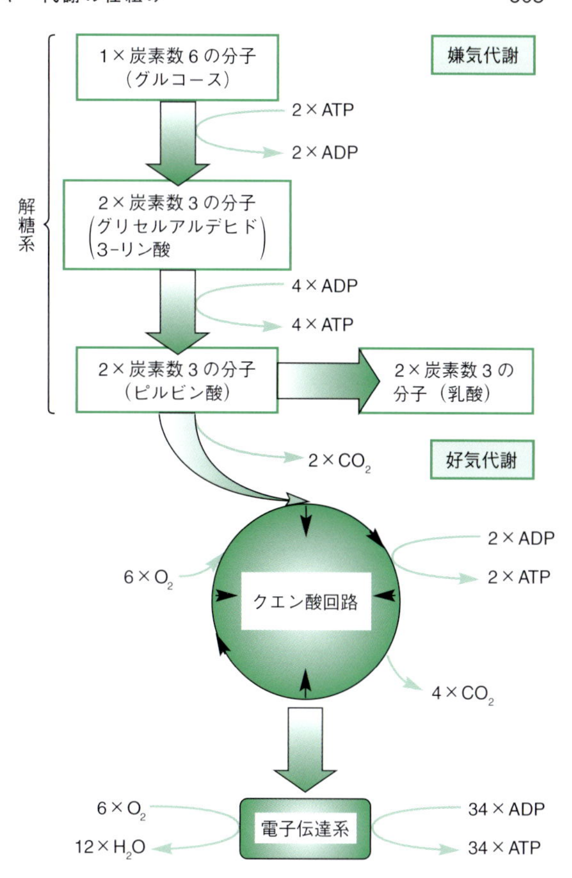

付録図 14・1　細胞呼吸では，炭水化物を分解して ATP に貯蔵するかたちでエネルギーをつくり出す．ここでは，炭素数 6 のグルコース分子が分解される様子を示す．ATP が，嫌気的反応によって最終的に乳酸が合成される解糖系と，好気的反応のクエン酸回路，および電子伝達系という三つの反応経路によって合成されていく様子が示されている．

クエン酸回路と電子伝達系は酸素を必要とするため，**好気代謝**（aerobic metabolism）とよばれているが，これは完全に効率的な反応というわけではない．というのも，ATP の合成には炭水化物の 40〜60% ほどの結合エネルギーしか使われないのである．残りのエネルギーは熱として放出される．

生物が呼吸で酸素を取込むのは，上述のとおり，エネルギー貯蔵物質である ATP を合成するのに酸化の反応が必要なためである．生物に必要なエネルギーが増加すると，それを生み出すために必要な ATP の量も増加し，そしてより多くの酸素が消費され，より多くの熱が生み出され，放出されることになる．私たちが運動すると，呼吸の頻度や心拍数，体温が上昇するのはこうした理由によるものである．

しかし，呼吸によってまかなえる酸素の供給量が追いつかなくなると，解糖系のみが行われる．解糖系は酸素を必要としないため，**嫌気代謝**（anaerobic metabolism）とよばれている．生成されたピルビン酸はクエン酸回路に行かずに代わりに乳酸が合成される（付録図 14・1）．この乳酸は筋の中に蓄積し，激しい運動のあとによく起こる筋肉痛をひき起こす．激しい運動のあとには激しく呼吸するが，これは使い果たした酸素を何とか回復させるためであり，運動中の酸素不足の際に嫌気代謝で生じた乳酸を筋から取除くためである．

Chapter

15 中生代の動植物の栄華

What's in this chapter

- “恐竜”の進化の概要を理解する
- 中生代の気候についてより深く理解する
- 中生代の重要な植物を理解する
- “恐竜”と植物の共進化について探究する

15・1　中生代の“恐竜”

本書では，ここまで“恐竜”がどういった動物であり，どのように行動していたか，という視点で，“恐竜”を個々の動物として扱ってきた．ここで，少し俯瞰的に“恐竜”を眺め，“恐竜”の生態系に踏み込んでいこう．ただし，その前に堆積層の記録に何が残され，どんな情報が“不足しているのか”をよく考える必要がある．

堆積記録の限界

基本的なことだが，一般に化石は堆積岩の中から見つかる．堆積岩とはその字のごとく，“堆積”してできた岩石である．“恐竜”の化石が発見されるような堆積岩は，砂，シルト，粘土などさまざまな粒径の岩石片と鉱物片が，風や水によって風化され，運搬され，堆積してできた岩石であり，これを砕屑岩（clastic rock）とよぶ．ご想像のとおり，水や風によって運ばれた岩石の破片は，地形的に低い場所に集まりその場に堆積する．言い換えれば，堆積物が長い年月をかけて何層にも積み重なり，固結することでできた堆積岩の存在は，その場所が地形的に低く，堆積物の集積地帯であったことを示唆している．堆積岩の中から見つかる化石は，その動物がその場所に棲息していたか，他の場所で棲息していたものが鉱物や岩石と同じように風や水によって運ばれ，結果的にその場所に堆積したかのどちらかである．すなわち，堆積岩の記録には非常に限られた情報しか残されていない．堆積岩から復元される古代の環境と化石は，ごくまれに他の場所から運搬された場合を除き，その堆積物が堆積した当時の低地に棲息していたものしか保存されないのだ．

すなわち，山地に棲息している動物や植物は，骨や歯などの硬い部分が低地に運ばれてこない限り，化石となって私たちの前に姿を現すことはないということだ．つまり，堆積岩が作られ，化石が残るということは，ヴィクトリア朝時代のロンドンの紳士クラブのように非常に厳選的なものなのだろうか？

化石の保存状態

“恐竜”が分布していた大陸を時代ごとに示したものが表15・1である．オーストラリアや南極大陸では一部空欄がみられるが，それはただ，こうした地域が保存状態の面で化石を見つけにくい場所だったり，過酷な環境ゆえに化石を採集するのが困難な場所のために，“恐竜”の化石が見つかっていないだけで，そこに“恐竜”がいなかったということを意味するわけではない．また，時代ごとに堆積物の堆積量も異なっているため，こうした地質学的要因によって化石の保存状態が左右されることもある．たとえば，北米の中期ジュラ紀は特に，陸成層の堆積岩があまり多く残されていない．そしてその結果，その時代は一見，四肢動物（Tetrapoda）の多様性が非常に低い時代のようにみえてしまうのである（Box 15・1）．後期白亜紀はその逆で，喜ばしいことに，非常に豊富な“恐竜”の化石記録がその時代の層準から見つかっている．これらの問題の影響をなんとか取除きつつ，完全な化石記録がどれほどであったかを見積もろうとする研究がさまざまな手法で行われてきた（Box 15・2）．

時代を通じた“恐竜”の変遷

こうした“恐竜”の場所や時代ごとの分布をノートのページにたとえてみよう．ここでは，ページをめくるごとに新しい時代の異なる大陸配置，そして大陸ごとに異なった“恐竜”の動物相が登場すると思ってもらいたい．このように考えてみると，時代ごとに特徴的な“恐竜”の動物相があり，それが変遷していく様子はまるで，地球の歴史という道を歩んでいく壮大なパレードを見ているかのようである（図15・1）．

さぁ，これから“恐竜”動物相の変遷について，時代ごとに“非鳥類恐竜”の属の数を示す**多様性**（diversity）という指標を使って，もっと定量的に評価していこう（図15・2）．この指標を使うことで，“恐竜”が地球上に棲息していたおよそ1億6500万年間を通じて，地上に存在していた“恐竜”たちの変遷をたどっていくことができるのだ．

表15・1　中生代における各大陸の“恐竜”の分布状況　緑で示した箇所はこれまでに“恐竜”が見つかっていることを示す．

	アジア	アフリカ	南　米	北　米	ヨーロッパ	オーストラリア	南極大陸
後期白亜紀	■	■	■	■	■	■	■
前期白亜紀	■	■	■	■	■		
後期ジュラ紀	■	■	■	■	■		
中期ジュラ紀	■	■	■	■	■	■	
前期ジュラ紀	■	■	■	■	■		■
後期三畳紀	■	■	■	■	■	■	

時代の幕開け：後期三畳紀（2億3700万年-2億140万年前）

“恐竜”が後期三畳紀に急速に多様化していった様子を復習しよう（図5・13参照，図15・2）．明確に“恐竜”であると同定できる生物が地球上に出現したのはおよそ2億3100万年前のことである*1．“恐竜”がどのようにして地上の脊椎動物相で支配的になったのかについての詳しい点はじれったいほど，いにしえのヴェールで覆い隠されている．しかし，今ある化石記録から示唆されることがある．5章で説明したとおり，おそらく“恐竜”は他の脊椎動物が抜けた穴を埋めるように急速に支配的になっていったということだ．どんなに“恐竜”の熱烈支持者であっても，“恐竜”が優れた“秘密兵器”をもっていて，獣弓類（テラプシダ）（Therapsida: *ther* 獣，*apsid* 弓・環）や基盤的な主竜類（アルコサウリア）（Archosauria: *archos* 主・基幹，*saur* トカゲ・竜，*-ia* 類），恐竜よりも基盤的な恐竜形類のような，それまで支配的だった四肢動物（図15・3，図15・6）を追い落とし，地上の支配者になったことを証明できていない．これについてはこのあとでもう少し詳しく説明しよう．

“恐竜”時代の幕開け：生態学的な観点か　5章では，恐竜に最も近い基盤的な恐竜形類について解説し，系統図の観点から恐竜以外の主竜類から恐竜へと進む道筋を辿ってきた．ここでは最初に，初期の恐竜の生態を紐解いてみよう．

Box 15・1　四肢動物の多様性の変遷

英国ブリストル大学のM. J. Bentonは35年以上にわたって，各時代を通じて四肢動物のすべての科の数の栄枯盛衰をリストにまとめる作業を行ってきた．この科の数の変遷を見てみると，面白い点がいくつも見えてくる．まず，中生代の中ほどの中期ジュラ紀で科の数が激減している箇所を見てもらいたい（図B15・1）．ここでは，これまで説明してきたように，さまざまな地質学的・人為的要因によるバイアスがかかってしまっている．すなわち，本来のものとは異なると考えられる値が現れている．これは，中期ジュラ紀に見つかっている科の数が少ないこと以上に，中期ジュラ紀の堆積層自体が少ないことに起因している．次に，新生代で急速に科の数が伸びていることに注目してもらいたい．これは本当に科の数が増えているということを示している可能性も否定できない．鳥や哺乳類はともに非常に多様なグループだが，おそらく，新生代で両グループが多様化したことに起因しているのかもしれない．しかし，この科の数の増加は，**“現世の引上げ効果**（pull of the Recent）”によって見かけ上そう見えるだけである可能性も高い．現世(recent)の引上げ効果は不可避的な要因であり，現世に近い時代ほど，化石生物相がよりよくわかるようになるのである．これは，現世に近づけば近づくほど，その時代の堆積層がよく保存されているためであり，堆積層の量が多いほど，そこに含まれる化石の数も多いと期待されるからである．ジュラ紀の終わり（1億4500万年前）で科の数が極端に多くなっているのは，米国の西部にあるジュラ紀のモリソン層（Morrison Formation）の影響である．モリソン層には，非常に豊富な化石記録が残されているのである．

したがって，Bentonの示した科の数の変遷の図を理解するには，その背景を理解して，どれが本来の生物多様性の変遷を反映しているのかを見ていく必要がある．それでもなお，一般的な傾向として，“恐竜”は，彼らが存続していた期間，つまり白亜紀の終わりまで，その多様性が高まっていったことは見てとれる．Bentonが示したような科の数が上昇し続ける傾向は，大陸プレートが分裂するに伴って，地域固有の陸棲生物相がみられる場所が地球の各地で増えていったことを示しているのかもしれない．

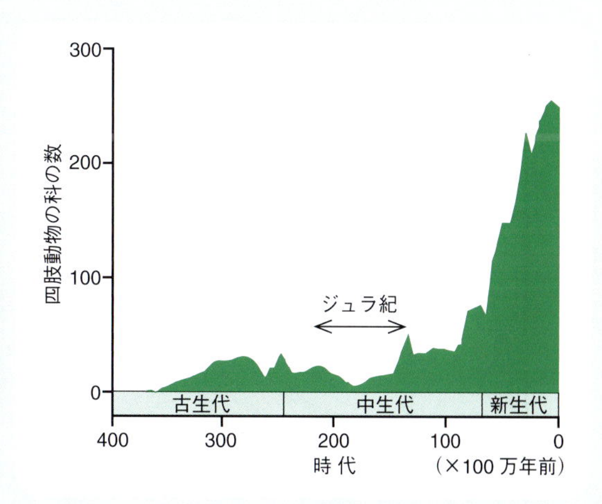

図 B15・1　M. J. Bentonの見積もりによる，時代を通じた脊椎動物の多様性の変遷．横軸には時代を，縦軸には多様性の指標として四肢動物(Tetrapoda)の科の数を示した．

*1　ただし，“最古の恐竜”化石の保存状態が悪いことによる分類・同定の精度や，化石が見つかった地層の数値年代を明確に決定しきれない点については注意する必要がある．

アーケオプテリクス *Archaeopteryx*
アパトサウルス *Apatosaurus*
アマルガサウルス *Amargasaurus*
アラモサウルス *Alamosaurus*
アロサウルス *Allosaurus*
アンキサウルス *Anchisaurus*
イグアノドン *Iguanodon*
ウエルホサウルス *Wuerhosaurus*
ヴェロキラプトル *Velociraptor*
エウオプロケファルス *Euoplocephalus*
エウストレプトスポンディルス *Eustreptospondylus*
エオラプトル *Eoraptor*
エドモントサウルス *Edmontosaurus*
エドモントニア *Edmontonia*
オヴィラプトル *Oviraptor*
オウラノサウルス *Ouranosaurus*
オルニトレステス *Ornitholestes*
カウディプテリクス *Caudipteryx*
ガリミムス *Gallimimus*
カルカロドントサウルス *Carcharodontosaurus*
カルノタウルス *Carnotaurus*
カンプトサウルス *Camptosaurus*
ケティオサウルス *Cetiosaurus*
ケラトサウルス *Ceratosaurus*
ケントロサウルス *Kentrosaurus*
コエロフィシス *Coelophysis*
コンプソグナトゥス *Compsognathus*
サルタサウルス *Saltasaurus*
シノサウロプテリクス *Sinosauropteryx*
シュノサウルス *Shunosaurus*
スクテロサウルス *Scutellosaurus*
スケリドサウルス *Scelidosaurus*
スコミムス *Suchomimus*
スタウリコサウルス *Staurikosaurus*
ステゴサウルス *Stegosaurus*
セイスモサウルス *Seismosaurus*
セントロサウルス *Centrosaurus*
デイノニクス *Deinonychus*
ディプロドクス *Diplodocus*
ティラノサウルス *Tyrannosaurus*
テリジノサウルス *Therizinosaurus*
トリケラトプス *Triceratops*
トロオドン *Troodon*
パキケファロサウルス *Pachycephalosaurus*
パラサウロロフス *Parasaurolophus*
バラパサウルス *Barapasaurus*
バリオニクス *Baryonyx*
ヒプシロフォドン *Hypsilophodon*
プシッタコサウルス *Psittacosaurus*
ブラキオサウルス *Brachiosaurus*
プラテオサウルス *Plateosaurus*
プロトケラトプス *Protoceratops*
プロトアーケオプテリクス *Protarchaeopteryx*
ヘテロドントサウルス *Heterodontosaurus*
ヘレラサウルス *Herrerasaurus*
ポラカントゥス *Polacanthus*
マイアサウラ *Maiasaura*
メガロサウルス *Megalosaurus*
ユタラプトル *Utahraptor*
レソトサウルス *Lesothosaurus*

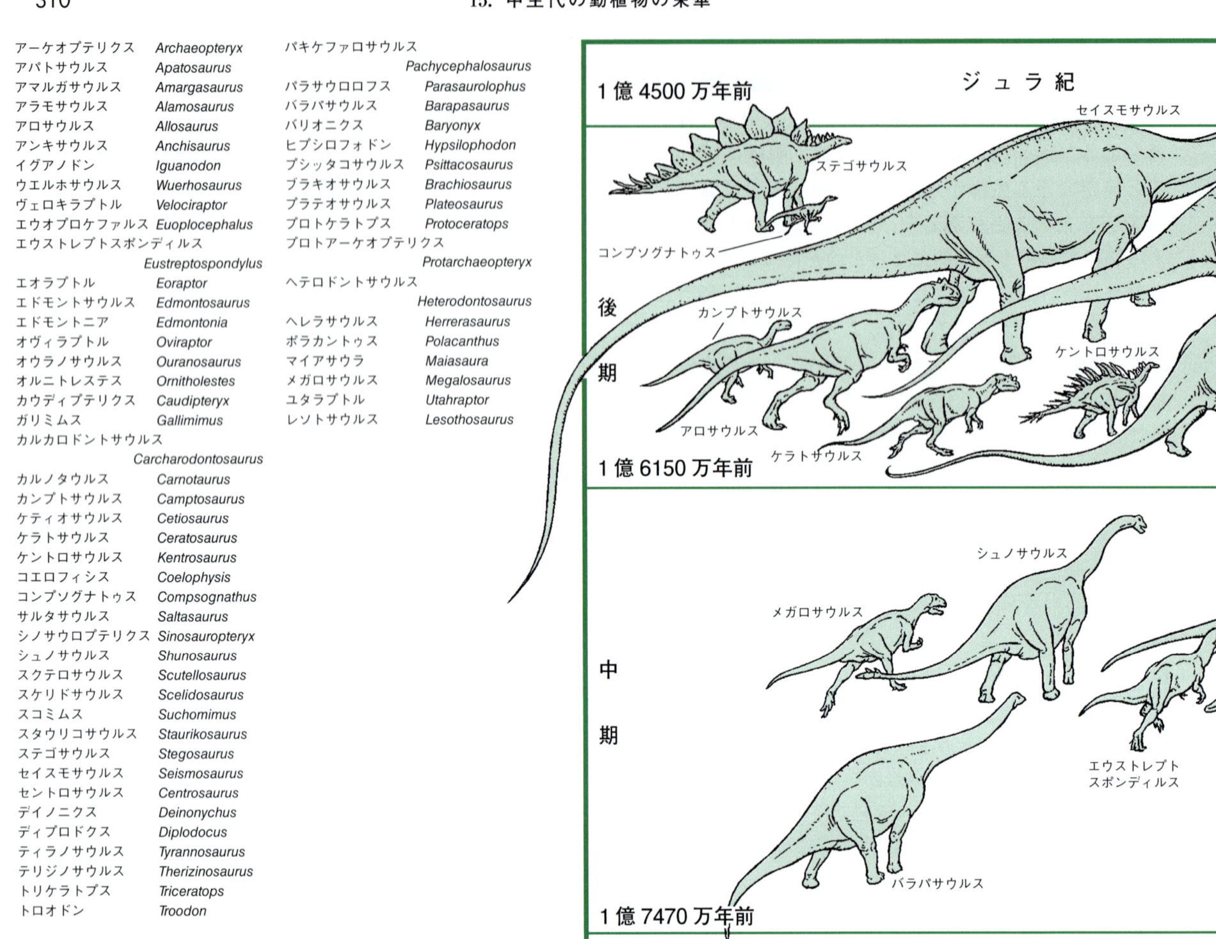

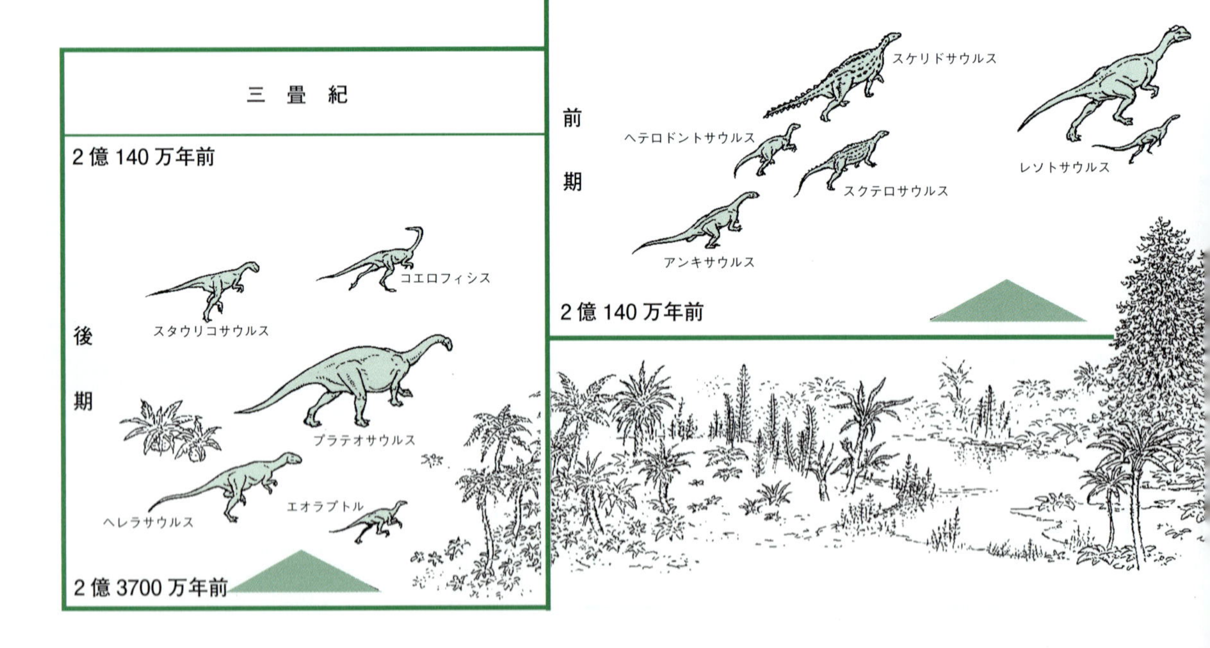

図 15・1 “恐竜”時代の大行進．個々の時代の古環境やそこに棲息していた“恐竜”の種類はすべて異なっており，それぞれの時代・場所を特徴づける生態系が次々と移り変わっていった．

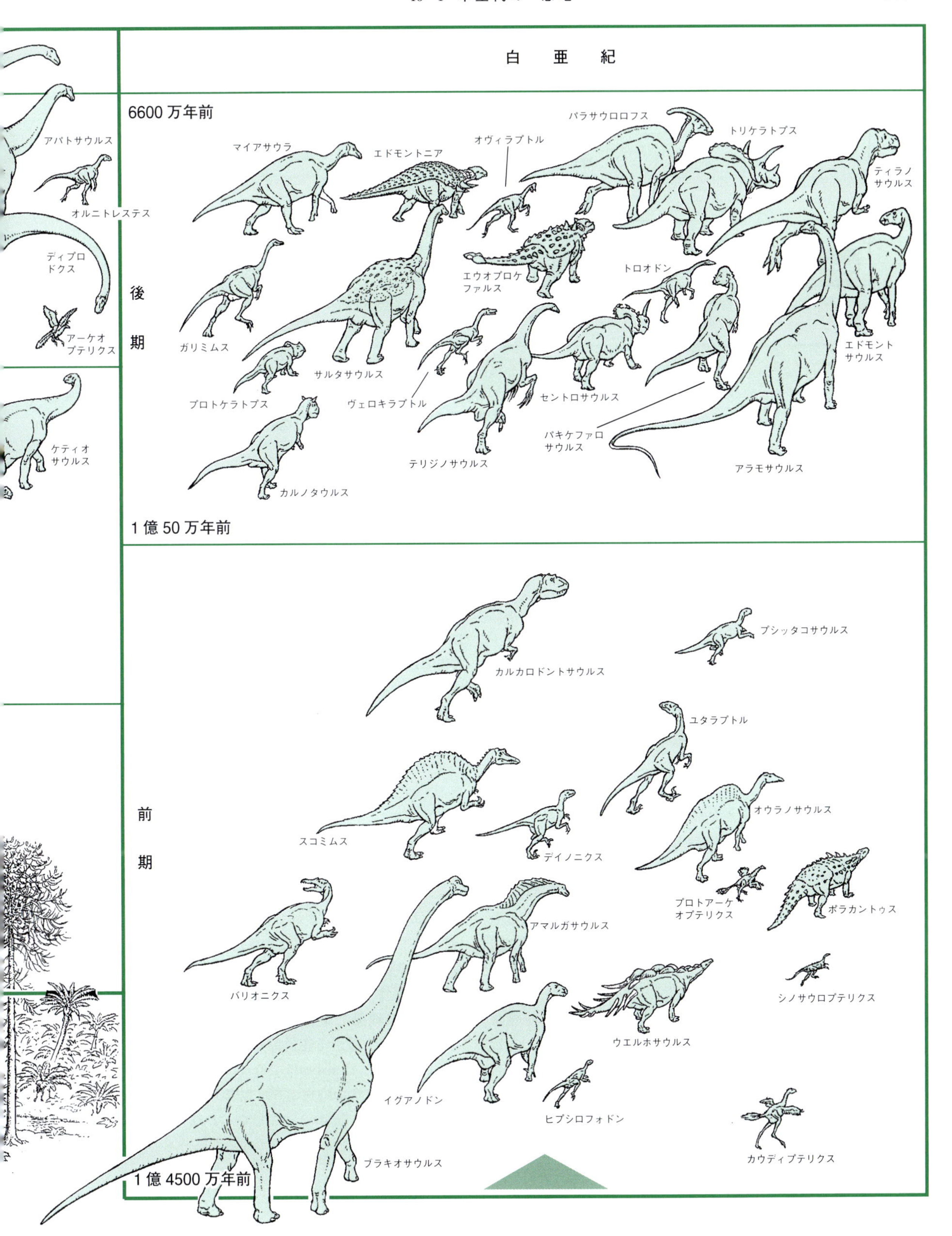
白　亜　紀
6600万年前
後
期
1億50万年前
前
期
1億4500万年前
アパトサウルス
オルニトレステス
ディプロドクス
アーケオプテリクス
ケティオサウルス
マイアサウラ
エドモントニア
オヴィラプトル
パラサウロロフス
トリケラトプス
ティラノサウルス
エウオプロケファルス
トロオドン
ガリミムス
サルタサウルス
プロトケラトプス
ヴェロキラプトル
セントロサウルス
エドモントサウルス
パキケファロサウルス
テリジノサウルス
アラモサウルス
カルノタウルス
カルカロドントサウルス
プシッタコサウルス
ユタラプトル
スコミムス
デイノニクス
オウラノサウルス
プロトアーケオプテリクス
ポラカントゥス
バリオニクス
アマルガサウルス
シノサウロプテリクス
ウエルホサウルス
イグアノドン
ヒプシロフォドン
カウディプテリクス
ブラキオサウルス

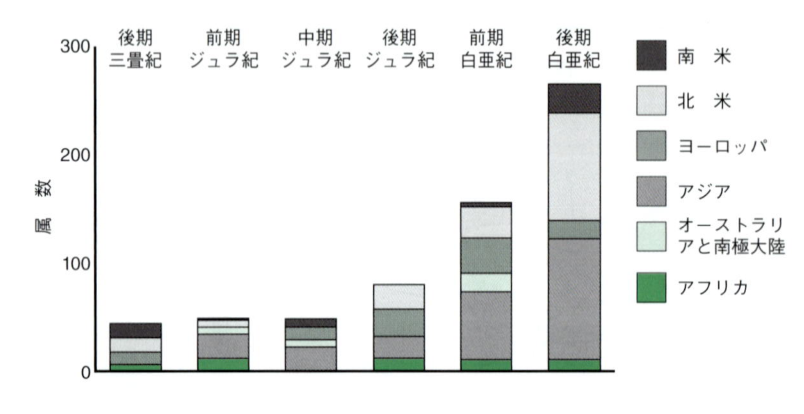

図 15・2 後期三畳紀から後期白亜紀にかけて，各時代における大陸ごとの“恐竜”の多様性の変遷を示した．それぞれの棒グラフは，各時代の“恐竜”の属の総数を示す．この図から判断すると，“恐竜”は中生代を通じて多様性が増し続けていったように見える．

Box 15・2 “恐竜”の種数を数える

これまで地球上には何種の“恐竜”が棲息していたのだろうか．実際に棲息していた“恐竜”の種数の何割を私たちは知っているのだろうか．ここでは，“恐竜”の多様性を推定する方法をいくつか紹介しよう．言い換えると，何種の“恐竜”がまだ見つかっていないのか簡単に見ていこう．まずは，**完全性**（completeness）について学ぶところから始めるとしよう．これは地球科学においてはよく使われる用語であり，重要な概念である．完全性とは，特定のものがどのくらい保存されているかを測る尺度である．これでまでに見てきたように，堆積岩は時間を記録している．すなわち，堆積岩の完全性（または不完全性）とは時間の記録の完全性（または不完全性）を意味する．化石は堆積岩の中に保存されているため，堆積岩の記録の完全性とは化石記録の完全性とも関係する．何が化石記録に残り，何が残っていないのかなど，どうすればわかるのだろうか．

過去30年ほどの間，熟練した堆積地質学者のP. M. Sadlerらは，コンピューターを使い，山のようなデータを読み解きながらこの問題に取組んできた．“恐竜”の多様性を知るということは，すべては堆積記録の完全性によるものであるため，Sadlerと堆積学者のD. J. Straussはまず，現代と太古のさまざまな環境で堆積した25,000の堆積層における堆積率（堆積速度）の集計に基づき，堆積物の完全性を見積もった．結局のところ，完全性とは岩石の堆積年代や，長期的な堆積速度，時間の経過に伴う堆積層の安定性の関数で表せると彼らは判断したのだ．わかりやすく言うと，考慮する時間の単位が大きければ大きいほど，より完全な結果が得られるということだ．その後，他の研究者たちによって，これらの基本的な考え方が改良された．Sadlerと古生物学者のL. Dingusも，この手法を化石に適用し，大量絶滅（17章）のような進化上の重要な出来事が起こった期間など，特定の時間の区間における完全性を推定した．十分な期間の記録が保存されていなければ，大量絶滅について知ることは難しいというのが彼らの主張である．

統計学的アプローチ

“恐竜”の数を数えるため，複雑な統計的手法も広く用いられてきた．P. Dodson（1990）は，これまでに報告された“恐竜”の種をすべてまとめ，単純にその数を数えた．D. E. Fastovskyら（2004）は1990年のDodsonのデータを2004年版に更新して“恐竜”の数を数えた．さらに，**レアファクション解析**（rarefaction analysis）とよばれる統計的手法によって収集したデータを分析した．この手法を用いることで，異なるサンプル数の集団を比較して，“恐竜”の多様性が時代を通じて実際に変化してきたのかどうか，あるいは，サンプル数の違いが単に保存状態の違いを反映しているだけなのかを調べることができるのだ．

ほかにも，S. C. WangとDodson（2006）は別の統計的手法を用いて，あるグループの化石について，“いまだ見つかっていない化石”の数を見積もる方法を考案した．彼らは“abundance-based coverage estimator（ACE法：優占種に基づく網羅率推定）”とよばれる計算方法を用いた．これは，ある産地から「既知の（つまり今まで採集された）“恐竜”の多様性」が，どれだけ「実際の多様性（すなわち，その産地に理論上保存されているべき“恐竜”化石のすべて）」と合致するかを統計的手法によって評価するものである．WangとDodsonはこれまでに知られている“恐竜”の属数が2006年の時点で527属であったことを確認した．そして，ACE法を用いることで，これまでに存在していた恐竜の属の総数が1850属になるだろうと見積もった．

分岐図を用いた推定方法

本書ではここまで，進化の関係性を復元するのに分岐図をさんざん用いてきたが，分岐図は特定のグループについて化石記録の完全性を知るのにも使うことができる．分岐図とは，形質の分布とともに，どの種が他のどの種より先に現れたのかといったような，生物が出現する相対的な順序を表した図であることを思い出してほしい．“恐竜”のような動物では，化石記録上で，分岐図から見積もられた種の出現の順番を，地質学的記録から得られる実際の種の出現順序と比較することができる．このように分岐図に基づいて恐竜の変遷を追う場合，層序を追ってそれらが産出する年代とよく対比する必要がある．仮に祖先種が見つかっていなくても，分岐図を見れば，いつどの時点からその祖先種がいたかを推定することができる．わかりやすいように，例をあげてもう少し説明しよう．

互いに最も近縁な恐竜Xと恐竜Yがいたとしよう．この両種はある共通祖先をもつ．もし恐竜Xが1億年前の層準から見つかっており，恐竜Yが1億2500万年前の層準から見つかっていたとしたら，この祖先種は少なくとも1億2500万年前（つまり，XとYの2種のうち，古い時代から見つかる方の時代）以前に棲息していたことになり，**最小分岐時間**（minimal divergence time：MDT）を経て，少なくとも1億2500万年前には恐竜Yと，恐竜Xへと至る系統に分岐したと仮定することができる．そして，もしこれが正しければ，少なくとも1億2500万年前から恐竜Xが登場するまでの2500万年間の空白の期間に，まだ見つかってはいなくても，何らかの種がそこにいたということになる．これは，系統が決して途切れていないことが明らかであるという前提が成り立ち，それを層序にのせて時代合わせをしているからこそわかることである．これは互いの系統関係と産出した層の年代がわかってさえいれば，どんなグループの組合わせをもってきても計算することができる．そして，この方法によって見つかっていない化石種の数を見積もることができるのである．そこに存在していたはずだが，今までに化石記録として私たちの目にふれていない系統のことを，**ゴーストリネージ**（ghost lineage）とよぶ（図B15・2）．

ケラトプス類の化石記録の完全性

分岐図を用いることで，特定のグループの化石記録がどれだけ良質のものだったかを，ケラトプス類（Ceratopsia；角竜）を例に示すことができる．すべての恐竜の仲間のうち，ケラトプス類が化石記録として一番よく残されている，すなわち最も化石記録が完全ということだ．これはどうすれば確かめることができるだろうか．本書執筆の時点でケラトプス類は約32種知られているが，これはアンキロサウルス類（Ankylosauria；鎧竜）やステゴサウルス類（Stegosauria；剣竜），パキケファロサウルス類（Pachycephalosauria；堅頭竜）よりも多いが，獣脚類（Theropoda）や竜脚形類（Sauropodomorpha），鳥脚類（Ornithopoda）よりは少ない．ただし，地球上に存続していた期間で平均化してみると，140万年ごとに新たな種を生み出している竜脚形類が最も頻度が高く，560万年に1種しか登場していないステゴサウルス類が最も頻度が低い．この中で比べると，190万年ごとに新たな種が現れたケラトプス類は速く種分化した方のグループだといえよう．

しかし，あるグループのすべての多様性を見積もろうとした場合，ゴーストリネージも数えなければならない．ケラトプス類では，分岐図の中での最小分岐時間が0〜3000万年と計算され，その平均はわずか500万年である．この最小分岐時間の平均値は，すべての恐竜類（Dinosauria）のなかで最小の値である．つまり，このグループの化石記録は非常によく保存されているといえるのだ．さらに言えば，ゴーストリネージをケラトプス類の多様性に組入れたとすると，現在見つかっているケラトプス類は全体の70％が見つかっているという計算になる．この見積もりによれば，ケラトプス類の仲間は確かに“恐竜”の主要なグループの中で一番よい化石記録を残しているといえるのである．

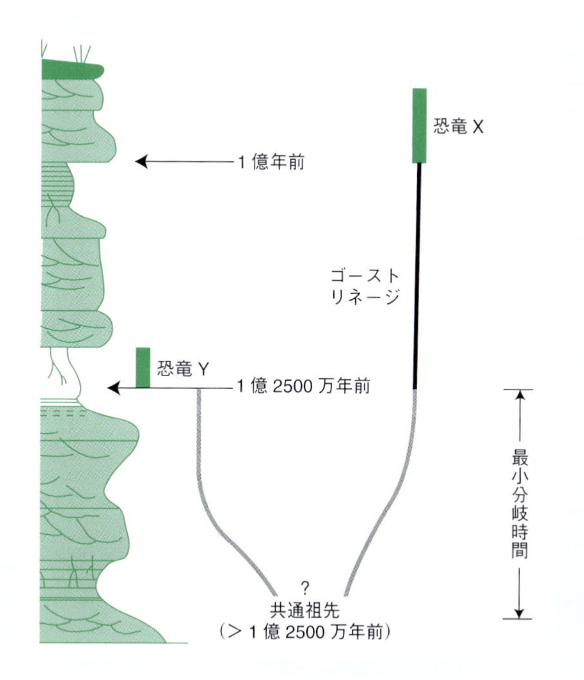

図 B15・2　ゴーストリネージと最小分岐時間．恐竜Xと恐竜Yが2500万年間隔てた層準から見つかったとする．もし両種が非常に近縁ならば，少なくとも，恐竜Yよりも古い時代に共通祖先がいたはずである．したがって，この二つの系統の最小分岐時間は，恐竜Yの棲息していた時代（1億2500万年前）と同じ，もしくはそれよりも古いことになる．両種が分岐したあとの，恐竜Xへと至る系統（図中で黒線で示された系統）は，存在はしていたはずだが，化石記録は残されていないことから，ゴーストリネージとよばれる．

図 15・3　後期三畳紀の獣弓類(かつての“哺乳類型爬虫類”)と最初期の哺乳形類．(a) 全長2.5 mの大型植物食獣弓類である，ディキノドン類(Dicynodontia)のカンネメイエリア(*Kannemeyeria*)．(b, c) 2頭の肉食キノドン類のキノグナトゥス(*Cynognathus*)．(d) 初期の哺乳形類で全長約5 cmと小型のエオゾストロドン(*Eozostrodon*)．

2億5100万年前の三畳紀の地上は獣弓類によって支配されていた．なかでも，スラリとしたイヌのような姿をしたキノドン類（Cynodontia：*Cynodon* 属，*-ia* 類）は，おもな捕食者の地位に君臨し，丸々とした体型でクチバシや牙をもったディキノドン類（Dicynodontia：*Dicynodon* 属，*-ia* 類）が植物食として多様で繁栄していた（図15・3）．三畳紀の中頃から終わりにかけて，獣弓類たちは，アエトサウルス類（Aetosauria；鷲竜類：*Aetosaurus* 属，*-ia* 類）とよばれるウロコの鎧に身を包んだずんぐりとした植物食の主竜形類や，ワニに似た主竜類の肉食動物とともに地上を闊歩していた（5章）．一方“恐竜”は，後期三畳紀の生態系では重要な役割を担っていなかったようだ．そのほか，当時の生物には原始的なカメ（図15・4），ワニに似た“両生類（Amphibia）”である分椎類（Temnospondyli：*temn* 分かれる，*spondyl* 椎骨；図15・5），翼竜類（Pterosauria：*pter* 翼，*saur* トカゲ・竜，*-ia* 類；図15・6）などがいた．おっと，最初期の哺乳類（Mammalia），もしくは，哺乳類を含むもう少し大きなグループである哺乳形類（Mammaliamorpha：*mammal* 哺乳類，*morph* 形）もいたことを忘れちゃいけない．彼らはとても小さく，トガリネズミくらい大きさの昆虫食動物であった（図15・3d）．つまり，哺乳類（あるいは哺乳形類）は恐竜の出現とほぼ同時期か，恐竜よりも少し前に地球上に出現していたと考えられる．このほか，後期三畳紀の陸棲の脊椎動物は，5章に登場した，恐竜を除いた恐竜形類（non-dinosaur Dinosauromorpha）であった（図5・5参照）．その種数としては多くなかったものの，初期の恐竜によく似ていた．つまり，後期三畳紀の陸棲脊椎動物相は，初期の恐竜に支配されたものではなく，多様な生物が混在していたのだ．

図 15・4　三畳紀の基盤的なカメの仲間のプロガノケリス(*Proganochelys*)．

三畳紀の終わり（約2億140万年前）の大量絶滅事変[*2]により，羊膜類の運命が大きく変化した．獣弓類のなかでも，高度に進化した哺乳類（もしくは哺乳形類）は生き残ったものの，それ以外の大部分の獣弓類は絶滅した．そして，

*2　三畳紀-ジュラ紀境界に大量絶滅が起こったのは有名な話である．陸棲の羊膜類だけでなく，地球上のあらゆる生命体を震撼させる出来事であった．この大量絶滅がどのくらいの期間をかけて起こり，原因が何であったのかは，今もまだ議論が続いている．しかし，近年集められたデータによると，パンゲア超大陸を東西に分断し，のちに大西洋がつくられていく場所で大量の玄武岩質溶岩（中央大西洋洪水玄武岩 Central Atlantic Magmatic Province：CAMP）が噴出し，有害な火山性の温室効果ガスが大気中に放出されることで大量絶滅がひき起こされたことが示された．さらにこの出来事は，地質学的な時間スケールで急速に起こり，おそらく数万年は続いたと考えられる．

図 15・5　初期の“両生類”である分椎類(Temnospondyli)の一種．おやつの時間．

図 15・6　基盤的な翼竜類(Pterosauria)のディモルフォドン(*Dimorphodon*)．

恐竜はいつの間にか陸上脊椎動物の中で隆盛を誇るようになっていった．すなわち，四肢動物の中でも，目に見えて多種多様なグループとなった．

しかし，恐竜が優勢となったその理由については謎のままではあるが，ここまで登場してきたように二つの対立仮説に集約される．

(1) 恐竜は同時代の動物を凌駕し，陸上脊椎動物の中で隆盛を誇るようになった．
(2) 恐竜以外の競合相手が絶滅し，空いたニッチに恐竜が入り込むことで恐竜は生き延びることができた，

競争に勝つ秘訣とは：恐竜は他の動物よりも優れていたのか　1960 年代後半から 1970 年代前半にかけて，当時ロンドン自然史博物館（Natural History Museum, London）で，“下等”な脊椎動物を専門とする学芸員の A. Charig は，新たに完全下方(直立)型姿勢[*3]（5 章）を“獲得”した主竜類は，同時代の捕食者である半側方型の獣弓類よりも優位に獲物を捕らえることができたと唱えた．新たに華々しく登場した下方(直立)型姿勢の主竜類の子孫こそが恐竜である．四肢の姿勢が徐々に進化した結果，三畳紀末の動物相が遷移したのだと Charig は主張した．すなわち，恐竜の方が四肢の設計がより優れていたため，効率的な陸上運動に適していたというのだ．

時を同じくして，R. T. Bakker は“恐竜”が体温を保持する内温性であることにより，競争に優位であったという主張をした（14 章）．彼は，四肢の姿勢の進化以上に，内温性であることの方が，外温性といわれる基盤的な獣弓類やリンコサウルス類（Rhynchosauria；喙竜類：*Rhynchosaurus* 属，*-ia* 類）との競争に勝つ秘訣であったと考えた．これらの仮説において，“恐竜”が勝者となり，獣弓類が敗者となる結論は同じである．だが，三畳紀末の動物相の変遷パターンから，内温性の動物の方が外温性の動物よりも優位な立場であったことが実際に読み取ることができる．

地球上の空白のニッチを埋めた生物は何だったのか？　英国ブリストル大学の M. J. Benton は，最も古い時代の恐竜およびその祖先である中期三畳紀から後期三畳紀の化石記録は，恐竜と獣弓類の競争を説明するには不十分であると反論した．Benton によれば，競争はむしろ起こっていなかったということだ．その代わり，三畳紀末期の化石記録は，大量絶滅が 1 回ではなく 2 回起こったことを示していると提唱した．この 2 回のうち，最初に起こった大量絶滅の方が規模が大きく，最終的には恐竜の誕生に深く関わったというのが Benton の主張である．さらに，この最初の絶滅ではリンコサウルス類が完全に絶滅し，ディキノドン類やキノドン類といった獣弓類がほぼ壊滅状態となり，そのほか，大型の主竜類の主要なグループも消滅したようである．

植物もまた大量絶滅を免れることはできなかった．当時優占的であったシダ種子類のディクロイディウム属（*Dicroidium*）に代表される“ディクロイディウム属植物相”には，シダ種子類だけでなく，トクサ類，シダ類，ソテツ類，イチョウ類，球果植物が含まれる（後述参照）．この重要なシダ種子植物相（すなわち，*Dicroidium* 属植物相）は絶滅し，他の球果植物やソテツの仲間である**ベネチテス類**（Bennettitales）へと入れ替わった（図 15・7，図 15・8，後述参照）．同様に，恐竜が陸上を支配するようになったのは，獣弓類，主竜類，リンコサウルス類が姿を消した後のことである．Benton によると，恐竜の初期放散は，絶滅によって生態系がほぼ空白状態になったところで開始し，陸上の支配的な動物グループが急速に絶滅したことで，陸上は恐竜の日和見的進化の舞台となったのだ．競争そのものがなかったのだから，競争上の優位性が恐竜にあった

*3　恐竜の完全下方(直立)型姿勢を表現するのに Charig 自身が“improved parasaggittal stance(高度な下方型姿勢)”という用語を好んで使用した．

わけではない.

三畳紀の絶滅が2回続けて起こったという仮説については,依然として結論が出ていない.しかし,生層序学と地質年代学の最良のデータが得られたことで,三畳紀末の大量絶滅の要因がほぼ絞られるようになり,この特定の絶滅イベントとその要因の1対1の対応が示唆されるようになった.その要因とは,三畳紀末の大量絶滅は,CAMP (Central Atlantic Magmatic Province,中央大西洋洪水玄武岩)とよばれる三畳紀からジュラ紀にかけての火山活動の記録である.だが全体的な絶滅のパターンについてはBentonの仮説が正しいといえるかもしれない.そして,三畳紀末の生物にとって有害な地質イベントによって生物が激減したあとの,新しいジュラ紀の世界を恐竜とそのほかの生物たちは受け継いだのかもしれない.となると,恐竜が生き残ったのは,競争相手よりも彼らが優れていたのではなく,“支配者”がいなくなった地上の世界を偶然引き継ぐことになっただけなのかもしれない.恐竜がほかのグループよりも優れた能力によって生き残ったというよりも,単に運がよかったというだけだ.

5章で見てきたように,現代の私たちは,恐竜と,マラスクス(*Marasuchus*)やシレサウルス(*Silesaurus*),シュードラゴスクス(*Pseudolagosuchus*)とその仲間などの恐竜以外の恐竜形類の祖先(たとえば図5・5参照)とを比較することができるようになったので,CharigやBakkerの時代よりも恐竜について多くのことを知っている.そして,知れば知るほど,恐竜と恐竜以外の動物と区別する恐竜固有の特徴が少ないことがわかってきた.これまで口に出してこなかったが,“他の恐竜形類とほとんど区別することができない恐竜たちが生き残ることができたのは,ただ単に運がよかっただけなのではないか”と考えられている.後期三畳紀の時点では,恐竜形類のなかから偉大な陸上の“支配者”となる恐竜の系統が出現する前触れはなかったかもしれない.だが,結果的に恐竜は重要な分類群となった.彼らが後期三畳紀まで出現しなかったことは確かである.最初に,孔が開いた寛骨臼をもった恐竜形類が現れた.特に優れた特徴はないものの,この形質は竜盤類(Saurischia)と鳥盤類(Ornithischia)に受け継がれ,本書の主役を張るほどの存在にもなった.つまり,後期三畳紀以降の歴史が輝かしいがために,それ以前の恐竜の祖先の姿をかすませてしまっていたのかもしれない.

恐竜が登場する数百万年ほど前に地上を支配していた哺乳類の祖先から覇権を奪い取った恐竜だったが,皮肉にも,恐竜の登場から1億6500万年後には再び逆転劇が起こった.今度は“恐竜”が地上から去り,哺乳類が地球上の“支配者”としての地位を受け継いだのである.

大陸配置と後期三畳紀の動物相　どのような進化の推進力が働いて,後期三畳紀の特徴的な動物相が形成されたのだろうか.まず第一に地球上の動物相の構成に大きく関与する要因として大陸配置があげられる.

現在の世界を例に考えてみよう.カバ,サイ,ヌー,シマウマ,アフリカゾウといったアフリカの大型植物食動物相は,バイソン,エルク,ムースに代表される北米の大型植物食動物相とは異なる.また,その両動物相とも,アジアゾウ,フタコブラクダ,アジアスイギュウ,ヤギに代表されるインドの大型植物食動物相とは異なる.これらの大陸間には,ある地域の動物相が他の地域に広がっていけるような陸地のつながりがない.これらの動物相はそれぞれ異なった地域で発達した生態系であり,それゆえ,違う動物相だといえる.地理的な隔たりが生むこうした動物相の特異性は**固有性**(endemism)とよばれる.地域に固有の動物相だけで占められている動物相の地域は,“高い固有性を示す”と表現される.高い固有性は,他大陸から離れた大陸で進化が起こった場合によくみられる.それは,そうした場所では動物相が入れ替わり,混ざり合う機会が乏しいからである.

一方で,もし異なる二つの大陸の動物相が互いによく似ていた場合,その両大陸はかつて陸地でつながっていたことがあり,一方の大陸の動物相がもう一方の大陸へ広がっていったということが考えられる.したがって,“固有性が低い”地域も認めることができる.これがみられる地域では,大陸が互いに近い場所にあり,動物相が入れ替わったり混ざり合ったりする機会が多かったのだろうと考えられる.

現在では,三畳紀と前期ジュラ紀の期間に,固有性がきわめて低い脊椎動物相が世界中に広がっていたことが知られている.パンゲア超大陸は当時まだ存在しており,現在の大陸はすべて多かれ少なかれ陸続きになっていた(図2・5参照).このような固有性の低い動物相は,この期間,地球全域でみられた.パンゲア超大陸が一つにまとまっていた間,地上はすべて陸続きであり,動物相の固有性が低かった.つまり,大規模な生物活動以外の地質学的事象が,まさしく生物進化に広く影響を与えた好例なのである.

しかし,最初期の恐竜を含む動物相は,断片的に分布しており,その生態が謎に包まれていることに注目してほしい.ここまで見てきたように,最初期の恐竜は南米(アルゼンチンやブラジル)から見つかっている.その中には,獣脚類や竜脚形類に近縁だと考えられる非常に基盤的な竜盤類が含まれる(5章).当時の一部の南米の動物相には,恐竜以外の恐竜形類が実質的にほとんどみられないことがあるため,最初期の恐竜が出現してからすぐに,陸上支配の主導権が恐竜に掌握されてしまったかのように誤解されてしまいがちだ.しかし,北米(米国南西部)のやや新しい年代(南米の動物相より約700万年前の時代)の堆積物から,比較的派生的な獣脚類が見つかっており,幸いにも(?),恐竜以外の恐竜形類と恐竜が記録されている.恐竜と恐竜以外の恐竜形類は同じ生態系で共存していたのか，それともまったく共存していなかったのだろうか．端的に言って，最古の恐竜の化石記録は，初期の恐竜の生態系についての決定的な情報を与えてはくれない．すなわち，初期の恐竜の記録が不完全であることが，恐竜の起源に関する理解を困難にしていることは間違いない．

ジュラ紀（2億140万年–1億4500万年前）

前期ジュラ紀（2億140万年–1億7470万年前）は地球上で恐竜が真の意味で陸棲脊椎動物相の“支配者”となった時代である．カルフォルニア大学バークレー校の古生物学者であるK. Padianは，実際に恐竜が出現したのは後期三畳紀だが，前期ジュラ紀を“恐竜時代”の始まりとした．当時，陸上生態系の構成種の多くを恐竜が占めた．ただし，恐竜はその生態的地位を，羊膜類以外の四肢動物（non-amniotes）の生き残り（4章，図15・5）や，哺乳類へと続く系統を含んだ派生的な獣弓類の一部（図15・3），現生種とほとんど変わらない姿のカメの仲間，翼竜類（図15・6），そして新たに進化してきたワニの仲間と分け合っていた．後期三畳紀は固有性の低い動物相で特徴づけられていたが，興味深いことに，前期ジュラ紀の動物相にもその状態は受け継がれたようだ．パンゲア超大陸が分裂し始めるのはジュラ紀の初めである．そして個々の大陸に分かれていくまでにそれほど時間はかからなかったが，まだ地球の各地域での固有性がみられるようにはなっていなかったようだ．

中期ジュラ紀（1億7470万年–1億6150万年前）は陸棲脊椎動物の化石記録のなかでは謎に包まれた部分の多い時代である．前述したように，中期ジュラ紀の陸成層は，特に北米ではきわめて少ないのである．全時代を通じて四肢動物全体の多様性の変化を追ってみると，中期ジュラ紀に最も低くなるのがわかる(Box15・1)．脊椎動物は前期ジュラ紀の終わりに大量絶滅を迎えたとでもいうのだろうか．これはほぼ確実に違うといえる．中期ジュラ紀で多様性が低くなるようにみえるのは，たまたま中期ジュラ紀の陸成層の堆積物が少ない（地表にあまり露出していない）ことを反映しているのだろう．化石を保存する堆積層が十分になければ，その期間に登場しては消えていった動物相のことを知る手がかりがほとんど残されていないということなのである．

ともあれ，中期ジュラ紀は恐竜の進化史において，とても重要な時期だったに違いない．パンゲア超大陸の分裂がこの時代に起こっており，それに伴って恐竜が多様化し，地域ごとの固有性が高まってきた時期にあたるはずだ．たとえば派生的な獣弓類のような，この時代以前に繁栄した，恐竜以外の四肢動物の多くはほとんどみられなくなっていた．当然ながら，ちょっとした例外として，咬頭（歯冠のとがっている部分）が多く，噛み合わせのよい歯をもった哺乳形類が細々と生き続けていた．中期ジュラ紀は恐竜の進化史において，いうなれば転換期を迎えた．つまり，竜脚類（Sauropoda）や大型の獣脚類（Theropoda），装盾類（Thyreophora），鳥脚類（Ornithopoda）といった主要な恐竜のグループの形態の差異が明瞭化するとともに，陸上生態系の中で確固たる地位を築いていった時期なのである．このきわめて重要な時期についてもっと多くのことを知ることができないのは，残念というほかない．

後期ジュラ紀（1億6150万年–1億4500万年前，図2・6参照）までには，地球全体の気候が安定し，現在の気候よりも温暖かつ一定（季節性に乏しい）になっていた（2章）．極域の氷床は，もし存在していたとしても，非常に小さくなっていた．海水準は現在よりも高かった．“恐竜”動物相はそれ以前の時代よりもずっと地域ごとの**固有性**が高くなっていた．

後期ジュラ紀は“恐竜”の黄金期といわれている*4．前述したように中期ジュラ紀の陸成層はあまり見つかっていないため，後期ジュラ紀になると“恐竜”たちが突然多様性を高めたようにみえる．現在私たちが知る愛すべき“恐竜”の多くが後期ジュラ紀の“恐竜”である．この後期ジュラ紀という時代は，高い海水準，安定した気候，小さな脳に巨大な体サイズの“恐竜”たちといった特殊な組合わせが，典型的なステレオタイプの“恐竜”のイメージを象徴し，人々を魅了している．この当時の“恐竜”の多くが実に巨大であった．ブラキオサウルス（*Brachiosaurus*），ディプロドクス（*Diplodocus*），カマラサウルス（*Camarasaurus*）などに代表される巨大な竜脚類の仲間たちだけではなく，一部の獣脚類までもが全長16 mにも達したようだ．しかし，一方で，コンプソグナトゥス（*Compsognathus*）のように小型の“恐竜”も多く存在していた．比較的小さな“鳥”アーケオプテリクス（*Archaeopteryx*；始祖鳥）が登場するのも，後期ジュラ紀である．さらに，この時代はステゴサウルス類（Stegosauria），初期のイグアノドン類（Iguanodontia），鳥翼類（Avialae），そして一部のアンキロサウルス類（Ankylosauria）が繁栄した時代でもある．後期ジュラ紀までには，“恐竜”は陸上の脊椎動物相を広く占め，その地位を確固たるものにしていった．

白亜紀（1億4500万年–6600万年前）

前期白亜紀（1億4500万年–1億50万年前）は地球全体で地殻変動が活発化した時代である．これに伴って大陸同

*4 “恐竜”の“黄金期”を人々が思い描き始めた1800年代の終わり頃は，後期白亜紀の“恐竜”の多様性が十分に評価されていなかったことに注意してほしい．

士がどんどん離れていき，同時に大気中により多くの二酸化炭素（CO_2）が放出され，“温室効果”によって温暖化した気候になっていった．それゆえ，前期白亜紀から白亜紀の中頃（9600 万年前）にかけては，現在よりも暖かい状態で気候が安定していた（2 章）．

こうしたぽかぽかした陽気を過ごしていたのはどんな動物だったのだろうか．この時代には，私たち哺乳類の遠い親戚を含む，それ以前の時代からいた主要なグループに加え，いくつかの恐竜のグループが新たに登場した．前期白亜紀は，イグアノドン類（Iguanodontia）が最も繁栄した時代として特徴づけることができる．アンキロサウルス類や初期のケラトプス類（Ceratopsia）の仲間もまた，前期白亜紀に繁栄した植物食動物たちである．

さらに，動物相の構成バランスに変化がみられるようになった．後期ジュラ紀では，大型植物食動物の主要な地位を占めていたのは竜脚類やステゴサウルス類であり，鳥脚類は比較的少数派として存在していた．しかし前期白亜紀になると（そこから白亜紀の終わりまで），鳥脚類のなかからイグアノドン類が大型植物食動物の主要な地位を占め始めるようになった．竜脚類はひき続き繁栄し，ステゴサウルス類はまだかろうじて生き残っていたが，衰退の兆候がみられた．白亜紀で鳥脚類がきわめて優勢になったのは，彼らが優れた食べ方を獲得したからなのだろうか．後期白亜紀でケラトプス類の仲間が同じ頃に成功を果たした際にも，効率の良い食べ方を独自に発達させている．すなわち，洗練された咀嚼戦略を獲得したことが有利に働いたということを示しているのだろう．また，前期白亜紀は肉食の小型獣脚類も著しく進化した時代であり，なかでもドロマエオサウルス科（Dromaeosauridae）とトロオドン科（Troodontidae）を含むデイノニコサウルス類（Deinonychosauria）は北米とアジアの両方で成功したグループである．

後期白亜紀（1 億 50 万年–6600 万年前；図 2・7 参照）は，恐竜類の歴史上，このうえなく多様で種が豊富になり，かつ多量に化石が見つかる驚くべき時代である．おそらく何かが起こったのだろう．その時代は“恐竜”の進化史のなかでも比類なきほど，多様性が高まった時代である*5．白亜紀の中頃から後期白亜紀にかけては史上最も筋骨隆々な陸棲肉食動物であるティラノサウルス科（Tyrannosauridae）が北米とアジアに，カルカロドントサウルス科（Carcharodontosauridae）が南米とアフリカで繁栄した時代であり，鋭いカギツメを備えたずる賢くもたくましい悪夢のような殺し屋恐竜が群れをなしていた時代である．そしてツノで武装して群れをなす植物食恐竜であるケラトプス類や，けたたましくいななくハドロサウルス科（Hadrosauridae），ブラブラと歩くアンキロサウルス類，石頭のパキケファロサウルス類（Pachycephalosauria），テリジノサウルス類（Therezinosauria）に，巨大なティタノサウルス類（Titanosauria）が群雄割拠していた時代だったのである．

だが，どうやら気候が“恐竜”の多様化をもたらしたというわけではなさそうだ．実際，白亜紀の中頃以降から季節性が徐々に強まってきてはいたものの，“恐竜”の多様性は上昇していた．後期白亜紀の“恐竜”の多様性の増加は，地球全体で海水準が低くなっていく**海退**（marine regression）とも時を合わせて起こっていた．この海退もまた，気候を不安定にさせる要因になったことは間違いない．中生代の末期で気温が急激に低下し，気候の急激な変化が起こったという証拠はない．むしろ，白亜紀と古第三紀の境界（K-Pg 境界）の直前には一時的な気温の上昇が確認されている．これはデカン高原の火山活動によってもたらされた効果だと考えられている（17 章）．

固 有 性　白亜紀の南半球の大陸では，比較的“旧勢力”の“恐竜”相を残していた．たとえば，多様な竜脚類（ただし，“旧勢力”のグループの中でも新型かつ大型の，とにかくでっかい連中だ！）や鳥脚類，アンキロサウルス類などがそうだ．また，南米では，これまた“旧勢力”の獣脚類の生き残りといってもよいアベリサウルス科（Abelisauridae）が繁栄していた．一方で，北半球の大陸では，まったく異なる新しい動物相が誕生した．植物食恐竜でいえば，竜脚類は細々と生き延びていたものの，奇妙にも北米の北部では姿を消した．それに代わり，新たな植物食動物たちが数多く誕生してきたのである．そうした動物には，おそらくは群れで移動していたパキケファロサウルス類やケラトプス類，ハドロサウルス科の仲間が含まれる．それに比べてヨーロッパは島嶼群で構成されていたため，旧勢力の固有種が飛躍的に増加した．

そしてついに，後期白亜紀の獣脚類（Theropoda）の多様性が爆発的に増加した．なかでも，ティラノサウルス科（Tyrannosauridae）は生物史上を通じて最も威容を誇った動物である．しかし，後期白亜紀の獣脚類として特筆すべきは，小型の仲間の多様性が高かったことであろう．こうした動物たちには，オヴィラプトロサウルス類（Oviraptorosauria）や，アルヴァレスサウルス科（Alvarezsauridae），ド

---

*5　2016 年に坂本らによって発表された論文における，後期白亜紀を通して“恐竜”の多様性が高まったという見解は物議を醸した．白亜紀末期の 5000 万年間は，“恐竜”が絶滅する速度が，新種の“恐竜”が登場する速度を上回っていたというのだ．すなわち，“恐竜”は白亜紀最後の 5000 万年間，K-Pg 境界の大量絶滅に向かって種数を減らしながら突き進んだグループだったというわけだ．しかし，大部分の古生物学者は，後期白亜紀は“恐竜”の多様性がそれほど高くなかったと主張している．では，坂本らの研究の結論をどう解釈したらよいのだろうか．詳しくは，実際に論文を読んでみるとよいだろう．Sakamoto, M., Benton, M. J., and Venditti, C. 2016. Dinosaurs in decline tens of millions of years before their final extinction. *Proceedings of the National Academy of Sciences*, 113(18), 5036–5040. doi: 10.1073/pnas.1521478113

ロマエオサウルス科（Dromaeosauridae），オルニトミモサウルス類（Ornithomimosauria），トロオドン科（Troodontidae），テリジノサウルス類（Therizinosauria）が含まれる．

ベーリング海峡を越えて　ベーリング海峡で隔てられた北米とアジアはともに後期白亜紀の地層からケラトプス類やティラノサウルス科，オルニトミモサウルス類の豊富な化石記録が見つかっている．そのことから，“恐竜”たちが絶滅した数千万年後に人類や氷河期の哺乳類がアジアから北米へと渡ったように，後期白亜紀にも，両大陸が一時的に陸続きとなってできた，ベーリング海峡ならぬベーリング**陸橋**（land bridge）を越えて，何度も“恐竜”の群れが行き来していた可能性がある（図 11・35 参照）．

ところが新生代の幕開けとともに“恐竜”は何の前触れもなくいなくなってしまった．“恐竜”がどのように絶滅したのかという疑問は，“恐竜”古生物学の最大の謎の一つであり続けているが，1980 年代以降の研究で問題はさらに複雑になってきている．この話は 17 章までとっておくことにしよう．

宴のあと　白亜紀の終わりとともに，鳥類以外の恐竜は地球上から永久に姿を消した．そしてそれが一つの時代の終焉を表している．新生代に陸上脊椎動物として支配的になったのは哺乳類であり，彼らが古第三紀の支配的な立場を恐竜に明け渡すことは決してなかった．それはちょうど，恐竜たちが 1 億 6500 万年間もの間，哺乳類にその地位を明け渡さなかったのと同じである．

そこから先の主人公は私たち哺乳類である．しかし，鳥類以外の恐竜が絶滅してから 6600 万年経ったこの現在の世界で，哺乳類は 5500 種に満たない，ということを覚えておいてほしい．他方，現生の鳥類は 10,000 種近くもいる．この現実をみたとき，はたして本当に“恐竜の時代が終わり，哺乳類の時代に突入した”といえるのだろうか．

15・2　植物と“恐竜”の植物食性の進化

現生の陸棲哺乳類の多くでみられるように，“恐竜”の大半も植物食であった．もし恐竜の数が十分に多く，陸上生態系における影響も十分に大きかったとしたら，植物食恐竜の進化と植物には何らかの関係があったはずである．この疑問を紐解くには植物の進化に注目する必要がある．

図 15・7　中生代を代表するシダ（ferns）や，ヒカゲノカズラ（lycopods），トクサ（sphenopsids）の仲間．
- ヒカゲノカズラの仲間：(1) 前期三畳紀のプレウロメイア（*Pleuromeia*）．
- シダの仲間：(2) ジュラ紀から白亜紀のマトニディウム（*Matonidium*），(3) ジュラ紀から前期白亜紀のオニキオプシス（*Onychiopsis*），(4) 中期から後期三畳紀のアノモプテリス（*Anomopteris*），(5) 後期古生代から現世の科であるゼンマイ科（Osmundaceae：*Osmunda* ゼンマイ属，*-aceae* 科），(6) ジュラ紀の木生シダ．
- トクサの仲間：(7) 後期古生代から現世のエクイセトゥム（*Equisetum* トクサ属），(8) 三畳紀から前期ジュラ紀のネオカラミテス（*Neocalamites*），(9) 古生代の後半からジュラ紀のスキゾネウラ（*Schizoneura*）．

植　物

古植物学者（paleobotanist）は絶滅した植物の研究者である．彼らの間では，中生代の植物は二つの主要なグループに分けることができるという見方が一般的だ．その一つが，単系統ではない（側系統群の）植物の仲間，いわゆる“シダ植物（pteridophytes）”である．“シダ植物”にはシダ（ferns）やヒカゲノカズラ（lycopods），トクサ（sphenopsids）の仲間が含まれる（図15・7）．これらの植物はすべて丈が低く基盤的であったが，他の多くの陸上植物と同様に**維管束**（vascular bundle）をもつ維管束植物（Tracheophyta, vascular plants）である．維管束とは，水分や栄養を植物の体内に巡らせるための特殊化した器官である．

もう一つの主要なグループは裸子植物と被子植物を含む仲間，すなわち種子植物（Spermatophyta）である．これら二つのグループは**種子**（seed）をもつという表徴形質を共有することでまとめられている（図15・8）．種子とは，結局のところは**配偶子**（gamete）を散布するために発達した，栄養の詰まった鞘である．現生の**裸子植物**（Gymnospermae；gymnosperms）ではマツやイトスギの仲間がよく知られている．また，さほど名が知られているわけではないが，中生代の重要なグループとして，**ソテツ類**（Cycadophyta）が知られている．ソテツの仲間はパイナップルのような太い幹をもち，その頂部から葉がわさわさと生えているような姿をした植物である．花を咲かせる植物である**被子植物**（Magnoliophyta；angiosperms）には，モクレンやカエデ，イネ，バラ，ランなど，多くの仲間が含まれる（図15・8）．

これらの植物のグループは多くの特徴から見分けることができる．中生代の裸子植物は針葉樹を含む球果植物（Pinophyta；conifers），ソテツ類（Cycadophyta；cycado-

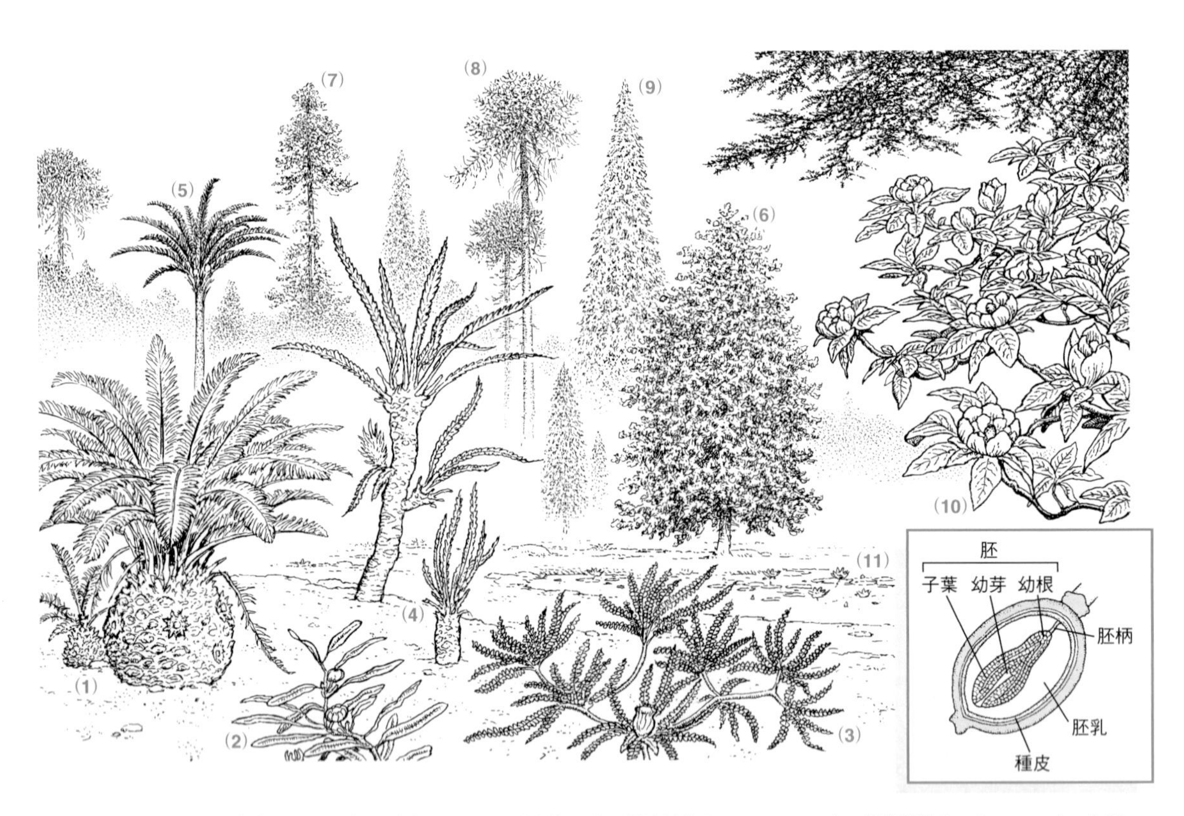

図 15・8　中生代を代表するソテツ(cycads)，イチョウ(ginkgos)，裸子植物(gymnosperms)，被子植物(angiosperms)の仲間．
- ソテツの仲間：(1)三畳紀から白亜紀のベネチテス類(Bennettitales；cycadeoids)，(2, 5)三畳紀からジュラ紀のウィリアムソニエラ属の一種(*Williamsoniella* spp.)，(3)ジュラ紀のウィエランディエラ(*Wielandiella*)，(4)ジュラ紀のウィリアムソニエラ・ソワルディアナ(*Williamsoniella sowardiana*)．
- イチョウの仲間：(6)三畳紀から現世のギンコイテス属(*Ginkgoites* イチョウ属)．
- 裸子植物・針葉樹：(7)白亜紀の中頃から現世のセコイア属(*Sequoia*)，(8)後期三畳紀から現世のアラウカリア属(*Araucaria*, ナンヨウスギの仲間)，(9)三畳紀から白亜紀のパギオフィルム(*Pagiophyllum*)．
- 被子植物：(10)白亜紀(?)から現世のモクレン科(Magnoliaceae：*Magnolia* モクレン属，*-aceae* 科；地球上に現れたばかりの頃は，まだ花が小さかった)，(11)後期白亜紀から現世のスイレン科(Nymphaeaceae：*Nymphaea* スイレン属，*-aceae* 科)．挿入図は双子葉植物の種子の断面を示す．胚乳や幼芽，幼根，胚柄はすべて植物の胚がもつ器官である．胚乳は胚が成長するための栄養源となる．種皮は胚と胚乳を保護している．

phytes)，イチョウ類（Ginkgophyta；ginkgoes）の三つのタイプに分けることができる．針葉樹はマツに代表されるグループだが，この植物は非常に背が高く育つ樹木である．針葉樹は単位質量当たりの栄養価が低く，樹皮は厚くて硬いうえに，セルロースに富んだ葉をもつ．現生の針葉樹の仲間は，まずいか毒性の分泌物を出すため，植物食動物としてはとても食べる気がおきない代物である．中生代の針葉樹も似たような適応をしていたのではなかろうか．

一方，ソテツ類はもっと水気があって柔らかく，おそらく栄養価も高かった．イチョウの仲間も恐竜の食料となりえただろうし，状況証拠からもこれらが中生代の植物食“恐竜”に食べられていたことが示唆される（図 15・8）．

被子植物は，裸子植物とはまったく異なった生活戦略を進化させてきた．被子植物は，植物食動物から食べられるのを避けようとするのではなく，新鮮で美味な花や，動物の消化管を無事に通り抜けてこられるような硬い種子が入った果実を発達させるなど，ありとあらゆる策を講じて植物食動物に食べられようと進化してきたのだ．被子植物にとっては，植物食動物に食べられることは種子を広範囲に散布するための戦略であり，植物へ害をなすものではないのだ．

“恐竜”と植物

図 15・9 は後期三畳紀から後期白亜紀までの，植物や植物食“恐竜”の多様性の変遷を示したものである．図の下段には，“恐竜”の時代における世界中の植物の構成比を示し

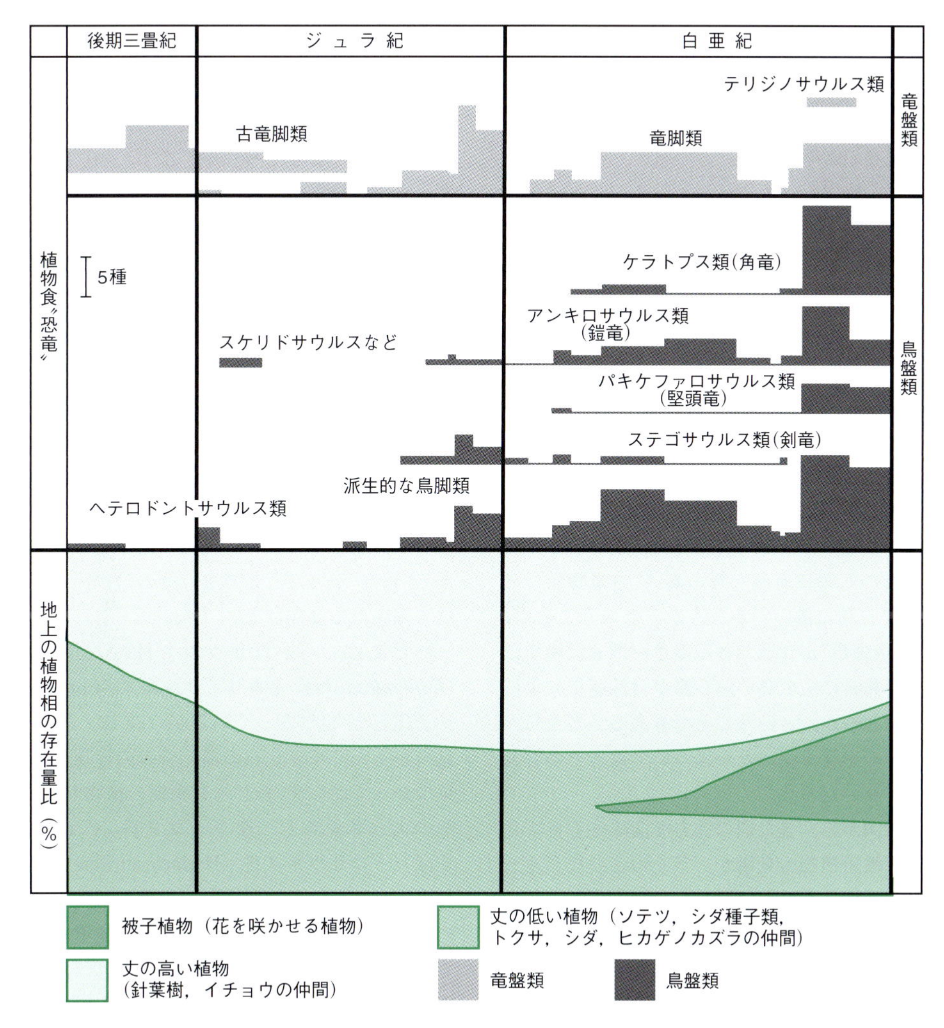

図 15・9 後期三畳紀から後期白亜紀にかけての，植物と植物食“恐竜”の多様性の変遷を比較した図．図の上部は，時代ごとの植物食“恐竜”の主要な分類群の多様性を示している．この図と，図 15・2 で示した図を比較すると，“恐竜”の進化や多様化をもたらした最も主要な要因の一つが，彼らが棲息していた環境へ新たな（もしくはより発達した）適応をしていくことだったことがわかる（本文参照）．

た．図の上段は主要な植物食“恐竜”のグループの変遷を示している．

植　物　植物に関していえば，図 15・9 で重要な変化が見てとれる．地上の植物量を比較すると，ヒゲノカズラやシダ種子類，トクサ，シダなどの仲間が後期三畳紀の間に減ってきていることがわかる．だが，そこから中生代の終わりまで，これらの植物は地球全体の植物相のなかでおよそ一定の割合で存在量比を維持している．一方，裸子植物は後期三畳紀で著しく存在量比が上昇している．そして，これに大きく貢献しているのが針葉樹であり，中生代の残りの期間で，世界中の総植物量の実に 50％ほどを維持している．

これまでにわかっている範囲では，被子植物が最初に登場したのは，白亜紀の初めの方である．しかし，被子植物が爆発的に進化したのは白亜紀の中頃に入ってからであった．被子植物が花を咲かせることで特異的で効果的な種子の拡散方法のほか，動物の毛皮，昆虫，糞などの媒介による種子の拡散は，現在に至るまで植物の世界ではほかにお目にかかれない至高の戦略であり，その結果，被子植物は他のどの植物よりも繁栄し，その名のとおり“花”を咲かせることができた．

共 進 化　“恐竜”の植物食性と植物はどのような関係にあったのだろうか．丈の高い針葉樹の森林が育ったことが，“古竜脚類（prosauropods）”や後の竜脚類のような地球史上最初の高い所へ口が届く植物食動物が登場するきっかけとなった．ここに**共進化**（coevolution）の可能性を見てとることができる．共進化とは，あるグループの進化が，別のグループの進化に影響を及ぼしたり，及ぼされたりすることである．この場合は，植物と“恐竜”の共進化ということになる．すなわち，針葉樹の高い場所に生い茂る比較的柔らかい葉を食べるのに有利な背の高い“古竜脚類”が，自然選択によって有利に働いたかどうか，ということだ．逆に言うと，“古竜脚類”が到達できる高さが増せば増すほど，それに応じて非常に丈の高い針葉樹が自然選択によって有利になったかどうか，ということでもある．どちらが要因でどちらがその影響を受けたかについては，その答えを知ることはできないだろう．

この共進化の構図から，また別の強力な関係性も見てとることができる．被子植物の登場が，多くの主要なグループの恐竜の放散の時期とだいたい同じなのである．これらのグループには，ケラトプス類や，パキケファロサウルス類，ハドロサウルス科，それに，アンキロサウルス類のなかでも後の時代に進化してきた仲間が含まれる．これらのグループは，はたして被子植物を食物源とするのに有利な動物たちだったがために多様化に成功したのだろうか．あるいは，特定のタイプの“恐竜”がこの時代に多様化したことが，彼らが何を食べていたかを知る手がかりとなるだろうか（Box 15・3）．

中生代の中頃，当時の陸上植物相を優占していたのは成長の遅い針葉樹やソテツ類，イチョウ類だが，これらの植物を選択的に食べていた脊椎動物はほとんどいなかったように見える．むしろ，当時の“恐竜”たちは丈の低い植物を食べており，食物となる植物の種類も非選択的であったことが示唆されている．彼らの食べ方は，芝刈り機がその行く手にあるすべての草を刈り取るようなものだったのだろう．これら中生代の植物食動物たちの多くは非常に巨大で，しかも大きな群れで生活していたため，とても広範囲にわたって植生を丸裸にし，踏みつけ，ずたずたにし，根こそぎ引っこ抜き，植物がその土地に定着しようにもできないほどの影響を与えただろう．

このように，“恐竜”が低層の植物を非選択的に摂って植生をかき乱すことで，植物側は速く成長するようになっていったのだろう．その一方で，植物側は動物を利用して種子を散布するような関係を築くには至らなかった．したがって，中生代の植物と植物食動物の関係は，以下のようなものだったと考えられる．まず，(a) 植物は子孫を次の世代まで維持するため，多産戦略をとっていった．そして，(b) 植物食動物は，成長速度が速くてふんだんに増殖していく食料源を利用することで，大きな集団と大きな体を維持していた．中生代の植物と植物食動物の共進化は，植物の棲息場がかき乱される点，動物の非選択的な食性，そして植物の急速な成長や入れ替わりによって特徴づけられるだろう．

これでもまだ，被子植物と“恐竜”の共進化があったのか，言い換えれば，被子植物が“恐竜”の進化に，“恐竜”が被子植物の進化に影響を及ぼしたのかどうかを明言するところまでは到達していない．実際に何を食べていたかを追跡できる“恐竜”がいたとしても，その“恐竜”と植物の共進化を示す確固たる証拠はない（Box 15・3）．

たとえば，ハドロサウルス科のエドモントサウルス（*Edmontosaurus*）とコリトサウルス（*Corythosaurus*）は“ミイラ化石”が見つかっているが（図 12・7 参照），これまで見つかったミイラ化石の消化管の内容物からは被子植物が見つかっておらず，むしろ針葉樹の植物が見つかっている．その大きさからしてケラトプス科（Ceratopsidae），もしくはハドロサウルス科（Hadorosauridae）が残したものだと考えられている後期白亜紀の糞化石の中からも，針葉樹の断片が見つかっている．もし仮に被子植物を食べることでこれらの“恐竜”が放散したのであれば，その証拠として種子くらい見つかってもよさそうなものだが，それがあまり見つかっていないのである．

効果的に咀嚼ができる“恐竜”が中生代の終わり頃に急激に増えたことは事実である．これは，咀嚼能力が特殊化していない“恐竜”が，その数を減らしていったということを

Box 15・3 恐竜が花を咲かせた…もしくは植物の進化を促した？

R. T. Bakkerは1986年に出版された彼の有名な著書『*Dinosaur Heresies*(恐竜異説)』にて，恐竜が花を咲かせる種子植物，すなわち被子植物を“創り出した”という説を提唱した．Bakkerの仮説の根拠となったのは，竜脚類（Sauropoda）のような後期ジュラ紀の植物食恐竜は丈の高い植物を食べていたが，鳥脚類（Ornithopoda）やアンキロサウルス類（Ankylosauria；鎧竜），ケラトプス類（Ceratopsia；角竜）といった白亜紀の植物食恐竜たちが丈の低い植物をおもに食べていたと考えられる点である．Bakkerの主張によれば，白亜紀に登場した恐竜たちが丈の低い植物を食べることで，植物に強い選択圧を与えたため，早く種子をばらまき，早く成長して，早く種をつけることができる植物だけが生き残ることができたというのである．そして，被子植物だけがこの条件を満たす植物だという．Bakkerのシナリオでは，白亜紀に棲息していた植物食恐竜は目につく限りの低木を食べ続けたため，植物の成長や繁殖，種子の散布が追いつかなかっただろう，ということである．つまりは，恐竜が植物の進化を促したということだ．

Bakkerがこの仮説を提唱して以来，さまざまな古生物学者によって，包括的かつ定量的手法でこの仮説を検証する研究論文が発表されている[*6]．これらの論文の著者は，恐竜と被子植物の出現時期の一致は目を引くものではあるが，実際に両者の共進化を裏付けるデータがあまり多くないことを指摘している．恐竜の食性を示す最も直接的な証拠である“ミイラ”化石や糞化石は，多種多様な裸子植物が恐竜の食卓を彩っていたことを示している．一方，被子植物は前期白亜紀には非常に珍しい植物であったようで，被子植物が恐竜のおもな食事となったのは後期白亜紀に入ってからのことだ．

これは非常に微妙な問題である．一部の恐竜と被子植物の出現時期が重なっているため，あたかも共進化したようにも見えるが，ここに両者の分布域を考慮すると矛盾が生じるようだ．つまり，被子植物が出現した場所でまさに恐竜が放散していたことを示す化石記録がないのである．

恐竜以外の植物食動物もまた被子植物の進化に少なくとも恐竜と同じくらいの影響を与えたことはほぼ間違いない．驚いたことに，昆虫は後期白亜紀の中頃の大規模な放散により，ハナバチ，スズメバチ，チョウ，ハエなど，さまざまな種類の花を好む受粉媒介者が進化した．もし，植物食恐竜と被子植物の関係を示す唯一の証拠が出現時期の偶然的一致であれば，花を好む昆虫が現れて，被子植物と共進化したという仮説についても，恐竜と同じように，もしくは恐竜以上に深い議論ができるはずである．このほか，被子植物の進化に重要な影響を及ぼした可能性のある動物は，哺乳類と鳥である．しかし，いずれも相互作用を示す直接的な証拠が欠けている．

動物以外に被子植物の進化に重要な影響を与える可能性があるのが，大気中の二酸化炭素濃度である．前述したように，白亜紀の中頃の地球は大気中の二酸化炭素濃度が高かった．このことも被子植物の放散と強く関係している．大気中の二酸化炭素濃度が高くなると，植物の成長と世代交代が促進される．大気中の高濃度の二酸化炭素が植物の成長と世代交代を促進することから，大気中に多くの二酸化炭素が混ざっていた可能性がある．

植物食恐竜と被子植物の関係は，実際には非常に複雑であり，おそらくここで示した関係性よりもさらに複雑だろう．また，ここまで解説したように，私たちが恐竜と被子植物が共進化したという仮説を好むかどうかは別として，これまでにわかっている証拠を公平に判断すると，恐竜は被子植物の進化と放散にはほとんど関与していないようだ．

*6 代表的な研究を二つ紹介する．Barrett, P. M. and Willis, K. J. 2001. Did dinosaurs invent flowers? Dinosaur-angiosperm coevolution revisited. *Biological Reviews*, **76**, 411–447； Butler, R. J., Barrett, P. M., Penn, M. G., and Kenrick, P. 2010. Testing coevolutionary hypotheses over geological timescales: interactions between Cretaceous dinosaurs and plants. *Biological Journal of the Linnaean Society*, **100**, 1–15.

意味するのではない．図15・9を見てもらえばわかるように，咀嚼能力をほとんどもたなかった竜脚類の仲間は白亜紀を通じて繁栄し，いわば中生代の終わりに華開いた．また，咀嚼能力の発達度合いが低かったアンキロサウルス類（10章）やパキケファロサウルス類（11章）のようなグループは，白亜紀の後半で顕著な多様化を果たしている．地上性のナマケモノのような生態をしていたと考えられるテリジノサウルス類（7章）は，まだあまり多様化していなかった．しかし，この時期に被子植物が増加したことで，テリジノサウルス類の急激な放散を進める何かがあったのだろうか．鳥脚類の仲間たちの咀嚼の基準でみると，彼らの咀嚼能力は未発達だった．だが，後期白亜紀には，竜脚類のなかでも特にティタノサウルス類が北米を除いた世界各地に数多く棲息していたことからもわかるように，植物食動物となるためには咀嚼能力の向上が唯一の道ではないことを示している．

それでも，ケラトプス科とハドロサウルス科は，咀嚼のレベルをはるかに引上げたグループであり，後期白亜紀の放散を特徴づけているのは事実である．ケラトプス科とハドロサウルス科が，咀嚼機能を発達させたことで，これまでの他の“恐竜”のグループが食物として利用することが叶わなかった植物を利用するのに適応していったのだろうか．おそらく，食物を選り好みせず，洗練された咀嚼機能をもつことは，低い位置にぶら下がっている，水分が豊富で栄養価の高い被子植物の果実よりも，栄養価の乏しい裸子植物から栄養分を最後まで絞り出すための手段であったのかもしれない．

植物の進化を推し進めるためには，いくら個々の“恐竜”が巨大であったとしても，それだけではとても影響を及ぼすには足りなかっただろう．たとえば昆虫の生物量（biomass）のような，真に巨大な生物量総量を想像してもらいたい．植物の進化には，それよりもさらに多くの生物量が関与していなければ起こらないと考えられる（Box 15・3）．植物食“恐竜”の多様化と被子植物の出現のタイミングが重なったのは単なる偶然の一致だろう．たとえ“恐竜”たちが1日1個のリンゴをかじっていたとしても，“恐竜”が被子植物の放散を促進したとは断言できない．

実際問題，後期白亜紀こそが“恐竜の黄金時代”であるとする意見もある．この時代に繁栄した“恐竜”の多くが植物食性であったことから，少なくとも彼ら自身は中生代にわが世の春を迎え，大きく花開いていったかのようにみえるのである．

本章のまとめ

ここで，鳥類以外の恐竜の全体的な進化をおさらいしていこう．地質記録が貧弱なために化石記録が目立って少ない時代があることも影響し，“恐竜”はグループ全体としては，その種数と多様性が後期ジュラ紀から白亜紀の最末期にかけて劇的に増加したようにみえる．この増加には，ケラトプス類や鳥脚類といった植物食“恐竜”や，獣脚類が増えたことが特に貢献している．

後期三畳紀から後期白亜紀にかけての地球全域での“恐竜”の進化パターンは，おそらく大陸の分裂に伴って，その地域固有性が徐々に高まることで特徴づけられる．後期三畳紀と前期ジュラ紀の動物相では，“恐竜”はそのほか多くの脊椎動物のグループと陸上世界を共有していた．そして地球全体の傾向としては，脊椎動物相が似通っていた．しかし，後期三畳紀と前期ジュラ紀の脊椎動物相のなかで明らかな点としては，植物食の“恐竜”たちが史上初めて丈の高い植生に頭が届き，それを食物とすることができたことがあげられる．

中期ジュラ紀の陸成層は比較的少ないものの，その時代には“恐竜”が陸上生態系の中で支配的になっていったことが示唆される．白亜紀に支配的かつ多様化した恐竜のグループの多くがこの中期ジュラ紀という時代に端を発することを考えると，初期の恐竜進化の手がかりが少ないことは，特に残念なことである．後期ジュラ紀は，非常に大型の獣脚類や竜脚類を含め，多くの有名な仲間がたくさん登場したことから，“恐竜の黄金時代”とよばれてはいるが，真の黄金時代はこのあとにやってくる．

“恐竜”が中生代の植物の進化を推進したわけではなさそうだが，植物が効果的な拡散や定着方法を進化させるにつれて，“恐竜”もそれに便乗し，維管束植物の放散とともにその数と多様性を増やした可能性が高い．

白亜紀は真の意味で“恐竜”の進化の最盛期だといえる．鳥脚類やケラトプス類，さまざまな獣脚類が登場して全体的に繁栄しただけではなく，植物食“恐竜”の咀嚼機能の特殊化のように，これまでに紹介してきたようなきわめて素晴らしい適応が多く起こったのが白亜紀という時代である．このような進化の爆発は，被子植物の登場がきっかけとなったのかもしれない．ただし，これまでに知られている証拠からは，“恐竜”が繊維質の針葉樹から大部分の栄養を摂っていたことが示唆されている．

参考文献

Bakker, R. T. 1986. *The Dinosaur Heresies*. William Morrow and Company, New York, 481p.

Carrano, M. 2012. Dinosaurian faunas of the later Mesozoic. In Brett-Surman, M. K., Holtz, T. R. Jr., and Farlow, J. O. (eds.) *The Complete Dinosaur*, 2nd edn. Indiana University Press, Bloomington, IN, pp.1003–1026.

Chin, K. 2012. What did dinosaurs eat: coprolites and other direct evidence of dinosaur diets. In Brett-Surman, M. K., Holtz, T. R. Jr., and Farlow, J. O. (eds.) *The Complete Dinosaur*, 2nd edn. Indiana University Press, Bloomington, IN, pp. 589–601.

Dodson, P. 1990. Counting dinosaurs. *Proceedings of the National Academy of Sciences*, **87**, 7608–7612.

Fastovsky, D. E. 2000. Dinosaur architectural adaptations for a gymnosperm-dominated world. In Gastaldo, R. A. and DiMichele, W. A. (eds.) *Phanerozic Terrestrial Ecosystems*. The Paleontological Society Papers, vol. 6, pp.183–207.

Fastovsky, D. E., Huang, Y., Hsu, J., *et al*. 2004. The shape of Mesozoic dinosaur richness. *Geology*, **32**, 877–880.

Sues, H.-D. 2012. Early Mesozoic continental tetrapods and faunal changes. In Brett-Surman, M. K., Holtz, T. R. Jr., and Farlow, J. O. (eds.) *The Complete Dinosaur*, 2nd edn. Indiana University Press, Bloomington, IN, pp.988–1002.

Tiffney, B. H. 1989. Plant life in the age of dinosaurs. *Short Courses in Paleontology*, **2**, 34–47.

Tiffney, B. 2012. Land plants as a source of food and environment in the age of dinosaurs. In Brett-Surman, M. K., Holtz, T. R. Jr., and Farlow, J. O. (eds.) *The Complete Dino-*

saur, 2nd edn. Indiana University Press, Bloomington, IN, pp. 569–587.

Wang, S. C. and Dodson, P. 2006. Estimating the diversity of dinosaurs. *Proceedings of the National Academy of Sciences*, **103**, 13601–13605.

Weishampel, D. B. and Norman, D. B. 1989. Vertebrate herbivory in the Mesozoic: jaws, plants, and evolutionary metrics. *Geological Society of America Special Paper*, no. 238, pp.87–100.

Wing, S. and Tiffney, B. H. 1987. The reciprocal interaction of angiosperm evolution and tetrapod herbivory. *Review of Palaeobotany and Palynology*, **50**, 179–210.

Chapter

16 恐竜学者たちの発想の積み重ねからみる古生物学史

What's in this chapter

研究対象が恐竜であろうと他の絶滅生物であろうと，古生物学とは研究者たちの発想の産物である．本章では，古生物学の領域で生まれてきた“発想”の一部と，それらを生み出した研究者たちを紹介する．Ernest Rutherford[*1]は自然科学を“切手収集”と揶揄した．その分野とともに発展してきた発想，すなわち創造性がなければ，古生物学はただの“切手収集”と同じと言われてしまうかもしれない．しかし，古生物学には，この分野を築き上げた“発想”の積み重ねがあり，これらの発想を生み出す大胆さと想像力をもった人々の創造性によって紡がれてきた歴史があるのだ．本章では，古生物学界を牽引してきた研究者たちと，そのひらめきの一部を紹介する．

---

*1　ノーベル賞を受賞したニュージーランドの物理学者（1871-1937）．放射線と放射能の研究の先駆者．地球史研究を“切手収集”のような趣味程度に捉えていた物理学者の彼にとっては皮肉なことだが，放射線を使って岩石の年代測定を行うことに世界で初めて成功し，地球史学の研究に大きく貢献した．

16・1 古生物学の夜明け

恐竜の古生物学の始まりは，英国人女性の Mary Ann Mantell が，英国・サセックス州の田舎道で大きな歯の化石を見つけたとされる 1822 年とするのが一般的である（図 16・1a）．彼女は，この化石を医師である夫の Gideon Mantell に見せた．博物学者でもあった Gideon は，その発見に困惑した．それというのも，その歯は現生の植物食性のトカゲであるイグアナ（*Iguana*）の歯に非常によく似ていたのだが，イグアナの歯よりもはるかに大きかったからである（図 16・2）．

図 16・2　Mantell 夫妻が発見したイグアノドン（*Iguanodon*）の歯．

西洋の科学的知見で化石を理解しようとしたのは Mantell 夫妻が最初かもしれないが，恐竜の化石を目にした最初の人類だったというわけではない．

それよりも前に人類が恐竜の化石と出会っていた可能性があると，民俗学者であり科学史研究者でもあった Adrienne Mayor によって指摘された．彼女は，ヨーロッパからアジアまで広く知られている，鋭いクチバシと翼をもった四本脚の生物であるグリフィンの伝説の起源がどこにあるのかを再考察した（図 16・3）．彼女の考えでは，紀元前 7 世紀には，ヨーロッパから中央アジアにかけて古代の金の貿易商たちがキャラバンを率いて通る道が伸びていたという．貿易商たちは，道すがら美しく保存状態のよいプロトケラトプス（*Protoceratops*；11 章）の化石を大量に目にし，少なくとも化石を見慣れない彼らにとって奇妙なクチバシやフリル，四肢の組合わせが，伝説上のグリフィンのクチバシ，翼，そして 4 本の脚をもった姿を想像するもととなったというのである．アジアに豊富な恐竜産地があることは，それから 2000 年以上も経った 1920 年代に，アメリカ自然史博物館（American Museum of Natural History）の中央アジア化石発掘調査によって明らかにされた（Box 16・1）．

(a)

(b)

図 16・1　Mantell 夫妻の肖像画．(a) Gideon の妻である Mary Ann (Woodhouse) Mantell (1795–1847)．鋭い観察力で，実際にイグアノドン（*Iguanodon*）の歯の化石（図 16・2）を発見したのは妻の Mary だったとされる．Gideon は恐竜にのめり込み，その後さらに多くの恐竜を発見し，記載し，ついにはそれらを展示する博物館を建設した．Gideon は恐竜に没頭するあまり，体調を崩したばかりか，家庭も崩壊してしまった．(b) Gideon Mantell (1790–1852) は鳥以外の恐竜の存在に最初に気づいた西洋人である．［(a)The Picture Art Collection/Alamy Stock Photo, (b) Science History Images/Alamy Stock Photo］

16・2 17 世紀から 18 世紀までの恐竜観

一部の例外を除いて，西洋の科学は**啓蒙思想**（enlightenment）とともに発達してきたと一般に考えられている．啓蒙思想とは，17 世紀から 18 世紀にかけて起こった革命的な思想で理性と観察によって真実を見いだす考え方である．この啓蒙思想によって，本書にとっても重要な数多くの科学的な観察結果が得られてきた．それはたとえば以下のような点である．

- 地球は不動不変のものではなく，時代とともに変化するものだということ．
- 地球が非常に古い歴史をもつということ（ただし，地球の年齢は 20 世紀の中頃になるまでよくわかっていなかった）．
- 岩石の堆積順序（層序）によって，地球の歴史を解き明かすことができるということ．
- 化石が太古に生きていた生物の痕跡だということ．
- 地球上の生物種もまた，時代とともに明らかに変化するが，その変化は時として劇的であるということ．

啓蒙思想は，現在の西洋科学の始まりを象徴するものであり，人々は観察と理論によって，自然界を理解しようという試みを始めた．自然科学者たちが化石の情報を集め始めると，昔の地球が現代とは大きく異なった存在であることが明らかになってきた．一見すると奇妙な形をした恐竜

(a)

(b)

図 16・3　(a) グリフィンの想像図と，(b) ニューヨークのアメリカ自然史博物館に展示されているプロトケラトプス(*Protoceratops*)の組立て骨格．［(b) Goran Bogicevic/Alamy Stock Photo］

Box 16・1　インディー・ジョーンズと　アメリカ自然史博物館の中央アジア発掘調査

彼は人里離れた岩だらけの地に立っていた．ここはモンゴルの砂漠の真っただ中である．乗馬用の皮のロングブーツに乗馬ズボン，幅広の鍔(つば)付きフェルト帽，きらめく銃弾ベルトにそこから釣り下がる革製のホルスター(銃ケース)に身を包んだ男．ライフルを抱え，その扱いにも長けていた．このような格好をした人物はほかにいない．彼こそが，1920年代にアメリカ自然史博物館中央アジア発掘隊のモンゴル遠征部隊の隊長であったRoy Chapman Andrewsである．50年後の世においてインディー・ジョーンズのモデルとなったとまことしやかに噂されている人物だ（図B16・1）．

図 B16・1　Roy Chapman Andrews (1884–1960)．探検家であり，冒険家．そして，彼自身が"中央アジア遠征調査(The New Conquest of Central Asia)"と称した発掘調査の隊長でもある．［Library, American Museum of Natural History 提供］

Andrewsの発想はいたって単純で，モンゴル遠征によって人類の起源を明らかにする化石を発掘するというものだった．ところが遠征の物流はきわめて複雑だった．米国のダッジ社製の車が先導し，ラクダのキャラバン隊を引き連れて，モンゴル南部の大部分（人里離れた辺境の土地という意味で"外"モンゴルとよばれた）と中国北部の広域を覆うゴビ砂漠を探検した（図1・9参照）．

この発掘調査で人類の化石は発見されなかった．しかし，Andrewsの調査隊が持ち帰った前代未聞の豊富な恐竜の化石を前に，人類の起源の探訪という当初の目的は静かに忘れ去られていった．彼の発掘調査で発見された有名な恐竜は，プロトケラトプス（*Protoceratops*）と，恐竜が産んだものとしては世界で初の発見となるオヴィラプトル（*Oviraptor*）の卵化石である．プロトケラトプスの種小名はAndrewsにちなんでアンドリューシ *andrewsi* と名づけられている．このほかにも，ヴェロキラプトル（*Velociraptor*）や，今でも非常に希少価値の高い中生代の小型哺乳類が発見された．Andrews隊の研究者が1920年代に発見したモノニクス（*Mononykus*）の化石については，1992年になってやっと正しく同定された（図7・14参照）．これらすべて，とんでもない量の化石が米国に持ち帰られた．

Box 16・2 Richard Owen 卿：栄光と闇

Richard Owen（図 B 16・2）は，“恐竜”という言葉を生み出し，ヴィクトリア朝時代の英国を代表する解剖学者であり，最も権威と影響力のある科学者の一人であった．彼の性格を簡単に描写すると，明晰かつ短気で，洞察力に長け，怒りっぽく，政治的で，上から目線の威張った男であった．そして，彼を“うそつき”と表現しても過言ではないだろう．彼の人相については，役者を派遣する米国の有名な会社，“セントラルキャスティング”からヴィクトリア朝の連続殺人犯役として派遣されてきたような顔つきと表現できるだろう．もしくは，1980 年代のパンク・ロックバンドのポスターにふさわしい顔といってもよいかもしれない．Owen の顔や性格はともあれ，彼は優秀な科学者であり，誰も想像することができない絶滅生物の姿をその骨から復元する能力に長けていた．特に西洋で最初に知られた恐竜の骨や，ニュージーランドの絶滅した巨大な鳥のモアの復元などで知られている．

Owen は 21 歳になるとロンドン王立外科医大学に就職し，ロンドンの著名な外科医であった John Hunter が生物の奇形標本や医学的に特殊な標本を集めることを目的としたハンテリア・コレクション（Hunterian Collection）の整理を手伝った．Hunter のメモは火事で失われてしまっていたため，Owen に与えられた過酷な仕事は，未整理の

図 B16・2 大英博物館の自然史部長を務めた Richard Owen 卿（1804–1892）は，19 世紀の英国の天才的な解剖学者でもあり，“恐竜”という言葉を私たちに遺した人物である．［Hulton Archive/Getty Images］

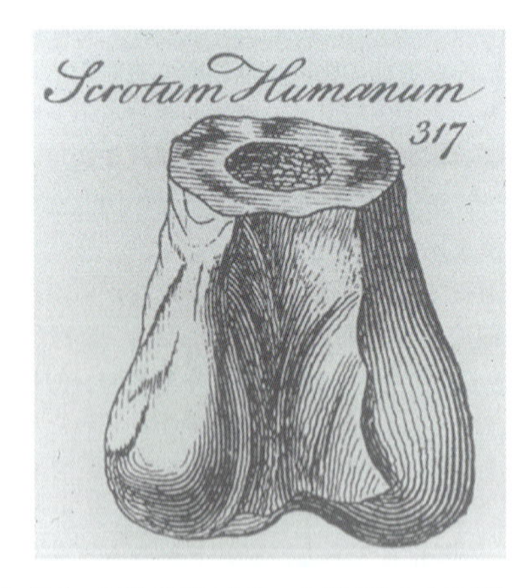

図 16・4 Robert Plot 画による，メガロサウルス（*Megalosaurus*）と思しき恐竜の大腿骨の遠位端．Plot 博士は英国・オックスフォード大学の化学教室の初代教授であった（図中のラテン語の記述についての説明は脚注＊2 を参照）．［Science Photo Library］

の骨格化石を理解するための第一歩は，恐竜の骨の解剖学的な特徴を記載することだった．その最初の化石が，英国のオックスフォードシャーから発見された，おそらくメガロサウルス（*Megalosaurus*）だと思われる獣脚類の大腿部の遠位端である．その骨が非常に大きかったことから，牧師の Robert Plot 博士は 1677 年にそれを，ノアの洪水以前（antediluvian）の巨人もしくは巨大な動物の大腿骨の末端だと考えた（図 16・4）＊2．

16・3 19 世紀から 20 世紀中頃までの恐竜観

ヴィクトリア朝時代の恐竜観

Mantell 夫妻が恐竜の化石を発見してからというもの，特に夫の Gideon Mantell は世界初の西洋の恐竜マニアと

＊2 もっと奇妙な話がある．1763 年，Richard Brooke は化石を含め，医療に用いられるさまざまな自然物を載せる目的で，この標本を再び描いて図版にして出版した．Brooke にはこの標本が巨人の陰嚢にしか見えなかった．そこで，彼はこの標本をラテン語で“*scrotum humanum*”，つまり“ヒトの陰嚢”と記載したのだ．これはおふざけでつけられた名前だと書かれてはいたものの，リンネ式の分類の優先順位に従うならば（3 章），この史上初めて命名された恐竜の骨は，*Scrotum*（スクロトゥム）属（“陰嚢”属）の“*humanum*（ヒュマヌム）”種（“ヒトの”種），となるべきなのである．

棚の中でごちゃごちゃになった生物標本を整理，分類し，一覧にすることであった．Owenは非常に明晰な推測力と百科事典並みの比較解剖の知識を駆使し，情報の乏しい標本の分類をこなしていった．

彼は比較解剖学の講師になり，現生の隔壁のある殻をもった頭足類のオウムガイ（*Nautilus*）や，新たに発見されたアーケオプテリクス（*Archaeopteryx*；8章）の最初の記載を行うなど，さまざまな生物に関する学術書を発表した．Charles Darwinが“ビーグル号”での航海で持ち帰った南米産の非常に風変りな化石を最初に記載したのもOwenだった．そしてもちろん，当時は断片的でバラバラな骨の部分的な化石が，想像を絶する巨大で恐ろしい古代の爬虫類であると気づいたのもOwenであった．

1842年までには，これらの太古の“恐竜類”化石は，Owenが新たに“恐竜”(Dinosauria：*deinos*恐ろしい，*saurus*トカゲ）という用語をつくり出すほどには知られていた．この用語ができたときの当初のメンバーは，鳥脚類のイグアノドン（*Iguanodon*），獣脚類のメガロサウルス（*Megalosaurus*），アンキロサウルス類のヒラエオサウルス（*Hylaeosaurus*）だった．先見の明があったOwenは，“恐竜”の仲間は，哺乳類や鳥類のような恒温動物であると考えた[*3]．その理由は，中生代の空気が現代よりも薄かったという考えに基づいているのだが，現在ではこの考えは否定されている．この説に至った着想は誤っていたが，とりあえず，“恐竜”が恒温性であったとする結論は正しかった．さらにOwenは，Darwinの進化論が発表される以前に知られていた，生物の進化がきわめて単純なものから複雑なものへと進む線形的な道筋であるという考え方を否定的に捉えていた．彼は，古代の生物は現代のものと同じく複雑であると証明することで，線形的な進化の概念を覆すことができると考えていた．すなわち，Owenは，進化論の戦いでは間違った理論の側についていたのだ．

最終的には大英博物館（British Museum）の自然史部長の職に就いたOwenは，標本を活用する素晴らしい案をもっていた．それは，標本を観察したいすべての人に公開し，大英博物館のほかの部署とは完全に切り離すというものであった．彼は，自然史部門のみで博物館として成立すると考えたのだ．Owenがこの世を去ってから71年後の1963年，ロンドン自然史博物館（Natural History Museum）は大英博物館から独立し，Owenが見据えたように，現在では一般に公開された博物館となっている．

*3　先見の明があったOwenは以下のように書き残している．“ワニの仲間と同じ胸部構造をもっている恐竜は，おそらく4室の心臓をもっていたと考えられる．さらに陸上生活への適応から，高度な機能をもった循環器が得られていただろう．これは，現生の恒温動物，すなわち哺乳類と鳥類を特徴づけるものにより近づいている．…おそらく，非常に慎重な研究者なら，このような推測はしないだろう…”(Owen, 1842, p.204)．

なった．だが，恐竜マニアに転じたのは彼だけではなかった．英国のヴィクトリア朝では，標本の収集と博物館の建造が流行していたせいか，あるいは新たに発見された恐ろしい姿の恐竜の目新しさのせいか，まさに恐竜狂の時代であった．1824年，自然史学者のWilliam Buckland（1784–1856）は，鋸歯のある反り返った歯が1本残っている顎の骨の一部を記載し，メガロサウルス（*Megalosaurus*）と名づけた．これは，正式に命名された最初の恐竜であり[*4]，現在では獣脚類（Theropoda）のものであることがわかっている．しかし，Bucklandは当時，巨大なトカゲの顎だと考えていた．1842年には，英国人の解剖学者であったRichard Owen卿（Box 16・2）は，これらの動物をまとめる新たなグループ名として“恐竜亜目[*5]（suborder Dinosauria：*deinos* 恐ろしい，*sauros* トカゲ・竜）”を提唱した．これは，ヴィクトリア朝時代の博物学者の間で，絶滅した大型爬虫類がかつて地球上を闊歩していたという認識が広まっていたことを反映した出来事である．

多くの恐竜化石が発見されるにつれてヴィクトリア朝の人々は，自分たちの考える恐竜像を多くの絵画や彫塑像に残してきた．恐竜は巨大で鈍重な四足歩行性の動物として復元されたが，なかでも一番有名な復元は，1854年にクリスタルパレスの再開館に合わせて英国人彫刻家のBenjamin Waterhouse Hawkins（1807–1889）が製作した，石膏やタイルを使って原寸大に復元された恐竜模型であろう．OwenとWaterhouse Hawkinsは1853年の大晦日に英国中の最高の識者たちを招き，当時未完成のイグアノドン復元像の中で晩餐会を執り行った（図16・5，図16・6）．

1842年以降，Owenの命名した恐竜類に含まれる動物の種類が飛躍的に増えてきた．当時の関心はもっぱら化石の収集と記載であり，“この生物は一体何者なのだろう”，“こ

*4　Mantell夫妻は1822年にイグアノドン(*Iguanodon*)の化石を発見したが，正式に命名され論文が発表されたのは1825年のことである．

*5　訳注：Linnaeusが唱えた階層分類は，生物の上位分類群を界(kingdom)，門(phylum)，綱(lass)，目(order)などの定められた分類階級のいずれかに区分する．しかし，分岐分類(3章，後述)の考え方では，分類群の階級は重視されない．“恐竜”は当初，Owenによって爬虫綱(class Reptilia)トカゲ目(order Sauria)の下位分類群の一つとして，「恐竜亜目(suborder Dinosauria)」として分類され，のちに「恐竜上目(superorder Dinosauria)」や「恐竜綱(class Dinosauria)」に格上げされたが，分岐分類の考え方では，階級をもたない分類群名「恐竜類(Dinosauria)」と表記する．

図 16・5　英国・ロンドン南部のシドナムにあるクリスタルパレスの庭に設置されている，彫刻家 Waterhouse Hawkins の手によるイグアノドン（*Iguanodon*）の実物大の生体復元模型．ここは作品が作られてから180年以上経った今でも，訪れる人が絶えない．挿入図はイグアノドンの現在の生体復元．［写真：Mike Kemp/In Pictures/Getty Images，挿入図：Leonello Calvetti/SCIENCE Photo Library］

Box 16・3　19世紀の恐竜戦争：殴り合いの死闘

古生物学史のなかでも外せないエピソードといえば，19世紀後半の古生物学者 Edward Drinker Cope と Othniel Charles Marsh の熾烈(しれつ)をきわめた醜いライバル争いである（図 B16・3）．いろいろな意味で，それは殴り合いの死闘であった．機知に富み，聡明で厳格な Cope に対して，堅実で，有能，お役所仕事的な Marsh の争いである．彼らのライバル関係は，"古生物学の黄金時代（Golden Age of Paleontology）"とよばれる時代を創り出した．北米西部から非常に豊富な恐竜動物相があったことが初めて明らかになった時代である．彼らにより，アロサウルス（*Allosaurus*）やアパトサウルス（*Apatosaurus*），ステゴサウルス（*Stegosaurus*）といった有名な恐竜が続々と発見され，世界中の注目を集めたのである．

図 B16・3　19世紀の終わりの北米の恐竜発掘ラッシュ（Great North American Dinosaur Rush）の主人公として有名な二人の古生物学者．(a) 米国・フィラデルフィア自然科学アカデミーの Edward Drinker Cope（1840–1897），(b) 米国・イェール大学ピーボディ自然史博物館の Othniel Charles Marsh（1831–1899）．［American Museum of Natural History 提供］

Cope は古生物の歴史上まれに見る鬼才であった．彼はわずか18歳でサンショウウオの分類に関する論文を発表している．そして24歳のときには米国・フィラデルフィアのハーヴァーフォード大学の動物学教室の教授となった．豊富な財力にも恵まれ，4年間働いて，28歳で"引退"し，ニュージャージーの白亜紀の化石産地にほど近い場所に移住した．彼はすぐにフィラデルフィア自然科学アカデミー（Philadelphia Academy of Science）と密接な関係になり，とてつもない量の骨化石をそこに収めていくこととなった．それらの化石を自身で命名し，すさまじい勢いで論文を書いていったのである（存命中に彼は1400編もの論文を発表した）．彼は優れた洞察力があった一方，過ちがないわけでもなかったが，絶対にそのミスを認めない高いプライドの持ち主であった．

Marsh は Cope よりも9歳年長であり，多くの点で正反対の性格であった．ただ，化石を発見するとすぐにそれを論文にして発表していった点では Cope と一緒であった（論文を書くよりも早く出版しているのではと思う人さえいた）．そして，彼もまた，自分の過ちを認めない男であった．Marsh のキャリアは幸先よくスタートしたとはいえれは新属なのだろうか”，“既存の属に含まれる新種なのだろうか”，“あるいは新しい科をつくる発見なのだろうか”

図 16・6　1853 年に，Waterhouse Hawkins の作ったイグアノドン（*Iguanodon*）の模型の中で大晦日のディナーを楽しむ様子が描かれた石版画．［Hulton Archive/Stringer/Getty Images］

といった諸々の疑問に答える研究が続けられていた．当時の研究は，化石を発見し，記載し，命名するといった一連の作業が狂ったように推し進められていた．これは健全な学問への探究心の産物のようにも見えるが，実際はイェール大学の O. C. Marsh とフィラデルフィア自然科学アカデミーの E. D. Cope が互いに競うようにして北米西部の豊富な化石産地から発見された化石を命名していったこともあり，18 世紀の後半には恐竜の種数はとんでもない勢いで増加していった（Box16・3）．

“恐竜”という用語ができてから 30 年も経たないうちに，米国・ニュージャージー州から 1858 年に発見された完全なハドロサウルス科（Hadrosauridae（ハドロサウリダエ））の骨格や，ベルギーのベルニサール郊外の炭層から 1877 年から 1878 年にかけて発見された 33 体のほぼ完全なイグアノドンの全身骨格（図 12・2 参照，Box16・4）といった，驚くべき数々の標本の発見によって，恐竜の姿に対する科学者の概念にも革命的な変化が起こった．ハドロサウルス科の研究で知られ

なかった．特に目標をもっていたわけではなかったが，学校でよい成績を残すと，富豪であった叔父の George Peabody から金銭的な援助を受けることができた．これが Marsh の人生にとって最も重要な出来事へとつながっていった．Marsh は米国・イェール大学に自然史博物館を設立する費用を負担するよう Peabody を説得したのである．これが現在のイェール大学ピーボディ博物館（Yale Peabody Museum）である．そして Peabody の貢献がものを言い，Marsh が博物館の館長の座に就いたのである．

はじめは，二人の間にギスギスした空気はなかった．しかし，Marsh が Cope のもとで働いていたニュージャージーの化石コレクターを引き抜いたとき，状況は一変した．その時を境に，Cope のもとへ送られていた化石が Marsh へ送られるようになったのだ．そうしたことがあったのち，1870 年に Cope は Marsh に，頸が長くてウロコをもつ海棲爬虫類のプレシオサウルス類（Plesiosauria（プレシオサウリア），首長竜の仲間）の復元画を見せた．その化石は大変奇妙であり，Cope はその発見を *Transactions of the American Philosophical Society* 誌に発表した．Marsh はその化石が奇妙に見える一つの要因に気づいてしまった．頭部が間違った場所に復元されていたのだ．つまり，脊柱が前後逆になって復元されていたのである．さらに，彼は意地悪くこれを指摘したのだ．Cope は論文の過ちを認めたくないがために，発行された掲載誌をすべて買い集めようとした．しかし，Marsh だけはそれを売ろうとはしなかった．

Cope は，Marsh がこれまでに書いてきたことの誤りを指摘する形でリベンジを果たそうと，粗探しを始めた．ここにライバル関係に火がついた．そして両者の争いの舞台ははるか北米西部の化石産地であるモリソン層へと移っていった．彼らはともに化石コレクターたちを雇って化石を収集し，化石収集部隊は互いの襲撃から身を守るために武装してキャンプ生活をしなくてはならなかった．そして，1870 年から 1890 年の間に，石膏で包まれた化石のジャケットが続々と汽車で東のコネティカット州ニューヘヴンとペンシルベニア州フィラデルフィアへ運ばれていった．化石が送られた先で，Marsh と Cope はそれぞれの発見を論文にしていき，新種として命名した．両者の競争は苛烈をきわめ，互いに互いを科学の世界から追い出そうとしていた．発見（およびそれに対するコメント）が次々と新聞や学術誌に取上げられ，この喧嘩が一種のお祭り騒ぎに発展していった．フィラデルフィアとニューヘヴンは汽車で行けばそれほど遠く離れているわけではなかった．そのため，一方が新発見の講演を行っているのをもう一方が聴きに行き，家にとんぼ返りしたその晩にその記載を行い，発見を自分のものにしようとまでしたとされる．

Cope と Marsh が老いてきた頃，Cope は個人的な資金が底をついてきた．加えて，Cope と Marsh のやり口が害以外の何をも生み出さないとして，これを是としない新しい世代の古生物学者が育ってきていた．両者ともに評判がやや蔭りを見せた中で晩年を過ごした．研究史的にはこの一連の事件は冷静に捉えられており，彼らはきわめて大量の驚くべき発見をしたことは確かだが，学名を乱造したため，彼らがつけた学名にはいまだ解決できないほど多くの混乱を生み出し，後世の研究者たちに学名の悪夢を遺した（Desmond，1975）と評されている．Cope と Marsh の確執について，新たな切り口で書かれた興味深い歴史書が出版されているので，これも参考にしてほしい（Ottaviani *et al*. 2005）．

る Joseph Leidy や，イグアノドンを研究した Louis A. M. J. Dollo のような，想像力豊かで熟練した古生物学者の手にかかると，恐竜はそれまでの栄養過多に太ったクマのような，マッチョなトカゲという姿から，それまで誰も想像しえなかったような，もっと畏怖すべき素晴らしく，想像を絶する姿へと変わっていった．

二つのグループに分けられた恐竜　さらに，恐竜が現生の動物と異なる，ということだけではなく，恐竜のなかでも違いがあるということがわかってきたのだ．これを明文化したのが，英国・ケンブリッジ大学の古脊椎動物学者であった Harry Govier Seeley と，ドイツ・チュービンゲン大学の恐竜学の権威あった Friedrich von Huene である(図 16・7)．彼らはそれぞれ，恐竜類が基本的に鳥盤類(Ornithischia)と竜盤類(Saurischia)とに分けられることに気づいた．

Seeley は，恐竜が二つのタイプの異なる骨盤から鳥盤類と竜盤類に分けられ，今はもう無効名とされている“槽歯類(Thechodontia)”とよばれるより原始的な主竜類(Archosauria)のグループからそれぞれ別々に進化してきたと考えた(後述参照)．つまり，Seeley の言う“恐竜”は単系統ではないのだ(図 16・8)．

もっとも，当時は“単系統”という用語すらなかったのだが．恐竜が**二系統的**(diphyletic)，すなわち二つの異なる起源をもつ，という考え方は 20 世紀まで続いた．1980 年代初頭でさえ，多くの古生物学者は，恐竜が“槽歯類”のなかから少なくとも二つ，あるいは三つ，四つの別々の起源をもつと考えていた．竜盤類と鳥盤類の起源が異なるのは確かだ．なにせ，両グループの骨盤の形態は異なっている

図 16・7　(a) 英国・ケンブリッジ大学の Harry G. Seeley (1839–1909)と，(b) ドイツ・チュービンゲン大学の Friedrich von Huene (1875–1969)．［D. B. Weishampel 提供］

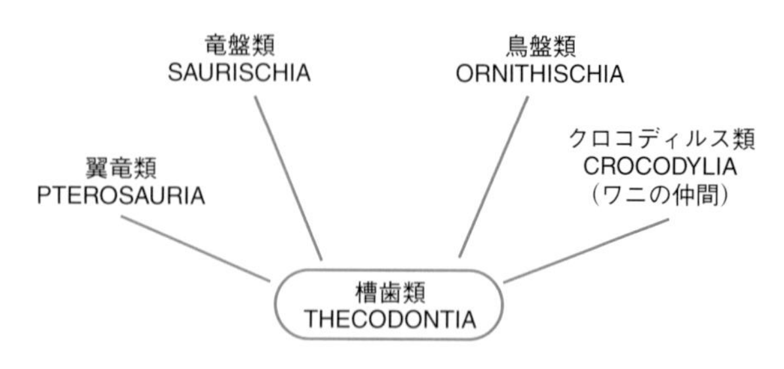

図 16・8　Seeley による恐竜の起源に関する進化仮説．

のだ．そして竜盤類のなかでも竜脚類(Sauropoda)と獣脚類はまったく異なる体型をしていた．さらに，鳥盤類のなかでも，アンキロサウルス類(Ankylosauria；鎧竜)の起源が，他の仲間とは別に槽歯類のなかのとあるグループに求められるのではないか，とも考えられていた(5 章と Box 8・2 の“槽歯類”を参照)．

Owen が大胆にも主張した，恐竜が恒温性であったとする仮説についてはどうみられていたのだろうか．20 世紀よりもずっと前，当初は他の自然科学者からそれを擁護する意見も出ていたのだが，その主張はほぼ忘れ去られてしまったようだ．それはひとえに，恐竜が爬虫類であるという“事実”と，現生の爬虫類が変温動物であるがゆえである[*6]．1953 年に Roy Chapman Andrews は，ティラノサウルス・レックス(*Tyrannosaurus rex*)の食事風景について，当時の一般的な恐竜に対するイメージを反映して，文字どおりかつ比喩的な意味で“冷血に”表現した．

*“さぁ，こいつ(Tyrannosaurus)の宴の時間だ．温かい肉を大きくひと噛み，鴨嘴竜(ハドロサウルス科のこと)の体から引きちぎり，洞窟のような喉へ滑り込ませる….この王者のお腹がはち切れんばかりになったら，森へゆっくりと歩を進め，ヤシの木の下でひと休み….何日か，あるいは 1 週間ほど，彼は死んだように眠りこける．またお腹がからっぽになると，彼は再び，気ままに狩りに出掛ける．それが彼の人生―殺して，食らって，眠る人生なのだ[*7]．”*

皮肉にも私たちの恐竜感はすっかり変わってしまった．19 世紀の古生物学者も 70 年後の古生物学者たち以上に，ここに書かれた恐竜観に違和感を抱いただろう．今にして思えば，思慮深い科学者たちが細心の注意を払いながら骨を記載し，分類を研究していたにもかかわらず，そんなにも長い期間にわたって恐竜が“爬虫類的”な外温性動物だったとする考えから抜け出せなかったのは不思議なことである．そもそも，19 世紀の論文を見てみると，恐竜の代謝についてはほとんど考察されてこなかったようだ．すなわ

＊6　イエール大学の G. R. Wieland など，ごく少数の古生物学者は，恐竜が恒温性に近かったと考えていた．
＊7　Andrews, R. C. 1953. *All About Dinosaurs*, Random House, New York, pp.64–67.

Box 16・4　Louis Dollo とベルニサールの怪獣

豊かに蓄えられた口ひげと同じくらい長い名前をもつ Louis Antoine Marie Joseph Dollo はベルギー人古生物学者である（図 B16・4）.

1878 年に，民間の炭坑採掘業者が地下 322 m の深さに化石の骨があるのを見つけた．この化石は直ちにベルギー・ブリュッセルの博物館，つまり Dollo の所へ持ち込まれた．この化石を皮切りに宝の山が見つかった．イグアノドン（*Iguanodon*）とよばれる前期白亜紀の鳥脚類（Ornithopoda）の関節した骨格が 30 体以上も見つかったのだ（図 B16・5，図 12・2 参照）.

Dollo はこれまで誰も試みることのできなかったアプローチとして，これらの絶滅動物のもつ形態の解剖学と機能を探ることに邁進した．彼は骨格形態の違いを見極めることで，発掘されたイグアノドン化石を二つの種に分けた．前肢と後肢の長さの違いや，背部に発達した骨化した腱の発達度合い，そしてイグアノドンが二足歩行性だったことを示す足印化石まで検討した．さらに恐竜を現生脊椎動物と比較することで，イグアノドンだけではなく，そのほか多くの恐竜の顎の運動機構を復元するための新しい手法を編み出した．こうして Dollo は，古生物学全体の関心を，彼が言うところの"動物行動学的古生物学（ethological paleontology）"という新たな領域へ向けさせることになった．動物行動学的古生物学とは，絶滅生物の行動や棲息環境について研究する分野である．この分野に対して，後の世の 1912 年に，オーストリア人古生物学者の Othenio Abel がパレオバイオロジー（paleobiology），すなわち生物学的古生物学，という語を与えた.

イグアノドンの研究だけでなく，ドローの法則ともよばれる，進化不可逆の法則を提唱したことが彼の最大の功績だろう．Dollo が 1893 年に提唱したこの生物学的概念は，進化は逆行しないとするものである．つまり，進化の過程で獲得された構造は，その系統の中で再度，同じものが獲得されることがない，ということを表している.

図 B16・5　ロイヤル自然史博物館に展示されている素晴らしいベルニサールのイグアノドン（*Iguanodon*）．図 12・2 とここに Dollo によって組立てられたベルニサールのイグアノドンの骨格を示している．現代の解釈からすると少し上体を起こした直立気味の姿勢に見えるが，このわずか 25 年前に Benjamin Waterhouse Hawkins によって作製されたクリスタルパレスの復元模型（図 16・5）と比べると驚くべき飛躍といえよう．[The Natural History Museum/Alamy Stock Photo]

図 B16・4　Louis A. M. J. Dollo（1857–1931）．ベルギー・ロイヤル自然史博物館のベルギー人古生物学者．米国・ペンシルベニア大学解剖学教室の教授だった Joseph Leidy とともに，恐竜がどういう姿をしていたかを初めて明らかにした人物．[D. B. Weishampel 提供]

ち，“爬虫類的”恐竜観がよほど信じられていたか，もしくは創造力が発揮されない状態だっただけなのかもしれない．

16・4　20世紀前半の恐竜観

20世紀に入って最初の60年間は，恐竜そのものとその多様性についての基本的な理解が大きく広がり，かつ固まってきた時代である．恐竜の収集や記載，命名はゲーム感覚で推し進められ，恐竜の形態や多様性についての人類の知識は現在理解されているレベルとほぼ同じ程度まで引き上げられてきた．20世紀初頭の北米では，カナダのアルバータ州に流れるレッドディア川にてCharles H. Sternbergとその息子たちの手によって素晴らしい化石標本が集められてきた．そこで，彼ら一行は移動式のフィールドキャンプを載せたボートを川に浮かべ，まとわりつくカやブユを叩き落としながら，河岸の崖に露出した上部白亜系の砂岩や泥岩から恐竜を採集していったのである．さらにアメリカ自然史博物館の傑人Barnum Brownによって驚くべき発見がなされた（Box16・5）．Brownは1902年に巨大な獣脚類を発掘したのだ．この恐竜は，彼に資金提供をしていたH. F. Osbornによってティラノサウルス・レックス（*Tyrannosaurus rex*）と名づけられた．その一方，ドイツ人のとある研究者には，非常に痛ましい物語があったのだが，彼らの研究はスピノサウルス（*Spinosaurus*）やブラキオサウルス（*Brachiosaurus*）のような，荘厳な恐竜の発見を導いた（Box16・6）．

恐竜の発見の勢いはとどまることなく，新しい恐竜の名前が増え続け，新たな標本の詳細な記載が進められてきた．しかし，“発想”の観点に立つと，この分野はこの頃大きく停滞していたといえる．この時代に発見された化石は注意深く採集され，上述の研究者に加えて，W. Granger，C. W. Gilmore，J. B. Hatcher，L. M. Lambe，A. F. de Lapparent，R. S. Lull，W. D. Matthew，A. K. Rozhdestevensky，R. M. Sternberg，C. C. Youngといったきわめて優秀な古生物学者たちによって記載された．彼らの研究は，それぞれ古生

Box 16・5　ロックな骨野郎

これまでに数多の恐竜化石ハンターが登場してきたが，優秀な恐竜化石ハンターは一握りである．そのなかでも，偉大なるBarnum Brownに比肩しうる者はいない（図B16・6）．1873年に生まれたBrownは，当時人気のあったサーカス芸人のP. T. Barnumにちなんで名づけられた．彼は当時，恐竜化石を1標本も所蔵していなかったアメリカ自然史博物館を，実質的に独力で，世界最大級の恐竜化石コレクションを有する博物館へと変えていった．館の白亜紀恐竜が展示されている大ホールは彼の偉業を称える記念碑的な存在である．

図 B16・6　正装したアメリカ自然史博物館の標本収集家Barnum Brown（1873–1963）．比類なきフィールド・ファッションを披露．［Library, American Museum of Natural History］

Brownは1897年にアメリカ自然史博物館のフィールドアシスタントとしてキャリアを開始させた．最初はワイオミング州に赴き，化石がたくさん見つかる場所を発見した．この場所はボーンキャビン発掘地（Bone Cabin Quarry）とよばれている．ここから産する化石があまりにも膨大なため，地主である牧場主が化石の骨（bone）を材料にして掘立小屋（cabin）を建てたことが発掘地の名の由来となっている．Brownは3年間で35トンもの骨化石を採集し，汽車でアメリカ自然史博物館へと送った．この化石のなかには，当時としては最大の組立て骨格としてアメリカ自然史博物館の目玉となった，壮大な“ブロントサウルス（*Brontosaurus*）”が含まれる（図B9・1a参照）．

1900年代の初頭にBrownはモンタナ州東部のヘルクリークのバッドランドでの発掘を始めた．彼は1902年にそこで2体の非常に保存状態の良好なティラノサウルス・レックス（*Tyrannosaurus rex*）の骨格を発見した．これが史上初のティラノサウルスの発見である．この化石は砂岩中の固い炭酸塩コンクリーション（地層中で炭酸カルシウムなどが集まって固まった構造）の中に埋まっていた．彼は，化石を露頭から取出すためにダイナマイトを使っただ

物学に重要な貢献をしたが，個々の人物について記述していくとこの本と同じくらいのページ数を必要としてしまうだろう．彼らの生き様や研究内容を詳細に述べる場所がないのが本当に残念でならない．また，恐竜研究者ならば，かの聡明な Franz Nopsca 男爵を忘れるわけにはいかないだろう．彼は古生物学者であり，アルバニアの民族主義者で，数カ国語を操り，さらに第一次世界大戦中にオーストリア=ハンガリー帝国のスパイまで務めていた人物だ(Box16・7)．

16・5　映画『ジュラシック・パーク』以前の恐竜像：20 世紀後半戦(とにかくそのほとんど)

1960 年代から 1970 年代は社会革命の起こった時期であり，古生物学もその影響を受けている．**生物学的古生物学**（パレオバイオロジー，paleobiology）という分野（13 章，14 章）が本領を発揮するようになるのだ．これは，化石生態系の生物学的側面を研究しようとする分野のことである．ここで紹介する研究者たちは，本章に登場するすべての古生物学者と同じく，最も層の厚い世代，いわゆる団塊の世代の代表的な人々と捉えてよいだろう．この世代からは非常に優秀な古脊椎動物学者たちがたくさん輩出されたが，ここに紹介する研究者たちはその代表的な研究者である．

恐竜ルネッサンス

米国・イェール大学の古生物学者 J. H. Ostrom が 1969 年に記載論文を発表したデイノニクス・アンティルロプス（*Deinonychus antirrhopus*）は，古生物学に革命をひき起こす起爆剤となった（図 16・9）．この論文に記載されたのは，見るからにきわめて高度な運動性能をもっていることがわかるつくりをした捕食恐竜だったのだ（図 5・15 参照）．Ostrom はそのような高度の運動性が，ワニのような代謝の動物にもつことができるのかどうか疑わしいと感じた．そして，彼はデイノニクスが内温性だった可能性を示唆した．

図 B16・7　1985 年に Brown が最初にティラノサウルス・レックス(*Tyrannosaurus rex*)を発見した場所．白い矢印で示した箇所は，化石を含んだ大きな堆積岩の塊を運び出すために Brown が丘の急斜面に作った道の跡である．[D. B. Weishampel 提供]

けではなく，その大きな塊を掘り出すために道路を切り崩すことを余儀なくされた．そしてこの化石を最寄りの駅へと運び，ニューヨークへと送り出した（図 B16・7）．

Brown が行った三度目の大きな化石発掘調査は，カナダのアルバータ州にあるレッドディア川である．そこで，C. H. Sternberg の化石採集法をお手本にして，彼はテントを張った荷船に乗って川の浅瀬沿いを探索した．ここでも彼は貨物列車一杯の化石を採集した．そのなかには，アメリカ自然史博物館の名声を高めた美しいハドロサウルス科の標本も含まれていた．

1930 年代の初頭になると，Brown はシンクレア石油会社（会社のロゴは必然的に現在に至るまで緑色の竜脚類恐竜である）から助成金を得て，恐竜以外の化石の収集に力を入れ始め，北米西部以外の地方にも足を運び始めた．彼が 1934 年に発見したジュラ紀のハウ発掘地（Howe Quarry）のボーンベッドは，これまた大発見の一つであった．そこから，20 個体分の恐竜の 4000 個に及ぶ骨が発見されたのだ．

Box 16・6　二人のドイツ人の物語

19世紀後半から20世紀初頭にかけて，ヨーロッパ全土に帝国主義が横行し，世界各地に新しい植民地が誕生した．これは古生物学者にとって，化石を探すための新天地を得る好機だった．ドイツも例外ではなく，非常に優秀なドイツの古生物学者たちによって，彼らの祖国から遠く離れた地で古生物学の研究が盛んに行われるようになった．

サハラ砂漠の恐竜

当時，ドイツ連邦加盟諸邦の一つだったバイエルン王国*8の貴族であり，ミュンヘン大学の教授であったErnst Stromer（図B16・8）は，1901年と1902年にサハラでも豊かな地であるワディエルナトルンとファイユームオアシス（エジプト北部）を2回ほど訪問した．その後Stromerは，1910年後半から1911年にかけて，サハラ砂漠西部を調査するためにラクダを率いた探検隊を組織した．この調査では，サハラ砂漠西部のバハリア窪地という，骨の髄まで乾燥しきった，約2850平方キロメートルの広大な荒涼とした土地を目指した．この調査は成功を収め，1911年にStromerがミュンヘンに戻ったあとも，彼の調査隊は1914年に第一次世界大戦が勃発するまでバハリア窪地での化石採集を続けた．

図 B16・8　貴族であり，ミュンヘン大学の古生物学教授Ernst Freiherr Stromer von Reichenbach (1870–1952) は，エジプトのサハラ砂漠西部に位置するバハリア窪地に分布する白亜紀の地層から，スピノサウルスを含む多くの恐竜，その他の脊椎動物を多数発見した．[Signal Photos/Alamy Stock Photo]

世界情勢の変化は古生物学にも襲いかかってきた．当時エジプトは英国の“保護領”，すなわち植民地，だった．世界大戦と政治的理由で，ドイツ人であったStromerは，エジプトで発掘した化石を国外に持ち出せなくなってしまった．1922年になってついにStromerは，彼の調査隊が11年前に採集した標本をドイツに持ち出すことができた．発掘から実に8年の歳月を要した．やっとの思いで手に入れた化石は，ボロボロに破損し，元の骨格の形状が損なわれていたが，少なくとも手元には戻ってきた．Stromerは，竜脚類のアエギプトサウルス（*Aegyptosaurus*），大型獣脚類のバハリアサウルス（*Bahariasaurus*），超巨大な獣脚類のカルカロドントサウルス（*Carcharodontosaurus*；図7・5c参照），現在知られている限り最大の肉食恐竜であるスピノサウルス（*Spinosaurus*, 図6・24，図7・4d参照）の記載に着手し，一連の論文を発表することで，彼は世界で最も慎重で熟練の古生物学者の一人としての評価を確固たるものにした．Stromerは，たちまちミュンヘン大学の教授に抜擢されるとともに，バイエルン州立古生物学・歴史地質学コレクション（Bavarian State Collection of Paleontology and Historical Geology）の所長となり，1937年に定年退職を迎えるまでその職務を全うした．

しかし，そのころ，ドイツ国内の不穏な空気が古生物学の世界をも包み込んでいた．そんな中，Stromerはミュンヘンに拠点を置くナチス党への入党を拒否し，さらにはHitler政権を非難し，ユダヤ人との友好関係を目に見える形で維持していた．貴族であったStromerにHitlerは直接手を出すことができなかった．しかし，Hitlerがドイツを，そして世界を第二次世界大戦に引き込むと，ナチスはStromerの家族に手を出す方法を見つけ出した．Stromerの三人の息子を戦地に送ったのだ．しかも，そのうち二人の配属先はロシアの前線だった．誰もがロシア戦線から無事に帰って来られるとは考えていなかった．実際，長男は1941年に戦死し，次男は1944年にロシアで消息不明となった．三男は，1945年にドイツが降伏するわずか2週間前に西部戦線で戦死した．Stromerは自身の主義を貫いたことで大きな代償を払わされてしまった．

一方，バイエルン州立古生物学・歴史地質学コレクションは，1940年に時流に乗った政治感覚をもつ古生物学者のKarl Beurlenによって引き継がれていた．Beurlenは

*8　ドイツはその歴史の大半で別々の国家の集合体（連邦）であったが，Otto von Bismarckによって19世紀の終わりに統一され，ドイツ帝国となった．

Hitler の熱烈な支持者であり，第三帝国（ナチス統治下のドイツ）が負けるとは夢にも思っていなかった．ドイツが無敵であると確信していた Beurlen は，Stormer の再三の警告にもかかわらず，バイエルン州立古生物学・歴史地質学コレクションの貴重な標本を，他の多くの価値あるものと一緒に，ザルツブルク近郊の塩鉱山のような地下に移して，保護することもしなかった．

1944 年 4 月 24 日から 25 日にかけて，照明弾を搭載した英国空軍のデ・ハビランド・モスキート 16 機と，244 個の爆弾を搭載したアブロ・ランカスターが，ミュンヘン駅とその周辺の建物を瓦礫へと変えていった．悲しいことに，この周辺の建物の一つが，バイエルン州立古生物学・歴史地質学コレクションであった．Stromer の集めた化石のなかでも最も有名なスピノサウルス（*Spinosaurus*）はこの時に消滅した．スピノサウルスの記録として実質的に残されたのは，Stromer の綿密なメモと詳細なモノクロ写真のみであった．

この物語の結末はほろ苦いものだった．ロシアの前線で消息を絶った Stromer の次男が 1950 年 5 月 5 日に奇跡的に帰ってきた．両親が待つ先祖代々の家へと森から歩いて戻ってきたのだ．ロシアの指導者であった Stalin のために毒ガスをつくることを拒否した次男は，ロシアの前線で消息が途絶えた 6 年間をシベリアの収容所で過ごしていた．次男の帰国から 2 年後に Stromer はこの世を去った[*9]．

その後，スピノサウルスの化石が再発見されたのは，2000 年代に入ってからのことである．2008 年，米国・シカゴ大学の大学院で古生物学を学んでいた Nizar Ibrahim は，Stromer の発掘調査に触発されてサハラ砂漠西部で調査していた際，化石を持った男性に声をかけられた．この時，Ibrahim はその男性が持っていた骨がおそらくスピノサウルスのものであると気づいた．それから 5 年後，Ibrahim はイタリア・ミラノ市立自然史博物館（Museo di Storia Naturale di Milano）が新たに手に入れた恐竜の化石がスピノサウルスではないかという噂を聞きつけた．見たところ，ミラノ市立自然史博物館の化石はスピノサウルスの可能性が高く，Ibrahim がサハラ砂漠西部で出会った男性に見せてもらった化石と同じ色合いだった．残念ながら，ミラノ市立自然史博物館の化石の出所は不明で，モロッコのどこかから見つかったものといわれていた．信じられないことに，偶然にも Ibrahim は 2008 年に最初にスピノサウルスらしき化石を見せてくれた男性をなんとか探し出すことに成功し，男性が化石を見つけた場所に自分の調査隊を連れて行ってくれるよう説得した．実は，2008 年に男性が持っていた骨とミラノ市立自然史博物館の骨は同一個体のものであることが判明し，ついにスピノサウルスが再発見されたのである．

アフリカ・テンダグルー！

テンダグルー（Tendaguru）はアフリカ東海岸の国タンザニアの奥地に位置している．そして，現在は一面に棘のある木や丈の高い草で覆われたツェツェバエの群がる広大な高原台地が広がっている．ここはかつて史上最大の発掘調査が行われた場所である．そして，さらに 1 億数千万年も遡ると，かつて恐竜たちが死んだ場所なのである．

タンザニアがドイツ領東アフリカの一部だった頃，植民地時代の 1907 年に話を戻そう．テンダグルーの豊富な化石がリンディ炭鉱会社の技師によって最初に発見されたのは 1907 年のことであった．その噂はたちまち広まり，たまたまその地を訪れていた，ドイツ・シュトゥットガルトの州立自然史博物館（Staatliches Museum für Naturkunde Stuttgart）の古脊椎動物学者 Eberhard Fraas 教授の耳にも届いた．テンダグルーを訪れ，恐竜発見の期待にたいそう興奮した彼は，後にヤネンスキア（*Janenschia*）と名づけられることになる標本を含め，これらの標本をシュトゥットガルトへ持ち帰り，そしてほかのドイツ人研究者にテンダグルーで発掘調査を続けるよう音頭をとり始めた．

Fraas の話に乗ったのは，ドイツ・ベルリンのフンボルト自然史博物館（Humboldt Museum für Naturkunde）の館長を務めていた Wilhelm von Branca であった．テンダグルーのような場所での発掘調査計画に先立つものとして，Branca は資金提供者を探さなければならなかった．最終的に，ベルリン科学アカデミー（Akademie der Wissenschaften）や自然探索友の会協会（Gesellschaft Naturforschender Freunde），ベルリン市，ゲルマン帝国，そしておよそ 100 名の一般市民などから，200,000 ドイツ

図 B16・9　ドイツ・フンボルト自然史博物館の古生物学者 Werner Janensch (1878–1969)．タンザニアのテンダグルーで大成功を収めた発掘調査に尽力した．[Historic Collection/Alamy Stock Photo]

*9　Ernst Stromer については，以下の文献に詳しく書かれている．Nothdurft, W.(with J. Smith). 2002. *The Lost Dinosaurs of Egypt*. Random House, NY, 242p.

マルクを集めることに成功した．これは当時としては非常に幸運なことである．

資金と発掘道具，必需品を手に入れたフンボルト自然史博物館発掘調査隊は，1909年にテンダグルーの地に向かった．それから3年間のフィールドシーズンは，ひげをたくわえた粋な出立ちのWerner Janensch隊長が指揮を執り（図B16・9），最後の1年はHans Reckが指揮を執った．おそらく，古生物学史上最大規模の総力が傾けられた年月であろう．最初のシーズンは200名の作業員が実働し，その多くが現地民であった．彼らは暑い陽射しのもとで巨大な骨化石を掘り出したのだ．二度目のシーズンでは400名の作業員が参加し，三度目と四度目のシーズンでは500名が実働した．発掘調査が終わる頃には，10平方キロメートルにわたって巨大な穴が掘られていた．

しかし，発掘作業は思いもよらない課題に直面した．これら現地作業員の多くは家族も発掘調査に同行させ，テンダグルーの恐竜発掘地に900人以上の人口を抱える村をつくるに至ったのだ．これだけ多くの人の水と食料の確保は深刻な問題となった．現地では調達できなかったため，水は人力で，頭の上と背中に背負って運ばれた．そして作業員とその家族が消費する大量の食料や，フィールド作業に対する賃金にお金がかかり，当然のことながら，Brancaが獲得した支援金はみるみるうちに減っていった．

それでも，見返りは大きかった．最初の3年間のシーズンで化石を包んだ4300個ものジャケットがリンディ港へと運ばれていった．現地作業員は発掘調査地と港の徒歩4日間の距離を，それぞれが頭の上に化石を乗せて，通算で5400回も歩いて往復した．そして，化石はリンディ港からベルリンへと運ばれていったのだ．

テンダグルーでの作業は，のべ225,000人日（一人が1日でこなせる仕事量）かかり，およそ100体もの関節した骨格化石と，数百もの単離した骨化石が見つかった．それらの化石のジャケットが開けられて研究が進むにつれ，それがいかに宝の山かがわかってきた．鳥盤類のケントロサウルス（*Kentrosaurus*）やドリオサウルス（*Dryosarus*），獣脚類のエラフロサウルス（*Elaphrosaurus*），それに翼竜類の仲間も見つかった．さらに，テンダグルー発掘調査では二つの新種の竜脚類であるトルニエリア（*Tornieria*）やディクラエオサウルス（*Dicraeosaurus*）だけではなく，バロサウルス（*Barosaurus*）の新標本や，これまでに見つかった“ブラキオサウルス（*Brachiosaurus*）”標本（現在ではギラファティタン *Giraffatitan* として分類し直されている）のなかで最高の保存状態のものが見つかった．この“ブラキオサウルス”標本はフンボルト自然史博物館に4階バルコニーを覗き込むような恰好で組立骨格として展示されている．

1912年以降，フンボルト自然史博物館はテンダグルーで発掘調査を行っていない．1914年に第一次世界大戦勃発，ベルサイユ条約によって，ドイツ領東アフリカは英国領になったのである．こうしたヨーロッパ諸国の植民地の移り変わりによって，今度は英国人古生物学者チームがW. E. Cutlerの指揮のもと，1924年にテンダグルーへ向かうこととなった．Cutlerが率いる大英自然史博物館（British Museum of Natural History，現ロンドン自然史博物館）の発掘チームは，先の発掘地を拡大し，ドイツ隊が取残した化石を採集しようと計画していた．1924年から1929年にかけて，彼らはそれまでに見つかっていない恐竜を見つけたりもしたが，何よりも衛生面の問題に直面した．特にCulterは1925年にマラリアによって亡くなっている．それ以降，テンダグルーからは，古生物学的観点から目覚ましい成果というものはあがっていない．

図 16・9　米国・イェール大学のJohn H. Ostrom．近代恐竜学への扉を大きく広げる発想をもたらした偉大な古生物学者．

1974年，Ostromはさらに，私たちがよく知る“鳥の仲間（鳥翼類 Avialae（アヴィアラエ））”であるアーケオプテリクス（*Archaeopteryx*；いわゆる始祖鳥）についてのきわめて詳細な研究を発表した．OstromはCharles Darwinの同時代の人物であったT. H. Huxleyの発想を発展させ，恐竜と鳥が近い関係にあるということは避け難い事実であると結論づけた．Ostrom曰く，「存在するあらゆる証拠が，アーケオプテリクスが小さなコエルロサウルス類（Coelurosauria（コエルロサウリア））の恐竜から進化してきたことをはっきりと示しており，そして現生の鳥は恐竜の生き残りなのだ」このことは同時に，恐竜の生理学的特性はワニの系統よりも，鳥の系統に近いものとして考えるべきだということも示唆している．この二つの論文によって，Ostromは恐竜の生理学と鳥の起源についての教科書を書き換え，恐竜はより多くの人々にとって興味深い生き物となった．こうして，“恐竜ルネッ

Box 16・7 Franz Nopcsa 男爵：政治，恐竜，そしてスパイ活動

フランスのヴェルサイユ宮殿を彷彿とさせ，かつて夏の離宮であったオーストリアのシェーンブルン宮殿は，世紀末のオーストリア=ハンガリー帝国の華やかなりし頃を切り取ったかのような場所である．このシェーンブルン宮殿の皇帝 Franz Josef（1830–1916）の居室には，古生物学者 Franz Nopcsa 男爵を紹介するパネルが設置されている（図 B16・10）．ただし，Nopsca は外交官という立場で解説されているのであり，古生物学者としての業績は帝国の目に留まることはなかったようだ．

だが，Franz Nopsca 男爵のような人物はほかにいないだろう．彼は恐竜を生物学的に捉えようとした最初の古生物学者の一人である．彼はルーマニア西部のトランシルヴァニア地方の貴族の出身だったが，彼の功績により，トランシルヴァニア地方の豊かな恐竜動物相が明らかになった．Nopsca の研究はここから産出した化石骨を中心としており，軟組織の復元や，そこから発展した顎の運動メカニズムの解析，後期白亜紀の島々の古環境の復元，そして島嶼に棲息していた恐竜の小型化などの研究を行ってきた．彼の研究はほかにも，小型の捕食恐竜から初期の鳥への進化や，病気によって新たな進化が生じる条件，下垂体と恐竜の巨大化の関係，恐竜の骨組織と成長速度，体温調節の関係についてなど幅広い．Nopsca は多言語に精通しており，ドイツ語だけではなく，英語やハンガリー語，フランス語でも論文を発表している．

図 B16・10 トランシルバヴァニア地方の貴族にして愛国者，かつスパイでもあり，偉大な古生物学者でもあった Franz Nopsca 男爵（1877–1933）．［Historic Collection/Alamy Stock Photo］

これらの業績について特筆すべきは，アルバニアのオスマン帝国からの独立に伴う科学的かつ政治的な寄与が背景にあったことである．Nopsca はバルカン半島西部の荒涼としつつも美しいこの大地の土地柄や，そこに住む人々に魅了されていた．彼はその地で 1906 年から研究を始めた．そして引退するまでに，アルバニアの地形や地質，そして人々の民族学について，今現在もなお使われているモノグラフ（論文集）を完成させた．アルバニアへの愛国心から，Nopsca は第一次および第二次バルカン戦争中にはスパイとなり，第一次世界大戦中もルーマニアでスパイとして働き続けた．

Nopsca は国際的に活動していたが，公的な立場にはいなかった．2 年間ほどハンガリー地質調査所（Hungarian Geological Survey）の所長を務めた以外は，人生の多くの期間をオーストリア・ウィーンで過ごした．Nopsca は 1906 年に出会ったアルバニア人男性の Bajazid Elmas Doda と同居していた．Bajazid は彼の秘書であり友人であり，そして恋人でもあった．第一次世界大戦後にトランシルヴァニア地方はルーマニアに併合され，Nopsca の私有地も奪われたことで Nopsca は精神的にまいってしまった．1933 年 4 月 15 日の早朝，彼は Bajazid の紅茶に睡眠薬を盛り，彼を撃ち殺すと，自身の仕事部屋で遺言を書き残して自殺した．

サンス”時代が幕開けした．

同年，Ostrom の学生であった Robert T. Bakker（図 16・10，後述参照）と，鳥盤類の専門家で米国・コネティカット州のブリッジポート大学の Peter M. Galton は，恐竜を“爬虫綱（class Reptilia）”の枠から外し，鳥と恐竜を，“脊椎動物門（phylum Vertebra）”のなかの新たな綱である“恐竜綱（class Dinosauria）”に含めることを提唱した（14 章）．彼らの説の根拠は，“内温性と高い運動代謝への重大な発展”であった．しかし，結果的には，Bakker と Galton はこの仮説を押し通すことができなかった．というのも，彼らは恐竜と鳥が内温性という特徴を共有していたということ（この点だけでもかなり紛糾した議論が交わされたが）以外に，その両グループの関係性を十分に示すことができなかったからだ（14 章）．結局，この問題は未解決となったが，時間がこの仮説を浸透させていくことになる．恐らくこの仮説の細部には欠陥があったのだろうが，恐竜がリ

図 16・10 (a) 米国・イェール大学に在籍していた当時のRobert T. Bakkerと，(b) 米国・ブリッジポート大学のPeter M. Galton. 彼らは，リンネ式の綱の一つである"鳥綱(class Aves)"が，新設のより大きな"恐竜綱 (class Dinosauria)"に含まれるべきだと初めて主張した研究者である．

ンネの枠組みの中の巨大な爬虫類ではないという認識，鳥は恐竜であるという認識，そして恐竜というグループが四肢動物の系統において，それまで考えられていたよりはるかに中心的な存在であるという認識は，すべて広く受け入れられるようになった．それは，最初にこの仮説が提案されてから50年近くが経過した後のことであり，やっとのことだった．

恐竜の内温性についての激論は米国科学振興協会(American Association for the Advancement of Science)が発行する学術雑誌の1980年の特別号が発行されたときにクライマックスを迎えた．この特別号は，1978年出版の恐竜の体温調節機能に焦点を当てたシンポジウムの内容を網羅していた〔Thomas and Olson (eds.) 1980 参照〕．この論文集の著者の多くは，恐竜が少なくとも何らかの恒温性を獲得していたのではないかとする意見に傾いていったように見受けられる（14章）．恐竜の代謝に関する現代の研究では，論争的な要素は下火となってきたが，恐竜がワニのような外温性ではなかったものの，とある体サイズの代謝がすべての恐竜に当てはまるものではないという議論は現在も続いている（14章）．

系統分類学分野の先端研究への参戦

このように恐竜の学問は成熟してきたが，さらに新たな知的革命が起こった．それは分岐分類学の台頭である（3章）．分岐分類という考え方自体は，恐竜の内温性仮説が提唱された時期ほどではないにしろ，それほど新しいものではなかった．その基礎はドイツ人昆虫学者のWilli Hennigによって1950年につくられた（図16・11）．Hennigの分岐分類の方法の英語訳が1966年と1979年にそれぞれ出版された．Hennigの最大の功績は，3章で紹介したように，形と大きさといった解剖学的特徴を用いて，生物間の関係性を調べるための"科学的に検証可能な手法"を編み出したことである．

この手法は初めの頃はそこまで広く使われていなかったが，伝統的なリンネ式の階層分類に慣れ親しんだ人々に衝撃を与え（Box4・1参照），1966年から1990年にかけて大きな物議を醸し出した．1990年代までには，コンピューターによる計算手法が一般的に使われるようになり，大量かつ複雑なデータから分岐図を描くことができるようになった．アメリカ自然史博物館とロンドンの自然史博物館の研究者が積極的にこの手法を用いた研究を推し進めてきたため，分岐図は恐竜を含め，現生および絶滅した生物の系統関係を読み解く強力なツールとして広く使われるようになっていった．分岐分析の功績は，生物の系統関係を理解するうえで単系統群が重要であるという認識を定着させ，本書でも重要な枠組みとなっている，恐竜類，鳥盤類，竜盤類といった大きな単系統群に加えて，これまでに見つかっている恐竜の関係性を示した分岐図に登場するグループごとにスポットライトを当てたことにある．その影響は，恐竜研究のほぼすべての局面で認められ，実際に君たちが今手にとって読んでいるこの本は，分岐分析の手法によっ

図 16・11 ドイツ昆虫学研究所(Deutsches Entomologisches Institut)のWilli Hennig (1913–1976)．系統分類学の分岐分析学的手法の父として知られる，ドイツ人昆虫学者．

て成り立っていると言っても過言ではない．

鳥は生きている恐竜だ　鳥は恐竜であるという仮説は，古くはT. H. Huxelyにまで遡るが，Ostromが最初に鳥と恐竜の関係についての仮説を提唱した際，その考えに対して強い抵抗があったことは想像に難くない．そもそも恐竜がのろまで，間抜けで，冷血な動物だと信じられていた頃には，まったく考えも及ばないことだった．そんな中で登場したBakkerとGalton（1974年）による仮説は，当時としては恐竜の内温性という非常に不確かな証拠に基づいていたことから，あまりにも突飛な発想だったのだ．また，OstromにしてもBakkerとGaltonにしても，自身の仮説を分岐分析による系統解析で検証したことはなかった．

ところが1986年に転換期が訪れる．古生物学者であり爬虫両生類学者でもあり，現在は米国・イェール大学に所属するJacques Gauthier（1951年生まれ）が，今となっては古典的な論文となってしまったが，竜盤類の単系統性を示した当時では画期的な論文を発表し，Ostromによる解剖学的観点からの観察結果を分岐分析によって検証した（図16・12）．分岐分析の結果は恐竜から鳥が派生したことを示してはくれなかった．それよりもむしろ，鳥が恐竜であることを示したのだ．系統分類学の厳密さが加わったことで，これまでのような漠然とした反対意見で対抗できる問題ではなくなったのだ．鳥は恐竜であるといえる．その理由は，鳥が恐竜の表徴形質をもっている，ただそれだけのことだった．鳥類学者に限らず，多くの古生物学者にとってもこれが決め手であった．分岐図が鳥と恐竜の関係性を示したあとには，もう反論の余地はない．

だが，鳥と恐竜の関係性についての議論は，羽毛を語らずして終えることはできない．1960年代終わりから1970

図 16・12　米国・イェール大学の教授Jacques A. Gauthier．鳥の起源と恐竜が単系統であるとする研究を行い，恐竜学に大きな影響をもたらした．[J. A. Gauthier 提供]

図 16・13　中国・北京の中国科学院古脊椎動物与古人類研究所のXu Xing教授は，現役の古生物学者のなかでも，最も多く論文を出している研究者の一人である．彼の研究がなければ，羽毛をもった獣脚類の存在は，いまだに単なる仮説にすぎなかったであろう．[Lou Linwei/Alamy Stock Photo 提供]

年代初めにかけて恐竜が内温性であった可能性が議論されるようになると，恐竜には断熱材が必要であることに人々は気づき始めた．多くの古生物学者には，羽毛や原始的な羽毛（proto-feather）から断熱効果が得られることは，自明のように思われた．したがって，多くの研究者が，初期の羽毛は飛翔よりも内温性のために発達したと仮定し，非飛翔性の恐竜に羽毛が見つかるものと予想した．しかし，ここまで見てきたように，初期の羽毛は，内温性に役立てるために発達してきた構造ではなく，ディスプレイ，またはそれ以前に触覚器の役割を担う構造として発達してきたと考えられている．だが，飛翔用に改良され，機能する前に，羽毛が断熱材として使われていたという証拠もある．私たちがその事実を知ることができたのは，1990年代半ばに中国の遼寧省から初めて発見された驚異的な化石群のおかげであり，特に中国・北京にある中国科学院古脊椎動物与古人類研究所（The Institute of Vertebrate Paleontology and Palaeoanthropology：IVPP）に所属する偉大な古生物学者であるXu Xingの一連の研究のおかげなのだ（図16・13）．Xuは，羽毛恐竜の多数の新属の記載報告に携わってきた．中国の羽毛をもちながらも飛ぶことのできない"非鳥類恐竜"の発見が，研究を大きく発展させる画期的な出来事であったことは疑う余地がない（7章，8章）．

さらに多くの団塊の世代がゲームに参戦

これまで見てきたように，1970年代は古生物学において知的興奮が高まった時代であり，恐竜を愛する人々にとって，Robert T. Bakker（1945年生まれ；図16・10a）ほど時代の変化を具現化した人物はいないだろう．科学史的に無名ともいえるこの分野の中で，Bakkerはメディアでお馴染みの存在となり，映画『ジュラシック・パークⅡ（*Jurassic Park Ⅱ*）』ではDr. Robert Burkeのモデルとなっている．イェール大学とハーバード大学の学位をもっているにもかかわらず，Bakkerの風貌はひげを生やしたうえに，長髪で，いつでもフィールド調査に行けそうな服装[*10]に身を包むといったカジュアルさがある．しかし頭の中は，鳥，恐竜，そして恐竜たちが生きる世界について驚くべきアイディアに満ち溢れていた．Bakkerは，*Harper's Magazine*誌で，その分野で最も才能ある作家として評される[*11]ほどの非常に有能な散文家であり，才能あるイラストレーターでもあるなど，個性的で，明晰で，常識を覆すことに長けていた．

Bakkerと同世代のJack (John R.) Horner（1946年生まれ；図16・14）もまた，カジュアルな物腰で知性溢れる人物である．現在では名誉博士号を取得しているが，Hornerは，そのキャリアの大半において正式な学位を取得していなかった．しかし，彼ほど独創的で，熟達した古生物学者はそうたくさんはいないだろう．なんとHornerは，毎年数十名しか受賞できない人並外れた独創的・創造的な研究を行う米国籍の人に対する奨学金であるマッカーサー・フェロー，通称"天才賞"を受賞しているのだ．本書でも紹介しているが，マイアサウラ（*Maiasaura*）が子育てをしていたことに最初に気がついたのは，ほかでもないHornerである（12章）．最近では，骨組織と恐竜の成長率や代謝との関係を明らかにするという研究分野をHornerが先頭に立って率いている（13章）．きわめつけは，ティラノサウルス・レックス（*Tyrannosaurus rex*）の化石からタンパク質を初めて抽出したのも，Hornerの研究室だった．

Hornerの簡潔で，率直な物言いからインスピレーションを受けて，映画『ジュラシック・パーク』に登場するAlan Grant博士が誕生したという．実際，Hornerはこの作品で，古生物学的内容の監修を担当している．Hornerは，米国・モンタナ州ボーズマンにあるモンタナ州立大学付属のロッキー山脈博物館（Museum of the Rockies）を世界有数の古生物学の博物館に押し上げたことに加えて，現生・化石を問わず，最先端の骨組織学研究の重要な拠点に育て上げ，恐竜に関するほぼすべてのテーマについて100を超える研究論文を発表してきた．

HornerとBakkerよりも若干若い世代に，ニューヨークのアメリカ自然史博物館の古生物部門の研究員であったMark A. Norellがいる（1957年生まれ；図16・15）．Norellの研究は多岐にわたる．彼は"ゴーストリネージ"（Box 15・2）という概念を発展させ，モノニクス（*Mononykus*；図7・14参照）というきわめて特殊な恐竜の発掘と記載，世界で最初の獣脚類の胚化石の発見，さらに恐竜が抱卵をしてい

図 16・14　非凡な古生物学者のJack Horner，彼が最も得意とする発掘調査を行なっている．［J. Horner 提供］

図 16・15　ニューヨークのアメリカ自然史博物館の古生物部門の研究員だったMark Norell．［M. Norrell 提供］

*10　Bakkerは映画『インディー・ジョーンズ（*Indiana Jones*）』シリーズが始まるより前から，トレードマークのボロボロの帽子をかぶっていたが，Roy Chapman Andrews（Box 16・1）が愛用していた帽子とは違うことに注目．

*11　Silverberg, R. 1981. Beastly debates. *Harper's Magazine*, October, 1981, pp.68–78.

たという確かな証拠をオビラプトロサウルス類（Oviraptorosauria；図6・30参照）の化石で発見した．Norellは18年間にわたってゴビ砂漠の探検隊を率いてきた．その間に発掘し，記載論文として発表した種には，シュヴウイア（*Shuvuuia*），アプサラヴィス（*Apsaravis*），ビロノサウルス（*Byronosaurus*），アキロニクス（*Achillonychus*）など多くの絶滅脊椎動物が含まれる．また，彼が共著者として関わった書籍はいくつも賞をもらっている．そのなかには1995年著の『*Discovering Dinosaurs*（恐竜発掘）』や2005年著の『*Unearthing the Dragon: The Great Feathered Dinosaur Discovery*（竜の発掘：見事な羽毛恐竜の発見）』などがある．

ここまでは，そこまで若くはないが，恐竜古生物学界の“ガキ大将”ともいえる人たちをサラッと紹介してきた．しかし，米国・シカゴ大学のPaul Sereno（1957年生まれ；図16・16）を語らずしてこの章を終えることはできないだろう．なんといっても彼は，*People*誌の選ぶ“最も美しい人物トップ50”や*Newsweek*誌の選ぶ“次のミレニアムでかっこいい人物100名”，*Esquire*誌の選ぶ“世界の人物100選”にあげられたほど，さっそうとした美男子である．Serenoは歳を重ねてもその熱意が衰えることがないため，彼はいまだに米国退職者協会（American Association of Retired People：AARP）の雑誌の表紙を飾ったことがない．彼はまだまだ古生物学の世界で現役なのだ．Serenoは，エジプト，ニジェール，モロッコ，アルゼンチン，中国といった諸外国に遠征して目新しい化石を集め，記載論文を発表してきた．これらをリストにするとかなりのものだ．そして彼は，巨大な獣脚類の一つであるアフロヴェナトル・アバケンシス（*Afrovenator abakensis*）や，ティラノサウルスよりも大きいと思われる獣脚類カルカロドントサウルス・サハリクス（*Carcharodontosaurus saharicus*），デルタドロメウス・アギリス（*Deltadromeus agilis*）やルゴプス・プリムス（*Rugops primus*）といった大型獣脚類，大きなトサカ状突起をもつ獣脚類ラヤサウルス・ナルマデンシス（*Rajasaurus narmadensis*），知られている限り最も基盤的な恐竜ヘレラサウルス・イスキグアラステンシス（*Herrerasaurus ischigualastensis*）やエオラプトル・ルネンシス（*Eoraptor lunensis*）（図5・7a参照），全長20mを超える竜脚類ジョバリア・ティグイデンシス（*Jobaria tiguidensis*），恐竜を食べられるほど巨大な全長13mのサハラ砂漠のワニであるサルコスクス・インペラトル（*Sarcosuchus imperator*），魚食の巨大な獣脚類スコミムス・テネレンシス（*Suchomimus tenerensis*）などを発見してきた．Serenoは，当然のことながら，スピノサウルス（図6・24，Box16・6参照）の新たな復元の記載論文の共著者でもある．

図 16・16 太陽が照りつけるサハラ砂漠で恐竜らしからぬ骨を発掘するPaul Sereno教授．彼はこの写真ついて次のように語っている．「私はサハラ砂漠で100体もの人骨化石を掘り起こす呪いにかかった気分だった．人骨化石が邪魔で恐竜が掘り起こせない！」［P. Sereno提供］

大きな変化：白亜紀末の“非鳥類恐竜”の絶滅

ここまで，最新の恐竜古生物学に至るまでの経緯を説明してきたが，もう一つの特に過激な仮説，すなわち，**小惑星**（asteroid）の衝突による絶滅を説明せずして話を締めくくることはできないだろう（17章）．H. F. Osbornの時代以降，恐竜が白亜紀の終わりのしばらく前から徐々に多様性を減らしていったと古生物学者たちは考えてきた．1980年以前に浸透していたこの見方は，米国・カリフォルニア大学バークレー校の古生物学者，故W. A. Clemens Jr.らによって整然とまとめられている．彼らは英国の詩人T. S. Eliot（訳注：『*The Hollow Men*』という詩の中で，“This is the way the world ends”と詠った）に対して謝罪の念を示しつつ，こう記述した[*12]．

This is the way Cretaceous life ended
こうして白亜紀の生物たちが姿を消した
This is the way Cretaceous life ended
こうして白亜紀の生物たちが姿を消した
This is the way Cretaceous life ended
こうして白亜紀の生物たちが姿を消した
Not abruptly but extended.
ぽっくりと逝かず，じわじわと

Clemensらの恐竜の絶滅に関する論文は“Out with a whimper, not a bang（銃声で倒れたのではなく，めそめそと退場：一気にとどめをさされたのではなく，じわじわ

*12 Clemens, W. A., Jr., Archibald, J. D., Hichkey, L. J. 1981. Out with a whimper, not a bang. *Paleobiology*, 7, 297–298.

と追いつめられた絶滅，という意味)"というなんとも粋なタイトルがつけられていた．

その後，小惑星が地球に衝突し，地球の生態系を究極的かつ壊滅的な打撃を与えたとするWalter Alvarezらの仮説が1980年に提唱されることで，絶滅に関する考え方に革命が起こった（詳細は17章にて解説）．地球外からもたらされた大きな力が地球の生命史に影響を及ぼすとは，なんと突飛で，素晴らしく，恐ろしいことを思いついたものだろう．この視点によってひき起こされた革命的な考え方は，恐竜の絶滅という問題を越えて，地球科学全体に大きな反響をよんだ*13．一つは，恐竜絶滅を地球システムに基づく現象と捉えた点にある．すなわち，恐竜の絶滅とは恐竜に限った出来事ではなく，地球規模での物理的影響を伴った地球上の生物全体に関わる大災害と捉えたのである．そのため，恐竜の絶滅を説明するだけでは不十分だったのだ．これまで古脊椎動物学者たちは，科学の世界全体に向けてではなく，ごく限られた小さな科学の分野内で研究を議論してきた．しかし，この革命によって古脊椎動物学は全科学界から注目を浴びることになった．もっともこれを歓迎しない研究者もいる．

ある意味では，この研究は地球科学における根本的な革命をひき起こしたといえる．19世紀初頭のDarwinと同世代の地質学者であるCharles Lyell（1797-1875）の時代に遡ると，地球科学における一般的な見解とは，地球上の事象は膨大な時間をかけて潜在的な要因で徐々に起こるというものであった．ところが小惑星衝突の仮説の発表によって，地球上で地形が形成される過程の多くが，小惑星のように大規模なものであれ，局所的な洪水のような小規模なものであれ，実際には短い期間で起こり，地質学的な時間の単位としては瞬時に起こったであろうことが広く認識されるようになったのだ．結果として，この見識は古生物学と地質学分野に革命をもたらした．小惑星の衝突と，それによってひき起こされた現象については本書の最終17章にて述べることとする．

16・6 『ジュラシック・パーク』後の恐竜観（1990年代後半）

1970年代，80年代，90年代初頭に起こった恐竜ルネッサンスと恐竜生物学の再考に続いて，映画『ジュラシック・パーク』の公開は恐竜古生物学にとって"巨大な嵐"となった．X世代とミレニアル世代（後述参照）という二つの世代が，最初の『ジュラシック・パーク』とその続編の映像に触発され，その結果，この学術分野の歴史の中で，かつてないほど多くの専門的な古生物学者が活発に研究を行っている．そして古生物の分野から導き出された知見は，進化生物学の分野だけでなく，気候科学との関連についても重要なものとなってきている．しかし，古生物学は現在，新しい局面を迎えている．一世代前の古生物学者にはまったく無縁だった新しい技術が求められる学問になってきたのだ．

現在の生物相から過去に起こった進化の記録を完全に理解できるわけではないということが鮮明になってきている（Gauthier, Kluge, and Rowe, 1988参照）．より古い時代の生物たちの知見は化石記録によって得られる．もし恐竜に近縁な現生動物または，恐竜の生き残りといえる鳥だけしか知らなかったら，鳥が恐竜に含まれるということは知りえなかったことだろう．

近年の進化生物学は，進化の過程を明らかにするための強力な手法を手に入れている．まず，(a) **分子進化学**（molecular evolution）の手法によって，異なる種の生物がもつ分子を比較し，それらが互いにどれだけ近い関係にあるか，あるいは遠い関係にあるかを知ることができる（8章）．また，(b) **発生進化生物学**（evolutionary developmental biology），通称**エボデボ**（evo-devo）は遺伝学や発生学をさらに洗練させた分野で，生物がどのように新たな形質を進化させ，多様性を生み出してきたかを知ることができる．さらに (c) **分子時計**（molecular clock）は分子進化速度を測る手法だが，これによって二つの異なる生物が（すでに絶滅した）共通の祖先から分岐した年代を推測することができる（8章）．いずれの手法でも，結果の整合性を検証するためには化石記録について深く知る必要がある．Mary Schweitzer（1955年生まれ；図16・17）の恐竜の軟組織と血液細胞の研究（13章）は，50年前の古生物学者には想像できなかっただろう．このように古生物学は常に最先端の学問に貢献し続けている．そして，現役の古生物学者たちは，一般的な生物学だけではなく，分子遺伝学や発生学などについて，かつての古生物学者たちに課せられていたものとは比べものにならないくらい多くの深い知識と技術を身につけていかなければならないのだ．

さらに，本書で紹介したように，現代の古生物学者の多くが，安定同位体や放射性同位体，微量元素の組成や地球化学的な痕跡といった，一昔前には考えられなかったような地球化学の手法を使うようになってきた．このほかに1980年代以降，古生物学者に広く使われるようになった重要な手法が統計学である．古生物学者が扱うのは，まばらだったり不完全だったりする化石情報や，量や質が一定ではないデータであるため，特別な数学的な手法が必要なのだ．したがって，古生物学者が問題を解決する武器として重要なのは，統計学の素養である．これには，古典的な

*13 Powell, J. L. 1998. *Night Comes to the Cretaceous*. W. H. Freeman and Company, New York, 250p.

図 16・17　米国・ノースカロライナ州立大学の古生物学者 Mary Schweitzer 教授．鳥以外の恐竜類からコラーゲン線維，赤血球，血管などの軟組織を発見した第一人者．［NC State 提供］

頻度論的な統計とベイズ統計学の両方の手法が求められる．さらに系統分類学は膨大なデータベースを扱う必要があるため，統計学だけではなくコンピューターも使いこなせなくてはいけない．少なくとも現役の古生物学者は，市販または無料の統計プログラムを使えるように知識を備えていなくてはいけない．理想的にはRやPythonといった一般に使用されている統計ソフトの言語でプログラミングができることが非常に望ましい．このようなスキルが求められるため，研究者は必要に応じて自分のコンピューターをカスタマイズしていくのだ．

分子生物学，**地球化学**（geochemistry），統計学，コンピュータープログラミングといったこれらの知識は，ライバルよりも先に化石を発掘しては記載するというゲーム的要素をもった一昔前の研究とはかけ離れたものだ．もちろん，従来の記載を主とした研究が影を潜めたわけではない．専門的な道具箱の中身を増やしていった，ということだ．

古生物学者たちは，地球規模の気候変動について，世界に提示できる独自の視点をもっている．地球は温室効果によって温暖化し続けており，それは白亜紀の中頃と遜色ないレベルの温暖化であることは確かである．当時の環境はどのようなものだったのだろうか．また，もっと重要な点は，生物相がどのようにその気候へと対応していったのか，一般的にどう気候が変動していったのかということだ．地球は過去にも温室効果の状態を経ているということは，現在同じような状況に直面している私たち人類が，環境変化に対する生物相の応答を調べるのは当然のことである．そして，そこから得られた情報は，私たちに将来どのようなことが起こりうるのか予想する材料となるはずである．そして，地球化学やコンピューターによる気候モデリングに対する高い専門性が，未来の古生物学者にとって重要な素養となってくるであろう．

恐竜を発掘し，記載し，命名する日々はまだまだ続いている．M. J. Benton の解析結果（図Ⅰ・1参照）を見れば，まだ見つかっていない恐竜が山ほどいることは明らかだ．この先も，驚きの発見がたくさん待っているだろう．米国・アデルフィ大学の古脊椎動物学者の Michael D'Emic は，2018年に恐竜の新種が発見される確率は1カ月に3種であると予想した．そして，進化生物学，古生物学，古環境学，機能形態学，そのほかの生物学的古生物学が掲げる科学的な問いの解決には，新しい恐竜の発見は無視できないほど重要になっている．しかし，ある意味では，こうした科学的な問いはさらに興味深く，大きな問題を解決できるものになってきたといえる．そこには，挑戦し甲斐があり，新しい刺激に富んだ世界が待っているのだ．

16・7　ワルガキから大物へ：次々と現れる若手研究者

ある時，米国・オレゴン大学の古生物学者 Greg Retallack がこう言った．「面白いものだ．つい最近まで，ワルガキだと思っていた奴らが，すぐにベテラン世代になってしまうのだから」鼻息の荒い活きのいい若手研究者たちは，新しい仮説を引っ提げて登場してくるものだ．そして彼らが現役のうちにその仮説は，より確からしい新たな仮説を引っ提げた次の新たな活きのいい若手研究者によって，検証され棄却されることもある．1970年代と1990年代初めから中頃以降に最も活躍したのが団塊世代の古生物学者である．それに続いて，現在中年期に差し掛かった働き盛りの“X世代”と，業績を築きはじめたばかりの“ミレニアル世代”の古生物学者の多くは，彼らがまだ子供だった頃，特にその人格形成期に映画『ジュラシック・パーク』のシリーズと出会い，映画に触発されたのをきっかけに現在，古生物学者として頭角を表している．ここで紹介する研究者たちは，この二つの世代が生み出した大変に優秀な古脊椎動物学者の代表格である．

X世代は，活発で才能豊かな古生物学者に事欠かない．米国のスミソニアン協会・国立自然史博物館の恐竜の研究員である Matthew T. Carrano（図16・18）の紹介から始めよう．Carrano は，基本的な恐竜の発掘作業から始まり，化石記録から大規模な進化（マクロ進化）の傾向（15章にて紹介）まで幅広い興味をもっている．Carrano はどんな土地での発掘調査もお手のもので，ナイジェリア，マダガスカル，南米の原野を歩き回っている．

米国・コロラド大学の Karen Chin（図16・19）は，他

図 16・18　米国のスミソニアン協会・国立自然史博物館の研究員であり，恐竜の専門家である Matthew Carrano．後期白亜紀の凶暴な歯をたくさんもったお友達が写真の額縁になってくれている．［The Washington Post/Contributor/Getty Images］

の研究者とは別の側面（いや，出口というべきだろうか）から恐竜の研究に取組んでいる．彼女は糞化石と生痕化石の研究で独創的で重要な貢献をしてきた．糞化石は，恐竜が何を食べていたかを解釈するうえで，最も直接的な証拠である．Chin は緻密なデータを用いて，卓越した独創性と精度の研究を行い，恐竜を中心とした当時の生態系をかつてない精度の解像度で復元することに成功した．

ミレニアル世代に近く，Chin と同世代の生産性の高い研究者の一人が，英国・エジンバラ大学の気さくな男，Stephen Brusatte である（図 16・20）．Brusatte は，母国である米国の大学を卒業し，英国・ブリストル大学で，団塊世代の研究者である M. J. Benton（後述）の指導を受けて修士号を取得した．ちなみに，彼は妻も英国で得た．Brusatte は恐竜の古生態学，行動学，恐竜の起源と絶滅，中生代の哺乳類の進化，機能形態学，系統学，アエトサウルス類（Aetosauria）や翼竜類（Pterosauria），ワニの仲間などといった恐竜以外のあらゆる主竜類の理解において重要な貢献をしてきた．

Brusatte がブリストル大学の Benton の研究室でキャリアを積んだのは正解だった．このブリストル大学で Benton（図 16・21）らは間違いなく世界で最も優れた古生物学を含む進化生物学の教育プログラムを構築してきた．Benton もまた，恐竜が専門の古生物学者であり，その業績は本書の随所でお目にかかれる．2019 年に出版した Benton の著書『*Dinosaurs Rediscovered*（恐竜の再発見）』では，その教育プログラムが恐竜の研究の発展に並外れた貢献をしてきたことを紹介している．同じくブリストル大学で少し違った視点から恐竜にアプローチしているのが，Emily Rayfield 教授（図 16・22）である．彼女は，生体力学，工学，コンピュータープログラミング，CT スキャンなどの技術を，化石種や現生種の骨の有限要素法による応力解析に応用している（図 6・16 参照）．これらの技術によって，恐竜のような絶滅した動物の骨が，生きていたと

図 16・19　古生態学（太古の生態系の学問）において，独特な野外調査を主体とした研究を行なってきた Karen Chin 教授．米国・ユタ州のカイパロウィッツ層（Kaiparowitz Formation）で恐竜の糞化石を研究している様子．［K. Chin 提供］

図 16・20　リトアニアの三畳紀の赤い粘土層の奥深くに眠る恐竜を探す古生物学者の Richard J. Butler 教授（左）と Stephen Brusatte 教授（右）．

図 16・21 恐竜を専門とする英国の古生物学者 Michael J. Benton 教授は，長いこと恐竜の研究界を牽引してきた．Benton は，高度な統計学的手法を用いて恐竜の繁栄と絶滅の根底にある生物進化のパターンを明らかにしようとしてきた．［M. J. Benton 提供］

図 16・23 南アフリカの古生物学者であり，古生物組織学者でもある Anusuya Chinsamy-Turan 教授の研究は，恐竜にとって“寿命”という言葉が何を意味するのかを理解するうえで革命を起こした．［A. Chinsamy-Turan 提供］

図 16・22 英国・ブリストル大学の Emily Rayfield 教授は，Benton の同僚でもある．骨の形態は，その動物が生きている時に受ける応力と関係していることに着目し，有限要素モデルを使って骨にかかる応力を特定した．この手法によって，恐竜を含む絶滅脊椎動物の機能を定量的に復元することができるようになった．

きにどのような応力を受けてきたかを定量的に見積もることで，それがどのように機能したかを解析することができるようになった．

Richard J. Butler もまた Brusatte のように論文を量産している研究者の一人である（図 16・20）．彼の興味は，恐竜の初期進化，ペルム紀-三畳紀（P-T）境界の大量絶滅（地球史上最大の絶滅）後の脊椎動物相の回復，主竜類の系統学，機能形態学，化石記録の性質とパターンなどである．Butler のおもな発掘調査地は，三畳紀の地層があるアルゼンチン，南アフリカ，ポルトガル，リトアニア，ポーランドである．

Anusuya Chinsamy-Turan（図 16・23）は，ケープタウン大学の生物学の教授であり，論文を量産している南アフリカの重要な古生物学者である．彼女は，恐竜の骨の組織学で画期的な研究を行っている．彼女の研究によって，私たちは骨の再構築（リモデリング）の重要性を理解し，恐竜の年齢を決定する手法を開発し，恐竜の生涯の成長段階と形態を関連づけることができた．Chinsamy-Turan の業績は，数多くの査読つき学術論文だけでなく，3 冊の研究手法に関する書籍と 1 冊の一般書の合計 4 冊の書籍を出版した功績から，1995 年には南アフリカ国立研究財団の“大統領賞”を受賞したほか，2013 年には世界科学アカデミーから科学の一般理解と一般化への貢献を表する“Sub-Saharan 賞”を受賞するなど，数々の著名な賞を受賞している．

Paul Barrett（図 16・24）は，恐竜学研究の基盤となる分類体系の見直しと記載を専門とし，恐竜の多様性と形態を制御するマクロ進化のパターンとメカニズムに興味をもっている．本書でも紹介しているが，Barrett は長いこと親しまれてきた（そして欠陥のある）基本的な分類群であった鳥盤類と竜盤類に代わるものとして，新たに鳥肢類（Ornithoscelida（オルニトスケリダ））を確立した非常に斬新な研究論文の共著者としても知られている．彼は，これまでに英国，中国，

図 16・24　発掘作業でズボンが土埃だらけになってしまった英国・ロンドン自然史博物館の Paul Barrett 教授. 南アフリカのケープタウン東部, レディーグレイ近くの後期三畳紀の下部エリオット層で, 初期の竜脚形類の骨格の一部を発掘している. [P. Barrett 提供]

図 16・25　アルゼンチンの原野で大好きな発掘をしている米国・テキサス大学の古生物学者 Julia Clarke 教授. [J. Clarke 提供]

南アフリカ, オーストラリア, 南極大陸で大規模な発掘調査を行ってきた. Barrett は, 同世代の多くの共同研究者と同様に, 厄介な統計的手法を研究に応用することで成功を収めてきた.

米国・テキサス大学の非常に優秀な研究者である Julia Clarke (図 16・25) は, イェール大学で Jacques Gauthier (図 16・12) に指導を受けた. Clarke のキャリアは, 初期の鳥の進化を中心に築かれてきた. 鳥の進化に関する理解が近年, 革命的に進んだことを考えれば, 時宜を得た選択である. Clarke のおもな関心は, 鳥の多様性, 系統分類, 機能である. 羽毛の色を識別する方法を発見した研究によって, 彼女は鳥以外の恐竜の羽毛の色彩を復元するパイオニアとなった. 彼女の研究の舞台は, ニュージーランドから, 南極, モンゴル, アルゼンチン, 北米, 中国へと及ぶ. 中生代の白亜紀の地層から, 現代型の鳥, すなわち新鳥類 (Neornithes) の最初の代表種であるヴェガヴィス (*Vegavis*) を見いだしたのも彼女である (図 8・13 参照).

カナダ・カルガリー大学の Darla Zelenitsky (図 16・26) は, 感覚器, 繁殖行動, ロコモーションなどの恐竜の生物学的側面に特に興味をもっている. 彼女は恐竜の巣作り, 翼, 嗅覚の進化など幅広い生物学分野に関する論文を発表するとともに, フィールドワークを数多くこなしてきた. 特にカナダのアルバータ州にある州立恐竜自然公園は彼女にとって庭のようなものだ.

恐竜類の全体に適用されるような手法の研究ではなく, 特定のグループに特化した研究者もいる. 米国・マカレスター大学の Kristi Curry Rogers 教授 (図 16・27) がその一人である. もちろん彼女は恐竜全般に興味があるが, 恐竜のなかでも, おそらく桁外れの大きさゆえに, 研究が難しい竜脚類を専門としており, 重要かつ羨望の的となる地位を築き上げてきた.

図 16・26　カナダの炎天下で卵の化石を露頭から取出す前に接着剤で固めている Darla Zelenitsky 教授. [D. Zelenitsky 提供]

米国・ノースカロライナ州立大学の生物科学の准教授であり, ノースカロライナ州立博物館の古生物部門の長を務める Lindsay Zanno もまた, 若い世代の古生物学者のなか

図 16・27　マダガスカルの上部白亜系のマエバラノ層(Maevarano Formation)で竜脚類のボーンベッドから化石を発掘する Kristi Curry Rogers 教授と発掘調査隊.［K. C. Rogers 提供］

図 16・29　Sterling Nesbitt 准教授が「いつも三畳紀だ！」と嘆いていた発掘調査. この調査が有意義であったことは明らかであり, 彼は三畳紀の脊椎動物の世界的な権威の一人である.［S. Nesbitt 提供］

でも非常に優秀な恐竜の研究者である（図 16・28）. 野外調査の達人として, 世界的に活動してきたが, 最近の研究では, 白亜紀の北米西部の内陸部の地層に注目している. この時代, この場所では恐竜の多様性が高く, 動物相の入れ替わりが激しく, さらに温室効果が組合わさったことで,

図 16・28　Lindsay Zanno 教授. 米国・ノースカロライナ州の荒野で岩石カッターを巧妙に操り, “腰が砕けるほど硬い”と Zanno 准教授が表現する三畳紀の地層からアエトサウルス類(Aetosauria；図 5・3b 参照)の骨を掘り出している.［L. Zanno 提供］

後期白亜紀の恐竜と生態系について思う存分の洞察力を発揮することができるからだ. Zanno は 100 を超える学術論文や, 古生物学以外の児童書『*The Fall Ball*（転がるボール）』など, 非常に充実した出版活動を行っている.

地球史の中でも恐竜を除いた恐竜形類（Dinosauromorpha（ディノサウロモルファ））が, 真の恐竜にその座を譲った三畳紀から前期ジュラ紀という時代に関していえば, おそらく世界で最も権威ある専門家は, 米国・バージニア工科大学で地球科学の准教授の Sterling Nesbitt 博士だろう（図 16・29）. これまで見てきたように, 古生物学界は, 音楽界のように天才が活躍するような分野ではないが, 筆者らが実際に彼と会った経験からすると, Nesbitt は高校在学中からあたかも博士号をもっている古生物学者かのような物言いをしていた. 彼は, その後, タンザニア, ザンビア, 南アフリカ, マダガスカル, アルゼンチン, モンゴル, そしてもちろん米国全土を訪れ, 興味深い研究を続けてきた. 筆者らは, 彼が特に米国西南部の後期三畳紀に詳しい研究者であると思っているが, タンザニアやザンビアなどで彼と一緒に仕事をした専門家たちは, 間違いなく彼がこれらの地域における三畳紀の動物相の権威であると思っているだろう. これまでに 100 本近くの学術論文を手掛け, 研究手法の開発や, 全長 3 m のティラノサウルス上科のススキティラヌス（*Suskityranuus*）*14 を含む多くの新属を発見した. Nesbitt は, 最近の若い世代の古生物学者のなかでも最も有望で, 数多くの論文を発表する研究者の一人である.

新鮮で刺激的な古生物学者たちの名簿は, まだまだ続く.

＊14　Sterling Nesbitt はススキティラヌス(*Suskityrannus*)を 16 歳(中学生)のときに発見した.

図 16・30　自称“paleontologista（天才古生物学者）”の Jingmai O'Connor 博士(IVPP の兼任教授)と相棒のエナンティオルニス類のロンギプテリクス(*Longipteryx*). 中生代の羽毛恐竜, 鳥以外の恐竜類, 鳥類の化石でも世界的に選りすぐりの標本を所蔵しており, 彼女の職場だった中国・北京の中国科学院古脊椎動物与古人類研究所(IVPP)にて撮影.［J. Stierberger 提供］

ここで, 天才的な古生物学者（本人の言うところの“paleontologista”）の Jingmai O'Connor（図 16・30）の名前を外すわけにはいかない. 彼女は, 中国科学院古脊椎動物与古人類研究所（IVPP）において最年少で教授となった人物（現在は米国・フィールド自然史博物館）である. O'Connor は中生代の鳥の専門家であるという経歴とともに, 中国で中生代の鳥の化石を発見して業績を積んできた. つまり, これらの動物相を研究するのに適した技術と才能をもつ人物が適切な職場に配属されたといえよう. O'Connor は, 驚異的な化石の記載を率先して行うだけでなく, 基盤的な鳥の行動や生態について, 複雑な古生態学的な疑問をこの分野に向けて投げかけている. なかでも特に彼女が研究を進めている熱河層群の動物相については, 本書でも紹介している（8 章）. O'Connor の並外れた業績が評価され, 2019 年に米国の古生物学会から, 非常に名誉あるシュハート賞 (Schuchert Award) *15 が授与された.

Anusaya Chinsamy から O'Connor まで, ここまでに紹介した研究者に限らず, 広い興味と熱意をもち, 科学的な問いに答えるための知性と創造性が際立った研究者は数多くいるため, 本書で紹介するにはページ数が足りない. 研究者たちは皆, 多額の研究資金を申請し, 獲得し, 究極的には古生物学と地球史への愛と熱意を原動力に業績を築いてきた. 古脊椎動物学は活発かつ積極的に探求される分野であり, それが当たり前になっている.

多くの現役の古生物学者と同じように, 本書で紹介した古生物学者たちもまた, 自身の選んだ学問の歴史を知っている. 古生物学者たちは皆, イグアノドンの化石を発見した Mantell 夫妻をはじめとした, 古生物学者の大御所たちの意思を代々受け継いできたのである. 研究者たちは,“私が他の人よりも遠くを見渡せたのだとしたら, それは巨人の肩の上に立ったからだ (If I have seen further than others, it is by standing upon the shoulders of the giants)” という Isaac Newton の有名な言葉に共感するだろう.

本章のまとめ

古生物学とは, 人類の努力の結晶の一つである. そして人類の他のあらゆる努力の結晶と同様に, かつての発想が生み出された際の時代背景が変わるたびに, 新たな発想に取って代わられていった. 私たち人類がおそらく初めて恐竜の化石に出会った時代では, 恐竜の化石があまりに大きく異形だったため, 伝説上の生物として認識されていた.

論理と理屈に基づいた観察によって自然科学の摂理を解き明かすことができるという考え方, すなわち啓蒙思想が広まるとともに古生物学は科学へと昇華した. 1822 年に最初の恐竜化石との出会いがあったとされる. この化石は, 現在生きているどの動物とも違うものだと認識された. それから 40 年の間に, さまざまな絶滅動物の化石が発見されるようになっただけではなく, 相対地質年代が構築された. この相対地質年代は, 現在でも有効な年代指標として活躍している. 1842 年になると, 英国人解剖学者の Richard Owen が, ある絶滅した爬虫類のグループに対して“恐竜亜目 (suborder Dinosauria)”という名称を生み出したが, これには, 恐竜があまり進化していない劣った動物であるとの意味も込められていた. 彼は, 恐竜が哺乳類のような代謝機能をもち, ゾウのように大きくて鈍重で四足歩行性の動物だと考えていた.

ところがその後, 人類が生きている現在の世界とはまったく異なる世界が過去に存在していたという革命的な考え方は, 急速に浸透していった. それと同時に, 恐竜類はより広く知れ渡るようになり, 恐竜類のなかで二つの主要なグループ, すなわち鳥盤類と竜盤類に分けられることもわかってきた. そして両グループは, 当時“槽歯類”としてひとまとめにされていた初期の主竜類のなかから別々の起源をもって登場してきたと考えられるようになった. 恐竜が

*15　シュハート賞(Schuchert Award)は毎年 40 歳以下の古生物学者で, それまでの業績から将来を期待される研究者に贈られる. O'Connor が選ばれたのは当然といえるだろう.

繁栄し始めたのは，Darwinの進化論でいうところの，より優れた生物である恐竜が，より劣った生物である原始的な主竜類や，哺乳類を除く派生的な単弓類との競争の果てに，優位に立ったためだと考えられるようになった．

20世紀最初のおよそ70年間の恐竜研究は，恐竜の化石を採集し，記載するといった，新しい種類の恐竜の発見に主眼が置かれていた．ところが，1969年から1970年にJohn Ostromが，デイノニクスという恐竜が内温性であったと主張し，さらに1974年にアーケオプテリクス（始祖鳥）を獣脚類のなかに分類し直したことによって，恐竜研究に大きな変革が訪れた．これらの革命的な視点がもたらされると，古生物学の分野に生物学的古生物学（paleobiology，パレオバイオロジー）という新たな息吹が吹き込まれた．そして，系統分類学は，現生種だけではなく絶滅種においても，系統関係を探るうえで，真に科学的な手法だと捉えられるようになってきた．系統分類学的手法により，恐竜が単系統であることが強く支持されることになり，それに含まれる竜盤類と鳥盤類もそれぞれ単系統であることも確かめられた．そして"槽歯類"というグループは消え去り，鳥が恐竜に含まれるということが明らかにされてきた．

1980年になると，小惑星が地球上に衝突したことによって白亜紀末の（鳥類を除く恐竜類の）絶滅がひき起こされたとする説が提唱され，地球の外からもたらされるイベントによって地球の進化史に大きな影響がもたらされるということが理解されるようになった．つまり，あるグループがどれほど環境へとうまく適応していようと，絶滅は起こりうるということがわかってきたのである．あるグループが他のグループよりも優れているために競争で優位に立つようになったという考え方はもはや消え去り，それまで他のグループが占めていた生活圏が絶滅によって空き，そこにたまたま恐竜が進出していったのだと考えられるようになった．

現在でも，恐竜はさまざまな手法で研究されている．新しい化石や新しい特徴の発見はもとより，過去の生態系の一端を担う生命体として恐竜を捉えた研究，巨視的に恐竜のグループ全体の進化を分析する研究，組織学的手法や分子分析学的手法を用いた研究，そして進化発生学的な観点から行われる研究まで，ありとあらゆるアプローチがなされている熱い学問なのだ．

参考文献

Andrews, R. C. 1929. *Ends of the Earth*. G. P. Putnam's Sons, New York, 355p.

Bakker, R. T. 1986. *Dinosaur Heresies*. William Morrow, New York, 481p.

Bakker, R. T. and Galton, P. M. 1974. Dinosaur monophyly and a new class of vertebrates. *Nature*, **248**,168–172.

Benton, M. J. 1984. Dinosaurs' lucky break. *Natural History*, **93**(6), 54–59.

Benton, M. J. 2019. *The Dinosaurs Rediscovered*. Thames & Hudson, London, 319p.

Brusatte, S. L. 2012. *Dinosaur Paleobiology*. Wiley-Blackwell, UK, 322p.

Brusatte, S. L. 2018. *The Rise and Fall of Dinosaurs*. William Morrow, New York, 404p.

Bryson, B. 2003. *A Short History of Nearly Everything*. Broadway Books, New York, 544p.

Cadbury, D. 2000. *The Dinosaur Hunters*. Fourth Estate, London, 374p.

Cadbury, D. 2001. *Terrible Lizard*. Henry Holt and Company, New York, 384p.

Desmond, A. 1975. *The Hot-Blooded Dinosaurs*. The Dial Press, New York, 238p.

Desmond, A. 1982. *Archetypes and Ancestors*. University of Chicago Press, Chicago, IL, 287p.

Dingus, L. and Norell, M. A. 2010. *Barnum Brown. The Man who Discovered* Tyrannosaurus rex. University of California Press, Berkeley, CA, 368p.

Gauthier, J. A. 1986. Saurischian monophyly and the origin of birds. In Padian, K. (ed.) *The Origin of Birds and the Evolution of Flight*. Memoirs of the California Academy of Sciences no. 8, San Francisco, pp.1–56.

Gauthier, J. A., Kluge, A. G., and Rowe, T. 1988. Amniote phylogeny and the importance of fossils. *Cladistics*, **4**, 105–209.

Hennig, W. 1979. *Phylogenetic Systematics*, translation by D. D. Davis and R. Zangerl. University of Illinois Press, Urbana, IL, 263p.

Lessem, D. 1992. *The Kings of Creation*. Simon and Schuster, New York, 367p.

Mayor, A. 2000. *The First Fossil Hunters*. Princeton University Press, Princeton, NJ, 361p.

Nothdurft, W. (with Smith, J.) 2002. *The Lost Dinosaurs of Egypt*. Random House, New York, 242p.

Ottaviani, J., Cannon, Z., Petosky, S., Cannon, C., and Schultz, M. 2005. *Bone Sharps, Cowboys, and Thunder Lizards: A Tale of Edward Drinker Cope, Othniel Charles Marsh, and the Gilded Age of Paleontology*. GT Labs, New York, 168p.

Owen, R. 1842. Report on British Fossil Reptiles, Pt. Ⅱ. Reptiles. *11th Meeting of the British Association for the Advancement of Science*, Plymouth, 24 July 1841, p.204.

Preston, D. J. 1986. *Dinosaurs in the Attic: An Excursion into the American Museum of Natural History*. St. Martin's Press, New York, 244p.

Shubin, N. 2008. *Your Inner Fish: A Journey Into the 3.5-Billion-Year History of the Human Body*. Pantheon Books, New York, 230p.

Sternberg, C. H. 1985. *Hunting Dinosaurs in the Bad Lands of the Red Deer River, Alberta, Canada*. NeWest Press, Edmonton, Alberta, 235p.

Thomas, R. D. K. and Olson, E. C. (eds.) 1980. *A Cold Look at the Warm-Blooded Dinosaurs*. AAAS Selected Symposium no. 28, Washington, DC, 514p.

Chapter

17 白亜紀-古第三紀境界大量絶滅
そしてトリケラトプスがいなくなった

What's in this chapter

おそらく読者諸君は，本書の主人公である鳥類以外の恐竜類が，もうこの時代に私たちとともに生きていないということに気づいているであろう．だからこそ，こう思うはずだ．“恐竜はいったいどうなってしまったのだ？”と．だが，この疑問に簡潔に答えるのは難しい．そこで，本章では，“恐竜”の絶滅についてこれまでわかっていることを解説していこう．

17・1 生態系の一部でしかない“恐竜”が絶滅したことの重要性とは何か

“恐竜”は，1億6500万年もの間，地球上で繁栄していたが，鳥類以外の恐竜が一掃された事件を，**白亜紀-古第三紀境界大量絶滅**（Cretaceous-Paleogene mass extinction）とよび，白亜紀-古第三紀境界は，**K-Pg境界**[*1] と書き表すことが多い．K-Pg境界大量絶滅では，恐竜以外にも多くの生物が犠牲になった（Box 17・1）．この大量絶滅事変で実際に起こったことのうち，特筆すべきものは以下のとおりである．

- 直径10 kmほどの小惑星が地球に衝突した．
- 海洋全域の複雑な食物連鎖網を形成していた栄養循環が一時的に乱れたか，おそらく局所的に停止した．
- 海棲と陸棲の動物，そして植物の多くが絶滅した．
- 陸上から森林が消えた．
- 海盆（深海底の平坦な凹地）をかき乱すほどの大きな津波が発生した．
- 自然火災が大陸の各地で起こった．

このような大惨事が起こったというのに，生態系のほんの一部である“恐竜”が絶滅したことに，いったいどんな意味があるというのだろうか．

17・2 小惑星の衝突

白亜紀という時代が終わり，古第三紀という新しい時代が始まった．ほかにどんな真実があるにせよ，このとき，地球にとてつもない衝突が起こっていた．このことは，以下の研究の経緯からわかってきたことだ．1970年代の終わりに，地質学者のWalter Alvarezらの研究チーム（図17・1）はイタリアのグッビオとよばれる街の近郊において，K-Pg境界の海成層を調査していた．そこで彼らは衝撃的な発見をした．グッビオに露出する堆積岩の下半分の地層が，顕微鏡でなければ観察できないレベルの大きさの微生物の殻が降り積もってできたものであり，しかもそれは“白亜紀”の海棲生物だった．一方，上半分の地層は，やはり顕微鏡観察レベルの微小な殻が降り積もってできていたが，こちらは“古第三紀”の海棲生物であった．両地層の間には，厚さ2～3 cmの薄い粘土層が挟まっており，これこそがK-Pg境界だったのである．

図 17・1　カリフォルニア大学バークレー校の研究チーム．彼らは，K-Pg境界で小惑星が衝突したという仮説を提唱した．写真は左から地球化学者のHelen V. MichelとFrank Asaro，地質学者のWalter Alvarez，そして物理学者のLuis Alvarezの各氏．［W. Alvarez提供］

彼らが化学分析したところ，その粘土層には異常に高い濃度の**イリジウム**（iridium）が集まっていた．これは，非常に希少な，白金族金属元素である[*2]．地球表層に存在するイリジウムの期待値は単位質量当たりわずか0.3 ppb（1 ppbは0.0000001質量%，10億分の1）だが，グッビオで濃集していたイリジウムは10 ppbも含まれていたのだ．つまり，Alvarezらは，通常期待されるイリジウムの量の30倍に濃集した層を発見したのだ．このようなイリジウムの濃集はのちに**イリジウム異常**（iridium anomaly）とよばれるようになった（図17・2）．

通常，イリジウムは地球表層では非常に低い濃度でしか存在していない．しかし，地球の核や**地球外**（extraterrestrial）の物質，すなわち，宇宙から飛来してきた物質に，イリジウムはもっと高濃度で存在している．そのことから，Alvarezらは，このイリジウムが地球外からもたらされたのだろうと結論づけた．彼らはさらに，デンマークとニュージーランドの2箇所のK-Pg境界層からもイリジウム異常を発見したことで，この予想に確信を得た．科学的研究は直感によって大きく前進することがしばしばある．彼らのこの研究もまさにそうであった．そして，彼らはついに，6600万年前に巨大な火球（bolide），つまり，小惑星（asteroid）のような物体が地球に激しく衝突し，それがイリジウムをもたらし，同時に，K-Pg境界大量絶滅をひき起こしたのだという衝撃的な仮説を提唱したのだ．ノー

*1　“K-Pg境界”の“K”は，ドイツ語でチョーク（白墨，石灰岩）を意味する“*Kreide*”の頭文字からきている．これは，英国のドーバーにある石灰岩の崖をもとに白亜紀（Cretaceous）という時代が初めて認識され，この時代の名前がラテン語でチョークを意味する“*creta*”からきているためである．かつて，この境界は“K-T境界”とよばれていた．これは，白亜紀（K: Cretaceous）と第三紀（T: Tertiary）の境界という意味である．しかし，第三紀という名称はもはや使われておらず，かつて第三紀の一部に含まれていた古第三紀（Pg: Paleogene）の名前が境界を表す用語に使われるようになった．

*2　イリジウム金属は有害で致死性があると誤解されていることが多い．しかし，実際のところイリジウムは，それと似た構造をした金や白金元素と同様に，非常に反応しにくい元素で，人体に有害な物質ではない．ドブに捨てるほどの大金を持っているならば，イリジウムでできた超高価な万年筆や腕時計を買うことができる．ただし，それを買ったら，あなたが銀行に預けているお金は文字どおり“絶滅”するだろう．

ベル物理学賞受賞者Luis Alvarezらは，次のような方法で小惑星の衝突とイリジウム濃集層の対応関係を説明した．

“地球に小惑星が衝突したとき，その衝突によって，大量の粉塵が雲のように発達して急速に地球上を覆ったことだろう．イリジウム元素が高濃度でみられる厚さ数センチメートルの粘土層が，現在世界中に分布している．この元素は隕石には豊富に含まれており，おそらく，衝突した小惑星にも多く含まれていただろう．しかし，これは地球表層では非常に希少な元素である．われわれはこの粘土層から採取した物質を化学分析し，そこから大部分の証拠を得た．隕石に実際に含まれるイリジウム量は，地殻中に含まれる量のほぼ1万倍にもなる．つまり，地球外から飛来してきた何かが地上に衝突したということは，その時期の地層中のイリジウム量が急激に高まることから判断できるのだ．地球の地殻に含まれるイリジウム量は，太陽系にある通常の物質中のイリジウム量よりもずっと少ない．なぜなら，地球は形成時に非常に高温下にあり，融けた鉄が地球の中心部に沈降して核を形成したが，その際，白金族元素も地球表層から引き剝がされ，地下深くの核へと沈んでいったためである．[Alvarez, 1983, p.627より]”

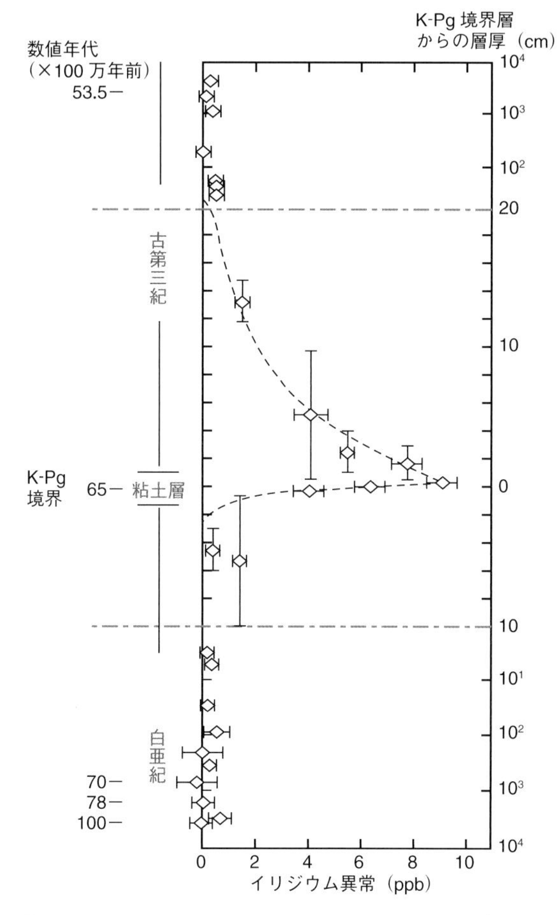

図 17・2　イタリアのグッビオにおけるイリジウム(Ir)異常．K-Pg境界粘土層ではイリジウム量が9 ppbまで劇的に上昇するが，その直上の層から徐々に減少していき，もとの値のおよそ1 ppbに落ち着く．右縦軸の数値は，露頭の堆積層の層厚を示す．左縦軸は，数値年代と堆積岩の岩相を示す．縦軸のスケールはK-Pg境界付近では線形軸表示に，K-Pg境界からある程度離れた層位から上下それぞれの向きに対数軸表示に変え，境界から大きく離れた層位のイリジウム量もわかるように示している．（訳注：K-Pg境界の数値年代は，2013年以降は6600万年前とされているが，この研究がなされた1970年代当時は6500万年前とされていた．左縦軸の数値年代は，すべて1970年代の年代推定値で書かれていることに注意．）[Alvarez *et al*. 1980より再描画]

地球上の異なる3地点で同様のイリジウム異常がみられた．そこから，Alvarezらが，イリジウムの粉塵を地球全域に広げるほどの衝撃を与えた小惑星の大きさを計算したところ，直径10 kmはあったと見積もられた．これは，地球上で起こった他の多くの事象との結びつきが判明していく重要なきっかけとなった．そのことから，少なくとも一部の地質学者は，この推論を“地質学における最も重要なアイディアだ”*3と述べている．

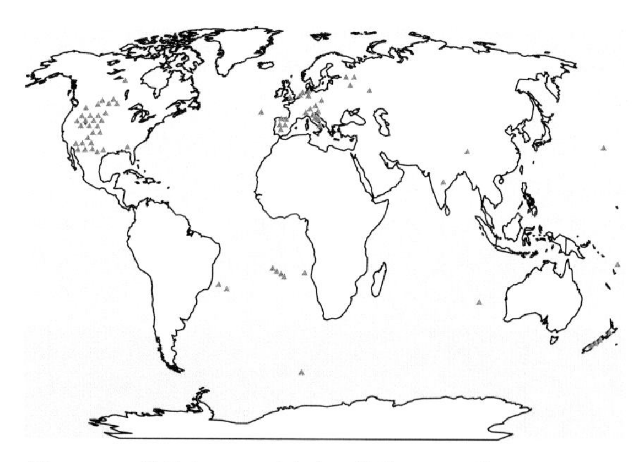

図 17・3　世界中で100を超える箇所のK-Pg境界層からイリジウム異常が報告されている．そのうち3分の1の箇所をここに示している．100箇所を超えるイリジウム異常が報告されたことを受けて，古生物学者のW. A. Clemens, Jr.はこれを“マクドナルド店舗分布図(McDonalds diagram)”と表現した．

*3　これは，カルフォルニア大学バークレー校のプレートテクトニクス研究者M. A. Richardsの言葉だ．ただ，これに同意しない研究者も多いだろう．そのような人たちは，大陸移動の概念よりもさらに多くの地質学的事象を説明できる，プレートテクトニクス理論こそが，“地質学における最も重要なアイディア”であることの栄誉を受けるにふさわしいと考えているはずだ．本書では，この栄誉を“地質学的な時間”そのものに与えてはどうかと提案したい．ともかく，1980年のAlvarezの論文は，K-Pg境界の発見の衝撃をはるかに超える，地球科学の常識に革命をひき起こした．これについては，Powell, J. L.(1998)の書籍でわかりやすく書かれている：Powell, J. L. 1998. *Night Comes to the Cretaceous*. W. H. Freeman and Company, New York, 250p.

Box 17・1　絶　滅

古生物学者たちは，絶滅を二つのカテゴリーに分けて考える．その一つが，いわゆる**背景絶滅**（background extinction）とよばれるもので，自然な時の流れの中でそれぞれの種が絶滅していくことをさす．もう一つが，**大量絶滅**（mass extinction）とよばれるものである．こちらは，メディアで取上げられるなど，一般的な関心も高い．この大量絶滅は，その性質においても，規模においても，背景絶滅とは異なる．

背景絶滅

たとえ背景絶滅に大量絶滅ほどの魅力的な響きがなかったとしても，背景絶滅は生物相の交代劇に大きな影響を与えている．テネシー大学の古生物学者 M. L. McKinney は，これまで起こったすべての絶滅のうち，実に 95% が背景絶滅だと見積もっている．個々の種はさまざまな要因によって絶滅する．こうした要因には，他種との競争，棲息域における食料源の枯渇，気候の変化，山岳地帯の造山運動や削剝，河川の流路の側方移動，火山の噴火，湖の干上がり，農薬の散布，森林や草原，湿地といった棲息環境の破壊などがあげられる．

“恐竜”は平均して 1 種当たり 200 万年に一度の割合で，種が入れ替っている．つまり，“恐竜”のそれぞれの種は，およそ 200 万年間存続し，そのあとに新しい種が登場して，古い種が絶滅していったことを意味している*4．確かに一部の“恐竜”は，三畳紀-ジュラ紀境界や白亜紀-古第三紀境界で起こった大量絶滅の際に絶滅した．しかし，大半の恐竜は背景絶滅の犠牲者である．マイアサウラ（*Maiasaura*）やディロフォサウルス（*Dilophosaurus*），プロトケラトプス（*Protoceratops*），デイノケイルス（*Deinocheirus*），スティラコサウルス（*Styracosaurus*），ヴェロキラプトル（*Velociraptor*），イグアノドン（*Iguanodon*），オウラノサウルス（*Ouranosaurus*），アロサウルス（*Allosaurus*）といった人気の高い有名な“恐竜”たちのほとんどが，背景絶滅によって絶滅している．1 億 6500 万年間に登場してきたすべての種が，白亜紀末の“恐竜”の大量絶滅イベントで一掃されたわけではない．大量絶滅の際に絶滅したのは，“恐竜”のグループのなかで最後に登場したごく一部の仲間だけなのだ（図 15・1 参照）．

大量絶滅

大量絶滅とは，きわめて多くの種やグループが，地質学的に見て非常に短い期間で，地球全域で絶滅するイベントである．大量絶滅は明確に定義することができない．そもそも，なぜ私たちは大量絶滅という“イベント”があったこ

*4　これはすべての“恐竜”でとった単純な統計的平均値である．新しい種が登場する前に古くからいた種が絶滅することは必須ではないことに注意．

それから数年間，6600 万年前に小惑星が実際に衝突したかどうかを確かめようと，膨大な数の研究が行われた．最も重要なことは，世界中の K-Pg 境界層のうち 100 箇所をゆうに超える地層でイリジウム異常が報告されたことである（図 17・3）．さらに，イリジウム異常は，海成層だけではなく，陸成層からも見つかった（図 17・4）．つまり，地球全域に起こった現象だったことを意味しているのだ．

衝撃石英（shocked quartz）や**マイクロテクタイト**（mi-

図 17・4　米国・モンタナ州にある，イリジウムが多量に含まれる粘土層．イリジウムの異常な濃集が陸成層から最初に発見された場所の一つ．ここが発見される以前は，イリジウム異常はすべて海成層から発見されていた．2 本の白線に挟まれた層が，白亜紀-古第三紀境界（K-Pg 境界）に堆積した粘土層である．この境界の粘土層の下の堆積物からは“恐竜”が産出する．しかし，この境界の上の堆積物からは，“恐竜”が一切見つからない．写真中の左側では，小さな河川が粘土層の堆積後にこれを削り込んだため，粘土層が途中で途切れていることに注意．［Milwaukee Public Museum 提供］

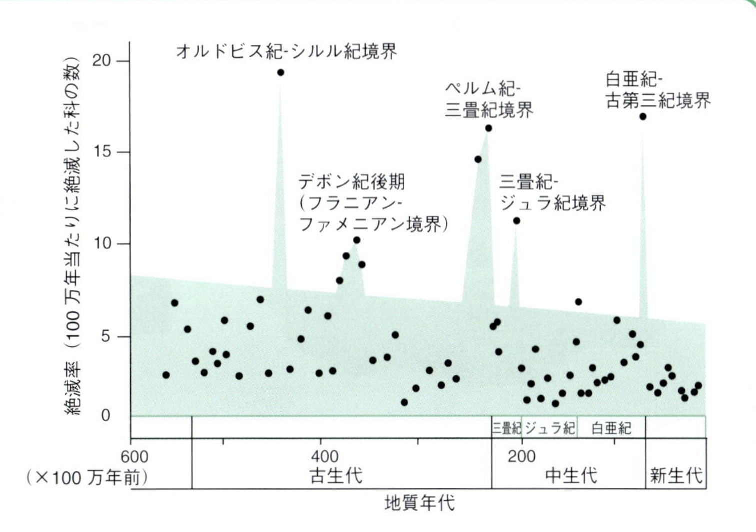

図 B17・1 全時代を通じた絶滅の歴史. D. M. Raup と J. J. Sepkoski の研究を基に作成した. 五大大量絶滅事変は, オルドビス紀-シルル紀境界(4億4380万年前), デボン紀後期(フラニアン-ファメニアン境界: 3億7220万年前), ペルム紀-三畳紀境界(2億5190万年前), 三畳紀-ジュラ紀境界(2億140万年前), 白亜紀-古第三紀境界(6600万年前)である. 過去の五大大量絶滅に匹敵する六度目の大量絶滅がいずれ加わることになろう. いま私たちはまさにそのさなかにいる.

とがわかり, どのようにしてそれを認識できるのだろうか. 全時代を通じて無脊椎動物の絶滅をまとめた研究 (図 B17・1) によると, すべての時代で絶滅 (いわゆる背景絶滅) が起こっているが, ある特定の期間に大量絶滅が起こっているとされている. こうした大量絶滅が15回起こったことが知られており, そのうちの5回は特に大きな絶滅イベントで, いわゆる五大大量絶滅事変 (ビッグファイブ) とよばれている (図 B17・1)

15回の大量絶滅は, そのイベントの前と比べてどれだけの割合で絶滅が起こったかの規模によって“小規模”, “中規模”, “大規模”とランク分けされている. 生命史を通じて, “大規模”な大量絶滅とされているのはたった一つ, 2億5190万年前に起こった**ペルム紀-三畳紀境界大量絶滅**〔Permian (Permo)-Triassic mass extinction〕である. 五大大量絶滅事変のうち, 残りの四つが“中規模”の大量絶滅で, ここに“恐竜”が絶滅した K-Pg 境界大量絶滅も含まれる (本文で説明したように, “恐竜”以外にも多くの生物が絶滅している). そして残った10回の大量絶滅が“小規模”とされている. ただし, いくら“小規模”とはいっても, その絶滅イベントの犠牲になった生物にとっては決して“小規模”ではなかったはずだ.

crotektite) もまた, 小惑星の衝突が残した痕跡の一部である. “衝撃石英”とは, 高圧にさらされた石英のことで,

図 17・5 米国・モンタナ州東部の K-Pg 境界を示す陸成層から見つかった衝撃石英. 石英粒の表面に明確に残る斜めの亀裂は, この鉱物の結晶構造がもつ結晶格子の面(へき開面)で割れたことを示している. この結晶粒は幅 70 μm である ($1\ \mu m=10^{-6}$ m). [B. F. Bohor, U.S. Geological Survey 提供]

分子の構造が通常の石英とは異なる (図 17・5). これほどの分子構造の変化をもたらす圧力は, 隕石の衝突が起こったようなときにしか発生しないことがわかっている. 実際, 衝撃石英は世界中の隕石が落下してきた場所で見られており, 隕石がそこに衝突したことを判断する基準の一つになっている.

マイクロテクタイトはケイ質に富んだ, 小さなしずく状のガラスの粒である. これは, 隕石が地球に衝突した際に発生する巨大なエネルギーによってケイ質の土砂が蒸発して気体になり, それが大気中に飛ばされたことを示している. つまり, 気体の状態で空中で急冷されて凝縮し, 液体の状態を経て, やがてガラス粒の固体の雨として地上に降り注ぐことになる (図 17・6).

決定的証拠

1981年になると, メキシコのユカタン半島にあるチクシュルーブ町 (チクシュルーブは“悪魔の尾”という意味. “チチュラブ”とも表記される) の近郊から, 直径 180 km

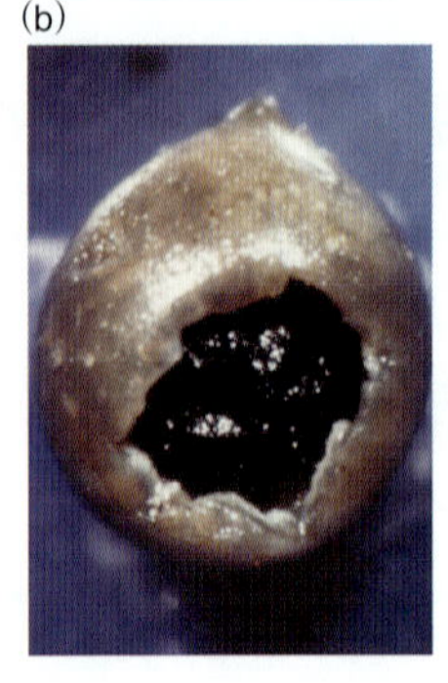

図 17・6　マイクロテクタイト．隕石や小惑星の衝突で蒸発した地球表層物質が蒸発し，急冷によって固化した天然のガラス質をテクタイトとよび，特に粒径がミリメートル以下のスケールのものをマイクロテクタイトという．(a) 米国・ワイオミング州のドギークリーク(Dogie Creek)に分布する K-Pg 境界層中に寄せ集まったマイクロテクタイト．(b) 地層から取出したマイクロテクタイトの粒．［(a)Dr. Antoine Bercovici 提供，(b)Glen Izett, U.S. Geoloogical Survey 提供］

にもなる巨大な椀状の構造が，現在地表を覆っている堆積物の地下深くから見つかった（図 17・7）．その 10 年後，その構造を貫くようにボーリングコアが掘られ，そこから衝撃石英が発見された．つまり，チクシュルーブは，小惑星が衝突した後，堆積物で埋められた場所だったのである．

ほぼ同時期に，およそ 1 m の厚さのガラス堆積物がハイチから見つかった．つまり，この大量のガラスがその近辺のどこかから供給されたことを示している．そして，そのガラス堆積物の化学組成は，チクシュルーブで見つかった構造の化学組成とまったく同じであった．

いよいよパズルのピースがはまってきた．その発見から数年前の 1988 年，米国テキサス州のメキシコ湾沿いにある K-Pg 境界の地層から，当時，津波が押し寄せてきたという証拠が見つかった．それはチクシュルーブで小惑星が衝突したことの影響である可能性が出てきた．そしてチクシュルーブの地下構造の形成年代が 6600 万年前，すなわち，K-Pg 境界だったことが示されたのだ．

やがて地球物理学の技術が導入され，チクシュルーブの地下構造の研究がさらに進められた．すると，丸い中心部の周りを同心円状の輪が取り囲んだ目玉模様をした構造が，地下深くに埋もれた地層から見えてきたのだ（図 17・7b）．興味深いことに，この同心円構造の北西部分は輪郭が乱れていた．この特徴的な同心円構造の形状から，直径 10～15 km ほどの巨大な小惑星*5 が，南東方向から約 30° の角度で地表に侵入してきたことがわかった*6（図 17・8）．小惑星が衝突したクレーターの北西部にあたる北米大陸の西部内陸部のイリジウムや衝撃石英，マイクロテクタイトの分布状況も，小惑星が低角度で南東方向から衝突したという仮説を支持している．

小惑星が地球に衝突したあと，何が起こったのだろうか．これについてさまざまな仮説が提唱されたが，そのほとんどが，核戦争後に世界がどんな壊滅的状況に陥るかの想像から連想されたものである．これらの仮説のなかで，現在でも支持されているものはごくわずかだが，以下に紹介する．

- 太陽光の遮断．最初に提唱された仮説では，地球に降り注ぐ太陽光が 3～4 カ月ほど遮断されただろうと考えられた．これによって，植物の**光合成**(photosynthesis)が止まり，数カ月単位の一時的な気温の低下が起こっただろう．これは**衝突の冬**（impact winter）とよばれている．
- 赤外線放射パルス．音速の何倍もの速度で移動していた直径およそ 10 km の小惑星が，衝突することで突如として完全に動きを停止するということは，それがもっていた運動エネルギーが放出されるということを意味する*7．巨大な衝突のエネルギーが，衝突の直後に赤外線の放射や熱エネルギーという形で放出されたことだろう．爆心地から放出される一次的な熱エネルギーは，太陽から恒常的に地球に降り注ぐ熱の 50～150 倍にも達しただろう．ある研究グループは，地球表層で起こったこの赤外線の放射を，過熱状態に放置されたオーブンにたとえた．
- 地球全域での自然火災．瞬間的に大量の熱が生み出されたことにより，地球上のいたる所で自然火災が発生しただろう．実際，煤(すす)が大量に含まれた地層が，ヨー

*5　小惑星の大きさについて，以前の記述の推定値は，衝突によって生じた噴出物(impact ejecta)が地球全域に飛び散った分布の大きさに基づいて計算されたものである．一方，ここに記述された小惑星の大きさの値は，衝突跡のクレーターの形状から見積もられたものである．
*6　近年の研究では，衝突角度は地表に対して 60° だったと見積もった計算モデルもある．
*7　D. S. Robertson ら(2004)は以下のように簡潔に述べた："直径 10～15 km，質量 $1 \sim 4 \times 10^{15}$ kg に及ぶ小惑星が，地表に対しておそらく 45° ほどの角度で秒速何十 km ものスピードで突入し，メキシコ・ユカタン半島に突っ込んで，地表を崩壊させて直径 80～100 km もの巨大な窪みと，直径 170～200 km に及ぶ多重リング盆地を形成した．"［Robertson, D. S. *et al.* 2004. *GSA Bulletin*, 116, 761 より］

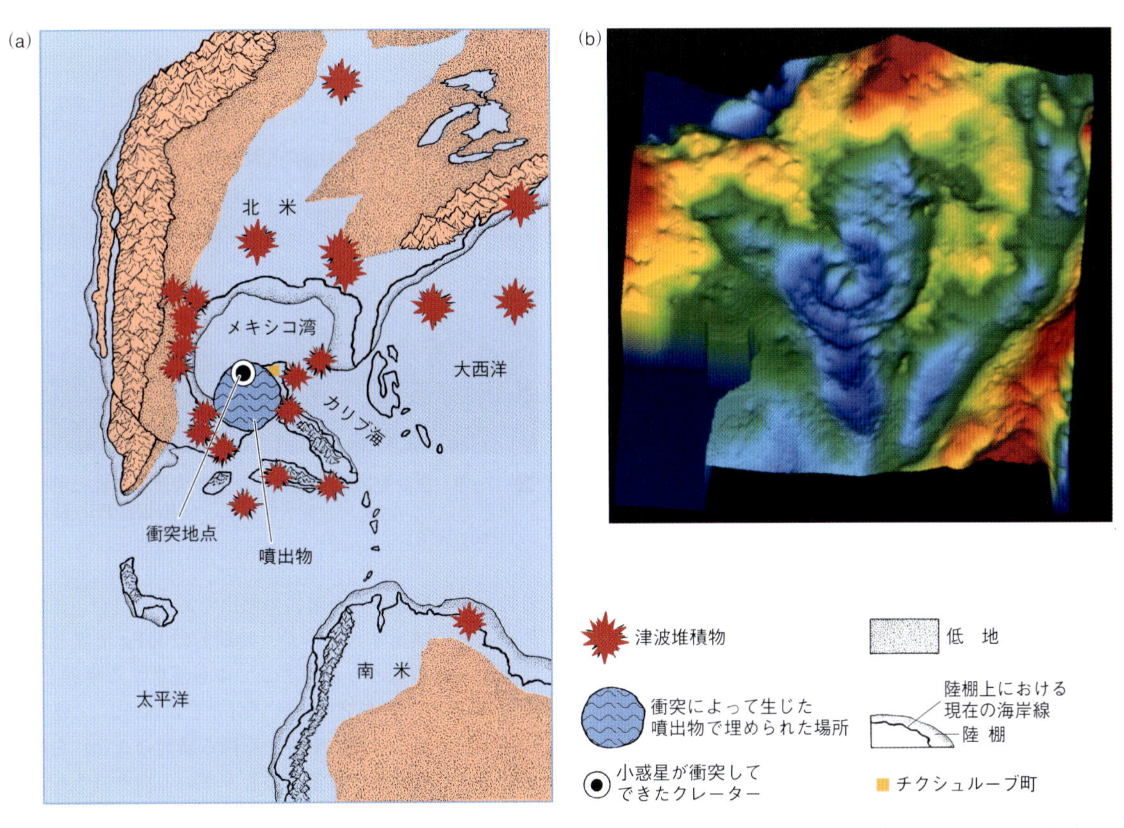

図 17・7 (a) K-Pg 境界で地球上に衝突した小惑星の“爆心地”となったメキシコのユカタン半島，およびその周辺地域を古地理図上に示した．現在の地球の地形や海岸線も，この 6600 万年前の古地理図上に重ねてある．オレンジ色で示した地域は白亜紀の最末期当時の陸地を示しており，その外側に示した細い枠線は大陸地殻の境界(陸棚の縁辺)を，太い枠線は陸棚に対する現在の北米および南米大陸の海岸線の輪郭を示している．(b) 地球物理学的手法によって復元されたチクシュループクレーターの三次元構造．重力計によってチクシュループ町の地下に分布する堆積岩の重力分布を調べることができる．重力分布の違いによって，地下に小惑星が衝突したときに典型的に見られる同心円状の巨大な目玉模様の構造があることがわかった．図の上方が北方で，海底下の構造の深部と浅部をそれぞれ寒色と暖色で表す．[(b)M. Pilkington, Geological Survey of Canada, and A. Hildebrand, University of Calgary 提供]

図 17・8 地球上に小惑星が衝突したときの復元図．惑星地質学者の P. H. Schultz と地球生物学者の S. L. D'Hondt によれば，この小惑星は南東から飛来し，地表に対しておよそ 30° の角度で衝突したようだ．挿入図：クレーターの形状から，小惑星が地表に対して斜めに衝突したことがわかる．

ロッパや北米，ニュージーランドのK-Pg境界層から見つかっている．ここに含まれる炭素の含有量は，K-Pg境界層以外の層準の100倍〜1万倍にも達する．この煤は，自然火災によってできたものであり，それはおそらく赤外線放射の熱によって生じたと考えられる．

これらの壊滅的な出来事が短期間で起こり，数日間，数カ月間，あるいは数年間にわたって地球全域に影響を及ぼしてきた．ただ，数万年から数百万年という地質学的時間スケールの長期的な観点で見てみると，気候は，この小惑星の衝突による影響をほとんど受けなかったといえる．今のところ判明していることとして，白亜紀最末期の気候は，古第三紀の初期の気候とあまり変わらなかったようだ．

図 17・9　白亜紀の最末期にインド亜大陸の西部に噴出した洪水玄武岩，デカントラップ．[Gerta Keller, Princeton University 提供]

17・3 火山噴火

小惑星の衝突以前の地球が常に平穏な環境であったわけでは決してない．事実，インドでは非日常的な光景が広がっていた．非常に強力な火山活動が起こっていたのだ．すなわち，**デカントラップ**（Deccan Trap）の形成である．あなたが想像するような短期間の火山噴火の代表例として，西暦79年にイタリア・ポンペイを壊滅させたことを含め幾度も噴火しているヴェスヴィオ火山や，1883年の噴火で火砕流や津波で大被害をもたらしたインドネシアのクラカタウ火山などが有名だろう．これらの火山は，短期的に爆発的な噴火をし，間欠泉のような高温の火山灰の柱が成層圏まで立ち上り，その後，大気中に巻き上げられた火山灰粒子によって夕日が赤く染まるような現象が起こる．だがしかし，デカン高原の火山活動は，そんな程度の生やさしいものではなく，もっと壊滅的被害をもたらした噴火であった．

デカントラップは，大陸地殻上に積み重なった一連の**洪水玄武岩**（flood basalt）である．高温の玄武岩質の溶岩が地球の地殻の割れ目から幾度も吹き出したのだ．大きな爆発もなく，大量の粉塵が巻き上がることもない．しかし，溶岩が地表へと吹き出すと，地下深くに閉じ込められている溶岩の圧力が開放され，二酸化炭素（CO_2）や二酸化ケイ素（SO_2），二酸化窒素（NO_2），メタンなどのガスが大気中に放出されていったのだ．最終的に，デカントラップでは130万 km^3 以上の大量の玄武岩が吹き出て，インド亜大陸に非常に目立つ地形として記録に残ることとなった（図17・9）．

デカントラップの形成は，（地質学的な時間スケールにおいて）短期間に起こった一連のイベントとして捉えられている．なかでもとりわけ重要なイベントが，K-Pg境界の時期にインド亜大陸西部に厚さおよそ3000 mもの玄武岩の台地を形成させた溶岩の噴出である．だが，この大量の玄武岩の噴出イベントが，時期的にK-Pg境界とどれだけ近かったのだろうか．ここで少し混乱する事態となる．K-Pg境界の数値年代（2章で紹介したように，地質時代が何年前に起こった出来事かを探る研究のこと）を解析しているベテランの地質年代学者が率いる別々のチームの研究が，権威のある学術誌 *Science* に同時に掲載されたのだ．しかし，この二つの研究の結果と結論は異なっていた．プリンストン大学のBlair Schoeneらによる研究では，ウラン-鉛（U-Pb）年代法を用いて年代測定し，四度の大量噴火の時期と間隔を求めた．彼らの研究では，チクシュルーブの地層から得られたK-Pg境界の絶対年代を参照し，この年代をK-Pg境界とした．そして彼らは，玄武岩噴出頻度が高まった二つの時期が，チクシュルーブで求められたK-Pg境界の絶対年代の直前（6604万年前）と直後（6590万年前）であると結論した．そして，それらイベントの少し前（6617万年前）に，3番目に大きな玄武岩の噴出があったとしている．すなわち，デカンでの洪水玄武岩の噴出と小惑星の衝突の二つが，大量絶滅に関与しているはずだ…というのが彼らの結論である．

もう一方の研究は，カリフォルニア大学バークレー校のCourtney Sprainによって率いられたチームだが，ここでは少し異なる結論が導かれた．彼らはまず，アルゴン-アルゴン（^{40}Ar-^{39}Ar）年代法を用いて，デカントラップの中でK-Pg境界の年代を求めた．その結果，デカントラップを構成する玄武岩全体の総量の90%は100万年以内という期間の中で噴出しており，また，総量の75%がK-Pg境界よりもあとに噴出したものであることがわかったと結論した．つまり，彼らは，Schoeneらの結論とは異なり，デカントラップの形成がK-Pg境界の大量絶滅をひき起こした要因にはなりえなかっただろう，という結論に至っている．

ただ，私たちは大量絶滅そのものについてどれだけのことを知っているのだろう．どんな生物が絶滅し，それがどのくらいの速さで起こったのだろうか．そこで，K-Pg 境界前後の生物学的な記録がどうなっているのか見ていくことにしよう．

17・4　白亜紀最末期の化石記録

火山噴火，火球の衝突，温暖化や寒冷化，尋常ではない自然災害，そのほか，ありとあらゆる要因を並べようと―どんな良質の猟奇殺人ミステリー小説でも同じことがいえるが，絶滅事変そのものを“解剖”して何が起こったかを理解しないことには，絶滅事変を説明することはできない．いったいどんな生物が絶滅したのだろう．それらはいつ絶滅したのだろう．絶滅したのは一度なのか，それとも幾度も起こったのか．絶滅は急速に起こったのか，それともゆっくり起こったのか．どんな生物が生き残り，どんな生物が生き残れなかったのか．Alvarez が大量絶滅シナリオの仮説を立てた時点では，これらについて多くのことがわかっていなかった．そのため，彼らの仮説がより過激なものに映ったのである．それから大量絶滅について継続した研究が行われてきた結果，現在では，1980 年当時と比べて，これらの疑問に対してずっと多くの答えを出すことができる．

海洋での出来事

内海と陸棚　K-Pg 境界の前までに，大陸地殻の広い範囲を覆っていた浅海（水深 200 m までの海）が退いていた（**海退** regression）ため，白亜紀最後の 200 万から 300 万年間ほどの浅海の堆積層の化石記録はほとんどない．そのため，浅い内海や陸棚に棲息していた生物の多くのグループが絶滅していったとしても，これらの仲間の記録をたどることができないのだ．

魚やサメの仲間がどのような影響を被ったかは推測の域を出ないことだが，少なくとも，サメやガンギエイ，エイなどの化石記録をたどることができる北米において，かなり大きな絶滅を経験していることは確かである．

イクチオサウルス類（Ichthyosauria：*Ichthyosaurus* イクチオサウルス属，*-ia* 類；魚竜類）とよばれる，クジラやイルカのような姿をした海棲の双弓類（Diapsida）の仲間（図 17・10a）は，K-Pg 境界よりもだいぶ前に姿を消したことがわかっている．一方，海棲適応したトカゲの仲間である**モササウルス上科**（Mosasauroidea：*Mosasaurus* モササウルス属，*-oidea* 上科；図 17・10b）が絶滅した時期はそれとは違ったようだ．近年の研究によれば，地質学的スケールでみると，モササウルスの仲間は白亜紀末に突然，姿を消したらしい．“ネッシー”でイメージされるような，ジュラ紀から白亜紀に棲息していた，長い首をもった魚食の双弓類を含む**プレシオサウルス類**（Plesiosauria：*Plesiosaurus* プレシオサウルス属，*-ia* 類；首長竜）もいた（図 17・10c）が，“ネッシー”が実在するかどうか，そしてそれがどんなグループに属するかは別として，K-Pg 境界以降に生き延びたという明確な証拠は得られていない．

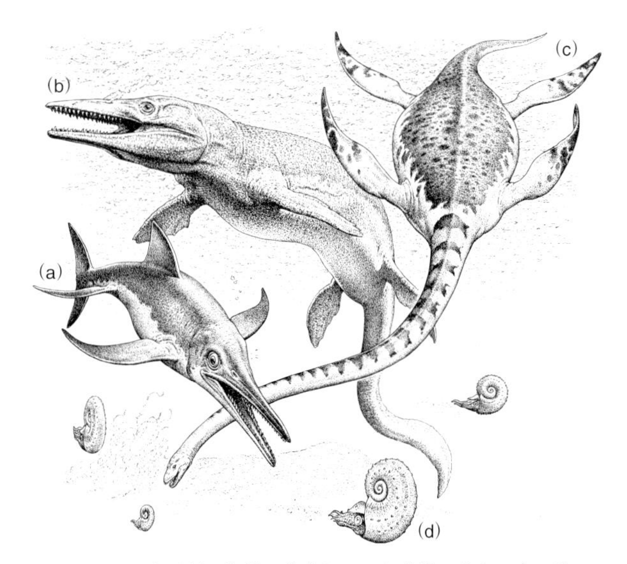

図 17・10　白亜紀の海洋に棲息していた動物のなかでも，特によく知られた仲間たち．脊椎動物では，(a) イクチオサウルス類（魚竜類）のプラティプテリギウス（*Platypterygius*）や，(b) モササウルスの仲間のティロサウルス（*Tylosaurus*），(c) プレシオサウルス類（首長竜）のエラスモサウルス（*Elasmosaurus*）などがいた．図の下方に描かれている，殻と触手をもった“無脊椎動物”(d)はアンモナイトとよばれる頭足類（軟体動物）である．

無脊椎動物の化石では，おそらく最も有名なグループが**アンモナイト**の仲間（ammonites；図 17・10d）であろう．アンモナイトの仲間は，K-Pg 境界のすぐ上の地層でも見つかっているが，K-Pg 境界からほどなくして絶滅したと考えられる．ほかに重要な無脊椎動物のグループをあげるとすれば，二枚貝の仲間であろう．二枚貝についての詳細な研究によると，K-Pg 境界のずっと前に絶滅したある 1 グループを除き，知られている限りの二枚貝類全種の 63％もの仲間が，白亜紀の最後の 1000 万年間で絶滅したことがわかった．二枚貝についてはこの研究以上に詳細な解析が行われた研究がその後は出ていないが，棲息する緯度に関係なく，二枚貝の仲間の絶滅が起こっていたことは確かなようだ．つまり，温帯域に棲息していた二枚貝も，熱帯域に棲息していた二枚貝も，同じように絶滅したということである．

海洋微生物

有孔虫（foraminifera）は殻をもった微小な海棲の単細

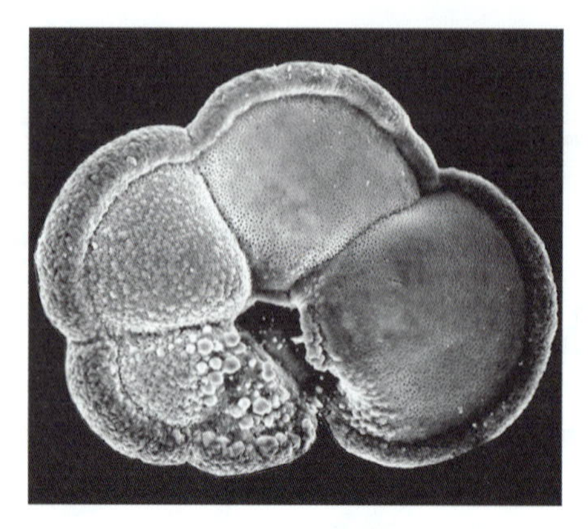

図 17・11　炭酸塩の殻をもつ現生の浮遊性有孔虫グロボロタリア・メナルディー(*Globorotalia menardii*). 殻の長径は0.75 mm である. [D. J. Nichols, U.S. Geological Survey 提供]

胞生物で，海表面から海底面の間の領域に棲息する**浮遊性**(planktonic) のものもいれば，海底の堆積物中に棲息する**底棲性** (benthic) のものもいる. 有孔虫は非常に豊富な化石記録が残されているため，K-Pg 境界のイベントを語るうえで欠かすことはできない (図 17・11). Alvarez らによるグッビオでの研究を含め，K-Pg 境界イベントに関する数多くの研究が進められ，有孔虫を研究している**微化石学者** (micropaleontologist) らは，1970 年代後半の頃には，浮遊性の有孔虫の絶滅が突如として起こり，わずか数種類しか K-Pg 境界を越えて暁新世まで生き延びることができなかったと確信を得ていた.

それとはまったく別の海棲微生物の**石灰質ナンノ化石** (calcareous nanofossil) も，K-Pg 境界で突然絶滅したことが知られている. 海棲の微化石を扱うほとんどの古生物学者が，これらの微生物が壊滅的な打撃を受けて絶滅したと考えている.

"ストレンジラブ"海[*8]　K-Pg 境界の海洋の**一次生産量** (primary production) を調べることで，非常に面白い結果が得られた. 一次生産量とは，生物によって無機物と太陽光から合成された有機物の総量である.

K-Pg 境界では，海洋の表層と深層の間の**栄養循環** (nutrient cycling) が突如としてほぼ完全に停止し，もともとの栄養循環の 10% 以下にまで低下したことがわかったのだ. 一部の海洋学者は，これによって世界中の海洋が事実上，死の世界になったと考えている. その後の 150 万年間ほどは，海洋の栄養循環は最初に急激に低下した状態のまま維持されたようだ.

栄養循環することで海洋が活性化することは容易に理解できるだろう. 地球の表面の 75% もの面積を海洋が覆っている. そして，地球史の中で海水準が高かった時期は，さらに多くの地球表面を覆っていた. このことから考えても，地球上の海洋と陸上の生態系がこの巨大な栄養循環の上に成り立っていると言っても過言ではなかろう. つまり，海洋循環が止まった死の海は，生物圏全域を脅かすことになったのだ.

陸上での出来事

良くも悪くも，K-Pg 境界において陸上でどんなことが起こったかがわかる場所は唯一，北米大陸の西部内陸部だけである (図 17・12). そこでは，詳細な研究が数多く行われており，地層の柱状図 (調査地ごとの地層の層序を表

図 17・12　米国・モンタナ州東部に露出する K-Pg 境界層. 境界は白い点線で示した箇所に分布しており，ビュート (丘) の中腹に位置している. この境界の下に堆積しているのが, "恐竜"を産出する白亜紀最末期のヘルクリーク層 (Hell Creek Formation) で，上に堆積しているのが古第三紀のフォートユニオン層 (Fort Union Formation) である. フォートユニオン層からは，"恐竜"の化石は一切見つからない. このヘルクリーク層とフォートユニオン層の境界は，世界で最もよく K-Pg 境界の変遷が研究された地域である.

*8　循環が停滞した K-Pg 境界の海洋は"ストレンジラブ海 (Strangelove Ocean)"とよばれている. これは，Peter George 原作の映画『*Dr. Strangelove—How I Learned to Stop Worrying and Love the Bomb* (博士の異常な愛情：私は如何にして心配するのを止めて水爆を愛するようになったか)』で Peter Sellers が演じた，情緒不安定で奇怪な Strangelove 博士という登場人物にちなむ. Strangelove 博士は，核戦争後の世界が壊滅しようとどうなろうと気にしない人物として描かれている.

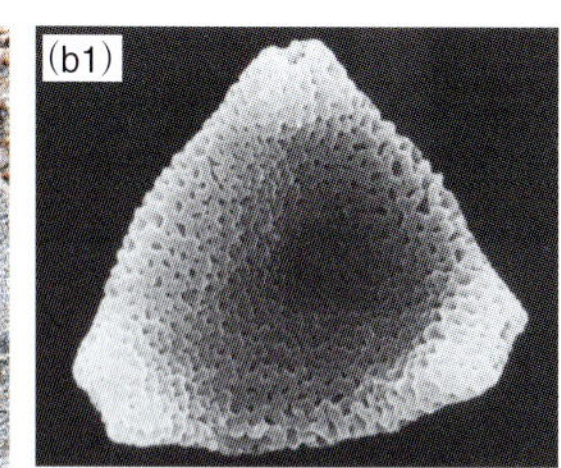

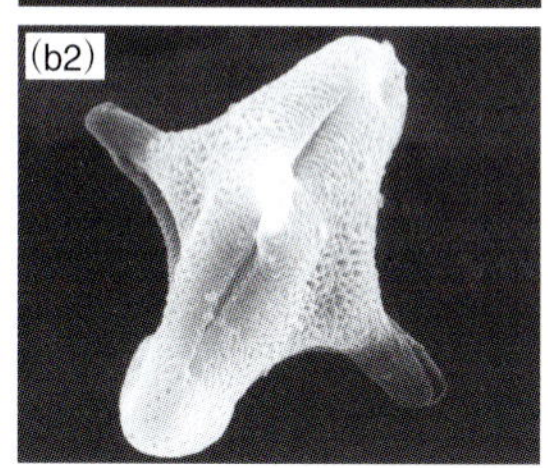

図 17・13　植物化石．(a) 後期白亜紀の葉化石．この葉は，K-Pg 境界で絶滅した被子植物である．標本は米国・ノースダコタ州のマーマス郊外で見つかった．(b) 花粉化石．(b1) プロテアキディテス属 (*Proteacidites*, 約 30 μm) と (b2) アクイラポレニテス属 (*Aquilapollenites*, 約 50 μm) の花粉で，どちらも陸成層で K-Pg 境界の層準を判別するのに重要な指標種である．

した地質断面図）を作成し，蓄積することで，絶滅がどのように起こっていったかを詳しく知ることができている．

植　物　北米西部内陸部の植物のおもな化石記録は，花粉や胞子の化石に基づいた**花粉・胞子化石植物相**（palynoflora）と，葉のように目に見える大きさの植物化石に基づく**大型化石植物相**（macroflora；図 17・13）に分けることができる．15 年間に及ぶ徹底的な調査の結果，花粉・胞子化石植物相と大型化石植物相の化石記録の増減パターンは見事に対応し，K-Pg 境界で大きな絶滅が，地質学的スケールでの“一瞬”で起こったことがわかってきた．

興味深いことに，新生代古第三紀の最初の時代である暁新世の初期に優占する花粉化石は，白亜紀に優占する花粉化石のように絶滅することはなかった．イリジウム異常が起こったすぐあとに，シダ植物の胞子が多く見つかっているのだ．このことから，白亜紀の被子植物が絶滅したすぐあとに，シダ植物が猛烈な勢いで繁栄し，小惑星衝突後に壊滅的被害を受けた陸上で先駆的な植物相となったことを示している．そして間を置かずに，シダ植物相はより多様な被子植物相に取って代わられていき，暁新世初期に特徴的な植物相になっていった．北米における植物化石の記録から明らかなことは，花粉化石の記録では，K-Pg 境界で 30% ほどの種が絶滅したことである．

北米大陸以外の場所では，ニュージーランドに当時の高緯度地方の植物化石相が見つかっている．そこでも，花粉や胞子の化石記録から，突如として多くの被子植物が絶滅したあとにシダ植物が急激に増加する様子がみられたのだ．端的に言うと，K-Pg 境界の陸上では，全世界的に森林破壊が起こっていたといえよう．

北米西部内陸部から見つかる 25,000 標本にも及ぶ**大型植物**（megaflora）化石の記録に基づくと，K-Pg 境界の前に何度か起こった環境変化が一部の種の絶滅の要因にはなっていたが，全体の 57% の被子植物が絶滅した一番主要な絶滅イベントが K-Pg 境界に起こっていたことが，花粉化石の絶滅とイリジウム異常の時期がぴたりと符合することから示唆されている．もし仮に，もう少しだけ長いスパンでの化石記録も解析に含めると，K-Pg 絶滅した被子植物の数は 78% にものぼることになる．

絶滅した被子植物の割合としては，57% と 78% のどちらの数値が正解だろうか．おそらく，どちらも正解ではないだろう．絶滅した被子植物の割合としては，57% と 78% の間のどこかに正確な値がくると考えられる．K-Pg 境界のそのときに絶滅したのが 57% だったとして，それよりも以前に“絶滅したようにみえる”種もまた，ただその後の化石記録が残っていないだけで，実際は K-Pg 境界のそのときに絶滅した可能性もあるのだ．これらの被子植物化石は，多くの化石産地からまだまだたくさん収集されており，今後の解析が待たれている．したがって，絶滅した被子植物の割合として正確な値は，57〜78% までの間のうち，57% の方に近いところへ落ち着いていくのではないかと予想される．

北米西部内陸部から，これまでに知られている白亜紀の被子植物の少なくとも 57% が絶滅したことから，それまで生態系のさまざまな地位を占めていた花を咲かせる被子植物がいなくなることで生態的地位が空き，そこにシダ植物が一時的に“大繁栄”したのだろう．

脊椎動物

K-Pg 境界では，他の生物と区別なく，脊椎動物も大量絶滅した．その代表的な動物が，われらが恐竜たちである．しかし，前述したとおり，多くの動物たちが絶滅しており，その一部は，“その時”に何が起こったかを知るうえで，恐竜よりもはるかに優れた研究対象である．

K-Pg 境界をどんな生物が生き残り，どんな生物が絶滅したのか—この**生存率**（survivorship）を調べることは，6600 万年前に何が起こったかを明らかにすることになる．古生物学者の J. D. Archibald と L. J. Bryant が 1990 年に

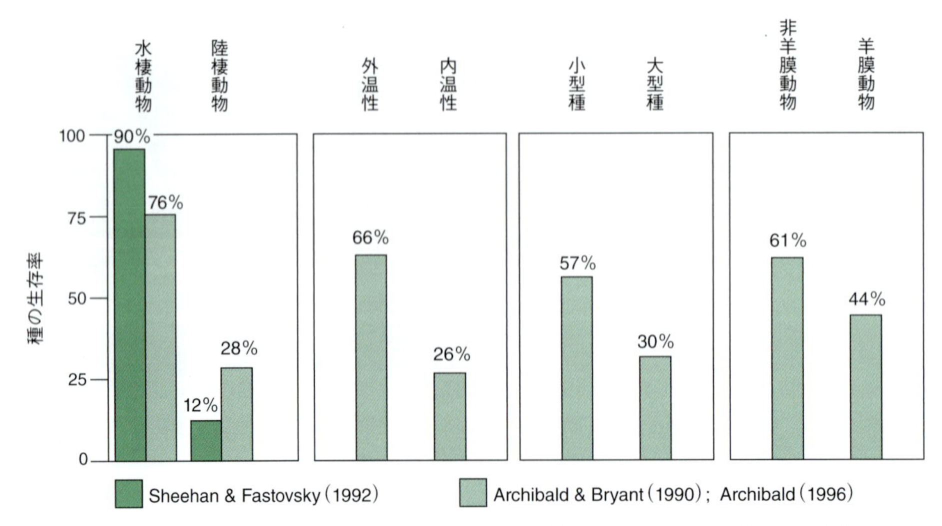

図 17・14 J. D. Archibald (1996) によって復元された，さまざまなグループの K-Pg 境界での生存パターン．この研究によると，水中の棲息環境，外温性，小さな体サイズ，羊膜類以外の動物であること，といった要素をもつ動物が K-Pg 境界を乗り越えて生き延びやすかったようだ．こうした要素のなかで，水中で生活するという要素が最も重要だったようだ．P. M. Sheehan と D. E. Fastovsky (1992) の研究では，水棲動物と陸棲動物の生存パターンの違いが，Archibald の研究結果よりも顕著に表れ，陸棲種の生存率がたった 12% になった一方で，水棲種の生存率は 90% にも上ったという結果が出た（濃い緑のバーで示してあるところを参照せよ）．

行った研究で，北米西部内陸部の脊椎動物の K-Pg 境界前後の化石記録を詳細に調べた．すると，次のような重要な生存率のパターンが見えてきたのだ．それは，河川や湖沼など，水中で生活していた脊椎動物は 90% の種が生き残った．その一方で，陸上で生活していた脊椎動物の生存率は 10% 程度だったのだ．つまり，この大量絶滅において，魚やカメ，ワニのような水棲動物はそこまで甚大な被害を受けなかったが，哺乳類や恐竜のような陸棲動物は壊滅的被害を受けたようだ．統計的に有意な差が示されたわけではないが，その他の脊椎動物がどの程度生存したか調べてみると，小型種の方が大型種よりも，外温動物の方が内温動物よりも，そして羊膜類以外の脊椎動物の方が羊膜類よりも，K-Pg 境界を生き延びた傾向があった（図 17・14）．

近年行われた二つの研究もこれを裏付けている．北米西部内陸部の K-Pg 境界前後のサンショウウオなどの“両生類”を調べた 2014 年の研究によると，白亜紀の最後の 40 万年間（400 kyr，1 kyr＝1000 年間）でのみ種数の減少がみられたとのことだ．一方，ヘビやトカゲのような完全陸棲動物は，突発的な大量絶滅を迎えたことが明らかになっている．

哺乳類　後期三畳紀には哺乳類を含む祖先的な仲間の哺乳形類（マンマリアモルファ）（Mammaliamorpha）が地球上に登場していたが，その後も後期白亜紀までほどほどに繁栄していた．哺乳類は非常に有用な化石資料であり，小さな歯の化石は保存されやすく，形態的にも多様であるため，詳細な分類がしやすく，その食性や行動様式に関する研究だけではなく，生層序の研究にも活用することができる．

14 章で紹介してきたように，哺乳形類から哺乳類へと続く系統は，古哺乳類学者の W. A. Clemens, Jr. が“その進化史の最初の 3 分の 2”と表現した期間は一般に小型で，おそらくは夜行性の動物であったと考えられている．しかし，北米西部内陸部の化石記録から判断されるとおり，白亜紀の終わりまでには，哺乳類はいくつかの重要な変化を遂げていた．ワシントン大学の古生物学者 G. P. Wilson は，哺乳類の K-Pg 境界での絶滅パターンを復元した．

Wilson の研究によると，K-Pg 境界の 50 万年（500 kyr）ほど前には，哺乳類動物相の最初の変化が起こったようだ．このとき，体サイズの減少に加え，北米西部内陸部からの棲息域の移動が起こった可能性がある．二度目の変化は，K-Pg 境界の 20 万年（200 kyr）ほど前に起こった．ここでは，段階的に白亜紀最末期の哺乳類が絶滅していったことが明らかになっている．この時期，植物の化石記録から，短期的な気候変動が起こったことが明らかになっているが，Wilson はこれらの一連の絶滅事変が，この気候変動に関連してひき起こされたと考察している．ただし，Wilson がこの一連の絶滅事変をシニョール・リップス効果（Signor-Lipps effect; Box 17・2）によるもの，すなわち，化石記録が不完全であるために大量絶滅が漸移的に起こったように見えるという可能性を棄却できたわけではないことに注意してほしい．この絶滅が突発的に起こったにせよ，漸移的に起こったにせよ，最も重要な点は，この地域の哺乳類の 75% が絶滅したという事実である．ただし，実際に段階的な絶滅が起こったのか，シニョール・リップス効果によって見かけ上，段階的な絶滅に見えているだけで，実際は一気に絶滅が起こったのかという問題は依然として残る．そこで，この問題については本章のあとの方で大量絶滅の全体像を見ていく段階で，もう一度説明することとする．

“恐　竜”　“非鳥類恐竜”のK-Pg境界大量絶滅を研究することは難しく（Box 17・3），何年にもわたって，K-Pg境界の“恐竜”についての科学的な研究が行われてこなかった．“恐竜”は，不可解なことだが，具体的なデータが示されないまま，K-Pg境界のおよそ1000万年前から徐々に種の数を減らしていったと考えられてきた．

この仮説が正しくないことは明らかだが，“恐竜”がどのように表舞台から姿を消していったのかについては依然として議論の余地が残されている（15章）．“恐竜”の種多様性は全体的に増加の一途をたどってきた（図15・2参照）が，2012年の研究で得られたデータからは，“恐竜”がK-Pg境界の数百万年前から，世界規模で多様性を低下させていった可能性が指摘されている．ただし，そのパターンはグループによってさまざまだったようだ．獣脚類（テロポーダ）(Theropoda）はその種数を減らしていなかったかもしれないが，ケラトプス類（Ceratopsia）（ケラトプシア）やハドロサウルス科(Hadrosauridae）（ハドロサウリダエ）は種数を減らしていたかもしれない．とはいえ，この程度の生物多様性の変動パターンは，“恐竜”が地球上に存在してきた1億6500万年間に起こってきた数多くの変動パターンと比べて特別目立った変動ではない．どの研究者も，白亜紀の終わりのこの恐竜の多様性の変動パターンが特筆すべきものであるとは示すことができていないのだ．

生物多様性が減少していったにせよ，しなかったにせよ，白亜紀が終わる直前まで生き残っていた恐竜がたったの数種しかいなかったというわけではないことは確かである．実際，K-Pg境界までの500万年間で，“非鳥類恐竜”は依然として多様で，生物量も多く，陸棲脊椎動物としての重要な地位を占めていたのだ．それでは，どれだけ急速に“非鳥類恐竜”は地球上から姿を消していったのだろうか．

1980年代後半から1990年代にかけて，“恐竜”がどれだけ急速に絶滅していったかを明らかにするための現地調査がようやく計画・実行されるようになった．それらの研究はすべて，米国西部で行われたものである．そのうち二つは，現在のモンタナ州東部とノースダコタ州西部で，当時，低地の海岸平野だった場所で実施され，もう一つは，現在のワイオミング州で，ロッキー山脈の前身にあたる山脈が西側に隆起していた麓の山間盆地で実施された（図17・15）．これら三つの研究からは同じ結論が導かれている．それは，“恐竜”の絶滅が地質学的時間スケールで突発的に起こったというものだ．

図 17・15　後期白亜紀当時の米国西部の古地理図．

現在のモンタナ州東部とノースダコタ州西部に分布する当時の海岸平野の堆積層はヘルクリーク層（Hell Creek Formation；図17・12）だが，ここで行われた二つの研究は，白亜紀の最後の150万年間の“恐竜”の多様性を定量的に調査したものである．一つは，“恐竜”の**生態的多様性**(ecological diversity）に着目した．ここでは，八つの科に含まれる“恐竜”が，“恐竜”全体の中でどれだけの割合を占めるかを精査し，その変遷を調べたものである．もう一つは，白亜紀最後の150万年間について，この地域から産出するすべての脊椎動物の属を数え，その優占度や多様性の変遷を追ったものである．どちらの研究においても，少なくともK-Pg境界の直前の15万年間は，生態学的多様性も，特定の種の優占度も，属の多様性も変化がなかったことを示している（図17・16）．

三つの研究のうち，ロッキー山脈の前身となる山脈の山間盆地の堆積層（図17・15）で行われた一つについては，前述の海岸平野の堆積層で行われたのと同じような手法で，当時の脊椎動物の属についての解析が行われた．そして，前述の二つの研究と同じような結果が得られた．つまり，“恐竜”の絶滅は地質学的スケールで見ると一瞬で起こったということだ．また，多くの動物のグループで大量絶滅が起こったが，特に“恐竜”と哺乳類でそれが顕著であったということである（図17・17）．しかし，これらの研究では，白亜紀の最後の15万年間について，毎日のように絶滅が起こって徐々に数を減らしていったのか，それとも，K-Pg境界の最後の一瞬で大量絶滅が起こったのか

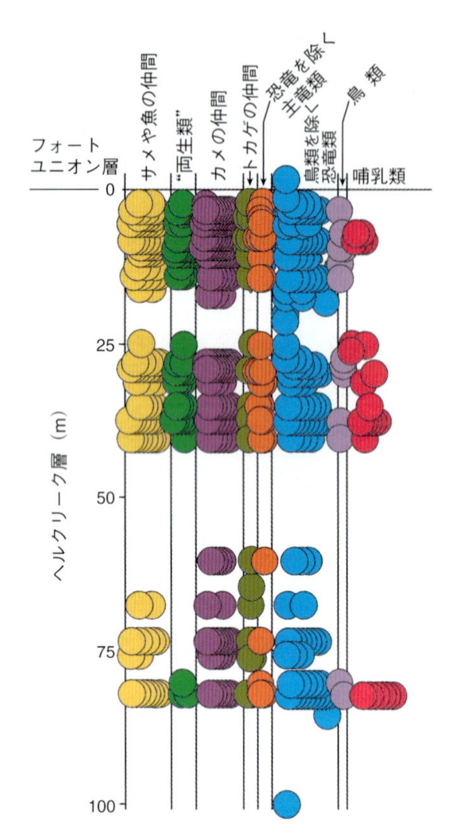

図 17・16 "恐竜"があっという間に絶滅したことを示す根拠．縦軸は，米国西部内陸部の白亜紀最上部の層準であるヘルクリーク層(Hell Creek Formation)とフォートユニオン層(Fort Union Formation)との境界からの地層の厚さを表している．縦軸の目盛り"0"はK-Pg境界を表す．横軸には，"恐竜"を含め，ヘルクリーク層から見つかっているさまざまなグループの脊椎動物化石の数を示している．すべてのグループの脊椎動物が，ヘルクリーク層を通じてずっと棲息していたことがわかる．これらのグループはいずれも，K-Pg境界が近づくにつれて多様性が減少しているわけではない．このデータから，6600万年前に起こった"恐竜"やその他の脊椎動物が突如として絶滅してしまったということを示している．[Pearson *et al.* 2002 より再描画]

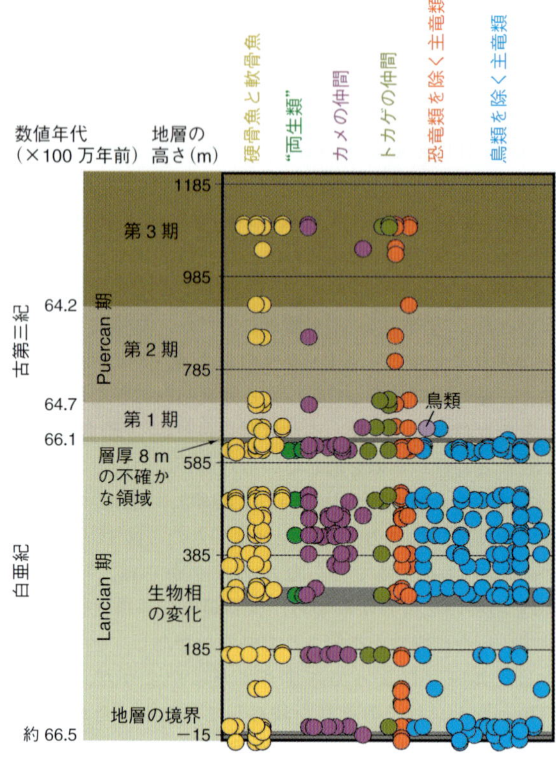

図 17・17 後期白亜紀の米国西部内陸部の複数の堆積環境において，"恐竜"があっという間に絶滅したことを示す根拠．本研究結果はLillegraven and Eberle(1999)による．縦軸はK-Pg境界のフェリス層(Ferris Formation)からの地層の厚さと地質年代(100万年前)を示した(訳注：この研究が行われた当時は，図に示されたようにK-Pg境界が6610万年前とされていたが，年代測定精度の向上とともに，現在では6600万年前に修正されていることに注意)．横軸には"恐竜"を含め，この研究で使われたさまざまなグループの脊椎動物を示してある．K-Pg境界の下までは，すべてのグループの脊椎動物が生き残っていたが，境界が近づくにつれて徐々にその多様性を減らしていったグループはない．K-Pg境界以降は，多様性が劇的に減少した．このデータから，地質学的スケールで見ると，"恐竜"や他の脊椎動物のグループが6600万年前(この図中では6610万年前)にあっという間に絶滅した様子がわかる．Lancian期とPuercan期は北米の陸棲哺乳類相に基づく時代区分，第1～第3期はPuercan期のなかでの時代の小区分，地層の高さはフェリス層の基底部からの高さを示す．[Lillegraven and Eberle, 1999 より再描画]

までは判別できないということは知っておく必要がある．

まとめると，米国の北米西部内陸部での限られた地域からのデータに基づくと，"非鳥類恐竜"は突発的に絶滅したという強力な証拠が得られている．北米で明らかになったこうした"恐竜"の絶滅パターンと，北米以外の世界中の"恐竜"が棲息していた地域での解析結果を統合できるようになるには，多くの時間をかけてさらなる研究が実施されるのを待たなければならない．

"鳥"以外の恐竜の絶滅については前述のとおりだが，"鳥"の絶滅パターンについてはどうだったのだろうか．"鳥"の化石は残りにくいため，"鳥"のK-Pg境界の絶滅パターンを解析することは，実は難しい．ただ，"鳥"が非常に大きな絶滅を経験したことはわかっている．白亜紀に棲息していた，歯をもつ"古いタイプの鳥"の仲間のうち，四つの主要なグループがK-Pg境界もしくはそこから長い時を経ぬうちに絶滅しているのだ．また，カモの仲間など，現代型の鳥（新鳥類 Neornithes（ネオルニテス））の一部は白亜紀が終わる前に出現していたことがわかっているが，彼らは"古いタイプの鳥"が絶滅していくのをしり目に，したたかに生き残っていることもわかっている（図8・13参照）．現代型の鳥の仲間がK-Pg境界を生き延びた秘訣は，もしかすると空を飛んで避難する能力と関係していたのかもしれな

Box 17・2　シニョール・リップス効果—化石記録を誤読する

絶滅イベントを明らかにしようとするときに誰しも知りたいことは，それが急激に起こったのか，ゆっくりと起こったのかということだ．しかし，これを解き明かすのは非常に厄介だ．その要因の一つが，“シニョール・リップス効果(Signor-Lipps effect)”とよばれる問題だ．この名称は，古生物学者の Phil Signor と Jere Lipps が最初に提唱したことに因む．

これはどのような効果なのだろうか．簡単な実験にたとえてみよう．両手いっぱいのさまざまな種類の硬貨をテーブルにぶちまけたところを想像してもらいたい（図 B17・2a）．もし硬貨がランダムにばらまかれていたなら，テーブルのどこを見渡しても，硬貨（1 円玉，5 円玉，10 円玉，50 円玉，100 円玉）の多様性は変わらないはずだ．さて，ここで図 B17・2(b)のように，テーブルに任意の直線を 1 本引いてみよう．この線はテーブル一面に広がる硬貨を両断している．硬貨はテーブルの上にまんべんなくばらけているため，テーブルにどんな直線を引いても，それによって分けられる領域の硬貨の多様性は等しくなるはずだ．

では，この硬貨を化石に置き換えてみよう．硬貨の種類がそれぞれ別の種類の化石種を表すと思ってもらいたい．ここで層序を考えてみよう．図 B17・2(a)と(b)の下側が下部の古い地層で，図の上側が上部の新しい地層だと思ってもらいたい．硬貨は均等に分布しているはずなので，化石種の多様性は図の下部から上部まで，“時間”的な変化はないはずだ．そして，任意の直線を引いたとしても，その線上の化石種の多様性（すなわち，硬貨の多様性）も変わらないはずだ．

この任意に引いた線が，絶滅境界だとしてみよう（図 B17・3）．図中の線分 E は，図 B17・2(b)に引かれた線と同じものだが，ここでは“絶滅境界（extinction boundary)”を表すため，“E”としておく．“絶滅境界 E”の上位は白で網掛けしてある．化石種はこの“絶滅境界 E”で絶滅するため，ここより上位にはいないと想定してみよう．絶滅が突発的に起こったとするなら，図の下端から“絶滅境界 E”までの化石種の多様性は時代的な変化がないはずだ．化石種の多様性は，この“絶滅”まで（すなわち，図の下位から任意の線 E まで）は不変であり，絶滅のあと，すべての化石種が絶滅したということだ．

さて，今あなたは古生物学者で，この“地層”から絶滅がどのようなものだったか復元を試みることとしよう．ここに並んでいる硬貨は化石であり，これらの多様性が時代を通じてどう変動してきたかは不明である．あなたはいつもの疑問に直面することになる．この絶滅は突発的だったのか，それとも，ゆっくりと起こったのか，と．

絶滅がゆっくりと起こったのだとすると，化石種（すなわち硬貨の種類）の多様性は，絶滅境界に近づくにつれて

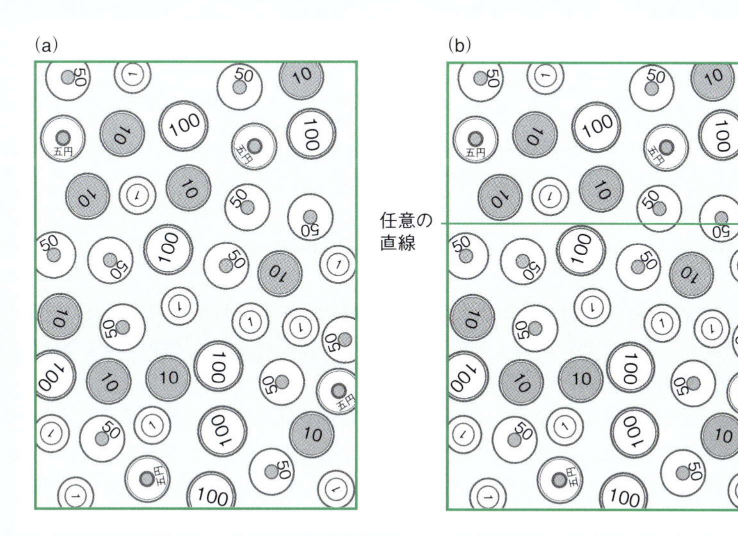

図 B17・2　5 種類の硬貨(1 円玉，5 円玉，10 円玉，50 円玉，100 円玉．ここでは模式図で示している)が，動物相ないし植物相の種の多様性を表していると考えてもらいたい．(a) 硬貨が均等に分布している様子を示す．(b) 左図(a)と同じ硬貨の図に，任意の直線を引いた様子．直線で分けられる二つの領域で，硬貨の種類の多様性に違いはないはずである．

低くなっていくと予想がつく．つまり，絶滅境界からの時間領域を徐々に狭めて見ていくと，時間領域を狭めれば狭めるほど，化石種（硬貨の種類）の多様性は低くなっていくはずだ．最初の種（硬貨）が“絶滅”し，次に別の種（硬貨）が“絶滅”と，徐々に種数（硬貨の種類）が減っていき，絶滅境界に極限まで近づくと，そこにはたった1種類の化石（硬貨）しか残っていないはずだ（図 B17・3）．地層の最下部で5種類すべての硬貨が揃っている状態から，徐々に数が減り，絶滅境界の真下でたった2種類の硬貨しか残らなくなる．すると，あなたはきっと，化石種が時間の流れとともに段階的に絶滅していったと結論づけることだろう．これだけを見ると，化石種（すなわち硬貨）が段階的に絶滅していくように見えるため，絶滅がゆっくりと進行していったように見える．

これがまさにシニョール・リップス効果である．化石（硬貨）の時間的な分布の広がりに任意の直線が引かれていることをあらかじめ知っていれば，その多様性は時代が移り行くとともに減少していっているわけではないことがわかるだろう．あなたが絶滅パターンを復元しようとしたとき，境界に近づくにつれて多様性が減少していくように見えたとする．となると，きっとあなたは絶滅が突発的に起こったものではなく，段階的に起こったと考えてしまうだろう．するとあなたはものの見事に騙されてしまうということだ．

さて，哺乳類の絶滅に立ち返ってみよう．K-Pg 境界に近づくにつれ，最後の数十万年間で哺乳類の多様性は減少していく．私たちははたして，これを段階的に起こった絶滅，すなわち，ゆっくりと絶滅が起こったと考えるべきなのだろうか．それとも，これはシニョール・リップス効果による見かけ上のことであり，実際には絶滅が突発的に起こったと考えるべきなのだろうか．K-Pg 境界の哺乳類の絶滅パターンを研究している G. P. Wilson は，シニョール・リップス効果による見かけの効果について十分に考慮しており，自身が観測した結果から絶滅パターンを特定できないということを正しく理解している．

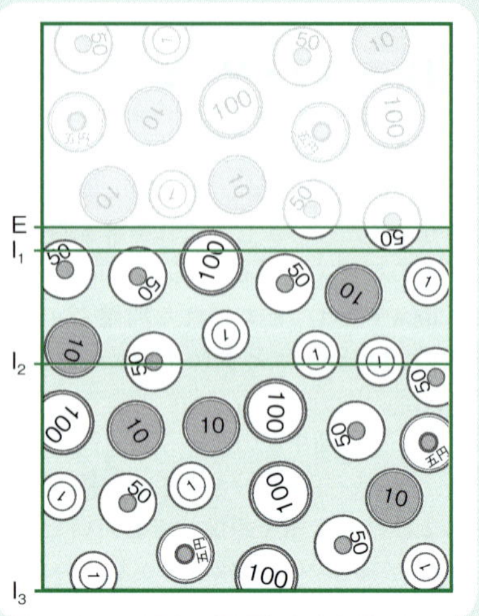

図 B17・3　図 B17・2 に広がる硬貨の分布が，層序を表すと考えてもらいたい．そして，図 B17・2(b) に引かれた任意の直線が絶滅境界(E)を表すとしよう．この実験では，硬貨の種類の多様性は動物相ないし植物相の多様性を表すとみなす．図 B17・3 は，図 B17・2 (b) の直線 E より上位を白く網掛けしたものである．これより上位の地層ではこれらの生物（硬貨）がすべて絶滅したことを表している．直線 l_3 から“絶滅境界”である直線 E までの時間領域の中では，化石種（硬貨）の多様性が最も大きい．絶滅境界に近い直線 l_2 から直線 E までのやや短い時間領域で見てみると，化石種（硬貨）の多様性がやや低くなる．そして絶滅境界にもっと近づく直線 l_1 から直線 E までの最も短い時間領域だと，多様性はさらに低くなることがわかるだろう．しかし，もともとの化石種（硬貨）の分布を変えたわけではないので，その多様性は層位によって変化しないはずである．だとすると，境界に近づくにつれて多様性が低くなっているように見えるのは，研究手法による錯覚なのであり，実際に段階的にゆっくりと絶滅が進んでいったわけではないのだ．図 B17・2(b) で見たように，私たちの観察方法によって副次的に起こる錯覚が，“絶滅境界”に近づくにつれて多様性が変化し，絶滅がゆっくり起こってるかのように見えるが，実際の絶滅は突発的に起こっているのである．

いし，ただ強運だっただけなのかもしれない．2018 年に行われた研究では，“鳥”が地上に巣を作るか，樹上で巣を作るかで生存率が異なったと推察している．この研究では，樹上に営巣する“鳥”よりも，地上に営巣する“鳥”の方がはるかに生存率が高かったと主張している．ただ，この運命の分かれ道があったとして，その要因について私たちはまだ探りきれていない．

17・5 大量絶滅仮説

検証の可否と最節約的なシナリオの説明

K-Pg 境界の恐竜の絶滅イベントを説明しようとする仮説はいずれも，科学的理論として成立するための基本的な前提条件を満たしていなければならない（Ⅰ部，3章）．

1. “仮説が検証可能であること（The hypothesis must be testable）”．科学的に意味のある仮説であるためには，その仮説が“検証できる”必要がある．つまり，その仮説は結果の予測ができ，かつ，それが観察できなければならない．検証ができなければ，その仮説を反証することもできず，そして反証できないようなものはもはや科学的な仮説ではなく，**信仰**（belief system）である．つまり，観察事象からの演繹的な推論や論理的な裏付けを必要としない視点や観点ということに

Box 17・3 “恐竜”の絶滅を研究することの難しさ

“恐竜”の棲息数の時代的な変遷をたどる研究を試みたとき，どんなことが問題となるだろうか．まず，たとえば有孔虫のような動物と比べて，“恐竜”は巨大な生物であり，さらに重要な点として，そこまで多くの化石が見つからないという点があげられる[*9]．こうした理由から，統計的に有意なデータを集めることはほぼ不可能であり，“恐竜”の棲息数を知ろうとすることは非常に難しいのである．“恐竜”の個体数をただ数えるだけでも難しい．多くの場合，“恐竜”の化石は不完全であり，その問題を調整した数え方をしていく必要がある．たとえば，ある化石産地から部位が異なる椎骨を三つだけ発見したとしよう．これら三つの椎骨は単一個体に由来するものかもしれないし，2個体，もしくは3個体に由来するものかもしれない．複数の骨が同一個体に由来するものかを判断できるのは，それらの骨が関節した状態で見つかった場合だけである．では，関節した状態の骨格化石が一つも見つかっていない場合はどうすればよいだろうか．その場合，**最小個体数**（minimum numbers of individuals）を考えていかなければならない．上の例でいうと，三つの椎骨は1個体分という計算になる．一方，左の大腿骨を二つ発見した場合は，最小個体数は2となる．

“恐竜”の多様性の時代的な変遷を調べようとするとき，過去170年間の恐竜研究で見つかってきたすべての標本を使うことができるなら，それに越したことはない．ただ残念ながら，“恐竜”化石の標本は良好な保存状態のものや，希少な標本が優先的に集められることが多い．つまり，“恐竜”の個体数を正確に復元するための十分な基準を満たしていないのである．したがって，白亜紀の終わりの“恐竜”の棲息数や多様性の変遷を正確に知りたいのであれば，現実的には，化石産地で化石を一つ一つしらみつぶしに数えていくしか方法がない．しかし，そんな研究は莫大な労力と時間と費用がかかる．

また，当然ながら，どの分類レベルで“恐竜”の多様性を数えていくかによっても問題が生じてくる．二つの標本が見つかったとしよう．一つはハドロサウルス科（Hadrosauridae）だということが明白な標本で，もう一つは鳥盤類（Ornithischia）というところまでしかわからなかったとしよう．鳥盤類とまでしか同定できなかった標本が，もしハドロサウルス科に属するなら，ハドロサウルス科の標本が二つ，と数えられる．しかし，（そもそも，鳥盤類というところまでしか特定できないため）もしこれがハドロサウルス科ではなかった場合，その研究の中でその標本をハドロサウルス科の標本として数えてしまうと，実際に存在していた個体数よりも多くハドロサウルス科を数えてしまうことになりかねない．一方，どちらの標本も“鳥盤類”として数えるなら絶対に間違うことはないが，なるべく細かく“恐竜”のグループごとに生存率を調べていくことを目的とするなら，情報があまりに大雑把なものとなってしまう．

さらに，地層の対比の問題もある．米国・モンタナ州のジョーダン地域の最も上位の層準，すなわち，その地域で最後まで生き延びた“恐竜”化石を発見したとしよう．そして次に，ジョーダン地域から150 km離れたモンタナ州のグレンダイブ地域の最も上位の層準からその地域で最後まで生き延びた“恐竜”化石を発見したとしよう．これら二つの“恐竜”化石は，まったく同じ瞬間に死んだ個体だといえるだろうか．それをどうやって証明できるというのだろう．たとえば，これら二つの“恐竜”化石が死んだ時期が200年は離れていたとしよう．6600万年間という期間と比べると，200年という期間は文字どおり一瞬である．一方，地球全域を巻き込む大災害が0.001秒スケールで起こりうることを考えると，200年という期間はとても長い時間の違いに思えてくるだろう．

---

*9 世界中で見つかる化石のなかで，“恐竜”の化石はどれほど希少な存在なのだろうか．もちろん，堆積岩中に含まれる“恐竜”化石の存在密度を計測することはできない．しかし，堆積学者のP. Whiteらが，FastovskyとSheehanのデータベース（Fastovsky and Sheehan, 1997）を基にして堆積物の露頭表面における“恐竜”化石の存在密度の計算を試みた．それによると，“WhiteとFastovskyの計算によれば，露頭1平方メートル当たり，“恐竜”化石は0.000056個しかない．さらに現実的なたとえをするなら，ある発掘者が最低でも，リンネ式分類法の科に相当するレベルのグループまで同定できるような“恐竜”化石の欠片を一つ見つけるためには，幅5 mの堆積岩の露頭を長さ4 kmにわたって探し続ける必要がある”らしい．［Fastovsky, D. E. and Sheehan, P. M. 1997. Demythicizing dinosaur extinctions at the Cretaceous-Tertiary boundary. In Wolderg, D. L., Stump, E., and Rosenberg, G. D. (eds.) *Dinofest International*. Academy of Natural Sciences, Philadelphia, p.527.］

なってしまうのだ．仮にあるイベントが発生したとしても，そのイベントを観察できる痕跡がどんな形でも残されていない場合，科学の力ではそのイベントについて調べることはできないのだ．

2. “仮説はそのイベントで起こったすべての事象を最節約的に説明できていなければならない（The hypothesis must be parsimonious）”．これはつまり，この仮説が限りなく多くの地質学的イベントを説明できていなければならないということだ．もしさまざまなイベントについてそれぞれ場当たり的な追加の説明が必要になるのだとしたら，その仮説は説得力を失ってしまうだろう．仮説は，最も多くの観察事象を説明できるようなものが最も説得力が高いものといえるだろう．もしK-Pg 境界で起こったイベントのすべてを一つの仮説で説明できたとしたら，それは最節約的な仮説だといえ，それが正しい可能性が高まるのである．

絶滅仮説

“恐竜”が絶滅した原因を説明しようと，1940 年代以降，研究者らが真面目に考え，発表してきた仮説を表 17・1 に並べた（Box 17・4 も参照）．その多くは，1980 年代以降に提唱されてきたものだ．一つ一つを見てもらいたい．古生物学者として特別な訓練を受けていなくとも，これらの仮説の大部分を棄却できることがわかるだろう．というのも，その多くが，上述したような科学的な仮説であるための二つの必要条件を満たしていないからである．

K-Pg 境界で起こったイベントを説明しようとしてもっともらしい理論を組立てたいのならば，その理論は K-Pg 境界付近で起こった，できるだけ多くのイベントを説明できなければならない．それが最節約的ということである．そう考えると，小惑星の衝突が K-Pg 境界のイベントをひき起こしたとする仮説が，理に適った理論だということがわかるだろう．

K-Pg 境界で衝突した小惑星が大量絶滅をひき起こしたとする説は広く受け入れられているか　この小見出しにあげた問いに答えるならば，“イエス”である．まず，小惑星が地球全域に与える影響を及ぼしたとするなら，その証拠は世界中から見つかってしかるべきである．40 年間以上にわたり何十万時間も人々が投資してきた研究の蓄積により，小惑星の衝突が K-Pg 境界へ影響を与えたことが揺るぎない事実となってきた（図 17・3）．そして，大量絶滅という予測可能な結果をもたらすのだ．

二枚貝や植物では緯度の高低に関わらず絶滅がひき起こされていることから，これらの絶滅が全世界規模で起こったことが強く示されている．そして，こうした全世界的な影響は気候の変化によるものではないことは明らかである．たとえば，もし気候の変化が絶滅の主要な要因となったならば，緯度ごとに生物の絶滅のパターンが異なったはずだが，そのような証拠は得られていない．

どれだけ急激に絶滅が起こったかを知ることも重要である．もし本当に，大量絶滅が小惑星の衝突によってひき起こされたのだとしたら，まさにそのイベントは 1981 年に W. A. Clemens Jr. が W. S. Gilbert のコミックオペラ『*The Mikado*』に使われた曲名をもじって表現した “short, sharp shock（突然の無情な殺戮）”そのものといえるだろう．絶滅がゆっくりと起こっていたなら，それが小惑星の衝突によってひき起こされたとする説は棄却されるだろう．しかし，もし絶滅が急激に起こって，かつ壊滅的なものだったならば，小惑星の衝突によってひき起こされたとする説を裏付けることになる．

絶滅後の回復

大量絶滅のような壊滅的なイベントのあとには特徴的な現象がみられる．大量絶滅によって空白となった**エコスペース**（ecospace，生態空間）に最初に進出していく生物は急速に**種分化**（speciate）する傾向にあり，また，小型で**ジェネラリスト**（generalist：日和見主義ともよばれ，さまざまな種類の餌を食べることができる生物をさす）としての生活様式をもつことが多い（逆に，肉食や植物食へ高度に適応した生物はこの段階では登場しない）．こうした生物たちは災害イベント後の生物相（disaster biota）とよばれ，脊椎動物や無脊椎動物，植物のなかでそれぞれ知られている．

K-Pg 境界の植物の場合，大量絶滅後に短期間だけ繁栄したのがシダ植物だったことを思い出してほしい．これらの植物が，壊滅的な打撃を受けて生物が一掃されたあとの不安定な土壌に生育する，いわば大量絶滅直後に育った植物相だといえる．

デンバー自然科学博物館（Denver Museum of Nature and Science）の古生物学者 T. R. Lyson らが 2019 年に行った研究には，陸上での生態系の回復イベントに関する最も優れたデータが載っている．この研究によれば，小惑星が衝突したあとの哺乳類の適応放散が 100 万年から 150 万年という短い期間で急速に起こったようだ．この大量絶滅後の回復の最初期に現れた哺乳類はジェネラリスト型の動物であった．おそらく，ネズミのような生態的地位の動物だったのだろう（当然ながら，齧歯類 Rodentia ではない）．これらの小動物は急速に種分化していき，小惑星が衝突したあとの 10 万年間で多様性を倍増させた．そして，衝突後から 30 万年の間に植物食や肉食などの**特殊化**（specialization）が進み，衝突後から 70 万年の間に多様な体サイズへと分化していった．小惑星が衝突したあとの哺乳類の進化のパターンは，大量絶滅イベントを生き延びたあとの動物相が空白となったエコスペース（生態空間）を埋めるように放散していくという典型的なパターンを示している（図 17・18）．

近年の分子進化速度に基づいた系統樹によれば，現生哺乳類のルーツの多くが白亜紀にあるという．これは，古第三紀を特徴づける哺乳類の爆発的な多様化が，白亜紀の最末期にも進行していたということを意味している．実際，現生哺乳類の遠い祖先は後期白亜紀からいたようだ．しかし，そこで大量絶滅イベントがあったことで，古第三紀のはじめに動物相の入れ替りが急速に起こったことを強く示している．

表 17・1 “恐竜”が絶滅した原因としてこれまでに提唱されてきた仮説［一部，Benton(1990)に基づく］

I．生物学的要因

A. 生理学的問題

(a) 椎間板ヘルニアにより，恐竜が衰弱死した説
(b) ホルモン異常
　(1) 下垂体が過剰に肥大化し，奇形で非適応的な成長を伴った説
　(2) ホルモン異常により，卵の殻が異常に薄くなり，卵がぐちゃぐちゃにつぶれて損壊した説
(c) 生殖行動の減衰説
(d) 白内障により視覚が失われた説
(e) 関節炎や感染症，骨折などのさまざまな病にさいなまれた説
(f) 何百年から何千年，何百万年にわたって，恐竜を刺す昆虫が恐竜に病気を媒介した説
(g) 化石には残らないが，伝染病によってすべてが絶滅した説
(h) 化石には残らないが，寄生虫が痕跡も残さず宿主を絶滅に追いやった説
(i) 細胞の核に対するDNAの割合が変化し，遺伝子の突然変異が起こった説
(j) 全般的に“恐竜”の頭が悪かったために絶滅した説

B. 種族としての老衰説

系統全体が長く生存し，生物の個体が老衰するのと同様に，系統が“老衰”していったとする説．ただし，この説は，現在ではほとんど受け入れられていない．この考えに基づくと，系統の中で後期に登場した仲間は，初期や中期に登場した仲間と比べると，頑丈さや生存能力の面で劣るということになる．この考えの背景には，最末期に登場した“恐竜”は，すでに“恐竜”が系統として十分に年齢を重ねすぎたために競争力が弱かった，と解釈されたことがある．

C. 生物の相互作用による要因

(a) 哺乳類をはじめとする他の動物との競争により，“恐竜”がニッチから追い出され，あるいは“恐竜”の卵が食べ尽くされた説
(b) 肉食“恐竜”による捕食圧が高まり，しまいには共食いによって滅びた説
(c) 植物相の変化
　(1) “恐竜”にとって最も重要な主食である湿地帯の植生が失われた説
　(2) 森林が減少し，“恐竜”の棲息域が減少した説
　(3) 食物となる植物量が減少することにより，“恐竜”が飢え死にした説
　(4) 植物が進化して“恐竜”にとって有毒になった説
　(5) “恐竜”の成長に必要なミネラルが植物から失われた説

II．物理的要因

A. 気候学的要因

(a) 極度に温暖化し，“恐竜”が熱射病によって死んだ説
(b) 極度に寒冷化し，“恐竜”が凍死した説
(c) 気候が極度に高湿化し，びしょ濡れになった“恐竜”が死んだ説
(d) 極度に乾燥化し，“恐竜”が干からびて死んだ説
(e) 大気中の酸素濃度が非常に高くなることにより，
　(1) “恐竜”にとって致命的な大気圧や大気組成へと変化した説
　(2) 地球全域に自然火災をひき起こし，“恐竜”も焼け死んだ説
(f) 二酸化炭素濃度が低下し，内温性の“恐竜”が過呼吸症状になってしまった説
(g) 二酸化炭素濃度が高くなり，“恐竜”の卵の中の胚が窒息した説
(h) 火山噴出物（火山灰，二酸化炭素，希土類元素）によって，“恐竜”が何らかの中毒を起こした説

B. 海洋学的および地形学的要因

(a) 海退によって“恐竜”の棲息域が減少した説
(b) 湖沼の棲息環境が干上がった説
(c) 海洋循環が停滞し，陸域の環境にも悪影響を及ぼした説
(d) それまで極域にとどめられていた北極海の海水が世界中の海洋に流出し，気温の低下をまねいた説
(e) 南極大陸と南米大陸の分断に伴い，南方から冷たい海水が流入し，地球全域の気候を変えた説
(f) 地形の起伏が減じることにより棲息域が減少した説

C. その他の要因

(a) 引力が変動することで，“恐竜”に何らかの病気をもたらした説
(b) 地球の地軸の変化が“恐竜”に何らかの病気をもたらした説
(c) 太平洋海盆から月が飛び出すことによって，1億6500万年続いた“恐竜”の時代が終焉を迎えたという説（！）
(d) 土壌に含まれるウランによって中毒を起こした説

D. 地球外的要因

(a) エントロピーの増加によって巨大な生物が死に絶えた説
(b) 太陽の黒点の変化によって，気候が“恐竜”にとって好ましくない方向へ変化した説
(c) 宇宙線と高レベルの紫外線が照射されることにより突然変異体が生じた説
(d) オゾン層の破壊により，cがもたらされた説
(e) 電離放射線の被曝説（cと同様）
(f) 超新星爆発による電磁波と宇宙線の被曝説
(g) 宇宙塵，宇宙雲が降り注いだ説
(h) 銀河面の振動サイクルによって“恐竜”に何らかの病気をもたらしたとする説
(i) 小惑星の衝突説（メカニズムについては本文参照）

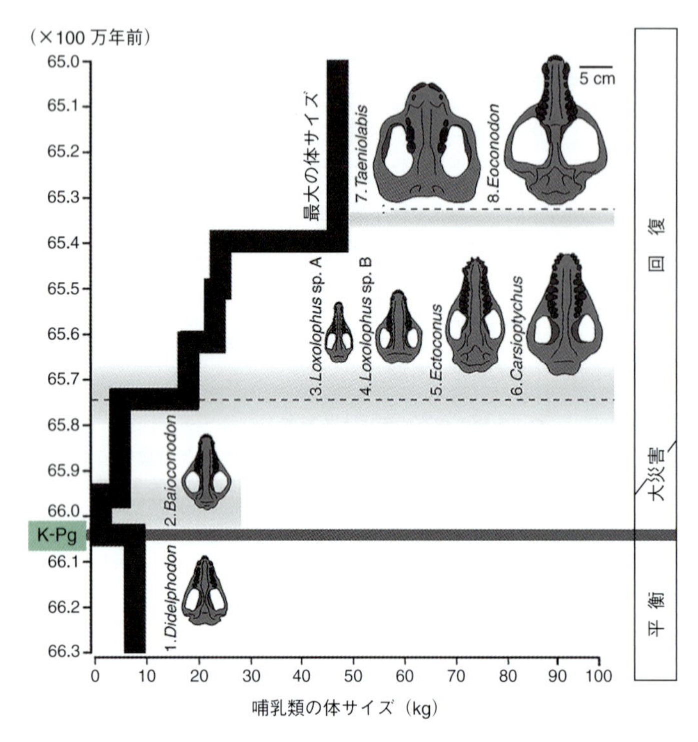

図 17・18　K-Pg 境界のあとに登場した古第三紀最初期の哺乳類の放散と頭骨図．縦軸は時代で，超高精度の数値年代が表記されている．K-Pg 境界での小惑星衝突後の数十万年間で，哺乳類の多様性と推定体重（質量）が明瞭に増加していることがわかる．薄い灰色の帯は植物相の回復イベントの時期を表す．
1. ディデルフォドン（*Didelphodon*）．
2. バジョコノドン（*Bajoconodon*）．
3. ロクソロフス A 種（*Loxolophus* sp. A）．
4. ロクソロフス B 種（*Loxolophus* sp. B）．
5. エクトコヌス（*Ectoconus*）．
6. カルシオプティクス（*Carsioptychus*）．
7. タエニオラビス（*Taeniolabis*）．
8. エオコノドン（*Eoconodon*）．
［Lyson, T. R. *et al.* 2019. Exceptional continental record of biotic recovery after the Cretaceous-Paleogene mass extinction, *Science*, **366**(6468), 977–983 より改変］

小惑星の衝突仮説ですべてのイベントが説明できるか
具体的にどんな生物が絶滅したかを見てみると，小惑星が衝突したことによって大量絶滅がひき起こされたと想定するとうまく説明がつく．たとえば，海棲生物で，絶滅によって壊滅的な打撃を受けたものは，一次生産者を直接摂取する生物ばかりであった．こうした生物には，浮遊性有孔虫の仲間など，多くの海棲の浮遊性微生物のほかに，アンモナイトの仲間を含む頭足類，そして多くの軟体動物たちが含まれる．一方で，一次生産者だけではなく，**デトリタス**（detritus：生物由来の破片や遺体，排泄物など）も餌とすることができた生物は，そのまま生き延びることができたようだ．海成層で見つかる化石を見る限り，デトリタス食者はそれほど大量絶滅の影響を受けなかったようだ．

陸上の四肢動物の場合，陸棲か水棲かによって，その食物に大きな違いがあり，それが絶滅率の違いに現れている（図 17・14）．つまり，水棲の四肢動物はデトリタスを主要な食料源とする傾向にあるが，陸棲の四肢動物の場合，一次生産者に強く依存した食性をもつ．

このシナリオでは，K-Pg 境界を生き延びた四肢動物は，おもに水棲のデトリタス食者であった．河川系や湖水系にはデトリタスが豊富に供給されるため，こうした環境に棲息し，デトリタスを利用することができる生物は，一時的に一次生産量が急落したとしても，生き延びることができる．水棲動物は，強い赤外線放射や自然火災からも逃れることができただろう．まとめると，多くの証拠から突然の絶滅が示されていることは間違いない．

そのほかの絶滅仮説

ここまで見てきたように，小惑星が衝突した時期と生物学的なイベントが起こった時期が非常によく一致している．さらに，近年の高精度な数値年代測定によって，小惑星の衝突と生物の絶滅が数万年以内*10 という短い期間にほぼ同時に起こったことが明らかとなっている．当時は現在ほどの精度で，これらのイベントが起こった時期の数値年代が求められていなかったが，この二つのイベントの時期的な一致から，Alvarez 親子らが研究を行った当時は，現在ほどの精度でこれらのイベントが起こった時期の数値が求められていなかったが，この二つのイベントの時期的な一致から，彼らは小惑星の衝突と大量絶滅が因果関係にあると気づいたのだ．

しかし，大量絶滅と時期が一致するイベントとして，小惑星の衝突と同じくらい気になるものがある．フランスの火山学者 Vincent Courtillot は長年の研究で，地球史を通じて，大陸洪水玄武岩が形成された時期と，大量絶滅が起こった時期を対比してきた．そこで，彼はこれらに絶妙なる対応関係があることに気づいた．大陸洪水玄武岩が噴火

*10　これらのイベントがともに数千万年前に起こった出来事であることを考えると，この時期の近さは驚異的なことだ．

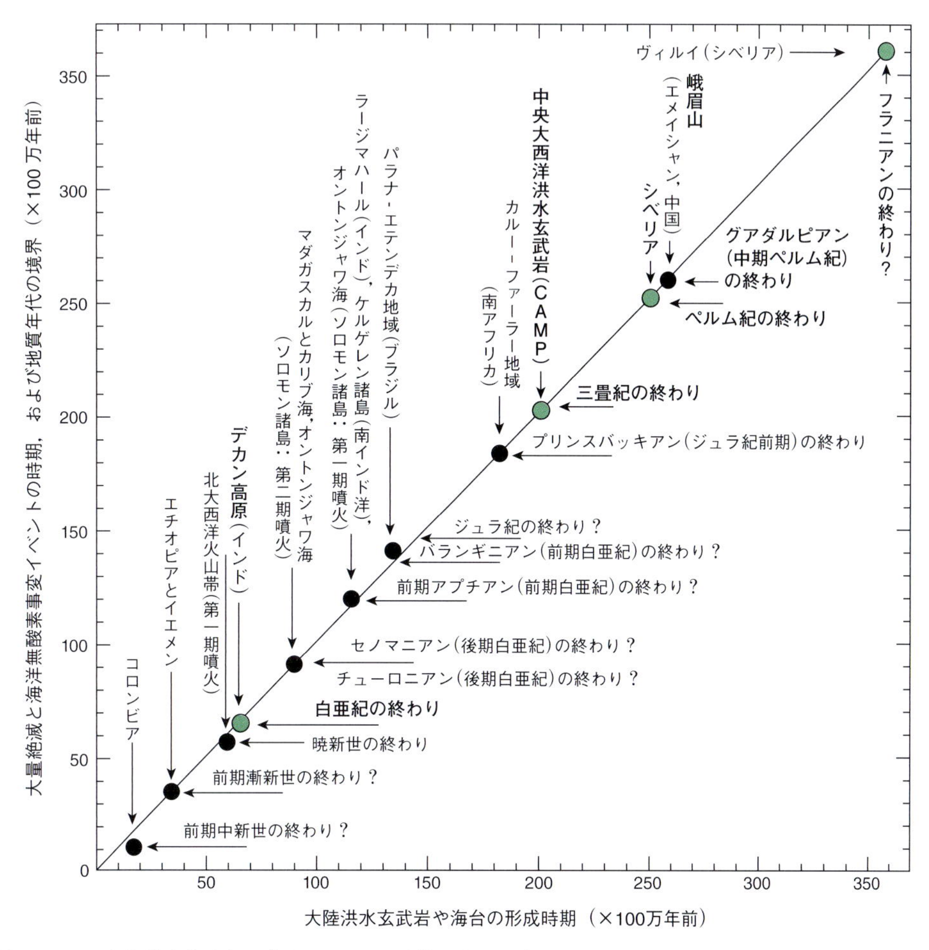

図 17・19　大陸洪水玄武岩の噴出イベントの時期と大量絶滅イベントの時期の比較．緑の丸は特に大きな大量絶滅イベントである．玄武岩の流出時期と大量絶滅の時期が互いに直線状にのり，見事に一致していることがわかる．［Courtillot, V. 1995. *La Vie en Catastrophes*, Librairie Arthème Fayard, Paris, 278p. より］

した時期をペルム紀から辿っていくと，大量絶滅の時期とピタリと符号したのだ（図 17・19）．

K-Pg 境界と符合する象徴的な大陸洪水玄武岩は，§17・3 に紹介した，インドで怒涛のように噴き出したデカントラップである（図 17・9）．このデカントラップはちょうど K-Pg 境界を挟むように噴出している．最初に噴出したのが 6750 万年前で，6470 万年前までの期間に四度の主要な噴出期があった．2015 年に行われた研究では，二度目の主要な噴出イベントが 6630 万年前から 6550 万年前までの間の 80 万年間よりも短い期間で K-Pg 境界を挟みこむように起こったと主張されているが，2021 年の研究では，この二度目の噴出イベントの時期について異なる見解が示されている．ある研究では，二つの噴出ピークが K-Pg 境界を挟みこむように短い間隔で起こったとしており，別の研究では，K-Pg 境界の大量絶滅がデカントラップの大陸洪水玄武岩の噴出よりもずっとあとに起こったとしている．

大陸洪水玄武岩の噴出が，どのように大量絶滅をひき起こしたのだろうか．それには，二つのモデルが提唱されている．一つ目は，火山から噴出してきた二酸化炭素（CO_2）が大気中に広がって温室効果をもたらし，海洋循環が阻害され，その結果，硫化水素が大気中に放出されることで硫酸（H_2SO_4）ができ，それによって地球全域を酸性化させて生物にとって毒性の強い環境に変えていくなど，さまざまな弊害をもたらすことになるというものだ．二つ目は，火山活動で噴出してきた硫黄が二酸化硫黄（SO_2）の状態で大気中の成層圏に拡散し，硫酸（H_2SO_4）のエアロゾルができていき，酸性雨や大気汚染，生態系の汚染など，生態系に多くの弊害をひき起こすというものである．

これら二つのモデルはかなり異なる結果をもたらすと想定されている．二酸化炭素を放出するとする最初のモデルは，温室効果によって海洋循環がゆっくりになっていくという，何万年間という長い時間スケールでの影響を想定したモデルである．しかし，K-Pg 境界大量絶滅についてこれまでにわかっている証拠からは，大量絶滅はもっと短い期間で起こったと考えられる．となると，二酸化硫黄が大気中へ拡散したモデルの方が何万年よりももっと短い時間スケールで起こると想定されるため，より確からしいように思えてくるだろう．しかし，デカントラップなど，大陸洪水玄武岩のような火山活動では噴煙が成層圏に到達することがないため，一般に大気へ化学物質が拡散することはまれである．

K-Pg 境界で起こった絶滅イベント以外の事象を俯瞰してみると，全地球規模での自然火災や，生物が選択的に特定のグループだけが絶滅している点，K-Pg 境界で地球上の全地域で大量絶滅が同時に起こっている点，メキシコ湾周辺の化学分析から，小惑星の衝突と合致する証拠がたくさん示されている点，そして K-Pg 境界で地球外からの物質であるイリジウムや衝突に由来するガラス質の粘土，衝撃石英が地球全域で見つかっている点などは，洪水玄武岩の影響では説明できない．さらに，K-Pg 境界以外の大量絶滅では，火山活動の痕跡が全地球規模に残されている．これらの火山活動イベントや小惑星の衝突イベントとは異なり，デカントラップを形成した火山活動イベントでは全地球的な影響を及ぼすような地質記録は残されていない．こうしたすべての要素を考慮していくと，大陸洪水玄武岩が K-Pg 境界の大量絶滅をもたらしたという説は魅力的ではあるものの，残念ながら，生物の大量絶滅を含め，K-Pg 境界で起こったすべての既知のイベントを最もよく説明できる要因ではないのだ．

プレートテクトニクス研究者の M. A. Richards らと，

Box 17・4 “恐竜”が絶滅した本当の理由（トンデモ仮説）

これまで提唱されてきた仮説がすべてまともなものかというと，そうではない．たとえば，1964 年に E. Baldwin は，“恐竜”が便秘によって絶滅したと提唱した．彼の言うところによると，白亜紀の終わりに向かって，“恐竜”が自然に“お通じ”するために必要な天然の便秘薬を含むある植物の分布域が限られてきた…らしい．その植物の分布域が限られてくると，その植物を摂取できない地域に棲息していた不幸な“恐竜”たちは，排便することもかなわず，つらい死に方をしたというのだ．同じく 1964 年，ユーモア作家の W. Cuppy はこう述べた．曰く，「爬虫類の時代が終焉を迎えた理由は，彼らの時代が長く続きすぎたためであり，彼らが繁栄したことがそもそもの始まりから間違いだったのだ」この意見には，映画『ジュラシック・パーク』シリーズの登場人物たちなら激しく同意するだろう．

1981 年 11 月号の *National Lampoon* 誌に寄せられた記事に，“地層に埋もれた原罪（Sin in the Sediment）”と題されたものがある．これはキリスト教右派に向けてこう書かれていた．

“恐竜の化石を研究すればおわかりのことでしょう…．古い時代の地層を掘り下げていくと，恐竜が中生代の終わりまではうまくやり過ごせていたことがわかります．彼らはまともで，道義をわきまえながら，日々を過ごしていた動物だったのです．しかし，中生代の最後をご覧なさい．彼らの道徳観が失われていったという証拠が残されています．妻恐竜や子供恐竜たちの骨はみんな捨て置かれ，浮気性の夫恐竜の骨はどこにも見当たりません．ふ化しないまま死んでしまった恐竜の卵がたくさん化石になっています．異なる種族のオス恐竜とメス恐竜が一緒に暮らすという，聖書の教えに背いた不自然な行為に及ぶものもおりました．研究者らは，恐竜たちが乱痴気騒ぎをしていた証拠も見つけています．何百個体もの恐竜たちが淫らに絡み合って死んでいたのです．不道徳な行為が横行していたのです．”

1983 年に，堆積学者の R. H. Dott Jr. が花粉が舞う季節にうっぷん晴らしの短報を書いた．それは，“恐竜”が絶滅したのは花粉が大量に舞っていたためだ，というものであった．彼はこれを“目，かゆくして恐竜絶滅す（Itching Eyes and Dinosaur Demise）”と詠んだ．

National Lampoon 誌に寄せられた記事は評判になり，1988 年に *Journal of Irreproducible Results* 誌に再び取上げられた．その中で，L. J. Blincoe は“恐竜の闘争化石”について新たな仮説を立てた（図 6・23 参照）．

“化石標本をひととおり網羅的に見てみると…1971 年にモンゴルの“ベッド（地層）”から珍妙な化石が見つかっていることがわかります．それは種類が異なる 2 個体の恐竜からなる化石で，片方は竜盤類の肉食恐竜ヴェロキラプトル（*Velociraptor*），他方は鳥盤類の植物食恐竜プロトケラトプス（*Protoceratops*）です．この両種が死の間際に互いに絡み合っていたのです．古生物学者らは恐竜の行動に先入観をもっていたため，これらが命のやり取りをしていた闘争の証拠だと断じてしまったのです（再び，図 6・23 参照）．

しかし，今度は別の解釈が浮上してきました．この解釈をもってすれば，この奇抜な化石の状態を説明できるだけではなく，恐竜が絶滅した謎をも解明できるのです．ごく単純に考えてみましょう．この 2 個体の恐竜を死に至らし

1980年の偉大な理論を打ち立てたWalter Alvarezを含む共同研究者らによる2015年の研究と，その4年後のBlair Schoeneらの2019年の研究では，ある種の妥協案が提唱された．二つの論文の主張によれば，おそらくは小惑星の衝突がデカンの主要な火山活動を誘発し，小惑星とデカントラップの二つのイベントがともに大量絶滅をもたらしたのだろうということだ．これが起こる可能性は理論的に示されているので，概念としては問題ないであろう．このようにハイブリッドの要因で絶滅のメカニズムを説明すると，複数要因による仮説に導かれていきそうだ．しかし，それがいかに観察事象をより機械的に説明できるように見えたとしても，検証できなくなる可能性をはらむことになってしまうことに注意してもらいたい．

複合的要因　“複雑なことが起こった絶滅事変には，複雑な要因があったに違いない”と考えられがちだ．実際，多くの研究者が，K-Pg境界で大量絶滅をもたらしたイベントは，“多くの厄災が同時多発的に起こる”ような特異な状況だった点を指摘している．これらの厄災とは，小惑星の衝突やデカンでの火山活動，海水準の低下，K-Pg境界の直前の温暖化による地球規模の気候の悪化，さまざまな生物グループ間の競争など，この境界で起こったイベントはいくつもあげられる．この場合，すでに起こったことがわかっている多くの物理的なイベントは生態系を“弱体化”させる要因となり，絶滅を促進したと考えられている．包括的な妥協点を探るということは，政治の世界であれば悪くない手だが，それは科学的といえるだろうか．つまり，

める突発的な事故が起こったとき，この両者は互いに絡み合っていたのです…しかも熱烈な抱擁をしながら．つまり，彼らは恋人同士だったのです．

この驚くべき解釈から言えることは明白です．恐竜は種を越えて性行為に及んでいたのです．そうすることで，恐竜たちは生殖力を浪費し，進化学的に無駄な交配を繰返し，しまいには子供が産まれなくなってしまったのです．あるいは，もしまれに子供が産まれたとしても，それはグロテスクで生殖能力が欠如した奇形個体だったのです．そして，化石記録を見てみると，そんな奇形のグロテスクな恐竜だらけだということがわかるでしょう．［Blincoe, L. J. 1988. *Journal of Irreproducible Results*, 33, 24.］

“恐竜”が絶滅した究極的な原因を扱ったトンデモ仮説としては，Mark O'Donnellが*New Yorker*誌に載せた漫画こそが，すべてを描き表しているといえよう（図B17・4）．

図B17・4　“恐竜”が絶滅した本当の理由．［Mark O'Donnell画，Mark O'Donnell/The New Yorker Collection/The Cartoon Bank］

そうすることで起こった事象をよりよく説明できるようになっているだろうか．

実際のところ，これは必ずしもそううまく説明できるモデルになっているとは限らない．このような考え方をする場合，究極的には，絶滅の原因として，どのイベントも候補から外すことができなくなってしまうのだ．すなわち，その仮説は反証ができないものとなる．もしK-Pg境界で起こったすべてのイベントが絶滅と関係していたのなら，絶滅の原因を絞り込むことはできない．そして，それはK-Pg境界で起こったことについて，何も新しいことがわかっていないのと同じことである．つまり，この仮説はほかの多くの仮説と同様，何も説明できていないということになる．

皮肉なことに，複合要因仮説はおそらく正しいのだろう．K-Pg境界で特異的な組合わせのイベントが同時多発的に起こり，それによってこの特殊な大量絶滅をひき起こしたのだろう．その絶滅イベントのシナリオとは以下のようなものとなるだろう．まず，小惑星が想像を絶する破壊をもたらし，デカントラップの引き金となり，それがCO_2やNO_2，SO_2などのさまざまな気体を大気中に放出する要因となり，そのいずれもが地球上の生物相に悪影響を与え続けたということだ．

火山活動と小惑星の衝突の合わせ技で空が暗くなることにより，海洋では光合成が阻害され，植物プランクトンの一次生産量が著しく低下することとなった．そして，この一次生産に依存していた海洋の食物連鎖網が崩壊することとなった．

陸上では，哺乳類の種間競争の激化や白亜紀最末期の気温上昇など，おそらく他のいくつかの要因によって生態系が蝕まれていったことだろう．そして，何らかの理由によって個体数が回復することがなくなっていき，恐竜を中心とした生態系が崩壊しやすくなっていったのだろう．小惑星の衝突によってひき起こされた熱放射や森林火災，さらに，小惑星の衝突とデカントラップの形成によってひき起こされた日光の遮断によって，陸上の主要な生産者であった丈の高い植物が死に追いやられ，デトリタスをもととする食物連鎖ではなく，植物の一次生産をもととする食物連鎖が断ち切れることとなった．淡水域の水棲生物は，棲息環境が湿潤であることによって保護されやすく，そこで生存率を高めることができたのだろう．

小惑星の衝突によってデカントラップの活動が触発されていなかったとしても，小惑星衝突以前のデカントラップの活動によって，海洋と陸上の生態系はじわじわと影響を受けていて，小惑星の衝突によって生態系はとどめを刺されたのかもしれない[*11]．

小惑星が衝突するよりも前に弱体化していた生態系が，小惑星の衝突でさらに弱体化したとするこの仮説は，"プレス・パルス（press-pulse）"仮説とよばれている．これは，さまざまな潜在的要因によって生態系にストレスがかかり（press），そして，小惑星の衝突によって強烈な一撃を加えられる（pulse）ことでさらに脆弱になるというものだ．残念ながら，現在まで，この仮説を十分に支持する証拠は得られていない．この仮説は最節約的でないことからも，支持が得られていない．

K-Pg境界では何が起こったのか

K-Pg境界の大量絶滅を説明する要因として，デカントラップの形成はいささか余計に思われる．デカンでの火山活動は，全地球規模に痕跡を残すようなものではなかった．また，イベントが起こった時期と絶滅の時期の対応に疑念が残る（時期的に見事に合致すると考える研究者もいるが）．そもそも，火山活動によって大量絶滅がひき起こされたとする仮説の説得力ある根拠とは何なのだろうか．小惑星の衝突は，それによってひき起こされる絶滅の包括的なモデルが提唱され，十分に検証されてきたほか，その時期は大量絶滅の時期と明瞭に合致する．小惑星の衝突だけで絶滅を説明するのは不十分だとでもいうのだろうか．小惑星の衝突だけでは絶滅をすべて説明できないと考える研究者は，地球上の生命の運命が地球外から襲い来るイベントによって左右されることに対して，言葉にできない感覚的な不信感でも抱いているのだろうか．

K-Pg境界のイベントの元凶を小惑星の衝突だと考えている研究者らは，当時の生態系に劇的にかつ短期間に打撃が与えられたのだろうと考えている．生態系に打撃を与えたのは，数カ月間にわたって太陽光を遮断した粉塵でできた雲だったかもしれないし，赤外線放射や地球全域を襲った自然火災だったかもしれない．どの要因がどんな打撃を生態系に与えたかを知ることは不可能である．さらに，化石記録が不完全であることを考えると，それを正確に復元しようとすることも不可能である．陸上の生態系に痛烈な打撃を与えた要因が何であれ，地球全域で一次生産がほぼ停止してしまったために，一次生産者を栄養源として依存していた生物たちが絶滅したということだ．そして，つまるところ，複雑な食物連鎖網が途切れたということなのだろう．水中の棲息地はある程度保護されやすい環境だったため，陸棲動物のなかではデトリタス食者が生き残りやすかったのだろう．水棲動物ではなかった"恐竜"は，最終的に絶滅に抗うことができなかったのだ．ただ，K-Pg境界

＊11　これにはさまざまなメカニズムが働いたと考えられている．たとえば，空が暗くなることで植物が光合成できなくなる…さまざまなガスが放出されることで大気が極度に汚染され，それらが酸性雨として地上に降り注ぐ…大気中に放出されたガスによる温室効果で気温が上昇する…などである．複合要因仮説は，まさしく複数の要因を考慮しなければならない．

の絶滅をひき起こした要因が一つだろうが複数だろうが何であれ，およそ1億6000万年以上の期間，陸上動物として重要な地位を占め続けてきた“非鳥類恐竜”がいなくなったことで初めて，哺乳類が多様化し，地球全域の生態系で重要な地位を占めるようになることができたのだ．

本章のまとめ

6600万年前に“非鳥類恐竜”に何が起こったかについては，多くの憶測がある．しかし，どんな仮説も科学の枠の中で評価しなければならない．すなわち，その仮説は検証可能で，そのときに起こった限りなく多くのイベントを最節約的に説明できなければならないのだ．こうした制約を与えると，K-Pg境界で起こったことを説明できる仮説として残るのはたった一つだけである．その仮説とは，6600万年前に地球に衝突した小惑星が，“非鳥類恐竜”を含む多くの生物を絶滅させたというものである．この絶滅に複数の要因があったと考えることもできるだろうが，しかし，根拠としては脆弱である．なぜなら，このときの絶滅で起こったイベントを説明する要因として小惑星の衝突以外の要因を探す必要がないからだ．

直径10 kmに及ぶ巨大な小惑星が6600万年前にメキシコのユカタン地方にあった海に落ちたという証拠は，今では議論の余地がないほど揺るぎないものとなっている．小惑星の衝突によって，地球全域に急激に影響が現れ，3～4カ月も太陽光を遮断した．また，巨大な衝突エネルギーがもたらす赤外線放射パルスが衝突地点から伝搬していくに伴って，陸上では自然火災が起こり，地域によっては高潮が押し寄せて環境を壊滅的状況へ陥れていった．生物に関連したイベントとして特筆すべきは，生命豊かな海における大規模な栄養循環が止められてしまったことである．

“恐竜”の絶滅までの過程が研究されている地域は，世界で唯一北米大陸の西部内陸部だけであり，“恐竜”の絶滅に関しては謎が多く残されている．“恐竜”の絶滅に関する情報は限られているが，“恐竜”が6600万年前の非常に短い期間に絶滅し，その時期が小惑星の衝突と対応している．

陸棲脊椎動物の生存率については比較的よく研究されている．研究によれば，水棲の生態系に属していない脊椎動物が，大量絶滅の影響を最も強く受けていることがわかった．生物の絶滅と生存を分けたその他の要因を探ってみると，水棲か否かという点ほど顕著ではなかったものの，大型動物は小型動物よりも，内温動物は外温動物よりも，羊膜類は“非羊膜類”よりも，絶滅をかいくぐって生き延びた割合がそれぞれ低かった．そして，“非鳥類恐竜”の仲間は大型の動物で，一次生産された食物（すなわち植物）に強く依存した動物だった．

水中の食物連鎖の中に生きた生物の生存率が高かった理由については，陸上の食物連鎖のなかで生きた生物と比べて，彼らが一次生産された食物にそれほど依存していなかったためだと考えられる．K-Pg境界では，植物の一次生産量が著しく低下したことは明らかだが，水中の食物連鎖に属する生物たちは食物が失われることはなかっただろう．また，水中では，小惑星の衝突によってひき起こされた大災害からも逃れることができたのだろう．

大量絶滅ののち，生態系が回復するまでに，海洋では数千年かかり，陸上では150万年もかかった．

参考文献

Alvarez, L. W. 1983. Experimental evidence that an asteroid impact led to the extinction of many species 65 Myr ago. *Proceedings of the National Academy of Sciences*, **80**, 627–642.

Alvarez, L. W., Alvarez, W., Asaro, F., and Michel, H. V. 1980. Extraterrestrial cause for the Cretaceous-Tertiary extinction. *Science*, **208**, 1095–1108.

Alvarez, W. 1997. *T. rex and the Crater of Doom*. Princeton University Press, Princeton, NJ, 185p.

Archibald, J. D. 1996. *Dinosaur Extinction and the End of an Era*. Columbia University Press, New York, 237p.

Archibald, J. D. 2011. Extinction and Radiation: *How the Fall of the Dinosaurs Led to the Rise of Mammals*. Johns Hopkins University Press, Baltimore, MD, 108p.

Benton, M. J. 1990. Scientific methodologies in collision the history of the study of the extinction of the dinosaurs. *Evolutionary Biology*, **24**, 371–400.

Fastovsky, D. E. and Bercovici, A. 2016. The Hell Creek Formation and its contribution to the Cretaceous-Paleogene extinction: A short primer. *Cretaceous Research*, **57**, 368–390.

Frankel, C. 1999. *The End of the Dinosaurs—Chicxulub Crater and Mass Extinctions*. Cambridge University Press, New York, 223p.

Hartman, J., Johnson, K. R., and Nichols, D. J. (eds.) 2002. *The Hell Creek Formation and the Cretaceous-Tertiary Boundary in the Northern Great Plains*. Geological Society of America Special Paper no. 361, 520p.

Koeberl, C. and MacLeod, K. G. (eds.) 2002. *Catastrophic Events and Mass Extinctions: Impacts and Beyond*. Geological Society of America Special Paper no. 356, 746p.

Lillegraven, J. A. and Eberle, J. J. 1999. Vertebrate faunal changes through Lanican and Puercan time in southern Wyoming. *Journal of Paleontology*, **73**, 691–710.

Lyson, T. R., Miller, I. M., Bercovici, A. D., *et al.* 2019. Exceptional continental record of biotic recovery after the Cretaceous-Paleogene mass extinction. *Science*, **366** (6468), 977–983.

Maas, M. C. and Krause, D. W. 1994. Mammalian turnover and community structure in the Paleocene of North America. *Historical Biology*, **8**, 91–128.

Powell, J. L. 1998. *Night Comes to the Cretaceous*. W. H. Freeman and Company, New York, 250p.

Richards, M. A., Alvarez, W., Self, S., *et al.* 2015. Triggering of the largest Deccan eruptions by the Chicxulub impact. *Geological Society of America Bulletin*, published online on April 30, 2015. doi:10.1130/B31167.1

Robertson, D. S., McKenna, M. C., Toon, O. B., Hope, S., and Lillegraven, J. A. 2004. Survival in the first hours of the Cenozoic. *Geological Society of America Bulletin*, **116**, 760–768. doi: 10.1130/B25402.1

Ryder, G., Fastovsky, D. E., and Gartner, S. (eds.) 1996. *The Cretaceous-Tertiary Event and Other Catastrophes in Earth History*. Geological Society of America Special Paper no. 307, 569p.

Sharpton, V. L. and Ward, P. D. (eds.) 1990. *Global Catastrophes in Earth History: An Interdisciplinary Conference on Impacts, Volcanism, and Mass Mortality*. Geological Society of America Special Paper no. 247, 631p.

Schoene, B., Eddy, M. P., Samperton, K. M., *et al.* 2019. U-Pb constraints on pulsed eruption of the Deccan Traps across the end-Cretaceous mass extinction. *Science*, **363**, 862–866.

Schoene, B., Samperton, K. M., Eddy, M. P., *et al.* 2015. U-Pb geochronology of the Deccan Traps and relation to the end-Cretaceous mass extinction. *Science*, **347**, 182–184. doi: 10.1126/science.aaa0118

Silver, L. T. and Schultz, P. H. (eds.) 1982. *Geological Implications of Large Asteroid and Comets on Earth*. Geological Society of America Special Paper no. 190, 528p.

Sprain, C. J., Renne, P. R., Vanderkluysen, L., *et al.* 2019. The eruptive tempo of Decca volcanism in relation to the Cretaceous-Paleogene boundary. *Science*, **363**, 866–870.

Wilson, G. P., Clemens, W. A., Horner, J. R., and Hartman, J. H. (eds.) 2014. *Through the End of the Cretaceous in the Type Locality of the Hell Creek Formation in Montana and Adjacent Areas*. Geological Society of America Special Paper no. 503, 392p.

用　語　集

用語集の使い方　用語集の目的は，一般にあまり親しみのない言葉やイメージを明確にすることである．本書内に登場する重要用語，そしてほかにも恐竜の研究に関わりのある用語を以下に記した．その用語がどの章で登場したかが読者にわかるように配慮したつもりである．ただし場合によっては，その用語に含まれる概念について書かれている箇所を引用していることもある．また，図が引用されている場合も一部ある．ただし，全編を通じて何度も登場する用語については，特に引用箇所を示さない．（*pl.* は複数形，*adj.* は形容詞を示す．）

アデノシン三リン酸［adenosine triphosphate：ATP］　体内にエネルギーを貯蔵する目的で合成された分子．エネルギーは三つのリン酸結合部に蓄えられており，そのうちの一つが分解する際にエネルギーを放出する（ATP→ADP＋無機リン酸塩＋エネルギー）．（14 章）

アデノシン二リン酸［adenosine diphosphate：ADP］　細胞のエネルギー生産に関わる分子の一つ．ATP が分解されてエネルギーを放出するときに生成される．（14 章）

あぶみ骨［stapes, stapedial (*adj.*)］　中耳を構成する骨で，音の振動を鼓膜から脳函の側面にある孔へと伝え，脳の聴神経で振動を感知することができるようにする役割を果たす．（4 章）

アルヴァレスサウルス科［Alvarezsauridae, alvarezsaurid (*adj.*)］　獣脚類（Therapoda）恐竜のうち，例外的に頑丈な手根中手骨を備えたグループ．彼らの系統的な位置づけはいまだによくわかっていない．（7 章）

***r* 戦略**［*r*-strategy］　多産だが，親が仔の世話をしない生物の生存戦略．個体群成長の数学モデルにおける内的増加率を表す記号“*r*”に由来する．（9 章）

アロメトリー［allometry, allometric (*adj.*)］　相対成長ともいう．生物の体サイズが変わる際に，形も変わることをさす．たとえば，アリがボーイング 747 型機の大きさまで体サイズが大きくなった状態で体を支えようとする場合，体や頭，脚，そのほか体の各部位の相対的な大きさはまったく異なるものになるだろう．（13 章）

アンキロサウルス科［Ankylosauridae, ankylosaurid (*adj.*)］　ノドサウルス科（Nodosauridae）と並び，アンキロサウルス類（Ankylosauria）を構成する二つのクレードのうちの一つ．（10 章）

アンキロサウルス類［Ankylosauria, ankylosaur (*adj.*)］　鎧竜や曲竜とも称される．体が敷石状の皮骨で鎧のように覆われた，四足歩行性の装盾類（Thyreophora）鳥盤類．（10 章）

安定同位体［stable isotope］　自然崩壊しない同位体．（2 章，14 章）

アンモナイトの仲間［ammonites］　かつて栄えていたが，現在は絶滅してしまった殻をもった頭足類（Cephalopoda：現生のイカやタコの仲間）．なお，頭足類は軟体動物（Mollusca）の一群である（17 章）

維管束［vascular bundle］　英語の vascular は，生物体内で流体が流れる循環器系を構成する管構造をさす．維管束植物とよばれる一部の植物では，この構造が木部（xylen）と篩部（phloem）に分かれ，それぞれ水や栄養を運搬する．血管も参照．（15 章）

イクチオサウルス類［Ichthyosauria, ichthyosaur (*adj.*)］　魚竜類ともいう．中生代に棲息していた，イルカに似た外観の海棲爬虫類の仲間．（図 17･10 参照）

胃石［gastrolith］　胃の中から見つかる摩滅した石で，食物をすりつぶすために動物が飲み込んだもの．（1 章，6 章，10 章）

一次骨［primary bone］（軟骨内に）最初に形成される骨組織．（13 章）

一次生産量［primary production］　無機物と太陽光から合成される有機物の総量．（17 章）

一方向［unidirectional］“一方向流”と表現する場合は単一の方向へ流体が動くことをさす．（13 章）

遺伝子型［genotype］　生物がもつ全遺伝子構成のこと．（3 章）

イリジウム［iridium］　無毒性の白金属の金属元素．元素記号は Ir．地球の地殻においてはレアメタルである．（17 章）

イリジウム異常［iridium anomaly］　特定の層にイリジウムが濃集している状態．通常，地球の地殻ではイリジウム濃度が低い．そのため，高濃度のイリジウムがある地層は，異常であるとの考えに基づいてこの名がついた．（17 章）

烏口骨［coracoid, coracoideus (*adj.*)］　肩帯を構成する二つの骨格要素のうち，下方（かつ正中寄り）の要素．もう一方の骨格要素は肩甲骨である．（4 章）

烏口上筋［supracoracoideus muscle］　鳥の飛翔筋の一つで，翼の打ち上げ（リカバリー・ストローク）の際に働く．（8 章）

羽枝［barb］　羽毛の羽軸から分岐して伸びる構造．（8 章）

羽軸［shaft］　中空の筒状構造をした羽毛の主軸．（8 章）

羽板［vane］　羽弁ともいう．羽軸から両側に同一平面上に羽枝が広がる構造の羽毛．（8 章）

栄養循環［nutrient cycling］　本書で用いられている意味としては，栄養分が海洋の浅層から底層まで移動することをさす．（17 章）

栄養の代謝回転［nutrient turnover］　システムを通過する栄養素の循環を示す．骨の発育の場合，骨の成長に伴う代謝活動をさす．（17 章）

エコスペース［ecospace］　生態空間ともいう．生態系の中でのニッチ(生態的地位)のこと．エコスペースのカテゴリーとしては，たとえば肉食(carnivore)，植物食(herbivore)，腐肉食(scavenger)などがあげられる．さらにカテゴリー分けを細分化すると，植物食も草本食(grazing)や芽食(browsing)などがあり，肉食も餌のサイズによって大型と小型に分けることができる．(17章)

ADP⇨アデノシン二リン酸

ATP⇨アデノシン三リン酸

エナンティオルニス類［Enantiornithes, enanthiornithean (*adj.*)］ ツバメのような外観をもつ，中生代に繁栄した鳥翼類(Avialae)のなかの一グループ．(8章)

エボデボ［evo-devo (evolution development biology)］ 発生進化生物学．進化生物学と発生生物学を組合わせ，生物の新しい形質がどのように進化してきたかを理解するための学問分野．(16章)

遠位［distal］ 解剖学の方向用語で，動物の正中から離れた方向を示す．近位も参照．(7章)

エンドキャスト［endocast］ 生物の体の一部から得られたキャスト(凸型)．脳が収まっていたであろう脳函の内壁のモールド(凹型)から取られたキャストに対して用いられることが多い．こうして得られた脳のエンドキャストから，その動物の脳の概形を知ることができる．(11章)

大型植物相［macroflora, megaflora］ 大型の植物から認識される植物相．化石の場合，葉や茎，果実など，肉眼ではっきりと確認できる植物の化石で構成される植物相をさし，花粉化石から構成される化石群のように，顕微鏡なしでは同定ができない微化石相とは区別される．(17章)

外温動物［ectotherm］ 体の外部のエネルギー(熱)を用いて，体温(そして代謝率)を調節する生物．内温動物(endotherm)の対義語．(14章)

海水準［eustatic sea level］ 陸地に対する海面の高さ．海水準が上昇すると海進(transgression)が起こり，低下すると海退(regression)が起こる．(2章)

階層［hierarchy］ この"用語集"に配された用語のように，物や生物，カテゴリーなどを階層ごとに並べたもの．軍隊や僧侶の社会はともに，階層性がある構造の好例である．それぞれ，力関係や業績によって階層が決められている．そのほかの例としては，その価値によって階層が決められる金銭があげられる．(3章)

海退［regression］ 海水準が低下することによって海岸線が海側へ移動すること．(15章, 17章)

回復［recovery］ 絶滅後に生態系が十分な個体数を維持できるまでになるまでの過程．(Ⅳ部, 17章)

下顎［mandible, mandibular (*adj.*)］ 頭骨の上顎と対になって顎を構成する．(4章)

下顎孔［mandibular foramen］ 下顎の後部に開く孔．(Ⅲ部)

顎口類［Gnathostomata, gnathostome (*adj.*)］ 脊椎動物のうち，顎をもつ仲間．(4章)

角鞘［rhamphotheca］ 上下の吻先に発達した角質の覆いで，クチバシ(beak)ともよばれる．(8章)

角芯［horn core］ ウシやヒツジに代表される多くの動物がもつタイプのツノは，角芯とよばれる内部の骨質の部位，そしてそれを覆う層状ないし鞘状の角質(ケラチン質)から構成される．ケラトプス類(Ceratopsia)恐竜はこのようなタイプのツノをもつ．(11章)

風切羽［flight feather］ よく発達した非対称の羽板をもつ，長く伸びた羽毛．飛翔性の鳥によくみられる．(5章, 8章)

化石［fossil］ おおもとの語意としては，埋没したものはすべて"fossil"とよぶことができる．だが，一般には，生物の痕跡が地層中に埋没したものをさす．(1章)

化石化［fossilization］ 生物の痕跡が化石になる過程．(1章)

角脚類［Cerapoda, cerapod (*adj.*)］ ケラトプス類(Ceratopsia)，パキケファロサウルス類(Pachycephalosauria)，鳥脚類(Ornithopoda)を含む，鳥盤類恐竜の一グループ．(Ⅲ部)

下部側頭窓［lower temporal fenestra］ 頭骨側面の眼窩のすぐ後ろに開く孔のうち，下側の孔をさす．側頭窓も参照．(4章)

花粉・胞子植物相［palynoflora］ 胞子や花粉などで示される植物相．胞子化石や花粉化石から復元されたものを，花粉・胞子化石植物相とよぶこともある．(17章)

下方型姿勢［parasagittal posture］ 四肢を体の矢状面上で動かす姿勢で，手足は胴体の真下に置かれる．(4章, 14章)

眼窩［orbit, orbital (*adj.*)］ 頭骨にある眼球が入る孔．(4章)

眼瞼骨［palpebral］ 眼窩上部を横切るように置かれている棒状の骨．(Ⅲ部)

含気孔［pneumatic foramen］ 骨の内部の骨髄腔に通じる気嚢や洞．(7章～9章)

含気性［pneumatic (*adj.*)］ 骨の内部に気嚢や洞がある状態．この特徴をもつ骨を含気骨とよぶ．(8章)

関係性の仮説［hypothesis of relationship］ 生物間の系統的な関係の近さ・遠さに関する仮説．分岐図は系統仮説を反映したものである．(3章)

寛骨臼［acetabulum, acetabular (*adj.*)］ 腰帯を構成する骨(寛骨)に大腿骨が関節する箇所．(4章)

岩石［rock］ 鉱物の集合体．(1章)

関節突起［zygapophysis, zygapophyseal (*adj.*)］ 椎骨の神経弓の基部から前後に伸びる突起．(4章, 6章, 7章, 9章)

完全二足歩行性［obligate biped］ 後肢のみを用いて歩行・走行を行う四肢動物．(5章, 6章)

岩相層序学［lithostratigraphy］ あらゆる岩石の関係性を広く研究する学問分野．(2章)

紀［period］ 代(era)を数千万年間ほどの期間に細かく分かれた地質時代区分．(2章, 特に図2･4参照)

気管［trachea, windpipe］ 咽頭と肺をつなぐ管．(13章)

季節性［seasonality］ 明瞭に分けられる季節があること．(2章)

キネティック［kinetic］ 頭骨に関していえば，頭骨を構成する骨と骨の間の可動性のこと．逆に，動かない関節はアキネティック(akinetic, 無可動)と表現される．(12章)

基盤的［basal］ 分岐図の低い位置にあること．すなわち，

そのクレードの多くの仲間と比べて派生的ではない仲間をさす．(5章)

キャスト [cast]　雄型ともいう．モールド(雌型，凹型)を埋めた内型(凸型)．(1章)

嗅球 [olfactory bulb]　嗅覚を司る，脳の肥大した部位．(10章)

キュレーション [curation]　標本管理をすること．古生物学用語では，化石を博物館標本として収集，保存，登録することをさす．(1章)

胸筋 [pectoralis muscle]　鳥では，飛翔運動の打ち下ろし(パワー・ストローク)の際に用いられる筋．(8章)

胸骨 [sternum, sternal(*adj.*)]　胸部を構成する対になった骨．鳥では，左右の胸骨が癒合して，一つの骨になり，正中にキール状の竜骨突起が張り出す．(8章)

頬歯 [cheek tooth]　頬の内側に沿って並ぶ歯．哺乳類(Mammalia)では，前臼歯と臼歯がこれに相当する．(Ⅲ部)

凝集同位体 [clumped isotope]　凝集同位体はさまざまな炭酸塩鉱物(CO_3鉱物)が形成されたときの温度を知ることができる．炭酸塩分子中の酸素と炭素の安定同位体(それぞれ，^{18}Oと^{13}C)の存在量比を測定すると，その炭酸塩が形成された温度を見積もることができる．(14章)

共進化 [coevolution]　2種類の生物もしくはグループが互いに影響を及ぼし合いながら進化してきたとする考え．(15章)

胸部 [chest, thorax, thoracic(*adj.*)]　脊椎動物では，頸部と腹部の間の部位をさす．(4章)

強膜輪 [sclerotic ring]　頭蓋・眼窩の中で眼球を支える板状の骨．(図4･6参照, 12章)

恐竜型類 [Dinosauriformes, dinosauriform(*adj.*)]　恐竜形類(Dinosauromorpha)のうち，ラゲルペトン(*Lagerpeton*)よりも恐竜類(Dinosauria)に近縁な動物のグループ．恐竜類に最も近縁な外群であるマラスクス(*Marasuchus*)やシレサウルス科(Silesauridae)，そして恐竜類などが含まれる．(5章)

恐竜類 [Dinosauria, dinosaur(*adj.*)]　鳥頸類(Ornithodira)のなかの主竜類(Archosauria)に含まれるクレードの一つ．

距骨 [astragalus, astragalar(*adj.*)]　踵骨とともに，四肢動物(Tetrapoda)の踵を構成する二つの骨のうちの一つ．(4章, 5章)

距骨の上行突起 [ascending process of the astragalus]　距骨の一部が，下腿の脛骨(tibia)と腓骨(fibula)の遠位に平たく張りつき，上(近位)方向に楔状に飛び出した部位．獣脚類の共有派生形質．(7章)

魚食性 [piscivorous]　魚介類をおもに食べる食性(*pisces* 魚，*vorous* 食性)．(6章)

巨体恒温性 [gigantothermy] 少し特殊な恒温性(mass homeothermy)で，巨大な体サイズと低い代謝率をもちながら，末梢の器官までの循環によって体温を調節する方法．(14章)

近位 [proximal]　解剖学的には，体の中央部により近い方向を示す．対義語として，“遠位(distal)”も参照．

クチバシ [beak, bill, rhamphotheca]　角質化した構造が顎の先端を覆ったもの．(6章, 7章, Ⅲ部, 10章～12章)

掘削性 [fossorial]　穴を掘る能力．穴を掘り，地中圏におもに棲息する動物は地中棲(subterranean)とよばれる．(12章)

グリコーゲン [glycogen]　グルコースからなる高分子(多糖)で，生体のエネルギー源として用いられる．(10章)

クルロターサス類 [Crurotarsi, crurotarsan(*adj.*)]　踵の形態に特徴をもつ主竜類(Archosauria)を構成するクレードの一つで，ワニとその近縁な仲間を含む．(4章)

クレード [clade]　その他のすべての生物よりも，そのグループ内の生物が互いに近縁な関係にあるグループ．単系統群(monophyletic group)や自然群(natural group)と同義．系統分類学においてクレードは，表徴形質によってではなく，生物間の関係性，すなわち，対象とするグループの樹形の両端(いわゆるクラウン)を特定し，その二つの端の共通祖先として進化グループを定義する．あるクレードに属するすべての生物の最も新しい共通祖先は、クレードの最も基盤的な生物である．たとえば，ハドロサウルス科(Hadrosauridae)を定義する場合は，(1)分岐図(図12･21)に示した表徴形質によっても定義できるが，(2)クラウングループであるテルマトサウルス(*Telmatosaurus*)とランベオサウルス(*Lambeosaurus*)の直近の共通祖先と，それ以降のすべての子孫として定義することができる．これらの定義では，すべてのハドロサウルス科が含まれるが，それ以外の生物は含まれない．たとえ祖先種がどういうものかがわからなくても，分岐図を使うことで，どの化石でも，それがハドロサウルス科に属するか否かを決めることができる．

群居性 [gregarious]　高度な社会性をもつ動物．多くの場合，群れで移動する．(1章, 10章)

脛骨 [tibia, tibial(*adj.*)]　四肢動物の後肢の下腿にある二つの骨のうちの一つ．もう一方の骨は腓骨(fibula)である．(4章)

形質 [character]　その生物に特徴的な形態．(3章)

形態学 [morphology]　生物の形態を扱う学問分野．(3章)

系統 [phylogeny]　生物間でたどることができる進化的なつながりのこと．(3章)

系統関係 [systematic relationship, phylogenetic relationship]　二つの生物種間の系統的な近さ．すなわち，それらの最も新しい共通祖先までの遺伝学的な近さのこと．(3章)

系統分類学 [phylogenetic systematics]　系統樹における共有派生形質の階層的な分布を示す複数の樹形(すなわち分岐図，もしくは系統樹)のなかから，最節約原理に基づいて生物の系統関係を選び出す学問．(3章)

啓蒙思想 [enlightenment]　論理，理性，観察を最重要視して自然科学を理解しようとする思想．17世紀から18世紀にかけて西洋で起こった政治的，社会的，哲学的な運動によってこの思想が広がっていった．(16章)

***K*戦略** [*K*-strategy]　少ない数の仔を産み，親が仔を保護するタイプの進化的戦略．*K*は環境収容力(そこに継続でき

る生物の最大量：carrying capacity of the environments)を表し，定数を意味するドイツ語“Konstante”に由来する．(9章)

血管［vascular/vessel］ 動物の循環器系を構成する管構造．血管(blood vessels)やリンパ管(lymphatic vessels)がこれに該当する．維管束も参照．(3章)

血道弓［chevron, hemal arch］ 血道弓は脊柱の腹側で尾動脈と尾静脈をV字にまたがり，腹側(すなわち，神経弓と反対の方向)へ伸びる突起状の骨．(4章)

ゲナサウルス類［Genasauria, genasaur(*adj.*)］ 頬竜類ともいう．装盾類(Thyreophora)と角脚類(Cerapoda)を含む，頬を備えた鳥盤類(Ornithischia)の一グループ．(Ⅲ部)

ケラチン質［keratin］ 角質．ツメやツノ，羽毛，毛などのもととなるタンパク質．(Ⅲ部)

ケラトプス類［Ceratopsia, ceratopsian(*adj.*)］ 角竜ともいう．アジアと北米に棲息していたクチバシをもった恐竜の一グループ．パキケファロサウルス類(Pachycephalosauria)とともに，周飾頭類(Marginocephalia)を構成する．(11章)

嫌気代謝［anaerobic metabolism］ 酸素を消費せずにエネルギーを合成する反応経路．(14章)

肩甲骨［scapula, scapulae(*pl.*), scapular(*adj.*)］ 肩帯を構成する二つの骨格要素のうち，上方の要素．烏口骨とともに肩関節をつくる．(4章，特に図4•5参照，10章)

原始的［primitive］ 系統学では，形質がグループを特徴づけないことを表す．その意味で，基盤的(basal)や“グループを特徴づけない形質(non-diagnositc)”と同義に用いられる．祖先的(ancestral)も参照．(3章)

検証可能［testable］ 科学的な仮説は，検証できることを大前提としており，論理的に検討され，時には反証によって否定されることもある．検証可能な仮説の例としては，“すべての哺乳類は毛皮をもつ”というものがある．検証はすべての哺乳類を調べ，毛皮をもつかどうかを判断することで行われる．たとえば，毛皮ではなく，羽毛をもった哺乳類が見つかれば，この仮説は棄却される．検証ができない仮説は，科学とはいえない．(Ⅰ部，3章)

検証可能な仮説［testable hypothesis］ 予測を伴う仮説で，自然界での観察によって，仮説の妥当性を確認することができるものをさす．(3章)

現世［Recent］ 現在の時代をさすが，完新世(Holocene)，すなわち1万1700年前以降の時代と同義に扱われることが多い．(2章，15章)

現生種による系統的包囲法［extant phylogenetic bracketing］ 絶滅種を系統的に挟み込む現生種の特徴から，その絶滅種の解剖学的特徴を類推する手法．広く普及した和訳がないため，英語で覚えることを推奨する．(Box 6・1)

顕生(累)代［Phanerozoic］ 5億3880万年前から現在までの期間を表す地質時代区分で，地球史の中で最も新しい累代(eon)．これは地球史の中で有殻生物が存在した期間でもある．(2章)

現世の引上げ効果［pull of the Recent］ 現世に近づけば近づくほど，化石の生物相がより詳しく知られるようになること．(15章)

肩帯［pectoral girdle, shoulder girdle］ 肩の骨．前肢の基部となる．(4章)

肩峰突起［acromion process, acrominal process］ 肩甲骨の前縁にある，広い板状の突縁部．(10章)

恒温動物［homeotherm］ 深部体温を一定に保つことができる生物のこと．(14章)

口蓋［palate, palatal(*adj.*)］ 頭骨の一部で，呼吸のために用いる鼻腔(nasal cavity)と，摂食のために用いる口腔(oral cavity)を仕切っている．通常，対になった一連の骨によって補強されている．(4章)

好気代謝［aerobic metabolism］ クエン酸回路を通じて複雑な酸化工程を踏む代謝システム．(付録14•1)

広脚類［Eurypoda, eurypod(*adj.*)］ ステゴサウルス類(Stegosauria)とアンキロサウルス類(Ankylosauria)から構成される鳥盤類恐竜に含まれるクレードの一つ．(10章)

光合成［photosynthesis］ 生物が太陽光からエネルギーを得て，栄養源として高分子を生成する過程のこと．(17章)

後向恥骨［opisthopubic］ 少なくとも恥骨(pubis)の一部が後方に傾き，坐骨(ischium)に寄り添うように平行に伸長すること．(Ⅲ部)

咬合部［occlusion, occlusal(*adj.*)］ 上下の歯が接する箇所．この部位があることではじめて咀嚼が可能になる．上下の歯が互いに咬合することを英語でocclude という．(Ⅲ部)

硬骨魚類［Osteichthyes, osteichthyan(*adj.*)］ 顎口類(Gnathostomata)のうち，条鰭類(Actinopterygii)および肉鰭類(Sarcopterygii)を含む硬骨をもった魚のグループ．(4章)

鉤状突起［coronoid process］ 下顎の後方から背側に伸びる骨性の突起で，顎を閉じる筋の付着部位となる．(Ⅲ部)

項靱帯［nuchal ligament］ 頭部の後面から後部頸椎まで頸部背側を通って走る，強い弾性をもった靱帯．竜脚類(Sauropoda)では，これが頭部を支える役割を果たしたのではないかと考えられる．(9章)

洪水玄武岩［flood basalt］ 地殻の割れ目から突発的に吹き出した膨大な量の非ケイ質溶岩．(17章)

行跡［trackway］ 歩行跡ともいう．足印(footprint)が連続して残されたもので，動物が歩いた際に残されたひと続きの足跡．(1章)

硬組織［hard tissue］ 古生物学用語では，骨や歯，クチバシ，ツメなど，体のあらゆる硬組織を表す．硬組織は軟組織と比べて化石に残されやすい．(1章)

後頭顆［occipital condyle］ 頭骨の後部にあるコブ状の骨格部位で，脊柱と関節する場所となる．(4章，11章)

後頭部［occiput, occipital(*adj.*)］ 頭骨の後部．(11章)

後鼻孔［choana, choanae(*pl.*)］ 口腔の口蓋骨(palate)の縁辺から鼻孔へと通じる1対の孔．(4章)

鉱物化［permineralization］ 化石骨の中の空隙が鉱物で充填されていく地質学的プロセス．(1章)

コエルロサウルス類［Coelurosauria, coelurosaur(*adj.*)］ コ

エルルス竜類ともいう．スズメ属(*Passer*)とティラノサウルス上科(Tyrannosauroidea)の直近の共通祖先と，そのすべての子孫として定義される獣脚類の中のクレード．(7章)

コエロフィシス上科［Coelophysoidea, coelophysoid(*adj.*)］獣脚類(Theropoda)のなかで，コエロフィシス(*Coelophysis*)やその近縁種を含むクレード．(6章)

古環境［paleoenvironment］地質時代の環境．(1章)

古気候［paleoclimate］地質時代の気候．(2章)

呼吸鼻甲介［respiratory turbinate］現生の内温性脊椎動物の鼻腔内にみられる，らせん状もしくは複雑にたたみ込まれた薄い骨の板．(14章)

古植物学［paleobotany］地質時代の植物について研究する学問．古植物の研究者は古植物学者(paleobotanist)とよばれる．(15章)

ゴーストリネージ［ghost lineage］存在していたことはわかっていても，化石がまだ発見されていない生物の系統．(15章)

古生代［Paleozoic］5億3880万年前から2億5190万年前を表す時代区分(代)．(2章)

古生物学［paleontology］地質時代の生物について研究する学問．人類について研究する人類学(anthropology)や，文明史について研究する考古学(archaeology)とは区別される．古生物学を研究する者は古生物学者(paleontologist)とよばれる．(1章)

個体発生［ontogeny, ontogenetic(*adj.*)］オントジェニーともいう．生物の個体が発生・成長すること．生物の個体の胚から成体までの成長の過程．(11章)

骨化［ossify］軟組織(通常は軟骨)が骨に変わること．(10章)

骨格［skeleton, skeletal(*adj.*)］生物の体を支持するすべての部位．脊椎動物の体は内骨格性であり，骨格の一部は鉱物(水酸化リン酸カルシウム，別名ヒドロキシアパタイト)が沈着することで硬くなることもある．そのような組織は骨(bone)とよばれる．(4章)

骨化した腱［ossified tendon］通常はコラーゲンでできた腱の中に水酸化リン酸カルシウムが沈着して骨になったもの．(12章)

骨組織学［bone histology］骨の組織を研究する分野．(14章)

鼓膜［tympanic membrane, eardrum］内耳と外耳の境界に張られた膜状構造．音の振動を耳小骨に伝える．(4章)

固有［endemic(*adj.*)］ある生物種もしくは動物相が特定の地域だけに棲息する場合，それらの動物は固有種とよばれる．固有な種がいることを固有性(endemism)という．(15章)

“古竜脚類”［prosauropods］後期三畳紀と前期ジュラ紀に棲息した竜盤類(Saurischia)恐竜．史上初めて，高い樹木の芽を栄養源とすることに成功した植物食動物．かつては竜脚類(Sauropoda)の姉妹群だと考えられていたが，現在では竜脚類よりも基盤的な竜脚形類(Sauropodomorpha)の中の側系統群だと考えられている．(9章，特に図9•2参照)

ゴンドワナ超大陸［Gondwana］現在のオーストラリア大陸，アフリカ大陸，南米大陸，南極大陸からなる，パンゲア超大陸が南北に分裂したうちの南側の超大陸．(2章)

災害イベント後の生物相［disaster biota］環境や生態系が破壊されたすぐ後に地表に分布を広げる生物群．この生物相は体サイズが小さく，高頻度で種分化し，日和見的な生活戦略を備えている傾向が強い．(17章)

再構築［remodeling］リモデリングともいう．骨組織において，一次骨を再吸収や溶解して，代わりに二次骨を沈着させること．(13章)

最小個体数［minimum numbers of individuals］ある地域に棲息する生物の個体数を見積もる計算方法の一つ．たとえば，数ある骨のなかで2本の左大腿骨が見つかったとしたら，そこに少なくとも2個体以上が存在したことがわかる．しかし，たとえ獣脚類恐竜の歯を6本見つけたとしても，それが1個体に由来するものなのか，それとも最大で6個体に由来するものなのかを判断することはできない．このとき，これら6本の歯に基づく最小個体数は1(個体)となる．(17章)

最小分岐時間［minimal divergence time：MDT］二つの子孫種とその共通祖先の棲息時代の最小期間のこと．この期間は分岐図と化石の産出時代によって計算される．(15章)

最節約法［parsimony］考えられるすべての事象を説明するときに，より複雑な解釈よりも，最も単純な解釈を最適なものとして採用するという方法．(3章)

細胞呼吸［cellular respiration］一連の酸化反応によって炭水化物を分解する細胞内での反応．(14章)

鎖骨［clavicle, ischia(*pl.*), clavicular(*adj.*)］胸骨の前端と肩甲骨をつなぐ骨．(4章)

叉骨［furcula, furcular(*adj.*)］左右の鎖骨が癒合したもの．鳥やほとんどの“非鳥類獣脚類”でみられ，“ウィッシュボーン”ともよばれる．(7章，8章)

坐骨［ischium, ischial(*adj.*)］骨盤を構成する三つの骨のうち，最後部に位置する骨．(4章)

査読［peer-review］学術論文を発表する過程の一つで，その分野の研究の専門家(すなわち，peer)によって投稿された原稿を批判的な目で通読してもらい，その研究が出版に値するかどうかを判断してもらうこと．(I部)

砂嚢［gizzard］胃液の分泌腺のすぐ前方にある筋性の袋状器官．(6章)

酸化［oxidation］物質が酸素と化合する反応．広義には物質中の水素または電子が奪われる反応のこと．(14章)

三角胸筋稜［deltopectoral crest］上腕骨の近位にある大きな突起．三角筋のほか，鳥では飛翔の際に翼を力強く打ち下ろすのに用いられる胸筋が付着する．(8章)

三骨間孔［triosseal foramen］鳥の烏口骨，叉骨，肩甲骨の三つの骨の間に開いた孔で，翼の打ち上げ(リカバリー・ストローク)に用いられる上烏口筋の腱がその孔を通って上腕骨に停止する．(8章)

産(出)地［locality］古生物学用語では，化石を産する場所や土地．(1章)

三畳紀［Triassic］2億5190万年前から2億140万年前ま

での地質時代(紀). (2章)

ジェネラリスト［generalist］ 日和見主義ともいう. 生態学用語では, 生態が特殊化していない動物をさす. このような動物は, 基本的に何でも食べて生き延びることができる. 少なくとも食性に関していえばヒトはジェネラリストといえる. ヒョウのような肉食の動物は, 特殊化した動物という意味でスペシャリスト(specialist)とみなされる. (17章)

歯隙［diastem, deastemata(*pl.*)］ 吻端と頬歯の間の隙間をさす. (Ⅲ部)

趾行性(指行性)［digitigrade］ 動物が立っている際に, 足の踵(あるいは手首)が地面から遠く離れ, 体重を趾(指)のところで支えるような足の姿勢をさす. 蹠行性(せきこうせい)(plantigrade)とは異なる. (6章, 9章)

指骨, 趾骨［phalanx, phalanges(*pl.*), phalangeal(*adj.*)］ 手足の指(趾)を構成し, 指(趾)の可動性をもたらす小さな骨. (4章)

四肢動物［Tetrapoda, tetrapod(*adj.*)］ 脊椎動物のなかの単系統群の一つで, 四肢を備えた仲間. (4章)

自然選択［natural selection］ 自然淘汰ともいう. 生物の個体群内のある特定のメンバーが, より効果的に遺伝子を後の世代へ残すことによって生じる進化のプロセス. (3章, 11章)

肢帯［girdle］ 体幹を部分的に取巻く, 四肢の基部. (4章)

CTスキャン［X-ray computed tomography scanning］ おもに医療分野で活躍するスキャン技術で, 回転軸の周りにX線を透過させて二次元の内部構造を可視化する手法. この技術は完全なクリーニング処理がなされていない化石の内部構造を見るのにも非常に有効である. (6章, 11章, 14章)

指標［proxy］ 科学の世界では, ある値から他の何かについての情報を推測できる場合, その値を指標とよぶ. たとえば, 血圧は心臓病の有無の指標となりうる. (14章)

尺骨［ulna, ulnae(*pl.*), ulnar(*adj.*)］ 前腕を構成する2本の骨のうちの一つ. もう一方の骨は橈骨(radius). (4章)

獣脚類［Theropoda, theropod(*adj.*)］ 非常に多様なクレードで, 二足歩行性のおもに肉食の竜盤類(Saurischia)恐竜. (6章～8章)

獣弓類［Therapsida, therapsid(*adj.*)］ 単弓類(Synapsida)に含まれるクレードの一つで, 哺乳類(Mammalia)とそれに近縁な仲間, およびそれらすべての子孫を含む. (13章, 15章)

周飾頭類［Marginocephalia, marginocephalian(*adj.*)］ 恐竜類(Dinosauria)に含まれるクレードの一つで, パキケファロサウルス類 (Pachycephalosauria)とケラトプス類(Ceratopsia)の最も新しい共通祖先およびそのすべての子孫で構成される. (11章)

収斂［convergent］ 解剖学用語では, 二つの系統で独立に同じような構造や特徴が獲得されることをさす. 収斂進化の好例として, クジラや高速遊泳する魚, イクチオサウルス類(Ichthyosauria)にみられる流線型の体型が知られる. (7章)

種間変異［interspecific variation］ 異なる生物種の間の形態の違い. (11章)

手根骨［carpus, carpal(*adj.*)］ 手首の骨. (4章)

手根中手骨［carpometacarpus, carpometacarpal(*adj.*)］ すべての新鳥類(Neornithes)および多くの絶滅した鳥に特異的な構造で, 手首と手の甲の骨が癒合したもの. (8章)

種子［seed］ 種子植物の配偶子と養分を含む容器. 通常, 種子は殻で保護されている. (15章)

樹上性起源説［arboreal hypothesis］ 鳥が樹上から跳び降りることで飛翔能力を進化させたとする考え方. arborealとは, 樹上生活に適応した性質を示す. (8章)

種特異性［species-specific］ ある形質が特定の種に特異的であること(ただし, これが種の表徴形質になるとは限らない). (10章)

種内変異［intraspecific variation］ 性的二型や成長に伴う変異など, 同一種の生物間の形態の違い. (10章, 11章)

種分化［speciate］ 進化の過程で新しい種が生まれること. 多様化. (17章)

ジュラ紀［Jurassic］ 2億140万年前から1億4500万年前の期間を表す時代区分(紀). (2章)

主竜形類［Archosauromorpha, archosauromorph(*adj.*)］ リンコサウルス類(Rhynchosauria)と主竜類(Archosauria)の共通祖先と, そのすべての子孫で構成されるクレード(4章)

主竜類［Archosauria, archosaur(*adj.*)］ 主竜形類(Archosauromorpha)のなかのクレードの一つ. 現生の主竜類には, 鳥とワニが含まれる. (4章, 5章)

小羽枝［barbule］ 羽枝からさらに分岐した構造で, そこに形成されたフックや溝をかみ合わせることで, 隣接する羽枝を互いにつなぎとめる役割をする. (8章)

衝撃石英［shocked quartz］ 高圧下にさらされ, 結晶格子がつぶれて変形した石英. このような変形の仕方は, 正式には衝撃変性(impact metamorphism)とよばれる. (17章)

踵骨［calcaneum, calcaneal(*adj.*)］ 距骨とともに, 四肢動物(Tetrapoda)の足根関節(踵関節)を構成する二つの骨のうちの一つ. (4章)

衝突によって生じた噴出物［impact ejecta］ 隕石が衝突した際に空中に飛ばされた飛散物. (17章)

衝突の冬［impact winter］ 隕石衝突後に空中に巻き上げられた噴出物によって日光が遮られることによって, 一時的に気候が寒冷化したとする仮説. クラカタウ火山(インドネシア)のように, 大規模な噴火活動が気候への影響を及ぼすことが知られており, この仮説はこれらの知見をもとにしている. (17章)

上部側頭窓［upper temporal fenestra］ 頭蓋天井で下部側頭窓の上側に開く孔. 下部側頭窓, 側頭窓も参照. (4章)

小惑星［asteroid］ 太陽系内の木星軌道よりも内側にある, 惑星や準惑星, およびそれらの衛星よりも小さな天体. 地球に落ちてくるものもある. (16章, 17章)

上腕骨［humerus, humeral(*adj.*)］ 肩から肘にかけて(上腕)の骨. (4章, 特に図4・5参照)

人為的要因(アーティファクト)［artifact］ 科学の世界でのアーティファクトとは，人為的要因によって誤った結論に至ってしまうことをさす．これは，おそらく，ある学術的問いに答えるために適用された手法の何らかの側面として結果的に生じるものだろう．たとえば，サンプルがヒトの男性だけだった場合において，ヒトのY染色体を調べ，すべてのヒトがY染色体をもつという結論に至る場合がこれにあたる．(15章)

進化［evolution］ 生物学用語では，系統をたどるとともに形態が変化することを表す．(3章)

進化の樹［evolutionary tree］ 時間軸とともに生物の進化を示した"生命の樹(tree of life)"のことで，どの生物からどの生物が進化してきたかを示したもの．生命の樹は検証ができないため，科学的な仮説とはいえない．(3章)

神経弓［neural arch］ 脊髄(spinal cord)をまたぐように覆う骨格部位．通常，正中で癒合し，背側に1本の突起が伸びる．(4章,特に図4•5参照,10章)

新ケラトサウルス類［Neoceratosauria, neoceratosaur(*adj.*)］ コエロフィシス(*Coelophysis*)やケラトサウルス(*Ceratosaurus*)，そしてそれらの近縁種を含む獣脚類に含まれるクレードの一つ．(6章)

新獣脚類［Neotheropoda, neotheropod(*adj.*)］ 獣脚類(Theropoda)のなかで，スズメ属(*Passer*)とコエロフィシス(*Coelophysis*)の直近の共通祖先と，そのすべての子孫で構成されるグループとして定義される．(7章)

新生代［Cenozoic］ 6600万年前から現世まで続く代(地質時代の区分の一つ)．(2章,15章)

新鳥盤類［Neornithisicha, neornithischian(*adj.*)］ ゲナサウルス類(Genasauria)のうち，アギリサウルス(*Agilisaurus*)と鳥脚類(Ornithopoda)の直近の共通祖先と，そのすべての子孫で構成されるグループとして定義される．(Ⅲ部,12章)

新鳥類［Neornithes, neornithean(*adj.*)］ 本書では"現代型の鳥(modern birds)"とも表記している．歯の喪失など，数多くの形質で特徴づけられる．(8章)

ステゴサウルス類［Stegosauria, stegosaur(*adj.*)］ 剣竜ともいう．装盾類(Thyreophora)鳥盤類のうち，背部の正中線に沿って板状の皮骨などをもっている仲間．(10章)

世［epoch］ "紀(period)"よりも短いが，"期(age)"よりは長い，地質学的時代区分の単位．世の期間はそれぞれ異なるが，いずれの世もおよそ数千万年間ほどである．中生代においては，"後期三畳紀"や"前期白亜紀"のような区分がこれに該当する．(2章)

正羽［contour feather］ 一般に体を覆っている羽状の羽毛．(5章)

生痕化石［ichnofossil, trace fossil］ 堆積物中に残された生物の印象痕，掘削痕，行跡といった生命活動によって基質が変形した痕．(1章)

生産量［productivity］ 生態系の中で生物活動によって生産された有機物の量．

性選択［sexual selection］ 性淘汰ともいう．種内のすべての個体にではなく，特定の性別の個体にかかる選択．(6章,11章)

生層序学［biostratigraphy］ 異なった生物群集間の時代的な関係についての研究分野．(2章)

生存率［survivorship］ 絶滅の際の生物の生存パターン．(17章)

生態的多様性［ecological diversity］ 食性やロコモーション(移動運動)様式など，特定の生活様式で計る生態系の構成のこと．単純な例では，生態系を構成する動物を植物食，肉食，雑食に分割することがあげられる．(17章)

成長曲線［growth trajectory］ 生物が成長する過程で通過する成長段階の順序のこと．ヒトでいえば，乳児期→幼児期→少年期→青年期→壮年期→中年期→高齢期といった具合だ．(13章)

成長停止線［lines of arrested growth：LAG］ 骨の断面にみられる縞模様で，骨の成長の過程で一時的に成長が停止した時期を示す．(13章)

性的二型［sexual dimorphism］ 雌雄間の体サイズ，形態，行動の違い．(6章,10章)

生物学的古生物学［paleobiology］ パレオバイオロジーともいう．1970年代に起こった古生物学の一分野で，化石動物の生物学的側面を追求する学問．(13章,16章)

生物群集［assemblage］ 特定の時代，特定の地域に存在する生物の集合のこと．化石の標本資料は太古の生物群集を完全に反映しているかどうかわからない状態だが，見つかっている化石資料の集まりをさすときに用いる．(2章,14章)

生物圏［biosphere］ 地球全体を覆う球状の領域で，すべての生物が存在する空間．生物圏は大気圏から地殻内部まで広がる．(Ⅰ部)

生物進化［biotic evolution, organismic evolution］ 時間の経過に伴う生物の変化のこと．1859年にCharles Darwinが発想し，それ以来研究されてきた．(3章)

生物相［biota］ 特定の時代・地域・環境に存在するすべての生物のこと．(3章)

生物地理［biogeography］ その時代の地理空間における生物の分布のこと，および，それに関する学問(生物地理学)．(11章)

生物量［biomass］ 研究対象となる生物の集団や群集全体の総質量．(14章)

蹠行性［plantigrade］ 足の底(中足骨の裏側の組織)を地面につける姿勢．趾行性(指行性,digitigrade)とは異なる姿勢．掌を地面につける姿勢は，palmigradeとよぶ．(8章)

脊索［notochord］ もともと，すべての脊索動物(Chordata)が備えていた，背部を長軸方向に貫通する棒状の細胞の集合．脊柱の前駆体ではないかと考えられている．(4章)

脊椎動物［Vertebrata, vertebrate(*adj.*)］ 脊椎をもつすべての動物を含むグループ．(4章)

石灰質ナンノ化石［calcareous nanofossil］ 非常に小さい浮

遊性(プランクトン)生物の殻が化石化したもの．(17章)

舌骨［hyoideum, hyoid(*adj.*)］ 咽頭部にある対になった細長い骨．舌を支持する役割をもつ．(10章)

浅海［epicontinental sea, epeiric sea］ 陸棚域など，大陸地殻の一部ないしすべてを覆う浅い海のこと．たとえば，北海(North Sea)は，その領域の多くがユーラシア大陸地殻の上にある広域な浅海域である．(2章)

前眼窩窓［antorbital fenestra］ 頭骨側面で，眼球が収まる眼窩(orbit)の前方(ant-)にある孔(fenestra)．この孔は，主竜類(Archosauria)を特徴づける形質である．(4章)

前歯骨［predentale, predentary(*adj.*)］ すべての鳥盤類(Ornithischia)がもつ，下顎の前端を覆う骨．(Ⅲ部)

前恥骨突起［prepubic process］ 前方へ張り出した恥骨の突縁部．(5章, 10章, 12章)

仙椎［sacrum, sacral(*adj.*)］ 脊柱のうち，骨盤が関節する部位．(4章)

前方［anterior(*adj.*)］ 動物の体の方向用語の一つで，体の前方をさす．多くの動物では，前方は頭がある方向に相当するが，頭がある方向は頭側(cranial)といい，通常姿勢で生物の頭部が向く方向として定義される前方(anterior)とは区別される．多くの動物では，cranialとanteriorは同じ方向をさすが，ヒトの場合は頭の向きが多くの動物と異なるため，腹側(ventral)が前方(anterior)となる．(4章)

双弓類［Diapsida, diapsid(*adj.*)］ 羊膜類(Amniota)に含まれる大きなクレードの一つで，鱗竜形類(Lepidosauromorpha)と主竜類(Archosauria)，そしてそれらのすべての子孫を含む．(4章)

走行性［cursorial(*adj.*)］ 走行に適応した性質をさす．(6章, 8章)

走行性起源説［cursorial hypothesis］ 鳥が地上を走り回ることで飛翔能力を進化させたとする考え方．(10章)

相似器官［analog, analogous(*adj.*)］ 解剖学用語では，似たような外見や機能を備えているが，異なった由来をもつ器官をさす．(3章)

装盾類［Thyreophora, thyreophoran(*adj.*)］ 鎧をまとった鳥盤類(Ornithischia)恐竜で，ステゴサウルス類(Stegosauria)とアンキロサウルス類(Ankylosauria)，そしてそれらに近縁な仲間を含む．(10章)

層序学［stratigraphy］ 地層間およびその中に含まれる化石についての関係性について研究する学問分野．(2章)

"槽歯類"［thecodonts］ かつては槽歯類(Thecodontia)という，クロコディルス類(Crocodylia, ワニの仲間)仲間や翼竜類(Pterosauria)，恐竜類(Dinosauria)，鳥類(Aves)を含むグループとして用いられていたが，現在では側系統群であることがわかっている．(5章, 8章, 16章)

早成［precocial］ ふ化後，相対的に早い段階で親と同じように運動が可能な動物．(9章)

相対年代決定［relative dating］ 現在からの絶対的な時間を示すものではなく，他の地層や生物相との相対的な時代を示す，地質学的な年代決定法の一つ．(2章)

相同［homologous(*adj.*)］ 2種類の動物がそれぞれもつ形質が，共通祖先の単一の構造に起源をたどれるとき，それらの形質は相同であるといえる．(3章)

双方向［bidirectional］ 二つの方向に分かれて動くこと．反対方向になる場合が多い．(13章)

属［genus, genera(*pl.*)］ リンネ式分類法にのっとった2番目に小さい分け方．属の中に，リンネ式分類法の最小単位である種(species)が一つ以上含まれる．(3章)

足印［footprint］ 脊椎動物が地面に残した手足の痕跡が生痕化石として残ったもの．足印は手足の単体の痕跡だが，これが連続して残されたものが行跡とよばれる．(1章)

側腔［pleurocoel(*adj.*)］ 椎骨において，側面の凹みから骨の内部に広がる空洞をもつこと．(7章)

側頭窓［temporal fenestra, temporal fenestrae(*pl.*)］ 頭骨の側頭部に開いた窓．(4章)

側頭部［temporale, temporal(*adj.*)］ 頭骨の脳函部の外側の部位をさす．

側方型姿勢［sprawling stance］ 這い歩き型姿勢ともいう．下方型の姿勢とは異なり，肘や膝を体幹の側方に張り出して歩く姿勢．(4章, 11章)

組織学［histology］ 生物の組織について研究する学問分野．

祖先的［ancestral(*adj.*)］ 進化学の世界では，祖先的な生物や形質のことをさす．(3章)

足根骨［tarsus, tarsal(*adj.*)］ 踵の骨．(4章)

足根中足骨［tarsometatarsus, tarsometatarsal(*adj.*)］ 跗蹠骨(ふせきこつ)ともいう．踵の骨の一部と3本の中足骨が互いに癒合した骨に対する名称．(8章)

ソテツの仲間［Cycadophyta, cycadophyte(*adj.*)］ 裸子植物のうち球根状で肉厚なタイプの植物．(15章)

代［era］ 複数の紀(period)から構成される，地質学的時代区分の大きな単位(数億年間)．(2章)

体温調節［thermoregulation］ 体の代謝による熱や，体外の熱源を利用して体温を調節すること．前者の戦略を多く利用する動物は恒温動物，後者の戦略を多く利用する動物は変温動物とそれぞれよばれる．(10章)

退化［vestigial］ ある生物の祖先に存在する器官が，子孫にも残っているものの，非常に縮小し，機能しない状態になっているもの．有名な例として，現生のクジラの体内に残っている痕跡的な骨盤と小さな大腿骨があげられる．これは陸上四足歩行をしていた祖先がもっていた後肢の名残りだと考えられている．(6章)

体化石［body fossil］ 生物の体の一部が地層中に埋没し，化石化して見つかるタイプの化石．生痕化石とは異なる．(1章)

大後頭孔［foramen magnum］ 脳函の基部に開いている孔で，そこを脊髄が通り，脳へと連絡する．(4章, 11章)

代謝［metabolism］ 生体内の物理反応や化学反応の総和．(14章)

体重(質量)［body mass］ 動物の体の質量で，動かしにくさを示す物体固有の量．単位はkg．日本語でbody mass

とbody weightを区別する適切な用語がないため，本書では丸括弧で違いを示した．

体重(重量)［body weight］　動物の体の重量(重さ)，すなわち，体に働く重力の大きさ．単位はNもしくはkgf.

堆積学［sedimentology］　堆積岩とその形成過程に関する学問. 堆積学を専門とする研究者を堆積学者(sedimentologist)という．(1章)

堆積岩［sedimentary rock］　堆積物が固められて岩石になったもの．(1章)

大腿骨［femur, femoral (*adj.*)］　後肢の上腿の骨．(4章)

大腿骨滑車溝［patellar groove］　大腿骨(femur)遠位端にある溝で，膝蓋骨(patella)がその上を滑らかに動く．(8章)

大陸移動［continental drift］　地球史の中での大陸の移動．(2章)

大量絶滅［mass extinction］　汎世界的規模の，地質学的時間スケールにおいて非常に急速に起こった，数多くの多様な生物種の絶滅イベント．(17章)

多様性［diversity］　生物の多様性. たとえば，"種の多様性"という場合は生物の種の数をさす．(15章)

単一型［monotypic (*adj.*)］　1種のみによって生物の集団が構成されること．(12章)

単弓類［Synapsida, synapsid (*adj.*)］　哺乳類(Mammalia)を含む羊膜動物(Amniota)のなかの大きなクレードの一つで，頭骨に下部側頭窓の1対のみの窓が開くことで特徴づけられる．(4章)

単系統群［monophyletic group］　単一の共通祖先をもち，その祖先のすべての子孫種を含む生物の一グループ．クレードや自然群(natural group)と同義．(3章)

炭水化物［carbohydrate］　炭素，水素，酸素から構成される分子式$C_m(H_2O)_n$で表される有機化合物で，加水分解されることで，エネルギー源として利用される栄養素．(14章)

単繊維性の羽毛［monofilamentous feather］　原始的なタイプの羽毛で，筒状に形成されたタンパク質が伸びた単一の繊維からなる．単繊維性の羽毛は，見た目は毛のようであり，プシッタコサウルス(*Psittacosaurus*)からユーティラヌス(*Yutyrannus*)まで，多くの恐竜に見られる．(5章)

置換(1)［replacement］　もともとあった鉱物が別の鉱物に置き換わること．(1章)

置換(2)［substitution］　分子生物学の分野で，DNAの二重らせんの鎖を構成する1対の塩基配列のうちの一方が，ほかの塩基配列や塩基対配列に置き換わること．(8章)

地球化学［geochemistry］　化学のなかでも，特に地質学に関係した問題を取扱う学問．(16章)

恥骨［pubis, pubic (*adj.*)］　骨盤を構成する三つの骨のうちの一つ．(4章)

地質時代［geological time］　地球ができたとされる45億6700万年前から現在までの時代.

地質年代学［geochronology, geochronologic (*adj.*)］　地球の年代を数値的に決定する科学分野．地質年代学を専攻している研究者を地質年代学者(geochronologist)とよぶ．(2章)

地層［strata, bed］　岩石が層状に重なっている様子．(2章)

地層累重の法則［superposition］　地質学の法則の一つで，折り重なった地層のうち，古い地層ほど下部に，新しい地層ほど上部にあるという法則.

中手骨［metacarpus, metacarpal (*adj.*)］　手の甲にある骨．(4章)

中手足骨［metapodial］　中手骨と中足骨を総称する用語．(4章)

中生代［Mesozoic］　2億5190万年前から6600万年前を表す時代区分(代)．(2章)

中足骨［metatarsus, metatarsal (*adj.*)］　足の甲の骨．(4章)

鳥脚類［Ornithopoda, ornithopod (*adj.*)］　二足歩行性および四足歩行性の植物食鳥盤類(Ornithischia)恐竜．(12章)

鳥胸類［Ornithothoraces, ornithothoracine (*adj.*)］　鳥類(Aves)を含む中生代に棲息した鳥類の一グループ．(8章)

鳥頸類［Ornithodira, ornithodiran (*adj.*)］　翼竜類(Pterosauria)と恐竜類(Dinosauria)の共通祖先，およびそのすべての子孫．(4章, 5章)

腸骨［ilium, iliac (*adj.*)］　骨盤を構成する三つの骨のうち，最も上部に位置する骨．(4章)

鳥獣脚類［Avetheropoda, avetheropod (*adj.*)］　スズメ属(*Passer*)とカルノサウルス類(Carnosauria)の直近の共通祖先と，そのすべての子孫で定義されるグループ．(7章)

鳥肢類［Ornithoscelida, ornithoscelid (*adj.*)］　2017年に恐竜類(Dinosauria)のなかで新たに提唱されたグループ．鳥肢類には，獣脚類(Theropoda)と鳥盤類(Ornithischia)が含まれる．この分類に従うと，恐竜類のなかで鳥肢類の外群にあたるのが竜脚形類(Sauropodomorpha)とヘレラサウルス科(Herrerasauridae：本書では獣脚類の一部として扱っている)となる．2017年に発表されたこの仮説は，1887年以来考えられてきた，恐竜類を獣脚類と竜脚形類を含む竜盤類(Saurischia)と鳥盤類の二大グループに分けるとしてきた分類仮説と大きく異なるものである．(5章)

鳥盤類［Ornithischia, ornithischian (*adj.*)］　恐竜類(Dinosauria)を構成する二つの大きな単系統群のうちの一つ．(5章)

鳥尾形類［Ornithuromorpha, ornithuromorph (*adj.*)］　鳥胸類(Ornithothoraces)のうち，パタゴプテリクス(*Patagopteryx*)と新鳥類(Neornithes)を含む系統．(8章)

鳥尾類［Ornithurae, ornithuran (*adj.*)］　ヘスペロルニス型類(Hesperornithiformes)，イクチオルニス型類(Ichthyornithiformes)，新鳥類(Neornithes)を含むクレード．(8章)

鳥翼類［Avialae, avialan (*adj.*)］　スズメ属(*Passer*)とアーケオプテリクス(*Archaeopteryx*)の直近の共通祖先と，そのすべての子孫で定義されるグループ．(7章, 8章)

鳥類［Aves, avian (*adj.*)］　元は現生の鳥に対してLinnaeusが与えた分類群名．現在は絶滅した種も含まれる．ただし，鳥類(Aves)の分類学的な定義は研究者によって異なる．本書での"現代型の鳥"を正確にさす場合は新鳥類(Neornithes)の方が適切である．(8章)

直立型姿勢［erect posture］ 四肢を体の真下で動かす下方型姿勢のなかでも，特に四肢を真っ直ぐ伸ばした姿勢を表す．厳密には，下方型姿勢とは同義ではない．(4章)

椎骨［vertebra, vertebrae(*pl.*)］ 背骨を構成する椎骨の繰返し構造．四肢以外の体の部位を支持する．(4章)

椎体［centrum］ 椎骨の下側を構成する糸巻き状の形をした部位で，椎体の上に神経弓が乗り，その間を脊髄が通る．(4章)

DNAハイブリダイゼーション［DNA hybridization］ DNAの塩基が相補的な二本鎖を形成する性質を利用して，特定のDNA塩基配列の検出や定量を行う分子生物学研究の技術の一つ．(8章)

ディスプレイ［display］ 生物が行う，同種個体を含む他の生物に向けたメッセージまたはシグナル伝達．このシグナル伝達は一般に，色彩や行動，発声，ツノ，トサカなど，頭部に発達した構造の一部やこれらの組合わせによって行われる．ディスプレイ行動で伝えられるメッセージで多いのは，縄張りや戦利品の主張，交尾のための性的アピールや社会的階層の主張などが一般的である．(5章, 6章)

底棲［benthic(*adj.*)］ 海棲動物のうち，海底の表面や堆積物中に生きる性質のこと．(17章)

デカントラップ［Deccan Trap］ インド西部と中央部に分布する，白亜紀-古第三紀(K-Pg)境界の火成岩と堆積岩の互層．(17章)

テタヌラ類［Tetanurae, tetanuran(*adj.*)］ 堅尾類ともいう．名前の由来は"堅い尾"(*tetan* 堅牢な，*ura* 尾)．尾椎の関節突起(zygapophysis)が重なることによって堅牢になった尾をもつ，獣脚類(Theropoda)に含まれるクレード．(7章)

テチス海［Tethys Ocean］ かつてローラシア超大陸とゴンドワナ超大陸を隔てていた海洋で，現在の大西洋の広がりにつながっていった．ギリシア神話の海洋を統べるティーターン神族の一人，テーテュース(Tethys)にちなんで名づけられた．(2章)

デトリタス［detritus］ もろく砕かれた岩や鉱物，あるいは有機物のくず．岩屑やデブリ(debris)ともいう．(17章)

デンタルバッテリー［dental battery］ 上顎と下顎の頰の歯がぎっしりと詰まった塊で，植物由来の食物を噛む際に，剪断したりすりつぶしたりするのに用いる．(11章, 12章)

洞・孔［sinus］ 骨など，体の一部に開いた空洞．(6章)

同位体［isotope］ 化学用語．同じ原子番号をもつが，異なった質量の元素のこと．(2章)

頭蓋天井［skull roof］ 脳函の上部を覆う骨．(4章, 特に図4•6参照)

頭骨［skull］ 脊椎動物骨格のうち，脳，特殊な感覚器，鼻腔，口腔を収める部位．(4章, 特に図4•6参照)

橈骨［radius, radial(*adj.*)］ 前腕の2本の骨のうちの一つ．もう一方は尺骨(ulna)である．(4章)

動物相［fauna］ 同所的に時間軸上の特定の期間に棲息している動物種の構成．(2章)

特異的［specific(*adj.*)］ 特徴的．(1)ある形質が単系統群を特徴づける，その群だけが進化させたものであること(共有派生形質)．(2)リンネ式分類法の最小単位である"種(species)"の形容詞型．現生の動物で，もし二つの生物を交配操作して次世代を残せる仔が生まれたならば，それらは同種の生物とみなされる．(4章)

トクサの仲間［sphenopsids］ 原子的な維管束植物の仲間．(15章, 特に図15•7参照)

特殊化［specialization］ 生物学用語では，生物がある特定の周環境(たとえば，食性，気候，生態系，もし寄生性であれば宿主，そのほかその生物の生存に影響するあらゆる環境)に適応していることをさす．そのような生物はスペシャリスト(specialist)とよばれる．(17章)

突起［process］ 解剖学用語では，骨の一部が骨体部から稜状，コブ状，ないし板状に張り出した箇所．(4章)

内温動物［endotherm］ 体内のエネルギー源を用いて体温(と代謝率)を調節する動物．このような代謝をもつ生物は内温動物(endotherm)という．外温動物(ectotherm)の対義語．(14章)

内部共生生物［endosymbiont］ 相利的な関係を保ちつつ，他の生物の体内に棲息する生物．(9章)

内陸効果［continental effect］ 大陸の陸塊によって気候が影響を被ること．(2章)

軟組織［soft tissue］ 脊椎動物の体では，骨，歯，クチバシ，ツメなどを除く部位をさす．(1章)

肉鰭類［Sarcopterygii, sarcopterygian(*adj.*)］ 肉鰭をもった魚の仲間．(4章)

二系統的［diphyletic(*adj.*)］ 二つの異なる起源をもつ単系統群から派生したことを意味する用語．進化学においては，単系統群が進化の関係性を示すものであるため，単系統群を探っていく．一方で，二系統群(diphyletic group)は実際の進化を反映したものではない．(16章)

二次口蓋［secondary palate］ 口蓋の裏にある，棚状の骨の板．二次口蓋の上部を空気の通り道とすることで，咀嚼の際に食物と空気が混ざらないようにしている．すべての哺乳類やワニだけではなく，一部のカメも二次口蓋をもっている．(4章, 10章)

二次骨［secondary bone］ 一次骨の中に陥入したハバース管の中に沈着する骨組織．(13章)

二次的な進化［secondarily evolved］ 形質を再び進化させること．(5章)

乳酸［lactic acid］ 筋の収縮の際に副産物として生じる有機酸．$CH_3CH(OH)COOH$という化学式で表される．(14章)

熱容量［heat capacity］ ある質量の物体の温度を1℃上昇させるのに必要な熱量(エネルギー)．(2章)

脳化指数［encephalization quotient: EQ］ 脳の質量と体重(質量)をもとに算出される値で，知能がわかっている現生の生物を基準として，絶滅動物の知能を推定するために用いられる．(13章)

脳函［braincase］ 脳を収める骨の中にできた空洞のことで，頭骨の上部後方に位置する．(4章)

脳のエンドキャスト［brain endocast］ 脳函の内側を雄型(凸型)で取出したもの．エンドキャストも参照．(6章, 10章, 11章)

ノード［node］ 節，分岐点ともいう．系統の分岐図(cladogram)上で枝が二股に分岐するポイントのこと．(3章)

ノドサウルス科［Nodosauridae, nodosaurid (*adj.*)］ アンキロサウルス科(Ankylosauridae)とともに，アンキロサウルス類(Ankylosauria)を構成するクレードの一つ．(10章)

配偶子［gamete］ 成熟した生殖細胞で，雌雄ともにこの用語を用いる．(15章)

背景絶滅［background extinction］ 大量絶滅イベントとは異なる時期に起こる，個々の種の絶滅をさす．(17章)

背甲［carapace］ 動物の背を覆う外殻構造．(10章)

肺胞［alveolus, alveoli (*pl.*)］ 肺の中の袋状の構造．(14章)

パキケファロサウルス類［Pachycephalosauria, pachycephalosaur (*adj.*)］ 堅頭竜ともいう．ドーム状の頭部を備えた鳥盤類(Ornithischia)恐竜の仲間で，北米とアジアに棲息していた．ケラトプス類(Ceratopsia)とともに周飾頭類(Marginocephalia)を構成する．(11章)

白亜紀［Cretaceous］ 1億4500万年前から6600万年前までの紀(地質時代の区分の一つ)．(2章)

白亜紀-古第三紀境界大量絶滅［Cretaceous-Paleogene mass extinction］ K-Pg境界大量絶滅ともいう．6600万年前の白亜紀(Cretaceous［Kreide］)と古第三紀(Paleogene)，いわゆるK-Pg境界で起こった大量絶滅イベントで，すべての"非鳥類恐竜"だけではなく，多くの陸棲脊椎動物が絶滅した．(17章)

派生した［advanced］ 進化学用語では，形質(character)が"shared(共有された)"，あるいは"derived(派生的な)"という意味で用いられる．(3章)

派生的［derived］ 進化学用語では，あるグループに特異的に現れた形質(派生形質 derived character)のことをさし，それゆえそのグループが進化史において派生的であると判断される．(3章)

爬虫類［Reptilia, reptilian (*adj.*)］ カメ，トカゲ，ヘビ，ワニなどをひとくくりにした，リンネ式分類．Linnaeusによって提唱された．一般によく用いられる爬虫類(Reptilia)というグループは，鳥類(Aves)を含めないと単系統群にはならない．(4章)

発生生物学［developmental biology］ 生物が受精卵から成体までどのように発生していくかを研究する分野．

バッドランド［badland］ 一般に植生の乏しい乾燥地で河川や洪水による浸食で形成された，非常に荒れた土地．(1章)

ハドロサウルス科［Hadrosauridae, hadrosaurid (*adj.*)］ イグアノドン類(Iguanodontia)のなかでも派生的なグループで，通称"鴨嘴竜(かもはしりゅう)"とよばれる恐竜が含まれる．テルマトサウルス(*Telmatosaurus*)とランベオサウルス(*Lambeosaurus*)の最も新しい共通祖先と，そのすべての子孫で構成されるグループとして定義される．(12章)

ハバース管［Haversian canal］ 骨組織の形成過程で，長骨の緻密質を再吸収しながら長軸方向に伸びていく血管で，この中を充填していくように二次骨が形成される．(13章)

パンゲア超大陸［Pangaea］ すべての超大陸のもととなった大陸であり，現在存在するすべての大陸がかつて一つの陸塊として集まってできていた．(2章)

半月型の手根骨［semi-lunate carpal］ 手根関節にある，特殊な半月型の骨．(7章)

半減期［half-life］ 不安定同位体の総質量の50%が崩壊するまでにかかる時間を表す．(2章)

晩成［altricial (*adj.*)］ 比較的未熟な状態で生まれ，赤ん坊やひなが生き延びるために親の保護が必要な状態が長い，もしくはそのような生物を表す．(9章)

微化石学［micropaleontology］ 海棲プランクトンのような微小な生物の化石を研究する学問分野．微古生物学を専門とする研究者を微化石学者(micropaleontologist)という．(17章)

鼻孔［naris, nares (*pl.*), nostril, narial (*adj.*)］ 頭骨に空いた孔で，鼻の孔に通じる．(4章)

皮骨［osteoderm, scute］ 皮膚の中で骨化した骨．小さい粒状，板状，ないし敷石状に並んだ鎧状の骨化した皮膚．(9章, 10章)

腓骨［fibula, fibulae (*pl.*), fibular (*adj.*)］ 後肢の下腿を構成する2本の骨のうち小さい方の骨で，もう一方の脛骨(tibia)と平行に並ぶ．(4章)

被子植物［angiosperm］ 分類名はMagnoliophyta．目立つ花を咲かせる(顕花)植物．(10章, 15章)

尾側(尾の)［caudal (*adj.*)］ 尾に関するものに対する形容詞．解剖学的方位では，脊柱の尾の方向．椎骨では，尾椎を表す．(4章, 9章)

尾端骨/尾柱［pygostyle］ 鳥やカエルの尾にみられる，複数の尾椎が癒合してできた，小さな突起状の構造．(8章)

"非鳥類獣脚類"［non-avian theropods］ "非鳥類"を冠する場合，あるグループから鳥類(Aves)を除いたものを示す．鳥は恐竜類(Dinosauria)に含まれる．したがって，"非鳥類恐竜(non-avian dinosaurs)"とは，鳥を除いたすべての恐竜類をさす．(6章)

非表徴的［non-diagnostic (*adj.*)］ 共有派生的ではないこと．系統発生学用語では，ある特徴がある特定のグループだけではなく，他のグループにもみられる場合，その特徴はnon-diagnosticであるという．ある特定のグループの外群にもその特徴がみられるため，non-diagnosticな特徴だけによってその特定のグループを識別することはできない．(3章)

皮膚の印象化石［skin impression］ 動物の皮膚が粘土や泥などの柔らかい底質に押しつけられると，皮膚表面のキャストないし印象が残る．このキャストが保存されると，その印象は化石として残り，ずっと後の時代まで残る．(1章)

表現型［phenotype］ 身体的特徴として観察可能な生物の形質．(3章)

表徴形質［diagnosis, diagnositic character］ 系統学用語で

は，あるグループに特異的にみられる形質であることを示す．あるグループに属する生物はすべて表徴形質(diagnostic character)をもっている(そしてその他すべてのグループはその形質をもっていない)ため，その特徴によってグループを識別することができる．(3章)

フィトサウルス類［Phytosauria, phytosaur(*adj.*)］ 植竜類ともいう．吻部の長い，魚食のクルロターサス類．(5章)

風化［weathering］ 鉱物や岩石，骨などの地上にある物体が物理的, 化学的に破壊されて細かい粒子になること．(1章)

複合仙椎［synsacrum, synsacral(*adj.*)］ 腰仙骨ともいう．複数の仙椎が互いに癒合してできた単一の骨．(8章)

腹肋［gastralia］ 腹骨ともいう．腹部にある肋骨状の骨．実際は，肋骨(rib)とは発生の起源が異なる．(4章, 8章)

フットプレート［footplate］ 多くの獣脚類で恥骨(pubis)遠位端で膨らんだ骨質部位．恥骨(pubis)も参照．

浮遊性［planktonic, planktic(*adj.*)］ 海底面から海水面の間の水柱(water column)に棲息すること．(17章)

フリル［frill］ 襟飾りともいう．ケラトプス類(Ceratopsia)にみられる，頭蓋の後縁から後方に板状に伸びて反り返る骨．ケラトプス類のフリルは，頭頂骨(parietal)と鱗状骨(squamosal)から構成される．(11章)

プレウロキネシス［pleurokinesis］ 上顎の骨が側方(頬側，舌側)へ可動性をもつ様子．(12章)

プレシオサウルス類［Plesiosauria, plesiosaur(*adj.*)］ 首長竜(長頸竜, 蛇頸竜)ともいう．中生代の海洋に棲息していた，大きな鰭と長い首を備えた魚食の爬虫類．(17章)

プレートテクトニクス［plate tectonics］ 地殻のプレートの動きやその変動の歴史，プロセス，そしてその結果できた地形を研究する学問．(2章)

プレパレーション［preparation］ 古生物学用語においては，化石をクリーニングすることを示す．周りの母岩を除去することによって，化石を露出させ，研究できるようにすること．化石の研究では，このプレパレーション作業が最も時間を要する．(1章)

プレパレーションラボ［preparation laboratory, prep lab］ クリーニングラボともいう．化石のクリーニング(プレパレーション業務の一つ)などが行われる場所．(1章, 特に図1･12参照)

プレパレーター［preparator］ 化石のプレパレーションに熟練した職人のこと．(1章)

糞化石［coprolite］ コプロライトともいう．化石化した糞のこと．(1章, 6章)

分岐図［cladogram］ 分類の対象となる生物の共通の形質や派生的な形質を示した，階層的に枝分かれした図．(3章)

吻骨, 吻部［rostrum, rostral(*adj.*)］ ケラトプス類(Ceratopsia)に特異的な吻部前端の骨．この骨により，これらケラトプス類恐竜はインコのような容貌を呈す．ただし，通常は頭骨の吻(snout)に関わることをさす．(11章)

分子進化［molecular evolution］ 生物分子がある一定の速度で進化することができるとする考え方．(17章)

分子時計［molecular clock］ 2種類の生物がどのくらい前に共通祖先から分岐したかを推定するため，生物を構成する特定の分子が突然変異する速度を用いること．(8章, 16章)

分椎類［Temnospondyli, temonospondyl(*adj.*)］ 古生代に棲息した大型で肉食の“両生類”．彼らの古生態は現在のワニのようなものだったろうと考えられている．(15章, 特に図15･5参照)

分別［fractionation］ 分別は, ある混合物(液体や気体, 固体, 同位体など)中の成分を分離するプロセスで, ある相(液体, 気体，固体)から別の相へと変化する相転移の間に分離が行われる．身近な分別の例は蒸留である．水とアルコールの混合物を液体から気体にする過程で，アルコール成分と水成分が分離され，さらに分離された成分を元の液相に戻す．(14章)

分類群［taxon, taxa(*pl.*), taxonomic(*adj.*)］ タクソンともいう．生物の階層システムのあらゆる階層の名称によって示される，生物のグループ．(3章)

ベネチテス類［Bennettitales］ 球果をつくる絶滅した植物の一グループ．(15章)

ペルム紀-三畳紀境界［Permian(Permo)-Triassic boundary］ 2億5190万年前のペルム紀と三畳紀の境界に起こったイベントに関すること．(17章)

変温動物［poikilotherm］ 深部体温が変動する動物．(14章)

放射性同位体［radioisotope］ 同位体のうち，自然に放射性崩壊し，構造が不安定な状態から安定な状態へと変わろうとするものをさす．(2章)

頬［cheek］ 顎の側方を覆う筋肉質の組織で，口内に食物をとどめる機能をもつ．(Ⅲ部)

母岩［matrix］ 基質ともいう．古生物学用語では，化石を取囲む岩石をさす．(1章)

捕食者：被捕食者の生物量比［predator/prey biomass ratio］ 生態系の中に存在する捕食者とその獲物となる被捕食者の総質量比．(14章)

歩調［cadence］ ロコモーション(移動運動)中に足が地面に当たる頻度．(10章)

骨［bone］ 脊椎動物の体の支持構造(骨格)と真皮の装甲(皮骨)を形成する生体鉱物組織．一般に水酸化リン酸カルシウム(別名ヒドロキシアパタイト)によって鉱物化される．(4章)

ボーンベッド［bonebed］ 複数の個体に属する多くの骨が1箇所に密集して見つかったもの．ボーンベッドに含まれる動物の種類数は限られていることが多い．(1章, 6章, 11章)

マイクロテクタイト［microtektite］ 天然ガラスともいう．シリカ(ケイ素)に富んだガラスでできた小さな滴状の粒で，小惑星の衝撃の際に生じたものだと考えられている．(17章)

“無弓類”［anapsids(*adj.*)］ 羊膜類のうち，頭蓋天井が完全に骨で覆われている動物. ただし, 単系統群ではない．(4章)

無限成長［indeterminate growth］ 動物が生きている間，成長を続けていく成長様式．たとえば, ワニは無限成長をし,

一生を通じて成長し続ける.（13章）

無歯［edentulous］ 歯がないこと.（6章, 7章）

“無羊膜類”［anamniotes］ 四肢動物（Tetrapoda）のうち, 羊膜類（Amniota）を除いた仲間で, 羊膜をもたない卵を産む生物. 単系統群ではない.（4章）

メソターサル関節［mesotarsal joint］ 直線的な関節面をもった足根関節のタイプの一つで, 近位足根骨〔距骨（astragalus）と踵骨（calcaneum）〕とそこから遠位の足骨格の間の関節が動く.（4章）

メラノソーム［melanosome］ 濃い色をつくることで, 太陽から降り注ぐ紫外線から皮膚を守るメラニンの生成や貯蔵, 輸送を促進するために使われる皮膚に存在する微小な細胞小器官.（6章, 7章）

綿羽［down］ ダウンともいう. 羽枝や羽弁が未発達で, ふさふさ, あるいはふわふわした羽毛. 断熱材として機能する.（5章, 8章）

モササウルスの仲間［mosasaur（*adj.*）］ 後期白亜紀の海棲適応したトカゲの仲間. モササウルス科（Mosasauridae）ないし, モササウルス上科（Mosasauroidea）をさす.（17章）

モールド［mold］ 雌型ともいう. 生物の印象を示す生痕化石のうち, 生物体が堆積物に押しつけられてできた凹み.（1章）

門［phylum］ 生物の大きな分類階級の一つで, その分類階級を構成するすべての種によって共有される体の基本構造をもつ.（3章）

有孔虫［foraminifera］ 単細胞性の殻を備えた海棲単細胞生物.（17章）

有限成長［determinate growth］ 成熟に達すると体サイズの成長が止まる成長様式で, それ以降はどれだけ長く生きても, 体サイズが大きくなることはない. たとえば, ヒトは有限成長である.（13章）

優占［dominant］ 生物学において優占するとは, 個体数として非常に多くなることをさす. たとえば, 昆虫は陸上生態系において最も個体数が多いため, 優占している.（15章）

有爪指（趾）骨［ungual phalanx］ 指や趾（ゆび）の遠位端の指（趾）骨を“末端指（趾）骨（terminal/distal phalanx）”とよぶが, そのなかでも, 特にツメをもつ一部の指（趾）骨をさす. “ungual”は“ツメの”を意味する. すべての指（趾）の末端にツメが形成されるわけではないことに注意. “ungual phalanx”は“末節骨”という訳があてられることもあるが, これは3節に分かれた哺乳類の指（趾）の節のうち, 末端のdistalisに対してあてられた訳のため, ungual phalanxの訳としては不適当.（4章）

腰帯［pelvic girdle］ 骨盤ともいう. 腰にある骨. 後肢の基部となる.（4章）

羊膜［amnion］ 一部の脊椎動物の卵にみられる, 液体を保持するための膜.（4章）

羊膜類［Amniota, amniote（*adj.*）］ 有羊膜類ともいう. 羊膜を備えた卵を産む生物.（4章）

翼竜類［Pterosauria, pterosaur（*adj.*）］ 主竜類（Archosauria）のなかでも, 特に空を飛ぶことができた鳥頸類（Ornithodira）の一群. 恐竜類（Dinosauria）と近縁だが, 恐竜類には含まれない. 翼は極端に長く伸びた手の第Ⅳ指によって支えられていたことが特徴である.（4章）

ラーゲルシュテッテ［Lagerstätte, Lagerstätten（*pl.*）］ 化石が豊富に産出する場所. そのような場所では, 骨や歯とともに, 皮膚の印象化石や, 元々そこにあったであろう軟組織器官の存在を示唆する有機物, 昆虫などの硬組織をもたない生物の化石, 化石になった動物が最後に食べたもの（胃内容物）などが見つかることがある.（7章）

裸子植物［gymnosperm］ 種子植物のうち, 花をつけないもの. マツやイトスギ（セイヨウヒノキ）などを含む. “裸子植物”は側系統群だが, 被子植物の仲間を含めてはじめて単系統群となる.（9章, 15章）

ランベオサウルス亜科［Lambeosaurinae, lambeosaurine（*adj.*）］空洞があるトサカ状突起をもつハドロサウルス科（Hadrosauridae）の恐竜.（12章）

力学的相似性［dynamic similarity］ ロコモーション（移動運動）の速度を計算するために, 体サイズや体形の異なる脊椎動物同士をストライド長で平均化した換算係数.（13章）

陸橋［land bridge］ 二つの大陸間を結ぶ陸路で, これができることによって生物が大陸間を移動することが可能になる. このような陸橋は時折生じることがある. たとえば, 南米と北米を連絡する陸橋や, 北米とアジアを結ぶ陸橋などがあげられる.（15章）

陸棲［terrestrial］ 陸に関わる, という意味. つまり, 海棲ではない生物をさす.（1章）

竜脚類［Sauropoda, sauropod（*adj.*）］ 長い首と長い尾をもち, 四足歩行性で植物食の竜盤類（Saurischia）恐竜の仲間で構成される単系統群.（9章, 特に図9·20参照）

竜骨突起［keel］ キールともいう. 鳥類の胸骨の正中面に沿って発達した薄板状の突起構造をさす. 名前はその形状が帆船の船底（キール）に似ていることに由来する.（8章）

竜盤類［Saurischia, saurischian（*adj.*）］ 恐竜類（Dinosauria）に含まれる二つの大きな単系統群のうちの一つ. もう一方は鳥盤類（Ornithischia）である.（5章）

鱗竜形類［Lepidosauromorpha, lepidosauromorph（*adj.*）］ 双弓類（Diapsida）爬虫類に含まれる二つの主要なクレードのうちの一つ. もう一方は主竜形類（Archosauromorpha）である.（4章）

レアファクション解析［rarefaction analysis］ 大きさが異なる二つのサンプルを比較できる統計手法. たとえば, 種類の異なる米国の6種類の硬貨（1セント硬貨, 5セント硬貨, 10セント硬貨, 25セント硬貨, 50セント硬貨, 1ドル硬貨）を考えてみたとき, 最初に手に握った6枚の硬貨に, これら6種類の硬貨がすべて入っている可能性は非常に低いことがわかる. しかし, 樽いっぱいの硬貨であれば, 6種類の硬貨がすべて含まれている確率はずっと高くなるだろう. レアファクション曲線を使うと, たとえば樽半分を埋めるだけの硬貨があったときに, その中にある6種類の硬貨の分布がどうなるかを予想することができる．ビアグラス１杯分を埋めるくらいの硬貨しかなかった場合は，すべての種類の硬貨が揃っていることはなさそうだが，樽半分を占める硬貨であれば，各種類の硬貨が少なくとも一つ入っている可能性が高い．そして，樽満杯の硬貨があれば，すべての種類の硬貨が揃っている可能性はさらに高まる．これらのサンプルを，容積に対してどれだけの種類の硬貨が入っているかを，曲線に沿って並べていくと，硬貨で満たされた異なる容積の容器の中に，硬貨が何種類見つかるかを予測することができる．(15章)

ローラシア超大陸［Laurasia］ パンゲア超大陸が南北に分裂してできた二つの超大陸のうち，北側に存在した超大陸．(2章)

付表1　上位分類群一覧（語源と和名の対応表）

ラテン語のグループ名に和名をつける際，和名化の基準が複数存在し，統一の基準がないのが現状である．本来のラテン語の意味とは異なる漢字をあてた和名が普及していることもあれば，同じ和名が複数のグループ名に対応してしまっているものが何の疑いもなく使われていることもしばしばである．和名を使う側は，自身が普段使っている和名がいかにバラバラの基準でつけられているものかを理解しておいて損はない．本書では，可能な限り，統一的な基準でつけられた和名を採用することを目指した．

グループ名の和名のつけ方の基準は以下に大別できる．

①グループ名のカナ読み表記をそのまま和名にしたもの．
②グループ名の意味を反映し，そこにグループを代表する属名が使われている場合は，そのラテン語のカナ読みを残したもの．
③グループ名にそれを代表する属名が使われていた場合，その属名を標準和名に置き換えたもの，もしくは漢字表記したもの．
④ラテン語の主格単数形（接尾辞を除く）の読みをカナ表記したもの．
⑤ラテン語の意味から外れた言葉が創作されたもの．

①は重複が起こる心配がない唯一の和名のつけ方である．しかし，グループ名のカナ表記そのものに“～類”の意味が含まれるため，“～類”とする場合は意味が重複して不都合となるが，一方で，“～類”を使わない場合はグループ名の和名であることを表現できない．②や③は和名の重複が起こる心配は少ないが，多言語（ラテン語やギリシア語）で同一の漢字があてられる場合は，和名の重複が起こる心配がある．④は接尾辞を大きく省略するため，和名の重複が起こる可能性が非常に高い．

本書では，グループ名本来の意味を重要視し，②の和名を優先的に採用した．②になじみがない場合は④を次候補とする．グループ名の元の意味を反映しない⑤や，重複を許す可能性のある③～⑤の使用は限りなく避けた．現生の哺乳類や鳥類では，③や⑤による標準和名が浸透しているが，これを採用する場合は和名表記の基準が大いに乱されることに注意．本書に登場する和名に違和感があるかもしれないが，それはまったく異なる基準で和名化されたものに慣らされているだけのことかもしれない．本表を参考にして，自身が慣れ親しんだ和名がどのような基準でつけられたものか，考えるきっかけになれば幸いである．

グループ名　命名者　［英語形容詞］
→グループ名の語源

①グループ名のカナ読み	・カナ読みのままの和名
②グループ名の意味	・学名本来の意味を反映した和名
③グループ名の元となる属名とその漢字表記	・元となった動物の属がある場合，その属名を漢字ないし標準和名に置き換えたもの
④接尾辞を除く主格単数表記	・通常，“～類”を意味する接尾辞で終わるか，複数形になっているグループ名を，単数形に変換してカナ読みした和名
⑤その他	・元の意味と関係ない和名

Abelisauroidea Bonaparte & Novas, 1985 [abelisauroid]
→ *Abelisaurus* 属（*Abel* アベル氏，*saur* 竜），*-oidea* 上科

①アベリサウロイデア	アベリサウロイデア類
② *Abelisaurus* 属の上科	**アベリサウルス上科**（上科類）
④Abelisaurus	アベリサウルス類

Actinopterygii Klein, 1885 [actinopterygian]
→ *actin* 放射・条，*pteryg* 翼・鰭

①アクティノプテリギイ	アクティノプテリギイ類
②放射状の鰭をもつ仲間	**条鰭類**
④Actinopteryx	アクティノプテリクス類

Aetosauria Lydekker, 1887 [aetosaur]
→ *Aetosaurus* 属（*aet* 鷲，*saur* 竜），*-ia* 類

①アエトサウリア	アエトサウリア類
② *Aetosaurus* 属の仲間	**アエトサウルス類**
③ *Aetosaurus* 属→鷲竜	鷲竜類
④Aetosaurus	アエトサウルス類

Agnatha Cope, 1889 [agnathan]
→ *a* 無，*gnath* 顎，*-a* 類

①アグナータ	アグナータ類
②顎のない仲間	**無顎類**
④Agnathus	アグナトゥス類

Alvarezsauridae Bonaparte, 1991 [alvarezsaurid]
→ *Alvarezsaurus* 属（*Alvarez* Alvarez 氏，*saur* 竜），*-idae* 科

①アルヴァレスサウリダエ	アルヴァレスサウリダエ類
② *Alvarezsaurus* 属の科	**アルヴァレスサウルス科**（科類）
④Alvarezsaurus	アルヴァレスサウルス類

Amniota Haeckel, 1866 [amniote]
→ *amnos* 羊膜，*-ata* 有す動物

①アムニオータ	アムニオータ類
②羊膜をもつ仲間	**羊膜類**（動物），有羊膜類
④Amnos	アムノス類

Amphibia Gray, 1825 [amphibian]
→ *amph* 両方，*bi* 生，*-ia* 類

①アンフィビア	アンフィビア類
②両方に生きる仲間	**両生類**
④Amphibius	アンフィビウス類

Anapsida Osborn, 1903 [anapsid]
→ *a* 無，*apsid* 環・弓，*-a* 類

①アナプシダ	アナプシダ類
②弓がない仲間	**無弓類**
④Anapsis	アナプシス類

Animalia Linnaeus, 1758 [animal]
→ *animal* 動物（*anima* 息をする，魂），*-ia* 類
①アニマリア　アニマリア類
②動物の仲間　**動物類，動物界**
④Animalus　アニマルス類

Ankylopollexia Sereno, 1986 [ankylopollexian]
→ *ankylos* 癒合した・直付け，*pollex* 拇指，*-ia* 類
①アンキロポレックシア　アンキロポレックシア類
②拇指が癒合した仲間　**直拇指類**
④Ankylopollex　**アンキロポレックス類**

Ankylosauria Osborn, 1923 [ankylosaur]
→ *Ankylosaurus* 属（*ankylos* 癒合した・直付け，*saur* 竜），*-ia* 類
①アンキロサウリア　アンキロサウリア類
②*Ankylosaurus* 属の仲間　**アンキロサウルス類**
④Ankylosaurus　アンキロサウルス類
⑤　鎧竜類*1，曲竜類*2
*1 英語一般称"armored dinosaurs"に由来．
*2 *Ankylosaurus* を（*ancyl* 曲がる，*saur* 竜）と解釈した和名．*Ankylopollexia* では"*ankyl*"に"直"の字があてられるが，漢字として，"直"と"曲"は真逆の意味になる．

Ankylosauridae Brown, 1908 [ankylosaurid]
→ *Ankylosaurus* 属（*ankylos* 癒合した・直付け，*saur* 竜），*-idae* 科
①アンキロサウリダエ　アンキロサウリダエ類
②*Ankylosaurus* 属の科　**アンキロサウルス科（科類）**
④Ankylosaurus　アンキロサウルス類*
* Ankylosauria と重複するため，不適．

Anseriformes Wagler, 1831 [anseriform]
→ *Anser* 属（マガン属：*anser* 雁），*form* 型
①アンセリフォルメス　アンセリフォルメス類
②*Anser*（マガン）属の型の仲間　**アンセル型類**
③*Anser* 属→ガン　**ガン型類**
④Anseriforma　アンセリフォルマ類
⑤　カモ型類*，カモ類（目）*
* グループを代表する動物を *Anser* 属（マガン）から *Anas* 属（カモ）に置き換えた和名．

Archaeopterygidae Huxley, 1871 [archaeopterygid]
→ *Archaeopteryx*（*archae* 古代，*pteryg* 翼），*-idae* 科
①アーケオプテリギダエ　アーケオプテリギダエ類
②*Archaeopteryx* 属の科　**アーケオプテリクス科（科類）**
④Archaeopteryx　アーケオプテリクス類
⑤　始祖鳥科*
* "始祖鳥"には学名本来の意味が反映されていないことに注意．

Archosauria Cope, 1869 [archosaur]
→ *archos* 主・基幹，*saur* 竜，*-ia* 類
①アルコサウリア　アルコサウリア類
②主要な竜の仲間　**主竜類**
④Archosaurus　アルコサウルス類
⑤　祖竜類

Archosauriformes Gauthier, 1986 [archosauriform]
→ Archosauria（*archos* 主，*saur* 竜），*form* 型
①アルコサウリフォルメス　アルコサウリフォルメス類
②Archosauria の型の仲間　**主竜型類**
④Archosauriforma　アルコサウリフォルマ類

Archosauromorpha von Huene, 1946 [archosauromorph]
→ Archosauria（*archos* 主，*saur* 竜），*morph* 形
①アルコサウロモルファ　アルコサウロモルファ類
②Archosauria の形の仲間　**主竜形類**
④Archosauromorphus　アルコサウロモルフス類

Aves Linnaeus, 1758 [avian]
→ *av* 鳥
①アヴェス　アヴェス類
②鳥の仲間　**鳥類**
④Avis　アヴィス類

Avemetatarsalia Benton, 1999 [avemetatarsal]
→ *av* 鳥，*metatarsal* 中足骨（*meta* 中，*tars* 足根），*-ia* 類
①アヴェメタターサリア　アヴェメタターサリア類
②鳥の中足骨をもつ仲間　**鳥中足骨類**
④Avemetatarsus　**アヴェメタターサス類**

Avetheropoda Paul, 1988 [avetheropod]
→ *av* 鳥，Theropoda（*ther* 獣，*pod* 脚，*-a* 類）
①アヴェテロポーダ　アヴェテロポーダ類
②鳥のような獣脚類　**鳥獣脚類**
④Avetheropus　アヴェテロプス類

Avialae Gauthier, 1986 [avialan]
→ *av* 鳥，*al* 翼
①アヴィアラエ　アヴィアラエ類
②鳥の翼をもつ仲間　**鳥翼類**
④Aviala　アヴィアラ類
⑤　鳥群*
* "*al* 翼"の意味が反映されていない和名．

Bilateria Hatschek, 1888 [bilaterian]
→ *bi* 二つ，*later* 側，*-ia* 類
①ビラテリア　ビラテリア類
②両側の体をもつ仲間　**左右相称類（動物）**
④Bilaterus　ビラテルス類

Brachiosauridae Riggs, 1904 [brachiosaurid]
→ *Brachiosaurus* 属（*brachi* 腕，*saur* 竜），*-idae* 科
①ブラキオサウリダエ　ブラキオサウリダエ類
②*Brachiosaurus* 属の科　**ブラキオサウルス科（科類）**
④Brachiosaurus　ブラキオサウルス類

Camarasauridae Cope, 1877 [camarasaurid]
→ *Camarasaurus* 属（*camar* 空洞，*saur* 竜），*-idae* 科
①カマラサウリダエ　カマラサウリダエ類
②*Camarasaurus* 属の科　**カマラサウルス科（科類）**
④Camarasaurus　カマラサウルス類

Camarasauromorpha Upchurch *et al.*, 2004 [camarasauromorph]
→ *Camarasaurus* 属（*camar* 空洞，*saur* 竜），*morph* 形
①カマラサウロモルファ　カマラサウロモルファ類
②*Camarasaurus* 属の形の仲間　**カマラサウルス形類**
④Camarasauromorphus　カマラサウロモルフス類

Canidae Fischer von Waldheim, 1817 [canid]
→ *Canis* 属(イヌ属：*can* 犬)，*-idae* 科
①カニダエ　カニダエ類
②*Canis* 属の科　**カニス科**(科類)
③*Canis* 属→イヌ，犬　**イヌ科，犬科**
④Canis　カニス類

Captorhinomorpha Carroll & Baird, 1972 [captorhinomorph]
→ *Captorhinus* 属(*capt* 捕獲，*rhin* 鼻)，*morph* 形
①カプトリノモルファ　カプトリノモルファ類
②*Captorhinus* 属の形の仲間　カプトリヌス形類
④ Captorhinomorphus　カプトリノモルフス類
⑤　カプトリヌス類*
* "*morph*"を反映しない.

Carcharodontosauria Benson *et al.*, 2010 [carcharodontosaur]
→ *Carcharodontosaurus* 属(*carchar* 鮫，*odont* 歯，*saur* 竜)，*-ia* 類
①カルカロドントサウリア　カルカロドントサウリア類
②*Carcharodontosaurus* 属の仲間　**カルカロドントサウルス類**
④Carcharodontosaurus　カルカロドントサウルス類

Carnivora Bowdich, 1821 [carnivore]
→ *carn* 肉，*vor* 食す
①カーニヴォラ　カーニヴォラ類
②肉を食す仲間　**食肉類***1
④Carnivorus　カーニヴォルス類
⑤　ネコ類*2
*1 漢字の修飾の前後関係を考慮すると，"肉食類"の方が適切.
*2 *Felis*(ネコ)属にグループを代表させた和名.

Carnosauria von Huene, 1920 [carnosaur]
→ *carn* 肉，*saur* 竜，*-ia* 類
①カルノサウリア　カルノサウリア類
②肉食のトカゲの仲間　**肉竜類**
④Carnosaurus　**カルノサウルス類**

Centrosaurinae Lambe, 1915 [centrosaurine]
→ *Centrosaurus* 属(*centr* 棘，*saur* 竜)，*-inae* 亜科
①セントロサウリナエ　セントロサウリナエ類
②*Centrosaurus* 属の亜科　**セントロサウルス亜科**(亜科類)
④Centrosaurus　セントロサウルス類

Cephalochordata Haeckel, 1866 [cephalochordate]
→ *cephal* 頭，*chord* コード・脊索，*-ate* 有す動物
①ケファロコルダータ　ケファロコルダータ類
②頭部に脊索を有する仲間　**頭索類**(動物)
④Cephalochorda　ケファロコーダ類
⑤　ナメクジウオ類*
* *Amphioxis* 属(ナメクジウオ)にグループを代表させる呼称.

Cerapoda Sereno, 1986 [cerapod]
→ Ceratopsia(*cera* 角)，Ornithopoda(*pod* 足)
①ケラポーダ　ケラポーダ類
②Ceratopsia と Ornithopoda　**角脚類**
④Cerapus　ケラプス類

Ceratopsia Marsh, 1890 [ceratopsian]
→ *Ceratops* 属*1(*cerat* 角，*ops* 顔)，*-ia* 類
①ケラトプシア　ケラトプシア類
②Ceratops 属*1 の仲間　**ケラトプス類**
④Ceratops　ケラトプス類
⑤　角竜類*2，觭竜類
*1 *Ceratops* 属は現在は有効名ではないが，グループ名に残る.
*2 英語一般称"horned dinosaurs"に由来. 元々*Ceratosaurus* にあてられた漢字名と重複. 觭竜類は最初につけられた和訳.

Ceratopsidae Marsh, 1888 [ceratopsid]
→ *Ceratops* 属*(*cerat* 角，*ops* 顔)，*-idae* 科
①ケラトプシダエ　ケラトプシダエ類
②*Ceratops* 属*の科　**ケラトプス科**(科類)
④Ceratops　ケラトプス類
* *Ceratops* 属は，現在は有効名ではないが，グループ名に残る.

Ceratopsoidea Hay, 1902 [ceratopsoid]
→ *Ceratops* 属*(*cerat* 角，*ops* 顔)，*-oidea* 上科
①ケラトプソイデア　ケラトプソイデア類
②*Ceratops* 属*の上科　**ケラトプス上科**(上科類)
④Ceratops　ケラトプス類
* *Ceratops* 属は現在は有効名ではないが，グループ名に残る.

Ceratosauria Marsh, 1884 [ceratosaur]
→ *Ceratosaurus* 属(*cerat* 角，*saur* 竜)，*-ia* 類
①ケラトサウリア　ケラトサウリア類
②*Ceratosaurus* 属の仲間　**ケラトサウルス類**
④Ceratosaurus　ケラトサウルス類

Ceratosauridae Marsh, 1884 [ceratosaurid]
→ *Ceratosaurus* 属(*cerat* 角，*saur* 竜)，*-idae* 科
①ケラトサウリダエ　ケラトサウリダエ類
②*Ceratosaurus* 属の科　**ケラトサウルス科**(科類)
④Ceratosaurus　ケラトサウルス類

Charadriiformes Huxley, 1867 [charadriiform]
→ *Charadrius* 属(*charadr* チドリ)，*form* 型
①カラドゥリイフォルメス　カラドゥリイフォルメス類
②*Charadrius* 属の型の仲間　**カラドゥリウス型類**
③*Charadrus* 属→チドリ　**チドリ型類**
④Charadriiforma　カラドゥリイフォルマ類

Chasmosaurinae Lambe, 1915 [chasmosaurine]
→ *Chasmosaurus* 属(*chasm* 穴，*saur* 竜)，*-inae* 亜科
①カスモサウリナエ　カスモサウリナエ類
②*Chasmosaurus* 属の亜科　**カスモサウルス亜科**(亜科類)
④Chasmosaurus　カスモサウルス類

Chelonia Ross & Macartney, 1802 [chelonian]
→ *Chelone* 属[*1](*chelon* 亀)

①ケロニア　ケロニア類
②*Chelone* 属[*1]の仲間　**ケロン類**
③*Chelone* 属→ウミガメ・亀　亀類[*2]
④Cheone　ケロン類
⑤　カメ類[*2]

*1　*Chelone* 属は元々，アカウミガメ(現 *Chelonia*)の属名として使われたものの，植物の一属と重複していたため，現在では無効名となったが，グループ名として残った．
*2　"カメ類"は，Testudines，Testudinata，Chelonia など，複数のグループ名にあてられており，元のグループ名の特定が困難なため，本書では不適切とした．

Chondrichthyes Huxley, 1880 [chondrichthyan]
→ *chondr* 軟骨，*ichthy* 魚

①コンドリクティス　コンドリクティス類
②軟骨の魚の仲間　**軟骨魚類**
④Chondrichthys　コンドリクティス類

Chordata Haechel, 1874 [chordate]
→ *chord* コード・脊索，*-ata* 有す動物

①コルダータ　コルダータ類
②脊索をもつ仲間　**脊索類(動物)**
④Chorda　コーダ類

Choristodera Cope, 1876 [choristoderan]
→ *chorist* 遊離，*der* 皮膚・頸

①コリストデラ　コリストデラ類
②遊離した頸の仲間　—
④Choristodera　**コリストデラ類**

Coelophysidae Nopsca, 1923 [coelophysid]
→ *Coelophysis* 属(*coel* 孔・空，*physi* 自然)，*-idae* 科

①コエロフィシダエ　コエロフィシダエ類
②*Coelophysis* 属の科　**コエロフィシス科(科類)**
④Coelophysis　コエロフィシス類

Coelophysoidea Nopsca, 1928 [coelophysoid]
→ *Coelophysis* 属(*coel* 孔・空，*physi* 自然)，*-oidea* 上科

①コエロフィソイデア　コエロフィソイデア類
②*Coelophysis* 属の上科　**コエロフィシス上科(上科類)**
④Coelophysis　コエロフィシス類

Coelurosauria von Huene, 1914 [coelurosaur]
→ *Coelurus* 属(*coel* 孔・空，*ur* 尾)，*saur* 竜，*-ia* 類

①コエルロサウリア　コエルロサウリア類
②*Coelurus* の恐竜の仲間　**コエルルス竜類**
④Coelurosaurus　**コエルロサウルス類**

Confuciusornithidae Hou *et al.*, 1995 [confuciusornithid]
→ *Confuciusornis*(*Confucius* 孔[夫]子，*ornith* 鳥)，*-idae* 科

①コンフキウスオルニティダエ　コンフキウスオルニティダエ類
②*Confuciusornis* 属の科　**コンフキウスオルニス科**
③*Confuciusornis* 属→孔[夫]子鳥　孔[夫]子鳥科
④Confuciusornis　コンフキウスオルニス類

Confuciusornithiformes Hou *et al.*, 1995 [confuciusornithiform]
→ *Confuciusornis*(*Confucius* 孔[夫]子，*ornith* 鳥)，*form* 型

①コンフキウスオルニティフォルメス　コンフキウスオルニティフォルメス類
②*Confuciusornis* 属の型　**コンフキウスオルニス型類**
③*Confuciusornis* 属→孔[夫]子鳥　孔[夫]子鳥型類
④Confuciusornithiforma　コンフキウスオルニティフォルマ類

Coronosauria Sereno, 1986 [coronosaur]
→ *coron* 冠，*saur* 竜，*-ia* 類

①コロノサウリア　コロノサウリア類
②冠をもった竜の仲間[*]　**冠竜類**
④Coronosaurus　**コロノサウルス類**[*]

*　本グループには 2012 年に記載された *Coronosaurus* 属(Ryan *et al.*, 2012)が含まれるが，本グループは 1986 年に命名されたため，"*Coronosaurus* 属の仲間"という意味にはならない．

Crocodylia Owen, 1842 [crocodylian]
→ *Crocodylus* 属(クロコダイル：*croc* 敷石，*deilos* 爬虫)，*-ia* 類

①クロコディリア　クロコディリア類
②*Crocodylus* 属の仲間　**クロコディルス類**
③*Crocodylus* 属→クロコダイル　クロコダイル類
④Crocodylus　クロコディルス類
⑤　ワニ類[*]

*　"ワニ類"の和訳は，Suchia と Crocodylia の両方にあてられており，分類群の和名に重複が生じるため，本書では不適切とした．

Crocodylomorpha Hay, 1930 [crocodylomorph]
→ *Crocodylus* 属(クロコダイル：*croc* 敷石，*deilos* 爬虫)，*morph* 形

①クロコディロモルファ　クロコディロモルファ類
②*Crocodylus* 属の形の仲間　**クロコディルス形類**
③*Crocodylus* 属→クロコダイル　クロコダイル形類
④Crocodylomorphus　クロコディロモルフス類
⑤　ワニ形類[*]

*　Crocodyl- に"ワニ"の訳をあてる場合，Suchia(*suchus* 鰐)との和名の重複が生じる恐れがあるため，本書での使用は避けた．

Crurotarsi Sereno & Arcucci, 1990 [crurotarsan]
→ *crus* 下腿・脛，*tars* 足の甲

①クルロタルシ　クルロタルシ類
②脛と足の甲の関節の仲間　**脛跗類**
④Crurotarsus　**クルロターサス類**[*1]
⑤　腿跗類[*2]

*1　複数形の -tarsi は，単数形で -tarsus になる．
*2　本来，"脛，下腿"を意味する"crus"に，異なる部位の"腿"の字をあてたもの．

Cynodontia Owen, 1861 [cynodont]
→ *Cynodon* 属(*cyn* 犬，*odont* 歯)，*-ia* 類

①キノドンティア　キノドンティア類
②*Cynodon* 属の仲間　**キノドン類**
③*Cynodon* 属→犬歯　犬歯類
④Cynodon　キノドン類

Deinonychosauria Colbert & Russell, 1969 [deinonychosaur]
→ *Deinonychus* 属(*dein* 恐, *onyc* 爪), *saur* 竜, *-ia* 類
①デイノニコサウリア　デイノニコサウリア類
②*Deinonychus* 属の恐竜の仲間　**デイノニクス竜類**
④Deinonychosaurus　**デイノニコサウルス類**

Diapsida Osborn, 1903 [diapsid]
→ *di* 二つ, *apsid* 環・弓
①ディアプシダ　ディアプシダ類
②二つの弓をもつ仲間　**双弓類**
④Diapsis　ディアプシス類

Dicynodontia Owen, 1859 [dicynodont]
→ *Dicynodon* 属(*di* 二つ, *cyn* 犬, *odont* 歯), *-ia* 類
①ディキノドンティア　ディキノドンティア類
②*Dicynodon* 属の仲間　**ディキノドン類**
④Dicynodon　ディキノドン類

Dinosauria Owen, 1842 [dinosaur(ian)]
→ *din* 恐ろしい・畏怖, *saur* 竜, *-ia* 類
①ディノサウリア　ディノサウリア類
②恐ろしい竜の仲間　**恐竜類**
④Dinosaurus　ディノサウルス類

Dinosauriformes Novas, 1992 [dinosauriform]
→ *Dinosauria*(*din* 恐ろしい, *saur* 竜), *form* 型
①ディノサウリフォルメス　ディノサウリフォルメス類
②Dinosauria の型の仲間　**恐竜型類**
④Dinosauriforma　ディノサウリフォルマ類

Dinosauromorpha Benton, 1985 [dinosauromorph]
→ *Dinosauria*(*din* 恐ろしい, *saur* 竜), *morph* 形
①ディノサウロモルファ　ディノサウロモルファ類
②Dinosauria の形の仲間　**恐竜形類**
④Dinosauromorphus　ディノサウロモルフス類

Diplodocidae Marsh, 1884 [diplodocid]
→ *Diplodocus* 属(*diplos* 二重の, *doc* 梁), *-idae* 科
①ディプロドキダエ　ディプロドキダエ類
②*Diplodocus* 属の科　**ディプロドクス科**(科類)
④Diplodocus　ディプロドクス類

Diplodocoidea Marsh, 1884 [diplodocoid]
→ *Diplodocus* 属(*diplos* 二重の, *doc* 梁), *-oidea* 上科
①ディプロドコイデア　ディプロドコイデア類
②*Diplodocus* 属の上科　**ディプロドクス上科**(上科類)
④Diplodocus　ディプロドクス類

Dromaeosauria Chatterjee & Templin, 2007 [dromaeosaur]
→ *Dromaeosaurus* 属(*dromae* 走る, *saur* 竜), *-ia* 類
①ドロマエオサウリア　ドロマエオサウリア類
②*Dromaeosaurus* 属の仲間　**ドロマエオサウルス類**
③*Dromaeosaurus* 属→走る竜　走竜類
④Dromaeosaurus　ドロマエオサウルス類

Dromaeosauridae Matthew & Brown 1922 [dromaeosaurid]
→ *Dromaeosaurus*(*dromae* 走る, *saur* 竜), *-idae* 科
①ドロマエオサウリダエ　ドロマエオサウリダエ類
②*Dromaeosaurus* 属の科　**ドロマエオサウルス科**(科類)
④Dromaeosaurus　ドロマエオサウルス類

Dryomorpha Sereno, 1986 [dryomorph]
→ *Dryosaurus* 属(*dryos* 楢・樫, *saur* 竜)*, *-morph* 形
①ドリオモルファ　ドリオモルファ類
②*Dryo*[*saurus*]属の形の仲間　**ドリオ形類**
③*Dryo*[*saurus*]属→樫　樫形類
④Dryomorphus　ドリオモルフス類
＊ "*dryo*"によって *Dryosaurus* 属を表現している.

Elmisauridae Osmolska, 1981 [elmisaurid]
→ *Elmisaurus* 属(*ölmyi* 足, *saur* 竜), *-idea* 科
①エルミサウリダエ　エルミサウリダエ類
②*Elmisaurus* 属の科　**エルミサウルス科**(科類)
④Elmisaurus　エルミサウルス類

Enantiornithes Walker, 1981 [enantiornithean]
→ *Enantiornis* 属(*enant* 逆, *ornith* 鳥)
①エナンティオルニテス　エナンティオルニテス類
②*Enantiornis* 属の仲間　**エナンティオルニス類**
③*Enantiornis* 属→逆さ(反)の鳥　反鳥類
④Enantiornis　エナンティオルニス類

Enantiornithiformes Martin, 1983 [enantiornithiform]
→ *Enantiornis* 属(*enant* 逆, *ornith* 鳥), *form* 型
①エナンティオルニティフォルメス　エナンティオルニティフォルメス類
②*Enantiornis* 属の型の仲間　**エナンティオルニス型類**
③*Enantiornis* 属→逆さ(反)の鳥　反鳥型類
④Enantiornithiforma　エナンティオルニティフォルマ類

Eumaniraptora Padian *et al*., 1999 [eumaniraptoran]
→ *eu* 真, Maniraptora(*man* 手, *raptor* 盗人)
①エウマニラプトラ　エウマニラプトラ類
②真の Maniraptora(手で盗む)仲間　**真手盗類, 真マニラプトル類**
④Eumaniraptor　エウマニラプトル類

Euornithes Cope, 1889 [euornithean]
→ *eu* 真, *ornith* 鳥
①エウオルニテス　エウオルニテス
②真の鳥の仲間　**真鳥類**
④Euornis　エウオルニス類

Euornithopoda Sereno, 1986 [euornithopod]
→ *eu* 真, Ornithopoda(*ornith* 鳥, *pod* 足)
①エウオルニトポーダ　エウオルニトポーダ類
②真の Ornithopoda(鳥脚類)　**真鳥脚類**
④Euornithopus　エウオルニトプス類

Eurypoda Sereno, 1986 [eurypod]
→ *eury* 広い, *pod* 足
①エウリポーダ　エウリポーダ類
②広い脚の仲間　**広脚類**
④Eurypus　エウリプス類

Eusauropoda Upchurch, 1995 [eusauropod]
→ *eu* 真, Sauropoda(*saur* 竜, *pod* 足)
①エウサウロポーダ　エウサウロポーダ類
②真の Sauropoda(竜脚類)　**真竜脚類**
④Eusauropus　エウサウロプス類

Eutheria Gill, 1872 [eutherian]
→ *eu* 真，*ther* 獣，*-ia* 類
①エウテリア　エウテリア類
②真の Theria(獣類)　**真獣類**
④Eutherium　エウテリウム類

Galliformes Temminck, 1820 [galliform]
→ *Gallus* 属(ヤケイ：*gall* 鶏)，*form* 型
①ガリフォルメス　ガリフォルメス類
②*Gallus* 属(ヤケイ)の型の仲間　**ガルス型類**
③*Gallus* 属→ヤケイ・鶏　**ヤケイ型類**，鶏型類
④Galliforma　ガリフォルマ類
⑤　キジ型類*，キジ類*
* グループを代表する属を *Gallus*(ヤケイ・ニワトリ)属から *Phasianus*(キジ)属に置き換えている．

Gaviiformes Wetmore & Miller, 1926 [gaviiform]
→ *Gavia* 属(*gav* アビ・潜鳥)，*form* 型
①ガヴィイフォルメス　ガヴィイフォルメス類
②*Gavia* 属の型の仲間　**ガヴィア型類**
③*Gavia* 属→アビ　**アビ型類**
④Gaviiforma　ガヴィイフォルマ類
⑤　アビ類

Genasauria Sereno, 1986 [genasaur]
→ *gen* 頬，*saur* 竜，*-ia* 類
①ゲナサウリア　ゲナサウリア類
②頬をもつ竜の仲間　**頬竜類**
④Genasaurus　**ゲナサウルス類**

Gnathostomata Gegenbaur, 1874 [gnathostome]
→ *gnath* 顎，*stom* 口，*-ata* 有す動物
①グナトストマータ　グナトストマータ類
②顎のある口をもった仲間　**顎口類**(動物)
④Gnathostoma　グナトストマ類

Hadrosauridae Cope, 1869 [hadrosaurid]
→ *Hadrosaurus* 属(*hadr* 重い，*saur* 竜)，*-idae* 科
①ハドロサウリダエ　ハドロサウリダエ類
②*Hadrosaurus* 属の科　**ハドロサウルス科**(科類)
④Hadrosaurus　ハドロサウルス類

Hadrosaurinae Lambe, 1918 [hadrosaurine]
→ *Hadrosaurus* 属(*hadr* 重い，*saur* 竜)，*-inae* 亜科*
①ハドロサウリナエ　ハドロサウリナエ類
②*Hadrosaurus* 属の亜科　**ハドロサウルス亜科**(亜科類)
④Hadrosaurus　ハドロサウルス類
* "Saurolophinae"のシノニムとされることもある．

Hadrosauriformes Sereno, 1997 [hardosauriform]
→ *Hadrosaurus* 属(*hadr* 重い，*saur* 竜)，*form* 型
①ハドロサウリフォルメス　ハドロサウリフォルメス類
②*Hadrosaurus* 属の型の仲間　**ハドロサウルス型類**
④Hadrosauriforma　ハドロサウルス型類

Hadrosauroidea Cope, 1869 [hadrosauroid]
→ *Hadrosaurus* 属(*hadr* 重い，*saur* 竜)，*-oidea* 上科
①ハドロサウロイデア　ハドロサウロイデア類
②*Hadrosaurus* 属の上科　**ハドロサウルス上科**(上科類)
④Hadrosaurus　ハドロサウルス類

Hadrosauromorpha Norman, 2015 vide Norman, 2014 [hadrosauromorph]
→ *Hadrosaurus* 属(*hadr* 重い，*saur* 竜)，*morph* 形
①ハドロサウロモルファ　ハドロサウロモルファ類
②*Hadrosaurus* 属の形の仲間　**ハドロサウルス形類**
④Hadrosauromorphus　ハドロサウロモルフス類

Herrerasauridae Beneetto, 1973 [herrerasaurid]
→ *Herrerasaurus* 属(*herrera* Herrera 氏，*saur* 竜)，*-idae* 科
①ヘレラサウリダエ　ヘレラサウリダエ類
②*Herrerasaurus* 属の科　**ヘレラサウルス科**(科類)
④Herrerasaurus　ヘレラサウルス類

Hesperornithes Fürbringer, 1888 [hesperornithean]
→ *Hesperornis* 属(*hesper* 西方・黄昏，*ornith* 鳥)
①ヘスペロルニテス　ヘスペロルニテス類
②*Hesperornis* 属の仲間　**ヘスペロルニス類**
④Hesperornis　ヘスペロルニス類

Hesperornithiformes Sharpe, 1899 [hesperornithiform]
→ *Hesperornis* 属(*hesper* 西方・黄昏，*ornith* 鳥)，*form* 型
①ヘスペロルニティフォルメス　ヘスペロルニティフォルメス類
②*Hesperornis* 属の型の仲間　**ヘスペロルニス型類**
④Hesperornis　ヘスペロルニス類

Heterodontosauria Cooper, 1985 [heterodontosaur]
→ *Heterodontosaurus* 属(*heter* 異，*odont* 歯，*saur* 竜)，*-ia* 類
①ヘテロドントサウリア　ヘテロドントサウリア類
②*Heterodontosaurus* 属の仲間　**ヘテロドントサウルス類**
④Heterodontosaurus　ヘテロドントサウルス類

Heterodontosauridae Romer, 1966 [heterodontosaurid]
→ *Heterodontosaurus* 属(*heter* 異，*odont* 歯，*saur* 竜)，*-idae* 科
①ヘテロドントサウリダエ　ヘテロドントサウリダエ類
②*Heterodontosaurus* 属の科　**ヘテロドントサウルス科**(科類)
④Heterodontosaurus　ヘテロドントサウルス類

Hominoidea Gray, 1825 [hominoid]
→ *Homo* 属(*homo* 人)，*-oidea* 上科
①ホミノイデア　ホミノイデア類
②*Homo* 属の上科　**ホモ上科**(上科類)
③*Homo* 属→ヒト・人　**ヒト上科**
④Homo　ホモ類
⑤　人類

Hypsilophodontidae Dollo, 1882 [hypsilophodontid]
→ *Hypsilophodon* 属(*hyps* 高い，*loph* 峰，*odont* 歯)，*-idae* 科
①ヒプシロフォドンティダエ　ヒプシロフォドンティダエ類
②*Hypsilophodon* 属の科　**ヒプシロフォドン科**
④Hypsilophodon　ヒプシオフォドン類

Ichthyornithes Marsh, 1873 [ichthyornithes]
→ *Ichthyornis* 属(*Ichthy* 魚，*ornith* 鳥)
①イクチオルニテス　イクチオルニテス類
②*Ichthyornis* 属の仲間　**イクチオルニス類**
④Ichthyornis　イクチオルニス類

Ichthyornithiformes Fürbringer, 1888 [ichthyornithiform]
→ *Ichthyornis* 属(*ichthy* 魚, *ornith* 鳥), *form* 型
①イクチオルニティフォルメス　イクチオルニティフォルメス類
②*Ichthyornis* 属の型の仲間　**イクチオルニス型類**
④Ichthyornithiforma　イクチオルニティフォルマ類

Ichthyosauria Blainville, 1835 [ichthyosaur]
→ *Ichthyosaurus* 属(*ichthy* 魚, *saur* 竜), *-ia* 類
①イクチオサウリア　イクチオサウリア類
②*Ichthyosaurus* 属の仲間　**イクチオサウルス類**
③*Ichthyosaurus* 属→魚の竜　**魚竜類**, ギョリュウ類
④Ichthyosaurus　イクチオサウルス類

Iguanodontia Baur, 1891 [iguanodont]
→ *Iguanodon* 属(*iguan* イグアナ, *odont* 歯), *-ia* 類
①イグアノドンティア　イグアノドンティア類
②*Iguanodon* 属の仲間　**イグアノドン類**
④Iguanodon　イグアノドン類

Iguanodontidae Cope, 1869 [iguanodontid]
→ *Iguanodon* 属(*iguan* イグアナ, *odont* 歯), *-idae* 科
①イグアノドンティダエ　イグアノドンティダエ類
②*Iguanodon* 属の科　**イグアノドン科**(科類)
④Iguanodon　イグアノドン類

Iguanodontoidea Hay, 1902 [iguanodontoid]
→ *Iguanodon* 属(*iguan* イグアナ, *odont* 歯), *-oidea* 上科
①イグアノドントイデア　イグアノドントイデア類
②*Iguanodon* 属の上科　**イグアノドン上科**(上科類)
④Iguanodon　イグアノドン類

Lambeosaurinae Parks, 1923 [lambeosaurine]
→ *Lambeosaurus* 属(*lambe* Lambe 氏, *saur* 竜), *-inae* 亜科
①ランベオサウリナエ　ランベオサウリナエ類
②*Lambeosaurus* 属の亜科　**ランベオサウルス亜科**(亜科類)
④Lambeosaurus　ランベオサウルス類

Lepidosauria Haeckel, 1866 [lepidosaur]
→ *lepid* 鱗, *saur* 竜, *-ia* 類
①レピドサウリア　レピドサウリア類
②鱗をもつ竜の仲間　**鱗竜類**
④Lepidosaurus　レピドサウルス類
⑤　ヘビ・トカゲ類

Lepidosauromorpha Benton, 1983 [lepidosauromorph]
→ *lepid* 鱗, *saur* 竜, *morph* 形
①レピドサウロモルファ　レピドサウロモルファ類
②鱗をもつ竜の形の仲間　**鱗竜形類**
④Lepidosauromorphus　レピドサウロモルフス類

Lissamphibia Haeckel, 1866 [lissamphibian]
→ *liss* 滑らか, Amphibia(*amph* 両方, *bi* 生, *-ia* 類)
①リスアンフィビア　リスアンフィビア類
②滑らかな両生類　**平滑両生類**
④Lissamphibius　リスアンフィビウス類

Macronaria Wilson & Sereno, 1998 [macronarian]
→ *macr* 巨大な, *nar* 鼻, *-ia* 類
①マクロナリア　マクロナリア類
②巨大な鼻の仲間　**巨鼻類**
④Macronaris　**マクロナリス類**

Mammalia Linnaeus, 1758 [mammal]
→ *mamm* 乳, *-al* もつ, *-ia* 類
①マンマリア　マンマリア類
②乳をもつ仲間　**哺乳類**
④Mammalus　マンマルス類

Mammaliamorpha Rowe, 1988 [mammaliamorph]
→ Mammalia(*mamm* 乳, *-al* もつ, *-ia* 類), *morph* 形
①マンマリアモルファ　マンマリアモルファ類
②Mammalia(哺乳類)形の仲間　**哺乳形類**
④Mammaliamorphus　マンマリアモルフス類

Maniraptora Gauthier, 1986 [maniraptoran]
→ *man* 手, *raptor* 盗人
①マニラプトラ　マニラプトラ類
②手で盗む仲間　**手盗類**
④Maniraptor　**マニラプトル類**

Marginocephalia Sereno, 1986[marginocephalian]
→ *margin* 周り・縁, *cephal* 頭, *-ia* 類
①マルギノケファリア　マルギノケファリア類
②頭の周囲を飾る仲間　**周飾頭類**
④Marginocephalus　マルギノケファルス類

Marsupialia Illiger, 1811 [marsupial]
→ *marsip* 袋, *-al* もつ, *-ia* 類
①マルスピアリア　マルスピアリア類
②袋をもつ仲間　**有袋類**
④Marsupialus　マルスピアルス類

Megalosauridae Huxley, 1869 [megalosaurid]
→ *Megalosaurus* 属(*megal* 大, *saur* 竜), *-idae* 科
①メガロサウリダエ　メガロサウリダエ類
②*Megalosaurus* 属の科　**メガロサウルス科**(科類)
④Megalosaurus　メガロサウルス類

Megalosauroidea Huxley, 1889 [megalosauroid]*
→ *Megalosaurus* 属(*megal* 大, *saur* 竜), *-oidea* 上科
①メガロサウロイデア　メガロサウロイデア類
②*Megalosaurus* 属の上科　**メガロサウルス上科**(上科類)
④Megalosaurus　メガロサウルス類
* Spinosauroidea は Megalosauroidea のシノニム.

Microraptoridae Senter *et al*., 2004 [microraptorid]
→ *Microraptor* 属(*micr* 小, *raptor* 盗人), *-idae* 科
①ミクロラプトリダエ　ミクロラプトリダエ類
②*Microraptor* 属の科　**ミクロラプトル科**(科類)
④Microraptor　ミクロラプトル類

Mosasauria Marsh, 1860 [mosasaur]
→ *Mosasaurus* 属(*mosa* ムーズ川, *saur* 竜), *-ia* 類
①モササウリア　モササウリア類
②*Mosasaurus* 属の仲間　**モササウルス類**
④Mosasaurus　モササウルス類
⑤　海トカゲ類

Mosasauridae Gervais, 1853 [mosasaurid]
→ *Mosasaurus* 属(*mosa* ムーズ川, *saur* 竜), *-idae* 科
①モササウリダエ　モササウリダエ類
②*Mosasaurus* 属の科　**モササウルス科**(科類)
④Mosasaurus　モササウルス類

Mosasauroidea Camp, 1923 [mosasauroid]
→ *Mosasaurus* 属(*mosa* ムーズ川, *saur* 竜), *-oidea* 上科
①モササウロイデア　モササウロイデア類
②*Mosasaurus* 属の上科　**モササウルス上科**(上科類)
④Mosasaurus　モササウルス類

Neoaves Sibley *et al.*, 1988 [neoavian]
→ *neo* 新, *av* 鳥
①ネオアヴェス　ネオアヴェス類
②新しい鳥の仲間　新鳥類*
④Neoavis　ネオアヴィス類
* ギリシア語の *ornith* とラテン語の *av* がともに"鳥"を意味するところから, Neornithes(新鳥類)との区別ができないため, 和名として共存ができない.

Neoceratopsia Sereno, 1986 [neoceratopsian]
→ *neo* 新, Ceratopsia(*cerat* 角, *ops* 顔, *-ia* 類)
①ネオケラトプシア　ネオケラトプシア類
②新しい Ceratopsia ケラトプス類　**新ケラトプス類**
④Neoceratops　ネオケラトプス類
⑤　新角竜類*
* "Ceratopsia"の英語一般称"horned dinosaurs"に由来.

Neoceratosauria Novas, 1991 [neoceratosaur]
→ *neo* 新, *Ceratosaurus* 属(*cerat* 角, *saur* 竜), *-ia* 類
①ネオケラトサウリア　ネオケラトサウリア類
②新しい Ceratosauria　**新ケラトサウルス類**
③新しい角の竜の仲間　新角竜類*
④Neoceratosaurus　ネオケラトサウルス類
* 意味に即した漢字表記は"Neoceratopsia"の⑤の訳と重複する.

Neornithischia Cooper, 1985 [neornithischian]
→ *neo* 新, *Ornithischia*(*ornith* 鳥, *isch* 骨盤, *-ia* 類)
①ネオルニティスキア　ネオルニティスキア類
②新しい鳥盤類　**新鳥盤類**
④Neornithischium　ネオルニティスキウム類

Neornithes Gadow, 1893 [neornithean]
→ *neo* 新, *ornith* 鳥
①ネオルニテス　ネオルニテス類
②新しい鳥の仲間　**新鳥類***
④Neornis　ネオルニス類
* ギリシア語の *ornith* とラテン語の *av* がともに"鳥"を意味するところから, Neoaves(新鳥類)との区別ができないため, 和名として共存ができない.

Neosauropoda Bonaparte, 1986 [neosauropod]
→ *neo* 新, Sauropoda(*saur* 竜, *pod* 足)
①ネオサウロポーダ　ネオサウロポーダ類
②新しい Sauropoda(竜脚類)　**新竜脚類**
④Neosauropus　ネオサウロプス類

Neotheropoda Bakker, 1986 [neotheropod]
→ *neo* 新, Theropoda(*ther* 獣, *pod* 足)
①ネオテロポーダ　ネオテロポーダ類
②新しい Theropoda(獣脚類)　**新獣脚類**
④Neotheropus　ネオテロプス類

Nodosauridae Marsh, 1890 [nodosaurid]
→ *Nodosaurus* 属(*nod* 瘤, *saur* 竜), *-idae* 科
①ノドサウリダエ　ノドサウリダエ類
②*Nodosaurus* 属の科　**ノドサウルス科**(科類)
④Nodosaurus　ノドサウルス類

Ornithischia Seeley, 1888 [ornithischian]
→ *ornith* 鳥, *isch* 骨盤, *-ia* 類
①オルニティスキア　オルニティスキア類
②鳥の骨盤をもつ仲間　**鳥盤類**
④Ornithischium　オルニティスキウム類

Ornithodira Gauthier, 1986 [ornithodiran]
→ *ornith* 鳥, *dir* 首
①オルニトディラ　オルニトディラ類
②鳥の頸をもつ仲間　**鳥頸類**
④Ornithodera　オルニトデラ類

Ornithomimidae Marsh, 1890 [ornithomimid]
→ *Ornithomimus* 属(*ornith* 鳥, *mim* もどき), *-idae* 科
①オルニトミミダエ　オルニトミミダエ類
②*Ornithomimus* 属の科　**オルニトミムス科**(科類)
④Ornithomimus　オルニトミムス類

Ornithomimosauria Barsbold, 1976 [ornithomimosaur]
→ *Ornithomimus* 属(*ornith* 鳥, *mim* もどき), *saur* 竜, *-ia* 類
①オルニトミモサウリア　オルニトミモサウリア類
②*Ornithomimus* 属の恐竜の仲間　**オルニトミムス竜類**
④Ornithomimosaurus　**オルニトミモサウルス類**

Ornithopoda Marsh, 1881 [ornithopod]
→ *ornith* 鳥, *pod* 足
①オルニトポーダ　オルニトポーダ類
②鳥の足をもつ仲間　**鳥脚類**
④Ornithopus　オルニトプス類
⑤　直足類*
* 綴りの誤認識による, Orthopoda(*ortho* 直, *pod* 足)の直訳.

Ornithoscelida Huxley, 1870 [ornithoscelid]
→ *ornith* 鳥, *scelid* 脚部
①オルニトスケリダ　オルニトスケリダ類
②鳥の脚部をもつ仲間　**鳥肢類***
④Ornithoscelis　オルニトスケリス類
* Ornithopoda(鳥脚類)との混同を避けるため, 足を意味する"*pod*"と, 脚部を意味する"*scelid*"で漢字を使い分ける必要がある.

Ornithothoraces Chiappe & Calvo, 1994 [ornithothoracine]
→ *ornith* 鳥，*thorac* 胸
①オルニトトラケス　オルニトトラケス類
②鳥の胸をもつ仲間　**鳥胸類**
④Ornithothorax　オルニトトラックス類

Ornithurae Haeckel, 1866 [ornithuran]
→ *ornith* 鳥，*ur* 尾
①オルニトゥラエ　オルニトゥラエ類
②鳥の尾をもつ仲間　**鳥尾類**
④Ornithura　オルニトゥラ類

Ornithuromorpha Chiappe, 1999 [ornithuromorph]
→ Ornithura(*ornith* 鳥，*ur* 尾)，*morph* 形
①オルニトゥロモルファ　オルニトゥロモルファ類
②Ornithura(鳥尾類)の形の仲間　**鳥尾形類**
④Ornithuromorphus　オルニトゥロモルフス類

Osteichthyes Huxley, 1880 [osteoichthyean]
→ *oste* 骨，*ichthy* 魚
①オステイクティス　オステイクティス類
②硬い骨をもつ魚　**硬骨魚類**
④Osteichtys　オステイクティス類

Oviraptoridae Barsbold, 1976 [oviraptorid]
→ *Oviraptor* 属(*ov* 卵，*raptor* 泥棒)，*-idae* 科
①オヴィラプトリダエ　オヴィラプトリダエ類
②*Oviraptor* 属の科　**オヴィラプトル科**(科類)
④Oviraptor　オヴィラプトル類

Oviraptorosauria Barsbold, 1976 [oviraptorosaur]
→ *Oviraptor* 属(*ov* 卵，*raptor* 泥棒)，*saur* 竜，*-ia* 類
①オヴィラプトロサウリア　オヴィラプトロサウリア類
②*Oviraptor* 属の恐竜の仲間　**オヴィラプトル竜類**
④Oviraptorosaurus　**オヴィラプトロサウルス類**

Pachycephalosauria Maryańska & Osmólska, 1974 [pachycephalosaur]
→ *Pachycephalosaurus* 属(*pachy* 厚，*cephal* 頭，*saur* 竜)，*-ia* 類
①パキケファロサウリア　パキケファロサウリア類
②*Pachycephalosaurus* 属の仲間　**パキケファロサウルス類**
③*Pachycephalosaurus* 属→厚頭竜　厚頭竜類
④Pachycephalosaurus　パキケファロサウルス類
⑤　堅頭竜類*
＊ "*pachy*"を"厚い"ではなく，"堅い"と解釈.

Pachycephalosauridae Sternberg, 1945 [pachycephalosaurid]
→ *Pachycephalosaurus* 属(*pachy* 厚，*cephal* 頭，*saur* 竜)，*-idae* 科
①パキケファロサウリダエ　パキケファロサウリダエ類
②*Pachycephalosaurus* 属の科　**パキケファロサウルス科**(科類)
④Pachycephalosaurus　パキケファロサウルス類

Paraves Sereno, 1997 [paravian]
→ *par* 近縁な・側，Aves(*av* 鳥)
①パルアヴェス　パルアヴェス類
②Aves(鳥類)に近い仲間　**近鳥類**
④Paravis　パルアヴィス類
⑤　原鳥類*
＊ 学名の意味を反映しない"原始的"という意味がつけられたもの.

Phytosauria von Meyer, 1861 [phytosaur]
→ *Phytosaurus* 属(*phyt* 植物，*saur* 竜)，*-ia* 類
①フィトサウリア　フィトサウリア類
②*Phytosaurus* 属の仲間　**フィトサウルス類**
③*Phytosaurus* 属→植物食の竜　植竜類
④Phytosaurus　フィトサウルス類

Plesiosauria Blainville, 1835 [plesiosaur]
→ *Plesiosaurus* 属(*plesios* 近縁，*saur* 竜)，*-ia* 類
①プレシオサウリア　プレシオサウリア類
②*Plesiosaurus* 属の仲間　**プレシオサウルス類**
④Plesiosaurus　プレシオサウルス類
⑤　首長竜類*，蛇頸竜類
＊ 元の意味には，首の長さに関する言葉が一切含まれていない.

Procellariformes Fürbringer, 1888 [procellariform]
→ *Procellaria* 属(ミズナギドリ：*procellar* 嵐)，*form* 型
①プロケラリイフォルメス　プロケラリイフォルメス類
②*Procellaria* 属の型の仲間　**プロケラリア型類**
③*Procellaria* 属→ミズナギドリ　**ミズナギドリ型類**
④Procellariforma　プロケラリイフォルマ類

Prolacertiformes Camp, 1945 [prolacertiform]
→ *Prolacerta* 属(*pro* 前，*lacert* トカゲ)，*form* 型
①プロラケルティフォルメス　プロラケルティフォルメス類
②*Prolacerta* 属の型の仲間　**プロラケルタ型類**
④Prolacertiforma　プロラケルティフォルマ類

Prosauropoda von Huene, 1920 [prosauropod]
→ *pro* 前，Sauropoda(*saur* 竜，*pod* 足)
①プロサウロポーダ　プロサウロポーダ類
②前の竜脚類　**古竜脚類**・原竜脚類
④Prosauropus　プロサウロプス類

Pseudosuchia Zittel, 1887 [pseudosuchian]
→ *pseud* 偽，Suchia(*such* 鰐，*-ia* 類)
①シュードスキア　シュードスキア類
②偽の Suchia(鰐類)　**偽鰐類**
④Pseudosuchus　シュードスクス類

Psittaciformes Wagler 1830 [psittaciform]
→ *Psittacus* 属(*psittac* オウム)，*form* 型
①プシッタキフォルメス　プシッタキフォルメス類
②*Psittacus* 属の型の仲間　**プシッタクス型類**
③*Psittacus* 属→オウム　**オウム型類**
④Psittaciforma　プシッタキフォルマ類

Psittacosauridae Osborn, 1923 [psittacosaurid]
→ *Psittacosaurus* 属(*psittac* オウム，*saur* 竜)，*-idae* 科
①プシッタコサウリダエ　プシッタコサウリダエ類
②*Psittacosaurus* 属の科　**プシッタコサウルス科**(科類)
④Psittacosaurus　プシッタコサウルス類

Pterosauria Kaup, 1834 [pterosaur]
→ *pter* 翼，*saur* 竜，*-ia* 類
①プテロサウリア　プテロサウリア類
②翼の竜の仲間　**翼竜類**
④Pterosaurus　プテロサウルス類

Pygostylia Chatterjee, 1997 [pygostylian]
→ *pyg* 臀部・尻，*styl* 柱，*-ia* 類
①パイゴスティリア　パイゴスティリア類
②柱状の尻(尾)の仲間　臀柱類，**尾柱類**
④Pygostylus　**パイゴスティルス類**
⑤　尾端骨類*
＊ 鳥の"pygostyle"という骨に，元の意味を一切反映しない"尾端骨"と漢字をあてたものに由来．カエルでは，同じ名称の骨(pygostyle/urostyle)が"尾柱"と，元の意味により近い訳があてられている．

Rauisuchia von Huene, 1942 [rauisuchian]
→ *Rauisuchus* 属(*rau* Rau 氏，*such* 鰐)，*-ia* 類
①ラウイスキア　ラウイスキア類
②*Rauisuchus* 属の仲間　**ラウイスクス類**
④Rauisuchus　ラウイスクス類

Reptilia Laurenti, 1768 [reptile]
→ *reptil* 這行する，*-ia* 類
①レプティリア　レプティリア類
②這いずる動物(虫)の仲間　**爬虫類**
④Reptilis　レプティリス類

Rhamphorhynchidae Seeley, 1870 [rhamphorhynchid]
→ *Rhamphorhynchus* 属(*rhamph* クチバシ，*rhynch* 吻)，*-idae* 科
①ランフォリンキダエ　ランフォリンキダエ類
②*Rhamphorhynchus* 属の科　**ランフォリンクス科**(科類)
④Rhamphorhynchus　ランフォリンクス類

Rhynchosauria Osborn, 1903 [rhynchosaur]
→ *Rhynchosaurus* 属(*rhynch* 吻・喙，*saur* 竜)，*-ia* 類
①リンコサウリア　リンコサウリア類
②*Rhynchosaurus* 属の仲間　**リンコサウルス類**
③*Rhynchosaurus* 属→喙の竜　喙竜類(かいりゅうるい)
④Rhynchosaurus　リンコサウルス類

Sarcopterygii Romer, 1955 [sarcopterygian]
→ *sarc* 肉，*pteryg* 鰭・翼
①サルコプテリギイ　サルコプテリギイ類
②肉質の鰭をもつ仲間　**肉鰭類**
④Sarcopteryx　サルコプテリクス類

Saurischia Seeley, 1888 [saurischian]
→ *saur* 竜，*isch* 骨盤，*-ia* 類
①サウリスキア　サウリスキア類
②トカゲの骨盤をもつ仲間　**竜盤類**
④Saurischium　サウリスキウム類

Saurolophinae Lambe, 1918 [saurolophine]
→ *Saurolophus* 属(*saur* 竜，*loph* 峰)，*-inae* 亜科
①サウロロフィナエ類　サウロロフィナエ類
②*Saurolophus* 属の亜科　**サウロロフス亜科**(亜科類)
④Saurolophus　サウロロフス類

Sauropoda Marsh, 1878 [sauropod]
→ *saur* 竜，*pod* 足
①サウロポーダ　サウロポーダ類
②竜の足の仲間　**竜脚類**
④Sauropus　サウロプス類

Sauropodomorpha von Huene, 1932 [sauropodomorph]
→ Sauropoda(*saur* 竜，*pod* 足)，*morph* 形
①サウロポドモルファ　サウロポドモルファ類
②Sauropoda(竜脚類)の形の仲間　**竜脚形類**
④Sauropodomorphus　サウロポドモルフス類

Sauropsida Watson, 1956 [sauropsid]
→ *saur* 竜，*ops* 顔，*-id* 様
①サウロプシダ　サウロプシダ類
②竜の顔をもつ仲間　—
④Saurops　**サウロプス類**
⑤　竜弓類*
＊ 元の意味をまったく反映しない"弓"の漢字があてられているが，語尾が単弓類，獣弓類，双弓類などと韻を踏む形となっている．

Sauropterygia Owen, 1860 [sauropterygian]
→ *saur* 竜，*pteryg* 鰭・翼，*-ia* 類
①サウロプテリギア　サウロプテリギア類
②鰭をもつ竜の仲間　**鰭竜類**
④Sauropteryx　サウロプテリクス類

Scansoriopterygidae Czerkas & Yuan, 2002 [scansoriopterygid]
→ *Scansoriopteryx* 属(*scansor* 登攀(とうはん)，*pteryg* 翼)，*-idae* 科
①スカンソリオプテリギダエ　スカンソリオプテリギダエ類
②*Scansoriopteryx* 属の科　**スカンソリオプテリクス科**(科類)
④Scansoryopteryx　スカンソリオプテリクス類

Silesauridae Langer *et al*., 2010 [silesaurid]
→ *Silesaurus* 属(*sil* シレジア，*saur* 竜)，*-idae* 科
①シレサウリダエ　シレサウリダエ類
②*Silesaurus* 属の科　**シレサウルス科**(科類)
④Silesaurus　シレサウルス類

Spinosauridae Stromer, 1915 [spinosaurid]
→ *Spinosaurus* 属(*spin* 棘，*saur* 竜)，*-idae* 科
①スピノサウリダエ　スピノサウリダエ類
②*Spinosaurus* 属の科　**スピノサウルス科**(科類)
④Spinosaurus　スピノサウルス類

Spinosauroidea Olshevsky, 1995 [spinosauroid]*
→ *Spinosaurus* 属(*spin* 棘，*saur* 竜)，*-oidea* 上科
①スピノサウロイデア　スピノサウロイデア類
②*Spinosaurus* 属の上科　**スピノサウルス上科**(上科類)
④Spinosaurus　スピノサウルス類
＊ Megalosauroidea のシノニム．

Squamata Oppel, 1881 [squamate]
→ *squam* 鱗，*-ata* 有す動物
①スクアマタ　スクアマタ類
②鱗を有する仲間　**有鱗類**[*1]
④Squamatus　スクアマトゥス類
⑤　トカゲ類[*2]
＊1 センザンコウの仲間の Pholidota(*phoid* 鎧・鱗)に"有鱗類"の訳があてられる場合もあるが，こちらは"鱗甲類"とされることが多い．
＊2 Lepidosauria, Lacertilia, Scincoidea など，解釈によっては"トカゲ類"と訳せてしまうグループ名が多数存在するため，不適．

Stegosauria Marsh, 1877 [stegosaur]
→ *Stegosaurus* 属(*steg* 屋根, *saur* 竜), *-ia* 類
①ステゴサウリア　ステゴサウリア類
②*Stegosaurus* 属の仲間　**ステゴサウルス類**
④Stegosaurus　ステゴサウルス類
⑤　剣竜類*, 剱竜類*
* 英語一般称は"plated dinosaurs"だが, これの和訳ですらない, どのように訳されたのかが不明な和名.

Stegosauridae Marsh, 1880 [stegosaurid]
→ *Stegosaurus* 属(*steg* 屋根, *saur* 竜), *-idae* 科
①ステゴサウリダエ　ステゴサウリダエ類
②*Stegosaurus* 属の科　**ステゴサウルス科**(科類)
④Stegosaurus　ステゴサウルス類

Suchia Krebs, 1974 [suchian]
→ *such* 鰐, *-ia* 類
①スキア　スキア類
②鰐の仲間　**鰐類**・ワニ類*
④Suchus　スクス類
* Crocodylia に"ワニ類"の訳があてられると, 和名において Suchia との区別がつかなくなるため, 混同が避けられない.

Synapsida Osborn, 1903 [synapsid]
→ *syn* 単一, *apsid* 環・弓
①シナプシダ　シナプシダ類
②単一の弓の仲間　**単弓類**
④Synapsis　シナプシス類

Temnospondyli Zittel, 1888 [temnospondyl]
→ *temn* 切・分, *spondyl* 脊椎
①テムノスポンディリ　テムノスポンディリ類
②椎骨が分かれている仲間　**分椎類**
④Temnospondylus　テムノスポンディルス類

Testudinata Klein, 1760 [testudinate]
→ *Testudo* 属(リクガメ属: *testud* 亀), *-ata* 動物
①テストゥディナータ　テストゥディナータ類
②*Testudo* 属の動物の仲間　**テゥトゥド動物類**
③*Testudo* 属→カメ　カメ類*
④Testudinatus　テゥトゥディナトゥス類
* "カメ類"という訳は, Chelonia や Testudines との区別がつかなくなるため, 不適.

Testudines Batsch, 1788 [testudine]
→ *Testudo* 属(リクガメ属: *testud* 亀)
①テストゥディネス　テストゥディネス類
②*Testudo* 属の仲間　**テゥトゥド類**
③*Testudo* 属→カメ　カメ類*, 亀鼈類*(きべつるい)
④Testudo　テゥトゥド類
* "カメ類"という訳は, Chelonia や Testudinata との区別がつかなくなるため, 不適.

Tetanurae Gauthier, 1986 [tetanuran]
→ *tetan* 堅い, *ur* 尾
①テタヌラエ　テタヌラエ類
②堅い尾の仲間　**堅尾類**
④Tetanura　**テタヌラ類**

Tetrapoda Hatschek & Cori, 1896 [tetrapod]
→ *tetr* 四つ, *pod* 足
①テトラポーダ　テトラポーダ類
②四つの足の仲間　**四肢類**(**動物**), 四足類
④Tetrapus　テトラプス類

Tetrapodomorpha Ahlberg, 1991 [tetrapodomorph]
→ Tetrapoda(*tetr* 四つ, *pod* 足), *morph* 形
①テトラポドモルファ　テトラポドモルファ類
②Tetrapoda(四肢類)の形の仲間　**四肢形類**, 四足形類
④Tetrapodomorphus　テトラポドモルフス類

Thecodontia Owen, 1859 [thecodont]
→ *thec* 槽, *odont* 歯, *-ia* 類
①テコドンティア　テコドンティア類
②槽に入った歯の仲間　**槽歯類**
④Thecodon　テコドン類

Therapsida Broom, 1905 [therapsid]
→ *ther* 獣, *apsid* 環・弓
①テラプシダ　テラプシダ類
②獣の弓の仲間　**獣弓類**
④Therapsis　テラプシス類

Therizinosauria Russell, 1997 [therizinosaur]
→ *Therizinosaurus* 属(*therizin* 鎌, *saur* 竜), *-ia* 類
①テリジノサウリア　テリジノサウリア類
②*Therizinosaurus* 属の仲間　**テリジノサウルス類**
④Therizinosaurus　テリジノサウルス類

Therizinosauroidea Russell & Dong, 1994 [therizinosauroid]
→ *Therizinosaurus* 属(*Therizin* 鎌, *saur* 竜), *-oidea* 上科
①テリジノサウロイデア　テリジノサウロイデア類
②*Therizinosaurus* 属の上科　**テリジノサウルス上科**(上科類)
④Therizinosaurus　テリジノサウルス類

Theropoda Marsh, 1881 [theropod]
→ *ther* 獣, *pod* 足
①テロポーダ　テロポーダ類
②獣の足の仲間　**獣脚類**
④Theropus　テロプス類

Thyreophora Nopsca, 1915 [thyreophoran]
→ *thyr* 楯, *phor* 装備
①ティレオフォラ　ティレオフォラ類
②装甲を装備する仲間　**装盾類**
④Thyreophorus　ティレオフォルス類

Titanosauria Bonaparte & Coria, 1993 [titanosaur]
→ *Titanosaurus* 属(*titan* 巨人, *saur* 竜), *-ia* 類
①ティタノサウリア　ティタノサウリア類
②*Titanosaurus* 属の仲間　**ティタノサウルス類**
④Titanosaurus　ティタノサウルス類

Titanosauridae Lydekker, 1895 [titanosaurid]
→ *Titanosaurus* 属(*titan* 巨人, *saur* 竜), *-idae* 科
①ティタノサウリダエ　ティタノサウリダエ類
②*Titanosaurus* 属の科　**ティタノサウルス科**(科類)
④Titanosaurus　ティタノサウルス類

Titanosauriformes Salgado *et al.*, 1997 [titanosauriform]
→ *Titanosaurus* 属(*titan* 巨人，*saur* 竜)，*form* 型
①ティタノサウリフォルメス　ティタノサウリフォルメス類
②*Titanosaurus* 属の型仲間　**ティタノサウルス型類**
④Titanosauriforma　ティタノサウリフォルマ類

Titanosauroidea Upchurch, 1995 [titanosauroid]
→ *Titanosaurus* 属(*titan* 巨人，*saur* 竜)，*-oidea* 上科
①ティタノサウロイデア　ティタノサウロイデア類
②*Titanosaurus* 属の上科　**ティタノサウルス上科**(上科類)
④Titanosaurus　ティタノサウルス類

Tragulidae Milne-Edwards, 1864 [tragulid]
→ *Tragulus* 属(マメジカ：*trag* 雄山羊，*ulus* のような)，*-idae* 科
①トラグリダエ　トラグリダエ類
②*Tragulus* 属の科　**トラグルス科**(科類)
③*Tragulus* 属→マメジカ　**マメジカ科**
④Tragulus　トラグルス類

Troodontidae Gilmore, 1924 [troodontid]
→ *Troodon* 属(*troo* 創傷，*odont* 歯)，*-idae* 科
①トロオドンティダエ　トロオドンティダエ類
②*Troodon* 属の科　**トロオドン科**(科類)
④Troodon　トロオドン類

Tunicata Lamarck, 1816 [tunicate]
→ *tunic* スカート，*-ata* 有す動物
①トゥニカータ　トゥニカータ類
②嚢をまとう動物　**被嚢類**，被嚢動物
④Tunicatus　トゥニカトゥス類
⑤　ホヤ類

Tyrannosauridae Osborn, 1906 [tyrannosaurid]
→ *Tyrannosaurus* 属(*tyrant* 暴君，*saur* 竜)，*-idae* 科
①ティランノサウリダエ　ティランノサウリダエ類
②*Tyrannosaurus* 属の科　**ティラノサウルス科**(科類)
④Tyrannosaurus　ティラノサウルス類

Tyrannosauroidea Osborn, 1906 vide Walker, 1964 [tyrannosauroid]
→ *Tyrannosaurus* 属(*tyrant* 暴君，*saur* 竜)，*-oidea* 上科
①ティランノサウロイデア　ティランノサウロイデア類
②*Tyrannosaurus* 属の上科　**ティラノサウルス上科**(上科類)
④Tyrannosaurus　ティラノサウルス類

Urochordata Lankester, 1877 [urochordate]
→ *ur* 尾，*chord* 脊索，*-ata* 有す動物
①ウロコルダータ　ウロコルダータ類
②尾に脊索をもつ動物　**尾索類**，尾索動物
④Urochordatus　ウロコルダトゥス類
⑤　ホヤ類

Vertebrata Lamark, 1801 [vertebrate]
→ *vertebr* 脊椎，*-ata* 有す動物
①バーテブラータ　バーテブラータ類
②脊椎をもつ動物の仲間　脊椎類，**脊椎動物**
④Vertebratus　バーテブラトゥス類

付表2　属　名　一　覧

本書に登場する恐竜の学名(ラテン名)，ラテン語の意味，および，本書で採用した学名の読み方(カナ表記)を記した．本書で採用した学名の読み方は，英語式や中国語式，訓令式(ローマ字)が混在したもので，特定の基準に沿ったものではないことを断っておく．他の書籍では見かけない和名(カナ表記)を本書に見つけることもあるだろう．その場合はもととなった学名(ラテン名)をたどり対応をつけていただきたい．

	学名	語源	本書で採用した表記
A	*Acanthopholis*	*akantha* 棘，*pholis* ウロコ・ウロコ状	アカントフォリス
	Acanthostega	*akantha* 棘，*stega* 屋根・覆い	アカントステガ
	Achelousaurus	*Achelous* ギリシア神話に登場する河の主アケローオス(Achelous)にちなむ，*sauros* トカゲ・爬虫類	アケロウサウルス
	Achillonychus	*Achillo* ギリシア神話の英雄アキレス(*Achilles*)にちなむ，*onycho* カギツメ・ツメ	アキロニクス
	Acrocanthosaurus	*akros* きわめて高い，*acanth* 棘，*sauros* トカゲ・爬虫類	アクロカントサウルス
	Aegyptosaurus	*Aegypt* エジプト，*sauros* トカゲ・爬虫類	アエギプトサウルス
	Aerosteon	*aeros* 空気，*osteon* 骨	エアロステオン
	Afrovenator	*afro* アフリカの，*venator* 狩人	アフロヴェナトル
	Agilisaurus	*agilis* 軽快な，*sauros* トカゲ・爬虫類	アギリサウルス
	Alamosaurus	*Alamo* テキサス州のオホ・アラモ(Ojo Alamo)層，*sauros* トカゲ・爬虫類	アラモサウルス
	Albertosaurus	*Alberta* カナダ・アルバータ(Alberta)州，*sauros* トカゲ・爬虫類	アルバートサウルス
	Alioramus	*ali* 他の，*ramus* 枝：ティラノサウルス科の中での分岐の意	アリオラムス
	Alligator	16 世紀のスペイン語でトカゲ(*el lagarto*)がなまったもの	アリゲーター
	Allosaurus	*allo* 他の・異なった，*sauros* トカゲ・爬虫類	アロサウルス
	Altirhinus	*alti* 高い，*rhinos* 鼻・吻	アルティリヌス
	Alvarezsaurus	アルゼンチン人歴史学者 Don Gregorio Alvarez にちなむ，*sauros* トカゲ・爬虫類	アルヴァレスサウルス
	Alwalkeria	英国人古生物学者の Alick Walker にちなむ	アルワルケリア
	Amargasaurus	アルゼンチン・ネウケン州 Amarga Canyon アマルガ渓谷，*sauros* トカゲ・爬虫類	アマルガサウルス
	Ambopteryx	*ambo* 両方，*pteryx* 翼	アンボプテリクス
	Ammosaurus	*ammos* 砂，*sauros* トカゲ・爬虫類	アンモサウルス
	Amphioxus	*amphi* 両側，*ox* 尖る	アンフィオクサス(ナメクジウオ)
	Anchiceratops	*anchi* 近い，*keras* ツノ，*ops* 顔	アンキケラトプス
	Anchiornis	*anchi* 近縁な，*ornis* 鳥	アンキオルニス
	Anchisaurus	*anchi* 近縁な，*sauros* トカゲ・爬虫類	アンキサウルス
	Ankylosaurus	*ankylo* 癒合した，*sauros* トカゲ・爬虫類	アンキロサウルス
	Anomopteris	*a* 無，*nomos* 法，*pteri* 葉・翼・鰭(シダの葉が無数に茂る様子から)	アノモプテリス
	Antetonitrus	*ante* 前，*tonitrus* 雷(*Sauropoda*(雷竜)より前，の意味)	アンテトニトルス
	Apatosaurus	*apato* 欺く(*Brontosaurus* 参照．当初，O. C. Marsh は尾椎をトカゲのものと考えた)，*sauros* トカゲ・爬虫類	アパトサウルス
	Apsaravis	*Apsara* アプサーラ，インド神話における翼をもった天女，*avis* 鳥	アプサラヴィス
	Aquilapollenites	*aquila* ワシ，*pollenites* 花粉のような	アクイラポレニテス
	Aquilops	*aquila* ワシ，*ops* 顔	アクイロプス
	Araucaria	チリ・アラウコ(Arauco)県，*-ia* のもの	アラウカリア
	Archaeoceratops	*archaeo* 古代の，*keras* ツノ，*ops* 顔	アーケオケラトプス
	Archaeornithomimus	*archaeo* 古代の，*Ornithomimus* オルニトミムス属(*ornis* 鳥，*mimus* もどき)	アーケオルニトミムス
	Archaeopteryx	*archaeo* 古代の，*pteryx* 翼	アーケオプテリクス(始祖鳥)
	Argentinosaurus	*Argentin*　アルゼンチン，*sauros* トカゲ・爬虫類	アルゼンチノサウルス
	Arrhinoceratops	*a* 無，*rhinos* 鼻・吻，*Ceratops* ケラトプス属(*keras* ツノ，*ops* 顔)	アリノケラトプス
	Asiaceratops	*Asia* アジア，*Ceratops* ケラトプス属(*keras* ツノ，*ops* 顔)	アジアケラトプス
	Asilisaurus	*asili* 祖先(スワヒリ語)，*sauros* トカゲ・爬虫類	アシリサウルス

（つづき）

	学　名	語　　源	本書で採用した表記
	Astrodon	*aster* 星，*odont* 歯	アストロドン
	Auroraceratops	*aurora* 暁(Dawn Dodson 氏にちなむ)，*Ceratops* ケラトプス属(*keras* ツノ，*ops* 顔)	オーロラケラトプス
	Avaceratops	*Ava* 化石を採集した古生物学者 Ava Cole にちなむ，*Ceratops* ケラトプス属(*keras* ツノ，*ops* 顔)	アヴァケラトプス
B	*Bagaceratops*	*baga* 小さい(モンゴル語)，*Ceratops* ケラトプス属(*keras* ツノ，*ops* 顔)	バガケラトプス
	Bahariasaurus	*Bahariya* エジプトに分布するバハリア(Bahariya)層，*sauros* トカゲ・爬虫類	バハリアサウルス
	Baptornis	*bapto* 潜水する，*ornis* 鳥	バプトルニス
	Barapasaurus	*bara* 大きい，*pa* 脚(複数のインディアン部族の言語)，*sauros* トカゲ・爬虫類	バラパサウルス
	Barosaurus	*bary* 重い，*sauros* トカゲ・爬虫類	バロサウルス
	Baryonyx	*bary* 重い，*onycho* カギツメ・ツメ	バリオニクス
	Beipiaosaurus	中国・遼寧省北票(Beipiao)市，*sauros* トカゲ・爬虫類	ベイピャオサウルス
	Blikanasaurus	南アフリカ・ブリカナ(Blikana)，*sauros* トカゲ・爬虫類	ブリカナサウルス
	Borealopelta	*borealis* 北，*pelta* 盾	ボレアロペルタ
	Brachiosaurus	*brach* 腕，*sauros* トカゲ・爬虫類	ブラキオサウルス
	Brachylophosaurus	*brachy* 短い，*lophos* 峰・ひだ，*sauros* トカゲ・爬虫類	ブラキロフォサウルス
	Branta	*brandgás* 黒雁(古ノルド語)	ブランタ(コクガン属)
	Brontosaurus	*bronto* 雷，*sauros* トカゲ・爬虫類	ブロントサウルス
	Byronosaurus	*Byron* 発掘の資金提供者 Byron Jaffe, *sauros* トカゲ・爬虫類	ビロノサウルス
C	*Caenagnathasia*	*Caenagnathus* カエナグナトゥス属(*kainos* 新しい，*gnathos* 顎)，*Asia* アジア	カエナグナタシア
	Caihong	*caihong* 彩虹(中国語)	カイホン
	Camarasaurus	*camara* 空洞，*sauros* トカゲ・爬虫類	カマラサウルス
	Camelotia	発見地である英国の神話に登場する *Camelot* にちなむ	カメロティア
	Camposaurus	カリフォルニア大学バークレー校の古生物学者 Charles Lewis Camp にちなむ，*sauros* トカゲ・爬虫類	カンポサウルス
	Camptosaurus	*kamptos* 柔軟な，*sauros* トカゲ・爬虫類	カンプトサウルス
	Canis	ラテン語でイヌの意	カニス(イヌ)
	Carcharodontosaurus	*Carcharodon* ホオジロザメの属(*karcharos* 尖った，*odon* 歯)，*sauros* トカゲ・爬虫類	カルカロドントサウルス
	Carnotaurus	*carn* 肉，*tauros* ウシ	カルノタウルス
	Caudipteryx	*cauda* 尾，*pterg* 翼	カウディプテリクス
	Centrosaurus	*centron* 棘，*sauros* トカゲ・爬虫類	セントロサウルス
	Cephalaspis	*kephale* 頭，*aspis* 盾	ケファラスピス
	Ceratosaurus	*keras* ツノ，*sauros* トカゲ・爬虫類	ケラトサウルス
	Cetiosaurus	*cetus* クジラ，*sauros* トカゲ・爬虫類	ケティオサウルス
	Changchengornis	万里の長城(changcheng)，*ornis* 鳥	チャンチェンゴルニス
	Changyuraptor	*chang* 長，*yu* 羽，*raptor* 盗人	カンギュラプトル
	Chasmosaurus	*chasm* 大きな穴・渓谷，*sauros* トカゲ・爬虫類	カスモサウルス
	Chilesaurus	*Chile* チリ(南米)，*sauros* トカゲ・爬虫類	チレサウルス
	Chindesaurus	Chinde 米国・アリゾナ州チンデ・メサ(Chinde Mesa)，*sauros* トカゲ・爬虫類	チンデサウルス
	Chungkingosaurus	Chungking 中国・重慶(Chongqing)，*sauros* トカゲ・爬虫類	チュンキンゴサウルス
	Ciona	*kion* 杭	キオナ(ユウレイボヤ)
	Citipati	*citi* 火葬の薪，*pati* 主(サンスクリクト語)	キティパティ
	Coelophysis	*koilos* 空洞，*physis* 形状	コエロフィシス
	Coloradisaurus	Colorado 米国・ロスコロラド(Los Colorado)層，*sauros* トカゲ・爬虫類	コロラディサウルス
	Compsognathus	*kompsos* 華奢，*gnathos* 顎	コンプソグナトゥス
	Confuciusornis	*Confucius* 中国の思想家・孔夫子(Kon Fuzi)にちなむ，*ornis* 鳥	コンフキウスオルニス(孔[夫]子鳥)
	Corythosaurus	*korytho* ヘルメット，*sauros* トカゲ・爬虫類	コリトサウルス
	Cryolophosaurus	*kryo* 氷，*lophos* トサカ，*sauros* トカゲ・爬虫類	クリオロフォサウルス
	Cynognathus	*kyon* イヌ，*gnathos* 顎	キノグナトゥス

（つづき）

	学　名	語　源	本書で採用した表記
D	*Dacentrurus*	*da* 非常に，*kentron* 棘，*ura* 尾	ダケントルルス
	Daspletosaurus	*dasples* 恐ろしい，*sauros* トカゲ・爬虫類	ダスプレトサウルス
	Deinocheirus	*deino* 恐ろしい，*cheir* 手	デイノケイルス
	Deinonychus	*deino* 恐ろしい，*onychos* カギツメ	デイノニクス
	Deltadromeus	*delta* 三角州，*dromeus* 走者	デルタドロメウス
	Dicraeosaurus	*dikraios* 二叉に分岐，*sauros* トカゲ・爬虫類	ディクラエオサウルス
	Dicroidium	*dikraios* 二叉に分岐，*id* 類似した	ディクロイディウム
	Dilong	*dilong* 帝龍（中国語）	ディーロン
	Dilophosaurus	*di* 二つ，*lophos* トサカ，*sauros* トカゲ・爬虫類	ディロフォサウルス
	Dimetrodon	*di* 二つ，*metron* 大きさ，*odon* 歯	ディメトロドン
	Dimorphodon	*di* 二つ，*morphos* 形，*odon* 歯	ディモルフォドン
	Diplodocus	*diplos* 二つ，*docos* 梁	ディプロドクス
	Dracorex	*draco* 竜，*rex* 王	ドラコレックス
	Dreadnoughtus	*Dreadnought* 英国戦艦（Dreadnought）	ドレッドノータス
	Dromaeosaurus	*dromaios* 高速の，*sauros* トカゲ・爬虫類	ドロマエオサウルス
	Dromiceiomimus	*Dromiceius* エミュー，*mimus* もどき	ドロミケイオミムス
	Dromomeron	*drom* 走る，*meros* 大腿	ドロモメロン
	Dryosaurus	*dryos* 樫，*sauros* トカゲ・爬虫類	ドリオサウルス
	Dryptosaurus	*drypto* 切り裂く，*sauros* トカゲ・爬虫類	ドリプトサウルス
	Dynamosaurus	*dynamis* 力，*sauros* トカゲ・爬虫類	ダイナモサウルス
	Dynamoterror	*dynamis* 力，*terror* 恐怖	ダイナモテラー
E	*Edmontonia*	*Edmonton* カナダ・エドモントン（Edmonton）層，*-ia* のもの	エドモントニア
	Edmontosaurus	カナダ・アルバータ州エドモントン（Edmonton）市，*sauros* トカゲ・爬虫類	エドモントサウルス
	Efraasia	古生物学者 E. Fraas にちなむ	エフラアシア
	Einiosaurus	*eini* バイソン（北米原住民ブラックフット語），*sauros* トカゲ・爬虫類	エイニオサウルス
	Elaphrosaurus	*elaphros* 敏捷，*sauros* トカゲ・爬虫類	エラフロサウルス
	Elasmosaurus	*elasmo* 金属の薄板，*saurus* トカゲ・爬虫類	エラスモサウルス
	Emausaurus	*EMAU* ドイツ・グライフスヴァルト大学（Ernst Moritz Arndt Universität Greifsward），*sauros* トカゲ・爬虫類	エマウサウルス
	Enaliornis	*enalios* 海，*ornis* 鳥	エナリオルニス
	Enantiornis	*enantos* 反対向きの，*ornis* 鳥	エナンティオルニス
	Eocursor	*eos* 暁，*cursor* 走者	エオカーソル
	Eodromaeus	*eos* 暁，*dromeus* 走者	エオドロメウス
	Eolambia	*eos* 暁，*lambia* ランベオサウルス（*Lambeosaurus*）にちなむ（*Lambeosaurus* 参照）	エオランビア
	Eoraptor	*eos* 暁，*raptor* 盗人	エオラプトル
	Eozostrodon	*eos* 暁，*zostros* 帯状，*odont* 歯	エオゾストロドン
	Epidendrosaurus	*epi* 縁・上，*dendron* 樹，*sauros* トカゲ・爬虫類	エピデンドロサウルス
	Epidexipteryx	*epideixis* 見せびらかし，*pteryx* 翼・鰭	エピデクシプテリクス
	Equisetum	*equus* ウマ，*saeta* 髪・トクサ	エクイセトゥム
	Equus	*equus* ウマ	エクウス（ウマ）
	Eshanosaurus	*Eshan* 中国・峨山彝族（Eshanyizu）自治区，*sauros* トカゲ・爬虫類	エシャノサウルス
	Eucnemesaurus	*eu* 真，*cneme* 脛，*sauros* トカゲ・爬虫類	エウクネメサウルス
	Eucoelophysis	*eu* 真，*Coelophysis* コエロフィシス属（*koilos* 空洞，*physis* 形状）	エウコエロフィシス
	Euoplocephalus	*eu* 真，*hoplon* 盾，*kephale* 頭	エウオプロケファルス
	Eusthenopteron	*eu* 真，*sthenos* 強い，*ptera* 翼・鰭	ユーステノプテロン
	Eustreptospondylus	*eu* 真，*strepto* 裏返った，*spondyl* 糸巻き（椎体を意味する）	エウストレプトスポンディルス
F	*Fostoria*	*Foster* 発見者 Robert Foster にちなむ，*-ia* のもの	フォストリア

（つづき）

	学　名	語　源	本書で採用した表記
G	*Gallimimus*	*gall* ニワトリ，*mimus* もどき	ガリミムス
	Gargoyleosaurus	*gargoyle* ガーゴイル，*sauros* トカゲ・爬虫類	ガーゴイレオサウルス
	Gasparinisaura	*Gasparini* アルゼンチンの古生物学者 Zulma Brandoni de Gasparini にちなむ，*sauros* トカゲ・爬虫類	ガスパリニサウラ
	Gastonia	*Gaston* 発見者の Robert Gaston にちなむ，*-ia* のもの	ガストニア
	Giganotosaurus	*gigas* 巨人，*notos* 南方，*sauros* トカゲ・爬虫類	ギガノトサウルス
	Gigantoraptor	*giganto* 巨人，*raptor* 盗人	ギガントラプトル
	Gingkoites	*gingko* イチョウ，*-ites* 様	ギンコイテス（イチョウ属）
	Giraffatitan	*Giraffa* キリン，*titan* 巨人	ギラファティタン
	Globorotalia	*globo* 球，*rotalia* 回転した	グロボロタリア
	Gobipteryx	ゴビ砂漠 Gobi Desert にちなむ，*pteryx* 翼	ゴビプテリクス
	Gorgosaurus	*gorgos* 恐ろしい，*sauros* トカゲ・爬虫類	ゴルゴサウルス
	Gorilla	紀元前 5 世紀のギリシャ人によるアフリカ北西部探検で報告された毛深い人につけられた呼称	ゴリラ（ゴリラ属）
	Goyocephale	*goyo* モンゴル語で派手・優雅の意，*kephale* 頭	ゴヨケファレ
	Gryposaurus	*grypos* 曲がったクチバシ，*sauros* トカゲ・爬虫類	グリポサウルス
	Guaibasaurus	*Guaiba* ブラジル・グアイバ（Guaiba）川，*sauros* トカゲ・爬虫類	グアイバサウルス
H	*Haplocanthosaurus*	*haplos* 単一，*akantha* 棘，*sauros* トカゲ・爬虫類	ハプロカントサウルス
	Heloderma	*helos* いぼ，*derm* 皮	ヘルデルマ（ドクトカゲ属）
	Herrerasaurus	*Herrera* 発見者の Don Victorino Herrera にちなむ，*sauros* トカゲ・爬虫類	ヘレラサウルス
	Hesperornis	*hesperos* 西方・夕暮れ，*ornis* 鳥	ヘスペロルニス
	Heterodontosaurus	*heteros* 異なる，*odont* 歯，*sauros* トカゲ・爬虫類	ヘテロドントサウルス
	Hexinlusaurus	*He Xinlu* 中国・何信禄（He Xinlu）教授，*sauros* トカゲ・爬虫類	ヘーシンルサウルス
	Heyuannia	*Heyuan* 中国・河源（Heyuan），*-ia* のもの	ヘイユアニア
	Homalocephale	*homalos* 平ら，*kephale* 頭	ホマロケファレ
	Homo	*homo* ヒト	ホモ（ヒト属）
	Huayangosaurus	*Huayang* 中国・四川省の古名，華陽（Huayang），*sauros* トカゲ・爬虫類	ファヤンゴサウルス
	Hylaeosaurus	*hylaios* 森，*sauros* トカゲ・爬虫類	ヒラエオサウルス
	Hypacrosaurus	*hypakros* 準じる高さ，*sauros* トカゲ・爬虫類	ヒパクロサウルス
	Hypsilophodon	*hypsos* 高い，*lophos* 隆起・峰，*odont* 歯	ヒプシロフォドン
I	*Ichthyornis*	*ichthys* 魚，*ornis* 鳥	イクチオルニス
	Ichthyostega	*ichthys* 魚，*stegos* 屋根	イクチオステガ
	Iguanodon	*iguana* イグアナ，*odont* 歯	イグアノドン
	Ingenia	*Ingen* モンゴル・インゲン・ホブル（Ingen Khoboor）盆地，*-ia* のもの	インゲニア
	Isanosaurus	*Isan* タイ北西部のイサーン（Isan），*sauros* トカゲ・爬虫類	イサノサウルス
J	*Janenschia*	*Janensch* ドイツ人古生物学者 Werner Janensch にちなむ（図 B16・9 参照），*-ia* のもの	ヤネンスキア
	Jeholornis	*Jehol* 中国・熱河（Rehol）省，*ornis* 鳥	ジェホロルニス
	Jeholosaurus	*Jehol* 中国・熱河（Rehol）省，*sauros* トカゲ・爬虫類	ジェホロサウルス
	Jobaria	*Jobar* サハラのトゥアグレ族の伝説上の生物ジョバル（Jobar），*-ia* のもの	ジョバリア
K	*Kannemeyeria*	*Kannemeyer* 南アフリカ古生物学者 Daniel Rossouw Kannemeyer にちなむ *-ia* のもの	カンネメイエリア
	Kentrosaurus	*kentron* 棘，*sauros* トカゲ・爬虫類	ケントロサウルス
	Kotasaurus	*Kota* インド・コタ（Kota）層，*sauros* トカゲ・爬虫類	コタサウルス
	Kritosaurus	*kritos* 分離した，*sauros* トカゲ・爬虫類	クリトサウルス
	Kulindadromeus	*Kulinda* ロシア・クリンダ（Kulinda）地方，*dromeus* 走者	クリンダドロメウス
L	*Lagerpeton*	*lagos* ウサギ，*herpeton* 爬虫	ラゲルペトン
	Lagosuchus	*lagos* ウサギ，*suchos* 鰐神	ラゴスクス
	Lama	*lama* ラマ	ラマ（ラマ属）
	Lambeosaurus	*Lambe* カナダ人古生物学者 Lawrence M. Lambe にちなむ，*sauros* トカゲ・爬虫類	ランベオサウルス

（つづき）

	学　名	語　源	本書で採用した表記
	Larus	*lar* 鴎・カモメ	カモメ
	Leaellynasaura	*Leaellyn* 記載者の娘 Leaellyn Rich にちなむ，*saura* トカゲ・爬虫類（女性形）	レアエリナサウラ
	Leptoceratops	*lepto* 細い，*Ceratops* ケラトプス属（*keras* ツノ，*ops* 顔）	レプトケラトプス
	Lepus	*lepor* ノウサギ	レプス（ノウサギ属）
	Lesothosaurus	*Lesotho* アフリカ南部・レソト（Lesotho），*sauros* トカゲ・爬虫類	レソトサウルス
	Lessemsaurus	*Lessem* 命名者の Don Lessem 氏にちなむ，*sauros* トカゲ・爬虫類	レッセムサウルス
	Lewisuchus	*Lewis* ハーバード大学比較動物学博物館の主任プレパレーターArnold. D. Lewis にちなむ，*suchos* ワニ	レウィスクス
	Lexovisaurus	*Lexovii* ユリウス・カエサルに対抗した古代ガリア人レクソウィ（Lexovii）族にちなむ，*sauros* トカゲ・爬虫類	レクソヴィサウルス
	Liaoceratops	*Liao* 遼寧（Liaoning），*Ceratops* ケラトプス属（*keras* ツノ，*ops* 顔）	リャオケラトプス
	Liliensternus	19 世紀の偉大なプロイセン将校 August Otto Rühle von Lilienstern にちなむ	リリエンステルヌス
	Lophostropheus	*lophos* 稜，*stroph* 紐（脊椎を表す）	ロフォストロフェウス
	Lufengosaurus	*Lufeng* 中国・雲南省・禄豊（Lufeng），*sauros* トカゲ・爬虫類	ルーフェンゴサウルス
	Lycorhinus	*lykos* オオカミ，*rhinos* 鼻・吻	リコリヌス
M	*Macroolithus*	*macros* 大きい，*oo* 卵，*lithos* 石	マクロオーリトゥス（卵化石の属名）
	Magyarosaurus	Magyars マジャール人（ハンガリー人）にちなむ，*sauros* トカゲ・爬虫類	マギアロサウルス
	Maiasaura	*maia* 良き母，*saura* トカゲ・爬虫類（女性形）	マイアサウラ
	Majungasaurus	*Majunga* マダガスカル・マハジャンガ（Mahajanga），*sauros* トカゲ・爬虫類	マジュンガサウルス
	Malawisaurus	*Malawi* マラウィ，*sauros* トカゲ・爬虫類	マラウィサウルス
	Mamenchisaurus	*Mamenchi* 中国・四川省 Jinshajian の Mamenchi の渡し場にちなむ，*sauros* トカゲ・爬虫類	マメンチサウルス
	Mantellisaurus	*Mantell* 英国人医師 Gideon A. Mantell にちなむ，*sauros* トカゲ・爬虫類	マンテリサウルス
	Mapusaurus	*Mapu* 大地（マプチェ語），*sauros* トカゲ・爬虫類	マプサウルス
	Marasuchus	*mara* パタゴニアの齧歯類マーラ，*suchos* 鰐神	マラスクス
	Massospondylus	*masson* 細長い，*spondylos* 脊椎	マッソスポンディルス
	Matonidium	*Matonia* マトニア属のシダ（*Maton* 英国の植物学者 William G. Maton），*-idium* 小さなもの	マトニディウム
	Megalosaurus	*meglos* 巨大，*sauros* トカゲ・爬虫類	メガロサウルス
	Megapnosaurus	*megas* 大きな，*apnos* 無呼吸，*sauros* トカゲ，爬虫類	メガプノサウルス
	Mei	*mei* 寐・眠る	メイ
	Melanorosaurus	*melan* 黒，*oros* 丘・山，*sauros* トカゲ・爬虫類	メラノロサウルス
	Microraptor	*micros* 小さい，*raptor* 盗人	ミクロラプトル
	Mononykus	*monos* 一つ，*onyx* カギツメ	モノニクス
	Montanoceratops	*Montana* 米国・モンタナ（Montana）州，*Ceratops* ケラトプス属（*keras* ツノ，*ops* 顔）	モンタノケラトプス
	Mussaurus	*mus* ハツカネズミ（ふ化直後の標本の小ささに由来），*sauros* トカゲ・爬虫類	ムスサウルス
	Muttaburrasaurus	*Muttaburra* オーストラリア・マタバラ（Muttaburra），*sauros* トカゲ・爬虫類	ムッタブラサウルス
	Mymoorapelta	*Mymoor* Mygatt-Moor 採石場，*pelta* 盾	ミオモラペルタ
N	*Nemegtosaurus*	*Nemegt* モンゴル・ネメグト（Nemegt）層，*sauros* トカゲ・爬虫類	ネメグトサウルス
	Neocalamites	*neo* 新しい，*calamus* 葦，*-ites* 様	ネオカラミテス
	Nigersaurus	*Niger* ニジェール，*sauros* トカゲ・爬虫類	ニジェールサウルス
	Nothronychus	*nothros* 怠惰な，*onyx* カギツメ	ノトゥロニクス
O	*Omeisaurus*	中国・四川省の Emei 山，*sauros* トカゲ・爬虫類	オメイサウルス
	Onchopristis	*onkos* トゲトゲ，*pristis* 鋸	オンコプリスティス
	Onychiopsis	*Onychium* 属のシダ，*onyx* カギツメ状の渦巻いた葉に由来，*opsis* 顔	オニキオプシス
	Opisthoceolicaudia	*opistho* 後部，*koilos* 空洞，*caud* 尾，*-ia* のもの	オピストコエリカウディア
	Ornitholestes	*ornis* 鳥，*lestes* 泥棒	オルニトレステス
	Ornithomimus	*ornits* 鳥，*mimus* もどき	オルニトミムス
	Ornithosuchus	*ornits* 鳥，*suchos* 鰐神	オルニトスクス
	Orodromeus	*oros* 山，*dromeus* 走者	オロドロメウス

（つづき）

	学　名	語　源	本書で採用した表記
	Oryctodromeus	*orycto* 穴掘り，*dromeus* 走者	オリクトドロメウス
	Othnielosaurus	*Othniel* Othniel Charles Marsh にちなむ，*sauros* トカゲ・爬虫類	オスニエロサウルス
	Otozoum	*Otus* ギリシア神話の巨人オトゥス（Otus），*zo* 動物	オトゾウム（生痕化石の分類群）
	Ouranosaurus	*ourane* 勇敢（アラビア語），*sauros* トカゲ・爬虫類	オウラノサウルス
	Oviraptor	*ovi* 卵，*raptor* 盗人	オヴィラプトル
P	*Pachycephalosaurus*	*pachy* 厚い，*kephale* 頭，*sauros* トカゲ・爬虫類	パキケファロサウルス
	Pachyrhinosaurus	*pachy* 厚い，*rhino* 鼻・吻，*sauros* トカゲ・爬虫類	パキリノサウルス
	Pagiophyllum	*pagio* 綴じる，*phyllum* 葉	パギオフィルム
	Panoplosaurus	*pan* すべて，*hoplon* 装甲，*sauros* トカゲ・爬虫類	パノプロサウルス
	Panphagia	*pan* すべて，*phagein* 食す，*-ia* のもの	パンファギア
	Pantydraco	*Panty* 英国 Pantyffynnon 発掘地，*draco* 竜	パンティドラコ
	Parahesperornis	*para* 側・近，*Hesperornis* ヘスペロルニス属（*hesper* 西方，*ornis* 鳥）	パラヘスペロルニス
	Paralititan	*para* 側・近，*hals* 海，*titan* 巨人	パラリティタン
	Paranthodon	*para* 側・近，*Anthodon* アントドン属（*anthos* 花，*odont* 歯）	パラントドン
	Parasaurolophus	*para* 側・近，*Saurolophus* サウロロフス属（*sauros* トカゲ・爬虫類，*lophos* 峰・ひだ）	パラサウロロフス
	Parksosaurus	*Parks* 古生物学者 W. A. Parks にちなむ，*sauros* トカゲ・爬虫類	パルクソサウルス
	Passer	*passer* スズメ	パッセル（スズメ属）
	Patagopteryx	*Patago* アルゼンチン・パタゴニア（Patagonia），*pteryx* 翼・鰭	パタゴプテリクス
	Patagotitan	*Patago* アルゼンチン・パタゴニア地方，*titan* 巨人	パタゴティタン
	Pentaceratops	*penta* 五つ，*Ceratops* ケラトプス属（*keras* ツノ，*ops* 顔）	ペンタケラトプス
	Phuwiangosaurus	*Phuwiang* タイの地名 Phu Wiang，*sauros* トカゲ・爬虫類	プウィアンゴサウルス
	Pikaia	*Pika* カナダ・ブリティッシュコロンビア州の山ピカ・ピーク（Pika Peak），*-ia* のもの	ピカイア
	Pinacosaurus	*pinax* 板，*sauros* トカゲ・爬虫類	ピナコサウルス
	Pisanosaurus	*Pisano* アルゼンチンの古生物学者 Juan A. Pisano にちなむ，*sauros* トカゲ・爬虫類	ピサノサウルス
	Plateosaurus	*plateos* 平ら，*sauros* トカゲ・爬虫類	プラテオサウルス
	Platypterygius	*platys* 幅広い，*pteryg* 翼・鰭	プラティプテリギウス
	Pleuromeia	*pleuro* 肋・側面，*meion* 小さい（栄養を蓄える茎の地下部が祖先種と比べて小さいことにちなむ）	プレウロメイア
	Polacanthus	*polys* 多くの，*acantha* 棘	ポラカントゥス
	Postosuchus	*post* 後，*suchos* 鰐神	ポストスクス
	Prenocephale	*prenes* 傾いた，*kephale* 頭	プレノケファレ
	Probactrosaurus	*pro* 前の，*Bactrosaurus*（*baktron* コブ，*sauros* トカゲ・爬虫類）以前，という意味	プロバクトロサウルス
	Proceratosaurus	*pro* 前の，*Ceratops* ケラトサウルス属（*keras* ツノ，*sauros* トカゲ・爬虫類）	プロケラトサウルス
	Procompsognathus	*pro* 前の，*Compsognathus* 以前，という意味（*Compsognathus* 参照）	プロコンプソグナトゥス
	Proganochelys	*pro* 前の，*ganocs* 輝く，*khelus* カメ	プロガノケリス
	Prosaurolophus	*pro* 前の，*Saurolophus* サウロロフス属（*sauros* トカゲ・爬虫類，*lophos* 峰・トサカ）	プロサウロロフス
	Protarchaeopteryx	*protos* 原・最初の，*Archaeopteryx* アーケオプテリクス属（*archaios* 古代の，*pteryx* 翼・鰭）	プロトアーケオプテリクス
	Proteacidites	現生の Proteaceae（ヤマモガシ科）の多様性から，ギリシャ神話の姿形を変える神 *Proteus* に由来	プロテアキディテス
	Protoceratops	*protos* 原・最初の，*Ceratops* ケラトプス属（*keras* ツノ，*ops* 顔）	プロトケラトプス
	Protohadros	*protos* 原・最初の，*hadro* 厚い，*sauros* トカゲ・爬虫類（Hadrosauridae 以前という意味）	プロトハドロス
	Protosuchus	*protos* 原・最初の，*suchos* 鰐神	プロトスクス
	Pseudolagosuchus	*pseudo* 偽，*Lagosuchus* ラゴスクス属（*lagos* ウサギ，*suchos* 鰐神）	シュードラゴスクス
	Psittacosaurus	*psittakos* 鸚鵡，*sauros* トカゲ・爬虫類	プシッタコサウルス
R	*Rahonavis*	*rahona* 雲・驚異（マダガスカル語），*avis* 鳥	ラホナヴィス
	Rajasaurus	*raja* 王・貴族（サンスクリット語），*sauros* トカゲ・爬虫類	ラヤサウルス
	Rapetosaurus	*rapeto* いたずら好き（マダガスカル語），*sauros* トカゲ・爬虫類	ラペトサウルス
	Rattus	*ratt* ラット	ラットゥス（ラット属）

（つづき）

	学　名	語　　源	本書で採用した表記
	Regaliceratops	*regalis* 王の・威厳ある，*Ceratops* ケラトプス属（*keras* ツノ，*ops* 顔）	レガリケラトプス
	Rhea	*Rhea* ギリシア神話の巨人クロノス（Kronos）の妻レア（Rhea）にちなむ	レア（レア属）
	Riojasaurus	*Rioja* アルゼンチンのラ・リオハ（La Rioja）州，*sauros* トカゲ・爬虫類	リオハサウルス
	Ruehleia	ドイツ人古生物学者 Hugo Ruehle von Lillienstern にちなむ，*-ia* のもの	ルエレイア
	Rugops	*ruga* しわ，*ops* 顔	ルゴプス
	Rutiodon	*ruytis* しわ，*odon* 歯	ルティオドン
S	*Saichania*	*saichan* 美しい（モンゴル語），*-ia* のもの	サイカニア
	Saltasaurus	*Salta* アルゼンチン・サルタ州（Salta Province），*sauros* トカゲ・爬虫類	サルタサウルス
	Sanjuansaurus	*San Juan* アルゼンチン・サンファン州（San Juan Province），*sauros* トカゲ・爬虫類	サンユアンサウルス
	Sapeornis	*SAPE* 古鳥類学会（Society for Avian Paleontology and Evolution），*ornis* 鳥	サペオルニス
	Sarcosuchus	*sarx* 肉，*suchos* 鰐神	サルコスクス
	Saturnalia	*Saturnalia* 農神祭（冬至祭 Saturnalia）	サートゥルナーリア
	Saurolophus	*sauros* トカゲ・爬虫類，*lophos* 峰・トサカ	サウロロフス
	Sauropelta	*sauros* トカゲ・爬虫類，*pelte* 盾	サウロペルタ
	Saurornithoides	*sauros* トカゲ・爬虫類，*ornithoides* 鳥もどき	サウロルニトイデス
	Scansoriopteryx	*scansorius* 登攀性，*pteryx* 翼・鰭	スカンソリオプテリクス
	Scelidosaurus	*skelis* 肢，*sauros* トカゲ・爬虫類	スケリドサウルス
	Schizoneura	*schizo* 分断，*neura* 神経・脳	スキゾネウラ
	Scutellosaurus	*scutellum* 小さなウロコ，*sauros* トカゲ・爬虫類	スクテロサウルス
	Seismosaurus	*seismos* 地震，*sauros* トカゲ・爬虫類	セイスモサウルス
	Sequoia	アメリカ原住民の Cherokee 族の言語の創案者 Grouge Guess こと，Sequoyah にちなむ	セコイア
	Shamosaurus	*shamo* 砂漠を意味する沙漠（shamo：中国語），*sauros* トカゲ・爬虫類	シャモサウルス
	Shunosaurus	*Shuno* 蜀（Shu）・中国・四川省の別称，*sauros* トカゲ・爬虫類	シュノサウルス
	Shuvuuia	*shuvuu* 鳥（モンゴル語），*-ia* のもの	シュヴウイア
	Silesaurus	*sil* ポーランド・シレジア（*Silesia*），*sauros* トカゲ・爬虫類	シレサウルス
	Silvisaurus	*silva* 森，*sauros* トカゲ・爬虫類	シルヴィサウルス
	Sinornithosaurus	*Sin* 中国，*ornitho* 鳥，*sauros* トカゲ・爬虫類	シノルニトサウルス
	Sinosauropteryx	*Sin* 中国，*sauros* トカゲ・爬虫類，*pteryx* 翼・鰭	シノサウロプテリクス
	Sinraptor	*Sin* 中国，*raptor* 盗人	シンラプトル
	Sordes	*sordes* 汚れ	ソルデス
	Sphaerotholus	*sphaira* 球，*tholos* ドーム	スファエロトルス
	Spinosaurus	*spina* 棘，*sauros* トカゲ・爬虫類	スピノサウルス
	Stagonolepis	*stagon* しずく（ウロコに水滴状の穴が開いていることに由来），*lepis* ウロコ	スタゴノレピス
	Staurikosaurus	*staurikos* 十字・南十字星，*sauros* トカゲ・爬虫類	スタウリコサウルス
	Stegoceras	*stegos* 屋根，*keras* ツノ	ステゴケラス
	Stegosaurus	*stegos* 屋根，*sauros* トカゲ・爬虫類	ステゴサウルス
	Stormbergia	*Stormberg* 南アフリカ・ストームバーグ層群（Stormberg Group），*-ia* のもの	ストームバーギア
	Struthiomimus	*strouthi* ダチョウ，*mimus* もどき	ストルティオミムス
	Stygimoloch	*Styx* 地獄との境界を流れるステュクス川，*Moloch* セム族の悪魔	スティギモロク
	Styracosaurus	*styrax* 棘，*sauros* トカゲ・爬虫類	スティラコサウルス
	Suchomimus	*suchos* 鰐神，*mimus* もどき	スコミムス
	Sulcavis	*sulcus* 溝状のすじ，*avis* 鳥	スルカヴィス
	Suskityrannus	*suski* コヨーテ（ズニ語），*tyrannus* 暴君	ススキティラヌス
	Syntarsus	*syn* 癒合した，*tarsos* 足根	シンターサス
	Szechuanosaurus	*Szechuan* 中国・四川省，*sauros* トカゲ・爬虫類	スーチュアノサウルス
T	*Tarbosaurus*	*tarbos* 恐怖，*sauros* トカゲ・爬虫類	タルボサウルス

(つづき)

	学　名	語　　源	本書で採用した表記
	Tarchia	*tarch* 大脳(モンゴル語), *-ia* のもの	タルチア
	Tawa	*Tawa* プエブロ民族の太陽神タワ(ホピ語)	タワ
	Telmatosaurus	*telmat* 沼, *sauros* トカゲ・爬虫類	テルマトサウルス
	Tenontosaurus	*tenon* 腱, *sauros* トカゲ・爬虫類	テノントサウルス
	Thecodontosaurus	*theke* 槽・覆い, *odon* 歯, *sauros* トカゲ・爬虫類	テコドントサウルス
	Therizinosaurus	*therizo* 刈り取る, *sauros* トカゲ・爬虫類	テリジノサウルス
	Thescelosaurus	*theskelos* 威厳ある, *sauros* トカゲ・爬虫類	テスケロサウルス
	Tianyulong	*Tianyu* 中国・天宇(Tianyu)自然博物館, *long* 龍	ティアニュロン
	Tikaalik	*Tiktaalik* イヌイットの言葉で大きな川魚の意	ティクターリク
	Titanoceratops	*titan* 巨人, *Ceratops* ケラトプス属(*keras* ツノ, *ops* 顔)	ティタノケラトプス
	Titanosaurus	ギリシャ神話の巨神族 *Titan* にちなむ, *sauros* トカゲ・爬虫類	ティタノサウルス
	Tornieria	*Tornier* ドイツ人古生物学者 Gustav Tornier にちなむ, *-ia* のもの	トルニエリア
	Torosaurus	*toro* 穴の開いた, *sauros* トカゲ・爬虫類	トロサウルス
	Torvosaurus	*torvus* 獰猛, *sauros* トカゲ・爬虫類	トルヴォサウルス
	Triceratops	*tri* 三つ, *Ceratops* ケラトプス属(*keras* ツノ, *ops* 顔)	トリケラトプス
	Trichomonas	*trich* 髪, *mon* 単一の	トリコモナス
	Troodon	*trogo* 噛む, *odon* 歯	トロオドン
	Tsintaosaurus	*Tsintao* 中国の地名 Tsingtao/Qingdao(青島), *sauros* トカゲ・爬虫類	チンタオサウルス
	Tuojiangosaurus	*Tuojiang* 中国・沱江(Tuojiang), *sauros* トカゲ・爬虫類	トゥオジアンゴサウルス
	Turanoceratops	*Turan* 中央アジア・トゥラン(Turan). *Ceratops* ケラトプス属(*keras* ツノ, *ops* 顔)	トゥラノケラトプス
	Tylocephale	*tylos* コブ, *kephale* 頭	ティロケファレ
	Tylosaurus	*tylos* コブ, *sauros* トカゲ・爬虫類	ティロサウルス
	Tyrannosaurus	*tyrannos* 暴君, *sauros* トカゲ・爬虫類	ティラノサウルス
U	*Unaysaurus*	*unay* 黒い水, *sauros* トカゲ・爬虫類	ウナイサウルス
	Utahraptor	*Utah* 米国・ユタ(Utah)州, *raptor* 盗人	ユタラプトル
V	*Vegavis*	*Vega* ノルウェー・ヴェガ島(Vega Island), *avis* 鳥	ヴェガヴィス
	Velociraptor	*velox* 敏捷, *raptor* 盗人	ヴェロキラプトル
	Vulcanodon	*Vulcanus* ローマ神話の火の神ウルカヌス, *odon* 歯	ヴルカノドン
W	*Wannanosaurus*	*wan* 中国・安徽省の略称である皖(Wan), *nan* 中国語で南の意, *sauros* トカゲ・爬虫類	ワンナノサウルス
	Wendiceratops	*Wendy* 発見者 Wendy Sloboda にちなむ, *Ceratops* ケラトプス属(*keras* ツノ, *ops* 顔)	ウェンディケラトプス
	Wielandiella	*Wieland* 米国の古生物学者 George Reber Wieland にちなむ	ウィエランディエラ
	Williamsoniella	*Williamson* 英国の古生物学者 William Crawford Williamson にちなむ	ウィリアムソニエラ
	Wuerhosaurus	*Wuerho* 中国・ウルホ(烏爾禾 Wuerho)区, *sauros* トカゲ・爬虫類	ウエルホサウルス
Y	*Yandusaurus*	*Yandu* 塩都(Yandu), 中国・自貢(Zigong)の古名, *sauros* トカゲ・爬虫類	ヤンドゥサウルス
	Yangchuanosaurus	*Yangchuan* 中国・永川(Yangchuan), *sauros* トカゲ・爬虫類	ヤンチュアノサウルス
	Yi	*yi* 翼(中国語)	イー
	Yinlong	*yinlong* 隠龍(yin long: 中国語)	インロン
	Yunnanosaurus	*Yunnan* 中国・雲南(Yunnan)省, *sauros* トカゲ・爬虫類	ユンナノサウルス
	Yutyrannus	*yu* 羽(中国語), *tyrannus* 暴君	ユーティラヌス
Z	*Zalmoxes*	*Zalmoxis* ヨーロッパ南東部のダキア人の神 Zalmoxis に由来	ザルモクセス
	Zephyrosaurus	*Zephyros* ギリシア神話の西風の神ゼフュロス(Zephyros), *sauros* トカゲ・爬虫類	ゼフィロサウルス
	Zhouornis	*Zhou* 中国・周忠和(Zhou Zhonghe)博士にちなむ, *ornis* 鳥	チョウオルニス
	Zhuchengceratops	*Zhucheng* 中国・諸城, *Ceratops* ケラトプス属(*karas* ツノ, *ops* 顔)	チュンチェンケラトプス
	Zuniceratops	*Zuni* アメリカ先住民のズニ族にちなむ, *Ceratops* ケラトプス属(*keras* ツノ, *ops* 顔)	ズニケラトプス
	Zupaysaurus	*zupay* アンデス先住民のケチュア族で悪魔の意, *sauros* トカゲ・爬虫類	ズパイサウルス
	Zuul	*Zuul* 映画『ゴーストバスターズ』に登場した門の神ズールにちなむ	ズール

生物名索引

本書に登場する生物の属名および分類群の和名索引．和名と学名（ラテン名）を対応させる際に活用してもらいたい．

あ

アヴァケラトプス（*Avaceratops*） 246
アエギプトサウルス（*Aegyptosaurus*） 338
アエトサウルス類（Aetosauria） 76, 314
アカントステガ（*Acanthostega*） 58
アギリサウルス（*Agilisaurus*） 195, 251, 260, 261
アキロニクス（*Achillonychus*） 345
アクイラポレニテス（*Aquilapollenites*） 365
アクイロプス（*Aquilops*） 245
アクロカントサウルス（*Acrocanthosaurus*） 116
アーケオケラトプス（*Archaeoceratops*） 243
アーケオプテリクス（*Archaeopteryx*） 117, 139, 146–151, 157, 242, 277, 278, 291, 311, 317, 331, 340
アーケオプテリクス・リトグラフィカ（*Archaeopteryx lithographica*） 146, 147
アーケオルニトミムス（*Archaeornithomimus*） 275
アケロウサウルス（*Achelousaurus*） 235, 244, 299
アジアケラトプス（*Asiaceratops*） 245
アシリサウルス（*Asilisaurus*） 76
アストロドン（*Astrodon*） 178
アノモプテリス（*Anomopteris*） 319
アパトサウルス（*Apatosaurus*） 80, 111, 174, 176, 178, 181, 183, 184, 189–190, 280, 298, 311, 332
アビ型類（Gaviiformes） 155
アプサラヴィス（*Apsaravis*） 345
アフロヴェナトル（*Afrovenator*） 127
アフロヴェナトル・アバケンシス（*Afrovenator abakensis*） 345
アベリサウルス科（Abelisauridae） 105, 318
アベリサウルス上科（Abelisauroidea） 124
アマルガサウルス（*Amargasaurus*） 184, 188, 311
アラウカリア（*Araucaria*） 320
アラモサウルス（*Alamosaurus*） 184, 187, 188, 311
アリオラムス（*Alioramus*） 116
アリゲーター（*Alligator*） 276
アリノケラトプス（*Arrhinoceratops*） 235, 244
アルヴァレスサウルス（*Alvarezsaurus*） 129, 135, 136
アルヴァレスサウルス科（Alvarezsauridae） 129, 318, 381
アルゼンチノサウルス（*Argentinosaurus*） 185, 190
アルティリヌス（*Altirhinus*） 258, 262
アルバートサウルス（*Albertosaurus*） 103, 129, 131, 133, 277, 278, 282
アルワルケリア（*Alwalkeria*） 86
アロサウルス（*Allosaurus*） 22, 93, 99–102, 104, 111, 115, 116, 126–128, 282, 294, 310, 332, 358
アロサウルス・フラギリス（*Allosaurus fragilis*） 100
アンキオルニス（*Anchiornis*） 117, 140, 141, 157, 163, 242
アンキケラトプス（*Anchiceratops*） 244
アンキサウルス（*Anchisaurus*） 171, 310
アンキロサウルス（*Ankylosaurus*） 83, 214, 215, 222
アンキロサウルス科（Ankylosauridae） 215, 222, 381
アンキロサウルス類（Ankylosauria） 187, 204, 213–221, 282, 317, 318, 323, 381
アンキロポレックス類（Ankylopollexia） 261, 262
アンテトニトルス（*Antetonitrus*） 86
アンフィオクサス（*Amphioxus*） 56, 57
アンボプテリクス・ロンギブラキウム（*Ambopteryx longibrachium*） 141
アンモサウルス（*Ammosaurus*） 95
アンモナイトの仲間（ammonites） 363, 381

い～お

イエスズメ（*Passer domesticus*） 68
維管束植物（Tracheophyta, vascular plants） 320
イグアノドン（*Iguanodon*） 250, 252, 254, 258, 260–262, 264, 270, 282, 311, 328, 331, 332, 335, 358
イグアノドン・ベルニッサールテンシス（*Iguanodon bernissartensis*） 250
イグアノドン科（Iguanodontidae） 251
イグアノドン上科（Iguanodontoidea） 262
イグアノドン類（Iguanodontia） 250, 251, 259–262, 317, 318
イクチオサウルス類（Ichthyosauria） 363, 381
イクチオステガ（*Ichthyostega*） 58
イクチオルニス（*Ichthyornis*） 151, 155, 160, 297
イクチオルニス型類（Ichthyornithiformes） 155
イサノサウルス（*Isanosaurus*） 86
イー・チー（*Yi qi*） 141, 142
イチョウの仲間（ginkgos） 320
イチョウ類（Ginkgophyta） 321
イヌ（*Canis*） 51
インゲニア（*Ingenia*） 136
インロン（*Yinlong*） 242–245

ウィエランディエラ（*Wielandiella*） 320
ウィリアムソニエラ（*Williamsoniella*） 320
ウィリアムソニエラ・ソワルディアナ（*Williamsoniella sowardiana*） 320
ヴェガヴィス（*Vegavis*） 155, 156, 350
ウエルホサウルス（*Wuerhosaurus*） 221, 311
ヴェロキラプトル（*Velociraptor*） 13, 99, 103, 104, 110, 111, 114, 136, 294, 296, 311, 329, 358
ウェンディケラトプス（*Wendiceratops*） 235, 243, 244
ウナイサウルス（*Unaysaurus*） 86
ウマ（*Equus*） 196
ヴルカノドン（*Vulcanodon*） 173, 174, 184

エアロステオン（*Aerosteon*） 124
エイニオサウルス（*Einiosaurus*） 235, 244
エウオプロケファルス（*Euoplocephalus*） 213, 215–217, 222, 298, 311
エウクネメサウルス（*Eucnemesaurus*） 86
エウコエロフィシス（*Eucoelophysis*） 76
エウストレプトスポンディルス（*Eustreptospondylus*） 310
エオカーソル（*Eocursor*） 78, 86, 261
エオカーソル・パルヴス（*Eocursor parvus*） 85, 87
エオゾストロドン（*Eozostrodon*） 314
エオドロメウス（*Eodromaeus*） 78, 98
エオラプトル（*Eoraptor*） 78, 85, 79, 86, 125, 170, 172, 174, 310
エオラプトル・ルネンシス（*Eoraptor lunensis*） 345
エオランビア（*Eolambia*） 262, 264
エクイセトゥム（*Equisetum*） 319
エクウス（*Equus*） 196
エシャノサウルス（*Eshanosaurus*） 136
エドモントサウルス（*Edmontosaurus*） 111, 249, 253, 254, 257, 258, 263, 264, 282, 294, 311
エドモントニア（*Edmontonia*） 215, 216, 222, 311
エナリオルニス（*Enaliornis*） 155
エナンティオルニス（*Enantiornis*） 153
エナンティオルニス類（Enantiornithes） 153, 297, 382
エピデクシプテリクス（*Epidexipteryx*） 141

エピデンドロサウルス(*Epidendrosaurus*) 141
エフラアシア(*Efraasia*) 86
エマウサウルス(*Emausaurus*) 204, 261
エラスモサウルス(*Elasmosaurus*) 363
エラフロサウルス(*Elaphrosaurus*) 340

オヴィラプトル(*Oviraptor*) 117, 119, 129, 139, 238, 311, 329
オヴィラプトル科(Oviraptoridae) 137, 139
オヴィラプトロサウルス類(Oviraptorosauria) 98, 103, 106, 116–119, 129, 135, 138, 301, 318
オウム型類(Psittaciformes) 156
オウラノサウルス(*Ouranosaurus*) 258, 261, 262, 311, 358
オスニエロサウルス(*Othnielosaurus*) 260, 261
オトゾウム(*Otozoum*) 172
オニキオプシス(*Onychiopsis*) 319
オピストコエリカウディア(*Opisthocoelicaudia*) 181
オビラプトロサウルス類(Oviraptorosauria) 345
オメイサウルス(*Omeisaurus*) 184
オリクトドロメウス(*Oryctodromeus*) 14, 18, 259
オルニトスクス(*Ornithosuchus*) 149
オルニトミムス(*Ornithomimus*) 134
オルニトミムス科(Ornithomimidae) 99, 134, 135, 289, 294
オルニトミモサウルス類(Ornithomimosauria) 98, 103, 106, 109, 110, 129, 134, 319
オルニトレステス(*Ornitholestes*) 103, 116, 311
オロドロメウス(Orodromeus)
オロドロメウス(*Orodromeus*) 251, 258–261, 264, 299
オーロラケラトプス(*Auroraceratops*) 245
オンコプリスティス(*Onchopristis*) 112

か

カイホン(*Caihong*) 117, 118
カウディプテリクス(*Caudipteryx*) 110, 138, 311
カエナグナタシア(*Caenagnathasia*) 137
顎口類(Gnathostomata) 57, 58, 382
ガーゴイレオサウルス(*Gargoyleosaurus*) 222
ガストニア(*Gastonia*) 203, 216, 222
ガスパリニサウラ(*Gasparinisaura*) 260–262
カスモサウルス(*Chasmosaurus*) 233, 234, 239, 244, 246
カスモサウルス亜科(Chasmosaurinae) 244
角脚類(Cerapoda) 195, 200, 226, 261, 382
カナダガン(*Branta*) 166
カプトリヌス形類(Captorhinomorpha) 66
カマラサウルス(*Camarasaurus*) 172, 174, 175, 180, 181, 184, 185, 189, 317
カマラサウルス形類(Camarasauromorpha) 184
カメロティア(*Camelotia*) 86
カモ型類(Anseriformes) 155
鴨嘴竜(duck-billed dinosaurs) 200, 250
カモメ(*Larus*) 160
ガリミムス(*Gallimimus*) 13, 103, 106, 115, 134, 311
カルカロドントサウルス(*Carcharodontosaurus*) 98, 103, 110, 126, 128, 311, 338
カルカロドントサウルス・サハリクス(*Carcharodontosaurus saharicus*) 345
カルカロドントサウルス科(Carcharodontosauridae) 318
カルカロドントサウルス類(Carcharodontosauria) 126
カルノサウルス類(Carnosauria) 98, 125–129, 149
カルノタウルス(*Carnotaurus*) 102, 103, 105, 124, 126, 311
カンギュラプトル(*Changyuraptor*) 140
ガン型類(Anseriformes) 155
カンネメイエリア(*Kannemeyeria*) 314
カンプトサウルス(*Camptosaurus*) 260–262, 310
カンポサウルス(*Camposaurus*) 86

き〜こ

キオナ(*Ciona*) 56
偽顎類(Pseudosuchia) 75, 85
ギガノトサウルス(*Giganotosaurus*) 98, 115, 126–128
ギガントラプトル(*Gigantoraptor*) 137
キジ型類(Galliformes) 156
キティパティ(*Citipati*) 119
キノグナトゥス(*Cynognathus*) 314
キノドン類(Cynodontia) 314
球果植物(Pinophyta, conifers) 320
恐竜(dinosaur) 4
恐竜亜目(suborder *Dinosauria*) 331
恐竜型類(Dinosauriformes) 76, 383
恐竜形類(Dinosauromorpha) 75, 82, 85, 314
恐竜類(Dinosauria) 67, 68, 76, 77, 81–83, 85, 94, 383
曲竜(armored dinosaur) 213, 215, 381
ギラファティタン(*Giraffatitan*) 190, 280
ギンコイテス(*Ginkgoites*) 320
近鳥類(Paraves) 138, 139, 146, 151

グアイバサウルス(*Guaibasaurus*) 79, 80, 86, 98, 174
グラシリケラトプス(*Graciliceratops*) 245
クリオロフォサウルス(*Cryolophosaurus*) 116, 299
クリトサウルス(*Kritosaurus*) 264
グリポサウルス(*Gryposaurus*) 257, 258, 263, 264
クリンダドロメウス(*Kulindadromeus*) 194
クルロターサス類(Crurotarsi) 67, 68, 75, 383
クロコディルス形類(Crocodylomorpha) 75
クロコディルス類(Crocodylia) 66, 68
グロボロタリア・メナルディー(*Globorotalia menardii*) 364

ケティオサウルス(*Cetiosaurus*) 311
ゲナサウルス類(Genasauria) 195, 199, 250, 251, 384
ケファラスピス(*Cephalaspis*) 57
ケラトサウルス(*Ceratosaurus*) 102, 116, 124–126, 310
ケラトサウルス科(Ceratosauridae) 124
ケラトプス科(Ceratopsidae) 239, 243–245
ケラトプス上科(Ceratopsoidea) 243–245
ケラトプス類(Ceratopsia) 109, 226, 231–246, 313, 318, 323, 384
ケロン類(Chelonia) 64, 66
堅頭竜(dome-head dinosaur) 226, 321, 390
ケントロサウルス(*Kentrosaurus*) 208, 212, 221, 310, 340
剣竜(plated dinosaur) 205, 387

広脚類(Eurypoda) 205, 220, 221, 384
硬骨魚類(Osteichthyes) 57, 58, 384
孔[夫]子鳥 117, 151, 297
コエルロサウルス類(Coelurosauria) 124–129, 149, 291, 292, 295, 384
コエロフィシス(*Coelophysis*) 21, 86, 87, 102, 113, 115, 124–126, 310
コエロフィシス・バウリ(*Coelophysis bauri*) 82
コエロフィシス上科(Coelophysoidea) 98, 114, 385
コタサウルス(*Kotasaurus*) 184
ゴヨケファレ(*Goyocephale*) 231
コリトサウルス(*Corythosaurus*) 254–257, 263
“古竜脚類”(prosauropods) 62, 170, 385
ゴリラ(*Gorilla*) 48
ゴルゴサウルス(*Gorgosaurus*) 113, 129, 131, 277, 278, 282, 294
コロラディサウルス(*Coloradisaurus*) 86, 171
コロノサウルス類 (Coronosauria) 245
コンフキウスオルニス(*Confuciusornis*) 117, 151, 152, 297
コンフキウスオルニス科(Confuciusornithidae) 151
コンプソグナトゥス(*Compsognathus*) 111, 129, 133, 294, 310
コンプソグナトゥス科(*Compsognathidae*) 132

さ，し

サイカニア(*Saichania*) 222
サウロペルタ(*Sauropelta*) 216, 222
サウロルニトイデス(*Saurornithoides*) 103
サウロロフス(*Saurolophus*) 114, 257, 258, 263, 264
サートゥルナーリア(*Saturnalia*) 79, 80, 85, 86
サフロロフス亜科(Saurolophinae) 264
サペオルニス(*Sapeornis*) 151, 152
サペオルニス・カオヤンゲンシス(*Sapeornis chaoyangensis*) 152
左右相称動物亜界(subkingdom Bilateria) 43
サルコスクス・インペラトル(*Sarcosuchus imperator*) 345
サルタサウルス(*Saltasaurus*) 170, 173, 174, 184, 187, 311
ザルモクセス(*Zalmoxes*) 262

サンユアンサウルス(*Sanjuansaurus*)　78

ジェホロサウルス(*Jeholosaurus*)　260
ジェホロルニス(*Jeholornis*)　151
四肢動物(Tetrapoda)　46, 57, 58, 64, 94, 386
始祖鳥　146, 317, 340
シダの仲間(ferns)　319, 320
シダ植物(pteridophytes)　320
シノケラトプス(*Sinoceratops*)　243
シノサウロプテリクス(*Sinosauropteryx*)　110, 111, 117, 118, 133, 134, 157, 311
シノルニトサウルス(*Sinornithosaurus*)　110, 117, 139, 157
シャモサウルス(*Shamosaurus*)　214, 222
シュヴウイア(*Shuvuuia*)　284, 298, 345
獣脚類(Theropoda)　83, 85, 98, 124, 386
獣弓類(Therapsida)　275, 309, 314, 315, 317, 386
周飾頭類(Marginocephalia)　195, 226, 231, 243, 251, 260, 261, 387
種子植物(Spermatophyta)　320
シュードラゴスクス(*Pseudolagosuchus*)　76, 77
シュノサウルス(*Shunosaurus*)　175, 181, 184, 185, 310
主竜形類(Archosauromorpha)　64, 67, 386
主竜類(Archosauria)　67, 75, 85, 149, 386
条鰭類(Actinopterygii)　57, 58
渉禽(shorebird)　155
食肉類(Carnivora)　47
ジョバリア(*Jobaria*)　184
ジョバリア・ティグイデンシス(*Jobaria tiguidensis*)　345
シルヴィサウルス(*Silvisaurus*)　214, 222
シレサウルス(*Silesaurus*)　76, 77, 85
シレサウルス科(Silesauridae)　76, 77, 82, 83
新ケラトサウルス類(Neoceratosauria)　98, 127, 387
新ケラトプス類(Neoceratopsia)　116, 242–245
新獣脚類(Neotheropoda)　85, 124, 387
真手盗類(Eumaniraptora)　292
新鳥盤類(Neornithischia)　194, 195, 200, 251, 260, 261, 387
新鳥類(Neornithes)　141, 146–149, 151–157, 387
真ハドロサウルス類(Euhadrosauria)　263
真マニラプトル類(Eumaniraptora)　292
針葉樹(conifer)　320, 322
シンラプトル(*Sinraptor*)　126, 128
真竜脚類(Eusauropoda)　184
新竜脚類(Neosauropoda)　184, 185

す～そ

スイレン科(Nymphaeaceae)　320
スカンソリオプテリクス(*Scansoriopteryx*)　141
スカンソリオプテリクス科(Scansoryopterygidae)　139, 141, 151, 163
スキゾネウラ(*Schizoneura*)　319
スクテロサウルス(*Scutellosaurus*)　204, 220, 221, 310
スケリドサウルス(*Scelidosaurus*)　204, 220, 310
スコミムス(*Suchomimus*)　311
スコミムス・テネレンシス(*Suchomimus tenerensis*)　345
ススキティラヌス(*Suskityranuus*)　351
スズメ(*Passer*)　68, 74, 77, 82, 83, 98, 146
スタウリコサウルス(*Staurikosaurus*)　79, 80, 86, 310
スタゴノレピス(*Stagonolepis*)　76
スーチュアノサウルス(*Szechuanosaurus*)　127
スティギモロク(*Stygimoloch*)　230–232
スティラコサウルス(*Styracosaurus*)　234, 235, 244, 358
ステゴケラス(*Stegoceras*)　227–231, 296
ステゴケラス・ヴァリドゥム(*Stegoceras validum*)　230
ステゴサウルス(*Stegosaurus*)　80, 112, 194, 203, 207–209, 212, 221, 310, 332
ステゴサウルス科(Stegosauridae)　221
ステゴサウルス類(Stegosauria)　204–209, 212, 213, 220, 221, 282, 317, 387
ストームバーギア(*Stormbergia*)　260
ストルティオ(*Struthio*)　276
ストルティオミムス(*Struthiomimus*)　101, 102, 134, 280
ズニケラトプス(*Zuniceratops*)　245
ズパイサウルス(*Zupaysaurus*)　86
スピノサウルス(*Spinosaurus*)　98, 101, 112, 125, 127, 336, 338, 339
スピノサウルス科(Spinosauridae)　125
スファエロトルス(*Sphaerotholus*)　231, 296
ズール(*Zuul*)　218, 219, 222
ズール・クルリヴァスタトール(*Zuul crurivastator*)　218
スルカヴィス・ジーオルム(*Sulcavis geeorum*)　153

セイスモサウルス(*Seismosaurus*)　310
脊索動物(Chordata)　57
脊椎動物(Vertebrata)　56, 57, 387
セコイア(*Sequoia*)　320
ゼフィロサウルス(*Zephyrosaurus*)　260, 262
セントロサウルス(*Centrosaurus*)　235, 239, 240, 244–246, 311
セントロサウルス亜科(Centrosaurinae)　244
ゼンマイ科(Osmundaceae)　319

双弓類(Diapsida)　64–67, 388
装盾類(Thyreophora)　195, 199, 200, 204, 220, 221, 260, 388
“槽歯類”(Thecodontia)　81, 149, 334, 388
ソテツの仲間(cycads)　320, 388
ソテツ類(Cycadophyta)　321
ソルデス(*Sordes*)　90

た～つ

ダイナモテラー(*Dynamoterror*)　130
ダイナモサウルス・インペリオスス(*Dynamosaurus imperiosus*)　130
ダケントルルス(*Dacentrurus*)　206, 221
ダスプレトサウルス(*Daspletosaurus*)　111, 116, 129, 131, 277, 278
ダチョウ(*Struthio*)　276
ダチョウ恐竜(ostrich dinosaur)　134
タルチア(*Tarchia*)　214, 222
タルボサウルス(*Tarbosaurus*)　114, 131
タワ(*Tawa*)　85, 125
タワ・ハラエ(*Tawa hallae*)　82
単弓類(Synapsida)　64 66, 69, 389

チドリ型類(Charadriiformes)　155
チャンチェンゴルニス(*Changchengornis*)　151
チュンキンゴサウルス(*Chungkingosaurus*)　207
チュンチェンケラトプス(*Zhuchengceratops*)　245
チョウオルニス・ハニ(*Zhouornis hani*)　153
鳥脚類(Ornithopoda)　195, 226, 250, 251, 259–261, 389
鳥胸類(Ornithothoraces)　151, 153, 389
鳥頸類(Ornithodira)　68, 75, 82, 291, 389
鳥獣脚類(Avetheropoda)　124, 125, 389
鳥肢類(Ornithoscelida)　82, 198, 389
鳥盤類(Ornithischia)　80–83, 85, 94, 194, 197, 389
鳥尾形類(Ornithuromorpha)　151, 153, 154, 389
鳥尾類(Ornithurae)　151, 297, 389
鳥翼類(Avialae)　129, 136, 139, 141, 142, 146, 150, 151, 292, 317, 389
鳥類(Aves)　66, 98, 139, 146, 155, 389
チレサウルス(*Chilesaurus*)　197
チンタオサウルス(*Tsintaosaurus*)　234, 263
チンデサウルス(*Chindesaurus*)　85–87

角竜(horned dinosaur)　233, 323, 383

て，と

ティアニュロン(*Tianyulong*)　194, 195, 199, 241, 291
ディキノドン類(Dicynodontia)　314
ティクターリク(*Tiktaalik*)　57, 58
ディクラエオサウルス(*Dicraeosaurus*)　340
ディクロイディウム(*Dicroidium*)　315
ティタノケラトプス(*Titanoceratops*)　235
ティタノサウルス(*Titanosaurus*)　184
ティタノサウルス類(Titanosauria)　182, 184, 185
デイノケイルス(*Deinocheirus*)　134, 358
デイノニクス(*Deinonychus*)　88, 101, 103, 110, 114, 124, 136, 149, 294, 311, 337
デイノニコサウルス類(Deinonychosauria)　109, 110, 114, 129, 136, 138, 139, 141, 151, 162
ディプロドクス(*Diplodocus*)　82, 168, 174, 175, 181, 184, 187–190, 311, 317
ディプロドクス上科(Diplodocoidea)　180, 184, 185, 187, 188
ディメトロドン・グランディス(*Dimetrodon grandis*)　65
ディモルフォドン(*Dimorphodon*)　315
ティラノサウルス(*Tyrannosaurus*)　18, 98, 102–105, 108, 109, 115, 275, 277, 278, 282, 283, 294, 299, 311

ティラノサウルス・レックス
(*Tyrannosaurus rex*) 16, 29, 40, 88, 97, 107, 109–111, 113, 114, 129–132, 277, 283, 298, 336, 344
ティラノサウルス科(Tyrannosauridae) 113, 129, 277, 278, 318
ティラノサウルス上科(Tyrannosauroidea) 98, 103, 105, 114, 116, 127, 129
ティロケファレ(*Tylocephale*) 227, 231
ティロサウルス(*Tylosaurus*) 363
ディロフォサウルス(*Dilophosaurus*) 102, 116, 124, 126, 294, 299, 358
ディーロン(*Dilong*) 110
テコドントサウルス(*Thecodontonsaurus*) 86, 172, 174
テスケロサウルス(*Thescelosaurus*) 260–262, 295
テタヌラ類(Tetanurae) 124–128, 160, 292, 390
テノントサウルス(*Tenontosaurus*) 114, 260–262
テリジノサウルス(*Therizinosaurus*) 129, 135–137, 311
テリジノサウルス上科(Therizinosauroidea) 98, 99, 103, 129, 136
テリジノサウルス類(Therezinosauria) 318, 319
デルタドロメウス・アギリス
(*Deltadromeus agilis*) 345
テルマトサウルス(*Telmatosaurus*) 263, 264

トゥオジアンゴサウルス(*Tuojiangosaurus*) 207, 221
頭索類(Cephalochordata) 56, 57
トゥラノケラトプス(*Turanoceratops*) 244, 245
トクサの仲間(sphenopsids) 319, 390
トクサ類(sphenopsids) 320
ドクトカゲ(*Heloderma*) 279
ドブネズミ(*Rattus*) 196
ドラコレックス(*Dracorex*) 231, 232
ドリオ形類 (Dryomorpha) 261, 262
ドリオサウルス(*Dryosaurus*) 258, 260–262, 340
トリケラトプス(*Triceratops*) 82, 83, 111, 113, 132, 194, 236, 238, 240, 244, 246, 260, 311
トリケラトプス・ホリドゥス
(*Triceratops horridus*) 68
トリコモナス・ガリナエ
(*Trichomonas gallinae*) 115
ドリプトサウルス(*Dryptosaurus*) 129
トルヴォサウルス(*Torvosaurus*) 125, 127
トルニエリア(*Tornieria*) 340
ドレッドノータス(*Dreadnoughtus*) 184, 186, 190, 280
ドレッドノータス・シュラニ
(*Dreadnoughtus schrani*) 186
トロオドン(*Troodon*) 104, 311
トロオドン科(Troodontidae) 98, 101, 109, 110, 114, 139, 140, 151, 318, 319
トロサウルス(*Torosaurus*) 235, 238, 244, 246
ドロマエオサウルス(*Dromaeosaurus*) 104, 114, 149
ドロマエオサウルス科(Dromaeosauridae) 98, 101, 109, 110, 114, 139, 141, 150, 151, 294
ドロミケイオミムス(*Dromiceiomimus*) 103, 134
ドロモメロン(*Dromomeron*) 85, 87

な 行

ナメクジウオ(*Amphioxus*) 56, 57
軟骨魚類(Chondrichthyes) 57, 58

肉鰭類(Sarcopterygii) 57, 58, 390
ニジェールサウルス(*Nigersaurus*) 175
ニワトリ型類(Galliformes) 156

ネオカラミテス(*Neocalamites*) 319
ネメグトサウルス(*Nemegtosaurus*) 175, 184

ノウサギ(*Lepus*) 196
ノトゥロニクス(*Nothronychus*) 137
ノドサウルス科(Nodosauridae) 215, 222, 299, 391

は，ひ

パイゴスティルス類(Pygostylia) 151
バガケラトプス(*Bagaceratops*) 235, 242, 243
パギオフィルム(*Pagiophyllum*) 320
パキケファロサウルス(*Pachycephalosaurus*) 225–228, 231–233, 311
パキケファロサウルス類
(Pachycephalosauria) 224, 226–233, 231, 245, 318, 391
パキリノサウルス(*Pachyrhinosaurus*) 235, 240, 244, 246, 282
パタゴティタン(*Patagotitan*) 185, 186
パタゴプテリクス(*Patagopteryx*) 151, 154, 297
爬虫類(Reptilia) 66, 391
パッセル(*Passer*) 68, 74, 77, 82, 98, 146
パッセル・ドメスティクス(*Passer domesticus*) 68
ハドロサウルス亜科(Hadrosaurinae) 258, 263, 264
ハドロサウルス科(Hadrosauridae) 109, 249–264, 282, 318, 391
ハドロサウルス上科(Hadrosauroidea) 264
パノプロサウルス(*Panoplosaurus*) 214, 216, 222, 298
バハリアサウルス(*Bahariasaurus*) 338
バプトルニス(*Baptornis*) 155
ハプロカントサウルス(*Haplocanthosaurus*) 181
パラサウロロフス(*Parasaurolophus*) 15, 256, 260, 263, 311
バラパサウルス (*Barapasaurus*) 310
パラヘスペロルニス(*Parahesperornis*) 155
パラリティタン(*Paralititan*) 186
パラントドン(*Paranthodon*) 207
バリオニクス(*Baryonyx*) 111, 125, 127, 311
パルクソサウルス(*Parksosaurus*) 261, 262
バロサウルス(*Barosaurus*) 22, 340
パンティドラコ(*Pantydraco*) 86
パンファギア(*Panphagia*) 78, 85, 86
ピカイア(*Pikaia*) 57
ピカイア・グラシレンス(*Pikaia gracilens*) 56
ヒカゲノカズラの仲間(lycopods) 319, 320
尾索類(Urochordata) 56, 57
ピサノサウルス(*Pisanosaurus*) 78, 85, 86, 198, 260, 261
被子植物(Magnoliophyta, angiosperms) 217, 320, 322–324, 391
"非鳥類恐竜"(non-avian dinosaurs) 4
"非鳥類獣脚類"(non-avian therapods) 98, 391
ヒト(*Homo sapience*) 47, 65, 276
ヒト上科(Hominoidea) 48
ピナコサウルス(*Pinacosaurus*) 214, 215, 217, 222
被嚢類(Tunicate) 57
ヒパクロサウルス(*Hypacrosaurus*) 256, 258, 259, 263, 284, 299
ヒプシロフォドン(*Hypsilophodon*) 250, 259–262, 311
ヒプシロフォドン科(Hypsilophodontidae) 260
ヒラエオサウルス(*Hylaeosaurus*) 331
ビロノサウルス(*Byronosaurus*) 345

ふ～ほ

ファヤンゴサウルス(*Huayangosaurus*) 206, 207, 221
フィトサウルス類(Phytosauria) 76, 392
プウィアンゴサウルス(*Phuwiangosaurus*) 184
フォストリア(*Fostoria*) 11, 12
プシッタコサウルス(*Psittacosaurus*) 233–238, 242–245, 277, 278, 298, 311
プテロダクティルス上科(Pterodactylnoidea) 68
ブラキオサウルス(*Brachiosaurus*) 175, 178, 179, 181, 184, 190, 311, 317, 336
ブラキオサウルス科(Brachiosauridae) 178, 180
ブラキロフォサウルス(*Brachylophosaurus*) 257, 264, 284
プラティプテリギウス(*Platypterygius*) 363
プラテオサウルス(*Plateosaurus*) 63, 86, 171, 172, 174, 294, 310
ブリカナサウルス(*Blikanasaurus*) 86, 184
プレウロメイア(*Pleuromeia*) 319
プレシオサウルス類(Plesiosauria) 296, 363, 392
プレノケファレ(*Prenocephale*) 227, 231
プロガノケリス(*Proganochelys*) 314
プロケラトサウルス(*Proceratosaurus*) 116
プロコンプソグナトゥス(*Procompsognathus*) 86
プロサウロロフス(*Prosaurolophus*) 257, 263, 264
プロテアキディテス属(*Proteacidites*) 365
プロトアーケオプテリクス
(*Protarchaeopteryx*) 110, 311
プロトケラトプス(*Protoceratops*) 111, 117, 225, 233, 234, 237–239, 242–246, 311, 329, 358
プロトスクス(*Protosuchus*) 76
プロトハドロス(*Protohadros*) 262, 264

プロバクトロサウルス(*Probactrosaurus*) 262, 264
プロラケルタ型類(Prolacertiformes) 67
ブロントサウルス(*Brontosaurus*) 82, 170, 188–190, 336
ブロントサウルス・エクセルシオール(*Brontosaurus excelsior*) 190
ブロントサウルス・パルヴス(*Brontosaurus parvus*) 190
ブロントサウルス・ヤンナピン(*Brontosaurus yahnapin*) 190
分椎類(Temnospondyli) 296, 314, 315, 392

平滑両生類(Lissamphibia) 64
ベイピャオサウルス(*Beipiaosaurus*) 137
ヘイユアニア(*Heyuannia*) 118
ヘーシンルサウルス(*Hexinlusaurus*) 251, 260, 261
ヘスペロルニス(*Hesperornis*) 154, 155, 297
ヘスペロルニス型類(Hesperornithiformes) 154, 155
ヘテロドントサウルス(*Heterodontosaurus*) 86, 195, 198, 199, 294, 310
ヘテロドントサウルス科(Heterodontosauridae) 195, 198, 199, 261
ベネチテス類(Bennettitales) 315, 320, 392
ヘレラサウルス(*Herrerasaurus*) 78, 79, 85, 86, 98, 102, 310
ヘレラサウルス・イスキグアラステンシス(*Herrerasaurus ischigualastensis*) 345
ヘレラサウルス科(Herrerasauridae) 82, 83
ペンタケラトプス(*Pentaceratops*) 21, 235, 244, 246

ポストスクス(*Postosuchus*) 76
哺乳形類(Mammaliamorpha) 314, 366
哺乳類(Mammalia) 314, 366
ホマロケファレ(*Homalocephale*) 225, 227–229, 231
ホモ・サピエンス(*Homo sapiens*) 47, 65, 276
ポラカントゥス(*Polacanthus*) 222, 311
ボレアロペルタ(*Borealopelta*) 214, 218, 222
ボレアロペルタ・マークミッチェリ(*Borealopelta markmitchelli*) 218

ま 行

マイアサウラ(*Maiasaura*) 257–259, 263, 264, 276–279, 298, 311, 344, 358
マギアロサウルス(*Magyarosaurus*) 186
マクロオーリトゥス(*Macroolithus*) 118
マクロナリス類(Macronaria) 184, 185
マジュンガサウルス(*Majungasaurus*) 105, 112–114
マッソスポンディルス(*Massospondylus*) 172, 174, 276, 298
マトニディウム(*Matonidium*) 319
マニラプトル類(Maniraptora) 129, 135, 139, 148, 149, 160
マプサウルス(*Mapusaurus*) 115
マメンチサウルス(*Mamenchisaurus*) 184
マラウィサウルス(*Malawisaurus*) 184, 187
マラスクス(*Marasuchus*) 76, 77, 85, 294
マンテリサウルス(*Mantelisaurus*) 252

ミクロラプトル(*Microraptor*) 98, 110, 139, 141, 147, 157, 163
ミクロラプトル・グイ(*Microraptor gui*) 140
ミズナギドリ型類(Procellariiformes) 156
ミモオラペルタ(*Mymoorapelta*) 222

“無弓類”(anapsids) 65, 392
ムスサウルス(*Mussaurus*) 86, 172, 173
無足類(Apoda) 64
ムッタブラサウルス(*Muttaburrasaurus*) 258
無尾類(Anura) 64
“無羊膜類”(anamniotes) 64, 393

メガプノサウルス(*Megapnosaurus*) 115, 116, 276, 298
メガロサウルス(*Megalosaurus*) 124, 127, 310, 330, 331
メラノロサウルス(*Melanorosaurus*) 86, 172, 174

モクレン科(Magnoliaceae) 320
モササウルス上科(Mosasauroidea) 363
モササウルスの仲間(mosasaur) 393
モノニクス(*Mononykus*) 136, 329, 344
モンタノケラトプス(*Montanoceratops*) 242, 243, 246, 299

や 行

ヤネンスキア(*Janenschia*) 277, 278, 339
ヤンチュアノサウルス(*Yangchuanosaurus*) 116
ヤンドゥサウルス(*Yandusaurus*) 260–262

有孔虫(foraminifera) 363, 393
有尾類(Urodera) 64
有羊膜類(Amniota) 64
ユウレイボヤ(*Ciona*) 56
ユーステノプテロン(*Eusthenopteron*) 57, 58
ユタラプトル (*Utahraptor*) 311
ユーティラヌス(*Yutyrannus*) 110, 131–133, 292
ユーティラヌス・フアリ(*Yutyrannus huali*) 110, 132
ユンナノサウルス(*Yunnanosaurus*) 171, 174

羊膜類(Amniota) 64, 66, 393
翼竜類(Pterosauria) 85, 67, 68, 75, 77, 82, 314, 393
鎧竜(armored dinosaur) 187, 213, 214, 323, 381

ら〜わ

ラウイスクス類(Rauisuchia) 76
ラゲルペトン(*Lagerpeton*) 76, 77, 85, 87
ラゴスクス(*Lagosuchus*) 76
裸子植物(gymnosperms) 170, 320, 393
ラットゥス(*Rattus*) 196
ラペトサウルス(*Rapetosaurus*) 111
ラホナヴィス(*Rahonavis*) 150, 151, 284
ラマ(*Lama*) 196
ラヤサウルス・ナルマデンシス(*Rajasaurus narmadensis*) 345
ランベオサウルス(*Lambeosaurus*) 254, 256, 257, 263, 264
ランベオサウルス亜科(Lambeosaurinae) 254, 256, 257, 263, 264, 393

リオハサウルス(*Riojasaurus*) 86, 174
リコリヌス(*Lycorhinus*) 199
リャオケラトプス (*Liaoceratops*) 245
竜脚形類(Sauropodomorpha) 82, 83, 98, 170, 174, 183
竜脚類(Sauropoda) 170, 173, 174, 184, 393
竜盤類(Saurischia) 80–82, 85, 94, 98, 393
両生類(Amphibia) 314
リリエンステルヌス(*Liliensternus*) 86
リンコサウルス類(Rhynchosauria) 67, 315
鱗竜形類(Lepidosauromorpha) 64, 393
鱗竜類(Lepidosauria) 66

ルエレイア(*Ruehleia*) 86
ルゴプス・プリムス(*Rugops primus*) 345
ルティオドン(*Rutiodon*) 76
ルーフェンゴサウルス(*Lufengosaurus*) 171, 174

レア(*Rhea*) 296
レアエリナサウラ(*Leaellynasaura*) 255, 296
レウィスクス(*Lewisuchus*) 76
レガリケラトプス(*Regaliceratops*) 235
レクソヴィサウルス(*Lexovisaurus*) 206
レソトサウルス(*Lesothosaurus*) 195, 199, 204, 260, 261, 310
レッセムサウルス(*Lessemsaurus*) 171, 172
レプス(*Lepus*) 196
レプトケラトプス(*Leptoceratops*) 235, 242–246

ロフォストロフェウス(*Lophostropheus*) 86
ロンギプテリクス(*Longipteryx*) 352

ワンナノサウルス(*Wannanosaurus*) 230, 231

和文索引

あ，い

アウカマウエボ(Auca Mahuevo, Patagonia, Argentia)　182, 183
アキネティック(akinetic)　254
亜原子粒子(subatomic particle)　34
顎(jaw)
　──の運動　199, 255
　──の筋肉　237
　獣脚類の──　103
脚(leg)　62
足(foot)
　アロサウルスの──　100, 101
　新鳥類の──　166
　デイノニクスの──　101
アセノスフェア(asthenosphere)　36
アーティファクト(artifact)　387
アデノシン三リン酸(adenosine triphosphate: ATP)　292, 305, 381
アデノシン二リン酸(adenosine diphosphate: ADP)　305, 381
孔のあいた寛骨臼(perforate acetabulum)　70, 78
アニシアン(Anisian)　30
アブダビ自然史博物館(Natural History Museum Abu Dhabi)　17
アプチアン(Aptian)　30
あぶみ骨(stapes)　63, 250, 381
あぶみ骨管(columellar canal)　240
アメリカ自然史博物館(American Museum of Natural History)　17, 185, 189, 329
r 戦略(r-strategy)　183, 259, 381
アルバータ州立恐竜公園(Dinosaur Provincial Park)　257
アルビアン(Albian)　30
アーレニアン(Aalenian)　30
アロメトリー(allometry)　273
安定同位体(stable isotope)　299, 381
アントラー(antler)　239

イェール大学ピーボディ博物館(Yale Peabody Museum, New Haven)　17, 333
維管束(vascular bundle)　320, 381
EQ(encephalization quotient)→脳化指数を見よ
イーシャン層(Yixian Formation, Liaoning, China)　237
イスキグアラスト層(Ischigualasto Formation, Argentina)　78, 84
胃石(gastrolith)　13, 106, 171, 381
遺体(carcass)　10
一次骨(primary bone)　274, 381
一次生産量(primary production)　364, 381
一方向(unidirectional)　272, 381
遺伝子型(genotype)　52, 381
移動(migration)
　ケラトプス類の──　244
　竜脚類の──　180
移動速度(locomotor speed)　281, 282
イリジウム(iridium)　356, 381
イリジウム異常(iridium anomaly)　356–358, 381
印象化石(impression)　250
インドゥアン(Induan)　30
咽頭鰓裂(pharyngeal gill)　57

う～お

ウイルス(virus)　56
烏口骨(coracoid)　60, 62, 165, 166, 381
烏口上筋(supracoracoideus muscle)　166, 167, 381
羽枝(barb)　90, 165, 381
羽軸(shaft)　165, 381
羽状(pennaceous)　90
腕(arm)　62
羽嚢(feather follicle)　90
羽板(vane)　165, 166, 381
羽毛(feather)　87, 88, 162, 165, 196
　──の進化　89
　“獣脚類”の──　110
　プシッタコサウルスの──　241, 242
羽毛化石(feathered fossil)　147

栄養循環(nutrient cycling)　364, 381
栄養の代謝回転(nutrient turnover)　297, 381
エコスペース(ecospace)　372, 381
ACE 法(abundance-based coverage estimator, 優占種に基づく網羅率推定)　312
ATP(adenosin triphosphate)→アデノシン三リン酸を見よ
ADP(adenosine diphosphate)→アデノシン二リン酸を見よ
エナメル質(enamel)　104
エボデボ(evo-devo)　346, 382
LAG(lines of arrested growth)→成長停止線を見よ
遠位(distal)　124, 382
縁後頭骨(epioccipital)　240
エンドキャスト(endocast)　382
エントラダ層(Entrada Formation, Western North America)　100

尾(tail)
　デイノニクスの──　110
　テタヌラ類の──　124
　ユーティラヌスの──　133
　竜脚類の──　179
横静脈洞(transverse sinus)　107, 240
横突起(transverse process)　61
大型化(gigantism)　129
大型(化石)植物相(macroflora, megaflora)　365, 382
雄型(cast)　12, 382
オックスフォーディアン(Oxfordian)　30
オッシコーン(ossicone)　239
オーテリビアン(Hauterivian)　30
オルドビス紀-シルル紀境界大量絶滅(Ordovician-Silurian mass extinction)　359
オレネキアン(Olenekian)　30
温血性(warm-blooded)　47, 290
温室効果(greenhouse effect)　33, 318, 347, 375
オントジェニー(ontogeny)　238

か

科(family)　40
界(年代層序区分)(erathem)　29
界(分類学)(kingdom)　40
階(stage)　29
外温性(ectothermy)　290, 295
外温動物(ectotherm)　290, 382
外核(outer core)　36
外呼吸(external respiration)　272
海進(transgression)　382
海水準(eustatic sea level)　31, 382
海棲動物(marine animal)　18
階層(hierarchy)　40, 43, 382
外側下顎孔(external mandibular foramen)　195
海退(marine regression)　318, 363, 382
解糖系(glycolysis)　305
外鼻孔(external nares)　175
回復(recovery)　268, 382
海洋(ocean)　32
海洋リソスフェア(oceanic lithosphere)　37
外翼状骨洞(ectopterygoid sinus)　107
科学(science)　5
下顎(mandible)　60, 62, 382
　プラテオサウルスの──　63
下顎孔(mandibular foramen)　200, 382
カギツメ(claw)　101–103, 134–140, 170, 177, 197
核(nucleus)　34
顎関節(jaw joint)　197
角骨(angular)　63
角質(keratin)　116, 197
角鞘(rhamphotheca, *pl.* rhamphothecae)　166, 197, 382
角芯(horn core)　234, 382
格闘恐竜化石(fighting dinosaurs)　110, 111
風切羽(flight feather)　90, 139, 166, 382

火山活動(白亜紀後期の)(volcanism)　362
下垂体窩(pituitary fossa)　107, 240
下制筋(depressor muscle)　105
化石(fossil)　10, 382
——の採集　19
——の捜索　14
——の保存状態　308
化石化(fossilization)　10, 382
化石群集(fossil assemblage)　294
仮説(hypothesis)　5
仮説の検証(testing hypothesis)　5
カーニアン(Carnian)　30, 84, 85
カーニアン湿潤化イベント(Carnian Humid Episode)　87
カーニアン多雨事象(Carnian Pluvial Episode)　87
カーネギー自然史博物館(Carnegie Museum of Natural History, Pittsburgh)　189
下部側頭窓(lower temporal fenestra)　65, 382
花粉化石(pollen fossil)　365
花粉・胞子(化石)植物相(palynoflora)　365, 382
下方型姿勢(parasagittal posture)　69, 70, 293, 382
カルス(callus)　283
カロビアン(Callovian)　30
眼窩(orbit)　63, 382
眼窩下洞(suborbital sinus)　107
感覚器(羽毛)(sense)　90
感覚器官(sense organ)
アンキロサウルス類の——　217
"獣脚類"の——　106
ティラノサウルスの仲間の——　109
眼窩大脳静脈(orbitocerebral vein canal)　240
眼窩の導出静脈(orbital emissary brain canal)　107
含気孔(pneumatic foramen, *pl.* pneumatic foramina)　124, 151, 165, 166, 175, 176, 382
含気骨(pneumatic bone)　161, 165, 166, 180
含気性(pneumatic)　382
関係性(relationship)　40
関係性の仮説(hypothesis of relationship)　48, 382
眼瞼骨(palpebral)　81, 382
寛骨臼(acetabulum)　61, 62, 70, 78, 382
岩石(rock)　12, 382
岩石サイクル(rock cycling)　13
関節窩(glenoid)　216
関節骨(articular)　63
関節突起(zygapophysis)　61, 109, 124, 382
テタヌラ類尾椎の——　126
完全下方(直立)型(fully erect posture)　236, 237
完全四足歩行性(obligate quadruped)　172, 251
完全性(completeness)　312
完全二足歩行性(obligate biped)　83, 99, 382
岩相層序学(lithostratigraphy)　26, 382
カンパニアン(Campanian)　30
カンブリア紀(Cambrian)　30

き～け

紀(period)　29, 382
期(age)　29, 84
気管(trachea, windpipe)　272, 382
季節性(seasonality)　33, 382
キネティック(kinetic)　254, 382
気嚢(air sac)　124, 166, 175, 180, 272
基盤的(basal)　74, 382
基盤的な恐竜形類(basal dinosauromorphs)　76, 77, 81, 82, 85
基盤的な主竜類(Archosauria)　74
キャスト(cast)　12, 383
CAMP(Central Atlantic Magmatic Province, 中央大西洋洪水玄武岩)　316
嗅覚(sense of smell)　109, 215, 217
嗅覚鼻甲介(olfactory turbinate)　296
嗅球(olfactory bulb)　107, 208, 240, 383
嗅索(olfactory tract cavity)　107, 240
臼歯(molar)　197
嗅葉(olfactory lobe)　228
キュレーション(curation)　14, 383
胸筋(pectoralis muscle)　166, 167, 383
胸骨(sternum)　62, 165–167, 383
頬骨(jugal)　63
頬骨洞(jugal sinus)　107
頬骨突起(jugal process)　204
頬歯(cheek tooth)　196, 197, 206, 253, 254, 383
凝集同位体(clumped isotope)　383
凝集同位体温度測定法(clumped isotope geothermometry)　301
共進化(coevolution)　264, 322, 383
暁新世(Paleocene)　364
競争(competition)　315
胸帯(pectoral girdle)　61, 62
共通祖先(common ancestor)　41, 46, 51
胸部(chest, thorax)　62, 383
強膜輪(sclerotic ring)　63, 257, 383
恐竜国定公園(Dinosaur National Monument, Colorado)　189
恐竜ゾンビ(zombie dinosaur)　283
恐竜の黄金時代(Golden Age of Dinosaurs)　324
恐竜ルネッサンス(dinosaur renaissance)　337
胸肋(sternal rib)　62
距骨(astragalus)　61, 75, 78, 383
距骨の上行突起(ascending process of the astragalus)　129, 383
鋸歯(serrated teeth)　98
魚食性(piscivorous)　112, 383
巨体恒温性(gigantothermy)　302, 383
キール(keel)　166
近位(proximal)　383
筋痕(muscle scar)　108
近代総合説(Modern Synthesis)　52
筋肉(muscle)　108
キンメリッジアン(Kimmeridgian)　30

クエン酸回路(citric acid cycle)　305
クチバシ(beak, bill, rhamphotheca, *pl.* rhamphothecae)　106, 166, 197, 206, 215, 383
掘削性(fossorial)　259, 383
グッビオ(Gubbio, Italy)　356, 357
首(neck)(竜脚類の)　173, 176, 178–180
グリコーゲン(glycogen)　208, 383
グリフィン(griffin)　329
グリフィン伝説(griffin legend)　328
クリーブランドロイド(Cleveland-Lloyd, Utah, U.S.A.)　119
グルコース(glucose)　305
クレード(clade)　46, 383
グレンローズ(Glen Rose, Texas, U.S.A.)　178
群居性(gregarious)　12, 208, 383

系(system)　29
脛骨(tibia)　61, 62, 78, 165, 166, 383
形質(character)　44, 383
形態学(morphology)　40, 383
頸椎(cervical vertebra)　60, 78
系統(phylogeny)　383
系統学(phylogeny)　40
系統関係(systematic relationship, phylogenetic relationship)　40, 383
系統樹(phylogenetic tree)　48, 49
系統図(phylogram)　49
系統分類学(phylogenetic systematics)　43, 383
啓蒙思想(enlightenment)　328, 383
頸肋(cervical rib)　60
頸肋骨(cervical rib)　176, 178
K 戦略(*K*-strategy)　183, 259, 383
血圧(body pressure)　180, 295
血管(vascular)　384
血管弓(hemal arch)　61
穴居性(burrowing)　259
血道弓(chevron, hemal arch)　61, 384
K-Pg 境界(K-Pg boundary, 白亜紀-古第三紀境界)　30, 318, 356–378
ケラタン硫酸(keratan sulfate)　284
ケラチン質(keratin)　116, 197, 384
ケラチンタンパク質(keratin)　284
肩関節(shoulder joint)　166
嫌気代謝(anaerobic metabolism)　305, 384
肩甲骨(scapula, *pl.* scapulae)　60, 62, 165, 166, 384
原子(atom)　34
原始的(primitive)　46, 384
原子番号(atomic number)　35
検証可能(testable)　384
検証可能な仮説(testable hypothesis)　5, 384
現世(Recent)　384
現生種による系統的包囲法(extant phylogenetic bracketing)　108, 285, 384
顕生(累)代(Phanerozoic)　384
現世の引上げ効果(pull of the Recent)　309, 384
元素(element)　34
肩帯(pectoral girdle, shoulder girdle)　58, 166, 384
肩峰突起(acromion process, acrominal process)　215, 216, 384

こ

綱(class)　40
孔(sinus)　390
恒温性(homeothermy)　290
恒温動物(homeotherm)　290, 384
口蓋(palate)　63, 384
口蓋骨洞(palatine sinus)　107

後眼窩骨(postorbital) 63
後眼窩角(postorbital horn) 239
後期三畳紀(Late Triassic) 29–31, 84–87, 309, 314–316
好気代謝(aerobic metabolism) 305, 384
後期デボン紀大量絶滅(Late Devonian mass extinction) 359, 375
光合成(photosynthesis) 360, 384
後向恥骨(opisthopubic) 81, 194, 384
咬合部(occlusion) 197, 384
後肢(hindlimb) 166, 177
鉤状突起(coronoid process) 196, 197, 236, 253, 254, 384
項靱帯(nuchal ligament) 175, 176, 384
洪水玄武岩(flood basalt) 362, 384
行跡(trackway) 12, 281, 384
 ——からの走行速度の推定 100, 172, 181, 281
 獣脚類の—— 12, 100
 ディプロドクス科の—— 177
硬組織(hard tissue) 10, 384
後頭顆(occipital condyle) 63, 229, 384
後頭部(occiput) 229, 384
後脳の硬膜静脈洞(blind dural venous sinus of hindbrain) 107
後鼻孔(choana) 63, 107, 384
鉱物化(permineralization) 11, 12, 384
硬膜静脈洞(dorsal head vein) 107
咬耗面(worn surface) 180, 206
向流交換(countercurrent exchange) 272
古環境(paleoenvironment) 18, 385
古気候(paleoclimate) 32, 385
呼吸システム(respiration system) 272
呼吸鼻甲介(respiratory turbinate) 296, 385
国立自然史博物館(パリ)(Musée National d'Histoire Naturelle, Paris) 17
古植物学(paleobotany) 385
古植物学者(paleobotanist) 320
ゴーストランチ(Ghost Ranch, New Mexico, U.S.A.) 119
ゴーストリネージ(ghost lineage) 313, 385
古生代(Paleozoic) 29, 385
古生物学(paleontology) 268, 385
古生物学者(paleontologist) 14
古生物学の黄金時代(Golden Age of Paleontology) 332
子育て(parental care) 238, 258
古第三紀(Paleogene) 319
五大大量絶滅事変(The Big Five) 359
個体発生(ontogeny) 238, 385
骨化(ossify) 219, 385
骨格(skeleton) 57, 58, 385
 カルノサウルス類の—— 128
 原始的装盾類の—— 204
 新獣脚類の—— 126
 新鳥類の—— 165
 ステゴサウルス類の—— 206
 テタヌラ類の—— 126, 127
 プラテオサウルスの—— 59, 60
骨格要素(element) 57
骨化した腱(ossified tendon) 217, 252, 385
骨組織(学)(bone histology) 297, 385
骨内迷路(endosseous labyrinth) 107, 240
骨盤(pelvis)
 竜盤類の—— 80
 鳥盤類の—— 80, 194
コニアシアン(Coniacian) 30
ゴビ砂漠(Gobi Desert, Mongolia) 13, 15, 114, 120, 237
コプロライト(coprolite)→糞化石を見よ
鼓膜(eardrum, tympanic membrane) 63, 385
固有(endemic) 385
固有性(endemism) 316–318, 385
コラーゲン(collagen) 284
コロニー(colony) 182, 259
ゴンドワナ超大陸(Gondwana) 29, 32, 385
コンピューター断層撮像装置(computed tomography: CT) 295
こん棒(tail comb) 213, 215, 217, 219, 220

さ

災害イベント後の生物相(disaster biota) 372, 385
再構築(remodeling) 274, 385
採集(collecting) 14
採集計画(planning) 14
最小個体数(minimum numbers of individuals) 371, 385
最小分岐時間(minimal divergence time: MDT) 313, 385
砕屑岩(clastic rock) 308
最節約原理(法)(parsimony) 48, 385
最大成長速度(maximal growth rate) 278
細胞呼吸(cellular respiration) 305, 385
鎖骨(clavicle) 60, 62, 124, 385
叉骨(furcula) 124, 165–167, 385
坐骨(ischium, *pl.* ischia) 61, 62, 70, 80, 194, 385
雑食動物(megaomnivore) 135
査読(peer-review) 5, 385
砂嚢(gizzard) 106, 385
サハラ砂漠(Sahara Desert) 338
酸化(oxidation) 305, 385
三角胸筋稜(deltopectoral crest) 155, 385
三脚立ち(tripodal posture) 179
三骨間孔(triosseal foramen) 166, 167, 385
産(出)地(locality) 18, 385
三畳紀(Triassic) 29, 385
三畳紀-ジュラ紀境界(Triassic-Jurassic (T-J) boundary) 30, 359
三畳紀-ジュラ紀境界大量絶滅(Triassic-Jurassic mass extinction) 30, 359, 375
酸素同位体(oxygen isotope) 299
サントニアン(Santonian) 30

し

CAMP(Central Atlantic Magmatic Province, 中央大西洋洪水玄武岩) 316
シェーディング(shading) 218, 242
ジェネラリスト(generalist) 372, 386
視覚(vision) 109, 255
色調模様(羽毛の)(color pattern) 118
歯隙(diastem) 196, 197, 236, 253, 254, 386
指行性(digitigrade) 177, 386
趾行性(digitigrade) 100, 386
指(趾)骨(phalanx, *pl.* phalanges) 60–62, 386
歯骨(dentary) 63
歯状突起(denticle) 104
沈み込み(subduction) 36
姿勢(posture) 69
自然群(natural group) 46
自然選択(natural selection) 52, 230, 386
自然淘汰(natural selection)→自然選択を見よ
四足歩行性(quadruped) 75, 83, 172, 205, 294
肢帯(girdle) 62, 386
実際の多様性(actual diversity) 312
CT(computed tomography, コンピューター断層撮像装置) 295
CTスキャン(computed tomography scan) 106–108, 209, 216, 220, 240, 241, 295, 298, 386
シニョール・リップス効果(Signor-Lipps effect) 369
シネムーリアン(Sinemurian) 30
シノニム(synonymous) 189
指標(proxy) 291, 386
社会性(social behavior)
 ケラトプス類の—— 240
 "古竜脚類"の—— 172
 "獣脚類"の—— 115
 ステゴサウルス類の—— 208
 鳥脚類の—— 255
 パキケファロサウルス類の—— 230
 竜脚類の—— 181
ジャケット(jacket) 19
尺骨(ulna, *pl.* ulnae) 60, 62, 386
ジャドフタ層(Djadokhta Formation, Gobi Desert) 237
シャルツァフ行跡化石(Shar-tsav trackway) 13
種(species) 40
収斂(convergent) 127, 386
収斂進化(convergent evolution) 127
種間(interspecific) 239
種間変異(interspecific variation) 386
手根骨(carpal) 60, 62, 386
手根中手骨(carpometacarpus) 153, 165, 166, 386
種子(seed) 320, 386
樹上性起源説(arboreal hypothesis) 158, 386
種小名(specific name) 40
ジュディスリバー層(Judith River Formation, Montana, U.S.A.) 227
シュトゥットガルト州立自然史博物館(Staatliches Museum für Naturkunde, Stuttgart) 339
種特異性(species-specific) 212, 386
種内(intraspecific) 212
 ——のディスプレイ 239
種内競争(intraspecific competition) 256
種内変異(intraspecific variation) 116, 386
種の起源(*On the Origin of Species*) 40, 52, 53
シュハート賞(Schuchert Award) 352
種分化(speciate) 372, 386
ジュラ紀(Jurassic) 29, 317, 386
視葉(optic lobe) 255
小羽枝(barbule) 90, 165, 386
消化管(gut) 181
上角骨(surangular) 63

上顎洞前部(promaxillaly sinus) 107
上顎洞嚢(maxillary antral sinus) 107
上顎骨(maxilla, *pl.* maxillae) 63, 254
上顎骨歯(maxilla teeth) 200
衝撃石英(shocked quartz) 358, 359, 386
踵骨(calcaneum) 61, 75, 78, 386
小歯(denticle) 198
衝突によって生じた噴出物(impact ejecta) 360, 386
衝突の冬(impact winter) 360, 386
小脳(cerebellum) 240
上部側頭窓(upper temporal fenestra) 67, 298, 386
小翼羽(alula) 153
小惑星(asteroid) 345, 356–361, 386
小惑星衝突(asteroid impact) 356–362
上腕骨(humerus, *pl.* humeri) 60, 62, 78, 386
四翼(four-winged) 140
植物(plant) 319–324
植物化石(plant fossil) 365
植物食(herbivorous) 170, 250, 319–324
植物相(flora) 29
触覚器官(tactile organ) 90
人為的要因(artifact) 309, 387
進化(evolution) 40, 387
  アンキロサウルス類の―― 221
  羽毛の―― 89
  大型獣脚類の―― 127
  ケラトプス類の―― 242
  獣脚類の飛行の―― 141
  植物食性の―― 319
  ステゴサウルス類の―― 221
  装盾類の―― 220
  鳥脚類の―― 259
  鳥翼類の―― 150
  パキケファロサウルス類の―― 230
  飛翔能力の―― 162
  竜脚形類の―― 183
  竜脚類の―― 184
進化の樹(evolutionary tree) 41, 42, 49, 387
進化の総合説(Evolutionary Synthesis) 53
神経弓(neural arch) 61, 62, 387
神経棘(neural spine) 61
信仰(belief system) 370
新生代(Cenozoic) 29, 319, 387
心臓(heart) 295
新総合説(New Synthesis) 52
深中大脳静脈(caudal middle cerebral vein) 107, 240
シンメリア(Cimmeria) 31

す～そ

巣(nest) 117, 172, 182, 238, 259
水酸化リン酸カルシウム(calcium hydroxyphosphate) 11
髄質組織(medullary) 284
巣化石(nest fossil) 14, 117–119, 172, 182, 237
頭突き(head butting) 228–230, 232, 233
ストライド長(stride length) 281
ストレンジラブ海(Strangelove Sea) 364
スパイク(spike) 209, 213, 217
スミソニアン協会・国立自然史博物館 (National Museum of Natural History, Smithsonian Institute) 17, 132
世(epoch) 29, 84, 387
正羽(contour feather) 90, 387
生痕化石(ichnofossil, trace fossil) 10, 12, 387
生産量(productivity) 387
性選択(sexual selection) 116, 230, 239, 256, 387
生層序学(biostratigraphy) 26, 28, 387
生存率(survivorship) 365, 387
生態学的外乱(ecological perturbation) 87
生態空間(ecospace)→エコスペースを見よ
生態的多様性(ecological diversity) 367, 387
生体力学(biomechanics) 178
成長曲線(growth trajectory) 276, 278, 387
成長速度(growth rate) 206, 259, 275–278, 297, 298
成長段階(growth stage) 232, 238
成長停止線(lines of arrested growth：LAG) 275, 276, 297, 387
性的二型(sexual dimorphism) 116, 151, 208, 387
  ケラトプス類の―― 239
  “古竜脚類”の―― 172
  “獣脚類”の―― 116
  パキケファロサウルス類の―― 230
  ハドロサウルス科の―― 257
性淘汰(sexual selection)→性選択を見よ
生物学的古生物学(paleobiology) 272, 335, 337, 387
生物群集(assemblage) 28, 387
生物圏(biosphere) 4, 387
生物進化(biotic evolution, organic evolution) 40, 387
生物相(biota) 51, 387
生物地理(biogeography) 243, 387
生物量(biomass) 294, 324, 387
生命の樹(tree of life) 43
生命の歴史(history of life) 56
蹠行性(plantigrade) 100, 177, 387
脊索(notochord) 57, 387
脊髄(spinal cord) 61
脊柱(vertebral column) 62
節(node)→ノードを見よ
石灰質ナンノ化石(calcareous nanofossil) 364, 387
赤血球(red blood cell) 283
舌骨(hyoid bone) 217, 388
切歯(incisor) 196
絶滅(extinction)
  海洋での―― 363
  植物の―― 365
  脊椎動物の―― 365
絶滅仮説(extinction hypothesis) 370–378
セノマニアン(Cenomanian) 30
前位転子(anterior trochanter) 195
浅海(epeiric sea, epicontinental sea) 31, 388
前眼窩骨洞(antorbital sinus) 107
前眼窩窓(antorbital fenestra, *pl.* antorbital fenestrae) 67, 388
前寛骨臼突起(preacetabular process) 195
前肢(forelimb)
  アパトサウルスの―― 176
  獣脚類の―― 102
  鳥脚類の―― 252
  竜脚類の―― 177
前歯骨(predentary) 194, 388
前上顎骨(premaxilla) 63
前上顎骨歯(premaxilla teeth) 200
前前頭骨(prefrontal) 63
前恥骨突起(prepubic process) 194, 388
仙椎(sacrum, *pl.* sacra) 61, 62, 388
前庭窓(fenestra vestibuli) 107
前頭骨(frontal) 63
前方(anterior) 388

槽間洞(interalveolar sinus) 107
走行(running) 99
走行性(cursorial) 99, 388
走行性起源説(cursorial hypothesis) 159, 388
相似(analogous) 41
相似器官(analog) 41, 388
層序学(stratigraphy) 26, 388
早成(precocial) 183, 259, 388
相対成長(allometry) 381
相対年代決定(relative dating) 28, 388
相同(homologous) 41, 388
相同性(homology) 40
双方向(bidirectional) 272, 388
属(genus) 40, 388
足印(footprint) 12, 388
側腔(pleurocoel) 124, 151, 175, 176, 180, 388
側頭窓(temporal fenestra) 65, 388
側頭部(temporal) 388
側方型姿勢(sprawling posture) 69, 236, 293, 388
属名(generic name) 40
組織学(histology) 388
咀嚼(chew) 104, 180, 196–200, 206, 234, 254
祖先的(ancestral) 46, 388
足根関節(ankle joint) 61
足根骨(tarsal) 61, 62, 388
足根中足骨(tarsometatarsus) 165, 166, 388
ゾルンホーフェン(Solnhofen, Germany) 133
ゾルンホーフェン石灰岩(Solnhofen limestone) 146

た，ち

代(era) 29, 388
大陸リソスフェア(continental lithosphere) 37
大英博物館(British Museum) 331
体温(body temperature) 290–292, 299–302
体温調節(thermoregulation) 213, 298, 388
退化(vestigial) 103, 388
体化石(body fossil) 10, 388
大後頭孔(foramen magnum) 63, 241, 388
体骨格(postcrania) 245
代謝(metabolism) 290, 388
体重(質量)(body mass) 172, 388
体重(重量)(body weight) 172, 389
体重(質量)推定(body mass estimation) 277
体循環系(systematic circuit) 295
堆積学(sedimentology) 18, 389
堆積学者(sedimentologist) 18, 389
堆積岩(sedimentary rock) 13, 389
堆積物(sediment) 27
大腿骨(femur) 61, 62, 389
  マイアサウラの―― 279

大腿骨滑車溝(patellar groove) 151, 389
大転子(greater trochanter) 195
体内の水(body water) 300, 301
大脳頸静脈(cerebral carotid artery canal) 107, 240
大脳半球(cerebral hemisphere) 107, 240
大陸移動(continental drift) 29, 389
大陸洪水玄武岩(continental flood basalt) 374, 375
大陸配置(position of continents)
後期三畳紀の―― 31
後期ジュラ紀の―― 31
後期白亜紀の―― 32
大量絶滅(mass extinction) 314, 315, 358, 389
ダーウィン的進化論(Darwinian evolution) 52
ダウン(down) 166
タクソン(taxon, *pl.* taxa)→分類群を見よ
ダコタ砂岩層(Dakota Sandstone, Great Plains, North America) 227
タフォノミー(taphonomy) 18
多様性(diversity) 308, 389
――の変遷 309, 312, 321
四肢動物の―― 309
タールサンド(tar sand) 218
単一型(monotypic) 258, 389
単一種(monospecific) 12
単系統群(monophyletic group) 46, 389
炭水化物(carbohydrate) 305, 389
単繊維性の羽毛(monofilamentous feather) 90, 389
^{14}C 27
断熱材(insulate) 88, 291

小さなツノ(hornlet) 116
地殻(crust) 36
置換(塩基の)(substitution) 156, 389
置換(鉱物の)(replacement) 11, 389
地球外(extraterrestrial) 356
地球化学(geochemistry) 347, 389
チクシュループ(Chicxulub, Mexico) 359–362
チクシュループクレーター(Chicxulub impact crater) 361
恥骨(pubis) 61, 62, 70, 80, 165, 167, 194, 389
地質時代(geological time) 26, 389
地質年代学(geochronology) 26, 389
地質年代区分(geological time scale) 29, 30
地層(bed, stratum, *pl.* strata) 26, 389
地層累重の法則(superposition) 389
チトニアン(Tithonian) 30
中温性(mesothermy) 302
中手骨(metacarpal) 60, 62, 389
中手足骨(metapodial) 62, 389
中性子(neutron) 26, 34
中生代(Mesozoic) 29, 389
中足骨(metatarsal) 61, 62, 389
チューロニアン(Turonian) 30
腸(gut) 181
聴覚(hearing) 109
蝶形骨動脈(sphenoid artery canal) 240
長骨(long bone) 276
腸骨(ilium, *pl.* Ilia) 61, 62, 80, 389
直立型姿勢(erect posture) 69, 70, 293, 390
知力の指標(gray-matter scale) 208
チンリ層(Chinle Formation, Western North America) 84

つ～と

椎骨(vertebra, *pl.* vertebrae) 61, 62, 390
椎体(centrum) 61, 62, 390
ツノ(horn) 197, 239
摘み取る(crop) 196
ツーメディシン層(Two Medicine Formation, Montana, U.S.A.) 227

手(hand)
アロサウルスの―― 102
プラテオサウルスの―― 171
DNA ハイブリダイゼーション(DNA hybridization) 156, 390
蹄行性(unguligrade) 100
T-J 境界(T-J boundary, 三畳紀-ジュラ紀境界) 30, 359
ディスプレイ(display) 116, 256, 390
――(羽毛) 88
――(ツノ) 239
――(ドーム状の頭蓋) 230
――(フリル) 246
底棲(benthos) 390
底棲性(benthic) 364
デカントラップ(Deccan Trap, India) 362, 375, 390
適合(fitness) 52
テチス海(Tethys ocean) 31, 390
デトリタス(detritus) 374, 390
電子(electron) 34
転子(trochanter) 61
テンダグルー(Tendaguru, Tanzania) 178, 208, 339
デンタルバッテリー(dental battery) 253, 255, 390
トリケラトプスの―― 234, 236
ランベオサウルスの―― 254

トアルシアン(Toarcian) 30
統(series) 29
洞(sinus) 390
同位体(isotope) 390
同位体分別(isotope fractionation) 299
頭蓋天井(skull roof) 63, 390
頭骨(skull) 60, 62, 63, 390
アンキロサウルス類の―― 214
ケラトプス類の―― 234, 235
"古竜脚類"の―― 171
"獣脚類"の―― 102, 103
主竜類の―― 68
鳥脚類の―― 262
パキケファロサウルス類の―― 227
ハドロサウルス亜科の―― 263
プラテオサウルスの―― 60, 63
哺乳類の―― 196
羊膜動物の―― 65
竜脚類の―― 175
橈骨(radius, *pl.* radii) 60, 62, 390
島嶼矮小化(island dwarfism) 187
頭頂骨(parietal) 63
胴椎(dorsal vertebra) 60
ステゴサウルスの―― 220
頭部(head) 62
動物界(kingdom Animalia) 43
動物行動学的古生物学(ethological paleontology) 335
動物相(fauna) 29, 390
中生代の―― 316
胴肋(dorsal rib) 60, 62
ドギークリーク(Dogie Creek, Wyoming, U.S.A.) 360
特異的(specific) 390
特殊化(specialization) 372, 390
特徴(feature) 44
トサカ(crest) 116, 255–257
突起(process) 62, 390
ドーム(状の頭蓋)(dome) 226, 230–232
共食い(cannibalism) 113
ドローの法則(Dollo's Law of Irreversible Evolution) 335

な 行

内温性(endothermy) 290–295, 297
内温動物(endotherm) 290, 390
内核(inner core) 36
内耳腔(middle ear cavity) 107
内転筋(adductor muscle) 105
内部共生生物(endosymbiont) 181, 390
内陸効果(continental effect) 33, 390
軟組織(soft tissue) 10, 280, 284, 390

ニオブララ層(Niobrara Formation, North America) 227
二系統的(diphyletic) 334, 390
二酸化炭素(CO_2)(carbon dioxide) 33, 272, 318, 323, 362, 375
二次口蓋(secondary palate) 63, 217, 390
二次骨(secondary bone) 274, 390
二次的な進化(secondarily evolved) 83, 390
2 心房 2 心室(four-chambered heart) 295
二足歩行性(bipedal) 78, 98, 170, 251
二枚貝(bibalves) 363
乳酸(lactic acid) 290, 305, 390

ネウケン層(Neuquén Formation, Argentina) 178
熱河生物相(Jehol Biota) 150
熱河層群(Jehol Group) 134, 150
熱容量(heat capacity) 33, 390
ネメグト層(Nemegt Formation, Gobi Desert, Mongolia) 178
年代決定(dating) 26
年齢推定(age determination) 276

ノアの洪水以前(antediluvian) 330
脳(brain)
アンキロサウルス類の―― 216
ケラトプス類の―― 241
新鳥類の―― 166
ステゴサウルスの―― 208, 209
ティラノサウルス・レックスの―― 107
パキリノサウルスの―― 240
脳化指数(encephalization quotient：EQ) 273, 274, 295, 390
ティラノサウルス・レックスの―― 131

脳函(braincase) 62, 63, 390
脳のエンドキャスト(brain endocast) 106, 107, 240, 391
ノード(node) 44, 391
ノーリアン(Norian) 30, 84, 85

は, ひ

歯(tooth) 99, 114, 207, 215, 228, 236, 254, 328
——の同位体組成 300
“獣脚類”の—— 104
竜脚形類の—— 172
竜脚類の—— 174
這い歩き型姿勢(sprawling posture) 69, 236, 293
バイオメカニクス(biomechanics) 178
配偶子(gamete) 320, 391
背景絶滅(background extinction) 358, 391
背甲(carapace) 218, 391
肺循環系(pulmonary circuit) 295
肺胞(alveolus, *pl.* alveoli) 295, 391
ハウ発掘地(Howe Quarry, U.S.A) 337
葉化石(leaf fossil) 365
白亜紀(Cretaceous) 29, 317, 391
白亜紀-古第三紀境界(Cretaceous-Paleogene (K-Pg) boundary) 30, 318, 356–378
白亜紀-古第三紀境界大量絶滅(Cretaceous-Paleogene (K-Pg) mass extinction) 30, 318, 356, 359, 375
派生形質(derived character) 47, 391
派生した(advanced) 391
派生的(derived) 46, 391
発掘(exhumation) 14
発酵(ermentation)
——による消化 172, 181, 217, 228, 231
バッジョシアン(Bajocian) 30
発生進化生物学(evolutionary developmental biology) 346
発生生物学(developmental biology) 391
バッドランド(badland) 19, 391
バトニアン(Bathonian) 30
鼻角(nasal horn) 239
ハバース管(Haversian canal) 274, 275, 391
ハバース層板(Haversian lamellae) 297
バランギニアン(Valanginian) 30
バランス感覚(balance) 109
パレオバイオロジー(paleobiology)→生物学的古生物学を見よ
バレミアン(Barremian) 30
パンゲア超大陸(Pangaea) 29, 391
半月型の手根骨(semi-lunate carpal) 136, 391
半減期(half-life) 27, 391
パンサラッサ超海洋(Panthalassic ocean) 31
晩成(altricial) 183, 259, 391
半蹠行性(semi-plantigrade) 177
半対向性(semi-opposable) 95
ハンテリア・コレクション(Hunterian Collection) 330

尾羽球(rectricial bulb) 166
ピエール頁岩層(Pierre Shale, Great Plains) 227
微化石学(micropaleontology) 391
微化石学者(micropaleontologist) 364
鼻気道(airway) 107
鼻腔(nasal cavity, nasal passway) 256, 298
鼻腔の鼻粘膜嗅部(olfactory region of the nasal cavity) 107
鼻孔(nostril, naris, *pl.* nares) 63, 107, 391
鼻孔窩(cxtcrnal narial fossa) 184
皮骨(osteoderm, scute) 187, 200, 204, 391
腓骨(fibula, *pl.* fibulae) 61, 62, 78, 391
鼻骨(nasal) 63
皮骨板(bony plate) 200
尾側(尾の)(caudal) 391
尾端骨(pygostyle) 151, 165, 166, 391
尾柱(pygostyle) 151, 165, 166, 391
“非鳥類恐竜”(non-avian dinosaurs) 4
“非鳥類獣脚類”(non-avian theropods) 98, 391

尾椎(caudal (tail) vertebra) 61, 126
P-T 境界(P-T boundary, ペルム紀-三畳紀境界) 30, 359, 375, 392
ヒドロキシアパタイト(hydroxyapatite) 11
非表徴形質(non-diagnostic character) 44
非表徴的(non-diagnostic) 391
皮膚(skin) 110
皮膚の印象化石(skin impression) 10, 88, 182, 391
表現型(phenotype) 52, 391
表徴形質(diagnositic character, diagnosis) 44, 391
病変(lesion) 115
病理(pathology) 282

ふ

フィールド自然史博物館(Field Museum of Natural History, Chicago) 17, 115, 283
風化(weathering) 10, 392
フェリス層(Ferris Formation, Wyoming, U.S.A.) 368
フォックスヒルズ層(Fox Hills Formation, Great Plains, North America) 227
フォートユニオン層(Fort Union Formation, Wyoming and Montana, U.S.A.) 364
複合仙椎(synsacrum) 165, 167, 392
腹肋(gastralia) 60, 154, 392
腹骨(gastralia)→腹肋を見よ
フットプレート(footplate) 392
腐肉食者(scavenger) 113
腐敗(decomposition) 10
浮遊性(planktonic) 364, 392
フラニアン-ファメニアン境界大量絶滅(Frasnian-Famennian mass extinction) 359, 375
フリル(frill) 234, 239, 392
プリンスバッキアン(Pliensbachian) 30
プレウロキネシス(pleurokinesis) 254, 255, 392
プレス・パルス仮説(press-pulse hypothesis) 378
プレート(plate) 209, 212, 213
プレートテクトニクス(plate tectonics) 29, 36, 392
プレートの運動(tectonic) 33
プレパレーション(preparation) 14, 21, 392
プレパレーションラボ(preparation laboratory) 21, 392
プレパレーター(preparator) 21, 392
糞化石(coprolite) 13, 111, 392
分岐図(cladogram) 44, 48, 49, 313, 392
——(アンキロサウルス科) 222
——(アンキロサウルス類) 221
——(角脚類と周飾頭類) 226
——(基盤的イグアノドン類) 262
——(基盤的新ケラトプス類) 243
——(基盤的鳥脚類) 260
——(基盤的鳥盤類) 251
——(基盤的な恐竜形類と初期の恐竜) 85
——(基盤的竜脚形類) 174
——(恐竜形類) 77
——(恐竜類) 81, 98
——(ゲナサウルス類) 251
——(ケラトプス上科) 244
——(ケラトプス類) 243, 245
——(広脚類とステゴサウルス類) 220
——(コエルロサウルス類) 129
——(“古竜脚類”と竜脚類) 170
——(近鳥類) 139
——(四肢動物) 64
——(獣脚類の内温性の起源) 292
——(主要な獣脚類) 125
——(主竜形類) 67
——(主竜類) 74
——(ステゴサウルス類) 221
——(脊索動物) 57
——(装盾類) 204
——(鳥頸類) 68
——(鳥盤類) 195, 261
——(鳥翼類) 146, 151
——(ノドサウルス科) 222
——(パキケファロサウルス類) 231
——(ハドロサウルス科) 263, 264
——(竜脚類) 184
——(竜盤類) 94
分岐点(node)→ノードを見よ
分岐分析(cladistic analysis) 49, 342
吻骨(rostrum, rostral bone) 234, 392
分子進化(molecular evolution) 346, 392
分子時計(molecular clock) 156, 346, 392
吻内側大脳静脈(rostral middle cerebral vein) 107, 240
吻部(rostral) 234, 392
分布図(後期三畳紀の恐竜)(distribution map) 86
分別(fractionation) 392
フンボルト自然史博物館(Humboldt Museum für Naturkunde, Berlin) 339
分類(classification) 40, 66
分類群(taxon, *pl.* taxa) 40, 51, 392

へ, ほ

ベアポー頁岩層(Bear Paw Shale, North America) 227
ヘッタンギアン(Hettangian) 30
ベリアシアン(Berriasian) 30
ベーリング海峡(Bering strait) 319
ヘルクリーク層(Hell Creek Formation, U.S.A.) 111, 227, 364, 367, 368

ベルニサール(Bernissart, Belgium) 333, 335
ペルム紀(Permian) 30
ペルム紀-三畳紀境界(Permian (Permo)-Triassic(P-T) boundary) 30, 359, 375, 392
ペルム紀-三畳紀境界大量絶滅(Permian (Permo)-Triassic mass extinction) 30, 359, 375
変温性(poikilothermy) 290
変温動物(poikilotherm) 290, 392
片葉(flocculus) 107

崩壊曲線(decay curve) 27
防御行動(defense)
　アンキロサウルス類の―― 217
　ノドサウルス科の―― 220
　竜脚類の―― 181
方形頬骨(quadratojugal) 63
方形骨(quadrate) 63
傍後頭骨突起(paraoccipital prosess) 63
放射性同位体(radioisotope) 26, 392
抱卵(nesting) 117–119
頬(cheek) 197, 392
母岩(matrix) 19, 392
捕食者：被捕食者の生物量比(predator/prey biomass ratio) 294, 295, 392
捕食連鎖の生物量比(predator/prey biomass ratio) 294
歩調(cadence) 206, 392
骨(bone) 57, 274–277, 392
ホーン(horn) 239
ボーンキャビン発掘地(Bone Cabin Quarry, Wioming, U.S.A.) 336
ボーンベッド(bonebed) 12, 115, 240, 392

ま 行

マイクロテクタイト(microtektite) 358–360, 392
埋没(burial) 10
マーストリヒチアン(Maastrichtian) 30
末端指(趾)骨(terminal phalanx) 62
マンコス頁岩層(Mancos Shale, Western North America) 227
マントル(mantle) 36

ミイラ化石(mummy fossil) 253
ミラノ市立自然史博物館(Museo di Storia Naturale di Milano) 339

無限成長(indeterminate growth) 275, 392
無酸素(anaerobic) 290
無歯(edentulous) 106, 137, 158, 393
無次元速度(dimensionless speed) 281

雌型(mold) 12, 392
メソスフェア(mesosphere) 36
メソターサル関節(mesotarsal joint) 70, 393
メディア(media) 5
メラノソーム(melanosome) 117, 118, 146, 242, 393
綿羽(down) 88, 90, 166, 393

モエナヴ層(Moenave Formation, Arizona, U.S.A.) 12
目(order) 40
模式属(type genus) 244
モリソン層(Morrison Formation, Western North America) 12, 177, 178, 181, 309
モールド(mold) 12, 393
門(phylum) 40, 393

や〜わ

矢状面(vertial) 70

有限成長(determinate growth) 275, 276, 393
優占(dominant) 393
有爪指(趾)骨(ungual phalanx) 61, 62, 393

陽子(proton) 26, 34
腰帯(pelvic girdle) 61, 62, 393
羊膜(amnion) 64, 393

LAG(lines of arrested growth)→成長停止線を見よ
ラーゲルシュテッテ(Lagerstätte) 133, 146, 150, 393
ラディニアン(Ladinian) 30
卵円窓(fenestra vestibuli) 107
卵化石(egg fossil) 117
　オヴィラプトルの―― 117–119, 329
　竜脚類の―― 183
ランス層(Lance Formation, Wioming, U.S.A.) 227

力学的相似性(dynamic similarity) 281, 393
陸橋(land bridge) 31, 32, 319, 393
陸棲(terrestrial) 393
陸棲動物(terrestial animal) 18
リソスフェア(lithosphere) 36
リモデリング(remodeling)→再構築を見よ
竜骨突起(keel) 165–167, 393
硫酸(H_2SO_4)(sulfuric acid) 375
硫酸化グリコサミノグリカン(sulfated glycosaminoglycan) 284
流体力学解析(fluid dynamic analysis) 298
両眼視(binocular vision) 109
鱗状骨(squamosal) 63
鱗状骨洞(squamosal sinus) 107
鱗状骨のツノ(squamosal horn) 215
リンネ式階層分類(Linnaean classification) 40

涙骨(lacrimal) 63
涙嚢(lacrimal sinus) 107
涙嚢内側部(medial lacrimal sinus) 107

レアファクション解析(rarefaction analysis) 312, 393
冷血性(cold-blooded) 290
レーザースキャン(laser-scannig) 280
レッドディア川(Red Deer River, Canada) 337
レーティアン(Rhaetian) 30, 84

ロイヤル・オンタリオ博物館(Royal Ontario Museum) 219
ロイヤル・ティレル古生物学博物館(The Royal Tyrrell Museum of Palaeontology) 17, 218
ロコモーション(移動運動)(locomotion)
　アンキロサウルス類の―― 217
　ケラトプス類の―― 236
　ステゴサウルス類の―― 206
　鳥脚類の―― 251
　竜脚類の―― 181
ロサンゼルス郡立自然史博物館(Natural History Museum of Los Angeles Country) 19
ロス・コロラドス層(Los Colorados Formation, Argentina) 171
ロッキー山脈(Rocky Mountains) 227, 367
ロッキー山脈博物館(Museum of the Rockies, Montana) 344
露頭(outcrop) 19
ローラシア超大陸(Laurasia) 29, 394
ロンドン自然史博物館(Natural History Museum, London) 17, 331

渡り(migration) 244
湾曲(recurve) 104

欧文索引

A

Aalenian(アーレニアン)　30
Abel, Othenio　335
ACE(abundance-based coverage estimator, 優占種に基づく網羅率推定)　312
acetabulum(寛骨臼)　61, 62, 70, 78, 382
acrominal process(肩峰突起)　215, 216, 384
actual diversity(実際の多様性)　312
adductor muscle(内転筋)　105
adenosine diphosphate(アデノシン二リン酸)　305, 381
adenosine triphosphate(アデノシン三リン酸)　292, 305, 381
ADP(adenosine diphosphate, アデノシン二リン酸)　305
advanced(派生した)　391
aerobic metabolism(好気代謝)　305, 384
age(期)　29, 84
age determination(年齢推定)　276
air sac(気嚢)　124, 166, 175, 180, 272
airway(鼻気道)　107
akinetic(アキネティック)　254
Albian(アルビアン)　30
Alexander, R. M.　281
allometry(アロメトリー, 相対成長)　273, 381
altricial(晩成)　183, 259, 391
alula(小翼羽)　153
Alvarez, Luis　356, 357, 374
Alvarez, Walter　346, 356, 374, 377
alveolus(*pl.* alveoli)(肺胞)　295, 391
American Museum of Natural History(アメリカ自然史博物館)　17, 185, 189, 329
amnion(羊膜)　64, 393
anaerobic(無酸素)　290
anaerobic metabolism(嫌気代謝)　305, 384
analog(相似器官)　41, 388
analogous(相似)　41
ancestral(祖先的)　46, 388
Andrews, Roy Chapman　117, 329, 334
angular(角骨)　63
Anisian(アニシアン)　30
ankle joint(足根関節)　61
antediluvian(ノアの洪水以前)　330
anterior(前方)　388
anterior trochanter(前位転子)　195
antler(アントラー)　239
antorbital fenestra(*pl.* antorbital fenestrae)(前眼窩窓)　67, 388
antorbital sinus(前眼窩骨洞)　107
Aptian(アプチアン)　30
arboreal hypothesis(樹上性起源説)　158, 386
Arbour, Victoria　219
Archibald, J. D.　365, 366
Archosauria(基盤的な主竜類)　74
arm(腕)　62
articular(関節骨)　63
artifact(人為的要因, アーティファクト)　309, 387
Asaro, Frank　356
ascending process(上行突起)　129
ascending process of the astragalus(距骨の上行突起)　129, 383
assemblage(生物群集)　28, 387
asteroid(小惑星)　345, 356–361, 386
asteroid impact(小惑星衝突)　356–361
asthenosphere(アセノスフェア)　36
astragalus(距骨)　61, 75, 78, 383
atom(原子)　34
atomic number(原子番号)　35
ATP(adenosin triphosphate, アデノシン三リン酸)　305
Auca Mahuevo, Patagonia, Argentia(アウカマウエボ)　182, 183

B

background extinction(背景絶滅)　358, 391
badland(バッドランド)　19, 391
Bailleul Alida　284
Bajocian(バッジョシアン)　30
Bakker, Robert T.　149, 232, 293, 294, 315, 323, 341
balance(バランス感覚)　109
Baldwin, E.　376
barb(羽枝)　90, 165, 381
barbule(小羽枝)　90, 165, 386
Baron, M.　82
Barremian(バレミアン)　30
Barrett, P. M.　82, 136, 260, 323, 349, 350
Barrick, R.　299, 300
basal(基盤的)　74, 382
basal dinosauromorphs(基盤的な恐竜形類)　76, 77, 81, 82, 85
Bates, K. T.　280
Bathonian(バトニアン)　30
beak(クチバシ)　106, 197, 206, 215, 383
Bear Paw Shale, North America(ベアポー頁岩層)　227
bed(地層)　26, 389
belief system(信仰)　370
Bell, P. R.　131
benthic(底棲性)　364
benthos(底棲)　390
Benton, M. J.　4, 87, 90, 117, 159, 309, 315, 348, 349, 373
Bering strait(ベーリング海峡)　319
Berman, D. S.　190
Bernissart, Belgium(ベルニサール)　333, 335
Berriasian(ベリアシアン)　30
bibalves(二枚貝)　363
bidirectional(双方向)　272, 388
bill(クチバシ)　197, 383
binocular vision(両眼視)　109
biogeography(生物地理)　243, 387
biomass(生物量)　294, 324, 387
biomechanics(生体力学, バイオメカニクス)　178
biosphere(生物圏)　4, 387
biostratigraphy(生層序学)　26, 28, 387
biota(生物相)　51, 387
biotic evolution(生物進化)　40, 387
bipedal(二足歩行性)　78, 98, 170, 251
Blincoe, L. J.　376
blind dural venous sinus of hindbrain(後脳の硬膜静脈洞)　107
body fossil(体化石)　10, 388
body mass(体重(質量))　172, 388
body mass estimation(体重(質量)推定)　277
body pressure(血圧)　180, 295
body temperature(体温)　290, 299
body water(体内の水)　300, 301
body weight(体重(重量))　172, 388
bone(骨)　57, 274–277, 392
Bone Cabin Quarry, Wioming, U.S.A.(ボーンキャビン発掘地)　336
bone histology(骨組織(学))　297, 385
bonebed(ボーンベッド)　12, 115, 240, 392
bony plate(皮骨板)　200
Boring, Samuel　84
Bourke Jason　298
Boyd, C.　261
brain(脳)　107, 166, 208, 209, 216, 240, 241
brain endocast(脳のエンドキャスト)　106, 107, 240, 391
braincase(脳函)　62, 63, 390
British Museum(大英博物館)　331
Brooke, Richard　330
Brown, Barnum　130, 336
Brown, Caleb　218
Brusatte, Stephen　76, 98, 109, 125, 129, 132, 139, 348
Bryant, L. J.　365
Bucholtz, Emily　208
Buckland, William　331
burial(埋没)　10
burrowing(穴居性)　259
Butler, Richard J.　199, 204, 260, 261, 323, 348, 349

C

cadence(歩調)　206, 392
calcaneum(踵骨)　61, 75, 78, 386

calcareous nanofossil(石灰質ナンノ化石) 364, 387
calcium hydroxyphosphate(水酸化リン酸カルシウム) 11
Callovian(カロビアン) 30
callus(カルス) 283
Cambrian(カンブリア紀) 30
CAMP(Central Atlantic Magmatic Province, 中央大西洋洪水玄武岩) 316
Campanian(カンパニアン) 30
cannibalism(共食い) 113
carapace(背甲) 218, 391
carbohydrate(炭水化物) 305, 389
carbon dioxide (二酸化炭素(CO_2)) 33, 272, 318, 323, 362, 375
carbon-14 (^{14}C) 27
carcass(遺体) 10
Carnegie Museum of Natural History, Pittsburgh(カーネギー自然史博物館) 189
Carnian(カーニアン) 30, 84, 85
Carnian Humid Episode(カーニアン湿潤化イベント) 87
Carnian Pluvial Episode(カーニアン多雨事象) 87
carpal(手根骨) 60, 62, 386
Carpenter, Kenneth 213
carpometacarpus(手根中手骨) 153, 165, 166, 386
Carrano, Matthew T. 347, 348
Carrier, D. R. 69
cast(キャスト,雄型) 12, 383
caudal(尾側,尾の) 391
caudal middle cerebral vein(深中大脳静脈) 107, 240
caudal vertebra(尾椎) 61, 126
cellular respiration(細胞呼吸) 305, 385
Cenomanian(セノマニアン) 30
Cenozoic(新生代) 29, 319, 387
centrum(椎体) 61, 62, 390
cerebellum(小脳) 240
cerebral carotid artery canal(大脳頸静脈) 107, 240
cerebral hemisphere(大脳半球) 107, 240
cervical rib(頸肋) 60
cervical rib(頸肋骨) 176, 178
cervical vertebra(頸椎) 60, 78
Chapman, R. 232
character(形質) 44, 383
Charig, Alan 74, 87, 315
cheek(頬) 197, 392
cheek tooth(頬歯) 196, 197, 206, 253, 254, 383
chest(胸部) 62
chevron(血道弓) 61, 384
chew(咀嚼) 104, 180, 196–200, 206, 234, 254
Chiappe, L. M. 150
Chicxulub impact crater(チクシュルーブクレーター) 361
Chicxulub, Mexico(チクシュルーブ) 359–362
Chin, Karen 347, 348
Chinle Formation, Western North America(チンリ層) 84
Chinsamy-Turan, Anusuya 349
choana(後鼻孔) 63, 107, 384
Cimmeria(シンメリア) 31
citric acid cycle(クエン酸回路) 305
clade(クレード) 46, 383
cladistic analysis(分岐分析) 49, 342
cladogram(分岐図) 44, 48, 49, 313, 392
Clarke, Julia 156, 350
class(綱) 40
classification(分類) 40, 66
clastic rock(砕屑岩) 308
clavicle(鎖骨) 60, 62, 124, 385
claw(カギツメ) 101, 134, 170, 177, 197
Clemens, W. A. Jr. 357, 366
Cleveland-Lloyd, Utah, U.S.A.(クリーブランドロイド) 119
clumped isotope geothermometry(凝集同位体温度測定法) 301
clumped isotope(凝集同位体) 383
coevolution(共進化) 264, 322, 383
Colbert, E. H. 277, 279
cold-blooded(冷血性) 290
collagen(コラーゲン) 284
collecting(採集) 14
colony(コロニー) 182, 259
color pattern(色調模様) 118
columellar canal (あぶみ骨管) 240
common ancestor(共通祖先) 41, 46, 51
competition(競争) 315
completeness(完全性) 312
Coniacian(コニアシアン) 30
continental drift(大陸移動) 29, 389
continental effect(内陸効果) 33, 390
continental flood basalt(大陸洪水玄武岩) 374, 375
continental lithosphere(大陸リソスフェア) 37
contour feather(正羽) 90, 387
convergent(収斂) 127, 386
convergent evolution(収斂進化) 127
Cope, Edward Drinker 332, 333
coprolite(糞化石, コプロライト) 13, 111, 392
coracoid(烏口骨) 60, 62, 165, 166, 381
coronoid process(鉤状突起) 196, 197, 236, 253, 254, 384
countercurrent exchange(向流交換) 272
Courtillot, Vincent 374
crest(トサカ) 116, 255
Cretaceous(白亜紀) 29, 317, 391
Cretaceous-Paleogene mass extinction(白亜紀-古第三紀境界大量絶滅) 30, 356, 375, 391
Crichton, Michael 283
crop(摘み取る) 196
crurotarsal ankle 75
crust(地殻) 36
CT(computed tomography, コンピューター断層撮像装置) 295
CT-scan(CT スキャン) 106, 209, 216, 220, 240, 241, 295, 298, 386
Cuppy, W. 376
curation(キュレーション) 14, 383
Currie, P. J. 90
Curry Rogers, Kristina 187, 350, 351
cursorial(走行性) 99, 388
cursorial hypothesis(走行性起源説) 159, 388
Cutler, W. E. 340

D

Dakota Sandstone, Great Plains, North America(ダコタ砂岩層) 227
Darwin, Charies R. 40, 52
Darwinian evolution(ダーウィン的進化論) 52
dating(年代決定) 26
decay curve(崩壊曲線) 27
Deccan Trap, India(デカントラップ) 362, 375, 390
decomposition(腐敗) 10
defense(防御行動) 181, 217, 220
deltopectoral crest(三角胸筋稜) 155, 385
D'Emic, Michael 347
dental battery(デンタルバッテリー) 234, 236, 253–255, 390
dentary(歯骨) 63
denticle(歯状突起) 104
denticle(小歯) 198
depressor muscle(下制筋) 105
derived(派生的) 46, 391
derived character(派生形質) 47, 391
determinate growth(有限成長) 275, 276, 393
detritus(デトリタス) 374, 390
developmental biology(発生生物学) 391
D'Hondt, S. L. 361
diagnositic character, diagnosis(表徴形質) 44, 391
diastem(歯隙) 196, 197, 236, 253, 254, 386
digitigrade(指(趾)行性) 100, 177, 386
dimensionless speed(無次元速度) 281
Dingus, L. 312
Dinosaur National Monument, Colorado(恐竜国定公園) 189
Dinosaur Provincial Park(アルバータ州立恐竜公園) 257
dinosaur renaissance(恐竜ルネッサンス) 337
diphyletic(二系統的) 334, 390
disaster biota(災害イベント後の生物相) 372, 385
display(ディスプレイ) 88, 116, 230, 239, 246, 256, 390
distal(遠位) 124, 382
diversity(多様性) 308, 309, 313, 321, 389
Djadokhta Formation, Gobi Desert(ジャドフタ層) 237
DNA hybridization(DNA ハイブリダイゼーション) 156, 390
Dobzhansky, Theodosius 53
Dodson, P. 282, 312
Dogie Creek, Wyoming, U.S.A.(ドギークリーク) 360
Dollo, Louis Antoine Marie Joseph 334, 335
Dollo's Law of Irreversible Evolution(ドローの法則) 335
dome(ドーム(状の頭蓋)) 226, 230
dominant(優占) 393
dorsal head vein(硬膜静脈洞) 107
dorsal rib(胴肋) 60, 62
dorsal vertebra(胴椎) 60, 220

Dott, R. H. Jr. 376
down(綿羽, ダウン) 88, 90, 166, 393
dynamic similarity(力学的相似性) 281, 393

E

Eagle, R. A. 301
eardrum(鼓膜) 63, 385
ecological diversity(生態的多様性) 367, 387
ecological perturbation(生態学的外乱) 87
ecospace(エコスペース, 生態空間) 372, 381
ectopterygoid sinus(外翼状骨洞) 107
ectotherm(外温動物) 290, 382
ectothermy(外温性) 290, 295
edentulous(無歯) 106, 137, 158, 393
egg fossil(卵化石) 117–119, 183, 329
electron(電子) 34
element(元素) 34
element(骨格要素) 57
enamel(エナメル質) 104
encephalization quotient: EQ(脳化指数) 131, 273, 274, 295, 390
endemic(固有) 385
endemism(固有性) 316–318, 385
endocast(エンドキャスト) 382
endosseous labyrinth(骨内迷路) 107, 240
endosymbiont(内部共生生物) 181, 390
endotherm(内温動物) 290, 390
endothermy(内温性) 290, 297
enlightenment(啓蒙思想) 328, 383
Entrada Formation, Western North America (エントラダ層) 100
epeiric sea(浅海) 31, 388
epicontinental sea(浅海) 31, 388
epioccipital(縁後頭骨) 240
epoch(世) 29, 84, 387
EQ(encephalization quotient, 脳化指数) 273, 274, 295, 390
era(代) 29, 388
erathem(界) 29
erect posture(直立型姿勢) 69, 70, 293, 390
Erickson, Greg 131
ermentation(発酵) 172, 181, 217, 228, 231
ethological paleontology(動物行動学的古生物学) 335
eustatic sea level(海水準) 31, 382
Evans, David 219
evo-devo(エボデボ) 346, 382
evolution(進化) 40, 387
evolutionary developmental biology(発生進化生物学) 346
Evolutionary Synthesis(進化の総合説) 53
evolutionary tree(進化の樹) 41, 42, 49, 387
exhumation(発掘) 14
extant phylogenetic bracketing(現生種による系統的包囲法) 108, 285, 384
external mandibular foramen(外側下顎孔) 195
external nares(外鼻孔) 175
external narial fossa(鼻孔窩) 184
external respiration(外呼吸) 272
extinction(絶滅) 363, 365
extinction hypothesis(絶滅仮説) 370
extraterrestrial(地球外) 356

F

family(科) 40
Farlow, J. O. 279
Fastovsky, D. E. 312, 366
fauna(動物相) 29, 316, 390
feather(羽毛) 87, 88, 162, 165, 196
feather follicle(羽嚢) 90
feathered fossil(羽毛化石) 147
feature(特徴) 44
feet(足) 166
femur(大腿骨) 61, 62, 279, 389
fenestra vestibuli(前庭窓, 卵円窓) 107
Ferris Formation, Wyoming, U.S.A.(フェリス層) 368
fibula(*pl.* fibulae)(腓骨) 61, 62, 78, 391
Field Museum of Natural History, Chicago (フィールド自然史博物館) 17, 115, 283
Field, Daniel 156, 158
fighting dinosaurs(格闘恐竜化石) 110, 111
fitness(適合) 52
flight feather(風切羽) 90, 139, 166, 382
flocculus(片葉) 107
flood basalt(洪水玄武岩) 362, 384
flora(植物相) 29
fluid dynamic analysis(流体力学解析) 298
foot(足) 100, 101, 166
footplate(フットプレート) 392
footprint(足印) 12, 388
foramen magnum(大後頭孔) 63, 241, 388
forelimb(前肢) 102, 176, 177, 252
Fort Union Formation, Wyoming and Montana, U.S.A.(フォートユニオン層) 364
fossil(化石) 10, 19, 382
fossil assemblage(化石群集) 294
fossilization(化石化) 10, 382
fossorial(掘削性) 259, 383
four-chambered heart(2 心房 2 心室) 295
four-winged(四翼) 140
Fox Hills Formation, Great Plains, North America(フォックスヒルズ層) 227
Fraas, Eberhard 339
fractionation(分別) 392
Frasnian-Famennian extinction(フラニアン-ファメニアン境界大量絶滅) 359, 375
Fricke, H. 300
frill(フリル) 234, 239, 392
frontal(前頭骨) 63
fully erect posture(完全下方(直立)型) 236, 237
furcula(叉骨) 124, 165–167, 385

G

Galton, Peter M. 149, 293, 341
gamete(配偶子) 320, 391
Garbani, Harley 19
gastralia(腹肋, 腹骨) 60, 154, 392
gastrolith(胃石) 13, 106, 171, 381
Gauthier, Jacques A. 51, 149, 157, 343
generalist(ジェネラリスト) 372, 386
generic name(属名) 40
genotype(遺伝子型) 52, 381
genus(属) 40, 388
geochemistry(地球化学) 347, 389
geochronology(地質年代学) 26, 389
geological time(地質時代) 26, 389
geological time scale(地質年代区分) 29, 30
ghost lineage(ゴーストリネージ) 313, 385
Ghost Ranch, New Mexico, U.S.A.(ゴーストランチ) 119
gigantism(大型化) 129
gigantothermy(巨体恒温性) 302, 383
Gilmore, C. W. 336
girdle(肢帯) 62, 386
gizzard(砂嚢) 106, 385
Glen Rose, Texas, U.S.A.(グレンローズ) 178
glenoid(関節窩) 216
glucose(グルコース) 305
glycogen(グリコーゲン) 208, 383
glycolysis(解糖系) 305
Gobi Desert, Mongolia(ゴビ砂漠) 13, 15, 114, 120, 237
Godefroit, P. 194
Golden Age of Dinosaurs(恐竜の黄金時代) 324
Golden Age of Paleontology(古生物学の黄金時代) 332
Gondwana(ゴンドワナ超大陸) 29, 32, 385
Goodwin, M. B. 231, 246
Grady, J. M. 302
Granger, W. 336
gray-matter scale(知力の指標) 208
greater trochanter(大転子) 195
greenhouse effect(温室効果) 33, 318, 347, 375
gregarious(群居性) 12, 208, 383
griffin(グリフィン) 329
griffin legend(グリフィン伝説) 328
Griffin, D. K. 285
growth rate(成長速度) 206, 259, 275, 297, 298
growth stage(成長段階) 232, 238
growth trajectory(成長曲線) 276, 278, 387
Gubbio, Italy(グッビオ) 356, 357
gut(消化管, 腸) 181

H

half-life(半減期) 27, 391
Hallett, Mark 175
Halstead, L. B. 59
hand(手) 102, 171
hard tissue(硬組織) 10, 384
Hatcher, J. B. 336
Hauterivian(オーテリビアン) 30
Haversian canal(ハバース管) 274, 275, 391
Haversian lamellae(ハバース層板) 297
head(頭部) 62
head butting(頭突き) 228, 232, 233
hearing(聴覚) 109
heart(心臓) 295
heat capacity(熱容量) 33, 390
Heilmann, G. 149
Hell Creek Formation, U.S.A.(ヘルクリーク層) 111, 227, 364, 367, 368

hemal arch(血管弓) 61, 383
Hendrickson Susan 16
Hennig, Willi 342
herbivorous(植物食) 170, 250, 319
Hernandez-Rivera, René 19
Hettangian(ヘッタンギアン) 30
hierarchy(階層) 40, 43, 382
hindlimb(後肢) 166, 177
histology(組織学) 388
history of life(生命の歴史) 56
Holland, W. J. 189
Holliday, Casey 298
Holtz, Tom Jr. 125, 146
homeotherm(恒温動物) 290, 384
homeothermy(恒温性) 290
homologous(相同) 41, 388
homology(相同性) 40
Hopson, J. A. 273
horn(ツノ, ホーン) 197, 239
horn core(角芯) 234, 382
Horner, J. R. 115, 231, 246, 258, 285, 344
hornlet(小さなツノ) 116
Howe Quarry, U.S.A.(ハウ発掘地) 337
Humboldt Museum für Naturkunde, Berlin (フンボルト自然史博物館) 339
humerus(*pl.* humeri)(上腕骨) 60, 62, 80, 386
Hunter, John 330
Hunterian Collection(ハンテリア・コレクション) 330
Huxely, T. H. 149, 343
hydroxyapatite(ヒドロキシアパタイト) 11
hyoid bone(舌骨) 217, 388
hypothesis(仮説) 5
hypothesis of relationship(関係性の仮説) 48, 382

I〜K

Ibrahim, Nizar 339
ichnofossil(生痕化石) 12, 387
ilium(*pl.* Ilia)(腸骨) 61, 62, 80, 389
impact ejecta(衝突によって生じた噴出物) 360, 386
impact winter(衝突の冬) 360, 386
impression(印象化石) 250
incisor(切歯) 196
indeterminate growth(無限成長) 275, 392
Induan(インドゥアン) 30
inner core(内核) 36
insulate(断熱材) 88, 219
interalveolar sinus(槽間洞) 107
interspecific(種間) 239
interspecific variation(種間変異) 386
intraspecific(種内) 212, 239
intraspecific variation(種内変異) 116, 386
intraspecific competition(種内競争) 256
iridium(イリジウム) 356, 381
iridium anomaly(イリジウム異常) 356, 357, 358, 381
Ischigualasto Formation, Argentina(イスキグアラスト層) 78, 84
ischium(*pl.* ischia)(坐骨) 61, 62, 70, 80, 194, 385
island dwarfism(島嶼矮小化) 187
isotope(同位体) 390
isotope fractionation(同位体分別) 299

jacket(ジャケット) 19
Janensch, Werner 339, 340
jaw(顎) 103, 199, 237, 255
jaw joint(顎関節) 197
Jehal Group(熱河層群) 134, 150
Jehol Biota(熱河生物相) 150
Jerison, H. J. 273, 295
Judith River Formation, Montana, U.S.A. (ジュディスリバー層) 227
jugal(頬骨) 63
jugal process(頬骨突起) 204
jugal sinus(頬骨洞) 107
Jurassic(ジュラ紀) 29, 317, 386

keel(竜骨突起, キール) 165–167, 393
keratan sulfate(ケラタン硫酸) 284
keratin(角質) 116, 197
keratin(ケラチン質) 116, 197, 383
Kielen-Jawarowska, Zofia 135
Kimmeridgian(キンメリッジアン) 30
kinetic(キネティック) 254, 382
kingdom(界) 40
kingdom Animalia(動物界) 43
K-Pg boundary(白亜紀-古第三紀境界) 30, 318, 356
K-strategy(*K*戦略) 183, 259, 383

L

lacrimal(涙骨) 63
lacrimal sinus(涙嚢) 107
lactic acid(乳酸) 290, 305, 390
Ladinian(ラディニアン) 30
LAG(lines of arrested growth, 成長停止線) 275, 276, 297, 387
Lagerstätte(ラーゲルシュテッテ) 133, 146, 150, 393
Lambe, L. M. 113, 336
Lance Formation, Wioming, U.S.A.(ランス層) 227
land bridge(陸橋) 31, 32, 319, 393
Langer M. 83
de Lapparent, A. F. 336
Larson, Peter 16
laser-scannig(レーザースキャン) 280
Late Devonian mass extinction(後期デボン紀大量絶滅) 359, 375
Late Triassic(後期三畳紀) 29, 84, 309, 314
Laurasia(ローラシア超大陸) 29, 394
leaf fossil(葉化石) 365
Lee, M. S. Y. 159
leg(脚) 62
Leidy, Joseh 334
lesion(病変) 115
Li, Q. 159
lines of arrested growth(成長停止線) 275, 276, 297, 387
Linnaean classification(リンネ式階層分類) 40
Linnaeus, Carolus 40, 51, 66, 147, 331
Lipps, Jere 369
lithosphere(リソスフェア) 36
lithostratigraphy(岩相層序学) 26, 382
locality(産(出)地) 18, 385
locomotion(ロコモーション, 移動運動) 181, 206, 217, 236, 251
locomotor speed(移動速度) 281, 282
long bone(長骨) 276
Los Colorados Formation, Argentina(ロス・コロラドス層) 171
lower temporal fenestra(下部側頭窓) 65, 382
Lull, R. S. 336
Lyell, Charles 346
Lyson, T. R. 372

M

Maastrichtian(マーストリヒチアン) 30
macroflora(大型(化石)植物相) 365, 382
Madill, Amelia 219
Main, R. P. 213
Mancos Shale, Western North America(マンコス頁岩層) 227
mandible(下顎) 60, 62, 63, 382
mandibular foramen(下顎孔) 200, 382
Mantell, Gideon 328
Mantell, Mary Ann 328
mantle(マントル) 36
marine animal(海棲動物) 18
marine regression(海退) 318, 363, 382
Mark, O'Donnell 377
Marsh, Othniel Charles 185, 189, 332, 333
mass extinction(大量絶滅) 314, 315, 358, 389
matrix(母岩) 19, 392
Matthew, W. D. 336
maxilla tooth(上顎骨歯) 200
maxilla (*pl.* maxillae)(上顎骨) 63, 254
maxillary antral sinus(上顎洞嚢) 107
maximal growth rate(最大成長速度) 278
Mayor, Adrienne 328
McIntosh, J. S. 190
McKinney, M. L. 358
media (メディア) 5
medial lacrimal sinus(涙嚢内側部) 107
medullary(髄質組織) 284
megaflora(大型(化石)植物相) 365, 382
megaomnivore(雑食動物) 135
melanosorme(メラノソーム) 117, 118, 146, 242, 393
Meng, Q. 150
mesosphere(メソスフェア) 36
mesotarsal ankle 75
mesotarsal joint(メソターサル関節) 70, 393
mesothermy(中温性) 302
Mesozoic(中生代) 29, 389
metabolism(代謝) 290, 388
metacarpal(中手骨) 60, 62, 389
metapodial(中手足骨) 62, 389
metatarsal(中足骨) 61, 62, 389
Michel, Helen V. 356
micropaleontologist(微化石学者) 364
micropaleontology(微化石学) 391
microtektite(マイクロテクタイト) 358–360, 392
middle ear cavity(内耳腔) 107
migration(移動) 180, 244
migration(渡り) 244

minimal divergence time: MDT(最小分岐時間) 313, 385
minimum numbers of individuals(最小個体数) 371, 385
Mitchell, Mark 218
Modern Synthesis(近代総合説) 52
Moenave Formation, Arizona, U.S.A.(モエナヴ層) 12
molar(臼歯) 197
mold(モールド, 雌型) 12, 393
molecular clock(分子時計) 156, 346, 392
molecular evolution(分子進化) 346, 392
monofilamentous feather(単繊維性の羽毛) 90, 389
monophyletic group(単系統群) 46, 389
monospecific(単一種) 12
monotypic(単一型) 258, 389
morphology(形態学) 40, 383
Morrison Formation, Western North America(モリソン層) 12, 177, 178, 181, 309
mummy fossil(ミイラ化石) 253
muscle(筋肉) 108
muscle scar(筋痕) 108
Musée National d'Histoire Naturelle, Paris(国立自然史博物館, パリ) 17
Museo di Storia Naturale di Milano(ミラノ市立自然史博物館) 339
Museum of the Rockies, Montana(ロッキー山脈博物館) 344

N, O

Natural History Museum Abu Dhabi(アブダビ自然史博物館) 17
naris(*pl.* nares)(鼻孔) 63, 391
nasal(鼻骨) 63
nasal cavity(鼻腔) 256
nasal horn(鼻角) 239
nasal passway(鼻腔) 298
National Museum of Natural History, Smithsonian Institute(スミソニアン協会・国立自然史博物館) 17, 132
natural group(自然群) 46
Natural History Museum of Los Angeles Country(ロサンゼルス郡立自然史博物館) 19
Natural History Museum, London(ロンドン自然史博物館) 17, 331
natural selection(自然選択, 自然淘汰) 52, 230, 386
neck(首) 173, 176, 178
Nemegt Formation, Gobi Desert, Mongolia(ネメグト層) 178
Nesbitt, Sterling 78, 351
nest(巣) 117, 172, 182, 238, 259
nest fossil(巣化石) 14, 117–119, 172, 182, 237
nesting(抱卵) 117–119
Neuquén Formation, Argentina(ネウケン層) 178
neural arch(神経弓) 61, 62, 387
neural spine(神経棘) 61
neutron(中性子) 26, 34
New Synthesis(新総合説) 52
Niobrara Formation, North America(ニオブララ層) 227
node(ノード, 節, 分岐点) 44, 391
non-avian dinosaurs("非鳥類恐竜") 4
non-avian theropods("非鳥類獣脚類") 98, 391
non-diagnostic(非表徴的) 391
non-diagnostic character(非表徴形質) 44
Nopcsa, Franz 341
Norell, Mark A. 344
Norian(ノーリアン) 30, 84, 85
Norman, D. B. 82
nostril(鼻孔) 63, 107, 391
notochord(脊索) 57, 387
nuchal ligament(項靭帯) 175, 176, 384
nucleus(核) 34
nutrient cycling(栄養循環) 364, 381
nutrient turnover(栄養の代謝回転) 297, 381

obligate biped(完全二足歩行性) 83, 99, 382
obligate quadruped(完全四足歩行性) 172, 251
occipital condyle(後頭顆) 63, 229, 384
occiput(後頭部) 229, 384
occlusion(咬合部) 197, 384
ocean(海洋) 32
oceanic lithosphere(海洋リソスフェア) 37
O'Connor, Jingmai 352
Olenekian(オレネキアン) 30
olfactory bulb(嗅球) 107, 208, 240, 383
olfactory lobe(嗅葉) 228
olfactory region of the nasal cavity(鼻腔の鼻粘膜嗅部) 107
olfactory tract cavity(嗅索) 107, 240
olfactory turbinate(嗅覚鼻甲介) 296
On the Origin of Species(種の起源) 40, 52, 53
ontogeny(個体発生, オントジェニー) 238, 385
opisthopubic(後向恥骨) 81, 194, 384
optic lobe(視葉) 255
orbit(眼窩) 63, 382
orbital emissary brain canal(眼窩の導出静脈) 107
orbitocerebral vein canal(眼窩大脳静脈) 240
order(目) 40
Ordovician-Silurian mass extinction(オルドビス紀-シルル紀境界大量絶滅) 359
organic evolution(生物進化) 40, 387
Osborn, H. F. 130, 189
ossicone(オッシコーン) 239
ossified tendon(骨化した腱) 217, 252, 385
ossify(骨化) 219, 385
osteoderm(皮骨) 187, 204, 391
Ostrom, John H. 88, 148–150, 293, 337, 343, 382
Otero, A. 172
outcrop(露頭) 19
outer core(外核) 36
Owen, Richard 4, 330, 331
Oxfordian(オックスフォーディアン) 30
oxidation(酸化) 305, 385
oxygen isotope(酸素同位体) 299

P

Padian K. 317
palate(口蓋) 63, 385
palatine sinus(口蓋骨洞) 107
paleobiology(生物学的古生物学, パレオバイオロジー) 272, 335, 337, 387
paleobotanist(古植物学者) 320
paleobotany(古植物学) 385
Paleocene(暁新世) 364
paleoclimate(古気候) 32, 384
paleoenvironment(古環境) 18, 385
Paleogene(古第三紀) 319
paleontologist(古生物学者) 14
paleontology(古生物学) 268, 385
Paleozoic(古生代) 29, 385
palpebral(眼瞼骨) 81, 382
palynoflora(花粉・胞子(化石)植物相) 365, 382
Pangaea(パンゲア超大陸) 29, 391
Panthalassic ocean(パンサラッサ超海洋) 31
paraoccipital prosess(傍後頭骨突起) 63
parasagittal posture(下方型姿勢) 69, 70, 293, 382
parental care(子育て) 238, 258
parietal(頭頂骨) 63
parsimony(最節約原理(法)) 48, 385
patellar groove(大腿骨滑車溝) 151, 389
pathology(病理) 282
Paul, Gregory 132
pectoral girdle(胸帯) 61, 62
pectoral girdle(肩帯) 58, 166, 384
pectoralis muscle(胸筋) 166, 167, 383
peer-review(査読) 5, 385
pelvic girdle(腰帯) 61, 62, 393
pelvis(骨盤) 80, 194
pennaceous(羽状) 90
perforate acetabulum(孔のあいた寛骨臼) 70, 78
period(紀) 29, 382
Permian(ペルム紀) 30
Permian(Permo)-Triassic boundary(ペルム紀-三畳紀境界) 30, 359, 375, 392
Permian(Permo)-Triassic mass extinction(ペルム紀-三畳紀境界大量絶滅) 30, 359, 375
permineralization(鉱物化) 11, 12, 384
Persons, W. S. 90
phalanx(*pl.* phalanges)(指(趾)骨) 60–62, 386
Phanerozoic(顕生(累)代) 384
pharyngeal gill(咽頭鰓裂) 57
phenotype(表現型) 52, 391
photosynthesis(光合成) 360, 384
phylogenetic relationship(系統関係) 40, 383
phylogenetic systematics(系統分類学) 43, 383
phylogenetic tree(系統樹) 48, 49
phylogeny(系統) 383
phylogeny(系統学) 40
phylogram(系統図) 49
phylum(門) 40, 393
Pierre Shale, Great Plains(ピエール頁岩層) 227
piscivorous(魚食性) 112, 383
pituitary fossa(下垂体窩) 107, 240
planktonic(浮遊性) 364, 392
planning(採集計画) 14
plant(植物) 319–324

plant fossil(植物化石) 365
plantigrade(蹠行性) 100, 177, 387
plate(プレート) 209, 212, 213
plate tectonics(プレートテクトニクス) 29, 36, 392
pleurocoel(側腔) 124, 151, 175, 176, 180, 388
pleurokinesis(プレウロキネシス) 254, 255, 392
Pliensbachian(プリンスバッキアン) 30
Plot, Robert 330
pneumatic(含気性) 382
pneumatic bone(含気骨) 161, 165, 166, 180
pneumatic foramen(*pl.* pneumatic foramina)(含気孔) 124, 151, 165, 166, 175, 176, 382
poikilotherm(変温動物) 290, 392
poikilothermy(変温性) 290
pollen fossil(花粉化石) 365
Popper, Karl 5
position of continents(大陸配置) 31, 32
postcrania(体骨格) 245
postorbital(後眼窩骨) 63
postorbital horn(後眼窩角) 239
posture(姿勢) 69
Powell, J. L. 357
preacetabular process(前寛骨臼突起) 195
precocial(早成) 183, 259, 388
predator/prey biomass ratio(捕食者：被捕食者の生物量比, 捕食連鎖の生物量比) 294, 295, 392
predentary(前歯骨) 194, 388
prefrontal(前前頭骨) 63
premaxilla(前上顎骨) 63
premaxilla teeth(前上顎骨歯) 200
preparation(プレパレーション) 14, 21, 392
preparation laboratory(プレパレーションラボ) 21, 392
preparator(プレパレーター) 21, 392
prepubic process(前恥骨突起) 194, 195, 388
preservation of fossil (化石) 308
press-pulse hypothesis(プレス・パルス仮説) 378
primary bone(一次骨) 274, 381
primary production(一次生産量) 364, 381
primitive(原始的) 46, 384
process(突起) 62, 390
productivity(生産量) 387
promaxillaly sinus(上顎洞前部) 107
promaxillary fenestra 98
prospecting fossils(化石) 14
proton(陽子) 26, 34
proximal(近位) 383
proxy(指標) 291, 386
P-T boundary(ペルム紀-三畳紀境界) 30, 359, 375, 392
P-T mass extinction(ペルム紀-三畳紀境界大量絶滅) 30, 359, 375
pubis(恥骨) 61, 62, 70, 80, 165, 167, 194, 389
pull of the Recent(現世の引上げ効果) 309, 384
pulmonary circuit(肺循環系) 295
pygostyle(尾端骨, 尾柱) 151, 165, 166, 391

Q, R

quadrate(方形骨) 63
quadratojugal(方形頬骨) 63
quadruped(四足歩行性) 75, 83, 172, 205, 294
de Queiroz, Kevin 51

radioisotope(放射性同位体) 26, 392
radius(*pl.* radii)(橈骨) 60, 62, 390
rarefaction analysis(レアファクション解析) 312, 393
Raup, D. M. 359
Rayfield, Emily 348, 349
Recent(現世) 384
Reck, Hans 340
recovery(回復) 268, 382
rectricial bulb(尾羽球) 166
recurve(湾曲) 104
red blood cell(赤血球) 283
Red Deer River, Canada(レッドディア川) 337
regression(海退) 363, 382
Reid, R. E. H. 302
relationship(関係性) 40
relative dating(相対年代決定) 28, 388
remodeling(再構築, リモデリング) 274, 385
replacement(置換(鉱物の)) 11, 389
respiration system(呼吸システム) 272
respiratory turbinate(呼吸鼻甲介) 296, 385
Retallack, Greg 347
Rhaetian(レーティアン) 30, 84
rhamphotheca(*pl.* rhamphothecae)(角鞘, クチバシ) 166, 197, 382, 383
Richards, M. A. 376
de Ricqlès, A. 276
Ridgely, R. C. 109
Riggs, E. S. 189
Robertson, D. S. 360
rock(岩石) 12, 382
rock cycling(岩石サイクル) 13
Rocky Mountains(ロッキー山脈) 227, 367
Rogers, R. 300
rostral(吻部) 234, 392
rostral middle cerebral vein(吻内側大脳静脈) 107, 240
rostrum(*pl.* rostra), rostral bone(吻骨) 234, 392
Royal Ontario Museum(ロイヤル・オンタリオ博物館) 219
Rozhdestevensky, A. K. 336
r-strategy(*r* 戦略) 183, 259, 381
Ruben, John A. 291, 296
running(走行) 99
Rutherford, Ernest 327

S

sacrum(*pl.* sacra)(仙椎) 61, 62, 388
Sadler, P. M. 312
Sahara Desert(サハラ砂漠) 338
Sakamoto, M. 318
Santonian(サントニアン) 30
Scannella, J. 246
scapula(*pl.* scapulae)(肩甲骨) 60, 62, 165, 166, 384
scavenger(腐肉食者) 113
Schoene, Blair 362, 377
Schuchert Award(シュハート賞) 352
Schultz, P. H. 361
Schweitzer, Mary H. 283, 284, 346, 347
science(科学) 5
sclerotic ring(強膜輪) 63, 257, 383
scute(皮骨) 200, 391
seasonality(季節性) 33, 382
secondarily evolved(二次的な進化) 83, 390
secondary bone(二次骨) 274, 390
secondary palate(二次口蓋) 63, 217, 390
sediment(堆積物) 27
sedimentary rock(堆積岩) 13, 389
sedimentologist(堆積学者) 18, 389
sedimentology(堆積学) 18, 389
seed(種子) 320, 386
Seeley, Harry Govier 80, 82, 198, 334
Sellers, W. I. 282
semi-lunate carpal(半月型の手根骨) 136, 391
semi-opposable(半対向性) 95
semi-plantigrade(半蹠行性) 177
sense(感覚器) 90
sense of smell(嗅覚) 109, 215, 217
sense organ(感覚器官) 106, 109, 217
Sepkoski, J. J. 359
Sereno, Paul 345
series(統) 29
serrated teeth(鋸歯) 98
sexual dimorphism(性的二型) 116, 151, 208, 387
sexual selection(性選択, 性淘汰) 116, 230, 239, 256, 387
shading(シェーディング) 218, 242
shaft(羽軸) 165, 381
Shar-tsav trackway(シャルツァフ行跡化石) 13
Sheehan, P. M. 366
shocked quartz(衝撃石英) 358, 359, 386
shoulder girdle(肩帯) 384
shoulder joint(肩関節) 166
Showers W. 299, 300
Shubin, Neil 62
sigmoidal(S 字状) 231
Signor-Lipps effect(シニョール・リップス効果) 369
Signor, Phil 369
Sinemurian(シネムーリアン) 30
sinus(洞, 孔) 390
skin(皮膚) 110
skin impression(皮膚の印象化石) 10, 88, 182, 391
skull(頭骨) 60, 62, 63, 238, 390
skull roof(頭蓋天井) 63, 390
Sloboda, Wendy 244
Smith, John Maynard 210
social behavior(社会性) 115, 172, 181, 208, 230, 240, 255
soft tissue(軟組織) 10, 280, 284, 390
Solnhofen, Germany(ゾルンホーフェン) 133
Solnhofen limestone(ゾルンホーフェン石灰岩) 146
specialization(特殊化) 372, 390
speciate(種分化) 372, 386

species(種) 40
species-specific(種特異的) 212, 386
specific(特異的) 390
specific name(種小名) 40
speed estimation(走行速度の推定) 100, 238, 281
sphenoid artery canal (蝶形骨動脈) 240
spike(スパイク) 209, 213, 217
spinal cord(脊髄) 61
Sprain, Courtney 362
sprawling posture(側方(這い歩き)型姿勢) 69, 236, 293, 388
squamosal(鱗状骨) 63
squamosal horns(鱗状骨のツノ) 215
squamosal sinus(鱗状骨洞) 107
Staatliches Museum für Naturkunde, Stuttgart(シュトゥットガルト州立自然史博物館) 339
stable isotope(安定同位体) 299, 381
stage(階) 29
stapes(あぶみ骨) 63, 250, 381
sternal rib(胸肋) 62
Sternberg, Charles H. 336, 337
Sternberg, R. M. 336
sternum(胸骨) 62, 165–167, 383
Steward, Thomas 157
Strangelove Sea(ストレンジラブ海) 364
stratigraphy(層序学) 26, 388
stratum(*pl.* strata)(地層) 26, 389
Strauss, D. J. 312
stride length(ストライド長) 281
Stromer, Ernst 338
subatomic particle(亜原子粒子) 34
subduction(沈み込み) 36
suborbital sinus(眼窩下洞) 107
substitution(置換(塩基の)) 156, 389
Sues, H.-D. 229
sulfated glycosaminoglycan(硫酸化グリコサミノグリカン) 284
sulfuric acid(硫酸(H_2SO_4)) 375
superposition(地層累重の法則) 389
supracoracoideus muscle(烏口上筋) 166, 167, 381
surangular(上角骨) 63
survivorship(生存率) 365, 387
synonymous(シノニム) 189
synsacrum(複合仙椎) 165, 167, 392
system(系) 29
systematic circuit(体循環系) 295
systematic relationship(系統関係) 40, 383

T

T-J mass extinction(三畳紀-ジュラ紀境界大量絶滅) 30, 359, 375
tactile organ(触覚器官) 90
tail(尾) 110, 124, 133, 179
tail comb(こん棒) 213, 215, 217, 219, 220
tail vertebra(尾椎) 61
taphonomy(タフォノミー) 18
tar sand(タールサンド) 218
tarsal(足根骨) 61, 62
tarsometatarsus(足根中足骨) 165, 166, 388
tarsus(足根骨) 388
taxon(*pl.* taxa)(分類群, タクソン) 40, 51, 392

Taylor, Bert L. 210
tectonic(プレートの運動) 33
temporal(側頭部) 388
temporal fenestra(側頭窓) 65, 388
Tendaguru, Tanzania(テンダグルー) 178, 208, 339
terminal phalanx(末端指(趾)骨) 62
terrestrial(陸棲) 393
terrestrial animal(陸棲動物) 18
testable(検証可能) 384
testable hypothesis(検証可能な仮説) 5, 384
testing hypothesis(仮説の検証) 5
Tethys ocean(テチス海) 31, 390
The Big Five(五大大量絶滅事変) 359
The Royal Tyrrell Museum of Palaeontology (ロイヤル・ティレル古生物学博物館) 17, 218
thermoregulation(体温調節) 213, 298, 388
thorax(胸部) 383
Thulborn, R. A. 281
tibia(脛骨) 61, 62, 78, 165, 166, 383
Tithonian(チトニアン) 30
T-J boundary(三畳紀-ジュラ紀境界) 30, 359

Toarcian(トアルシアン) 30
tooth(歯) 99, 104, 114, 207, 215, 228, 236, 254, 328
trace fossil(生痕化石) 10, 12, 387
trachea(気管) 272, 382
trackway(行跡) 12, 281, 384
transgression(海進) 382
transverse process(横突起) 61
transverse sinus(横静脈洞) 107, 240
tree of life(生命の樹) 43
Triassic(三畳紀) 29, 385
Triassic-Jurassic boundary(三畳紀-ジュラ紀境界) 30, 359
Triassic-Jurassic mass extinction(三畳紀-ジュラ紀境界大量絶滅) 30, 359, 375
triosseal foramen(三骨間孔) 166, 167, 385
tripodal posture(三脚立ち) 179
trochanter(転子) 61
Turonian(チューロニアン) 30
Two Medicine Formation, Montana, U.S.A. (ツーメディシン層) 227
tympanic membrane(鼓膜) 63, 385
type genus(模式属) 244

U～Z

ulna(*pl.* ulnae)(尺骨) 60, 62, 386
ungual phalanx(有爪指(趾)骨) 61, 62, 393
unguligrade(蹄行性) 100
unidirectional(一方向) 272, 381
upper temporal fenestra(上部側頭窓) 67, 298, 386

Valanginian(バランギニアン) 30
vane(羽板) 165, 166, 390
Varrachio, D. 115
vascular(血管) 384
vascular bundle(維管束) 320, 381
vertebra(*pl.* vertebrae)(椎骨) 61, 62, 390
vertebral column(脊柱) 62
vertical(矢状面) 70
vestigial(退化) 103, 388
Vinther, Jakob 117
virus(ウイルス) 56
vision(視覚) 109, 255
volcanism(火山活動) 362
von Branca, Wilhelm 339
von Huene, Friedrich 334

Wagner, G. P. 157
Walker, C. A. 153
Wang S. C. 312
warm-blooded(温血性) 47, 290
Waterhouse Hawkins, Benjamin 331, 332
weathering(風化) 10, 392
Wedel, M. 175
White, P. 371
Wieland, G. R. 334
William of Ockham 48
Williams, Maurice 16
Willis, K. 323
Wilson, G. P. 366
windpipe(気管) 382
Witmer, L. M. 109, 241
worn surface(咬耗面) 180, 206

Xu, Xing 110, 131, 343

Yale Peabody Museum, New Haven(イェール大学ピーボディ博物館) 17, 333
Yixian Formation, Liaoning, China(イーシャン層) 237
Young, C. C. 336

Zanno, Lindsay 129, 350, 351
Zelenitsky, Darla 350
ziphodont 98
zombie dinosaur(恐竜ゾンビ) 283
zygapophysis(関節突起) 61, 109, 124, 126, 382

監訳者

真鍋　真（まなべ　まこと）

1959年 東京都に生まれる
1984年 横浜国立大学教育学部 卒
1990年 米イェール大学大学院
　地球科学・地球物理学部修士課程 修了
1994年 英ブリストル大学大学院
　地球科学専攻 Ph. D. 課程 修了
現 国立科学博物館 副館長
専門 古脊椎動物学
Ph. D.

翻訳者

藤原慎一（ふじわら　しんいち）

1979年 千葉県に生まれる
2003年 東京大学理学部 卒
2008年 東京大学大学院理学系研究科
　地球惑星科学専攻博士課程 修了
現 名古屋大学博物館 講師
専門 機能形態学，古脊椎動物学
博士(理学)

松本涼子（まつもと　りょうこ）

1979年 東京都に生まれる
2003年 東京農業大学農学部 卒
2005年 早稲田大学大学院理工学研究科
　環境資源及材料理工学専攻修士課程 修了
2011年 英ロンドン大学大学院細胞及び発生生物学講座
　古生物学専攻 Ph. D. 課程 修了
現 神奈川県立生命の星・地球博物館 主任学芸員
専門 比較解剖学，古脊椎動物学
Ph. D.

第1版 第1刷 2015年1月30日発行
第4版 第1刷 2025年3月28日発行

恐竜学入門 — かたち・生態・絶滅
第4版

監訳者　真鍋　真
発行者　石田勝彦
発行　株式会社東京化学同人
東京都文京区千石3丁目36-7（〒112-0011）
電話（03）3946-5311・FAX（03）3946-5317
URL：https://www.tkd-pbl.com/

印刷　株式会社 木元省美堂
製本　株式会社 松岳社

ISBN978-4-8079-2065-5
Printed in Japan

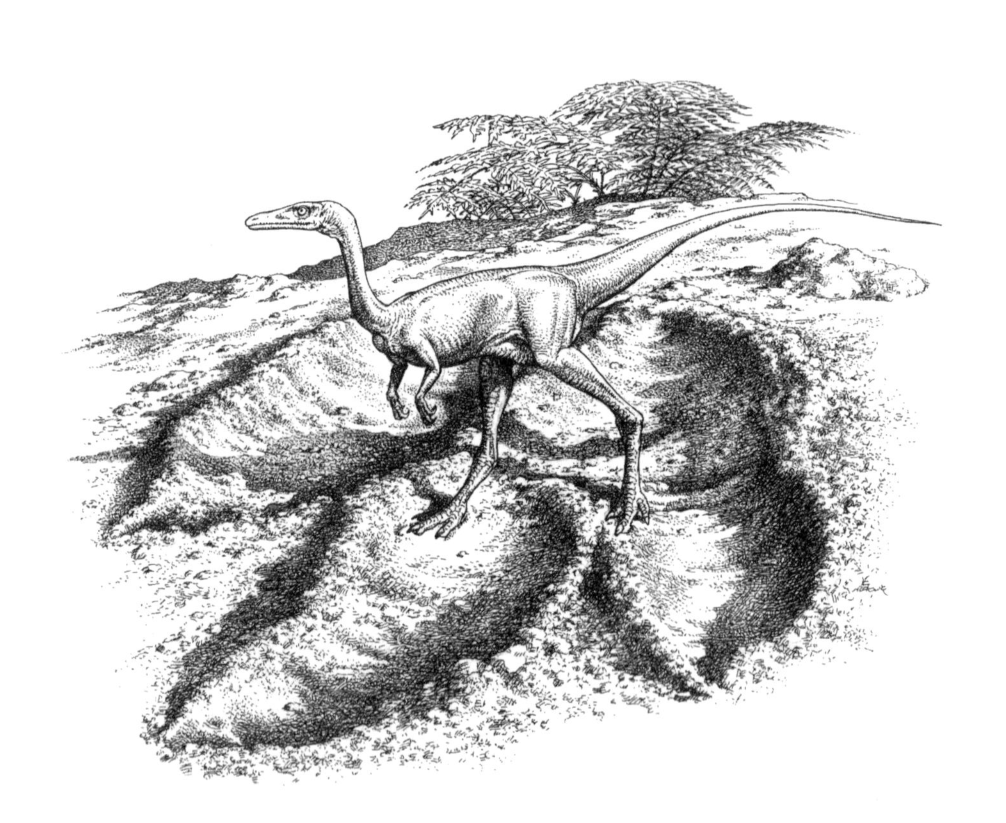